Preparation and Application of Porous Materials

多孔材料的制备与应用

张海娇　主编

朱冠家　杨雁南　徐 乐　副主编

化学工业出版社

·北京·

内容简介

多孔材料因其特殊的内部孔隙结构和物化性能，近年来发展迅速，在能源、环境保护、生物医药、化工催化等领域发挥着不可替代的作用。本书简要介绍了多孔材料的基本结构和性能关系，概述了多孔材料的结构与表征，着重介绍了微孔分子筛材料、介孔材料、大孔与多级孔材料的结构设计与制备技术，对其性能进行了表征与分析，并对于多孔材料在光电催化领域、分离吸附领域、能源存储领域、生物医用领域的应用以及相关性能与结构的关系进行了详细介绍。

本书适宜材料、环境、能源、医疗等领域的技术人员参考，也可供相关专业本科师生参考。

图书在版编目（CIP）数据

多孔材料的制备与应用 / 张海娇主编；朱冠家，杨雁南，徐乐副主编. --北京：化学工业出版社，2025.12. -- ISBN 978-7-122-49201-2

Ⅰ. TB383

中国国家版本馆 CIP 数据核字第 2025ZL1242 号

责任编辑：邢 涛　　文字编辑：范伟鑫
责任校对：王 静　　装帧设计：韩 飞

出版发行：化学工业出版社
（北京市东城区青年湖南街 13 号 邮政编码 100011）
印 装：北京云浩印刷有限责任公司
710mm×1000mm 1/16 印张 33¼ 字数 638 千字
2025 年 12 月北京第 1 版第 1 次印刷

购书咨询：010-64518888　　售后服务：010-64518899
网 址：http://www.cip.com.cn
凡购买本书，如有缺损质量问题，本社销售中心负责调换。

定 价：158.00 元

前言

“双碳”目标背景下，加速能源环保领域的系统创新与转型成为我国经济高质量发展的主基调，这对新材料技术的发展提出了更高的要求。多孔材料因其具有特殊的内部孔隙结构而表现出不同于实心材料的物化性能。通过对孔道结构的合理调控，可达到优化材料综合性能的目的。近年来，多孔材料在环境保护、能源存储、催化转化、生物医药等领域被广泛应用。为了推动多孔材料领域最新科研成果的产业应用与技术转化，亟须对多孔材料的最新合成技术、表征方法以及前沿应用领域进行全面系统的总结和整理。

《多孔材料的制备与应用》全面系统地介绍了各类多孔材料的合成方法、表征技术及其在环境、能源、催化、生物、医药等相关领域的最新研究进展。全书共分为11章：第1章为绪论；第2章到第5章详细介绍了各类多孔材料（包括微孔、介孔、大孔和多级孔）的制备技术及原理；第6章到第10章针对多孔材料在不同领域中的最新应用展开讨论与分析；第11章对多孔材料的研究现状、产业化前景及其在“碳中和”背景下的机遇与挑战进行了概括性总结与展望。

本书可供高等院校材料类以及化学化工、环境工程、生物医学等专业师生参考，也可供多孔材料领域的科技工作者和相关科研人员使用。

由于作者水平有限，书中不妥之处请广大读者批评指正。

张海娇

目录

第1章

概　述

1.1　多孔材料概述

1.1.1　多孔材料的分类

多孔材料通常是指一类具有大量微小空间的物质，这些空间被称为“孔”，其内部结构允许气体、液体和固体在材料之间或材料与环境之间进行传输。多孔材料的分类方法有很多种，例如按照孔隙度分为多孔材料（孔隙率大于或等于50%）、中孔材料（孔隙率介于25%和50%之间）和低孔材料（孔隙率小于或等于25%）；按照孔隙结构可分为均质多孔材料和异质多孔材料；按照制备方法分为天然多孔材料和人工合成多孔材料等。

国际纯粹与应用化学联合会（International Union of Pure and Applied Chemistry，IUPAC）规定了按照孔径大小对多孔材料进行分类的方法（图1.1）。孔径小于2nm的多孔材料称为微孔材料，孔径处于2～50nm范围的多孔材料称为介孔材料，孔径大于50nm的多孔材料称为大孔材料。在微孔分子

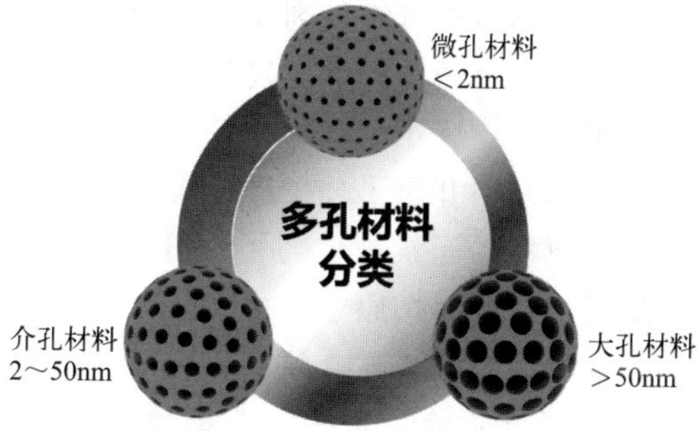

图1.1　多孔材料的分类

筛领域[1]，根据分子筛最大孔道开口的四配位原子的数目，可将微孔分子筛分为小孔分子筛（由8个四配位原子组成八元环孔道开口）、中孔分子筛（十元环）、大孔分子筛（十二元环）和超大孔分子筛（大于十二元环）。此外，可以根据骨架化学组成的不同对各类多孔材料进一步分类。微孔分子筛根据其化学组成可分为硅铝分子筛、钛硅分子筛、磷酸铝分子筛、硅锗分子筛和全硅分子筛等。介孔材料根据其化学组成可分为介孔二氧化硅、介孔有机聚合物和介孔碳等[2]。大孔材料根据其化学组成可分为阳极氧化铝、泡沫金属、大孔陶瓷、大孔金属和大孔非金属等。

多孔材料的分类与其孔径大小和骨架化学组成密切相关，这为科学家们提供了研究多孔材料性能和应用的基础。这些不同类型的多孔材料因其独特的物理和化学性质（如良好的吸附性、高比表面积和生物相容性等），各自在特定的应用领域内发挥重要的作用。它们被广泛应用于环境科学、能源储存、催化反应、分离技术、药物递送等多个领域。例如，金属氧化物多孔材料因具有良好的导电性和光催化性能，被广泛应用于太阳能电池、光催化分解水等领域；碳基多孔材料则因其高比表面积和可调性而成为新型储能材料的研究热点。

1.1.2 多孔材料的发展历程

人们对多孔材料的认识起源于对天然矿物的研究，其中包括1756年瑞典矿物学家克朗斯特发现的辉沸石，该矿石具有特殊的吸附水的性能。随后，科学家在对天然矿物的研究过程中发现很多天然沸石都具有吸附和离子交换性能。随着晶体结构解析技术的进步，人类开始认识到天然沸石的功能与其在微观尺度上有序的孔道结构密切相关，这推动了沸石材料人工设计合成研究的开展。

人工合成沸石的过程经历了三个阶段，分别为模拟天然沸石的合成、有机模板剂导向的分子筛的合成和磷酸铝分子筛的合成[3]（图1.2）。其中，最具里程碑意义的是20世纪60年代有机模板剂在分子筛合成中的应用。一大批高硅铝比，甚至全硅组成的沸石分子筛相继被发明，这使得分子筛的水热稳定性得到显著提高，分子筛也被广泛应用于多相催化和分离等过程中。20世纪80年代，磷酸铝分子筛家族的发明开启了分子筛合成的一个新领域，分子筛的元素组成得到大幅度拓宽，更多的元素被成功植入分子筛的骨架中。20世纪80年代另一标志性的进展是更多金属杂原子被成功引入硅基分子筛中。1984年，意大利Eni公司成功开发出钛硅分子筛，并发现其可以高效催化以双氧水为氧化剂的氧化过程，这开启了分子筛用于绿色选择性氧化反应研究的序幕。20世纪90年代末，金属有机框架（metal organic frameworks，MOFs）材料的出现很快引起了广泛重视，多孔材料的构建方法发生很大的转变。无机金属阳离子和有机配体之间通过配位键相互连接成三维有序的MOFs结构。这使得MOFs材料的合成具有高度的可设计性，其结构中开始出现丰富的有机基团。MOFs材料的可设计性与传统无机多孔材料的合成完全不同，这引领着多孔材料的合成朝着理性设计的方向快速发展。MOFs材料通常具有超高的孔隙率，其比表面积和孔体积远大于微孔沸石分子筛。21世纪以来，共价有机框架（covalent organic frameworks，COFs）材料也被研发出来。COFs材料的骨架完全由有机基团组成，不含MOFs材料中常见的金属阳离子，且有机基团之间通过强共价键连接，这种强共价键连接的特点很大程度上提高了COFs材料的水热稳定性。由于具有较大的孔隙率、结构可设计性、基团种类的丰富性，以MOFs材料和COFs材料为代表的有机多孔材料很快在气体吸附和存储等领域引起广泛关注。

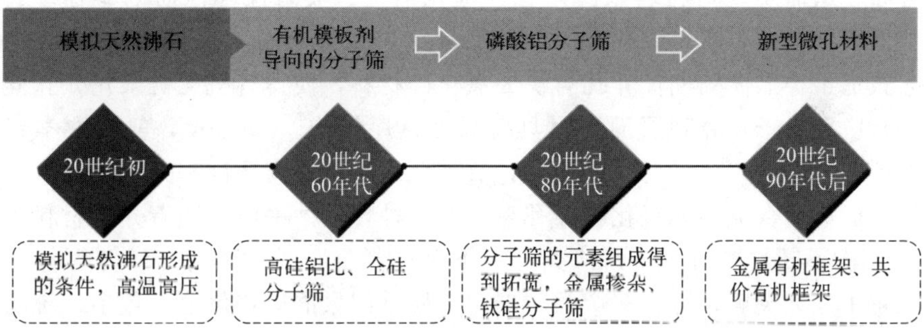

图1.2 微孔材料的发展历程

自此，人类从开始认识天然沸石的特殊功能到设计合成种类丰富的微孔材料经历了两个半世纪的发展。虽然沸石分子筛在催化、吸附和分离等领域取得了显著进展，但其孔径主要还是限制在微孔范围。此外，层状材料也引起了人们的关注，尽管层间被“柱撑”后能够获得比微孔分子筛更大的孔径，但其不规则的孔道分布，还是极大限制了层状材料在选择性吸附和择形催化等领域的应用。

随着科技的发展，开发更大孔径材料的必要性日益凸显，以满足更多领域的不同需求。1992年，美孚（Mobil）石油公司研究人员Kresge等人首次在*Nature*杂志上报道了有序介孔材料MCM-41的成功合成，这一突破大大激发了人们对于介孔材料的研究热情[4]。然而，MCM-41的孔壁较薄，导致其水热稳定性较差，这可能与使用离子型表面活性剂作为结构导向剂有关，需要进一步改进。为了解决这一问题，科学家们在介孔材料的合成方法和结构设计方面进行了大量探索。1998年，美国加州大学圣巴巴拉分校Galen D. Stucky教授和赵东元等人在*Science*上发表了关于利用非离子型的三嵌段共聚物合成有序介孔二氧化硅SBA-15的研究成果[5]。SBA-15是一种具有优异性能的介孔二氧化硅材料，其孔径大小可在 5～30nm 范围内调控，且具有良好的水热稳定性和生物相容性。这一成果为介孔材料的研究开辟了新的方向。随着 SBA-15 材料的发现，介孔材料的发展进入了全新的时代，一系列基于非离子型的三嵌段共聚物的介孔二氧化硅材料被成功合成，其中较具代表性的是 FDU-15/16 和 KIT-6 等。1999 年，韩国科学技术研究院的 Ryoo 教授等人以介孔二氧化硅材料为硬模板，成功地制备了一系列介孔碳材料，并将其命名为 CMK-1、CMK-2、CMK-3 介孔碳分子筛材料。该合成路径也为后来制备贵金属、金属氧化物、硫化物等非硅基介孔材料奠定了很好的研究基础。同年，三个独立课题组（Inagaki 组，Ozin 组以及 Stein 组）同时报道了周期性介孔有机二氧化硅材料（periodic mesoporous organosilica，PMO），从此开启了有机-无机杂化介孔硅材料的新篇章。该类材料可实现有机基团在二氧化硅骨架中的均匀分布，从而实现对材料亲疏水性、催化活性、吸附性等性质的调控。2002 年，周期性介孔有机二氧化硅材料的合成又一次迎来重大突破。日本 Inagaki 等人报道了类晶体周期性介孔有机二氧化硅材料，使得有机无机杂化介孔硅基材料首次在分子及介观层面同时具备高度有序结构。2003 年，复旦大学赵东元教授等提出了“酸碱对”的概念，成功合成了一系列非硅基介孔材料，该方法目前已成为合成多元氧化物介孔材料的一种普适性手段。随着介孔材料领域 30 年来的不断发展与革新，该类材料不仅在制备路线、结构与组分可控等方面取得了巨大突破，也在多个领域展现了极具前景的应用价值，包括传统的吸附分离、催化领域，以及近年来逐渐引起广泛关注的电池能源、光电转化和生物医学领域。

大孔材料的开发可以追溯到 20 世纪初期，当时科学家开始研究如何制备出大孔材料。最早的大孔材料之一是活性炭，它是由木材或煤炭经过高温热解制成的。活性炭具有极高的比表面积和良好的吸附性能，因此被广泛应用于水处理、空气净化等领域。20 世纪 50 年代，人们发现铝箔在酸性溶液中进行阳极氧化时会在铝的表面形成具有孔道结构的氧化铝。这一现象为大孔材料的研究提供了新的突破口。研究人员开始尝试利用这一原理制备出具有大孔径的阳极氧化铝，以满足各种应用领域的需求。随着科技的发展，大孔材料的制备方法不断改进和完善。例如，通过控制反应条件和添加特定的发泡剂，可以实现对材料的孔径大小和分布的精确调控。此外，研究人员还发现可以通过化学修饰、物理修饰等方法改变大孔材料的表面性质，进一步提高其吸附性能和应用价值。目前，大孔材料已经广泛应用于各个领域，如环境治理、能源储存、催化反应等。在环境治理方面，活性炭在水处理领域的应用已经非常广泛，可以有效地去除水中的有机物、余氯等污染物；在气体分离和存储方面，大孔材料也展现出了巨大的潜力，如碳纳米管阵列材料可以用于高效气体分离和存储。

此外，随着研究的深入，多种结构新颖的多孔材料层出不穷。具备多级孔道结构的分子筛可结合微孔限域催化与介孔利于扩散的优势，已在诸多催化应用中展现出替代传统分子筛催化剂的潜力[6]。近年来，有机多孔聚合物和介孔碳材料也在应用方面各具特色。随着多孔材料合成的不断发展，多孔材料的应用也得到不断地拓展。在炼油工业的迅猛发展与煤化工甲醇转化、汽车尾气处理与大气污染物捕获、传统能源利用以及“双碳”背景下二氧化碳高效转化利用等领域，多孔材料均发挥着极大的作用。得益于科学表征技术的进步，科学家们可以深入理解多孔材料多样的晶体和孔道结构，研究在其独特的孔道限域环境中的化学过程，这也帮助研究者们根据多孔材料的特点探寻应用方向。总之，新型多孔材料的研究和应用将会持续发展，为我们的生活带来更多的便利和可能性。

1.2 多孔材料的表征

在当前的多孔材料研究领域，制备和开发高质量的多孔材料至关重要。然而，无论从理论研究还是实际应用的角度来看，多孔材料的制备和开发都离不开表征技术的支撑[7]。首先，表征技术可以帮助我们深入了解多孔材料的微观结构和特性。通过各种先进的表征手段，如扫描电子显微镜、透射电子显微镜、X射线衍射等，我们能够观察到多孔材料的孔隙尺寸、分布规律以及晶体结构等信息。这些信息对于优化多孔材料的合成方法、调控其性能具有重要的指导意义。其次，表征技术还可以为多孔材料的应用提供关键支持。例如，通过表面和界面性质的表征，我们能够了解多孔材料与周围环境之间的相互作用情况，进一步探讨其在吸附、催化等领域的应用潜力。此外，对多孔材料力学性能、电学性能等方面的测试和分析也有助于揭示其在新能源、环保等领域的实际应用价值。总之，表征技术在多孔材料的制备和开发过程中发挥着不可替代的作用。只有充分利用和发展各种先进的表征手段和技术，我们才能更好地理解和掌握多孔材料的性质特点，推动其在各个领域的广泛应用和发展。在本节，我们将对多孔材料的常见表征技术（图1.3）进行简要概述。

1.2.1 晶体结构表征

晶体结构表征技术主要包括X射线衍射（XRD）、单晶X射线衍射（SXRD）、粉末X射线衍射（PXRD）、电子衍射（ED）、核磁共振（NMR）和球差校正扫描透射电镜（AC-STEM）等。其中，X射线衍射技术和核磁共振技术主要是针对宏观样品的结构表征，电子衍射主要用于对样品的微观结构进行表征，而球差校正扫描透射电镜凭借其高分辨成像等特性，能够在原子尺

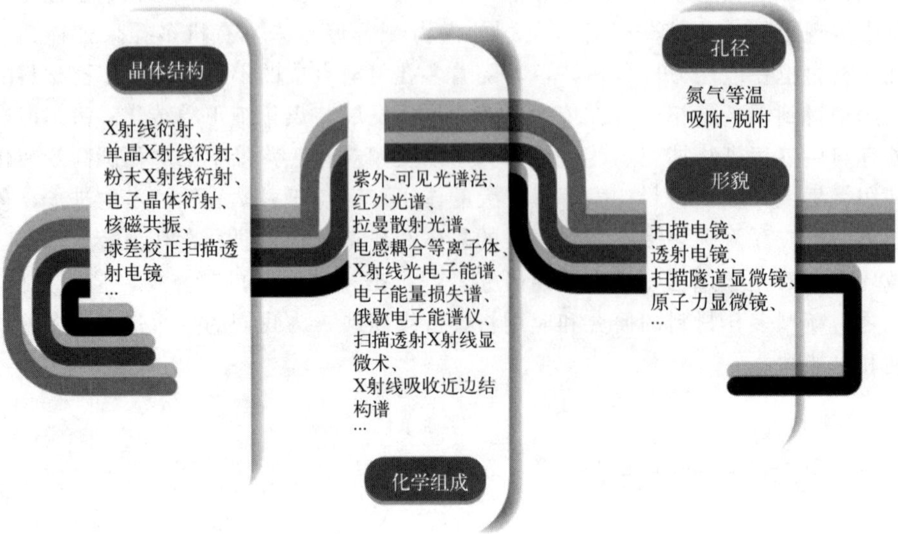

图 1.3　多孔材料的常见表征技术

度等层面提供样品微观结构及更多详细信息。

X 射线衍射是表征包括多孔材料在内的材料结构长程有序度的常用技术之一。它是一种快速、非破坏性的多成分混合物分析手段，可提供有关三维晶体结构的微观结构（包括晶体学对称性、原子位置、晶粒大小、晶格常数等）信息，且无须大量的样品制备。

单晶 X 射线衍射是表征晶体材料原子排列最为高效且成熟的技术之一。单晶 X 射线衍射的角度和强度适用于生成电子密度的三维图像，反映晶体中原子的平均位置。获取单个晶体的三维 XRD 强度数据需要不到 10h。但是，SXRD 方法有一定的局限性，尤其是晶体过大或过小时。因此，使用 SXRD 进行结构测定的主要挑战在于控制晶体尺寸。

对于多孔材料，SXRD 可用于表征各种氧化物和金属有机框架的结构，因为该类材料往往可形成较大的适合用 SXRD 测定结构的晶体。相反，SXRD 方法用于分子筛材料的表征并不常见，只有较少类型的分子筛材料适合 SXRD 表征。因为在多孔材料的溶剂去除过程中，较高的内应力会诱发单晶的开裂。而且，多孔材料的晶体碎裂和缺陷的形成通常由脱溶过程引起，这些因素均不利于 SXRD 探测。另一个挑战是对无序晶体进行结构测定，这也是文献中此类研究较为罕见的原因之一。此外，一些多孔材料通常是作为微晶粉末分离出来的，其结构主要是通过粉末 XRD 数据解析。

粉末 X 射线衍射技术可用于获取晶体材料和周期性排列的材料的结构信息，例如相识别、相量化、结晶度、晶格参数细化、膨胀张量和体积模量的测定、晶粒尺寸和应变的分析。PXRD从数百万个随机取向的晶体中收集数据，因此它可以提供可靠的衍射强度，其衍射峰的强度和位置可用于确定纳米粉末的结构。但是，为了表征多孔材料，即使使用非常高质量的粉末衍射数据集，在许多情况下，传统的基于X射线的分析策略也无法找到一个合适的结构模型。这一问题对于多孔材料尤为显著，这是由于多孔材料具有一些独特结构特性，例如纳米多孔材料具有二维的周期性而在第三维没有有序性、电子对比度低、孔隙模板剂具有周期性。因此，在研究和表征这类材料时，需要采用替代策略。

其中，核磁共振晶体学是一种重要的分析方法，为确定纳米级材料的结构提供了有效途径。核磁共振现象源于原子具有的核磁性，可用于获取化学信息。当具有非零自旋的原子核处于强磁场中时，会在自旋上升和自旋下降状态之间产生能量差。材料的化学特性，如结构、纯度和官能团等，可通过该方法进行分析。过去几十年来，核磁共振作为一种非破坏性技术，被广泛应用于表征直径在1～100nm之间的多孔材料。最近，脉冲场梯度核磁共振已被用于评估纳米材料的扩散性，以确定其尺寸和物种相互作用。然而，该技术也存在一些缺点，例如耗时较长和检测灵敏度较低。

此外，如果晶体太小，无法使用SXRD来表征，或者结构太复杂，无法使用PXRD来确定晶体结构，电子衍射（ED）则可作为一种替代工具解析材料结构。通过利用电子的衍射现象，ED可用于表征小尺寸单晶的晶体结构。由于电子与物质的相互作用比X射线强得多，这种技术也可用于表征纳米级晶体。此外，由于电子带有负电荷，它们可以被电磁透镜聚焦以形成图像。实际上，ED正在成为一种用于确定未知沸石结构的更常见技术。

高分辨率透射电子显微镜（HR-TEM）作为一种强大的技术可以提供有关晶体中原子排列的全面信息，尤其是当晶体尺寸较小或结构复杂需要高分辨率观察的时候。近年来发展的球差校正扫描透射电镜就是一种高分辨率透射电镜技术，它在透射电镜领域中具有重要地位。球差是指由于入射电子在穿过样品表面时，在垂直方向上发生偏转而产生的像差。这种像差会导致图像失真和分辨率降低，从而影响对样品结构的精确观察和分析。球差校正系统借助一系列复杂的光学元件和机械结构，将入射电子引导至经过特殊设计的球差校正器。这个校正器可以消除样品表面引起的球差，从而提高图像质量和分辨率。这样一来，研究人员就可以更清晰地观察样品的微观结构和特性（如晶体结构、晶界、相变等）。

1.2.2　化学组分表征

化学组分表征技术是化学分析领域中至关重要的一环，它主要通过一系列精密的实验方法来识别和定量物质的组成成分。这些方法包括紫外-可见光谱法、红外光谱、拉曼散射光谱、电感耦合等离子体、X射线光电子能谱、电子能量损失谱、俄歇电子能谱仪、扫描透射X射线显微术、X射线吸收近边结构谱等。

紫外/可见光谱法（UV-Vis）是一种常用的分析技术，它利用物质对不同波长的紫外线和可见光的吸收特性来表征样品的结构和组成。该方法被用于识别和研究材料的尺寸、形状、浓度和折射率。由于其成本低、分析便捷的优势，紫外-可见光谱仪已被广泛应用于许多不同的领域。紫外-可见光通常介于190～800nm之间，可分为以下两个范围：紫外区（190～380nm）和可见区（380～750nm）。为了量化样品随波长变化的消光光谱，紫外线-可见光束在通过样品之前和之后都要进行测量，并比较每个波长处的光强。通过应用比尔-朗伯定律，特定波长下这些样品中所产生光谱的吸光度与样品浓度直接相关。比尔-朗伯定律基于以下概念：能够吸收特定波长的光的分子数量越多，光的吸收程度就越高。通过这种方式可以获得分子结构和氧化状态的相关信息。

红外光谱（IR）是另一种重要的分析手段，它通过测量样品对特定波长范围内的红外光的吸收特性，来推断样品中分子的结构和组成。这种方法不仅具有高分辨率，而且能够在非破坏性条件下进行分析。红外光谱的工作原理基于物质对特定波长的红外辐射的吸收特性。每种化合物都有其独特的光谱特征，这些特征可以通过与已知光谱库中的标准物进行比对来识别。根据吸收峰的位置、强度和形状，可以推断出化合物中原子的种类和排列方式。例如，羟基（—OH）基团通常表现为一个较宽的吸收峰，这是因为其对特定波长范围的红外光吸收强烈。而碳-碳双键则会产生一个狭窄但尖锐的吸收峰，因为其对特定频率的近红外光有强烈吸收。

拉曼散射光谱（RS）是一种基于拉曼效应的表征技术，它通过测量样品对激光光束散射光的频率变化（拉曼位移）及相关特性来确定样品中的化学键结构和分子振动状态。当激光光束与样品相互作用时，部分光子会散射回来，这些散射光的频率变化以及一定程度上的强度等特性可以提供关于样品中原子或分子的信息。具体来说，如果样品中的分子具有特定的振动和转动模式（例如，分子的对称伸缩振动、弯曲振动等），那么这些振动和转动模式就会影响光的散射特性，产生特定频率变化。因此，通过测量散射光的频率变化及相关特性，我们就可以确定样品中的化学键结构和分子振动状态。

电感耦合等离子体（ICP）是一种广泛应用于分析物质组成的技术。它通过利用高频电磁场激发样品中的原子和离子，使其发生电离和激发，从而产生特征的发射光谱（包括可见光和紫外线辐射）。这种方法可以有效地检测物质中的元素及其含量。然而，ICP在能量分辨率方面存在一定的局限性，即无法精确测量较小的能量差。此外，由于该探测方式是基于原子或离子发射光谱的检测，因此在空间分辨率和时间分辨方面也有一定的限制。为了提高检测灵敏度和精度，研究人员开发了多种改进技术和方法，如调谐激光脉冲、多波长检测等。根据检测原理和应用场景的不同，ICP可主要分为两种方法：电感耦合等离子体-质谱法（ICP-MS）和电感耦合等离子体-原子发射光谱法（ICP-AES）。其中，ICP-MS主要用于分析固体和液体样品中的元素成分和同位素比例关系；而ICP-AES则适用于分析气体、溶液和悬浮液中的元素含量和分布情况。

X射线光电子能谱（XPS）技术主要是测定样品受X射线照射后所释放的光电子能量。通过测量核心电子的动能，可以计算出材料中被喷射出的电子的结合能。核心电子的结合能对每个元素都是独一无二的，而且元素结合能的微小变化取决于环境和原子的氧化状态。因此，XPS是一种较为成熟且非破坏性的表征手段之一，可用于确定元素的氧化价态。由于每种元素都有其特定的结合能，因此通过测定特定元素的特定原子轨道的结合能、分析结合能的变化可获得金属的价态与氧化状态。

电子能量损失谱（EELS）是一种重要的材料学研究表征技术。它通过测量电子与物质相互作用时损失的能量来了解材料的电子结构和能级信息。EELS广泛应用于纳米科学、表面与界面科学、催化反应、生物医学等领域，以揭示材料的电子特性和化学行为。EELS的基本原理是电子与物质相互作用，在这个过程中电子因激发等产生能量损失，从而形成能量损失谱。当具有一定能量的入射电子与样品相互作用时，样品内的电子可能被激发到高能级，这个过程中入射电子会损失能量。这些能量损失后的电子被探测器捕获，并转换为电信号。通过对这些信号的分析，可以确定电子的能量损失情况及其能级信息。为了获得更详细的EELS谱图，研究人员通常会采用多种不同的扫描方式和透射角度。此外，他们还可以使用各种辅助技术，如透射电子显微镜、X射线衍射等，以提高EELS数据的准确性和可靠性。

俄歇电子能谱仪（AES）是一种高度精确且实用的科学仪器，它利用原子或分子在俄歇过程中发射特定能量的俄歇电子来表征样品的组成。这种技术在许多领域都有着广泛的应用，包括物理学、化学、材料科学等。AES的基本原理是将样品置于真空环境中，用具有一定能量的电子束轰击样品。电子束与样品中的原子相互作用，使原子内层电子被激发电离，形成空穴。此时，外层电子会跃迁到该空穴，并以发射俄歇电子的形式释放能量。通过测量这些俄歇电子的能量和强度，我们可以了解样品中原子的种类和数量，以及它们之间的相互作用。AES的优点之一是其高分辨率。由于对电子能量的检测分辨率非常高，因此可以检测到非常小的能量变化。此外，AES还具有高灵敏度和选择性，可以在各种复杂环境下工作。这使得AES成为一种非常有用的工具，可以帮助研究人员深入了解样品的结构和性质。

扫描透射X射线显微术（STXM）是一种先进的成像技术，它结合了透射和扫描两种技术的优势。凭借高分辨率的特性，该成像方法在生物医学、材料科学以及纳米技术等诸多领域展现出广泛的应用前景。STXM通过利用不同波长的X射线，能够获取样品内部结构的详细信息，助力科学家更深入地理解样品的性质与结构。

X射线吸收近边结构谱（XANES）主要用于研究材料的电子结构和化学成分。在X射线吸收谱中，阈值之上60eV以内的低能区会出现强吸收特性的谱段，这一谱段被称为近边吸收结构。它是由激发光电子经受周围原子的多重散射所导致的。近边吸收结构不仅能反映吸收原子周围环境中原子的几何构型，还能反映凝聚态物质费米能级附近低能位的电子态结构。这种方法通过测量X射线与材料相互作用时产生的光谱线，可以推断出材料中的原子、分子和离子的位置及状态。随着同步辐射光源的建设，X射线吸收谱学得到了前所未有的发展，在物质结构表征（包括原子结构及电子结构等）方面发挥着越来越重要的作用。

此外，纳米多孔材料中的元素还可以通过应用能量色散X射线光谱（EDX）进行分析。EDX技术与成像工具相结合，如扫描电子显微镜（SEM）和透射电子显微镜（TEM），用于检测成像区域的元素组成。EDX分析所提供的数据包含光谱，这些光谱可呈现出被分析样品的组成情况。

1.2.3 孔径及比表面积表征

对于表征开放性多孔固体的结构特征，如比表面积、外表面积、材料的孔体积占比（即孔隙率）以及微孔体积，气体吸附分析是应用最为广泛的技术之一。氮气等温吸附-脱附技术是一种用于精确测量多孔材料孔隙率和孔径分布的方法。该技术利用氮气在特定温度下对多孔材料表面的吸附作用，通过控制脱附过程来测量吸附氮气的体积变化。这种方法具有高精度、高灵敏度和可重复性的优点。

Brunauer、Emmett和Teller（BET）提出的理论是基于气体在材料表面物理吸附的最常用计算模型之一，可用于测定多孔材料的比表面积。BET关系的推导基于在非微孔表面上多层气体分子覆盖的假设，该理论的假设前提是相邻吸附分子之间的相互作用仅在垂直于表面的方向上发生。Barrett、Joyner和Halenda（BJH）理论基于Kelvin方程（该方程将压力与孔隙大小联系起来），是计算介孔固体中孔隙体积和孔隙大小分布最常用的方法。BJH理论假设孔隙的形状为圆柱形。研究表明，对于狭窄介孔（孔径＜10nm），BJH理论会将孔径低估约20％～30％。这一误差可通过应用基于分子模拟或密度函数理论（DFT）软件的方法来减小，这类方法适用于不同类型的孔结构。

1.2.4 形貌表征

扫描电子显微镜（SEM）是一种普遍的材料表征技术，能够用于观察并量化材料的形状、表面纹理和颗粒分布情况，还可提供有关材料（包括多孔材料）的形态、结构、成分和晶体学等方面的信息。这种成像技术可以直接观察和研究具有复杂结构的纳米多孔材料。由于SEM具有较高的分辨率，它被认为是分析纳米结构（包括纳米多孔材料）的强大可视化工具。近年来，SEM分辨率不断提升，如今已能够捕捉到样品微观结构的三维信息。因此，SEM图像分析在材料结构表征，尤其是纳米多孔材料的结构表征中，凸显出重要价值。在SEM的观察下，孔和壁之间的复杂网络可以被清晰地呈现出来。多孔材料不同区域的结构也可以通过SEM直接观察。因此，从SEM获得的图像能够将局部结构与整个样品进行全面的细节比较，是观察精细孔结构的重要手段。

透射电子显微镜（TEM）被认为是表征纳米材料的应用最广泛的技术之一，因为它具备亚纳米级分辨率，且拥有直接观察极小孔隙结构的能力。TEM所提供的纳米材料图像，其原子尺寸分辨率范围从约100nm直至单原子大小。这种方法能够对包括纳米多孔材料在内的各种纳米结构进行成像。这些图像提供了材料丰富的微观结构信息，涵盖颗粒大小与形态，以及原子级晶体结构信息等。

与SEM类似，对非导电样品进行成像也是TEM面临的一人挑战。因此，对于一些金属氧化物样品，在成像前通常会在其表面涂覆一层纳米级厚度的金导电涂层。TEM面临的另一个挑战是样品制备，因为样品架的网格非常小，所以样品必须足够小（100nm薄）或者是非常细的粉末。近年来，TEM技术在多个方面取得了突破性进展，比如原子级成像的像差校正、用于生物标本成像的冷冻TEM技术以及原位成像技术等。例如，原位TEM已逐渐成为观察纳米级反应的主流技术手段。TEM具备较高的时间和空间分辨率，能够直接观察纳米结构、形态或元素分布的变化情况。与其他原位技术（如扫描隧道显微镜（STM）、原子力显微镜（AFM）以及各种X射线方法）相比，TEM更具优势。

1.3 多孔材料的应用研究

多孔材料是一类具有丰富微观结构的固体材料。多孔材料独特的孔道结构、骨架电荷特性以及可调变的表面亲疏水性，使其在催化、吸附、分离、能源存储与转化、药物控释递送以及传感等诸多领域展现出广泛的应用前景[8]。多孔材料的设计与调控涉及孔道尺寸、形状、孔道空间均匀性以及原子、分子组成等多个方面，这是化学家和材料学家需要共同面对的重要挑战。在工业催化方面，多孔材料可用作催化剂的载体，以提高反应速率和选择性；在吸附与分离方面，多孔材料因其高表面积和丰富的孔道结构，能够高效地吸附和分离各种物质；在能源存储与转化方面，多孔材料能显著提升电荷传输速率和离子扩散动力，进而提高能源器件的能量密度和功率密度；在生物医学方面，多孔材料在生物传感、组织工程等方面的应用也日益广泛。本书将主要针对多孔材料在工业催化、光电催化、吸附与分离、能源存储以及生物医学方面的应用进行介绍。

1.3.1 工业催化

在过去的几十年里，微孔沸石分子筛作为一类重要的多相催化剂被广泛使用。分子筛能够在工业催化领域得以应用，主要源于其两类特殊的性质。其一，分子筛骨架中以四配位铝为代表的物质赋予分子筛独特的布朗斯特酸性质，使其可作为固体酸催化剂发挥作用。其二，分子筛催化剂独特的微孔孔道结构赋予其择形催化的能力。分子筛孔道的尺寸与形状能够对反应物、催化反应过渡态以及产物的构型进行形状筛分，进而直接影响催化反应路径，这与传统表面催化有着显著差异。在分子筛的限域空间内，反应物与催化活性中心的相互作用得到强化，不同性质的催化活性可能起到协同催化作用，降低反应活化能，改变催化反应的路径。

作为一类典型的固体酸催化剂，硅铝沸石分子筛在原油催化裂化、柴油提质升级、芳烃转化、天然气转化制油品及化学品、甲醇制烯烃或汽油、烯烃异构化以及芳香烃烷基化等反应中展现出突出的性能。即使是全硅分子筛，其表面硅羟基所具有的弱酸性也能够促使催化反应发生。例如，全硅 MFI 分子筛表面硅羟基的弱酸性可用于催化环己酮肟的贝克曼重排反应[9]。TS-1 分子筛骨架中掺入四配位钛后，已被证实是一类性能优异的选择性氧化用催化材料，在工业领域被应用于丙烯选择性氧化、环己酮氨氧化以及苯酚羟基化反应。

除了直接利用分子筛的酸性进行催化外，还可通过离子交换的方式将客体金属离子引入沸石分子筛的孔道中，使金属阳离子催化的化学反应在分子筛的限域空间内发生，这极大地拓宽了分子筛催化剂的应用范围。例如，经 Cu 离子交换的 SSZ-13（CHA 结构）能够高效催化氮氧化物的脱除反应；经 Cu 离子交换的丝光沸石还可催化甲烷氧化等反应。此外，近些年来诸多研究工作致力于将金属纳米团簇或颗粒负载至分子筛表面或孔道内，制备出双功能复合催化材料，在加氢裂解和选择性氧化等反应中都表现出一定的应用前景。

虽然分子筛的酸性质以及微孔孔道有利于进行择形催化反应，但是微孔孔道在催化反应中，常常对反应物和产物分子的扩散形成阻碍。因此，具有多级孔道结构的分子筛材料便应运而生。其中，最为典型的是用于催化裂化反应的Y型分子筛催化剂，其常需要通过蒸汽或酸处理等方式脱铝，在这一过程中会形成介孔结构。制备得到的多级孔超稳Y型分子筛（USY）展现出更高的催化活性和更好的催化稳定性。因此，合理地对多孔材料的孔道结构在微孔和介孔尺度进行调变对催化剂的工业应用具有重大意义。在本书第6章，我们将详细讨论分子筛在工业催化领域中的应用概况。

1.3.2　光电催化

光催化技术的出现实现了太阳能向化学能的成功转化。具体来说，在光照条件下利用太阳能不仅可实现水的裂解，从而制氢和制氧，还可以实现二氧化碳的还原以及对污染物的降解。同样，电催化技术在外加电压的条件下，还能通过电催化剂的作用将大气中的水、二氧化碳和氮转化为具价值的产物。因此，光电催化技术在解决环境和能源问题方面展现出良好的应用前景。但要实现上述催化过程的高效运转，需要加快对先进催化剂的探索。由于光电催化是发生在催化剂表面的化学反应，因此除了探索具有较高本征活性的催化剂外，对催化剂结构进行合理设计也可以大幅度优化其催化性能。在众多结构中，多孔结构因其较大的比表面积，不仅赋予材料更丰富的反应活性位点，而且其相互连通的孔道结构能够有效缩短离子的传输距离，赋予材料更快的催化反应速度，使其在光电催化领域展现出独特优势。此外，在多孔催化剂的基础上，对其进行成分上的优化，构筑多孔基复合材料能够进一步改善其光电催化性能。在本书第7章，将从光电催化的影响因素角度出发，深入探究多孔结构与催化性能之间的作用机理，为后续高性能光电催化剂的设计提供新思路。

1.3.3　吸附与分离

大多数化工、制药等工业过程都需要对化学品进行分离提纯，然而传统的蒸馏分离工艺存在耗能大的缺点。在分离过程中耗费的能量约占全球能源使用总量的10%～15%，而分离过程的成本占总过程成本的40%～90%。基于吸附原理的吸附分离材料能够根据混合物各组分的性质进行选择性分离，具有成本低、能耗低、过程可循环等优点，有望替代传统的蒸馏等工业分离过程。吸附与分离过程的关键在于开发具有选择性的高效吸附分离材料。经过多年研究，现已发展出沸石分子筛、多孔碳材料、金属有机框架材料等多种吸附分离材料。在众多吸附分离材料中，沸石分子筛是研究最为广泛的一种，它具有孔道规整、合成成本低、水稳定性高、吸附容量较大以及吸附选择性高等特点。

沸石分子筛在20世纪末被应用于脱水等领域，在乙醇和水分离的过程中已实现工业应用。近年来，随着研究的不断深入，沸石分子筛在二氧化碳捕获、氮气氧气分离、烃类分离、稀有气体分离等领域也不断展现出一定的应用潜力。

以金属有机框架（MOFs）和共价有机框架（COFs）为代表的有机多孔材料，在吸附与分离领域也表现出不俗的潜力。MOFs材料具有结构可设计、孔径可调、比表面积大以及结构柔性等特点，这赋予了它多种吸附分离性能。MOFs材料吸附分离机理在很大程度上与沸石、活性炭相似，如物理吸附、化学吸附、分子筛分等。在化学吸附过程中，通常是将被吸附物与不饱和金属位点发生作用，或者是官能团与吸附物之间产生作用。MOFs材料凭借自身框架的灵活性，在极端条件（温度/压力）下的吸附过程中，展现出更显著的优势。COFs材料是由有机小分子单体通过共价键连接形成的结晶多孔聚合物。与传统的线性聚合物不同，COFs能够在二维和三维空间中对其骨架结构进行调控，进而合成具有高度有序的刚性多孔结构，并且能够调节骨架的化学和物理性质。此外，COFs材料完全由轻质元素组成，具有低密度、高比表面积、高孔隙率、孔径可控、表面化学性质可控等特点，这些固有特性使得COFs材料特别适用于精确分离这一具有挑战性的研究领域。此外，微孔有机聚合物（MOPs）作为一种新型的微孔材料，由于共价键的性质，具有十分出色的化学稳定性。且相比于其他微孔材料，MOPs还具有高比表面积、孔径可控、易功能化修饰的优点，使其在吸附与分离领域崭露头角。尤其是对水体系中有机污染物有天然的亲和性，基于定向结构和性能设计的MOPs对有机污染物表现出良好的吸附分离效果，近年来相关研究呈现快速发展态势。在本书第8章，我们将介绍各类多孔材料在吸附与分离领域中的应用。

1.3.4 能源存储与转化

在电化学储能应用中，各种类型的储能器件内部均涉及离子/电子的输运过程。组成储能器件的各个部件，如电极材料、隔膜等，需要具备合理的孔道结构，以此调节离子/电子的输运动力学，从而获得更优异的电化学性能。例如，在设计金属锂离子电池负极材料时，为提高倍率性能，通常需要制备具有分级多孔结构的电极，以提高锂离子的迁移率和传输速率；在设计金属锂硫电池时，为防止锂枝晶的产生，需要在负极侧引入多孔集流体或者多孔涂层；在设计金属空气电池时，将具有较高本征活性的金属纳米粒子与具有合理孔道结构的碳材料有效复合，能够降低金属空气电池的充放电过电位，从而获得高的功率密度和能量转换效率；在设计固态电池时，把多孔颗粒作为填料与有机固体电解质复合，可提升有机电解质的离子电导率、热稳定性和力学性能；在设计水系锌离子电池时，合理调控正极材料的孔道结构，对提高锌离子电池的倍率性能和长循环稳定性具有重要意义；在设计超级电容器时，具有大比表面积和高电子电导率的多孔电极材料能显著提升电容值。因此，多孔材料在提升储能器件性能方面发挥着至关重要的作用，我们将在第 9 章展开详细讨论。

1.3.5　生物医学

几个世纪以来，多孔材料在生物医学领域得到广泛应用，例如非洲人利用多孔黏土矿作为治疗腹泻的药物。在 21 世纪，我们已经掌握了精确设计具备所需结构和化学特征的多孔材料的合成技术方法。到目前为止，合成的多孔材料主要被用作工业应用中的催化剂或其载体。在过去的几十年中，多孔材料合成的进步促使人们发现并开发出具有更大比表面积和可控孔道结构的新型多孔材料，能够精确调整孔结构和化学组分，催生了各类多孔材料，其中就包括可用于生物医学的多孔纳米材料，主要涵盖药物控释递送、传感以及组织工程等方面。而这些应用的实施在很大程度依赖于对材料性能的理解，以及对材料结构进行全面、系统的表征，以确保多孔材料具备较高的安全性和有效性。本书的第 10 章中，我们将详细阐述该领域的进展，包括一系列不同的多孔材料（多孔二氧化硅、分子筛、金属有机框架等）的制备方法、生物功能性、不同类型的生物医学应用以及临床转化前景等。

总之，多孔材料在催化、吸附与分离、能源存储与转化以及生物医学等领域展现出广阔的应用前景。随着科学技术的发展，人们在多孔材料的设计与调控方面将面临更多挑战，然而，也必将为人类带来更多便利与福祉。

参考文献

[1] 徐如人，庞文琴，于吉红，等. 分子筛与多孔材料化学 [M]. 北京：科学出版社，2004.

[2] 赵东元，万颖，周午纵，等. 有序介孔分子筛材料 [M]. 北京：高等教育出版社，2013.

[3] Simancas R, Dari D, Velamazán N, et al. Modular organic structure-directing agents for the synthesis of zeolites [J]. Science, 2010, 330 (6008): 1219-1222.

[4] Kresge C T, Leonowicz M E, Roth W J, et al. Ordered mesoporous molecular sieves synthesized by a liquid-crystal template mechanism [J]. Nature, 1992, 359 (6397): 710-712.

[5] Zhao D-Y, Feng J-L, Huo Q-S, et al. Triblock copolymer syntheses of mesoporous silica with periodic 50 to 300 angstrom pores [J]. Science, 1998, 279 (5350): 548-552.

[6] Chen L-H, Sun M-H, Wang Z, et al. Hierarchically structured zeolites: From design to application [J]. Chemical Reviews, 2020, 120 (20): 11194-11294.

[7] van Vreeswijk S H, Weckhuysen B M. Emerging analytical methods to characterize zeolite-based materials [J]. National Science Review, 2022, 9 (9): nwac047.

[8] 何鸣元，张锁江，韩布兴，等. 绿色过程制造发展报告 [M]. 北京：科学出版社，2022.

[9] Choi M, Na K, Kim J, et al. Stable single-unit-cell nanosheets of zeolite MFI as active and long-lived catalysts [J]. Nature, 2009, 461 (7261): 246-249.

第2章

微孔分子筛材料的制备

2.1 引言

根据国际纯粹与应用化学联合会（IUPAC）的定义，孔径小于2nm的多孔材料为微孔材料。其中，沸石分子筛是最具有代表性的一类微孔材料，其骨架由硅、铝和氧组成，大部分孔径小于1nm[1-6]。由于沸石分子筛的结构规整且具有均匀的孔道尺寸，在催化、吸附与分离等过程中展现出巨大潜力[7]。巨大的应用前景激发了科学家们在过去的半个多世纪中对沸石分子筛的合成进行了深入探索。从传统水热合成到新型溶剂热和离子热合成，从直接水热合成到干胶法和无溶剂法，加热方式从热辐射发展到微波法，分子筛的合成方法变得越来越丰富。近些年，研究人员又开发出了一系列更环保、经济实惠的沸石分子筛合成方法。此外，在计算机技术的辅助下，对沸石分子筛进行理性设计也取得了快速发展。本章将详细阐述微孔（沸石）分子筛制备的历史以及近年来取得的进展。

2.2 微孔分子筛材料的发现和人工合成的发展

人类对沸石的认识开始于对天然矿物属性的观察。1756年，瑞典化学家和矿物学家克朗斯特（Baron Axel Fredrik Cronstedt）在对辉沸石（stilbite）的研究中发现，该材料在加热过程中会释放水蒸气[8]。他将具有这类特殊属性的天然矿物统称为沸石（zeolite）。这一命名取自希腊语中zeo（沸腾）和lithos（石头）之意，故简称为沸石。这一发现标志着沸石分子筛领域的先驱性突破。随后，人们开始关注这类具有特殊属性的矿物。1857年，A. Damour

发现水分子在天然沸石（natural zeolite）上的吸脱附过程具有可逆性，即经脱水干燥后的沸石又可以重新吸附水。随后，Eichorn 发现沸石具有离子交换特性，并将其用于硬水软化过程。19 世纪末，Friedel 发现干燥脱水后的沸石对气体和醇等有选择性吸附的作用，而对丙酮和苯则几乎没有吸附能力[9]。1925 年，Weigel 和 Steinhoff 也观察到类似的现象，并提出了沸石在吸附过程中具有对客体分子进行选择性筛分的效应[10]。随着人类对沸石的吸附和离子交换属性认识的不断深入，天然沸石也开始被广泛应用于吸附剂和干燥剂领域。然而，由于当时结构分析技术受限，人们对沸石所具备的特殊性能缺乏深刻的科学认识，对其的了解主要基于观察到的表观现象。因此，从克朗斯特发现天然沸石矿物后至关注其特殊性能，可以被认为是沸石研究的萌芽阶段。

1930 年，基于 X 射线衍射的结构分析技术的发展大大助推了沸石的研究。Taylor 和 Pauling 利用 X 射线衍射技术解析了第一个沸石的单晶结构[11-13]，揭示了沸石在分子水平具有有序孔道和笼结构的特征。无机阳离子和水分子填充在沸石晶体孔隙中，并且表现出一定程度的灵活性和自由度。例如，分布于沸石孔道中以实现电荷平衡作用的无机阳离子可以进行离子交换，而孔道中的水分子则可逆地吸/脱附或者被其他分子取代等。沸石的结晶性赋予其规则且有序的微孔孔道结构，且孔道的形状、尺寸和维度由其内在的晶体结构所决定，这是沸石结构最重要的特征之一。因此，不同类型的沸石具备不同的孔道尺寸，在选择性吸附和交换客体分子方面呈现出差异化特点。严格地说，沸石仅指硅氧四面体（或与铝氧四面体）以共价键连接而形成的微孔晶体材料。然而，J. W. McBain 提出广义上将具备筛选客体分子功能材料称为“分子筛（molecular sieve）”[14]。晶体结构分析的结果为人类对沸石属性的认识提供了重要理论基础，并激发了科学家们对沸石的人工合成和功能展开更加深入研究的热情。

在克朗斯特发现天然沸石后的 200 年中，沸石常被发现于玄武岩和火山岩附近的矿物中，随后在沉积岩中也发现了天然沸石。据统计，目前已发现的天然沸石有 60 余种[15]。尽管天然沸石具有分布广泛、廉价易得等特点，但随着工业应用对其功能的要求不断提高，天然沸石由于种类有限性和成分复杂性的限制，往往无法满足多样化的应用需求。这成为人类从事沸石合成研究的初始动因。沸石在不同地质条件下的成因一直是许多科学家的研究课题。天然沸石具有含水且低骨架密度的特征，其形成可能与环境中的压力和温度密切相关。天然沸石的化学组成中常含有无机阳离子，因此推测其形成可能与环境中的碱性和水的硬度有关。由于火山岩中常发现有沸石矿藏，起初科学家们推测沸石的形成可能需要超高温（>200℃）和超高压（>100bar，$1\text{bar}=10^5\text{Pa}$）的苛刻条件，但是，早期在极端条件下进行的分子筛合成实验并没有取得很大进展。之后在沉积岩中也发现了沸石矿藏，开始促使研究者们转变思路，尝试在更温和的条件下进行沸石合成的研究。

20 世纪 30 至 40 年代，以 R. M. Barrer 为代表的科学家开始在实验室进行人工合成沸石的研究，正式揭开了人工合成沸石的篇章。1948 年，Barrer 等人成功地通过人工合成获得了 MOR 结构的沸石（丝光沸石）和 KFI 结构的沸石[16-19]。Barrer 的工作随即启发了联合碳化物公司（Union Carbide Corporation，U. C. C.）林德分部的 R. M. Milton 和 D. W. Breck 等科学家展开了对人工合成沸石的深入研究，并取得了重要突破。在 1949～1954 年期间，研究者主要在较低温（约 100℃）和水的自生压力下进行了一系列合成沸石的研究工作，并发现了几种有重大应用价值的沸石，如 A 型、X 型和 Y 型沸石。1955 年，T. B. Reed 和 D. W. Breck 等人确定了 A 型沸石的晶体结构[20]。这些人工合成的沸石很快在吸附与分离领域取得重要应用，并引起科学界对其多相催化性能的高度关注。1954 年，U. C. C. 开始将人工合成的沸石材料作为制冷剂气体和天然气的干燥剂使用。1959 年，U. C. C. 建立了第一个基于人工合成沸石的分离过程，用于直链烷烃的提纯。同年，U. C. C. 将 Y 型分子筛用于异构化反应的催化剂[21]。1962 年，Mobil 石油公司将人工合成的 X 型沸石作为烷烃裂解催化剂。我国自 1959 年起也相继开发出 A 型、X 型、Y 型和丝光沸石分子筛并应用于气体干燥、分离和纯化以及催化过程中。

在人工合成沸石的早期研究中，科学家主要模仿天然沸石形成可能的地质条件来进行合成研究。沸石的水热合成往往在富含碱金属阳离子的强碱性溶液中进行，所制备出来的沸石材料都具有比较高的铝含量，即低的骨架硅铝原子比（简称硅铝比，通常在 1～5 之间）。例如，X 型沸石的硅铝原子比在 1～1.5 之间，Y 型沸石的硅铝原子比在 1.5～3 之间，丝光沸石、L 型沸石、毛沸石、菱沸石、斜发沸石和 Omega 沸石的硅铝原子比均在 2～5 的范围内。硅铝原子比大于 5 的沸石似乎很难通过水热合成被制备出来。

这一瓶颈直至 20 世纪 60 年代被打破。1961 年，Barrer 和 Denny 发现，在沸石的合成体系中引入四甲基氢氧化铵（TMAOH）可以合成出高硅铝原子比的沸石，如高硅的 A 型、X 型、Y 型和 SOD 型沸石[22]。这是因为在只含 Na^+ 所制备得到的 SOD 型沸石中的每个 SOD 笼含有 3 个骨架铝，从而需要每个 SOD 笼中存在 3 个 Na^+ 来平衡由于骨架铝带来的负电荷。然而，在不含 Na^+ 但含 TMA^+ 的合成体系中合成的 SOD 分子筛，其硅铝原子比可以高达 5。根据计算推测，这可能与 SOD 笼内空间仅能容纳一个 TMA^+ 阳离子相关，导致每个 SOD 分子筛笼中只会出现 1 个骨架铝[23]。这一合成结果表明，有机铵化合物的引入成功提高了分子筛材料的硅铝原子比组成。在同一时期，Mobil 石油公司的 G. Kerr 等人也开始系统性地研究将有机胺和季铵盐引入水热合成体系以制备沸石，并成功合成出一系列重要且硅铝原子比大于 5 的高硅分子筛材料，其中最具典型性的是 1972 年被报道的 ZSM-5 分子筛（MFI 拓扑结构)[24]。ZSM-5 分子筛是 Pentasil 家族中第一个通过水热法制备得到的分子筛。四丙基氢氧化铵（TPAOH）在沸石的晶化过程中被认为起到重要的结构导向作用。使用有机物并意识到其在分子筛形成过程中发挥导向作用是分子筛合成发展历程中一个重要的转折点。

随着有机模板剂的引入，许多高硅和全硅沸石得以通过人工合成。例如，P. Chu 采用四丁基氢氧化铵（TBAOH）作为模板剂成功制备了 ZSM-11 沸石[25]。M. K. Rubin 则采用四乙基氢氧化铵（TEAOH）导向合成了 ZSM-12 沸石[26]。此后几年，ZSM-21，ZSM-34 和高硅 Beta 沸石在有机模板剂的导向下相继被合成出来[27]。有机模板剂的引入产生出一系列结构新颖的微孔分子筛材料，使得分子筛孔道在维数、尺寸和连通性方面都得到显著拓展。此外，分子筛材料的硅铝原子比组成范围也得到拓宽，并突破了天然沸石和早期人工制备沸石材料中硅铝原子比不高于 5 的限制。高硅和全硅组成的出现显著提升了分子筛材料的疏水性和水热稳定性，因此，有机模板剂的引入将人工合成沸石带入了全新阶段，在其导向作用下研究沸石的合成迅速成为今后人工沸石合成的主要探索方向。

在同时期，除了在高硅沸石的水热合成方面取得巨大进展，科学家们也尝试对低、中硅铝比沸石（硅铝原子比小于 5）进行二次合成处理，如水蒸气脱铝，酸溶液处理脱铝等，以获取高硅沸石。最具代表性的进展是 1969 年 Grace 公司开发出针对 Y 型沸石（硅铝原子比 1.5～3）进行高温水蒸气脱铝处理制备超稳 Y 沸石（ultra-stable Y，USY）的改性路线。随着硅铝原子比的增加，Y 型沸石的稳定性得到大幅度提升。USY 沸石后来成为石油炼制工业流化催化裂化（fluid catalytic cracking，FCC）过程中不可或缺的关键催化剂，为人类使用石油作为主要能源奠定了基础。截至 1977 年，已有约 2 万吨的 Y 型沸石被成功用于石油炼制的催化过程。除此之外，高硅丝光沸石、毛沸石、Beta 沸石、斜发沸石等也被相继研发出来。经过二次合成，大批沸石的化学组成得到调控，随着骨架铝含量的降低和沸石稳定性得到提高，这进一步促进了人们对沸石结构和性质的研究，为拓展沸石的应用领域打下了基础。自此，人工合成沸石的化学组成从低、中硅铝比拓宽至高硅乃至全硅的范畴。

进入 20 世纪 80 年代后，人工合成沸石的工作进入了快速发展阶段。一个新里程碑是磷铝酸盐分子筛家族的成功合成。1982 年，U. C. C. 公司的 S. T. Wilson 和 E. M. Flanigen 在有机模板剂的存在下，通过调变分子筛合成凝胶的化学组成，成功开发出一类全新的骨架组成为磷酸铝的分子筛（$AlPO_4$-n）[28]。这项工作的意义在于，将分子筛的骨架化学组成由传统的硅铝酸盐组成和全硅组成，拓宽至磷酸铝组成的分子筛材料，表明了分子筛不再局限于特定化学组成。中性的 $AlPO_4$ 分子筛骨架由铝氧四面体和磷氧四面体严格交替连接而成。因此，$AlPO_4$ 分子筛可以被视为具有相同晶体结构、全硅组成的沸石类似物。

与硅基分子筛不同，磷酸铝分子筛表现出高度的骨架柔性，易于其他元素的掺杂[29]。随后，含其他元素掺杂的磷酸铝家族的诸多成员被相继报道，如 SAPO-*n*（S＝Si）、MeAPO-*n*（Me＝Fe、Mg、Mn、Zn、Co 等）、MeAPSO-*n*、ElAPO-*n*（El＝Be、Ga、Ge、Li、Ti 等）和 ElAPSO-*n*。其他元素的部分掺杂使得 $AlPO_4$ 分子筛的骨架呈现阴离子骨架特征，如 Si^{4+} 取代 P^{5+} 或者 Co^{2+} 取代 Al^{3+} 都将在分子筛骨架中引入负电荷。据统计，主族元素、过渡金属元素和非金属元素作为杂原子对分子筛骨架掺杂，已经衍生出超过 24 种结构和 200 个不同骨架元素组成的分子筛材料。在这一时期的工作中发现了 15 种具有全新拓扑结构的磷铝酸盐分子筛。磷酸铝体系所发现的新分子筛结构很大程度上拓展了分子筛材料的孔道尺寸。例如，第一例超大孔 VPI-5 分子筛（VFI 结构）具有十八元环孔道，孔径达到 1.25nm[30]；超大孔 $AlPO_4$-8 分子筛（AET 结构）的孔道为十四元环，尺寸达到 0.9nm[31]；具有十二元环孔道结构的大孔分子筛有 $AlPO_4$-5 分子筛（AFI 结构）[32]、$AlPO_4$-36 分子筛（ATS 结构）[33]、$AlPO_4$-40 分子筛（AFR 结构）[34] 等；具有八元环孔道的小孔分子筛有 $AlPO_4$-14 分子筛（AFN）[35]、$AlPO_4$-17 分子筛（ERI 结构）[36]、$AlPO_4$-18 分子筛（AEI 结构）[37] 等。1991 年，Estermann 等人报道了一种具有二十元环超大孔磷酸镓分子筛 Cloverite（-CLO 结构）[38]。自此，基于磷酸铝体系的分子筛合成研究极大地丰富了分子筛的骨架组成和孔道结构，将分子筛材料的孔径从十二元环及以下延伸至十四元环及以上。

自 Barrer 等先驱者开展人工合成沸石的研究以来，沸石分子筛的合成在 20 世纪 40 年代后取得了长足进步（图 2.1）。从早期模仿天然沸石形成可能的条件进行合成探索，到将有机模板剂引入分子筛的合成体系，分子筛合成的研究内容不断丰富。分子筛结构和骨架组成的丰富性为开拓人工沸石的应用提供了广阔空间。虽然一些天然沸石出现在适合采矿的大型、几乎单一矿物矿床中，开采成本较低，但天然沸石的种类相对较少，大多适宜用在纯度要求不太高的领域。已商业化用于吸附剂应用的天然沸石包括菱沸石、伊利石、丝光沸石和斜发沸石。其中，丝光沸石与斜发沸石被用于空气分离、干燥和纯化等领域。此外，天然沸石在造纸、水泥和混凝土中用作分散剂，在肥料和土壤调节剂以及畜牧业中作为膳食补充剂使用。但是，相比于天然沸石，人工合成沸石具有明显的优势。人工合成可以得到单一结构且高纯度的沸石，可以根据需求宏量合成，并且具备可设计的结构和组成。因此，在过去的半个多世纪中，人工合成沸石逐渐被应用于吸附、催化和离子交换等领域。尤其是在石油加工、石油化工、煤化工、精细化工和环境治理等方面的成功应用，极大地激发了人们对分子筛合成的研究兴趣。

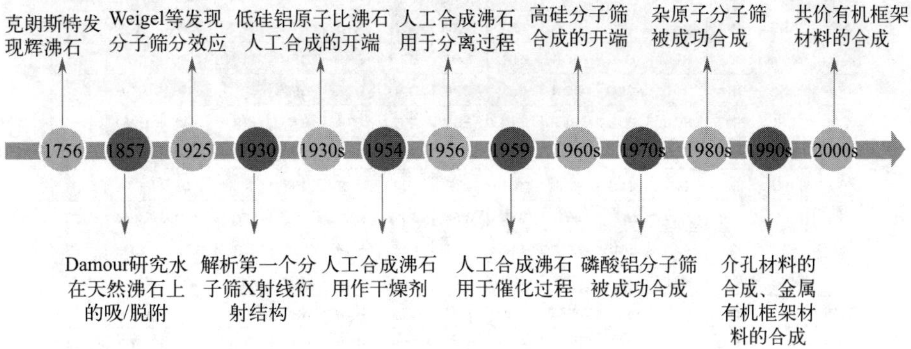

图 2.1　多孔材料的发展历史

根据国际分子筛协会结构委员会（IZA-SC）的统计，1970 年微孔分子筛的独特结构只有 27 种，1988 年为 64 种，1996 年迅速上升为 98 种。截至 2023 年，已有约 250 种独特的微孔分子筛拓扑结构（图 2.2）。不仅如此，分子筛的结构类型也得到了大幅度扩展，并且骨架组成也由传统的硅铝酸盐为主逐渐拓展至多达几十种元素作为骨架元素。同时，人们还不断开发出新的分子筛合成方法。除了传统的水热合成之外，溶剂热法、离子热法、微波法、干胶法和后处理二次合成法等新合成方法层出不穷。近年来，沸石的绿色合成引起了科学家们的广泛关注，很多在传统水热合成条件下需要水和有机模板剂参与才能合成的分子筛，在无溶剂和无有机结构导向剂的条件下也可以成功制备。与合成技术的进步相对应的是对分子筛合成关键因素理性认识的加深。早在 1954 年，Loewenstein 基于实验总结提出，在沸石结构中不会出现 Al—O—Al 的连接，因为高度分散的骨架负电荷分布使得沸石结构更加稳定，这后来被称作 Loewenstein 规则[39]。近几十年来，晶体结构分析技术以及成像和光谱等表征技术的进步为研究分子筛合成过程中各个要素的作用提供了关键证据。但是由于分子筛制备过程的复杂性，目前对分子筛材料的晶化机理还未能有完全清晰的认识。基于实验现象，科学家经验性地总结出了固相转化机理、液相晶化机理和一些非经典的晶化机理，并尝试解释分子筛复杂的合成过程。另外，近几十年来计算机技术的快速发展为研究分子筛的合成过程提供了强有力的工具。人们尝试借助理论计算模型，寻找理性设计分子筛合成的路线，并已取得一定的成果，这对未来进行合成实验具有一定的指导意义。基于微孔分子筛合成化学的发展现状，本章后续部分将对微孔分子筛的合成方法进行详细介绍。

表 2.1 列举出了被国际分子筛协会（International Zeolite Association，IZA）收录的天然沸石的类型、化学组成与晶胞参数[15]。

ABW	ACO	AEI	AEL	AEN	AET	AFG	AFI	AFN	AFO	AFR	AFS	AFT	AFV	AFX
AFY	AHT	ANA	ANO	APC	APD	AST	ASV	ATN	ATO	ATS	ATT	ATV	AVE	AVL
AWO	AWW	BCT	BEC	BIK	BOF	BOG	BOZ	BPH	BRE	BSV	CAN	CAS	CDO	CFI
CGF	CGS	CHA	-CHI	-CLO	CON	CSV	CZP	DAC	DDR	DFO	DFT	DOH	DON	EAB
EDI	EEI	EMT	EON	EOS	EPI	ERI	ESV	ETL	ETR	ETV	EUO	EWF	EWO	EWS
-EWT	EZT	FAR	FAU	FER	FRA	GIS	GIU	GME	GON	GOO	HEU	-HOS	IFO	IFR
-IFT	-IFU	IFW	IFY	IHW	IMF	-ION	IRN	IRR	-IRT	-IRY	ISV	ITE	ITG	ITH
ITR	ITT	-ITV	ITW	IWR	IWS	IWV	IWW	JBW	JNT	JOZ	JRY	JSN	JSR	JST
JSW	JZO	JZT	KFI	LAU	LEV	LIO	-LIT	LOS	LOV	LTA	LTF	LTJ	LTL	LTN
MAR	MAZ	MEI	MEL	MEP	MER	MFI	MFS	MON	MOR	MOZ	MRT	MSE	MSO	MTF
MTN	MTT	MTW	MVY	MWF	MWW	NAB	NAT	NES	NON	NPO	NPT	NSI	OBW	OFF
OKO	OSI	OSO	OWE	-PAR	PAU	PCR	PHI	PON	POR	POS	PSI	PTF	PTO	PTT
PTY	PUN	PWN	PWO	PWW	RFE	RHO	-RON	RRO	RSN	RTE	RTH	RUT	RWR	RWY
SAF	SAO	SAS	SAT	SAV	SBE	SBN	SBS	SBT	SEW	SFE	SFF	SFG	SFH	SFN
SFO	SFS	SFW	SGT	SIV	SOD	SOF	SOR	SOS	SOV	SSF	-SSO	SSY	STF	STI
STT	STW	-SVR	SVV	SWY	-SYT	SZR	TER	THO	TOL	TON	TSC	TUN	UEI	UFI
UOS	UOV	UOZ	USI	UTL	UWY	VET	VFI	VNI	VSV	WEI	-WEN	YFI	YUG	ZON

图 2.2 国际分子筛协会认证的分子筛拓扑结构

表 2.1 国际分子筛协会收录的天然沸石的类型、化学组成和晶胞参数

天然沸石的类型(名称)	化学组成	晶胞参数
Alflarsenite	$\|NaCa_2(H_2O)_2\|[Be_3Si_4O_{13}(OH)]$	$P21, a=7.1222Å, b=19.8378Å, c=9.8071Å$①$, \beta=111.287°$
Amicite	$\|K_4Na_4(H_2O)_{10}\|[Al_8Si_8O_{32}]$	$I2, a=10.226Å, b=10.422Å, c=9.884Å, \beta=88.32°$
Ammonioleucite	$\|(NH_4,K)\|[AlSi_2O_6]$	$I4_1/a, a=13.214Å, c=13.713Å$
Analcime	$\|Na(H_2O)\|[AlSi_2O_6]$	$Ia\text{-}3d, a=13.567Å$
Barrerite	$\|(Na,K,Ca_{0.5})_8(H_2O)_{26}\|[Al_8Si_{28}O_{72}]$	$Amma, a=13.643Å, b=18.220Å, c=17.842Å$
Bellbergite	$\|(K,Ba,Sr)_2Sr_2Ca_2(Ca,Na)_4(H_2O)_{30}\|[Al_{18}Si_{18}O_{72}]$	$P6_3/mmc, a=13.244Å, c=15.988Å$
Bikitaite	$\|Li(H_2O)\|[AlSi_2O_6]$	$P21, a=8.606Å, b=4.962Å, c=7.600Å, \beta=114.45°$
Boggsite	$\|(Ca,Na_{0.5},K_{0.5})_9(H_2O)_{70}\|[Al_{18}Si_{78}O_{192}]$	$Imma, a=20.326Å, b=23.798Å, c=12.798Å$
Brewsterite	$\|(Sr,Ba,Ca)_2(H_2O)_{10}\|[Al_4Si_{12}O_{32}]$	$P2_1/m, a=6.793Å, b=17.573Å, c=7.759Å$
Chabazite	$\|(Ca_{0.5},K,Na)_x(H_2O)_{12}\|[Al_xSi_{12-x}O_{24}]$, $x=2.4\sim5.0$	$R\bar{3}m, a=13.790Å, c=15.040Å$
Chiavennite	$\|CaMn(H_2O)_2\|[Be_2Si_5O_{13}(OH)_2]$	$Pnab, a=8.866Å, b=31.340Å, c=4.787Å$
Clinoptilolite	$\|(K,Na,Ca_{0.5},Sr_{0.5},Ba_{0.5},Mg_{0.5})_6(H_2O)_{20}\|[Al_6Si_{30}O_{72}]$	$C2/m, a=17.688Å, b=17.902Å, c=7.409Å, \beta=116.50°$

续表

天然沸石的类型(名称)	化学组成	晶胞参数
Cowlesite	$\|Ca(H_2O)_{5.3}\|[Al_2Si_3O_{10}]$	$P222_1$, $a=23.249$Å, $b=30.629$Å, $c=24.964$Å
Dachiardite	$\|(Ca_{0.5},Na,K)_5(H_2O)_{13}\|[Al_5Si_{19}O_{48}]$	Cm, $a=18.676$Å, $b=7.518$Å, $c=10.246$Å, $\beta=107.87°$
Direnzoite	$\|NaK_6MgCa_2(H_2O)_{36}\|[Al_{13}Si_{47}O_{120}]$	$Pmmn$, $a=7.579$Å, $b=18.201$Å, $c=26.154$Å
Edingtonite	$\|Ba(H_2O)_4\|[Al_2Si_3O_{10}]$	$P2_12_12_1$, $a=9.550$Å, $b=9.665$Å, $c=6.523$Å
Epistilbite	$\|(Ca,Na_2)_3(H_2O)_{16}\|[Al_6Si_{18}O_{48}]$	$C2$, $a=9.101$Å, $b=17.741$Å, $c=10.226$Å, $\beta=124.66°$
Erionite	$\|K_2(Ca_{0.5},Na)_8(H_2O)_{30}\|[Al_{10}Si_{26}O_{72}]$	$P6_3/mmc$, $a=13.333$Å, $c=15.091$Å
Faujasite	$\|(Na,Ca_{0.5},Mg_{0.5},K)_x(H_2O)_{16}\|[Al_xSi_{12-x}O_{24}]$, $x=3.2\sim4.3$	$Fd\text{-}3m$, $a=24.638$Å
Ferrierite	$\|(Mg_{0.5}K,Na,Ca_{0.5})_6(H_2O)_{20}\|[Al_6Si_{30}O_{72}]$	$Immm$, $a=18.231$Å, $b=14.145$Å, $c=7.49$Å
Flörkeite	$\|K_3Ca_2Na(H_2O)_{12}\|[Al_8Si_8O_{32}]$	$P\bar{1}$, $a=19.965$Å, $b=14.274$Å, $c=8.704$Å, $\alpha=88.37°$, $\beta=125.08°$, $\gamma=89.57°$
Garronite	$\|(Ca_{0.5},Na)_6(H_2O)_{14}\|[Al_6Si_{10}O_{32}]$	$I\bar{4}m2$, $a=9.927$Å, $c=10.303$Å
Gaultite	$Na_4(H_2O)_5\|[Zn_2Si_7O_{18}]$	$F2dd$, $a=10.211$Å, $b=39.880$Å, $c=10.304$Å
Gismondine	$\|Ca_4(H_2O)_{18}\|[Al_8Si_8O_{32}]$	$P2_1/c$, $a=10.023$Å, $b=10.616$Å, $c=9.843$Å, $\beta=92.42°$
Gmelinite	$\|(Ca_{0.5},Sr,K,Na)_8(H_2O)_{22}\|[Al_8Si_{16}O_{48}]$	$P6_3/mmc$, $a=13.800$Å, $c=9.964$Å
Gobbinsite	$\|(Na,Ca_{0.5})_6(H_2O)_{12}\|[Al_6Si_{10}O_{32}]$	$Pmnb$, $a=10.104$Å, $b=9.782$Å, $c=10.152$Å
Gonnardite	$\|(Na,Ca_{0.5})_{8\sim10}(H_2O)_{12}\|[Al_{8+x}Si_{12-x}O_{40}]$, $x=0\sim2$	$I\bar{4}2d$, $a=13.211$Å, $c=6.622$Å
Goosecreekite	$\|Ca_2(H_2O)_{10}\|[Al_4Si_{12}O_{32}]$	$P21$, $a=7.401$Å, $b=17.439$Å, $c=7.293$Å, $\beta=105.44°$
Gottardiite	$\|(Na,K)_3Mg_3Ca_5(H_2O)_{93}\|[Al_{19}Si_{117}O_{272}]$	$Cmca$, $a=13.698$Å, $b=25.213$Å, $c=22.660$Å
Harmotome	$\|(Ba_{0.5},Ca_{0.5},K,Na)_5(H_2O)_{12}\|[Al_5Si_{11}O_{32}]$	$P2_1/m$, $a=9.869$Å, $b=14.139$Å, $c=8.693$Å, $\beta=124.81°$
Heulandite	$\|(Ca_{0.5},Sr_{0.5},Ba_{0.5},Mg_{0.5},Na,K)_9(H_2O)_{24}\|[Al_9Si_{27}O_{72}]$	$C2/m$, $a=17.719$Å, $b=17.898$Å, $c=7.428$Å, $\beta=116.42°$
Hsianghualite	$\|Li_2Ca_3F_2\|[Be_3Si_3O_{12}]$	$I213$, $a=12.897$Å
Kalborsite	$\|K_6B(OH)_4Cl\|[Al_4Si_6O_{20}]$	$P21m$, $a=9.851$Å, $c=13.060$Å

续表

天然沸石的类型(名称)	化学组成	晶胞参数
Kirchhoffite	$\|Cs\|[BSi_2O_6]$	$I4_1/acd$, $a=13.019Å$, $c=12.900Å$
Laumontite	$\|Ca_4(H_2O)_{18}\|[Al_8Si_{16}O_{48}]$	$C2/m$, $a=14.587Å$, $b=12.877Å$, $c=7.613Å$, $\beta=111.159°$
Leucite	$K[AlSi_2O_6]$	$I4_1/a$, $a=13.090Å$, $c=13.750Å$
Levyne	$\|(Ca_{0.5},Sr,K,Na)_6(H_2O)_{17}\|[Al_6Si_{12}O_{36}]$	$a=13.338Å$, $c=23.014Å$
Lovdarite	$\|K_4Na_{12}(H_2O)_{18}\|[Be_8Si_{28}O_{72}]$	$Pma2$, $a=39.576Å$, $b=6.931Å$, $c=7.153Å$
Maricopaite	$\|Pb_7Ca_2)(H_2O,OH)_{\sim 32}\|[Al_{12}Si_{36}(O,OH)_{100}]$	$Cmcm$, $a=19.434Å$, $b=19.702Å$, $c=7.538Å$
Mazzite	$\|(Mg_{2.5}K_2Ca_{1.5})(H_2O)_{30}\|[Al_{10}Si_{26}O_{72}]$	$P6_3/mmc$, $a=18.392Å$, $c=7.646Å$
Merlinoite	$\|(K,Ca_{0.5},Ba_{0.5},Na)_{10}(H_2O)_{22}\|[Al_{10}Si_{22}O_{64}]$	$Immm$, $a=14.116Å$, $b=14.229Å$, $c=9.946Å$
Mesolite	$\|Na_2Ca_2(H_2O)_8\|[Al_6Si_9O_{30}]$	$Fdd2$, $a=18.405Å$, $b=56.655Å$, $c=6.544Å$
Montesommaite	$\|K_9(H_2O)_{10}\|[Al_9Si_{23}O_{64}]$	$Fdd2$, $a=10.099Å$, $b=10.099Å$, $c=17.307Å$
Mordenite	$\|Na_2,Ca,K_2)_4(H_2O)_{28}\|[Al_8Si_{40}O_{96}]$	$Cmcm$, $a=18.052\sim18.168Å$, $b=20.404\sim20.527Å$, $c=7.501\sim7.537Å$
Mutinaite	$\|Na_3Ca_4(H_2O)_{60}\|[Al_{11}Si_{85}O_{192}]$	$Pnma$, $a=20.201Å$, $b=19.991Å$, $c=13.469Å$
Nabesite	$\|Na_2(H_2O)_4\|[BeSi_4O_{10}]$	$P2_12_12_1$, $a=9.722Å$, $b=10.142Å$, $c=12.030Å$
Natrolite	$\|Na_2(H_2O)_2\|[Al_2Si_3O_{10}]$	$Fdd2$, $a=18.293Å$, $b=18.638Å$, $c=6.585Å$
Offretite	$\|CaKMg)(H_2O)_{16}\|[Al_5Si_{13}O_{36}]$	$P\bar{6}m2$, $a=13.307Å$, $c=7.592Å$
Pahasapaite	$\|(Ca_{5.5}Li_{3.6}K_{1.2}Na_{0.2})Li_8(H_2O)_{38}\|[Be_{24}P_{24}O_{96}]$	$I23$, $a=13.781Å$
Parthéite	$\|Ca_2(H_2O)_4\|[Al_4Si_4O_{15}(OH)_2]$	$C2/c$, $a=21.555Å$, $b=8.761Å$, $c=9.304Å$, $\beta=91.55°$
Paulingite	$\|(Ca_{0.5},K,Na,Ba_{0.5})_{10}(H_2O)_{27\sim34}\|[Al_{10}Si_{32}O_{84}]$	$Im\bar{3}m$, $a=35.088Å$
Perlialite	$\|K_9Na(Ca,Sr)(H_2O)_{15}\|[Al_{12}Si_{24}O_{72}]$	$P6/mmm$, $a=18.490\sim18.543Å$, $c=7.510\sim7.531Å$
Phillipsite	$\|(Na,K,Ca_{0.5})_x(H_2O)_{12}\|[Al_xSi_{16-x}O_{32}]$, $x=3.7\sim6.7$	$P2_1/m$, $a=9.961\sim9.975Å$, $b=14.164\sim14.236Å$, $c=8.700\sim8.768Å$
Pollucite	$\|(Cs,Na_n)(H_2O)_n\|[AlSi_2O_6]$,其中 $Cs+n=1$	$Ia\bar{3}d$, $a=13.690Å$
Roggianite	$\|Ca_2(H_2O)_{2.5}\|[BeAl_2Si_4O_{13}(OH)_2]$	$I4/mcm$, $a=18.330Å$, $c=9.160Å$
Scolecite	$\|Ca(H_2O)_3\|[Al_2Si_3O_{10}]$	$F1d1$, $a=18.508Å$, $b=18.981Å$, $c=6.527Å$, $\beta=90.64°$

续表

天然沸石的类型(名称)	化学组成	晶胞参数
Stellerite	$\|(Ca)_4(H_2O)_{28}\|[Al_8Si_{28}O_{72}]$	$Fmmm$, a=13.600Å, b=18.222Å, c=17.863Å
Stilbite	$\|(Ca_{0.5},Na,K)_9(H_2O)_{30}\|[Al_9Si_{27}O_{72}]$	$C2/m$, a=13.62Å, b=18.25～18.291Å, c=11.26Å, β=127.21°
Terranovaite	$\|NaCa(H_2O)_{13}\|[Al_3Si_{17}O_{40}]$	$Cmcm$, a=9.747Å, b=23.880Å, c=20.068Å
Thomsonite	$\|(Ca_2Na)(H_2O)_6\|[Al_5Si_5O_{20}]$	$Pncn$, a=13.104Å, b=13.057Å, c=13.246Å
Tschernichite	$\|(Ca,Mg,Na_{0.5})(H_2O)_8[Al_2Si_6O_{16}]$	$P4_122$, a=12.634Å, c=26.608Å
Tschörtnerite	$\|Ca_4(K_2,Ca,Sr,Ba)_3Cu_3(OH)_8(H_2O)_n\|[Al_{12}Si_{12}O_{48}]$	$Fm\bar{3}m$, a=31.620Å
Tvedalite	$\|Ca,Mn)_4(H_2O)_3\|[Be_3Si_6O_{17}(OH)_4]$	a=8.724Å, b=23.140Å, c=4.923Å
Wairakite	$\|Ca(H_2O)_2\|[Al_2Si_4O_{12}]$	$I4_1/acd$, a=13.72Å, c=13.66Å
Weinebeneite	$\|Ca(H_2O)_4\|[Be_3P_2O_8(OH)_2]$	Cc, a=11.897Å, b=9.707Å, c=9.633Å, β=95.76°
Willhendersonite	$\|K_2Ca_2(H_2O)_{10}\|[Al_6Si_6O_{24}]$	$P1$, a=9.206Å, b=9.216Å, c=9.500Å, α=92.34°, β=92.7°, γ=90.12°
Yugawaralite	$\|Ca_2(H_2O)_8\|[Al_4Si_{12}O_{32}]$	Pc, a=9.700Å, b=13.972Å, c=10.039Å, β=111.07°

①1Å=10^{-10}m。

2.3　分子筛的制备方法

从广义上讲，结晶固态材料的制备方法可分为两大类，分别对应于主要在固相和液相中发生的合成反应。其中，固相制备方法通常需要非常高的温度以克服固体反应物经物质间界面扩散所带来的挑战。高温固态反应倾向于制备出热力学更稳定的物相，该方法通常用于制备固态氧化物。与高温固相合成形成对比的是，液相反应中的物质流动与交换要容易得多，因而液相合成通常在较低的温度下进行（大多低于 200℃）。这类制备技术中最常用且具代表性的是水热合成法。典型的水热合成方法是将反应物密封在特氟隆（Teflon）材质的高压釜内，从而使反应体系内部在反应温度下产生自生水热压力，在此密闭体系中于一定的温度和压力条件下发生化学反应制备结晶材料。水热合成所需的较低温度为控制得到热力学亚稳相（即非热力学上的最稳定相）提供了更多可能性。相比于高温固相合成方法，低温水热的合成方法显著增加了亚稳态物相的概率，为材料合成带来了更多的可能性。

除了经典的水热合成法之外，以各种醇类为溶剂的溶剂热合成法和以离子液体为溶剂的离子热合成法也各有特色[40-41]。此外，科学家还开发出干胶合成法，将合成分子筛的凝胶组成中的固相与液相部分分开置于反应釜中进行分子筛合成[42-45]。近些年来，无溶剂条件下进行分子筛合成的方法也得到了开发[46]。另外，科学家还尝试以微波加热代替传统的加热方式，从而衍生出了微波合成法[47]。最近，将分子筛晶化液置于不锈钢反应管中，利用其导热快的优势，通过油浴加热取代传统加热方式，实现超快速度的分子筛制备[48]。

近年来，越来越多的分子筛材料经过二次合成法得以制备，如经水热合成过程首先制备层状分子筛前驱体，经过二次焙烧（煅烧）转变成真正的分子筛材料[49]。经二次合成法，可以对分子筛的结构和组成进行精准调控，这已经成为分子筛合成领域中一个重要的研究方向。最近，以分子筛晶种替代有机结构导向剂用于分子筛的合成逐渐兴起，这避免了昂贵的有机结构导向剂的使用，并且有利于降低分子筛材料合成的成本（图 2.3）[50]。整体而言，分子筛合成方法展现出多样化的特征，每种合成方法都有其特色。

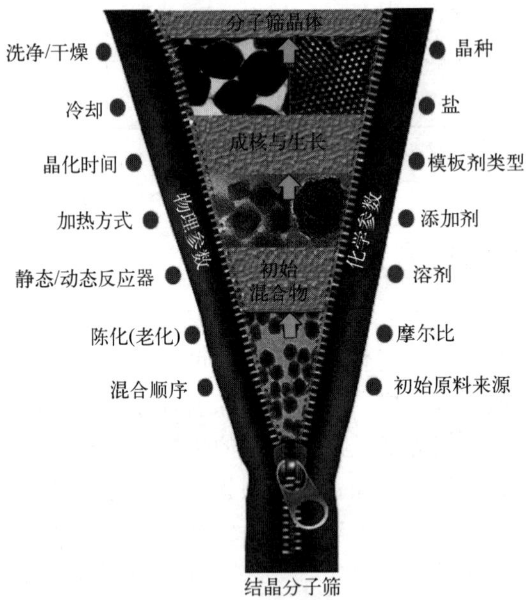

图 2.3　分子筛合成的主要参数[50]

2.3.1　水热合成

以水作为溶剂的水热合成法是合成微孔分子筛最经典的方法。分子筛的水热合成在一定温度和压力条件下的密闭容器中进行，实验中常采用具有特氟隆（Teflon）或石英材质内衬的不锈钢反应釜。在一定的温度和压力条件下，反应体系处于亚临界或超临界状态。这种非平衡的热力学状态可以促进反应物的溶解和提高其反应活性，从而有利于初始凝胶的形成和不断衍化，并加快晶化速率。分子筛的水热合成一般有以下基本过程：硅铝酸盐水合凝胶（或溶胶）的生成、形成晶核、晶体生长和可能存在的介稳态之间的相变。影响分子筛水热合成过程的因素众多，如原料类型、凝胶组成、陈化条件和晶化条件等。由于分子筛的骨架组成多样，不同组成的分子筛的水热合成过程有着共同的特征，但在某些方面也表现出不同的规律性，这显示出分子筛水热合成机理的复杂性。本节将根据分子筛组成类型的差别，分别对富铝分子筛、高硅分子筛和磷酸盐分子筛三个经典的分子筛合成体系进行介绍。

2.3.1.1　富铝分子筛（aluminum-rich zeolites）

富铝分子筛的制备通常不涉及有机结构导向剂。典型富铝分子筛合成使用的原料有硅源、铝源、无机阳离子、矿化剂（OH^- 或含 F^- 试剂）和水。常用的硅源有正硅酸四乙酯、发烟硅胶、硅溶胶、水玻璃等。常用的铝源有异丙醇铝、偏铝酸钠、三氯化铝、氢氧化铝等。无机碱源通常采用碱金属或碱土金属的氢氧化物。合成过程是将上述原料溶解于水中直至均匀成胶，并经过适当的陈化过程，然后再被密封于密闭反应釜中，在一定温度下进行合成反应直至晶化，最终生成具有一定结构的分子筛，如图 2.4 所示。大多数富铝分子筛能够在较低温度（接近 100℃）下合成，例如 A 型、X 型、P 型、SOD 型和 CHA 型沸石。虽然富铝分子筛的合成过程看似并不复杂，但是最终分子筛的形成受到众多合成条件的影响，如凝胶的化学组成、原料类型、配制步骤、陈化条件、晶化条件等，且这些影响因素往往共同起作用，难以简单梳理出单一因素对最终形成的分子筛的影响。

在众多影响因素中，无机阳离子的类型对富铝分子筛的合成发挥着重要作用。Flanigen 总结了无机金属阳离子在富铝分子筛合成中的重要作用：①为分子筛合成体系提供氢氧根离子；②平衡分子筛骨架引入铝而产生的负电荷；③结构导向[51]。在碱性条件下，二氧化硅在水中的溶解度随着碱度的升高而大幅度提高，从而有利于无机物料的均匀混合，为晶核形成和晶体生长提供合适的反应介质。在富铝分子筛的成核过程中，金属阳离子可能诱导水分子在其周围形成有序微结构，随后这些水分子逐渐被硅或铝物种所取代，进一步诱导

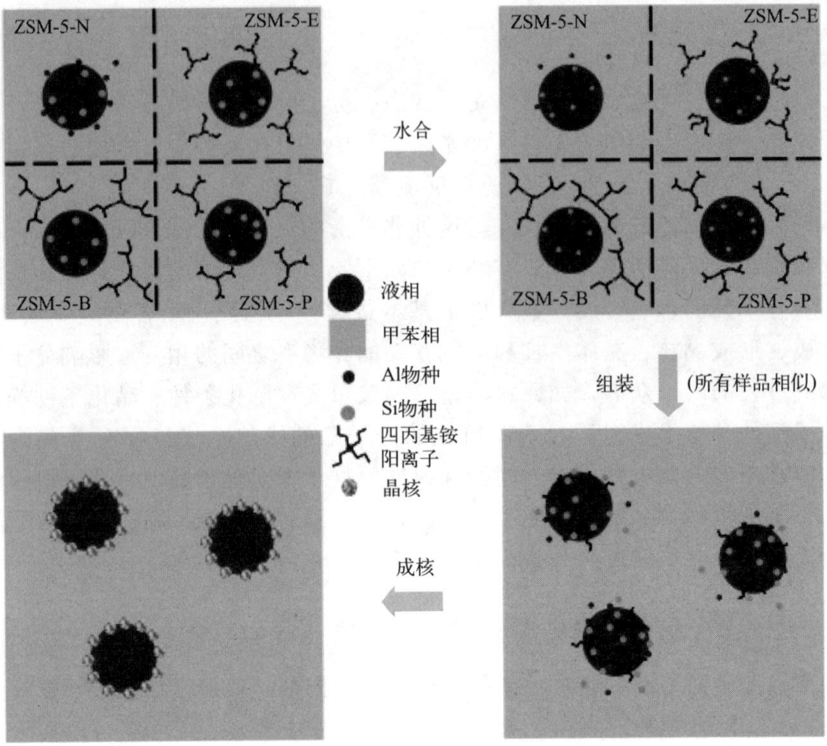

图 2.4　相转移合成中用铝调节排列的过程和机理示意图

分子筛晶核的形成[52]。很多合成实验证明了碱金属阳离子的类型对分子筛的结构有重要的影响。在类似的实验条件下，不同的碱金属阳离子（Na^+、K^+和Cs^+）分别导向了A型、CHA型和EDI型分子筛。虽然碱金属阳离子的结构导向机理尚不明确，但这证实了不同的阳离子具备不同程度的结构导向能力，因此将其称为无机结构导向剂。

在富铝分子筛的制备体系中，存在以下几个规律[53]：①合成凝胶中碱金属阳离子浓度增加会导致所制备的分子筛的骨架硅铝比降低；②即使合成凝胶中的硅铝比小于1，分子筛的骨架硅铝比也将高于或等于1，这是因为根据Loewenstein规则，Al—O—Al键不会出现在分子筛结构中；③部分硅物种可能残留在液相中，并且样品收率较低，因此导致分子筛骨架硅铝比可能低于初始凝胶的硅铝比。另外，大多数晶化得到的分子筛是热力学上的亚稳相，富铝分子筛的形成受晶化动力学影响很大。根据Ostwald熟化规则，在合成过程中先形成的亚稳相逐渐被消耗，并被更加稳定的相所取代，直至晶化出热力学上最稳定的相。因此，在分子筛的合成过程中，动力学因素往往起到重要的作用。通过不同的配制方法、操作步骤甚至原料，具有相同化学组成的分子筛凝胶会得到不同的晶化产物。从热力学角度来看，合成出亚稳相是常见现象。这可能是因为在分子筛晶化过程中，亚稳相转变为热力学稳定相所需克服的能垒过高，导致其很难快速转变成另一种结构。然而，富铝分子筛的合成过程也常受到Ostwald熟化规则影响。随着晶化的进行，早期形成的亚稳相逐渐转变为骨架密度更大且更加稳定的分子筛材料。例如，在水热合成条件下，A型分子筛（骨架密度，framework density，FD＝每立方纳米中的T原子数量＝12.9）和X型分子筛（FD＝12.7）可转变为SOD型分子筛（FD＝17.2）和P型分子筛（FD＝15.4）。

在富铝分子筛合成过程中，陈化过程对晶化产物也会产生重要的影响。陈化阶段指的是将合成凝胶配制好后在一定条件下进行水热晶化前的阶段。其目的主要是调控分子筛合成凝胶的组成和状态，有利于在晶化条件下合成出所需要的分子筛材料。研究发现，在陈化过程中，分子筛合成凝胶的组成和结构随着时间的延长不断发生复杂的衍化。这是因为该阶段的合成凝胶常处于亚稳状态，初级凝胶和次级凝胶之间常发生转变。很多研究小组已经发现了晶化前合成凝胶的组成和结构对晶化过程有着非常重要的影响。例如，Okubo和Ogura等人采用^{29}Si NMR对Y型分子筛的陈化过程进行了详细的研究，发现在陈化过程中水合硅铝凝胶的量和微观局部结构在陈化过程中不断衍化[54]。随着陈化时间的推移，初始凝胶逐渐衍化形成具有Q^4（4Al）单元的铝硅酸盐物种。当陈化时间长于1天时，有助于促进FAU结构的Y型分子筛晶体形成。与此相反，没有陈化过程或陈化时间较短则不会晶化出Y型分子筛，而是导致SOD、ANA或CHA结构的形成；然而，过长的陈化时间则会形成GIS结构的分子筛。由此可见，分子筛陈化阶段水凝胶中所形成的硅铝酸盐物质的初级结构在Y型分子筛的成核中具有重要作用。根据实验结果，Okubo等人推测出早期形成高浓度硅铝酸盐物质的水凝胶相将有利于获得具有更高结晶度和均匀尺寸分布特性的Y型分子筛[54]。对富铝分子筛合成中陈化阶段加以研究将有利于理解陈化的作用及过程中物种的衍化，这些认识将为通过调控陈化条件以控制分子筛产品的结构和性能奠定基础。

在富铝分子筛的晶化阶段，晶化温度和时间对形成的分子筛的结构和组成会产生重要的影响。不同的晶化温度下，水热合成反应釜中的自生压力会发生变化，直接影响了分子筛合成凝胶的亚临界状态，即影响合成凝胶中无机物种的状态和相互间的聚合反应，最终影响晶化过程中成核、晶体生长和亚稳态的相转变过程。因此，在实验中常观察到相同化学组成的分子筛合成凝胶，在不同的晶化条件下可获得不同晶体结构的分子筛材料产物。例如，基于Na_2O-SiO_2-Al_2O_3-H_2O组成的合成凝胶可在不同温度下可晶化出A型、P型、X型、CHA型和GME型分子筛（150℃），SOD型和MOR型分子筛（200～300℃），ANA型和NAT型等小孔和无孔材料（高于300℃）。总体来说，随着晶化温度的升高，晶化出的分子筛材料的水含量、孔径和孔容呈现明显的下降趋势，而分子筛骨架密度却逐渐升高，即更易形成致密的分子筛材料。通过分析不同晶化温度下制备得到的分子筛的次级结构单元发现，低温下晶化出的分子筛含有较为复杂的次级结构单元；反之，高温下晶化出的分子筛结构中的次级结构单元较为简单。此外，制备过程中采用的晶化条件也会显著影响所获得分子筛的形貌、取向和尺寸。

为了阐释富铝体系分子筛晶化历程中的关键因素，许多工作研究了初级结构单元（例如八面沸石的双六元环等）在分子筛结构形成中的作用。研究者通过拉曼光谱观察到了无定形硅铝酸盐固体中含有四个原子所形成的四元环结构，但未能观察到更加复杂的次级结构单元[55]。此外，通过液体^{29}Si NMR技术在硅酸盐溶液中常观察到三元环（环状三聚硅酸）等环状结构，而这些结构单元在最终形成的分子筛结构中却很少被观察到[56]。因此，尚未明确建立起NMR和拉曼等光谱观测到的无机物种与水热合成得到的分子筛之间的联系。Vaughan等人提出在分别使用钠和钾铝硅酸盐凝胶时，片状和柱状结构是重要的结构构筑单元[57]。在含钠的硅铝凝胶中引入额外的Li^+、Na^+、K^+、Rb^+和Cs^+后，在100℃下分别产生了ZSM-3分子筛、八面体沸石、片状八面沸石和CSZ-1分子筛。由于这些分子筛结构中都含有FAU片状结构，初始凝胶中的钠可能诱导了FAU片状结构的形成[58]。上述结果表明，分子筛晶核的形成和局部结构对最终形成的分子筛结构非常重要。虽然通过拉曼和核磁共振等技术捕捉到了一些微小区域内部存在有序结构，但是这并不意味着这些局部有序结构最终参与了分子筛的形成；相反，更有可能的是这些在分子筛晶化过程中形成的短程有序的结构单元逐渐解聚，再相互连接形成了中长程有序的硅铝酸盐的拓展结构。因此，这些拓展结构可能才真正参与了长程有序分子筛结构的形成。Wijnen等人通过小角X射线散射观察到，在A型沸石的合成过程中，合成凝胶形态先发生变化，可能形成了一些局部有序结构。随后，通过延长晶化时间并借助粉末X射线衍射才能观察到结晶沸石的形成。这些结果表明，中长程有序的硅铝酸盐物种的“微排序”先于具有长程有序性的分子筛形成[59]。

总之，富铝分子筛的合成过程涉及复杂多变的化学反应。这些复杂的影响因素相互交织，并协同作用影响着分子筛的晶化历程。值得注意的是，由于富铝分子筛水热合成过程中对无机阳离子的大小、形状和电荷密度等重要参数只有有限的选择，因此合理设计富铝分子筛的合成条件缺乏灵活性。

2.3.1.2 高硅分子筛（high silica zeolites）

在人工合成分子筛的发展历程中，高硅分子筛的成功合成是一个十分重要的里程碑。高硅分子筛具有相对较低的骨架铝含量，材料的疏水性和水热稳定性得到大幅度提高，更加适用于对水热稳定性有较高要求的催化和分离过程。

正如本章所介绍的，与富铝分子筛合成显著不同的是，合成高硅分子筛的关键因素是向凝胶中引入有机结构导向剂（organic structure-directing agent，OSDA）分子，通常是中性的有机胺或带正电的季铵盐（或季鏻盐）阳离子。在某些合成体系中，无机金属阳离子与有机分子形成的配合物也被用于导向分子筛的形成。因此，多数高硅分子筛的合成凝胶中含有硅源、铝源（或其他骨架元素对应的原料）、OSDA、矿化剂（OH^- 或 F^-）、无机阳离子和水。加入的季铵盐类型的 OSDA 分子不仅可平衡由于引入分子筛骨架铝而产生的负电荷，而且可以诱导出结构独特的新型分子筛材料。OSDA 分子通常以特定的方式排列填充在分子筛的孔道或笼中，与分子筛之间存在静电作用力和范德瓦耳斯力等复杂的弱相互作用，这种分子筛骨架和 OSDA 分子之间的主客体相互作用极大地提高了分子筛材料的热力学稳定性[60]。这为在分子筛晶化条件下，形成含有 OSDA 的分子筛亚稳相提供了更多的可能性。因此，引入具有结构导向能力的有机分子开启了高硅分子筛合成研究的序幕。

根据有机分子在导向分子筛晶化过程中的实际作用，通常将其分为模板剂（template）、有机结构导向剂（OSDA）和孔道填充剂（pore-filling agent）。三者之间的显著区别是，该有机分子对分子筛结构的导向能力是否具有很强的特异性。当有机分子的结构导向作用具有高度特异性时，即该有机分子的分子对称性与所导向形成的分子筛的对称性密切相关，这种有机分子通常被认为在这个分子筛形成过程中起到了模板剂的作用。典型的例子是 $C_{18}H_{36}N^+$ 分子可以特异性地导向形成 MEI 结构的 ZSM-18 分子筛[61]。研究发现，$C_{18}H_{36}N^+$ 分子本身呈现 $D3h$ 对称性，而根据计算机能量最低优化后，发现 $C_{18}H_{36}N^+$ 分子可能正好处于 ZSM-18 分子筛孔道中独特的三次旋转轴上（图 2.5）。由于 ZSM-18 分子筛孔道的限域作用，$C_{18}H_{36}N^+$ 分子不能自由旋转而改变其分子取向和构型。因此，可以推测出 $C_{18}H_{36}N^+$ 的分子对称性与 ZSM-18 分子筛的晶体对称性完美匹配，这种匹配效应将提升有机分子与分子筛间的主客体相互作用，进而使得该有机分子在晶化过程中可以特异性地导向形成 ZSM-18 分子筛。如果所使用的有机分子起到模板剂作用并稳定分子筛晶化过程中形成的亚稳态物种的话，那么其可能会在分子筛晶核的合成和晶体的生长过程中发挥特殊的导向作用。

但是，值得一提的是，在目前的分子筛合成体系中，这种具有高度特异性的有机模板剂分子并不常见，反而经常观察到另两种现象：①一种分子筛结构可以在多种有机分子的存在下被合成出来，例如用于合成 ZSM-5 分子筛的有机分子多达几十种；②一种有机分子在不同的合成条件下导向形成不同结构的分子筛，如 4-二甲氨基吡啶分子在类似的合成条件下可导向形成多种不同的分子筛结构。这一普遍存在的现象显示出，有机分子在导向分子筛形成过程中

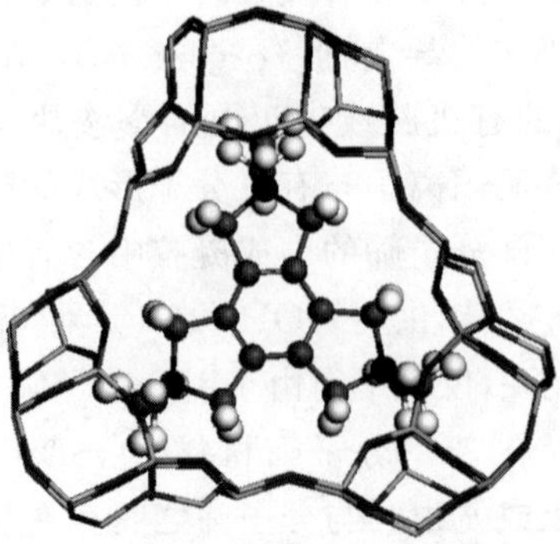

图 2.5 ZSM-18 分子筛孔道中的三季铵盐阳离子[61]

的作用可能非常复杂。

Gies 等人研究了有机分子的结构导向效应，提出制备得到的分子筛结构中的笼尺寸与有机胺的尺寸存在一定的关联[62]。当使用链状双有机胺作为有机分子时，可以导向形成具有一维孔道结构的分子筛材料。例如，丙二胺和 1,3-哌啶丙烷可分别用于合成具有一维十二元环和十元环结构的 ZSM-48 和 ZSM-12 分子筛。当使用含有支链的有机胺，如三乙胺、三丙胺和三丁胺时，都会导向形成含两套十元环交叉孔道的 ZSM-5 分子筛。此外，四丁基铵（TBA^+）则会被用于合成具有交叉孔道的 ZSM-11 分子筛。通过这些例子可以看出，有机分子在形成过程中，其构型和分子尺寸与所导向形成的分子筛的孔道或笼尺寸似乎具有一定的联系。这些有机分子与分子筛间通过复杂的相互作用，如静电相互作用和远程的范德瓦耳斯力相互作用等，参与分子筛结构的形成过程。但这些有机分子是如何导向与其分子结构相关联的分子筛结构尚不清晰，笼统地将具有这种导向能力的有机分子视为分子筛合成的有机结构导向剂。

然而，在分子筛形成过程中，有机分子对于导向作用的影响往往十分复杂，仅通过比较有机分子和分子筛孔道的尺寸和形状进行分析是不够的。这与分子筛合成中存在的复杂的有机-无机相互作用相关。如采用四丙基铵阳离子（TPA^+）可以有效导向生成具有十元环中孔 MFI 结构的分子筛，其中 TPA^+ 阳离子处于 MFI 结构中十元环孔道交叉处，并且四个丙基基团插入了相邻的孔道中。然而，尺寸更小的四乙基铵阳离子（TEA^+）却可导向生成十二元环大孔 Beta 分子筛，这一现象对于小分子 TEA^+ 如何引导生成大孔分子筛仍存在难以理解之处。这预示着 TPA^+ 与 TEA^+ 有机阳离子在导向分子筛形成过程中发挥了不同的作用。Okubo 等人对 Beta 分子筛的晶化过程进行了详细的分析，研究发现 Beta 分子筛的孔道交叉处具有较大的空间，可以容纳 6 个 TEA^+ 分子聚集形成一个有机阳离子簇（图 2.6）[63]。在分子筛晶化早期，含有 6 个 TEA^+ 的阳离子簇与硅铝酸盐物种相互作用，形成有机-无机复合物中间体。随着晶化的进行，TEA^+分子不断改变自身构型。值得注意的是，当 X 射线衍射谱图检测到 Beta 分子筛结构形成时，拉曼光谱也检测到具有更加开放状态构型的 TEA^+ 比例不断增高。因此可以推测，TEA^+ 分子构型的转变可能与 Beta 分子筛晶核的形成紧密相关；而具有开放构型的 TEA^+ 分子可以与 Beta 分子筛产生更强的有机-无机相互作用，这可能诱导了 Beta 分子筛的形成。该研究揭示了有机分子之间可能存在紧密的相互作用而组装成几个有机分子组成的簇结构，并且填充在分子筛的孔道或笼中。这种结构导向效应对于理解有机物在分子筛形成过程中扮演“孔道填充剂”的角色起到重要作用。

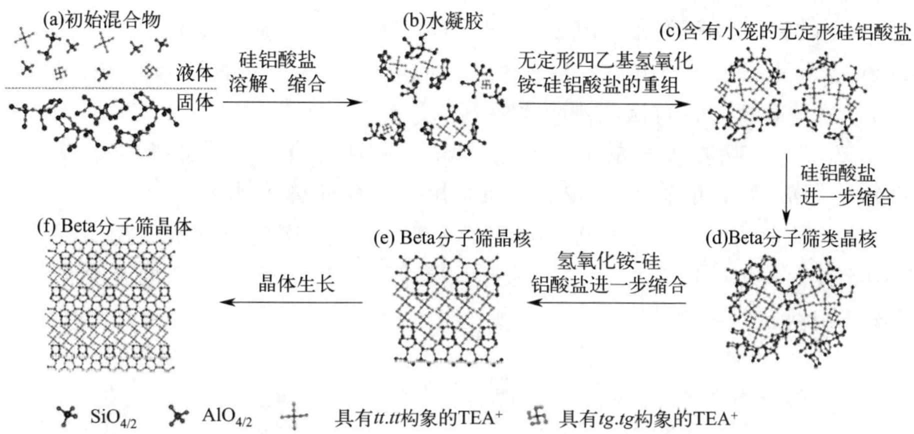

图 2.6　四乙基氢氧化铵导向 Beta 分子筛晶化过程示意图[63]

因此，通过多年的合成实验，OSDA 在分子筛合成中的作用愈加得到重视。与富铝分子筛的合成体系相比，高硅分子筛的合成体系更具可设计性。因为在富铝分子筛的合成体系中可供选择的无机阳离子的类型非常有限，而潜在能导向高硅分子筛合成的有机分子却种类繁多，这也为如何设计出适合的有机分子提出了挑战。Davis 等人根据实验结果提出了设计 OSDA 的经验性规则，他们认为适合导向高硅分子筛合成的有机分子应该具有合适的亲疏水性和刚性。特别疏水的有机分子并不适合作为分子筛合成的有机结构导向剂。一般而言，大多能够在水热晶化条件下导向形成高硅分子筛的有机分子都具有适中的亲疏水性。此外，OSDA 分子的刚性有利于在分子筛合成条件下保持有限的分子构型，这样比较有利于形成均一且独特的有机结构导向效应。相比而言，柔性的有机分子常具有较多的分子构型，导致主客体相互作用复杂多样，易导向形成多种分子筛结构[64]。

近些年来，有机结构导向剂的设计领域取得了许多新的进展，这些创新方法可以帮助研究人员更加高效地寻找到具有独特结构导向作用的 OSDA 分子。

M. W. Deem 等人构建了一个新的计算机预测方法，用于预测可定向合成目标分子筛结构的 OSDA 分子[65]。该程序基于经典的有机化学反应和现有试剂，通过计算机自主预测出具有结构导向能力的 OSDA 分子，并通过多组分评价函数进行量化评估其适用性。其中最重要的评判标准是预测出的 OSDA 分子和目标分子筛结构之间的相互作用，即“稳定能”。当预测得到填充在目标分子筛空隙中且获得最大“稳定能”的 OSDA 时，其被视为理想的有机分子。另外，还需要考虑该 OSDA 分子是否稳定且易于合成。由于分子筛合成条件相当苛刻，因此含有酯、酰胺、内酰胺、酮、醛、醇和酸等化学基团的分子都不适宜作为 OSDA 分子。凭借这一理论预测方法，Deem 与 Davis 等人合作成功开发出例如能够导向形成手性的 STW 结构分子筛的模板剂。2017 年，Deem 等人还成功预测出两种具有手性中心的 OSDA 分子，Davis 等人将其用于分子筛的合成，并首次实现了手性 STW 分子筛对映体的拆分（图 2.7）[66]。Davis 发现当使用左手性的分子作为 OSDA 时，可合成出孔道走向是左旋的 STW 分子筛（空间群为 $P6_122$），而采用右手性的分子作为 OSDA 时，可合成出右旋孔道的 STW 分子筛（空间群为 $P6_522$）。这是第一次成功实现分子筛中手性对映体的拆分与合成，展示了计算机预测 OSDA 分子的强大作用和普遍适用性。

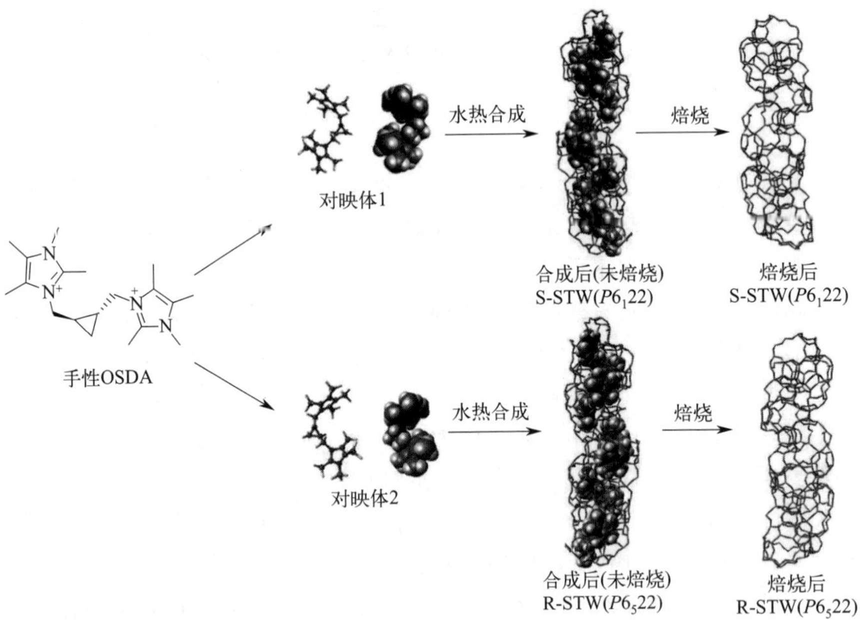

图 2.7 手性有机结构导向剂合成具有手性孔道的 STW 结构分子筛[66]

此外，Corma 等人根据分子筛催化剂的催化反应机理提出，催化过渡态的结构可以用来设计合适的 OSDA 分子[67]。该方法基于以下观点：当针对一个催化路径明确的催化反应设计理想的分子筛结构时，如某一特定分子筛可高效地催化这个催化反应，则其孔道中必然可容纳与催化反应过渡态类似的有机分子。因此，根据反应过渡态的结构和分子体积等特点，可以设计出与之类似特性的有机分子作为 OSDA，从而引导形成适用于该催化反应的分子筛结构。这一设计理念基于分子筛孔道在合成过程中提供限域空间以容纳 OSDA，并在催化反应中提供形成和转换场所这两个共同特点。

总之，围绕有机结构导向剂设计高硅分子筛的合成已成为分子筛研究的重要研究方向。但是，有机结构导向剂在分子筛晶化过程中究竟是如何起到作用的仍是未解的难题。阐释有机分子结构导向机理对于理性设计分子筛，从而实现分子筛结构的定向合成至关重要。在未来的研究中，需要结合多种先进表征手段与理论计算，以解开高硅分子筛形成的谜团。

2.3.1.3　磷酸铝分子筛（aluminophosphate zeolites）

磷酸铝分子筛的成功研发是分子筛合成上的又一个里程碑式的进步。磷酸铝分子筛的合成揭示了分子筛的骨架元素不一定必须基于硅基材料。值得注意的是，磷酸铝分子筛具有柔性骨架，使得在其合成过程中可以引入各种金属骨架离子，从而产生掺杂有多种金属离子的磷酸铝分子筛[68]。与硅基分子筛不同，大部分磷酸铝分子筛的合成通常在中性甚至是偏酸性的条件下进行。典型的反应混合物包括：磷酸、铝源（常用的有拟薄水铝石、异丙醇铝等）、水或醇类（乙醇、乙二醇等）、矿化剂（常用的为氢氟酸）和有机结构导向剂。用于制备磷酸铝分子筛的反应混合物通常满足 $OSDA : Al_2O_3 : P_2O_5 : (0\sim0.5)HF : xH_2O$，其中 $40<x<400$。因此，相较于硅基分子筛而言，磷铝酸盐分子筛的合成没有那么多合成变量。

与硅基分子筛的合成类似，有机结构导向剂在磷酸铝分子筛的形成过程中同样扮演着重要角色。类似于高硅分子筛，有机分子在磷酸铝分子筛的形成过程中可以充当孔道填充剂、结构导向剂甚至是模板剂。如 $AlPO_4$-5（AFI 结构）的磷酸铝分子筛可以使用超过 90 种不同的有机分子导向合成。另一方面，$AlPO_4$-20（SOD 结构）的磷酸铝分子筛却只能用 TMAOH 导向合成。由于磷酸铝分子筛的框架是中性的，有机客体物种和分子筛骨架之间仅发生较弱的范德瓦耳斯力相互作用。目前，在磷酸铝分子筛的合成体系中，已有多达上百种有机分子被当作模板剂使用，包括伯胺、仲胺、叔胺、季铵盐、脂肪胺、芳香胺、直链胺以及带支链的有机胺等。关于有机胺的类型和其对磷酸铝分子筛结构形成的影响，徐如人曾进行了系统且全面的总结[6]，所得出的基本规律如下：①环状单胺、单仲胺或单芳香胺导向形成的磷酸铝分子筛中易生成 P—OH 键，而链状伯胺或多胺导向形成的磷酸铝分子筛则易出现 P═O 键；②当使用碱性较强但质子给予能力较弱的芳香性或环状有机胺时，铝离子更容易以五配位或六配位的形式进入骨架。由此可见，有机胺的类型不仅对所得磷酸铝分子筛的结构产生重要影响，还会影响铝和磷在分子筛骨架中的配位微环境。

由于磷酸铝分子筛结晶过程中的合成参数相对较少，因此合成新的磷酸铝分子筛的主要途径是采用新型有机结构导向剂。在磷酸铝分子筛合成体系中也可能形成一些结构新颖且在硅基分子筛中未曾被合成的材料。其中最具代表性的是含有十八元环超大孔的 VPI-5（VFI 结构）分子筛[30] 和二十元环超大孔 Cloverite（-CLO 结构）分子筛[38]，但两者都不是采用较大的有机结构导向剂合成得到的。

2.3.2 溶剂热合成

溶剂热合成法是指采用非水溶剂制备分子筛的合成方法。迄今为止，水一直被视为最重要的溶剂，也是绝大多数分子筛合成的首选溶剂，因为它能够溶解形成多孔结晶材料所需的组分。然而，其他许多溶剂如醇、碳氢化合物、吡啶等都已成功地应用于分子筛的合成过程中。与水相似，这些非水溶剂在高温密闭的环境下会产生一定的自生压力。然而，在溶剂热合成中使用的不同类型溶剂具有性质差异，包括非极性、疏水性到极性、亲水性等。需要强调的是，水热和溶剂热合成的溶剂都是分子性质的，这与离子热合成中使用的离子液体有根本的不同。

1985 年，Bibby 和 Dale 首次报道了在有机溶剂中合成分子筛的例子[69]。他们使用乙二醇或丙醇作为溶剂，以 TMA^+ 作为有机结构导向剂成功合成出方钠石（SOD 结构）。随后，使用乙二醇、丁醇和甘油作为溶剂，分别合成出全硅 MFI 分子筛、ZSM-39（MTN 结构）和 ZSM-48（* MRE 结构）分子筛[70]。Kuperman 等人使用吡啶/HF 和三乙胺作溶剂的合成体系制备出 MTN、FER 和 MFI 结构的分子筛[71]。霍启升和徐如人将溶剂热法成功应用于磷酸铝分子筛的合成体系，采用乙二醇作为溶剂，成功制备出具有 AFI、AEL 和 AWO 拓扑结构的磷酸铝分子筛材料[72]。在此基础上，他们还以乙二醇做溶剂制备出一种具有二十元环超大孔的 JDF-20[73]。结构分析结果表明，该材料不仅孔道大，且材料中存在一定的缺陷，这导致材料的骨架 Al∶P 比例为 5∶6。值得注意的是，乙二醇是一种特别实用的溶剂，还可用于制备磷酸镓材料，例如具有 CGF 和 CGS 结构的磷酸镓分子筛[74]。

基于分子筛水热合成和溶剂热合成的特点，Mobil 石油公司的研究人员设计了含有两种不混溶溶剂的合成体系来制备硅磷酸铝分子筛（SAPO）[75]。在水热合成过程中，使用了两种溶剂：水和与水不互溶的有机溶剂（如己醇）。在此过程中，有机硅酯（正硅酸四乙酯）缓慢水解产生的硅物种缓慢从有机相与水相界面转移，进而参与 SAPO 分子筛的生长过程。通过采用这一特殊的方法，可以有效控制硅物种在分子筛晶化过程中的动力学行为，这被认为是制备硅磷酸铝分子筛 MCM-9（VFI 结构）骨架的关键步骤。研究表明，可溶性有机助溶剂可能会影响硅掺入磷酸铝分子筛骨架的过程，并且可用于调控骨架硅物种的分布[76]。例如，采用乙醇作为共溶剂可制备出高活性 AEL 结构的 ECR-42 分子筛材料。^{29}Si NMR 研究表明，与常规制备的 SAPO-11 相比，ECR-42 分子筛中的铝分布与活性的增加密切相关。在 ECR-42 的催化下，正癸烷异构化的反应速率以及己烷和己烯的裂解反应速率均得到提升。

除了有机溶剂外，Vaughan 和 Strohmaier 尝试在氨水中合成分子筛。他们发现，在氨水中可以制备出硅铝原子比为 1.96 的白砂石（CAN 结构）。基于此，引入不同的碱金属阳离子则导向形成不同结构的分子筛材料[77]。例如，锂离子的加入导向形成 ABW、EDI 和 PHI/MER 结构的分子筛，而引入钾离子则导向形成 EDI、GIS 和 PHI/MER 等结构的分子筛。

2.3.3　离子热合成

近些年，离子液体在许多研究领域备受关注，尤其是有机均相反应中替代传统有机溶剂方面具有巨大潜力[78]。然而，在不同的技术领域中，离子液体还有许多其他用途，包括作为电池和燃料电池中的电解质，电沉积溶剂以及催化剂载体等。在某些反应中，离子液体仅充当惰性溶剂，在其他一些反应中则发挥着更加关键的作用。此外，离子液体作为合成反应的溶剂也被用于合成多种功能材料，包括分子筛、金属有机框架材料和其他一些无机-有机杂化材料等。

广义上说，任何主要由离子物质组成的液态材料都可以被视为离子液体[78]。因此，只要固体的离子成分在熔化时保持完整，任何可熔化的离子盐也可以归类为离子液体。文献中有许多以熔融盐作为介质制备无机材料的例子[79]。然而，狭义地说，离子液体通常是指那些在相对较低温度下呈液态并含有有机成分的化合物[80]。对于离子热合成而言，在分子筛合成温度范围内可熔化的盐都可能是潜在的溶剂。常用的离子液体中的阳离子部分通常是咪唑、吡啶、季铵盐、季鏻盐或者含氮杂环的有机阳离子；阴离子部分可包括氟离子、硝酸根、乙酸根、六氟磷酸根、四氟硼酸根、三氟甲基磺酸根等。与其他类型的溶剂相比，离子液体具有明显的特殊性，例如，离子液体具有低毒性、低蒸气压、低熔点、低黏度、难挥发、不可燃、热稳定性和化学稳定性高以及离子电导率高等特点。

因此，与传统的水热合成和溶剂热合成相比较，采用离子液体作为溶剂进行分子筛的合成具有显著优势：①离子液体既可充当合成反应的溶剂，也可以作为分子筛合成过程中的有机结构导向剂；②离子液体具有极低的蒸气压，在高温下不会产生自生压力，因此可以被加热到相对较高温度而无需使用高压容器（如高压釜），在普通容器如圆底烧瓶中即可完成高温反应；③大多离子液体具有良好的热稳定性，能够在高温下使用；④离子液体提供了一个不同于水的特殊反应介质，可能对分子筛的晶化路径产生影响；⑤由于其强吸波性质，有助于结合微波加热的方式进行合成实验；⑥离子液体是极性相对较强的溶剂，确保分子筛合成中使用的无机前驱体具有相当好的溶解度。在诸多特点中，离子液体最显著的特点可能是它们具有非常低的蒸气压，这避免了在微波加热过程中因为液体中的局部高温而导致压力过度增加及其相关的爆炸风险。

目前许多离子液体的分子结构与水热合成中常用的有机结构导向剂非常相似，而很多离子液体类有机分子本身就具备导向分子筛晶化的能力，如图 2.8 所示。因此，离子液体有可能同时充当制备分子筛时所需的溶剂和结构导向剂。

图 2.8 离子热法合成 ZSM-5/$AlPO_4$-5 复合分子筛示意图

2004 年，Cooper 等人使用 1-乙基-3-甲基溴化咪唑（EMImBr）和尿素/氯化胆碱作为溶剂，合成出一系列被命名为 SIZ-*n* 的磷酸铝分子筛[81]。自从该领域首次突破以来，已经有许多尝试制备分子筛材料。迄今为止，离子热合成法仍然是用于合成磷酸铝分子筛体系最成功的方法。许多常见的离子液体都是制备这些材料的合适溶剂。除了制备磷酸铝分子筛外，离子热法还适用于在其骨架中掺入具有化学活性的原子硅（即骨架含硅的 SAPO 分子筛）[82]，并且通过离子热法可以将许多不同种类的四面体金属（如 Co、Mg 等）结合到所得到的磷酸铝沸石中。下面将讨论磷酸铝分子筛合成体系中出现的一些特殊例子。

采用离子热合成法制备得到的 SIZ-*n* 系列材料中，一部分具有已知的拓扑结构，而另一部分则呈现全新的拓扑结构。SIZ-1 由双六环的六角棱柱单元组成，这些单元连接形成层结构，这些层通过包含四个四面体中心（两个磷和两个铝）的单元连接成一个三维框架。该材料的分子式为 $Al_8(PO_4)_{10}H_3 \cdot 3C_6H_{11}N_2$，其中 Al 和 P 物种保持 Al—O—P 交替连接。此外，在该材料中存在带负电荷的末端 P—O 键来平衡孔道内 1-甲基-3-乙基咪唑阳离子所带的正电荷。整体上看，SIZ-1 具有沿 a 和 b 晶轴平行排列的二维通道系统。另外，SIZ-3（AEL 结构）、SIZ-4（CHA 结构）、SIZ-5（AFO 结构）、SIZ-8（AEI 结构）和 SIZ-9（SOD 结构）均具有已知的骨架结构。

SIZ-7 是通过离子热合成得到的具有新型拓扑结构的磷酸铝分子筛材料[83]，国际沸石协会（IZA）代码为 SIV。虽然 SIZ-7 具有一种新颖的拓扑结构，但与已发现的其他由双曲轴链条组成的分子筛结构［如 PHI、GIS 和 merlinoite（MER）结构］高度相关。在 SIZ-7 中，这些链以平行于 a 轴的形式排列，并连接形成一维八元环小孔结构。a 轴方向的重复单元长度为 10.2959Å，相当于双曲轴链的一个重复单元。这些链通过 b 轴和 c 轴方向的四个环相互连接，形成两种类型的八元环窗口。SIZ-6 是一种独特的材料，其结构中包含 13.5Å 厚的阴离子磷酸铝层，其化学成分为 $Al_4(OH)(PO_4)_3(HPO_4)(H_2PO_4)$。这些层本身由包含四个、六个和八个节点（铝或磷原子）的环组成。这些层通过相对强的氢键结合在一起。相邻层的两个 H_2PO_4 基团形成了二聚体单元，在 2.441Å 的氢键上具有 O—O 距离。此外，阴离子磷酸铝层的负电荷由 1-乙基-3-甲基咪唑（EMIM）阳离子进行电荷平衡。磷铝酸盐分子筛的离子热合成相对简单。尽管在使用离子液体合成无定形介孔二氧化硅方面取得了成功[84]，但通过离子热合成法制备硅基分子筛的挑战则更为严峻。硅基分子筛合成主要面临的问题是常用离子液体中二氧化硅起始材料的溶解度较低。直到 2009 年，也仅有关于采用离子热合成法制备二氧化硅多晶型和方钠石的报道[85]。为了实现离子热法合成硅基分子筛，需要开发出更适合硅酸盐溶解的离子液体。因此，将阴离子转变为氢氧根形式对于离子液体至关重要。Wheatley 等人成功地制备了包含混合卤化物和氢氧根阴离子的新型离子液体，并将其应用于纯硅和铝硅酸盐分子筛的制备过程中。虽然 1-丁基-3-甲基咪唑从其溴盐转变为其相应氢氧化物形式盐的效率只达 65%，但氢氧化物的存在增加了硅酸盐起始材料的溶解度，并允许分子筛在适当的时间范围内结晶。最终，在添加氢氟酸作为矿化剂的情况下，Wheatley 等人合成出全硅的 MFI 分子筛和 TON 结构的 theta-1 分子筛。然而，尽管进行了这一概念验证工作，但对离子液体中二氧化硅的化学性质仍缺乏深入了解，且需进一步开发具有特定功能的离子液体，然后才能将离子热法广泛应用于硅基分子筛的合成制备。离子热合成法为发现新的分子筛结构提供了新的合成体系，在未来有望成为传统水热合成法的重要补充。

2.3.4 微波法合成

常规的分子筛水热合成通常在烘箱中进行，以空气为介质通过热辐射的方式加热。与此不同的是，微波加热技术通过电磁辐射的形式传导能量，为分子筛合成过程提供新型热源。最早采用微波加热进行分子筛合成实验的是 Mobil 公司的科学家，他们成功合成出 NaA 和 ZSM-5 分子筛[86]。实验室常用的微波加热装置通常包含一个电磁辐射发生器，其产生的电磁辐射波长在 0.01～1m 之间，相当于频率范围为 30～0.3GHz（图 2.9）。在传导过程中，微波能量通过两种机制转化为热量：偶极旋转和离子传导。反应混合物中的偶极子会吸收微波，并随着微波的电场交替而发生偶极矩旋转和重新排列。在这个过程中会产生热量，从而导致合成凝胶温度升高。除了溶剂外，合成凝胶中的带电粒子，如金属阳离子，对热量传导也有着显著贡献。在微波的影响下，带电粒子会发生振荡并与相邻粒子发生碰撞而产生热量。因此，微波加热可将能量迅速地传导给合成体系，从而提高升温速率和结晶速率。微波加热通常可以使反应体系中的温度分布更加均匀。此外，在微波加热过程中可能出现过热现象和局部高温区域（即“热点”），这可能会影响复杂凝胶转变路径的发展。与热辐射的加热方式相比，微波加热通常被认为是更加节能、绿色且具独特的加热方式。

图 2.9　微波法装置实物图

微波加热的特点不仅仅体现在传热方式和节能上，在分子筛晶体的成核和生长中，采用微波加热方式可以得到晶体尺寸更加均匀的分子筛和较宽的骨架化学组成。相比于常规加热方式的分子筛合成，微波加热呈现以下特点。①均匀成核。在微波辐射的条件下，极性溶剂分子可以更加快速地传递能量，使得合成凝胶的温度迅速而均匀地升高。虽然微波辐射也可能导致合成凝胶中产生热点，但这种情况有利于形成均匀晶核以促进分子筛合成凝胶。②晶体尺寸均一。在微波法合成分子筛的过程中，通过控制相对成核速率和晶体生长速率可以调节分子筛晶体的尺寸。一般来说，微波加热可形成较高浓度且粒度均匀的晶核，经过晶体生长步骤，可制备得到尺寸均一的分子筛晶体。③影响分子筛结构的相选择。通过控制微波反应的时间和温度来影响所制备分子筛的晶体结构。由于微波条件下分子筛的结晶速度快，因此更容易获得动力学稳定的分子筛材料。④分子筛形貌和尺寸的控制。通过提高结晶速率来调控产物的形貌，从而有可能创造远离热力学平衡状态的生长条件。此外，微波加热条件还可能影响不同晶面的生长速度，并有助于制备出各向异性的晶体形貌，例如纳米棒、圆柱和平面型的晶体。磷酸铝 $AlPO_4$-5 分子筛和硅磷酸铝 SAPO-5 分子筛都具有 AFI 结构，在微波照射下可以实现对其形貌的控制[87-90]。通过添加氟化物和增加模板浓度可制备出棒状晶体。而在碱性条件下，适量加入硅溶胶可合成板状晶体。这可能是由于硅的存在会阻碍 c 轴方向的晶体生长，而氟离子可能会影响成核速率。吉林大学徐如人详细研究了在微波加热的条件下，添加醇类试剂（乙二醇、二甘醇、三甘醇和四甘醇等）对 Silicalite-1 分子筛形貌的影响[91]。研究发现，采用极性较强的醇做添加剂易晶化出分离的单晶，而采用极性较低的醇则有利于形成 Silicalite-1 分子筛的堆积体。这可能与在微波辐射下，极性较低的醇会影响分子筛晶体表面 Si—OH 的数量和反应活性相关。由此可见，微波加热和醇类试剂的结合显著改变了分子筛不同晶面的生长速率。⑤晶体速率快，常规分子筛的晶化通常需要若干天，而采用微波加热的方式会显著缩短晶化所需的时间，一些分子筛合成体系只需要几个小时，甚至几分钟就可以完成晶化。例如，采用传统加热方式，NaY 分子筛的晶化通常需要 10～30 小时，并且合成产物中易出现其他结构的杂质。采用微波加热的方式，只需要 15 分钟即可晶化出高结晶度的 NaY 分子筛[92]。其他分子筛如 ZSM-5、TS-1、MCM-22 等分子筛被发现在微波加热的条件下也可以快速结晶[93]。

然而值得注意的是，微波加热法也存在一定的缺点，如分子筛合成凝胶中含有易挥发的有机结构导向剂分子或者溶剂，在微波加热条件下可能会引起压力的迅速上升，从而带来一定的安全风险。另外，使用微波辐射时应该非常谨慎，因为微波泄漏也可能对人体健康造成伤害。

2.3.5　干胶法合成

一般认为，溶剂在分子筛合成过程中起到必不可少的作用。因为阳离子（无机和有机阳离子）对最终分子筛的结构有着重要的影响。而这种影响很大程度上与溶剂和阳离子之间的相互作用相关。在水热合成过程中，阳离子（例如 Na^+）被水分子溶剂化，而晶体生长是通过将水溶剂中的初始物种不断衍化而形成的。单个物种在液相中向晶体表面扩散并逐渐生长到晶体结构中，缺乏溶剂会导致合成分子筛的初级物种难以扩散。因此，本质上，常规的分子筛水热合成是基于水介质的无机化学反应。

1990年，徐文旸等人首次报道了在分子筛合成过程中将水和分子筛转化为固相干凝胶物质并进行分离的方法。该方法利用蒸汽传输，在高压合成釜的不同位置放置样品，实现了分子筛的合成（图2.10）。这种方法通常被称为干凝胶转化法（dry-gel conversion），即干胶法[94]。徐文旸等人先将合成分子筛所需的硅源、铝源、碱源（氢氧化钠）混合均匀后制成无定形干凝胶，并将其置于反应釜上部的容器中。接着，将挥发性有机胺（乙二胺、三乙胺）和水置于反应釜底部空间，但保持干凝胶和水不接触。在高温密闭的合成条件下，通过气相传输（vapor-phase transport）的方式使反应釜内产生的水蒸气和挥发性有机胺与干凝胶接触，成功促使其转化成ZSM-5分子筛。这个新颖的实验路线避免了在分子筛晶化过程中水与干凝胶的直接接触，而是通过水蒸气辅助固相转化路线进行晶化。通过干胶法制备得到的ZSM-5分子筛具有与初始干凝胶相同的化学组成，且由于避免了强碱性液相合成条件，样品收率得到很大提高。

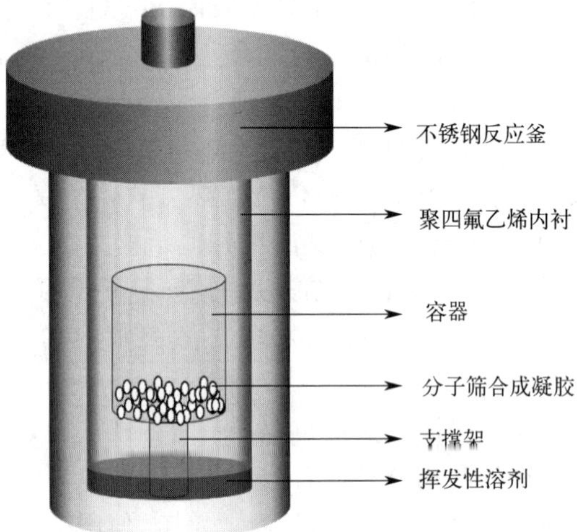

图2.10 干凝胶转化法合成分子筛装置示意图

Rao和Matsukata使用类似干胶合成法成功制备出高硅Beta分子筛[95]。与上述不同的是，他们提出，在干凝胶配制过程中将有机结构导向剂与其他分子筛合成原料进行充分混合后置于反应釜上部容器中，并在反应釜底端加入水，利用高温条件下的水蒸气辅助晶化过程来实现分子筛的制备。因此这一制备方法也被称为蒸汽辅助转化法（steam-assisted conversion）。在晶化72小时后，可在广泛的硅铝比范围内合成出高结晶度的Beta分子筛。Matsukata发现，水对于干胶法非常重要，当合成体系中缺乏水的时候只能得到无定形的产物。他们推测，在晶化温度下凝胶中所发生的缩合反应会产生少量水，但是水的量不足以促进无定形凝胶转变为结晶的分子筛。此外，Schuth等人将高温焙烧后的硅铝原料与氟化铵和四丁基溴化铵混合制备得到干胶，利用干胶法成功制备出 ZSM-5、B-MFI 和 B-MTN 分子筛[96-97]。他们进一步提出，在高温合成条件下，SiF_4 物种或许可以通过气相传输在固相干胶之间进行传递，从而促进分子筛的合成。Inagaki 和 Tatsumi 采用类似的方法，在合成反应釜底部空间中将硅烷化试剂（二氯二甲基硅烷）与水混合，并将 MCM-22 层状前驱体固体粉末置于容器中，利用挥发性硅烷化试剂的气相传输实现对 MWW 结构层状前驱体的层间插硅扩孔修饰[98]。因此，通过干胶法不仅可以实现水和挥发性有机结构导向剂在两相间的传递，甚至可以实现挥发性合成原料的传递，这为未来进一步拓展干胶法合成分子筛带来了更多可能性。

2.3.6　后处理合成

分子筛是由硅（铝）氧四面体相互连接而成的三维晶体材料。正如前文所述，大多数分子筛是通过水热合成制备，并经焙烧去除有机结构导向剂以获得具有开放孔道的特性。但是，在一些水热合成条件下，只能制备出具有二维层状结构的分子筛前驱体（layered zeolite precursor）[99]。这种层状结构的分子筛前驱体的层间没有共价键的连接，而是通过分子间作用力支撑。经过进一步高温焙烧后，层状前驱体转变成三维结构的分子筛（图 2.11）。最近的研究发现，二维层状分子筛也可以由三维分子筛去除其水热稳定性较弱的结构组成单元而得到，这也被称为“自上而下”的合成策略（top-down strategy）。目前，已发现可经层状前驱体制备的分子筛骨架类型包括 MWW、NSI、FER、

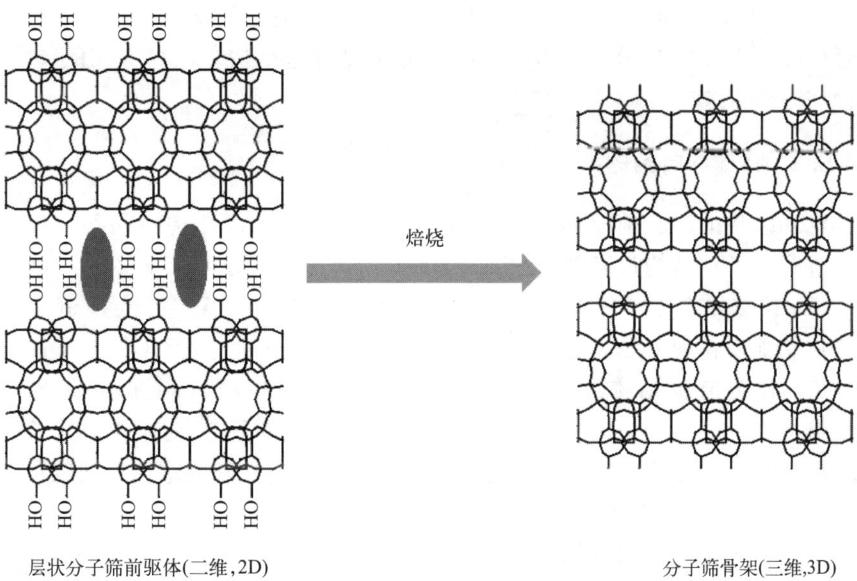

图 2.11　二维层状分子筛后处理合成三维分子筛

CAS、RWR、SOD、COD、AFO、MFI、PCR、RRO 等。根据理论计算的预测，许多三维分子筛都可能存在与其三维结构相对应的二维分子筛前驱体。由于层状前驱体的层间没有共价键的连接，分子筛层只通过弱相互作用堆积，因此层状分子筛的堆积结构具有高度的灵活性。经过适当的后处理步骤，可将其转变成具有丰富堆积方式的分子筛材料。例如，在对层状分子筛前驱体进行适当后处理时，可以获得具有溶胀特性、剥离特性以及柱撑和插硅扩孔等不同层状堆积结构的分子筛材料。下面将从合成方法和后处理结构变换两方面介绍层状分子筛。层状分子筛的合成方法通常有三种，常规水热合成、特殊导向剂的导向合成和三维分子筛水解。

2.3.6.1 常规水热合成

大多层状分子筛是通过常规的水热合成过程获得的，如 MWW 型的层状分子筛。MCM-22P 是最早被合成的并且也是研究最广泛的层状分子筛，经焙烧后，其层状前驱体转变成具有 MWW 结构的 MCM-22 分子筛[100-101]。MCM-22P 层状前驱体是由厚度为 2.5nm、具有 MWW 拓扑结构的分子筛层在 c 轴方向上有序堆积而成的。相邻 MWW 纳米层间的距离约为 0.2nm，并通过硅羟基与有机模板剂之间形成的氢键和范德瓦耳斯力而紧密堆积。除此之外，MWW 纳米层在 c 轴方向上也可能以部分错位的方式相连，如 MCM-56[102]、EMM-10P[103]、SSZ-70[104] 和 ECNU-5[105] 等。另一个典型的层状分子筛是具有 FER 和 CDO 拓扑结构的沸石分子筛，两者含有共同的 ferrierite 层。但是，FER 结构中的 ferrierite 层是镜面对称的，而在 CDO 分子筛中 ferrierite 层以中心对称的方式相互关联。晶体学对称关系的差异导致两者具有不同的孔道结构，FER 分子筛具有 10 元×6 元环孔道结构，而 CDO 分子筛具有 8 元×8 元环孔道结构。

2.3.6.2 特殊导向剂的导向合成

MFI 结构的层状前驱体是通过精心设计的特殊有机结构导向剂合成得到的。通常，MFI 结构以三维晶体结构存在，例如硅铝分子筛 ZSM-5、硅钛分子筛 TS-1 或全硅分子筛 S-1。2009 年，韩国 R. Ryoo 等人首次报道了合成 MFI 层状前驱体的方法。他们采用了一种具有 Gemini 型含双季铵盐基团的表面活性剂作为有机结构导向剂。该导向剂中的双季铵盐端能够有效地引导 MFI 结构在 b 轴方向上生长，并且位于直行孔道中；而有机长链则能够阻止晶胞在 b 轴方向上过快生长。经过水热合成反应，这种有机结构导向剂可以导向生成一种有机-无机交替堆积的复合分子筛。当焙烧除去有机结构导向剂之后，MFI 分子筛纳米层的堆积方式在一定程度上呈现无序状态。MFI 纳米层无序堆积产生了晶胞尺度的间隙孔，使得该材料在多种催化反应中性能优异。

A. Corma 教授团队在分子筛合成领域取得了众多突破性进展，其系统研究成果为新型 ITQ 系列分子筛的定向合成提供了重要的理论指导（图 2.12）。该团队通过建立“结构导向剂”作用机制的理论框架，揭示了有机模板分子与无机骨架间的定向组装规律。研究发现，特定拓扑结构的双季铵盐类 SDAs 可通过分子构型匹配效应精确调控 ITQ-21、ITQ-37 等三维大孔分子筛的孔道结构(孔径范围为 8～12Å)，其空间位阻效应能有效抑制非目标晶相的形成[106]。

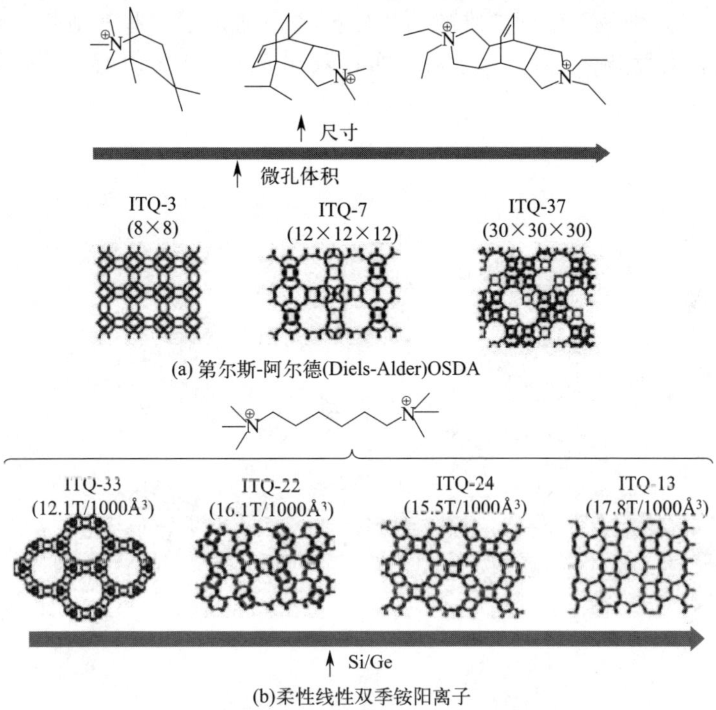

图 2.12　通过系统研究制备的新型分子筛[106]

2.6.3.3　三维分子筛水解

过从硅锗分子筛中选择性脱除特定的结构组成单元，利用其中不稳定易水解的 Ge—O 键，在温和条件下制备出具有层状结构的分子筛前驱体的方法引起了广泛的研究兴趣。这种自上而下制备出的层状分子筛前驱体可以进一步脱水缩合转变成具有新颖分子筛结构的材料。

该方法的原理是：在硅锗分子筛中，Ge—O 键在空气中易水解不稳定，易从骨架中脱除。另一方面，分子筛骨架的分布有着明显的规律性。锗原子选择性地位于双四元环结构单元中。这种 Ge 分布的选择性为定向脱除锗原子所属的结构组成单元提供了可能性。而硅锗分子筛中富锗的双四元环倾向于处于两个组成单元之间的连接处，锗的脱除会导致双四元环结构组成单元的水解。

因此，在合适处理条件下选择合适的硅锗分子筛结构和硅锗比例，可以得到一种完全水解双四元环结构组成单元层状分子筛[107]。

基于以上原理，捷克的Čejka小组选择具有UTL拓扑结构的IM-12分子筛为研究对象[107]。UTL拓扑结构具有十四元环与十二元环交叉孔道，可以看成由双四元环连接分子筛层而形成的三维分子筛结构。控制水解条件，可以使分子筛层之间的双四元环完全去除，从而得到两维层状分子筛（图2.13）[108]。这种从三维到二维的结构转换法还适用于一些其他拓扑结构的硅锗分子筛，必要条件是Ge原子需分布在双四元环（d4r）中的一侧，如IWW结构。

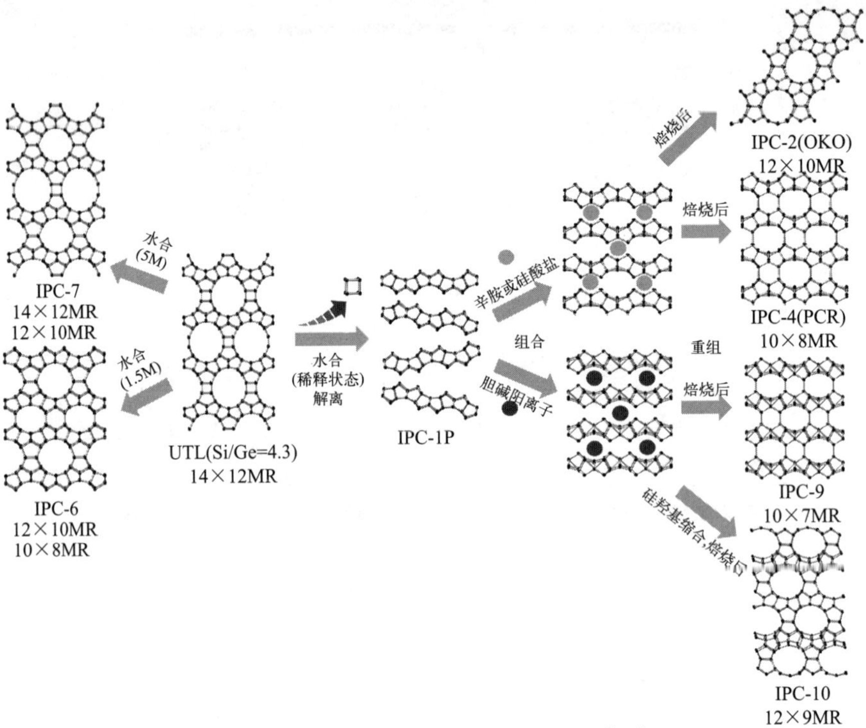

图 2.13　UTL分子筛结构转变示意图[108]

MR—元环

2.3.6.4　层状分子筛的后处理结构变换

如前所述，层状分子筛前驱体中两个相邻的分子筛纳米层通过游离的表面羟基间的氢键作用或与有机结构导向剂的静电相互作用而相互支撑。但由于层层之间并没有脱水缩合而相连，因此为后处理结构修饰带来了可能性。目前常用的后处理技术主要有溶胀、剥离、柱撑、插硅扩孔等（图2.14）[99]。在这些后处理得到的层状分子筛中，层层之间的排列相比于层状前驱体发生了明显的变化。它们通常是由层状分子筛纳米层按照特殊的有序或无序方式堆积而成。相比于传统的层状分子筛，这些片段具有更开放的孔道和更易接近骨架材料中杂原子活性位点的特点，从而展现出更广阔的应用潜力。目前这一领域的研究已经从传统的对分子筛有较严重破坏的后处理方法深入发展至开发温和且对骨架损伤较小、效果更佳的新方法阶段。可以预见，在经过改性后具备广泛应用潜力的后处理层状分子筛领域将继续成为未来研究关注的焦点。

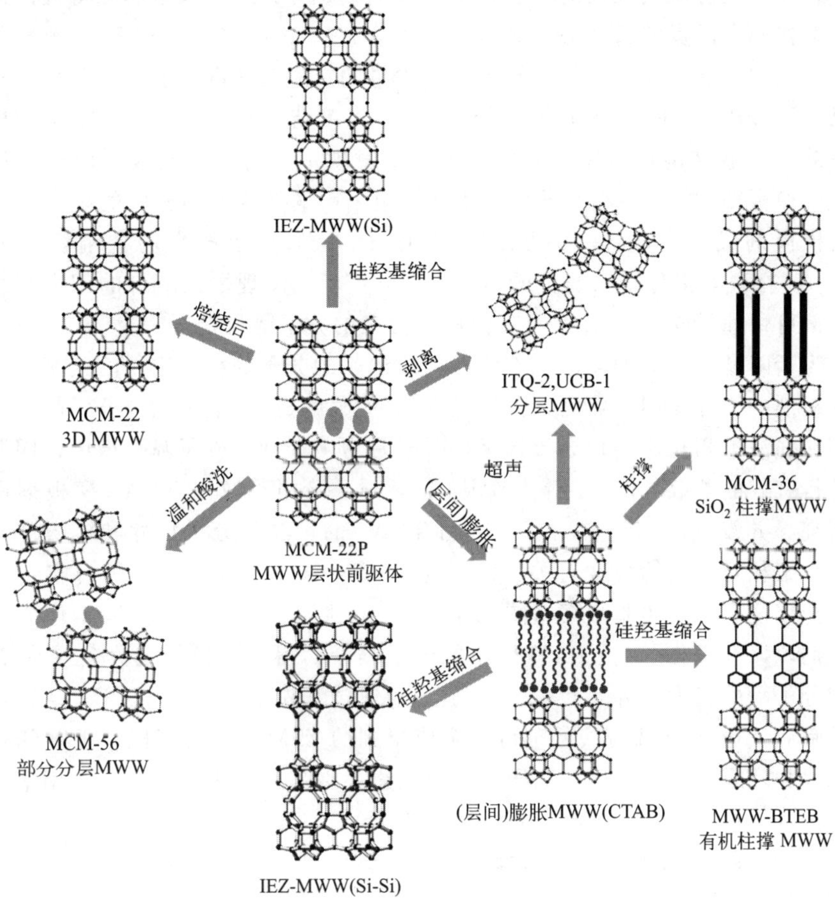

图 2.14　MWW 分子筛后处理结构变换示意图[99]

2.3.7　分子筛的绿色合成

经典的分子筛合成方法通常需要在水热条件下进行，然而这种合成过程并不具备环境友好性，可能会对环境造成一定的负担。例如，大多分子筛的合成需要使用有机结构导向剂，这难以避免地需要对其进行高温焙烧去除有机模板剂，这不仅降低了有机结构导向剂的使用价值，还会释放诸如氮氧化物和二氧化碳等气体，并且焙烧产生的水蒸气也可能对分子筛材料造成潜在损害。因此，在工业发展越来越重视环境保护的背景下，迫切需要开发更加环保且可持续的分子筛合成路线来替代传统方法。下面将着重从模板剂和溶剂两个方面对近年来分子筛绿色合成方面的进展进行介绍。

(1) 模板剂

首先，从有机模板剂的角度，研究者们尝试寻找到低成本、低毒性的模板剂来替代原本昂贵的模板剂。Zones 等人在研究 SSZ-25（MWW 结构）分子筛的合成中发现，采用廉价的异丁胺与少量的金刚烷胺混合使用可替代昂贵的环己基亚胺[109]。他们还相继在 SSZ-13（CHA 结构）、SSZ-33（CON 结构）、SSZ-35（STF 结构）等分子筛合成体系中发现了廉价有机模板剂以替代传统昂贵的模板剂[110]。浙江大学肖丰收教授组采用铜与四乙烯五胺的配合物作为有机模板剂成功合成出 Cu-SSZ-13 分子筛，这避免了昂贵的金刚烷胺的使用[111]。在磷酸铝分子筛的合成体系中，研究者们发现采用廉价的四甲基胍做模板剂可快速导向 $AlPO_4$-5 及其他原子掺杂的分子筛材料[112]。

为了降低模板剂的使用成本，对合成出来的分子筛材料进行溶剂萃取可实现模板剂的循环使用。然而，分子筛孔道的尺寸限制及模板剂与分子筛骨架之间存在强静电相互作用，导致模板剂分子常常被禁锢在分子筛孔道中，因此难以进行有效的萃取。Davis 等人对从 Beta 分子筛中萃取出 TEA^+ 模板剂进行了研究，并发现能够被成功萃取出的 TEA^+ 的量与其分子尺寸和模板剂与分子筛骨架相互作用的强度有关[113]。随后，Davis 等人提出了一种可实现模板剂完全重复利用的实验方案（图 2.15）[114]。他们设计了一种环缩酮作为有机模板剂，该有机分子由乙二醇和环酮分子缩合而得。该模板剂具备导向 MFI 结构分子筛的能力，并且可以在分子筛合成过程中稳定存在。在获得 ZSM-5 分子筛后，通过 HCl 溶液处理可将合成得到的 ZSM-5 中的有机模板剂降解为乙二醇和环酮分子，然后经离子交换将两者萃取出来。理论上可以利用萃取出来的小分子再组装成环缩酮进行分子筛的合成。David 等人还验证了这种方法在 ZSM-11 和 ZSM-12 体系中的普适性[115]。

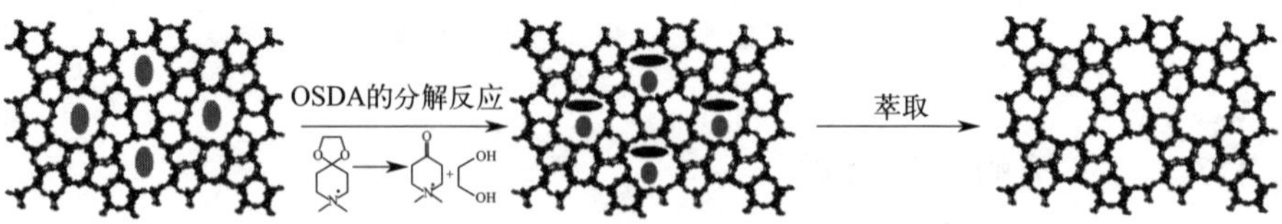

图 2.15　可降解的有机结构导向剂用于 MFI 结构分子筛的合成[114]

另一种解决有机模板剂问题的方法是在分子筛合成过程中直接避免有机模板剂的使用，包括通过调节凝胶组成实现无模板合成和使用晶种辅助导向的合成等。一个典型的例子是无模板剂合成 ZSM-5 分子筛。传统上，制备 ZSM-5 分子筛常采用 TPA^+ 等模板剂。而 Flanigen 等人发现，在 ZSM-5 分子筛的合成体系，通过控制凝胶组成可在无有机模板剂的条件下合成出高结晶度的 ZSM-5 分子筛[116]。随后，Shirakar 和 Clearfield 等人发现凝胶组成为 40 SiO_2 ∶ Al_2O_3 ∶(4.5～6.0)Na_2O∶1500H_2O 时，可以在无模板剂的条件下晶化出高结晶度的 ZSM-5 分子筛[117]。类似的，含镓分子筛 TNU-7 也可通过调节合成凝胶的化学组成实现无模板法合成[118]。Ng 等人发现在钠含量很高的合成体系中，经过控制低温和适当的晶化时间，可以生长出纳米级的 EMT 分子筛，而延长晶化时间或升高晶化温度，则会使纳米 EMT 分子筛转变为 FAU 和 SOD 分子筛[119]。这一合成路径可能是由凝胶在晶化过程中动力学亚稳相 EMT 易转变为热力学更加稳定的 FAU 结构的立方相和更加致密的 SOD 相而导致的。

尽管通过调节合成分子筛的凝胶组成，可以在无模板剂条件下实现少数分子筛的合成，但目前该方法仅适用于极少数分子筛，并且其骨架组成的可调范围较窄。因此，需要开发一种具有普遍适用性的合成方法。为了减少对有机模板剂的依赖，在分子筛合成体系中引入含有分子筛初级结构单元的晶化液或者将分子筛晶种引入是一种替代方案。肖丰收等人发现 ZSM-34 和 L 型分子筛都含有 CAN 笼结构，基于此在 ZSM-34 分子筛的合成体系中开发出了将含有 CAN 笼结构的 L 型分子筛晶化液用于 ZSM-34 分子筛的合成方法。他们发现 ZSM-34 分子筛的无模板法合成需要精确地控制引入的 L 型分子筛晶化液的量和体系的碱度。例如，当 L 型分子筛晶化液过少时，只能得到低结晶度的 ZSM-34 分子筛，而当其过多时，则会导向出 L 型分子筛。除 ZSM-34 分子筛外，FER 型的 ZSM-35 分子筛也可在添加 RUB-37 分子筛（CDO 结构）晶化液的条件下，采用无模板剂的方法合成出来。这可能是因为 FER 与 CDO 结构都是由相同的层结构单元组成密切相关。

受此启发，直接采用分子筛原粉作为晶种以替代模板剂和分子筛晶化液可能也会起到结构导向的作用（图 2.16）。晶种导向法不仅可以提高分子筛的晶化速率，抑制杂相的出现，还有利于控制晶体的尺寸大小。尽管在过往的分子筛合成体系中常将有机模板剂和晶种相结合来导向分子筛的晶化，但是在无模板的条件下，仅仅使用晶种导向的成功案例却鲜有报道。2008 年，肖丰收等人报道了晶种法合成 Beta 分子筛的合成条件。他们将焙烧除去有机模板剂的 Beta 分子筛加入合成凝胶中，在 140℃下能够在较短的时间内得到高结晶度的 Beta 分子筛。由于在 Beta 分子筛的晶种法制备过程中没有使用有机模板剂，因此不需要进行焙烧即可得到具有开放孔道结构的分子筛材料。Kamimura 等人详细研究了晶种法合成 Beta 分子筛的合成条件，并优化出了在 SiO_2 ∶ Al_2O_3 = 40～100，Na_2O ∶ SiO_2 = 0.24～0.325 和 H_2O ∶ SiO_2 = 20～25 的凝胶组成范围，有利于无模板合成 Beta 分子筛[120-123]。Okubo 等人进一步将由晶种法导向制备的 Beta 分子筛再次作为晶种合成下一批 Beta 分子筛，因此将其称为“Green Beta”分子筛。与传统的模板剂导向制备的 Beta 分子筛相比，由晶种法制备得到的 Beta 分子筛往往骨架硅铝比较低，并且骨架缺陷较少。对晶种导向法的合成机理进行表征分析后推测，在高温水热处理过程中，Beta 分子筛晶种可能会部分溶解，并与无定型前驱体物种充分接触，从而诱导 Beta 分子筛从晶种表面开始生长，并逐渐生长成具有核壳结构的分子筛。其中核的部分为高硅铝比的 Beta 分子筛晶种，壳层为生长出的富铝的 Beta 分子筛。与 Beta 分子筛类似，其他诸多类型的分子筛通过晶种法合成出来。Yokoi 等人发现，B-RUB-13 分子筛（RTH 结构）可由晶种法合成，从而避免了有机结构导向剂的使用[124]。Kamimura 等人实现了 ZSM-12 分子筛（MTW 结构）的晶种法合成，发现晶种和 Li^{+} 协同促进了 ZSM-12 分子筛的生长[125]。Zhang 等人开发了 RUB-50 分子筛（LEV 结构）的晶种法合成[126]。此外，具有 MWW 等结构的分子筛也相继采用晶种法合成出来[127]，这也证明了该方法具有一定的普遍适用性。

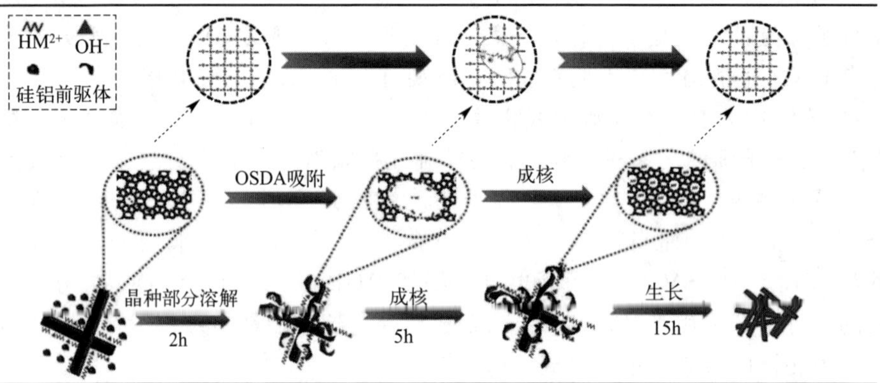

图 2.16　非常规晶种辅助合成 ZSM-48 分子筛路线示意图

尽管如此，晶种法导向分子筛的机理尚不十分清晰。基于大量晶种法制备分子筛的实验结果，Itabashi 等人提出了一个假设，即在无添加晶种条件下凝胶晶化得到的分子筛结构与加入分子筛晶种后所得到的分子筛结构应具有共同的复合结构单元[128]。他们在含有钠的硅铝分子筛合成体系中进行了详细的研究。当所制备的凝胶组成为 $0.3Na_2O : 0.01Al_2O_3 : SiO_2 : 20H_2O$ 时，通过直接水热合成可制备得到 MOR 分子筛。但是，往这个凝胶中加入 Beta 分子筛晶种会导向出 Beta 分子筛，而引入 ZSM-11 或 ZSM-5 分子筛晶种时则分别能导向出 ZSM-11 和 ZSM-5 分子筛。通过对所得分子筛的结构特点进行比较，发现该凝胶在无晶种条件下得到的 MOR 结构只含有 mor 复合结构单元，而

Beta、ZSM-11 和 ZSM-5 分子筛也都含有 mor 复合结构单元。类似地，Okubo 等人发现在无晶种的 ZSM-5 分子筛合成体系中，引入 ZSM-12 分子筛晶种可合成出 ZSM-12 分子筛，而引入 Beta 分子筛晶种也会导向出 ZSM-12 分子筛。这是由于 Beta 分子筛既具有与 ZSM-5 相同的 cas 结构组成单元，又与 ZSM-12 分子筛共享 mtw 结构组成单元。基于此，他们提出，晶种的选择具有一定的原则，即晶种必须至少具有一种与该凝胶在无晶种条件下形成的分子筛相同的结构组成单元。

（2）无溶剂法合成分子筛

为了减少沸石分子筛制备过程中的废水排放问题，肖丰收等人尝试在无溶剂条件下进行分子筛合成。与传统的水热法相比，无溶剂法具有分子筛收率较高、反应釜利用率更高、避免溶剂的产生、简化合成流程和降低合成压力等优势。典型的无溶剂法操作过程是将固体原料（硅源、铝源等）混合后进行研磨，并加热以制备分子筛材料。例如，全硅 Silicalite-1 分子筛（MFI 结构）可以通过该方法使用 $NaSiO_3 \cdot 9H_2O$、发烟硅胶、四丁基溴化胺和 NH_4Cl 为原料，在充分均匀研磨后转移到反应釜中晶化 18 小时即可制备出完全结晶的分子筛。此外，ZSM-39、SOD、MOR、Beta、FAU 和硅磷酸铝分子筛（SAPO-34、SAPO-11、SAPO-20、SAPO-43）等也可以通过该方法合成，这证明了其具有一定的普适性。

2.4　小结

分子筛因其具有分子级有序的孔道结构而受到越来越多的关注，在催化、吸附等领域已得到广泛应用。这种需求推动了分子筛合成技术的发展。经过半个多世纪的发展，人工合成分子筛由早期模仿天然沸石的形成条件合成逐渐发展到基于经验的半理性设计阶段。但是，值得注意的是，由于对分子筛晶化机理的认识尚未深入到分子级别，在迈向理性设计的道路上仍然面临瓶颈。目前，分子筛合成主要有以下四个大方向：①根据应用需求改进分子筛的合成方法；②针对生产成本或污染等问题改善分子筛合成过程；③探索具备新结构分子筛材料的合成；④研究新型分子筛的合成技术。在计算机辅助下，理论计算化学的迅猛发展助推了分子筛合成领域的进步。通过有机模板剂的设计来定制目标分子筛将极大地促进新材料的发现。近些年，高通量合成装置的开发也将加快分子筛的研发速度。未来，随着多学科交叉融合发展，分子筛合成技术将得到更深入的拓展，并为相关应用领域提供更多具有潜在应用价值的多孔材料。

参考文献

[1] Breck D W. Zeolite molecular sieves: Structure, chemistry and use [M]. Hoboken: John Wiley & Sons Inc, 1974.

[2] Davis M E, Lobo R. Zeolite and Molecular Sieve Synthesis [J]. Chemistry of Materials, 1992, 4 (4): 756-768.

[3] Corma A. From microporous to mesoporous molecular sieve materials and their use in catalysis [J]. Chemical Reviews, 1997, 97 (6): 2373-2419.

[4] Corma A. State of the art and future challenges of zeolites as catalysts [J]. Journal of Catalysis, 2003, 216 (1-2): 298-312.

[5] Cejka J, Corma A, Zones S. Zeolites and Catalysis, synthesis, reactions and applications [M]. Weinheim: Wiley-VCH, 2010.

[6] 徐如人，庞文琴，于吉红，等. 分子筛与多孔材料化学 [M]. 北京: 科学出版社，2004.

[7] Szostak R. Molecular Sieves - Principles of Synthesis and Identification [M]. 1st ed. ; New York: Van Nostrand Reinhold, 1989; 2nd ed. ; London: Blackie, 1998.

[8] Cronstedt A F. Rön och beskrifning om en obekant bärg art, som kallas zeolites [J]. The Royal Swedish Academy of Sciences, 1756, 18: 120-130.

[9] Friedel G. New experiments on zeolites [J]. Bulletin de la Société française de minéralogie et de cristallographie, 1896, 19: 363-390.

[10] Weigel O, Steinhoff E. Adsorption of organic liquid vapors by chabazite [J]. Zeitschrift für Kristallographie, 1925, 61: 125-154.

[11] Taylor W H. The crystal structure of analcite ($NaAlSi_2O_6 \cdot H_2O$) [J]. Zeitschrift für Kristallographie, 1930, 74: 1.

[12] Pauling L. The structure of some sodium and calcium aluminosilicates [J]. Proceedings of the National Academy of Sciences of the United States of America, 1930, 16 (7): 453-459.

[13] Pauling L. The structure of sodalite and helvite [J]. Zeitschrift für Kristallographie, 1930, 74: 213-215.

[14] McBain J W. The Sorption of Gases and Vapors by Solids [M]. London: Rutledge and Sons , 1932, Chapter 5.

[15] Baerlocher Ch, Meier W M, Olson D H. Atlas of Zeolite Frameworks Type [M]. Amsterdam: Elsevier Science, 2001.

[16] Barrer R M. Separation of mixtures using zeolites as molecular sieves. Ⅰ. Three classes of molecular - sieve zeolite [J]. Journal of the Indian Chemical Society, 1945, 64: 130.

[17] Barrer R M. Synthesis and reactions of mordenite [J]. Journal of The Chemical Society (resumed), 1948, 2158-2163.

[18] Barrer R M. Synthesis of a zeolitic mineral with chabazite - like sorptive properties [J]. Journal of The Chemical Society (resumed), 1948: 127-132.

[19] Barrer R M, Riley D W. Sorptive and molecular sieve properties of a new zeolitic mineral [J]. Journal of The Chemical Society (resumed), 1948: 133-143.

[20] Reed T B, Breck D W. Crystalline zeolites. Ⅱ. Crystal structure of synthetic zeolite, type A [J]. Journal of the American Chemical Society, 1956, 78 (23): 5972-5977 .

[21] Milton R. Molecular sieve science and technology: a historical perspective [M]. Washington,

D. C. : Materials Science, 1989.

[22] Barrer R M, Denny P J. Hydrothermal chemistry of the silicates. Part Ⅹ. A partial study of the field $CaO-Al_2O_3-SiO_2-H_2O$ [J]. Journal of The Chemical Society (resumed), 1961: 983-1000.

[23] Baerlocher Ch, Meier W M. Synthesis and crystal structure of tetramethylammonium sodalite [J]. Helvetica Chimica Acta, 1969, 52 (7): 1853-1860.

[24] Argauer R J, Landolt G R. Crystalline zeolite ZSM-5 and method of preparing the same [P]. US3702886 A. 1972-11-14.

[25] Kokotailo G T, Chu P, Lawton S L, et al. Synthesis and structure of synthetic zeolite ZSM-11 [J]. Nature, 1978, 275: 119-120.

[26] LaPierre R B, Rohrman Jr A C, Schlenker J L, et al. The framework topology of ZSM-12: A high-silica zeolite [J]. Zeolites, 1985, 5 (6): 346-348.

[27] Wadlinger R L, Kerr G T, Rosinski E J. Catalytic composition of a crystalline zeolite [P]. US3308069 A. 1967-03-07.

[28] Wilson S T, Lok B M, Messina C A, et al. Aluminophosphate molecular sieves: A new class of microporous crystalline inorganic solids [J]. Journal of the American Chemical Society, 1982, 104: 1146-1147.

[29] Flanigen E M, Lok B M, Patton R L, et al. Aluminophosphate molecular sieves and the periodic table [J]. Studies in Surface Science and Catalysis, 1986, 28: 103-112.

[30] Davis M E, Saldarriaga C, Montes C. A molecular sieve with eigthteen - membered rings [J]. Nature, 1988, 331: 698-699.

[31] Dessau R M, Schlenker J L, Higgins J B. Framework topology of $AlPO_4$-8: The first 14-ring molecular sieve [J]. Zeolites, 1990, 10 (6): 522-524.

[32] Bennett J M, Cohen J P, Flanigen E M, et al. Crystal structure of tetrapropylammonium hydroxide-aluminum phosphate number 5 [J]. ACS Symposium Series, 1983, 218: 109-118.

[33] Zahedi-Niaki M H, Xu G Y, Meyer H, et al. Synthesis and characterization of $AlPO_4$-36: A novel aluminophosphate molecular sieve with ATS structure [J]. Microporous and Mesoporous Materials, 1999, 32: 241-250.

[34] Lourenco J P, Ribeiro M F, Ribeiro F R, et al. Synthesis, characterization, and catalytic properties of $AlPO_4$-40, CoAPO-40, and ZnAPO-40 [J]. Zeolites, 1997, 18: 398-407.

[35] Broach R W, Wilson S T. and Kirchner, R. M. The synthesis and structures of as-synthesized and calcined $AlPO_4$-14, revealing a three-dimensional channel system with 8-ring pores [C] // Proc. 12th Int. Zeolite Conf., Ⅲ, 1999: 1715-1722.

[36] Pluth J J, Smith J V, Bennett J M. Microporous aluminophosphate number 17 with encapsulated piperidine, topological similarity to erionite [J]. Acta Crystallographica Section C, 1986, C42: 283-286.

[37] Simmen A, McCusker L B, Baerlocher Ch, et al. The structure determination and Rietveld refinement of the aluminophosphate $AlPO_4$-18 [J]. Zeolites, 1991, 11 (7): 654-661.

[38] Estermann M, McCusker L B, Baerlocher Ch, et al. A synthetic gallophosphate molecular sieve with a 20-tetrahedral-atom pore opening [J]. Nature, 1991, 352: 320-323.

[39] Loewenstein W. The distribution of aluminum in the tetrahedra of silicates and aluminates [J]. American Mineralogist, 1954, 39 (1/2): 92-96.

[40] Bibby D M, Dale M P. Synthesis of silica-sodalite from non-aqueous systems [J]. Nature, 1985, 317: 157-158.

[41] Cooper E R, Andrews C D, Wheatley P S, et al. Ionic liquids and eutectic mixtures as solvent and template in synthesis of zeolite analogues [J]. Nature, 2004, 430 (7003): 1012-1016.

[42] Matsukata M, Nishiyama N, Ueyama K. Synthesis of zeolites under vapor atmosphere: Effect of synthetic conditions on zeolite structure [J]. Microporous Materials, 1993, 1 (3): 219-222.

[43] Kim M H, Li H X, Davis M E. Synthesis of zeolites by water-organic vapor-phase transport [J]. Microporous Materials, 1993, 1 (3): 191-200.

[44] Matsukata M, Ogura M, Osaki T, et al. Conversion of dry gel to microporous crystals in gas phase [J]. Topics in Catalysis, 1999, 9: 77-92.

[45] Xu W Y, Dong J X, Li J P, et al. A novel method for the preparation of zeolite ZSM-5 [J]. Journal of the Chemical Society, 1995, 10: 755-756.

[46] Ren L M, Wu Q M, Yang C G, et al. Solvent-free synthesis of zeolites from solid raw materials [J]. Journal of the American Chemical Society, 2012, 134 (37): 15173-15176.

[47] Cundy C S, Plaisted R J, Zhao J P. Remarkable synergy between microwave heating and the addition of seed crystals in zeolite synthesis - a suggestion verified [J]. Chemical Communications, 1998, 1465-1466.

[48] Liu Z D, Zhu J, Peng C, et al. Continuous flow synthesis of ordered porous materials: from zeolites to metal-organic frameworks and mesoporous silica [J]. Reaction Chemistry & Engineering, 2019, 4: 1699-1720

[49] Roth W J, Nachtigall P, Morris R E, et al. Two-dimensional zeolites: Current status and perspectives [J]. Chemical reviews, 2014, 114 (9): 4807-4837.

[50] Zaarour M, Dong B, Naydenova I, et al. Progress in zeolite synthesis promotes advanced applications [J]. Microporous and Mesoporous Materials, 2014, 189: 11-21.

[51] Flanigen, Edith M. Molecular sieves [J]. Advances in Chemistry Series, 121 (1973): 119-139.

[52] Dutta P K, Pur M, Shieh D C. Forlation of zeolites: A molecular description [J]. Materials Research Society symposia proceedings, 1988, 111: 101-106.

[53] Barrer R M. Synthesis of zeolites [J]. Studies in Surface Science and Catalysis, 1985, 24: 1-26.

[54] Ogura M, Kawazu Y, Takahashi H, et al. Aluminosilicate species in the hydrogel phase formed during the aging process for the crystallization of FAU zeolite [J]. Chemistry of Materials, 2003, 15 (13): 2661-2667.

[55] Dutta P K, Shieh D C. Crystallization of zeolite A: A spectroscopic study [J]. The Journal of Physical Chemistry, 1986, 90 (11): 2331-2334.

[56] McCormick A V, Bell A T. The solution chemistry of zeolite precursors [J]. Catalysis Reviews-Science and Engineering, 1989, 31 (1-2): 97-127.

[57] Vaughan D E W. The roles of metal and organic cations in zeolite synthesis [J]. Studies in Surface Science and Catalysis, 1991, 65: 275-286.

[58] Arhancet J P, Davis M E. Systematic synthesis of zeolites that contain cubic and hexagonal stackings of faujasite sheets [J]. Chemistry of Materials, 1991, 3 (4): 567-569.

[59] Wijnen P W J G, Beelen T P M, van Santen R A. In synthesis of microporous materials [M]. Occelli M, Robson H, Eds. New York: Van Nostrand Reinhold, 1992.

[60] Lok B M, Cannon T R, Messina C A. The role of organic molecules in molecular sieve synthesis [J]. Zeolites, 1983, 3 (4): 282-291.

[61] Lawton S L, Rohrbaugh W J. The framework topology of ZSM-18, a novel zeolite containing rings of three (Si, Al) -O species [J]. Science, 1990, 247 (4948): 1319-1322.

[62] Gies H, Marler B. The structure-controlling role of organic templates for the synthesis of porosils in the systems SiO_2/template/H_2O [J]. Zeolites, 1992, 12 (1): 42-49.

[63] Ikuno T, Chaikittisilp W, Liu Z, et al. Structure-directing behaviors of tetraethylammonium cations toward zeolite beta revealed by the evolution of aluminosilicate species formed during the crystallization process [J]. Journal of the American Chemical Society, 2015, 137: 14533-14544.

[64] Kubota Y, Helmkamp M M, Zones S I, et al. Properties of organic cations that lead to the structure-direction of high-silica molecular sieves [J]. Microporous Materials, 1996, 6: 213-229.

[65] Pophale R, Daeyaert F, Deem M W. Computational prediction of chemically synthesizable organic structure directing agents for zeolites [J]. Journal of Materials Chemistry A, 2013, 1: 6750-6760.

[66] Brand S, Schmidt J E, Deem M W, et al. Enantiomerically enriched, polycrystalline molecular sieves [J]. Proceedings of the National Academy of Sciences of the United States of America, 2017, 114 (20): 5101-5106.

[67] María Gallego E, Teresa Portilla M, Paris C, et al. "Ab initio" synthesis of zeolites for preestablished catalytic reactions [J]. Science, 2017, 355 (6329): 1051-1054.

[68] Wilson S T. B. Synthesis of $AlPO_4$, -based molecular sieves [J]. Studies in Surface Science and Catalysis, 1991, 58: 137-151.

[69] Bibby D M, Dale M P. Synthesis of silica-sodalite from non-aqueous systems [J]. Nature, 1985, 317: 157-158.

[70] Huo Q S, Feng S H, Xu R R. First syntheses of pentasil-type silica zeolites from non-aqueous systems [J]. Journal of the Chemical Society, Chemical Communications, 1988: 1486-1487.

[71] Kuperman A, Nadimi S, Oliver S, et al. Non-aqueous synthesis of giant crystals of zeolites and molecular sieves [J]. Nature, 1993, 365: 239-242.

[72] Huo Q S, Xu R R. Syntheses of $AlPO_4$-5, $AlPO_4$-11, and $AlPO_4$-21 from non-aqueous systems [J]. Journal of the Chemical Society, Chemical Communications, 1990: 783-784.

[73] Huo Q S, Xu R R, Li S G, et al. Synthesis and characterization of a novel extra large ring of aluminophosphate JDF-20 [J]. Journal of the Chemical Society, Chemical Communications, 1992: 875-876.

[74] Chippendale A M, Cowley A R. Heteroatom-substituted microporous gallium phosphates [J]. Microporous and Mesoporous Materials, 1998, 21 (4/6): 271-279.

[75] Derouane E G, Valyocsik E W, von Ballmoos R. Crystalline silicophosphoaluminate (MCM-10). US 4623527 [P]. 1986-11-18.

[76] Strohmaier K G, Vaughan D E W, Chen T J, et al. Method for the use of new silicoaluminophosphas having an AEL structure to convert naptha to C2 to C4 olefins. US 6300537 [P]. 2001-10-09.

[77] Vaughan, D. E. W. and Strohmaier, K. G. (1992) in Proceedings of 9th International. Zeolite Conference (eds R. von Ballmoos, J. B. Higgins, M. M. J. Treacy), Butterworth-Heinemann, Boston, 197-206.

[78] Rogers R D, Seddon K R. Ionic liquids—Solvents of the future? [J]. Science, 2003, 302 (5646): 792-793.

[79] Mugavero S J, Bharathy M, McAlum J, et al. Crystal growth of alkaline earth vanadates from hydroxide fluxes [J]. Solid State Sciences, 2008, 10 (4): 370-376.

[80] Wasserscheid, P and Welton, T. Ionic liquids in synthesis [M]. Weinheim: Wiley-vch, 2008.

[81] Cooper E R, Andrews C D, Wheatley P S, et al. Ionic liquids and eutectic mixtures as solvent and

template in synthesis of zeolite analogues [J]. Nature, 2004, 430: 1012-1016.

[82] Xu Y P, Tian Z J, Xu Z S, et al. Ionothermal synthesis of silicoaluminophosphate molecular sieve in *N*-alkyl imidazolium bromide [J]. Chinese Journal of Catalysis, 2005, 26 (6): 446-448.

[83] Parnham E R, Morris R E. The ionothermal synthesis of cobalt aluminophosphate zeolite frameworks [J]. Journal of the American Chemical Society, 2006, 128 (7): 2204-2205.

[84] Wang T W, Kaper H, Antonietti M, et al. Templating behavior of a long-chain ionic liquid in the hydrothermal synthesis of mesoporous silica [J]. Langmuir, 2007, 23 (3): 1489-1495.

[85] Parnham E R, Morris R E. Ionothermal synthesis of zeolites, metal-organic frameworks, and inorganic-organic hybrids [J]. Accounts of Chemical Research, 2007, 40 (10): 1005-1013.

[86] Chu P, Dwyer F G, Vartuli J C. Crystallisation method using microwave radiation. US 41988 778666 [P] .

[87] Carmona J G, Clemente R R, Morales J G. Comparative preparation of microporous VPI-5 using conventional and microwave heating techniques [J]. Zeolites, 1997, 18 (5/6): 340-346.

[88] Yates M Z, Ott K C, Birnbaum E R, et al. Hydrothermal synthesis of molecular sieve fibers: Using microemulsions to control crystal morphology [J]. Angewandte Chemie International Edition, 2002, 41 (3): 476-478.

[89] Ganschow M, Schulz-Ekloff G, Wark M, et al. Microwave-assisted preparation of uniform pure and dye-loaded $AlPO_4$-5 crystals with different morphologies for use as microlaser systems [J]. Journal of Materials Chemistry, 2001, 11: 1823-1827.

[90] Mintova S, Mo S, Bein T. Nanosized $AlPO_4$-5 molecular sieves and ultrathin films prepared by microwave synthesis [J]. Chemistry of Materials, 1998, 10: 4030-4036.

[91] Chen X X, Yan W F, Cao X J, et al. Fabrication of silicalite-1 crystals with tunable aspect ratios by microwave-assisted solvothermal synthesis [J]. Microporous Mesoporous Materials, 2009, 119 (1/3): 217-222.

[92] Tompsett G A, Conner W C, Yngvesson K S. Microwave synthesis of nanoporous materials [J]. ChemPhysChem, 2006, 7 (2): 296-319.

[93] Cundy C S, Forrest J O, Plaisted R J. Some observations on the preparation and properties of colloidal silicalites. Part I: Synthesis of colloidal silicalite 1 and titanosilicalite 1 (TS 1) [J]. Microporous Mesoporous Materials, 2003, 66 (2/3): 143-156.

[94] Xu W Y, Dong J X, Li J P, et al. A novel method for the preparation of zeolite ZSM-5 [J]. Journal of the Chemical Society, Chemical Communications, 1990: 755-756.

[95] Rao P R H P, Ueyama K, Matsukata M. Crystallization of high silica BEA by dry gel conversion [J]. Applied Catalysis A: General, 198, 166 (1): 97-103.

[96] Althoff R, Unger K, Schüth F. Is the formation of a zeolite from a dry powder via a gas phase transport process possible? [J]. Microporous Materials, 1994, 2 (6): 557-562.

[97] Deforth U, Unger K K, Schüth F. Dry synthesis of B-MFI, MTN- and MTW-type materials [J]. Microporous Materials, 1997, 9 (5/6): 287-290.

[98] Inagaki S, Tatsumi T. Vapor-phase silylation for the construction of monomeric silica puncheons in the interlayer micropores of Al-MWW layered precursor [J]. Chemical Communications, 2009, 2583-2585.

[99] Roth W J, Nachtigall P, Morris R E, et al. Two-dimensional zeolites: Current status and perspectives [J]. Chemical Reviews, 2014, 114 (9): 4807-4837.

[100] Leonowicz M E, Lawton J A, Lawton S L, et al. MCM-22: A molecular sieve with two inde-

pendent multidimensional channel systems [J]. Science, 1994, 264 (5167): 1910-1913.

[101] Rubin M K, Chu P. (Mobil Oil Corp.) . Composition of synthetic porous crystalline material, its synthesis and use. US 41990954325 [P] .

[102] Fung A S, Lawton S L, Roth W J. (Mobil Oil Corp.) Synthetic layered MCM-56, its synthesis and use. US 51994362697 [P] .

[103] Roth W J, Dorset D L, Kennedy G J. Discovery of new MWW family zeolite EMM-10: Identification of EMM-10P as the missing MWW precursor with disordered layers [J]. Microporous and Mesoporous Materials, 2011, 142 (1): 168-177.

[104] Archer R H, Zones S I, Davis M E. Imidazolium structure directing agents in zeolite synthesis: Exploring guest/host relationships in the synthesis of SSZ-70 [J]. Microporous and Mesoporous Materials, 2010, 130 (1/3): 255-265.

[105] Xu L, Ji X Y, Jiang J-G, et al. Intergrown zeolite MWW polymorphs prepared by the rapid dissolution-Recrystallization route [J]. Chemistry of Materials, 2015, 27: 7852-7860.

[106] Moliner M, Rey F, Corma A. Towards the rational design of efficient organic structure - directing agents for zeolite synthesis [J]. Angewandte Chemie International Edition, 2013, 52 (52): 13880-13889.

[107] Morris R E, Čejka J. Exploiting chemically selective weakness in solids as a route to new porous materials [J]. Nature Chemistry, 2015, 7: 381-388.

[108] Roth W J, Shvets O V, Shamzhy M, et al. Postsynthesis transformation of three-dimensional framework into a lamellar zeolite with modifiable architecture [J]. Journal of the American Chemical Society, 2011, 133 (16): 6130-6133.

[109] Zones S I, Hwang S J. Synthesis of high silica zeolites using a mixed quaternary ammonium cation, amine approach: Discovery of zeolite SSZ-47 [J]. Chemistry of Materials, 2002, 14 (1): 313-320.

[110] Gil B, Zones S I, Hwang S J, et al. Acidic properties of SSZ-33 and SSZ-35 novel zeolites: A complex infrared and MAS NMR study [J]. The Journal of Physical Chemistry C, 2008, 112 (8): 2997-3007.

[111] Ren L, Zhu L, Yang C, et al. Designed copper-amine complex as an efficient template for one-pot synthesis of Cu-SSZ-13 zeolite with excellent activity for selective catalytic reduction of NO_x by NH_3 [J]. Chemical Communications, 2011, 47: 9789-9791.

[112] Wang J Y, Song J W, Yin C Y, et al. Tetramethylguanidine-templated synthesis of aluminophosphate-based microporous crystals with AFI-type structure [J]. Microporous and Mesoporous Materials, 2009, 117 (3): 561-569.

[113] Takewaki T, Beck L W, Davis M E. Zincosilicate CIT-6: A precursor to a family of *BEA-type molecular sieves [J]. The Journal of Physical Chemistry B, 1999, 103 (14): 2674-2679.

[114] Lee H, Zones S I, Davis M E. A combustion-free methodology for synthesizing zeolites and zeolite-like materials [J]. Nature, 2003, 425: 385-388.

[115] Srinivasachar K, David M, Nerville J. New protein crosslinking reagents that are cleaved by mild acid [J]. Biochemistry, 1989, 28 (6): 2501-2509.

[116] Grose R W, Flanigen E M. Novel zeolite compositions and processes for preparing and using same. US 41981257885 [P] .

[117] Shiralkar V P, Clearfield A. Synthesis of the molecular sieve ZSM-5 without the aid of templates [J]. Zeolites, 1989, 9 (5): 363-370.

[118] Warrender S J, Wright P A, Zhou W Z, et al. TNU-7: A large-pore gallosilicate zeolite constructed of strictly alternating MOR and MAZ layers [J]. Chemistry of Materials, 2005, 17: 1272-1274.

[119] Ng E-P, Chateigner D D, Bein T, et al. Capturing ultrasmall EMT zeolite from template-free systems [J]. Science, 2012, 335 (6064): 70-73.

[120] Wu Z F, Song J W, Ji Y Y, et al. Organic template-free synthesis of ZSM-34 zeolite from an assistance of zeolite L seeds solution [J]. Chemistry of Materials, 2008, 20 (2): 357-359.

[121] Zhang L, Yang C G, Meng X J, et al. Organotemplate-free syntheses of ZSM-34 zeolite and its heteroatom-substituted analogues with good catalytic performance [J]. Chemistry of Materials, 2010, 22 (10): 3099-3107.

[122] Xie B, Song J W, Ren L M, et al. Organotemplate-free and fast route for synthesizing beta zeolite [J]. Chemistry of Materials, 2008, 20 (14): 4533-4535.

[123] Kamimura Y, Chaikittisilp W, Itabashi K, et al. Critical factors in the seed-assisted synthesis of zeolite beta and "green beta" from osda-free Na^+-aluminosilicate gels [J]. Chemistry-An Asian Journal, 2010, 5 (10): 2182-2191.

[124] Yokoi T, Yoshioka M, Tatsumi T. Diversification of RTH-type zeolite and its catalytic application [J]. Angewandte Chemie International Edition, 2009, 48 (52): 9884-9887.

[125] Kamimura, Y, Itabashi, K, Okubo T. Seed-assisted, OSDA-free synthesis of MTW-type zeolite and "green MTW" from sodium aluminosilicate gel systems [J]. Microporous and Mesoporous Materials, 2012, 147 (1): 149-156.

[126] Zhang H Y, Yang C G, Zhu L F, et al. Organotemplate-free and seed-directed synthesis of levyne zeolite [J]. Microporous and Mesoporous Materials, 2012, 155: 1-7.

[127] Kamimura Y, Itabashi K, Kon Y, et al. Seed-assisted synthesis of MWW-type zeolite with organic structure-directing agent-free Na-aluminosilicate gel system [J]. Chemistry-An Asian Journal, 2017, 12 (5): 530-542.

[128] Itabashi K, Kamimura Y, Iyoki K, et al. A working hypothesis for broadening framework types of zeolites in seed-assisted synthesis without organic structure-directing agent [J]. Journal of the American Chemical Society, 2012, 134 (28): 11542-11549.

第3章

新型微孔材料的制备

3.1 引言

金属有机骨架化合物（metal organic frameworks，MOFs）是由无机金属中心（金属离子或金属簇）和桥联的有机配体通过自组装形成相互连接结构的晶态多孔材料，兼具无机材料的刚性和有机材料的柔性特征，并呈现出周期性网络结构。MOFs的多孔性质使其具有高度的可调性，可以通过结构的调整实现对其物理和化学性质的精确调控。独特的优势使其在气体吸附、分离、储存、催化和传感等领域具有广泛的应用前景。因此，MOFs的研究和应用已经成为当今材料科学领域的热点之一。

微孔有机聚合物（microporous organic polymers，MOPs）具有孔隙率高、比表面积大、质轻、表面化学性质多变等优点。独特的结构特点使其在各种相关技术领域中都呈现出独特的优势。例如，根据孔隙的大小和化学组成，聚合物可用于选择性吸附和存储特定分子。此外，根据功能、单体和所使用的聚合技术，可以将微孔聚合物制成可溶性或不可溶性的网络材料。MOPs的应用领域包括气体分离、催化、能源存储、环境污染控制等。例如，在制备高效气体分离膜方面，它们实现了二氧化碳、甲烷等气体的有效分离；在制备高效的催化剂方面，则促进了有机反应和电化学反应等反应过程的进行。对于能源存储而言，MOPs可作为材料用于制备高效电池和超级电容器等，实现能源的高效存储。此外，在环境污染控制方面，MOPs还可作为吸附剂来提供高效解决方案。总之，作为一种具有微孔结构的有机聚合物材料，MOPs具有广泛的应用前景，在各种相关技术领域中发挥着重要作用。

作为新兴的微孔材料家族成员，MOFs和MOPs的种类和应用领域正在不断拓展和开发。本章将详细介绍MOFs和MOPs材料（本征微孔聚合物、超交联聚合物、共轭微孔聚合物、共价有机框架材料、多孔芳香骨架材料）的制备及结构设计策略。

3.2 金属有机框架（MOFs）材料

3.2.1 MOFs材料的发展与分类

金属有机框架（MOFs）的研究起源于多位科学家的开创性探索。1989年，澳大利亚科学家 Richard Robson 受钻石结构启发，首次利用铜离子与四臂有机分子组装出具有规则空腔的三维晶体，为 MOFs 的结构设计奠定了理论基础。1995 年，美国科学家 Omar M. Yaghi 团队在 *Nature* 上发表研究[1]，正式提出“金属有机框架（MOFs）”这一命名，并于 1999 年成功开发出具有高稳定性和超大比表面积的 MOF-5，推动了材料的系统化发展。日本科学家 Susumu Kitagawa 则在 1997 年发现了 MOFs 脱水后仍能可逆吸附气体的“呼吸”特性，揭示了其结构柔性与功能潜力。这三项奠基性工作共同构建了MOFs 研究的核心框架，推动该领域进入快速发展阶段。截至目前，已报道的MOFs 材料种类接近 9 万种[2]，可用的金属节点与有机配体组合数以万计，并在碳捕集、沙漠集水等前沿领域展现出重要应用价值。为表彰他们在 MOFs领域的开拓性贡献，2025 年诺贝尔化学奖授予了上述三位科学家，标志着该材料体系获得了科学界的最高认可。

按照 MOFs 材料的组成和结构主要可分为 IRMOF 系列（isoreticular metal-organic framework）、ZIF 系列（zeolitic imidazolate framework）、CPL 系列（coordination pillared-layer）、MIL 系列（materials of institut lavoisier）、PCN 系列（porous coordination network）以及 UiO（university of oslo）等六大系列[3-4]（图 3.1）。其中，IRMOF 是由分离的次级结构单元 $[Zn_4O]^{6+}$ 无机基团与一系列芳香羧酸配体以八面体形式桥联自组装而成的微孔晶体材料。通过使用含有更长的二羧酸配体反应物，可以将 IRMOF 系列化合物的孔道尺寸增大至 28.8Å，并且将孔隙率从 55.8%增大到 91.1%，远超沸石的孔隙率（40%～50%）；ZIF 是一种类沸石咪唑酯骨架材料，是利用 Zn（Ⅱ）或 Co（Ⅱ）与咪唑配体反应，合成出的类沸石结构的 MOFs 材料；CPL 材料由六配位金属元素与中性的含氮杂环类的 2,2′-联吡啶、4,4′-联吡啶、苯酚等配体配位而成。其中四个配位位置形成了金属和吡嗪类羧酸配体连接而成的二维平面结构，剩下两个位置则是金属与线性二齿有机配体进行了配位；MIL 材料采用不同过渡金属元素和琥珀酸、戊二酸等二羧酸配体合成。其最显著的特点在于，在外界因素的刺激下，该材料能够在大孔和窄孔之间发生呼吸现象转变；PCN 系列材料含有多个立方八面体纳米孔笼，并形成了空间上的孔笼-孔道状拓扑结构；UiO 材料由含 Zr（锆）的正八面体[$Zr_6O_4(OH)_4$]与 12 个对苯二甲酸（BDC）有机配体相连，形成包含八面体中心孔笼和八个四面体角笼的三维微孔结构。

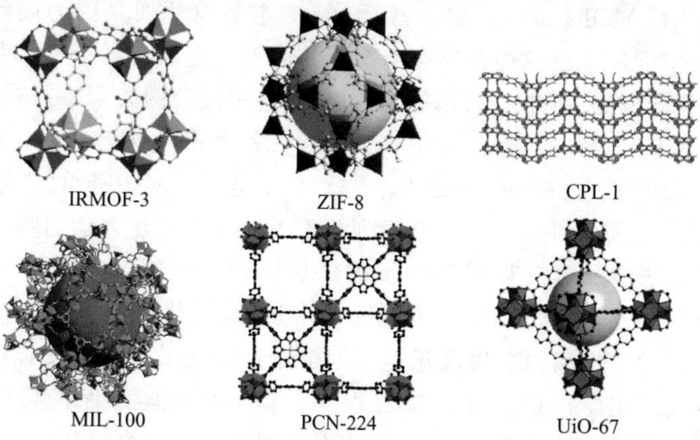

图 3.1　MOFs 材料的六大系列结构示意图

3.2.2　MOFs 材料的特点

鉴于 MOFs 材料独特的组成和结构特点，其兼具无机材料和有机材料的优点[5]。主要可分为以下几点：①制备方法简单、方便、经济；②拥有远超传统多孔材料（活性炭、沸石等）的比表面积，该参数是衡量多孔材料内部空间的重要性能参数之一；③孔结构和孔径简易可调；④结构多样且易于调节。MOFs 由有机配体和金属节点两部分组成，因此可通过分别调节金属节点和有机配体，特别是通过有机配体的调节可获得任何想要的配体结构；⑤优异的物理和化学稳定性；⑥与介孔二氧化硅及沸石类似，MOFs 可以促进孔内额外物质的进入和聚合；⑦呈现高度有序的晶体结构。MOFs 中原子与周围孔道排列整齐，这种排列方式有助于对结构与性质关系的深入研究。

3.2.3　MOFs 材料的制备方法

MOFs 材料的制备方法主要取决于金属、有机连接体和靶向剂的类型。从相同的反应起始物进行合成，也可获得具有不同结构和性质的 MOFs 材料。此外，合成方法和条件也会影响 MOFs 材料的形态、晶体结构和孔隙率，进而影响其功能。

目前已有多种方法用于制备结构新颖、性能优越的 MOFs 材料，如水热/溶剂热法、微波加热法、超声化学法、电化学合成法、机械化学合成法以及常温搅拌法等。不同的方法具有特定的优势，在一定程度上拓展了 MOFs 材料的研究与应用。

水热/溶剂热法是指在高压釜等密闭体系内，以水或液态有机物为溶剂，在特定温度和溶液的自生压力下进行原始混合反应的一种合成方法。通过这种方法可以轻松获得MOFs微晶产物，甚至单晶产物，这主要是因为高温高压的水热/溶剂热反应促进了反应物在反应溶剂中的溶解，进而有利于反应和结晶过程的发生。该类合成的MOFs通常具有较高的热稳定性。例如，Yaghi团队早期使用该方法用对苯二甲酸合成了MOF-5。去除二乙基甲酰胺溶剂后，所得MOFs材料的比表面积高达$2500m^2 \cdot g^{-1}$，在无水环境下，MOF-5的热稳定性高达500℃[6]。这些独特的性质引发了一系列关于MOFs材料热力学问题的研究。

微波加热法涉及电磁辐射与分子的偶极矩相互作用，实现了MOFs材料制备反应速率的显著提升，相较于传统的水热/溶剂热法。这种方法具有内部加热效应，通过施加高频电磁场迅速激发分子产生热效应，并使反应体系温度快速升高以促进化学反应。在这一过程中，整个反应体系保持均匀的温度分布，无局部过热的情况发生。该方法适用于制备小尺寸的MOFs晶体，且制备的MOFs材料具有很高的相纯度。首次用该方法制备的MOFs材料为MIL-100（Cr）与MIL-101（Cr），且仅需在220℃下4小时即可完成反应，相较于水热/溶剂热法需要4天的时间显示出极大的优势[7]。

超声化学法是通过将原料溶解于溶剂中，并进行连续的超声处理来实现的。这种方法能够使气泡在溶剂中不断地产生、生长和破裂，从而实现材料均匀成核，缩短晶化时间并获得较小的晶体尺寸。然而，超声法也存在一定的局限性，即合成的MOFs结构具有多样性，导致合成材料的纯度参差不齐。2008年，安徽大学Qiu等人首次采用此方法合成了$Zn_3(BTC)_2$MOFs材料。在制备过程中，他们将醋酸锌和均苯三甲酸溶于乙醇水溶液超声5分钟，最终获得产率为75.3%的MOFs材料[8]。此后，其他研究人员也利用超声法成功制备出了MOF-5等材料，在合成时间上相比微波加热法更为高效。

相对于以上几种合成方法，电化学合成法主要分为阳极合成法、阴极合成法、间接双极电沉积法、电位移法（电镀置换法）和电泳沉积法。该方法具有合成快、所得材料孔隙率高等优点，在温和的反应条件下能够连续合成可控形态的颗粒，并降低溶剂需求量。然而，该方法产物产量较低且容易生成副产物。巴斯夫在2005年的一项专利中首次提出了利用电化学合成MOFs材料的概念。研究人员采用厚度为5mm的铜板作为阳极和阴极，在含有1,3,5-苯三甲酸的甲醇溶液中进行池液通电实验，通过12～19V的电压持续150min成功制备了Cu-MOF。而后，Ameloot等人首次在铜基上合成了HKUST-1［Cu_3-（BTC）$_2$］薄膜，并证明了阳极合成法可实现HKUST-1薄膜均匀生长。其原理是在电解过程中，阳极金属板生成金属离子后与溶剂中的有机配体自组装形成MOFs结构[9]。通过这一方法还成功地制备了一系列其他的MOFs材料。

机械化学合成法是将金属盐与有机配体通过机械研磨来进行直接反应，或者使所有成分混合均匀，然后在特定温度下反应形成 MOFs 材料。这种方法不仅可以减少溶剂挥发对环境的污染，还能节约成本，是大量合成 MOFs 材料的优质选择。加拿大麦吉尔大学 Tomislav Frii 教授等人利用机械化学合成法以 ZnO 和 2-甲基咪唑为原料，同时加入少量乙酸或水以催化反应的进行，成功合成了 ZIF-8[10]。在研磨过程中，研究人员首次发现了一种新的衍射多晶图案，甚至可以直接观察到晶核的生成以及晶体的生长过程。

此外，常温搅拌法也是一种简便快捷的 MOFs 材料制备方法：即在固定温度下将金属前驱体、有机连接剂和其他溶剂混合并连续搅拌特定时间后，通过过滤得到反应产物，并蒸发残余溶剂。

除了上述几种合成方法，逐层生长法、液相扩散法、喷雾干燥法等其他方法也可用于制备 MOFs 材料。虽然不同的方法各有优缺点，但都促进了整个 MOFs 材料的发展，并为未来可能出现更多经济有效的新型合成方法奠定基础（表 3.1）。

表 3.1　不同的 MOFs 材料合成方法及其优缺点

合成方法	优势	缺点
常温搅拌法	● 结晶时间短 ● MOFs 材料在化学和热稳定性方面表现出色 ● 在低热需求的环境条件下进行 ● 可以产生简单的分子晶体	● 当使用动力学惰性金属离子时，可能需要较高的温度 ● 由于溶剂未完全去除，MOFs 的纯度较低
水热/ 溶剂热法	● 可以产生简单的晶体 ● 设备要求低 ● 产品结晶度高 ● 反应条件容易控制	● 步骤繁杂 ● 高能耗 ● 需要大量溶剂 ● 废液处理增加了成本
微波加热法	● 反应时间短 ● 产率高 ● 易于调节 MOFs 材料的性质 ● 产品结晶度高 ● 低能耗 ● 废料及副产物很少	● 难以操控反应条件 ● 反应条件通常不可重复
超声化学法	● 反应时间短 ● 环保 ● 低能耗 ● 产物是高度均匀的结晶	● 温度调控困难 ● 对 MOFs 材料孔结构的控制有限
电化学合成法	● 持续合成 MOFs 材料 ● 可生产高固体含量的 MOFs 材料 ● 易于宏量化 ● 快速的反应过程 ● 温和的反应条件	● 需要保持电源和电极之间的持续电接触，以确保 MOFs 材料的持续形成 ● 惰性有机连接剂的溶解度是一个限制因素 ● 通量低 ● 阴极反应机理尚不明确
机械化学法	● 可一步完成 ● 可在环境条件下完成 ● 废料少 ● 无溶剂 MOFs 材料合成 ● 成本效益	● 硬件要求较高 ● 形成无定形相，影响产品结晶度 ● 研磨过程中容易引入杂质 ● 难以控制反应条件

3.2.4 MOFs 材料的结构调控

MOFs 材料的结构设计需要综合考虑多个因素，包括配体和金属离子的选择、配位模式以及晶体结构。①在选择配体时，需重点考虑其结构、功能和稳定性等关键因素。一般而言，理想的配体应具备较好的配位能力和稳定性，同时还应具备吸附性能和催化性能等功能特点。此外，为了形成稳定的配位化合物，所选取的配体结构也必须与金属离子相匹配。②配位数、电子结构和氧化态是金属离子选择时需要考虑的主要因素。通常，金属离子的配位数应与配体的配位数相匹配，以便形成稳定的配位化合物。此外，金属离子的电子结构和氧化态也会直接影响 MOFs 材料的性质和应用。③在进行结构设计时需要明确所采用的配位模式，即在该系统中以何种方式下发生了有机分子或者无机分子之间协同作用并最终生成一个新颖的固态晶格网络。常见的配位模式包括线性、方形和八面体。不同的配位模式直接决定 MOFs 材料的结构和性质，因此在设计过程中应根据实际应用需求来选择合适的配位模式。④晶体结构是指 MOFs 材料中配体和金属离子的排列方式。不同的晶体结构会影响 MOFs 材料的孔隙结构和比表面积等物理化学性质，因此需要根据具体的应用需求来选择合适的晶体结构。综上所述，通过合理的结构设计，可以获得具有优异性能和广泛应用前景的 MOFs 材料。

MOFs 材料良好的稳定性和独特的物理形态促进了其复杂结构的构建，包括空心微球形式的零维（0D）MOFs 材料、纳米棒和纤维形式的一维（1D）MOFs 材料、薄膜形式的二维（2D）MOFs 材料以及连续和扩展材料的三维（3D）MOFs。

3.2.4.1 零维 MOFs 材料

零维（中空结构）MOFs 材料是由有机或无机材料组成的零维微结构材料。根据其排列方式分为封闭的单层或多层空心球、单孔空心球、介孔空心球和蛋黄壳空心球。胶体粒子在模板上或界面上的组装通过静电相互作用、氢键、范德瓦耳斯力和电磁偶极子-偶极子相互作用而稳定[11]。除此之外，空心球的合成大多涉及聚合物分子、嵌段聚合物和交联聚合表面活性剂，以增强和稳定空心球的外层。Wang 等人利用二氧化硅纳米颗粒以及氯化铜/联吡啶作为催化剂，在 Pickering 乳液界面引发原子转移自由基聚合反应，生长了聚（2-羟甲基丙烯酸酯）聚合物刷，从而成功制备出具有半渗透特性的中空结构[12]。

此外，Kuo 等人制备了蛋黄壳空心球结构的 nanocrystal@ZIF-8 纳米材料[13]。制备过程中，他们首先在纳米晶芯上涂覆一层 Cu_2O 作为牺牲模板，然后包覆多晶 ZIF-8 于其表面。通过蚀刻 Cu_2O 的同时产生微孔结构，使其具有优异的分子选择性。Li 等人以聚苯乙烯纳米颗粒为模板，通过逐步自组装方法制备了单分散的 MOFs 材料[14]。在制备过程中，苯乙烯的无乳化剂乳液聚合在过硫酸钾存在下进行，在硫酸磺化后得到纳米球，并将其分散在 $FeCl_3 \cdot 6H_2O$ 和 1,3,5-苯三羧酸的乙醇溶液中。最后，将磺化聚苯乙烯 MOFs 微球浸泡在 *N*,*N*-二甲基甲酰胺中并进行蚀刻去除聚苯乙烯部分，从而获得中空的 MOFs 微球。

在 Takafuji 等人的研究中，用 3-甲基丙烯氧基三甲氧基硅烷悬浮纳米硅（Si NPs），设计了具有内外表面有序突起的中空二氧化硅微球，并成功实现了对其表面进行改性以形成层状硅粒子壳的聚合物微球[15]。为了将硅粒子连接到微球表面，在四乙氧基硅烷（TEOS）的溶胶-凝胶反应和核心聚合物经过煅烧去除后，得到了相互连接的 Si NPs 作为外壳并且内外表面均匀突出的空心微球。当快速加热时，Si NPs 之间的连接层会发生开裂。较低浓度的 TEOS 导致硅微球颗粒破碎，这些颗粒是脆弱的薄壳，无法承受聚合物芯在高温处理过程中收缩所产生的压力。

通过上述讨论可知，采取不同的模板都可以制备出零维 MOFs 材料。然而，在制备过程中需要考虑分子的大小、形状、化学性质以及它们之间的相互作用等重要因素。通过选择适当的分子和相互作用方式，可以设计出稳定的零维 MOFs 材料，并为其应用提供更广泛的可能性。

3.2.4.2　一维 MOFs 材料

与其他维度相比，1D MOFs 材料往往具有多孔和中空的纳米纤维结构，这在储能和转换器件的应用中可以提供更多的活性位点，并缩短电荷传输路径[16]。在各种方法中，静电纺丝结合碳化工艺是一种简单且可扩展的方法，广泛用于设计 MOFs 基多孔或中空碳纳米纤维（P/HCNFs）[17]。在合成过程中，首先合成 MOFs 纳米粒子，然后原位生长于含有金属离子的静电纺丝聚合物纳米纤维上，并在惰性气氛下碳化，以获得 1D PCNFs 或 HCNFs。

研究表明，通过静电纺丝工艺可以提高纳米纤维的比表面积，并有效防止微孔和介孔的表面阻塞[18-19]。通过该方法可以获得尺寸为（300±75）nm 的一维纳米纤维，其内部均匀分布着 20nm 孔径的介孔结构，形成高度开放的一维体系。

ZIF-8 表面具有丰富的 Zn^{2+} 位点，易于与聚乙烯吡咯烷酮（PVP）的 C═O 基团配合。在热解过程中，PVP 分解生成无定形碳网络，而 ZIF-8 多面体保持晶体结构不变，此方法可用于制备一维 MOFs 复合材料。此外，有学者还提出了用聚丙烯腈（PAN）代替 PVP 通过静电纺丝制备一维纳米纤维的可行性，其中 PAN 的—C≡N 基团与 ZIF-8 在热解过程中相互作用，在 ZIF-8 表面与 PAN 衍生的碳壳之间形成强界面。通过表征测试，ZIF-8 纳米颗粒被 PAN 包裹，形成了具有独特分层多孔结构的新型一维富氮碳纤维。一维纳米纤维的这些形态特征使其具有增强的比表面积、优化的孔隙分布、高传质以及更多的活性位点[20]。

3.2.4.3 二维 MOFs 材料

2D MOFs 材料不仅具有普通 MOFs 材料的特性，还融合了二维材料大的横向尺寸、超薄厚度、机械柔性、大表面积、光学透明度和高表面体积比等优势，使其在储能、气体分离、能量转换、催化、电子器件和医疗应用等方面获得了广泛的研究[21-22]。

King 等人合成了两种不同形式的二维微孔 MOFs 材料：$[Zn_2(TMTA)(DMF)_2]\cdot NO_3\cdot 2H_2O\cdot 3DMF$ 和 $[Zn_3(TETA)_2(DMF)_4]\cdot 3DMF$。两种产物以 4,4′,4″-(2,4,6-三甲基苯-1,3,5 三基)三苯甲酸（H_3TMTA）和 4,4′,4″-(2,4,6-三乙基苯-1,3,5 三基)三苯甲酸（H_3TETA）为有机连接剂、DMF（*N*,*N*-二甲基甲酰胺）为溶剂、$Zn(NO_3)_2\cdot 6H_2O$ 为金属离子进行溶剂热反应制得[23]。表征结果显示成功构筑了具有二维微孔结构的框架材料，其中包括桨形 $Zn_2(RCOO)_3$ 团簇和二维双层三核 $Zn_3(RCOO)_6$ 团簇。此外，在 Natour 等人的相关研究中，利用异烟酸作为连接剂，铜（Ⅱ）作为金属离子，通过溶剂热法成功合成了结晶性且呈片状荧光型的 2D 铜基 MOF 纳米片[24]。

在 Deng 等人的一项研究中，使用等离子体增强化学气相沉积技术，在泡沫镍上制备碳纳米壁，以获得高度垂直共取向的 2D MOFs 纳米片[25]。结果显示，对苯二甲酸（PTA）配体分子侧向吸附到碳原子边缘顶部，并且新形成的 MOFs 材料也通过侧向自组装与基底上的碳纳米壁相匹配。通过上述例子可知，将 MOFs 前驱体与其他掺杂材料结合使用，可以获得具有多面体和层状结构等不同形态特征的 MOFs 材料[26]。碳纳米壁可以作为均匀生长 MOFs 材料时的掺杂剂和优质基底，而其边缘则可以作为定向合成导电性更佳的 MOFs 材料的模具。

此外，2D MOFs 薄膜由于能够避免粉体的不易回收、密堆积等问题，在气体的吸附和分离、传感、储能和电化学器件等方面展现出独特优势，因此近年来得到了快速发展。但制备具有结晶度和取向性高、厚度可控的 MOFs 薄膜是该领域面临的最重要挑战之一。常规的制备方法有晶种法、旋涂法等。但这些方法只能合成由 MOFs 微米颗粒在基底上随机排列而成的多晶薄膜。一些新的方法被开发并用来构筑高取向性且厚度可控的单晶 MOFs 薄膜。2007 年，Biemmi 等人利用 MOFs 母液在溶剂热条件下的自组装直接沉积得到了具有良好取向的 $Cu_3(BTC)(HO)HO$ 的 MOFs 薄膜[27]。之后，Zacher 等人报道了通过在 SAM 功能化的 SO_2 基底上选择性地取向生长 $Cu_3(BTC)$[28]。

2010 年，Makiura 等人通过 Langmuir-Blodgettc 层层组装的方法制备了一种具有高度取向的 MOFs 晶体薄膜 NAFS-1[29]。随后，Xu 等人在 2013 年报道了一种通过纳米结构积木“模块化组装”制备具有取向性 MOFs 薄膜的方法，并研究了得到的高取向性 MOFs 薄膜的质子传导性能[30]。尽管关于 MOFs 薄膜的制备取得了很大进展，但到目前为止，尚缺少关于将具有不同取向的 MOFs 薄膜应用于导电和光学领域的深入研究。

3.2.4.4　三维 MOFs 材料

具有晶体性质和高度有序的 3D MOFs，在传感、储氢、二氧化碳存储、气体分离、催化、药物输送等方面具有开创性应用，现已成为 MOFs 材料研究中的又一重要趋势[26]。尽管已有各种方法可以合成 3D MOFs，且通过配位化学能够实现材料的多功能性，然而，在应用需求导向下制备 MOFs 超结构仍有待进一步探索。

Mahata 等人通过三聚酸（1,2,4-苯三羧酸）的单个原子（O）连接两个几何形状不同的 Mn^{2+}［$Mn(1)O_6$ 和 $Mn(2)O_6$］的中心，制备了具有扭曲 Kagome 层的三维反铁磁 MOFs［$Mn_3\{C_6H_3(COO)_3\}_2$］[31]。MOFs 的反铁磁行为被认为是由于层内存在 3 或 6 倍对称 Kagome 晶格。同样地，三维 MOFs 材料［$NH_2(CH_3)_2$］［$Cd(L)_4(DMF)_6(HCOO)$］是用 H_3L(2,3,6 tris［1-(3-carboxylphenoxy)ylmethyl］mesitylene) 合成的，这是一种三脚配体，两个三核［Cd_3］簇由 HCOO 阴离子连接形成六核［Cd_6］MOFs 单元[32]。通过溶剂热反应，利用乙酸镉与两个配体 1,3,5-benzenetricarboxylic acid（H_3btc）和 1,4-bis（2-methyl-imidazole-1-yl）butane（bib）合成了具有扭曲八面体双锥体几何结构的三维 MOFs 材料［$Cd_2(btc)(bib)(HCOO)(H_2O)\cdot H_2O$］$_n$。单晶 X 射线衍射结果显示存在两种配位方式不同的 Cd(Ⅱ) 中心。次级结构单元中的二聚体单元由完全脱质了的 btc 阴离子形成二维层，由 bib 配体连接形成三维框架。

在最近发展的 3D MOFs 纳米孔超结构中，利用预处理过的半导体、金属/金属氧化物和聚合物表面作为衬底来沉积 MOFs 薄膜，形成了被称为表面组装 MOFs（SURMOFs）的结构。在这些研究中，钴基 MOFs（ZIF-67）已经被改进成具有催化 Co-N_x 基团的高度石墨化氮掺杂碳结构。然而，该结构在热解过程中容易产生金属纳米颗粒和碳骨架的聚集现象，从而导致活性位点的空间阻滞以及离子向多孔结构的扩散受阻。为了克服这种聚集和堵塞问题，Jia 等人通过使用具有 3D 大孔结构的三聚氰胺海绵作为支架，在聚合物衬底上开发了 3D 大孔 ZIF-67 薄膜，并促进了垂直排列的氮掺杂碳纳米管衍生 SURMOFs 晶体的成核和生长[33]。此外，对 SURMOFs 进行了 NaOH 处理可以增强表面功能化并稳定 Co 离子对端羟基有机表面的成核和生长。除了基于固体模板合成三维MOFs材料外，Feng等人基于非常规小角度分支机制制备了MOFs球晶超结构[34]。通过诱导溶剂分解、球晶成核和定向生长来控制MOFs纳米棒的组装过程，并且该溶剂热反应过程十分便捷。在偏振光下形成良好组织排列的MOFs晶体表现出典型球晶的“马耳他十字”模式，并已被证明其具有有效的催化、药物传递和传感功能。

常规MOFs材料具有微孔结构，这种结构会降低孔道内的传质效率，从而不利于MOFs材料在催化、药物缓释等领域的应用[35]。为了解决这一问题，近年来人们进行了大量工作来构筑更加复杂的等级孔MOFs材料以提升其性能。其中包括利用更长的有机配体、表面活性剂或纳米颗粒作为模板，以及等离子体刻蚀等方法。通过采用更长的有机配体来构筑MOFs材料可以有效地保持其晶体结构稳定性，然而合成大型有机配体较为困难，且由大配体构成的框架结构容易坍塌，从而降低稳定性。Deng等人首先合成了一系列不同长度的有机配体，并进一步制备出具有相同拓扑结构但孔径不同的MOFs材料[36]。此外，使用模板法来构筑等级孔是另一种常用的方法，如Zhou等人以十六烷基三甲基溴化铵（CTAB）作为软模板成功制备出具有3.8～31nm范围内不同孔径大小和分布特征的等级孔MOFs材料[37]。该过程中，CTAB首先自组装形成胶束并作为模板供MOFs材料生长，在去除洗涤过程中残留在孔道内的部分软模板后得到所需尺寸范围内的等级孔MOFs产物。Huo等人利用Au纳米颗粒和纳米线作为硬模板成功制备出具有不同孔径及孔结构的等级孔ZIF-8和UiO-66，并且证明了这些材料作为催化剂载体的结构优势[38]。Zhong等人用MOFs生长初期的金属有机组装体（MOA）作为硬模板，通过选择性刻蚀掉包覆在内部的MOA，成功地得到等级孔MOFs材料，并证明这种结构在吸附大分子（如无定形染料和蛋白质）方面具备结构优势[39]。

3.3 微孔有机聚合物材料

3.3.1 微孔有机聚合物的发展

微孔有机聚合物（microporous organic polymers，MOPs）由C、H、O、N等较轻质元素组成，且具有大量孔径小于2nm的微孔[40]。与传统的微孔沸石、硅胶和金属有机框架材料相比，MOPs不仅重量更轻，而且比表面积更大。此外，良好的化学和物理稳定性、合成的多样性以及孔尺寸的可控性等优点使其广泛应用于非均相催化、分离和气体储存等领域，特别是在物理吸附储存氢气方面具有巨大的潜力，被视为一种新型的、发展潜力较大的多孔材料。

近年来，MOPs 得到了十分迅速的发展，研究者利用不同的合成方法制备了大量无定形和晶态有序的 MOPs，极大地拓宽了 MOPs 的应用范围。根据不同的合成方法和最终结构，MOPs 可以分为多个亚群：①本征微孔聚合物（polymers of intrinsic microporosity，PIMs）；②超交联聚合物（hyper-cross-linked polymers，HCPs）；③共轭微孔聚合物（conjugated microporous polymers，CMPs）；④共价有机骨架材料（covalent organic frameworks，COFs），其中包含共价三嗪骨架材料（covalent triazine frameworks，CTFs）；⑤多孔芳香骨架材料（porous aromatic frameworks，PAFs）。其发展历程如图 3.2 所示。

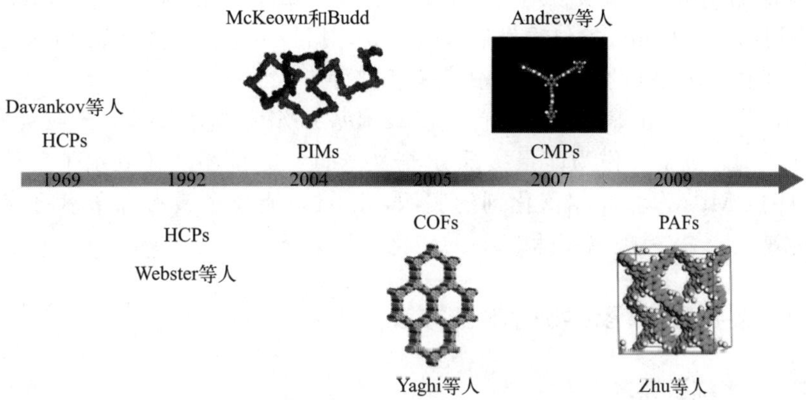

图 3.2　微孔有机聚合物发展历程

Davankov 等人于 1969 年报道了超交联聚合物的第一个实例。此后，该类材料在工业上变得极为重要。HCPs 最初以线性聚苯乙烯作为前驱体，通过二乙烯苯、对二甲苯二氯和氯甲基甲醚等不同的交联剂与苯环之间的 Friedel-Crafts 烷基化反应形成网络结构，从而获得表观 Brunauer-Emmett-Teller（BET）比表面积高达 $1106m^2 \cdot g^{-1}$ 的聚合物[41]。

2004 年，Budd 等人报道了第一个本征微孔聚合物[42]。这些聚合物之所以具有多孔性，是因为它们拥有高度刚性的一维主链，并且该主链呈扭曲形状，从而导致空间无法被有效填充。正因如此，PIMs 可以进行溶液处理，并在多孔固体中展现出罕见的特征。

2005 年，Cote 等人首次报道了共价有机骨架材料，这些材料通过可逆共价键构建，从而形成有序的结晶多孔框架[43]：COFs 是 MOFs 的有效共价类似物。自首次发现 COFs 以来，该领域取得了显著的进展，并涌现出许多新的合成路线，其中也包括共轭 COFs。据报道，COF-103 的 BET 比表面积高达 $4210m^2 \cdot g^{-1}$。

2007 年首次报道了第一种共轭微孔聚合物，它们是由炔烃单体与含卤素的芳烃通过 Sonogashira-Hagihara 交叉偶联形成的共轭微孔聚（芳烃）网络。这种 CMPs 具有高达 834$m^2 \cdot g^{-1}$ 的比表面积。选择炔支板既是为了传递共轭作用[44]，也是因为它们构成了创造低密度多孔材料的最优轻质连接剂，并且后来被应用于 MOFs。此外，某些亚氨基 COFs 也可以被认为是结晶共轭微孔聚合物，因为亚胺键具有共轭作用。总而言之，CMPs 在某种意义上可被看作是 COFs 的无定形类似物。

2009 年，Ben 等人报道了第一个多孔芳香骨架材料[45]。该材料的合成采用了类似用于 CMPs 的金属催化反应。尽管合成的 PAF-1 材料缺乏扩展的 π 共轭结构，但其表现出极高的比表面积（5640$m^2 \cdot g^{-1}$）。这源于刚性四面体单体构建块所形成的网络，本质上与二氧化硅具有相同结构[46]。多年来，PAFs 家族及其密切相关的 CMPs 类似物发展势头强劲。据报道，含硅类似物 PPN-4 在全有机材料中具有最高的表观 BET 比表面积，可达 6461$m^2 \cdot g^{-1}$[47]。

2010 年，Chen 等人展示了首个以聚苯基 CMPs 作为天线的光收集实例，其微孔限制香豆素 6 作为能量接受分子[48]。同年，该团队还展示了一种使用含卟啉的 CMPs 作为异相催化剂的实例，该材料能通过激活分子氧将硫化物转化为亚砜[49]，表现出高达 99％的转化率和选择性。

3.3.2 微孔有机聚合物的制备方法

3.3.2.1 本征微孔聚合物

本征微孔聚合物通过非平面的弯曲空间构型与主链上的刚性结构分子在微空间内相互作用，从而形成具有孔隙结构的主链。分子侧链很少，不会占据这些搭建成的孔隙空间，使得高分子内刚性单元未被侧链占据的孔空间凹陷成微孔。PIMs 的主要特点是其分子链扭曲和主链旋转受限。因此，设计合成这类材料的关键是在聚合物结构中引入刚性的“扭曲结构”。PIMs 具有以下优势：①可引入功能化官能团，并在分子中引入配位点以进行金属配位反应，在非均相催化领域具有极大的应用潜力；②线型 PIMs 溶于有机溶剂，可通过浇铸的方法得到微孔薄膜，在气体吸附分离领域得到广泛应用；③PIMs 能够制备成不溶网络或可溶聚合物。至今主要有三种聚合反应用以制备 PIMs 材料，分别是二苯并二噁英反应、Tröger 碱反应和亚胺形成的 PIMs 聚合。近些年来 PIMs 材料，尤其是自支撑膜材料得到快速发展，并且在传感、气体分离和电化学等领域得到广泛应用。

（1）二苯并二噁英反应

第一个成功合成可溶 PIMs 的聚合反应采用了双邻苯二酚（A）和含四卤化物的单体（B），以形成二苯并二噁英连接聚合物。该反应最初被用于制备微孔网络聚合物[50]，但后来发现能够形成具有足够效率的熔合环连接基团，以提供高平均分子质量的溶液可加工阶梯聚合物[42,51]。此外，Song 等人提出了非常快速的“高温法”，即在 155℃下，于二甲基乙酰胺中高速搅拌单体混合物，并加入甲苯以维持搅拌过程[52-53]。另有报道指出，二甲亚砜是一种无毒且更环保的合成 PIMs 的溶剂，最佳反应温度为 120℃[54]。这些聚合方法都为 PIM-1 提供了足够高的平均分子质量，从而得到机械强度较高的溶剂铸造膜（通常为 $M_n>30\times10^3\,g\cdot mol^{-1}$ 和 $M_w>100\times10^3\,g\cdot mol^{-1}$），并已使用各种双邻苯二酚（A1-A24）和卤素基单体（B1-B20）来合成多种 PIMs（图 3.3）。

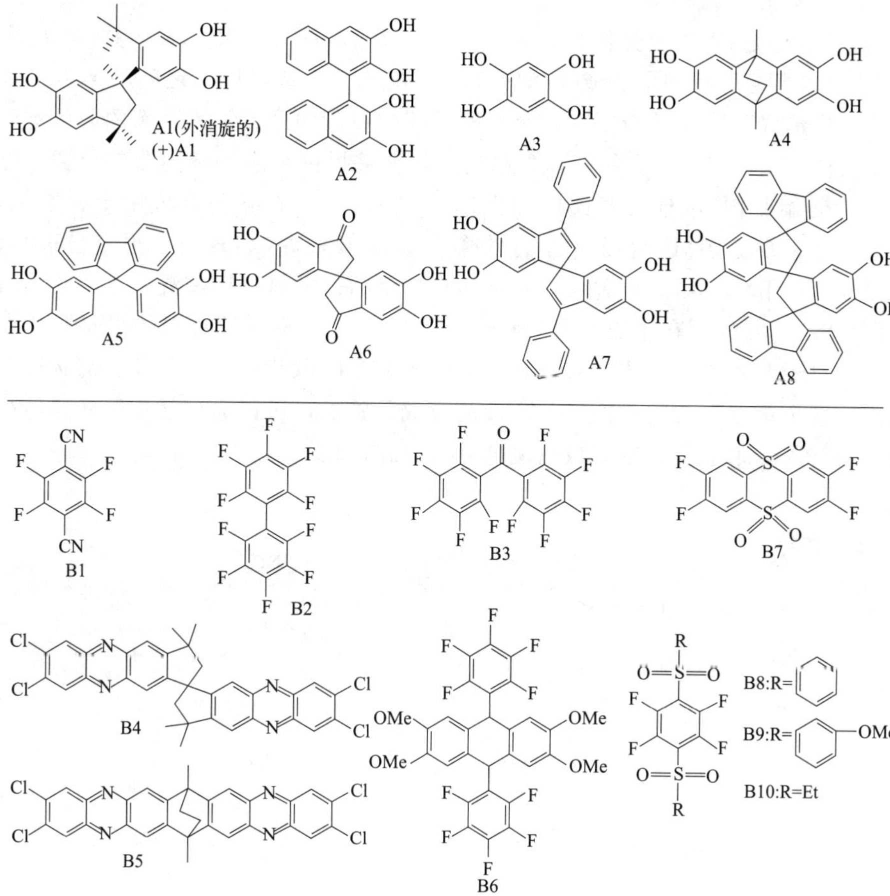

图 3.3　部分单体 A1～A8、B1～B10 的结构

Me—甲基；Et—乙基

制造 PIM-1 的替代前驱体也被广泛使用。例如，双邻苯二酚 A1 的四硅基醚通过氟介导反应生成 PIM-1，但前驱体的合成是一个不必要的合成步骤[55-56]。此外，还可以利用 AB 单体来制备 PIM-1，以避免传统 AA-BB 单体

混合物中因不等效化学计量而引起的潜在副反应，但也涉及额外的合成步骤[57]。值得注意的是，目前已成功使用 AB 单体制造基于三蝶烯的 PIMs（A1～A3、B1～B3）[58]。对于采用交替双邻苯二酚单体制备 PIMs 的优化方法之一是通过过量 B1 与双邻苯二酚 A1 进行反应合成四氟单体。

尽管许多 PIMs 具有显著的溶解性，但一些单体的组合会产生不溶性物质。一个典型例子是由单体 A4 和 B1 形成的不溶性 PIMs[59]。针对这一问题，可以通过合成共聚物来将不溶性聚合物与能够产生良好溶解度的 PIMs 单体结合起来[60]。

（2）Tröger 碱反应

Tröger 碱（TB），又称为 2,8-二甲基-6*H*,12*H*-5,11-甲烷二苯并[*b*,*f*]重氮辛[61]，由芳香胺和甲醛或甲醛代理物（如二甲氧基甲烷）之间的亲电芳香取代反应形成。这一反应因在一个高效的反应步骤中形成了六个新的共价键而备受关注。由于 TB 具有桥式双环结构，它能够提供高刚性和扭曲的位置，已被证明是合成 PIMs 连接基团的优良选择。尽管 TB 在各类合成中十分常见，但使用 TB 参与 PIMs 合成是首次报道[62]。一般来说，TB 聚合很容易进行，只需在 0℃ 下将适当的芳香族二胺单体和过量的二甲氧基甲烷混合于三氟乙酸中即可[63]；此外，在生长聚合过程中只需要一种类型的芳香单体也是其优势所在。对于芳香二胺单体，其具有更多的芳香亲电取代位点，而不是 TB 聚合所需的两个位点，交联可能导致凝胶的形成。然而，可以通过使用阻断这些位点的甲基单体来避免凝胶形成（例如 C8，见图 3.4）。

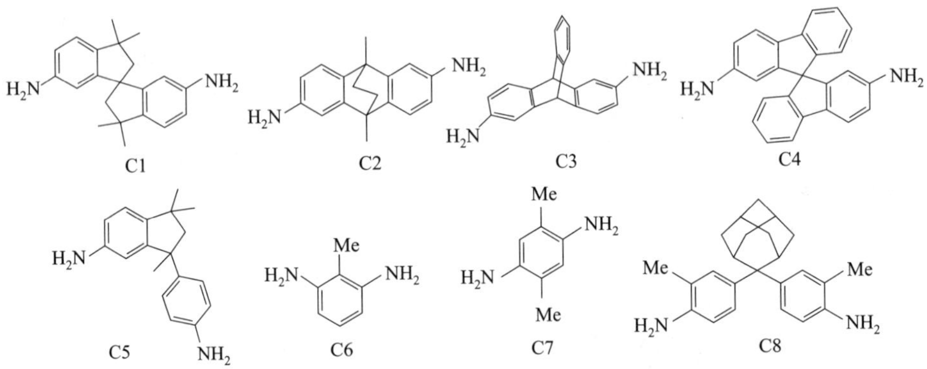

图 3.4　部分单体 C1～C8 的结构

（3）亚胺形成的 PIMs 聚合

聚酰亚胺是商业应用中最重要的一类聚合物，其通过二胺和二酸酐单体之间高效形成亚胺键而制备。基于聚酰亚胺形成的 PIMs（PIM-PI）可以从单体（D1～D9 和 E1～E23）中获得，如图 3.5 所示，其中至少有一个单体提供扭曲位点。此外，为了获得具有高度固有微孔隙度的 PIM-PI，可以通过选择具有两个相邻胺基的大体积取代基的二胺单体来限制亚胺键（C—N 键）的旋转。

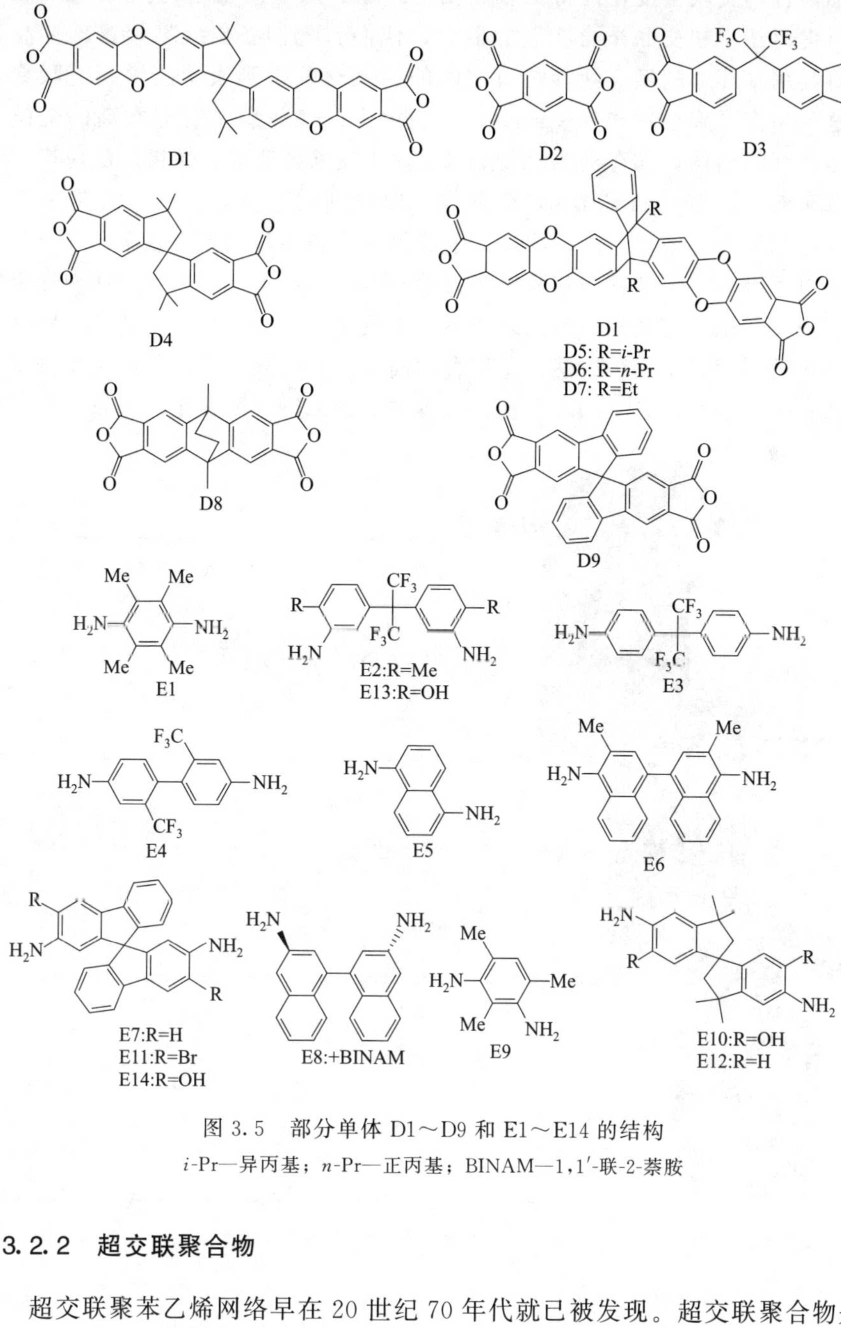

图 3.5　部分单体 D1～D9 和 E1～E14 的结构

i-Pr—异丙基；*n*-Pr—正丙基；BINAM—1,1′-联-2-萘胺

3.3.2.2　超交联聚合物

超交联聚苯乙烯网络早在 20 世纪 70 年代就已被发现。超交联聚合物是由许多刚性芳香结构在三维空间交联编织而成。高聚物可以分为线型、支化和交

联三种类型。其中，交联聚合物是一种具有三维网络状结构的聚合物，通过桥连接作用下不同尺寸的分子形成轻度交联的弹性体。所谓“超交联”，即进一步增加聚合物交联密度，使得交联点相互靠近并形成网络结构。Davankov 等人最早提出了“超交联聚合物”的概念，他们首先制备出线型聚苯乙烯高分子，再利用苯环上的反应活性位点之间的相互交联得到聚苯乙烯超交联聚合物，这种超交联聚合物也叫 Davankov 树脂[64]。该树脂具有非常高的交链密度和多孔网络结构，在有机蒸汽吸附以及离子交换树脂等领域被广泛应用。

基于傅-克（Fredel-Crafts）烷基化反应得到的超交联微孔聚合物是在动力学下控制得到的不可逆的产物，为了获得高比表面积的超交联微孔聚合物需要考虑以下因素：①选择与前驱体热力学相匹配的溶剂；②选择快速而完全的交联反应；③确保交联剂与溶剂之间不发生反应。至今为止，制备超交联微孔聚合物主要采用以下三种方法：①聚合物前驱体后交联法；②功能化小分子自缩聚法；③外加交联剂“编织”法。其发展历程如图 3.6 所示。

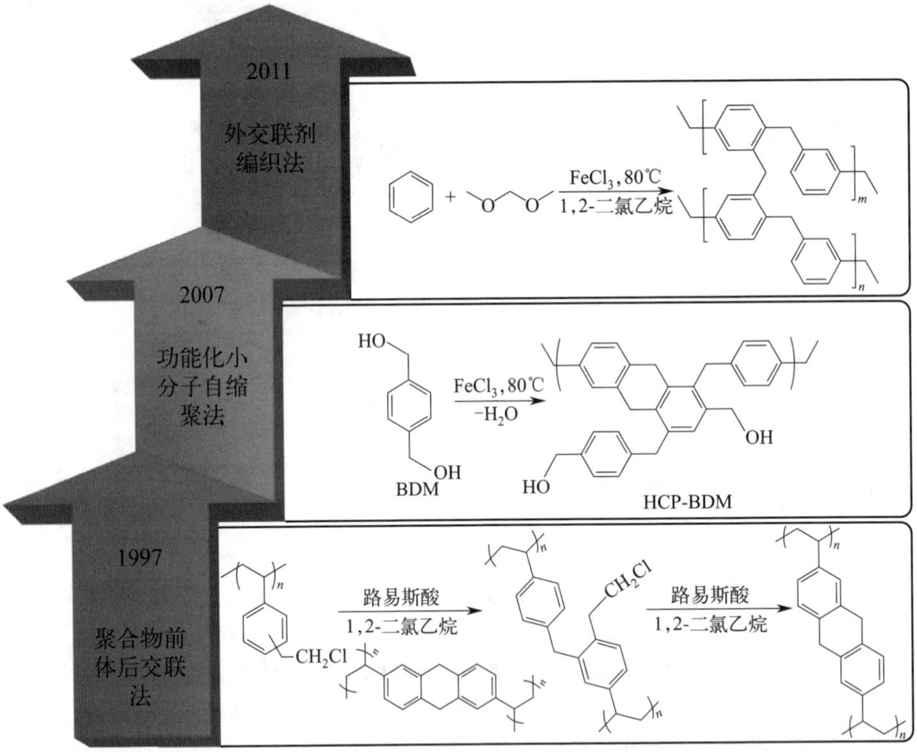

图 3.6 超交联聚合物发展历程

(1) 聚合物前驱体后交联法

超交联聚苯乙烯网络（Davankov 树脂）由 Davankov 在 1971 年报道，被认为是最早的超交联聚合物，通过可溶的线型聚苯乙烯聚合物或溶胀的凝胶型聚苯乙烯-二乙烯基苯共聚物的深度交联得到[65]。首先，溶解过程伴随着聚合物分子链的解离以及溶剂分子的扩散，分子链间的空间被溶剂分子填充。之后，在溶剂分子周围发生交联反应，使得聚合物分子链以一种离散状态被交联固定。反应结束后，除去溶剂分子，分子链之间的空隙将形成孔结构。交联程度越高，形成聚合物分子链的刚性越强，孔结构越稳定，并且随着交联度的增加，孔尺寸会减小。

（2）功能化小分子自缩聚法

功能化小分子自缩聚法的研究最早始于 Cooper 等人，他们选取三种含氯甲基的芳环单体，包括对二氯二甲苯（DCX）、4,4′-二氯甲基-1,1′-联苯（BCMBP）和二氯甲基蒽（BCMA）[66]。通过改变三种不同单体间的比例，并在不同路易斯酸的催化下，得到了一系列结构相似的微孔聚合物网络。经过氮气吸附解吸测试发现，这些材料具有永久的微孔结构，最高 BET 比表面积可达 $1904m^2 \cdot g^{-1}$，与 Davankov 树脂相当。随后在 77K/15bar 条件下进行的实验显示出基于 BCMCP 和 DCX 制备的微孔聚合物能够高效地吸附氢气，吸附量高达 0.0368%（以质量分数计），从而展示了这类微孔聚合物材料在氢气储存方面存在的巨大潜力。

（3）外交联剂“编织”法

外交联“编织”法最早由 Tan 等人在 2011 年报道，即采用外交联剂二甲氧基甲烷（FDA）通过无水 $FeCl_3$ 催化的傅-克烷基化反应将简单的苯或联苯芳香化合物以刚性亚甲基桥连接[67]。其反应机理可能如下：路易斯酸催化剂首先与交联分子配合，降低了甲氧基与中心碳原子之间的结合强度，然后在1,2-二氯乙烷（DCE）溶剂中产生大量碳正离子。随着反应的进行，碳正离子与苯环发生反应，在芳香分子中引入多甲氧基甲基基团，并释放出甲醇。当与其他苯环反应时，这些高活性的甲氧基甲基基团进一步转化为亚甲基键，从而形成高度刚性的交联网络。多种刚性芳香构筑单元如苯、联苯、三苯基苯、氯苯、甲苯、苯酚等可直接用于编织成具有丰富的微孔结构和高比表面积的孔材料。不仅如此，通过改变构筑单元的结构，调节不同单体和外交联剂之间的物质的量比可调控聚合物的比表面积和孔径大小。当交联剂与苯按 3∶1 比例使用时，所得到的苯编织网络展现出最高比表面积（$1391m^2 \cdot g^{-1}$）；但当交联剂和苯用量相等时，其比表面积降至 $897m^2 \cdot g^{-1}$。此外，聚合物网络的功能性能够通过引入不同的功能性单体进行调节。例如，利用苯酚为编织单体，能成功在高分子网络中引入酚羟基。这种外交联的方法具有以下明显优点：①构建单体单元无须含有特定反应官能团，单体来源广泛；②合成条件温和且原料廉价，适于大规模生产；③可获得具有高比表面积和丰富微孔结构的聚合物网络；④通过改变构建单元可获得不同孔结构和功能化交联网络。

3.3.2.3 共轭微孔聚合物

共轭微孔聚合物是一种由全共轭分子链构筑而成的有机材料，且具备三维网络骨架和小于 2nm 的孔径。区别于共轭小分子或线性共轭聚合物通过 π-π 堆积形成致密凝聚体，共轭微孔聚合物由刚性的共轭单元通过独特的成键方式形成，其骨架能够有效地支撑微孔通道。因此，该材料不仅具有某些共轭聚合物的光电性质，还能提供稳定的多孔结构。此外，该材料还具有功能调控、高环境稳定性、制备路径简单和多元化等特点。因此，在解决环境和能源问题方面，共轭微孔聚合物具有潜在的应用价值，例如可用于气体存储、多相催化、发光和电能存储等领域。

（1）偶联反应

首批 CMPs 采用 Sonogashira-Hagihara 交叉偶联法制备[44]（图 3.7），并不是因为这个反应是唯一有效的，而是由于 Cooper 等人想引入轻量级的烷基支链。在反应过程中，以钯和铜［通常是四(三苯基膦)钯和碘化铜］作为催化剂，在氨基的存在下，将一个芳基卤化物与一个含烷基单体偶联。尽管无铜的 Sonogashira-Hagihara 反应也是已知的，但引入铜催化剂可以显著提高其反应性[68]。最初对该化学反应进行了四种溶剂（DMF、1，4-二氧六环、四氢呋喃和甲苯）的研究，结果发现在 DMF 中形成的 CMPs 具有最大表面积和微孔水平[69]。Sonogashira-Hagihara 反应还可用于同种类型的偶联反应[70]。由于含炔单体在有氧的情况下可能会发生同偶联，因此，在进行交叉偶联时应采用严格的厌氧和无水条件[71]。

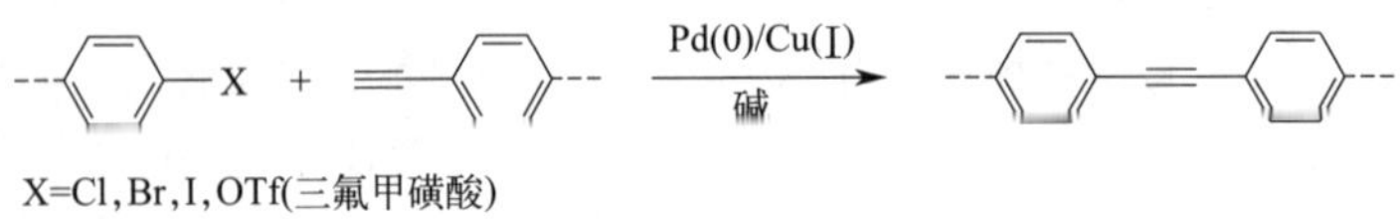

图 3.7 CMPs 合成方案——Sonogashira-Hagihara 交叉偶联法

在 Yamamoto 偶联中，具有至少 3 个活性位点的芳基卤化物与双（环辛二烯）镍（0）（Ni-（cod）$_2$）发生偶联反应[72]。这种偶合方法的优点在于只需要一个单一的、卤素官能化的单体。由于芳基卤化物单体种类繁多，因此可以通过 Yamamoto 偶联设计许多的多孔网络，包括 CMPs。当使用 3D 单体时，Yamamoto 反应可以诱导极低效的填充，以获得非常高的比表面积和孔隙率[45]。该方法的一个缺点是对水的高度敏感，通常需要在手套箱中进行反应（图 3.8）。

Heck 反应，亦称为 Mizoroki-Heck 反应，在 Pd 催化剂和碱的存在下将不饱和卤化物与伯烯烃偶联，形成 C═C 键（图 3.9）。通常在厌氧条件下使用 $Pd(Ph_3)_4$、K_2CO_3 碱和 DMF 溶剂通过该反应生成 CMPs。Suzuki-Heck 反应

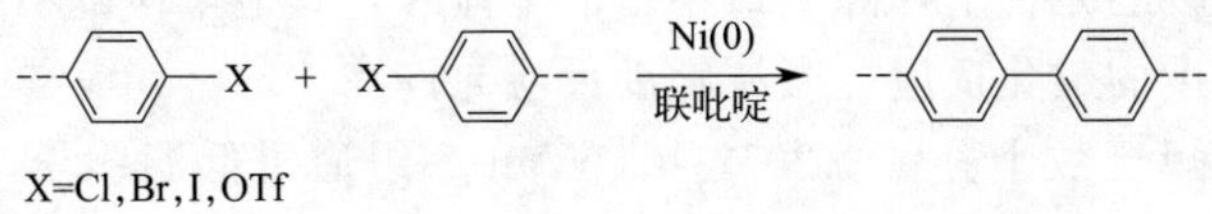

图 3.8　CMPs 合成方案——Yamamoto 偶联法

也被用来形成类似的 CMP 产物[73]。该方法以芳卤化合物为单体，通过 Suzuki-Miyaura 法先将部分芳卤化合物取代为烯烃官能团，然后与剩下的芳卤化合物进行 Heck 反应。

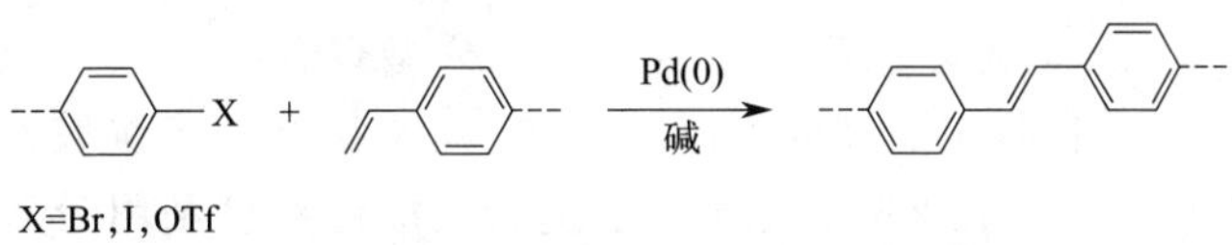

图 3.9　CMPs 合成方案——Heck 反应

氧化偶联反应是一种在 O_2 存在下使用 Sonogashira-Hagihara 条件 [Pd(Ⅱ)/Cu(Ⅰ)，Et_3N，溶剂] 将末端炔偶合在一起的方法[74]。此外，在使用路易斯酸催化剂（通常是在 $CHCl_3$ 溶剂中的 $FeCl_3$ 或 $AlCl_3$）时，可通过富电子芳烃的氧化肖勒反应生成 CMPs[75-76]。这种方法最早是由弗里德尔和克拉夫特在一百多年前发明的[77]，它采用了成本较低且相对便宜的催化剂，从而简化了生产流程并降低了成本。

Suzuki-Miyaura 交叉偶联反应是 1979 年发现的一种连接芳基基团的方法[78]。该反应使用钯（0）催化剂 [如四(三苯基膦)-钯(0)]，在温和的碱（如 DMF/水中的 K_2CO_3）存在下，将芳基-硼单体与芳基卤化物或磺酸盐偶联（图 3.10）。该方法具有硼酸的商业化可用性、官能团相容性广、反应条件温和等多种优点，因此具有扩大生产的潜力。缺点是 Suzuki-Miyaura 交叉偶联对氧敏感，会导致同偶联反应和脱硼产生副产物。通过彻底脱气可以解决这一问题。

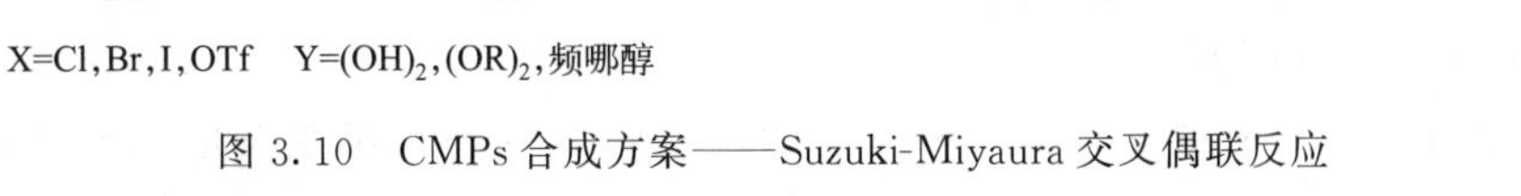

图 3.10　CMPs 合成方案——Suzuki-Miyaura 交叉偶联反应

（2）环三聚反应

环状三聚体通常形成具有芳香性质的六元环。例如，通过将三个烷基单体进一步连接形成一个扩展网络[79]。同样，使用氰化单体可以产生 C_3N_3-s-三嗪环。腈基环化反应可以在高于 400℃ 的熔融 $ZnCl_2$ 离子热条件下进行[80-81]。

然而，这样苛刻的条件下，除了最稳定的单体外，其他单体都不能使用，而且会发生一定程度的碳化反应。微波辅助反应允许在120～460W的微波输出下，将反应时间缩短至数十分钟。2017年，Tan小组通过低温缩聚的方法获得三嗪类化合物[82]。此外还报道了使用不同基团构建氰基功能化单体的方法，其中酰胺基团已被证明能够以P_2O_5作为催化剂，在350～550℃温度范围内进行三聚反应[83]。另一种非传统的方法是以邻氨基腈单体为原料，在$ZnCl_2$离子热条件下合成了一种含三环喹唑啉核心的全芳香族共价喹唑啉网络[84]。

（3）吩嗪环融合

自1966年以来，通过酚醛环融合生产了梯型聚合物[85-86]（图3.11）。芳基二胺和芳基二酮在特定的高沸点溶剂（如*N*,*N*-二甲基乙酰胺六甲基磷酰胺和116%聚磷酸）中，在250℃的温度下进行反应链接已利用酚醛环融合法生产Aza-CMPs[87]。报道的方法使用C_2+C_6单体，在真空安瓿中形成一个三维梯形CMPs网络。近几年，人们开发了一种温和的溶剂热方法，通过在二氧六环和乙酸的混合物（1∶4）中回流单体来制备Aza-CMPs[88]。

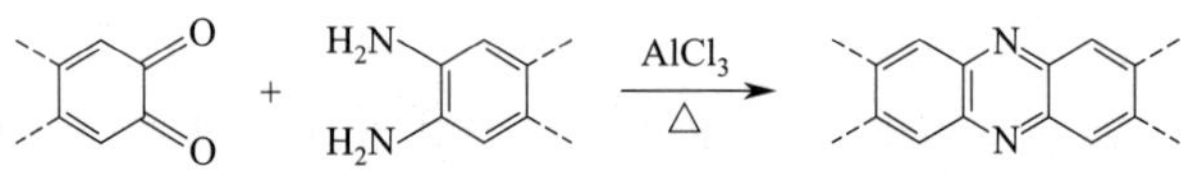

图3.11　CMPs合成方案——吩嗪环融合

（4）席夫碱反应

席夫（Schiff）碱反应已被用于合成CMPs和亚胺基COFs[89]（图3.12）。该反应不含金属，降低了成本，并有效避免CMPs网络中任何金属的残留。反应在胺和醛官能化单体中形成亚胺键[90]。席夫碱反应的一个优点是其能产生含氮的CMPs，这在选择性吸附二氧化碳等应用中很受欢迎。

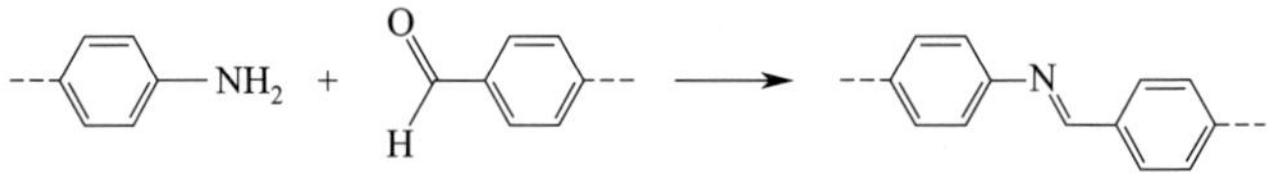

图3.12　CMPs合成方案——席夫碱反应

（5）杂环链反应

使用与席夫碱缩合类似的单体，邻苯二胺可在醛的存在下形成苯并咪唑键[91]。Rabbani和El-Kaderi在惰性条件下的DMF溶液中进行了这个反应，然后用空气冲洗以促进反应并产生多孔聚合物。噻唑并噻唑连接的CMPs可由二硫脲酰胺和醛单体合成。反应可以在传统的回流条件下（150℃，DMF或硝基苯）[92]，或160℃、DMF中溶剂热进行[93]（图3.13）。

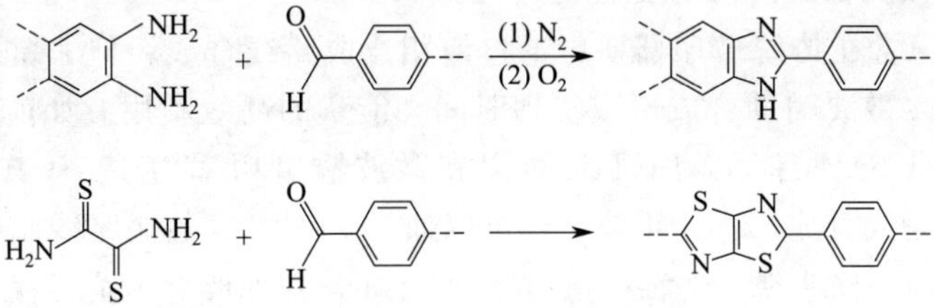

图 3.13　CMPs 合成方案——杂环链反应

(6) 环合复分解反应

1968 年，Bailey 等人首次报道了在 350℃下使用催化氧化钨在二氧化硅上进行的烯炔复分解反应[94]。该方法使用 Mo（Ⅵ）基催化剂在 $CHCl_3$ 中在温和温度下生产 CMPs。虽然反应是可逆的，但所得 CMPs 为半晶结构。这种反应与末端炔的同偶联反应不同，其在两个相连单体之间的产物中只有一个炔基而非两个。

(7) Buchwald-Hartwig 氨基化

钯催化剂和碱可以通过一个简单的 Buchwald-Hartwig 氨基化反应生成碳氮键（图 3.14）。最近，在双（二亚苄基丙酮）钯(0)[Pd-$(dba)_2$]、2-二环己基膦基-2′,4′,6′-三异丙基联苯（XPhos）和叔丁醇钠（NaOtBu）存在下，利用这种方法于 110℃下在甲苯溶液中成功制备了富含芳基卤化物和芳基胺的富氮 CMPs[95-96]。

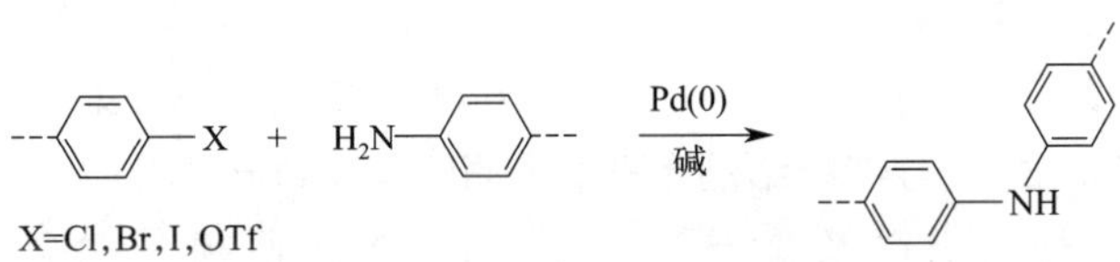

图 3.14　CMPs 合成方案——Buchwald-Hartwig 氨基化

(8) 电聚合

氧化偶联也可以通过电化学途径利用循环伏安法（CV）产生化学机械抛光的 CMPs 薄膜[97-98]。Ma 等人报道了在乙腈/CH_2Cl_2 电解质中，使用含有 Bu_4NPF_6 的咔唑官能化单体在 −0.8～0.97V 的电位范围内以 $50mV\cdot s^{-1}$ 的扫描速率进行多次循环 CV 合成电聚合 CMPs[99]，如图 3.15 所示。

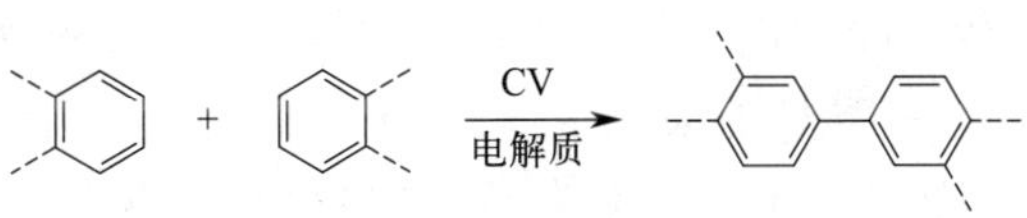

图 3.15　CMPs 合成方案——电聚合

(9) 非常规合成方法与复合材料

CMPs通常在传统玻璃器皿中通过液相合成路线合成，但非常规合成路线也有其优势。微波辅助合成可以实现时间和能量的高效利用。如前所述，布朗斯特（Brønsted）酸催化的CTFs可以在微波输出功率为120～460W时，在几十分钟内完成合成[100]。此外，还可以通过$ZnCl_2$熔融盐路线结合微波加热进行CTFs的合成[101]。已有报道成功使用Suzuki偶联和Schiff碱反应进行了微波辅助合成，并且与溶液相同温度条件下以等量物进行反应，仅需2小时的反应时间[102]。

机械化学法有时可以在短反应时间和无溶剂（或只有很少溶剂）的条件下合成材料。目前只有一份基于Fredel-Crafts烷基化的机械化学法的报告，即通过无溶剂机械化学合成反应，在1小时内可生成固定产量的CTFs，该反应使用三聚氰胺和含$AlCl_3$的芳香族共聚单体[103]。在单体是不可溶的情况下，预计通过机械化学法制备的CMPs会越来越多。

表面CMPs的复合合成允许在结构设计之外赋予CMPs更多功能。通过首先将典型的CMPs单体接枝到表面，可以将其化学接枝到还原氧化石墨烯（rGO）表面[104]。随后进行聚合反应，使得材料具备导电性，这通常不是CMPs的固有属性。此外，也可以使用其他基质如聚乙腈载体来制备CMPs膜材料[105]。

3.3.2.4 共价有机框架材料

共价有机框架材料（COFs）是一类由有机单体通过稳定的共价键连接而成的多孔结晶聚合物，因此也被称为“有机沸石”，但COFs只含有非金属元素（C、H、O、B）。与传统结晶多孔材料相比，COFs具备可调控的孔隙度、低密度、高比表面积以及优异的化学稳定性和便捷的功能定制等诸多优势[106]。

根据不同的反应类型，产生的键合方式也各异。2005年，Lanni利用动态共价化学（DCC）的原理，在密封耐热试管中首次通过1,4-苯硼酸之间的自缩聚反应成功合成了共价有机框架材料COF-1和COF-5，并验证了其拓扑设计理论在实践中的可行性[107]。自此以后，研究者又构建了多种不同结构特征的COFs。根据其有机构型单元和结构性质的不同，COFs主要可分为三种类型：硼基COFs、三嗪基COFs、亚氨基COFs。虽然硼基COFs具有热稳定性和高结晶性，但在碱性或酸性条件下容易水解，有时甚至会被空气中的水分水解。三嗪基COFs是一类具有良好溶剂稳定性、热稳定性和大共轭体系的COFs，但其结晶性较差。以亚胺键为基础的亚氨基COFs目前报道最广泛，但在恶劣的实验条件（强酸、强碱或氧化还原剂）下操作时，其稳定性面临挑战。此外，与硼酸酯链COFs相比，亚氨基COFs的热稳定性较低[108]。除上述三种常见的键类型外，还有其他类型的键被报道，包括脎键、吖嗪键、酰胺键、烯烃键、氰基乙烯键和杂环基键等，并且这些类型均可通过一步反应形成。

根据构建块尺寸的不同，COFs 可以分为二维（2D）或三维（3D）COFs。在 2D COFs 中，共价结合的框架仅限于 2D 薄片上，它们进一步堆叠形成分层的遮蔽结构，并呈现周期性排列。这种柱状叠加结构提供了一种独特的方法来构建难以通过常规共价和/或非共价方法创建的有序系统。

然而受限于其可逆反应的连接方法，COFs 的合成相对困难，反应系统溶剂的选择和负压封闭系统的运用对于可逆缩合的形成过程起着至关重要的作用（图 3.16）。

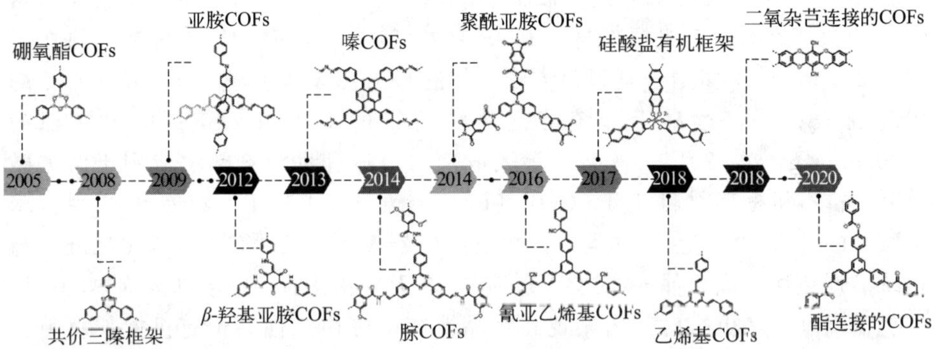

图 3.16　用于合成二维和三维 COFs 的综合方法和伴随的连杆[109]

（1）水热合成法

Thote 等在水热条件下制备了几种 COFs，如 TpPa-1、TpPa-2、TpBD、TpFn、DAAQ 和 TpBpy[110]。尽管与溶剂热法制备的 COFs 具有类似的比表面积和孔隙率，但其结晶度更高。比如，Lu 等报道了以水为溶剂，通过 TP 与水合肼缩合制备了 HCOF-1[111]。所得到的 HCOF-1 不仅具有较高的结晶度和比表面积，而且还能够显著提高生产效率（生产时间从几天缩短至几个小时）。水热合成方法突破了溶剂热法存在的限制性问题，在大规模制备 COFs 方面提供了一种可持续发展且环保友好的选择。

（2）溶剂热反应

溶剂热法是合成共价有机框架材料的另一种常用方法。在这种方法中，反应物被分散或溶解在一种常见的溶剂中，并在密封或打开的玻璃器皿中根据反应所需氧气进行加热。到目前为止，大多数共价有机框架材料都是通过溶剂热法合成的。溶剂热法是指在特定温度和压力下，以有机物或非水溶液作为溶剂对混合物进行反应的方法。例如，溶剂热是合成基于三亚苯（TP）的二维 COFs 的最常见方法。

然而，溶剂热法需要很长的时间来确保共价结合的多孔聚合物的结晶，制备出的材料多以不溶性粉末的形式存在。这些反应混合物具有非均质特性，导致试剂在沉淀物质内阻塞，并且合成收率低。因此，研究均相聚合的目的是提高结晶速度和缩短反应时间[106]。

微波辅助溶剂热法是指使用微波加热进行溶剂热合成的方法。与传统加热方法相比，微波加热使得被加热物质本身成为能量吸收体，从而无需通过传导过程实现快速均匀加热。此外，为了获得更好的加热效果，在微波加热中需要使用极性溶剂。该方法具有加热速度快、节能、高效、易于控制等特点，可以提高反应速率并缩短反应时间。综上所述，这种整体加热方法具备广阔的应用前景。

2009 年，Cooper 等人用微波辅助溶剂热法合成了二维共价有机框架材料 COF-5 和三维共价有机框架材料 COF-102，其合成速率相比传统溶剂热法提高了 200 倍[112]。此外，通过该方法合成的 COF-5 具有高达 $2019cm^2 \cdot g^{-1}$ 的 BET 比表面积，远高于传统溶剂热法所得的 COF-5（BET 比表面积为 $1590cm^2 \cdot g^{-1}$）。2015 年，Wei 等人成功将微波辅助溶剂热法应用于席夫碱系列共价有机框架材料 TpPa-COF（PA-1＝对苯二胺，PA-2＝2,5-二甲基苯二胺）的合成[113]。在此过程中，微波反应器需要在 100℃下反应 60min。与传统溶剂热法合成条件（120℃下反应 2～3 天）相比，微波辅助溶剂热法可以在更低温度下和更短时间内实现高结晶性和良好稳定性共价有机框架材料的合成。

（3）机械化学合成

机械化学合成具有操作简单、反应条件温和、能耗低等优点，已被广泛应用于多孔聚合物的制备。Biswal 等人首先提出了一种简单、无溶剂、室温机械化学（MC）合成 COFs 的方法[114]。通过将 TP、Pa-1（用于 TPA-1）、PA-2（用于 TPA-2）和 BD（用于 TpBD）置于研钵中，并在室温下进行研磨，可以得到三种 COFs，产率均接近 90%，与之前报道的溶剂热法合成的 COFs 相比，机械化学法合成的 COFs 表现出相对较低的 BET 比表面积（TpPa-1、TpPa-2 和 TpBD 的 BET 比表面积分别为 $61m^2 \cdot g^{-1}$、$56m^2 \cdot g^{-1}$ 和 $35m^2 \cdot g^{-1}$）。这可能是 MC 过程中长程孔隙导致部分 COFs 或寡聚杂质脱落阻碍了其形成。因此，这种机械化学法合成的 COFs 存在结晶度和孔隙度不理想之处。此外，他们还发现该过程也可以形成一些纳米带，并且成功地使用机械方法剥离了几种 β-酮胺基 COFs 粉末[115]。

2014 年，Das 等人在有机溶剂辅助下，通过研磨方法（LAG）合成了 2D COFs，有机溶剂的使用可以促进反应物分子在研磨过程中更充分地相互作用[116]。与纯 MC 方法制备的 COFs 相比，所获得的 COFs 表现出更高的结晶度、纯度和产率。然而，相比于溶剂热，这种方法虽然可以缩短反应时间，但所得COFs的结晶度较低以及孔隙率更小。除此之外，机械研磨还可用于制备难以通过溶剂热法获得的磺化COF[117]。Peng等人通过TP与2,5-二氨基苯磺酸（DABA）或2,5-二氨苯-1,4-二磺酸（DABDA）在少量混合溶剂中的缩合反应，并借助机械辅助合成成功地合成了NUS-9和NUS-10[118]。制备的NUS-9和NUS-10的BET比表面积分别为$102m^2 \cdot g^{-1}$和$69m^2 \cdot g^{-1}$。

总体而言，机械辅助合成存在结晶度差和孔隙率低的缺点。然而，这种低孔隙度也能使该材料在其他性质方面表现出一些优势。Shinde等人通过经典的席夫碱反应，将TP和2,2′-联吡啶-5,5′-二胺（BPY）混合，通过机械化学途径合成了联吡啶官能化COFs（TpBpy-MC）[119]。所得TpBpy-MC是一种优良的质子导电性固体电解质，其具有孔隙率低、颗粒致密的特性，并可能会抑制燃料的交叉反应，这与通过溶剂热法合成的具有良好孔隙率的TpBpy-ST相比呈现截然不同的特征。这进一步证明了COFs机械合成可作为溶剂热法的重要补充方法之一。此外，Karak等人开发了一种先研磨混合物再加热混合物的方法，以构建具有高BET比表面积的COFs[120]。他们首先对甲苯磺酸和相应二胺进行研磨处理，然后加入少量水（约100μL）。接着对反应混合物进行全面细致地打碎，并在170℃下加热60s。最终通过浸泡于温水中分离出高结晶多孔COFs粉末，并获得超过90%产率。利用该方法得到了12种以上比表面积高达$3109m^2 \cdot g^{-1}$的高结晶COFs样品，其BET比表面积与先前报道采用溶剂热制备的相比增加了2～3倍。与传统的溶剂热法相比，机械研磨合成共价有机框架材料具有操作简单、速度快、环境友好、生产量大等特点。

（4）超声化学反应

超声化学反应被广泛应用于COFs的合成。通过调节溶剂和超声等参数，在超声辅助下，单体在溶液中的反应可以精确控制时间或强度。同时，通过改变这些参数还能够调节所得粉末的结晶度、尺寸和孔隙率。超声化学合成可显著加快结晶速度，将反应时间缩短到几小时甚至几分钟。此外，使用这种方法可以获得比溶剂热法报道的比表面积更大的基于TP的有机框架。

（5）离子热合成法

离子热合成法是一种环保、简便的COFs制备方法。到目前为止，离子热合成共价有机框架材料仅用于三嗪类共价有机框架（CTFs）材料的合成。2008年，Thomas和Kuhn通过离子热法成功合成了CTF-1共价有机框架材料[121]。2010年，该小组采用相同的策略，在熔融氯化锌中合成了另一种三嗪类共价有机框架材料CTF-2。但由于该方法反应条件苛刻、反应温度高，对构筑单元的热稳定性要求也较高，因此离子热合成共价有机框架材料的应用相对较少。

3.3.2.5 多孔芳香骨架材料

多孔芳香骨架材料（PAFs）是一类重要的多孔固体材料。PAFs 具有刚性框架和极高的比表面积，且其是通过独特的碳-碳纽带连接形成芳香族构筑单元的。各种功能既可以来源于其结构单元的内在化学性质，也可以通过对芳香基单元进行后修饰来实现。特别地，强碳-碳键作用使 PAFs 在苛刻的化学处理下仍能保持结构稳定。因此，与传统的多孔材料（如沸石和金属有机框架材料）相比，PAFs 在化学和功能上表现出特异性。

PAFs 的结构和孔隙度受多种因素的影响，如构筑单元的几何形状、反应机制和框架互穿程度等。

（1）Yamamoto-type Ullmann 偶联反应

为了构建多孔框架，需要找到一个适合连接构筑单元反应部位的方法。合成 PAFs 的反应应该能生成刚性且稳定的连接，如碳-碳键和芳香环化合物。有序定向的化学反应有利于拓扑定向合成。此外，优先考虑具有高反应活性的材料，以显著提高聚合度、孔隙率以及材料的产量。使用具有多个反应位点的刚性有机构筑单元，已经开发了各种方法来合成 PAFs。

Ni(0) 催化的 Yamamoto-type Ullmann 反应是合成 PAFs 最常用的偶联反应之一。该反应由镍（0）配合物［Ni(0)Lm］催化芳基卤化物脱卤缩聚反应。芳基卤化物如 Ar-Br 或 Ar-I 首先与 Ni(0)Lm 氧化加成，形成Ⅰ和Ⅱ配合物。Ⅰ和Ⅱ的歧化反应产生等量的卤化镍（Ⅱ）和配合物Ⅲ。最后，Ⅲ的还原消除再生出 Ni(0)Lm，并得到芳基-芳基化合物作为加成产物[122]。值得注意的是，反应需要过量的 Ni(0)Lm，因为在歧化步骤中每两个卤素原子会消耗一个镍（0）配合物。反应机理和通过 Yamamoto-type Ullmann 反应合成的 PAFs 中未检测到残留卤素的事实都表明，这种类型的反应在从构建单元分子中消除卤素原子方面是有效的[123]。这是 PAF-1 具有超高比表面积的原因之一，否则重卤素末端原子将显著减少比表面积[46]。同时，Yamamoto-type Ullmann 反应产率较高，镍基催化剂经酸处理后易于脱除。Ullmann 偶联的这些特征都使得所制备的 PAFs 具有较高的孔隙率，使得该反应应用广泛。相比之下，其他典型的偶联反应可能不会主动且完全地去除反应位点。例如，在 Pd 催化的 Sonogashira-hagihara 反应中，Pd 基催化剂以低剂量参与反应。只有一些卤素原子与催化剂形成额外的中间产物，并与乙炔反应，这意味着反应只发生在一些构筑单元之间。此外，Pd 残留物被困在固体框架内，反应后难以去除。迄今为止，几乎所有 BET 比表面积大于 $4000m^2 \cdot g^{-1}$ 的多孔有机框架都是通过 Yamamoto-type Ullmann 反应或在优化条件下合成的[124]。

此外，PAFs 材料可在结构中包含硅倍半硅氧烷单元作为共价连接点进行修饰，通过 Yamamoto-type Ullmann 交叉偶联反应生成明确的共价连接微孔有机-无机杂化材料。有机硅单元在框架中的存在为 PAFs 材料的附加功能提供了可能性。

(2) 其他偶联反应

除了用于 PAF-1 合成的 Yamamoto-type Ullmann 反应外，其他反应也被用于 PAFs 的合成。Suzuki-Miyaura 交叉偶联可以通过芳基硼酸和芳基卤化物与钯基催化剂形成芳香骨架[125]。Sonogashira-hagihara 交叉偶联是 PAFs 合成的另一种常用反应，它需要末端炔烃与芳基卤化物以及铜活化的钯催化剂共聚[126]。这是形成碳-碳键和许多共轭微孔聚合物（CMPs）最常用的反应之一。相较于同向耦合的 Ullmann 反应，交叉偶联反应具有连接两种具有不同几何形状构筑单元的优点，因此适用于不同拓扑结构的 PAFs 的合成。此外，开发一系列新型反应为改善 PAF 的孔隙率提供了更多途径。如 Heck 反应[127]、1,3-二炔形成[128]、Stille 偶联[129] 等偶联反应也用于形成碳-碳键连接，并已确立了制备具有所需反应位点构筑单元的方法。

与对合成条件和底物中取代基敏感的 Yamamoto-type Ullmann 反应相比，直接合成具有各种官能团建筑单元耐受性的反应是制备功能化 PAFs 所必需的。例如，通过 Sonogashira-hagihara 反应，将四(4-乙基苯基)甲烷的乙基功能化四面体结构单元和羟基功能化三溴苯共聚得到羟基功能化 PAF-18-OH[130]。同样地，利用二溴苯甲酸取代羟基功能构筑单元可获得带有羧基固定位点的 PAF-26-COOH[131]。这两种材料都具有电子贡献位点，可与轻，金属（如 Li、Na 和 Mg）结合，以提高其储氢能力。

(3) 氰基环三聚反应

除了由碳-碳键或碳-杂原子连接形成的线性连接外，还可以通过芳香族环化合物的形成来实现另一种连接方式。共价三嗪框架（CTFs）由 Arne Thomas 等人于 2008 年首次报道[121]。他们报道了几种芳香族二腈化合物（如对苯二腈），通过熔融 $ZnCl_2$ 离子热合成的氰基环三聚化反应。尽管起始材料只是具有两个反应位点的线性分子，但在反应过程中产生了三嗪中心基序，从而形成了具有 AAA 层堆叠层的二维六边形结构。N_2 吸附等温线表明，合成的 CTF-1 具有永久孔隙，比表面积为 $791m^2 \cdot g^{-1}$。其他带有丁腈基团的起始材料也被用于多孔框架制备。在这种情况下，多孔有机框架中的永久孔隙可归因于芳香环基元的形成，其合成沿起始分子的主干延伸。芳香环生成反应也可以应用于三维构筑单元。PAFs 材料之一的 PAF-2 是由四面体结构单元四(4-氰苯基)甲烷合成的[132]。PAF-16 是一个类似的例子，由四面体四（4-氰苯基）硅烷的氰基环三聚化而成[133]。然而，由于毒性问题，在目标特定功能化建筑单元的合成过程中存在困难。PAFs 的合成还需要其他芳香族环形成反应。钴催化的乙炔三聚化可以从乙炔功能化的构筑单元发展出苯环连接，是制备多孔框架的一种有吸引力的途径。

3.3.3 微孔有机聚合物的结构调控

3.3.3.1 本征微孔聚合物结构设计

(1) 非网状结构聚合物

通常，本征微孔聚合物（PIMs）由两部分组成：首先是具有凹形结构单元并引入扭曲位点到聚合物链中；其次，在聚合期间将结构单元融合在一起，并通过连接基团阻止相邻单元的旋转（例如来自二苯并二氮杂芑或亚胺的形成）。以 PIM-1 为例，其结构单元为 spirobisindane（SBI），由单体 1 衍生而来，连接基团由与单体 2 聚合时形成的苯并二氧芑形成的融合线性单元组成。除了 SBI，许多不同的结构单元被用于制备 PIMs，包括增强了螺碳刚性的螺芴（SBF），以及高刚性的桥接双环单位如乙醇蒽（EA）、三泰烯（Trip）、苯并三泰烯（BTrip）和特罗格碱（TB）。由于 TB 具有非线性结构和易于形成，在 PIMs 合成中作为结构单元或连接基团广泛应用。当用作连接基团时，TB 的非线性结构充当了扭曲位点，在二胺前驱体中不需要任何结构来获得 PIMs（例如，使 1,4-二氨基-2,5-二甲苯成为合适的单体）[63]。由于这些结构标准，大多数 PIMs 都是使用基于二苯二噁英、TB 或亚胺连接基团形成的生长聚合制备的。对于后者，重要的是通过使用适当的二胺单体（例如 2,3,5,6-四甲基苯-1,4-二胺）来抑制亚胺 N—C 键的旋转[134]。

(2) 本征（固有）微孔隙的有机分子

在早期对 PIM 进行的研究中，观察到 PIM-1 的低聚物副产物具有与聚合物类似的气体吸附等温线。这一发现启发了本征微孔有机分子（OMIMs）的制备，其中包括使用二苯二氮杂芑形成将带有凹泡刚性结构单元如二甲烯，并将其融合在一起。部分 OMIMs 以及其他组制备的类似低聚物结构与 PIM-1 表现出相似的气体吸附性能，其表观 BET 比表面积高达 $700m^2 \cdot g^{-1}$[135]。值得注意的是，与 OMOMs 相比，结构相关的大分子本构微孔隙树状化合物（DIMs）并没有明显更高的微孔孔隙度。因此，可以得出结论，生成本征微孔材料不依赖于具有大分子质量组成分子这一特点。

(3) 网状结构聚合物

尽管 PIMs 概念起源于制造多孔网络聚合物的工作，但识别本征微孔（IM）在聚合物网络中产生微孔隙的作用是具有挑战性的。许多网络聚合物，如长期建立的 HCPs，以及最近开发的 PAFs 和网络聚酰亚胺都表现出高度微孔结构，虽然它们缺乏与 IM 相关的关键结构标准。相较于 PIMs 而言，这些材料具备允许完全旋转自由连接基团的特点。

对于特定的网状聚合物，最好通过考虑类似的非网状聚合物的潜在微孔隙率来解答这些问题。对于 Davankov 所提出的 HCPs 而言，类似的非网状聚合物（即聚苯乙烯）是非多孔的，因此 IM 不会对整体微孔隙率产生贡献。对于 BET 比表面积（SA_{BET}）为 $5500m^2 \cdot g^{-1}$ 的“多孔芳香框架”PAF-1，可以从二（4-溴苯基）二苯基甲烷的 Yamamoto 偶联中衍生出类似的非网络聚合物。然而，由于联苯 C—C 键存在无约束旋转能够有效填充链结构，这种聚合物很可能不具备微孔性。对于由 2,6,14-三氨基三蝶烯和 1,4,5,8-萘四羧酸酐（STPI-2）制备的多孔网状聚酰亚胺可以得出类似的结论[136]。但在这种情况下，实验数据证明了等效的非网状聚酰亚胺（TPI7）是无孔隙性质的[137]。相比之下，与高微孔三蝶烯基网络聚合物（$SA_{BET}=1750m^2 \cdot g^{-1}$）类似的非网络聚合物是 PIM-Trip[138]，其具有多孔性质（$SA_{BET}=950m^2 \cdot g^{-1}$）。因此推测 IM 可能显著影响该网络型 PIMs 材料中的微观空隙率，并可用作识别关键 PIMs 结构标准并将其归类为“网络型 PIMs”的主导分析方法。

3.3.3.2 超交联聚合物结构设计

由于傅-克烷基化的本质，超交联通常是一个快速且随机的过程。鉴于所得到的高交联网络在非晶骨架拓扑结构中具有刚性特征，传统分析技术不适合对其进行表征，如 X 射线衍射（用于内部结构研究）或凝胶渗透色谱（用于分子量测定）。气体吸附/解吸分析是目前最广泛使用的技术来确定材料内部多孔结构，然而这种方法属于间接手段，并可能会导致错误，因为聚合物网络在液体或气体介质中容易膨胀。虽然纳米级范围内的分子结构仍存在一些未知之处，但已经提出了一些假设或模拟以更好地理解多孔结构。

对于亚甲基交联的聚苯乙烯前驱体而言，其主要结构单元是一个非平面环，通过将相邻的苯基残基连接在两个或多个链段中形成等高线长度。交联度决定了等高线长度的大小。在交联度较低的情况下，预交联的两条链是柔性的，第三条链可以通过振动运动插入它们之间，从而由三条链形成一个大的无应变循环。在高交联度的情况下，在靠近第一桥接点处可能会形成第二桥接点，增加了两个链之间小循环应变。这两种情况都产生了许多相互连接且与其他环相互压缩的环结构，从而提供了高刚性，并有助于保持最终网络无应力构象。分子模拟已经应用于各种超交联材料的骨架结构和孔隙形成机制的研究，并被视为实验结果的补充证据。此外，使用这种模拟方法的一个重要优点是能够通过虚拟合成探索超交联每个阶段孔隙度的衍化。Colina 和同事利用 Polymatic 代码对超交联聚（苯乙烯-共氯乙烯）进行了分子模拟以研究交联度对孔隙形成的影响[139-140]。通过改变预形成的共聚物前驱体的氯甲基苯乙烯（VBC）含量在 25%～100%的范围内来控制交联度。模拟结果展示了介孔形态生成过程，包括膨胀状态到干燥状态期间发生膨胀并伴随着 VBC 含量增加逐渐出现孔隙，并需要更高程度的交联来避免从膨胀到干燥时孔隙坍塌问题发生。比表面积随 VBC 含量变化的趋势与实验数据一致。这些模拟结果更好地解释了目前在实验中无法获得的 HCPs 的结构和孔隙率，并为针对给定应用调整多种材料的性能提供了更有针对性的方法。

尽管内部精确的分子结构对超交联材料的基本物理性能如堆积密度、热稳定性、孔隙率和比表面积起着决定性的作用，但表面形貌和状态却影响着其在现实中的潜在应用领域。例如，与无定形类似物相比，规则聚集的纳米颗粒对小气体分子表现出更快的吸附速率和更强的气体储存能力。与开发具有可调多孔结构或特殊功能的材料的众多合成方法相比，目前材料形态对聚合物性能和应用的影响的研究很少。

3.3.3.3 共轭微孔聚合物结构设计

根据几何要求，CMPs 的网络骨架至少需要建筑块有两个活性基团。构建多孔结构的必要条件是不同几何构型的建筑块需要通过交叉耦合来实现三维网络结构，而自缩合反应对于建筑块的单独耦合是十分有用的。为清晰起见，建筑块的几何形状可分为 C_2、C_3、C_4 和 C_6。自缩合，如 $C_2+C_2+C_2$、C_3+C_3 或 C_4+C_4 均可构成三维网络。相比之下，交叉偶联反应通常使用 C_2+C_3、C_2+C_4、C_2+C_6、C_3+C_4、C_3+C_6 或 C_4+C_6 这样的组合。在这两种情况下，在三维网络中通过共价键形成的纳米孔在 CMPs 中留下了永久的孔隙(图 3.17)。

活性基团的多样性，各种 π 单元，如芳香烃、芳香环、苯乙烯衍生物、杂环单元和大环系统，已成功发展为构筑 CMPs 的构筑块。活性基团，如溴代芳烃、碘代芳烃、芳烃硼酸、氰基取代的芳烃、芳香醛、乙炔基取代的芳烃和氨基取代的芳烃，被广泛用于 CMPs 的合成。构筑块的多样性和活性基团的广泛性赋予了 CMPs 不同化学结构和功能特点。

所选择的偶联反应类型会影响 CMPs 的最终性能。特别是，偶联化学选择可能会导致聚合物结构的微小差异和半导体行为的扩展。例如，Suzuki-Miyaura 偶联合成的 CP-CMP15（一种聚芘网络）与使用 Yamamoto 耦联方法制备的等效 CMPs 相比，在吸收起始点和光致发光最大值方面表现出更明显蓝移。此外，可以调整合成参数以提高性能并生成材料库[141]。例如，平均孔径可以通过使用增加支撑长度的单体而逐渐增加。在这种情况下，BET 比表面积随着孔径的增大而减小[142]。即使使用相同的单体，反应溶剂的选择也会影响 CMPs 的孔隙率。甲苯被用于第一批 CMPs 的合成[44]，但 Cooper 等人后来发现 DMF、二噁烷和 THF 可以用于制备不同程度的孔隙度不同的 CMPs，这取决于特定的单体组合[69]。他们得出结论：没有“通用”溶剂是最佳的。因此，在制备新材料时，研究人员应该花时间研究这个参数。如一项研究表明，盐的加入会影响溶解度参数，这控制了聚合的各个方面[100]。总

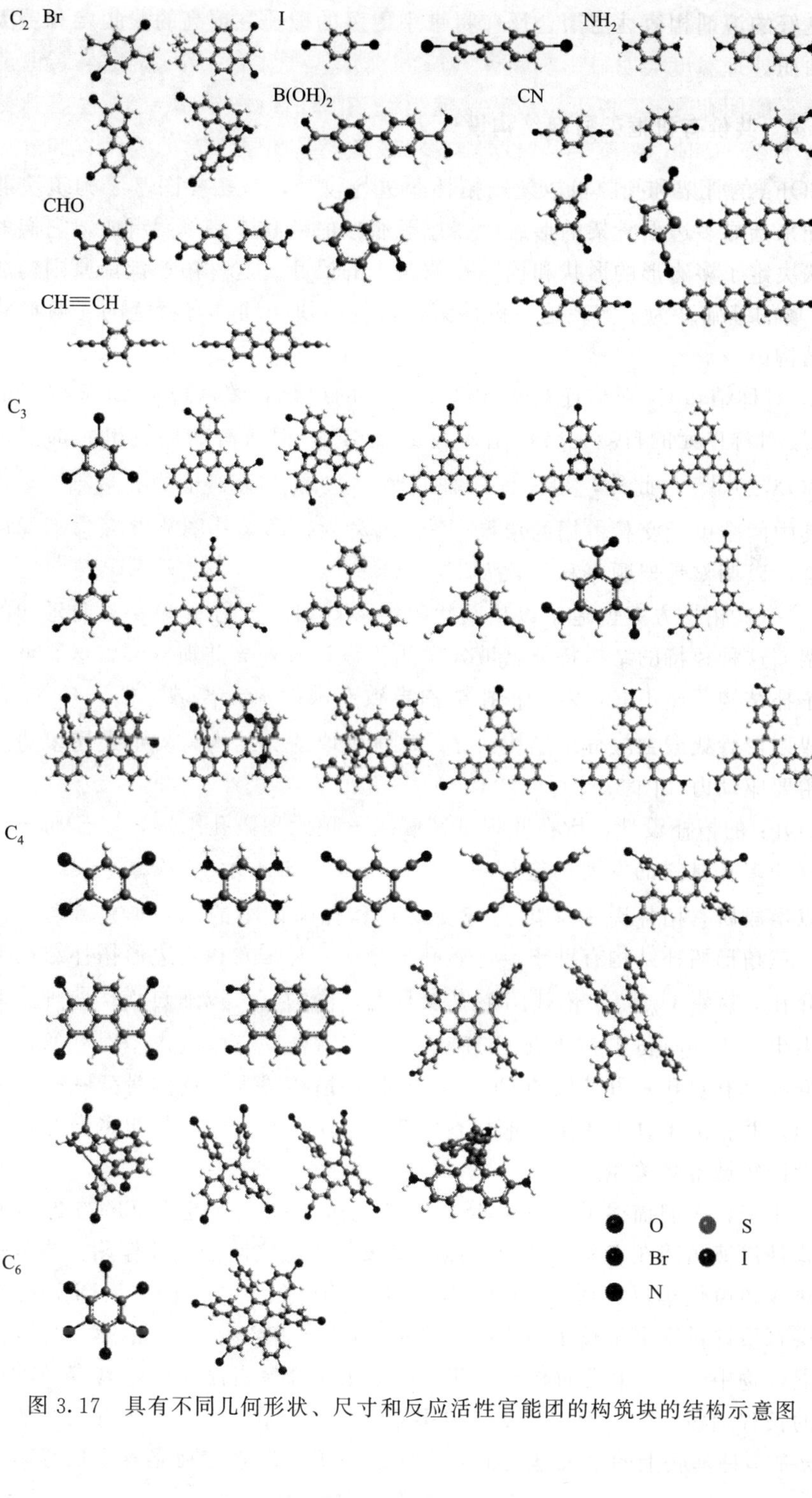

图 3.17　具有不同几何形状、尺寸和反应活性官能团的构筑块的结构示意图

之，良好的溶剂相容性与聚合反应将带来更多的微孔、更高的聚集度和更大的比表面积。

3.3.3.4 共价有机框架材料结构设计

COFs的骨架和孔隙可以使用拓扑图进行设计，该拓扑图基于构筑块的几何匹配来指导多边形骨架的形成。多边形通常由结和连接单元组成，它们的几何形状决定了多边形的形状和控制孔隙大小的尺寸。这一拓扑设计原则构成了COFs场的基础。为了实现这一设计策略，构筑块必须具有特定的几何形状和刚性结构。

C_3对称结和C_2对称连接子（C_3+C_2）的组合导致六边形COFs的形成，并且C_2对称单元的自凝也会产生六边形COFs，但所有的构筑单元都位于节点（BOX 1）[106]。此外，为设计一种新型六边形COFs开发了C_3+C_3拓扑图，其中两个单元交替占据的顶点[143]。这种六边形拓扑图能够探索不同单元的组合，以调整骨架顺序和孔隙大小。

C_4+C_2拓扑方案创建了以相同间隔沿平行和对齐的x和y方向延伸的矩形骨架。这种独特的结构特征已被开发用于设计各种π共轭框架，这些框架与六角拓扑结构截然不同，六角拓扑结构导致有限的π云离域。C_2+C_2拓扑图可形成菱形骨架或Kagome结构[144]；垂直砌块的π结构是决定最终多边形结构的主要驱动力（图3.18）。

COFs的拓扑设计，旨在实现高密度的π单元和微孔结构，以推动π堆积聚合物和多孔材料的发展，这是一个具有挑战性的任务。探索C_6+C_2拓扑方案可以生成所有拓扑图中π单元密度最高和孔隙最小的三角形格[145-146]。特别是，三角形拓扑结构有助于设计微孔COFs，而四方和六边形拓扑结构通常生成介孔。探索C_2+C_2拓扑图案也很有趣，因为它可以通过连接两种不同连接体来生成Kagome型三重孔COFs[147]。在缩合反应中引入不对称的构建块可以形成具有双孔六方结构的COFs。因此，拓扑图为广泛的骨架和孔隙提供了基础，并且由于其无法用其他材料实现，COFs作为创新材料平台在结构与功能设计领域备受关注。

近年来，人们描述了不同的合成后基板沉积技术。基于TP的2D COFs的胶体悬浮液滴铸在表面，利用单体与浸没的衬底之间的相互作用，或者使用溶剂热或超声化学反应诱导COFs在衬底上的外延生长。例如，Dichtel等人在单层石墨烯衬底上生长了纳米级厚度的COF-5和Pyr-COF薄膜，将其浸入反应混合物中[148]。生成的高密度TP基COFs薄膜表面光滑，具有c轴优先定向的长程顺序，独立于用于支撑单层石墨烯的衬底。此外，基于TP的二维COFs在多种基底上的生长已被报道，其具有碳纳米管和独立石墨烯等碳质结

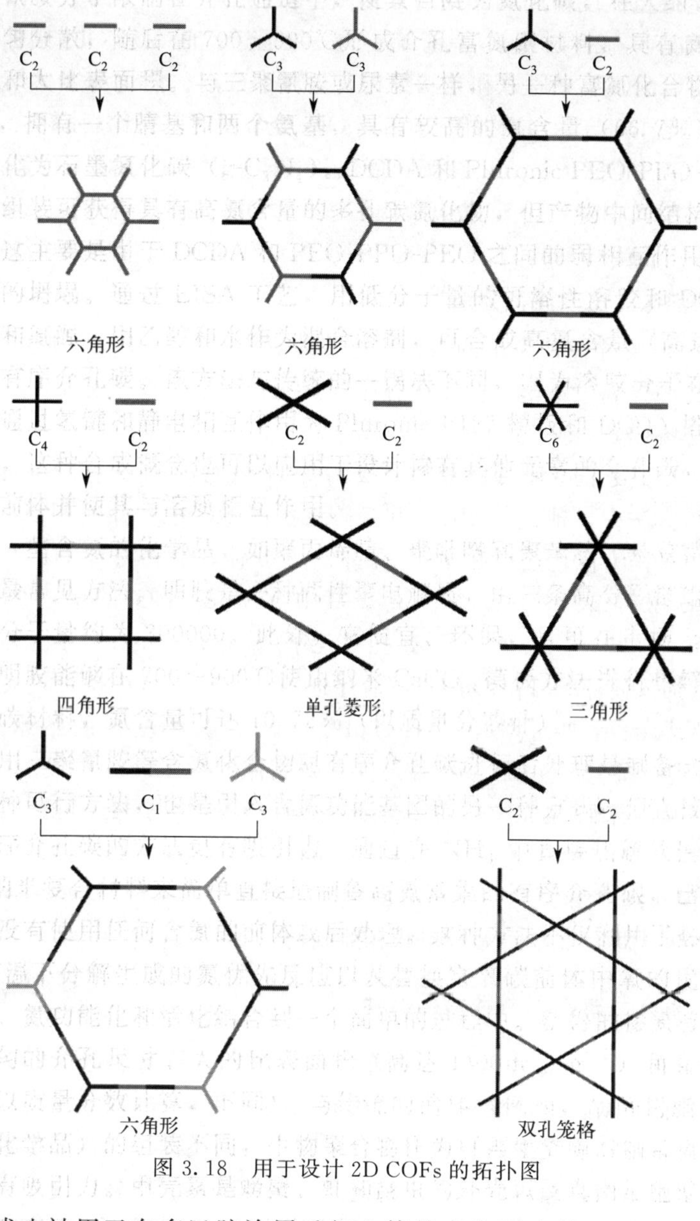

图 3.18 用于设计 2D COFs 的拓扑图

构。该技术也被用于在多巴胺涂层毛细血管的内表面生长 COF-5。毛细管被反应混合物填满，密封并经受类似于溶剂热方法的高温。通过将模板辅助方法与胶体模板策略相结合，还可以获得质量更高和可扩展的薄膜。在模板辅助形成几种基于 TP 的二维 COFs（例如：COF-5、COF-10、Pyr-COF 和 DBP-COF）的过程中，随着共溶剂的加入，多余的 COFs 纳米颗粒同时在溶剂中形成，并成为稳定的胶体悬浮液。因此，减少了 COFs 颗粒的不规则沉积，只在基底上发生低粗糙度薄膜的非均匀形核和生长。

通常情况下，2D COFs 仅具有统一的一维通道，而 3D COFs 则拥有更为复杂的孔结构，例如互穿通道和笼状结构，这对于分离、催化和客体结合等应用非常有利。此外，与 2D 结构相比，3D COFs 经常展现出高比表面积、低密度以及丰富可达活性位点的特点，在实际催化和气体吸附中具备显著优势。Banerjee 等人通过原位气相发泡方法成功制备了四种 COFs 泡沫：TpPa-2-foam、TpPa-NO_2-foam、TpAzo-foam、TpBD-Me2-foam[149]。TpPa-2、TpPa-NO_2、TpAzo 和 TpBD-Me_2 泡沫的比表面积分别为 $579m^2 \cdot g^{-1}$、$254m^2 \cdot g^{-1}$、$1054m^2 \cdot g^{-1}$ 和 $797m^2 \cdot g^{-1}$。通过一种简单的策略，将碳酸氢钠（$NaHCO_3$）与过量的 PTSA 反应，导致 CO_2 持续起泡，从而在有序的 COFs 晶体内诱导无序，形成具有分层孔隙的结晶 COFs 泡沫。

Liu 等人开发了一种模板辅助合成制备 HP-COFs 泡沫材料（HP-TpBD）的方法。该方法中，他们将 PA-1 和 TP 混合在砂浆中，并使用 NaCl 作为硬模板，PTSA 作为催化剂，在 170℃下聚合 5 分钟，最终得到 HP-TpBD-X 泡沫（X＝0、300mg、600mg、900mg，其中 X 代表 NaCl 的量）[150]，该泡沫的比表面积为 $679 \sim 743m^2 \cdot g^{-1}$，孔径几乎全部为 2.0nm。分析表明，微粒径 NaCl 的加入使原始 TpBD 的长程有序通道得以很好地维持，且大孔数量随着 NaCl 用量的增加而增加。HP-TpBD-0 由丰富且规则的纳米颗粒（约 50nm）组成，而 HPTpBD-300 由大量含微晶体的纳米纤维组成。HP-TpBD-600 的形貌从纳米颗粒完全转变为纳米纤维，其行为与 HP-TpBD-900 相似。此外，HP-TpBD-900 的大孔体积分数为 64.75%，明显高于原始 TpBD COF 的大孔体积分数（约 11%），大孔尺寸范围为 $50 \sim 250\mu m$。这些结果均表明了 HP-TpBD-900 拥有丰富而无序层状孔隙结构。

3.3.3.5 多孔芳香框架材料结构设计

在基于有机构件有效组装的共价多孔结构中，周期性芳烃框架（PAFs）占据主导地位。与通过可逆缩合化学途径获得的更传统的 COFs 相比，PAFs 型固体通过不可逆交叉偶联反应制备，尽管不规则的内部结构降低了它们的孔隙率和相关结晶度，但可以获得更稳定和坚固的材料。此外，由于成键化学性质相似，在连接 PAFs 与传统刚性多孔有机聚合物如多孔聚合物网络（PPNs）、共轭微孔聚合物（CMPs）和元素有机框架（EOFs）时也呈现出相同的不规则和曲折内部结构[151]。

PAFs 材料由纯芳香族刚性连接剂构成，作为有机构建剂，在催化溶剂热条件下直接自组装而成。这种组装是由四面体连接的碳原子作为共价附着点建立的。PAFs 的合成最初的想法来自金刚石结构。对于金刚石，众所周知的碳同素异形体，其晶格由四面体结合的 sp^3 碳原子构成，碳-碳键的长度为 1.54Å。金刚石中任意两个碳原子之间的距离太小，无法使其他原子或分子进入并占据空隙，因此金刚石是一种致密化合物。如果碳-碳键被更大的支柱（如苯基、联苯和对三苯基）所取代，则距离显著延长，可以提出三个分子有效堆积较少的多孔框架（分别记为 P1、P2 和 P3）。在 P1、P2 和 P3 的金刚石型结构中，任意两个碳原子之间的距离分别为 6.16Å、10.25Å 和 14.49Å。连接扩展导致 P1、P2 和 P3 分别形成直径为 7Å、14.8Å 和 23Å 的孔隙。这种有序的有机结构总体上比以前修饰的 COFs 材料表现出更强的鲁棒性和物理化学稳定性，同时具有高的结晶度和可达性[152]。这一新型合成策略开拓了制备多孔固体及其搭建方法领域，这些固体具有良好的水热稳定性，可用于催化、吸附、清洁能源和环境领域。

根据模拟 N_2 吸附等温线进一步研究，结合第一性原理计算和大正则蒙特卡罗（GCMC）模拟计算证实了 P1 到 P3 具有多孔框架结构。模拟结果表明，P1 和 P2 的 BET 比表面积分别为 $1880m^2 \cdot g^{-1}$ 和 $5640m^2 \cdot g^{-1}$，呈微孔结构，而 P3 以对三苯为支板，呈现介孔结构。理论研究表明，网络中链的延伸将导致孔隙的形成，而孔隙的大小可以由链的长度来控制[153]。

在计算研究的支持下，将镍（0）催化的 Yamamoto-type Ullmann 偶联反应用于四面体结构单元 4(4-溴苯基)甲烷的缩聚反应，获得了具有 $7100m^2 \cdot g^{-1}$ 的高 Langmuir 比表面积的多孔芳香框架，即 PAF-1。该固体展现出局部类金刚石四面体键合结构，同时具备卓越的热稳定性和水热稳定性[123,154]。此外，以无定形二氧化硅模型为模板的建模研究证实，PAF-1 结构中四面体节点到节点的距离足够长，可以实现较高的微孔隙度，但不足以实现互穿或形成介孔网络[46]。此外，通过自动化生成过程对理论生成机制进行深入研究，证明了溶剂在生成的 PAF-1 结构及其相关结构性质中的重要性[155]。

3.4　小结

近年来，研究人员对 MOFs 材料的研究更加关注其可剪裁性和结构多样性的特点。这些特点使得 MOFs 材料能够轻松地进行设计、组装和结构调控，为设计出各种类型的纳米多孔材料提供了一种非常可行的方法。正是由于 MOFs 材料多方面的优点和应用潜力，其受到越来越多的关注。新型结构 MOFs 多孔材料的研究及其应用开发具有重要的理论和应用价值。然而，尽管 MOFs 材料的研究取得了显著进展，但仍有许多挑战需要克服。例如，优化材料的合成方法以提高产量和纯度；进一步探索材料的多功能性，以满足不同领域的需求；以及研究如何将 MOFs 材料与其他材料相结合以扩展其应用范围等。

MOPs 作为一种具有高孔隙度和可调控孔径的材料，其特殊的化学结构和孔道大小使其在气体分离、储能、催化等领域具有广泛的应用前景。但 MOPs 的结构设计与制备方法仍然需要进一步开发，以满足更多应用需求。为了提高 MOPs 在催化应用中的反应活性和选择性，研究人员正致力于开发多层次结构的微孔有机聚合物材料。这种新型材料有望通过改变孔道结构和组成来实现对反应条件的优化控制，从而提高其催化性能。同时，研究人员正在利用先进的模拟和实验手段，如计算机模拟和光谱分析等，对微孔有机聚合物材料进行深入研究。这些技术可以帮助我们更好地理解材料的性质和行为，从而为新型 MOPs 的设计和制备提供理论指导。此外，将这些实验手段与表征相结合还能够提供更全面的数据支持，以推动该领域进一步发展。

参考文献

[1] Yaghi O M, Li G, Li H. Selective binding and removal of guests in a microporous metal-organic framework [J]. Nature, 1995, 378 (6558): 703-706.

[2] Stock N, Biswas S. Synthesis of metal-organic frameworks (MOFs): Routes to various MOF topologies, morphologies, and composites [J]. Chemical Reviews, 2012, 112 (2): 933-969.

[3] Jadhav H S, Bandal H A, Ramakrishna S, et al. Critical review, recent updates on zeolitic imidazolate framework-67 (ZIF-67) and its derivatives for electrochemical water splitting [J]. Advanced Materials, 2022, 34 (11): 2107072.

[4] Li K, Yang J, Gu J. Hierarchically porous MOFs synthesized by soft-template strategies [J]. Accounts of Chemical Research, 2022, 55 (16): 2235-2247.

[5] Howarth A J, Liu Y, Li P, et al. Chemical, thermal and mechanical stabilities of metal-organic frameworks [J]. Nature Reviews Materials, 2016, 1 (3): 1-15.

[6] Li H, Eddaoudi M, O'Keeffe M, et al. Design and synthesis of an exceptionally stable and highly porous metal-organic framework [J]. Nature, 1999, 402 (6759): 276-279.

[7] Mueller U, Schubert M, Teich F, et al. Metal-organic frameworks—Prospective industrial applications [J]. Journal of Materials Chemistry, 2006, 16 (7): 626-636.

[8] Qiu L-G, Li Z-Q, Wu Y, et al. Facile synthesis of nanocrystals of a microporous metal-organic framework by an ultrasonic method and selective sensing of organoamines [J]. Chemical Communications, 2008 (31): 3642-3644.

[9] Ameloot R, Stappers L, Fransaer J, et al. Patterned growth of metal-organic framework coatings by electrochemical synthesis [J]. Chemistry of Materials, 2009, 21 (13): 2580-2582.

[10] Katsenis A D, Puškarić A, Štrukil V, et al. In situ X-ray diffraction monitoring of a mechanochemical reaction reveals a unique topology metal-organic framework [J]. Nature Communications, 2015, 6 (1): 6662.

[11] Yan C, Wang T. A new view for nanoparticle assemblies: From crystalline to binary cooperative complementarity [J]. Chemical Society Reviews, 2017, 46 (5): 1483-1509.

[12] Chen Y, Wang C, Chen J, et al. Growth of lightly crosslinked PHEMA brushes and capsule formation using pickering emulsion interface-initiated ATRP [J]. Journal of Polymer Science Part A: Polymer Chemistry, 2009, 47 (5): 1354-1367.

[13] Kuo C-H, Tang Y, Chou L-Y, et al. Yolk-shell nanocrystal@ZIF-8 nanostructures for gas-phase heterogeneous catalysis with selectivity control [J]. Journal of the American Chemical Society, 2012, 134 (35): 14345-14348.

[14] Li A-L, Ke F, Qiu L-G, et al. Controllable synthesis of metal-organic framework hollow nanospheres by a versatile step-by-step assembly strategy [J]. CrystEngComm, 2013, 15 (18): 3554-3559.

[15] Takafuji M, Hano N, Alam M A, et al. Fabrication of hollow silica microspheres with orderly hemispherical protrusions and capability for heat-induced controlled cracking [J]. Langmuir, 2017, 33 (40): 10679-10689.

[16] Wang C, Kaneti Y V, Bando Y, et al. Metal-organic framework-derived one-dimensional porous or hollow carbon-based nanofibers for energy storage and conversion [J]. Materials Horizons, 2018, 5 (3): 394-407.

[17] Li X, Liu Y, Wang J, et al. Metal-organic frameworks based membranes for liquid separation [J]. Chemical Society Reviews, 2017, 46 (23): 7124-7144.

[18] Fan L, Xue M, Kang Z, et al. Electrospinning technology applied in zeolitic imidazolate framework membrane synthesis [J]. Journal of Materials Chemistry, 2012, 22 (48): 25272-25276.

[19] Wang C, Liu C, Li J, et al. Electrospun metal-organic framework derived hierarchical carbon nanofibers with high performance for supercapacitors [J]. Chemical Communications, 2017, 53 (10): 1751-1754.

[20] Zhao M, Huang Y, Peng Y, et al. Two-dimensional metal-organic framework nanosheets: Synthesis and applications [J]. Chemical Society Reviews, 2018, 47 (16): 6267-6295.

[21] Song F, Hu X. Exfoliation of layered double hydroxides for enhanced oxygen evolution catalysis [J]. Nature Communications, 2014, 5 (1): 4477.

[22] Zhang H. Ultrathin Two-dimensional nanomaterials [J]. ACS Nano, 2015, 9 (10): 9451-9469.

[23] King S C, Lin R-B, Wang H, et al. Two-dimensional metal-organic frameworks for selective separation of CO_2/CH_4 and CO_2/N_2 [J]. Materials Chemistry Frontiers, 2017, 1 (8): 1514-1519.

[24] Natour R A, Ali Z K, Assoud A, et al. Two-dimensional metal-organic framework nanosheets as a dual ratiometric and turn-off luminescent probe [J]. Inorganic Chemistry, 2019, 58 (16): 10912-10919.

[25] Deng T, Zhang W, Arcelus O, et al. Vertically co-oriented two dimensional metal-organic frameworks for packaging enhanced supercapacitive performance [J]. Communications Chemistry, 2018, 1 (1): 6.

[26] Jahan M, Liu Z, Loh K P. A Graphene oxide and copper-centered metal organic framework composite as a tri-functional catalyst for HER, OER, and ORR [J]. Advanced Functional Materials, 2013, 23 (43): 5363-5372.

[27] Biemmi E, Scherb C, Bein T. Oriented growth of the metal organic framework $Cu_3(BTC)_2(H_2O)_3 \cdot xH_2O$ tunable with functionalized self-assembled monolayers [J]. Journal of the American Chemical Society, 2007, 129 (26): 8054-8055.

[28] Zacher D, Baunemann A, Hermes S, et al. Deposition of microcrystalline [Cu_3 $(btc)_2$] and [Zn_2 $(bdc)_2$ (dabco)] at alumina and silica surfaces modified with patterned self assembled organic monolayers: Evidence of surface selective and oriented growth [J]. Journal of Materials Chemistry, 2007, 17 (27): 2785-2792.

[29] Makiura R, Motoyama S, Umemura Y, et al. Surface nano-architecture of a metal-organic framework [J]. Nature Materials, 2010, 9 (7): 565-571.

[30] Xu G, Otsubo K, Yamada T, et al. Superprotonic conductivity in a highly oriented crystalline metal-organic framework nanofilm [J]. Journal of the American Chemical Society, 2013, 135 (20): 7438-7441.

[31] Mahata P, Sen D, Natarajan S. A three-dimensional metal-organic framework with a distorted Kagome related layer showing canted antiferromagnetic behaviour [J]. Chemical Communications, 2008, (11): 1278-1280.

[32] Tian D, Chen R-Y, Xu J, et al. A three-dimensional metal-organic framework for selective sensing of nitroaromatic compounds [J]. APL materials, 2014, 2 (12): 124111.

[33] Jia G, Zhang W, Fan G, et al. Three-dimensional hierarchical architectures derived from surface-mounted metal-organic framework membranes for enhanced electrocatalysis [J]. Angewandte Chemie, 2017, 129 (44): 13969-13973.

[34] Feng L, Wang K-Y, Yan T-H, et al. Seed-mediated evolution of hierarchical metal-organic framework quaternary superstructures [J]. Chemical Science, 2020, 11 (6): 1643-1648.

[35] Bradshaw D, El-Hankari S, Lupica-Spagnolo L. Supramolecular templating of hierarchically porous metal-organic frameworks [J]. Chemical Society Reviews, 2014, 43 (16): 5431-5443.

[36] Deng H, Grunder S, Cordova K E, et al. Large-Pore Apertures in a Series of Metal-organic Frameworks [J]. Science, 2012, 336 (6084): 1018-1023.

[37] Sun L-B, Li J-R, Park J, et al. Cooperative template-directed assembly of mesoporous metal-organic frameworks [J]. Journal of the American Chemical Society, 2012, 134 (1): 126-129.

[38] Zhang W, Liu Y, Lu G, et al. Mesoporous metal-organic frameworks with size-, shape-, and space-distribution-controlled pore structure [J]. Advanced Materials, 2015, 27 (18): 2923-2929.

[39] Huang H, Li J-R, Wang K, et al. An in situ self-assembly template strategy for the preparation of hierarchical-pore metal-organic frameworks [J]. Nature Communications, 2015, 6 (1): 8847.

[40] Maly K E. Assembly of nanoporous organic materials from molecular building blocks [J]. Journal of Materials Chemistry, 2009, 19 (13): 1781-1787.

[41] Davankov V A, Tsyurupa M P. Structure and properties of hypercrosslinked polystyrene—The first representative of a new class of polymer networks [J]. Reactive Polymers, 1990, 13 (1/2): 27-32.

[42] Budd P M, Ghanem B S, Makhseed S, et al. Polymers of intrinsic microporosity (PIMs): Robust, solution-processable, organic nanoporous materials [J]. Chemical communications, 2004, (2): 230-231.

[43] Cote A P, Benin A I, Ockwig N W, et al. Porous, crystalline, covalent organic frameworks [J]. Science, 2005, 310 (5751): 1166-1170.

[44] Jiang J X, Su F, Trewin A, et al. Conjugated microporous poly (aryleneethynylene) networks [J]. Angewandte Chemie International Edition, 2007, 46 (45): 8574-8578.

[45] Ben T, Ren H, Ma S, et al. Targeted synthesis of a porous aromatic framework with high stability and exceptionally high surface area [J]. Angewandte Chemie International Edition, 2009, 48 (50): 9457-9460.

[46] Trewin A, Cooper A I. Porous organic polymers: Distinction from disorder? [J]. Angewandte Chemie International Edition, 2010, 49 (9): 1533-1535.

[47] Yuan D, Lu W, Zhao D, et al. Highly stable porous polymer networks with exceptionally high gas-uptake capacities [J]. Advanced Materials, 2011, 23 (32): 3723-3725.

[48] Chen L, Honsho Y, Seki S, et al. Light-harvesting conjugated microporous polymers: Rapid and highly efficient flow of light energy with a porous polyphenylene framework as antenna [J]. Journal of the American Chemical Society, 2010, 132 (19): 6742-6748.

[49] Chen L, Yang Y, Jiang D. CMPs as scaffolds for constructing porous catalytic frameworks: A built-in heterogeneous catalyst with high activity and selectivity based on nanoporous metalloporphyrin polymers [J]. Journal of the American Chemical Society, 2010, 132 (26): 9138-9143.

[50] McKeown N B, Hanif S, Msayib K, et al. Porphyrin-based nanoporous network polymers [J]. Chemical Communications, 2002 (23): 2782-2783.

[51] Budd P M, Elabas E S, Ghanem B S, et al. Solution-processed, organophilic membrane derived from a polymer of intrinsic microporosity [J]. Advanced Materials, 2004, 16 (5): 456-459.

[52] Du N, Song J, Robertson G P, et al. Linear high molecular weight ladder polymer via fast polycondensation of 5,5′,6,6′-tetrahydroxy-3,3,3′,3′-tetramethylspirobisindane with 1,4-dicyanotetrafluorobenzene [J]. Macromolecular Rapid Communications, 2008, 29 (10): 783-788.

[53] Song J, Du N, Dai Y, et al. Linear high molecular weight ladder polymers by optimized polycondensation of tetrahydroxytetramethylspirobisindane and 1,4-dicyanotetrafluorobenzene [J]. Macromolecules, 2008, 41 (20): 7411-7417.

[54] Ponomarev I I, Blagodatskikh I V, Muranov A V, et al. Dimethyl sulfoxide as a green solvent for successful precipitative polyheterocyclization based on nucleophilic aromatic substitution, resulting in high molecular weight PIM-1 [J]. Mendeleev Communications, 2016, 4 (26): 362-364.

[55] Kricheldorf H R, Fritsch D, Vakhtangishvili L, et al. Cyclic ladder polymers by polycondensation of silylated tetrahydroxy-tetramethylspirobisindane with 1,4-dicyanotetrafluorobenzene [J]. Macromolecular Chemistry and Physics, 2005, 206 (22): 2239-2247.

[56] Zhang J, Jin J, Cooney R, et al. Fluoride-mediated polycondensation for the synthesis of polymers of intrinsic microporosity [J]. Polymer, 2015, 76: 168-172.

[57] Zhang J, Jin J, Cooney R, et al. Synthesis of polymers of intrinsic microporosity using an AB-type monomer [J]. Polymer, 2015, 57: 45-50.

[58] Ghanem B S, Swaidan R, Ma X, et al. Energy-efficient hydrogen separation by AB-type ladder-polymer molecular sieves [J]. Advanced Materials, 2014, 26 (39): 6696-6700.

[59] Emmler T, Heinrich K, Fritsch D, et al. Free volume investigation of polymers of intrinsic microporosity (PIMs): PIM-1 and PIM1 copolymers incorporating ethanoanthracene units [J]. Macromolecules, 2010, 43 (14): 6075-6084.

[60] Du N, Robertson G P, Pinnau I, et al. Polymers of intrinsic microporosity with dinaphthyl and thianthrene segments [J]. Macromolecules, 2010, 43 (20): 8580-8587.

[61] Slater A G, Cooper A I. Function-led design of new porous materials [J]. Science, 2015, 348 (6238): aaa8075.

[62] Carta M, Malpass-Evans R, Croad M, et al. An efficient polymer molecular sieve for membrane

gas separations [J]. Science, 2013, 339 (6117): 303-307.

[63] Carta M, Malpass-Evans R, Croad M, et al. The synthesis of microporous polymers using Tröger's base formation [J]. Polymer Chemistry, 2014, 5 (18): 5267-5272.

[64] Davankov V, Tsyurupa M. Structure and properties of hypercrosslinked polystyrene—The first representative of a new class of polymer networks [J]. Reactive Polymers, 1990, 13 (1/2): 38-42.

[65] Tsyurupa M, Davankov V. Porous structure of hypercrosslinked polystyrene: State-of-the-art mini-review [J]. Reactive and Functional Polymers, 2006, 66 (7): 768-779.

[66] Tsyurupa M P, Davankov V A. Hypercrosslinked polymers: basic principle of preparing the new class of polymeric materials [J]. Reactive and Functional Polymers, 2002, 53 (2): 193-203.

[67] Li B, Gong R, Wang W, et al. A new strategy to microporous polymers: knitting rigid aromatic building blocks by external cross-linker [J]. Macromolecules, 2011, 44 (8): 2410-2414.

[68] Trunk M, Herrmann A, Bildirir H, et al. Copper-free sonogashira coupling for high-surface-area conjugated microporous poly (aryleneethynylene) networks [J]. Chemistry-A European Journal, 2016, 22 (21): 7179-7183.

[69] Dawson R, Laybourn A, Khimyak Y Z, et al. High surface area conjugated microporous polymers: the importance of reaction solvent choice [J]. Macromolecules, 2010, 43 (20): 8524-8530.

[70] Jiang J-X, Su F, Niu H, et al. Conjugated microporous poly (phenylene butadiynylene) s [J]. Chemical communications, 2008 (4): 486-488.

[71] Thorand S, Krause N. Improved procedures for the palladium-catalyzed coupling of terminal alkynes with aryl bromides (Sonogashira coupling) [J]. The Journal of Organic Chemistry, 1998, 63 (23): 8551-8553.

[72] Schmidt J, Werner M, Thomas A. Conjugated microporous polymer networks via Yamamoto polymerization [J]. Macromolecules, 2009, 42 (13): 4426-4429.

[73] Sun L, Zou Y, Liang Z, et al. A one-pot synthetic strategy via tandem Suzuki-Heck reactions for the construction of luminescent microporous organic polymers [J]. Polymer Chemistry, 2014, 5 (2): 471-478.

[74] Jiang J-X, Su F, Niu H, et al. Conjugated microporous poly (phenylene butadiynylene) s [J]. Chemical Communications, 2008 (4): 486-488.

[75] Li B, Guan Z, Yang X, et al. Multifunctional microporous organic polymers [J]. Journal of Materials Chemistry A, 2014, 2 (30): 11930-11939.

[76] Zhang Y, Sigen A, Zou Y, et al. Gas uptake, molecular sensing and organocatalytic performances of a multifunctional carbazole-based conjugated microporous polymer [J]. Journal of Materials Chemistry A, 2014, 2 (33): 13422-13430.

[77] Vingiello F A, Yanez J, Campbell J A. New approach to the synthesis of dibenzo [*a*, l] pyrenes [J]. The Journal of Organic Chemistry, 1971, 36 (15): 2053-2056.

[78] Miyaura N, Yamada K, Suzuki A. A new stereospecific cross-coupling by the palladium-catalyzed reaction of 1-alkenylboranes with 1-alkenyl or 1-alkynyl halides [J]. Tetrahedron Letters, 1979, 20 (36): 3437-3440.

[79] Yuan S, Dorney B, White D, et al. Microporous polyphenylenes with tunable pore size for hydrogen storage [J]. Chemical Communications, 2010, 46 (25): 4547-4549.

[80] Katekomol P, Roeser J, Bojdys M, et al. Covalent triazine frameworks prepared from 1,3,5-tri-

cyanobenzene [J]. Chemistry of Materials, 2013, 25 (9): 1542-1548.

[81] Hao L, Luo B, Li X, et al. Terephthalonitrile-derived nitrogen-rich networks for high performance supercapacitors [J]. Energy & Environmental Science, 2012, 5 (12): 9747-9751.

[82] Wang K, Yang L M, Wang X, et al. Covalent triazine frameworks via a low-temperature polycondensation approach [J]. Angewandte Chemie International Edition, 2017, 56 (45): 14149-14153.

[83] Yu S Y, Mahmood J, Noh H J, et al. Direct synthesis of a covalent triazine-based framework from aromatic amides [J]. Angewandte Chemie International Edition, 2018, 57 (28): 8438-8442.

[84] Buyukcakir O, Yuksel R, Jiang Y, et al. Synthesis of porous covalent quinazoline networks (CQNs) and their gas sorption properties [J]. Angewandte Chemie International Edition, 2019, 58 (3): 872-876.

[85] Stille J, Mainen E. Ladder polyquinoxalines [J]. Journal of Polymer Science Part B: Polymer Letters, 1966, 4 (1): 39-41.

[86] Stille J, Mainen E. Thermally stable ladder polyquinoxalines [J]. Macromolecules, 1968, 1 (1): 36-42.

[87] Kou Y, Xu Y, Guo Z, et al. Supercapacitive energy storage and electric power supply using an aza-fused π-conjugated microporous framework [J]. Angewandte Chemie, 2011, 123 (37): 8912-8916.

[88] Marco A B, Cortizo-Lacalle D, Perez-Miqueo I, et al. Twisted aromatic frameworks: Readily exfoliable and solution-processable two-dimensional conjugated microporous polymers [J]. Angewandte Chemie International Edition, 2017, 56 (24): 6946-6951.

[89] Ding S-Y, Wang W. Covalent organic frameworks (COFs): From design to applications [J]. Chemical Society Reviews, 2013, 42 (2): 548-568.

[90] Pandey P, Katsoulidis A P, Eryazici I, et al. Imine-linked microporous polymer organic frameworks [J]. Chemistry of Materials, 2010, 22 (17): 4974-4979.

[91] Rabbani M G, El-Kaderi H M. Template-free synthesis of a highly porous benzimidazole-linked polymer for CO_2 capture and H_2 storage [J]. Chemistry of Materials, 2011, 23 (7): 1650-1653.

[92] Biswal B P, Becker D, Chandrasekhar N, et al. Exploration of thiazolo [5,4-*d*] thiazole linkages in conjugated porous organic polymers for chemoselective molecular sieving [J]. Chemistry-A European Journal, 2018, 24 (42): 10868-10875.

[93] Zhu X, Tian C, Jin T, et al. Thiazolothiazole-linked porous organic polymers [J]. Chemical Communications, 2014, 50 (95): 15055-15058.

[94] Lu G, Yang H, Zhu Y, et al. Synthesis of a conjugated porous Co (Ⅱ) porphyrinylene-ethynylene framework through alkyne metathesis and its catalytic activity study [J]. Journal of Materials Chemistry A, 2015, 3 (9): 4954-4959.

[95] Liao Y, Wang H, Zhu M, et al. Efficient supercapacitor energy storage using conjugated microporous polymer networks synthesized from Buchwald-Hartwig coupling [J]. Advanced materials, 2018, 30 (12): 1705710.

[96] Liao Y, Weber J, Faul C F. Conjugated microporous polytriphenylamine networks [J]. Chemical Communications, 2014, 50 (59): 8002-8005.

[97] Gu C, Huang N, Gao J, et al. Controlled synthesis of conjugated microporous polymer films:

Versatile platforms for highly sensitive and label-free chemo-and biosensing [J]. Angewandte Chemie International Edition, 2014, 53 (19): 4850-4855.

[98] Gu C, Huang N, Chen Y, et al. π-conjugated microporous polymer films: Designed synthesis, conducting properties, and photoenergy conversions [J]. Angewandte Chemie, 2015, 127 (46): 13798-13802.

[99] Gu C, Chen Y, Zhang Z, et al. Electrochemical route to fabricate film-like conjugated microporous polymers and application for organic electronics [J]. Advanced Materials, 2013, 25 (25): 3443-3448.

[100] Chen J, Yan W, Townsend E J, et al. Tunable surface area, porosity, and function in conjugated microporous polymers [J]. Angewandte Chemie International Edition, 2019, 58 (34): 11715-11719.

[101] Zhang W, Li C, Yuan Y-P, et al. Highly energy-and time-efficient synthesis of porous triazine-based framework: microwave-enhanced ionothermal polymerization and hydrogen uptake [J]. Journal of Materials Chemistry, 2010, 20 (31): 6413-6415.

[102] Peng Y, Huang M, Hu Y, et al. Microwave-assisted synthesis of porphyrin conjugated microporous polymers for microextraction of volatile organic acids in tobaccos [J]. Journal of Chromatography A, 2019, 1594: 45-53.

[103] Troschke E, Grätz S, Lübken T, et al. Mechanochemical Friedel-Crafts alkylation—A sustainable pathway towards porous organic polymers [J]. Angewandte Chemie International Edition, 2017, 56 (24): 6859-6863.

[104] Yuan K, Guo-Wang P, Hu T, et al. Nanofibrous and graphene-templated conjugated microporous polymer materials for flexible chemosensors and supercapacitors [J]. Chemistry of Materials, 2015, 27 (21): 7403-7411.

[105] Liang B, Wang H, Shi X, et al. Microporous membranes comprising conjugated polymers with rigid backbones enable ultrafast organic-solvent nanofiltration [J]. Nature Chemistry, 2018, 10 (9): 961-967.

[106] Côté A P, Benin A I, Ockwig N W, et al. Porous, crystalline, covalent organic frameworks [J]. Science, 2005, 310 (5751): 1166-1170.

[107] Lanni L M, Tilford R W, Bharathy M, et al. Enhanced hydrolytic stability of self-assembling alkylated two-dimensional covalent organic frameworks [J]. Journal of the American chemical society, 2011, 133 (35): 13975-13983.

[108] Evans A M, Ryder M R, Ji W, et al. Trends in the thermal stability of two-dimensional covalent organic frameworks [J]. Faraday Discussions, 2021, 225: 226-240.

[109] Zhao X, Pachfule P, Thomas A. Covalent organic frameworks (COFs) for electrochemical applications [J]. Chem Soc Rev, 2021, 50 (12): 6871-6913.

[110] Thote J, Barike Aiyappa H, Rahul Kumar R, et al. Constructing covalent organic frameworks in water via dynamic covalent bonding [J]. IUCrJ, 2016, 3 (6): 402-407.

[111] Lu J, Lin F, Wen Q, et al. Large-scale synthesis of azine-linked covalent organic frameworks in water and promoted by water [J]. New Journal of Chemistry, 2019, 43 (16): 6116-6120.

[112] Campbell N L, Clowes R, Ritchie L K, et al. Rapid microwave synthesis and purification of porous covalent organic frameworks [J]. Chemistry of Materials, 2009, 21 (2): 204-206.

[113] Wei H, Chai S, Hu N, et al. The microwave-assisted solvothermal synthesis of a crystalline two-dimensional covalent organic framework with high CO_2 capacity [J]. Chemical Communica-

tions, 2015, 51 (61): 12178-12181.

[114] Biswal B P, Chandra S, Kandambeth S, et al. Mechanochemical synthesis of chemically stable isoreticular covalent organic frameworks [J]. Journal of the American Chemical Society, 2013, 135 (14): 5328-5331.

[115] Chandra S, Kandambeth S, Biswal B P, et al. Chemically stable multilayered covalent organic nanosheets from covalent organic frameworks via mechanical delamination [J]. Journal of the American Chemical Society, 2013, 135 (47): 17853-17861.

[116] Das G, Balaji Shinde D, Kandambeth S, et al. Mechanosynthesis of imine, β-ketoenamine, and hydrogen-bonded imine-linked covalent organic frameworks using liquid-assisted grinding [J]. Chemical Communications, 2014, 50 (84): 12615-12618.

[117] Liu S-S, Liu Q-Q, Huang S-Z, et al. Sulfonic and phosphonic porous solids as proton conductors [J]. Coordination Chemistry Reviews, 2022, 451: 214241.

[118] Peng Y, Xu G, Hu Z, et al. Mechanoassisted Synthesis of sulfonated covalent organic frameworks with high intrinsic proton conductivity [J]. ACS Applied Materials & Interfaces, 2016, 8 (28): 18505-18512.

[119] Shinde D B, Aiyappa H B, Bhadra M, et al. A mechanochemically synthesized covalent organic framework as a proton-conducting solid electrolyte [J]. Journal of Materials Chemistry A, 2016, 4 (7): 2682-2690.

[120] Karak S, Kandambeth S, Biswal B P, et al. Constructing ultraporous covalent organic frameworks in seconds via an organic terracotta process [J]. Journal of the American Chemical Society, 2017, 139 (5): 1856-1862.

[121] Kuhn P, Antonietti M, Thomas A. Porous, Covalent triazine-based frameworks prepared by ionothermal synthesis [J]. Angewandte Chemie International Edition, 2008, 47 (18): 3450-3453.

[122] Yamamoto T, Maruyama T, Zhou Z-H, et al. π-Conjugated poly (pyridine-2, 5-diyl), poly (2,2′-bipyridine-5,5′-diyl), and their alkyl derivatives. preparation, linear structure, function as a ligand to form their transition metal complexes, catalytic reactions, n-type electrically conducting properties, optical properties, and alignment on substrates [J]. Journal of the American Chemical Society, 1994, 116 (11): 4832-4845.

[123] Ben T, Ren H, Ma S, et al. Targeted synthesis of a porous aromatic framework with high stability and exceptionally high surface area [J]. Angewandte Chemie International Edition, 2009, 48 (50): 9457-9460.

[124] Li M, Ren H, Sun F, et al. Construction of porous aromatic frameworks with exceptional porosity via building unit engineering [J]. Advanced Materials, 2018, 30 (43): 1804169.

[125] Martin A R, Yang Y. Palladium-catalyzed cross-coupling reactions of organoboronic acids with organic electrophiles [J]. Acta Chemica Scandinavica, 1993, 47: 221.

[126] Sonogashira K, Tohda Y, Hagihara N. A convenient synthesis of acetylenes: Catalytic substitutions of acetylenic hydrogen with bromoalkenes, iodoarenes and bromopyridines [J]. Tetrahedron Letters, 1975, 16 (50): 4467-4470.

[127] Heck R F, Nolley J P, Jr. Palladium-catalyzed vinylic hydrogen substitution reactions with aryl, benzyl, and styryl halides [J]. The Journal of Organic Chemistry, 1972, 37 (14): 2320-2322.

[128] Wang L, Wan Y, Ding Y, et al. Conjugated microporous polymer nanosheets for overall water

splitting using visible light [J]. Advanced Materials, 2017, 29 (38): 1702428.

[129] Milstein D, Stille J K. A general, selective, and facile method for ketone synthesis from acid chlorides and organotin compounds catalyzed by palladium [J]. Journal of the American Chemical Society, 1978, 100 (11): 3636-3638.

[130] Ma H, Ren H, Zou X, et al. Novel lithium-loaded porous aromatic framework for efficient CO_2 and H_2 uptake [J]. Journal of Materials Chemistry A, 2013, 1 (3): 752-758.

[131] Ma H, Ren H, Zou X, et al. Post-metalation of porous aromatic frameworks for highly efficient carbon capture from $CO_2 + N_2$ and $CH_4 + N_2$ mixtures [J]. Polymer Chemistry, 2014, 5 (1): 144-152.

[132] Ren H, Ben T, Wang E, et al. Targeted synthesis of a 3D porous aromatic framework for selective sorption of benzene [J]. Chemical Communications, 2010, 46 (2): 291-293.

[133] Wang W, Ren H, Sun F, et al. Synthesis of porous aromatic framework with tuning porosity via ionothermal reaction [J]. Dalton Transactions, 2012, 41 (14): 3933-3936.

[134] Rogan Y, Starannikova L, Ryzhikh V, et al. Synthesis and gas permeation properties of novel spirobisindane-based polyimides of intrinsic microporosity [J]. Polymer Chemistry, 2013, 4 (13): 3813-3820.

[135] Taylor R G D, Bezzu C G, Carta M, et al. The synthesis of organic molecules of intrinsic microporosity designed to frustrate efficient molecular packing [J]. Chemistry - A European Journal, 2016, 22 (7): 2466-2472.

[136] Zhang C, Zhai T-L, Wang J-J, et al. Triptycene-based microporous polyimides: Synthesis and their high selectivity for CO_2 capture [J]. Polymer, 2014, 55 (16): 3642-3647.

[137] Sydlik S A, Chen Z, Swager T M. Triptycene polyimides: Soluble polymers with high thermal stability and low refractive indices [J]. Macromolecules, 2011, 44 (4): 976-980.

[138] Ghanem B S, Msayib K J, McKeown N B, et al. A triptycene-based polymer of intrinsic microposity that displays enhanced surface area and hydrogen adsorption [J]. Chemical Communications, 2007, (1): 67-69.

[139] Abbott L J, Colina C M. Formation of microporosity in hyper-cross-linked polymers [J]. Macromolecules, 2014, 47 (15): 5409-5415.

[140] Kupgan G, Liyana-Arachchi T P, Colina C M. Pore size tuning of poly (styrene-*co*-vinylbenzyl chloride-*co*-divinylbenzene) hypercrosslinked polymers: Insights from molecular simulations [J]. Polymer, 2016, 99: 173-184.

[141] Sprick R S, Jiang J-X, Bonillo B, et al. Tunable organic photocatalysts for visible-light-driven hydrogen evolution [J]. Journal of the American Chemical Society, 2015, 137 (9): 3265-3270.

[142] Jiang J-X, Su F, Trewin A, et al. Synthetic control of the pore dimension and surface area in conjugated microporous polymer and copolymer networks [J]. Journal of the American Chemical Society, 2008, 130 (24): 7710-7720.

[143] Côté A P, El-Kaderi H M, Furukawa H, et al. Reticular synthesis of microporous and mesoporous 2D covalent organic frameworks [J]. Journal of the American Chemical Society, 2007, 129 (43): 12914-12915.

[144] Zhou T-Y, Xu S-Q, Wen Q, et al. One-step construction of two different kinds of pores in a 2D covalent organic framework [J]. Journal of the American Chemical Society, 2014, 136 (45): 15885-15888.

[145] Alahakoon S B, Thompson C M, Nguyen A X, et al. An azine-linked hexaphenylbenzene based covalent organic framework [J]. Chemical Communications, 2016, 52 (13): 2843-2845.

[146] Xu S-Q, Zhan T-G, Wen Q, et al. Diversity of covalent organic frameworks (COFs): A 2D COF containing two kinds of triangular micropores of different sizes [J]. ACS Macro Letters, 2016, 5 (1): 99-102.

[147] Pang Z-F, Xu S-Q, Zhou T-Y, et al. Construction of covalent organic frameworks bearing three different kinds of pores through the heterostructural mixed linker strategy [J]. Journal of the American Chemical Society, 2016, 138 (14): 4710-4713.

[148] Colson J W, Woll A R, Mukherjee A, et al. Oriented 2D covalent organic framework thin films on single-layer graphene [J]. Science, 2011, 332 (6026): 228-231.

[149] Karak S, Dey K, Torris A, et al. Inducing disorder in order: Hierarchically porous covalent organic framework nanostructures for rapid removal of persistent organic pollutants [J]. Journal of the American Chemical Society, 2019, 141 (18): 7572-7581.

[150] Liu R, Yan Q, Tang Y, et al. NaCl template-assisted synthesis of self-floating COFs foams for the efficient removal of sulfamerazine [J]. Journal of Hazardous Materials, 2022, 421: 126702.

[151] Jiang J-X, Trewin A, Su F, et al. Microporous poly (tri (4-ethynylphenyl) amine) Networks: Synthesis, properties, and atomistic simulation [J]. Macromolecules, 2009, 42 (7): 2658-2666.

[152] Beaudoin D, Maris T, Wuest J D. Constructing monocrystalline covalent organic networks by polymerization [J]. Nature Chemistry, 2013, 5 (10): 830-834.

[153] Tian Y, Zhu G. Porous aromatic frameworks (PAFs) [J]. Chemical Reviews, 2020, 120 (16): 8934-8986.

[154] Pei C, Ben T, Qiu S. Great prospects for PAF-1 and its derivatives [J]. Materials Horizons, 2015, 2 (1): 11-21.

[155] Thomas J M H, Trewin A. Amorphous PAF-1: Guiding the rational design of ultraporous materials [J]. The Journal of Physical Chemistry C, 2014, 118 (34): 19712-19722.

第 4 章

介孔材料的制备

4.1 引言

根据国际纯粹与应用化学联合会（IUPAC）的定义，介孔材料是一类孔径在 2～50nm 之间的多孔材料。20 世纪 80 年代，孔径小于 1.2nm 的沸石或微孔材料无法满足涉及大分子或有效传质的实际应用中日益增长的需求，这激发了研究人员对介孔材料的探索与开发。20 世纪 90 年代初，已出现了部分关于黏土和二氧化硅凝胶的报道，利用季铵阳离子表面活性剂，人们首次发现了高度有序的 M41S 介孔硅酸盐分子筛，“模板化”的概念开始流行并广泛应用于介孔材料的合成。1998 年，以三嵌段共聚物为模板的大孔径介孔二氧化硅 SBA-15 问世（这是基础合成的里程碑）。它的高热稳定性和极高的可重复性使介孔结构材料在全球迅速普及。

有序介孔材料具有独特的介孔性、大孔径、高比表面积和介孔通道，在需要高效表面接触和扩散的广泛应用中具有优势。例如，大而有序的介孔框架有利于内部质量传输。大比表面积可增强目标分子和离子的吸附和负载。介孔结构在催化、吸附、分离和能源相关应用中的重要性已得到认可。在介孔材料的研究领域中，精确合成是最大的挑战，而且是设计功能性介孔材料的关键，以实现其在电子、催化剂和生物医学等领域的先进应用。目前，用于介孔结构控制的合成策略已取得了长足的进步；然而，要完全控制每个介孔结构参数（如介相、孔径、孔壁厚度、形貌、尺寸、表面性质等）并达到所需的高度可调节的范围仍然相当困难。

大约二十年前，在合成具有可调表面积、孔径和孔壁的有序介孔结构方面取得了巨大进步。例如，可以通过改变高分子量的表面活性剂或使用膨胀剂来增大孔径，还可以通过延长两亲性嵌段共聚物的亲水段来增加孔壁厚度。在过去的 10～15 年间，除了介观尺度的控制以外，在纳米和微观尺度的结构定制方面亦取得了巨大成就。其中，核壳结构和不对称介孔材料的体系结构最具代表性。这些独特的纳米形貌与结构有望用于选择性共轭、负载和智能输送。在本章中，我们将系统地讨论不同结构、形貌、组分的介孔材料的制备方法与原理，主要包括介孔碳材料、介孔二氧化硅材料、介孔金属氧化物材料以及介孔金属材料。

4.2　介孔碳材料

4.2.1　介孔碳材料概述

作为碳纳米材料家族的重要一员，介孔碳（MC）受到研究人员的广泛关注，而且在吸附、催化剂及其支撑物、无机纳米结构合成、电化学能量储存与转换等多个方面具有广阔的应用前景。实际上，它们不仅保留了碳的原始特性，而且具有较高孔隙率以及大比表面积。由于其均匀和可控的孔径大小、大比表面积、热稳定性、化学惰性以及生物相容性，这种多孔材料已经吸引了全球研究和应用的兴趣。目前，相关研究主要集中在通过软模板方法制备以及功能化介孔碳、吸附和分离、催化、高性能电化学材料等方面。此外，合成机制以及制备的关键因素也是重要的研究对象，包括不同的碳源和嵌段共聚物、各种类型的催化剂、合成条件以及不同的制备途径。

在本章中，“介孔碳”是指基于有序或无序网络的固体，其孔径分布范围在 2～50nm 之间。历史上，有序介孔碳（OMC）是由 Ryoo 等人通过使用介孔二氧化硅作为硬模板首次合成的[1]。从那时起，人们对介孔材料的制备和应用给予了很大关注。随后不久，Dai 等人报道了通过共聚物分子阵列和碳前驱体（简称前体）的自组装制备介孔碳的新方法[2]。另一方面，清洁能源技术的显著发展激发了人们对能源储存的研究。值得注意的是，OMC 的出现弥补了传统微孔材料（如活性炭和沸石）在传质和比表面积方面的不足，也为多孔材料的发展和其他方面（如新型纳米材料的合成）提供了动力。在本节中，我们将着重讨论 MC 常用的合成策略和条件，包括在形貌控制、利用废料进行制备，以及磁性和含氮 MC 制备方面取得的进展。

4.2.2　介孔碳材料的合成路径

介孔碳材料通常是按照模板碳化路线制备的（图 4.1）：分为硬模板法和软模板法。通过硬模板制备有序介孔碳涉及以下步骤（也被称为纳米铸造策略），包括：①制备具有可控结构的介孔二氧化硅基体；②通过湿法浸渍或化学气相沉积将合适的碳前体引入介孔；③在高温下对所产生的有机-无机复合材料进行聚合和碳化；④通过氢氟酸蚀刻或碱性溶解去除二氧化硅模板。由于硬模板占据的空间被转化为碳材料的孔隙，因此所产生的碳结构是介孔二氧化硅结构的反相复制。受介孔二氧化硅成功复制有序介孔碳的启发，后来也开发了具有类似功能的新型“硬模板”。同时，出现了一种从两亲性嵌段共聚物直接合成 OMC 的新方法。这种方法主要通过使用酚醛树脂或其衍生物作为碳前体，两亲性表面活性剂作为结构导向剂，利用有机-有机自组装进行。这种方法不仅简单易行，而且具有更广泛的普适性。在该方法中，有机表面活性剂和碳前体之间的合作组装通常发生在溶剂蒸发过程中（即蒸发诱导自组装，EISA），如图 4.2 所示，或者发生在氢键驱动的溶液中（水热或相分离）。然而，由于一些工程问题，如大量有机溶剂的蒸发、样品收集、反应器设计等，EISA 并不适合碳粉的工业生产。另一方面，这种费时费力的合成程序也不适合规模化生产，原因几乎与硬模板路线中存在的问题相同。相比之下，水热法可能更适合大规模生产。

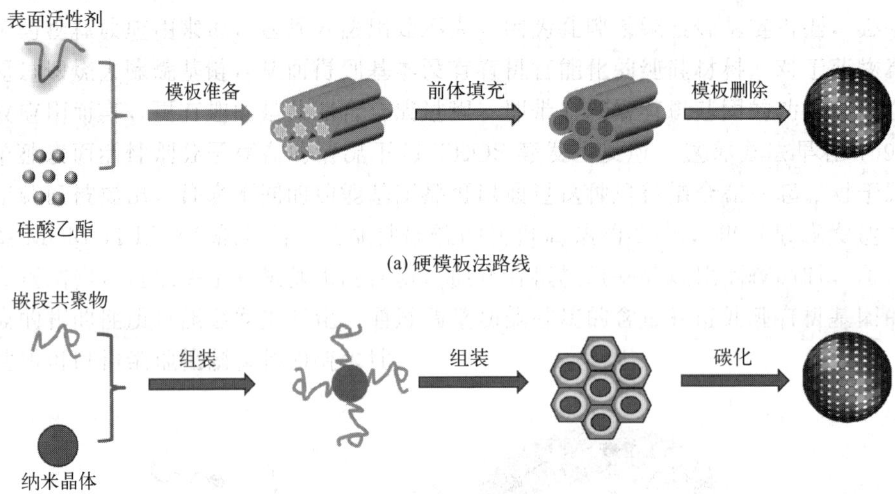

(a) 硬模板法路线

(b) 软模板法路线

图 4.1　介孔碳材料的合成路径图

在软模板路线中，一般不能仅通过直接热解自组装的嵌段共聚物来获得介孔碳，因为它们在碳化反应中的碳产率很低，线性结构共聚物的熔融温度不合适，以及碳化过程中碳的大量损失，这些都导致无法保留预组织的有序纳米结构。因此，将合适的碳前体添加到嵌段共聚物的超分子聚合体中是必要的。由于氢键相互作用的驱动力以及其他弱相互作用（如库仑力和范德瓦尔斯力），在聚集的模板和热固性碳前体之间，两者的超分子自组装可以完成。另一个重

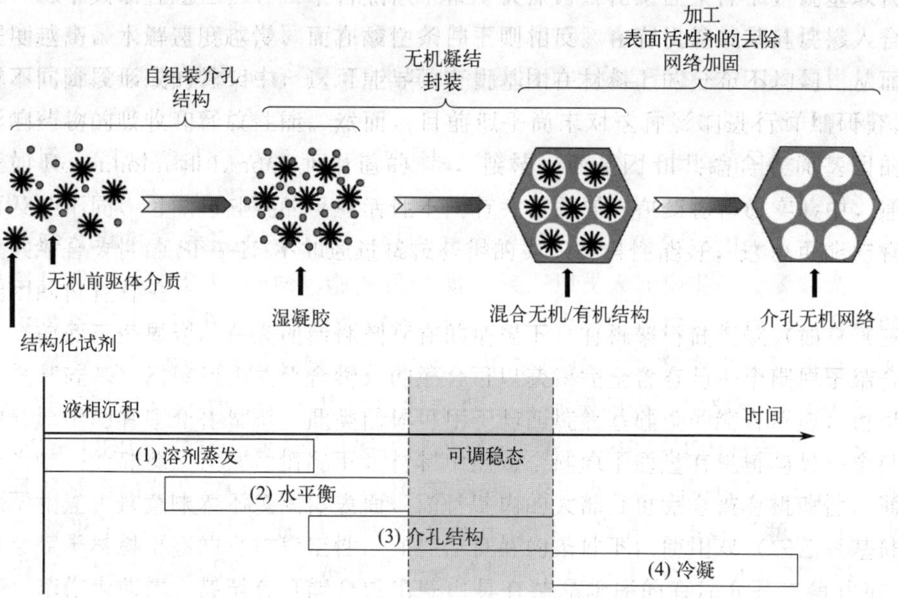

图 4.2　EISA 流程示意图

要的观点是，依靠嵌段共聚物和碳前体之间的化学和热稳定性的差异，模板可以通过在惰性气体中的煅烧或萃取被移除，并形成孔隙结构或相互连接的孔隙网络。这通常包括以下步骤：①形成分子的超分子排列；②热聚合，得到高度交联的复合材料；③去除模板；④碳化。此外，采用软模板路线，通过传统的化学活化或热解适当的碳前体（有机气凝胶或聚合物/聚合物混合物），或通过采用与有机聚合物框架表现出极弱相互作用的两亲性阳离子表面活性剂，也能够合成各种具有宽孔径分布的无序介孔碳材料。研究表明，软模板法路线的孔径分布比硬模板法的孔径分布更均匀，而目前者的介相可以通过不同的嵌段共聚物进行合理调整。此外，由于软模板法路线制备的介孔碳具有厚孔壁和连续框架，其在热和氧化处理下的稳定性和力学性能要高得多。不过，尽管硬模板法需要更多的步骤，但其模板路线具有多样性，并且限制性条件更少，是制备介孔碳的常用方法。除了上述合成介孔碳的主要途径以外，随着研究的深入，一些更方便、更经济、更环保的方法也被引入。

在制备介孔碳时，无论是硬模板法还是软模板法，碳源、模板和催化剂都是主要的成分，它们被添加到溶剂中，通过纳米铸造、EISA、相分离或水热蒸煮过程制备介孔碳。碳前体和模板对介孔碳材料的结构和孔径有很大影响。选择一套合适的热固性碳源和可热分解的表面活性剂是控制这些有序中间结构的最重要因素。到目前为止，用于合成介孔碳的碳前体大多是酚类热固性树脂，如甲醛交联苯酚、间苯二酚、氯葡萄糖醇和己酚等。加入酚类树脂的主要原因是大量的酚类羟基与嵌段共聚物表面活性剂的混溶段会形成非常强的氢键，从而形成胶束，胶束域在所产生的碳中形成中间层。在这些树脂中，间苯二酚甲醛（RF）树脂是最常使用的有机单体，用于有机溶胶-凝胶工艺合成碳凝胶和有序介孔碳。

尽管到目前为止，大部分有机自组装已经应用于酚醛树脂（PF），但仍有一些研究尝试使用其他前体来合成介孔碳。例如，包括蔗糖、糠醇、芳香烃、乙烯、苊、聚丙烯腈和1,5-二羟基萘（DHN）等在内的各种有机化合物都适合作为碳源。一些研究人员以三聚氰胺-甲醛树脂（MF）为碳前体，通过简单的聚合诱导胶体聚集方法，合成了一种含有框架内氮的介孔碳球。甚至生物质或废物也可被用作产碳成分，使用原乙酸三乙酯（EOA）或四乙氧基硅烷（TEOS）作为控制孔径的碳辅料。两亲性嵌段共聚物，如聚（环氧乙烷)-嵌段聚(苯乙烯)(PEO-*b*-PS)，聚(环氧乙烷)-嵌段聚(3-己内酯)(PEO-*b*-PCL)和聚(异戊二烯)-嵌段聚(苯乙烯)-嵌段聚(环氧乙烷)(ISO）已被用作制备具有大孔径和可调整的多孔结构的介孔碳的模板。除此之外，一些无机物（如 $CaCO_3$、$CaCl_2$ 和 $ZnCl_2$）也可通过稀释的盐酸或去离子水将其去除而被作为模板。大多数报道的合成方法是在非水介质中采用溶剂 EISA 途径，使用 *N*,*N*-二甲基甲酰胺作为介质，以 THF 溶液、乙醇/H_2O 混合物或其他低极性的溶液作为挥发性溶剂。

酸性或碱性催化剂都可以在软模板法中发挥有效的作用，而模板和碳前体之间的相互作用（如氢键）是形成分子超分子排列的必要条件。在某些情况下，软模板法需要一个弱极性的溶剂环境。在硬模板法中，虽然有各种碳前体，但一些单体化合物仍然需要在催化剂（例如蔗糖和硫酸）的作用下聚合，以覆盖牺牲模板的表面或像其他聚合物那样通过纳米铸造或化学气相沉积填充孔隙。最重要的是，前体的性质和元素组成在很大程度上决定了所获得材料的特性。如果没有硬模板的影响，一些特殊的形态是无法实现的。

除了基本元素的合成，许多研究人员也在改进合成路线方面做出了努力。一般来说，有序介孔碳可以使用水相诱导的自组装来合成。然而，通常需要很长的陈化时间（大约 3～7 天）来完成反应。因此，开发能够在室温下迅速进行自组装的合成方法是非常必要的。尽管在树脂的聚合和反应时间方面的研究都取得了进展，但是需要在强酸条件或相对较高的温度下反应。为了获得室温下快速自组装的方法，研究人员从聚合机理出发，假设间苯二酚和甲醛的反应在第一步由碱催化，第二步由酸催化，通过设计两步反应预计可以快速获得高交联的聚合物。基于此，Zhang 等人设计了一种两步法，用于快速合成有序的介孔 RF 聚合物和介孔碳材料[3]。与最初报道的 EISA 法以及一步液相自组装法相比，在本方法中，使用少量的碱性和酸性催化剂，即可在室温下快速进行羟甲基化合物的生产和缩合。即使在经过二氧化碳活化后，碳材料仍然保持其有序结构，而 BET 比表面积和总孔隙体积则显著增加。

但是，在定向组装过程中，苯酚与甲醛的缩合动力学很难控制，所以不能以分子前体作为起始材料，而需要使用反应性低的预聚 PF 低聚物。此外，水热法合成途径比无水的 EISA 方法和普通水相合成更快、更便捷。例如，Lei 等人介绍了一种在水热条件下制备 OMC 的简单方法，合成过程中使用六亚甲基四胺（HMT）作为甲醛的来源[4]。值得注意的是，这种方法省略了额外的预聚合步骤，与之前的方法相比，在反应体系中加入较少的酸或碱作为催化剂，这可能导致在水性体系中通过一锅法形成具有大比表面积的有序介孔聚合物和碳。此外，随着研究的深入，Lei 等人改进了上述方法，使其更加简便[5]。在这种改进的方法中，既不需要预聚合，也不需要热凝固，HMT 仍然作为甲醛的来源。只需加入 1,3,5-三甲基苯，就可以实现从体心立方（$Im3m$）到二维六边形（$p6m$）结构的介相转化。特别是，这种合成不仅可以在弱碱性条件下进行，也可以在强酸性条件下进行。由此可以看出，前体聚合反应的最佳控制是提高反应速率的基础，可以减少催化剂的用量，缩短合成时间。

另一个引起广泛关注的合成路线是使用无机模板代替三嵌段共聚物。据报道，具有大比表面积的介孔碳可通过可溶性或可水解的碳水化合物与 $ZnCl_2$（作为模板）制备。这种方法的优点是模板便宜，可以循环使用，而且该法制备的介孔碳的质量很高。类似地，采用三聚氰胺-甲醛树脂作为碳源、$CaCl_2$（作为模板），研究人员也成功地制备了含氮的介孔碳。所制备的含氮 26%的介孔碳表现出两亲性表面（亲水和亲油），并可吸附大量的水和苯。此外，加入的 N 原子表现出相当强的碱性，可以吸附大量的 SO_2。

一般来说，CMK-8 是用 KIT-6 硅石基质合成的，它属于立方晶系，拥有三维立体对称性（$Ia\bar{3}d$）空间群。这种三维结构有利于在吸附应用中获得更好的传质动力学，并有利于获得碳复合物。为了优化 CMK-8 的合成条件和组成，研究人员通过 TEOS、Pluronic P123、正丁醇和蔗糖在酸性条件下的有机-无机自组装，提出了一种简单的一锅法路线来合成具有 $Ia\bar{3}d$ 空间群的介孔碳。在这个过程中，碳的制备可以与 KIT-6 二氧化硅复合材料的生成同时完成，这不仅简化了制备过程，还省去了复杂的前处理或后处理过程。

总之，稳定的溶胶前体可以使多种成分共同组装，以制备介孔复合材料，并避免纳米颗粒碳框架中的聚集，具有良好的分散性。同样，合成过程中的这种通用性也为制备各种有序的介孔金属-碳和金属氧化物-碳材料提供了便捷的途径。

4.2.3 介孔碳薄膜材料

在不同的工业应用中，需要选用不同形态的介孔碳，如色谱中的均匀球体、光学块，以及催化和分离中的薄膜。因此，均匀的介观结构和形态的可控制备是必要的。在过去几年中，自组装是形成介孔碳薄膜的主要方法。例如，Dai 等人采用聚苯乙烯-块状物-聚(4-乙烯基吡啶)的逐步自组装方法制备了有序的 MC 薄膜[6]。作为一种替代方法，通过在各种基底上直接碳化 RF 聚合物-三嵌段共聚物（Pluronic F127）纳米复合材料，利用热塑性树脂和可热分解的共聚物之间的有机-有机作用形成周期性的有序纳米复合材料，也可制备具有有序通道结构的 MC 膜（COU-1）。然而，COU-1 结构在碳化后是可收缩的。为了改善 COU-1 的热稳定性，Nishiyama 等人使用 DHN 作为碳源合成介孔碳薄膜（命名为 D-COU-1），替代了传统的间苯二酚的无机-有机纳米复合材料的直接碳化手段[7]。D-COU-1 薄膜残留的不容易收缩的结构归因于由 DHN 分子制备的石墨碳框架，其结构中有一个萘环。此外，Tanaka 等人提出了一种简单的具有面心或正交 *Fmmm* 结构的完全连续薄膜的合成方法[8]，这种薄膜是通过有机-有机自组装，使用两种不同类型的酚醛树脂单体，间苯二酚（Res）和氯葡萄糖醇（Phl），以及 Pluronic F127 在 EtOH/水系统中通过浸涂硅衬底，由有序介孔碳组成。采取类似的方法，通过溶胶-凝胶法或阳极氧化铝（AAO）膜的溶解也可获得有序介孔碳粉末和纳米纤维。

通常情况下，介孔碳薄膜是在刚性的基底上制造的，这些基底的作用是提供机械稳定性。另外，这些材料相当坚固，在碳化后可以切割成各种形状，这就为碳化后的应用提供了一种塑造介孔碳膜的方法。除了刚性基底，一种热稳定的聚酰亚胺（Kapton）薄片也可以作为基底合成介孔碳膜。此外，为了获得大孔径（>10nm）的介孔碳薄膜，科研人员提出了溶剂蒸气退火与软剪切法（SVA-SS）作为一种嵌段共聚物（BCP）宏观排列的简便方法。两种不同的 BCP 模板，PEO-*b*-PBA 和 PS-*b*-PSS-MODA，与 SVA-SS 结合使用，使介孔碳薄膜具有相对大的孔径（>10nm），每个模板的圆柱形和球形纳米结构都具有广泛适用性。值得注意的是，高度有序排列的圆柱形介孔碳膜表现出更窄的孔径分布和各向异性的电导率，与未排列的类似介孔碳膜相比，平行于排列方向的电导率增加了 20%。

最近，有序介孔碳膜因其高热稳定性、高化学稳定性和广泛的应用（如基于尺寸的分离纯化等）等优点而引起了人们的极大关注。中空纤维形态是工业规模应用中的首选几何形状，因为它具有高堆积密度和易于模块化组装的优势。在商业化聚合物中空纤维超滤膜的帮助下，有序介孔碳中空纤维膜可以在含有酚醛树脂的乙醇溶液中，通过封闭的软模板法路线获得。经溶剂蒸发、干燥和热解过程后，有序介孔碳中空纤维膜形成连续的膜壁，平均厚度为 113mm。并且，膜壁具有分层的孔隙结构：一个是六角形有序介孔碳，孔径为 4.3nm，另一个是无序的缺陷孔，孔径为 8～50nm，随机分布在 OMC 基质内。

与大多数采用软模板法制备的有序介孔碳膜不同，在合成具有特殊形态和多孔结构的新型碳材料时，可将可再生生物质（如废木材）液化作为苯酚的替代品。例如，Liu 等人通过液化、树脂化、组装和碳化步骤制备了有序介孔碳膜，使用天然可再生的落叶松锯末作为起始材料，以三嵌段共聚物 F127 为模板[9]。通过改变碳化温度，落叶松基树脂与 F127 组装形成的中间结构可以从无序到有序进行控制。此外，一些介孔碳复合膜也被报道：有序的介孔二氧化硅/碳复合膜和介孔碳-石墨碳纳米复合膜就是两个很好的例子，它们在分离混合气体的过程中都表现出了出色的渗透性和选择性。此外，一些独立的聚碳酸酯膜是通过将聚合物复合溶液均匀地浇铸在亲水的 Mylar 片上而合成的，干燥和固化后，独立的聚合物膜可以从 Mylar 支架上分离出来，并被切割成合适的尺寸。此外，通过溶胶-凝胶工艺制成的厚度和平均孔径分别约为 10mm 和 10nm 的介孔碳气凝胶膜，与聚合物和陶瓷膜相比，具有成本低、机械强度高和可重复使用的优点。

4.2.4　介孔碳块体材料和泡沫材料

在吸附、分离、催化、微反应器、能源储存和转换等不同领域，介孔碳块体材料比它们的粉末形态更有优势，因为它们的压降低，传热和传质效率高。在整体结构中加入大孔和均匀的介孔，使客体分子容易进入，从而提高应用性能。EISA 工艺用于制备有序的介孔碳质薄膜或粉末是可行的。然而，EISA 方法是在一个可接触的平面基底上进行的，很难通过简单地增厚薄膜来制造有序介孔碳块体。不过，最近的研究表明，含有三维（3D）大孔的商用可分解支架为通过 EISA 方法合成具有有序介观结构的多级孔碳质块体材料提供了可能性。在这项研究中，研究人员使用市售的廉价聚氨酯泡沫作为大孔块体模板，采用有机-有机自组装来制备碳质块体。在碳前体被涂在支架上后，其表面变得光滑。在煅烧过程中，它的三维宏观结构完全复制了聚氨酯泡沫的骨架。最终的碳质块体表现出直径为 100～450mm 的大孔，可调的均匀介孔（3.8～7.5nm），高的比表面积（200～870$m^2 \cdot g^{-1}$）和大的孔隙体积（0.17～0.58$cm^3 \cdot g^{-1}$）。重要的是，这种简便的工艺是大规模生产有序介孔材料的一种高效方法。同样地，通过软模板方法生产的介孔碳块体也被成功地制造出来，方法是通过 EISA 确保碳前体在 $2MgO \cdot 2Al_2O_3 \cdot 5SiO_2$ 单体上的均匀涂层。

通常，采用简单的水热过程，使用介孔硅作为“硬模板”的纳米铸造方法是制备这些单体材料的传统方法。所制备的碳块体具有层次分明的大/介孔，极大累积大孔体积（$48.6cm^3·g^{-1}$）、高比表面积（$1354m^2·g^{-1}$）、有序的六方介孔结构和规则的圆柱形形状。不同地，Werner 等人首先提出了一种不含二氧化硅的方法，通过对固化的有机-有机混合单体进行热处理来生产具有可调控宏观尺寸的、有序的纯介孔碳块体[10]。另一种形成碳块体的方法是软模板法。这种方法所制备的碳材料中的大孔和介孔壁（微米级）为分解气体的释放提供了足够的途径，并且在碳化时具有良好的应变性能。然而，加工时间长和成本高使这种方法难以被大规模应用。

与典型的水相化学工艺相比，微波加热更快、更便宜、更节能。基于此，Elaigwu 等人开发了一种新的微波辅助水热合成方法，通过软模板的方法制备 MC 单体[11]。这种方法与使用传统烘箱的水热方法相比，似乎更简单、更快速，因为它有效地将合成时间从几小时缩短到几分钟，这可能是大规模生产该材料的一个优势。通过将声波的能量转移到反应系统并因此产生气泡来合成无机材料的常见工具是超声波，这不仅是因为它的内在特性符合绿色化学原则，还因为它具有协同效应，在产品质量、反应速率和时间方面具有显著优势。

为了开发一种简单的、可扩展的合成策略来制备具有内在大孔和介孔的分级碳块体，Li 等人开发了一种超声辅助空气鼓泡的方法来制备具有泡沫状大孔结构和介孔结构的碳块体，不需要借助无机发泡剂和固体模板[12]。该方法采用聚（苯并噁嗪-共-多元醇）形成在空气中稳定的乳液，然后在 90℃下进行快速聚合。在这个过程中，超声处理诱导表面活性剂 F127 的重新排列，并产生一个有缺陷的中间结构。在超声波的帮助下，介孔的大小从 4.8nm 增加到 5.9nm，并具有短程有序的介观结构。

聚合诱导相分离（PIPS）也是制备多相材料的一个重要途径。许多类型的介孔碳已经通过在恒定温度下的 PIPS 与随后的热解相结合来制备，所获得的介孔碳的形态类型主要取决于相分离。首先，在预固化温度梯度下，以前体形式形成富含酚醛树脂和乙二醇相的分级双相结构，然后将前体热解以获得介孔碳块体。单体的孔径大小、表观孔隙率和比表面积均会发生变化。单晶石的孔径、表观孔隙率和比表面积沿着温度梯度逐渐变化，并且在不同温度下，相分离动力学也在不断变化。在不同温度下，相分离动力学可能会进一步揭示梯度多孔性。

用廉价的天然前体生产介孔碳材料是现代材料科学研究的一个热点。为了降低前体的成本，Elaigwu 等人采用了一种易获得的、可持续的有机废料（*Prosopis africana* shell）作为合成前体[13]，用 EISA 方法合成无裂纹的介孔碳块体材料。该工艺通过将工业废料转化为有用的原料，尽量减少化学品的使用量。所制备的介孔碳块体具有良好的机械稳定性，其表面积为 $219m^2 \cdot g^{-1}$，孔径分布为 6.5nm。

碳泡沫是一种海绵状材料，具有低密度（$0.2 \sim 0.8g \cdot cm^{-3}$）、大比表面积和开放的细胞结构等优势特征。相关报道指出，具有发达的孔隙结构并由纹理孔和框架孔组成的碳泡沫比具有单一模式框架孔的碳泡沫性能更好。近年来，具有特殊性能的碳泡沫被开发出来，用作催化剂载体、液体或气体净化的吸附剂、多孔电极和其他电池部件。一般来说，最常生产的碳泡沫可以通过聚合物泡沫的碳化而制成（图 4.3）。通常使用的聚合物泡沫包括聚氨酯、糠醛树脂、苯酚-甲醛、聚偏二氯乙烯和聚丙烯腈。碳水化合物作为合成材料的替代品，可以作为潜在的碳前体，用于制备碳泡沫，因为它们很容易发生脱水，产生碳。例如，通过在不同温度下对落叶松锯末进行液化、树脂化、发泡和碳化，制备了具有双峰微/介孔分布的碳泡沫。在用 KOH 活化后，得到了一个连接良好的三维网络和发达的连接体/孔结构（比表面积为 $554 \sim 1918m^2 \cdot g^{-1}$），包含直径为 2.1nm 和 3.9nm 的双峰孔。在 700℃下制备的具有双峰微/介孔结构的碳泡沫在气相中表现出比商业活性碳纤维高得多的甲苯去除率。

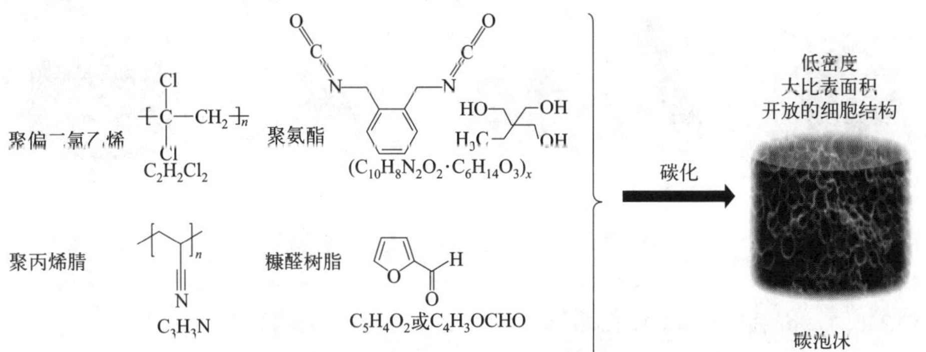

图 4.3　常用聚合泡沫碳化形成碳泡沫

此外，泡沫碳的合成也可以通过模板法实现，该方法可利用泡沫状模板和合适的前体形成泡沫状碳块体。目前，常用的聚氨酯泡沫和沸石泡沫已被用作制备泡沫状碳块体的模板。这种模板涂层方法主要是在硫酸的辅助下，在模板表面进行蔗糖聚合。获得的具有分级孔隙（微孔和介孔）的碳泡沫表现出泡沫的特征细胞结构，作为其各自模板的复制品，显示出比其各自模板更高的压缩强度。

聚合物前体法（Pechini 法）是通过将溶液中阳离子与弱酸混合控制溶液转变为聚合物凝胶，去除聚合物基体，从而得到具有高度均匀性的氧化物前体。Tao等人开发了一种改良的Pechini方法，成功地合成了具有大比表面积和适当孔径的介孔碳泡沫[14]。该方法可以通过改变金属盐和有机试剂扩展到制造其他类型的介孔碳泡沫。为了改善材料的质地，Gan等人[15]使用钴氧化合物2 $[Co_3O(Ac)_6(H_2O)_3]_4H_2O$(Co-OXO) 作为前体，首次制备了含钴的介孔碳泡沫，该泡沫表现出高度有序的介观结构，比表面积为614$m^2\cdot g^{-1}$，平均孔径为2.7nm。该方法提供了将钴纳米粒子嵌入介孔碳泡沫的有效策略。

4.2.5 介孔碳的微纳米形貌控制

介孔碳的微纳米形貌控制是一个关键的研究领域。本节将着重阐述介孔碳材料的微纳米形貌控制，包括微球纳米球、纳米棒、中空球体、碳纳米管和气凝胶等（图4.4）。通过调控合成条件和模板结构，实现对介孔碳的精准控制，使其具备多样性和定制性。这些精心设计的形貌不仅在材料科学中展现出卓越性能，而且在催化、能源存储等应用中具有广泛潜力，为碳材料的发展和应用提供了有力支持。

图4.4 不同类型介孔碳材料

4.2.5.1 介孔碳微球/纳米球

具有有序孔道的微球（MSs）可以通过缩短扩散长度来提高其表面的可及性。特别是介孔碳微球（MC-MSs），由于其大孔径、大表面积、开放的框架结构、独特的球形形态和潜在的应用，最近吸引了很多关注。适当的粒径、大孔径和可控的介观结构对其应用至关重要，因为它们直接影响客体分子的有效扩散。目前已经报道了使用反蛋白石作为模板，在共组装过程中合成MC-MSs，它拥有可变的相结构（六方 $P6mm$ 或立方 $Im3m$），均匀的球状相貌、可调整的粒径（颗粒大小），以及具有较高可及性的孔道（7～10.3nm）。此外，这种通用方法可以使MC-MSs在制备过程中被金属氧化物功能化。另外，Gan等人[16]采用间苯二酚和甲醛水溶液作为水相、乳化剂作为油相，通过水热乳化法制备了MC-MSs。首先，将水相慢慢加入含有乳化剂的油相中，得到水包油（O/W）乳液；之后，经过高压锅加热、过滤、洗涤和碳化等过程，制备了粒径为0.5～2.0mm、介孔尺寸为2.6～4.0nm、比表面积为449～1212$m^2 \cdot g^{-1}$的MC-MSs。该方法为这种类型的材料的活化开辟了一条新的途径。

具有有序介孔结构和可控形态的介孔碳纳米球（MCNs）因其在纳米尺度上介孔孔道和本征的疏水特性而在多种应用中具有巨大的优势。然而，由于碳前体和模板之间的相互作用弱，以及碳前体不可控的交联速率，制备粒径低于200nm的MCNs是一个巨大的挑战。为此，Fang等人开发了一种低浓度的水热路线，首次合成了具有均匀粒径（20～140nm）的高度有序的体心立方（$Im3m$）MCNs[17]。该方法使用浓度非常低的模板剂来降低交联率，以配合碳前体和模板之间的弱相互作用。然而，这种方法是一个多步骤的过程，需要大量的水来稀释前体溶液，这限制了其大规模合成。通过扩展介孔二氧化硅纳米颗粒的合成方法，Zhao等人提出了一种高效、便捷、通用和环境友好的方法，用于合成具有有序介孔、可控粒径（80～400nm）和形态的介孔聚合物纳米球（MPNs）和MCNs[18]。同样的思路下，通过聚合物球体的碳化，进一步获得了MCNs和具有大比表面积的空心纳米球。在许多常见的情况下，MCNs的合成是在碱性条件下进行的，而这种方法是在酸性条件下进行的，这增强了模板分子和碳前体之间的氢键作用。而在另一种特殊情况下，这与Dai等人提出的在高酸性条件下通过增强氢键作用合成介孔金属氧化物的“$I^+X^-S^+$”机制类似。Wei等人开发了另一种简单的酸辅助有机物自组装方法，通过在高酸条件下（2mol·L^{-1} HCl）直接水热处理苯酚-甲醛溶液和三嵌体共聚物Pluronic F127来合成均匀的MCNs[19]。为了在F127浓度远高于此前报道（接近10^4倍）的条件下更高效地制备MCNs，可增加模板与溶胶质量比并创造更高的酸性环境，同时利用模板剂、碳前体与Cl^-（作为媒介）之间的库仑作用与氢键作用。这一方法能够进一步降低被困在三嵌段共聚物胶束中的溶胶分子的交联率，从而避免水热合成过程中的宏观相分离。通过这种方式，MCNs显示出大的比表面积（596$m^2 \cdot g^{-1}$）、大的孔隙体积（0.77$cm^3 \cdot g^{-1}$）和高度可控的粒径。仅通过改变模板和溶胶的质量比，其粒径范围可实现从20到150nm的调节。在硬模板方法方面，通过碳化二氧化硅/二茂铁复合材料合成了粒径约为65nm、初级介孔直径约为2.7nm的MCNs。在形态控制方面，由于凝固的复合聚合物颗粒的形态是由F127胶束各自的原始形态决定的，通过控制F127模板的浓度，可以得到高度有序的MCNs，其形态从球形、蠕虫状到棒状都可以很好地控制。

4.2.5.2　介孔碳中空纳米球

介孔碳中空纳米球（或称中空介孔碳纳米球）通常采用牺牲模板法制造，

因为这种方法可以控制所产生的碳材料的孔隙结构和形态。首先，用碳前体浸润介孔模板；然后，在非氧化条件下进行碳化；最后，腐蚀模板并产生多孔碳。其中，蔗糖、糠醇和苯酚-甲醛树脂是常用的碳前体。早在 2002 年，Yoon 等人报道了以铝掺杂的氧化硅骨架为硬模板制备了具有介孔壁的中空碳球[20]。类似的方式，Shi 等人采用简单的浸入-湿润浸渍法，用糠醇作为碳前体，立方中空硅酸铝球作为硬模板，直接合成了具有高度有序的三维立体介孔通道外壳的中空介孔碳球[21]。研究表明，存在于中空介孔硅酸铝球壁上的铝可以原位催化糠醇在介孔通道中的聚合，因此可避免额外使用传统的催化剂。该团队还通过简单地改变固体核壳结构铝硅酸盐模板的直径，实现了对空心介孔球体大小（80～470nm）的调控。Chen 等人通过一种简单的方法，即以离子液体为前体，以单分散的 SiO_2 球为硬模板，用碳化法浸渍硅模板，合成了具有均匀和可控形态的氮掺杂中空介孔碳球体[22]。通过控制离子液体和 SiO_2 球的物质的量比实现对介孔碳纳米球的尺寸和外壳厚度的调控。通过在球形 SiO_2 颗粒的硬模板上进行双线聚合，Kempe 等人提出了一种通用的合成方法，可以使用不同的单体设计出具有可调节尺寸和微孔或介孔外壳的中空介孔碳纳米球[23]。

第二类方法是纳米铸造化学气相沉积（CVD）方法，其中碳源通常是苯乙烯、乙腈或苯。例如，Xia 和 Mokaya 报道了用传统的介孔 SiO_2 颗粒作为硬模板，通过 CVD 方法合成了具有一维孔道的中空介孔碳纳米球[24]。Chen 等人利用 CVD 法从核/壳结构的介孔 SiO_2 球体模板上制造了中空介孔碳球体[25]。与以前报道的方法不同，这种方法只需要一个 CVD 过程就可以制备出充满碳的 SiO_2 球体，而且不需要去除表面活性剂或用碳源代替。更重要的是，被困在 SiO_2 通道中的十六烷基三甲基溴化铵（CTAB）可以在 CVD 过程中加速碳的沉积，从而使更多的碳填充在 SiO_2 通道中，并且直径可控。

此外，水热法也可用于制备中空介孔碳球。Wang 等人通过水热反应，以酚醛聚合物包覆的聚苯乙烯球体为模板，制备了具有分层孔隙结构的中空介孔碳球体[26]。通过硫酸的一步热处理，以廉价的树脂为前体，结合金属氧化物模板，通过简单的策略成功合成了具有均匀中空形态和发达介观结构的磺酸基功能化中空介孔碳球。

4.2.5.3 介孔碳纳米纤维

介孔碳纳米纤维由于其热和机械稳定性、丰富的表面活性基团、大比表面积和低欧姆电阻而受到广泛关注。尽管它们具有优良的性能，但很难在介孔尺度上精确地同时再现它们的孔隙纹理和形态，这使得介孔碳纳米纤维的制备成为研究热点。最初，硅片上的独立介孔碳纳米纤维阵列是通过AAO膜孔内的封闭自组装过程制备的。然而，这种方法步骤繁复，涉及有序的介孔二氧化硅模板的制备、碳前体的浸渍、碳化，以及用氢氟酸（HF）溶液去除模板。与人工模板相比，生物模板通常来源丰富、可再生、廉价且对环境无害。例如，蟹壳具有排列整齐的多孔中间结构，是产生具有均匀形态的层次结构的完美模板。Liu等人通过将表面活性剂诱导的自组装溶胶与蟹壳模板工艺相结合，制备了高度有序的介孔碳纳米纤维阵列，其中蟹壳被用作形成纳米纤维阵列的硬模板，P123被用作介孔的软模板[27]。获得的介孔碳纳米纤维（平均直径为70nm，介孔直径为11nm）保留了穿插有序的阵列，纳米纤维之间的间隙为70nm，纳米纤维阵列之间有1μm的孔隙。该团队还发现，这种独特的分层多孔结构可用于能源储存和转换领域。例如，这种涂有氧化钌的有序介孔碳纳米纤维阵列作为锂氧电池的催化剂显示了出色的催化性能。此后，这种蟹壳模板工艺也被其他研究人员所采用和发展。

为了开发一种简便的无模板的介孔碳纳米纤维的制备方法，Li等人报道了一种新颖的自模板方法，用乙二醇作为碳前体、$Zn(CH_3COO)_2$作为结构构建剂和致孔剂，制备出具有三维互连介孔结构和大比表面积的介孔碳纳米纤维[28]。静电纺丝法也被用于制备介孔碳纳米纤维。通常将聚丙烯腈（PAN）均匀分散在N,N-二甲基甲酰胺（DMF）中作为静电纺丝液。由于PAN和聚甲基丙烯酸甲酯（PMMA）在DMF中表现出稳定的乳状相分离，并且具有不同的热稳定性，因此Yang等人使用含有石墨烯的PAN纤维作为碳前体、PMMA作为孔隙形成剂，通过静电纺丝法制造了嵌入石墨烯的分级多孔碳纳米纤维[29]。获得的分级多孔碳纳米纤维具有良好的形态和优异的材料性能，如大比表面积、微孔和介孔的分级孔道，以及因石墨烯分散而增强的导电性。Liu等人还利用静电纺丝技术，以PAN为碳前体、市售的纳米$CaCO_3$为两用模板，制备了1D层级的大孔/介孔碳纳米纤维[30]。在碳化过程中，纳米$CaCO_3$模板分解并释放二氧化碳，形成介孔，然后用酸除去CaO纳米颗粒，产生大孔。这种类型的碳纳米纤维结合了大孔和介孔相互连接的优点，在液相催化中作为Pd纳米颗粒的催化剂载体显示出优异的性能。Liu等人通过对含有锡化合物的聚乙烯醇电纺纤维进行热处理，制造了具有大型笼状孔隙的MC纳米纤维[31]。当纤维被加热到400℃以上时，基体中出现了棒状的Sn和SnO的混合物，然后SnO和SnO_2随着碳的消耗被还原成Sn，熔化的Sn在更高的温度下从碳纤维中迁移出来，在纤维中形成孔隙。这些介孔碳纤维的比表面积可以达到$800m^2 \cdot g^{-1}$，内部孔隙的平均直径约为10.3nm。

4.2.5.4　介孔碳纳米管

碳纳米管的管状形态和高长径比可以引起被困在管内的气体或液体的封闭

效应，进而表现出与散装材料完全不同的物理行为。此外，碳纳米结构材料的小尺寸极大地促进了系统的最终催化性能，因为催化反应是由催化剂颗粒和反应物之间的传质和传热现象所支配。因此，近年来，介孔碳纳米管开始受到更多的关注，并通过 SiO_2 纳米颗粒、阳极氧化铝、聚砜、氧化锌纳米棒、盐酸三乙胺纳米晶体等的模板化方法制造，其中大部分被修饰了其他金属纳米颗粒，并在能源储存和转换应用中表现出更强的性能。

4.2.5.5 介孔碳气凝胶

气凝胶是一种固体材料形态，具有最低的固体密度和不同种类的基质材料，如硅、碳、硫、金属氧化物、金属等。为了避免传统的高成本超临界干燥和溶剂交换操作，Wu 等人提出[32]了一种以碳酸钙颗粒为模板合成介孔碳气凝胶的低成本方法，为在常压干燥条件下生产具有大孔隙体积和定制孔隙结构的介孔碳气凝胶提供了一种低成本和易于扩大规模的方法。

总的来说，尽管在形态控制方面已经取得了一些进展，但仍有一些方面值得进一步探讨。软模板法存在合成时间长、成本高的问题，而一些绿色合成方法，如微波辅助水热合成、超声波辅助鼓风等，可以提高合成效率。此外，无模板的方法，包括用于介孔碳整体的 PIPS 和用于介孔碳泡沫的 Pechini 方法，将产生一个混合有大微孔和宽孔径分布的残余产品。清楚地了解相分离的动力学是更好地利用 PIPS 的关键。介孔碳纳米球的合成机制尚不清楚，也许有效控制碳前体和模板之间的交联速率以匹配它们之间的相互作用是一种有效的方法。硬模板法，包括典型的中空硅酸铝球体和核-壳结构的中空硅球体，仍然是合成中空介孔碳球体的主要途径，而软模板法则鲜有报道。在这些形态中，介孔碳纳米纤维以电纺的形式实现了真正的无模板法制备，但其工业化前景并不乐观，因为纤维产品不连续，产量低。为了更好地发展通过硬模板方法对特殊形态的控制，更便宜且环境友好的消耗性模板将被大力研究。

4.2.6 介孔碳材料的功能化与改性

介孔碳材料的固有性质如低电导率、较差的热稳定性等，限制了其在电子和能源领域的应用。因此，对介孔碳材料进行功能化与改性是提高其性能的关键。功能化是指通过化学反应或物理方法在介孔碳材料表面引入特定的功能基团（官能团），以改变其化学性质和物理性质。这些功能基团可以赋予介孔碳材料新的化学活性、选择性和稳定性，从而拓宽其应用领域。例如，通过功能化修饰，可以使介孔碳材料具有更好的催化活性、更高的电导率或更好的热稳定性。改性是指通过物理或化学方法改变介孔碳材料的微观结构、孔隙结构和表面性质，以提高其性能。通过改性，改变介孔碳材料的电子结构和表面电荷分布，从而提高其电化学性能。

目前介孔碳材料的功能化方法可分为直接合成和合成后处理两类，前者可在多种合成体系中实现，并可产生具有高负载和相对均匀的官能团分布的碳材料，但材料的结构有序度会受到一定影响；后者在引入官能团方面表现出高度的可变性。然而，用单一方法制备多功能介孔碳仍然是一个重大挑战。因此，直接合成与合成后处理的结合可能是实现这一目标的有效方法。尽管如此，介孔碳在高温碳化后含氧基团的数量会减少，导致其表面化学活性较低，在化学功能化方面较为困难。一般来说，需要通过酸或臭氧的氧化反应来增加材料表面的官能团数量，或在化学改性前用含有杂原子（如 N 和 S）的不同官能团对材料进行掺杂处理。

4.2.6.1　表面处理

不同类型的官能团可以通过表面氧化和/或活化、卤化、磺化和重氮化学接枝等方法接入碳表面。在这些方法中，表面氧化是修饰碳表面最方便和最简单的方法之一，它不仅引入了含氧基团，而且还改变了表面的疏水/亲水平衡。它通常包括基于不同处理介质的干式和湿式氧化，如等离子体处理、电化学改性和高温（>700℃）下氧化反应。湿式氧化法是广泛采用的一种方法，其涉及碳表面和氧化性溶液之间的反应，如 HNO_3、H_2O_2、NaClO 和 $(NH_4)_2S_2O_8$，反应条件相对温和（20～150℃）。在这些氧化剂中，过硫酸铵［APS，$(NH_4)_2S_2O_8$］溶液是一种温和的、毒性较小的氧化剂，具有很强的生成表面氧化物的能力，对多孔结构没有明显的损害，而其他氧化剂由于降低了比表面积和孔隙率，损害了中间结构，或多或少地向环境中释放出有毒气体，因此不被广泛采用。因此，过硫酸铵溶液在工业规模生产中具有巨大的便利性和潜力，其可在碳材料表面产生大量官能团，特别是羧基（—COOH），用于特定的应用，如用于固定重金属离子以及功能性有机化合物和生物大分子的高效吸附剂，以及用于水处理和固定有机分子/生物大分子的固体稳定支持物，具有高容量和出色的结合能力。例如，用 HNO_3 进行酸处理的 MC 泡沫可作为水溶液中 Pb（Ⅱ）离子的吸附剂。然而，这种酸处理也在材料表面产生了大量的含氧官能团（—OH、—COOH、C—O），它们作为 Pb（Ⅱ）离子的结合点，容量极高，可达 $188mg\cdot g^{-1}$。此外，用 SO_3H 功能化的有序介孔碳具有大比表面积和大孔径，在许多反应中表现出优异的性能。浓硫酸是一种高效的磺化剂，通常碳材料在浓硫酸中的磺化必须在高温下进行。为了保留有序介孔碳的有序介观结构，合成的有序介孔碳在高温下被浓硫酸（98%）磺化。结果表明，介观结构的稳定性和表面磺酸基团（$—SO_3H$）的含量主要取决于有序介孔碳的热解温度和磺化温度。

除了酸的修饰，碱对介孔碳材料的修饰也可能赋予材料其他特殊性能。例如，氧化镁在催化和医药方面具有特殊的重要性，有序的介孔氧化镁/碳材料具有很强的表面碱性，这使它们有望成为涉及强碱性材料的选择性吸附和催化的候选材料。然而，这些化学改性的缺点在于最终的功能化程度低，在氧化处理过程中碳的表面会被腐蚀。

另外，通过水热碳化也可以实现介孔碳的功能化，这种方法可以在温和的条件下将水溶性碳水化合物转化为亲水性碳材料。这些水热碳有一个亲水的外壳，含有大量的官能团，如—COOH 和—OH，这些官能团来自碳水化合物前体。并且，生成的功能化介孔碳材料具有高度有序的结构特点。水热碳化是一种通用的方法，能方便地生产各种功能化的有序碳材料。总之，选择合适的操作条件和参数，通过表面处理能够获得具有一定官能团密度的介孔碳材料。

4.2.6.2 杂原子掺杂

介孔碳材料的特性在很大程度上不仅取决于原材料及其表面结构和孔隙率，还取决于其表面化学元素组成，如杂原子的掺杂。有序介孔碳的表面化学性质可以通过使用含杂原子的前体引入杂原子（如氧、氮、磷、硫、硼等）来改变。例如，氧官能团增强了碳表面的亲水性，在催化反应或阳离子物种的选择性吸附中充当活性位点，为锚定其他官能团提供特定位点，并促进金属在碳表面的分散；氮原子的掺杂为表面提供碱性特征，增加对酸性分子的吸附，通过氧化还原反应提高催化活性和赝电容，并增强碳的阴离子交换特性；含磷的表面基团增加了碳材料的抗氧化性，为碳表面提供强酸性特征，改善阳离子交换特性，提高超级电容器的能量密度。

掺杂过程不仅需要在碳表面引入大量含杂原子的基团，还需要准确地测量表面掺杂的类型和密度，以便适应特定的应用。但是，目前表面掺杂的定量测试仍是一个挑战，尤其是当同一碳表面存在多种类型的杂原子时。为了阐明掺杂碳的表面化学特性，研究人员使用 SBA-15 作为固体模板，以 3-氨基苯甲酸作为碳、氮和氧的前体，以磷酸作为磷的前体，合成了含有氮、氧和磷的表面功能化的有序介孔碳。在这个掺杂过程中，选择一定的磷酸浓度和碳化温度是设计表现出特定表面成分的有序碳的有效方法。对于需要过渡金属的催化应用，特别是一些昂贵的金属，可以通过将金属盐溶解在间苯二酚-甲醛的水溶液中来制备具有介孔结构的过渡金属掺杂的碳异质胶。并且，在碳框架中可以观察到相当大的金属颗粒。

最近，石墨烯层以共价形式掺杂杂原子（如 O、N、S）的性质被广泛开发利用，以获得氧、氮或巯基等官能团掺杂的碳质材料（图 4.5）。同样，采用这种方法可将氮和硫的官能团掺杂并沉积在二氧化硅孔隙中的碳层上，目的是提高硅碳复合材料的潜在应用范围。所制备的硅碳复合材料含有25%（以质量分数计，下同）的碳质，大量的氮官能团被掺入吡啶（N-6）和季铵（NQ）位置的芳香环中，而硫官能团则主要形成连接芳香环的硫化物桥（—C—S—C—）。从复合材料中去除二氧化硅后，得到的碳化物表现出较大的比表面积和孔隙体积。此外，在N掺杂的模板碳化物中还含有大量的氮（6.7% N），在S掺杂的模板碳化物中含有硫（3.9% S）。通过应用固态热聚合和有机相合成的创新方法，合成了高度有序、富含氮和氧的介孔碳。在这两种方法中，3-氨基苯甲酸和SBA-15分别作为前体和模板。在900℃下碳化并去除模板后，得到了孔径分布非常窄的有序介孔碳，氮和氧的含量分别高达约6%和6.4%～11.5%。此外，与使用其他碳前体的化学气相沉积技术或液相浸渍工艺相比，这是一种有吸引力的制备N和O掺杂的有序介孔碳的途径。值得注意的是，一些研究发现，硼酸可以控制二氧化硅纳米管的形成和组装。基于这种机制，人们提出了一种策略，用溶胶-凝胶法制备硼掺杂的介孔碳，用D-果糖作为碳源，而硼酸在该体系中起到了多种功能，包括催化二氧化硅前体水解/缩合的催化剂、促进后续热反应以及去除氧化硼形成微孔等。该路线可以简化合成过程，并节省能源和时间，同时获得均匀分散的硼掺杂碳，这为制造掺杂碳材料提供了一种新的策略。

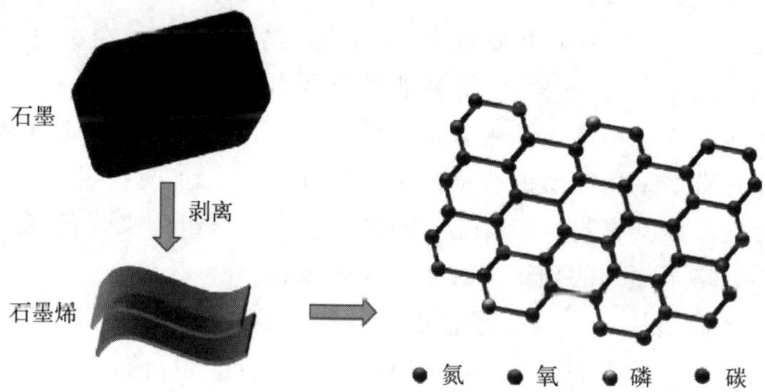

图4.5　石墨烯层杂原子掺杂示意图

迄今为止，已经证明用杂原子（如B，P，S和N）修饰的碳框架和/或表面可以显著改善其物理化学性能。特别是，氮在介孔中的加入可以改变碳的电子和结晶结构，增加其化学稳定性、表面极性、导电性和电子供体的特性。含氮的介孔碳已经引起了广泛的关注。例如，通过乙二胺和四氯化碳之间的聚合反应，采用无机模板法制备出一种有序的介孔氮化碳材料。氮功能基团一般具有碱性，可以增强碳表面与酸性分子之间的相互作用，如偶极-偶极、氢键、共价键等。氮功能基团的可能结构包括酰胺、酰亚胺、内酰胺、吡咯基和吡啶基。一般来说，含氮官能团通过在氨水中的后处理，在部分氧化的多孔碳表面生成，而处理温度会明显影响到含氮基团的类型：例如，腈、内酰胺、酰亚胺或胺类官能团在300℃以下生成；吡啶类氮基团在300～500℃形成；当达到的温度高于500℃时，吡啶类、吡咯类或季铵类氮基团是主要的物种。此外，含氮基团的类型可以采用不同的前体通过自组装来调整。

大量的研究表明，氮掺杂有序介孔碳的性能的增强取决于氮原子的数量和它们融入碳骨架时的化学状态[33]。掺入N基功能基团的有序介孔碳材料通常使用乙腈或吡咯作为合成的基本原料。同样，使用1,10-菲罗啉作为起始材料，也可以将螯合二胺功能整合到掺N的有序介孔碳中。然而，这些材料的N掺杂量通常低于8%。因此，开发一种与杂芳烃功能兼容的前体，并在低温下提供最大程度的交联，将有助于碳化过程，使最终产品尽可能多地掺杂N。为此，利用$SiCl_4$诱导的2,6-二乙酰吡啶的环三聚反应可制备由交替的苯环和吡啶环构建的树枝状聚合物。三聚氰胺能够在低温下发生高度交联，这稳定了中间结构，并能实现600℃下的碳化；这种方式形成的功能性有序介孔碳具有$1275m^2 \cdot g^{-1}$的比表面积，含有6.8%的N，其中主要的物种是吡啶氮。间苯二酚-尿素-甲醛（RUF）树脂是一种重要的含氮有机碳前体，可以由RF和尿素-甲醛（UF）通过亚甲基或醚桥连接形成，也可以通过氢键与Pluronic F127相互作用，导致聚合过程中形成有序的中间结构。为了更好地调解富氮有机碳前体的形成，HMT是一个很好的选择，它通常容易水解，在高温下会产生甲醛和氨，用于间苯二酚-尿素-甲醛树脂的自组装。以类似的方式，使用RUF树脂作为有机前体，不经过预聚合或水热处理，以一锅法的方式可制备高度有序的含氮介孔碳。采用类似的合成策略，通过间苯二酚-明胶-甲醛（RMF）树脂和两亲性三嵌段共聚物（Pluronic F127）的直接自组装来制备有序的氮掺杂介孔碳，还省略了额外的预聚合和水热固化步骤。

由于大多数前体自身氮含量较低，且在高温碳化过程中氮有所损失。因此，如何获得高氮含量的介孔碳是值得研究的问题。目前，大多数富含氮的介孔碳材料，特别是那些具有有序介孔结构的碳材料，是通过使用适当的氮源，如丙烯腈、乙腈、吡咯、苯胺、三聚氰胺-甲醛树脂的硬模板法合成的。碳和氮源被填充到硬模板的孔隙中，然后进行聚合、碳化和去除硅模板。这个过程显然很耗时，而且所产生的碳材料的氮含量高度依赖于前体和热解条件。

受到活性碳中富集氮的启发，在原位氮掺杂的基础上研究人员提出了后处理手段，该手段可能更容易将氮引入软模板碳材料中。用氨水处理过的有序介孔碳的氮含量为3.6%～6.0%（以质量分数计，下同）。通过一个简单的湿法浸渍步骤，三聚氰胺作为前体可以被装入原始碳基体的介孔通道。其基本原理是将三聚氰胺分子限制在介孔通道中，使其自凝为氮化碳，在大约500℃的热处理下均匀分散，随后在700～900℃形成介孔富氮碳材料，具有良好的有序介孔结构和大比表面积。与三聚氰胺或尿素一样，另一种富氮化合物，双氰胺（DCDA），拥有一个腈基和两个氨基，具有较高的氮含量（66.7%），可以在高温下转化为石墨氮化碳（g-C_3N_4）。DCDA 和 Pluronic PEO-PPO-PEO 共聚物的直接组装可获得具有高氮含量的多孔碳氮化物，但产物中间结构差，比表面积小，这主要是由于 DCDA 和 PEO-PPO-PEO 之间的弱相互作用和热解过程中框架的坍塌。通过 EISA 工艺，用低分子量的可溶性溶胶和 DCDA 分别作为碳源和氮源，用乙醇和水作为混合溶剂，可合成高氮含量（高达13.1%）的氮掺杂有序介孔碳。该方法与传统的一锅法不同，因为溶胶分子在 EISA 过程中可以通过氢键和静电相互作用为 Pluronic F127 模板和 DCDA 搭桥。值得注意的是，这种合成概念也可以应用于设计掺有其他元素的介孔碳，方法是选择适当的前体并使其与溶质相互作用。

热解一些含氮的化学品，如聚丙烯腈、聚吡咯和聚苯胺，是获得富氮介孔碳材料的最常见方法。明胶是一种两性聚电解质，由三条高分子链组成的三螺旋结构，分子量约为300000。此外，它便宜、环保，且可在市场上购买。上述特点使明胶能够在700～900℃使用纳米 $CaCO_3$ 模板方法进行热解，获得富氮的介孔碳材料，氮含量可达10.72%（以质量分数计）。

尽管用三聚氰胺等含氮化合物对有序介孔碳进行后处理是制备含氮有序介孔碳的一种可行方法，也是引入含氮功能基团的另一种方式，但直接合成高氮含量的有序介孔碳的方法更有吸引力。通过在 NH_3 中直接热解软模板酚醛树脂-F127 纳米复合材料来简单直接地制备高氮富集的有序介孔碳，已经取得了成功，而没有使用任何含氮的前体或后处理。这种方法不仅利用了热解过程中 NH_3 在高温下分解生成的氮优先反应以及替换富氧碳前体中氧的优势，而且还将碳化、氮功能化和活化结合到一个简单的过程中。获得的掺氮有序介孔碳表现出均匀的介孔尺寸、大的比表面积（高达1400$m^2 \cdot g^{-1}$）和高的氮含量（9.0%，以质量分数计算，下同）。与传统的前体（例如，酚醛树脂与氮化合物或含氮化学品）的组装不同，生物聚合物作为可再生资源对制备氮掺杂的碳基材料具有吸引力。甲壳素是螃蟹、虾和昆虫的外壳以及真菌细胞壁的主要结构成分，含有6.9%来自 *N*-乙酰基的氮。正因为如此，纳米甲壳素已被用作软模板和碳、氮源，用于制备具有层状结构的介孔氮掺杂碳材料。作为另一种廉价、环境友好和商业化的生物聚合物，明胶是由各种蛋白质组成的动物衍生物，平均含氮量为16%，它是由从动物的皮肤、骨骼和结缔组织中提取的胶原蛋白经部分水解而产生的。生物质衍生物（如碳水化合物）比含氮前体（如乙腈、吡咯或聚丙烯腈）更具有优势，因为其可以从原油或天然气以外的原料中获得。因此，Zhao 等人提出了一种生产富氮碳质材料的绿色和可持续的替代方法[34]，它基于生物质的水热碳化，其中包括含氮碳水化合物，如壳聚糖或葡萄糖胺。

与直接组装、热解或后处理合成氮掺杂的有序介孔碳相比，固态研磨则是一种将客体物种引入有序介孔材料通道的方法。研磨可以有效地提高颗粒间的表面温度，改变它们的拉力，以改善客体化学品的分散状态，并有可能实现大规模生产。Chen 等人采用简单的固-固研磨/模板路线，以离子液体 1-氰乙基-3-甲基氯化咪唑为前体，以 SBA-15 为模板，制造出具有二维六方对称结构的氮掺杂有序介孔碳[35]。定量分析显示，掺氮有序介孔碳表面的氮含量为 5.5%（以原子分数计）。在石墨基质中进一步引入含氮官能团，将使氮掺杂的碳纳米纤维捕获酸性气体的能力更强。采用阳极氧化铝（AAO）膜和 TEOS 作为共混模板，以离子液体（IL）为前体，通过共混碳化法合成了具有排列的介孔结构的氮掺杂介孔碳纳米纤维。氮原子主要以两种形式结合在石墨网络上，即吡啶氮和吡咯氮，这为 SO_2 和 CO_2 等酸性气体提供了吸附点。循环实验显示，在吸附 SO_2 的 20 次实验和吸附 CO_2 的 15 次实验中具有相当的稳定性。掺氮的碳纳米纤维也显示出对 Cd^{2+} 的良好吸附性能。

除上述方法外，选择高功能性的前体也是拓宽介孔碳功能的一个好选择。通过三嵌段共聚物模板法合成高度有序的氟化介孔碳是一个典型案例。有机前体是苯酚、甲醛和对氟苯酚，它们在碳产品的改性中作为功能性单体，类似于合成功能化介孔硅酸盐中含有有机基团的烷氧基硅烷。三嵌段共聚物 F127 被选作结构导向剂。经过 900℃的高温碳化，可以得到具有共价 C—F 键的高度有序的介孔碳。此外，氟化碳产品具有大的比表面积和狭窄的孔径。在电子转移动力学方面的初步应用表明，氟化介孔碳拥有强氧化还原能力。以此类推，*m*-氨基苯酚被用作碳和氮的共同前体，通过与 F127 在水相中的共同组装过程合成含氮的有序介孔碳。

众所周知，在较易发生解聚或破碎的体系中，碳化条件会导致功能的丧失。因此，找到一种具有高热稳定性的功能性前体非常重要。炔烃的环三聚体可形成三取代的苯环，因此不容易逆转，也不容易解聚。环三聚体可以产生高度交联，从而形成耐热的碳骨架。基于这一点，利用杂芳基乙炔的环三聚反应可用于设计合成固有功能的 MC，从而围绕特定的杂芳族官能团（吡啶环）构建碳骨架。一般来说，与表面处理相比，用杂原子掺杂可以提供更多类型和更高含量的功能基团，其优点是覆盖整个框架，不破坏材料的表面和多孔结构。更重要的是，去除杂原子后产生的一些晶格缺陷会带来更好的性能，如催化性能。

4.3　介孔二氧化硅材料

4.3.1　介孔二氧化硅的发现

传统上，控制药物递送的载体是基于生物聚合物或合成聚合物的，但在 20 世纪 90 年代，介孔二氧化硅材料，尤其是纳米颗粒形式的介孔二氧化硅材料，引起了研究人员的广泛关注。早期基于有机硅的系统是多孔玻璃或无序的二氧化硅凝胶。然而，大约同一时期，Kazuyuki Kuroda 的研究小组和美孚石油公司的科学家各自独立发现了通过表面活性剂合成的有序介孔二氧化硅。

表面活性剂是合成有序介孔材料的关键成分，以前曾被用于二氧化硅化学的各种用途，而有序介孔材料的首次合成可能早在 1971 年的一项专利中就有描述，因为严格重复该专利程序可得到与 MCM-41 特征相似的有序材料。然而，该专利不能被视为该材料的发现，因为除了低容积密度外，该专利中未报告任何具体特性，因此未观察到这些表面活性剂模板材料的显著特征，例如其规则有序的孔隙系统。此外，更重要的是，该专利没有提出超分子模板作为一种新合成概念。

真正意义上的材料发现以及对这些材料形成过程的研究可以追溯到 20 世纪 80 年代末至 90 年代初。Kuroda 及其同事[36] 首次描述了一种具有 4nm 大小的线性孔隙的材料，这种孔隙呈六角形有序排列。然而，这篇论文最初没有引起人们的关注，直到 1993 年中仅被引用了 6 次（根据 Web of Science，目前的引用次数超过 1500 次）。这一方面是由于论文发表的期刊读者不多，另一方面是由于合成途径的范围有限：片状硅酸盐的插层以及随后向有序介孔固体的转化似乎并不是制备各种不同材料的通用途径。这与美孚石油公司研究小组 1992 年发表的研究成果不同，该研究成果此前已申请专利，并在蒙特利尔第九届国际沸石大会上作为最新研究报告海报展出。据作者所述，该海报可能是所有会议上讨论最热烈、拍照最多的海报。这项工作随后以书面形式发表在 *Nature* 上。该论文具有极高的长期影响力（迄今为止共被引用约 25000 次），不仅是因为它描述了一种具有特殊结构特性的材料，更重要的是它提出了液晶模板化机制（图 4.6）。尽管在最初阶段这些机制还相对比较笼统，但仍为利用超分子阵列作为模板，创造超越分子尺度的高有序多孔无机材料引入了一个新概念。

继这一系列开创性的论文之后，研究人员又发表了一系列拓展性工作成果。Monnier 小组提出了更详细的机理表述[37]，他们认为在大多数合成条件下，有机/无机介观结构通过多电荷硅酸盐低聚物与正电荷表面活性剂之间的

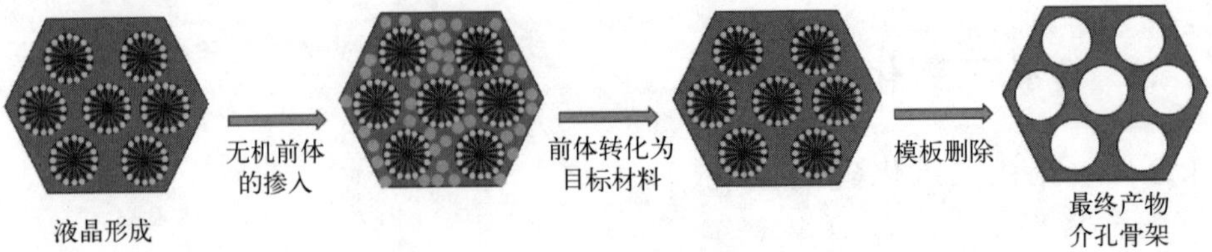

图 4.6 液晶模板化机制

相互作用而协同形成。随后，在 Stucky 研究组和 Schüth 研究组的联合论文中，这一概念被推广到其他条件，甚至推广到其他类型材料中[38]。Stucky 研究组在机理方面也提出了一个重要的概念，这有助于使许多合成途径合理化。该概念在 1995 年首次被提及，但并没有得到有力的阐述，而在一年后的论文中得到了充分的发展。它基于 Israelachvili 引入的表面活性剂堆积参数[39]，可以根据简单的几何参数预测某些相的发展。

20 世纪 90 年代中期开始的另一个表面活性剂的主要发展方向是高分子表面活性剂的使用。Pinnavaia 的研究小组率先使用聚环氧乙烷的表面活性剂[40]，并使用稀释浓度；Attard 等人[41] 使用类似的表面活性剂，但浓度很高，以至于在添加无机前体之前反应体系中就已经存在液晶相。这种所谓真正的“液晶模板（TLCT）”为有序介孔材料的合成引入了一个新概念。然而，Attard 等人在他们的论文中提到的可预测性因素似乎并没有得到充分利用，因为在许多情况下，向无机材料中添加前体似乎会破坏液晶相，随后液晶相会转变为有机-无机复合材料。因此，Pinnavaia 及其同事提出的使用更高稀释度表面活性剂体系的途径更具影响力。

高分子表面活性剂的使用最终使 Stucky 和 Chmelka 的 Santa Barbara 小组发现了 SBA-15（图 4.7）。与 MCM-41 相比，SBA-15 材料的孔径可调范围更广、孔壁更厚、稳定性更高，而且介孔之间通过孔壁微孔相连，这些特性使其比原来的 MCM-41 更具应用前景。这也是近年来 SBA-15 及相关材料的应用似乎比 MCM-41 更多的原因。

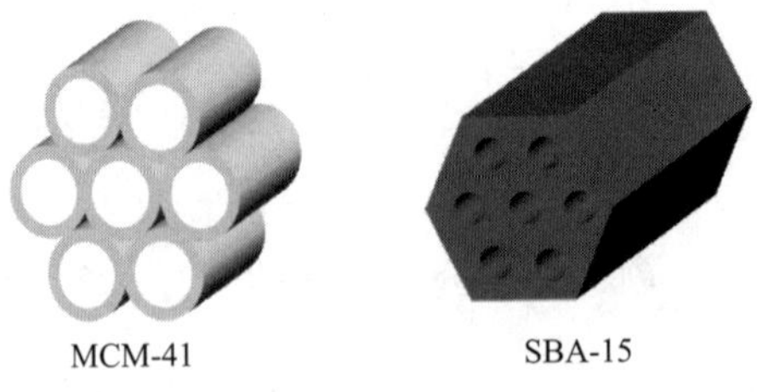

图 4.7 MCM-41 和 SBA-15 介孔模型

依靠预先形成的有序介孔材料，Ryoo 提出了反向复制此类系统的新概念，首先将 MCM-48 结构形成碳复制材料——CMK-1[1]，随后尝试复制沸石的孔结构，但并不十分成功。现在，这种方法已经得到了广泛的应用，许多不同的材料都可以通过这种纳米铸造工艺获得。

二氧化硅的表面改性是生物医学应用的一个非常重要的特征。事实上，早在 1990 年，以 Kuroda 为首的日本研究小组就首次报道了钾长石衍生介孔二氧化硅与三甲基硅烷化试剂反应生成三甲基硅烷化衍生物的过程[42]。后来，美孚石油公司的团队也采用了类似的官能化策略，对 MCM-41 孔表面进行三甲基硅烷化处理，得到了三甲基硅烷化多孔二氧化硅。这种方法建立了介孔二氧化硅的硅烷化途径。对于传统的有机硅来说，从有机架桥的硅倍半氧化物合成有机硅的方法也已经成熟。基于这种成熟的化学方法，人们还创造出了有序的介孔有机硅，其中结构中的每个硅原子都通过有机分子与另一个硅中心相连(图 4.8)。这种材料由有机桥接双(三烷氧基硅烷)前体合成。该工艺由三个小组独立发现：Inagaki 等人[43]、Melde 等人[44] 和 Asefa 等人[45]。随后还发现，与亚苯基基团桥接的有机硅具有部分有序的壁结构，这是自有序介孔材料研究之初就一直在寻找的特征，但在嵌段共聚物模板化 SBA-15 型材料的合成中仅部分实现了这一特征，在某些情况下壁结构由纳米晶金属氧化物畴组成。

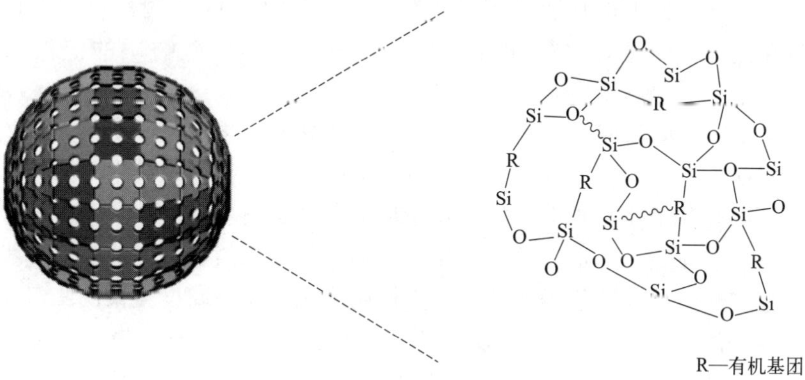

图 4.8　有机桥接示意图

4.3.2　介孔二氧化硅的制备

4.3.2.1　合成路径

有序介孔材料的形成过程可分为三个不同的步骤：①构建介孔结构；②调控孔隙率；③介孔固体的功能化[46]。虽然这些步骤在真实化学反应中很难被完全分割开来，比如有机硅前体受控缩聚成有机硅的过程，但将形成步骤分开有助于后续讨论更加清晰。然而，在讨论更重要的合成途径的细节之前，简要讨论硅的水化学和表面活性剂在水溶液中的基本行为是很有意义的。讨论将集中在作为溶剂的水上，因为这是最常用的体系，尽管由于硅烷氧基的水解或故意添加，醇也经常存在。此外，文献中也有非水体系的报道，其中只使用了试剂量的水来诱导二氧化硅前体的水解和缩合。溶液中的二氧化硅和硅酸盐缩合的条件范围很广，包括不同的 pH 值、温度、浓度、附加电解质等[47]。二氧化硅在 pH=2 左右有一个零电荷点，这也近似于等电点。这意味着当 pH 值高于零电荷点时，二氧化硅带负电荷，因此硅醇基团被去质子化；而当 pH 值低于 2 时，二氧化硅表面部分质子化，因此带正电荷。硅酸或单体/小低聚物硅酸盐的酸性较低，因此只有在中性 pH 值附近，带负电荷的小硅单元才会占主导地位。

在碱性条件下，水解后的二氧化硅物种在溶液中带负电荷，因此与带正电荷的表面活性剂有直接的库仑相互作用。一方面，在 pH 值低于 7 的范围内，较小的二氧化硅物种只带很少的电荷，因此在介相形成过程中，二氧化硅物种和中性表面活性剂之间更多的是氢键相互作用。只有在强酸性条件下，二氧化硅物种的表面才会明显质子化，从而带正电荷。对于用于药物释放或相关应用的白炭黑，如果要在其中装载带电的生物活性物质，则应注意 pH=2 附近的零电荷点，必须选择适当的 pH 值范围，以抑制静电排斥。另一方面，过强的静电吸引可能导致难以释放吸附的物种。对于溶液中的硅酸盐也有类似的考虑，但在低 pH 值下，二氧化硅凝胶会迅速形成，含硅物质的溶液浓度相当低。

与大多数硅酸盐固态结构一样，溶液中的硅酸盐化学反应受四面体氧配位的硅原子支配。水解和缩合反应都是通过亲核置换进行的，通常是通过五配位过渡态进行双分子亲核取代（S_N2）型反应。在碱性条件下，OH^- 通常在前体（如烷氧基硅烷）的水解反应中作为亲核体与作为离去基团的醇酸酯类发生反应，醇酸酯类在从硅原子上裂解后直接质子化。如果高度凝聚的二氧化硅暴露在碱性条件下，OH^- 的亲核攻击可导致硅氧烷键的裂解，最终导致二氧化硅溶解为低聚物和单体，具体取决于 pH 值。

在碱性条件下由初始水解反应形成的硅酸盐通常是去质子化的，这些硅酸盐能够对其他水解硅酸盐发起亲核攻击，从而缩合成硅氧烷键。由于高度缩合的硅酸盐比单体硅酸盐酸性更强，因此它们最先被去质子化，并优先与其他高度缩合的硅酸盐而非单体硅酸盐进一步缩合交联。该体系是动态的，根据碱度或其他溶液条件，不同硅酸盐单体和低聚物之间会建立平衡。

在酸性条件下反应则有所不同。在酸性条件下，离去基团（烷氧基或羟基）被质子化，这使得它们具有更强的亲核性，更容易被取代。在这种条件下，水的碱性足以允许有效的亲核攻击，导致烷氧基水解。如果单体或低聚硅酸的硅醇是亲核体，则会形成新的硅氧烷键，从而缩合成更多的低聚物。碱性和酸性条件的一个主要区别是，硅氧烷键在酸性条件下基本上是稳定的，即低聚物和固体聚合物不溶解，二氧化硅的形成是不可逆的；而在碱性条件下，水解/再缩合反应占主导地位，即使是扩展的二氧化硅，表面的交换反应也会进行到相当大的程度。

对于客体分子的固定，使用疏水性更强的二氧化硅可能更有优势。此类二氧化硅可通过官能硅烷与待桥接或桥接有机基团缩合而获得。硅原子上的有机取代基会降低硅醇基团的酸性，因此在碱性条件下会减缓反应速率，因为硅酸盐阴离子是缩合反应中的亲核体；而在强酸性条件下，由于硅酸盐中氧的碱性较高，烷基的存在会加速反应速率。这些因素对于控制烷基官能团化的均匀性非常重要，因为硅酸盐和部分有机取代硅酸盐缩合速率的差异过大，会导致在缩合反应的不同阶段，其中一种反应优于另一种反应，从而导致有机基团分布的不均匀性。

4.3.2.2　表面活性剂

表面活性剂是合成有序介孔硅的关键成分。最初的研究主要集中在烷基铵表面活性剂，通常在氮原子上有三个短链取代基（主要是三甲基）和一个长链烷基（以十六烷基为例）。一般来说，表面活性剂亲水部分的电荷（正电荷、负电荷或中性电荷）决定了其与含硅前体的相互作用类型，而分子的整体几何形状对控制所形成的介观结构类型非常重要。然而，合成的整体条件最终是决定性的，合成的控制很难简化为单一因素。

低浓度时，表面活性剂以单体形式存在于界面和水溶液中。在一定的临界浓度（临界胶束浓度，CMC）下，它们通常形成胶束，大多呈球形。离子型表面活性剂的典型浓度范围为 $10^{-3} \sim 10^{-2}\,\mathrm{mol \cdot L^{-1}}$，而非离子型表面活性剂的胶束浓度则低一个数量级。在较高浓度下，球形胶束可能会转变为其他形状，如拉长或杆状胶束，和/或它们可能会组合成二维或三维有序结构。Israelachvili 提出的表面活性剂堆积参数概念为预测形成的结构类型提供了一个简单直观的概念框架[39]。基于几何约束预测胶束的结构，参数 $g=V/(a_0 \times l)$ 的特定阈值指示结构之间的过渡点。其中，V 是表面活性剂疏水链的体积；l 是延伸疏水链的长度；a_0 是疏水核心表面每个分子的表面活性剂头基面积。随着堆积参数的增加，预期的结构序列可参见参考文献［48］。

堆积参数的引入为回答下述问题提供了重要的理论依据：在相同的条件下，应该如何改变表面活性剂的分子参数使其发生从一种结构到另一种结构的转变。虽然这一概念已被证明在预测某些介观结构的形成方面非常强大，但我们应该注意到，它最初是在平衡体系中开发的，但即使在平衡体系中，其他溶液参数也会对特定胶束的形成产生巨大影响。然而，更重要的一点是，有序介观结构材料的形成通常是一种动力学现象，其中结构是在硅酸盐和表面活性剂之间协同形成的。因此，趋势通常可以很好地预测，而结构间转变的精确数值则较难得出。

4.3.2.3 碱性途径

有序介孔材料的两种初始途径，即 Yanagisawa 等人[36] 描述的途径和美孚石油公司团队[49] 提出的途径，都是在碱性条件下进行的，尽管碱度水平相当不同。后者使用相当高浓度的 OH^-（约 0.1mol·L^{-1}，OH^- 与三甲基铵表面活性剂一起引入），而 Kanemite 型聚硅酸盐的转化则在 pH 值为 8～9 的范围内进行。虽然这种差异并不十分显著，但就硅酸盐化学而言，这些条件会导致完全不同的形态：在高 pH 值条件下，硅酸盐通常以单体或小的低聚物形式存在，通过^{29}Si NMR 光谱鉴定出大量不同的结构物种；在碱度相对较高的情况下，这些物种会迅速相互转化，并出现缩合/水解平衡，这取决于各种参数，如 pH 值、硅酸盐浓度、温度、溶液中存在的其他离子和物种。硅酸盐化学的这一特性促使人们为有序六方结构的转化提出了层扣模型，而不是在较高 pH 值下的溶解/再沉淀机制。Ryoo 及其同事[50] 首先提出了这一观点，他们将 pH 值调至 11，以便在所用条件下获得最佳介观结构，随后他们又在后续的论文中介绍了这一观点。总的来说，在碱性条件下合成时，pH 值大多在 pH＝9 和 pH＝12 之间。

有一类有序介孔硅可以在相对较低的碱度下合成，几乎接近中性 pH 值，这就是阴离子表面活性剂模板介孔硅（AMS），由 Che 等人[51] 提出，她在 2013 年对其进行了评论。在酸性条件下，溶液中至少存在带弱正电荷的含硅物种，阴离子表面活性剂通常被质子化，因此呈中性，只产生微弱的相互作用。在碱性条件下，阴离子表面活性剂确实是阴离子，但硅酸盐也带有负电荷。因此，任何电荷相互作用都需要通过阳离子来介导，这也导致相互作用过于微弱，无法形成发达的介观结构。这一问题的成功解决方案是使用双功能共结构引导剂（CSDA）。它一方面可以与硅酸盐前体连接，另一方面还可以与阴离子表面活性剂发生电荷作用。一个典型的例子是 3-氨丙基三甲氧基硅烷，它一方面与阴离子表面活性剂的酸性前体发生“中和”反应，另一方面与四乙氧基硅烷和 CSDA 的硅烷基发生共缩合反应。或者与阴离子表面活性剂相互作用的正电荷可直接引入 CSDA，例如 *N*-三甲氧基硅丙基-*N*,*N*,*N*-三甲基氯化铵；三甲氧基硅烷部分再次与 TEOS 共缩合。AMS 型材料的药物释放性能也得到了研究，其优点是某些阴离子表面活性剂的生理临界值低于大多数其他表面活性剂，因此可以留在材料中控制药物释放。

与酸性和接近中性的条件相比，强碱性条件允许二氧化硅前体的性质有更大的可变性。在酸性条件下，固体二氧化硅或二氧化硅溶胶基本上不溶解，因此不适合作为前体；因此，通常使用烷氧基硅烷作为二氧化硅源。在碱性条件下，此类硅烷也是合适的前体，但具有不同阳离子（碱金属离子、四烷基铵）的碱性硅酸盐溶液、气相二氧化硅或胶体二氧化硅以及二氧化硅凝胶也可转化为有序介孔材料。事实上，在 Mobil 石油公司团队的早期合成中，使用的是硅酸四甲基铵和沉淀二氧化硅的混合物，但在后续研究中，采用了范围更广的二氧化硅前体。二氧化硅前体的性质会对合成产生影响，但在合适的条件下，几乎任何二氧化硅前体都可以转化为有序介孔二氧化硅。值得注意的是，在介孔形成之前，高度凝聚的二氧化硅至少在一定程度上被解聚，而复杂的前体至少应在一定程度上被水解，但在适当的条件下，添加表面活性剂和调节 pH 值将诱导介孔的形成，这与二氧化硅来源的关系不大。

介相结构的关键因素是表面活性剂，但其影响受合成条件（即温度以及硅酸盐、表面活性剂和碱的浓度比例）的制约。目前最常用且较为稳定的结构为 MCM-41 和 MCM-48，此外还有层状 MCM-50，但后者在煅烧时不稳定。前二者均使用 CTAB 合成，但立方体（$Ia\bar{3}d$）MCM-48 在 CTAB/Si 比超过 1 的精确条件下形成，而六方管状 MCM-41 在较低的 CTAB/Si 比和较宽的条件范围内形成。然而，这也取决于表面活性剂链长度和其他合成参数。MCM-48 的合成难度远高于六方管状 MCM-41。似乎其可控合成的最佳方法是使用 Gemini 表面活性剂（又称为二聚表面活性剂）代替 CTAB 和相关表面活性剂，因为这样可以更好地控制表面活性剂的堆积因子，从而控制药物的释放，因此对这一相关应用来说非常重要。然而，当表面活性剂中的烷烃链长超过 C_{20}/C_{22} 左右的某一临界值时，就不会再形成高质量的六方介相，而且文献中仅有一些关于使用这种长链表面活性剂的报道，这表明需要精确控制条件才能获得所需的介相结构。这使得六方材料的孔径扩大到约 10nm，但孔径越大越难控制。通过合理地选择条件、添加剂和水热条件，MCM-41 型材料的孔径可相当精确地控制在约 1.5nm 到接近 10nm 之间。

4.3.2.4　酸性合成

酸性合成途径是在 1994 年 Huo 等人发表的文章中提出的[38]。一般来说，在酸性条件下，合成温度往往比碱性体系低一些，通常在室温甚至更低的温度下进行合成；而在碱性条件下，温度通常高于室温，最高可达 120℃左右。在 Huo 等人发表的文章中，除了 S^+I^- 和 S^-I^+ 途径（S 表示表面活性剂，I 表示无机物）形成介观结构材料外，还介绍了两种介导途径（$S^+X^-I^+$ 和 $S^-M^+I^-$），其中阴离子（如卤化物）或金属阳离子介导表面活性剂和可凝聚物之间的库仑相互作用（图 4.9）。通过 $S^+X^-I^+$ 途径合成二氧化硅时，反应在非常低的 pH 值（1～7mol·L^{-1} HCl 或 HBr）下进行，这样含硅物种就带正电荷。除了在碱性条件下得到的六方相和片状相外，还形成了 $Pm\bar{3}n$ 立方相（在后来的研究中被标记为 SBA-1），其表面活性剂具有较大的头基（烷基三乙基铵、十六烷基哌啶鎓），以调整堆积参数，使其趋向于高曲率结构。使用定制的表面活性剂，在高酸性条件下也可以得到一种称为 SBA-2 的六方相，它可以被描述为具有 P_{6_3}/mmc 空间群的表面活性剂硅酸盐胶束的六方紧密排列阵列。Jarmolińska 等人最近对在酸性条件下通过 $S^+X^-I^+$ 途径合成的有序介孔二氧化硅进行了全面研究[52]。

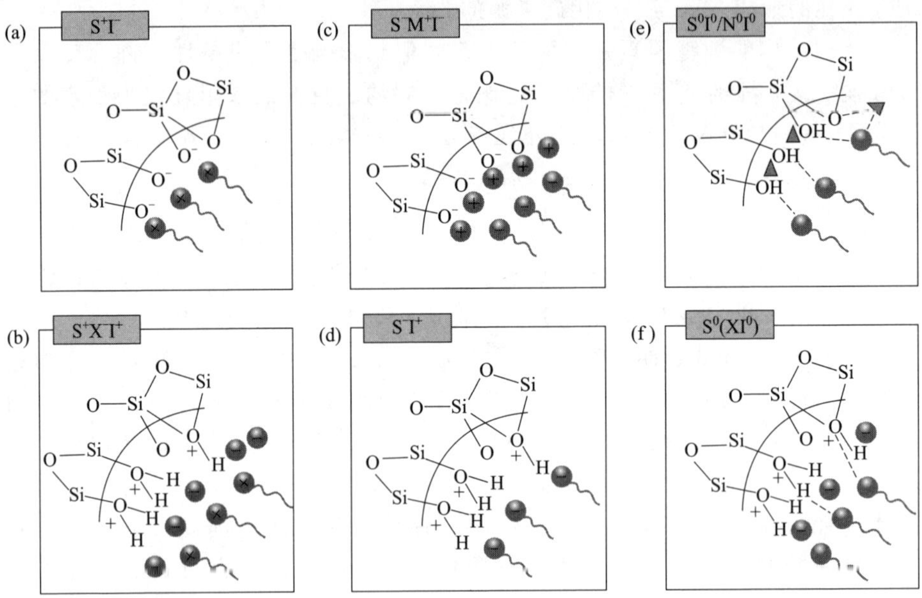

图 4.9　不同电荷表面活性剂的介孔二氧化硅合成方法

S^+、S^-、S^0 分别为正电荷、负电荷和不带电荷的表面活性剂，I^+、I^-、I^0 分别为正电荷、负电荷和不带电荷的无机离子，X^- 表示 Cl^- 等，M^+ 表示 Na^+ 等

有序介孔二氧化硅的一个非常重要的类别是使用非离子表面活性剂合成的，目前可能也是最常用的一类有序介孔二氧化硅。在中等酸性或接近中性的条件下，含硅低聚物几乎不带电荷，因此与表面活性剂的氢键相互作用在结构方向上起主导作用。在这种条件（S^0I^0）下使用非离子表面活性剂是 Pinnavaia 研究组首先提出的，他们首先使用长链胺表面活性剂[53] 合成了类似 MCM-41 的材料，但孔壁较厚。模板分子可以被提取出来，因为它们与硅酸盐的结合力更弱。由于烷基胺的弱碱性，这种合成在 pH 值略高于中性的条件下进行，而 Pinnavaia 研究组推出的使用聚氧化乙烯基中性表面活性剂的工艺则在 pH＝6

左右的极弱酸性条件下进行[40]，氢键相互作用是主导力量。有趣的是，在有表面活性剂存在的情况下，TEOS前体的水解可在几分钟内迅速进行，而没有表面活性剂则需要几个小时。被标记为 MSU-1 的产物不像上述其他有序介孔硅那样有序，而是具有虫孔结构，但孔径分布几乎与 MCM-41 一样清晰明确。

最通用的合成路线可能是使用不同类型的嵌段共聚物模板，这些合成大多在强酸性条件下进行。在这些条件下，库仑相互作用、氢键相互作用和范德瓦耳斯力相互作用的组合被认为是介相形成的原因。在速记概念中，这被标记为 $(S^0H^+)(X^-I^+)$，即环氧亚烷基在强酸性条件下部分质子化，带正电荷的含硅单元与卤化物或其他阴离子配位，不同相互作用的叠加控制着介观结构的形成。它们各自的贡献细节取决于确切的合成条件。

最常用的嵌段共聚物模板是 Pluronic™ 类型的嵌段共聚物，IUPAC 名称为聚(乙二醇)-嵌段-聚(丙二醇)-嵌段-聚(乙二醇)，但通常标记为聚(环氧乙烷)聚(环氧丙烷)聚(环氧乙烷)，缩写为 PEO-PPO-PEO。这些类型的表面活性剂由 Zhao 等人引入有序介孔二氧化硅领域[54-55]。但最常用的是 Pluronic P123（$EO_{20}PO_{70}EO_{20}$；注意成分仅为近似值）。在 pH 值低于 2 的广泛合成条件下，使用这种表面活性剂可以非常可靠地形成六方有序的 SBA-15。此外，KIT-6（$Ia\bar{3}d$ MCM-48 的嵌段共聚物模板类似物，也是一种在许多应用中非常流行的材料）也可以使用 P123，通过改变合成条件，特别是通过添加正丁醇来合成。例如，Pluronics F127（$EO_{101}PO_{56}EO_{101}$）可形成 SBA-16，这是一种空间群为 $Im3m$ 的立方笼状结构。Santa Barbara 团队描述了多种不同的聚合物表面活性剂类型，并对每种类型的几种成员进行了测试。特别是在药物释放应用中，通道长度的控制非常重要，Meynen 等人[46] 发表的经过验证的论文给出了如何生产短通道 SBA-15 的指导原则。

MCM-41 和 SBA-15（以及类似的其他结构对，如 MCM-48 和 KIT-6）看起来除壁厚不同外，结构相当相似。然而，其还有一个不太明显的区别，那就是嵌段共聚物模板材料的壁中存在连接介孔的微孔，这一点最初是通过氮气吸附分析推断出来的。后来，在使用铂复制孔结构后，这些微孔被直接成像为介孔之间的桥梁。这些微孔的形成是由于嵌段共聚物表面活性剂中亲水性较强的聚环氧乙烷分子嵌入孔壁中，在煅烧时被去除，从而形成了连接介孔的微孔。嵌段共聚物模板化白炭黑孔壁中的这些微孔不仅对孔隙系统的复制非常重要，而且对作为药物释放基质的潜在应用也非常重要，因为这些微孔中的吸附力可能强于介孔中的吸附力，前提是这些微孔足够大，能够吸附有效载荷。

除了嵌段共聚物，烷基聚环氧乙烷表面活性剂在本研究和许多其他研究中也被发现具有很强的通用性。本节概述了用于合成有序介孔二氧化硅的非离子表面活性剂的类型。到目前为止，在酸性条件下使用聚合和嵌段聚合表面活性剂进行的合成似乎已经取代了原来的碱性合成路线，至少从引用次数来看是这样（过去五年的 WoS 上文献引献次数：SBA-15，4357 次引用；MCM-41，3143 次引用；KIT-6，496 次引用；MCM-48，263 次引用）。

4.3.2.5 纳米铸造

在纳米铸造过程中，用溶液方法最初形成的有序介孔材料被用作硬模板，通过另一种固相来复制孔隙系统。Ryoo 研究小组在合成 CMK-1 时首次证明了这一点[1]，其中 MCM-48 的孔隙结构在与合适的碳前驱体浸润后被复制为碳材料。然而，纳米铸造在给药领域的应用非常有限，因为它主要用于合成非硅材料，以介孔二氧化硅作为硬模板。非硅材料不适用于药物输送，因为大多数成分的生理相容性不如硅材料，因此很少用于药物输送。纳米铸造的确可用于合成有序介孔二氧化硅，例如通过重复纳米铸造，首先以二氧化硅为模板制备碳复型，然后再以碳复型为模板制备二氧化硅。然而，尽管重复纳米铸造得到的复型与原始模板相比性质有所改变，通过直接合成获得这种二氧化硅则要简单得多。

为了去除纳米材料孔道中的模板剂，传统的方法是进行煅烧。煅烧温度通常超过 500℃，在煅烧过程中，材料中存在的所有有机物都会燃烧。最终温度通常通过控制加热斜率控制，一般为 1℃ · min^{-1}。根据介质结构材料的确切性质和模板的性质，可能会发生不同的过程，如铵或胺类的霍夫曼降解、氧化、碳化或碳质的氧化，并可能在不同温度下叠加。在煅烧导致表面活性剂模板去除的同时，二氧化硅也在发生变化。通常情况下，缩合程度增加，这在 ^{29}Si NMR 光谱检测到的 Q^3/Q^4 比值变化中可知，这通常会导致单胞参数的大幅收缩。此外，表面硅醇基团的数量也是煅烧温度的函数。由于这是调整表面化学性质（例如通过烷基硅烷化）的一个重要参数，因此煅烧通常是按照标准方案进行的。

为了使热煅烧更温和，其他方案已被成功开发[56]。据报道，通过辉光放电、非热等离子体处理或介质阻挡放电等离子体，可以更好地控制模板去除，从而获得更高的硅烷醇表面群和更低的中间结构收缩率。令人惊讶的是，微波处理似乎也能去除模板。起初只有溶剂萃取和微波处理的组合被证明有效，后来发现单用微波处理也能成功去除 P123 模板。据报道，在 700W 功率和 2.45GHz 微波频率下处理 40 分钟，可去除约 95%的模板。

另一种温和去除模板的方法是在煅烧过程中使用臭氧代替空气。传统的热处理通常会导致不可控的高放热反应，但使用臭氧进行处理则可以获得比传统煅烧更大的孔隙。此外，还保留了较高的硅醇密度。最近，一种臭氧处理方案被开发出来，它避免了剧烈反应的问题，因此干燥的粉末状有序介孔材料也可以在温和的条件下进行煅烧。十六烷基三甲基铵和 Pluronic P123 都可以在 80℃左右的温度下通过臭氧处理去除，达到较低的碳含量（处于个位数百分比范围）。

从有序介孔二氧化硅中热处理去除模板的另一种方法是萃取或反应萃取，即破坏孔隙中的模板物种，然后从孔隙中萃取去除。此外，也可以用特定的试剂对孔隙中的模板进行部分破坏，然后在比单一煅烧步骤更温和的条件下进行热处理。这种方法首先从 SBA-15 的介孔中去除 P123 表面活性剂，使孔壁的微孔被堵塞，然后通过更温和的煅烧从微孔中去除模板。这样的工艺使得介孔壁和微孔壁的选择性功能化成为可能。

在介孔二氧化硅领域，人们很早就开始尝试萃取模板去除。对于 MCM-41 和相关体系来说，由于带正电荷的表面活性剂与硅酸盐壁之间存在库仑相互作用，因此很难去除模板。因此，仅靠溶剂通常是不够的，还必须提供额外的电荷补偿，例如以质子的形式。在乙醇或异丙醇中于 78℃搅拌后，表面活性剂的去除率仅为 20%，而当溶剂中含有质子、铵或钠等离子时，去除率约为 70%。H_2O_2 早先被用于去除 SBA-15 中的模板，并且需要与紫外辐照结合使用。单独使用紫外辐照或 H_2O_2 处理都不够，但结合使用可去除材料中的所有模板种类。

总之，如果原始的有序介孔二氧化硅是在酸性条件下通过 $S^+X^-I^+$ 途径或使用中性模板（如长链胺或聚氧化乙烯基模板）制备的，则似乎更容易萃取去除模板。另一方面，Pluronic 嵌段共聚物表面活性剂的提取比较困难，因为环氧乙烷嵌段嵌入二氧化硅壁中，固定得较紧。尽管如此，有报道称，在使用乙醇/水（1∶1）萃取后，P123 模板被大量去除（在同一篇论文中，MCM-41 使用了乙醇/盐酸水溶液混合物）。

反应萃取（即氧化萃取）能够将不同有序介孔二氧化硅的模板含量降至非常低的水平，同时保留良好的质构特性和高浓度的硅醇基团。Tian 等人[57]利用微波加热悬浮在高浓度 HNO_3/H_2O_2 中的 SBA-15、SBA-16、FDU-1 或 MCM-41，将表面活性剂降解到碳含量低于 0.3%的检测限，同时基本保留了合成材料的硅醇基团。采用类似的方法，将微波加热改为 80℃回流，也可用来生产含高硅醇基团的介孔二氧化硅。

Barczak 最近对 SBA-15 的不同模板去除方法（煅烧、乙醇/HCl 萃取和 H_2O_2 处理）进行了比较[58]。可以清楚地观察到，所得材料在孔隙率、比表面积和硅醇含量方面的性质大不相同，煅烧法导致硅醇基团大量损失，而其他两种方法则导致硅醇浓度较高，氧化处理甚至导致硅醇浓度比合成材料大幅提高。

总之，如果需要一个富含硅醇的孔隙表面，无论是为了更亲水还是后续的功能化，萃取或反应萃取似乎都是去除模板的更好选择。此外，如果需要从通过与有机硅烷共缩合得到的有机官能化硅中去除模板，萃取法显然更可取。虽然通过精心调整的煅烧方案或短时间萃取与温和煅烧相结合的方法可以使硅胶中或硅胶上已结合或待结合的有机基团基本不受影响，但萃取是一种更普遍适用的方法。

4.3.2.6 表面改性

有序介孔二氧化硅的表面性质可通过加入无机物、接枝或引入各种有机基团进行改性。然而，虽然二氧化硅在生理学上无害，但对于许多可用于改性二氧化硅的金属离子来说，这一点并不成立，因此这里不讨论无机表面改性；进一步的讨论将集中在有机基团上。在前面，已经讨论了使用不同方法从有序介孔二氧化硅中去除表面活性剂模板后硅烷醇（简称硅醇）基团的不同浓度。这与有序介孔硅胶在药物递送系统中的用途密切相关，因为表面官能团对潜在药物分子与表面的相互作用起着决定性作用，从而影响药物的负载能力和释放动力学。由于硅醇密度不同，表面性质也不同，除了硅醇密度的差异外，还可以通过接枝特定基团或与功能硅烷共缩合来调整表面性质。

二氧化硅表面存在不同类型的硅醇基团，即孤立的 SiOH 基团、geminal 基团（一个硅原子上有两个—OH）和 vicinal 基团（两个—OH 基团非常接近，足以在它们之间形成氢键，通常位于相邻的硅原子上）。羟基化无定形二氧化硅的硅醇密度约为 5SiOH · nm^{-2}（通常可作为大多数材料的近似值），这与二氧化硅的来源和比表面积基本无关，Zhuravlev 的一项研究证明了这一点，该研究分析了大量由不同合成方法制得的不同二氧化硅，这些二氧化硅的比表面积差别很大[59,60]。顺便提一下，这个数字与 β-方石英八面体上硅原子的密度大致相同，因此似乎在合适的范围内。文献中也有报道称硅的浓度可高达 8SiOH · nm^{-2}，Zhuravlev 的研究中可能高估了比表面积，至少可以部分解释这种偏差。无论如何，人们一致认为，热处理（如煅烧）会导致硅醇密度降低，在 400℃下真空处理时，硅醇密度会降低到原始值的一半左右。因此，通过不同类型的低温工艺制备的有序介孔硅具有较高的硅醇密度，因而比煅烧样品更亲水。

并且，煅烧制备的 MCM-41 的硅醇表面覆盖状态具有异质性。然而，通过各种方法提取或煅烧/再羟化后，表面特性似乎接近普通无定形二氧化硅，MCM-41 的硅醇密度约为 4.5SiOH · nm^{-2}。据报道，SBA-15 的硅醇浓度略高于 MCM-41，但这可能与 SBA-15 在再羟基化过程中的降解更明显有关，或者与纯介孔 MCM-41 相比，微介孔 SBA-15 在确定比表面积精确值方面存在问题。材料对布洛芬的吸附能力与硅醇密度有关，因此也与 MCM-41 的亲水性有关。研究人员对硅醇密度介于 4.2SiOH・nm^{-2} 和 5SiOH・nm^{-2} 之间的材料进行了研究，结果显示对于羟基化程度较高的材料，布洛芬吸附量增加了约 1.5 倍。尽管如此，如上所述，虽然粗略估算有序介孔二氧化硅表面的硅醇密度是可能的，但确切值取决于材料的合成方案，因此需要对所用样品进行全面分析，以获得有关特定材料的信息。

（1）接枝法表面改性

白炭黑表面的硅烷醇是活性位点，可用于功能化。不同类型的硅烷醇基团具有不同的反应活性，孤立的硅烷醇通常是反应活性最高的基团。另一个重要因素是基团的可接受性，这与要接枝到基团上的物质的大小有关。

迄今为止，在表面引入不同类型官能团的最常用方法是与官能硅烷反应。官能硅烷含有可水解基团，可与表面的硅醇基团反应生成硅氧烷键。合适的前体是氯硅烷、烷氧基硅烷或二硅烷，其中许多衍生物都可在市场上买到。如果希望控制表面官能化，则需要排除水，使硅烷只与表面硅醇基反应，而不与水反应，否则会导致不受控制的水解和硅烷的潜在（部分）自缩合/异构化/聚合。通常情况下，硅烷化在有机溶剂中进行，但气相硅烷化也是一种替代方法，适用于挥发性较好的硅烷。将 SBA-15 二氧化硅与硅烷混合并装入摇床研磨罐中，经过少于 10 分钟的相对温和研磨后，带有不同有机基团的烷氧基硅烷和氯代硅烷的表面官能化就完成了。这种官能化途径不需要溶剂或碱，因此是一种方便的替代方法。

以三甲基氯硅烷为原型，用只带有一个可水解基团的硅烷进行硅烷化，可以实现最清洁的官能化，因为接枝基团之间基本上没有交联，而且表面官能团的密度很高，因为每个硅原子都带有三个这样的基团。另一方面，只需破坏一个硅氧烷键即可去除接枝物，因此在硅氧烷键受到破坏的条件下，功能化可能会丧失，至少是部分丧失。硅烷上的三个可水解基团，例如三甲氧基丙基硅烷，可能会形成一种与表面结合的不太明确的有机硅氧烷聚合物，具有不同的结构；但是，由于硅氧烷网络更加扩展和交联，功能化可能更加稳定。

一些比较研究表明，用六甲基二硅氮烷进行硅烷化是最有效的硅烷化方法，在较温和的硅烷化条件下可达到较高的官能度。官能化的基本类型只是通过引入非极性烷基来控制亲水/疏水表面性质，最简单的情况是引入甲基，但也可以使用更长的烷基链。如果存在亲核物来促进水解/缩合反应，硅烷化反应的效果会得到改善。如果硅烷的官能团不仅仅是烷基，而是接枝到二氧化硅上，如果官能团本身提供了亲核物，则可能不需要额外的亲核物。例如，氨基丙基就属于这种情况，通常用于引入基本官能团或允许进一步改性。

利用这些技术和相关技术，基本上可以将任何官能团锚定到二氧化硅表面。对于用作药物释放剂的改性二氧化硅来说，除了调整疏水性之外，引入酸性或碱性表面基团似乎也很有意义，因为这样可以控制相互作用以调整吸收和释放特性。为了创建碱性位点，氨基丙基是最常用的官能团类型，其中，3-氨基丙基三甲氧基硅烷因其商业可用性和易用性而成为最常用的硅烷。酸性位点较难生成，可将硅醇基团直接与氯磺酸反应，生成直接锚定的磺酸基团。然而，引入酸性基团时更多采用两步法，首先将具有功能性硅烷的硫醇基团锚定到硅醇基团上，然后将硫醇氧化为磺酸。

在过去的50多年中，二氧化硅表面改性领域得到了很好的发展，不仅用于有序介孔二氧化硅的功能化，而且还用于许多其他类型的二氧化硅，例如用于色谱材料的定制，更详细的信息可参见各种综述。

(2) 与官能硅烷的共缩合

如果使用具有相应分子的硅烷作为二氧化硅前体，也可以通过一步法生产有机硅，即含有硅-碳键的二氧化硅。如果可缩合的硅烷（例如具有三烷氧基的硅烷）还含有一个长链烃，如十八烷基三甲氧基硅烷，则这种官能硅烷可用于合成介观结构的二氧化硅，而无需额外的表面活性剂（图4.10）。然而，对于药物释放应用来说，这种方法用处不大，因为孔隙系统被烷基链占据，必须通过煅烧去除烷基链，从而得到基本没有有机官能化的纯硅材料。对于药物释放应用而言，更有趣的是共缩合合成过程，即带有较短有机基团的功能硅烷在单独表面活性剂分子存在的情况下与TEOS等发生反应，这种方法早在1996年就已被提出，许多不同的功能基团都可以通过这种途径结合在一起。对于原型MCM-41以及其他材料，功能性硅烷的比例高达约20%，仍可形成发达的介观结构，这取决于有机基团的性质，但在有机烷氧基硅烷比例较高时，所形成的相的性质可能会发生变化。通过调整功能硅烷的含量和待处理有机基团的性质可以精细地控制材料的疏水性。

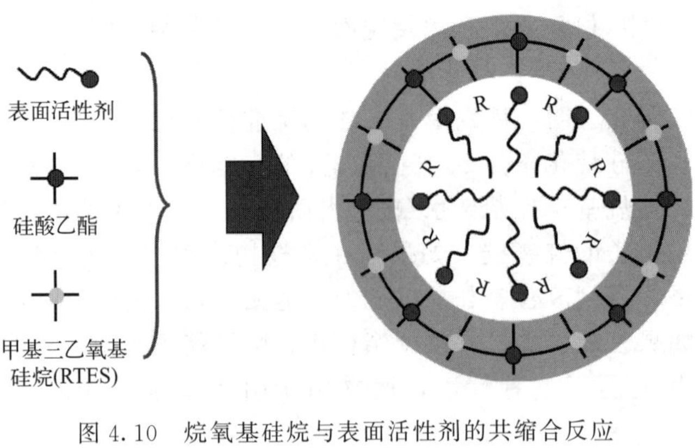

图4.10 烷氧基硅烷与表面活性剂的共缩合反应

对于共缩合途径，有一个特点似乎很少被探讨。在碱性条件下，烷基取代程度越高，水解速度越慢，而在酸性条件下则相反。在有机烷氧基硅烷掺入合成不同阶段形成的骨架中，这可能导致有机基团在材料上的分布不均匀，从而影响药物的吸收和释放性能。然而，目前似乎尚未对这种影响进行详细研究。正如 Rosenholm 和 Lindén 所报道的[61]，接枝表面基团和共缩合表面基团的可及性不同，可能与硅烷的反应活性不同有关。同样，在药物释放实验中，通过共缩合改性的 SBA-15 不如通过接枝获得的类似材料性能好，这也可能与官能团的位置有关。

前面已经提到，在表面活性剂存在的情况下，有机架桥硅氧烷（如双（三乙氧基硅基）乙烷和相关化合物）的缩合可以获得完全含有与一个碳原子结合的硅原子的有序介孔材料。此类前体可用于与四烷氧基硅烷的缩合反应，也可作为唯一的硅源。在这种情况下，材料中的每个硅原子通过有机桥与另一个硅原子相连。这意味着不仅固体表面，而且壁内的大部分也完全被有机改性，通常会赋予材料更高的水热稳定性。在控制良好的条件下，使用双（三乙氧基硅基）苯作为前体，甚至有可能合成出壁内具有结晶阶序的有序介孔二氧化硅，这种有序介孔二氧化硅是通过苯堆积实现的。将表面活性剂和碱或酸加入水或与其他溶剂（通常是醇类）混合的水中；下一步，加入有机架桥硅烷（纯硅烷或混合物），反应体系在给定温度下反应，持续时间通常为数小时。固体被回收，表面活性剂模板被去除，主要是通过萃取，但由于 Si—C 键和选定有机桥的高热稳定性，在特定情况下，煅烧也可能至少部分去除表面活性剂，同时保留框架中的有机基团。

与纯二氧化硅（可能用待处理的有机基团修饰）相比，周期性介孔有机硅（PMOs）在药物输送方面的应用还没有得到广泛研究。这一方面是由于更难合成性能可调的均匀分散的 PMOs 纳米颗粒（NPs），另一方面是由于缺乏有关 PMOs 纳米颗粒生物安全性的信息。然而，原则上，它们具有有利的特性，例如可调的疏水性和控制生物降解性的可能性。带有惰性桥接基团的 PMOs 在水或模拟体液（如乙烷或苯）中的降解速度明显慢于纯二氧化硅 NPs，这归因于硅倍半氧烷的高疏水性和更稳定的 Si—O 键[62]。整体降解是有机基团分解和剩余二氧化硅框架之间复杂的相互作用。

此外，有机桥联的硅倍半氧化硅与烷氧基硅烷或烷基烷氧基硅烷共缩合，形成了在材料主体中含有有机官能团（可能是待处理的有机基团）和硅醇基团的材料，硅醇基团可以通过不同的表面基团进一步改性。因此，相关报道全面介绍了双官能或三官能材料[63]，这进一步拓宽了此类材料的应用范围。由于这些额外的可能性，可以预计 PMOs 在未来几年将在给药领域发挥更重要的作用。

4.3.3 介孔二氧化硅纳米颗粒的合成

以上章节主要涉及有序介孔二氧化硅介观结构的调整和表面化学的控制。对于生物医学应用而言，单个颗粒的形态非常重要。在有序介孔二氧化硅研究的早期，人们开发了不同的合成方案获得特定形貌，但对于一些先进的应用来说，这已经不够了。为了达到药物递送的目的，药物载体颗粒需要被分离出来，尺寸范围在十纳米到几百纳米之间。

介孔二氧化硅材料的优异性质及其在药物传输技术中的应用潜力，促使其迅速从块状材料向纳米级材料转变。介孔纳米颗粒具有独特的物理化学性质，可为给药技术提供帮助。其中，我们要强调的是其良好的药代动力学特性、药物稳定性和溶解性的提高，以及对治疗药物释放时间和位置的出色控制，这将有助于降低治疗药物的潜在毒性。在开发介孔二氧化硅纳米颗粒药物传递技术的进程中，Victor Lin 的贡献至关重要。介孔二氧化硅纳米颗粒是他创造的一个术语，用来描述由介孔二氧化硅制成的具有良好定义和可控形态的纳米颗粒。他还将介孔二氧化硅纳米颗粒应用于各种不同的科学领域，如异相催化、可再生能源、生物传感和纳米医学等。

然而，严格来说，Stöber 是开发合成球形单分散微米级二氧化硅颗粒的真正先驱。自那时起，人们对所谓的 Stöber 方法进行了许多修改，以获得许多不同类型的单分散介孔纳米二氧化硅颗粒。之所以如此受欢迎，是因为通过调节反应参数可以得到不同形态（如薄膜、纤维、单片或颗粒）和尺寸（宏观、微米或纳米颗粒）的材料。从这个意义上说，Grün 等人首次将 Stöber 方法改良用于生产介孔二氧化硅颗粒[64]，他们引入阳离子表面活性剂，成功生产出微米球状的有序介孔氧化物 MCM-41 样品颗粒。随后，Cai[65]、Fowler[66] 和 Nooney[67] 的研究小组报道了纳米尺寸的介孔二氧化硅颗粒。从那时起，许多不同的研究小组开始探索具有各种形态、尺寸、孔径和孔结构的介孔二氧化硅纳米颗粒。传统的介孔二氧化硅纳米颗粒合成是在表面活性剂浓度较低的情况下进行的，以迫使有序介相的组装依赖于阳离子表面活性剂和二氧化硅前体中不断增长的阴离子低聚物之间的相互作用，这反过来又限制了小尺寸介相的组装。反应完成后，通过溶剂萃取或煅烧除去有机表面活性剂，即可分离出介孔二氧化硅颗粒。然而，介孔二氧化硅纳米颗粒的合成条件可以在不同方面进行修改，如反应混合物的 pH 值、作为结构引导剂的表面活性剂或共聚物的类型，或二氧化硅前体的浓度和类型。

单分散介孔二氧化硅颗粒可使胶体稳定。这对于医药制剂的储存和防止固体部分沉淀是至关重要的。如果孔隙率较高，介孔二氧化硅纳米颗粒的有效载荷就会很高，其表面几乎可以通过上述方法任意功能化，并且通过适当的合成方案，可以调整尺寸以通过体内的某些屏障。药物载体二氧化硅分子的最终降解产物是硅酸，在生理学上是安全的。因此，它在过去 50 年里一直被美国食品药品监督管理局（FDA）认为是安全的。

合成有序介孔二氧化硅的一种通用方法是结合了二氧化硅化学中的两种著名方法——Stöber 法和表面活性剂模板法。Stöber 法的关键在于在相对较高的稀释度下，将烷氧基硅烷（主要使用四乙氧基硅烷）加入氨水溶液（主要在乙醇/水溶液中加入氨水，但也可使用其他溶剂体系）中进行搅拌。这样就形成了固体单分散硅胶球，其尺寸通常在 100～400μm 之间，但也有能够生产该范围以外球体的系统。诱导形成单分散球体的关键成分是氨水（乙醇胺和碱性氨基酸可作为有机胺代替氨水），因此 Stöber 方法通常在碱性条件下进行。虽然 Stöber 合成法自其被描述后的最初几十年中仅被专家所了解，但在 2000 年前后，它在各个领域中的应用变得十分普遍。Giesche 详细描述了通过种子生长过程精确调节粒径的方法，粒径可控制在 20nm 到 3.5μm 之间；此外，还有相关资料报道了连续合成的内容[68]。

Stöber 法是一种相当稳健的合成方法，但添加表面活性剂以生成介孔纳米球并不简单，因为必须调整条件。最简单的方法是将 TEOS 和十八烷基三甲氧基硅烷作为硅源。有文献［69］给出了合成 350～400μm 大小的多孔球体的可靠配方，通过提高氨浓度可以增加粒径，通过降低氨浓度可减小粒径。在 Stöber 法的基础上加入 CTAB 作为模板，制备出了 MCM-48 型单分散球体，但从显微照片来看，球体对于生物医学应用而言有些大，约为 800nm。虽然这些二氧化硅纳米颗粒通常呈球形，但 Wang 等人报道了立方或截断立方纳米颗粒的合成，其结构类似于 $Pm3n$ SBA-1[70]。Möller 和 Bein 报道了一种用于合成具有不同粒径、孔径、孔排列和功能化的二氧化硅纳米颗粒的通用方法[71]。

对于在酸性条件下获得的材料，由于 Stöber 方法依赖于使用氨或胺作为矿化剂，因此目前没有合成尺寸范围在 100nm 左右单分散颗粒的通用方法。SBA-15 的原型通常粒径分布较宽，粒径超过 1μm。因此，必须探索合成条件。对于纳米粒子的合成，需要通过优化合成条件对系统进行微调。Lee 等人对各种合成参数进行了探讨，得出了不同的颗粒尺寸和形状分布，包括大约 100nm 的粒径。一般来说，板状颗粒可能很有趣，因为如果通道垂直于板底，扩散路径会很短[72]。Zhu 等人通过优化合成条件，成功合成了尺寸为 400nm×400nm、粒径分布窄的 SBA-15，但目前还没有开发出合成纳米颗粒的通用方法[73-74]。由于 SBA-15 具有有趣的特性，因此在药物输送领域需要开发更可控的合成工艺，以形成单分散的纳米颗粒形态的 SBA-15 及相关材料。

由于有序介孔二氧化硅纳米颗粒的合成在大多数情况下都需要高水平的控制，因此这些工艺通常适用于引入与给药高度相关的新功能[74-75]。如前所述，引入有机基团可改变材料的极性，从而优化药物分子的负载和释放。

还可定制有机基团以控制载体的生物降解。磁性纳米颗粒可通过磁场或磁加热来驱动颗粒释放药物。孔口上的封盖基团可实现刺激响应式释放，例如，通过 pH 值变化或光学开关改变分子的空间排列。功能化的方法几乎是无限的，其范围远远超出了药物释放。磁敏探针可用于核磁共振成像对比，荧光分子、离子或纳米颗粒可用于在刺激时诱导光学反应。此外，载药纳米颗粒还可以定向到生物体内需要给药的区域。被动定向可以利用颗粒的形状，因为这可能会诱发对特定器官或细胞类型的偏好。然而，人们也可以尝试更主动地将载体系统定向到需要给药的地方[75]。

4.4 介孔金属氧化物材料

4.4.1 概述

自 20 世纪 90 年代发现有序介孔二氧化硅（如 MCM-41 和 SBA-15）以来，介孔材料因其广泛的应用而备受关注。虽然制备二氧化硅介孔结构的方法层出不穷，但非二氧化硅介孔材料的制备更具挑战性。尽管二氧化硅前体（如水中的正硅酸四乙酯）的水解和缩合过程可以很好地控制，而且在煅烧过程中生成的二氧化硅具有热稳定性，但非二氧化硅前体（如金属烷氧基化合物）的水解和缩合过程通常很难控制。21 世纪初，有序非二氧化硅介孔材料的制备取得了重大进展。例如，Yang 等人[76] 使用软模板法获得了一系列半晶体介孔金属氧化物。Ryoo 及其合作者[1] 开发了一种用于制备介孔碳的硬模板法。Zhu 等人[77] 采用硬模板法制备了有序介孔 Cr_2O_3。Grosso 等人[78] 采用软模板法合成了有序结晶介孔 $SrTiO_3$、$MgTa_2O_6$ 和 $Co_xTi_{1-x}O_{2-x}$。

在非二氧化硅介孔材料中，介孔过渡金属氧化物尤为重要，因为它们具有限制在纳米级壁上的 d 壳电子、氧化还原活性内表面以及连通的孔网络。凭借这些特性，介孔过渡金属氧化物在能量转换和储存、催化、传感、吸附、分离和磁性器件等方面表现出许多有趣的特性。在本小节中，我们将总结介孔金属氧化物的合成。

4.4.2 软模板法制备介孔金属氧化物

1994 年，利用软模板（阳离子表面活性剂，如烷基三甲基铵表面活性剂；

阴离子表面活性剂，如 $C_{16}H_{33}SO_3H$）制备有序介观结构金属氧化物（WO_3、Sb_2O_5、Fe_2O_3 等）的方法被首次报道。人们探索了两种一般的合成途径：与带相反电荷的表面活性剂直接共缩合，以及通过在表面活性剂-无机物界面夹杂反离子（Na^+ 和 K^+）来间接共缩合带类似电荷的物种。然而，通过煅烧去除表面活性剂后，介观结构就会坍塌。1995 年，Antonelli 和 Ying 报道了一种有序介孔二氧化钛，其中的模板可通过煅烧去除[79]。在他们的合成过程中，使用了十四烷基磷酸酯作为模板，并加入了乙酰丙酮以降低乙酰丙酮酸三异丙酯钛的水解速度。这种所谓的“配体辅助”方法随后被用于制备有序介孔 Nb_2O_5。十二烷基胺-铌前体单体在乙醇溶液中形成胶束。十二烷基长尾具有疏水性，倾向于朝向胶束中心。Nb-N 头亲水，面向乙醇溶液。在 Nb 物种缩合并去除胺模板后，就得到了介孔 Nb_2O_5。这种“配体辅助”的方法还可用于制备介孔 Ta_2O_5、VO_x 和具有有序壁和无定形壁的磷化 ZrO_2。另一种广泛使用的软模板法是蒸发诱导自组装，尤其适用于形成有序的半晶体介孔金属氧化物。1998 年，Yang 等人[76,80] 以商用聚（环氧烷）嵌段共聚物为模板，制备了具有半晶壁的有序介孔金属氧化物（如 TiO_2、ZrO_2、Al_2O_3、Nb_2O_5、Ta_2O_5、WO_3、HfO_2、SnO_2、$SiAlO_{3.5}$、$SiTiO_4$、$ZrTiO_4$、Al_2TiO_5、ZrW_2O_8）。Sanchez 等人[81] 使用半商用“KLE”模板合成了有序结晶介孔金属氧化物。他们利用原位小角 X 射线散射、广角 X 射线散射和傅立叶变换红外光谱研究了 EISA 过程的机理，并将该过程分为三个步骤：①以适当的化学计量制备含有 KLE3739 共聚物（PBH79-b-PEO89，PBH＝氢化聚丁二烯模板）和无机前体的稳定溶液；②与浸涂相关的蒸发诱导自组装。蒸发诱导无机前体逐渐浓缩成均匀、柔韧、凝结性差的网络，围绕着表面活性剂介相［$M_{1x}M_{2y}O_z(OR)_w$，其中 $R=C_nH_{2n+1}$，$n=0\sim4$］；③处理步骤包括预凝固、去除模板和网络结晶。这样就得到了复杂的金属氧化物纳米结晶薄膜（如 $SrTiO_3$、$MgTa_2O_6$）。

4.4.3 硬模板法制备介孔金属氧化物

使用硬模板合成介孔材料为制备新型介孔结构材料带来了新的可能性。硬模板法也称为纳米铸造法、外模板法或重复模板法。通过阳极氧化（AAO）制备的多孔 Al_2O_3 膜最初用作模具，通过电沉积、化学气相沉积（CVD）或原子层沉积（ALD）来制备碳、金属或其他纳米结构。所得材料的孔径通常在 15～150nm 之间。根据这种方法，以介孔二氧化硅 MCM-48 为模板制备了三维介孔碳（CMK-1）和介孔铂网络，其中以 SBA-15 为例，来表示硬模板。首先，将前体溶液渗入二氧化硅介孔，前体在孔内通过还原或分解转化为固体；然后用 NaOH 或 HF 水溶液去除介孔二氧化硅模板，经过洗涤后，就得到了复制硬模板介孔结构的材料（图 4.11）。SBA-15 的一维介孔之间存在无序微孔，这确保了复制的碳或金属氧化物纳米线阵列通过桥连接，从而形成介孔（如 CMK-3 中的介孔）。否则，只能获得碳纳米线，如 MCM-41 模板碳材料。

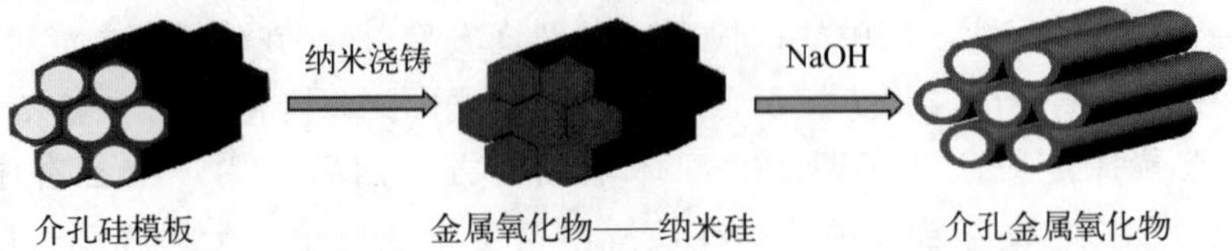

图 4.11 硬模板法合成介孔金属氧化物

不同孔结构的介孔二氧化硅（如 MCM-41、MCM-48、SBA-15、SBA-16、KIT-6、FDU-12）或介孔碳（CMK-1、CMK-3）可被用作硬模板。使用胺功能化 SBA-15 作为硬模板，在介孔中定量引入 $K_2Cr_2O_7$，得到了由纳米线阵列组成、短桥连接的介孔单晶 Cr_2O_3。随后，用类似的方法制备了介孔 WO_3 和 α-Fe_2O_3。

在硬模板法制备过程中，要完全填充介孔二氧化硅模板并不容易，因为二氧化硅与过滤后的金属离子前驱体之间存在着复杂的相互作用：氢键作用、库仑相互作用、配位相互作用和范德瓦耳斯力。金属离子前体可通过与 Si—OH 的微弱库仑相互作用与新鲜的二氧化硅模板相互作用。为了引入最大数量的金属离子前体以获得良好的复制效果，一种方法是尽可能多地保留硅烷醇。通过某些有机基团（如—NH_2）对介孔二氧化硅模板进行官能化（合成后接枝或一锅法制备）可导致有机基团与金属离子前体之间产生强烈的相互作用，从而提高金属离子前体的负载量。

使用双溶剂法、溶剂蒸发法、固液法、浸渍-沉淀-煅烧法和燃烧法也可以制备出不需要表面功能化的有序介孔金属氧化物。在“双溶剂”法中，将介孔二氧化硅在干燥正己烷中的悬浮液与金属的浓硝酸溶液混合。一般来说，溶液体积与二氧化硅孔隙体积相等，以最大限度地提高浸渍量，并防止金属氧化物从孔隙中生长出来。前驱体离子会被正己烷尽可能地“推入”孔隙中。溶剂蒸发法是将介孔二氧化硅与选定的金属硝酸盐在乙醇中充分混合。在乙醇缓慢蒸发的过程中，硝酸盐前体会通过毛细管冷凝作用迁移到孔隙中。在固液法中，将金属硝酸盐与介孔二氧化硅模板一起研磨，当混合固体被加热到高于前体熔点的温度时，金属硝酸盐预计会在熔化后进入二氧化硅的孔隙中。该方法仅限于熔点低于其分解温度的前体［如 $Ce(NO_3)_3 \cdot 6H_2O$、$Cr(NO_3)_3 \cdot 9H_2O$、$Co(NO_3)_2 \cdot 6H_2O$、$Ni(NO_3)_2 \cdot 6H_2O$］。浸渍-沉淀-煅烧法采用低成本的金属氯化物作为起始材料。首先，用金属氯化物浸渍介孔二氧化硅并将其干燥，

然后用 NH_3（气体或溶液）处理，将氯化物转化为氢氧化物，最后煅烧形成相应的金属氧化物。整个过程一般要重复多次，在去除二氧化硅模板后就得到了介孔金属氧化物。这种方法最早用于制备介孔 CeO_2，后来被用于制备介孔 Co_3O_4 和 NiO。

制备某种金属氧化物有时需要特殊的方法。例如，使用硬模板法很难直接制备出有序结晶的介孔氧化铜。Lai 等人[82] 使用 CMK-3 作为硬模板制备介孔 CuO，并通过在 500℃空气中煅烧 48 小时去除碳模板。首先，用 $Cu(NO_3)_2$ 水溶液浸渍 KIT-6，干燥后，将铜前体-二氧化硅复合材料在室温下暴露于氨水溶液中的 NH_3 蒸气中 1 小时，然后再次干燥。浸渍-氨化-干燥过程重复两次。最后煅烧所得到的复合材料以获得 CuO/二氧化硅纳米结构，并用 $0.1mol \cdot L^{-1}$ 的热 NaOH 溶液（60～80℃）去除二氧化硅模板。浸出剂的浓度很重要：$2mol \cdot L^{-1}$NaOH 或 10% HF 溶液可在短时间内完全溶解氧化铜纳米结构和二氧化硅模板。

4.4.4 强化结晶法

无定形介孔金属氧化物面临的一个问题是结晶过程中介孔结构的稳定性，因此开发了一种二氧化硅/碳强化法。该方法主要分为（a）与（b）2 个步骤：在步骤（a）中，首先在介孔中填充碳过滤剂（如蔗糖），其次在惰性气氛中煅烧结晶，形成的碳可以稳定介孔结构，然后在空气中煅烧去除填充碳；在步骤（b）中，涂上一层二氧化硅以加强结构，煅烧结晶后，用 NaOH 或 HF 水溶液去除。通过以上步骤，就可获得高结晶度的有序介孔 Nb_2O_5、Ta_2O_5、$(Ta、Nb)_2O_5$、Al_2TiO_5、$TiZr_2O_6$ 和 $TiNb_2O_6$。

最近，Lee 等人[83] 使用含 sp^2 杂化碳疏水嵌段的嵌段共聚物作为结构引导剂，通过一锅合成法制备了有序结晶 TiO_2 和 Nb_2O_5。原位形成的碳足以使氧化物的孔隙保持完整，同时在高达 1000℃的温度下结晶。通过这种方法，获得了高度结晶有序的介孔 TiO_2 和 Nb_2O_5，其比表面积（平均孔径）分别为 $90m^2 \cdot g^{-1}$（23nm）和 $54m^2 \cdot g^{-1}$（35nm）。

4.4.5 合成后固-固转换

合成后固-固转换法可用于制备具有混合价态或直接从溶液中难以获得的介孔过渡金属氧化物。例如，介孔 α-Fe_2O_3 在 5% H_2（用 95% Ar 平衡）中于 350℃下还原 1 小时，制备出介孔 Fe_3O_4。在 150℃的空气中进一步温和氧化 2 小时后，得到了有序的介孔 γ-Fe_2O_3。Tüyšz 及其合作者用热甘油作为还原剂对介孔 Co_3O_4 进行热处理，制备出了有序介孔 CoO[84]。最近，Bruce 和合作者[85]的研究表明，在5%的 H_2 中还原介孔 Co_3O_4、β-MnO_2 和 CuO 可分别获得有序介孔 CoO、Mn_3O_4 和 Cu-Cu_2O。

制备低价有序介孔金属氧化物的另一种方法是用介孔二氧化硅作为硬模板还原金属氧化物前体。例如，在10%的 H_2（90%的 N_2）中于500℃还原 $H_3PMo_{12}O_{40}$/KIT-6 纳米复合材料，然后用HF水溶液除去KIT-6，制备出了介孔 MoO_2。将 WO_3-KIT-6 纳米复合材料在4% H_2（96% N_2）、600℃下还原4小时，然后用HF水溶液去除KIT-6，制备出了有序介孔 WO_{3-x}。

锂化介孔过渡金属氧化物可通过与LiOH的合成后固-固转换制备。例如，介孔 Mn_3O_4 和 Co_3O_4 被转换为有序介孔 Li-Mn-O 尖晶石和低温 $LiCoO_2$（尖晶石结构）。以介孔 $NiCoMnO_4$ 为起始材料制备了有序介孔 $Li_xNi_2/3Co_2/3Mn_2/3O_4$ 尖晶石。这些锂化介孔金属氧化物保持了原有的尖晶石结构。与此相反，用LiOH对金红石型 MnO_2 进行固-固转换，得到的 $LiMn_2O_4$ 具有坍塌的介孔结构。

固-固转换可能涉及结构的重大变化。例如，将 Mn_2O_3（刚玉结构）还原为 Mn_3O_4（尖晶石结构）时，氧会大量流失，堆积方式也会从六方紧密堆积变为立方紧密堆积。这种转变需要将紧密堆积平面从AB（*hcp*）堆积剪切到ABC（*ccp*）堆积。能够在保留中间结构的同时实现这种转变，表明薄壁（7.5nm）能够承受这种结构转变所产生的应变，而不会发生严重断裂。转变过程中氧气的流失导致孔壁收缩（即孔径变大），同时保留了基本的孔形状，这进一步证明了介观结构在适应结构变化方面的灵活性。

4.4.6 纳米粒子自组装

通过软模板法制备介孔金属氧化物涉及对反应条件敏感的不同反应（金属有机盐的水解、金属离子的缩合、模板的自组装）。如果自组装处理以单分散纳米粒子为基础，则该过程对可变反应条件的敏感性较低，这种方法有四个步骤：①形成单分散金属氧化物纳米颗粒；②混合模板和纳米颗粒；③将纳米颗粒组装成有序介孔金属氧化物；④通过煅烧等方法去除模板。

Corma等人以Pluronic P123为模板，通过自组装5nm CeO_2 粒子，制备出BET比表面积为 $160m^2 \cdot g^{-1}$ 和比孔体积为 $0.35cm^3 \cdot g^{-1}$ 的有序介孔 CeO_2[86]。他们还以双官能氨基酸为桥联分子，利用 CeO_2、ZrO_2 和 CeO_2-$Al(OH)_3$ 纳米粒子制备了介孔材料。另外，没有表面功能化的 CeO_2 和 SnO_2 纳米粒子也自组装成有序的结晶介孔金属氧化物。

4.4.7 软模板法与硬模板法的比较

软模板法的优点是模板成本低，合成相对容易，可在温和的条件下进行，并可根据模板和溶液成分的不同形成多种介孔结构。主要缺点是其合成基于复杂的溶胶-凝胶过程，过渡金属离子的水解和聚合难以控制。它们的产品通常具有无定形或半结晶壁，热稳定性较差，而且在使用基于 PEO 的商用共聚物时，合成通常对相对湿度很敏感。使用设计的聚合物模板（如 KLE）可以获得高结晶度的金属氧化物，其热稳定性要高得多。

硬模板法具有以下优势。通过选择具有所需结构的硬模板，可以控制目标材料的介观结构。此外，由于用作硬模板的介孔二氧化硅在高温下非常稳定，可使许多金属氧化物结晶，因此可获得具有高结晶度的介孔金属氧化物。结合合成后固-固转换可以制备介孔低价金属氧化物和锂化介孔过渡金属氧化物，极大地丰富了介孔材料的种类及其应用。

不过，硬模板法也有缺点。首先，目标介孔金属氧化物必须对用于去除二氧化硅模板的 NaOH 或 HF 溶液保持稳定，尽管介孔碳可通过煅烧去除，但也可用作硬模板。例如，使用介孔二氧化硅无法合成介孔 ZnO、MgO 和 Al_2O_3，而使用介孔碳 CMK-3 作为模板则可获得此类介孔金属氧化物。其次，引入过渡金属离子前体仍需要一个溶液步骤，这就限制了材料的范围，只能是那些在溶液中稳定的材料。此外，前体与介孔二氧化硅发生反应的材料（如锂化介孔金属氧化物、介孔 ZnO 和 Al_2O_3）也无法合成。使用介孔碳作为硬模板时，主要缺点是前体水溶液对孔壁的润湿性较差。

4.4.8　硬模板法调控介孔金属氧化物的孔径与壁厚

介孔金属氧化物的孔径和壁厚可以通过几种方法进行调节，包括控制二氧化硅硬模板的孔径和壁厚，以及改变介孔金属氧化物的结晶温度。通常可通过改变合成过程中水热条件、不同链长的表面活性剂或煅烧温度来改变二氧化硅的孔径和壁厚。

例如，Ren 等人[87] 利用在不同水热处理温度下获得的不同 KIT-6 模板制备了一系列介孔 Co_3O_4，其壁厚从 4～10nm 不等，孔径从 3～10nm 不等。类似的方法还用于制备一系列有序介孔 β-MnO_2，其孔径在 3～11nm 之间，壁厚在 4.7～10.1nm 之间。使用在 500～1000℃之间煅烧的介孔二氧化硅 KIT-6 模板获得 Co_3O_4，其孔径和壁厚分别在 3.7～11.9nm 和 2.2～8.2nm 范围内系统地变化。Yue 等人[88] 使用 KIT-6 作为硬模板，通过改变金红石结晶温度（100～600℃），制备出不同孔径（4.9～7.2nm）的介孔金红石。

通过控制 KIT-6 模板的结构，可以制备出具有双峰孔径分布的介孔 β-MnO_2 和 NiO，并可改变两种孔的比例。KIT-6 包含两组由微孔通道连接的介孔，这些通道的数量随水热合成条件的不同而变化。KIT-6 中大量微孔通道的存在可确保两组介孔的完全填充，从而在浇铸时形成孔径为 3.4nm 的介孔金属氧化物，而 KIT-6 中较少的微孔通道则可形成孔径为 11nm 的介孔金属氧化物。通过这种方法制备出了孔径大（约 11nm）和孔径小（约 3.4nm）比例不同的介孔 β-MnO_2 和 NiO。使用最近开发的三连续介孔二氧化硅作为硬模板，也许可以制备具有三峰孔径分布的介孔金属氧化物。

4.5 介孔金属材料

4.5.1 概述

介孔金属纳米结构领域具有其他领域无法比拟的优势。与微孔和大孔材料相比，这些材料的电化学性能得到显著提升。过去几十年来，人们开发了各种方法来实现孔径分布窄、孔隙率和颗粒形态可调的材料。虽然硬模板为合成介孔金属提供了一种可靠而直观的方法，但该技术的复杂性和有害化学物质的使用促使一些研究小组将重点转向其他方向。例如，软模板（如各向同性晶体、胶束组装体）和溶液相方法（需要控制还原反应）在可用成分和形态方面提供了越来越多的可能性。事实上，各种金属（铂、钯、金、钌等）现在都可合成具有不同形貌、尺寸、晶体或非晶体结构的纳米颗粒，且具有单组分或多组分、合金化或非合金化等特点。

4.5.2 硬模板法制备介孔金属材料

在硬模板法中，目标材料被沉积到具有所需形态模板（如介孔二氧化硅或介孔碳）的封闭空间中。这种方法可迅速扩展到各种介孔材料的合成。具有介孔结构的碳、金属和金属氧化物的合成已被广泛研究。与一锅软模板法相比，硬模板法通常涉及多个步骤，包括：①制备原始模板；②沉积无机物；③去除模板。最终产品的结构通常是原始模板的倒置复制品[89-90]。继这些开创性工作之后，大量含有不同成分（主要包括金属、金属氧化物和金属硫化物）的相关物质已被成功合成。Ryoo 及其合作者将硬模板路线扩展到金属体系的合成。在大多数情况下，具有坚固框架和高热稳定性的介孔二氧化硅被用作合成金属复合物的硬模板。通过流动 H_2 还原浸渍在 CM-48 硅胶中的四氨合硝酸铂 [$Pt(NH_3)_4(NO_3)_2$]，获得了直径为 3nm 的互连铂纳米线网络。Lu 及其合作者[91] 将钯盐的电化学沉积与硬模板法结合起来，成功合成了由有序钯纳米线阵列组成的薄膜。在硬模板法中，通过调整原始介孔模板的形态可以精确控制复制品的结构。

迄今为止，以 MCM-41($P6mm$)、SBA-15($P6mm$)、KIT-6($Ia\bar{3}d$)、和 MCM-48($Ia\bar{3}d$) 为硬模板制备了各种金属纳米结构，如零维（0D）纳米柱、一维（1D）纳米线和三维（3D）纳米线网络。使用 SBA-15 硬模板并结合紫外-可见光（UV-Vis）照射，可以通过还原各自的金属前体合成纳米颗粒和纳米线。通过在介孔二氧化硅基质（FSM-16）中诱导成核，成功地形成了均匀分散的金属纳米颗粒。最近，Chen 及其合作者[92] 利用单晶类 MCM-48 纳米球制备了自支撑介孔铂纳米球。先用熔盐浸渍模板，再用氢气还原，是复制原始硬模板介孔结构和形态的一种很有前途的策略。有趣的是，介孔铂纳米球在空气中的热稳定性可高达 300℃，能抵御任何明显的金属烧结，保持较高的比表面积，并在氧化还原反应（ORR）中表现出较高的催化活性。后者可归因于面依赖性反应活性以及三维互连介孔的存在促进了质量传输。

最近，Kuroda 等人[93] 使用二氧化硅纳米颗粒（直径为 30nm）作为硬模板，制备了笼型介孔铂。在该工作中，Pluronic P123 嵌段共聚物表面活性剂溶解到前体溶液中作为软模板。去除表面活性剂和二氧化硅后，就得到了具有粗糙壁的介孔铂。由于这种介孔铂材料具有相当高的比表面积，因此被视为一种前景广阔的催化剂。Ye 等人[94] 使用面心立方二氧化硅超级晶体（孔径为 40nm）作为模板合成了高度有序的介孔钯。利用这种方法，可以通过改变二氧化硅纳米颗粒的直径来精确控制产品的介孔尺寸。

在上述硬模板法中，模板内的金属沉积过程难以控制，因此产品的形状和粒度不易调整，一般会形成形状不规则的介孔金属。为了改进硬模板电镀路线，Yamauchi 等人重点研究了介孔二氧化硅模板内纳米级沉积的特殊机制。通过控制还原剂的还原强度，他们分别使用 KIT-6($Ia\bar{3}d$) 和 SBA-15($P6mm$) 模板成功合成了尺寸分布均匀的单分散多面体和橄榄形介孔铂纳米颗粒。还原和生长动力学在介孔晶体的合理设计中起着至关重要的作用。使用温和的还原剂，如抗坏血酸（AA），可以为还原剂进入介孔二氧化硅内部提供足够的时间，使铂的成核和生长在封闭的介孔二氧化硅通道中缓慢进行。因此，引入介孔的铂源材料在硬模板内完全被还原，通道外没有任何残留沉积。随着沉积时间的延长，颗粒尺寸逐渐增大，得到的颗粒在介孔模板内相互隔离，且粒度分布较窄。与之前的其他方法（如 H_2 还原法）相比，这种方法不需要任何复杂的仪器，操作简单，可重复性高，具有大规模生产的潜力。利用这种方法还制备出了包括铂-钌、铂-钴和铂-镍等在内的多种成分的介孔金属材料。对于介孔金属未来在电极、传感器、催化剂和给药系统等广泛领域的应用而言，控制明确的形态和狭窄的尺寸分布将成为决定性的因素。

4.5.3 软模板法制备介孔金属材料

纳米结构金属和半导体有许多重要的技术用途。它们通常是通过使用软模板法（如各向同性液晶或嵌段共聚物薄膜）制备出来的（图 4.12）。人们已经广泛研究了此类系统，以生产各种纳米结构，如纳米颗粒、一维纳米线、纳米棒、纳米管和二维纳米板。本节将重点讨论以溶致液晶或嵌段共聚物为模板合成的有序介孔金属。

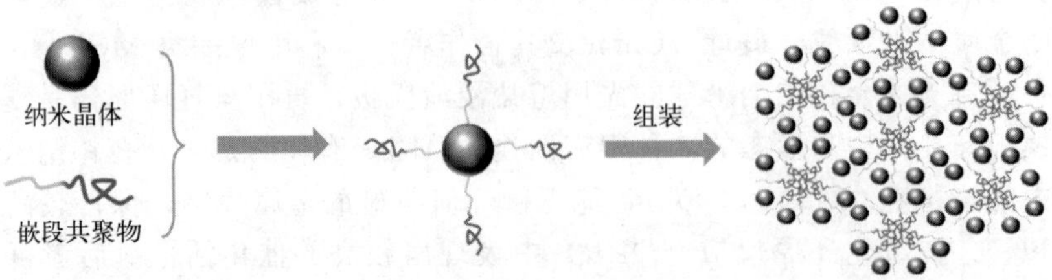

图 4.12　以嵌段共聚物为模板合成的有序介孔金属

4.5.3.1　溶致液晶（LLC）

LLC 由表面活性剂胶束自组装形成，可直接用作合成介孔金属的结构导向剂（图 4.13）。主要分为两个步骤：①LLC 的形成；②通过还原金属复合物形成介孔结构。要制备 LLC，需要高浓度的表面活性剂溶液（约 30%或更高，以质量分数计）。自 Attard 等人[95] 首次报道介孔铂粒子的制备方法以来，人们一直在使用其他不同成分的软质模板法制备介孔铂粒子。使用外部电源进行电沉积是还原金属离子的最有效方法之一。在导电基底上电化学沉积介孔金属薄膜通常需要一个由工作电极、参比电极和对电极组成的三电极池。介孔金属薄膜可沉积在作为工作电极的导电基底上［如金涂层基底、氧化铟锡（ITO）基底］。Attard 等人介绍了这种通过电化学沉积合成介孔铂薄膜的方法。大多数情况下，烷基聚环氧乙烷（C_mEO_n）型表面活性剂常用于形成 LLC。Bartlett 等人[96] 通过在由非离子型八乙二醇单十六烷基醚（$C_{16}EO_8$）和癸二醇六烷基醚（$C_{16}EO_{10}$，Brij-56）表面活性剂组成的六方 LLC 中电化学沉积钯盐，成功合成了介孔钯膜。Makino 及其合作者[97] 报道了以 Brij-56 LLC 为模板制备有序介孔 Ru 金属薄膜的研究。Ru 薄膜具有有序的介孔结构，电化学活性表面积约为 $100m^2 \cdot g^{-1}$。有趣的是，在 $0.5mol \cdot L^{-1}$ H_2SO_4 中通过电氧化可以获得六方有序的介孔 RuO_x，其电容约为 $400F \cdot g^{-1}$。与超级电容器应用相关的其他例子包括 Zhao 及其合作者[98] 报道的以六方 Brij-56 为基础的 LLCs 作为结构导向剂，通过电化学沉积方法制备的有序介孔氧化镍和氢氧化钴薄膜。这些电沉积薄膜由六角形的圆柱孔阵列组成。在 $2mol \cdot L^{-1}$KOH 溶液中以 $4A \cdot g^{-1}$ 的充放电电流密度进行的电化学测量显示，介孔氢氧化钴薄膜在−0.10～0.45V 的电位范围内具有很高的电化学电容，最大电容达到 $1084F \cdot g^{-1}$。结构特性对超级电容器介孔薄膜的电化学特性有很大影响。预计直径为 2～50nm 的介孔是电化学超级电容器的理想材料，与无序结构相比，有序的介孔结构有利于离子运动。

图 4.13　溶致液晶结构

通过化学或电化学沉积 LLC 中的金属离子，可以制备出具有不同成分的有序介孔金属。适当选择金属前体和表面活性剂是制备有序介孔金属的关键因素。Bender 等人[99] 系统研究了第ⅠB 族（如铜、银、金）和第ⅡB 族（如锌、镉）中几种金属以及其他金属（如镍和锡）的 LLC 模板法。与上述介孔铂材料相比，介孔铜、镉、镍和锡是无序的。镉、镍和锡的介孔结构稳定，但铜的介孔结构可能由于氧化作用而迅速坍塌。由于晶体生长随机和/或过快，无法观察到介孔结构银、金和锌的形成。在另一篇关于成功合成介孔银膜的报道中，使用稀释的混合表面活性剂溶液，通过浸涂法在基底上制备大面积 LLC 膜。在最佳条件下（湿度适中、光催化还原），可以成功制备出有序的二维六边形介孔银膜。在金属沉积过程中，其他参数，如温度、沉积电位、电极材料和几何形状，都会对最终的结构特性产生很大影响。Elliott 等人[100] 系统地研究了六方有序 LLCs 合成介孔铂薄膜过程中沉积条件的影响。尤其是温度和沉积电位对薄膜的表面积和粗糙度有着至关重要的影响。在电沉积过程中，提高温度会导致表面积和孔与孔之间的距离显著增加，这是由介孔排列逐渐变形造成的。选择电极材料和几何形状也是增加表面积的关键。将介孔铂薄膜电沉积到六方有序 LLC 的微电极上，得到的薄膜具有高表面积和高效的质量传输特性。

迄今为止，人们已经利用各种基于表面活性剂或两亲嵌段共聚物的有机模板来合成介孔金属。孔隙大小主要取决于胶束的疏水链长度。因此，使用由具有长疏水链的高分子量聚合物[如聚环氧乙烷-嵌段聚苯乙烯(PEO-*b*-PS)]组成的 LLC，可以制造出具有较大孔隙的介孔结构。通过使用由两亲性二嵌段共聚物组成的 LLC，可以获得具有紧密连接的巨型介孔的新型介孔铂。增大孔径可使介孔结构的内部更容易接触到客体，这是进一步将此类材料用于催化应用的关键因素。通过改变 LLC 的类型和组成，可容易地获得几种不同的介孔结构（即片状、二维六方体（$P6mm$）、三维立方体（$Ia\bar{3}d$）和三维笼型］。在合成介孔铂的过程中，只需改变铂盐与嵌段共聚物的组成比例，就能获得各种介孔结构，包括二维六方体、层状和笼状。溶解的铂水配合物通过氢键连接到 PEO 基团上。增加亲水性头部基团（PEO 基团）与疏水性尾部基团（PS 基团）的体积比，可促使铂从片状转变为二维六方体，并进一步转变为笼状。可能由于表面活性剂双层膜的高流动性，通过电化学方法从片状 LLC 模板预制金属纳米结构的情况非常罕见。非离子表面活性剂四甘醇单十二烷基醚（$C_{12}EO_4$）也能形成稳定的片层 LLC，并能有效地用作模板，但与 PEO-*b*-PS 系统相比，其层间空间较小。

目前，人们特别关注具有介孔结构的双金属合金，因为这种结构具有独特的催化、电子、光学和磁学特性。通过两种不同金属源的共还原，各种具有介孔结构的二元合金（如铂钌、铂镍、碲镉、镍钴）已被报道。在大多数情况下，以 C_mEO_n 为基础的 LLC 被用作模板，但阳离子表面活性剂也是潜在的候选材料。含有十六烷基三甲基溴化铵（CTAB）、$NiCl_2$ 和 $CoCl_2$ 的 LLC 可以形成具有高电化学活性表面积的介孔镍钴薄膜。三元合金体系对于进一步实现新功能也很重要。例如，通过将金属物种溶解在 LLC 中，制备出了高度有序的多组分介质结构镍钴铁合金。合金的饱和磁化可通过改变金属成分的比例来控制。通过合金化可以实现单金属体系无法实现的新功能，从而为这些材料开辟了一系列新的磁性应用领域。研究发现，合金的缓慢沉积以及镍与二甲胺硼烷（DMAB）结合的自催化反应可形成高度有序的介观结构三元合金。通过在 LLC 相中优化还原几种金属盐，制备了介孔 PtSn、PtSnRu 和 PtSnOs 材料作为新型电催化剂。在 PtSn 中引入第三种金属（Ru、Os）后，其平均晶粒尺寸明显减小。在合成过程中，Sn 起到了防止 Pt 团聚的作用。在 PtSn 中加入第三种金属可有效降低起始电位并增加乙醇氧化电流。

由于 LLC 将反应物封闭在有限的空间内，因此会影响金属的成核和生长过程。利用原位表征技术进行的仔细研究证明，介观结构衍化由以下步骤组成：①从金属前体还原出原子的初始形成；②纳米粒子的生成；③纳米粒子的聚集（如连接）。在铂-钌合金中，金属铂前体在钌前体之前被还原，从而形成富含铂核心和钌外壳的合金纳米粒子。根据 LLC 的几何形状，在电还原的早期阶段，纳米粒子的尺寸会迅速饱和到最大值（取决于水溶液空间），随后纳米粒子会相互连接。由基于 $C_{16}EO_8$ 的 LLC 制备的二维六方体有序介孔铂纳米颗粒（尺寸约为 3nm）也具有类似的互连框架结构（项链状）。此外，研究还表明，由原子结构产生的晶格条纹可以连贯地延伸到框架中的多个纳米粒子上。

4.5.3.2 通过溶剂蒸发形成 LLC

如前所述，高浓度表面活性剂或嵌段共聚物制成的 LLC 已被用作软模板。通过化学或电化学还原，可相应地合成有序介孔金属粉末或薄膜。要形成 LLC，需要大量的表面活性剂，其中分子的接近是自排列的主要原因（浓度超过 30%，以质量分数计)。在确定三元组分（包括表面活性剂、水和金属物种）及其各自的比例后，对混合物进行加热和剧烈搅拌。重复这一过程，直到获得均匀的混合物。LLC 的形成可以通过溶剂蒸发来调控，即在初始 LLC 前体溶液中加入乙醇或四氢呋喃（THF）等挥发性溶剂。挥发性溶剂在均匀的前体溶液中优先蒸发，从而形成含有金属复合物的稳定 LLC。尽管这种方法主要用于合成介孔铂薄膜，但通过选择适当的金属前体，也可以获得多种介孔金属和合金。通过 DMAB 的气相渗透，从具有二维六方对称结构的 LLC 涂层中沉积出了铂和铂基合金。将制备好的含有金属离子的 LLC 膜与作为还原剂的 DMAB 一起放入密封容器中，通过还原剂的气相渗透沉积介孔金属。这种方法还可以与硬模板［如多孔阳极氧化铝（PAA）］相结合，合成具有介孔结构的纳米棒。此外，介孔铂纳米管也可以通过类似的方法成功制备，即在金属沉积之前施加适度的压力。

其他研究小组也提出了类似的概念，如 Zhang 等人[101]，他们报道了利用非离子型 Brij 56 表面活性剂（$C_{16}EO_8$）作为 LLC 成分、以 PAA，浇铸反向多孔聚甲基丙烯酸甲酯（PMMA）作为硬模板，制备有序分层多孔铂膜的方法。得到的铂膜具有有序的介孔和可调的大孔道，以及与 PAA 模板相似的连续框架。通过控制 $C_{16}EO_8$ 溶液的浓度，可以定制铂膜中的介孔结构。例如，55%（以质量分数计，下同）和 70%的 $C_{16}EO_8$ 溶液浓度下可分别形成六方和片状液晶相。同一研究小组还报道了具有几何介观结构的铂的合成，这种结构可通过对 PAA 的圆柱形纳米通道进行还原来控制。有趣的是，所获得的单晶六方体介观结构铂纳米线显示出主要的面，众所周知，这是在低指数晶面中具有最高 ORR 活性的晶面。这种单晶表面可以为研究其配位性质提供理想的模型系统。另一个例子是，使用蛋白石二氧化硅硬模板和 $C_{16}EO_8$ 形成的 LLC 作为软模板，通过化学还原法制备了分层铂单晶。与商用铂黑催化剂相比，所获得的铂催化剂具有更大的电化学活性表面积，在甲醇氧化反应（MOR）中具有更高的催化活性和对 CO 中毒的耐受性。

4.5.3.3　胶束组装

一般来说，介孔金属是作为薄膜沉积在导电基底上的，导电基底是工作电极。然而，与使用水溶液的传统金属电沉积系统相比，由于 LLC 黏度高，很难安装和操作三电极电池设备。因此，我们需要一种更简单、更先进的新合成方法。不同于需要高浓度表面活性剂（超过 30%，以质量分数计）的 LLC 方法，Yamauchi 及其合作者最近提出了一种胶束组装方法，利用稀释的表面活性剂溶液制备介孔金属膜，通过选择不同的表面活性剂和添加有机膨胀剂，可在很大范围内调节可进入的介孔大小。介孔铂薄膜可以通过表面活性剂胶束与金属物种的组装进行电沉积。在电镀溶液中，溶解的铂元素与水分子配位形成金属-水配合物，这些配合物吸附在表面活性剂胶束的环氧乙烷（EO）分子外部。因此，在电化学沉积过程中，铂元素会与表面活性剂胶束一起向工作电极移动，而表面活性剂胶束则起着结构导向剂作用。电镀溶液可以多次重复使用，显示了这种方法的高重复性。

这种方法可以很容易地扩展到其他介孔铂基合金（如铂钯、铂钌）的制备中，为新型电极材料在高性能电池中的应用铺平了道路。例如，通过改变铂钯前驱体的比例，可以成功合成各种成分的铂钯合金膜。所获得的介孔薄膜的框架由相连的金属纳米颗粒（直径约 3nm）组成，结晶性连贯地延伸到多个纳米颗粒上。每个纳米粒子都处于合金状态，并显示出特征性的形态，其形状不规则，表面指数较高，因此有大量的阶梯。由于这种独特的孔壁和较高的有效表面积，获得的介孔薄膜对 MOR 具有极高的催化活性。这种方法还被用于制造逐层交替电沉积介孔铂和钯薄膜。电沉积时间与金属层厚度之间的线性关系允许对薄膜结构进行精确控制。由于铂和钯层之间具有高表面积和可接触的异金属界面，因此增强了对 MOR 的电催化活性。如此简单的介孔金属和合金电化学设计应能极大地促进未来的应用，如微型传感器、微型电池、微型生物活性材料、微型设备等。此外，这种合成方法有望用于制备其他具有重要技术架构的金属和半导体导电纳米结构薄膜。

这种方法的本质是利用表面活性剂分子在固液界面自组装成胶束，从而合成介孔金属纳米粒子。通过将这种方法与自引晶工艺相结合，成功合成了以 Pd 为核心的介孔双金属 PdPt 纳米粒子。由于钯的还原速度较快，金属盐混合物的自发反应会形成富含钯的种子，然后通过表面活性剂胶束的自组装将其封盖。随后，铂沉积在预形成的钯种子上，引发了介孔铂壳的生长。抗坏血酸具有还原能力，可通过精确控制前驱体溶液的酸度来调节其还原能力，因此被用作还原剂。这种一步法合成过程是在高酸性条件下进行的，以降低金属离子的还原率，从而为胶束附着在富钯种子上提供足够的时间，并为随后介孔壳的生长充当模板。所获得的介孔纳米颗粒在大小和形态上都非常均匀，而且电解活性大大提高，这可以归功于两种金属之间的协同效应，以及纳米多孔结构提供的高表面积和丰富的催化活性位点。

本方法基于一种环境友好型工艺，可扩展到合成其他具有超大介孔的金属和合金体系，用于制造高性能催化剂，也可进行大规模工业化生产。最近，研究人员开发了一种简便的合成方法，用于预分离具有超大介孔的多金属球。研究发现，PluronicF127 的浓度和金属物种的还原动力学是形成均匀的超大介孔三元金属 Au@PdPt 和 PdPtCu 球体的关键因素。由于引入了第三种元素，重新构建了电子布局，因此观察到 MOR 的电催化性能和耐用性得到了增强。

4.6 小结

介孔材料的合成是材料科学和纳米技术中的一个重要研究领域。介孔材料以其独特的孔道结构，在催化、医学、环境和能源等领域有着广泛的应用。目前，在全球科研人员的共同努力下，介孔材料的合成已经取得了令人振奋的突破性进展，不同合成手段呈现出了百花齐放的态势，其各有优劣（表4.1）。随着合成体系和手段的不断优化与创新，介孔材料的功能性和可控性得到了显著提升。研究人员可以调整孔径大小、形态和表面化学性质，以适应特定的应用。这种高度可控的结构特性使得研究人员开发出了具有更强催化活性、更高药物负载量、更强气体吸附能力和更高储能特性的创新材料。介孔材料的精确设计为解决多个应用领域的核心问题提供了新思路，使它们成为可应对不同技术挑战且极具前景的候选材料。

表4.1 介孔材料不同合成方法比较

合成方法	优点	缺点
软模板法	重复性好、工艺简单、用途广泛	稳定性较差、使用条件苛刻
硬模板法	可以精确地控制目标产品的尺寸和规格，可以得到不同形貌的颗粒	模板的去除往往会导致部分空隙结构的坍塌，影响产品的性能；部分填充的试样会导致孔隙中不连续的结构缺陷；模板材料来源有限
共沉淀法	制备工艺简单、成本低、制备条件易于控制、合成周期短、能耗低、产率高	单项共沉淀法难以保证组成的均匀性；混合物共沉淀过程复杂
蒸发诱导自组装	过程简单、低成本、可扩展性强	过程涉及大量有机溶剂的蒸发、样品不易收集、不适合大规模生产
水热法	反应动力学快、产物纯度高、结晶度高、收率高、颗粒产物均匀、颗粒粒度分布窄、环境友好、易于推广应用	反应周期长；反应装置昂贵；反应在高温高压条件下进行，反应过程中可能存在安全问题
化学气相沉积法	具有高均镀性、高沉积速率和获得厚涂层的能力，通常不需要超高真空条件	通常在高温下运行，其中许多基板都不是热稳定的；需要具有高蒸气压的剧毒和危险的化学前体
静电纺丝法	成本低廉、工艺简单、用途广泛	产量低；得到的纳米纤维强度差
微乳液法	装备简单，能耗低，操作容易，获得的颗粒粒径均匀	表面活性剂成本高、不易回收

合成介孔材料也面临着一系列挑战。首先，对孔径和分布的精确控制依然较为复杂，通常需要使用复杂的模板剂、表面活性剂和溶剂。其次，扩大生产工艺规模也面临挑战，这限制了某些应用的实用性。克服这些挑战是当前研究

工作的重点，研究人员正在努力开发更高效、更可持续的合成方法。此外，介孔材料合成面临的另一个重要问题是“绿色化学原则”，即可持续性。随着全球环保意识的增强，研究人员正在探索生态友好型的方法来制备这些材料。在合成过程中使用可生物降解的模板和减少有毒或有害化学物质的使用正成为重要的研究目标。在介孔材料合成过程中采用可持续的方法，与开发更环保的技术、解决材料生产对环境影响的努力方向相一致。

总之，合成介孔材料的前景既乐观又具有挑战性。该类材料在多个领域展现出巨大潜力，然而其复杂的合成工艺是实现这些应用的瓶颈。随着研究人员以可持续发展为重点不断调整方法，介孔材料在各个技术领域引发的概念革新与技术提升依然不容小觑。追求精确、高效、可规模化、低成本和环保的合成手段，对于实现介孔材料的实际应用至关重要。

参考文献

[1] Ryoo R, Joo S H, Jun S. Synthesis of highly ordered carbon molecular sieves via template-mediated structural transformation [J]. The Journal of Physical Chemistry B, 1999, 103 (37): 7743-7746.

[2] Liang C, Dai S. Synthesis of mesoporous carbon materials via enhanced hydrogen-bonding interaction [J]. J Am Chem Soc, 2006, 128 (16): 5316-5317.

[3] Xu J, Wang A, Zhang T. A two-step synthesis of ordered mesoporous resorcinol-formaldehyde polymer and carbon [J]. Carbon, 2012, 50 (5): 1807-1816.

[4] Liu D, Lei J-H, Guo L-P, et al. Simple hydrothermal synthesis of ordered mesoporous carbons from resorcinol and hexamine [J]. Carbon, 2011, 49 (6): 2113-2119.

[5] Liu D, Lei J-H, Guo L-P, et al. One-pot aqueous route to synthesize highly ordered cubic and hexagonal mesoporous carbons from resorcinol and hexamine [J]. Carbon, 2012, 50 (2): 476-487.

[6] Liang C, Hong K, Guiochon G A, et al. Synthesis of a large-scale highly ordered porous carbon film by self-assembly of block copolymers [J]. Angew Chem Int Ed Engl, 2004, 43 (43): 5785-5789.

[7] Simanjuntak F H, Jin J, Nishiyama N, et al. Ordered mesoporous carbon films prepared from 1, 5-dihydroxynaphthalene/triblock copolymer composites [J]. Carbon, 2009, 47 (10): 2531-2533.

[8] Tanaka S, Doi A, Nakatani N, et al. Synthesis of ordered mesoporous carbon films, powders, and fibers by direct triblock-copolymer-templating method using an ethanol/water system [J]. Carbon, 2009, 47 (11): 2688-2698.

[9] Zhao X, Li W, Liu S. Ordered mesoporous carbon membrane prepared from liquefied larch by a soft method [J]. Materials Letters, 2014, 126: 174-177.

[10] Werner J G, Scherer M R J, Steiner U, et al. Gyroidal mesoporous multifunctional nanocomposites via atomic layer deposition [J]. Nanoscale, 2014, 6 (15): 8736-8742.

[11] Elaigwu S E, Kyriakou G, Prior T J, et al. Microwave-assisted hydrothermal synthesis of carbon monolith via a soft-template method using resorcinol and formaldehyde as carbon precursor and

pluronic F127 as template [J] . Materials Letters, 2014, 123: 198-201.

[12] Guo D-C, Li W-C, Dong W, et al. Rapid synthesis of foam-like mesoporous carbon monolith using an ultrasound-assisted air bubbling strategy [J] . Carbon, 2013, 62: 322-329.

[13] Elaigwu S E, Greenway G M. Biomass derived mesoporous carbon monoliths via an evaporation-induced self-assembly [J] . Materials Letters, 2014, 115: 117-120.

[14] Tao X, Chen X, Xia Y, et al. Highly mesoporous carbon foams synthesized by a facile, cost-effective and template-free Pechini method for advanced lithium-sulfur batteries [J] . Journal of Materials Chemistry A, 2013, 1 (10): 3295-3301.

[15] Lv Y-K, Feng Y-L, Gan L-H, et al. Synthesis of Co-containing mesoporous carbon foams using a new cobalt-OXO cluster as a precursor [J] . Journal of Solid State Chemistry, 2012, 185: 198-205.

[16] Xiong W, Liu M, Gan L, et al. A novel synthesis of mesoporous carbon microspheres for supercapacitor electrodes [J] . Journal of Power Sources, 2011, 196 (23): 10461-10464.

[17] Fang Y, Gu D, Zou Y, et al. A low-concentration hydrothermal synthesis of biocompatible ordered mesoporous carbon nanospheres with tunable and uniform size [J] . Angewandte Chemie International Edition, 2010, 49 (43): 7987-7991.

[18] Liu J, Yang T, Wang D-W, et al. A facile soft-template synthesis of mesoporous polymeric and carbonaceous nanospheres [J] . Nature Communications, 2013, 4 (1): 2798.

[19] Wei J, Liang Y, Zhang X, et al. Controllable synthesis of mesoporous carbon nanospheres and Fe-N/carbon nanospheres as efficient oxygen reduction electrocatalysts [J] . Nanoscale, 2015, 7 (14): 6247-6254.

[20] Yoon S B, Sohn K, Kim J Y, et al. Fabrication of carbon capsules with hollow macroporous core/mesoporous shell structures [J] . Advanced Materials, 2002, 14 (1): 19-21.

[21] Li Y, Yang Y, Shi J, et al. Synthesis and characterization of hollow mesoporous carbon spheres with a highly ordered bicontinuous cubic mesostructure [J] . Microporous and Mesoporous Materials, 2008, 112 (1): 597-602.

[22] Chen A, Yu Y, Lv H, et al. Thin-walled, mesoporous and nitrogen-doped hollow carbon spheres using ionic liquids as precursors [J] . Journal of Materials Chemistry A, 2013, 1 (4): 1045-1047.

[23] Böttger-Hiller F, Kempe P, Cox G, et al. Twin polymerization at spherical hard templates: An approach to size-adjustable carbon hollow spheres with micro- or mesoporous shells [J] . Angewandte Chemie International Edition, 2013, 52 (23): 6088-6091.

[24] Xia Y D, Mokaya R. Ordered mesoporous carbon hollow spheres nanocast using mesoporous silica via chemical vapor deposition [J] . Advanced Materials, 2004, 16 (11): 886-891.

[25] Chen X, Kierzek K, Cendrowski K, et al. CVD generated mesoporous hollow carbon spheres as supercapacitors [J] . Colloids and Surfaces A: Physicochemical and Engineering Aspects, 2012, 396: 246-250.

[26] Wang H, Shi L, Yan T, et al. Design of graphene-coated hollow mesoporous carbon spheres as high performance electrodes for capacitive deionization [J] . Journal of Materials Chemistry A, 2014, 2 (13): 4739-4750.

[27] Liu H-J, Wang X-M, Cui W-J, et al. Highly ordered mesoporous carbon nanofiber arrays from a crab shell biological template and its application in supercapacitors and fuel cells [J] . Journal of Materials Chemistry, 2010, 20 (20): 4223-4230.

[28] Li W, Zhang F, Dou Y, et al. A self-template strategy for the synthesis of mesoporous carbon nanofibers as advanced supercapacitor electrodes [J] . Advanced Energy Materials, 2011, 1 (3): 382-386.

[29] Kim B-H, Yang K S, Ferraris J P. Highly conductive, mesoporous carbon nanofiber web as electrode material for high-performance supercapacitors [J] . Electrochimica Acta, 2012, 75: 325-331.

[30] Liu H, Cao C-Y, Wei F-F, et al. Fabrication of macroporous/mesoporous carbon nanofiber using $CaCO_3$ nanoparticles as dual purpose template and its application as catalyst support [J] . The Journal of Physical Chemistry C, 2013, 117 (41): 21426-21432.

[31] Liu Z, Fu D, Liu F, et al. Mesoporous carbon nanofibers with large cage-like pores activated by tin dioxide and their use in supercapacitor and catalyst support [J] . Carbon, 2014, 70: 295-307.

[32] Wu G-P, Yang J, Wang D, et al. A novel route for preparing mesoporous carbon aerogels using inorganic templates under ambient drying [J] . Materials Letters, 2014, 115: 1-4.

[33] Chen H, Sun F, Wang J, et al. Nitrogen Doping Effects on the Physical and Chemical Properties of Mesoporous Carbons [J] . The Journal of Physical Chemistry C, 2013, 117 (16): 8318-8328.

[34] Zhao L, Baccile N, Gross S, et al. Sustainable nitrogen-doped carbonaceous materials from biomass derivatives [J] . Carbon, 2010, 48 (13): 3778-3787.

[35] Chen A, Yu Y, Zhang Y, et al. Solid-solid grinding/templating route to magnetically separable nitrogen-doped mesoporous carbon for the removal of Cu^{2+} ions [J] . Journal of Hazardous Materials, 2014, 279: 280-288.

[36] Yanagisawa T, Shimizu T, Kuroda K, et al. The preparation of alkyltrimethylammonium-kanemite complexes and their conversion to microporous materials [J] . Bulletin of the Chemical Society of Japan, 1990, 63 (4): 988-992.

[37] Monnier A, Schüth F, Huo Q, et al. Cooperative formation of inorganic-organic interfaces in the synthesis of silicate mesostructures [J] . Science, 1993, 261 (5126): 1299-1303.

[38] Huo Q, Margolese D I, Ciesla U, et al. Generalized synthesis of periodic surfactant/inorganic composite materials [J] . Nature, 1994, 368 (6469): 317-321.

[39] Israelachvili J N, Mitchell D J, Ninham B W. Theory of self-assembly of hydrocarbon amphiphiles into micelles and bilayers [J] . Journal of the Chemical Society, Faraday Transactions 2: Molecular and Chemical Physics, 1976, 72: 1525-1568.

[40] Bagshaw S A, Prouzet E, Pinnavaia T J. Templating of mesoporous molecular sieves by nonionic polyethylene oxide surfactants [J] . Science, 1995, 269 (5228): 1242-1244.

[41] Attard G S, Glyde J C, Göltner C G. Liquid-crystalline phases as templates for the synthesis of mesoporous silica [J] . Nature, 1995, 378 (6555): 366-368.

[42] Yanagisawa T, Shimizu T, Kuroda K, et al. Trimethylsilyl derivatives of alkyltrimethylammonium-Kanemite complexes and their conversion to microporous SiO_2 materials [J] . Bulletin of the Chemical Society of Japan, 1990, 63 (5): 1535-1537.

[43] Inagaki S, Guan S, Fukushima Y, et al. Novel mesoporous materials with a uniform distribution of organic groups and inorganic oxide in their frameworks [J] . J Am Chem Soc, 1999, 121 (41): 9611-9614.

[44] Melde B J, Holland B T, Blanford C F, et al. Mesoporous sieves with unified hybrid inorganic/

organic frameworks [J] . Chemistry of Materials, 1999, 11 (11): 3302-3308.

[45] Asefa T, MacLachlan M J, Coombs N, et al. Periodic mesoporous organosilicas with organic groups inside the channel walls [J] . Nature, 1999, 402 (6764): 867-871.

[46] Meynen V, Cool P, Vansant E F. Verified syntheses of mesoporous materials [J] . Microporous and Mesoporous Materials, 2009, 125 (3): 170-223.

[47] Brinker C J. Hydrolysis and condensation of silicates: Effects on structure [J] . Journal of Non-Crystalline Solids, 1988, 100 (1): 31-50.

[48] Huo Q, Margolese D I, Stucky G D. Surfactant control of phases in the synthesis of mesoporous silica-based materials [J] . Chemistry of Materials, 1996, 8 (5): 1147-1160.

[49] Kresge C T, Leonowicz M E, Roth W J, et al. Ordered mesoporous molecular sieves synthesized by a liquid-crystal template mechanism [J] . Nature, 1992, 359 (6397): 710-712.

[50] Ryoo R, Kim J M. Structural order in MCM-41 controlled by shifting silicate polymerization equilibrium [J] . Journal of the Chemical Society, Chemical Communications, 1995 (7): 711-712.

[51] Che S, Garcia-Bennett A E, Yokoi T, et al. A novel anionic surfactant templating route for synthesizing mesoporous silica with unique structure [J] . Nature Materials, 2003, 2 (12): 801-805.

[52] Jarmolińska S, Feliczak-Guzik A, Nowak I. Synthesis, characterization and use of mesoporous silicas of the following types SBA-1, SBA-2, HMM-1 and HMM-2 [J] . Materials, 2020, 13: 4385.

[53] Tanev P T, Pinnavaia T J. A neutral templating route to mesoporous molecular sieves [J] . Science, 1995, 267 (5199): 865-867.

[54] Zhao D, Feng J, Huo Q, et al. Triblock copolymer syntheses of mesoporous silica with periodic 50 to 300 angstrom pores [J] . Science, 1998, 279 (5350): 548-552.

[55] Zhao D, Huo Q, Feng J, et al. Nonionic triblock and star diblock copolymer and oligomeric surfactant syntheses of highly ordered, hydrothermally stable, mesoporous silica structures [J] . J Am Chem Soc, 1998, 120 (24): 6024-6036.

[56] Patarin J. Mild methods for removing organic templates from inorganic host materials [J] . Angewandte Chemie International Edition, 2004, 43 (30): 3878-3880.

[57] Tian B, Liu X, Yu C, et al. Microwave assisted template removal of siliceous porous materials [J] . Chemical Communications, 2002 (11): 1186-1187.

[58] Barczak M. Template removal from mesoporous silicas using different methods as a tool for adjusting their properties [J] . New Journal of Chemistry, 2018, 42 (6): 4182-4191.

[59] Zhuravlev L T. The surface chemistry of amorphous silica. Zhuravlev model [J] . Colloids and Surfaces A: Physicochemical and Engineering Aspects, 2000, 173 (1): 1-38.

[60] Zhuravlev L T. Concentration of hydroxyl groups on the surface of amorphous silicas [J] . Langmuir, 1987, 3 (3): 316-318.

[61] Rosenholm J M, Lindén M. Wet-chemical analysis of surface concentration of accessible groups on different amino-functionalized mesoporous SBA-15 silicas [J] . Chemistry of Materials, 2007, 19 (20): 5023-5034.

[62] Croissant J G, Fatieiev Y, Khashab N M. Degradability and clearance of silicon, organosilica, silsesquioxane, silica mixed oxide, and mesoporous silica nanoparticles [J] . Advanced Materials, 2017, 29 (9): 1604634.

[63] Du X, Li X, Xiong L, et al. Mesoporous silica nanoparticles with organo-bridged silsesquioxane

framework as innovative platforms for bioimaging and therapeutic agent delivery [J] . Biomaterials, 2016, 91: 90-127.

[64] Grün M, Lauer I, Unger K K. The synthesis of micrometer- and submicrometer-size spheres of ordered mesoporous oxide MCM-41 [J] . Advanced Materials, 1997, 9 (3): 254-257.

[65] Cai Q, Luo Z-S, Pang W-Q, et al. Dilute solution routes to various controllable morphologies of MCM-41 silica with a basic medium [J] . Chemistry of Materials, 2001, 13 (2): 258-263.

[66] Fowler C E, Khushalani D, Lebeau B, et al. Nanoscale materials with mesostructured interiors [J] . Advanced Materials, 2001, 13 (9): 649-652.

[67] Nooney R I, Thirunavukkarasu D, Chen Y, et al. Synthesis of nanoscale mesoporous silica spheres with controlled particle size [J] . Chemistry of Materials, 2002, 14 (11): 4721-4728.

[68] Ghimire P P, Jaroniec M. Renaissance of Stöber method for synthesis of colloidal particles: New developments and opportunities [J] . Journal of Colloid and Interface Science, 2021, 584: 838-865.

[69] Knossalla J, Jalalpoor D, Schüth F. Hands-on guide to the synthesis of mesoporous hollow graphitic spheres and core-shell materials [J] . Chemistry of Materials, 2017, 29 (17): 7062-7072.

[70] Wang X, Zhang Y, Luo W, et al. Synthesis of ordered mesoporous silica with tunable morphologies and pore sizes via a nonpolar solvent-assisted Stöber method [J] . Chemistry of Materials, 2016, 28 (7): 2356-2362.

[71] Möller K, Bein T. Talented mesoporous silica nanoparticles [J] . Chemistry of Materials, 2017, 29 (1): 371-388.

[72] Lee H I, Kim J H, Stucky G D, et al. Morphology-selective synthesis of mesoporous SBA-15 particles over micrometer, submicrometer and nanometer scales [J] . Journal of Materials Chemistry, 2010, 20 (39): 8483-8487.

[73] Zhu Y, Li H, Xu J, et al. Monodispersed mesoporous SBA-15 with novel morphologies: Controllable synthesis and morphology dependence of humidity sensing [J] . CrystEngComm, 2011, 13 (2): 402-405.

[74] Croissant J G, Fatieiev Y, Almalik A, et al. Mesoporous silica and organosilica nanoparticles: Physical chemistry, biosafety, delivery strategies, and biomedical applications [J] . Advanced Healthcare Materials, 2018, 7 (4): 1700831.

[75] Manzano M, Vallet-Regí M. Mesoporous silica nanoparticles for drug delivery [J] . Advanced Functional Materials, 2020, 30 (2): 1902634.

[76] Yang P, Zhao D, Margolese D I, et al. Generalized syntheses of large-pore mesoporous metal oxides with semicrystalline frameworks [J] . Nature, 1998, 396 (6707): 152-155.

[77] Zhu K, Yue B, Zhou W, et al. Preparation of three-dimensional chromium oxide porous single crystals templated by SBA-15 [J] . Chemical Communications, 2003 (1): 98-99.

[78] Grosso D, Boissière C, Smarsly B, et al. Periodically ordered nanoscale islands and mesoporous films composed of nanocrystalline multimetallic oxides [J] . Nature Materials, 2004, 3 (11): 787-792.

[79] Antonelli D M, Ying J Y. Synthesis of hexagonally packed mesoporous TiO_2 by a modified sol-gel method [J] . Angewandte Chemie International Edition in English, 1995, 34 (18): 2014-2017.

[80] Yang P, Zhao D, Margolese D I, et al. Block copolymer templating syntheses of mesoporous metal oxides with large ordering lengths and semicrystalline framework [J] . Chemistry of Materi-

als, 1999, 11 (10): 2813-2826.

[81] Sanchez C, Rozes L, Ribot F, et al. "Chimie douce": A land of opportunities for the designed construction of functional inorganic and hybrid organic-inorganic nanomaterials [J]. Comptes Rendus Chimie, 2010, 13 (1): 3-39.

[82] Lai X, Li X, Geng W, et al. Ordered mesoporous copper oxide with crystalline walls [J]. Angewandte Chemie International Edition, 2007, 46 (5): 738-741.

[83] Lee J, Christopher Orilall M, Warren S C, et al. Direct access to thermally stable and highly crystalline mesoporous transition-metal oxides with uniform pores [J]. Nature Materials, 2008, 7 (3): 222-228.

[84] Tüysüz H, Liu Y, Weidenthaler C, et al. Pseudomorphic transformation of highly ordered mesoporous Co_3O_4 to CoO via reduction with glycerol [J]. J Am Chem Soc, 2008, 130 (43): 14108-14110.

[85] Ren Y, Bruce P G, Ma Z. Solid-solid conversion of ordered crystalline mesoporous metal oxides under reducing atmosphere [J]. Journal of Materials Chemistry, 2011, 21 (25): 9312-9318.

[86] Corma A, Atienzar P, García H, et al. Hierarchically mesostructured doped CeO_2 with potential for solar-cell use [J]. Nature Materials, 2004, 3 (6): 394-397.

[87] Ren Y, Jiao F, Bruce P G. Tailoring the pore size/wall thickness of mesoporous transition metal oxides [J]. Microporous and Mesoporous Materials, 2009, 121 (1): 90-94.

[88] Yue W, Xu X, Irvine J T S, et al. Mesoporous monocrystalline TiO_2 and its solid-state electrochemical properties [J]. Chemistry of Materials, 2009, 21 (12): 2540-2546.

[89] Ryoo R, Joo S H, Jun S. Synthesis of highly ordered carbon molecular sieves via template-mediated structural transformation [J]. Journal of Physical Chemistry B, 1999, 103 (37): 7743-7746.

[90] Jun S, Joo S H, Ryoo R, et al. Synthesis of new, nanoporous carbon with hexagonally ordered mesostructure [J]. J Am Chem Soc, 2000, 122 (43): 10712-10713.

[91] Wang D, Zhou W L, McCaughy B F, et al. Electrodeposition of metallic nanowire thin films using mesoporous silica templates [J]. Advanced Materials, 2003, 15 (2): 130-133.

[92] Chen P-K, Lai N-C, Ho C-H, et al. New synthesis of MCM-48 nanospheres and facile replication to mesoporous platinum nanospheres as highly active electrocatalysts for the oxygen reduction reaction [J]. Chemistry of Materials, 2013, 25 (21): 4269-4277.

[93] Kuroda Y, Yamauchi Y, Kuroda K. Integrated structural control of cage-type mesoporous platinum possessing both tunable large mesopores and variable surface structures by block copolymer-assisted Pt deposition in a hard-template [J]. Chemical Communications, 2010, 46 (11): 1827-1829.

[94] Ye L, Wang Y, Chen X, et al. Three-dimensionally ordered mesoporous Pd networks templated by a silica super crystal and their application in formic acid electrooxidation [J]. Chemical Communications, 2011, 47 (26): 7389-7391.

[95] Attard G S, Corker J M, Göltner C G, et al. Liquid-crystal templates for nanostructured metals [J]. Angewandte Chemie International Edition in English, 1997, 36 (12): 1315-1317.

[96] Bartlett P N, Gollas B, Guerin S, et al. The preparation and characterisation of H_1-e palladium films with a regular hexagonal nanostructure formed by electrochemical deposition from lyotropic liquid crystalline phases [J]. Physical Chemistry Chemical Physics, 2002, 4 (15): 3835-3842.

[97] Sugimoto W, Makino S, Mukai R, et al. Synthesis of ordered mesoporous ruthenium by lyotropic

liquid crystals and its electrochemical conversion to mesoporous ruthenium oxide with high surface area [J] . Journal of Power Sources, 2012, 204: 244-248.

[98] Zhao D-D, Xu M W, Zhou W-J, et al. Preparation of ordered mesoporous nickel oxide film electrodes via lyotropic liquid crystal templated electrodeposition route [J] . Electrochimica Acta, 2008, 53 (6): 2699-2705.

[99] Bender F, Mankelow R K, Hibbert D B, et al. Lyotropic liquid crystal templating of groups 11 and 12 metal films [J] . Electroanalysis, 2006, 18 (16): 1558-1563.

[100] Elliott J M, Attard G S, Bartlett P N, et al. Nanostructured platinum (H_1-ePt) films: Effects of electrodeposition conditions on film properties [J] . Chemistry of Materials, 1999, 11 (12): 3602-3609.

[101] Zhang X, Lu W, Dai J, et al. Ordered hierarchical porous platinum membranes with tailored mesostructures [J] . Angewandte Chemie International Edition, 2010, 49 (52): 10101-10105.

第5章

大孔与多级孔材料的制备

5.1 引言

大孔材料在多孔材料家族中以其孔径较大（大于50nm）和互相贯穿的孔道结构而著称，这使得它们在许多应用中具有独特的优势。比如，较大的孔径能够克服微孔和介孔材料中大分子进入空腔的困难，并且互相贯穿的孔道结构改善了材料的通透性。此外，由于较大的孔径，大孔材料可以更容易地对孔壁进行选择性修饰，这可赋予材料新的化学、物理特性和功能。虽然大孔材料的研究相对微孔和介孔材料稍晚，但由于其独特的优势，已经吸引了广泛的研究兴趣，并在多个领域展示出了广泛的应用前景[1-7]。在本章，我们将从材料的类型出发，对阳极氧化铝、泡沫金属、大孔陶瓷、大孔金属材料和大孔非金属材料这几类常见大孔材料的制备方法进行讨论。

另一方面，多级孔材料（如微孔-介孔材料、微孔-大孔材料、介孔-大孔材料以及微孔-介孔-大孔材料）每一级别的孔道结构都由低一级别的孔道结构构成，使得多级孔材料同时具备了各级孔结构的优势。这使得多级孔材料在储能、催化和吸附等领域展现出良好的应用前景[8-12]。在这一章中，我们根据孔道的大小对常用多级孔材料的制备方法进行总结，这有助于优化其性能并拓展其应用范围。

5.2 大孔材料的制备

5.2.1 大孔材料的特点

大孔材料在多孔材料家族中以其显著的优势而引人注目（图5.1）。具体来说，大孔材料具有以下特点和优势：①良好的通透性，相较于微孔和介孔材料，大孔材料拥有更大的孔径，显著降低了物质在孔中的扩散阻力，提升了物质进出孔道的流动性；②孔径可调范围大，凡是孔径在 50nm 以上的多孔材料都属于大孔材料，因此其具有比微孔和介孔更大的孔径调节范围，适用性更为广泛，能够满足不同应用的需求；③可控的孔壁结构，通过调节孔径的大小可以实现孔壁厚度的调节，使其在不同领域中具备定制化的性能；④易于修饰，大孔材料内部宽敞的孔道空间便于载体纳米粒子的负载，从而实现新功能或特性的引入，特别适用于新型催化剂的设计与应用；⑤独特的光学性质，大孔材料内部容易形成三维有序的空间点阵结构，赋予其光子带隙效应，在宏观上可观察到鲜艳绚丽的彩光，这使其在光学集成电路、光散射二极管和光子开关等领域具备巨大的应用潜力[13]。此外，大孔材料还因其轻质、高孔隙率等特性，在航空航天、汽车工业等领域具有重要的应用价值。其高孔隙率使其能够有效容纳更多的气体或液体，进一步提升了其实用性和适应性[11,14-16]。

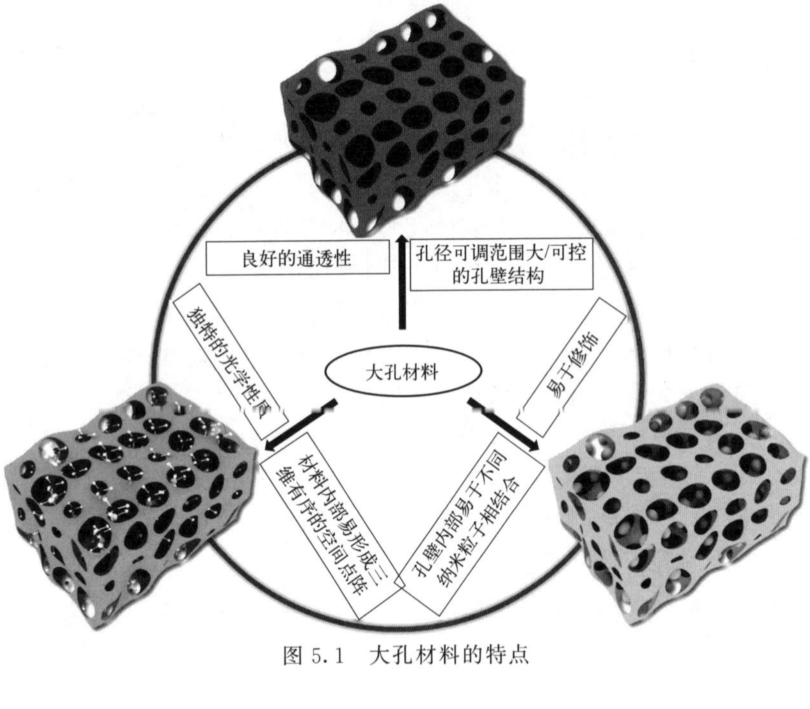

图 5.1　大孔材料的特点

5.2.2　阳极氧化铝

5.2.2.1　阳极氧化铝的发展过程

在 20 世纪 50 年代初，人们就开始了关于阳极氧化铝的研究。具体来说，早在 1953 年，Keller 等人发现铝箔在酸性溶液中进行阳极氧化时，会在铝的表面形成一层多孔结构，但受限于当时的表征技术，对该结构的形成难以给出合理的解释，人们只是利用这样一个稳定的氧化层结构来进行金属表面的防腐保护[17]。随着科学技术的进步，特别是电子显微镜和先进表征技术的引入，研究者逐渐对阳极氧化铝的形成机理有了更深入的理解，进而提出了场助氧化模型、临界电流密度模型和体积膨胀模型。在阳极氧化铝的制备过程中，电解质的类型直接影响所得阳极氧化铝的物理形态。一般情况下，在中性电解液中形成的阳极氧化铝属于阻挡型，而在酸性电解液中形成的则是多孔型[18-19]。

5.2.2.2　阳极氧化铝的特点

阳极氧化铝作为一种特殊的氧化铝材料，具有多种独特的优势。①化学性质稳定、绝缘、耐高温、具有光学透过性。阳极氧化铝的氧化层具有非常好的化学稳定性，能够抵抗腐蚀和化学侵蚀，使其在各种恶劣环境下都能保持稳定的性能。此外，阳极氧化铝的氧化层通常是透明的或半透明的，具有良好的光学透过性，可以用于光学器件和传感器等领域。②高度有序的孔道结构。阳极氧化铝的多孔结构是其最显著的特点之一。这些孔道结构具有高度的有序性，孔径可以在纳米尺度上精确控制和调节。③制备工艺简单，成本低。阳极氧化铝的制备过程相对简单，通常选择将铝置于适当的电解液中施加电流进行阳极氧化处理。这种制备工艺不仅成本较低，而且可以实现大规模生产，使其在工业和商业应用中具备竞争优势。

5.2.2.3　阳极氧化铝的制备方法

阳极氧化铝是在电解液中对铝箔进行阳极氧化而获得，其制备流程相对简易。在阳极氧化铝的发展初期，都是通过一次阳极氧化法获得多孔型阳极氧化铝。在该方法中，首先对氧化铝进行预处理，然后直接进行氧化以获得多孔结构[20-21]。然而，这种方法所得阳极氧化铝的有序性较差，在孔的形成过程中容易出现不规则的孔道，且重复率较低。后来在 1995 年，Masuda 等人在 *Science* 杂志上首次报道了二次阳极氧化法。在制备过程中，他们将一次氧化后得到的阳极氧化铝浸入铬酸磷酸缓冲饱和溶液中，过程中铬酸与磷酸对氧化膜进行溶解，从而形成规则排列的纳米级凹痕，随后在相同的条件下进行二次阳极氧化，最终得到的金属孔阵列具有均匀、紧密填充的蜂窝结构，直径约 70nm，厚度为 1～3μm[22]。该方法凭借稳定和重复率高的优势在学术界获得了广泛的认可。

鉴于二次阳极氧化法的优势，研究者直接将这种策略延伸到预制图案法，即先通过对铝箔进行硬模板压印制备出纳米凹陷的阵列，然后对其再进行阳极氧化处理。此时，原有的凹陷会成为阳极氧化的初始位点，并纵向发展形成均匀的孔道结构。例如，Masuda 课题组通过电子光刻技术制备了 SiC 模板，然后将铝片放置在模板上，在室温下使用油压机进行压制，进而得到预图案化的氧化铝，再将预图案化的氧化铝置于草酸溶液中，在恒电压条件下进行阳极氧化，最终得到高度有序的阳极氧化铝[23]。

在阳极氧化铝的制备过程中，氧化条件对孔道结构的形成具有重要影响[24]。Lee 等人首先对氧化铝进行图案化处理，然后将其置于 0.3mol·L^{-1} 的草酸中，先在 40V 的电压下进行软阳极氧化 5～10min，然后以恒定的升压速度升至 100～150V，接着在恒电压模式下生长，最终得到高度有序的阳极氧化铝膜。所得薄膜的孔径为 49～59nm、孔间距为 200～300nm[25]。虽然在不同的酸性电解液中都可以获得多孔型阳极氧化铝，但纯磷酸溶液对氧化的温度、电压等各项工艺参数都具有比较苛刻的要求，因此难以制备出稳定的大孔阳极氧化铝薄膜。为了在磷酸溶液中获得孔径简易可调的阳极氧化铝，Martín 等人在 −4℃ 的温度下，通过二次阳极氧化在 195V 电压下制备了孔直径为 140nm 的阳极氧化铝，制备过程中，在电解液中加入甲醇能够有效防止电解液在低温下结冰，最终所得阳极氧化铝呈现出高度的结构稳定性[26]。此外，上海大学雷勇教授团队详细研究了二次氧化时间对所得产物孔结构的影响（图 5.2），发现随着二次氧化时间的延长，所得氧化铝的孔径减小而孔洞高度增加。通过计算对比得出，二次氧化时间和制备的氧化铝的高径比几乎呈线性关系[24]。

5.2.3 泡沫金属材料

5.2.3.1 泡沫金属材料的发展与分类

泡沫金属是一种特殊的金属材料，其主要特征是含有大量微小的气孔或泡沫结构。这些气孔分布于金属内部或者金属内部与表面之间，使其具有轻质、高比表面积和良好的能量吸收能力等特性。泡沫金属的早期研究可以追溯到 1956 年，当时 Ellist 等人首次成功制备了泡沫铝。然而，初期的制备过程中使用有毒的汞作为发泡剂，这一问题限制了其工业化生产的可能性[27]。随着粉末冶金技术的发展和无毒发泡剂的引入，泡沫金属得到了快速发展。这些技术的出现使得泡沫金属不再局限于低熔点金属（如铝和镍），还能成功制备高熔点金属（如钛、锆等）的泡沫金属。目前，泡沫金属的研究已经涵盖了多种材料和合金，包括泡沫铝、泡沫镍、泡沫铜、泡沫钛、泡沫钢和泡沫金属化合物等。每种泡沫金属材料都具有独特的物理化学性质和应用潜力[28-32]。

5.2.3.2 泡沫金属材料的特点

由于泡沫金属是含有泡沫气孔的金属材料，所以其不仅具有金属材料的优

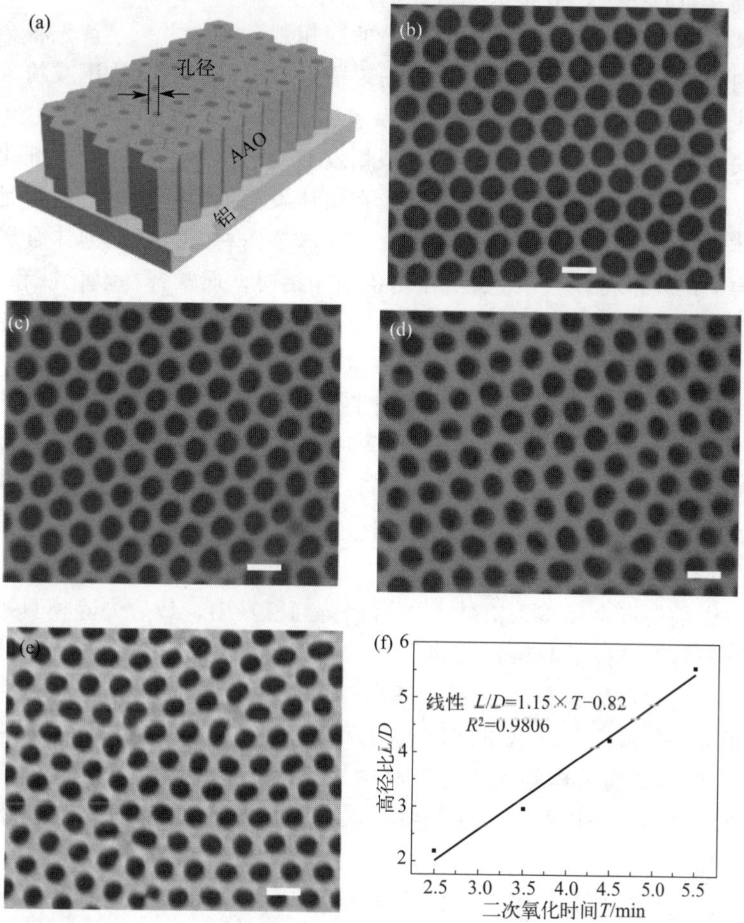

图 5.2　阳极氧化铝的结构示意图（a）、二次阳极氧化法所得阳极氧化铝的 TEM 图（b～e）以及二次氧化时间和氧化铝高径比的线性关系（f）[24]

势，而且融合了多孔材料的特点[33]。具体来说，泡沫金属材料的特点可分为以下几点。①质轻。由于泡沫金属具有高孔隙率，因此其密度较小，且密度随着孔径和孔隙率的增加而逐渐减小，具有一定的可调性。②热导率和电导率较低。由于泡沫金属具有大量的孔隙，其电导率和热导率较低，且随着孔隙率的增加呈指数降低。③比表面积大。泡沫金属继承了多孔材料的优势，通常具有较大的比表面积。④通透性好。泡沫金属材料的高通透性也源于其较高的孔隙率。⑤金属特性。泡沫金属具有高比强度、高比刚度以及良好的吸能性能。

5.2.3.3　泡沫金属材料的制备

目前已有多种方法用来制备泡沫金属材料，根据制备过程中基体的状态，其主要可分为固相法、液相法和沉积法三种[34-35]。

粉末冶金法是研究最早且相对成熟的固相制备方法之一。首先将金属粉末和发泡剂均匀混合，然后将混合好的粉末通过冷压、挤压、热压或粉末轧制等技术制成预制发泡体，最后对其进行加热或烧结得到泡沫金属。在这种技术中，最关键的一环是发泡剂的使用，根据发泡剂的类型，可以将其细化为熔体发泡剂发泡法和气体注入发泡法两种。在熔体发泡剂发泡法中，通常是使用能产生气体的材料使之受热分解，进而获得泡沫金属材料。根据泡沫金属的类型来选择合适的发泡剂[36]。比如：在制备泡沫铝时，通常选择氢化钛和氢化镉，而氢化铒和氢化镁通常用于制备泡沫锌和泡沫铅。虽然这种方法在工业上应用得较多，但难以实现金属内部孔径大小和孔结构的精确调控。为了进一步简化粉末冶金法，气体注入发泡法逐渐得到了发展。与上述熔体发泡剂发泡法不同的是，气体注入发泡法是通过在熔融金属中直接注射气体而使熔体金属发泡。可选的气体有氧气、水蒸气、二氧化碳甚至空气等，这一方法人人简化了粉末冶金法。但是，与熔体发泡剂发泡法相似的是，该方法难以实现孔结构、孔径和孔分布的均匀调控。

液相法是先将金属熔为液体，然后浇铸到模具中，最后去除模具进而得到泡沫金属材料。具体的制备过程可分为以下几步：①选择或处理高分子/海绵泡沫；②将高熔点的材料填充到上述所得泡沫中，然后进行加热处理去除泡沫，进而得到孔隙模型（这里高熔点的材料通常可选择酚醛树脂、莫来石以及石膏等）；③将金属液体倒入所得模具中进行冷却成型，最后去除模具即可得到泡沫金属材料。采用这种方法制备泡沫金属时需要注意在去除模具的过程中要尽量避免对泡沫金属结构的破坏。

此外，沉积法也是一种常用的泡沫金属制备方法。沉积法可以分为电沉积法和气相沉积法两种。沉积法是通过化学或物理的方法把需要的多孔泡沫金属的金属物沉积在易分解的有机物上，最后去除有机物模板后即可得到泡沫金属材料。其中，电沉积与气相沉积的不同之处在于，电沉积是通过电化学方法将金属镀液沉积在有机模板表面，而气相沉积则是将金属前体的气体沉积在有机模板表面。

除了上述所讨论的合成方法，烧结法和自蔓延高温合成法也可以用来制备泡沫金属材料。例如，Chu 课题组采用自蔓延高温合成方法制备了孔隙率为52.8%的泡沫钛[37]。

5.2.4 大孔金属材料

5.2.4.1 大孔金属材料简介

大孔金属材料是一类具有特殊孔隙结构的材料，其孔壁骨架通常由纳米粒子组成，不仅具备大孔结构的优势，例如比表面积大、孔隙率高，还具有熔点高、硬度高、脆性大等金属材料的特点。此外，良好的兼容性是大孔金属材料的另一特点，使其易于构筑具有特定功能的新材料[38-44]。凭借上述独特优势，大孔金属材料在催化、能源存储与转换等领域展现出广阔的应用前景。按照组成可以将大孔金属材料分为化合物、合金以及单质。下面，我们主要介绍一些常用大孔金属材料的制备方法。

5.2.4.2　大孔金属材料的制备方法

传统大孔金属材料的制备是将金属化合物颗粒与一些黏结剂混合，然后去除黏结剂得到大孔结构的金属化合物。但这种方法由于颗粒尺寸难以均匀分布，气孔的形状难以控制，并且所得大孔材料的孔径分布较宽且孔隙率较低。随着合成技术的发展，模板技术为大孔金属化合物提供了一种更有效的制备策略。特别是，以胶体晶体（简称胶晶）为模板制备大孔金属材料不仅可以获得孔隙率高、孔径可控的大孔材料，更重要的是采用胶晶模板策略可以制备出周期性排列的三维有序大孔金属化合物。胶晶模板制备大孔金属材料的流程如图 5.3 所示。首先，将均匀单分散的聚苯乙烯、二氧化硅或聚甲基丙烯酸甲酯微球等大孔模板通过密集包装组装成三维有序阵列[45-46]。然后，将各种金属前体渗透到三维有序的框架中，并对其进行反应聚合，在球体周围形成固体骨架。最后去除胶体球，进而得到三维大孔金属材料。由于易合成、成本低、相容性好以及易去除等优点，二氧化硅球是最早用于制备大孔金属化合物的模板。例如，莱斯大学 Vicki L. Colvin 课题组以二氧化硅球为硬模板制备了三维有序大孔的金属材料[47]。具体制备过程为：首先，用 3-巯丙基三甲氧基硅烷作为偶联剂对二氧化硅进行改性，在其表面留下游离的巯基官能团。然后将改性的二氧化硅模板组装到玻璃基板上，接着将其浸渍在含有金纳米颗粒的甲苯溶液中，金纳米颗粒可以与巯基官能团结合，吸附在二氧化硅的表面。复合物中的有机偶联剂可以通过高温煅烧去除，并通过 HF 去除二氧化硅模板后，得到三维大孔金属材料。考虑到模板去除过程中有毒 HF 的使用，滑铁卢大学陈忠伟教授课题组以聚苯乙烯（PS）微球为胶晶模板代替传统的二氧化硅微球，制备了孔径为 160nm 左右的三维有序大孔 TiO_2[48]。在制备过程中，仅需通过较低温度煅烧即可去除模板。此外，通过选择不同粒径的 PS 微球可实现大孔金属材料孔径的调节是上述胶晶模板的另一主要优势。比如，Andreas Stein 课题组以不同粒径的 PS 微球为胶晶模板，以醋酸盐和草酸盐为金属前驱体，成功制备了孔径在 380～550nm 之间的三维有序大孔金属氧化物，如 NiO、Co_3O_4、Mn_2O_3、MgO、ZnO、Fe_2O_3、GrO_3 等[49]，并且研究发现在孔径的调节过程中可实现孔壁厚度的调控。凭借 PS 微球模板易于去除的优势，目前已有大孔结构的 VMgO[50]、TiO_2[51] 以及 SnO_2[52] 等各种金属氧化物通过 PS 微球作为模板被成功制备。甚至，以 PS 微球为胶晶模板可以实现大孔金属单质的制备。比如，明尼苏达大学 Andreas Stein 教授团队以 PS 微球为模板，以乙酸和草酸酯类金属盐为前体合成了三维有序大孔金属氧化物，然后再经过氢气还原制备了三维有序大孔金属单质和合金[53]。且研究表明，通过调节模板的粒径、还原程序、温度和气氛可实现对产物大孔尺寸、结构有序度、壁厚、晶粒尺寸、相纯度和比表面积的控制。

图 5.3　胶晶模板制备大孔金属材料的流程示意图

聚甲基丙烯酸甲酯（PMMA）微球是制备大孔金属材料的另一种常用的胶晶模板。与 PS 微球相比，PMMA 对极性溶剂具有较好的润湿性，因此利用 PMMA 微球可以制备出金属前体必须在极性溶液中才能溶解的大孔金属材料。此外，由于 PMMA 的分解温度比 PS 更低，可以在较低温度下去除模板，使得所得大孔金属材料中的碳含量相对较少。比如，Wataru Ueda 课题组以不同粒径的 PMMA 微球为胶晶模板，制备了孔径分布在 166～444nm 之间的三维大孔 WO_3[54]。同样地，以 PMMA 微球为胶晶模板，可以制备 Al_2O_3[55]、NiMo[56]、$Ni_{1-x}Co_x$ 以及 Ni、Fe、Co 等大孔金属材料[53]。总之，模板法制备大孔金属材料，孔的尺寸可以通过改变模板的尺寸来调节，并且模板和前体的选择均会对最终产物的结构和性能产生影响。因此，研究者可以通过模板和前体的选择来定制特定应用的大扎金属材料。

5.2.5　大孔非金属材料

5.2.5.1　大孔非金属材料的特点

大孔非金属材料主要是碳或碳基的大孔材料。与上述大孔金属化合物相似，大孔非金属材料不仅具备大孔结构的排列周期性强、孔径分布窄、大孔尺寸均匀可调等优势，而且融合了非金属材料原料来源广、储量大、结构稳定以及良好的化学稳定性等优势，因此在储能、催化等领域表现出良好的应用前景。

5.2.5.2　大孔非金属材料的制备方法

鉴于大孔结构的优势，目前已有碳材料、石墨相氮化碳（$g\text{-}C_3N_4$）以及

MXene（由金属碳化物或氮化物组成的二维材料）等各种大孔结构的非金属材料被制备。大孔非金属材料的制备方法与大孔金属材料的制备方法相同，主要采用硬模板法。在制备过程中，首先将前体包覆到二氧化硅等颗粒模板上，经过聚合并去除模板，即得到大孔非金属材料[57]。其中，碳材料是研究较多的非金属材料。例如，Rao等人以二氧化硅微球为硬模板，蔗糖为碳前体制备了孔径在400nm左右的大孔碳材料[58]。Baumann等人以PS微球为硬模板、间苯二酚甲-醛树脂为碳前体，通过溶胶-凝胶方法制备了大孔结构的碳材料，并且在制备过程中通过选取不同粒径的PS微球，实现了孔径在300～450nm之间的调控[59]。前体的选择范围广是胶晶模板制备大孔碳材料的另一优点。除了以上常规的树脂前体，中间相沥青也可用作碳前体。比如，Yoon小组以商用中间相沥青为碳前体，在二氧化硅胶晶模板的导向下成功制备了高度石墨化的有序介孔碳。制备过程中，首先在静态真空条件下将中间相沥青溶解在喹啉中，然后掺入二氧化硅模板的间隙中，碳化和去除二氧化硅模板后便可获得高度石墨化的碳材料[60]。

石墨相氮化碳由于其优异的导电性、结构稳定性等特点，是近来研究较多的另一类非金属材料。利用大孔结构的优势，构筑大孔结构的石墨相氮化碳能够有效提升其使用性能。Jiang等人在SiO_2微球模板的导向下，基于热聚合-蚀刻策略制备了相互连通的三维大孔g-C_3N_4光催化剂。具体的制备过程如下：首先将SiO_2微球和双氰胺（DCDA）均匀分散在去离子水中，随后加热缓慢蒸发至干燥，接着将所得混合物进行高温煅烧，并使用HF去除SiO_2模板后得到三维结构的大孔g-C_3N_4光催化剂。此外，MXene独特的二维层状结构和可调的组成赋予其良好导电性和较大的比表面积，近来在储能领域中得到越来越广泛的研究。为了进一步优化MXene的储能性能，Gogotsi等人以PMMA微球为硬模板，制备了三维大孔结构的$Ti_3C_2T_x$空心球。在制备过程中，当将MXene薄片溶于PMMA微球溶液时，在氢键作用的驱动下，MXene薄片自发地包裹在PMMA微球表面，离心收集MXene/PMMA复合材料后，对其进行450℃热处理去除PMMA微球，从而形成自支撑的中空MXene微球[61]。

5.2.5.3　大孔非金属材料的结构调控和改性

虽然制备方法比较单一，但基于上述策略，可实现具有不同形貌或组成的大孔非金属材料的制备。比如，韩南大学Jong-Sung Yu等人基于二氧化硅硬模板策略，实现了不同形貌的三维有序大孔碳材料的制备。在整个制备过程中，关键是在合成过程中加入酸以控制苯酚和甲醛的聚合速率，使得二氧化硅胶体晶体的间隙孔被完全填充。经过碳化和去除二氧化硅模板后，得到具有实心碳壁的有序大孔碳材料。且通过对比实验发现，在制备过程中不添加酸时，酚醛树脂仅在二氧化硅微球表面聚合，从而得到表面模板化的大孔碳[62]。另外，基于大孔结构可以实现几何维度的调控。例如，Martin 等人通过在氧化铝模板的通道中沉积聚丙烯腈，并经过碳化处理，成功地制备出了具有大孔结构的碳纳米管[63]。此外，鉴于大孔结构的独特优势，一些复合材料也可通过胶晶模板策略被制备。Qiao 课题组以二氧化硅微球为硬模板，制备了大孔结构的 g-C_3N_4/C 复合材料。在制备过程中，首先将蔗糖包覆在二氧化硅微球表面，然后通过高温碳化得到薄碳壳涂覆的二氧化硅微球复合材料（C@SiO_2）。然后，以熔融的氰胺作为 g-C_3N_4 的前体，浸渍到 C@SiO_2 的层间空间，然后在 550℃下碳化得到 g-C_3N_4/C@SiO_2。最后，用氢氟酸去除二氧化硅模板后，得到具有大孔结构的 g-C_3N_4/C 复合材料。这里需要强调的是，最后去除二氧化硅模板可以有效防止可能的结构恶化和孔隙堵塞[3]。甚至，通过这种策略可以将大孔非金属材料与在其他基体混合。比如，Li 等人通过简单的一步法将大孔 g-C_3N_4 成功包覆在氧化石墨烯（GO）表面。在制备过程中，他们将二氧化硅微球、三聚氰胺和 GO 同时溶于水中，随后通过高温碳化并去除二氧化硅模板后获得三维结构的 g-C_3N_4/GO 复合材料，最后通过溶剂热反应成功将二氧化钛颗粒负载到大孔 g-C_3N_4/GO 复合材料表面[64]。

5.2.6 大孔陶瓷材料

5.2.6.1 陶瓷材料的发展与分类

陶瓷是陶器与瓷器的总称，自从陶瓷材料出现到目前为止已经历了三次质的发展。首先是从陶器到瓷器，这是陶瓷史上的第一次快速发展；其次是从传统陶瓷到先进陶瓷；最后是进入纳米陶瓷，这是一次重大飞跃发展。目前，陶瓷主要可以根据原料分为普通陶瓷和特种陶瓷两大类。其中，普通陶瓷由黏土、石英等天然硅酸盐矿物烧结而成，而特种陶瓷则由氧化铝、氧化锆以及碳化硅等人工合成化合物烧结而成。

5.2.6.2 大孔陶瓷材料的特性

陶瓷，作为一种由烧结而成的无机非金属材料，其具有耐高温、耐腐蚀、硬度高以及绝缘等特点[65-66]。而大孔陶瓷材料不仅具有陶瓷材料的所有特点，而且融合了大孔结构的所有优势。大孔陶瓷的具体优势如下。①气孔率高。这是大孔陶瓷的特征之一，大孔陶瓷的孔可分为开口气孔和闭口气孔，其中开口气孔能够很好地起到过滤、吸收等作用，而闭口气孔则有利于阻隔热量及声音。②良好的物理和化学性质。由于大孔陶瓷是由高温烧结而成，因此其通常具有耐高温、耐腐蚀等特性。③过滤效果好。由于大孔陶瓷具有较高的孔隙率和较大的比表面积，可以很好地过滤一些悬浮物和胶体等物质。

5.2.6.3　大孔陶瓷材料的制备方法

大孔陶瓷材料的制备方法主要可分为添加造孔剂法、发泡法以及模板浇铸法[67-71]。其中，添加造孔剂是最常用的方法之一，在原料中加入造孔剂，在高温烧结过程中，这些造孔剂会分解形成孔结构[72]。目前常用的造孔剂有碳酸钙、聚苯乙烯以及淀粉等。例如，Rezaee 等人以玉米淀粉为造孔剂，采用溶胶-凝胶法制备了氧化铝-氧化锆多孔陶瓷复合材料[73]。所得孔隙呈现近球形形态，大小分布均匀，连通性好。且研究表明，当淀粉的添加量为40%时，所得陶瓷表现出57%的最大孔隙率，且平均孔径为0.9μm，抗压强度为60MPa，断裂韧性为1.60MPa·$m^{1/2}$。由于较高的反应活性，农业废料稻壳也可以用作造孔剂来制备大孔陶瓷材料。例如，Dele-Afolabi 课题组以稻壳和蔗渣为造孔剂，制备了具有大孔结构的氧化铝陶瓷，所得大孔陶瓷的孔隙率为44%～67%（以体积分数计），孔径为70～178μm，抗拉强度为1.7～15.5MPa，抗压强度为12.6～120.5MPa。并通过研究造孔剂的类型对多孔氧化铝陶瓷机械强度的影响发现，添加蔗渣能有效提高陶瓷的抗拉强度和抗压强度[74]。

发泡法是制备大孔陶瓷的另一种有效方法，即在陶瓷中掺入有机或无机化学物质，形成挥发性气体，产生泡沫，经烧结制成多孔陶瓷。在陶瓷浆料中可以使用 H_2O_2、CO_2、NH_3 等发泡剂及机械搅拌产生气泡[75]。Bai 课题组以偏高岭土为原料，以过氧化氢作为发泡剂，采用直接发泡法成功制备了大孔陶瓷[76]，并详细研究了影响绝缘性、力学性能、多孔和微结构特性的因素。研究发现稳定剂和发泡剂的含量对于多孔结构具有显著影响。最终所得大孔陶瓷具有相互连通的孔隙，孔径范围为150～400μm，气孔率为66%～83%（以体积分数计），密度范围为0.37～0.74g·cm^{-3}，热导率为0.11～0.17W·$(m·K)^{-1}$。Zhang 等人采用原位发泡法制备了多孔二氧化硅陶瓷，该方法基于致密填充的二氧化硅聚合物空心微球在高温和惰性气氛下的原位发泡过程。研究发现，烧结气氛和温度对多孔结构的形成和衍化有很大影响。在惰性气氛下，随着烧结温度的升高，二氧化硅聚合物空心微球内部或之间的原始孔洞会长大形成均匀的孔洞。良好均匀的微观结构的最佳烧结温度为1575℃，此时所得材料的气孔率为39.0%～77.2%，抗压强度为0.6～29.77MPa[77]。

模板浇铸法又称有机泡沫浸渍法，它以有机泡沫骨架为模板，将混合好的陶瓷浆料均匀地浇铸在泡沫上，然后在高温下将有机泡沫去除，从而得到大孔陶瓷。使用这种方法制得的陶瓷孔隙率相对较高。例如，Li 课题组采用浸渍法制备了网状大孔莫来石陶瓷[78]。以 α-Al_2O_3 和蓝晶石尾矿为主要原料，用硅溶胶和氟铝酸铵浸渍大孔莫来石陶瓷后，在表面形成莫来石晶须，最终制备出刺状大孔陶瓷。研究发现烧结温度以及二次浸渍的浆料组成对所得大孔陶瓷的强度和表面结构都具有显著影响，当体积密度为 0.19g·cm^{-3} 时，抗压强度达到 4.29MPa。Yu 等人以聚氨酯泡沫为浸渍模板，通过有机泡沫浸渍和受控结晶制造了具有微米级海胆立体结构和亚微米级珍珠层矿物桥结构的大孔陶瓷，所得陶瓷的孔隙率为 88.16%，平均孔径为 284.65μm[79]。

5.3 多级孔材料的制备

5.3.1 多级孔材料的特点

多级孔材料结合了微孔、介孔和大孔的优势，受到研究人员的广泛关注。通常，多级孔具有较高的孔隙率、相当大的比表面积、较大的可利用空间以及可变的化学成分等优势。在实际应用中，多级孔中的大孔能够加快客体物质的扩散速率，介孔可以增加微孔的可及性并提供对客体分子大小和形状的选择性，加强主体材料与客体分子之间的相互作用，而微孔的存在可以提供更大的比表面积[80-81]。例如，传统微孔分子筛只含有亚纳米级别的孔道结构，在催化应用中往往面临反应物和产物扩散受限的问题，导致催化性能下降且易积碳失活。而微孔-介孔分子筛既兼顾微孔孔道的限域环境，又可以提供有助于分子快速扩散的通道。而应用于储能电极材料时，多级孔结构中的大孔和介孔可以提供更多的离子存储空间，降低离子扩散距离，而微孔由于更大的比表面积可以增强对金属离子的吸附[82]。多级孔凭借上述独特优势，在储能、催化以及吸附等领域都表现出良好的应用前景（图 5.4）[8-12]。在这部分，我们根据孔道类型对常见多级孔材料的制备方法进行介绍。

5.3.2 微孔-介孔材料

5.3.2.1 微孔-介孔分子筛材料的制备

过去的几十年中，有很多合成微孔-介孔分子筛材料的方法被开发出来。其主要可分为后处理合成法和直接合成法。后处理合成法是借助蒸汽处理、酸处理、碱处理、氟处理等手段将分子筛骨架中的部分原子脱除以形成介孔结构。

对硅铝分子筛进行蒸汽处理脱除骨架铝的研究最早开始于 20 世纪 60 年代。典型的处理条件是将分子筛在 500℃以上的高温下用水蒸气进行处理。在这种苛刻的处理条件下，铝和硅物种的移动性变强，最终导致骨架铝脱除形成缺陷中心或分子筛骨架的部分坍塌，其中一部分逐渐演变成晶内介孔[83]。分

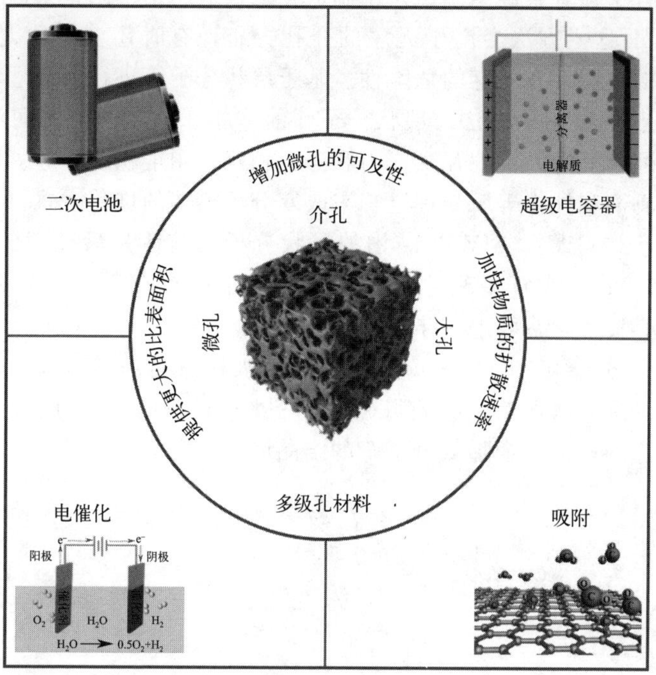

图 5.4　多级孔材料的特点与应用

子筛骨架脱铝的程度和形成介孔的性质由蒸汽处理的温度和时间所决定。除此之外，对分子筛进行酸处理以达到脱铝的目的也是制备具有微孔-介孔孔道结构的有效措施。酸处理可以选择性地将分子筛的骨架铝脱除，在分子筛内制造出 Si—O^- 缺陷[84]。采用这种策略制造介孔的难度主要取决于分子筛的性质和酸处理的条件。分子筛的结构和骨架硅铝比对酸处理的有效性有很大影响。另外，采用可以与骨架铝配位的有机酸更容易造成骨架铝的脱除[85]。碱处理造介孔是指通过对分子筛进行碱处理把分子筛中的硅物种选择性部分脱除[86]。与酸处理脱铝不同，碱处理法适用于在富硅分子筛中引入介孔，并且介孔之间的连通性高于酸处理法。研究表明，分子筛骨架硅铝组成对于碱处理法造介孔的结果有很大影响，因为骨架铝的存在不利于 Si—O—Al 键的水解[87]。Javier Garcia-Martinez 等人在碱处理造介孔的过程中引入表面活性剂 CTAB 可以在 Y 型分子筛中构建出具有介观有序度的介孔结构，这种方法被称为表面活性剂-模板（surfactant-templating）法。三维晶体重构的结构证明，采用表面活性剂-模板法制备出的介孔 Y 型分子筛具有高度连通的微孔-介孔孔道（图 5.5）。热力学分析结果表明，介孔形成过程的表观活化能和分子筛水热晶化所需的活化能相当。最近，采用含氟试剂对微孔分子筛进行处理以制造介孔也有报道。Valtchev 等人采用 HF 和 NH_4F 处理了 ZSM-5 分子筛，该处理方法利用氟离子对分子筛骨架硅的刻蚀作用制造介孔，适用于不同骨架硅铝比的分子筛[88]。但是，这一方法会产生无序的介孔分布，有时还会导致大孔的产生，且含氟试剂的使用存在一定的危险性。基于层状分子筛进行后处理剥离也是一种制备微孔-介孔材料的方法。层状分子筛前体相邻的分子筛之间没有共价键的连接，只通过氢键、范德瓦耳斯力和静电相互作用堆积在一起。因此，可以通过溶胀、剥离和柱撑等后处理过程来改变分子筛层的堆积方式，以在分子筛层间产生介孔结构[89]。MWW 结构的层状分子筛前体是后处理的典型例子。层状前体 MCM-22(P) 在碱性条件和表面活性剂存在下，层间距被撑开至 2.5nm，该溶胀的样品可进一步被无定形 SiO_2 柱撑（MCM-36）或超声剥离成单层 MWW 分子筛（ITQ-2）。无论是层间被柱撑还是剥离都会产生介孔结构。使用后处理方法虽然能够获得微孔-介孔分子筛材料，但此过程产生的介孔通常是无序的，而且会降低分子筛的结晶度。

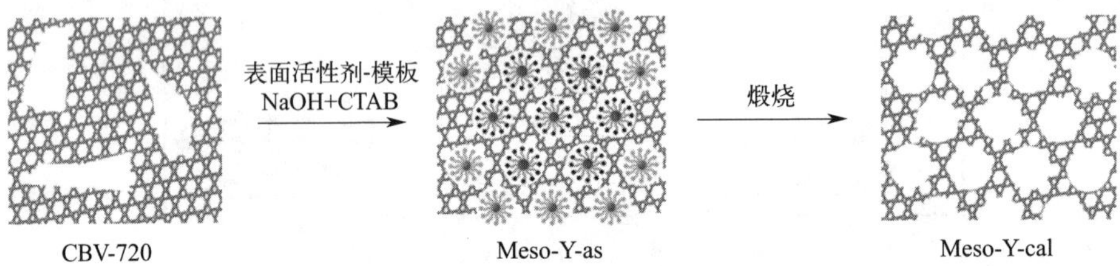

图 5.5　采用表面活性剂-模板法制备介孔 Y 型分子筛过程

直接合成微孔-介孔分子筛通常需要在合成中使用有机分子（软模板法）或者碳材料（硬模板法）[90]。通常来说，采用硬模板法路线合成的过程由如下步骤组成。首先，将固体硬模板加入到分子筛合成晶化液中，分子筛在硬模板存在下晶化，再通过焙烧或选择性刻蚀移除硬模板。可以看出，硬模板在介孔分子筛晶化完成后，以牺牲其为代价来产生介孔。一般来说，硬模板采用的是化学惰性的固体材料，例如介孔碳材料、有机介孔聚合物、碳纳米颗粒、碳纳米管、碳纳米纤维、聚合物微球和树脂等[91-96]。例如，采用 CMK 系列的有序介孔碳材料为硬模板，经干胶转化法可以制备得到微孔-介孔 MFI 分子筛。该分子筛成功复刻了 CMK 介孔碳材料的孔道结构，硬模板的介孔孔道中生长出 MFI 分子筛的骨架，而硬模板在焙烧后形成了晶体内的介孔。Fan 等人采用有序堆积的碳纳米球为硬模板，成功制备出具有三维有序介孔的 Silicalite-1、BEA、LTA、FAU 和 LTL 型分子筛[97-98]。

除了硬模板法，软模板法是另一种常用的合成微孔-介孔复合分子筛的方法。常用的软模板剂包括有机硅聚合物、亲水性有机阳离子聚合物、阳离子有机硅烷化试剂和表面活性剂等[99-102]。与硬模板不同，软模板剂分子结构具有内在的灵活性，分子大小和官能团具有高度的可设计性。Pinnavaia 等人采用带有硅烷的聚合物作为软模板剂，这种软模板可以与分子筛表面的硅羟基缩合形成 Si—O—Si 键[99]。在分子筛晶化过程中，聚合物的聚集体被包裹到分子筛的晶体内，随后在焙烧脱除后形成了晶内无序的介孔。类似地，Choi 等人采用阳离子型有机硅烷化试剂为软模板，但不同的是其有机基团部分由亲水的季铵盐端和疏水的有机长链烷基所组成[102]。因此，这种特殊的模板剂不仅可以与分子筛前体物种缩合，其阳离子有机基团部分还可以起到一定的结构导向作用，长链烷基部分可以在分子筛晶内生成介孔。例如，将二甲基十六烷基[3-(三甲氧基硅基)丙基]氯化铵[3-(trimethoxysilyl)propyl]hexadecyl dimethylammonium chloride)加入 MFI 分子筛的晶化体系中，可以导向形成含有晶内介孔（2～7nm）的 MFI 分子筛。该合成策略还可以制备出多种微孔-介孔复合分子筛，包括 LTA、CHA、FAU、AFI、AEL 等结构。除了带有硅烷化基团的聚合物外，肖丰收教授课题组采用亲水性的阳离子聚合物，其既作为 Beta 分子筛的结构导向剂，也作为引入介孔的软模板剂[101]。这种聚合物中的阳离子基团可以与分子筛前驱体物种产生很强的相互作用，从而参与到 Beta 分子筛的晶化过程中，最终成功制备出含有晶内介孔的 Beta 分子筛。介孔孔径分布在 5～40nm 之间，部分介孔是相互贯通且外部相连。值得注意的是，采用非表面活性剂型的聚合物作为软模板可以在分子筛晶体内制造出无序但连通性高的介孔，且所得到的微孔-介孔 Beta 分子筛的结晶度较高。肖丰收课题组还开发出阳离子型两亲性的聚合物（C-PSt-*co*-P4VP）作为软模板剂，这种聚合物由 polystyrene-*co*-4-polyvinylpyridine 和碘甲烷反应制备而来。这种软模板剂可以导向形成含有介孔孔径在 6～60nm 范围内、沿 *b* 轴分布的微孔-介孔 MFI 分子筛，这是采用软模板法控制介孔取向的典型案例[103]。肖丰收课题组采用类似的合成策略，以聚二烯丙基二甲基氯化铵（polydiallyldimethylammonium chloride，PDDA）为有机结构导向剂和介孔造孔剂，成功制备出含有 *b* 轴取向介孔分布的 Beta 分子筛。其中，PDDA 分子中的亲水端起到了有机结构导向剂的作用，而疏水端可以自组装形成胶束以在 Beta 分子筛晶体内形成介孔[104]。聚合物除了可以在分子筛合成过程中被直接引入分子筛晶体内形成介孔，还可以用来控制分子筛颗粒的堆积以形成分子筛晶体之间的介孔。Song 等人采用阳离子聚合物 PDADMAC 为软模板剂制备出了含有晶间介孔的 Beta 分子筛[105]。

尽管上述功能化的聚合物可以导向制备微孔-介孔分子筛材料，但是其合成过程往往比较复杂且困难，因此以商业化或较容易合成得到的有机分子为软模板剂则是更加理想的方法。例如，将十六烷基三甲基溴化铵（CTAB）和四丙基溴化铵混合使用，可以制备出介孔 MFI 分子筛[106]。但是这种简单地将两种模板剂混合的策略也经常导致相分离。在上述体系中加入共溶剂可以在一定程度上地解决这一难题。在介孔 Y 型分子筛的晶化过程中加入共溶剂可以改变表面活性剂自组装的方式，提高胶束的电荷密度，这导致胶束与分子筛间的相互作用明显增强[107]。此外，在分子筛合成过程中也常同时使用采取两种软模板剂的方法。Wang 等人采用两亲性的有机硅烷化试剂(3-[(trimethoxysilyl)propyl]octyldimethylammonium chloride，TPOAC)和 CTAB 同时作为软模板剂制备出微孔-介孔 ZSM-5 分子筛[108]。通过调节两种软模板剂的比例，可以实现对介孔比表面积及其体积的调控。除了单头表面活性剂，采用含有多个季铵盐基团的表面活性剂还可以实现对微孔分子筛的结构和介孔孔道组成进行更加精准的调控。2009 年，Choi 课题组报道了在一类特殊设计的双头表面活性剂的导向作用下，制备出层状 MFI 分子筛[109]。其中，最典型的表面活性剂为 $C_{22}H_{45}—N^{+}(CH_3)_2—C_6H_{12}—N^{+}(CH_3)_2—C_6H_{13}$($C_{22\text{-}6\text{-}6}$)。这个特殊设计的表面活性剂分子由疏水端和亲水端两部分构成。两个亲水性的季铵盐基团由 6 个亚甲基分开，表面活性剂的末端则是疏水性的长链有机基团[图 5.6(a)]。巧妙的是，由两个季铵盐基团所组成的亲水基团具备导向 MFI 分子筛结构晶化的能力，可以被限域在 MFI 结构 b 轴方向十元环直型孔道中，而疏水性的长链烷基则与分子筛相互作用很弱，不能嵌入分子筛晶体内部。这导致长链烷基末端的存在抑制了 MFI 分子筛在 b 轴方向的生长，因而所制备得到的 MFI 分子筛仅具有单晶胞的厚度，层间距达到介观尺度。在焙烧后，双功能表面活性剂的分解导致 MFI 分子筛纳米层无序堆积，产生大量介孔。Choi 课题组采用类似的思路，设计出了一系列双头表面活性剂用于合成微孔-介孔复合 MFI 分子筛[110]。车顺爱课题组在该类型的表面活性剂的末端接上了芳香基团，利用不同表面活性剂分子末端芳香基团之间的 π-π 相互作用[图 5.6(b)～(d)]，制备出一系列有趣的微孔-介孔 MFI 分子筛材料[111-113]。例如，采用这种表面活性剂可以导向制备由 MFI 分子筛纳米层以 90°相互交叉连接的微孔-介孔分子筛材料。

虽然在分子筛合成中添加硬模板或软模板可以制备出微孔-介孔复合分子筛材料，但考虑到实际应用过程中的成本问题，这些策略是否具有应用价值需要从经济性方面进行考量。因此，在无介孔模板的条件下，通过理性控制微孔分子筛的生长条件以达到在分子筛晶化过程中制造介孔成为一条理想的合成路线。Zhang 等人通过调控分子筛生长，在无模板剂的条件下制备出相互垂直交叉的分子筛纳米层（self-pillared pentasil，SPP）[114]。研究表明，所形成的分子筛中存在一种特殊的多级结构，该结构以 MEL 结构的分子筛为交叉点，将 MFI 分子筛纳米层相互连接起来，并与分子筛外延生长的机制相关。类似地，Chaikittisitp 等人采用双头表面活性剂 $(C_3H_7)_3N^{+}—(CH_2)_5N^{+}(C_3H_7)_3$ 制备出多级孔道的 MFI 分子筛纳米层。在分子筛晶化过程中添加助剂以调控分子筛的晶化过程也是一种制备微孔-介孔分子筛的有效策略[115]。于吉红教授课题组在纳米 ZSM-5 分子筛的制备过程中加入 L-赖氨酸，发现其可以有效

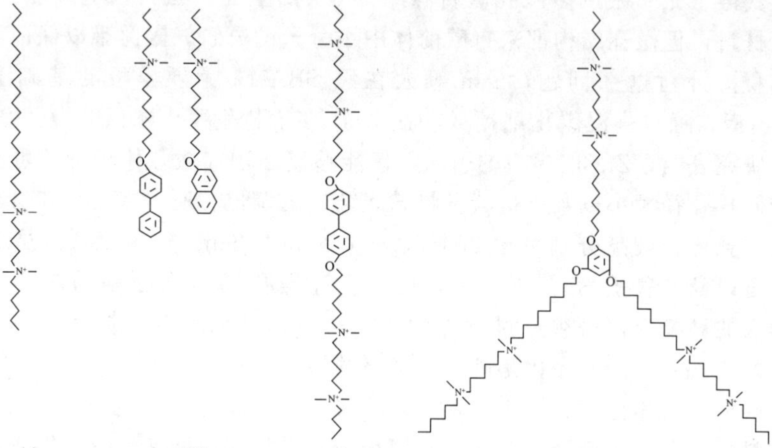

(a)　(b)　(c)　(d)

图 5.6　用于制备多级孔层状 MFI 分子筛的有机结构导向剂

地调控低温下分子筛纳米颗粒前驱体的聚集和高温下晶内介孔的生长过程[116]。Fang 等人发现 $H_2PO_4^-$ 的引入可以实现 MFI 分子筛纳米晶的原位自组装，形成因 MFI 纳米晶相互堆积而产生的晶间介孔结构[117]。采用干胶转化法制备分子筛也是一种有效的产生微孔-介孔复合分子筛的策略，因为在干胶转化过程中，分子筛前驱体的过高浓度导致其纳米晶的聚集情况严重，可以形成因分子筛纳米晶体堆积而产生的微孔-介孔复合结构。Möller 等人采用干胶转化法制备出了由 20nm 的 Beta 分子筛聚集而形成的晶间介孔，介孔孔径达到 13nm[118]。干胶转化法适用于 ZSM-5 和 TS-1 等分子筛的制备[119]。

5.3.2.2　微孔-介孔碳材料的制备

作为微孔-介孔材料中的一大类，碳材料凭借其自身独特的优势得到了广泛的关注，构筑微孔-介孔结构的多级孔碳材料可以进一步提升其应用性能。微孔-介孔碳材料最直接有效的制备方式是硬模板策略。其制备流程与上述分子筛材料的制备相似，不再赘述。由于碳前体具有比较丰富的极性基团，因此，关于硬模板的选择比较丰富。SBA-15、KIT-6、硅酸盐、二氧化硅、碳酸钙以及 $ZnCl_2$ 等各种硬模板都可用于制备微孔-介孔碳材料。比如，复旦大学赵东元院士课题组以商业 Y 型分子筛为硬模板，以小分子甲烷为碳前体，通过化学气相沉积（CVD）方法成功制备了微孔-介孔碳材料，所得材料表现出 $2200m^2 \cdot g^{-1}$ 的超高比表面积[120]。在微孔-介孔碳材料的制备过程中，合理地选择前体可以实现多级孔碳材料的功能化修饰，从而使其具有更广泛的应用和更好的性能。中国科学院长春应用化学研究所杨秀荣院士课题组在以 $FeCl_3$ 为硬模板制备微孔-介孔碳材料时，选取富氮的多巴胺作为碳源，在高温碳化后成功获得了氮掺杂的多级孔碳材料[121]。虽然上述方法可以直接获得微孔-介孔碳材料，但微孔结构都来自碳前体中小分子的分解，因此难以保证丰富的微孔体积。针对这一问题，Yan 等人在以 SBA-15 为硬模板的基础上引入 $ZnCl_2$ 模板，通过高温碳化蔗糖成功制备了具有丰富微孔体积的微孔-介孔碳材料。研究表明，$ZnCl_2$ 模板的引入不仅能够显著增加微孔体积，还可实现对介孔和微孔孔径大小以及所得碳材料微观结构的调控。所得多级孔碳材料的比表面积和孔体积最高分别可达 $2600m^2 \cdot g^{-1}$ 和 $2.2cm^3 \cdot g^{-1}$[122]。虽然使用硬模板可以获得微孔-介孔碳材料，但与上述微孔-介孔分子筛的制备相同的是，引入的硬模板都必须通过额外的步骤去除，从而使制备流程复杂化。此外，难以实现介孔的有序化是硬模板策略的另一缺点。

与硬模板法相比，软模板法由于不需要额外的模板去除步骤，在微孔-介孔碳材料的制备中逐渐受到关注。软模板通常是一些由两亲性分子组成的表面活性剂。在制备多级孔碳材料时，碳前体通过氢键和静电等相互作用与软模板的亲水段结合在一起。比如，美国橡树岭国家实验室戴胜教授课题组以商业三嵌段共聚物 F127 为软模板，以单宁酸为碳源，制备了微孔-介孔碳材料[123]。研究发现，单宁酸与表面活性剂的比例、交联剂、反应时间和酸催化剂等参数都对孔径和表面积具有一定的影响，并且为了进一步增加微孔体积，他们将所得材料在高温下进行氨活化，同时实现了氮原子的掺杂。目前，已有 F127、F108 以及 P123 等各种软模板用于制备微孔-介孔碳材料。在使用软模板制备微孔-介孔碳材料时，所得碳材料的孔径往往取决于软模板的类型。首都师范大学李伟教授课题组在 F127 软模板的基础上，分别选取非离子、阳离子和阴离子等不同表面活性剂为第二软模板，研究了模板的种类对所得材料孔结构的影响，发现在以 P123、F108、Brij-58、Brij-76 等表面活性剂制备微孔-介孔碳材料时，表面活性剂的种类只能对介孔的孔径产生影响，并不会改变微孔的孔径。并且介孔的孔径随着表面活性剂分子长度的缩短而减小[124]。同样，在使用软模板制备微孔-介孔碳材料时，引入形貌导向剂可以实现多级孔碳材料形貌的控制。比如，陕西科技大学杨海波教授团队在使用 F127 为软模板制备微孔-介孔碳材料时，选择易于去除的 Fe_2O_3 为形貌导向剂，制备了空心笼状结构的微孔-介孔碳材料[125]。软模板策略虽然可以更简便地合成微孔-介孔碳材料，但与硬模板存在相同的问题，即微孔都是由碳前体在高温热处理过程中小分子分解所致，因此难以保证微孔的大量产生。针对这一问题，东北林业大学李志国教授课题组以 F127 为结构导向剂，首先通过低温水热反应制备了介孔碳材料，然后对所得介孔碳材料进行 KOH 活化引入微孔，特别是在活化过程中可以实现氧原子的原位掺杂。最终所得微孔-介孔碳材料的比表面积和孔体积分别高达 $3203m^2 \cdot g^{-1}$ 和 $1.93cm^3 \cdot g^{-1}$[126]。通过移除介孔碳复合材料中的其他组分是制备微孔-介孔碳材料的另一种有效方法。例如，复旦大学夏永姚教授团队以F127为介孔软模板，通过溶液共组装策略首先制备了介孔结构的TiC/碳复合材料，然后通过氯化反应选择性地去除复合材料中的Ti，在介孔壁上引入微孔，从而获得了微孔-介孔碳材料。所得材料中微孔的孔径集中在0.69～1.25nm[127]。类似地，Velez等人以F108为介孔软模板，首先制备了介孔结构的碳/二氧化硅复合材料，然后通过氢氟酸选择性地移除二氧化硅后，获得了微孔-介孔碳材料[128]。

为了进一步简化流程并降低成本，华东理工大学龙东辉教授团队在不使用模板的情况下，以三聚氰胺、间苯二酚和对苯二甲醛为原料，通过一步溶胶-凝胶法制备了微孔-介孔碳材料。在制备过程中，溶胶-凝胶反应诱导相分离形成的三维连续聚合物凝胶网络促使介孔的产生，而微孔则位于高度交联的聚合物链网络内。特别是，三聚氰胺的加入可以在分子水平上提高前体的交联度，从而在网络中更容易产生微孔[129]。此外，通过合理地控制碳化条件也可以直接实现微孔-介孔碳材料的制备。比如，美国阿克伦大学朱家华教授课题组通过高温氮气碳化和空气氧化两步处理棉织物成功制备了微孔-介孔碳材料，所得材料呈现出一维管状结构，且研究发现通过氧化温度的控制可实现比表面积的调控，其中在最佳氧化温度下，所得多级孔碳材料表现出777$m^2 \cdot g^{-1}$的比表面积[130]。甚至，Fan等人直接对所得碳球进行KOH活化，获得了微孔-介孔碳材料[131]。Luan等人通过直接碳化ZIF-8制备出Fe、N掺杂的微孔-介孔碳材料[132]。

5.3.2.3 微孔-介孔复合材料的制备

鉴于微孔-介孔结构的优势，一些微孔-介孔复合材料也被设计出来。但金属材料由于水解速率较快，实现微孔结构的制备仍是挑战，所以目前关于微孔-介孔复合材料的制备主要还是集中在碳基复合材料。比如，复旦大学夏永姚教授课题组以F127为软模板，以树脂和柠檬酸钛为前体，通过溶剂挥发诱导的自组装策略，经水热反应并在高温碳化后制备了微孔-介孔碳化钛/碳复合材料。研究发现，碳化温度对孔尺寸具有较明显的影响，且当碳化温度为500℃时，所得材料呈现出集中分布的4.4nm的介孔，以及0.52nm、0.76nm和1.35nm的微孔。由于同时存在介孔和微孔，所得复合材料分别表现出1698$m^2 \cdot g^{-1}$的大比表面积和1.17$cm^3 \cdot g^{-1}$的孔体积[133]。此外，在不使用模板的情况下也可以实现微孔-介孔复合材料的制备。Lee课题组以三水合草酸铁铵、蔗糖和双氰胺为前体，直接通过分段高温煅烧制备了微孔-介孔Fe-N-C/Fe_3C/C-S-C复合材料。其中发现，硫源的选择将直接影响所得材料的比表面积大小，且当以硫脲为硫源时，所得材料呈现出436$m^2 \cdot g^{-1}$的最大比表面积[134]。此外，Swarnalatha等人直接通过碳化稻壳制备了微孔-介孔碳/二氧化硅复合材料[135]。西北工业大学黄英教授团队甚至在草酸的辅助下直接通过前驱体的自组装制备了微孔-介孔 $NiCo_2O_4/NiO/Co_3O_4$ 纳米花状复合材料。

5.3.3 微孔-大孔材料

5.3.3.1 微孔-大孔碳材料的制备

微孔-大孔碳材料不仅具有大孔结构赋予的优良传质性能，而且微孔结构可以提供更大的比表面积。因此，探索合适的方法来制备微孔-大孔碳材料也受到了研究者的关注。但由于微孔结构比较特殊，目前很少有关于微孔模板的研究。一般来说，在微孔-大孔碳材料中，微孔主要由碳前体在高温碳化过程中的小分子分解所致。因此，关于微孔-大孔碳材料的设计主要还是集中在大孔模板的选择上。例如，中国科学技术大学汪谟贞课题组以介孔 SiO_2 微球为硬模板，采用 γ 射线诱导丙烯腈在 SiO_2 模板上原位聚合得到聚丙烯腈。经过高温碳化并使用氢氟酸去除 SiO_2 模板后，得到微孔-大孔碳材料。其中 SiO_2 模板负责大孔结构的产生，而聚合物中小分子在高温碳化过程中的分解则负责微孔的产生。多级孔的存在使最终所得碳材料呈现出 $554.5m^2 \cdot g^{-1}$ 的大比表面积并具有 $0.48cm^3 \cdot g^{-1}$ 的孔体积[136]。相似地，Hwang 等人以中空介孔二氧化硅胶囊为牺牲硬模板，以糠醇为碳源，经过高温碳化并使用 HF 刻蚀去除模板后成功制备了微孔-大孔碳材料。所得多级孔碳材料表现出 $693m^2 \cdot g^{-1}$ 的大比表面积和 $0.47cm^3 \cdot g^{-1}$ 的孔体积，其中，微孔的孔体积为 $0.30cm^3 \cdot g^{-1}$[137]。为了减少对环境的影响，在制备过程中应尽可能避免采用硅基模板。针对这一问题，Rodriguez 课题组以 $ZnCl_2$ 为硬模板，以挥发性烟煤为碳源，经过 KOH 活化后制备了微孔-大孔碳材料，并且重点考察了碳源和 $ZnCl_2$ 模板的比例对所得多级孔碳材料比表面积的影响，发现当 $ZnCl_2$/碳源的比例为 2 时，所得多级孔碳材料表现出高达 $866m^2 \cdot g^{-1}$ 的最大比表面积，且具有 $0.35cm^3 \cdot g^{-1}$ 的大孔体积[138]。另外，河北科技大学陈爱兵教授课题组采用 $K_3[Fe(CN)_6]$催化间苯二酚/甲醛前驱体的石墨化制备了粒径均匀的微孔-大孔石墨碳球。所得碳材料不仅呈现出高度石墨化，且由于聚合物的分解而产生了微孔结构，并且在去除铁颗粒后，可获得直径约 100nm 的大孔，最终所得碳材料表现出 $381m^2 \cdot g^{-1}$ 的大比表面积[139]。

通过上述硬模板策略，虽然可以获得具有明确尺寸和形态的微孔-大孔多级孔碳材料，但额外模板的使用使整个制备过程显得烦琐。为了进一步简化制备流程，Alam 等人报道了一种通过在高浓度油包水乳剂中聚合，然后经热解获得多级孔碳材料的制备方法。制备过程中，以 1,1-二氯乙烯单体为外相，经氧化还原引发剂引发低温聚合，产生高浓度油包水乳剂。然后经过聚合和萃取得到大孔泡沫。最后将其进行高温热解，热解过程中不仅能保证大孔的完整性，而且可以形成微孔。最终所得多级孔碳材料表现出 $854m^2 \cdot g^{-1}$ 的大比表面积和

$3.5cm^3 \cdot g^{-1}$ 的大孔体积，其中微孔的孔体积为 $0.35cm^3 \cdot g^{-1}$[140]。

5.3.3.2 微孔-大孔金属材料的制备

虽然微孔-大孔材料在不同领域中表现出一些独特的优势，但是受限于成核和生长方式，目前关于微孔-大孔金属材料的研究较少。西安交通大学杨冠军教授课题组制备了微孔-大孔多级孔结构的钼金属材料。在制备过程中，先采用热喷涂的方法制备了微孔结构的 Mo 颗粒，使其处于半熔融和有限熔融的双峰熔融状态。在喷涂中，固体颗粒之间形成大孔，微孔在有限的熔融颗粒中被保留，形成了层次分明的微孔-大孔结构。最后在还原气氛中退火后，半熔融颗粒内部的 Mo 氧化物被还原，进一步形成纳米孔。最终所得材料具有孔径约为 100nm 的大孔[141]。

5.3.3.3 微孔-大孔复合材料的制备

在各种复合材料中，金属有机框架（MOFs）材料由于具有较大的比表面积以及成分易调等优点，在不同领域均表现出独特的优势，但大多数报道的 MOFs 的孔隙率仅限于微孔状态，导致其在应用过程中客体分子的扩散受限。华南理工大学李英伟教授团队基于聚苯乙烯球模板的强成型效应和双溶剂诱导的非均相成核方法，使 MOFs 在有序孔中原位生长，形成具有定向有序大孔结构的单晶。最终所得 MOFs 材料具有孔径约为 80nm 的大孔且表现出 $1540m^2 \cdot g^{-1}$ 的大比表面积和 $0.59cm^3 \cdot g^{-1}$ 的微孔体积。与传统的多晶空心无序大孔 ZIF-8 相比，这种多级孔的框架有效增强了质量扩散特性，加之其优良的单晶性质，赋予该材料在大分子反应中的优越催化活性和可回收性[142]。相似地，清华大学杜伟课题组以 PS 微球为硬模板分别制备了大孔孔径为 180nm、270nm 和 360nm 的微孔-大孔 ZIF-8，并研究了所得材料的比表面积和微孔体积与大孔孔径的关系。发现随着大孔孔径的增加，比表面积从 $1055.0m^2 \cdot g^{-1}$ 减小到 $913.4m^2 \cdot g^{-1}$ 和 $914.9m^2 \cdot g^{-1}$，对应的微孔孔体积分别为 $0.633cm^3 \cdot g^{-1}$、$0.532cm^3 \cdot g^{-1}$ 和 $0.465cm^3 \cdot g^{-1}$[143]。此外，Wang 课题组以 PS 微球为硬模板制备了微孔-大孔 ZIF-67[144]。通过上述策略还可以实现 MOFs 基复合材料的制备，例如，东北师范大学刘术侠教授课题组以 PS 微球为硬模板，制备了多金属氧酸盐@MOFs 复合材料，所得复合材料具有孔径为 180nm 的大孔以及 $687m^2 \cdot g^{-1}$ 的大比表面积[145]。此外，以 PS 微球为硬模板，基于微孔-大孔 MOFs 材料可实现金属/非金属复合材料的制备。例如，南京理工大学陈欢教授团队通过碳化大孔 ZIF-8 材料，得到了金属 Fe 单原子负载的微孔-大孔氮掺杂碳材料。多级孔结构赋予其高达 $718.51m^2 \cdot g^{-1}$ 的比表面积[146]。类似地，Zhao 等人以 PS 微球为硬模板，基于 MOFs 材料制备了大孔-微孔 V 掺杂的 ZnO/碳复合材料[147]。共价有机框架（COFs）材料是另一类常见的聚合物复合材料，具有结构和化学稳定性高、密度低以及可以实现杂原子掺杂等优点。青岛科技大学刘康课题组以粒径为200nm的PS微球为硬模板，制备了大孔COFs-SO_3NH_4，然后经过阳离子交换和热解，制备了微孔-大孔CoRu@NC复合材料[148]。

沸石作为一类微孔晶体材料，具有通道均匀、酸度可调、热水稳定性高等优点，在石油化工、精细化工、煤化工等多种工业过程中作为催化剂得到了广泛的应用。然而，其固有的微孔隙性易引发严重的失活问题，限制了沸石的实际应用。构建具有不同孔隙度的多级孔（微孔-大孔）沸石能有效提高其在扩散受限应用中的性能。大连理工大学郭洪臣团队提出了一种新型的溶解结晶合成路线来制备大孔-微孔结构的ZSM-5单晶。在制备过程中，预先制备的介孔硅酸铝球不仅可以作为原材料，同时还可以作为准“支架模板”来构建额外的大孔。研究发现，碱氢氧化钠的用量、结晶温度和Si/Al比等因素可以通过改变前体的溶解行为或沸石晶体的结晶来影响多级孔沸石的成功制备。只有加入适量与前体Si/Al比相匹配的NaOH，并在适当的结晶温度下，才能使硅酸铝球前体的溶解与结晶达到平衡，从而形成晶内大孔[149]。

除了上述模板策略外，电化学沉积法由于具有可持续生产、底物预处理方便、反应条件温和、合成可控以及可工业化生产等优点，也可以用于制备微孔-大孔复合材料。比如，复旦大学武利民教授课题组通过电化学沉积策略在氟掺杂氧化锡（FTO）基底上沉积了多层三维有序的微孔-大孔ZIF-8薄膜，并且通过这种策略可简易地实现大孔孔径的调节，最终获得了大孔孔径分别为200nm、250nm、300nm、350nm和400nm的微孔-大孔ZIF-8材料，更重要的是，这种高效、环保的方法可以扩展到ZIF-67等其他MOFs材料的制备中[150]。

5.3.4 介孔-大孔材料

5.3.4.1 介孔-大孔碳材料的制备

作为多级孔中的一类，介孔-大孔材料因其结合了大孔的优良传质性能和介孔的丰富活性位点而引起了人们的广泛关注。目前已有多种方法用于制备介孔-大孔材料。其中，碳材料由于自身独特的优势，设计介孔-大孔结构的碳材料备受关注。起初，介孔-大孔碳材料的制备主要是通过选取具有不同孔径的多级孔氧化硅为模板，然后经过碳前体包覆、使用HF去除模板等过程获得介孔-大孔碳材料，然而整个过程非常耗时。此外，由于孔结构来自对介孔二氧化硅的复制，所得碳材料的介孔尺寸太小，这限制了其在大分子方面的实际应用。为了简化制备流程，复旦大学赵东元院士课题组以二氧化硅胶晶为硬模板、两亲性三嵌段共聚物F127为软模板、可溶性酚醛树脂作为碳源，首次开发了双模板策略制备介孔-大孔碳材料。在制备过程中，首先将单分散的二氧化硅微球通过沉淀填充成三维胶晶阵列。然后将含有三嵌段共聚物 F127 和树脂的乙醇溶液中填充到胶晶阵列的空隙中，在氢键和静电相互作用下，通过溶剂挥发诱导的自组装过程获得二氧化硅/树脂/F127 复合物，最后经碳化并使用 HF 去除二氧化硅模板后，制备了介孔-大孔碳。所得材料具有大的介孔，高的比表面积和大的孔隙体积[151]。随后，南京航空航天大学曹洁明教授团队以 SiO_2 微球为大孔模板，F127 为介孔模板，制备了介孔-大孔多级孔碳材料，并通过对比发现，多级孔的存在能够有效提高所得碳材料的比表面积和孔体积，最终所得碳材料表现出 $1585.72m^2 \cdot g^{-1}$ 的最大比表面积和 $3.98cm^3 \cdot g^{-1}$ 的大孔体积[152]。

双模板策略凭借其在孔径调控方面独特的优势得到了迅速发展。目前已有 PMMA 微球、PS 微球、P123、CTAB 等各种模板用于制备介孔-大孔碳材料，其典型的制备过程如图 5.7 所示。在制备过程中，碳前体分子主要通过氢键、静电吸附等相互作用与模板相结合，然后经过碳化并去除模板后，得到介孔-大孔碳材料。为了避免在常规 SiO_2 微球模板的去除过程中使用 HF，Andreas Stein 课题组首次在不使用任何硅中间体和 HF 的条件下，基于溶剂挥发诱导的自组装策略制备了介孔-大孔碳材料。在制备过程中，他们选取容易去除的 PMMA 微球为大孔模板、F127 为介孔软模板、苯酚-甲醛树脂为碳前体。成功制备了大孔孔径在 342～404nm 之间、介孔孔径在 2.7～3.2nm 之间的介孔-大孔碳材料，并且通过小角 XRD 证明了介孔结构的存在[153]。相似地，复旦大学赵东元院士课题组在以 F127 为介孔软模板、苯酚树脂为碳前体的条件下，选取 PS 微球为大孔模板，通过聚合并经高温碳化制备了介孔-大孔多孔碳材料（图 5.8），并研究了碳化温度对孔结构及比表面积的影响，发现通过碳化温度的调节可实现碳材料比表面积在 $184 \sim 549m^2 \cdot g^{-1}$ 之间可调[154]。此外，Ajayan Vinu 等人以 PS 微球为大孔模板、P123 为介孔软模板、聚乙烯亚胺为碳前体，制备了大孔孔径为 470nm 的介孔-大孔多孔碳材料[155]。

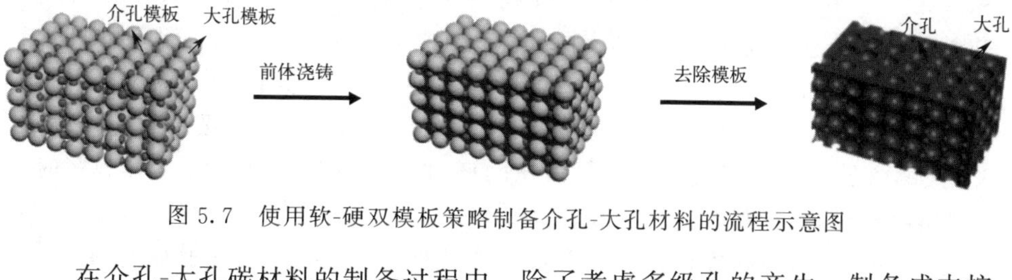

图 5.7　使用软-硬双模板策略制备介孔-大孔材料的流程示意图

在介孔-大孔碳材料的制备过程中，除了考虑多级孔的产生，制备成本控制和制备流程简易化也是需要考虑的主要因素。虽然使用双模板策略可以很好

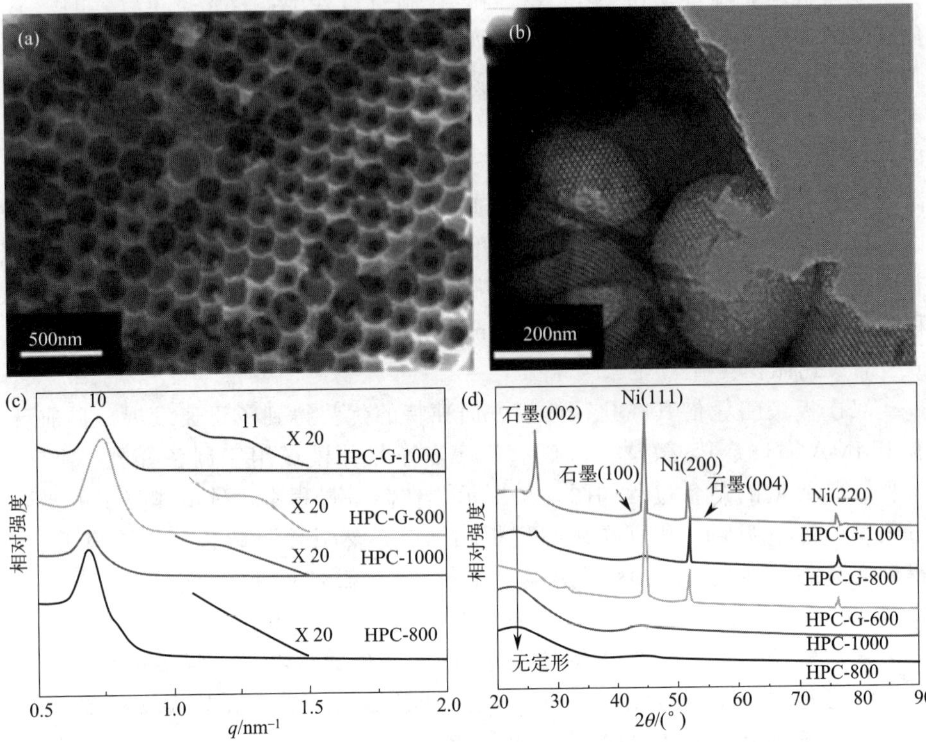

图 5.8　以 PS 球和 F127 为双模板制备的介孔-大孔碳材料：TEM 图（a）与（b）、小角 XRD（c）以及不同温度处理后的 XRD 谱图（d）[154]

地制备需要的介孔-大孔碳材料，但软模板的额外使用使得制备成本增加。为了简化制备流程，河北地质大学刘超课题组以富氮的三聚氰胺-甲醛树脂为碳前体，以 SiO_2 微球为大孔导向剂，通过聚合并经高温煅烧后成功制备了介孔-大孔碳材料。其中，介孔来源于三聚氰胺-甲醛树脂在高温分解过程中产生的气体模板。最终所得多孔材料的介孔孔径集中在 3.9nm，而大孔孔径分布在 50～200nm 之间，独特的多级孔结构赋予其 $322\sim543m^2\cdot g^{-1}$ 的大比表面积，此外，由于富氮三聚氰胺-甲醛树脂的使用，成功实现了氮的原位掺杂[156]。为了进一步优化合成条件，美国密歇根理工大学胡云行教授团队以 MgO 为大孔模板、塑料瓶为碳源，通过碳化并经 KOH 活化处理后制备了介孔-大孔碳材料。研究发现，KOH 的活化对介孔的形成至关重要，且通过调节 KOH 的含量，可实现大孔与介孔占比的调节。当介孔/大孔比为 79.34%时，所得介孔-大孔碳材料的比表面积高达 $1863.55m^2\cdot g^{-1}$[157]。类似地，Zhu 课题组以 Fe_2O_3 为大孔模板，在三聚氰胺的辅助下制备了介孔-大孔碳材料[158]。

相比于模板策略，无模板策略更简单直接。戴胜教授课题组在葡萄糖存在的情况下，通过碳化双氰胺或三聚氰胺直接制备了介孔-大孔碳材料，所得碳材料的比表面积在 401～784$m^2 \cdot g^{-1}$ 之间可调[159]。此外，广东工业大学李争晖课题组通过二茂铁的 Friedel-Crafts 交联反应制备了介孔-大孔多级多孔碳材料。在制备过程中，芳香环的交联反应导致介孔-大孔纳米网络的形成，而 Fe 元素可以作为催化剂加速碳化过程中石墨微晶的形成，最终所得碳材料表现出 500$m^2 \cdot g^{-1}$ 的大比表面积[160]。尽管上述制备流程较为简单，但孔径难以调控仍是无模板策略面临的主要问题，并且难以通过这种方法实现有序多级孔碳材料的制备。

5.3.4.2 介孔-大孔金属材料的制备

虽然孔径在几十纳米到几微米范围内的大孔金属材料由于具有较强的客体分子和颗粒运输能力，已在催化和过滤过程中显示出优异的应用性能，但大孔结构往往呈现出相对较小的比表面积，难以实现更多反应活性位点的构筑。设计介孔-大孔金属材料不仅有利于客体分子的扩散，而且可以为反应提供更活跃的界面。由于金属材料前驱体较快的水解和聚合速率，关于介孔-大孔金属材料的制备主要集中在软-硬结合的双模板策略[161-162]。例如，河北科技大学陈爱兵教授课题组以三维有序大孔碳作为硬模板，以钛酸四丁酯作为钛源，在组装过程中加入 F127 进行共聚合，形成了有序的介孔-大孔 TiO_2，其中，TiO_2 框架与大孔碳支架之间的相互作用可以避免有序介孔结构在热处理过程中的坍塌现象。最终所得介孔-大孔 TiO_2 表现出 450～1350nm 范围可调的大孔孔径和 4～11nm 范围可调的介孔孔径，且最大比表面积可达 235$m^2 \cdot g^{-1}$[163]。氧化铝作为一种重要的材料，广泛应用于盐的超滤、环境净化、汽车尾气催化剂以及加氢脱氯的多相催化剂载体和石油精炼等领域。设计孔道均匀、比表面积大、孔径分布窄的多孔 γ-氧化铝能使其具有更好的物理化学性质。北京工业大学戴洪兴教授课题组基于双模板策略，以 PMMA 微球为硬模板、F127 为软模板，制备了介孔-大孔结构的 γ-Al_2O_3，其中，大孔孔径为 175nm。更重要的是，基于上述策略还实现了大孔孔径在 160nm、190nm 和 200nm 的介孔-大孔的 MgO、$Ce_{0.6}Zr_{0.4}O_2$ 和 $Ce_{0.7}Zr_{0.3}O_2$ 的制备[164]。此外，凭借软-硬双模板策略，Ce_aTiO_x、SnO_2、ZnO、NiO、La_2O_3、Y_2O_3、Cr_2O_3、Co_3O_4、Mn_2O_3 等一系列介孔-大孔金属氧化物被制备[165]。

除了金属氧化物，贵金属材料由于优良的导电性、较高的催化活性和稳定的化学性质，也已成为催化和能源工业领域最先进的材料之一。通过优化贵金属的多级孔结构，可显著提高其催化性能。对贵金属进行介孔-大孔的多级孔设计有利于改善反应物传质，增加反应活性位点并增强结构的稳定性。基于此，吉林大学乔振安教授团队以 PS 微球为大孔模板，以聚苯乙烯-聚丙烯酸嵌段共聚物（PS-*b*-PAA）为介孔软模板，以金属氯化物为前驱体，通过溶液挥发诱导的自组装策略分别制备了具有介孔-大孔结构的贵金属 Pd、Pt 和 Ru（图 5.9）。在组装过程中，金属离子与 PS-*b*-PAA 模板的聚丙烯酸（PAA）段通过氢键作用结合在一起。最终所得材料的大孔孔径在 160～320nm 之间[166]。上述制备策略可扩展到介孔-大孔非贵金属材料的制备。例如，北京化工大学徐联宾教授课题组以 PMMA 微球为大孔模板，以非离子表面活性剂聚乙二醇十六烷基醚为介孔模板，制备了介孔-大孔金属 Ni，其表现出 3～5nm 的介孔孔径以及 330nm 的大孔孔径，同时多级孔结构赋予其 $116m^2 \cdot g^{-1}$ 的比表面积和 $0.31cm^3 \cdot g^{-1}$ 的孔体积[167]。

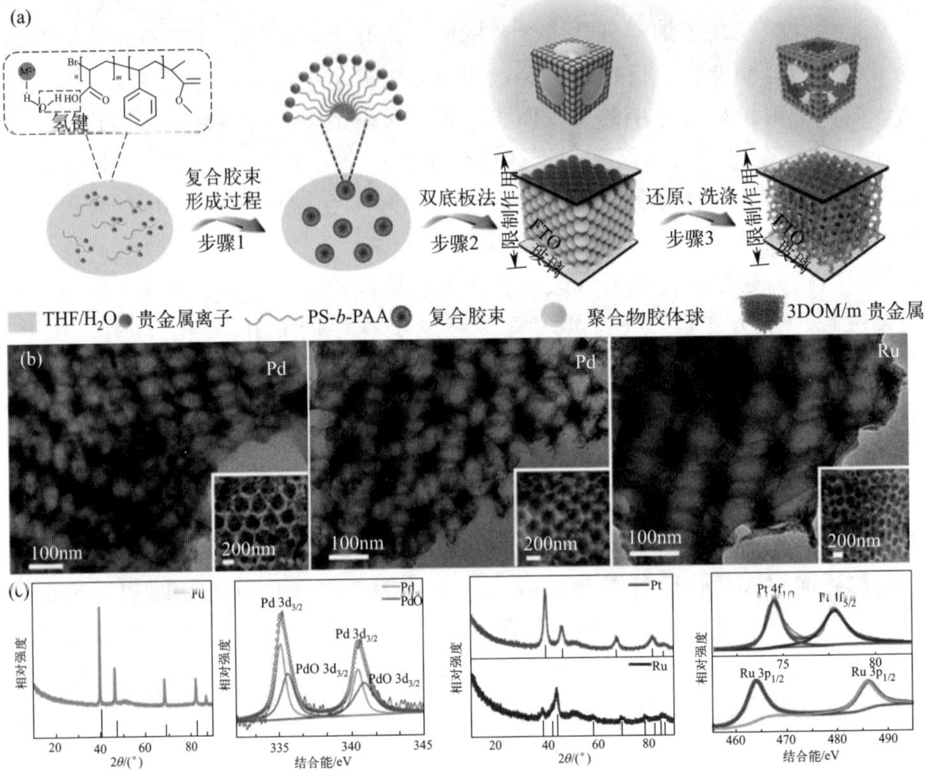

图 5.9 溶剂挥发诱导的自组装策略制备具有介孔-大孔结构的贵金属 Pd、Pt 和 Ru：合成示意图（a）、TEM 图（b）、XRD 和 XPS 谱图（c）[166]

随着介孔-大孔金属材料的发展，介孔-大孔金属氧化物的制备不再局限于软-硬结合的双模板策略，仅通过简易的软模板策略也可以实现介孔-大孔金属氧化物材料的制备。例如，中南大学杨华明教授课题组以 P123 为软模板，在柠檬酸的辅助下成功制备了介孔孔径为 30nm、大孔孔径在 50～80nm 之间的介孔-大孔 γ-Al_2O_3。在制备过程中，柠檬酸不仅可以起到对 Al^{3+} 的配位作用，并且能够吸引单个表面活性剂胶束形成“囊泡聚集”，起到大孔模板作用。

最终所得的介孔-大孔 γ-Al_2O_3 材料具有 $320m^2 \cdot g^{-1}$ 的大比表面积[168]。相似地，Pooi See Lee 课题组通过金属配合物形成和有机物原位聚合相结合的一步法制备了介孔-大孔 Co_3O_4。在制备过程中，柠檬酸与钴离子首先形成配合物，然后在 70℃加热时，随着溶剂的挥发和柠檬酸与 P123 的缓慢聚合，溶液转变为溶胶，进一步形成凝胶。在液氮中冷冻后，凝胶基质内形成相互连接的冰晶。在低真空条件下，冰晶开始融化，导致凝胶交联缓慢。最后，冰晶的完全去除形成了一个高度多孔的低温凝胶[169]。此外，Lee 等人凭借溶剂挥发诱导的自组装策略，基于多相分离原理，在硝酸的辅助下，以聚苯乙烯-聚氧乙烯嵌段共聚物（PS-*b*-PEO）为介孔模板，制备了介孔-大孔氧化铌钛。在制备过程中，随着溶剂逐渐蒸发，硝酸发生宏观相分离而产生大孔结构，而 PS-*b*-PEO 则通过微观相分离生成介孔结构[170]。利用金属的熔点不同，采用自模板策略也可以实现介孔-大孔金属材料的制备，云南大学王毓德教授团队通过金属-有机配合物的持续自分解制备了三维介孔-大孔 Co_3O_4-CeO_2。其中，介孔来源于纳米颗粒的分解，而纳米颗粒的团聚产生大孔结构，最终所得的材料表现出孔径为 300～400nm 的大孔，并且具有 $56.5m^2 \cdot g^{-1}$ 的比表面积[171]。

5.3.4.3　介孔-大孔复合材料的制备

在介孔-大孔结构的基础上，构筑复合材料不仅可以利用多级孔结构的优势，而且不同组分的复合能够进一步提升其应用性能，目前已有各种介孔-大孔复合材料被制备。在各种制备方法中，软-硬结合的双模板策略仍是最有效的策略。中国石油大学王有和课题组以 PMMA 微球为大孔硬模板、P123 为介孔软模板，制备了介孔-大孔 Si/Al 复合材料。所得复合材料的大孔孔径分布在 90～110nm，介孔孔径集中在 3.5nm，多级孔赋予其 $509m^2 \cdot g^{-1}$ 的大比表面积[172]。相似地，中国科学院王丹研究员课题组以 PS 微球为硬模板、P123 为介孔软模板，将介孔-大孔 TiO_2 负载到石墨烯表面，多级孔赋予其 $256m^2 \cdot g^{-1}$ 的大比表面积[173]。Kuhn 课题组以不同粒径的 SiO_2 微球为大孔硬模板、十二烷基硫酸钠为介孔软模板，制备了介孔-大孔 Pt/Au 复合材料。所得复合材料呈现出 600nm 的大孔孔径和 3～4nm 的介孔孔径[174]。此外，基于上述软-硬双模板策略，SiO_2/C[175]、Fe_2O_3-SiO_2[176]、Ni/碳[177] 等一系列介孔-大孔复合材料被制备。

随着合成技术的发展，采用单独的硬模板也可实现介孔-大孔复合材料的制备。比如，武汉理工大学王洪恩课题组以 PAA-Ca 为硬模板制备了介孔-大孔碳/TiO_2 复合材料。在合成过程中，首先 $Ca(OH)_2$ 与聚丙烯酸之间通过常规的酸碱反应，使 PAA 进行交联并絮凝。同时，Ca 物种被均匀地纳入 PAA 框架中。随着反应的进行，白色 PAA-Ca 复合微球逐渐形成。随后，PAA-Ca 在高温碳化过程中原位转化为无定形碳。碳化后的样品在酸性溶液中浸泡，去除含钙物质形成介孔，颗粒的堆积形成大孔。最后通过湿化学工艺促进 TiO_2 纳米颗粒在表面的成核和生长，从而产生介孔-大孔碳/TiO_2 复合材料。介孔-大孔结构赋予其 $296m^2 \cdot g^{-1}$ 的比表面积[178]。中国石油大学陈胜利研究员课题组以 PS 微球为大孔模板，制备了介孔-大孔 Re_2O_7/Al_2O_3 复合材料。所得复合材料表现出 100～252nm 的大孔孔径和 2～50nm 的介孔孔径，且介孔-大孔结构赋予其 253.9～$284.3m^2 \cdot g^{-1}$ 的大比表面积[179]。相似的，Shin 课题组以 PS 球为硬模板，制备了介孔-大孔的 NiMo/氧化铝复合材料[180]。

通过合理地控制反应条件，在不使用模板的情况下也可以实现介孔-大孔复合材料的制备。西北师范大学周喜斌教授课题组将硫源和钼源与氮掺杂介孔碳一起进行溶剂热反应，通过自组装制备了介孔-大孔 MoS_2/氮掺杂碳复合材料，所得材料表现出 250nm 的大孔孔径，虽然只具有 $35.34m^2 \cdot g^{-1}$ 的比表面积，但其仍大于单独的 MoS_2[181]。Umar 课题组通过控制四异丙醇钛的沉淀时间，制备了介孔-大孔 TiO_2，并为了进一步拓展其用途，将其与 g-C_3N_4 复合，从而获得介孔-大孔 TiO_2/g-C_3N_4 复合材料，所得材料表现出 $217.1m^2 \cdot g^{-1}$ 的较大比表面积[182]。相似地，湖北文理学院的戴高鹏教授课题组以钛酸四丁酯和 $SnCl_4$ 为前体，通过自组装过程制备了介孔-大孔 SnS_2/TiO_2 复合材料。在制备过程中，当将含有钛酸四丁酯和 $SnCl_4$ 的乙醇液滴滴入含有 S^{2-} 的水溶液中时，液滴表面立即形成了一层薄薄的、致密的 TiO_2 和 SnS_2 半透膜，将随后的钛酸四丁酯水解、缩合和 SnS_2 沉淀反应分隔开。然后含有 S^{2-} 的水溶液从膜外扩散到液滴内。同时，上述钛酸四丁酯水解、缩聚和 SnS_2 沉淀反应向内进行，并近似垂直于液滴的膜，导致大孔自发形成。同样，随着水溶液的扩散，在大孔的壁面上立即形成了一层薄薄的、致密的 TiO_2 和 SnS_2 半透膜。因此，在大孔的壁面上以类似的方式形成了许多介孔[183]。

常用软-硬双模板策略制备的介孔-大孔材料，如表 5.1 所示。

表 5.1　常用软-硬双模板策略制备的介孔-大孔材料

材料	大孔模板	介孔模板	大孔孔径/nm	介孔孔径/nm	比表面积/($m^2 \cdot g^{-1}$)	参考文献
C	PS	F127	220～236	3.7～4.7	184～549	[154]
C	SiO_2	F127	210	10	1585.72	[152]
C	PMMA	F127	342	2.7	505	[153]
C	SiO_2	P123	300	9.7	818.5	[184]
g-C_3N_4	SiO_2	NH4Cl	300	5～50	57.7	[185]
SiO_2	PEG	P123	600～4000	8～10	—	[186]
WO_3	SiO_2	PEO-*b*-PS	420	35	78	[187]

续表

材料	大孔模板	介孔模板	大孔孔径/nm	介孔孔径/nm	比表面积/($m^2 \cdot g^{-1}$)	参考文献
$H_3PW_{12}O_{40}/TiO_2$	PS微球	溴化季铵盐	200	2.6～4.4	186.1～248.8	[188]
γ-Al_2O_3	PMMA	F127	175	4～8	145	[164]
SiO_2/Al_2O_3	PMMA	P123	90～110	3.5	509	[172]
TiO_2/GO	PS	P123	200	3	256	[173]
$Ce_{0.2}TiO_x$	PMMA	P123	195	8.2	56	[165]
TiO_2	PS	P123	350	9.53	77.5	[189]

5.3.5 微孔-介孔-大孔材料

5.3.5.1 微孔-介孔-大孔碳材料的制备

微孔-介孔-大孔（三级多孔）材料，既有大孔结构较大的可利用空间，又结合了介孔结构带来的高选择性和微孔结构提供的更大比表面积，因此在能量储存与转换、催化、分离以及生物医学等方面都备受关注。在这部分，我们首先对研究较多的微孔-介孔-大孔碳材料的制备方法进行总结。对于微孔-介孔-大孔碳材料，由于大孔结构的存在，在制备过程中通常需要引入二氧化硅微球、金属颗粒以及聚苯乙烯微球等大孔模板。例如，山东科技大学徐刘蕾课题组在没有其他模板辅助的情况下，直接以二氧化硅微球为硬模板制备了微孔-介孔-大孔碳材料。在制备过程中，直接将三聚氰胺-甲醛树脂与二氧化硅模板混合煅烧，然后去除模板后获得了具有 563～720$m^2 \cdot g^{-1}$ 的大比表面积，并且壳层分布有微孔、双峰介孔（2.6nm 和 3.7nm）和大孔（250nm）的碳微球[190]。针对硅基模板的使用带来的环境问题，北京理工大学孙旺教授课题组以碳酸钙颗粒为硬模板，选取生物质淀粉为碳源，经过高温碳化并用盐酸去除硬模板后，成功制备了微孔-介孔-大孔碳材料[191]。在制备过程中，碳酸钙部分聚集为大颗粒导向形成大孔结构，而部分小颗粒则充当介孔模板。此外，生物质淀粉在高温碳化过程中部分小分子物质分解从而形成许多微孔。最终所得材料表现出 736$m^2 \cdot g^{-1}$ 的大比表面积和 4.531$cm^3 \cdot g^{-1}$ 的孔体积。河南师范大学高书燕教授课题组以 $ZnCl_2$-$Zn(OH)_2$ 为双硬模板，通过高温一步碳化法成功制备了 N/S 共掺杂的介孔-微孔碳材料[192]。介孔或微孔碳材料之间的不规则堆积也可以形成大孔，从而获得微孔-介孔-大孔结构的碳材料。比如，哈尔滨工程大学范壮军教授团队首先以花状氧化锌为硬模板、沥青为碳前体，制备了具有许多微孔和介孔结构的碳片，将这些碳片通过径向组装形成狭缝状大孔，从而实现孔径从微孔，介孔到大孔的跨越[193]。类似地，Guo 课题组以 MgO 为硬模板、聚氨酯为碳源，制备了微孔-介孔-大孔碳材料[194]。甚至，利用金属盐与碳前体之间的相互作用，在不使用专门的金属盐模板的情况下也可以实现多级孔碳材料的制备。例如，Lu 等人发现，在水热处理环六亚甲基四胺和葡萄糖的混合物时，加入 $NiSO_4$ 可以起到结构导向剂的作用，从而产生空心巢状 $Ni(OH)_2$@*N*-多聚糖前驱体。然后将所得前体与 $ZnCl_2$ 粉末混合，在氮气氛围下高温处理，并通过盐酸去除复合物中的镍锌合金和镍金属颗粒后，得到多级多孔空心巢状碳材料。其中，$ZnCl_2$ 的加入能够促进大量微孔的形成。最终所得多孔碳材料表现出 $707m^2 \cdot g^{-1}$ 的大比表面积和 $0.82cm^3 \cdot g^{-1}$ 的孔体积[195]。

虽然使用上述硬模板可以制备出具有微孔-介孔-大孔碳材料，但都需要额外的步骤去除硬模板，并且所得介孔往往呈现出无序结构。与之相比，以分子胶束为模板的软模板由于不需要专门的步骤去除模板，成为制备微孔-介孔-大孔碳材料的另一种有效方法。例如，河南大学周艳梅教授课题组以壳聚糖-质子盐[Chit][HSO_4]为原料，采用 F127 和十二烷基硫酸钠为双软模板，通过无溶剂自组装策略制备了三维蜂窝状 N/S 共掺杂微孔-介孔-大孔碳材料[196]。在制备过程中，F127 和十二烷基硫酸钠分别作为介孔模板和大孔模板，而碳前体高温分解过程产生的 NH_3 等气体导致微孔的产生。最终所得多级孔碳材料具有 $927m^2 \cdot g^{-1}$ 的大比表面积。相似地，Petra Bulavová 课题组以 F127 为软模板，通过控制间苯二酚和甲醛的凝胶化过程使其发生宏观相分离产生大孔，最后去除模板后制备了微孔-介孔-大孔碳材料[197]。这种单一的软模板策略虽然简化了合成流程，但所得大孔往往是由杂乱堆积产生的，因此难以实现大孔孔径的控制。针对上述问题，采用硬模板和软模板相结合的双模板策略可以很好地实现孔径的调控。四川大学鲁厚芳教授团队以二氧化硅微球和 F127 分别作为大孔硬模板和介孔软模板，以典型的制浆废木质素——木质素磺酸钠和木质素磺酸钙为碳源制备了微孔-介孔-大孔碳材料[198]。所得多级孔碳材料表现出 400nm 的大孔孔径和 8nm 的介孔孔径，并且具有 $0.116cm^3 \cdot g^{-1}$ 的微孔孔体积。

寻找合适的碳前驱体，尽可能地避免模板的使用不仅可以简化合成流程，而且能够有效地降低制备成本。目前已有生物质和一些具有大孔的有机物可以在不使用模板的条件下用于直接制备多级孔碳材料。比如，华东理工大学关士友教授等人以聚（丙烯酸盐）/多元醇为碳源，将其高温碳化后再通过 KOH 活化，从而获得微孔-介孔-大孔碳材料。研究发现，通过改变活化条件可实现比表面积和孔径的调控，其中最大比表面积可达 $2237m^2 \cdot g^{-1}$，呈现出 20～250nm 之间的介孔-大孔孔径分布，并且微孔孔体积可达 $0.49cm^3 \cdot g^{-1}$[199]。另外，北京科学技术大学李平教授团队直接通过高温处理红荷芋与 KOH 的混合物，得到了微孔-介孔-大孔碳材料。所得材料表现出最高 $1012m^2 \cdot g^{-1}$ 的大比表面积，呈现出9.3～216nm的介孔-大孔孔径分布，并且具有0.44$cm^3 \cdot g^{-1}$的微孔孔体积[200]。类似地，Yuan课题组通过对玉米丝碳化再经KOH活化，制备出了微孔-介孔-大孔碳管，所得碳材料表现出1962.4$m^2 \cdot g^{-1}$的大比表面积[201]。此外，Zhang等人直接通过碳化废弃物羊粪合成了三维多级孔碳[202]。经KOH活化后制备的碳材料由具有纳米和微米管状孔隙的类石墨烯片组成，多级孔的组合使其表现出1000$m^2 \cdot g^{-1}$的大比表面积。虽然通过选择合适的前体可以实现微孔-介孔-大孔碳材料的制备，但孔径大小的不可控是这种策略面临的主要挑战。

5.3.5.2 微孔-介孔-大孔金属材料的制备

受限于金属材料的形成条件和成核机制，在多孔金属材料中很难实现微孔结构的引入，因此，关于微孔-介孔-大孔金属材料的报道很少。中国石油大学陈胜利教授课题组以不同粒径的PS微球为模板制备了大孔孔径在100～252nm之间的多级孔Re_2O_7/Al_2O_3材料[179]。研究发现，随着PS微球用量的增加，Al_2O_3载体的孔容和BET比表面积显著增加，但并不会对介孔和微孔的体积产生影响，最终所得多级孔材料的介孔和微孔的体积在0.29～0.34$cm^3 \cdot g^{-1}$之间。另外，Su课题组通过控制预选无机源的水解和缩聚反应速率，制备了各种组成成分的微孔-介孔-大孔金属氧化物[203]。

5.3.5.3 微孔-介孔-大孔复合材料的制备

随着微孔-介孔-大孔材料的发展，这类多级孔材料的设计不再局限于常规的单一组分。各种基于微孔-介孔-大孔结构的复合材料也被设计出来。其不仅具有多级孔的优势，更重要的是多元组成能够进一步优化其性能。与其他多级孔材料的制备相似，采用硅基模板可以很容易地实现这类多级孔复合材料的制备。东北大学王淑兰教授课题组以冰和二氧化硅为双重模板，合成了微孔-介孔-大孔TiO_2/C纳米复合材料[204]。并且在制备过程中，通过选择不同尺寸的二氧化硅颗粒可实现孔结构的调节。所得多级孔复合材料可以有效阻止纳米颗粒的聚集。随后，该课题组以冰和二氧化硅胶体为双模板合成了多级孔结构的$SrTiO_3$@TiO_2/C复合材料[205]。在制备过程中，冰模板导向大孔的产生，而二氧化硅胶体则作为介孔模板，同时在高温处理过程中，有机物的分解会产生微孔。除了硅基模板，金属盐也是使用较多的模板。例如，江苏师范大学刘飒教授等人以MgO为硬模板，以醋酸铁和醋酸钴为铁源和钴源，以三聚氰胺和赖氨酸为碳源，经高温碳化后制备了多级孔结构的FeCo@NC复合物[206]。所得材料表现出1195$m^2 \cdot g^{-1}$的大比表面积，且介孔和微孔的体积分别为2.2$cm^3 \cdot g^{-1}$和0.1$cm^3 \cdot g^{-1}$。此外，MOFs材料由于其多元且可控的组成，常作为制备复合材料时的前体。选择MOFs材料制备微孔-介孔-大孔复合材料时，通常首先需要通过模板作用对 MOFs 进行大孔设计，然后再对大孔 MOFs 进行高温处理，随着部分组成的分解便会形成介孔和微孔。例如，东南大学陈金喜教授团队首先通过聚苯乙烯微球的导向作用制备了大孔 MOFs，然后对其进行高温碳化和刻蚀，制备了微孔-介孔-大孔 FeCo-N-C 材料[207]。且研究发现通过调节 MOFs 前体中金属的配比可实现比表面积在 $309\sim401m^2\cdot g^{-1}$ 之间的调节。类似地，Lei 课题组以 PS 微球为大孔导向模板、ZnCo-ZIF 为前驱体通过高温碳化制备了三维有序的多级孔 Co/N 掺杂的碳多面体[208]。其中，PS 微球赋予其孔径为 190nm 的有序大孔，在高温处理过程中，金属 Zn 挥发，从而产生微孔和碳缺陷，最终所得样品的 BET 比表面积为 $570.22m^2\cdot g^{-1}$，总孔容为 $0.59cm^3\cdot g^{-1}$。

尽管采用硬模板可以制备出不同组成的微孔-介孔-大孔复合材料，但额外的模板去除过程使得整个制备流程烦琐。鉴于此，聊城大学王朝阳等人利用表面活性剂十六烷基三甲基溴化铵在水和乙醇中显著的临界胶束浓度差异，通过溶剂辅助的自组装策略成功制备了微孔-介孔-大孔 $Na_3V_2(PO_4)_3/C$ 复合材料[209]。制备过程中，通过逐渐增加乙醇和水的比例，可以实现 CTAB 胶束从板状、球状到链状的调节，从而使产物形成三维相互连接的层次结构。最终，$Na_3V_2(PO_4)_3/C$ 复合材料的比表面积可达 $190.8m^2\cdot g^{-1}$。此外，通过其他技术的辅助可直接合成多级孔复合材料。比如，Yu 课题通过静电纺丝结合蚀刻过程制备了微孔-介孔-大孔 TiO_2@PCNF-Gas 复合材料[210]。

除了引入外部模板，利用一些金属材料热分解温度较低的特性，还可以通过原位策略实现多级孔复合材料的制备。例如，河南师范大学杨林教授课题组直接热解 ZIF-8 制备了具有微孔-介孔-大孔结构的 FeCo-N-C 催化剂[211]。合成过程中，ZnO 和前体的分解衍生出多级孔，从而赋予其 $701m^2\cdot g^{-1}$ 的比表面积，其中微孔孔径主要集中在 1nm 左右。此外，无模板法也可用来直接制备微孔-介孔-大孔 MOFs 材料。最近，华南理工大学奚红霞教授团队使用 *N*,*N*-二甲基-1,2-乙二胺作为双功能调节剂快速制备出了纳米尺度的多级孔 ZIF-67(NH-ZIF-67) 晶体[212]。一方面，引入的 *N*,*N*-二甲基-1,2-乙二胺增强了 2-甲基咪唑的去质子化程度，导致了 ZIF-67 快速生长，所得晶粒尺寸小于 200nm（远小于传统 ZIF-67)。另一方面，引入的 *N*,*N*-二甲基-1,2-乙二胺作为调节剂，通过自组装形成柱状聚集，引导形成孔径为 40nm 的介孔和大孔（>50nm)。所制备的 NH-ZIF-67 样品具有较宽的孔径分布（0.9～120nm)，包括微孔、介孔和大孔区域。同样地，湖南大学段曦东教授课题组直接通过 MOFs 衍生制备了 In_2O_3 纳米晶/多级多孔氮掺杂碳复合材料（In_2O_3/HPNC)。所得复合材料不仅呈现出微孔-介孔-大孔结构，而且表现出 $126.5m^2\cdot g^{-1}$ 的大比表面积[213]。

5.4 小结

大孔材料作为一种独特的多孔材料，在各个领域展现出独特的优势。相较于微孔和介孔，大孔结构不仅确保了物质在孔隙中的顺利传输，还由于其较大的内部空间，便于根据不同的研究和应用需求对孔壁进行修饰，从而实现特殊的功能效果。目前，针对不同类型的大孔材料已经发展出多种制备方法。本章从阳极氧化铝、泡沫金属、大孔陶瓷、大孔金属材料到大孔非金属材料，系统地介绍了它们的特点以及各自的制备方法。尽管针对不同材料类型可以选择不同的制备策略以获得所需的大孔结构，但与微孔和介孔材料相比，大孔材料的制备方法相对单一。例如，大孔金属材料通常使用 PS 微球、PMMA 微球或 SiO_2 微球等胶晶模板制备，虽然这种方法能够获得相对有序的大孔结构，但其孔结构相对单一，这在一定程度上限制了其更广泛的应用。因此，未来的研究可以根据需求探索新的制备方法，进一步挖掘大孔材料的应用潜力。

凭借微孔、介孔和大孔不同孔径之间的协同作用，多级孔材料在储能、催化和吸附等多个领域展示出良好的应用前景。本章从孔径分布的角度出发，总结了过去几十年来关于多级孔材料制备方法的研究进展。目前已有硬模板、软模板、自模板和混合模板等多种策略用于制备多级孔材料，但这些方法仍存在一些待解决的问题。例如，使用自模板策略虽然方便，但难以精确控制孔结构；而硬模板和软模板分别用作大孔模板和介孔模板，能够获得精确可控的孔径分布，但制备过程复杂且成本较高，限制了其在大规模生产中的应用。此外，对于多级孔金属材料，受限于金属前体成核和生长的方式，制备具有微孔结构的多级孔金属材料仍然面临挑战。因此，为了实现组分和结构可控的多级孔材料，需要进一步探索新型、高效且简便的制备方法，这是当前多级孔材料研究中亟待解决的关键问题。

参考文献

[1] Cun Y K, Yang Z W, Li J, et al. Enhanced upconversion emission of three dimensionally ordered macroporous films $Bi_2Ti_2O_7$: Er^{3+} , Yb^{3+} with silica shell [J]. Ceramics International, 2015, 41 (9): 11770-11775.

[2] Li Y R, Chen J, Huang L, et al. Highly compressible macroporous graphene monoliths via an improved hydrothermal process [J]. Advanced Materials, 2014, 26 (28): 4789.

[3] Liang J, Zheng Y, Chen J, et al. Facile oxygen reduction on a three-dimensionally ordered macroporous graphitic C_3N_4/carbon composite electrocatalyst [J]. Angew Chem Int Ed Engl, 2012, 51 (16): 3892-3896.

[4] Hong H, Liu J L, Huang H W, et al. Ordered macro-microporous metal-organic framework single crystals and their derivatives for rechargeable aluminum-ion batteries [J]. Journal of the American Chemical Society, 2019, 141 (37): 14764-14771.

[5] Deng Z N, Jiang H, Hu Y J, et al. 3D ordered macroporous MoS_2@C nanostructure for flexible Li-ion batteries [J]. Advanced Materials, 2017, 29 (10): 1603020.

[6] Xu J J, Wang Z L, Xu D, et al. 3D ordered macroporous $LaFeO_3$ as efficient electrocatalyst for Li-O_2 batteries with enhanced rate capability and cyclic performance [J]. Energy & Environmental Science, 2014, 7 (7): 2213-2219.

[7] Lin H Y, Meng X D, Yu Z L, et al. Preparation and application progress of three-dimensional ordered macroporous materials based on template method [J]. Materials Review, 2012, 26 (9A): 60-65.

[8] Coasne B. Multiscale adsorption and transport in hierarchical porous materials [J]. New Journal of Chemistry, 2016, 40 (5): 4078-4094.

[9] Liu T Y, Zhang F, Song Y, et al. Revitalizing carbon supercapacitor electrodes with hierarchical porous structures [J]. Journal of Materials Chemistry A, 2017, 5 (34): 17705-17733.

[10] Lee J H. Gas sensors using hierarchical and hollow oxide nanostructures: Overview [J]. Sensors and Actuators B-Chemical, 2009, 140 (1): 319-336.

[11] Parlett C M A, Wilson K, Lee A F. Hierarchical porous materials: Catalytic applications [J]. Chemical Society Reviews, 2013, 42 (9): 3876-3893.

[12] Wang H K, Rogach A L. Hierarchical SnO_2 nanostructures: Recent advances in design, synthesis, and applications [J]. Chemistry of Materials, 2014, 26 (1): 123-133.

[13] Li Y H, Zeng D M, Huang K L. Preparation and application of ordered macroporous materials [J]. Progress in Chemistry, 2008, 20 (2-3): 245-252.

[14] Nardecchia S, Carriazo D, Ferrer M L, et al. Three dimensional macroporous architectures and aerogels built of carbon nanotubes and/or graphene: Synthesis and applications [J]. Chemical Society Reviews, 2013, 42 (2): 794-830.

[15] Wang H, Zhao D F, Li X D, et al. Recent progress of ordered macroporous materials [J]. Journal of the Chinese Silicate Society, 2006, 34 (1): 107-113.

[16] Shakya A K, Kandalam U. Three-dimensional macroporous materials for tissue engineering of craniofacial bone [J]. British Journal of Oral & Maxillofacial Surgery, 2017, 55 (9): 875-891.

[17] Ali H O. Review of porous anodic aluminium oxide (AAO) applications for sensors, MEMS and biomedical devices [J]. Transactions of the Institute of Metal Finishing, 2017, 95 (6): 290-296.

[18] Zhu H L, Couper M J, Dahle A K. Effect of process variables on the formation of streak defects on anodized aluminum extrusions: An overview [J]. High Temperature Materials and Processes, 2012, 31 (2): 105-111.

[19] Wang W, Qin L, Dong L, et al. Research progress and development direction of anode foil for aluminum solid capacitors [J]. Electronic Components & Materials, 2016, 35 (7): 1-6.

[20] Liu S X, Tian J L, Zhang W. Fabrication and application of nanoporous anodic aluminum oxide: A review [J]. Nanotechnology, 2021, 32 (22): 222001.

[21] Ruiz-Clavijo A, Caballero-Calero O, Martin-Gonzalez M. Revisiting anodic alumina templates: From fabrication to applications [J]. Nanoscale, 2021, 13 (4): 2227-2265.

[22] Masuda H, Fukuda K. Ordered metal nanohole arrays made by a two-step replication of honey-

comb structures of anodic alumina [J]. Science 1995, 268 (9): 1466-1468.

[23] Masuda H, Yamada H, Satoh M, et al. Highly ordered nanochannel-array architecture in anodic alumina [J]. Applied Physics Letters, 1997, 71 (19): 2770-2772.

[24] 林伟. 基于模板法的银纳米结构的可控制备及其 SERS 性能调控研究 [D]. 上海: 上海大学, 2016.

[25] Lee W, Ji R, Gosele U, et al. Fast fabrication of long-range ordered porous alumina membranes by hard anodization [J]. Nature Materials, 2006, 5 (9): 741-747.

[26] Martín J, Manzano C V, Martín-González M. In-depth study of self-ordered porous alumina in the 140-400nm pore diameter range [J]. Microporous and Mesoporous Materials, 2012, 151: 311-316.

[27] Banhart J. Manufacture, characterisation and application of cellular metals and metal foams [J]. Progress in Materials Science, 2001, 46 (6): 559-563.

[28] Zhang S. Foam metal research and application progress [J]. Powder Metallurgy Technology, 2016, 34 (3): 222-227.

[29] Duarte I, Ferreira J M F. Composite and nanocomposite metal foams [J]. Materials, 2016, 9 (2): 79.

[30] Yang X H, Yu J B, Guo Z X, et al. Role of porous metal foam on the heat transfer enhancement for a thermal energy storage tube [J]. Applied Energy, 2019, 239: 142-156.

[31] Garcia-Moreno F, Mukherjee M, Jimenez C, et al. Metal foaming investigated by X-ray radioscopy [J]. Metals, 2012, 2 (1): 10-21.

[32] Chen M Y, Ji Z, Jia C C, et al. Research progress of aluminum foam and its composites [J]. Powder Metallurgy Technology, 2019, 37 (1): 68-73.

[33] Li J, Zhang X P, Jia L, et al. Research progress of open cell metal foams thermal transport performance [J]. Journal of Refrigeration, 2013, 34 (4): 96-102.

[34] Zuo X Q, Sun J L. Review on foam metal manufacture techniques [J]. Journal Materials Science and Engineering, 2004, 22 (3): 452-456.

[35] Tian Q H, Li J, Guo X Y. Preparation and application of foam metal material [J]. Chinese Journal of Power Sources, 2008, 32 (6): 417-420.

[36] Chen W, Yang D, Hu Z, et al. Types and properties of foaming agent for metal foams preparation [J]. Materials Review, 2015, 29 (4A): 77-82.

[37] Chung C Y, Chu C L, Wang S D. Porous TiNi shape memory alloy with high strength fabricated by self-propagating high-temperature synthesis [J]. Materials Letters, 2004, 58 (11): 1683-1686.

[38] Sasaoka E, Sada N, Uddin M A. Novel preparation method of macroporous metal oxides [J]. Journal of Materials Science Letters, 1999, 18 (7): 551-552.

[39] Carreon M A, Guliants V V. Ordered meso- and macroporous binary and mixed metal oxides [J]. European Journal of Inorganic Chemistry, 2005 (1): 27-43.

[40] Guo R T, Hu X, Chen X, et al. Recent progress of three-dimensionally ordered macroporous (3DOM) materials in photocatalytic applications: A review [J]. Small, 2023: e2207767.

[41] Lu L, Eychmuller A. Oedered macroporous bimetallic nanosctructures: Design, characterization, and applications [J]. Accounts of Chemical Research, 2008, 41 (2): 244-253.

[42] Xin W H, Yang L L, Zhao J P, et al. Morphology on 3D ordered macroporous metals associated to deposition depth [J]. Applied surface science, 2012, 258 (18): 7059-7063.

[43] Xu W, Canfield N L, Wang D Y, et al. A three-dimensional macroporous Cu/SnO_2 composite anode sheet prepared via a novel method [J]. Journal of Power Sources, 2010, 195 (21): 7403-7408.

[44] Hakim S H, Shanks B H. A comparative study of macroporous metal oxides synthesized via a unified approach [J]. Chemical Materials, 2009, 21 (10): 2027-2038.

[45] Li X, Jiang Y, Shi Z W, et al. Two growth modes of metal oxide in the colloidal crystal template leading to the formation of two different macroporous materials [J]. Chemical Materials, 2007, 19 (22): 5424-5430.

[46] Wang Y, Arandiyan H, Scott J, et al. Recent advances in ordered meso/macroporous metal oxides for heterogeneous catalysis: A review [J]. Journal of Materials Chemistry A, 2017, 5 (19): 8825-8846.

[47] Jiang P, Cizeron J, Bertone J F, et al. Preparation of macroporous metal films from colloidal crystals [J]. Journal of the American Chemical Society, 1999, 121 (34): 7957-7958.

[48] Lui G, Li G, Wang X, et al. Flexible, three-dimensional ordered macroporous TiO_2 electrode with enhanced electrode-electrolyte interaction in high-power Li-ion batteries [J]. Nano Energy, 2016, 24: 72-77.

[49] Yan H W, Blanford C F, Holland B T, et al. General synthesis of periodic macroporous solids by templated salt precipitation and chemical conversion [J]. Chemical Materials, 2000, 12 (4): 1134-1141.

[50] Liu L L, Han X Y, Zhou J, et al. Oxidative dehydrogenation of propane over three-dimensionally ordered macroporous VMgO catalysts with different vanadium doping [J]. Journal of Porous Materials, 2018, 25 (4): 955-963.

[51] Carbajo M C, Gómez A, Torralvo M J, et al. Macroporous silica and titania obtained using poly [styrene-*co*-(2-hydroxyethyl methacrylate)] as template [J]. Journal of Materials Chemistry, 2002, 12 (9): 2740-2746.

[52] Liu X, Cheng J, Li W, et al. Superior lithium storage in a 3D macroporous graphene framework/SnO_2 nanocomposite [J]. Nanoscale, 2014, 6 (14): 7817-7822.

[53] Yan H W, Blanford C F, Lytle J C, et al. Influence of processing conditions on structures of 3D ordered macroporous metals prepared by colloidal crystal templating [J]. Chemical Materials, 2001, 13 (11): 4314-4321.

[54] Sadakane M, Sasaki K, Kunioku H, et al. Preparation of nano-structured crystalline tungsten (Ⅵ) oxide and enhanced photocatalytic activity for decomposition of organic compounds under visible light irradiation [J]. Chem Commun (Camb), 2008 (48): 6552-6554.

[55] Zhao K, Fan Y Q, Wang R, et al. Preparation of closed macroporous Al_2O_3 membranes with a three-dimensionally ordered structure [J]. Chemistry Letters, 2008, 37 (4): 420-421.

[56] Han D Z, Li Q H, Wang E L, et al. The evolution of NiMo unsupported catalysts with 3DOM structure for thiophene hydrodesulfurization [J]. Catalysis Today, 2022, 405-406: 329-336.

[57] Bbin S U I W, Ttang Z J, Zhe Y, et al. Preparation of three dimensional ordered macroporous carbon by colloidal crystal template [J]. Carbon Techniques, 2011, 30 (4): 30-33.

[58] Gundiah G, Govindaraj A, Rao C N R. Macroporous carbons prepared by templating silica spheres [J]. Materials Research Bulletin, 2001, 36 (9): 1751-1757.

[59] Fan Z J, Liu Y, Yan J, et al. Template-directed synthesis of pillared-porous carbon nanosheet architectures: High-performance electrode materials for supercapacitors [J]. Advanced Energy

Materials, 2012, 2 (4): 419-424.

[60] Yoon S B, Chai G S, Kang S K, et al. Graphitized pitch-based carbons with ordered nanopores synthesized by using colloidal crystals as templates [J]. Journal of the American Chemical Society, 2005, 127 (12): 4188-4189.

[61] Zhao M Q, Xie X, Ren C E, et al. Hollow MXene spheres and 3D macroporous MXene frameworks for Na-ion storage [J]. Advanced Materials, 2017, 29 (37): 1702410.

[62] Yu J S, Kang S, Yoon S B, et al. Fabrication of ordered uniform porous carbon networks and their application to a catalyst supporter [J]. Journal of the American Chemical Society, 2002, 124 (32): 9382-9383.

[63] Parthasarathy R V, Phani K L N, Martin C R. Template synthesis of graphitic nanotubules [J]. Advanced Materials, 1995, 7 (11): 896-897.

[64] Li W, Ma Q, Wang X, et al. Enhanced photoresponse and fast charge transfer: Three-dimensional macroporous g-C_3N_4/GO-TiO_2 nanostructure for hydrogen evolution [J]. Journal of Materials Chemistry A, 2020, 8 (37): 19533-19543.

[65] Nazarova E A, Alimova D S, Mikhaylov V I, et al. Macroporous ceramic filters from mineral raw materials for machine oils filtration [J]. Ceramics International, 2019, 45 (7): 8767-8773.

[66] Fukushima M, Ohji T. Macroporous ceramics for the sustainable development goals (SDGs): Review [J]. International Journal of Applied Ceramic Technology, 2022, 3: 660-680.

[67] Sifontes A B, Urbina M, Fajardo F, et al. Preparation of γ-alumina ceramic foams employing hydrophilated polyester polyurethane sponges [J]. Journal of Materials Science, 2009, 44 (16): 4507-4509.

[68] Makatun V N, Rat'ko A I, Azarov S M, et al. Properties of macroporous aluminosilicate ceramics modified with oligomeric aluminum phosphates [J]. Inorganic Materials, 2005, 41 (1): 82-86.

[69] Fukushima M, Yoshizawa Y, Ohji T. Macroporous ceramics by gelation-freezing route using gelatin [J]. Advanced Engineering Materials, 2014, 16 (6): 607-620.

[70] Niu J L, Zhang Z X, Jiang D Z. Synthesis and characteristics of porous hydroxyapatite bioceramics [J]. Journal of Biomedical Engineering, 2002, 19 (2): 302-305.

[71] Chakradhar R P S, Nagabhushana B M, Chandrappa G T, et al. Solution combustion derived nanocrystalline macroporous wollastonite ceramics [J]. Materials Chemistry and Physics, 2006, 95 (1): 169-175.

[72] Dele-Afolabi T T, Hanim M A A, Norkhairunnisa M, et al. Research trend in the development of macroporous ceramic components by pore forming additives from natural organic matters: A short review [J]. Ceramics International, 2017, 43 (2): 1633-1649.

[73] Rezaee S, Ranjbar K, Kiasat A R. Characterization and strengthening of porous alumina-20 wt% zirconia ceramic composites [J]. Ceramics International, 2020, 46 (1): 893-902.

[74] Dele-Afolabi T T, Hanim M A A, Norkhairunnisa M, et al. Investigating the effect of porosity level and pore former type on the mechanical and corrosion resistance properties of agro-waste shaped porous alumina ceramics [J]. Ceramics International, 2017, 43 (12): 8743-8754.

[75] Novais R M, Buruberri L H, Ascensão G, et al. Porous biomass fly ash-based geopolymers with tailored thermal conductivity [J]. Journal of Cleaner Production, 2016, 119: 99-107.

[76] Bai C Y, Ni T, Wang Q L, et al. Porosity, mechanical and insulating properties of geopolymer foams using vegetable oil as the stabilizing agent [J]. Journal of the European Ceramic Society,

2018, 38 (2): 799-805.

[77] Zhang X Y, Lan T, Li N, et al. Porous silica ceramics with uniform pores from the in-situ foaming process of silica poly-hollow microspheres in inert atmosphere [J]. Materials Letters, 2016, 182: 143-146.

[78] Wang H L, Li S J, Li Y B, et al. Preparation of novel reticulated prickly porous ceramics with mullite whiskers [J]. Journal of the European Ceramic Society, 2021, 41 (1): 864-870.

[79] Yu H, Li J L, Li J B, et al. Biomimetic preparation of a ceramic combined with sea urchin stereom structure and nacre mineral bridge structure [J]. Materials & Design, 2019, 178: 107844.

[80] Song T, Yan M, Qian M. The enabling role of dealloying in the creation of specific hierarchical porous metal structures-A review [J]. Corrosion Science, 2018, 134: 78-98.

[81] Innocenzi P, Malfatti L, Soler-Illia G. Hierarchical mesoporous films: From self-assembly to porosity with different length scales [J]. Chemistry of Materials, 2011, 23 (10): 2501-2509.

[82] Bi Z H, Kong Q Q, Cao Y F, et al. Biomass-derived porous carbon materials with different dimensions for supercapacitor electrodes: A review [J]. Journal of Materials Chemistry A, 2019, 7 (27): 16028-16045.

[83] Zhou J, Hua Z L, Shi J L, et al. Synthesis of a hierarchical micro/mesoporous structure by steam-assisted post-crystallization [J]. Chemistry-A European Journal, 2009, 15 (47): 12949-12954.

[84] Barrer R M, Makki M B. Molecular sieve sorbents from clinoptilolite [J]. Canadian Journal of Chemistry, 1964, 42 (6): 1481-1487.

[85] Giudici R, Kouwenhoven H W, Prins R. Comparison of nitric and oxalic acid in the dealumination of mordenite [J]. Applied Catalysis A: General, 2000, 203 (1): 101-110.

[86] Groen J C, Jansen J C, Moulijn J A, et al. Optimal aluminum-assisted mesoporosity development in MFI Zeolites by desilication [J]. The Journal of Physical Chemistry B, 2004, 108 (35): 13062-13065.

[87] Groen J C, Moulijn J A, Pérez-Ramírez J. Alkaline posttreatment of MFI Zeolites. From accelerated screening to scale-up [J]. Industrial & Engineering Chemistry Research, 2007, 46 (12): 4193-4201.

[88] Valtchev V, Balanzat E, Mavrodinova V, et al. High energy ion irradiation-induced ordered macropores in zeolite crystals [J]. Journal of the American Chemical Society, 2011, 133 (46): 18950-18956.

[89] Roth W J, Nachtigall P, Morris R E, et al. Two-dimensional zeolites: Current status and perspectives [J]. Chemical Reviews, 2014, 114 (9): 4807-4837.

[90] Chen L-H, Sun M-H, Wang Z, et al. Hierarchically structured zeolites: From design to application [J]. Chemical Reviews, 2020, 120 (20): 11194-11294.

[91] Schmidt I, Madsen C, Jacobsen C J H. Confined space synthesis. A novel route to nanosized zeolites [J]. Inorganic Chemistry, 2000, 39 (11): 2279-2283.

[92] Schmidt I, Boisen A, Gustavsson E, et al. Carbon nanotube templated growth of mesoporous zeolite single crystals [J]. Chemistry of Materials, 2001, 13 (12): 4416-4418.

[93] Janssen A H, Schmidt I, Jacobsen C J H, et al. Exploratory study of mesopore templating with carbon during zeolite synthesis [J]. Microporous and Mesoporous Materials, 2003, 65 (1): 59-75.

[94] Cho H S, Ryoo R. Synthesis of ordered mesoporous MFI zeolite using CMK carbon templates [J]. Microporous and Mesoporous Materials, 2012, 151: 107-112.

[95] Sakthivel A, Huang S-J, Chen W-H, et al. Replication of mesoporous aluminosilicate molecular sieves (RMMs) with Zeolite Framework from Mesoporous Carbons (CMKs) [J]. Chemistry of Materials, 2004, 16 (16): 3168-3175.

[96] Yang Z X, Xia Y D, Mokaya R. Zeolite ZSM-5 with unique supermicropores synthesized using mesoporous carbon as a template [J]. Advanced Materials, 2004, 16 (8): 727-732.

[97] Fan W, Snyder M A, Kumar S, et al. Hierarchical nanofabrication of microporous crystals with ordered mesoporosity [J]. Nature Materials, 2008, 7 (12): 984-991.

[98] Chen H, Wydra J, Zhang X, et al. Hydrothermal synthesis of zeolites with three-dimensionally ordered mesoporous-imprinted structure [J]. Journal of the American Chemical Society, 2011, 133 (32): 12390-12393.

[99] Wang H, Pinnavaia T J. MFI zeolite with small and uniform intracrystal mesopores [J]. Angewandte Chemie-International Edition, 2006, 45 (45): 7603-7606.

[100] Serrano D P, Aguado J, Escola J M, et al. Hierarchical zeolites with enhanced textural and catalytic properties synthesized from organofunctionalized seeds [J]. Chemistry of Materials, 2006, 18 (10): 2462-2464.

[101] Xiao F S, Wang L F, Yin C Y, et al. Catalytic properties of hierarchical mesoporous zeolites templated with a mixture of small organic ammonium salts and mesoscale cationic polymers [J]. Angewandte Chemie-International Edition, 2006, 45 (19): 3090-3093.

[102] Choi M, Cho H S, Srivastava R, et al. Amphiphilic organosilane-directed synthesis of crystalline zeolite with tunable mesoporosity [J]. Nature Materials, 2006, 5 (9): 718-723.

[103] Liu F, Willhammar T, Wang L, et al. ZSM-5 zeolite single crystals with *b*-axis-aligned mesoporous channels as an efficient catalyst for conversion of bulky organic molecules [J]. Journal of the American Chemical Society, 2012, 134 (10): 4557-4560.

[104] Zhu J, Zhu Y, Zhu L, et al. Highly mesoporous single-crystalline zeolite beta synthesized using a nonsurfactant cationic polymer as a dual-function template [J]. Journal of the American Chemical Society, 2014, 136 (6): 2503-2510.

[105] Song J, Ren L, Yin C, et al. Stable, porous, and bulky particles with high external surface and large pore volume from self-assembly of zeolite nanocrystals with cationic polymer [J]. The Journal of Physical Chemistry C, 2008, 112 (23): 8609-8613.

[106] Karlsson A, Stöcker M, Schmidt R. Composites of micro- and mesoporous materials: simultaneous syntheses of MFI/MCM-41 like phases by a mixed template approach [J]. Microporous and Mesoporous Materials, 1999, 27 (2): 181-192.

[107] Gu F N, Wei F, Yang J Y, et al. New strategy to synthesis of hierarchical mesoporous zeolites [J]. Chemistry of Materials, 2010, 22 (8): 2442-2450.

[108] Wang Y, Fang Y, He T, et al. Hydrodeoxygenation of dibenzofuran over noble metal supported on mesoporous zeolite [J]. Catalysis Communications, 2011, 12 (13): 1201-1205.

[109] Choi M, Na K, Kim J, et al. Stable single-unit-cell nanosheets of zeolite MFI as active and long-lived catalysts [J]. Nature, 2009, 461 (7261): 246-249.

[110] Na K, Choi M, Ryoo R. Recent advances in the synthesis of hierarchically nanoporous zeolites [J]. Microporous and Mesoporous Materials, 2013, 166: 3-19.

[111] Xu D, Ma Y, Jing Z, et al. π-π interaction of aromatic groups in amphiphilic molecules directing

for single-crystalline mesostructured zeolite nanosheets [J] . Nature Communications, 2014, 5 (1): 4262.

[112] Xu D, Che S, Terasaki O. A design concept of amphiphilic molecules for directing hierarchical porous zeolite [J] . New Journal of Chemistry, 2016, 40 (5): 3982-3992.

[113] Shen X F, Mao W T, Ma Y H, et al. A hierarchical MFI zeolite with a two-dimensional square mesostructure [J] . Angewandte Chemie-International Edition, 2018, 57 (3): 724-728.

[114] Zhang X, Liu D, Xu D, et al. Synthesis of self-pillared zeolite nanosheets by repetitive branching [J] . Science, 2012, 336 (6089): 1684-1687.

[115] Chaikittisilp W, Suzuki Y, Mukti R R, et al. Formation of hierarchically organized zeolites by sequential intergrowth [J] . Angewandte Chemie-International Edition, 2013, 52 (12): 3355-3359.

[116] Zhang Q, Mayoral A, Terasaki O, et al. Amino acid-assisted construction of single-crystalline hierarchical nanozeolites via oriented-aggregation and intraparticle ripening [J] . Journal of the American Chemical Society, 2019, 141 (9): 3772-3776.

[117] Fang Y, Hu H, Chen G. In situ assembly of Zeolite nanocrystals into mesoporous aggregate with single-crystal-like morphology without secondary template [J] . Chemistry of Materials, 2008, 20 (5): 1670-1672.

[118] Möller K, Yilmaz B, Jacubinas R M, et al. One-step synthesis of hierarchical zeolite beta via network formation of uniform nanocrystals [J] . Journal of the American Chemical Society, 2011, 133 (14): 5284-5295.

[119] Zhou J, Hua Z, Cui X, et al. Hierarchical mesoporous TS-1 zeolite: A highly active and extraordinarily stable catalyst for the selective oxidation of 2,3,6-trimethylphenol [J] . Chemical Communications, 2010, 46 (27): 4994-4996.

[120] Lv Y Y, Wu Z X, Fang Y, et al. Hierarchical mesoporous/microporous carbon with graphitized frameworks for high-performance lithium-ion batteries [J] . Apl Materials, 2014, 2 (11): 113302.

[121] Liu X, Zhu H, Yang X. One-step synthesis of dopamine-derived micro/mesoporous nitrogen-doped carbon materials for highly efficient oxygen-reduction catalysts [J] . Journal of Power Sources, 2014, 262: 414-420.

[122] Yan R, Heil T, Presser V, et al. Ordered mesoporous carbons with high micropore content and tunable structure prepared by combined hard and salt templating as electrode materials in electric double-layer capacitors [J] . Advanced Sustainable Systems, 2018, 2 (2): 1700128.

[123] Nelson K M, Mahurin S M, Mayes R T, et al. Preparation and CO_2 adsorption properties of soft-templated mesoporous carbons derived from chestnut tannin precursors [J] . Microporous and Mesoporous Materials, 2016, 222: 94-103.

[124] Luan S, Li W, Guo Z W, et al. Synthesis of ordered hierarchically mesoporous/microporous carbon materials via compressed CO_2 for fructose-to-HMF transformation [J] . Green Energy & Environment, 2022, 7 (5): 1033-1044.

[125] Hu F F, Lin Y, Qiu Y, et al. Synthesis of mesoporous hollow carbon microcages by combining hard and soft template method for high performance supercapacitors [J] . Ceramics International, 2021, 47 (5): 5968-5976.

[126] Liu S P, Chen X J, Li X L, et al. Nitrogen- and oxygen-containing micro-mesoporous carbon microspheres derived from m-aminophenol formaldehyde resin for supercapacitors with high rate

performance [J]. Rsc Advances, 2016, 6 (92): 89744-89756.

[127] Liu H J, Wang J, Wang C X, et al. Ordered hierarchical mesoporous/microporous carbon derived from mesoporous titanium-carbide/carbon composites and its electrochemical performance in supercapacitor [J]. Advanced Energy Materials, 2011, 1 (6): 1101-1108.

[128] Velez V, Ramos-Sanchez G, Lopez B, et al. Synthesis of novel hard mesoporous carbons and their applications as anodes for Li and Na ion batteries [J]. Carbon, 2019, 147: 214-226.

[129] Wang J T, Xu S, Wang Y F, et al. Controllable synthesis of hierarchical mesoporous/microporous nitrogen-rich polymer networks for CO_2 and Cr (Ⅵ) ion adsorption [J]. RSC Advances, 2014, 4 (31): 16224-16232.

[130] Chen L, Ji T, Mu L W, et al. Cotton fabric derived hierarchically porous carbon and nitrogen doping for sustainable capacitor electrode [J]. Carbon, 2017, 111: 839-848.

[131] Fan Y, Yang X, Zhu B, et al. Micro-mesoporous carbon spheres derived from carrageenan as electrode material for supercapacitors [J]. Journal of Power Sources, 2014, 268: 584-590.

[132] Jiang T, Luan W L, Ren Y F, et al. Synergistic heat treatment derived hollow-mesoporous-microporous Fe-N-C-SHT electrocatalyst for oxygen reduction reaction [J]. Microporous and Mesoporous Materials, 2020, 305 (1): 110382.

[133] Zhou D D, Du Y J, Song Y F, et al. Ordered hierarchical mesoporous/microporous carbon with optimized pore structure for supercapacitors [J]. Journal of Materials Chemistry A, 2013, 1 (4): 1192-1200.

[134] Eissa A A, Kim N H, Lee J H. Rational design of a highly mesoporous Fe-N-C/Fe_3C/C-S-C nanohybrid with dense active sites for superb electrocatalysis of oxygen reduction [J]. Journal of Materials Chemistry A, 2020, 8 (44): 23436-23454.

[135] Swarnalatha S, Selvi P K, Kumar A G, et al. Nanoemulsion drug delivery by ketene based polyester synthesized using electron rich carbon/silica composite surface [J]. Colloids and Surfaces B-Biointerfaces, 2008, 65 (2): 292-299.

[136] Xie Y Y, Yang W X, Wang M Z, et al. Fibrous N-doped hierarchical porous carbon microspheres: Synthesis and adsorption performance [J]. Chemical Engineering Journal, 2017, 323: 224-232.

[137] Hwang Y K, Shin H S, Hong J Y, et al. Preparation ofmicro-/macroporous carbons and their gas sorption properties [J]. Bulletin of the Korean Chemical Society, 2014, 35 (2): 377-382.

[138] Rodriguez E, Garcia R. Low-cost hierarchical micro/macroporous carbon foams as efficient sorbents for CO_2 capture [J]. Fuel Processing Technology, 2017, 156: 235-245.

[139] Chen A B, Yu Y F, Xing T T, et al. Synthesis of graphitic carbon spheres for enhanced supercapacitor performance [J]. Journal of Materials Science, 2015, 50 (16): 5578-5582.

[140] Alam M M, Miras J, Perez-Carrillo L A, et al. Facile synthesis of dual micro/macroporous carbonaceous foams by templating in highly concentrated water-in-oil emulsions [J]. Microporous and Mesoporous Materials, 2013, 182: 102-108.

[141] Chen B, Yang G J, Li C J, et al. Preparation of hierarchical porous metallic materials via deposition of microporous particles [J]. Materials Letters, 2016, 176: 237-240.

[142] Shen K, Zhang L, Chen X D, et al. Ordered macro-microporous metal-organic framework single crystals [J]. Science, 2018, 359 (6372): 206-210.

[143] Zhou H, Zou Z Q, Dai L M, et al. Ordered macro-microporous ZIF-8 with different macropore sizes and their stable derivatives for lipase immobilization in biodiesel production [J]. ACS Sus-

tainable Chemistry & Engineering, 2022, 10 (44): 14503-14514.

[144] Wang T, Liu Y Y, Liu X, et al. Three-dimensionally ordered macro-porous metal-organic framework for high-performance lithium-sulfur battery [J]. Chemelectrochem, 2022, 9 (1): e202101099.

[145] Zhang Z, Liu Y W, Tian H R, et al. Hierarchically ordered macro-microporous polyoxometalate-based metal-organic framework single crystals [J]. ACS Nano, 2021, 15 (10): 16581-16588.

[146] Tan L, Xia Y, Wang S Y, et al. Hierarchical porous-enhanced peroxymonosulfate activation via 3D ordered macro-microporous Fe-NC: Role of high-valent iron-oxo species and electron-transfer mechanism [J]. Journal of Cleaner Production, 2023, 383 (10): 135500.

[147] Zhao X M, Guan Y N, Du X H, et al. Ordered macroporous V-doped ZnO framework impregnated with microporous carbon nanocages as multifunctional sulfur reservoir in lithium-sulfur batteries [J]. Chemical Engineering Journal, 2022, 431: 134242.

[148] Zhao H H, Zhang X H, Zhang Y W, et al. Covalent organic framework-derived CoRu nanoalloy doped macro-microporous carbon for efficient electrocatalysis [J]. Journal of Materials Chemistry A, 2022, 10 (47): 25272-25278.

[149] Zhang Y F, Zhang X M, Zhang J, et al. Understanding of the dissolution-crystallization fabrication strategy towards macro/microporous ZSM-5 single crystals [J]. Crystengcomm, 2018, 20 (42): 6786-6794.

[150] Qin S J, Zhang S, Chen M, et al. Electrochemical fabrication of long-range ordered macro-microporous metal-organic framework films [J]. Journal of Materials Chemistry A, 2022, 10 (17): 9497-9505.

[151] Deng Y, Liu C, Yu T, et al. Facile synthesis of hierarchically porous carbons from dual colloidal crystal/block copolymer template approach [J]. Chemistry of Materials, 2007, 19 (13): 3271-3277.

[152] Zhao Y, Zheng M B, Cao J M, et al. Easy synthesis of ordered meso/macroporous carbon monolith for use as electrode in electrochemical capacitors [J]. Materials Letters, 2008, 62 (3): 548-551.

[153] Wang Z, Kiesel E R, Stein A. Silica-free syntheses of hierarchically ordered macroporous polymer and carbon monoliths with controllable mesoporosity [J]. Journal of Materials Chemistry, 2008, 18 (19): 2194.

[154] Huang C-h, Doong R A, Gu D, et al. Dual-template synthesis of magnetically-separable hierarchically-ordered porous carbons by catalytic graphitization [J]. Carbon, 2011, 49 (9): 3055-3064.

[155] Jia L, Wang H, Dhawale D, et al. Highly ordered macro-mesoporous carbon nitride film for selective detection of acidic/basic molecules [J]. Chem Commun (Camb), 2014, 50 (45): 5976-5979.

[156] Liu C, Zhang L, Hu Y, et al. Synthesis of N-doped meso-macroporous carbon and its application to SO_2 absorption [J]. Russian Journal of Physical Chemistry A, 2014, 88 (13): 2397-2404.

[157] Chen S Q, Fang S Y, Lim A I, et al. 3D meso/macroporous carbon from MgO-templated pyrolysis of waste plastic as an efficient electrode for supercapacitors [J]. Chemosphere, 2023, 322: 138174.

[158] Xie M M, Li D Q, He X, et al. Nitrogen-doped meso-macroporous carbon from waste asphalt as high-performance anode materials for alkali-ion batteries [J]. Sustainable Materials and Technologies, 2023, 35: e00535.

[159] Liu F J, Huang K, Ding S M, et al. One-step synthesis of nitrogen-doped graphene-like meso-macroporous carbons as highly efficient and selective adsorbents for CO_2 capture [J]. Journal of Materials Chemistry A, 2016, 4 (38): 14567-14571.

[160] Li Z H, Zhang H Y, Zhu H P, et al. Facile synthesis of graphitic porous carbons with three-dimensional nanonetwork for high-rate supercapacitive energy storage [J]. Journal of Materials Science, 2016, 51 (12): 5676-5684.

[161] Zhao J Q, Wan P, Xiang J, et al. Synthesis of highly ordered macro-mesoporous anatase TiO_2 film with high photocatalytic activity [J]. Microporous and Mesoporous Materials, 2011, 138 (1-3): 200-206.

[162] Zhao T, Ren Y, Yang J P, et al. Hierarchical ordered macro/mesoporous titania with a highly interconnected porous structure for efficient photocatalysis [J]. Journal of Materials Chemistry A, 2016, 4 (42): 16446-16453.

[163] Wang R C, Lan K, Liu B B, et al. Confinement synthesis of hierarchical ordered macro-/mesoporous TiO_2 nanostructures with high crystallization for photodegradation [J]. Chemical Physics, 2019, 516: 48-54.

[164] Li H N, Zhang L, Dai H X, et al. Facile synthesis and unique physicochemical properties of three-dimensionally ordered macroporous magnesium oxide, gamma-alumina, and ceria-zirconia solid solutions with crystalline mesoporous walls [J]. Inorganic Chemistry, 2009, 48 (10): 4421-4434.

[165] Xin Y, Jiang P, Yu M Q, et al. A universal route to fabricate hierarchically ordered macro/mesoporous oxides with enhanced intrinsic activity [J]. Journal of Materials Chemistry A, 2014, 2 (18): 6419-6425.

[166] Liu J W, Feng D Y, Rong K, et al. Double-base plate cooperative assembly strategy for the construction of ordered macro-/mesoporous noble-metal materials for enhanced electrochemical oxidation of formic acid [J]. ACS Applied Energy Materials, 2022, 5 (6): 7168-7175.

[167] Sun T T, Zhang C W, Chen J F, et al. Three-dimensionally ordered macro-/mesoporous Ni as a highly efficient electrocatalyst for the hydrogen evolution reaction [J]. Journal of Materials Chemistry A, 2015, 3 (21): 11367-11375.

[168] Liu M Z, Yang H M. Facile synthesis and characterization of macro-mesoporous γ-Al_2O_3 [J]. Colloids and Surfaces A: Physicochemical and Engineering Aspects, 2010, 371 (1): 126-130.

[169] Wang X, Sumboja A, Khoo E, et al. Cryogel synthesis of hierarchical interconnected macro-/mesoporous Co_3O_4 with superb electrochemical energy storage [J]. The Journal of Physical Chemistry C, 2012, 116 (7): 4930-4935.

[170] Jo C, Hwang J, Lim W G, et al. Multiscale phase separations for hierarchically ordered macro/mesostructured metal oxides [J]. Advanced Materials, 2018, 30 (6): 1703829.

[171] Deng D, Chen N, Li Y, et al. Flash synthesis and CO oxidation of macro-/nano-porous Co_3O_4-CeO_2 via self-sustained decomposition of metal-organic complexes [J]. Catalysis Letters, 2015, 145 (6): 1344-1350.

[172] Kou L, Wang Y H, Dong Y, et al. One-step synthesis of three-dimensionally ordered macro-mesoporous silica-alumina composites [J]. Materials Letters, 2014, 121: 212-214.

[173] Du J, Lai X Y, Yang N L, et al. Hierarchically ordered macro-mesoporous TiO_2-graphene composite films: Improved mass transfer, reduced charge recombination, and their enhanced photocatalytic activities [J]. ACS Nano, 2011, 5 (1): 590-596.

[174] Heim M, Wattanakit C, Reculusa S, et al. Hierarchical macro-mesoporous Pt deposits on gold microwires for efficient methanol oxidation [J]. Electroanalysis, 2013, 25 (4): 888-894.

[175] Shi Y F, Zhang F, Hu Y S, et al. Low-temperature pseudomorphic transformation of ordered hierarchical macro-mesoporous SiO_2/C nanocomposite to SiC via magnesiothermic reduction [J]. Journal of the American Chemical Society, 2010, 132 (16): 5552-5553.

[176] Zhou L, Lei J Y, Wang L Z, et al. Highly efficient photo-fenton degradation of methyl orange facilitated by slow light effect and hierarchical porous structure of Fe_2O_3-SiO_2 photonic crystals [J]. Applied Catalysis B-Environmental, 2018, 237: 1160-1167.

[177] Du H Y, Ren J Q, Zhang W C, et al. Ni nanoparticles in situ embedment in 3D ordered macro-/mesoporous carbon framework as efficient microwave absorption and infrared stealth materials [J]. Carbon, 2023, 204: 325-335.

[178] Wang D, Liu J, Bao X, et al. Macro/mesoporous carbon/defective TiO_2 composite as a functional host for lithium-sulfur batteries [J]. ACS Applied Energy Materials, 2022, 5 (2): 2573-2579.

[179] Chen S L, Wang H T, Yuan G M, et al. Investigation of macro-/mesoporous Re_2O_7/Al_2O_3 catalysts prepared by a particle-template method for butylene metathesis [J]. Transition Metal Chemistry, 2011, 36 (4): 441-445.

[180] Kim H, Chinh N H, Shin E W. Macroporous NiMo/alumina catalyst for the hydrocracking of vacuum residue [J]. Reaction Kinetics Mechanisms and Catalysis, 2014, 113 (2): 431-443.

[181] Chen X L, Zhang K N, An Z Z, et al. Facile synthesis of MoS_2/N-doped macro-mesoporous carbon hybrid as efficient electrocatalyst for hydrogen evolution reaction [J]. International Journal of Hydrogen Energy, 2018, 43 (15): 7326-7337.

[182] Vidyasagar D, Balapure A, Ghugal S G, et al. Template-free macro-mesoporous TiO_2/carbon nitride interface for visible-light-driven photocatalysis [J]. Physica Status Solidi a-Applications and Materials Science, 2019, 216 (20): 13071-13079.

[183] Dai G P, Qin H Q, Zhou H, et al. Template-free fabrication of hierarchical macro/mesoporpous SnS_2/TiO_2 composite with enhanced photocatalytic degradation of methyl orange (MO) [J]. Applied Surface Science, 2018, 430: 488-495.

[184] Zhang C, Zhang Z, Wang D, et al. Three-dimensionally ordered macro-/mesoporous carbon loading sulfur as high-performance cathodes for lithium/sulfur batteries [J]. Journal of Alloys and Compounds, 2017, 714: 126-132.

[185] Tian Y H, Zhou L, Zhu Q H, et al. Hierarchical macro-mesoporous g-C_3N_4 with an inverse opal structure and vacancies for high-efficiency solar energy conversion and environmental remediation [J]. Nanoscale, 2019, 11 (43): 20638-20647.

[186] Sun Y W, Wang Y J, Guo W, et al. Triblock copolymer and poly (ethylene glycol) as templates for monolithic silica material with bimodal pore structure [J]. Microporous and Mesoporous Materials, 2006, 88 (1-3): 31-37.

[187] Zhao T, Fan Y C, Sun Z Q, et al. Confined interfacial micelle aggregating assembly of ordered macro-mesoporous tungsten oxides for H_2S sensing [J]. Nanoscale, 2020, 12 (40): 20811-20819.

[188] Yue D, Jiaheng L, Lina Z, et al. Highly efficient deep desulfurization of fuels by meso/macroporous $H_3PW_{12}O_{40}/TiO_2$ at room temperature [J]. Materials Research Bulletin, 2018, 105: 210-219.

[189] Li Q, Chen L, Guo C, et al. A dual-template defective 3DOMM-TiO_{2-x} for enhanced non-enzymatic electrochemical glucose determination [J]. Journal of Materials Science, 2021, 56 (4): 3414-3429.

[190] Zhang N, Liu F, Xu S D, et al. Nitrogen-phosphorus co-doped hollow carbon microspheres with hierarchical micro-meso-macroporous shells as efficient electrodes for supercapacitors [J]. Journal of Materials Chemistry A, 2017, 5 (43): 22631-22640.

[191] Shen J R, Wu H T, Sun W, et al. Biomass-derived hierarchically porous carbon skeletons with in situ decorated IrCo nanoparticles as high-performance cathode catalysts for Li-O_2 batteries [J]. Journal of Materials Chemistry A, 2019, 7 (17): 10662-10671.

[192] Wang S T, Liu Y, Liu X P, et al. Fabricating N, S co-doped hierarchical macro-meso-micro carbon materials as pH-universal ORR electrocatalysts [J]. Chemistryselect, 2022, 7 (8): e202200044.

[193] Wang Q, Yan J, Wang Y, et al. Three-dimensional flower-like and hierarchical porous carbon materials as high-rate performance electrodes for supercapacitors [J]. Carbon, 2014, 67: 119-127.

[194] Li W N, Wang K Y, Li Z, et al. Preparation of high-performance supercapacitors from waste polyurethane-based hierarchical porous carbon [J]. New Journal of Chemistry, 2022, 46 (48): 23328-23337.

[195] Liang J-Y, Wang C-C, Lu S-Y. Glucose-derived nitrogen-doped hierarchical hollow nest-like carbon nanostructures from a novel template-free method as an outstanding electrode material for supercapacitors [J]. Journal of Materials Chemistry A, 2015, 3 (48): 24453-24462.

[196] Sun L, Zhou Y M, Li L, et al. Facile and green synthesis of 3D honeycomb-like N/S-codoped hierarchically porous carbon materials from bio-protic salt for flexible, temperature-resistant supercapacitors [J]. Applied Surface Science, 2019, 467-468: 382-390.

[197] Bulavová P, Parmentier J, Slovák V. Facile synthesis of soft-templated carbon monoliths with hierarchical porosity for fast adsorption from liquid media [J]. Microporous and Mesoporous Materials, 2018, 272: 155-165.

[198] Wu K J, Yang C Y, Liu Y, et al. Hierarchical meso- and macroporous carbon from lignin for kraft lignin decomposition to aromatic monomers [J]. Catalysis Today, 2021, 365: 214-222.

[199] Jiang J, Zhou M, Chen H, et al. Hierarchically porous carbon derived from an aqueous curable composition for supercapacitors [J]. Electrochimica Acta, 2015, 168: 300-307.

[200] He D l, Zhao W, Li P, et al. Bifunctional biomass-derived 3D nitrogen-doped porous carbon for oxygen reduction reaction and solid-state supercapacitor [J]. Applied Surface Science, 2019, 465: 303-312.

[201] Zhou J J, Yuan S X, Lu C X, et al. Hierarchical porous carbon microtubes derived from corn silks for supercapacitors electrode materials [J]. Journal of Electroanalytical Chemistry, 2020, 878 (1): 114704.

[202] Zhang C, Zhu X, Cao M, et al. Hierarchical porous carbon materials derived from sheep manure for high-capacity supercapacitors [J]. ChemSusChem, 2016, 9 (9): 932-937.

[203] Vantomme A, Léonard A, Yuan Z Y, et al. Self-formation of hierarchical micro-meso-macro-

porous structures: Generation of the new concept "Hierarchical Catalysis" [J]. Colloids and Surfaces A: Physicochemical and Engineering Aspects, 2007, 300 (1-2): 70-78.

[204] Wang H, Liu H, Wang S L, et al. Influence of tunable pore size on photocatalytic and photoelectrochemical performances of hierarchical porous TiO_2/C nanocomposites synthesized via dual-Templating [J]. Applied Catalysis B: Environmental, 2018, 224: 341-349.

[205] Xu T T, Wang S L, Li L, et al. Dual templated synthesis of tri-modal porous $SrTiO_3$/TiO_2@carbon composites with enhanced photocatalytic activity [J]. Applied Catalysis A: General, 2019, 575: 132-141.

[206] Gao J X, Wang L Y, Zhu P, et al. Exploiting encapsulated FeCo alloy decorated N-doped hierarchically porous carbon electrocatalysts in rechargeable Zn-air batteries [J]. Journal of Alloys and Compounds, 2021, 870: 159417.

[207] Chao F, Wang B, Ren J, et al. Micro-meso-macroporous FeCo-N-C derived from hierarchical bimetallic FeCo-ZIFs as cathode catalysts for enhanced Li-O_2 batteries performance [J]. Journal of Energy Chemistry, 2019, 35: 212-219.

[208] Hao Y, Kang Y, Mi Y, et al. Highly ordered micro-meso-macroporous Co-N-doped carbon polyhedrons from bimetal-organic frameworks for rechargeable Zn-air batteries [J]. J Colloid Interface Sci, 2021, 598: 83-92.

[209] Wang Z, Han J, Wang D, et al. Pore-forming mechanisms and sodium-ion-storage performances in a porous Na(3)V(2)(PO(4))(3)/C composite cathode [J]. Dalton Trans, 2023, 52 (15): 4708-4716.

[210] Yang C, Lan J L, Ding C F, et al. Three-dimensional hierarchical ternary aerogels of ultrafine TiO_2 nanoparticles@porous carbon nanofibers-reduced graphene oxide for high-performance lithium-ion capacitors [J]. Electrochimica Acta, 2019, 296: 790-798.

[211] Yuan Y, Wang J W, Shi W B, et al. Optimizing oxygen redox kinetics of M-N-C electrocatalysts via an in-situ self-sacrifice template etching strategy [J]. Chinese Chemical Letters, 2023, 34 (5): 107807.

[212] Li F, Zheng K, Zhang H, et al. Nanoscale hierarchically porous metal-organic frameworks: Facile synthesis, mechanism research, and application [J]. ACS Sustainable Chemistry & Engineering, 2019, 7 (13): 11080-11087.

[213] Xu H J, Wang L, Zhong J, et al. Ultra-stable and high-rate lithium ion batteries based on metal-organic framework-derived In_2O_3 nanocrystals/hierarchically porous nitrogen-doped carbon anode [J]. Energy & Environmental Materials, 2020, 3 (2): 177-185.

第6章

多孔材料在工业催化中的应用

6.1 引言

在现代化工生产中，工业催化具有至关重要的地位，是石油炼制、化工制造和能源转化等过程中不可或缺的关键技术。催化技术不仅显著提高了原料的利用效率，还能优化生产过程中的能耗并减少对环境的影响。其中，分子筛作为当代工业催化技术中最核心的催化材料之一，凭借其卓越的结构特性和可调控的性能，在多种催化反应中占据了主导地位。分子筛是一类具有规则晶体结构的多孔材料，兼具优异的工业应用特性和独特的孔道结构。其特有的孔道体系和可调控的酸性特性，使其成为处理重质原料和转化复杂化合物的理想催化剂。分子筛的结构特性，如孔径大小、孔道连接方式及酸性中心的分布，可以根据工艺需求进行定制化设计，从而实现最佳的催化效果。本章将全面探讨多孔材料工业催化领域中的重要应用，特别聚焦于分子筛催化剂的独特性能及其在不同催化反应中的应用和变革。

6.2 多孔材料在工业催化典型反应中的应用

6.2.1 催化裂化和加氢裂化

石油通常是一种黑色黏稠状的液态物质，是含有多种烃类的复杂混合物，各组分的分子量从几十至几千不等。石油炼制工业是把原油经炼制过程加工为各类石油产品的过程。常见的炼制方式有原油蒸馏、热裂化、催化裂化、加氢裂化、石油焦化、催化重整以及精制等[1]。人类通过石油炼制工业不仅可以从石油中提取出燃料油（汽油、煤油和柴油），还可以加工生产出润滑油、沥青、蜡和其他诸多有机化学品[2]。自 20 世纪以来，石油炼制工业在能源和化工等领域逐渐占据重要地位，成为支撑世界经济发展的重要支柱产业之一。据统计，全球所使用的能源中约有 40%直接来源于石油炼制过程，而该过程生产的丰富多样的有机化学品则是支撑有机化工发展的主要原料[3]。

19 世纪中期，人类开始采用简单的蒸馏法提取石油组分。根据沸点的高低可从石油中分离出不同的馏分。一般来说，在常压下，从初馏点（即开始有馏分蒸出的温度）到 200℃之间的轻馏分称为汽油馏分（或称轻油、石脑油馏分），在 200～350℃之间的馏分称为煤柴油馏分，或称常压瓦斯油。由于原油在 350℃以上有明显的分解现象，因而需要进行减压蒸馏来获得常压下沸点高于 350℃的馏分，再将减压蒸馏获得的该馏分的沸点换算成在常压下的沸点。经换算后常压沸点在 350～500℃之间的馏分称为润滑油馏分，也称为减压瓦斯油，而高于 500℃的馏分则称为减压渣油[1]。从原油直接蒸馏得到的馏分统称为直馏馏分，其保留着与石油非常接近的性质。但是直馏汽油中所含直链烷烃成分较高，导致其辛烷值通常低于 70，燃烧时会产生爆震现象，且富含长链烷烃的重油成分难以通过简单蒸馏而被有效利用。因此，虽然经过蒸馏等过程可以得到轻质的液态燃料（汽油、煤油和柴油），但收率和质量并不高。人们也将常压蒸馏后大于 350℃的油称为常压渣油或常压重油。相比于国外的原油，我国所产的原油中轻质汽油含量较低，而重质渣油含量较高。因此，发展针对石油重质组分的裂化生产技术，对我国提高原油利用效率至关重要。通过二次加工过程，不仅可以提高轻质油品的产量，还可以提高油品中所含的支链烷烃、烯烃和芳烃的含量，从而显著提升其抗爆性和稳定性。

催化裂化和加氢裂化是对重油进行二次加工获得轻质油品的主要技术。催化裂化是指在催化剂的作用下，将含较大分子的重质油组分催化裂化转化成为短链低碳石油产品的过程。在该过程中，重质油中的长链烃被切断成短链烃，并且伴随着复杂的分解、异构化、氢转移、芳构化、缩合和生焦等转化过程，所得裂化产物中低碳烯烃和轻质芳烃的收率都有所增加。一般来说，碳氢化合物的支链越多，不饱和键与芳香环越多，其辛烷值越高，抗震爆性能越好。加氢裂化是促进重质油中长链烃断裂的另一个有效手段。由于烷烃的碳氢比随着碳链的增长逐渐变大（即短链烷烃的含氢量高，而长链烷烃的含氢量低）[4]，因此将长烷烃经裂化反应转化为短烷烃时，需额外地补充氢。加氢裂化最初用于处理催化裂化产生的渣油。这部分渣油的沸点高，而且成分多为多环芳烃。经过加氢处理，渣油的饱和度提高，可重新进入催化裂化反应器进一步转化。

6.2.1.1 催化裂化中的催化作用

催化裂化过程中处理的原料一般包括沸点高于 300℃的直馏馏分、常压渣油、减压渣油及二次加工所得的馏分等。其中，沸点高于 300℃的直馏馏分中的轻组分少、硫和重金属含量低，是比较理想的催化裂化原料。与遵循自由基反应机理的热裂化过程不同，催化裂化是基于碳正离子机理进行的。在催化剂的作用下，裂化、异构化和芳构化反应的速率得到提升。通过催化裂化过程得到的产品的类型和收率随着原料、催化剂和反应条件的不同而变化。一般来说，气体产物约占10%～20%，其主要成分为C_3和C_4烃类，还有少量的C_1、C_2组分及氢气、硫化氢等。液体产品中，催化裂化汽油收率为40%～60%，该汽油产品中含有较多的异构烃类产物，二烯烃含量较低而芳烃含量较高，因此辛烷值较高（可达80）[5]。在液体产品中，柴油收率约占20%～40%，其中含有较多的芳烃，十六烷值比直馏柴油低，通常将其与直馏柴油调和后作为燃料油使用。此外，还有少量焦炭沉积在催化剂上，其收率随着原料质量和催化条件的不同而异。

1936年，全球第一套固定床催化裂化工业化装置诞生，开启了石油催化裂化工艺的新纪元。1942年，第一套催化裂化工业装置在美国投产，当时采用固定床反应器，催化反应和催化剂再生交替进行。1946年，随着硅酸铝（简称硅铝）微球催化剂的成功研发，流化床催化裂化装置（fluid catalytic cracking，FCC）应运而生。在此基础上，20世纪60年代又出现了提升管催化裂化装置[6]。我国催化裂化技术的发展始于1958年，当时在兰州建成了国内第一套移动床催化裂化装置。1965年，抚顺建成了中国第一套流化催化裂化装置。1974年，玉门又建成了中国第一套提升管催化裂化装置。随着技术进步，移动床催化裂化因设备复杂已逐渐被淘汰，而流化床催化裂化因其设备简单、处理能力大，如今已成为石油炼制工业中的主流工艺过程。而提升管反应器是其核心部分，其中的流动、传质和传热状况影响催化裂化的产品分布和质量[7]。

工业上使用的石油催化裂化催化剂主要有三类：天然活性白土催化剂（活性成分是硅酸铝）、人工合成硅酸铝催化剂和硅铝分子筛催化剂。其中，天然活性白土催化剂和人工合成硅酸铝催化剂均为无定形硅酸铝，并具有一定的介孔结构，平均孔径约为4～7nm。相较于天然活性白土，人工合成硅酸铝的比表面积更大（高达$500m^2 \cdot g^{-1}$）。此外，天然活性白土和人工合成硅酸铝的催化活性来源于其表面酸性位点，但由于二者无定形结构的特点，其酸性一般较弱，常表现出催化活性低和选择性差等特点。

硅铝分子筛催化剂具有更优异的水热稳定性，在催化过程中表现出更高的催化活性和选择性，因此自问世以来便迅速取代了人工合成硅酸铝催化剂。分子筛具有高度有序的晶体结构，其孔道结构在分子级别上高度均一。根据客体分子的形状和尺寸可对反应物进行筛分，选择性地让尺寸较小的分子进入分子筛的孔道内发生催化反应。与天然活性白土催化剂和人工合成硅酸铝催化剂相比，硅铝分子筛的酸性显著增强，且其内部的限域环境为酸催化裂化反应提供了理想的反应场所。

目前，石油催化裂化过程广泛使用的催化剂以Y型分子筛（简称Y分子筛）为主要活性成分。Y分子筛具有FAU类型的晶体结构，其结构中含有十二元环孔道窗口的八面沸石笼，孔道开口达7.5Å[8]。利用分子筛的阳离子交换特性，可将合成的Na^+型Y分子筛骨架外的Na^+进行离子交换，从而制备出多种含不同骨架外阳离子的Y分子筛。例如，经NH_4^+交换再焙烧后，可得到H型Y分子筛，即HY分子筛；经稀土金属离子（如铈、镧、镨等）交换，可得到REY分子筛；通过调控离子交换条件，可制备得到H型和稀土金属离子混合型的REHY分子筛；对HY分子筛进行适度的脱铝处理，可获得具有高硅铝比的超稳USY分子筛。由于Y分子筛具有超高的催化性能，这样高活性的分子筛不适宜直接作为催化剂使用。工业上，通常采用硅溶胶或铝溶胶等为黏结剂、无定形硅酸铝为载体，将分子筛活性组分均匀分布在载体上制成高强度的成型催化剂，其中Y分子筛的含量在10%～40%之间[9]。载体的弱酸性在重油的催化裂化过程中起着一定的预裂化作用。重油中的大分子由于其分子尺寸过大，难以直接进入Y分子筛的微孔中。而具有一定弱酸性的载体可将重油中的大分子先进行一定程度的裂化，使其转变成较小的分子，再进入分子筛的微孔中进行深度裂化。除此之外，载体还可以起到调节再生和反应过程中热量的存储和传递、提高催化剂的机械强度和容纳焦炭等重要作用（图6.1）。

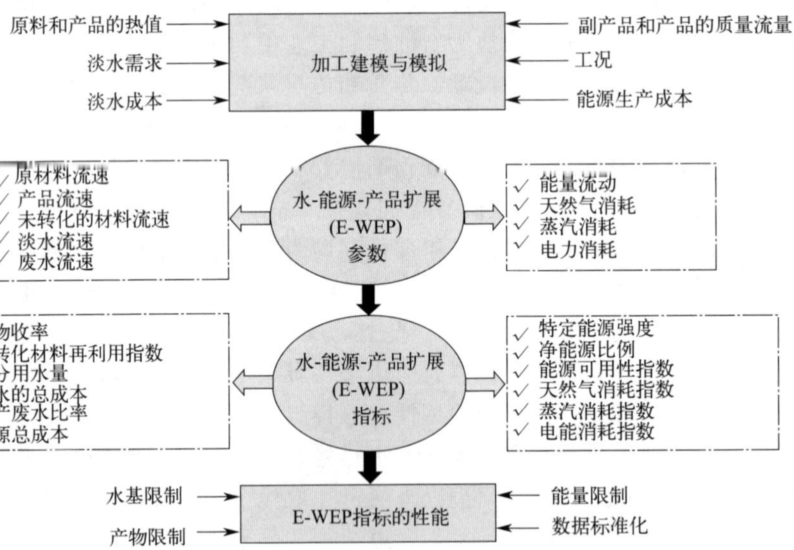

图6.1 柴油加氢裂化E-WEP技术评价方法[13]

目前工业使用的催化剂中，REY分子筛因酸性中心密度较高、氢转移反应能力强，表现出裂化活性高、良好的水热稳定性以及较高的汽油收率的特点。然而，在 REY 分子筛的催化作用下，焦炭和干气产率也较高，导致所得汽油产品的辛烷值偏低[10]。REY 分子筛催化剂一般适用于以直馏瓦斯油为原料的催化裂化过程，反应条件一般比较温和。REHY 分子筛催化剂是在 Y 分子筛催化剂的骨架外同时含有稀土金属离子和 H^+ 为平衡离子，因而其兼顾了 REY 和 HY 分子筛催化剂的优点。虽然 REHY 分子筛催化剂的活性和稳定性低于 REY 分子筛催化剂，但通过适当的改性可大幅度提高其晶体结构的稳定性。因此，REHY 分子筛催化剂既具备高的催化活性及稳定性，也表现出对汽油的高选择性。此外，REHY 分子筛催化剂中的稀土阳离子和 H^+ 的比例可以根据需要进行调节，从而得到具有不同活性和选择性的催化剂以适应不同的需求[11]。USY 分子筛是经过脱铝稳定化处理的 Y 分子筛，骨架具有较高的硅铝比，其结构稳定性和水热稳定性得到显著提升。由于脱除了部分骨架铝，酸性中心数目减少，降低了催化氢转移反应的活性，所得产物中的烯烃含量增加，有利于提升汽油的辛烷值，焦炭产率也降低[12]。得益于其优异的选择性，且无须稀土离子交换改性，USY 分子筛在工业上得到广泛应用[13]。但是由于其酸性中心数目较少，需要适当提高催化剂和原料油的比例，以实现原料的有效裂化。

除了 Y 分子筛外，其他硅铝分子筛催化剂也被用于催化裂化反应。例如，Beta 分子筛作为催化裂化反应的活性组分已得到广泛的研究。但与 USY 分子筛相比，Beta 分子筛的水热稳定性相对较差。ITQ-7 分子筛具有与 Beta 分子筛类似的孔径，同时具有独特的交叉孔道结构[14]。在 ITQ-7 分子筛的催化下，氢转移程度降低，可生产出含较高烯烃、较低芳烃的汽油。相比之下，ITQ-21 分子筛虽与 USY 分子筛孔径相同，却能获得更高的液化石油气（LPG）收率。特别是，具有十八元环的 ITQ-33 分子筛催化剂在减压瓦斯油（VGO）裂解反应中可以生产出更多的柴油，适用于处理重油成分含量更高的原料[15]。在流化床催化裂化装置中添加一定量的中孔 ZSM-5 分子筛可以显著地提升丙烯和丁烯的收率，同时提升产物的辛烷值。此外，中孔 MCM-22 和 ITQ-13 也展现出与 ZSM-5 类似的催化行为[16]。虽然这些分子筛催化剂展现出有前景的催化裂化性能，但其合成通常需要相对昂贵的有机物和/或较长的水热合成时间。因此，合成成本是此类催化剂在工业催化裂化过程中替代 Y 分子筛的一个重大障碍。

6.2.1.2　加氢裂化中的催化作用

加氢裂化是在较高的反应压力和反应温度条件下，使重质油品中的各组分发生加氢、裂化和异构化等反应，最终转化为轻质油品（汽油、煤油、柴油等）的工艺过程。加氢裂化实质上是催化加氢和催化裂化过程的结合。原料油

(渣油、馏分油和重油) 在临氢条件下发生催化裂化反应的同时，还伴随加氢脱硫、脱氮、脱氧、脱金属杂质和脱芳烃等反应。因此，加氢裂化不仅对实现重质油品的轻质化至关重要，还对推动油品的清洁化生产意义显著，在未来有潜力成为石油炼制工业的主流技术。

根据加工的原料来源不同，可将加氢裂化反应进行分类，如渣油加氢裂化、馏分油加氢裂化和重油加氢裂化等。渣油加氢裂化过程中处理的原料为常压重油和减压渣油。在加氢裂化过程中，渣油中的大分子转变成含较小分子的石脑油和柴油。馏分油加氢裂化是将重质馏分油裂化为轻质馏分油的过程，包括粗汽油加氢裂化制备液化气，以及减压蜡油、脱沥青油加氢裂化制备喷气燃料和柴油。重油的加氢裂化是将减压馏分油、常压重油、减压渣油、脱沥青油等重油转化为轻质油品的过程。

根据加工原料中所含组分的不同，加氢裂化反应可分为烷烃加氢裂化、环烷烃加氢裂化、多环芳烃加氢裂化、烯烃加氢裂化等。其中，烷烃加氢裂化包括烷烃的裂化和异构化反应，并伴随着产物中不饱和成分的加氢反应。烷烃加氢裂化反应的产物分布取决于烷烃中碳正离子的异构、分解和稳定程度。一般来说，环烷烃的加氢裂化比直链烷烃困难。在加氢裂化条件下，环烷烃主要发生脱烷基侧链、异构化和开环等反应。环烷烃加氢裂化过程与其分子结构密切相关。对于多环芳烃，一般先发生芳香环加氢和饱和后的开环反应，开环之后再发生裂化反应，最终产物以苯类和较小分子的烷烃为主。烯烃在加氢条件下主要发生加氢和异构化反应。烯烃通过加氢会生成烷烃，或通过异构化反应，双键位置和烯烃链的空间结构发生变化，生成的烷烃在加氢裂化条件下可发生进一步的裂化和异构化反应。

加氢裂化催化剂是一种双功能催化剂，由活性金属组分和酸性载体构成。其中，活性金属组分催化加氢和脱氢过程，而载体中的酸性中心催化裂化和异构化反应[17]。加氢组分主要是ⅥB族和Ⅷ族元素（如Ni、Co、Mo和W）的金属氧化物、金属硫化物或者贵金属（如Pt和Pd）。一般来说，ⅥB族和Ⅷ族金属组分的组合型催化剂比单独组分催化剂的加氢活性好。虽然贵金属Pt和Pd的加氢和脱氢活性很高，但却容易因氮化物中毒。因此，在加氢裂化中使用Pt和Pd等贵金属催化剂时，常需要对原料进行脱氮预处理。常用的酸性载体包括无定形硅酸铝、硅酸镁和分子筛等，如图6.2所示。根据原料类型、生产目的的需要，调节催化剂加氢组分和酸性载体的配比关系，可以得到具有不同加氢/脱氢活性和裂化活性的催化剂。例如，对于两段式的加氢裂化工艺，旨在最大限度地生产汽油和中间馏分油，所用原料比较重且硫、氮含量高，其第一段加氢的目的是为第二段加氢裂化制备原料，此时第一段一般采用具有很强脱硫、脱氮活性的催化剂；第二段采用具有优良催化裂化和异构化反应活性的酸性催化剂。当加氢裂化的目的是获取喷气燃料时，则要求催化剂具有较高的脱芳烃活性。对于上述各种催化剂，都要求催化剂具有较高的稳定性、再生性和抗毒性。

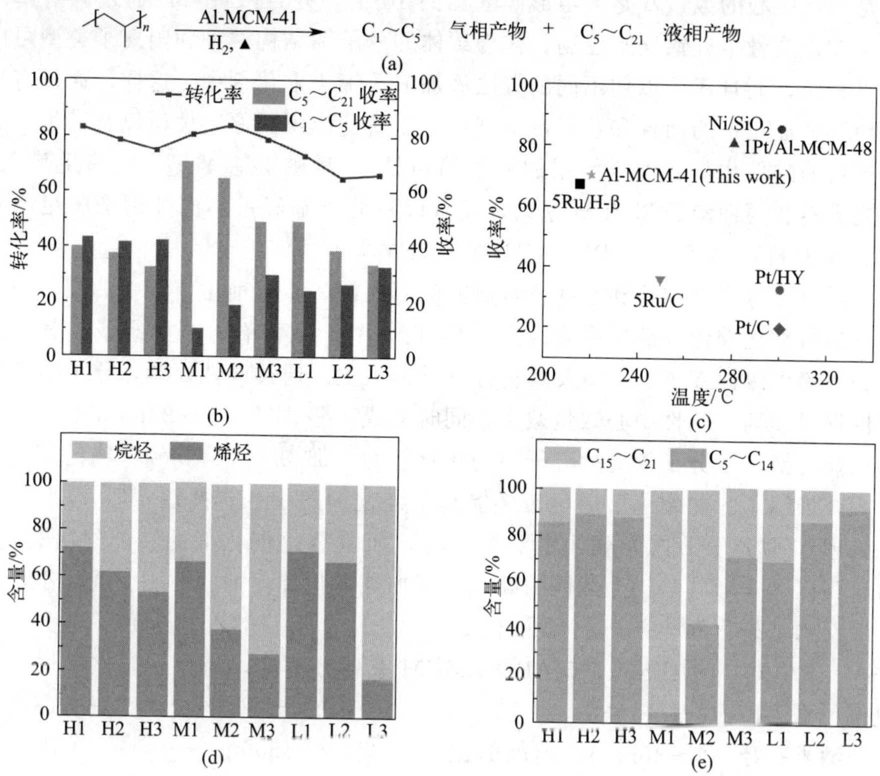

图 6.2　聚丙烯加氢裂化反应路径（a）、不同 Al-MCM-41 催化剂的转化率和收率（反应条件：220℃，2MPaH_2，12h）（b）、Al-MCM-41 催化剂与已报道的催化剂性能比较（c）、气相产物的烯烃选择性（d）、不同 Al-MCM-41 催化剂对液相产物 C_{15}～C_{21} 的选择性（e）[18]

对于不同的加氢裂化催化剂，其酸性组分、加氢活性组分以及最佳原子比略有不同。催化剂中各个活性组分如何搭配组合，不仅要考虑加氢活性组分，也要考虑最佳原子比以及催化剂整体的制备成本[19]。催化剂的裂化功能主要由酸性中心提供，而裂化性能则取决于催化剂本身的性质，如酸量、酸强度和比表面积。加氢裂化催化剂的载体有酸性和弱酸性两种。酸性载体为无定形硅酸铝、硅酸镁和分子筛等；弱酸性载体为氧化铝和活性炭等。酸性载体可以提供酸性中心，提高催化剂的机械强度、热稳定性和抗毒性能，增加催化剂的比表面积并提供合适的孔隙结构，促进活性组分分散以及减少组分用量，降低成本。以分子筛为载体的加氢裂化催化剂的反应活性高、灵活性好、寿命长；以无定形硅酸铝为载体的加氢裂化催化剂，虽然活性低、灵活性差。但产品质量稳定。20世纪60年代中期，工业上逐渐采用分子筛作为加氢裂化催化剂的载体。含分子筛的加氢裂化催化剂酸性中心的强度和类型与无定形硅酸铝类似，但是酸性中心的数量却是无定形硅酸铝的10倍，并且酸性可以通过调节阳离子组成以及骨架硅铝比来控制。作为载体的分子筛结构类型和阳离子类型可以不尽相同，而且还可以用不同的方法添加分子筛于催化剂中。这样，通过有目的地调节催化剂的活性和选择性，就可以制备适应不同原料性质以及满足不同生产目的的催化剂。工业使用的分子筛包括Y型和超稳Y型，还有毛沸石、丝光沸石、菱钾沸石和ZSM系列，还可以将分子筛经过不同处理来满足不同要求（如HY、USY、HPY、UHPY、REY等）[20]。

随着对分子筛结构和改性技术研究的不断深入，目前主流的中油型、高中油型加氢裂化催化剂载体主要由无定形硅酸铝和/或沸石分子筛组成，其中沸石分子筛以改性Y型、β型及其复合分子筛为主。通过改性处理，分子筛的稳定性得以提高，酸性中心数量减少，同时形成一些孔径为5～20nm的二次孔，从而显著提升了分子筛对大分子烃的转化能力，加快了反应物和产物的扩散速率，并抑制了二次裂化反应，最终提高了催化剂的中油选择性[21]。以上述改性处理Y型分子筛作为载体主要组分时，加氢裂化催化剂的性能显著提升，可达到以无定形硅酸铝为载体的高中油型加氢裂化催化剂的性能。近几年，高中油型加氢裂化催化剂不仅致力于Y型、β型分子筛的改性研究，也引入了ZSM、SAPO、MAPSO、MeAPO、MCM系列分子筛，为加氢裂化催化载体提供了更为广阔的材料来源。尤其是介孔分子筛的出现，该分子筛具有高度有序的纳米孔径（2～40nm）、超高的比表面积（约$1500m^2 \cdot g^{-1}$）。利用介孔分子筛作为加氢裂化催化剂的载体，用于大分子烃类的加氢裂化催化转化过程，可以从本质上提高加氢裂化催化剂的催化性能[22]。目前，催化剂载体研究的重点集中于催化剂改性和合成方法的优化上，以求制得高活性、适当酸性和高稳定性的分子筛。加氢裂化催化剂在制备过程中必须加入较多的酸性载体组分（20%～60%），如分子筛等裂化活性组分。所采用的分子筛必须经过改性，如与H^+、NH_4^+或者稀土离子等阳离子交换，以获得较强的酸性，还要经过稀酸或者高温水蒸气进行扩孔处理，产生更多的二次孔，这样有利于大分子的扩散和裂化反应，提高活性和稳定性。同时，一些分子筛已经实现工业化应用，这些分子筛由于具有不同的结构特征和酸性能，成为不同反应体系实现最优化操作的选择。

6.2.2 柴油馏分的改造升级

柴油是一种由碳原子数为10～22的多种烃类化合物混合而成的轻质石油产品，专用于柴油机设计燃料。与汽油机相比，柴油机具有热效率高、燃油消耗率低和节能效果显著的优点。在炼油厂，柴油可以通过多种工艺获得，主要包括常减压直馏、催化裂化、焦化以及加氢裂化等过程，不同工艺产出的柴油馏分在烃类构成、分子架构以及硫、氮等杂质含量上存在显著差异[23-24]，如表 6.1 所示。加氢裂化柴油因其高十六烷值和低硫、低芳烃含量而被视为高品质柴油的代表。相比之下，直馏柴油虽然在密度、十六烷值和芳烃含量上接近标准柴油，但其硫含量较高，达到 1.34%。而催化裂化柴油，尽管硫含量相对较低（0.54%），芳烃含量却高达 57%，且其十六烷值仅为 22.4。

表 6.1　柴油不同馏分的主要性质

性质	直馏柴油	催化裂化柴油	焦化柴油	加氢裂化柴油
馏程/℃				
初馏点	197.3	172.6	183.5	217
10%	256.1	210.2	227.5	
50%	300.5	263.4	277.5	319
95%	369.2	335.4	329	364
终馏点	381.7	346		369
十六烷值指数	53.6	22.4	44.3	63
凝点/℃	−2	−17	−21	−6
硫含量(质量分数)/%	1.34	0.54	2.27	0.0005
芳烃含量(质量分数)/%	16.2	57		4.6

值得注意的是，柴油中的硫、氮等杂质在高温燃烧时会转化为硫化物和氮化物，这些化合物不仅是空气污染的主要来源，还会腐蚀发动机，并可能对人体健康和自然环境产生不利影响。随着全球柴油质量标准的不断提升和环保法规的日益严格，柴油需经过一系列的处理和改良，才能按照一定比例调和成符合标准的各类成品柴油。其中，加氢技术被广泛应用，以有效降低柴油中的杂质含量，提升油品质量。根据工艺的不同，柴油加氢技术可细分为加氢精制、加氢改质及临氢降凝等多种类型。

6.2.2.1　柴油加氢精制

柴油加氢精制工艺的核心在于对油品进行深度处理，旨在脱除其中的杂原子（如硫、氮）及金属杂质，同时促进烯烃的饱和，以此显著提升柴油的品质和使用性能。这项技术经过长期的发展与完善，如今已趋于成熟，其反应机制独特，不涉及油品的分子裂化过程，因此能够保持较高的液体收率。

在加氢精制过程中，原料油首先与氢气混合，随后进入专用反应器。在适宜的温度、压力及高效催化剂作用下，原料油发生加氢脱硫（HDS）、加氢脱氮（HDN）、加氢脱氧（HDO）以及加氢脱金属（HDM）等复杂化学反应。由于硫是主要的杂质元素，加氢脱硫成为该工艺的核心环节，主要针对硫醇、硫醚、噻吩及二硫化物等含硫化合物，通过加氢反应将其转化和脱除[25-26]。加氢脱氮过程通常涉及氮化物杂环的加氢饱和与C—N键的断裂，最终生成的胺类或苯胺类物质进一步转化为 NH_3 被脱除[27-28]。相比之下，由于原油中含氧化合物及金属的含量相对较低，因此在柴油加氢精制过程中，这些成分并非主要关注对象，其脱除效果通常不是工艺优化的首要目标。

在柴油加氢精制工艺中，负载型金属催化剂体系被广泛采用，该体系通常由载体、活性金属及少量助剂构成。氧化铝载体由于具有成本低、稳定性高及生产工艺成熟等优势，成为首选的催化剂载体材料。而在活性金属的选择上，镍（Ni）、钼（Mo）、钨（W）、铂（Pt）等因其优异的催化性能而备受青睐[29-30]。Haldor Topsoe公司研发的Brim技术，凭借其优化的催化剂活性中心设计，可高效脱除柴油中具有强烈位阻效应的杂原子，实现超低硫柴油的生产[31]。Exxon Mobil公司则推出了DODD深度脱硫技术，该技术的一大亮点在于其能够处理多种类型的原料，且反应条件相对温和，进一步拓宽了其在柴油加氢精制领域的应用范围。Shell公司研发的Shell Middle Distillate Hydrogenation Process工艺，通过创新性的两段加氢流程设计，不仅实现了深度脱硫，还促进了芳烃的饱和，显著提升了柴油的品质[32]。中国石油天然气集团公司自主研发了FDS-1柴油深度脱硫催化剂及工艺技术。通过载体均匀分散复合、活性中心适度堆积均分散及表面酸性调变等创新技术，使催化剂兼具高效脱硫、脱氮及脱芳性能[33]。大庆化工研究中心开发的DBS-10超低硫柴油加氢精制系列技术，展现出较高的原料适应性，可处理焦化柴油、催化柴油及劣质二次加工原油等复杂原料[34]。此外，中石化工程公司推出的SLHT连续液相加氢技术，以其独特的下进式进料方式，也展现出了优异的脱硫效果[35]。

6.2.2.2 柴油加氢改质

加氢改质技术类似于加氢精制过程，但是增加了加氢裂化功能（图6.3）。柴油加氢改质通常会配以加氢精制催化剂进行脱硫和脱氮，采用加氢精制-加氢裂化两段串联工艺，使富含芳烃的FCC柴油馏分进行加氢脱硫，部分芳烃加氢饱和开环裂解，降低柴油馏分中的芳烃含量，提高其十六烷值，尤其适用于处理品质较差的二次加工柴油[36]。

自20世纪90年代以来，随着环境保护意识的日益增强，全球范围内对FCC柴油质量提升的需求急剧增加，推动了多种改质技术的研发与应用。代表性技术包括MAK-LCO技术，以及Criterion公司与Lummus公司联合开发的SynShift技术等。这些技术均展现出对FCC柴油质量显著改善的潜力。中国石化荆门分公司通过技术改造，引入了加氢改质技术，并采用了石油化工科

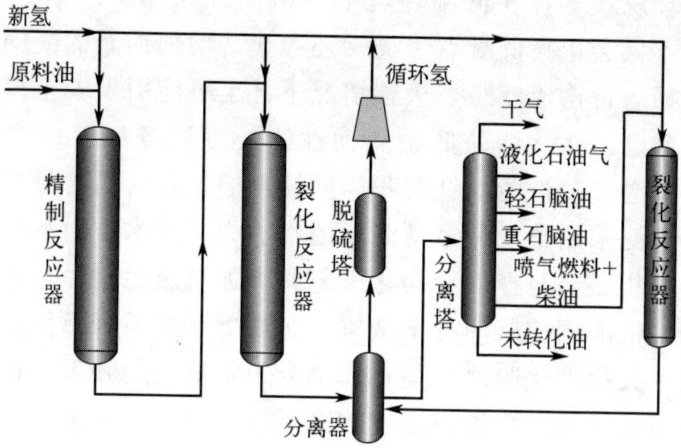

图6.3 典型中压加氢改质技术工艺流程图[36]

学研究院开发的RS-1000再生剂作为加氢精制催化剂，结合抚顺石油化工研究院研发的FC-50加氢改质催化剂，实现了装置产能与效率的双重提升。茂名石化则采用了中石化（大连）石油化工研究院有限公司的FHUDS-6超深度加氢脱硫技术及配套催化剂，并通过新增FC-60加氢改质催化剂与FHUDS-10加氢精制催化剂的装填，成功实现了高比例掺炼催化裂化柴油，显著提高了柴油的整体质量。

中国石化抚顺石油化工研究院开发的MCI（maximum cetane improvement）加氢改质技术，作为一种针对FCC和RFCC柴油富含高芳烃及低十六烷值问题而研发的专有技术，采用精制-改质串联工艺，其核心优势在于能够大幅度提升柴油产品的十六烷值。针对FCC柴油占比高、硫/氮含量高、颜色及安定性差、芳烃含量丰富且十六烷值低的特性，MCI技术通过专用配套催化剂在适宜工艺条件下的应用，实现了烯烃加氢饱和、深度脱硫/脱氮、芳烃部分加氢饱和及二环以上芳烃的开环加氢饱和，最终产出低硫、低氮、安定性优良、芳烃含量降低且十六烷值显著提升的清洁柴油。相较于传统加氢精制工艺，MCI技术在提升柴油十六烷值方面效果更为显著，其柴油收率高（对原料油转化率达98%以上）且化学氢耗相对较低，已成为当前提升劣质FCC柴油品质的有效手段，并在多套工业装置中实现了成功应用[37]。

6.2.2.3 柴油临氢降凝

在基础油产品（如柴油）的性能评价体系中，低温流动性是一项关键指标，其直接通过凝点进行量化评估。研究表明，油品的低温流动性特性深受其内部烃类组成与分子结构特征的影响，特别是高凝点长直链烷基结构烃类分子（蜡）的存在，对低温流动性能构成了显著的制约。具体而言，油品中富含的高凝点烃类成分，如长直链正构烷烃、具有短支链的长直链烷烃，以及含有长侧链的芳烃或环烷烃等，在低温环境下易析出并相互交织形成复杂的网状结构。这种结构不仅会包覆低凝点烃类，还会显著增加油品的凝固倾向，从而对机械系统的顺畅运行构成威胁，极端情况下甚至可能引发安全事故[38-39]。

鉴于上述问题，优化油品低温流动性的核心策略在于有效地脱除蜡质成分，以改善其低温流动性能。针对我国原油普遍存在的蜡含量高、凝点偏高的特性，工业界广泛采用柴油加氢精制后的临氢降凝技术作为解决方案。该技术体系包括择形裂化工艺与择形异构化工艺两种加氢裂化路径，旨在通过特定的催化作用机制，精准调控柴油分子结构，实现凝点的显著降低。

择形裂化（又称催化脱蜡）是在择形分子筛催化剂和氢气存在下，通过分子筛的形状选择性作用，将原料油中的高凝点正构烷烃及类正构烷烃裂解为低凝点烃分子，从而降低油品凝点或倾点的过程。该技术的核心在于催化剂的选择，可采用的分子筛有丝光沸石、ZSM-5 等。其中，ZSM-5 分子筛的应用最广泛、技术最成熟[40]（图 6.4）。ZSM-5 分子筛是由两种相互交叉的孔道系统组成，即直线形孔道和波形孔道，孔道大小分别为 0.54nm×0.56nm 和 0.51nm×0.56nm，因其孔口形状和孔道直径对高凝点长直链烷烃的择形选择性和稳定性好，并具有明显的抗结焦作用，特别适用于馏分油和减压蜡油的脱蜡，被广泛用于柴油和润滑油择形裂化催化剂的载体基质[41]（图 6.5）。目前，国外工业应用较多的是 Mobil 公司的 MDDW(mobil distillate dewaxing)、Akzo Fina 公司的 CFI(cold flow improvement) 工艺。我国已建的柴油择形裂化装置多采用中国石化抚顺石油化工研究院开发的 FDW(FRIPP dewaxing) 工艺技术[42]。

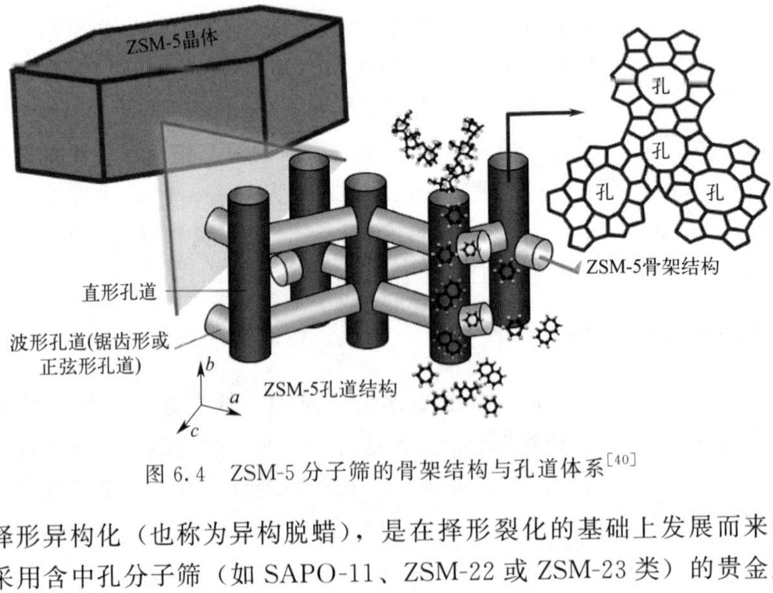

图 6.4　ZSM-5 分子筛的骨架结构与孔道体系[40]

择形异构化（也称为异构脱蜡），是在择形裂化的基础上发展而来的，它主要采用含中孔分子筛（如 SAPO-11、ZSM-22 或 ZSM-23 类）的贵金属双功

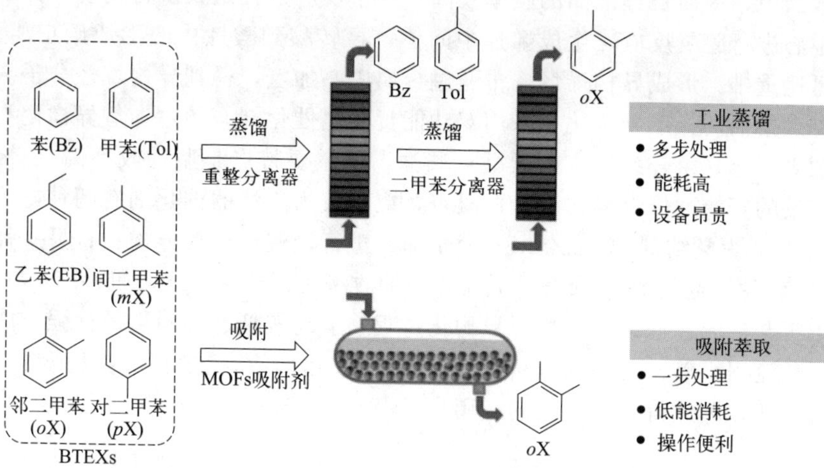

图 6.5　苯系物在工业蒸馏和吸附萃取过程的对比[41]

能催化剂，使高凝点烃分子的长直链发生异构化反应，生成低凝点的、含有 2～3 个侧链的异构烷烃，从而达到脱蜡和降低油品凝点/倾点的目的[42-46]（图 6.6）。择形异构化技术的关键是采用具有特定孔径和走向的择形分子筛催化剂，将正构烷烃异构化为异构烷烃，既可降低油品凝点，又可将异构烷烃保

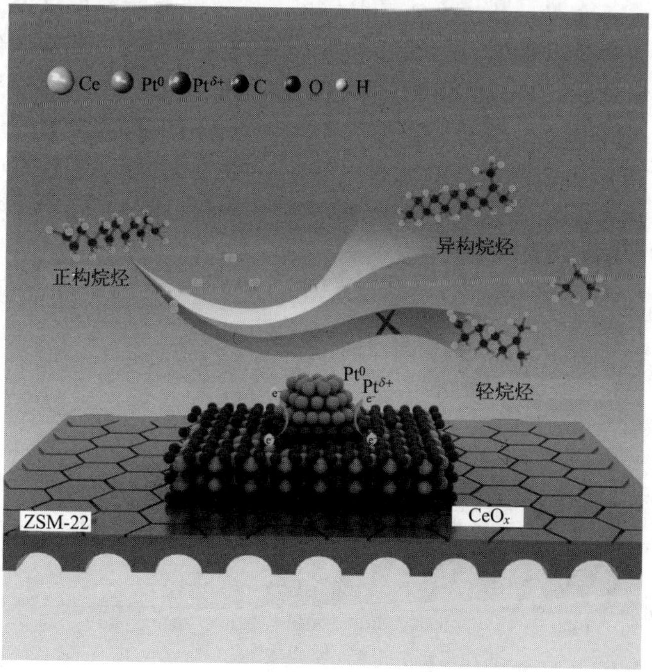

图 6.6　异构化双功能催化剂[43]

留在产品中，因而目标产品的收率较高。整个反应过程是长链正构烷烃分子在金属中心进行脱氢反应，生成烯烃中间体，再转移到酸性中心形成碳正离子，之后迅速重排，形成异构烯烃，再通过金属中心加氢，得到异构烷烃分子。生产低凝点柴油的择形异构化，采用双功能贵金属催化剂，通过加氢异构化和选择性加氢裂化，由轻蜡油生产低凝点柴油，其主要特点是柴油收率高。Mobil公司开发的轻蜡油择形异构生产低凝点，应用较为广泛的催化剂有两种：一种是以 Al_2O_3 为黏结剂的 Pt-ZSM-5 分子筛，进行轻蜡油择形异构化；另一种是以 SiO_2 为黏结剂的 Pt-β 沸石，低凝点柴油收率可以达到 90%～95%。

由于柴油的择形裂化、择形异构化过程，氢耗较低、原料适应性强、能耗低、工艺流程简单，可由加氢精制/处理装置改建而成，也可以与其他技术形成组合工艺，因此得到了广泛的应用。

6.2.3 天然气转化成油及化学品

针对化石能源大量应用带来的日益严重的污染和气候变暖问题，全球提出了可持续发展的“碳中和”目标。如图 6.7 所示，欧盟和美国计划在 2050 年完全实现“气候中和”，实现温室气体（CO_2）净零排放；我国则确立了“2030 年前实现碳达峰、2060 年前实现碳中和”的目标。天然气是储量最丰富的清洁能源，利用天然气取代煤炭、石油等能源可以大大降低温室气体和污染物的排放强度。相较于煤炭，甲烷（天然气的主要成分）在提供相同能量的情况下，氮氧化物的排放仅为煤炭的四分之一，且几乎不产生颗粒物或重金属污染。甲烷不仅储量丰富，还能通过生物质发酵等绿色途径规模化生产[47-49]。因此，天然气（甲烷）转化成油及化学品不仅在优化利用

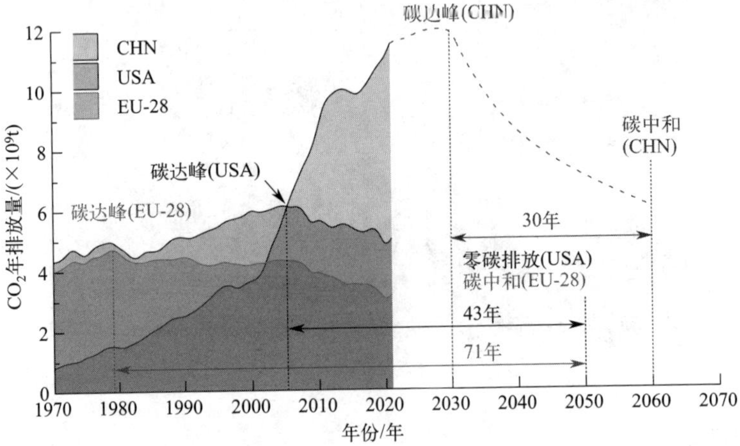

图 6.7 碳达峰、碳中和时限图

化石能源方面发挥重要作用，而且在推动实现“碳中和”目标方面具有深远意义。甲烷的化学惰性很高（其C—H键能高达435kJ/mol），通常需要高温和高压等苛刻条件才能将其转化[50-51]。如图6.8所示，目前主要的转化路径包括：经合成气的费托/甲醇合成间接转化工艺、甲烷氧化偶联、甲烷无氧芳构化和选择性氧化等。

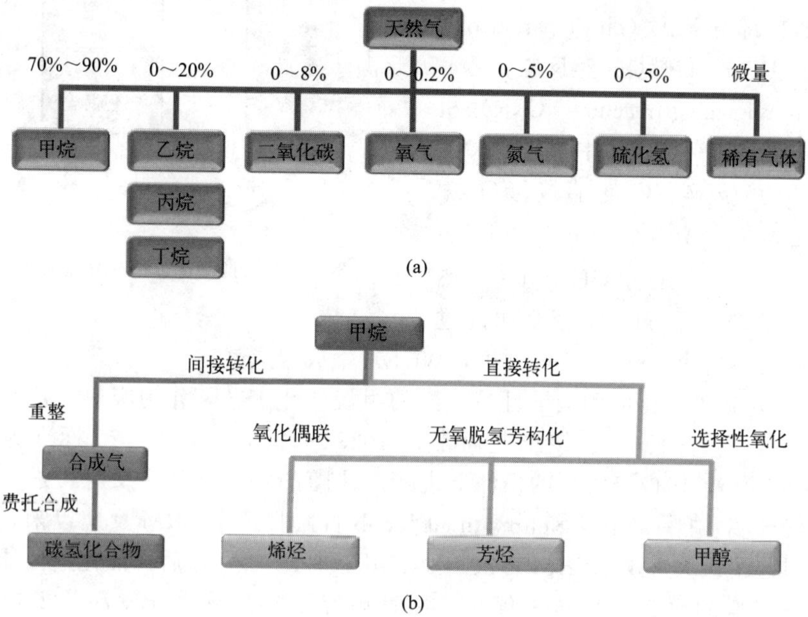

图6.8 天然气的主要组成以及将甲烷转化为高附加值化学品的不同途径

6.2.3.1 合成气作为中间体的甲烷间接转化过程

目前，工业化成熟的甲烷（CH_4）转化途径通常是先将甲烷转化为合成气（CO和H_2），然后通过费托合成（Fischer-Tropsch，FT）或甲醇合成（methanol synthesis）等过程，间接转化为高附加值化学品[52]。其关键是如何高效、低能耗地将甲烷转化为合成气。甲烷制合成气主要通过以下三种工艺实现：部分氧化重整（partial oxidation of methane，POM）、水蒸气重整（steam reforming of methane，SRM）和甲烷-二氧化碳干重整（CO_2 dry reforming of methane，DRM）。POM过程转化效率高、反应温度低，作为放热反应可实现无须外加热源的稳定运行。贵金属催化剂（如Rh、Ru、Pt、Ir和Pd等）在POM反应中表现出优异的反应活性，其中Rh基催化剂兼具最优的反应活性、选择性和稳定性[53-54]。大多数非贵金属均具有POM反应活性，其中只有Ni基催化剂的反应活性接近贵金属Rh基催化剂，但催化剂的制备方法对其催化活性具有较大影响。POM 过程产物为 H_2 ∶ CO＝2 的合成气，是费托合成和甲醇合成等反应的理想原料气体，但是 POM 在实际生产过程中容易发生爆炸现象，具有重大安全隐患，限制了其工业化发展[55]。目前存在两种公认的 POM 机制：直接部分氧化（direct partial oxidation，DPO）和燃烧重整反应（combustion reforming reaction，CRR）机制[56]。在 DPO 机制中（图 6.9），CH_4 中的解离碳（C^*）直接与 O_2 中的解离氧（O^*）反应，生成 CO。而 CRR 机制则是先将 CH_4 与 O_2 燃烧，生成 CO_2 和 H_2O，然后再经过水煤气变换反应（water-gas shift，WGS）生成合成气。

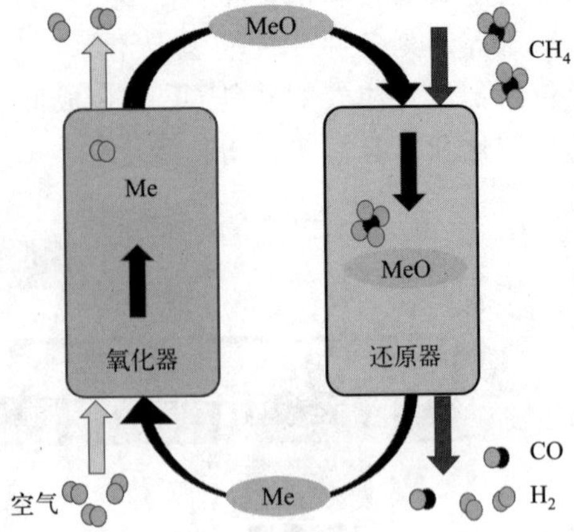

图 6.9　甲烷直接部分氧化示意图[57]

SRM 是工业化应用最早且最成熟的甲烷转化工艺，作为吸热反应，其运行需持续外供热源[58]。该工艺通常在 1023～1223℃ 和 14～20 标准大气压（atm，1atm＝101325Pa）的条件下进行，伴随的水煤气变换反应可进一步提升氢气产率。自 1924 年 Neumann 和 Jacob 首次报道了 SRM 反应以来，该反应便引起了极大关注。SRM 首次工业应用于 1930 年，随后对催化剂性能的改进和反应器的研究工作从未停止。尽管历经百年发展，开发高效低成本的 SRM 技术仍是长期挑战。在各种已研究的 SRM 催化剂中，Ni/Al_2O_3 因其低成本和高活性被广泛采用（图 6.10）。然而，镍颗粒团聚是该催化剂面临的重大挑战。为了获得具有高抗结焦和抗烧结性能的催化剂，人们在设计先进的镍催化剂方面投入了大量研究，如促进剂改性镍催化剂、固溶镍催化剂、新型支撑镍催化剂和自支撑镍催化剂。探索非镍基催化剂的潜力对于为未来工业提供替代品也很重要。因此，许多研究人员一直在努力提高其他非贵金属（Co、Cu、Mo）催化剂和贵金属（Ru、Rh、Pt）催化剂的性能和经济性。

此外，为了在降低总体能源投入的情况下提高效率，还开发了一系列先进的 SRM 技术，包括吸附剂增强 SRM、氧化 SRM、化学循环 SRM、光催化 SRM、热光混合 SRM、等离子体 SRM 和电催化 SRM 等（图 6.11）。

DRM 过程需要 CO_2 的加入，在目前的“双碳”目标下颇受关注[60]。虽然该工艺对环境有益，但其工业化面临多重挑战。甲烷和二氧化碳极为稳定，CH_3—H 键的解离能为 435kJ/mol，CO—O 键的解离能为 526kJ/mol。因此，需要在高温下才能实现合成气的平衡转化。在 DRM 过程中，平衡转化为合成气时 H_2/CO 的比率为 1，但平行的反向水煤气变换（reverse water-gas shift，

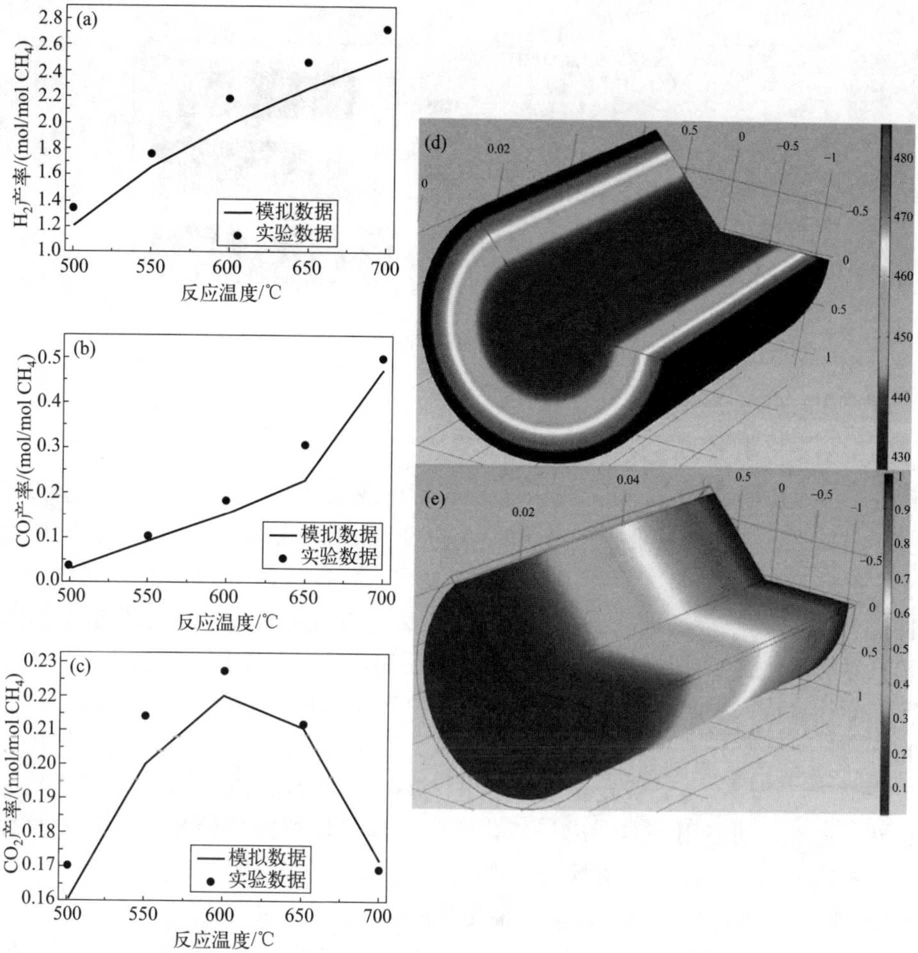

图 6.10　模拟数据验证 500～700℃范围内 10% Ni/Al_2O_3 催化剂和 2% S/C 催化剂的实验结果（常压）[59]：H_2 产率（a）、CO 产率（b）、CO_2 产率（c）、固定床温度分布（d）以及 H_2 压力分布（e）

RWGS）反应会导致 H_2/CO 的比率小于 1。研究证明甲烷的分解温度超过 557℃，CO 解离的反应所需的温度低于 700℃，而 RWGS 的反应温度需要 820℃。因此，DRM 的反应需要超过 850℃的温度才能高效进行，较高的温度会抑制其他副反应途径，从而促进 DRM 的进行。大部分研究都是以镍为基础的催化剂，进行 DRM 的最佳温度为 870～1040℃，使用极高的温度会导致催化剂烧结、积碳而失活，因此尚未在工业层面上实施。研究人员提出了单功能和双功能两种 DRM 机制。在单功能机制中，CH_4 在活性金属表面被吸附和解离，生成 H_2 和碳氢化合物。同样，CO_2 在金属表面解离生成吸附的 CO 和 O。吸附的 O 和吸附的 CH_x 在金属表面反应生成 CO 和 H。然后，CO 以气

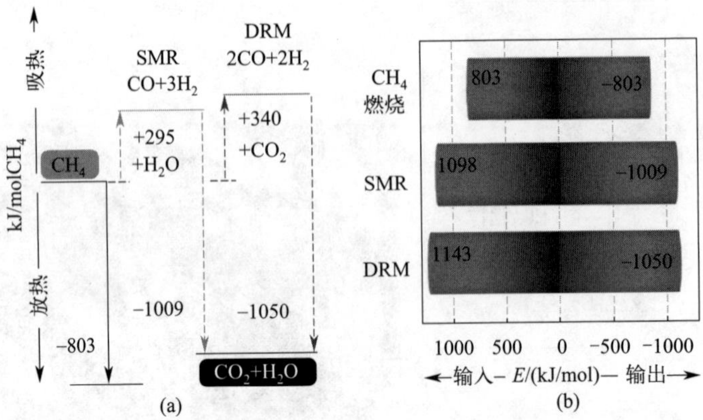

图 6.11 甲烷重整路线（a）及其产出合成气的能量变化（b）[61]

体分子的形式释放出来。O 和吸附的 H 反应生成—OH 或 H_2O。在双功能机制中，CH_4 在金属表面被激活解离，而 CO_2 则在载体上活化。在低于 700℃ 的温度下进行 DRM 具有挑战性，因此必须开发出稳定、抑制 RWGS 和焦炭形成并促进 WGS 正向反应的催化剂。不过，最近又对许多使用贵金属、结构硅泡沫、沸石等新品种催化剂进行了 DRM 研究，有望实现低温下的 DRM 过程。

费托合成或甲醇合成工艺的进步也是决定甲烷间接转化效率的关键因素。自 20 世纪 20 年代费托合成（FTS）技术发明以来，合成气化学一直是催化研究中的热点课题。尽管费托合成技术作为煤制油和天然气制油工艺的核心技术已在工业上成功应用，但合成气转化的产品选择性控制仍然是一个巨大的挑战，特别是对高附加值低碳烯烃产物的选择性调控。最近，研究人员发展了氧化物-沸石基复合材料（OXZEO）催化剂的设计理念，能够使合成气直接转化为轻烯烃，轻烯烃的选择性达到 80%，乙烯的选择性为 83%[62]。此外，该催化剂设计理念允许一步合成汽油范围的异链烷烃和芳香族化合物，而这在常规的 FTS 中是不可能的。越来越多的研究证明了这一设计理念的可行性，并可能形成一个技术平台，通过合成气将包括煤、天然气和生物质在内的碳资源利用到各种基础化学品和燃料中。

6.2.3.2 甲烷氧化偶联

甲烷氧化偶联反应（oxidative coupling of methane，OCM）由 Keller 和 Bhasin 等人[63] 于 1982 年首次报道。该技术通过金属氧化物负载 α-Al_2O_3 催化剂实现了甲烷与氧气直接生成 C_2 烃类（主要是乙烯和乙烷）的目标产物。随后，多种混合的金属氧化物（例如，Li/MgO、La_2O_3、ZnO/Sm_2O_3、NaCl/Mn_2O_3/SiO_2、Mn/Na_2WO_4/SiO_2 等）被合成并用于 OCM 反应[64-68]。OCM 反应一般需要较高的反应温度（约 800℃），且该反应是强放热反应。

Luo 等人[69] 利用同步辐射真空紫外光电离质谱检测到 OCM 反应中存在甲基自由基、乙基自由基、过氧甲基自由基等多种自由基。通常认为 OCM 反应包括三个步骤（图 6.12）：①甲烷的 C—H 键断裂生成甲基自由基；②甲基自由基偶联形成乙烷；③乙烷进一步氧化脱氢生成乙烯[70]。其中，O_2 浓度在 OCM 反应中起着关键作用，过量的 O_2 往往会产生更多热量，而在反应条件下 C_2 烃类的活性远高于甲烷，导致 C_2 烃类容易被深度氧化生成大量 CO_x 副产物，这也是 C_2 烃类单程收率一直未能突破 30%的重要原因[38]。

高温下的选择性催化氧化是一项具有挑战性的工艺，反应的强放热性和复杂的动力学过程导致目标产物的选择性相对较低。研究人员尝试使用一些弱氧化剂（氮氧化合物和硫化物）来替代 O_2，用于改善传统 O_2 条件下 OCM 反应存在的严重过氧化和较高乙烷选择性问题[71-74]。例如，N_2O 也可作为 OCM 反应的氧化剂。由于 N_2O 的氧化作用大大弱于 O_2，使用其作为氧化剂时可提高 OCM 反应中 C_2 产物的选择性。N_2O 在 OCM 过程中被认为仅能提供原子氧活性物种（例如 O^-），而 O_2 则能生成双原子氧活性物种（过氧或超氧物种），这是 N_2O 作为氧化剂时 CO_2 生成量较少的原因[75]。此外，相比于使用 O_2 作为氧化剂，N_2O 的用量较高，且达到爆炸极限的概率也大大降低了。但是 N_2O 的造价高昂，不适用于工业范围内的 OCM 应用。目前工业上广泛应用的 Claus 脱硫工艺可提供丰富且廉价的硫化物资源，因此使用硫化物作为氧化剂的 OCM 反应（S-mediated oxidative coupling of methane，SOCM）备受研究人员关注。例如，硫化的 Fe_3O_4 催化剂可在 800℃下开始表现出稳定的 SOCM 活性，进一步升高温度对反应更有利[76]。需要指出的是，同 OCM 相比，SOCM 反应中的 C_2 选择性上限为 18%，其中主要产物是乙烯而不是乙烷，同时会产生大量的 CS_2 副产物。

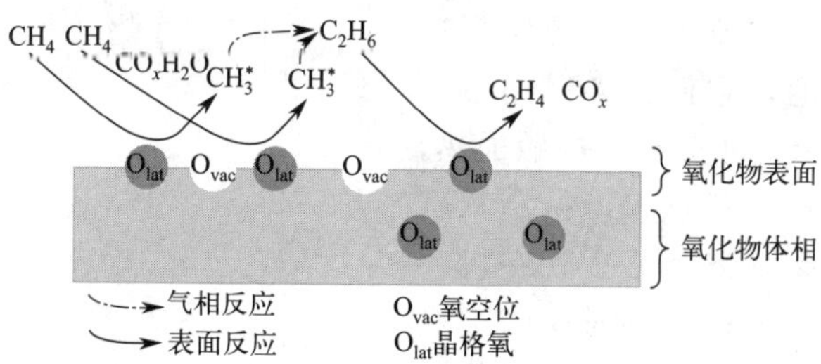

图 6.12　甲烷氧化偶联反应[77]

6.2.3.3　甲烷无氧偶联

甲烷无氧偶联（non-oxidative coupling of methane，NOCM）是指甲烷在不存在氧气或含氧反应物的条件下经催化剂的作用直接脱氢生成碳氢化合物和氢气的反应，可避免甲烷深度氧化生成大量 CO_x 副产物，其主要产物碳氢化合物是高附加值工业原料，脱氢副产物氢气也是重要的化工原料和能源物质。NOCM 工艺可将甲烷转化为有价值的化学品，具有碳汇和生产脱碳能源载体（如氢气）的作用，将削减对水电解或水煤气制氢的需求。例如，工业化技术经济评估显示将甲烷通过无氧芳构化反应（non-oxidative methane dehydroaromatization，MDA）转化为氢气和苯具有巨大潜力，而日益增长的氢气和苯的价格决定了该工艺越发具有经济性[78]。

1993 年，王林胜等人[79] 首次报道了甲烷在 Mo 和 Zn 改性 ZSM-5 分子筛上发生无氧脱氢芳构化反应，引领了金属改性分子筛上 MDA 反应的研究。热力学计算表明 MDA 反应需要较高的反应温度（>600℃）来得到更多的芳烃产物（图 6.13）。高效 MDA 催化剂不仅能够有效活化甲烷分子 C—H 键和高选择性地生成芳烃，还具有较高的热稳定性。分子筛的拓扑结构、布朗斯特酸性中心（BAS）强度、锚定在 BAS 上的金属物种类型以及 BAS 和金属位点之间的协同作用均会影响 MDA 反应性能。金属 Mo 基催化剂具有最好的催化活性，W 和 Re 基的催化剂反应活性次之，其他金属的 MDA 反应活性较低。在不同的分子筛载体中，具有二维孔道结构且孔径与苯的动力学直径接近的 MFI 结构分子筛（如 ZSM-5、ZSM-8 和 ZSM-11）表现出更优异的苯选择性。Mo 改性的 ZSM-5 分子筛是 MDA 反应中最合适的催化剂之一，也是目前研究最为广泛的催化剂。但由于性能不足、活化条件苛刻、热量管理困难、操作温度窗口狭窄、甲烷平衡转化率低（尤其是活泼的芳烃类产物易发生聚合形成积碳造成催化剂快速失活），制约了其工业化的步伐。

研究人员尝试了许多基于膜、氢吸附材料和添加弱氧化剂来改变平衡的方案，但都没有取得明显的成功。不过，电气化反应器的开发为实现这种操作带来机遇，它们大多采用了一道“冷墙”设计，可实现无接触加热，避免了热量的径向梯度，可抑制积碳形成，避免管路堵塞，那么就有机会通过提高温度和缩短接触时间来提高单次转化率。MDA 过程中，分子筛的孔道立体选择性控制了产物的分布（图 6.13）。氧化物类催化剂上的 NOCM 反应通常在 900℃ 以上的温度下进行。这个过程中的主要副产物是氢气和焦炭。氢气可作为能源物种利用，但焦炭的形成则会造成催化剂失活、工艺紊乱以及碳产量损失等实际问题。

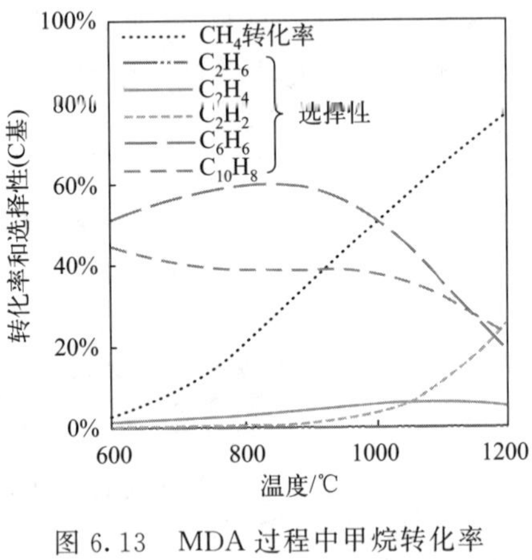

图 6.13 MDA 过程中甲烷转化率和产物选择性热力学平衡数据[79]

2014 年，Guo 等人报道了一种 Fe/SiO_2 催化剂，能够将 CH_4 非氧化转化为乙烯、苯和萘。最重要的是，这种催化剂即使在高转化率条件下（即 1080℃时转化率为 48%）也不会形成焦炭。在 950～1080℃的温度范围内，乙烯的选择性为 50%。据推测，二氧化硅上原子分散的铁（Ⅱ）位点可选择性地将 CH_4 脱氢为甲基自由基，从而引发气相中的自由基偶联反应。

6.2.3.4　甲烷选择性氧化

将甲烷选择性氧化（partial oxidative of methane，POM）为醇、醛、酸等含氧化合物是人们一直追求的目标，被称为是催化中的“圣杯”反应。然而，由于产物甲醇烷更活泼，极易发生过度氧化，因此开发高效催化体系成为工业界和学术界的研究热点（图 6.14）。受自然界中甲烷单加氧酶（methane monooxygenases，MMO）在室温下催化甲烷生成甲醇的启发，Periana 等率先开展了均相催化甲烷氧化制含氧化合物的研究，在发烟硫酸介质中利用[(2,2-联吡啶)$PtCl_2$]催化剂实现了甲烷向硫酸单甲酯（CH_3OSO_3H）的转化[80]，但该体系存在强酸腐蚀性介质和催化剂的高成本难回收问题，限制了其应用。Panov 等发现 N_2O 可在多相催化剂 Fe/ZSM-5 上生成 α-O 物种，实现甲烷高选择性生成甲醇，但存在反应不连续的问题[81]；包信和院士团队利用石墨烯分散的单铁中心，在室温条件下（25℃）通过双氧水可高选择性地催化氧化甲烷为甲醇，若改用分子筛载体，则产物可调控为甲酸[82]；孙予罕团队通过在 Fe/ZSM-5 体系中引入 CO 分子，成功调控了产物乙酸的选择性生成[51]。英国卡迪夫大学的 Hutchings 教授开发了 Au-Pd 双金属催化剂，利用氢气和氧气原位合成双氧水，从而实现对甲烷选择性氧化生成甲醇[83-84]；肖丰收团队则通过分子筛的“分子围栏”效应[图 6.14(c)]，将原位生成的过氧化氢限制在活性位点周围，显著提升了甲烷转化率和甲醇选择性[85]。Maria 等人[86] 采用等体积浸渍法制备了单原子分散的 Rh/ZSM-5 催化剂，在 150℃的水相体系中利用 O_2 和 CO 实现了甲烷到甲醇和乙酸的高选择性氧化。机理研究表明，分子筛孔道内孤立的 Rh^+ 位点通过与 CO 配位生成 $Rh^{I}(CO)_2$ 活性物种，进而活化甲烷生成 Rh—CH_3 物种。

甲烷催化氧化的理想氧化剂是氧气，但直接用氧气催化氧化甲烷制甲醇、乙酸等含氧有机化合物却面临重大挑战。主要是因为甲烷和氧气的活化难以耦合，提高温度虽然能促进甲烷转化，但也会加速产物的深度氧化。降低温度虽可抑制深度氧化，却限制了氧气和甲烷的活化。为了实现甲烷和氧气的耦合活化，研究人员在催化体系选择、催化剂设计以及反应过程调控方面进行了大量尝试。例如，Woertink 等设计了 Cu 改性分子筛上的甲烷与氧气分步反应过程，先通过高温条件使氧气在 Cu 上活化为 Cu—O—Cu 物种，然后通入甲烷

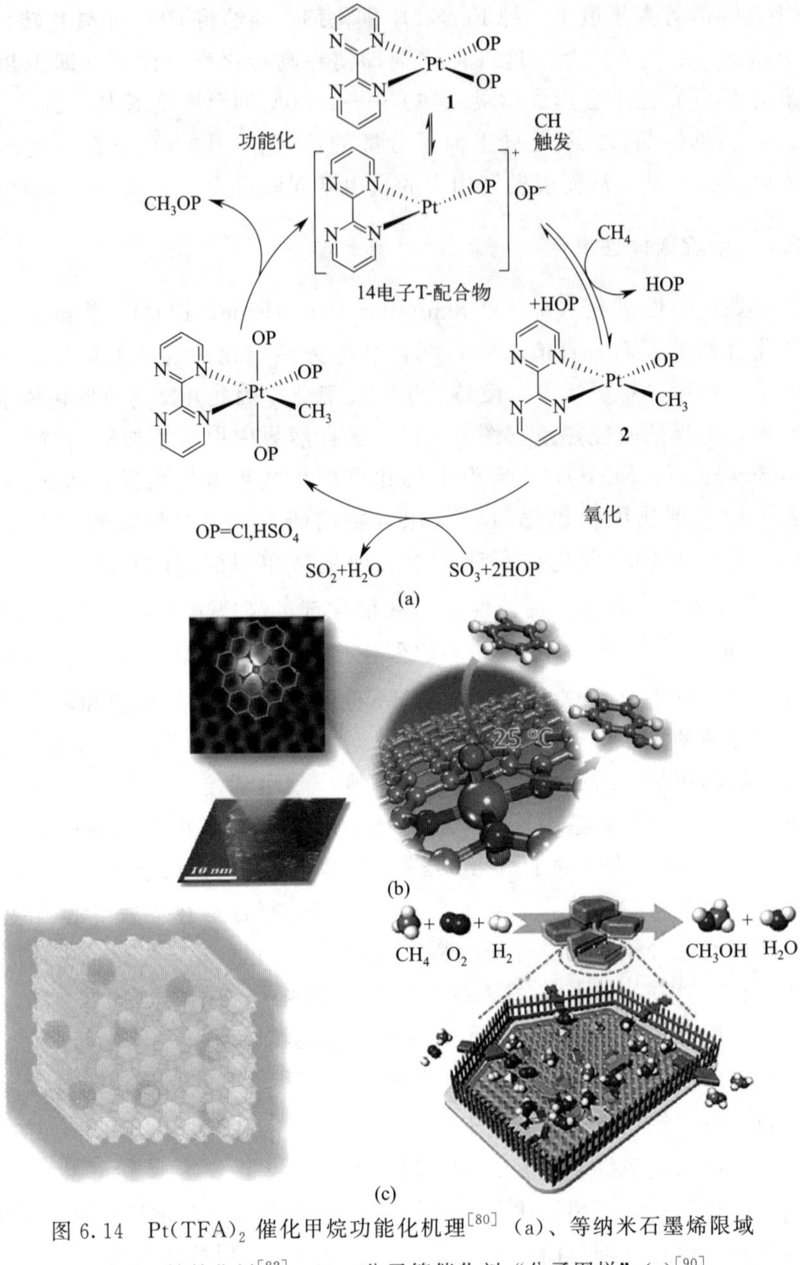

图 6.14　Pt(TFA)$_2$ 催化甲烷功能化机理[80]（a）、等纳米石墨烯限域单原子铁催化剂[82]（b）、分子筛催化剂“分子围栏”（c）[90]

与之反应生成甲氧基物种，最终通过水蒸气萃取实现甲醇的脱附，选择性高达95%[87]。芮泽宝团队报道了 IrO_2/CuO 的复合氧化物催化剂，在低温条件下实现了甲烷与氧气的一步法直接转化[88]。2022 年，Qi 等人[89] 通过沉积-沉淀法合成了纳米 Au 负载 ZSM-5 分子筛，在 120～240℃反应温度下仅利用 O_2

实现了水相体系中甲烷选择性氧化生成甲醇和乙酸的催化反应过程，而且无需加入任何共还原剂（H_2 或 CO）。在该反应中，位于分子筛表面的纳米 Au 颗粒作为氧化中心能够活化 O_2 生成活性氧物种，活性氧物种能与甲烷在催化剂表面发生一系列反应得到甲醇和乙酸。

尽管金属改性的分子筛被认为是甲烷催化氧化制含氧化合物反应中最具潜力的一类催化剂，但其转化率和选择性仍未能满足工业化生产的需求。高效的反应途径仍需进一步探索，亟待开发新的催化剂以及催化反应过程，这需要对催化剂活性中心结构及其构-效关系有深入的理解。例如，在广泛研究的过渡金属及贵金属改性的分子筛中，金属离子[91]、氧化物团簇[92]、单原子[93] 和金属纳米颗粒[67] 等都被认为是潜在的活性物种，而这些物种的活性差异尚未完全明确。目前，关于分子筛上金属活性中心的结构、生成机制及其控制因素、化学性质等问题仍缺乏系统性的认识，这给活性中心的可控构筑带来很大挑战。此外，甲烷中 C—H 键和氧气分子的活化机制仍是尚未解决的重要基础科学问题。

6.2.4　甲醇制碳氢化合物

尽管石油资源为现代社会发展提供了能源和诸多基础化学品，但是随着全球消耗量持续攀升，石油资源正面临枯竭的危机。因此，发掘和开发可靠的替代资源及转化技术已成为人类社会可持续发展的迫切需求。煤炭作为重要的化石能源，在全球一次能源消费结构中占比达 25%，具有储量丰富、分布广泛等显著优势。我国煤炭资源相对丰富，为发展煤基化工产业提供了良好的基础（图 6.15）。甲醇是一种很容易从煤炭资源中提取的平台化合物，以煤基生产化学品，主要是先将煤制成甲醇，再将甲醇制成其他化学产品。因此，发展甲醇转化技术对于平衡低碳烯烃的供需、减少我国对原油进口的依赖以及促进国家能源安全具有重大现实意义。

虽然与石油和煤炭资源相比，全球已探明的天然气储量更为丰富，这极大地推动了天然气转化为液态燃料及高附加值化学品的研究，但该领域仍面临严峻挑战。甲烷（天然气的主要成分）的高化学惰性导致其活化非常困难[94-95]，现有氧化偶联和直接偶联的方法可进行一定程度的转化利用，但总体来说并不成功。目前比较成熟的天然气转化路径仍然依赖蒸气重整技术，首先将甲烷转化为合成气（即一氧化碳和氢气的混合物），然后根据合成气转化的路径不同分为直接转化路线和间接转化路线。直接转化路线是指合成气经费托合成（Fischer-Tropsch process，F-T 合成）路线转化为液态烃或碳氢化合物的过程。间接转化路线是指先将合成气转化成甲醇，再以甲醇为原料转化制备烃类和汽油等产品。因此，开发基于甲醇的催化转化技术具有重要意义：它不仅能构建煤炭、天然气和生物质资源的高效转化网络，还能为石油替代提供技术储备。以煤炭、

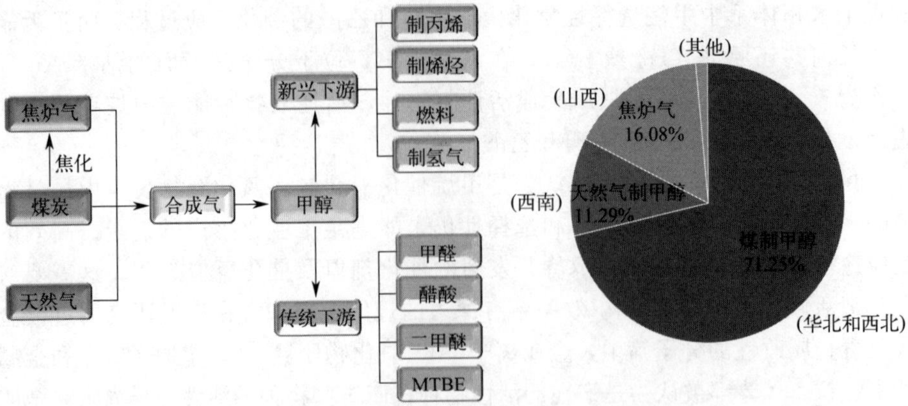

图 6.15　甲醇产业链及国内甲醇原料情况

天然气和生物质为原料制得的甲醇，可在特定催化剂作用下定向转化为烯烃（即甲醇制烯烃，methanol to olefin，MTO），或者汽油（即甲醇制汽油，methanol to gasoline，MTG）。本小节将围绕 MTO 和 MTG 催化转化的研究进展进行简要的介绍，主要包括发展历程、催化剂设计、反应机理及工业应用进展。

与甲烷的化学惰性不同，甲醇具有较高的反应活性，可在酸性分子筛催化剂的作用下转化为多种碳氢化合物。甲醇催化转化的研究始于 Mobil 石油公司的早期探索。20 世纪 70 年代，该公司在尝试用 ZSM-5 分子筛催化甲醇转化制备含氧化学品时，意外检测到了碳氢化合物。随后，Mobil 的另一个研究小组也发现，ZSM-5 分子筛可催化异丁烯与甲醇反应生成沸点接近汽油组分的煤油-芳烃混合物。这些偶然发现为甲醇制备碳氢化合物技术的开发奠定了基础。

1979 年，全球首套 MTG 工业化装置（埃克森美孚公司）在新西兰建成[96]。直至 1986 年，新西兰全国约 1/3 汽油通过该套 MTG 装置进行生产[97]。如图 6.16 所示，在这一设计中，甲醇首先通过非晶型氧化铝催化剂脱水，生成二甲醚（DME）、甲醇和水的平衡混合物。DME 反应器的产物进入 MTG 反应器，其中的甲醇和 DME 通过专有催化剂反应完全脱水，生成轻烯烃和水。在 MTG 反应器内，轻烯烃低聚为重质烯烃，然后通过各种反应路径合成为烷烃、环烷烃和甲基化芳烃。择形 MTG 催化剂将烃合成反应限制在 C_{11} 分子范围之内。ZSM-5 分子筛是催化 MTG 工艺过程常用的催化材料，甲醇在 ZSM-5 分子筛的孔道中转化成烯烃、芳烃和煤油等产品。其中，低碳烯烃（主要是丙烯和丁烯）的收率可达约 40%。通过优化催化剂的制备条件和催化反应条件，可进一步提升低碳烯烃的选择性。

考虑到低碳烯烃是精细化工的重要原料，促使由甲醇转化制备烯烃（MTO）成为一条极具吸引力的工艺路线，这将有望减轻有机化工行业对石油基产品的依赖。目前用于 MTO 反应的催化剂主要有 ZSM-5 和 SAPO-34（图

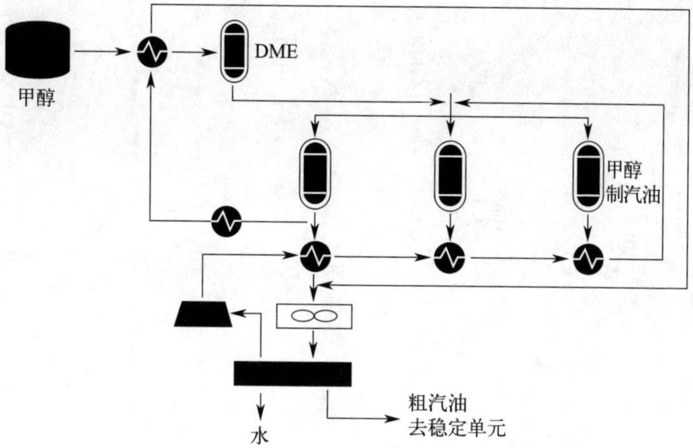

图 6.16 埃克森美孚公司 MTG 装置简易示意图

6.17)。由于不同的骨架元素组成和拓扑结构，这两种催化剂展现出明显不同的催化性能。ZSM-5 分子筛的骨架由硅氧四面体和铝氧四面体连接而成，具有三维十元环交叉孔道结构。SAPO-34 分子筛是一种含八元环小孔的硅磷酸铝分子筛，并且结构中具有笼结构。在 SAPO-34 分子筛的催化下可得到较多的乙烯和丙烯，而长链碳氢化合物的收率较低[98-100]。

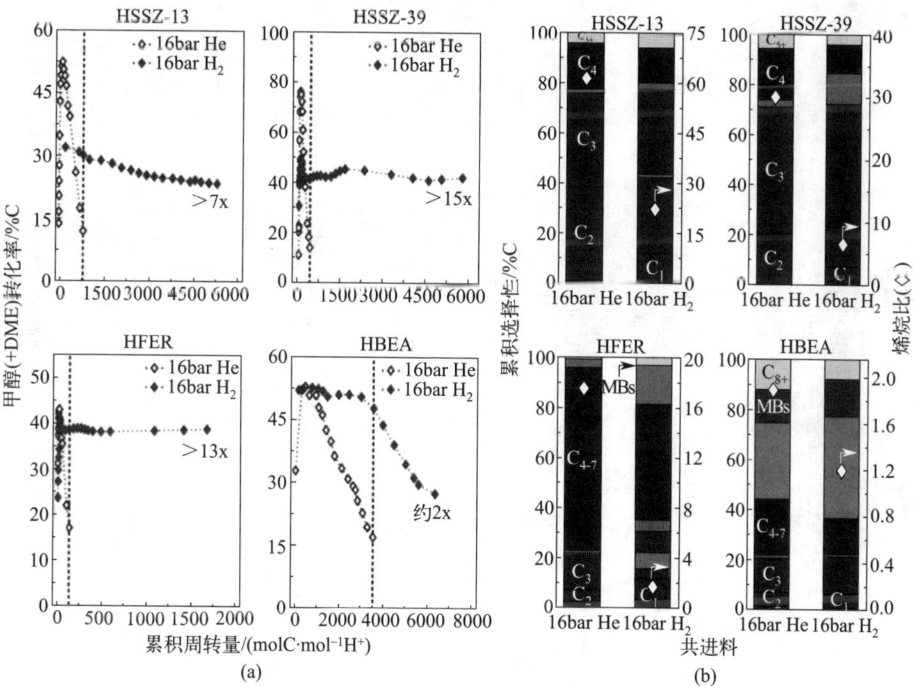

图 6.17 不同分子筛在 MTO 反应中的催化效果[99]

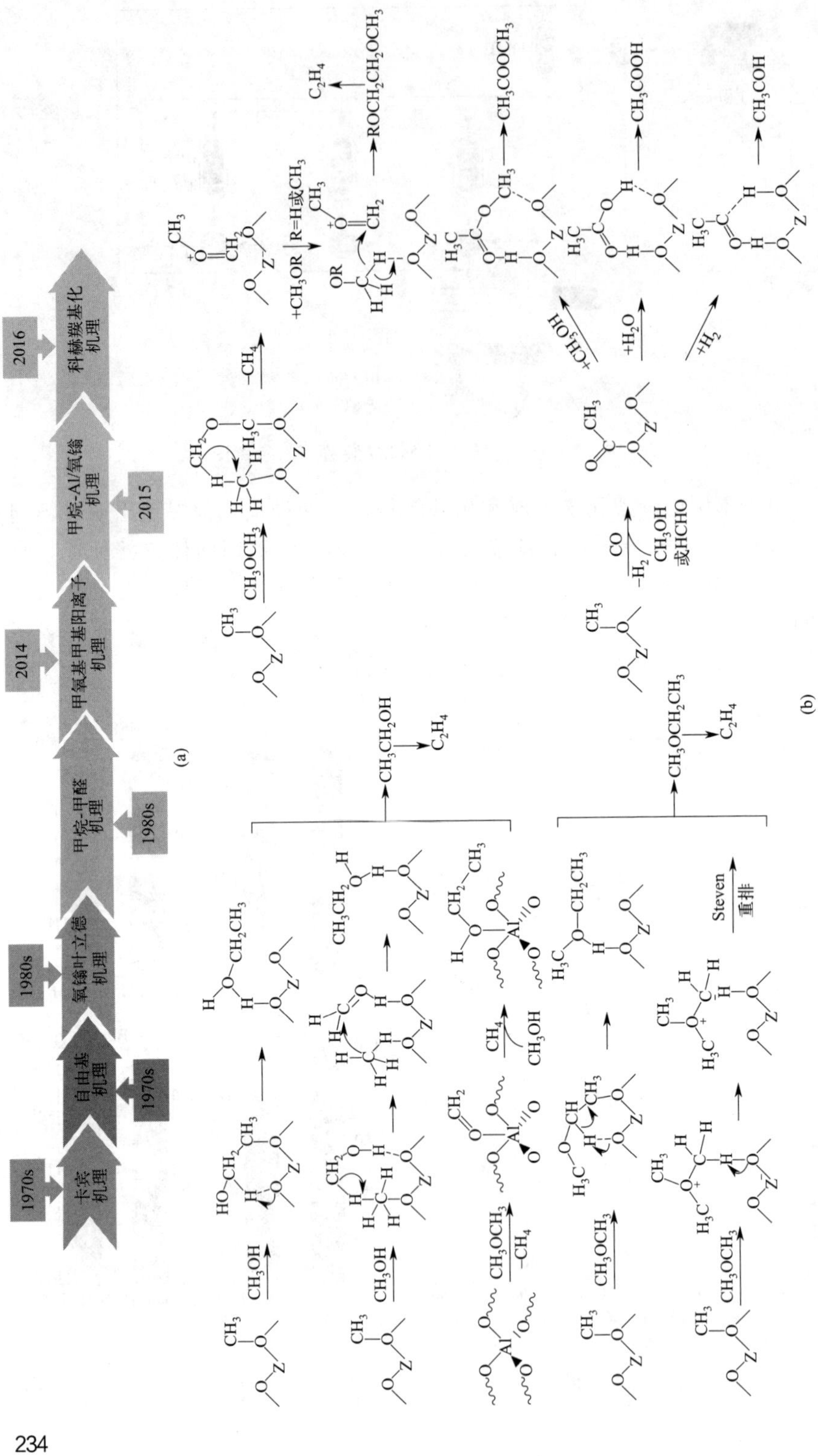

图 6.18 近几十年来甲醇制碳氢化合物的机理发展(a)以及近年来甲醇在固体酸催化剂上转化为碳氢化合物的机理(b)[101]

一般来说，甲醇转化成烯烃、汽油和其他碳氢化合物的主要步骤可以分为：①甲醇脱水生成二甲醚；②甲醇、二甲醚和水的混合物转化生成低碳烯烃；③低碳烯烃发生烷基化和聚合反应生成煤油、芳烃、环烷烃和长链烯烃等。根据 MTO 主反应进行的程度，存在反应诱导期、反应稳定期、二次反应和积碳失活等阶段。由于甲醇转化的反应过程非常复杂，尽管针对催化机理有众多研究工作，但是目前在一些关键步骤的转化机理上仍然存在争议。其中，形成共识的是，甲醇转化成二甲醚的反应中间体是质子化的表面甲氧基；由低碳烯烃转化为烷烃、芳烃、环烷烃和较高级烯烃的过程，通常是伴随氢转移反应的碳正离子机理。二甲醚转化为低碳烯烃的过程虽然已有多种机理，但是一直还没有统一的认识（图 6.18）。

目前主要存在的争议是：在二甲醚转化生成后，第一个碳碳键偶联是如何形成的？围绕此问题，存在的机理主要有氧鎓离子机理、卡宾机理、碳正离子机理和自由基机理等。氧鎓离子机理认为，二甲醚在 Brønsted 酸中心上生成二甲基氧鎓离子，再与第二个二甲醚分子反应生成三甲基氧鎓离子，氧鎓离子经消除反应可得到低碳烯烃。但是理论计算结果表明，三甲基氧鎓离子在 SAPO-34 分子筛上并不稳定，因此在实际的 MTO 反应中，甲醇转化制烯烃不可能按照氧鎓离子机理进行。卡宾机理认为，甲醇分子先脱水生成卡宾中间体，该中间体随后可进一步聚合生成烯烃或通过与甲醇和二甲醚发生插入反应生成乙烯。但该机理不能排除卡宾中间体与分子筛表面发生反应。碳正离子机理指出，在催化剂表面生成的甲氧基可能会转化成甲基碳正离子，然后进一步与二甲醚反应生成五价碳正离子过渡态，再经脱氢和消除反应生成乙烯和甲醇。自由基机理认为，二甲醚中的 C—H 键被分子筛表面的催化活性中心活化后可生成自由基，促进 C—C 键的形成。但是，该机理同样受到质疑。

近年来，Dahl 和 Kolboe 等人提出烃池机理（hydrocarbon pool mechanism），该机理逐渐被学界广泛接受[102-103]。该机理认为，MTO 反应包含苯环或环烯烃活性中间体的生成、多甲基苯的烷基化和异构化反应、多甲基苯的侧链消除反应生成低碳烯烃、烯烃低聚和缩合反应、多甲基苯中间体转化生成稠环芳烃的反应（图 6.19）。动力学研究表明，MTO 反应存在明显的诱导期：在诱导期内，甲醇首先在分子筛催化剂上生成一些较大分子量的烃类物质并吸附在分子筛的孔道中，此时甲醇转化反应的活性很低，仅生成少量的烃类物质。在诱导期内起到催化作用的活性中心可能是原料甲醇或催化剂表面上的少量杂质。但是，在动力学诱导期后，这些沉积的大分子可与甲醇发生反应生成大量的乙烯和丙烯等低碳烃类物质。稳定期的活性中心可能是乙烯和丙烯等发生低聚、缩合等反应生成的苯环，苯环可发生烷基化反应生成多甲基苯，并通过分子重整和侧链消除反应生成低碳烯烃。核磁共振等谱学研究揭示，在不同分子筛的催化下，多取代的甲基苯可能是烃池机理中的重要活性中间体。但是由于不同分子筛的拓扑结构存在差异，甲基苯的类型可能存在差异，这也影响着催化产物的分布。例如，研究发现，在具有较大笼结构的 H-SAPO-34 和孔径较大的 H-Beta 分子筛催化下，烃池物种为取代数较高的甲基苯。

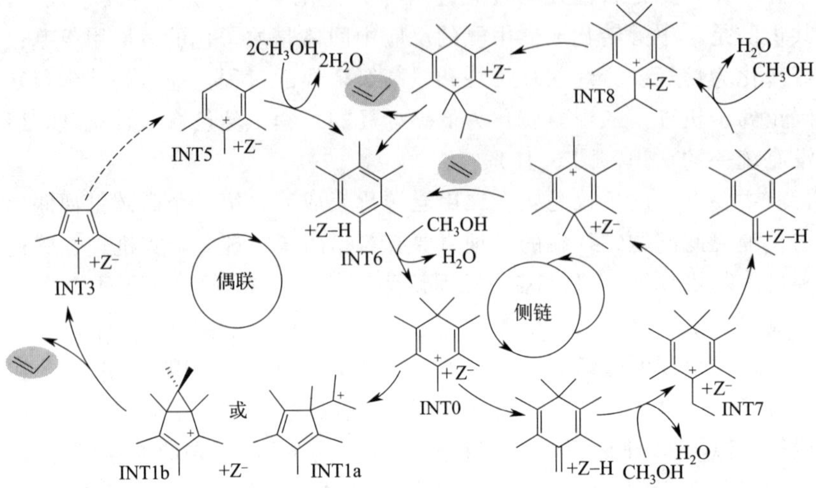

图 6.19　MTO 反应中提出的烃池机理（包括偶联和侧链路径）[103]

值得一提的是，甲醇制烯烃的过程中存在复杂的烯烃二次反应，如烯烃间的聚合与裂解的相互转化、烯烃与甲醇的甲基化反应和烯烃的氢转移反应生成烷烃等。因此，对烯烃二次转化反应的研究有助于控制 MTO 反应的选择性，对提升目标烯烃的收率有重要意义。

我国甲醇制烯烃技术的研究始于 20 世纪 80 年代初。在世界能源危机的大背景下，为缓解原油进口压力，国内科研机构启动了甲醇制烯烃技术攻关。以中国科学院大连化学物理研究所、中国石化洛阳工程有限公司和新兴能源科技有限公司为代表的科研单位，经过多年攻关，先后在催化剂的优化制备、喷雾成型、反应器设计开发和放大等方面取得了突破，开发出了甲醇制烯烃技术（即 DMTO），在国际上率先实现了工业化生产（图 6.20）。DMTO 工艺的成功研发对于丰富低碳烯烃的供给、减少对进口原油的依赖以及保障国家能源安全具有重要意义。

6.2.5 选择性氧化

分子筛是一种典型的固体酸催化剂。其中，Y 分子筛在石油炼制工业的流化床催化裂化反应工艺中的应用最具代表性。此外，酸性分子筛还被广泛地应

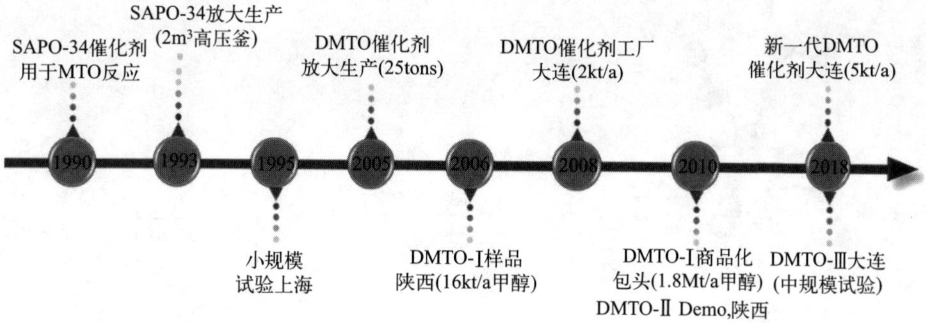

图 6.20　DMTO 催化剂及技术发展[104]

用在很多工业催化反应中，如芳烃的烷基化反应、贝克曼重排反应等[105-106]。分子筛不仅具备酸催化特性，而且在其结构中引入具有氧化还原属性的活性物种后，还能催化选择性氧化反应。

一般来说，在分子筛中引入氧化还原活性物种主要有两种途径。第一种是通过后处理离子交换或直接合成，将具有氧化还原性质的物种引入，使其占据分子筛骨架外的阳离子交换位点。在硅基分子筛骨架中植入四配位铝，会使分子筛骨架带负电，因此需要骨架外的阳离子来平衡电荷。基于这一特性，可将金属阳离子交换到分子筛的孔道内。例如，经 Pd^{2+} 和 Cu^{2+} 交换的 Y 分子筛，可催化 Wacker 氧化反应[108]。大小合适的金属配合物阳离子也能通过类似的方法交换进入分子筛，但对于尺寸较大的金属配合物，需在分子筛合成过程中将其引入分子筛的孔道中。第二种是通过杂原子同晶取代，将杂原子植入分子筛骨架中，使杂原子以四配位的形式成为分子筛骨架的一部分。1983 年，Taramasso 等人[109] 首次报道了将钛植入 MFI 分子筛骨架的实验方法，成功制备出骨架由硅和钛组成的分子筛，即 Titanium silicalite-1，简称 TS-1 分子筛。研究发现，TS-1 分子筛在以双氧水为氧化剂的液相氧化反应中，展现出突出的催化性能[110-117]（图 6.21）。因此，TS-1 分子筛的研发开启了分子筛催化选择性氧化反应的新篇章，也揭示了在其他更多的分子筛骨架中植入 Ti 的可能性。本节将围绕典型的钛硅分子筛催化剂、催化过程中的溶剂效应、反应中间体，以及骨架含有其他金属的分子筛选择性氧化催化材料进行介绍。

6.2.5.1　TS-1 分子筛

具有 MFI 结构的 TS-1 分子筛是最典型的钛硅分子筛，它与同构的 ZSM-5 分子筛一样，具有十元环交叉孔道结构，孔道开口直径约为 0.55nm。1983 年，意大利 Eni 石油公司的科学家，分别以正硅酸四乙酯为硅源、钛酸四丁酯为钛源、四丙基氢氧化铵为有机结构导向剂，成功合成出 TS-1 分子筛[118]。

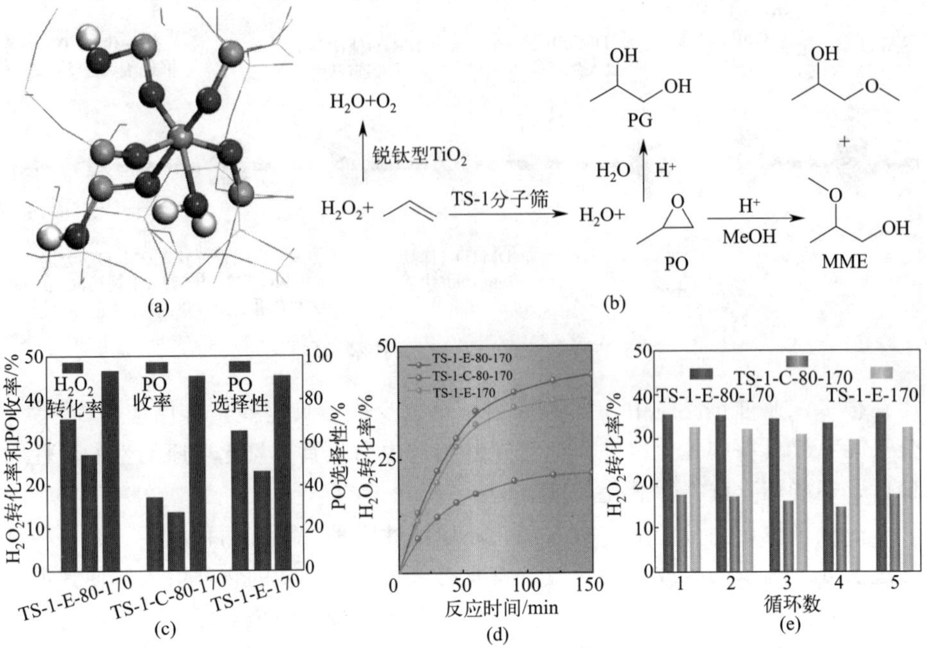

图 6.21 通过 DFT 确定的 $Ti(OH_2)(OSi)_3(OSiOH)_2$ 结构（a）、TS-1/MeOH/H_2O_2 催化丙烯环氧化的反应路径（b）、H_2O_2 转化率和 PO 收率及其选择性（c）以及在不同 TS-1 分子筛中循环测试 H_2O_2 的转化率（d）和（e）[107]

由于在分子筛骨架中植入了原子半径较大的钛原子，MFI 结构的晶胞参数增大。此外，紫外-可见光谱可以表明，钛以四配位的状态存在于分子筛的骨架中。根据理论计算推测，在 MFI 分子筛骨架中，可引入不超过 2.5% 的骨架钛，即 $Ti/(Si+Ti)<2.5\%$。除含有四配位骨架钛外，TS-1 分子筛还具有相对较高的疏水性，这一特性使其更有利于烷烃及其他碳氢化合物在孔道中的吸附。TS-1 分子筛能够在温和的反应条件下，催化以双氧水为氧化剂的选择性氧化反应，其底物分子包括烷烃、烯烃、醇和芳烃等多类有机分子[119-122]。例如，烯烃环氧化制备环氧烷烃，苯氧化制备苯酚，烷烃氧化制备醇或酮，醛酮类氨氧化制备肟类等。由于 TS-1 分子筛的疏水性，通常在双氧水浓度较低的情况下，就能实现底物氧化，且亲水性含氧产物可迅速从催化剂表面脱附。因此，在 TS-1 分子筛催化过程中，反应往往具有底物转化率高、双氧水效率高的特点（图 6.22）。此外，双氧水的活性氧占比高达 47%（16/34），且副产物仅为水，因此这类催化过程被公认为绿色化学发展的里程碑。目前，以 TS-1 分子筛为催化剂，已有三种选择性氧化反应实现了工业化应用，分别是苯酚羟基化反应制备苯二酚、环己酮氨氧化反应制备环己酮肟，以及丙烯环氧化反应制备环氧丙烷。

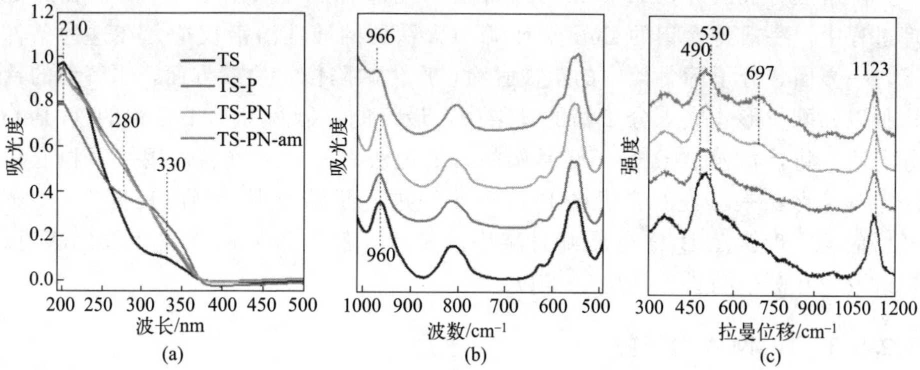

图 6.22　紫外-可见光谱图（a）、骨架振动红外光谱（b）和紫外拉曼光谱（c）[119]

6.2.5.2　Ti-Beta 分子筛

TS-1 分子筛仅具有十元环的中孔孔道结构，这使其应用局限于较小分子尺寸底物的氧化反应。因此，自 TS-1 分子筛研发成功后，大孔或超大孔钛硅分子筛逐渐吸引了科学家们的研究兴趣。其中，Ti-Beta 分子筛凭借其十二元环大孔结构，受到广泛关注[123-125]。在一些含大分子的环状或带支链底物的选择性氧化反应中，Ti-Beta 分子筛比中孔 TS-1 分子筛展现出更加优异的催化性能。

通常，Ti-Beta 分子筛的水热合成需要使用四乙基氢氧化铵（TEAOH）作为有机结构导向剂。与 TS-1 分子筛不同，通过水热合成路线制备 Ti-Beta 分子筛的收率一般较低。另外，Ti-Beta 分子筛的水热合成过程中需要引入铝源，这会导致合成的 Ti-Beta 分子筛含有一定量的骨架铝。研究发现，Ti-Beta 分子筛的内外表面也存在一定含量的游离羟基[126]。骨架铝和游离羟基的存在，赋予 Ti-Beta 分子筛一定的亲水性。这些因素都会对 Ti-Beta 分子筛催化选择性氧化反应的性能造成影响，尤其是酸性位点会催化环氧产物的开环反应，导致目标产物的选择性下降。因此，如何降低 Ti-Beta 分子筛合成过程中的铝含量，同时提高分子筛产品收率，成为 Ti-Beta 分子筛合成研究的主要方向。研究表明，采用特殊有机结构导向剂的水热合成法、含氟体系合成法和干胶合成法，均可制备出样品收率和催化性能有所提升的 Ti-Beta 分子筛[127-128]。在含氟体系中制备 Ti-Beta 分子筛，无需铝源，且合成的 Ti-Beta 分子筛几乎不含缺陷。虽然含氟体系制备的 Ti-Beta 分子筛酸性显著下降，但是其晶体尺寸通常较大，这导致其在烯烃环氧化反应中的催化性能与传统水热合成制备得到的 Ti-Beta 分子筛相当。另一个影响含氟体系制备 Ti-Beta 分子筛活性的重要因素是，氟离子可能与分子筛骨架相连，这可能对催化剂的性能产生不利影响。

除水热合成法外，Ti-Beta 分子筛还可通过后处理法制备[129-130]。在后处理过程中，一般将含铝的 Beta 分子筛与含钛源的酸性溶液反应。在这种条件下，一方面，分子筛骨架中的铝被脱除，产生缺陷位；另一方面，水解后的钛物种以四配位形式嵌入分子筛的骨架中，最终能够制得几乎不含铝的 Ti-Beta 分子筛。将钛植入 Beta 分子筛骨架的后处理法之外，还可以采用气固相取代法。具体做法是，先对含硼的 Beta 分子筛进行脱硼处理，再使其与 $TiCl_4$ 蒸气反应，实现钛在 Beta 分子筛骨架中的植入。然而，采用气固相取代法时，难以避免在分子筛骨架外生成 TiO_2。

6.2.5.3 Ti-MWW 分子筛

具有 MWW 结构的硅铝分子筛 MCM-22、硅硼分子筛 ERB-1 以及全硅分子筛 ITQ-1，均能够通过水热合成路线来制备[131]。但是，直接通过水热合成法制备 MWW 结构的钛硅分子筛却极具挑战性。这可能是由于原子半径较大的钛植入 MWW 结构的骨架中，会产生较大的骨架张力，进而降低了分子筛骨架的稳定性。Wu 等发现[132]，在 Ti-MWW 分子筛的水热合成凝胶中引入大量硼酸才能实现 Ti-MWW 分子筛的直接水热合成。环状有机胺哌啶和环己亚胺都是可以导向合成 Ti-MWW 分子筛的有机结构导向剂。在 Ti-MWW 分子筛的水热晶化过程中，硼源起到结构支撑剂（structure-supporting agent）的作用。尽管合成凝胶中含有大量的硼（Si/B＝0.75），但是合成得到的 Ti-MWW 中的 Si/B 比为 11～13。与此不同的是，合成凝胶中的 Si/Ti 比与 Ti-MWW 中的 Si/Ti 比相当，这表明 Ti 源在水热合成过程中被高效地植入至产物分子筛中。紫外-可见光谱结果表明，水热合成得到的 Ti-MWW 中几乎不含有聚集状态的氧化钛，大部分的钛物种以六配位和四配位的状态存在。

通常，水热合成法可制备 MWW 结构的层状前驱体，这与硅铝分子筛 MCM-22 的合成情况非常类似。在高温焙烧后，位于 MWW 分子筛层间的有机结构导向剂分解，MWW 层表面的硅羟基经脱水缩合转变成三维 Ti-MWW 分子筛。紫外-可见光谱表明，对 Ti-MWW 层状前驱体进行直接焙烧会导致锐钛矿氧化钛物种的生成，这表明焙烧会引起层状前驱体中的钛物种发生严重的聚集。锐钛矿对选择性氧化反应几乎没有催化活性，还会在催化过程中导致双氧水的无效分解。研究发现，锐钛矿一旦生成，很难通过后处理去除，即便在硝酸或硫酸中回流都难以将其去除。更重要的是，直接焙烧的 Ti-MWW 不仅含有锐钛矿物种，而且对烯烃选择性氧化反应几乎没有催化活性。因此，为了得到具有催化活性的 Ti-MWW，必须开发出能够控制钛物种在 MWW 分子筛结构状态和分布的实验方法。

Wu 等发现[133]，将 Ti-MWW 层状前驱体先进行酸处理再焙烧，可以选择性地去除六配位钛。紫外-可见光谱表明，对于含钛量较低的 Ti-MWW 层状前驱体（Si/Ti 比为 30～100），酸洗焙烧后的 Ti-MWW 分子筛几乎只含有四配位状态的钛物种（图 6.22）。即使是钛含量较高的 Ti-MWW 层状前驱体（Si/Ti 比为 10～20），经酸洗焙烧后，虽含有一定量的骨架外钛物种，但钛物种主要以四配位状态存在。另外，在酸洗的过程中，Ti-MWW 层状前驱体中的硼物种大量脱除，降低了 Ti-MWW 催化剂的酸性。脱硼过程产生的缺陷位，可能为钛物种植入 MWW 结构骨架提供了位点。值得注意的是，经酸洗焙烧后所得的 Ti-MWW 分子筛，在小分子选择性氧化反应中，展现出与 TS-1 分子筛相媲美的催化活性。研究发现，在以双氧水为氧化剂的 1-己烯（正己烯）环氧化反应中，Ti-MWW 分子筛的催化性能优于 TS-1 分子筛。并且，在含有立体异构体的烯烃分子的环氧化反应中，Ti-MWW 分子筛呈现出独特的立体选择性。以 2-己烯选择性氧化反应为例，原料 2-己烯中顺反异构体的比例为 41∶59。在 Ti-MWW 分子筛的催化作用下，产物中反式环氧化物的立体选择性高达 81%。而 TS-1、TS-2 和 Ti-Beta 分子筛，更倾向于催化顺式 2-己烯的选择性氧化反应。这显示出 Ti-MWW 分子筛不同的择形选择性。

为了完全去除骨架硼对催化活性的影响，制备不含硼的 Ti-MWW 分子筛是进一步提升催化性能的必要途径。Wu 等设计了一条后处理路线，成功实现了不含硼的 Ti-MWW 分子筛的合成[134]。该路线首先对 B-MWW 分子筛进行酸处理，脱除骨架硼。随后，利用 MWW 结构可逆变换的特点，将脱硼的高硅 MWW 分子筛，放入含有机结构导向剂和钛源的水溶液中进行水热晶化处理。在此过程中，MWW 三维结构转变为含钛的二维 MWW 层状前驱体结构。最后，通过酸洗脱除骨架外的钛物种，并经焙烧处理，即可制备得到不含硼的 Ti-MWW 分子筛。催化实验结果表明，经二次处理制备的不含硼 Ti-MWW 分子筛，相比常规水热合成得到的 Ti-MWW 分子筛，展现出更优异的催化性能。初步推测，这可能是因为硼在水热合成过程中，影响了钛物种的分布。

由于 Ti-MWW 分子筛可以由其层状前驱体制备而来，利用其层状结构高度可调变的特点，可以通过后处理等技术调控其 MWW 层状结构的堆积方式，如层间插硅扩孔型、剥离型的分子筛催化材料。其中，剥离型 Ti-MWW 分子筛晶体厚度极薄，外比表面积高达 $1000m^2 \cdot g^{-1}$，这一独特结构使其在大分子环烯烃环氧化反应中的催化性能得到大幅度的提升，如图 6.23 所示。

与 TS-1 和 Ti-Beta 分子筛相比，Ti-MWW 分子筛在诸多选择性氧化反应中均展现出更加优异的催化性能。例如，丙烯醇（ALL）环氧化反应制备甘油（GLY）[137]、氯丙烯环氧化制备环氧氯丙烷[138]、2,5-二氢呋喃环氧化制备 3,4-环氧四氢呋喃[139] 以及环己酮氨氧化制备环己酮肟[140] 等反应

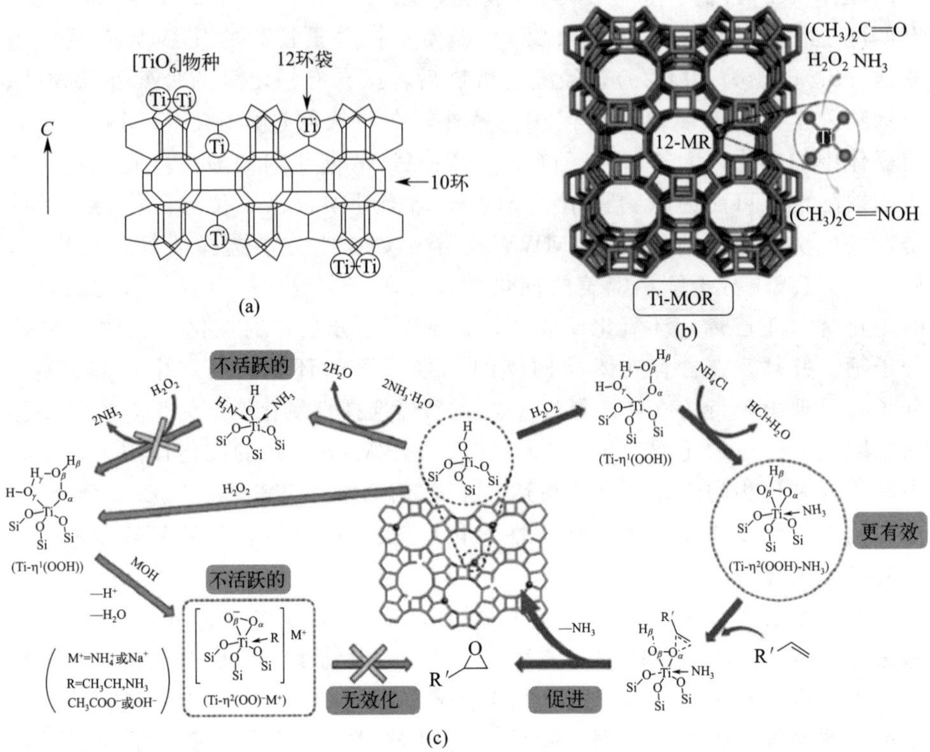

图 6.23　MWW 和 MOR 型分子筛的示意图（a）和（b）[135]、N 配位对 Ti-BEA 分子筛骨架 Ti 的作用机理及其对烯烃环氧化反应的促进作用（c）[136]

（图 6.24）。其中，Ti-MWW 催化环己酮氨氧化反应的催化性能与双氧水的添加方式密切相关[141]。当在催化反应体系中直接添加双氧水时，Ti-MWW 分子筛表现出较差的催化性能。只有当双氧水逐滴缓慢添加至催化体系时，Ti-MWW 才能表现出很好的催化性能。根据环己酮氨氧化反应的机理，双氧水和氨气先在催化剂的催化作用下生成羟胺中间体，该中间体将环己酮氧化生成环己酮肟。但是原位生成的羟胺中间体并不稳定，在过量双氧水的存在下，Ti-MWW 分子筛会催化羟胺的分解反应。因此，通过控制催化反应条件，在 Ti-MWW 分子筛的催化下，环己酮的转化率和环己酮肟的选择性都大于 99%，这甚至优于环己酮氨氧化的工业催化剂 TS-1。

6.2.5.4　其他含钛分子筛和介孔材料

除 TS-1、Ti-Beta 和 Ti-MWW 分子筛之外，钛还可以被引入其他结构的分子筛骨架中，从而衍生出更多类型的钛硅分子筛催化材料。通过直接水热合成可以制备出 TS-2[142]、Ti-UTD-1[143]、Ti-ZSM-12[144]、Ti-ZSM-48[145] 和

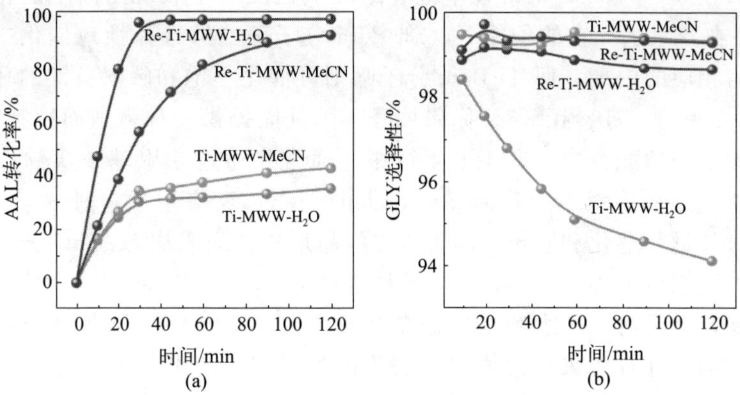

图 6.24　丙烯醇转化率（a）、Ti-MWW 和 Re-Ti-MWW 在水溶剂和乙腈（MeCN）溶剂中的产物甘油选择性（b）[150]

Ti-ITQ-7 分子筛[146] 等。通过对丝光沸石脱铝补钛可以制备出含十二元环大孔结构的 Ti-MOR[147]、Ti-Y[148] 和 Ti-YNU-2 分子筛[149] 等。

此外，由于微孔分子筛较小的孔道开口不适用于分子体积较大的烯烃和有机过氧化物的反应，在介孔材料中掺入过渡金属元素 Ti 可有效解决由于孔道限制导致的扩散问题。但介孔材料通常含有较多的游离羟基，使得催化剂具有一定的亲水性。因此，需要对介孔材料的亲疏水性质进行调控，以避免环氧化产物在催化剂酸性位点上发生开环反应。其中一个典型的例子是，具有介孔孔道结构的 Ti-MCM-41 经过表面疏水化处理后[150]，可以高效地催化以异丙苯过氧化氢为氧化剂的丙烯选择性氧化反应，而 TS-1 分子筛受限于其微孔的孔道，则出非常低的催化性能。日本 Sumitomo 化学公司成功地将含钛介孔材料催化剂用于环氧丙烷的生产过程，于 2009 年在日本建立了第一套基于此反应的工业催化装置。介孔材料的亲疏水性质对其催化性能的影响还体现在其他烯烃环氧化反应中。当介孔 Ti-MCM-41 用于柠檬烯的环氧化反应时，对催化剂表面进行甲基硅烷化修饰可有效减少由于环氧化物开环反应产生的二醇副产物，环氧化物收率显著提高。

6.2.5.5　其他选择性氧化反应催化剂

除了将过渡金属钛掺入微孔分子筛或介孔材料中，其他过渡金属（锡和锆等）也可以通过水热合成法和后处理法掺入多孔材料骨架，用于催化选择性氧化反应。在 Beta 分子筛的骨架中引入金属锡后所得的 Sn-Beta 分子筛，是适用于 Baeyer-Villiger 氧化反应的催化剂[151]。Baeyer-Villiger 氧化反应可将环状酮类有机物氧化为内酯。在 Sn-Beta 分子筛的催化下，以双氧水为氧化剂，金刚烷酮和环己酮等可在较低温度下被氧化成相应的内酯，产物的选择性和收率一般均较高[152]。Sn-Beta在不饱和酮的氧化反应中表现出高度的化学选择性[153]。在双氧水存在的条件下，Sn-Beta分子筛能够选择性地催化二氢香芹酮转化为相应的内酯，而Ti-Beta分子筛则可催化不饱和碳碳双键的环氧化反应。2,6-二甲基-5-庚烯醛，又称甜瓜醛，因其能提供一种强烈而独特的香气，常被添加于香精配方中。在工业生产中，通常先通过6-甲基-5-庚烯-2-酮与氯乙酸乙酯的达尔森缩合（Darzens condensation）反应生成一种α,β-环氧酯。然后再对其进行皂化和脱羧，制备所需的甜瓜醛。而采用Sn-Beta分子筛作为催化剂，以双氧水为氧化剂，可将柠檬醛经Baeyer-Villiger氧化反应生成对应的甲酸酯，然后再经过水解反应制备甜瓜醛[154-155]。这条制备路径由于不涉及卤化试剂，并且所采用的原料是廉价的柠檬醛，因此具有一定的工业应用前景。

6.2.6 精细化学品制备和转化

多孔材料因其具有一定孔隙率、酸性等特点，被广泛应用于石油炼制和精细化学品合成工业中。其中，微孔分子筛作为固体酸或固体碱催化剂，可以替代有害的均相催化剂，减少盐及其他废物等副产物的生成，同时防止生产装置的腐蚀。介孔材料由于具有较大的孔道结构，更加适合一些大分子的转化反应，近年来也得到了广泛重视。多孔材料的孔道结构与孔隙尺寸的多样性、可调节的酸强度（或碱强度）和可再生性，使其成为精细化学品合成工业中极具吸引力的多相催化剂，利用多孔材料作为催化剂来合成化工中间体和精细化学品的相关研究大幅增加。本节将根据催化反应的类型，介绍一些应用领域的相关实例。在这些应用领域中，分子筛作为固体催化剂展现出其独特的应用潜能。

6.2.6.1 酸催化反应

（1）Friedel-Crafts酰基化反应

芳香烃类有机物作为一类重要的精细化工中间体，在制药、农业和香料生产等行业中发挥着重要作用[156]。1968年，Venuto和Landis报道了第一例沸石分子筛催化芳香烃酰基化反应[157]。他们采用HY沸石分子筛作为催化剂并取得了一定的成功，这开启了多孔材料催化Friedel-Crafts酰基化反应的研究[158-161]（图6.25）。一般来说，羧酸、酸酐和酰氯是常见的酰基化试剂。芳香烃有机物涵盖苯甲醚、苯酚、间苯二酚、藜芦醇、2-甲氧基萘、2-甲基萘、吡咯、噻吩和

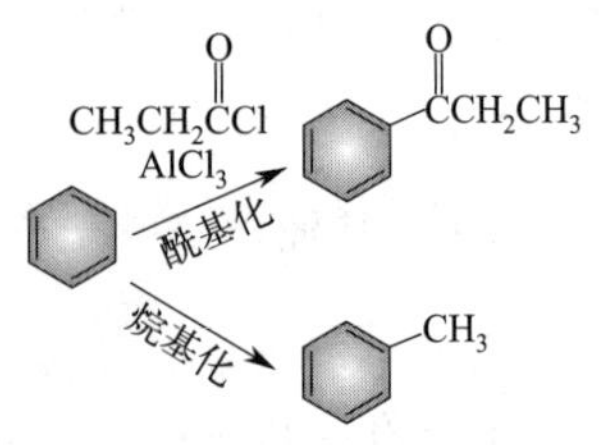

图6.25 Friedel-Crafts酰基化与烷基化反应示意图

呋喃等。

对甲氧基苯乙酮是精细化学品生产中重要的化工中间体。在酸催化剂的催化作用下，苯甲醚的酰基化反应可以用来制备对甲氧基苯乙酮。常用的酸催化剂包括无定形氧化物、黏土、分子筛和树脂等。ZSM-5、MOR、Y、Beta 等分子筛均能有效催化该反应[162-164]。Smith 等人报道[165]，在 H-Beta 分子筛催化下，以醋酸酐为酰基化试剂，苯甲醚可完全转化，对甲氧基苯乙酮的选择性高达 98%。研究发现，以醋酸酐为酰基化试剂时，Beta 分子筛的硅铝比对其催化性能影响不大。而以乙酰氯和苯乙酰氯为酰基化试剂时，反应速率随着硅铝比的下降而下降，这可能是由催化剂的亲水性引起的吸附效应所导致的。由于其分子体积较大和强极性，对甲氧基苯乙酮在催化剂上的吸附是导致催化剂失活的主要原因。

2-乙酰基-6-甲氧基萘是合成抗炎药萘普生（Naproxen）的重要中间体，因此，用于制备该中间体的 2-甲氧基萘的酰基化反应也被广泛地研究[166-171]。以醋酸酐为酰基化试剂，该反应的产物可能有 3 种不同的异构体。其中，1-乙酰基-2-甲氧基萘的生成在动力学上是有利的，而 2-乙酰基-6-甲氧基萘和 2-乙酰基-8-甲氧基萘是热力学上更加稳定的产物。文献研究中通常采用具有较大孔径的分子筛催化该反应，如 HY、HMOR、HBeta 等。在 Beta 分子筛的催化下，2-乙酰基-6-甲氧基萘的收率要高于其他分子筛。

2,6-萘二甲酸是用于制造聚酯纤维及聚氨酯树脂的重要单体，也是医药及精细化学品的重要原料。2-甲基-6-丁酰萘的氧化反应是生产 2,6-萘二甲酸的优选方法。而 2-甲基-6-丁酰萘可通过 2-甲基萘的酰基化反应来制备。研究发现，HY、HZSM-5、HMOR 和 HUSY 等分子筛几乎不能催化 2-甲基萘与丁酸酐的酰基化反应，而 H-Beta 分子筛可有效催化该反应[172]。在 190℃ 下，丁酸酐的转化率为 78.3%，2-甲基-6-丁酰萘的选择性为 53.1%。

对乙酰异丁基苯是一种用于合成抗炎药布洛芬的中间体。H^+、Ce^{3+}、Zn^{2+} 和 La^{3+} 交换的分子筛可以高效地催化乙酸酐与异丁基苯进行乙酰化反应制备对乙酰异丁基苯。此外，苯酚的酰基化是另一个重要的有机反应，因为该反应的一种产物对羟基乙酰苯酚用于合成扑热息痛（对乙酰氨基酚），而另一种产物邻羟基乙酰苯酚是合成对羟基香豆素和华法林的关键中间体，后者可用作抗凝药物。HY 和 HZSM-5 分子筛都具有催化苯酚与乙酸酐进行气相酰基化反应的活性，反应的主要产物是邻羟基苯乙酮。由于孔尺寸对焦炭前体形成的限制，HZSM-5 显示出优异的抗焦炭形成失活的稳定性。

2,4-二羟基二苯甲酮是生产紫外线吸收剂的前驱体，其可以通过苯二酚的苯甲酰化反应制得。研究发现，采用磺酸树脂和沸石分子筛等固体酸催化剂，可以高效地催化间苯二酚与苯甲酸的酰化反应。以正丁基苯和 4-氯甲苯为溶剂，在 Beta 分子筛的催化下，可实现目标产物 2,4-二羟基二苯甲酮的高收率和高选择性。

（2）芳香族化合物的羟烷基化反应

芳香族化合物与羰基化合物的羟烷基化反应是一类重要的反应，因为芳香环的官能化会衍生出多种精细化学品。然而，由于醛、酮类反应物的亲电性较弱，芳香环的活化并不容易。此外，芳香族化合物的羟烷基化反应的立体选择性是另一个难题，常会产生各种位置异构体（邻位和对位）。因此，芳香环的活化和产物选择性的控制是芳香族化合物羟烷基化反应的关键问题。Venuto 和 Landis 采用 HY 沸石分子筛催化苯酚的羟烷基化反应，他们发现主产物是含双芳基甲烷的加合物，并且不同立体异构体的收率与羰基化合物的类型相关[157]。

愈创木酚可与甲醛发生羟甲基化反应，制备对羟甲基愈创木酚（香兰素的前驱体）。研究发现，使用 H-MOR 沸石分子筛催化该反应时，对位异构体的最佳选择性可以达到 83%。随后，针对不同脱铝程度的分子筛研究发现，分子筛脱铝产生的二次孔和催化剂的亲疏水性对催化结果有很大的影响。愈创木酚的烯丙基化反应也是一个有应用前景的反应，可用于制备丁香酚和木香酚等化学品，这两种化学品可用于生产香水、调味剂、精油、昆虫引诱剂，以及用作局部消毒剂、镇痛剂和紫外光吸收剂。在 HY、H-Beta、ZSM-5、MOR 沸石分子筛的催化下，愈创木酚与烯丙醇的烯丙基化反应会产生五种单烯丙基化的异构体产物，包括烯丙基-2-甲氧基苯醚、丁香酚(4-烯丙基-2-甲氧基苯酚)、邻丁香酚(2-烯丙基-6-甲氧基苯酚)、5-烯丙基-2-甲氧基苯酚、3-烯丙基-2-甲氧基苯酚。同时，反应产物中也检测到少量的二烯丙基愈创木酚。在 HY 沸石分子筛分子筛的催化下，愈创木酚的转化率最高（可达 46%），单烯丙基愈创木酚的选择性可达 85%。此外，在 MOR 沸石分子筛的催化下，糠醇可与甲醛发生羟甲基化反应生成 2,5-双(羟甲基)呋喃，其可用作合成药物、冠醚和聚合物的中间体。催化结果表明，在糠醇转化率为 80%以上时，2,5-双(羟甲基)呋喃的选择性可达 95%以上。

（3）Diels-Alder 反应

烯烃与共轭二烯的 Diels-Alder 反应是一类广泛用于合成精细化学品和药物的反应[173-175]。通常来说，催化 Diels-Alder 反应的催化剂是一些具有路易斯酸（Lewis acid）性的催化剂，例如三氯化铝和三氟化硼乙醚等。但是，这类传统催化剂的使用会产生对环境有害的废物。沸石分子筛作为一种固体酸催化剂，也被用于催化 Diels-Alder 反应来合成精细化学品。Phuong 及其研究团队通过应用先进的分离与分析技术，成功识别出在 HY 分子筛催化下，2,5-二甲基呋喃(DMF)与乙烯反应生成的主要产物组成。研究表明，有效移除反应体系中的水分并精准调控分子筛的酸性，是显著提升对二甲苯选择性的关键策略[156]（图 6.26）。

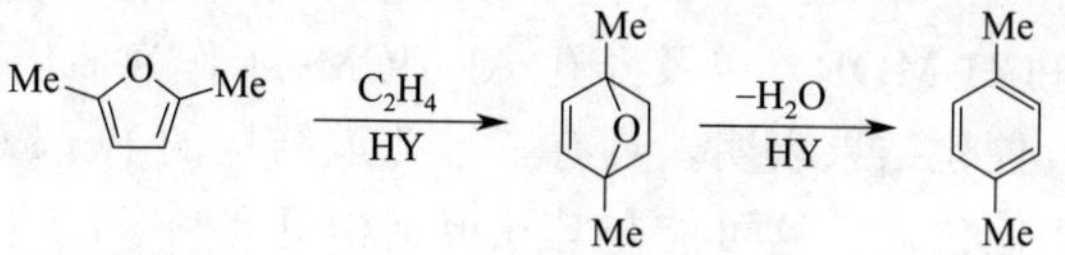

2,5-二甲基呋喃　1,4-二甲基-7-氧杂双环[2.2.1]庚-2-烯(氧杂降冰片烯衍生物)　对二甲苯

图 6.26　HY 分子筛上由 2,5-二甲基呋喃和乙烯反应合成对二甲苯[156]

很多 Diels-Alder 反应不需要催化剂的参与也能进行，但是在沸石分子筛的催化下，催化反应可以在更加温和的条件下进行。例如，丙烯醛和二氢呋喃的 Diels-Alder 反应，在没有催化剂存在的情况下，反应温度为 150℃时加成产物的收率仅为 5%。当采用 H-Beta 和脱铝 HY 分子筛作为催化剂时，在 0℃下加成产物收率即可分别达到 65%和 62%。

由于 Diels-Alder 反应的产物往往具有较大的分子体积，因此具有较大孔径的介孔材料 MCM-41 也常被用作 Diels-Alder 反应的催化剂，并展现出较好的催化性能。Kugita 等人[176] 发现，对于环戊二烯与 α,β-不饱和醛之间的 Diels-Alder 反应，Al-MCM-41 比介孔 SBA-15、微孔 HZSM-5、HY 等的催化活性都要高，且其催化活性与其制备过程密切相关。与水热合成法、溶胶-凝胶法和阳离子交换法相比，通过后处理嫁接法制备的 Al-MCM-41 的催化活性最高，这可能与采用这种方式制得的催化剂具有较强的酸性有关。介孔材料较大的孔径也有利于 2,3-二甲基丁二烯和对苯醌之间的 Diels-Alder 反应，含 Al 和 Ga 的 MCM-41 介孔材料表现出明显优于微孔 HY 和 H-MOR 沸石分子筛的催化活性。

(4) 缩醛化反应

缩醛化反应是指醛或酮类化合物与醇之间发生缩合反应生成缩醛的过程。在有机合成中，缩醛化反应是一种在多官能团存在的情况下，选择性保护有机分子中羰基基团的有效途径。此外，缩醛类化合物广泛应用于化妆品、食品和饮料添加剂、药物、洗涤剂及漆工业中。最常见的缩醛化反应是在酸催化剂存在下进行的。基于醛类化合物的缩醛化反应可以在弱酸催化下进行，而酮类化合物的缩醛化反应通常需要在酸性更强的催化剂（如硫酸和盐酸等）存在下进行。以硅铝分子筛和介孔材料为代表的固体酸，也常被用作缩醛化反应的催化剂。一般来说，催化剂的孔道结构、酸性位数量和极性对其催化性能有着显著的影响。

3,3-乙二氧基丁酸乙酯，又称为果酮，是一种具有苹果香味的调味料。通常，它是通过均相酸催化剂催化乙酰乙酸乙酯与乙二醇发生缩醛化反应制得。但是，均相酸催化剂会导致酯基官能团发生水解，生成相应的副产物 3,3-乙二氧基丁酸。Climent 等人[177] 研究了以不同的酸性沸石分子筛（H-Beta、H-Y、H-ZSM-5 和 H-MOR）以及介孔 Al-MCM-41 作为催化剂来合成 3,3-乙二氧基丁酸乙酯。催化结果表明，具有三维孔道结构的 Beta 和 Y 沸石分子筛是非常高效的多相催化剂，这可能与其孔道结构更有利于反应物的扩散有关。

(5) 其他酸催化反应制备高附加值精细化学品

萜烯类化合物的异构化反应是精细化工领域中的重要过程，萜烯及其衍生物经过结构重排，可生成一系列用于制备高附加值化学品的原料，这些原料被广泛用于香精、清洁剂、化妆品、香水、食品以及药品中的香料添加剂的生产。研究发现，Beta 分子筛（Si/Al=55）因其具有合适的酸性质和相对较大的孔径，在 α-蒎烯的异构化反应中表现出比 ZSM-5、MOR 和介孔 MCM-41 更加优异的催化性能。在 Beta 分子筛的催化下，α-蒎烯几乎可以完全转化，莰烯的选择性可达 27%。而 α-蒎烯氧化物的异构化反应可在 Lewis 酸或 Brønsted 酸催化剂的催化下进行，生成龙脑烯醛、松香芹醇、反式香芹醇、反式山梨醇、异松蒎酮和对伞花烃等产物。其中，催化剂中的 Lewis 酸位点有利于催化龙脑烯醛和松香芹醇的形成，而 Brønsted 酸则有利于催化反式香芹醇、反式山梨醇、异松蒎酮和对伞花烃的形成。在所有的异构化产物中，龙脑烯醛的经济价值最高，因为它常被用作香料和药物添加剂。传统的均相 Lewis 酸催化剂（如 $ZnCl_2$）虽然能够催化 α-蒎烯氧化物的异构化反应，但存在着催化剂失活快、催化剂用量大、催化效率低等问题，并且催化剂回收过程中会产生大量含锌废物，给环境带来负担。在 Ti-Beta 分子筛的 Lewis 酸位点的催化下，α-蒎烯氧化物的转化率可达 95%，龙脑烯醛的选择性为 94%。

6.2.6.2 碱催化反应

利用多孔材料的离子交换性质，不仅可以将其转变成固体酸催化材料，还能使其成为固体碱催化剂。一般来说，碱性沸石分子筛的制备主要有两种方法：①通过离子交换，在分子筛骨架外的阳离子交换位上引入碱（碱土）金属阳离子；②在沸石孔道内引入碱（碱土）金属或其氧化物的团簇。其中，采用第一种方法制备的碱催化剂碱性一般较弱，且碱（碱土）金属离子交换沸石的碱度会随着金属阳离子尺寸的增加而增加，碱性强度的顺序为 $Li^+ < Na^+ < K^+ < Rb^+ < Cs^+$。相较于金属离子交换法，第二种制备碱性分子筛的方法通常是对分子筛进行过渡离子交换，然后再经焙烧而制备得到的，在制备得到的分子筛孔道中存在金属团簇或碱性氧化物，因此其碱性通常很强。尽管这些材料相对于离子交换沸石具有更高的碱性，但它们也具有明显的缺点。它们对空气中的水和二氧化碳非常敏感，容易导致催化剂的碱性位点失活。相比之下，交换沸石可以在环境大气中稳定存在，这是因为二氧化碳或水在催化剂上的吸附能不高，并且可以通过高温预处理去除。目前，以分子筛和介孔材料为代表

的固体碱催化剂，被广泛地应用在碱催化反应中，如 Knoevenagel 缩合反应、Michael 加成反应和羟醛缩合反应等。

（1）Knoevenagel 缩合反应

Knoevenagel 缩合反应借助碱催化剂（如氨、胺或其羧酸盐等），促使醛、酮类化合物与含有活性亚甲基的化合物（如丙二酸酯、β-酮酸酯、氰乙酸酯、硝基乙酸酯等）发生醛醇缩合反应，进而转化为 α,β-不饱和二羰基化合物或与之相关的化合物。

1894 年，E. Knoevenagel 发现[178]，在二乙胺催化作用下，丙二酸二乙酯和甲醛可以发生缩合反应，生成二缩合产物（图 6.27）。随后，Knoevenagel 反应得到广泛的研究[179-182]，逐渐成为经典的人名反应。Knoevenagel 缩合反应是一种重要的 C—C 键形成反应，已被广泛用于精细化工行业重要中间体或终产物的合成。经过多年的研究，已发现有多类催化剂可以催化该反应，包括氢氧化钠、碳酸钠、氟化钾等无机均相催化剂，相转移催化剂，以及固体催化剂等。

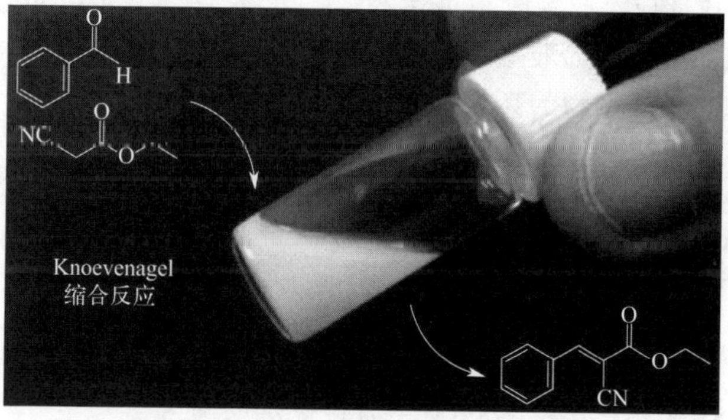

图 6.27　Knoevenagel 缩合反应示意图

碱性分子筛是可用于催化 Knoevenagel 缩合反应的固体催化剂之一。常见的碱性分子筛包括碱金属离子交换的 Y 沸石、X 沸石，含碱性位点的介孔 MCM-41 以及含有机分子的微介孔材料等。碱性分子筛催化 Knoevenagel 缩合反应的性能取决于催化剂的碱性质、醛酮类化合物的类型和活性亚甲基化合物的酸度系数（即 pK_a 值）。其中，催化剂碱性位点的数量和强度对 Knoevenagel 缩合反应的催化效果有着显著影响，这可以通过探针分子（如苯甲醛）与具有不同 pK_a 值的活性亚甲基化合物之间发生的 Knoevenagel 缩合反应的结果进行研究。通常来说，经金属离子交换的低硅铝比沸石含有足够多的碱性中心，具备从酸度系数 pK_a 在 9～13 范围内的有机分子中获取质子的能力。例如，在 Cs-X 沸石的催化下，丙二腈能够与环己酮、二苯甲酮和对氨基苯乙酮等发生 Knoevenagel 缩合反应[183]。此外，研究还发现，在硅铝分子筛中引入有机季铵盐阳离子后，也可以将其作为碱性催化剂来催化 Knoevenagel 缩合反应。当在 X 沸石中经离子交换引入四甲基季铵盐阳离子后，能够催化苯甲醛和氰乙酸乙酯的 Knoevenagel 缩合反应，可实现 83%的反应物转化率和 99%的产物选择性。直接合成得到的介孔材料和层状 MFI 分子筛[184]，其结构中含有引导其形成的有机季铵盐阳离子。催化研究表明，这类有机-无机复合催化剂也具有一定的碱性，可以催化 Knoevenagel 缩合反应。

（2）Michael 加成反应

Michael 加成反应是合成化学中构筑碳碳键的又一重要反应[185]。该反应是亲核的碳负离子与亲电的 α,β-不饱和醛、酮、酯、腈和砜的共轭体系进行的共轭加成反应（图 6.28）。Michael 加成反应必须在碱催化剂的催化作用下进行。碱催化剂的作用是从攻击烯烃（受体）的活化亚甲基前体（供体）中夺取质子，形成碳负离子中间体。通常，这类反应使用的碱催化剂又包括有机碱、乙醇钠和氢化钠等。具有碱性的多孔材料同样能作为催化剂，应用于 Michael 加成反应。例如，Li^+ 交换的 X 沸石可以催化 3-芳氧基-2-羟基-1-丙硫醇的 Michael 加成反应，产物收率可达 60%～80%[186]。Cs_2O 负载的 MCM-41 可以催化新戊二醇二丙烯酸酯与丙二酸二乙酯之间的 Michael 加成反应，并且表现出对双取代加成产物的高度选择性。

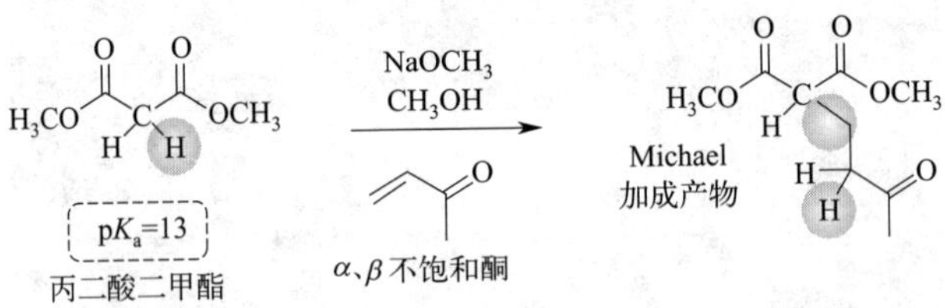

图 6.28 Michael 加成反应示意图

6.2.7 NO_x 的选择性催化还原

NO_x 既是一次污染物，又是二次污染物，其排放给自然界和人类身体健康造成了严重危害[187]。选择性催化还原技术（selective catalytic reduction，SCR）是由美国 Engelhard 公司首次提出的方法，是指在催化剂的作用下，向排放的尾气中注入还原剂，使 NO_x 转化成 N_2 和 H_2O[188]。根据还原剂的不同，选择性催化还原可分为 H_2-SCR、HC-SCR 和 NH_3-SCR 技术。其中，NH_3-SCR 技术是目前最有效、最广泛、最成熟和发展前景最好的控制 NO_x 的技术，该技术的核心是催化剂的设计，催化剂的选择极大地影响脱硝性能。随着机动车保有量的增加，车辆产生的尾气总量也在不断增加。我国在 2020 年制定了国Ⅵ汽车尾气排放标准（GB 18352—2016），要求柴油车尾气在 2020

年和2023年之前NO_x的限值分别为$60mg \cdot kg^{-1}$和$35mg \cdot kg^{-1}$，这极大推动了控制柴油车尾气排放相关技术的发展。

理想的柴油车脱硝催化剂应具备反应效率高、水热稳定性好、材料合成成本低、使用寿命长以及绿色无污染等优点。根据柴油车NH_3-SCR脱硝催化剂活性组分的不同，主要可分为钒基氧化物催化剂（V_2O_5-TiO_2）[189-191]和金属修饰分子筛催化剂[192-194]两类。钒基催化剂的抗硫性能较优异，合成成本低，主要应用于国Ⅲ、国Ⅳ和国Ⅴ的柴油车尾气系统。但随着国Ⅵ排放标准的出台，柴油车尾气后处理系统需要安装颗粒过滤器（DPF），其工况温度较高，要求SCR催化剂应具备耐受700℃高温的能力，然而，钒基催化剂难以达到这一要求，这意味着国Ⅴ催化剂需要被替代[195]。分子筛具有孔腔分布明确、无毒、比表面积极高以及水/热稳定性良好等特性，尽管其本身没有较好的催化性能，但是通过过渡金属（Cu、Mn和Fe等）修饰后，其催化性能会得到显著提升。目前，金属修饰分子筛催化剂受到了广泛关注。

6.2.7.1　MFI型分子筛催化剂

ZSM-5具有MFI型拓扑结构，属于中孔分子筛，其由8个五元环组成，称为［5^8］单元[196]。如图6.29所示，ZSM-5分子筛骨架中具有两种交叉的孔道体系。ZSM-5分子筛可以通过硅铝比调控其酸性，具有良好的阳离子交换性能。20世纪80年代中期，研究人员以ZSM-5分子筛为催化剂载体进行研究，发现与金属交换的ZSM-5分子筛催化剂具有较好的NO_x转化性能，但是由于其稳定性较弱，限制了当时分子筛基催化剂在柴油车尾气处理中的应用。1999年，Richard等人合成了Fe-ZSM-5分子筛催化剂并对其进行了脱硝性能研究，发现该催化剂具有优异的脱硝性能，在375～600℃时，NO_x转化率达到90%以上，进一步对催化剂进行Ce交换后发现其低温活性有所增加。将所合成的催化剂样品与商业催化剂V_2O_5-WO_3-TiO_2进行对比，发现Fe-ZSM-5催化剂的脱硝性能要远远高于V_2O_5-WO_3-TiO_2催化剂[197]。2007年，Cavataio等人发现在柴油车尾气的工作温度下，Cu(Fe)-ZSM-5催化剂的稳定性要远高于商业的钒基催化剂，经670℃水热处理过后，Cu(Fe)-ZSM-5催化剂的脱硝性能并未下降[198]。虽然Cu(Fe)-ZSM-5催化剂在670℃水热处理过后活性没有明显的变化，但是其抵抗高温水热稳定性的能力仍然未达到柴油车尾气处理所需的温度（700℃）要求，同时在低温时Cu(Fe)-ZSM-5催化剂会吸附HC导致中毒，限制了Cu(Fe)-ZSM-5催化剂在柴油车尾气处理中的应用。

6.2.7.2　CHA型分子筛催化剂

近年来，具有CHA结构（包括SAPO-34和SSZ-13）的分子筛，凭借其

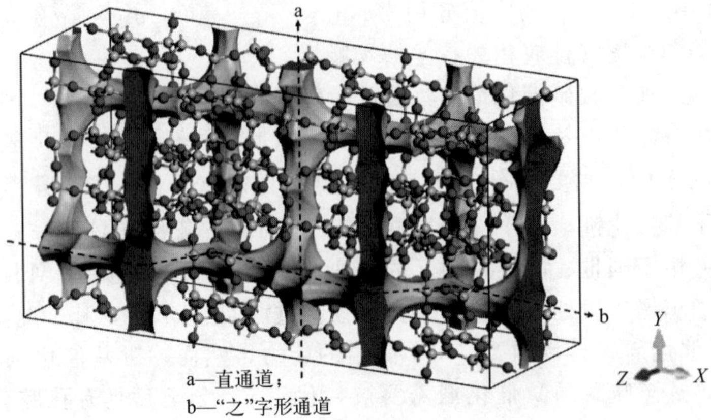

图 6.29 全硅 MFI 分子筛的结构[196]

在 NH_3-SCR 反应中表现出的优异活性和高温水热稳定性，吸引了研究者的广泛关注。这是由于目前 CHA 型分子筛已在 MTO 反应和 NH_3-SCR 反应中实现商业化应用。图 6.30 为 CHA 结构及其组成单元。CHA 是由双六元环（*d*6*r*）和 *cha* 笼组成的拓扑结构，其八元环孔道尺寸大约为 3.8Å[199]。根据化学组成，CHA 型分子筛可分为硅铝磷分子筛（SAPO-34）和硅铝分子筛（SSZ-13）。尽管两种分子筛的结构相同，但合成过程中所使用的有机结构导向剂和原料却完全不同。Cu-SAPO-34 催化剂具有优异的脱硝窗口和低温性能，但是 Leistner 等人的研究发现，Cu-SAPO-34 催化剂经 70℃ 低温水热老化后，会引起结构坍塌以及活性物种水解，导致脱硝性能严重下降，NO_x 转化率从 87% 降到 6%[200]。同样具有 CHA 结构的硅铝分子筛 SSZ-13 逐渐受到科学家们的关注。最初，SSZ-13 是以 1-金刚烷基三甲基氢氧化铵为有机结构导向剂合成的，但这种有机结构导向剂价格昂贵，因此减少其用量成为推动 SSZ-13 商业化的关键研究目标。Nedyalkova 等人在无有机结构导向剂的条件下，通过使用 FAU 转晶合成了 SSZ-13。但对该方法合成的 SSZ-13 进行离子交换和脱硝性能测试后发现，由于分子筛孔道中存在过量的碱金属，其脱硝活性和水热稳定性较差，难以满足商业化应用的要求[201]。

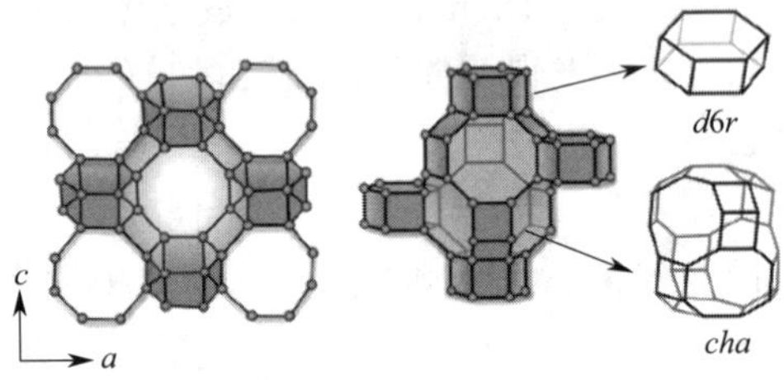

图 6.30 CHA 结构和组成单元

此外，Xiao 等人通过一步法合成了 Cu-SSZ-13 催化剂；Corma 等人利用晶种辅助法合成了 SSZ-13，并对其进行 Cu 物种修饰，从而获得了 Cu-SSZ-13 催化剂。但是，通过这两种方法制得的 Cu-SSZ-13 催化剂的脱硝效果和高温水热稳定性都不理想[202]。Gao 等人合成了 Cu-SSZ-13 和 Fe-SSZ-13 催化剂（图 6.31）。研究表明，Cu-SSZ-13 催化剂在 175℃时，NO_x 转化率＞90%的温度窗口为 175～550℃。而 Fe-SSZ-13 催化剂在 325℃时，NO_x 转化率才超过 90%，其转化率高于＞90%的温度窗口为 325～550℃。对比可知，Cu-SSZ-13 催化剂在 NH_3-SCR 反应中的活性远高于 Fe-SSZ-13 催化剂；而 Fe-SSZ-13 催化剂则在高温脱硝方面表现得更为突出[203]。

为进一步提升 Cu-SSZ-13 催化剂的性能，研究人员通过与 Ce、Zn 或 Zr 等进行离子交换，对其进行修饰。结果表明，这一策略有效地提高了催化剂的高温水热稳定性和脱硝性能[204-205]。深入研究发现，Cu-SSZ-13 分子筛催化剂中的 *cha* 笼是 NH_3-SCR 的反应场所，其八元环的孔径使其对反应物或产物具有很好的择形性，从而在反应中具有一定的抗中毒性（SO_2、HCs 等）和较高的产物选择性，是一种较为理想的脱硝催化剂。然而，CHA 分子筛相关的专利大多数都被巴斯夫（BASF）公司所掌握，专利覆盖了欧美及中国，其中包括 CHA 催化剂的合成及在 NH_3-SCR 反应中的应用。这一现状极大地限制了我国 Cu-CHA 催化剂的商业化进程。因此，开发具有更宽脱硝窗口和优异水热稳定性的新型催化剂，已成为我国催化领域亟待解决的重要课题。

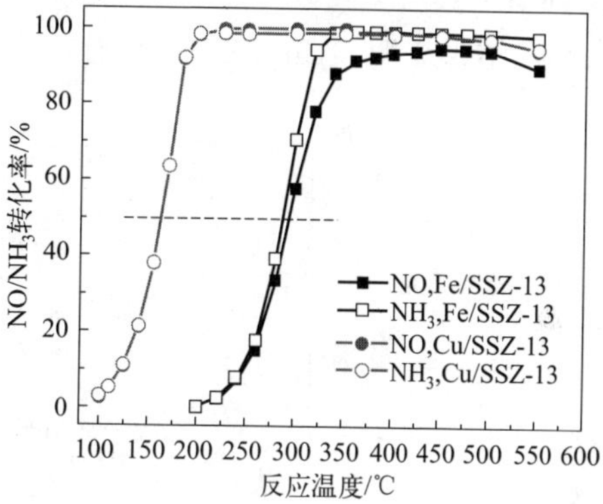

图 6.31　Cu-SSZ-13 和 Fe-SSZ-13 催化剂随反应温度变化的 NO/NH_3 转化率[203]

6.2.7.3　AEI 型分子筛催化剂

AEI 和 CHA 的拓扑结构相似，都是具有类似的三维八元环的小孔分子筛，但是 AEI 与 CHA 结构的排列方式不同，在 AEI 结构中，*d6r* 具有镜像对称，而 CHA 则是平行排列[206]，图 6.32 为 AEI 的结构及其组成单元。

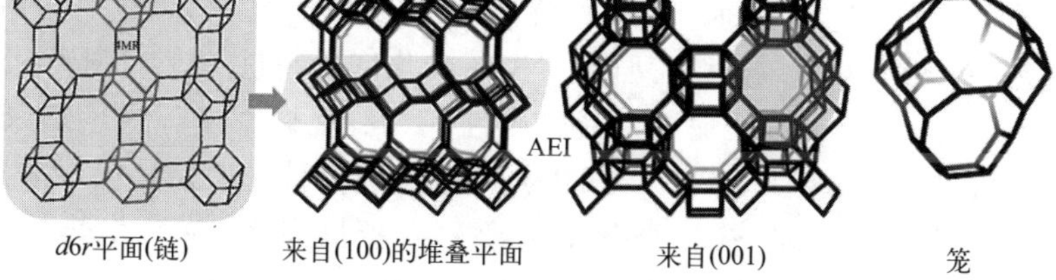

图 6.32　AEI 结构及其组成单元[206]

具有 AEI 结构的分子筛主要为 SAPO-18 和 SSZ-39。早在 1994 年，Chen 等人就发现了具有 AEI 结构的硅铝磷分子筛 SAPO-18[207]。随后，2000 年时，Wagner 等人又发现了具有 AEI 结构的硅铝分子筛 SSZ-39[208]。Moliner 等人率先将 SSZ-29 分子筛应用于脱硝反应。通过将 SSZ-39 与 Cu 物种进行离子交换而制备的 Cu-SSZ-39 催化剂，展现出非常优异的脱硝性能。对比图 6.33 中 Cu-SSZ-39 催化剂水热处理前后的 NO_x 转化率可以发现，经过水热处理后，Cu-SSZ-39 催化剂在 250～450℃范围内可以达到＞90％的 NO_x 转化率，而 Cu-SSZ-13 分子筛催化剂的脱硝窗口（＞90％ NO_x）仅为 350～420℃，结果表明，Cu-SSZ-39 具有比 Cu-SSZ-13 更优异的脱硝性能[209]。

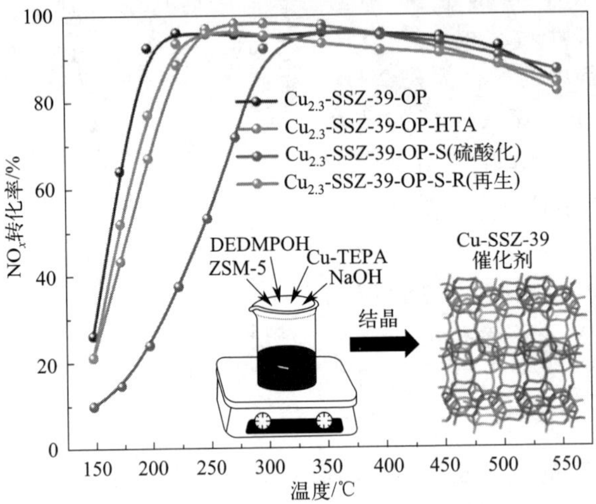

图 6.33 一锅法合成的 Cu-SSZ-39 在氨选择性还原反应中的 NO_x 转化率[209]

此后，科研人员围绕 SSZ-39 分子筛开展合成优化研究，聚焦于合成配比的精准调控和原料的合理选择。同时，提高 SSZ-39 分子筛经金属修饰后所得催化剂的高温水热稳定性也成为研究的重要方向。Sonoda 等人研究发现，磷（P）改性的 AEI 沸石在 900℃水热处理后仍然表现出较好的脱硝性能，然而，随着 P 含量的增加，Cu-AEI 的脱硝性能逐渐降低，故这种方法在实际柴油车尾气中无法应用[210]。Fe 修饰的分子筛具有优异的高温脱硝窗口，Martin 等人合成了 Fe-SSZ-39 催化剂，并对其脱硝性能展开研究，结果表明，Fe-SSZ-39 催化剂在 350～550℃温度区间内，NO_x 转化率可超过 90％，对 Fe-SSZ-39 催化剂在 600℃进行水热处理后，其脱硝性能仅有轻微下降。虽然 Fe-SSZ-39 催化剂在 600℃水热条件下展现出较优异的水热稳定性，但是其并不能达到国Ⅵ的 NO_x 控制标准，即 SCR 催化剂需要具有抵抗高达 700℃水热处理的能力，因此 Fe-SSZ-39 催化剂尚无法满足实际柴油车尾气处理的需求。

6.2.7.4　LTA型分子筛催化剂

LTA型分子筛（简称LTA分子筛）是由双四元环（*d*4*r*）、*sod* 笼以及 *lta* 笼组成，如图6.34所示。1956年，Reed等人报道了典型的LTA型分子筛——A型分子筛。A型分子筛由8个氧原子环组成Ⅰ型的8个空位和Ⅱ型的3个空位，其骨架结构是由 *sod* 笼以体心立方排列和以 *d*4*r* 结构连接的[211]。

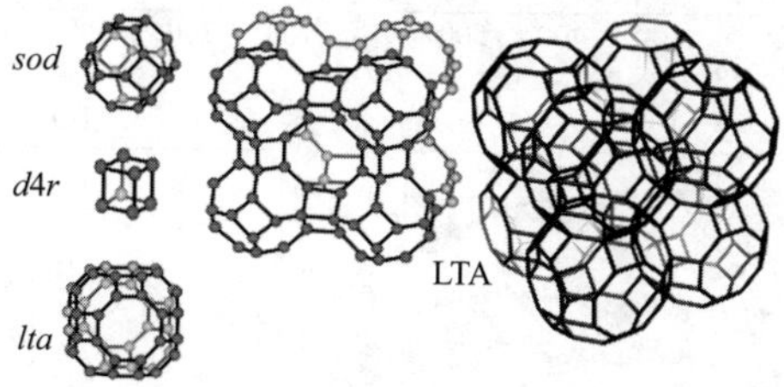

图6.34　LTA结构及其组成单元[206]

传统的A型分子筛包括3A、4A和5A型，其硅铝比（Si/Al）为1∶1，某些特定的阳离子会影响A型分子筛的有效孔径。4A分子筛以Na^+为阳离子，孔径为0.38nm；5A分子筛则是用Ca^{2+}取代1/3的Na^+，孔径增大至0.5nm；3A分子筛以K^+完全取代Na^+，孔径缩小为0.3nm。随着研究的深入，科研人员发现，使用有机结构导向剂合成的LTA分子筛，Si/Al可调范围会提高。Jo等人报道的高硅LTA分子筛（Si/Al>7.5）具有可控的Cu负载量，通过对Si/Al比为16和23的LTA分子筛进行Cu^{2+}物种交换，并对其进行脱硝测试（图6.35），发现Cu-LTA催化剂具有较优异的SCR性能，催化剂经750℃水热处理后，Cu-LTA催化剂在高于320℃的范围内的脱硝性能远高于Cu-CHA[212]。同时对高温水热处理后的催化剂进行表征，结果表明，Cu-LTA催化剂具有优异的水热稳定性，这是由于Cu^{2+}物种主要位于单六元环中心，单六元环的Cu^{2+}物种起着抑制脱铝和活性中心的作用。为了了解Cu-LTA催化剂与商业化使用的Cu-CHA催化剂在脱硝反应过程中的区别，Ryu等人研究了Cu-LTA和Cu-CHA催化剂在NH_3-SCR反应过程中的活性中心，发现Cu-LTA催化剂的活性物种主要存在于单六元环，而对于Cu-SSZ-13催化剂，活性物种存在于八元环，单六元环的活性物种要比五元环的活性物种稳定[213]。虽然Cu-LTA的脱硝性能和水热稳定性优异，但是高Si/Al的LTA分子筛的合成需要使用HF，导致Cu-LTA催化剂无法大规模生产，限制了其商业化应用。

6.2.7.5　AFX型分子筛催化剂

1985年，Zones课题组首次提出AFX型分子筛的概念。这类分子筛是由

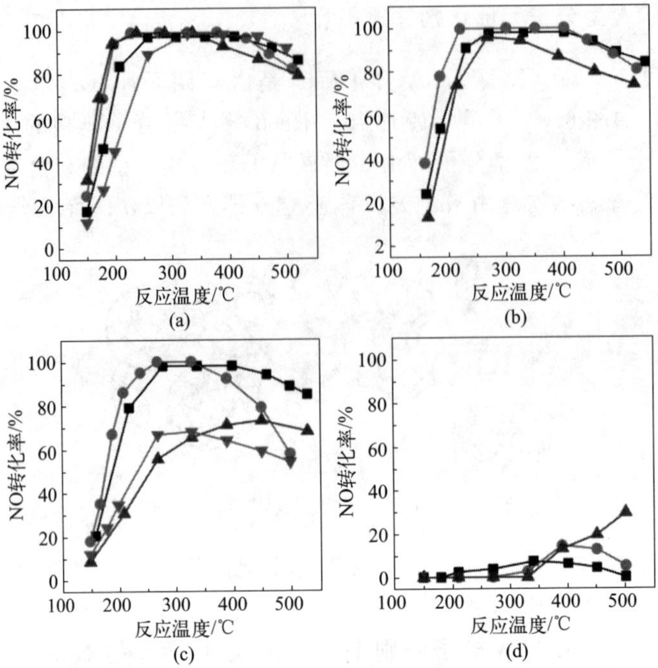

图 6.35 不同温度水热处理后催化剂的 NO 转化率：
未经水热处理（a）、650℃（b）、750℃（c）和 850℃（d）[212]
■ Cu-LTA（16）● Cu-SSZ-13（16）▲ Cu-ZSM-5（14）▼ Cu-PST-7（11）

d6r、*gme* 笼和 *aft* 笼组成的三维八元环直孔道体系（图 6.36）[214]。SAPO-56 和 SSZ-16 均具有 AFX 拓扑结构，其中 SAPO-56 为硅铝磷分子筛，SSZ-16 为硅铝分子筛。AFX 骨架属于 $P6_3/mmc$ 空间群，该骨架有一个六边形的单元胞，尺寸为 $a=b=1.37$nm 以及 $c=1.97$nm。AFX 结构属于 ABC-6 族分子筛，其为 AABBCCBB 的排列序列，形成 *gme* 和 *aft* 两种类型的笼，其中，大 *aft* 笼由 9 个八元环组成，这种独特的结构使得 AFX 型分子筛可以用于多相催化反应[215]。

近年来，SSZ-16 分子筛凭借其优异的脱硝性能被广泛关注。Fickel 等人对比了不同铜改性分子筛（Cu-ZSM-5、Cu-SSZ-13 和 Cu-SSZ-16）催化剂的脱硝性能。从图 6.37 中可以看出，Cu-SSZ-13（即 Cu-CHA）和 Cu-SSZ-16（即 Cu-AFX）催化剂在 200～500℃的温度范围内，展现出优异的脱硝性能，Cu-SSZ-13 和 Cu-SSZ-16 催化剂的脱硝性能较 Cu-ZSM-5（即 Cu-MFI）催化剂的性能更优异[216]。Wang 等人对比了 ZSM-5、SSZ-13、Beta、Y、SSZ-17、菱钾沸石、ZSM-34 和 UZM-12 等拓扑结构分子筛的脱硝性能，对这些分子筛进行 Cu 物种的离子交换并对比了不同催化剂的 NO_x 转化率，发现具有 AFX 结构的 Cu-SSZ-16 催化剂展现出最为优异的脱硝性能[217]。Martin 等人合成了

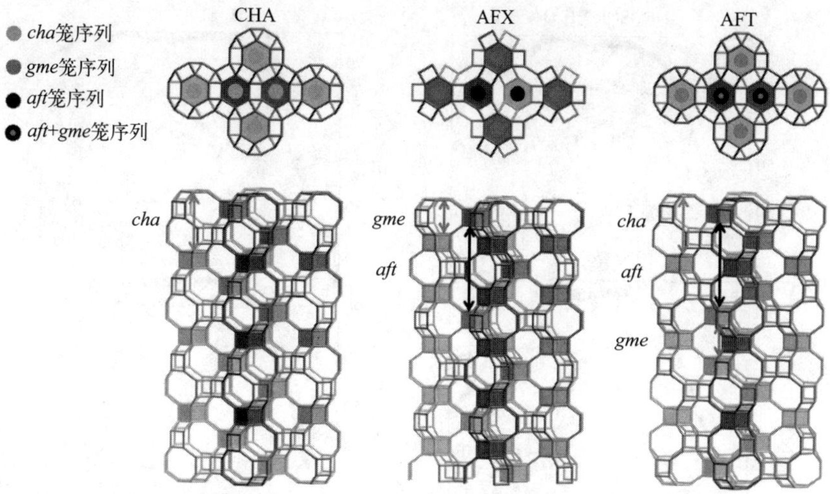

图 6.36　CHA、AFX 和 AFT 的结构[215]

Cu 和 Fe-AFX 催化剂，并与 Cu 和 Fe-CHA 催化剂的脱硝性能进行对比，发现 Cu 和 Fe-AFX 催化剂与 Cu 和 Fe-CHA 催化剂具有相似的脱硝性能和水热稳定性，并且 Cu-AFX 的脱硝窗口要远宽于 Fe-AFX 催化剂[218]。综上所述，Cu-SSZ-16 分子筛具有较为优异的脱硝性能。然而，SSZ-16 分子筛的合成需要使用硅酸钠作为硅源，并需添加大量的 NaOH，这使得合成体系中的碱含量难以精确调控，增加了合成工艺的复杂性与成本。因此，寻找可替代硅酸钠的硅源，以及精准界定 AFX 相区，成为推动 SSZ-16 分子筛工业化应用的关键。Li 等通过改变 SSZ-16 的合成配比及原料，成功合成了 SSZ-16 分子筛，对其进行不同含量的 Cu 物种修饰后，所得 Cu-SSZ-16 催化剂具有优异的脱硝性能，显示了较好的应用前景[219]。

6.2.7.6　SFW 型分子筛催化剂

SSZ-52 是具有 SFW 拓扑结构的硅铝分子筛，最早是在 2001 年由 Zones 课题组通过使用多环季铵盐阳离子合成的。然而，由于 SFW 结构的结晶行为复杂，直至 12 年后（即 2013 年），该课题组才通过高分辨透射电子显微镜和 X 射线粉末衍射光谱解析了分子筛的结构[220-221]。如图 6.38 所示，SFW 为三维八元环小孔分子筛，其多孔骨架结构（$R\bar{3}m$，$a=13.6373(1)$ Å，$c=44.7311(4)$ Å）可以看作是 18 层六边形排列的堆叠顺序，结构的排列方式为 AABBAABBCCBBCCAACC，属于 ABC-6 族分子筛。SFW 结构的组成单元包括 $d6r$、gme 笼和 sfw 大笼。SFW 结构中的 sfw 笼比 CHA 结构的 gme 笼大两倍，这是由于 SFW 结构的笼内有一对有机结构的阳离子。因为使用多环季铵盐阳离子作为 SSZ-52 分子筛的有机结构导向剂时，合成步骤较多、成本高

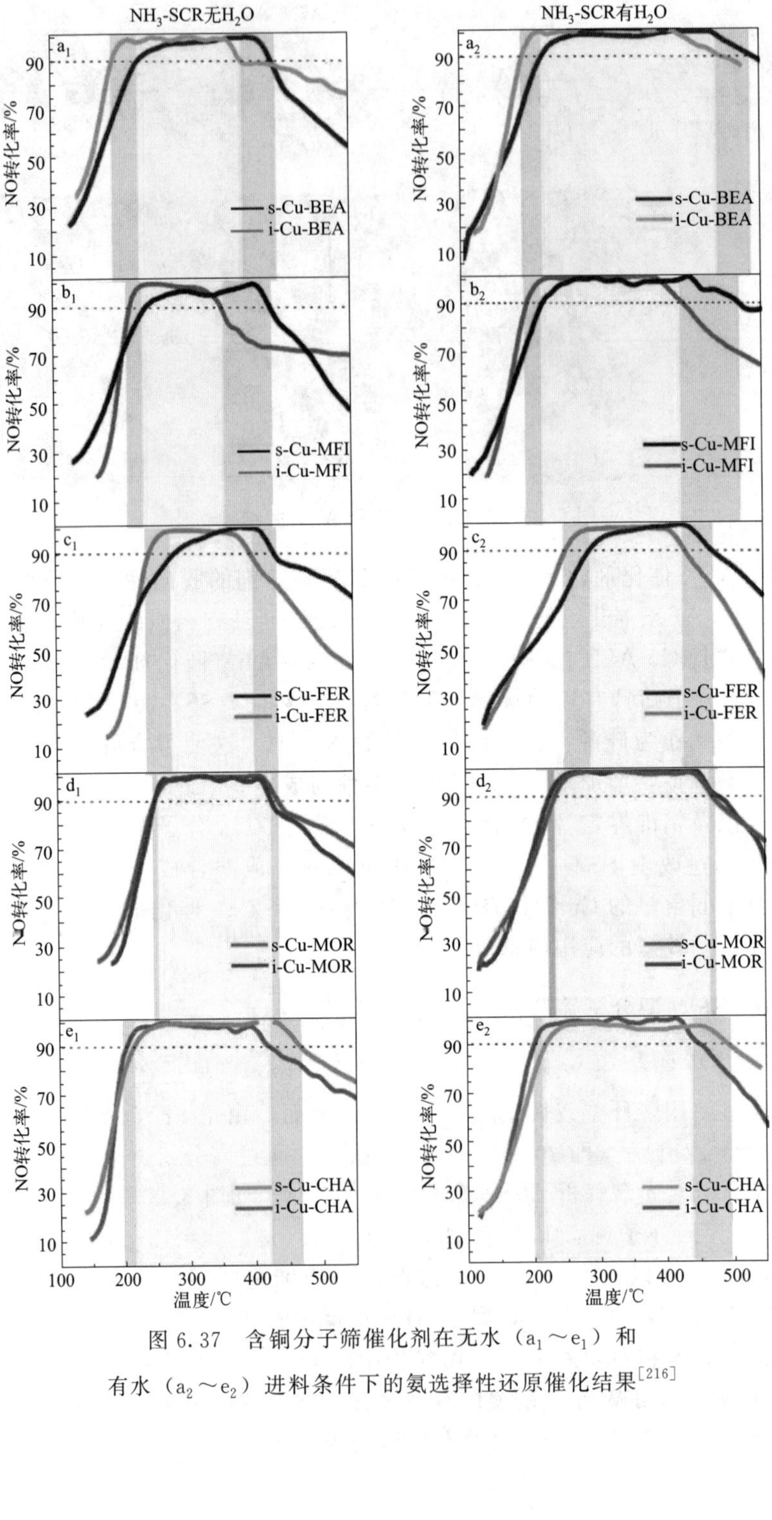

图 6.37 含铜分子筛催化剂在无水（a_1～e_1）和有水（a_2～e_2）进料条件下的氨选择性还原催化结果[216]

昂且产率较低，Davis 等人在 2016 年通过计算模拟筛选出了 3 种有机结构导向剂来合成 SSZ-52 分子筛。

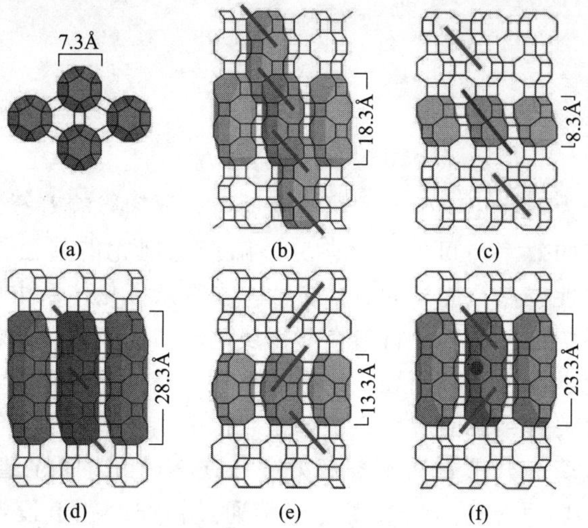

图 6.38 SFW 结构[220]：[001] 投影下的笼排列（a）、[100] 投影下笼之间有 4 个 *d*6*r* 层排列（b）、形成 *cha* 笼（c）、由两个 *d*6*r* 延伸形成笼（d）、孪生序列导致形成一个 *aft* 笼（e）以及孪生序列导致形成一个五层 *d*6*r* 笼（f）

研究发现，SFW 与 CHA 具有相似的组成单元，这意味着其极有可能同样具备优异的脱硝性能。然而，受限于 SSZ-52 复杂的合成工艺，将 SSZ-52 分子筛应用于脱硝反应中的报道较少。中山大学姜久兴课题组针对这一问题，通过调整 SSZ-52 合成原料及优化配比，成功开发出一种简单、可控的合成方法，实现了 SSZ-52 分子筛的稳定制备。在此基础上，进一步通过离子交换法引入不同含量的 Cu，制备出了一系列高性能的 Cu-SSZ-52 脱硝催化剂[222]。通过深入的实验分析，研究人员揭示了不同 Cu 含量对催化剂活性物种及脱硝性能的影响规律，证实了 Cu-SSZ-52 催化剂中的 Lewis 酸性位点是参与 NH_3-SCR 反应的主要活性位点。该催化剂的制备较简单，性能优良，显示了较好的应用前景。

6.2.7.7 其他分子筛催化剂

除上述几类分子筛外，具有其他拓扑结构的 ERI、FAU、KFI、BEA、LEV、OFF、MSE、RTH、RHO 和 UFI 等分子筛也有应用于 NH_3-SCR 反应中的报道[223-229]。在国际分子筛协会认证的 265 种已合成的分子筛拓扑结构（截至 2024 年 6 月 1 日）中，应用于 NH_3-SCR 脱硝反应的分子筛大多数都具有八元环以及笼状结构。此外，对比不同过渡金属修饰的分子筛催化剂在 NH_3-SCR 脱硝反应中的应用，可以发现 Cu 修饰的分子筛催化剂具有优异的脱硝性能和抗高温水热稳定能力。对 Cu 基分子筛进行进一步的过渡金属修饰

(Zn、Mn和Ce)，其在柴油车尾气工作温度范围内，脱硝能力和高温水热稳定性都望实现进一步的提升。

6.3 小结

工业催化作为现代化工生产的核心驱动力，深刻影响着石油炼制、能源转化及化学品合成的效率与可持续性。分子筛催化剂凭借其独特的规则孔道结构、可调控的酸性位点及优异的热稳定性，在复杂催化体系中展现出不可替代的优势。本章系统探讨了多孔材料在催化裂化、加氢裂化、柴油馏分的改造升级、天然气制化学品、甲醇制烃、选择性氧化、精细化学品合成及 NO_x 的选择性催化还原等关键领域的应用。在催化裂化中，分子筛通过其酸性中心与孔道限域效应，显著提升了重质油裂解效率；在 NO_x 选择性催化还原（SCR）领域，CHA、MFI、AEI、AFX等分子筛通过精准的孔道设计，实现了低温高效脱硝；在天然气转化与甲醇制烃过程中，分子筛通过孔道尺寸与酸性位点的协同作用，实现了反应路径的精准导向，降低了副产物的生成。而在精细化学品合成领域，分子筛的择形催化特性进一步体现了其“结构-性能”的可设计性。随着材料科学与工程技术的交叉融合，分子筛催化剂的理性设计与多功能化开发，将持续推动工业催化向高效、绿色、智能化的方向演进，为解决能源、环境与化工生产的复杂挑战提供革新性方案。

参考文献

[1] Speight J G. The chemistry and technology of petroleum [M]. Boca Raton: CRC press, 2006.

[2] Fahim M A, Al-Sahhaf T A, Elkilani A. Fundamentals of petroleum refining [M]. Amsterdam: Elsevier, 2009.

[3] Gary J H, Handwerk J H, Kaiser M J, et al. Petroleum refining: Technology and economics [M]. Boca Raton: CRC press, 2007.

[4] McKetta Jr J J. Petroleum processing handbook [M]. Boca Raton: CRC press, 1992.

[5] Fahim M A, Al-Sahhaf T A, Elkilani A. Fundamentals of petroleum refining [M]. Amsterdam: Elsevier, 2009.

[6] Ancheyta J. Modeling and simulation of catalytic reactors for petroleum refining [M]. Hoboken: John Wiley & Sons Inc, 2011.

[7] Wojciechowski B W, Corma A. Catalytic cracking: Catalysts, chemistry, and kinetics [M]. New York: Dekker, 1986.

[8] Corma A. Inorganic solid acids and their use in acid-catalyzed hydrocarbon reactions [J]. Chemical Reviews, 1995, 95 (3): 559-614.

[9] Pérez-Ramírez J, Christensen C H, Egeblad K, et al. Hierarchical zeolites: Enhanced utilisation

of microporous crystals in catalysis by advances in materials design [J] . Chemical Society Reviews, 2008, 37 (11): 2530-2542.

[10] Guisnet M, Magnoux P. Coking and deactivation of zeolites: Influence of the pore structure [J]. Applied Catalysis, 1989, 54 (1): 1-27.

[11] Čejka J, Centi G, Perez-Pariente J, et al. Zeolite-based materials for novel catalytic applications: Opportunities, perspectives and open problems [J] . Catalysis Today, 2012, 179 (1): 2-15.

[12] Prins R. Hydrogen spillover. Facts and fiction [J] . Chemical Reviews, 2012, 112 (5): 2714-2738.

[13] Primo A, Garcia H. Zeolites as catalysts in oil refining [J] . Chemical Society Reviews, 2014, 43 (22): 7548-7561.

[14] Villaescusa L A, Barrett P A, Camblor M A. ITQ-7: A new pure silica polymorph with a three-dimensional system of large pore channels [J] . Angewandte Chemie International Edition, 1999, 38 (13/14): 1997-2000.

[15] Jiang J, Yu J, Corma A. Extra-large-pore zeolites: Bridging the gap between micro and mesoporous structures [J] . Angewandte Chemie International Edition, 2010, 49 (18): 3120-3145.

[16] Moliner M, Martínez C, Corma A. Multipore zeolites: Synthesis and catalytic applications [J]. Angewandte Chemie International Edition, 2015, 54 (12): 3560-3579.

[17] Xinfu H, Gao F, Hongju W, et al. Advances in research on hydrogenation saturation of polycyclic aromatic hydrocarbons in coal tar [J] . Coal Geology & Exploration, 2024, 52 (7): 156-165.

[18] Wang Z, Gao L, Zhong X, et al. Accurately tuning the pore size and acidity of mesoporous zeolites for enhancing the catalytic hydrocracking of polypropylene [J] . Journal of Materials Chemistry A, 2025, 13 (4): 2875-2883.

[19] Sahu R, Song B J, Im J S, et al. A review of recent advances in catalytic hydrocracking of heavy residues [J] . Journal of Industrial and Engineering Chemistry, 2015, 27: 12-24.

[20] Weitkamp J. Catalytic hydrocracking—mechanisms and versatility of the process [J] . Chem Cat Chem, 2012, 4 (3): 292-306.

[21] Guisnet M, Magnoux P. Deactivation by coking of zeolite catalysts. Prevention of deactivation. Optimal conditions for regeneration [J] . Catalysis Today, 1997, 36 (4): 477-483.

[22] Zhao D, Feng J, Huo Q, et al. Triblock copolymer syntheses of mesoporous silica with periodic 50 to 300 angstrom pores [J] . Science, 1998, 279 (5350): 548-552.

[23] 刘初春．柴油馏分各品质状态的价值评估 [J]．石油化工技术与经济，2017，33 (3)：5-8.

[24] 李大东．加氢处理工艺与工程 [M]．北京：中国石化出版社，2011，678-679.

[25] 马安宁，唐发斌，王海斌．提升柴油加氢精制催化剂活性的方法分析 [J]．化学工程与装备，2020 (9)：13-14.

[26] 刘朋，赵锐铭，梁刚．国内柴油加氢脱硫技术的影响因素分析 [J]．齐鲁石油化工，2020，48 (3)：265.

[27] 严张艳，任亮，胡志海．催化裂化柴油氮化物分布及其加氢反应行为研究 [J]．石油炼制与化工，2018，49 (4)：39.

[28] 李静，张桥．炼厂加氢脱氮反应条件模拟优化 [J]．石化技术与应用，2019，37 (1)：14-17.

[29] 邱峰．我国柴油加氢技术的现状和未来发展方向 [J]．化工管理，2019，18：5-6.

[30] 范文轩，辛靖，韩龙年，宋宇，陈禹霏．我国柴油加氢精制技术研究进展 [J]．广东化工，2022 49 (3)：105-107.

[31] 朱庆云．柴油加氢技术最新进展及应用分析［C］//2013 年中国石油炼制技术大会论文集．茂名：2013 年中国石油炼制技术大会，2013：144-150.

[32] Stanislaus A，Marafi A，Rana M S. Recent advances in the science and technology of ultralow sulfur diesel（ULSD）production［J］. Catalysis Today，2010，153（1-2）：1-68.

[33] 刘晨光，柴永明，韩建立，等．FDS-1 柴油深度加氢脱硫催化剂及工艺技术开发［J］．石油科技论坛，2011，30（6）：66.

[34] 满艳茹．DBS-10 柴油加氢精制催化剂的工业应用［J］．炼油技术与工程，2013（2）：53-56.

[35] 蔡建崇，邓杨清，李强，等．SLHT 连续液相加氢技术的工业应用［J］．石油炼制与化工，2018，49（2）：40-44.

[36] 李大东，任亮．中压加氢改质（MHUG）系列技术开发和应用［J］．石油与天然气化工，2022，51（5）：1-8.

[37] 张坤，李付兴，牛红林．国内柴油加氢改质技术与催化剂研究与应用现状［J］．中国石油和化工标准与质量，2011（5）：27.

[38] 赵增丰，项韵棣，康小洪，等．用临氢降凝工艺从环烷-中间基稠油生产冷冻机油的研究［J］．石油炼制，1990（12）：1-8.

[39] 何刚．临氢降凝技术在胜利炼油厂的工业应用［J］．齐鲁石油化工，2004，32（3）：176-179.

[40] Chaihad N，Karnjanakom S，Abudula A，et al. Zeolite-based cracking catalysts for bio-oil upgrading：A critical review［J］. Resources Chemicals and Materials，2022，1（2）：167-183.

[41] Xie X J，Zeng H，Huang Y L，et al. Direct production of *o*-xylene from six-component BTEXs using a channel-pore interconnected metal-organic framework［J］. Chem，2024：102339.

[42] 孟祥兰，高鹏，李永泰．FDW-3 降凝催化剂研制及应用［J］．当代石油石化，2007，15（11）：42-44.

[43] Peng Y，Wang X，Wang C，et al. Boosting catalytic performance via electron transfer effect for hydroisomerization on a low-Pt-content $PtCeO_x$/zeolite catalyst［J］. Chem Catalysis，2023，3（2）：100505.

[44] 陈军航．催化柴油加氢精制-降凝组合技术的研究［J］．化工管理，2015（11）：148-148.

[45] 衣志成．异构降凝技术在加氢装置的工业应用［J］．化学工程师，2007（9）：50-52.

[46] 张晓辉，周三平，李达，等．FHI 异构降凝技术在柴油加氢装置上的应用［J］．山东化工，2013，42（7）：90-92.

[47] Huber G W，Iborra S，Corma A. Synthesis of transportation fuels from biomass：Chemistry，catalysts，and engineering［J］. Chemical Reviews，2006，106（9）：4044-4098.

[48] Zheng Y，Zhao J，Xu F，et al. Pretreatment of lignocellulosic biomass for enhanced biogas production［J］. Progress in Energy and Combustion Science，2014，42：35-53.

[49] Zhou H，Wang M，Wang F. Oxygen-vacancy-mediated catalytic methanation of lignocellulose at temperatures below 200℃［J］. Joule，2021，5（11）：3031-3044.

[50] Wang S，Petzold V，Tripkovic V，et al. Universal transition state scaling relations for（de）hydrogenation over transition metals［J］. Physical Chemistry Chemical Physics，2011，13（46）：20760-20762.

[51] Sushkevich V L，van Bokhoven J A. Methane-to-methanol：Activity descriptors in copper-exchanged zeolites for the rational design of materials［J］. ACS Catalysis，2019，9（7）：6293-6300.

[52] Sheldon D. Methanol production—A technical history［J］. Johnson Matthey Technology Review，2017，61（3）：172-182.

[53] Basile F, Benito P, Fornasari G, et al. Novel Rh-based structured catalysts for the catalytic partial oxidation of methane [J]. Catalysis Today, 2010, 157 (1/4): 183-190.

[54] Guo D, Wen J H, Wang G C. Coordination dependence of carbon deposition resistance in partial oxidation of methane on Rh catalysts [J]. Catalysis Today, 2020, 355: 422-434.

[55] Yan Q G, Wu T H, Weng W Z, et al. Partial oxidation of methane to H_2 and CO over Rh/SiO_2 and Ru/SiO_2 catalysts [J]. Journal of Catalysis, 2004, 226 (2): 247-259.

[56] York A P E, Xiao T, Green M L H. Brief overview of the partial oxidation of methane to synthesis gas [J]. Topics in Catalysis, 2003, 22: 345-358.

[57] Zhang J, Cui Y, Si-ma W, et al. Advances and challenges in oxygen carriers for chemical looping partial oxidation of methane [J]. Catalysts, 2024, 14 (4): 246.

[58] Zhang H, Sun Z, Hu Y H. Steam reforming of methane: Current states of catalyst design and process upgrading [J]. Renewable and Sustainable Energy Reviews, 2021, 149: 111330.

[59] Khzouz M, Gkanas E I. Experimental and numerical study of low temperature methane steam reforming for hydrogen production [J]. Catalysts, 2017, 8 (1): 5.

[60] Ranjekar A M, Yadav G D. Dry reforming of methane for syngas production: A review and assessment of catalyst development and efficacy [J]. Journal of the Indian Chemical Society, 2021, 98 (1): 100002.

[61] Parsapur R K, Chatterjee S, Huang K W. The insignificant role of dry reforming of methane in CO_2 emission relief [J]. ACS Energy Letters, 2020, 5 (9): 2881-2885.

[62] Pan X, Jiao F, Miao D, et al. Oxide-zeolite-based composite catalyst concept that enables syngas chemistry beyond Fischer-Tropsch synthesis [J]. Chemical Reviews, 2021, 121 (11): 6588-6609.

[63] Keller G E, Bhasin M M. Synthesis of ethylene via oxidative coupling of methane: I. Determination of active catalysts [J]. Journal of Catalysis, 1982, 73 (1): 9-19.

[64] Ito T, Wang J, Lin C H, et al. Oxidative dimerization of methane over a lithium-promoted magnesium oxide catalyst [J]. Journal of the American Chemical Society, 1985, 107 (18): 5062-5068.

[65] Lin C H, Campbell K D, Wang J X, et al. Oxidative dimerization of methane over lanthanum oxide [J]. The Journal of Physical Chemistry, 1986, 90 (4): 534-537.

[66] Papa F, Luminita P, Osiceanu P, et al. Acid-base properties of the active sites responsible for C_2^+ and CO_2 formation over $MO-Sm_2O_3$ (M=Zn, Mg, Ca and Sr) mixed oxides in OCM reaction [J]. Journal of Molecular Catalysis A: Chemical, 2011, 346 (1/2): 46-54.

[67] Saychu P, Thanasiriruk M, Khajonvittayakul C, et al. Catalytic performance of $Na-Mn_2O_3$-based catalysts towards oxidative coupling of methane [J]. Catalysis Today, 2021, 375: 225-233.

[68] Wang D J, Rosynek M P, Lunsford J H. Oxidative coupling of methane over oxide-supported sodium-manganese catalysts [J]. Journal of Catalysis, 1995, 155 (2): 390-402.

[69] Luo L, Tang X, Wang W, et al. Methyl radicals in oxidative coupling of methane directly confirmed by synchrotron VUV photoionization mass spectroscopy [J]. Scientific Reports, 2013, 3 (1): 1625.

[70] Schwach P, Pan X, Bao X. Direct conversion of methane to value-added chemicals over heterogeneous catalysts: Challenges and prospects [J]. Chemical Reviews, 2017, 117 (13): 8497-8520.

[71] Kondratenko E V, Peppel T, Seeburg D, et al. Methane conversion into different hydrocarbons

or oxygenates: Current status and future perspectives in catalyst development and reactor operation [J]. Catalysis Science & Technology, 2017, 7 (2): 366-381.

[72] Lunsford J H. The catalytic oxidative coupling of methane [J]. Angewandte Chemie International Edition, 1995, 34 (9): 970-980.

[73] Zavyalova U, Holena M, Schlögl R, et al. Statistical analysis of past catalytic data on oxidative methane coupling for new insights into the composition of high-performance catalysts [J]. ChemCatChem, 2011, 3 (12): 1935-1947.

[74] Labinger J A. Oxidative coupling of methane: An inherent limit to selectivity? [J]. Catalysis Letters, 1988, 1: 371-375.

[75] Arinaga A M, Ziegelski M C, Marks T J. Alternative oxidants for the catalytic oxidative coupling of methane [J]. Angewandte Chemie International Edition, 2021, 60 (19): 10502-10515.

[76] Zhu Q, Wegener S L, Xie C, et al. Sulfur as a selective 'soft' oxidant for catalytic methane conversion probed by experiment and theory [J]. Nature Chemistry, 2013, 5 (2): 104-109.

[77] Gambo Y, Jalil A A, Triwahyono S, et al. Recent advances and future prospect in catalysts for oxidative coupling of methane to ethylene: A review [J]. Journal of Industrial and Engineering Chemistry, 2018, 59: 218-229.

[78] Postma R S, Keijsper D J, Morsink B F, et al. Technoeconomic evaluation of the industrial implementation of catalytic direct nonoxidative methane coupling [J]. Industrial & engineering chemistry research, 2021, 61 (1): 566-579.

[79] Wang L, Tao L, Xie M, et al. Dehydrogenation and aromatization of methane under non-oxidizing conditions [J]. Catalysis Letters, 1993, 21: 35-41.

[80] Periana R A, Taube D J, Gamble S, et al. Platinum catalysts for the high-yield oxidation of methane to a methanol derivative [J]. Science, 1998, 280 (5363): 560-564.

[81] Sobolev V I, Dubkov K A, Panna O V, et al. Selective oxidation of methane to methanol on a FeZSM-5 surface [J]. Catalysis Today, 1995, 24 (3): 251-252.

[82] Cui X, Li H, Wang Y, et al. Room-temperature methane conversion by graphene-confined single iron atoms [J]. Chem, 2018, 4 (8): 1902-1910.

[83] Agarwal N, Freakley S J, McVicker R U, et al. Aqueous Au-Pd colloids catalyze selective CH_4 oxidation to CH_3OH with O_2 under mild conditions [J]. Science, 2017, 358 (6360): 223-227.

[84] Ab Rahim M H, Forde M M, Jenkins R L, et al. Oxidation of methane to methanol with hydrogen peroxide using supported gold-palladium alloy nanoparticles [J]. Angewandte Chemie International Edition, 2013, 52 (4): 1-3.

[85] Jin Z, Wang L, Zuidema E, et al. Hydrophobic zeolite modification for in situ peroxide formation in methane oxidation to methanol [J]. Science, 2020, 367 (6474): 193-197.

[86] Shan J, Li M, Allard L F, et al. Mild oxidation of methane to methanol or acetic acid on supported isolated rhodium catalysts [J]. Nature, 2017, 551 (7682): 605-608.

[87] Woertink J S, Smeets P J, Groothaert M H, et al. A $[Cu_2O]^{2+}$ core in Cu-ZSM-5, the active site in the oxidation of methane to methanol [J]. Proceedings of the National Academy of Sciences, 2009, 106 (45): 18908-18913.

[88] Yang L, Huang J, Ma R, et al. Metal-organic framework-derived IrO_2/CuO catalyst for selective oxidation of methane to methanol [J]. ACS Energy Letters, 2019, 4 (12): 2945-2951.

[89] Qi G, Davies T E, Nasrallah A, et al. Au-ZSM-5 catalyses the selective oxidation of CH_4 to CH_3OH and CH_3COOH using O_2 [J]. Nature Catalysis, 2022, 5 (1): 45-54.

[90] Jin Z, Wang L, Zuidema E, et al. Hydrophobic zeolite modification for in situ peroxide formation in methane oxidation to methanol [J] . Science, 2020, 367 (6474): 193-197.

[91] Hashiguchi B G, Konnick M M, Bischof S M, et al. Main-group compounds selectively oxidize mixtures of methane, ethane, and propane to alcohol esters [J] . Science, 2014, 343 (6176): 1232-1237.

[92] Groothaert M H, van Bokhoven J A, Battiston A A, et al. Bis (μ-oxo) dicopper in Cu-ZSM-5 and its role in the decomposition of NO: A combined in situ XAFS, UV-Vis-Near-IR, and kinetic study [J] . Journal of the American Chemical Society, 2003, 125 (25): 7629-7640.

[93] Shan J, Li M, Allard L F, et al. Mild oxidation of methane to methanol or acetic acid on supported isolated rhodium catalysts [J] . Nature, 2017, 551 (7682): 605-608.

[94] Wang S, Petzold V, Tripkovic V, et al. Universal transition state scaling relations for (de) hydrogenation over transition metals [J] . Physical Chemistry Chemical Physics, 2011, 13 (46): 20763-20765.

[95] Sushkevich V L, van Bokhoven J A. Methane-to-methanol: Activity descriptors in copper-exchanged zeolites for the rational design of materials [J] . ACS Catalysis, 2019, 9 (7): 6301-6304.

[96] Meisel S L. Catalysis research bears fruit [J] . Chemtech, 1988, 18 (1): 32-37.

[97] Chang C D. The New Zealand Gas-to-Gasoline plant: An engineering tour de force [J] . Catalysis Today, 1992, 13 (1): 103-111.

[98] Hereijgers B P C, Bleken F, Nilsen M H, et al. Product shape selectivity dominates the Methanol-to-Olefins (MTO) reaction over H-SAPO-34 catalysts [J] . Journal of Catalysis, 2009, 264 (1): 77-87.

[99] Wang S, Qin Z, Dong M, et al. Recent progress on MTO reaction mechanisms and regulation of acid site distribution in the zeolite framework [J] . Chem Catalysis, 2022, 2 (7): 1657-1685.

[100] Dai W, Wang C, Dyballa M, et al. Understanding the early stages of the methanol-to-olefin conversion on H-SAPO-34 [J] . ACS Catalysis, 2015, 5 (1): 317-326.

[101] Liu R, Shao X, Wang C, et al. Reaction mechanism of methanol-to-hydrocarbons conversion: Fundamental and application [J] . Chinese Journal of Catalysis, 2023, 47: 67-92.

[102] Dahl I M, Kolboe S. On the reaction mechanism for hydrocarbon formation from methanol over SAPO-34: I. Isotopic labeling studies of the co-reaction of ethene and methanol [J] . Journal of Catalysis, 1994, 149 (2): 458-464.

[103] Li C, Paris C, Martínez-Triguero J, et al. Synthesis of reaction-adapted zeolites as methanol-to-olefins catalysts with mimics of reaction intermediates as organic structure-directing agents [J]. Nature Catalysis, 2018, 1 (7): 547-554.

[104] Yang M, Fan D, Wei Y, et al. Recent progress in methanol-to-olefins (MTO) catalysts [J]. Advanced Materials, 2019, 31 (50): 1902181.

[105] Aucejo A, Burguet M C, Corma A, et al. Beckman rearrangement of cyclohexanone-oxime on HNaY zeolites: Kinetic and spectroscopic studies [J] . Applied Catalysis, 1986, 22 (2): 187-200.

[106] Corma A, Martinez A, Martinez C. Isobutane/2-butene alkylation on ultrastable Y zeolites: Influence of zeolite unit cell size [J] . Journal of Catalysis, 1994, 146 (1): 185-192.

[107] Hao D, Li X, He G, et al. Ethanol-assisted synthesis of titanium-rich TS-1 zeolite: A new hexa-coordinated Ti site for efficient propylene epoxidation [J] . Chemical Science, 2025, Ad-

vance Article.

[108] Espeel P H, Tielen M C, Jacobs P A. Palladium-copper-exchanged Y type zeolites: A true heterogeneous Wacker catalyst [J]. Journal of the Chemical Society, Chemical Communications, 1991 (10): 669-671.

[109] Taramasso M, Perego G, Notari B. Preparation of porous crystalline synthetic material comprised of silicon and titanium oxides. US 4410501A [P]. 2025-05-29.

[110] Kumar S B, Mirajkar S P, Pais G C G, et al. Epoxidation of styrene over a titanium silicate molecular sieve TS1 using dilute H_2O_2 as oxidizing agent [J]. Journal of Catalysis, 1995, 156 (1): 163-166.

[111] Neurock M, Manzer L E. Theoretical insights on the mechanism of alkene epoxidation by H_2O_2 with titanium silicalite [J]. Chemical Communications, 1996 (10): 1133-1134.

[112] Karlsen E, Schöffel K. Titanium-silicalite catalyzed epoxidation of ethylene with hydrogen peroxide. A theoretical study [J]. Catalysis Today, 1996, 32 (1-4): 107-114.

[113] Kochkar H, Figueras F. Synthesis of hydrophobic TiO_2-SiO_2 mixed oxides for the epoxidation of cyclohexene [J]. Journal of Catalysis, 1997, 171 (2): 420-430.

[114] Bhaumik A, Tatsumi T. Intramolecular rearrangement of epoxides generatedin situover titanium silicate molecular sieves [J]. Journal of Catalysis, 1999, 182 (2): 349-356.

[115] Wu G, Wang Y, Wang L, et al. Epoxidation of propylene with H_2O_2 catalyzed by supported TS-1 catalyst in a fixed-bed reactor: Experiments and kinetics [J]. Chemical Engineering Journal, 2013, 215: 306-314.

[116] Kwon S, Schweitzer N M, Park S, et al. A kinetic study of vapor-phase cyclohexene epoxidation by H_2O_2 over mesoporous TS-1 [J]. Journal of Catalysis, 2015, 326: 107-115.

[117] Wang G, Li Y, Lin L, et al. Liquid-phase epoxidation of propylene with H_2O_2 over TS-1 zeolite: Impurity formation and inhibition study [J]. Industrial & Engineering Chemistry Research, 2021, 60 (32): 12109-12122.

[118] Kim W J, Kim T J, Ahn W S, et al. Synthesis, characterization, and catalytic properties of TS-1 monoliths [J]. Catalysis Letters, 2003, 91: 123-127.

[119] Li S, Tuo L, Peng R, et al. Controllable construction of highly active Ti species in TS-1 zeotype by organic base treatment [J]. Catalysis Science & Technology, 2024, 15 (3): 722-733.

[120] Tanev P T, Chibwe M, Pinnavaia T J. Titanium-containing mesoporous molecular sieves for catalytic oxidation of aromatic compounds [J]. Nature, 1994, 368 (6469): 321-323.

[121] Shul' pin G B, Sooknoi T, Romakh V B, et al. Regioselective alkane oxygenation with H_2O_2 catalyzed by titanosilicalite TS-1 [J]. Tetrahedron Letters, 2006, 47 (18): 3071-3075.

[122] Capel-Sanchez M C, Campos-Martin J M, Fierro J L G. Impregnation treatments of TS-1 catalysts and their relevance in alkene epoxidation with hydrogen peroxide [J]. Applied Catalysis A: General, 2003, 246 (1): 69-77.

[123] Bania P J. Beta titanium alloys and their role in the titanium industry [J]. Jom, 1994, 46: 16-19.

[124] Weiss I, Semiatin S L. Thermomechanical processing of beta titanium alloys—An overview [J]. Materials Science and Engineering: A, 1998, 243 (1/2): 46-65.

[125] Boyer R R, Briggs R D. The use of β titanium alloys in the aerospace industry [J]. Journal of Materials Engineering and Performance, 2005, 14: 681-685.

[126] Corma A, Camblor M A, Esteve P, et al. Activity of Ti-Beta catalyst for the selective oxidation of alkenes and alkanes [J]. Journal of Catalysis, 1994, 145 (1): 151-158.

[127] Blasco T, Camblor M A, Corma A, et al. Direct synthesis and characterization of hydrophobic aluminum-free Ti-Beta zeolite [J]. The Journal of Physical Chemistry B, 1998, 102 (1): 75-88.

[128] Matsukata M, Ogura M, Osaki T, et al. Conversion of dry gel to microporous crystals in gas phase [J]. Topics in Catalysis, 1999, 9: 77-92.

[129] Semiatin S L, Knisley S L, Fagin P N, et al. Microstructure evolution during alpha-beta heat treatment of Ti-6Al-4V [J]. Metallurgical and Materials Transactions A, 2003, 34: 2377-2386.

[130] Xu W, Lui E W, Pateras A, et al. In situ tailoring microstructure in additively manufactured Ti-6Al-4V for superior mechanical performance [J]. Acta Materialia, 2017, 125: 390-400.

[131] Wu P, Tatsumi T, Komatsu T, et al. A novel titanosilicate with MWW structure: I. Hydrothermal synthesis, elimination of extraframework titanium, and characterizations [J]. The Journal of Physical Chemistry B, 2001, 105 (15): 2897-2905.

[132] Wu P, Miyaji T, Liu Y, et al. Synthesis of Ti-MWW by a dry-gel conversion method [J]. Catalysis Today, 2005, 99 (1/2): 233-240.

[133] Wu P, Tatsumi T, Komatsu T, et al. A novel titanosilicate with MWW structure: Ⅱ. Catalytic properties in the selective oxidation of alkenes [J]. Journal of Catalysis, 2001, 202 (2): 245-255.

[134] Liu N, Liu Y, Xie W, et al. Hydrothermal synthesis of boron-free Ti-MWW with dual structure-directing agents [C] //Studies in surface science and catalysis. Amsterdam: Elsevier, 2007, 170: 464-469.

[135] Wu P, Nuntasri D, Ruan J, et al. Delamination of Ti-MWW and high efficiency in epoxidation of alkenes with various molecular sizes [J]. The Journal of Physical Chemistry B, 2004, 108 (50): 19126-19131.

[136] Bao R, Shen Z, Ma C, et al. Delaminated MWW-type zeolite and its catalytic performance in alkylation of benzene with cyclohexene [J]. Applied Catalysis A: General, 2022, 643: 118741.

[137] Wu P, Tatsumi T. A novel titanosilicate with MWW structure: Ⅲ. Highly efficient and selective production of glycidol through epoxidation of allyl alcohol with H_2O_2 [J]. Journal of Catalysis, 2003, 214 (2): 317-326.

[138] Wang L, Liu Y, Xie W, et al. Highly efficient and selective production of epichlorohydrin through epoxidation of allyl chloride with hydrogen peroxide over Ti-MWW catalysts [J]. Journal of Catalysis, 2007, 246 (1): 205-214.

[139] Wu H, Liu Y, Wang L, et al. Epoxidation of 2, 5-dihydrofuran to 3,4-epoxytetrahydrofuran over Ti-MWW catalysts [J]. Applied Catalysis A: General, 2007, 320: 173-180.

[140] Song F, Liu Y, Wu H, et al. A novel titanosilicate with MWW structure: Highly effective liquid-phase ammoximation of cyclohexanone [J]. Journal of Catalysis, 2006, 237 (2): 359-367.

[141] Zhao S, Xie W, Yang J, et al. An investigation into cyclohexanone ammoximation over Ti-MWW in a continuous slurry reactor [J]. Applied Catalysis A: General, 2011, 394 (1/2): 1-8.

[142] Bellussi G, Carati A, Clerici M G, et al. Reactions of titanium silicalite with protic molecules and hydrogen peroxide [J]. Journal of Catalysis, 1992, 133 (1): 220-230.

[143] Balkus Jr K J, Khanmamedova A, Gabrielov A G, et al. Molecular sieve Ti-UTD-1: A novel oxidation catalyst [M] //Studies in Surface Science and Catalysis. Amsterdam: Elsevier, 1996, 101: 1341-1348.

[144] Perego C, Carati A, Ingallina P, et al. Production of titanium containing molecular sieves and their application in catalysis [J] . Applied Catalysis A: General, 2001, 221 (1/2): 63-72.

[145] Serrano D P, Li H X, Davis M E. Synthesis of titanium-containing ZSM-48 [J] . Journal of the Chemical Society, Chemical Communications, 1992 (10): 745-747.

[146] Blasco T, Corma A, Díaz-Cabañas M J, et al. Preferential location of Ge in the double four-membered ring units of ITQ-7 zeolite [J] . The Journal of Physical Chemistry B, 2002, 106 (10): 2634-2642.

[147] Xu H, Zhang Y, Wu H, et al. Postsynthesis of mesoporous MOR-type titanosilicate and its unique catalytic properties in liquid-phase oxidations [J] . Journal of Catalysis, 2011, 281 (2): 263-272.

[148] Oumi Y, Manabe T, Sasaki H, et al. Preparation of Ti incorporated Y zeolites by a post-synthesis method under acidic conditions and their catalytic properties [J] . Applied Catalysis A: General, 2010, 388 (1-2): 256-261.

[149] Sasaki M, Sato Y, Tsuboi Y, et al. Ti-YNU-2: A microporous titanosilicate with enhanced catalytic performance for phenol oxidation [J] . ACS Catalysis, 2014, 4 (8): 2653-2657.

[150] Gong X, Tuo J, Wang J, et al. Hydrophilic Ti-MWW for catalyzing epoxidation of allyl alcohol [M] . Los Angeles: OAE Publishing Inc, 2024.

[151] Boronat M, Concepción P, Corma A, et al. Determination of the catalytically active oxidation Lewis acid sites in Sn-beta zeolites, and their optimisation by the combination of theoretical and experimental studies [J] . Journal of Catalysis, 2005, 234 (1): 111-118.

[152] Li P, Liu G, Wu H, et al. Postsynthesis and selective oxidation properties of nanosized Sn-beta zeolite [J] . The Journal of Physical Chemistry C, 2011, 115 (9): 3663-3670.

[153] Renz M, Blasco T, Corma A, et al. Selective and shape-selective Baeyer-Villiger oxidations of aromatic aldehydes and cyclic ketones with Sn-Beta zeolites and H_2O_2 [J] . Chemistry-A European Journal, 2002, 8 (20): 4708-4717.

[154] Corma A, Iborra S, Mifsud M, et al. A new, alternative, halogen-free synthesis for the fragrance compound Melonal using zeolites and mesoporous materials as oxidation catalysts [J]. Journal of Catalysis, 2005, 234 (1): 96-100.

[155] Gorlova O, Paterova I, Karlikova K, et al. Synthesis, modification and application of layered double hydroxides as catalysts for Baeyer-Villiger oxidation [J] . Catalysis Today, 2022, 390: 69-77.

[156] Do P T M, McAtee J R, Watson D A, et al. Elucidation of Diels-Alder reaction network of 2, 5-dimethylfuran and ethylene on HY zeolite catalyst [J] . ACS catalysis, 2013, 3 (1): 41-46

[157] Venuto P B, Landis P S. Formation of stilbenes and related compounds from reaction of benzyl-type mercaptans over zeolites [J] . Journal of Catalysis, 1971, 21 (3): 330-335.

[158] Derouane E G, Dillon C J, Bethell D, et al. Zeolite catalysts as solid solvents in fine chemicals synthesis: 1. Catalyst deactivation in the Friedel-Crafts acetylation of anisole [J] . Journal of Catalysis, 1999, 187 (1): 209-218.

[159] Serrano D P, García R A, Otero D. Friedel-Crafts acylation of anisole over hybrid zeolitic-mesostructured materials [J] . Applied Catalysis A: General, 2009, 359 (1/2): 69-78.

[160] Nguyen L T L, Ky K A L E, Nam T S. A zeolite imidazolate framework ZIF-8 catalyst for Friedel-Crafts acylation [J] . Chinese Journal of Catalysis, 2012, 33 (4/6): 688-696.

[161] Nayak Y N, Nayak S, Nadaf Y F, et al. Zeolite catalyzed Friedel-Crafts reactions: A review [J] . Letters in Organic Chemistry, 2020, 17 (7): 491-506.

[162] Ji X, Qin Z, Dong M, et al. Friedel-Crafts acylation of anisole and toluene with acetic anhydride over nano-sized Beta zeolites [J]. Catalysis Letters, 2007, 117: 171-176.

[163] Bai G, Han J, Zhang H, et al. Friedel-Crafts acylation of anisole with octanoic acid over acid modified zeolites [J]. RSC Advances, 2014, 4 (52): 27116-27121.

[164] Kim J C, Cho K, Lee S, et al. Mesopore wall-catalyzed Friedel-Crafts acylation of bulky aromatic compounds in MFI zeolite nanosponge [J]. Catalysis Today, 2015, 243: 103-108.

[165] Smith K, Zhenhua Z, Hodgson P K G. Synthesis of aromatic ketones by acylation of aryl ethers with carboxylic anhydrides in the presence of zeolite H-β (H-BEA) in the absence of solvent [J]. Journal of Molecular Catalysis A: Chemical, 1998, 134 (1/3): 121-128.

[166] Harvey G, Mäder G. The shape-selective acylation of 2-methoxynaphthalene, catalyzed by zeolites Y, Beta and ZSM-12 [J]. Collection of Czechoslovak Chemical Communications, 1992, 57 (4): 862-868.

[167] Waghmode S B, Bharathi P, Sivasanker S, et al. Molecular modeling studies on zeolite catalysts for shape-selective electrophilic substitution: Formation of xylenes [J]. Microporous and Mesoporous Materials, 2000, 38 (2/3): 433-443.

[168] Harvey G, Binder G, Prins R. The contribution of the external surface to the catalytic activity of zeolite beta [M] //Studies in Surface Science and Catalysis. Amsterdam: Elsevier, 1995, 94: 397-404.

[169] Heinichen H K, Hölderich W F. Acylation of 2-methoxynaphthalene in the presence of modified zeolite HBEA [J]. Journal of Catalysis, 1999, 185 (2): 408-410.

[170] Heinichen H K, Hölderich W F. Acylation of 2-methoxynaphthalene in the presence of modified zeolite HBEA [J]. Journal of Catalysis, 1999, 185 (2): 411-414.

[171] Casagrande M, Storaro L, Lenarda M, et al. Highly selective Friedel-Crafts acylation of 2-methoxynaphthlene catalyzed by H-BEA zeolite [J]. Applied Catalysis A: General, 2000, 201 (2): 263-270.

[172] Bhattacharya D, Sharma S, Singh A P. Selective benzoylation of naphthalene to 2-benzoylnaphthalene using zeolite H-beta catalysts [J]. Applied Catalysis A: General, 1997, 150 (1): 53-62.

[173] Diels O, Alder K. Synthesen in der hydroaromatischen Reihe [J]. Justus Liebigs Annalen der Chemie, 1928, 460 (1): 98-122.

[174] Brieger G, Bennett J N. The intramolecular Diels-Alder reaction [J]. Chemical Reviews, 1980, 80 (1): 63-97.

[175] Nicolaou K C, Snyder S A, Montagnon T, et al. The Diels-Alder reaction in total synthesis [J]. Angewandte Chemie International Edition, 2002, 41 (10): 1668-1698.

[176] Kugita T, Ezawa M, Owada T, et al. MCM-41 as a highly active catalyst for Diels-Alder reaction of anthracene with p-benzoquinone [J]. Microporous and Mesoporous Materials, 2001, 44: 531-536.

[177] Climent M J, Corma A, Iborra S. Conversion of biomass platform molecules into fuel additives and liquid hydrocarbon fuels [J]. Green Chemistry, 2014, 16 (2): 516-547.

[178] Knoevenagel E. Condensation von malonsäure mit aromatischen aldehyden durch ammoniak und amine [J]. Berichte der deutschen chemischen Gesellschaft, 1898, 31 (3): 2596-2619.

[179] Zhang X, Lai E S M, Martin-Aranda R, et al. An investigation of Knoevenagel condensation reaction in microreactors using a new zeolite catalyst [J]. Applied Catalysis A: General, 2004,

261 (1): 109-118.

[180] Saravanamurugan S, Palanichamy M, Hartmann M, et al. Knoevenagel condensation over β and Y zeolites in liquid phase under solvent free conditions [J] . Applied Catalysis A: General, 2006, 298: 8-15.

[181] Nguyen L T L, Le K K A, Truong H X, et al. Metal-organic frameworks for catalysis: The Knoevenagel reaction using zeolite imidazolate framework ZIF-9 as an efficient heterogeneous catalyst [J] . Catalysis Science & Technology, 2012, 2 (3): 521-528.

[182] Chaves T F, Pastore H O, Hammer P, et al. As-synthesized TEA-BEA zeolite: Effect of Si/Al ratio on the Knoevenagel condensation [J] . Microporous and Mesoporous Materials, 2015, 202: 198-207.

[183] Alabi W O, Tope B B, Jermy R B, et al. Modification of Cs-X for styrene production by side-chain alkylation of toluene with methanol [J] . Catalysis Today, 2014, 226: 117-123.

[184] Appaturi J N, Ratti R, Phoon B L, et al. A review of the recent progress on heterogeneous catalysts for Knoevenagel condensation [J] . Dalton Transactions, 2021, 50 (13): 4445-4469.

[185] Michael A. Ueber die addition von natriumacetessig-und natriummalonsäureäthern zu den aethern ungesättigter säuren [J] . Journal für Praktische Chemie, 1887, 35 (1): 349-356.

[186] Shinde P D, Mahajan V A, Borate H B, et al. Li-X-type zeolite mediated Michael addition of thiols to cyclic enones and its application in the synthesis of 13-thiaprostaglandins [J] . Journal of Molecular Catalysis A: Chemical, 2004, 216 (1): 115-119.

[187] 贾毅峰，兰雯. 浅谈氮氧化物的污染与治理技术 [J] . 广西轻工业，2007，23 (9): 98-99.

[188] Li J, Chang H, Ma L, et al. Low-temperature selective catalytic reduction of NO_x with NH_3 over metal oxide and zeolite catalysts—A review [J] . Catalysis Today, 2011, 175 (1): 147-156.

[189] 刘福东，单文坡，石晓燕，等. 用于 NH_3 选择性催化还原 NO_x 的钒基催化剂 [J] . 化学进展，2012，24 (04): 445-455.

[190] Pan Y, Zhao W, Zhong Q, et al. Promotional effect of Si-doped V_2O_5/TiO_2 for selective catalytic reduction of NO_x by NH_3 [J] . Journal of Environmental Sciences, 2013, 25 (8): 1703-1711.

[191] Koebel M, Elsener M, Kleemann M. Urea-SCR: a promising technique to reduce NO_x emissions from automotive diesel engines [J] . Catalysis today, 2000, 59 (3-4): 335-345.

[192] 徐如人，庞文琴，霍启升，等. 分子筛与多孔材料化学 [M] . 2 版. 北京：科学出版社，2014: 2-11.

[193] Sato S, Yu-u Y, Yahiro H, et al. Cu-ZSM-5 zeolite as highly active catalyst for removal of nitrogen monoxide from emission of diesel engines [J] . Applied Catalysis, 1991, 70 (1): L1-L5.

[194] Corma A, Forne V, Palomares E. Selective catalytic reduction of NO_x on Cu-beta zeolites [J]. Applied Catalysis B: Environmental, 1997, 11 (2): 233-242.

[195] Mohan S, Dinesha P, Kumar S. NO_x reduction behaviour in copper zeolite catalysts for ammonia SCR systems: A review [J] . Chemical Engineering Journal, 2020, 384: 123253.

[196] Cheng X, Li Z, He Y L. Effect of external pressure on the release of methane through MFI zeolite nanochannels [J] . RSC advances, 2020, 10 (61): 37507-37514.

[197] Joyner R, Stockenhuber M. Preparation, characterization, and performance of Fe-ZSM-5 catalysts [J] . The Journal of Physical Chemistry B, 1999, 103 (29): 5963-5976.

[198] Cavataio G. Laboratory testing of Urea-SCR formulations to meet Tier 2 Bin 5 emissions, SAE

International [C] //2007 World Congress. 2007.

[199] Dent L S, Smith J V. Crystal structure of chabazite, a molecular sieve [J] . Nature, 1958, 181 (4626): 1794-1796.

[200] Leistner K, Olsson L. Deactivation of Cu/SAPO-34 during low-temperature NH_3-SCR [J]. Applied Catalysis B: Environmental, 2015, 165: 192-199.

[201] Nedyalkova R, Montreuil C, Lambert C, et al. Interzeolite conversion of FAU type zeolite into CHA and its application in NH_3-SCR [J] . Topics in Catalysis, 2013, 56: 550-557.

[202] Ren L, Zhu L, Yang C, et al. Designed copper-amine complex as an efficient template for one-pot synthesis of Cu-SSZ-13 zeolite with excellent activity for selective catalytic reduction of NO_x by NH_3 [J] . Chemical Communications, 2011, 47 (35): 9789-9791.

[203] Gao F, Wang Y, Kollár M, et al. A comparative kinetics study between Cu/SSZ-13 and Fe/SSZ-13 SCR catalysts [J] . Catalysis Today, 2015, 258: 347-358.

[204] Usui T, Liu Z, Ibe S, et al. Improve the hydrothermal stability of Cu-SSZ-13 zeolite catalyst by loading a small amount of Ce [J] . ACS Catalysis, 2018, 8 (10): 9165-9173.

[205] Guo D, Guo R, Duan C, et al. The enhanced K resistance of Cu-SSZ-13 catalyst for NH_3-SCR reaction by the modification with Ce [J] . Molecular Catalysis, 2021, 502: 111392.

[206] Dusselier M, Davis M E. Small-pore zeolites: Synthesis and catalysis [J] . Chemical Reviews, 2018, 118 (11): 5265-5329.

[207] Chen J, Thomas J M, Wright P A, et al. Silicoaluminophosphate number eighteen (SAPO-18): A new microporous solid acid catalyst [J] . Catalysis Letters, 1994, 28: 241-248.

[208] Wagner P, Nakagawa Y, Lee G S, et al. Guest/host relationships in the synthesis of the novel cage-based zeolites SSZ-35, SSZ-36, and SSZ-39 [J] . Journal of the American Chemical Society, 2000, 122 (2): 263-273.

[209] Du J, Tang X, Huang C, et al. Facile one-pot synthesis of Cu-SSZ-39 catalysts with excellent catalytic performance in NH_3-SCR reaction [J] . Applied Catalysis B: Environment and Energy, 2024, 356: 124258.

[210] Sonoda T, Maruo T, Yamasaki Y, et al. Synthesis of high-silica AEI zeolites with enhanced thermal stability by hydrothermal conversion of FAU zeolites, and their activity in the selective catalytic reduction of NO_x with NH_3 [J] . Journal of Materials Chemistry A, 2015, 3 (2): 857 865.

[211] Conato M T, Oleksiak M D, McGrail B P, et al. Framework stabilization of Si-rich LTA zeolite prepared in organic-free media [J] . Chemical Communications, 2015, 51 (2): 269-272.

[212] Jo D, Ryu T, Park G T, et al. Synthesis of high-silica LTA and UFI zeolites and NH_3-SCR performance of their copper-exchanged form [J] . ACS Catalysis, 2016, 6 (4): 2443-2447.

[213] Ryu T, Ahn N H, Seo S, et al. Fully copper-exchanged high-silica LTA zeolites as unrivaled hydrothermally stable NH_3-SCR catalysts [J] . Angewandte Chemie International Edition, 2017, 129 (12): 3304-3308.

[214] Zones S I. Zeolite SSZ-16: US 4508837 [P] . 1985-04-02.

[215] Xie D. Rational design and targeted synthesis of small-pore zeolites with the assistance of molecular modeling, structural analysis, and synthetic chemistry [J] . Industrial & Engineering Chemistry Research, 2021, 60 (43): 15403-15415.

[216] Fedyna M, Legutko P, Marzec M, et al. Influence of zeolite framework, copper speciation, and water on NO_2 and N_2O formation during NH_3-SCR [J] . Applied Catalysis B: Environment

and Energy, 2025, 361: 124632.

[217] Wang H, Xu R, Jin Y, et al. Zeolite structure effects on Cu active center, SCR performance and stability of Cu-zeolite catalysts [J]. Catalysis Today, 2019, 327: 295-307.

[218] Martín N, Paris C, Vennestrøm P N R, et al. Cage-based small-pore catalysts for NH_3-SCR prepared by combining bulky organic structure directing agents with modified zeolites as reagents [J]. Applied Catalysis B: Environmental, 2017, 217: 125-136.

[219] Li R, Jiang X, Lin J, et al. Understanding the influence of hydrothermal treatment on NH_3-SCR of NO_x activity over Cux-SSZ-16 [J]. Chemical Engineering Journal, 2022, 441: 136021.

[220] Xie D, McCusker L B, Baerlocher C, et al. SSZ-52, a zeolite with an 18-layer aluminosilicate framework structure related to that of the $DeNO_x$ catalyst Cu-SSZ-13 [J]. Journal of the American Chemical Society, 2013, 135 (28): 10519-10524.

[221] Davis T M, Liu A T, Lew C M, et al. Computationally guided synthesis of SSZ-52: A zeolite for engine exhaust clean-up [J]. Chemistry of Materials, 2016, 28 (3): 708-711.

[222] Li R, Zhu Y, Zhang Z, et al. Remarkable performance of selective catalytic reduction of NO_x by ammonia over copper-exchanged SSZ-52 catalysts [J]. Applied Catalysis B: Environmental, 2021, 283: 119641.

[223] Zhu J, Liu Z, Xu L, et al. Understanding the high hydrothermal stability and NH_3-SCR activity of the fast-synthesized ERI zeolite [J]. Journal of Catalysis, 2020, 391: 346-356.

[224] Kieger S, Delahay G, Coq B, et al. Selective catalytic reduction of nitric oxide by ammonia over Cu-FAU catalysts in oxygen-rich atmosphere [J]. Journal of Catalysis, 1999, 183 (2): 267-280.

[225] Kim J, Cho S J, Kim D H. Facile synthesis of KFI-type zeolite and its application to selective catalytic reduction of NO_x with NH_3 [J]. ACS Catalysis, 2017, 7 (9): 6070-6081.

[226] Mihai O, Widyastuti C R, Andonova S, et al. The effect of Cu-loading on different reactions involved in NH_3-SCR over Cu-BEA catalysts [J]. Journal of Catalysis, 2014, 311: 170-181.

[227] Ryu T, Hong S B. Iron-exchanged UZM-35: An active NH_3-SCR catalyst at low temperatures [J]. Applied Catalysis B: Environmental, 2020, 266: 118622.

[228] Shan Y, Shi X, Du J, et al. Cu-exchanged RTH-type zeolites for NH_3-selective catalytic reduction of NO_x: Cu distribution and hydrothermal stability [J]. Catalysis Science & Technology, 2019, 9 (1): 106-115.

[229] Ke Q, Sun T, Cheng H, et al. Accelerated construction of high-silica RHO and CHA zeolites via interzeolite transformation and their NH_3-SCR performances after copper exchange [J]. Industrial & Engineering Chemistry Research, 2018, 57 (49): 16763-16771.

第7章

多孔材料在光电催化中的应用

7.1 引言

煤和石油等传统化石燃料的过度使用引起了严重的环境问题以及能源危机，探索新型、可持续清洁能源是解决这些问题的最有效方法之一。其中，太阳能被视为最重要的可再生能源之一，光催化技术的出现可以成功地将太阳能转化为可储存的化学能。利用光催化技术不仅可以实现光解水制氢、制氧、二氧化碳还原，甚至能够实现污染物的光降解。同样，电催化技术也可以通过相似的反应，在外加电压条件下，通过电催化剂的作用将大气中的水、二氧化碳和氮转化为有用和有价值的产品。因此，开发高效的光催化剂和电催化剂对实现以清洁和可持续能源取代化石燃料的目标至关重要。

目前关于光电催化剂的研究仍然主要集中在金（Au）、银（Ag）、钯（Pd）等贵金属催化剂上，较高的成本限制了其广泛应用。因此，合理地设计催化剂的结构并开发资源丰富的替代品对此类应用非常重要。近年来，多孔结构由于具有丰富的表面活性位点以及快速的传输动力学等特点，在光电催化中表现出良好的应用前景。通过对光电催化剂进行合理的造孔设计，不仅可以保留光电催化剂的本征优势，而且可以最大程度地提高其催化转化效率。例如，对常用的二氧化钛催化剂进行造孔设计并调整孔尺寸、形状以及表面化学性质，能够实现对不同反应物的高效催化转化。此外，碳基多孔材料也成为近年来的研究热点，这些材料具有独特的电子结构和表面化学性质，可以用于制备高效的光电催化剂。下面将基于多孔结构，通过讨论不同种类的催化剂在光电催化中的应用，从结构-性能的角度分析多孔材料在催化应用中的优势。

7.2 多孔材料在光催化中的应用

7.2.1 光催化技术简介

自从 1972 年 Fujishima 和 Honda 首次发现 TiO_2 电极在太阳光下可以分解水产生氢气后，光催化技术迅速引起了研究者的广泛关注。随后，Frank 和 Bard 利用 TiO_2 将 CN^- 氧化成 OCN^-，促进了光催化技术在水处理中的应用。3 年后，Inoue 和同事们采用 TiO_2、ZnO、SiC、GaP 和 CdS 等不同半导体粉末在水溶液中通过光催化技术将 CO_2 还原成各种有机化合物。自此，光催化技术凭借清洁、无污染等优势得到了迅速发展。

7.2.2 光催化技术的基本原理和分类

半导体光催化技术中，其核心是半导体光催化剂，当且仅当在光照下能够促进化学反应而自身不发生变化的半导体才能称作光催化剂。对于一个特定的半导体光催化剂，其由位于低能的价带（VB）和高能的导带（CB）组成，导带和价带之间的带隙宽度为半导体的带隙或是禁带宽度（E_g），且在特定条件下，半导体光催化剂具有特定的带隙或禁带宽度。光催化反应的基本过程如图 7.1 所示，当入射光的能量大于或等于半导体的禁带宽度时，半导体吸收光子之后会被激发［途径(a)］，价带上的电子（e^-）跃迁到导带产生具有极强还原性的光生电子，而在价带上留下具有氧化能力的光生空穴（h^+）。由于这些光生电子是受到光激发才产生的，所以有向稳定的价带跃回的趋势。通常光生电子-空穴对具有四种转移途径：①空穴与电子在内部直接复合［途径(b)］；②光生电子跃迁至表面与空穴发生复合［途径(c)］；③具有强还原性的光生电子转移到表面与吸附在表面的物质发生还原反应［途径(d)］；④具有氧化性的光生空穴迁移至表面与吸附在表面的物质发生氧化反应［途径(e)］。上述转移途径中，途径（b）和途径（c）发生复合时，多余的能量会以光和热的形式释放，进而产生发光发热现象。只有途径（d）和途径（e）才能发生催化作用，将吸收的光能转换为化学能。此外，迁移至表面的电子或空穴如果与水或氧气接触，可以生成具有强氧化性的羟基自由基和超氧自由基。根据光催化技术原理，光催化技术主要分为还原反应和氧化反应两大类，析氢和 CO_2 还原主要是通过电子的还原能力进行的，而利用空穴、·OH、O_2^- 的氧化能力可以进行光解水制氧和有机污染物的处理等光催化反应。

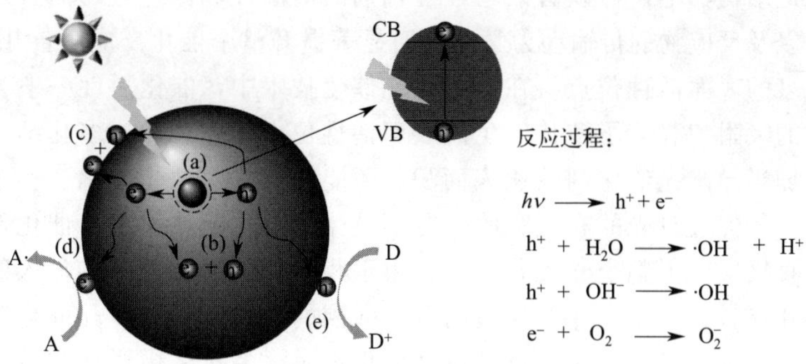

图 7.1　光催化反应的基本过程

7.2.3　光催化技术的影响因素

在光催化技术中，半导体光催化剂的性质和结构对其催化性能具有很大的影响，具体来说，与半导体的以下因素密切相关。①禁带宽度及带边位置。禁带宽度为半导体的本征特性，属于催化剂的内部影响因素。对于特定的半导体，禁带宽度决定了其吸光范围的大小。根据公式 $\lambda=1240/E_g$ 可知（λ 为波长），禁带宽度与半导体的吸光范围成反比关系，带隙宽度越大，其对太阳光的利用能力就越小。而半导体的带隙位置直接影响其氧化还原能力的大小。通常来说，导带位置越负，则还原能力越强。同理，价带位置越正，则氧化能力越强。②电子-空穴的分离效率。通过半导体光催化原理可知，半导体催化剂具有催化作用主要是由于半导体被激发后产生的载流子即光生电子-空穴对所致，只有彻底分离的光生电子-空穴对才具有催化性能。但是，被激活的光生电子-空穴对并不是全部分离，其中一部分电子和空穴在半导体内部或表面附近重新相遇而发生猝灭，以辐射的方式将其能量消耗掉，这种现象称作电子和空穴的再复合。发生再复合的电子和空穴不再具有氧化还原能力，这会降低半导体催化剂的催化效率。③半导体催化剂的表面活性位点。在半导体光催化反应中，催化剂只有与受体接触才能发生作用。通常来说，催化剂的比表面积越大，则其反应活性位点越多，越有利于光催化反应。并且增加催化剂的表面活性位点能够有效避免光生电子-空穴的复合概率。

7.2.4　多孔材料在光催化应用中的特点

在半导体光催化技术中，对于特定的催化剂，其形貌和微观结构是决定其催化性能的主要因素。多孔结构在半导体光催化技术中的主要优势有以下几点（图 7.2）。①能有效提升离子/载流子的质量传输效率。多孔结构由于具有高度开放的孔道结构，不仅可以有效增强催化剂的润湿性和渗透性，而且还能够促进载流子以及反应物的传输动力学，进而显著提升整个催化反应的催化动力学。②提供更多的表面活性位点。在半导体光催化技术中，催化活性一般与反应物和中间体的吸附和载流子转移发生的表面活性位点呈正相关，多孔结构不仅能够有效增加半导体光催化剂的比表面积，还能够有效增加光催化过程中的表面活性位点。③促进对光的有效吸收。在半导体光催化剂技术中，催化剂对光的吸收能力直接决定了整个光催化效率。由于相互贯通的孔道结构，入射光很容易穿透多孔材料的孔壁，并在通道内发生强烈的散射，从而提升催化剂对光的利用效率。④易于修饰。在构筑异质结催化剂时，多孔结构能够有效增加助催化剂或是其他催化剂的分散性，进而使其暴露更多的催化活性位点。⑤有效提高光生电子-空穴的分离效率。多孔材料能够有效缩短载流子的扩散距离，从而使其快速迁移到催化剂表面进行光催化反应，大大减少了光生电子-空穴的复合。

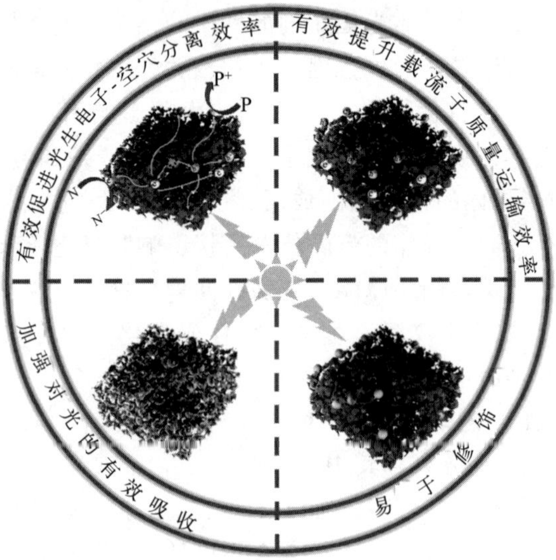

图 7.2　多孔材料在光催化应用中的特点

7.2.5　多孔材料在光催化反应中的具体应用

7.2.5.1　多孔材料在太阳能分解水制氢中的应用

氢气因其清洁、无污染等优点成为未来最有前景的新型能源。与传统能源相比，氢气具有以下优点：①氢气具有较高的热值，是汽油的 3 倍；②氢气燃烧后的产物是水，不会对环境产生污染；③由于氢气燃烧后的产物是水，而又可以通过还原作用使水分解为氢气，因此可实现循环使用；④氢气来源于水，而水是地球上最丰富的资源，因而氢气的储量相当大。鉴于上述独特优点，凭借光催化技术利用太阳能将水分解为氢气成为最有前景的制氢方法之一。在光催化分解水制氢气技术中，半导体催化剂的催化活性直接关系到整个过程的转化效率[1]。构筑多孔结构的半导体催化剂能够有效地增加其比表面积，赋予其更多的催化活性位点，进而有效地改进半导体的光解水制氢活性。

目前，已有二氧化钛（TiO_2）、硫化物以及非金属的石墨相氮化碳等各种多孔结构的催化剂被制备并应用于光催化制氢技术。比如，复旦大学赵东元院士课题组通过溶液诱导的自组装策略成功制备了具有介孔结构的 TiO_2 光催化剂。多孔结构可以有效增加析氢活性位点，所得催化剂在贵金属 Pt 的助催化下表现出 136.2μmol・h^{-1} 的高制氢（产氢）速率，明显高于非介孔 TiO_2（76.6μmol・h^{-1}）（图7.3）[2]。虽然介孔结构的存在能够明显提升 TiO_2 的光解水制氢性能，但纯相 TiO_2 较快的光生电子-空穴复合速率导致其催化活性有限。利用 TiO_2 的多相性质，基于多孔结构，构筑两相或三相的异质结催化剂能够有效提升光生电子-空穴的分离效率。基于上述理论，吉林大学乔振安教授课题组以聚乙烯亚胺为造孔模板，通过调节酸的浓度和类型制备了晶相占比可调的异质结介孔 TiO_2 用于光解水制氢反应[3]。最终，三相异质结 TiO_2 表现出最好的光解水制氢性能，其产氢速率可达 3.57mmol・h^{-1}・g^{-1}。除了表面结构，半导体催化剂的带隙宽度是影响光解水制氢效率的另一个关键因素，较窄的带隙宽度能够有效拓宽其吸收光的响应范围，进而能够实现太阳能的高效利用。基于多孔 TiO_2 较大比表面积赋予的丰富活性位点的优势，复旦大学赵东元课题组在合成介孔 TiO_2 的过程中引入还原剂2-乙基咪唑，基于原子水平构筑了具有 Ti^{3+} 缺陷的有序介孔 TiO_2 用于光解水制氢反应。缺陷的存在使催化剂的带隙宽度从 3.05eV 降低到 2.92eV，大大扩宽了 TiO_2 催化剂对光的响应范围。最终在较窄的带隙宽度和多孔结构双重优势下，实现了 19.8mmol・g^{-1}・h^{-1} 的光解水制氢速率，并且表现出良好的循环稳定性[4]。

虽然对传统的 TiO_2 光催化剂进行多孔设计能有效提升其光催化制氢活性，但受限于本征带隙宽度，其只能在占太阳光4%的紫外光范围内产生催化活性。为了能够充分利用太阳光，各种可见光响应型光催化剂被研发了出来。其中，CdS 因其较窄的带隙宽度（约2.4eV）以及比 H_2O/H_2 的还原电位更低的导带位置，一度被认为是最有前景的可见光催化分解水制氢催化剂。但与 TiO_2 催化剂相似的是，光生电子-空穴对的快速复合是限制其分解水制氢速率的主要障碍。设计多孔结构是提升 CdS 光解水制氢速率的有效手段之一。多孔结构的存在不仅能够增加 CdS 的有效比表面积，使其暴露更多的活性位点，而且能够有效缩短载流子的传输距离，从而有效抑制光生电子-空穴的复合，进而有效提升其光解水制氢性能。例如，Li 课题组以金属有机框架为模板，

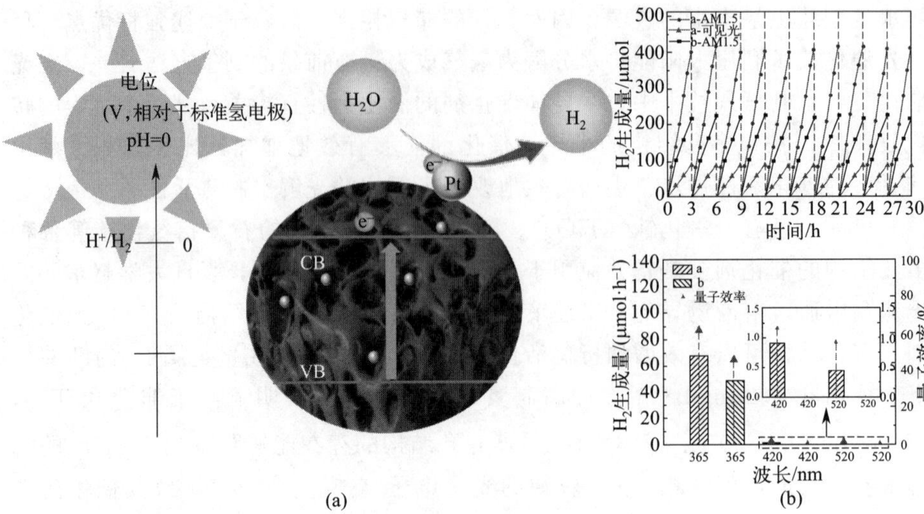

图 7.3　多孔材料在光催化分解水制氢中的应用：
光催化制氢示意图 (a)、多孔 TiO_2 催化剂的制氢性能 (b)[2]

制备了空心结构的多孔 CdS 催化剂，将其用于可见光分解水制氢时表现出 21654μmol·g^{-1}·h^{-1} 的制氢速率，其催化活性是块体 CdS 的 79 倍[5]，并且通过荧光光谱证明了多孔结构在缓解光生电子-空穴对复合方面的优势。虽然构筑多孔结构能有效改善 CdS 催化剂的光解水制氢速率，但单独的 CdS 在光催化过程中容易被光腐蚀，严重影响其催化稳定性。基于多孔结构，构筑 CdS 基异质结催化剂进一步提升光生电子-空穴在 CdS 表面的快速转移效率，可以有效缓解上述问题。比如，中国科学院金属所成会明院士课题组将介孔 ZnS 包覆到 CdS 表面，构筑了具有核-壳结构的 CdS 基异质结催化剂，虽然所得材料表现出较低的比表面积，但是由于异质结结构的存在，所得 CdS-ZnS 催化剂的制氢速率是单独 CdS 的 56 倍，特别地，所得催化剂在连续循环 60h 后，其制氢速率仍保持在初始的 87%，并且其循环后催化剂的形貌结构没有明显的变化，充分说明异质结结构的存在能有效改善 CdS 催化剂在光催化过程中的稳定性[6]。

非金属石墨相氮化碳 ($g\text{-}C_3N_4$) 因其良好的化学和机械稳定性、低成本以及较窄的带隙宽度 (2.7eV) 和合适的光解水制氢导带边缘位置，是光催化制氢中研究较多的另一种催化剂。较小的比表面积导致有限的催化活性位点是阻碍 $g\text{-}C_3N_4$ 高效光解水制氢的主要问题。对 $g\text{-}C_3N_4$ 催化剂进行造孔设计能够有效增加其比表面积，从而赋予其更多的催化活性位点，进而有效提高其光催化活性。例如，南昌大学王学文教授课题组以聚甲基丙烯酸甲酯球为硬模板，制备了具有三维大孔结构的 $g\text{-}C_3N_4$ 光催化剂。所得催化剂表现出 73.1m^2·g^{-1} 的比表面积，远高于块体 $g\text{-}C_3N_4$ (9.2m^2·g^{-1})，大的比表面积赋予其更多的催化活性位点，最终在可见光下进行光解水制氢时，表现出 64.7μmol·h^{-1}·g^{-1} 的制氢速率，其光催化活性是块体 g-C_3N_4 的 6 倍[7]。此外，为了进一步拓宽 g-C_3N_4 的可见光吸收范围，Shi 课题组基于多孔结构，构筑了 N 空位的超薄多孔 g-C_3N_4 纳米片。一方面，多孔结构的存在缩短了载流子的传输距离，并且显著增加了其催化活性位点；另一方面，N 空位的引入大大提高了 g-C_3N_4 对可见光的利用效率。最终，在多孔结构和 N 空位的协同作用下，所得催化剂表现出 5.74mmol·h^{-1}·g^{-1} 的制氢速率，是块体 g-C_3N_4 的 28.7 倍，并且其表面量子效率可达 14.9%[8]。相似地，上海大学张海娇教授课题组在 NaCl 和 KCl 的辅助下通过一步盐雾热聚合方法制备了超薄的多孔 g-C_3N_4 纳米片（SF-CN）。得益于独特多孔结构所提供的更大的比表面积和增强的可见光吸收能力等特点，所得催化剂在波长大于 420nm 的情况下呈现出 18.13mmol·h^{-1}·g^{-1} 的制氢速率，是原始 g-C_3N_4 的 259 倍（图 7.4）[9]。

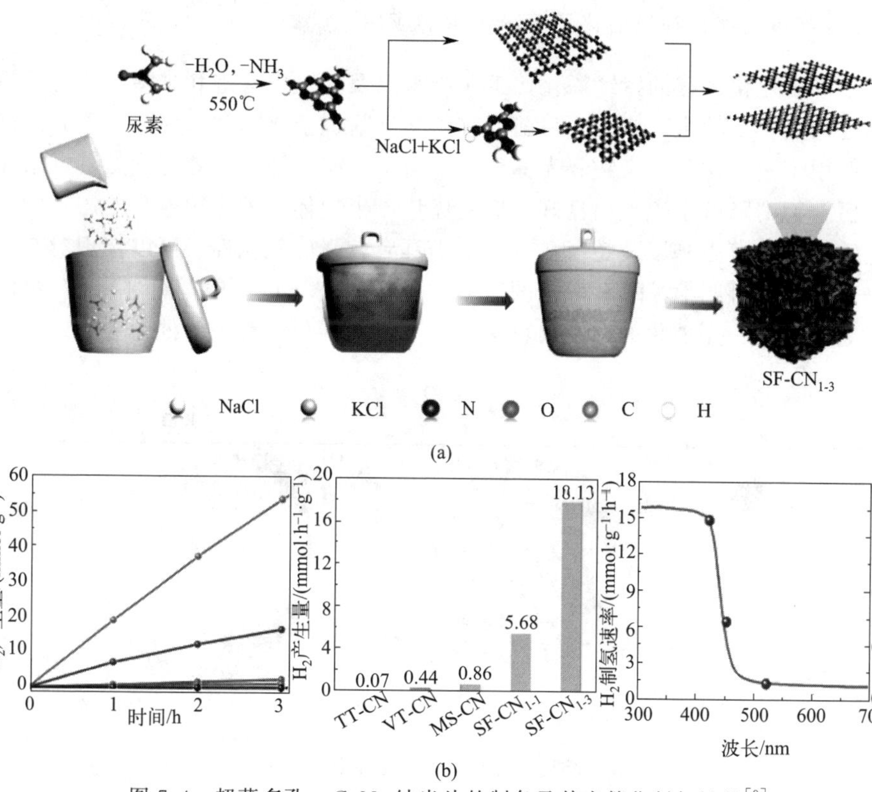

图 7.4 超薄多孔 g-C_3N_4 纳米片的制备及其光催化制氢性能[9]

SF-CN—热雾热聚合法；MS-CN—熔盐辅助热聚合法；

VT-CN—蒸汽辅助热聚合法；TT-CN—直接热聚合法

—— SF-CN_{1-3} —— SF-CN_{1-1} —— MS-CN —— VT-CN —— TT-CN

通过上述不同催化剂在光解水制氢应用中的讨论可知，对光催化剂进行造孔处理能够有效提升其制氢性能，但为了实现光生电子-空穴的有效分离并促进 H_2 的生成动力学，通常需要在催化剂表面负载 Pt 等贵金属助催化剂，这样不可避免地会造成应用成本的增加。探索高效廉价的助催化剂来代替贵金属助催化剂，降低光催化成本是需要解决的另一主要问题。各种金属化合物由于具有较低的过电势、优异的导电性和化学稳定性等优势，成为最有希望代替贵金属的助催化剂。对金属化合物助催化剂进行多孔设计可以进一步提升其助催化活性。比如，江苏大学唐华教授课题组构筑了多孔 Ni_5P_4 用作 g-C_3N_4 的助催化剂进行光解水制氢反应，多孔 Ni_5P_4 的存在为光催化过程提供了高效的载流子转移通道，使其在可见光下表现出 1157.5μmol·g^{-1}·h^{-1} 的光解水制氢速率，远高于非孔 Ni_2P（169.1μmol·g^{-1}·h^{-1}）和 NiS_2（593.1μmol·g^{-1}·h^{-1}）的助催化活性[10]。

7.2.5.2 多孔材料在光催化环境净化中的应用

随着工业化进程的持续深化，工业废水以及环境中有害和难降解的有机污染物已构成严重的生态威胁。目前已有化学吸附、生物降解和膜分离等方法被开发并用于去除这些污染物。光催化技术由于具有清洁、高效等优点，近来在有机污染物的降解中表现出良好的应用优势。半导体光催化剂被激发产生的光生空穴、羟基自由基以及超氧自由基由于具有较强的氧化性，可以实现对有机污染物（如罗丹明 B，即 RhB）的有效降解（图 7.5）。在光催化降解有机污染物的过程中，光催化剂的结构直接决定了整个催化过程中的催化效率。

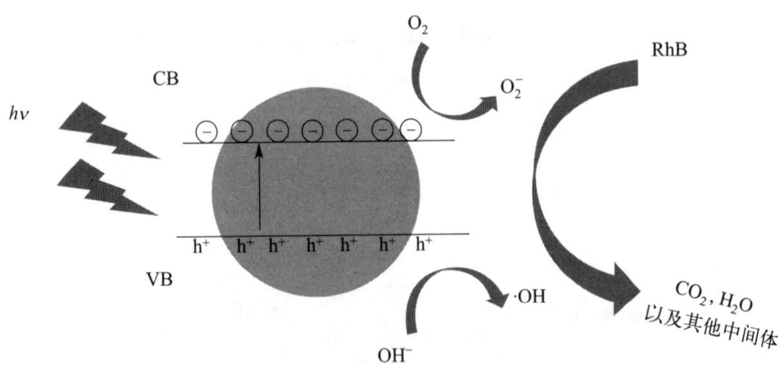

图 7.5 光催化技术在环境处理中的应用[11]

鉴于多孔结构在光催化中呈现出的独特优点，目前已有各种多孔结构的光催化剂被设计并用于环境净化。其中，具有较宽带隙的氧化锌（ZnO）因其合成方法简单以及独特的光电和催化性质，在过去几年里得到了广泛的研究。例如，Xu等人以嵌段共聚物P123为软模板，制备了具有大比表面积的多孔ZnO，将其用作催化剂进行光催化降解苯酚时，其光催化性能明显优于商业TiO_2和ZnO[12]。虽然制备多孔ZnO可以有效增加催化活性位点，但其较宽的带隙（3.37eV）使其只能在紫外光下具备催化活性，并且较快的光生电子-空穴复合速率导致ZnO难以实现更高的催化活性。基于多孔结构，设计ZnO基复合材料，不仅可以利用多孔结构丰富的催化活性位点优势，而且能有效提高ZnO对太阳光的利用率，并且可以有效减缓光生电子-空穴的复合速率。基于此，青岛科技大学宋彩霞教授团队构筑了多孔Ag/ZnO复合材料，其中金属Ag的存在显著降低了复合催化剂的带隙宽度。具体地，带隙宽度从3.099eV（只有ZnO）降低到2.875eV，有效提高了其对太阳光的利用率。并且Ag纳米颗粒的存在能够促进光生载流子的分离，从而减少光生电子-空穴的复合。最后，在多孔结构和Ag纳米颗粒协同作用下，所得催化剂表现出良好的光催化降解4-硝基苯酚性能，在光催化降解25min后，多孔Ag/ZnO复合催化剂可实现对4-硝基苯酚100%的降解，而ZnO的降解率仅为80%[13]。

除了商业TiO_2和ZnO光催化剂，探索具有可见光响应性的窄带隙光催化剂以提高对太阳能的利用率是改进光催化效率的另一有效策略。钒酸基光催化剂由于具有较高的催化活性和可见光响应性而受到研究者的广泛关注。其中，$BiVO_4$作为一种重要的基础材料，在光催化降解有机污染物领域备受关注。设计具有多孔结构的$BiVO_4$能够充分暴露其表面活性位点。黑龙江大学田国辉研究员课题组通过水热反应制备了多孔$BiVO_4/Bi_4V_2O_{10}$异质结催化剂，所得复合催化剂不仅具有快速的载流子传输动力学和丰富的表面活性位点，而且异质结的存在明显提高了光生电子-空穴的分离效率，并拓宽了该催化剂对可见光的响应范围。在可见光下进行罗丹明B降解时，多孔$BiVO_4/Bi_4V_2O_{10}$异质结催化剂在光照5min内可实现罗丹明B的全部降解，展现出优异的光催化性能[14]。

基于多孔结构，探索更清洁、更稳定且具有可见光响应性的环境净化光催化剂是光催化领域的另一关注点。作为新型非金属催化剂，g-C_3N_4由于具有廉价、可见光响应、无毒、易合成、化学性能稳定等优点在光催化降解领域受到越来越多的关注。g-C_3N_4的结构式如图7.6所示，每个C和N原子都与三个邻近原子形成共价键，这些原子排列成平面上的六元环结构，这种六元环结构沿着c轴方向堆叠形成独特的二维层状结构，使其表现出良好的导电性、机械强度和稳定性。但常规g-C_3N_4的比表面积非常小，一般仅为$7m^2\cdot g^{-1}$左右。对g-C_3N_4进行造孔设计可以有效提高其比表面积和孔隙率，促进更多活性位点的暴露，从而有效提高其传质能力和光催化活性。清华大学朱永法教授团队通过在空气中聚合尿素和双氰胺复合体，利用尿素在反应过程中分解生成的气泡制备了多孔g-C_3N_4光催化剂。研究发现，通过调节尿素和双氰胺的比例以及煅烧温度可实现 g-C_3N_4 比表面积大小的调节，进而实现光催化降解性能的调控。其中，当尿素含量为 70%、煅烧温度为 530℃时，所得多孔 g-C_3N_4 对甲基蓝的降解活性是块体 g-C_3N_4 的 2.1 倍[15]。中国科学院长春应用化学研究所宋术岩研究员课题组通过在空气气氛下热处理块体 g-C_3N_4 制备了具有丰富微孔、介孔和大孔的泡沫状多孔超薄 g-C_3N_4 纳米片，将其用于光催化剂进行降解罗丹明 B 时，其催化活性为块体 g-C_3N_4 的 68 倍。研究发现，多孔结构不仅可以产生更多的催化活性位点并暴露更多的活性边缘，而且还能够有效提高光生载流子的传输效率[16]。此外，还有一系列多孔 g-C_3N_4 光催化剂被设计并均表现出良好的光催化降解性能[17-18]。

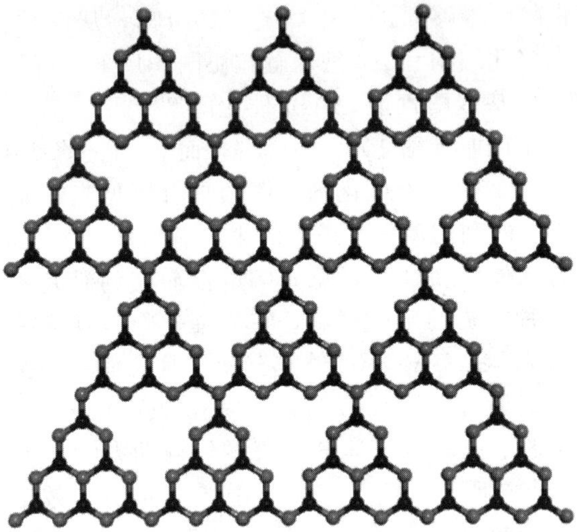

图 7.6　光催化剂 g-C_3N_4 的结构式

虽然通过对 g-C_3N_4 进行造孔设计可以有效增加其催化活性位点，但光生电子-空穴对的快速复合以及有限的可见光响应范围仍是阻碍 g-C_3N_4 光降解活性进一步提高的另一障碍。基于多孔结构，构筑 g-C_3N_4 基异质结催化剂是解决上述问题的有效策略之一。其中，溴化银催化剂由于较窄的带隙、独特的光灵敏度和较高的载流子分离效率，在光催化降解中表现出独特的优势。鉴于此，中国环境科学研究院徐建研究员课题组基于多孔 g-C_3N_4，构筑了 AgBr/g-C_3N_4 异质结催化剂以进行光催化降解麻黄素研究。所得催化剂不仅结合了多孔结构大比表面积赋予的丰富活性位点的优势，而且 AgBr 的存在有效拓宽了 g-C_3N_4 催化剂对可见光的响应范围。同时所得催化剂对可见光的响应范围随着 AgBr 的增加而逐渐拓宽。其中，当 AgBr∶g-C_3N_4 的质量比为 1∶5 时，所得催化剂表现出最好的麻黄素光降解性能[19]。类似地，g-C_3N_4/$WO_{2.72}$[20]、g-C_3N_4/碳量子点[21]、g-C_3N_4/TiO_2[22] 等一系列多孔 g-C_3N_4

基异质结催化剂被制备并呈现出良好的光催化降解性能。

7.2.5.3　多孔材料在光催化 CO_2 还原中的应用

在全球追求“碳中和”目标的过程中，光催化技术为同时解决温室效应和能源短缺问题提供了一种强有力的方案，该过程利用光催化剂的强还原性特性在环境条件下将二氧化碳和水直接转化为高价值燃料与氧气[23]。然而，由于常规半导体催化剂对太阳光的利用效率低，并且光生电子与空穴很容易快速复合而导致其失活，因此很难得到广泛的应用。此外，CO_2 还原过程中还原产物的多样性和竞争性析氢反应的存在，难以实现目标产物的高选择性，导致其整体效率较低，极大地限制了其工业应用。因此，合理地设计光催化剂的结构对实现 CO_2 的高效还原具有重要研究意义。科研人员提出了一系列策略来优化光催化 CO_2 还原。其中，构筑具有多孔结构的光催化剂不仅可以利用其较大的比表面积和高度开放的孔结构以增加催化活性位点，而且能促进催化过程中的反应动力学。同时多孔结构的存在能够使光发生多次散射，进而提高对光的利用效率。

目前已有多孔金属化合物以及石墨相氮化碳等光催化剂被设计并在光催化 CO_2 还原中表现出良好的催化性能。中国科学院上海硅酸盐研究所周晓霞课题组通过水热反应制备了具有多级孔结构的 TiO_2。为了提高所得催化剂对太阳光的利用率并促进光生载流子的分离，他们将 Ag 量子点负载到多孔 TiO_2 表面。多孔 TiO_2 不仅为 Ag 量子点的均匀负载提供了有效的支撑载体，而且为 CO_2 的吸附以及中间产物的转移与脱附提供了更快的反应速率。此外，多级孔带来的大比表面积有效增加了其催化活性位点。最终，所得催化剂在光催化 CO_2 还原时，表现出优异的催化性能，在紫外-可见光照射 4 小时后，CO 的产率可达 $2.3\mu mol \cdot g^{-1}$[24]。另外，在多孔结构的基础上，调控 TiO_2 光催化剂的晶型可以进一步优化其催化性能。其中，单斜晶型的 TiO_2 具有更低的导带位置，理论上具有更强的 CO_2 还原能力，但实验过程中发现常规结构的单斜 TiO_2 几乎没有 CO_2 还原能力。为了进一步改善单斜 TiO_2 的 CO_2 还原能力，武汉理工大学余家国教授课题组通过微波辅助水热法制备了具有多级孔结构的单斜 TiO_2，所得催化剂表现出 $142m^2 \cdot g^{-1}$ 的大比表面积。将其用作 CO_2 还原生产甲醇时，其在光照 1 小时后，甲醇的产量可达 $0.08\mu mol$[25]。除了介孔 TiO_2，介孔 CeO_2、Cu_2O 和 CdS 等一系列其他多孔金属化合物也被设计出来并用于光催化 CO_2 还原。例如，南京理工大学李盎等人设计了双壳层结构的 Cu_2O/MnO_x 介孔复合材料用于光催化 CO_2 还原。介孔结构大大缩短了载流子的扩散距离，使更多的载流子迁移到催化剂表面进行催化反应，并且异质结的构建能够进一步促进光生载流子的分离，最终

使其 CO_2 还原活性比单独的 Cu_2O 纳米颗粒增强了 7.1 倍，稳定性提高了 11.2 倍[26]。

g-C_3N_4 因其成本低、稳定性好、无毒以及具有可见光响应等优势，是另一种有效的 CO_2 还原光催化剂。设计具有多孔结构的 g-C_3N_4 能够有效提升其 CO_2 还原性能。武汉理工大学余家国教授课题组通过冷淬的方式制备了具有三维多孔结构的 g-C_3N_4 用于光催化 CO_2 还原。三维多孔结构不仅有效缓解了光生电子-空穴对的复合，而且有效提高了其对可见光的吸收，最终所得催化剂在光催化 CO_2 还原时，甲醇的产生速率是块体 g-C_3N_4 的 5 倍，而 CO 的产生速率提高了 2 倍[27]。基于多孔结构的优势，设计不同形貌的多孔催化剂能够进一步改善催化剂的 CO_2 还原能力。江苏大学许晖教授团队通过超分子自组装策略设计了一维结构的多孔 g-C_3N_4 空心管用于光催化 CO_2 还原，所得材料不仅具有多孔结构的比表面积大、载流子传输距离短的优势，而且一维空心结构赋予其更多的催化活性位点。当其用于光催化 CO_2 还原时，其 CO 的转换速率可达 103.6μmol·g^{-1}·h^{-1}，分别是块体 g-C_3N_4 的 17 倍和商业 TiO_2 的 15 倍[28]。

尽管通过构筑多孔结构能够有效改善 g-C_3N_4 的光催化 CO_2 还原性能，但是单独 g-C_3N_4 的光生电子-空穴对的快速复合仍然是限制其性能进一步提升的主要障碍。基于多孔结构，设计 g-C_3N_4 基异质结催化剂能够有效改善这一问题，并且与窄带隙催化剂的复合能够进一步拓宽其对可见光的响应范围。例如，河南大学陈威教授课题组将 Ag 纳米颗粒负载到介孔 g-C_3N_4 上进行光催化 CO_2 还原 CO，多孔 g-C_3N_4 为 Ag 纳米颗粒的高度分散提供了有效支撑，所得催化剂的 CO 转化速率分别是单独介孔 g-C_3N_4 和块体 g-C_3N_4 的 2.81 和 4.37 倍，优异的催化性能不仅来源于多孔结构赋予的大表面积和丰富的活性位点，而且 Ag 纳米颗粒的存在有效促进了光生载流子的分离，并且显著拓宽了催化剂对可见光的响应范围[29]。此外，Wang 等人将 CdS 量子点负载到大孔结构的氮掺杂碳材料上进行光催化 CO_2 还原生成 CO。三维有序的大孔结构促进了光生载流子的快速转移，并且碳骨架上高度分散的 CdS 量子点能够显著促进其对 CO_2 分子的吸附。最终所得催化剂即使是在不添加任何牺牲剂的情况下，CO 生成速率仍可达 5210μmol·g^{-1}·h^{-1}，并且在 450nm 处实现了 2.9%的表观量子效率[30]。

7.2.5.4 多孔材料在太阳能分解水制氧中的应用

在半导体光催化技术中，半导体被光激发产生的空穴具有很强的氧化能力，可以将水分子或羟基氧化为氧气，进而实现光解水制氧。与上述光解水制氢相似，半导体的结构直接决定了其在制氧过程中的反应效率。多孔结构较大的比表面积和高度开放的孔结构，可以提供丰富的表面活性位点，但目前关于多孔材料在光解水制氧中的研究相对较少。比如，清华大学朱永法教授制备了比表面积高达 $130.00m^2 \cdot g^{-1}$ 的三维多孔 g-C_3N_4，其在光解水制氧时表现出 $49.1\mu mol \cdot g^{-1} \cdot h^{-1}$ 的制氧速率，是块体 g-C_3N_4 的 5.1 倍，并且所得催化剂表现出良好的循环稳定性。进一步分析表明，三维多孔结构不仅能够有效防止催化过程中催化剂的团聚，而且能够有效促进光生载流子的传输，进而避免光生电子-空穴的复合，使更多的空穴参与水的分解反应[31]。

7.3 多孔材料在电催化中的应用

7.3.1 电催化技术简介

电催化技术是通过化学过程将电能转换为氢气或其他方便存储的能量的过程。利用电催化技术不仅可以通过电解水实现氢气和氧气的高效制备（图 7.7），甚至可以将 CO_2 等温室气体还原为 CO 等高价值产物。电催化是使电极、电解质界面上的电荷转移加速反应的一种催化作用。选用合适的电极材料可以改变电极表面状态或溶液中的修饰物，大范围地改变反应的电极电势和反应速率，使电极除具有电子传递功能外，还能促进和选择电化学反应。电催化过程通常可以分为两类：①离子或分子通过电子传递步骤在电极表面上产生吸附中间产物，经电化学脱附步骤或电化学步骤生成稳定的分子；②反应物在电极上进行解离式或缔合式化学吸附，随后中间物或吸附反应物进行电子传递或表面化学反应。根据电催化的性质，电催化主要可分为氧化还原电催化和非氧化还原电催化两大类，具体的电催化类型和机理见下节分析。

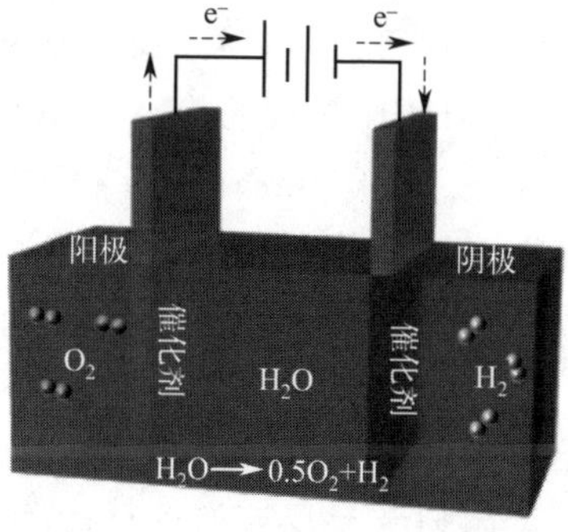

图 7.7　电催化装置示意图

7.3.2 电催化技术的基本原理和分类

7.3.2.1 析氢反应

析氢反应（HER）是一种重要的电催化过程，其基本过程是在外加电位的作用下，在电极表面将 H_2O 转化为 H_2。电解水的装置主要分为阴极、阳极和电解液三部分，HER 发生在电解槽的阴极。纯水的电导率低导致电解程度也较低，因此通常需要在电解液中添加硫酸或氢氧化钾等各种电解质来提高溶液的电导率。反应介质不同，导致相应的 HER 机理也不同。在酸性介质中（通常为 $0.5mol \cdot L^{-1}$ 的 H_2SO_4 溶液），其反应机理主要为 Volmer-Tafel 或 Volmer-Heyrovsky 原理，即 H^+ 的吸附与 H_2 的解吸（析出）过程。在 Volmer 过程中，质子与电子（e^-）发生反应并在电极材料表面（M）产生吸附氢原子（H^*）[式(7.1)]。随后，通过 Tafel 或是 Heyrovsky 过程，在电极表面产生 H_2 并发生解离，具体地，Tafel 过程是两个 H^* 在电极表面结合为 H_2[式(7.2)]，而 Heyrovsky 过程是电极表面的 H^* 继续与溶液中的 H^+ 和电子发生反应而产生 H_2[式(7.3)]。而在碱性介质中，整个反应过程与酸性介质相似，但质子的来源与酸性介质中有所不同，其通常需要额外的水分解步骤来产生质子，因此会消耗更多的能量并有可能减缓反应速率[式(7.4)和式(7.5)]。

$$H_3O^+ + M + e^- \longrightarrow M-H^* + H_2O \tag{7.1}$$

$$2M-H^* \longrightarrow 2M + H_2 \tag{7.2}$$

$$H^+ + M-H^* + e^- \longrightarrow M + H_2 \tag{7.3}$$

$$H_2O + M + e^- \longrightarrow M-H^* + OH^- \tag{7.4}$$

$$H_2O + M-H^* + e^- \longrightarrow M + OH^- + H_2 \tag{7.5}$$

其中，对于具体的解析机理可通过计算 Tafel 斜率来进行分析。当 Tafel 斜率约为 $30mV \cdot dec^{-1}$ 时，HER 过程符合 Volmer-Heyrovsky 机理；而当 Tafel 斜率约为 $120mV \cdot dec^{-1}$ 和 $40mV \cdot dec^{-1}$ 时，表明 HER 过程遵循 Volmer-Tafel 机理。根据上述描述的 HER 过程，整个 HER 的反应动力学与催化剂表面的化学吸附和脱附密切相关。根据 Sabatier 原理，一个好的 HER 催化剂应该只适度地将 H^* 结合到其活性位点上，如果氢与催化剂表面发生强烈的相互作用，氢的初始吸附过程（Volmer 过程）就会很容易，但是后续的脱附过程就会很难，进而会阻碍整个反应的进行；反之，也不利于整个 HER 过程的进行。鉴于此，使用吉布斯自由能变来衡量催化剂的氢吸附和氢气脱附能力，且当且仅当 ΔG 为零时，所得催化剂的 HER 催化活性最高。

7.3.2.2 析氧反应

析氧反应（OER）是许多电化学过程中重要的阳极半反应，OER 与 HER 相对应，其发生在电解槽的阳极，并且与 HER 不同的是，OER 是四电子过程，因此，其所对应的化学反应过程更为复杂，反应动力学更为缓慢。但与 HER 相同的是，OER 的反应介质也分为酸性和碱性，且不同介质环境中的反应机理稍有不同，但都主要包括 $^*OH$ 和 $^*OOH$ 中间体的形成和转移[32]。在不同介质中的具体反应方程式如下所示。

酸性条件下的反应路径：

$$M+H_2O \longrightarrow M-OH+H^++e^- \tag{7.6}$$

$$M-OH \longrightarrow M-O+H^++e^- \tag{7.7}$$

$$2M-O \longrightarrow 2M+O_2 \tag{7.8}$$

$$M-O+H_2O \longrightarrow M-OOH+H^++e^- \tag{7.9}$$

$$M-OOH \longrightarrow M+O_2+H^++e^- \tag{7.10}$$

碱性条件下的反应路径：

$$M+OH^- \longrightarrow M-OH+e^- \tag{7.11}$$

$$M-OH+OH^- \longrightarrow M-O+H_2O+e^- \tag{7.12}$$

$$2M-O \longrightarrow 2M+O_2 \tag{7.13}$$

$$M-O+OH^- \longrightarrow M-OOH+e^- \tag{7.14}$$

$$M-OOH+OH^- \longrightarrow M+O_2+H_2O+e^- \tag{7.15}$$

通过对反应路径的分析可知，酸性和碱性介质中 OER 的机理区别为不同的反应物质：在酸性条件下反应物质为 H_2O，而在碱性条件下反应物为 OH^-。基于上述反应原理可知，理想的 OER 催化剂应该能够以相同的反应自由能变（略高于平衡势）促进这四个基本步骤，并且在零过电势下，自由能变值应为 1.23eV。

7.3.2.3 氧化还原反应

氧化还原反应（ORR）是多种燃料电池中必不可少的阴极半反应，其反应过程复杂且缓慢。在反应过程中，氧气分子首先吸附在催化剂表面形成 $M-O_2$，然后根据 O_2 在电催化剂表面不同的吸附方式和解离势垒，ORR 机理可分为解离机理和结合机理，其解离机理的具体反应过程如下：

$$M+M-O_2 \longrightarrow 2M-O \tag{7.16}$$

$$2M-O+2H^++2e^- \longrightarrow 2M-OH \tag{7.17}$$

$$2M-OH+2H^++2e^- \longrightarrow 2H_2O+2M \tag{7.18}$$

而结合机理的具体反应过程如下：

$$M-O_2+H^++e^- \longrightarrow M-OOH \tag{7.19}$$

$$M-OOH+H^++e^- \longrightarrow H_2O_2+M \tag{7.20}$$

$$M-OOH+H^++e^- \longrightarrow H_2O+M-O \tag{7.21}$$

$$M-O+H^++e^- \longrightarrow M-OH \tag{7.22}$$

$$M-OH+H^++e^- \longrightarrow H_2O+M \tag{7.23}$$

从上述各式可以看到，在结合机理过程中，$M-O_2$ 首先与质子和电子反应生成 M－OOH，然后 M－OOH 通过两电子过程直接产生 H_2O_2，或通过四电子过程产生 M－O 或 M－OH，而两电子过程的还原电位通常是一个四电子过程的两倍，因此，设计 ORR 催化剂时应尽可能使催化剂表面发生四电子过程，这将在燃料电池和金属空气电池中产生更高的能量和功率密度。

7.3.2.4 二氧化碳还原反应

电催化二氧化碳还原反应（CO_2RR）的装置与上述电催化有所不同。在 CO_2 的电解装置中，阳极和阴极被置于两个腔室中，且腔室之间通过离子交换膜隔开，防止 CO_2 还原产物被进一步氧化。在阳极上，水被氧化为 O_2，而 CO_2 的还原则在阴极进行。与上述 HER 和 ORR 相比，虽然电催化 CO_2RR 过程也分为三个步骤，即电催化剂表面 CO_2 的化学吸附、电子和质子的转移以及产物从电催化剂表面的脱附，但 CO_2RR 涉及一个更复杂、更多步的质子耦合电子转移过程。其本质是通过电化学还原过程使 CO_2 获得 $2e^-$、$4e^-$、$6e^-$ 和 $8e^-$ 来完成，并且在不同的电极材料、还原电位、电解质和 pH 等条件下，可生成 CO、甲酸盐、碳氢化合物和醇等不同产物。不同产物的生成过程以及相应的平衡电势如下所示。

$$CO_2+2H^++2e^- \longrightarrow CO+H_2 \quad E^{\ominus}(\text{vs. RHE,相对于可逆氢电极})=-0.10V \tag{7.24}$$

$$CO_2+2H^++2e^- \longrightarrow HCOOH \quad E^{\ominus}(\text{vs. RHE})=-0.12V \tag{7.25}$$

$$CO_2+6H^++6e^- \longrightarrow CH_3OH+H_2O \quad E^{\ominus}(\text{vs. RHE})=0.03V \tag{7.26}$$

$$CO_2+8H^++8e^- \longrightarrow CH_4+2H_2O \quad E^{\ominus}(\text{vs. RHE})=0.17V \tag{7.27}$$

$$2CO_2+8H^++8e^- \longrightarrow CH_3COOH+2H_2O \quad E^{\ominus}(\text{vs. RHE})=0.11V \tag{7.28}$$

$$2CO_2+12H^++12e^- \longrightarrow C_2H_5OH+3H_2O \quad E^{\ominus}(\text{vs. RHE})=0.08V \tag{7.29}$$

$$2CO_2+12H^++12e^- \longrightarrow C_2H_4+4H_2O \quad E^{\ominus}(\text{vs. RHE})=0.07V \tag{7.30}$$

$$3CO_2+18H^++18e^- \longrightarrow C_3H_7OH+5H_2O \quad E^{\ominus}(\text{vs. RHE})=0.10V \tag{7.31}$$

通过上述各式可看出，相对于可逆氢电极（RHE），大多数产物的平衡电

势 $E^{\ominus}$ 都在 0V 以上，说明该反应在热力学上比 HER 更有利。但 CO_2 包含两个稳定的 C═O 双键的线性分子，热力学性质稳定，在还原过程中需要很大的能量才能实现其从线性分子到弯曲分子的几何重构过程，导致 CO_2RR 的反应动力学比 HER 缓慢很多。

7.3.2.5 氮气还原反应

氮气还原反应（NRR）的电解装置与上述 CO_2RR 相似，在阳极表面发生 H_2O 的氧化，而 N_2 的还原发生在阴极表面，且阴极表面的反应与电解液的性质相关。并且与 CO_2RR 相似的是，由于 N≡N 较高的键能，在 N_2 的还原中需要很大的裂解能才能引发 NRR 的第一步反应，因此导致其整个过程动力学迟滞。在不同电解液中的反应过程有所不同，具体的反应过程如下所示。

在酸性溶液中：

阳极（氧化过程）：

$$3H_2O \longrightarrow 6H^+ + 1.5O_2 + 6e^- \tag{7.32}$$

阴极（还原过程）：

$$6H^+ + N_2 + 6e^- \longrightarrow 2NH_3 \tag{7.33}$$

而在碱性电解液中，N_2 与 H_2O 和 e^- 直接结合形成 NH_3，产生的 OH^- 通过阴离子交换膜转移到阳极并被氧化为 O_2，具体的反应过程如下所示。

阳极（氧化过程）：

$$6OH^- \longrightarrow 1.5O_2 + 6e^- + 3H_2O \tag{7.34}$$

阴极（还原过程）：

$$N_2 + 6H_2O + 6e^- \longrightarrow 2NH_3 + 6OH^- \tag{7.35}$$

整个反应过程如下：

$$N_2 + 3H_2O \longrightarrow 2NH_3 + 1.5O_2 \tag{7.36}$$

由上述反应过程可知，在整个 NRR 过程中，主要的副反应为 H_2O 的还原，即 HER，这将会导致较低的法拉第效率。因此，在选择 NRR 催化剂时，需要同时满足高的催化活性和高的 NRR 选择性，尽量避免副反应 HER 的发生。

7.3.3 电催化技术的影响因素

通过上述对电催化基本原理的探究可知，电催化是发生在电极表面的化学反应。因此，电催化的影响因素主要可分为电极电位和电极材料两方面。电极电位主要影响化学吸附中间体的生成速度和表面覆盖程度。关于电极电位的研究相对较少。目前的研究主要集中于电极材料的选择和设计上，由于电化学反应一般发生在电极/溶液界面的电极表面，电极材料不仅对反应活化能具有很大影响，而且其性质可以改变双电层结构，因此电极材料的种类和结构等性质直接决定了催化反应的速率。通常，理想的电极材料具有以下特点：①电导率高，具有良好的电子导电性，使电极材料的电阻不太大，进而可以降低电极本身的电压，使电极能在高电流密度下工作；②良好的物理和电化学稳定性，以保证催化剂在催化过程中具有较长的使用寿命；③具有较高的催化活性，使电极反应具有快的反应速率，且能够抑制有害的副反应，能承受杂质及中间产物的作用而不致较快地中毒失活；④原料成本低廉，地球储量丰富，无毒，可以在温和的反应条件下工作。

对于特定的催化剂，通过对其结构或表面进行处理，能够进一步增加其活性位点，进而提升其催化性能。以下是影响催化剂活性的主要因素。①催化剂的形貌。催化剂的形貌不仅关系到催化剂的活性位点，而且能够调节催化剂与基底材料之间的相互作用，并且不同的形貌结构直接关系到整个催化过程的催化动力学。比如，二维结构具有更大的比表面积，能够暴露更多的催化活性位点；而一维结构具有较大的纵横比，其在催化过程中具有更快的电子传输速率。因此，根据实际需求设计特定形貌的催化剂能够有效改善催化剂的催化性能。②催化剂的比表面积。由于电催化是发生在电极表面的异相反应，因此催化剂的比表面积大小直接决定了其催化活性位点的数量，并且比表面积的增大能够降低真实电流密度，有利于减小过电位。通常通过对催化剂进行纳米化或造孔处理能有效增加其比表面积，进而有效改善其催化性能。③表面缺陷设计。表面缺陷设计不仅能显著改变催化剂的电子结构和配位环境，进而影响界面的电荷转移，而且有些表面缺陷可以充当额外的催化活性位点，进而增加催化剂整体活性位点的密度。

7.3.4 多孔材料在电催化应用中的特点

基于上述分析可知，电催化剂的结构直接关系到其催化性能。合理地设计电催化剂的结构是电催化领域的研究热点与重点。多孔材料因其不同于块体材料的独特理化特性而受到广泛关注。与常规块体结构相比，多孔材料在电催化中具有以下独特优势。①多孔结构赋予其更丰富的反应活性位点。由于电催化是基于界面的多相反应过程，多孔结构具有的更大的表面积以及高度开放的孔隙结构，不仅可以增加电极材料的表面反应活性位点，而且可以有效利用催化剂内部的活性位点，从而提高其催化性能。②多孔结构赋予其更快的反应动力学。多孔结构高度开放的孔隙结构能够实现快速的质量传输，进而有效提高其催化反应动力学。③多孔材料在孔隙的形成过程中会在边缘、角落以及晶界等位置产生结构缺陷，这些缺陷位点可以优化材料的催化活性。

7.3.5　多孔材料在电催化反应中的具体应用

7.3.5.1　多孔材料在析氢反应中的应用

氢气由于具有清洁、可再生等优点，被认为是未来最有希望大规模使用的能源之一。在过去的几十年里，各种先进技术被用于制备氢气。其中，电催化分解水因其成本低和可持续等优点被认为是最有希望实现这一目标的途径之一。开发高效的电催化剂进行电解水制氢引起了研究者越来越多的关注。鉴于多孔结构的独特优势带来的良好的 HER 应用前景，目前已有金属、金属化合物以及非金属等多孔催化剂在 HER 中表现出良好的催化性能。

在各种电催化剂中，贵金属材料因其较高的本征活性而受到广泛关注。其中，最典型的是商业铂（Pt）催化剂，但资源匮乏导致其高昂的价格限制了其在工业上的大规模使用。为了进一步优化资源配置，各种策略被用于降低 Pt 基催化剂的使用成本。其中，缩小 Pt 纳米颗粒的尺寸来暴露更多的活性位点是提高 HER 电催化性能并降低成本的有效方法。然而，受限于表面自由能效应，Pt 纳米颗粒容易出现团聚现象。将 Pt 纳米颗粒或团簇分散到多孔导电基底上可以有效缓解上述问题。多孔基质不仅能够为 Pt 纳米颗粒的分散提供支撑表面，还可以有效防止纳米颗粒或团簇的团聚，并且多孔结构的存在可以促进离子和质量在电极中的传输。基于这种理论指导，南洋理工大学楼雄文教授课题组将 Pt 纳米团簇封装到空心介孔碳球中进行电催化 HER[33]。所得催化剂在酸性和碱性溶液中都表现出优异的电催化性能。特别地，所得催化剂中 Pt 纳米团簇仅占 5.08%（以质量分数计，下同），远低于商业 Pt/C 催化剂（20%）。为了进一步提高 Pt 催化剂的 HER 性能，华南理工大学张磊教授课题组以 PS 微球为硬模板、ZIF-8 为碳前驱体，制备了氮掺杂的大孔（孔径为 120nm）碳材料用于负载 Pt 纳米颗粒[34]。粒径为 2.74nm 的 Pt 纳米颗粒均匀地分散在氮掺杂的大孔碳骨架中，且负载量仅为 3.39%。得益于大孔碳骨架增强的质量和电荷输运以及 Pt 纳米团簇与氮掺杂碳骨架之间的强金属-载体相互作用，该催化剂在碱性溶液中的催化性能比商业 20% Pt/C 催化剂高 10 倍，甚至在循环 3000 次后仍然表现出良好的稳定性。

与 Pt 同一族的钌（Ru）是另一种常用的 HER 贵金属催化剂，其不仅具有良好的电子结构和较高的本征活性，而且防腐能力强，在较宽的 pH 范围内都可使用。此外，Ru 的成本仅为 Pt 的 1/25 左右，这意味着能够有效降低制氢产业成本，从而推动上下游产业低成本化。但是由于其与氢较强的键合作用而表现出一般的 HER 活性[35]。将 Ru 纳米颗粒与碳材料耦合能够明显增强其 HER 活性。但 Ru 基催化剂在碱性溶液中易于溶解，严重制约了其 HER 催化性能的发挥。另外，Ru 的 HER 催化性能与其团簇大小、分散性以及载体的形貌密切相关。利用多孔结构的优势，将 Ru 纳米颗粒封装到多孔材料中，能够实现 Ru 纳米颗粒的高效催化性能。例如，浙江工业大学王建国教授课题组通过高温处理 $RuCl_2$ 和双氰胺的混合物，成功地将 Ru 纳米颗粒封装到具有三维多孔结构的氮掺杂碳材料中，并研究了封装形式和程度对其 HER 催化性能的影响[36]。研究发现，将 Ru 纳米颗粒完全封装在氮掺杂多孔碳中的 HER 催化性能明显优于将 Ru 负载在多孔碳表面的 HER 催化性能。虽然通过上述高温处理 Ru 前驱体与碳源混合物可以将 Ru 纳米颗粒封装到多孔碳载体上，但较高的热解温度往往导致 Ru 纳米颗粒尺寸较大，且在碳载体上分布不均。为了解决这一问题，中国科学院福建物质结构研究所朱起龙研究员课题组以 PS 微球为硬模板、ZIF-8 为碳前驱体，成功地将平均粒径为 3.3nm 的 Ru 纳米颗粒均匀地分散在氮掺杂的大孔-介孔-微孔碳框架中。独特的多级孔结构赋予其 $1225.3m^2 \cdot g^{-1}$ 的大比表面积[37]。高度分散的微小 Ru 纳米颗粒使所得催化剂具有丰富的活性位点，独特的多孔结构赋予其高效的电子和质量传递动力学，最终使其在碱性溶液中进行 HER 时表现出极低的过电势（13mV@$10mA \cdot cm^{-2}$），且呈现出低 Tafel 斜率（$40.41mV \cdot dec^{-1}$）和较高的转换频率（在 25mV 时为 $1.6H_2 \cdot s^{-1}$），明显优于 Pt/C 催化剂。

通过上述讨论可知，多孔材料为提高贵金属催化剂的 HER 性能、减少贵金属的使用提供了一种有效的支撑载体。然而，由于高昂的价格和稀有的资源，贵金属催化剂还不能完全满足工业生产需求。为进一步降低催化剂在工业上的使用成本，非贵金属催化剂逐渐受到研究者的广泛关注。其中，过渡金属由于较适合的吸附性能，成为贵金属催化剂的有效替代品。金属镍（Ni）是地球上储量较大的过渡金属元素，其在自然界中的丰度大于 50×10^{-6}，并且其具有较高的耐腐蚀性和延展性，更重要的是合适的电子结构使其在碱性溶液中表现出优异的 HER 催化性能。除了催化剂的本征活性，增强催化剂的外在活性对提高其催化性能也至关重要。浙江大学侯阳研究员团队先通过水热反应将镍前驱体与碳源结合在一起，然后通过高温热分解成功地将镍纳米颗粒负载在多孔碳上，所得催化剂表现出 $140m^2 \cdot g^{-1}$ 的比表面积[38]。其中，镍纳米颗粒通过 Ni—N_x 键紧密结合在多孔碳表面。得益于较大的比表面积和较强的相互耦合作用，其在电流密度为 $10mA \cdot cm^{-2}$ 时表现出 147mV 的过电势，且呈现出 $114mV \cdot dec^{-1}$ 的低 Tafel 斜率。

钴（Co）是另一种有希望代替贵金属的过渡金属 HER 催化剂，鉴于多孔结构的优势，将 Co 纳米颗粒分散在多孔材料中，能有效缓解 Co 纳米颗粒在高温下的团聚问题。但常规多孔材料的合成过程中，额外造孔模板的引入使整个制备流程烦琐。针对上述问题，北京化工大学王峰课题组以自生的 Co 纳米颗粒为模板，通过直接碳化钴盐、尿素和邻苯二酐复合物，制备了 Co、N 共掺杂的多孔碳催化剂[39]。尽管没有任何额外的模板，但所得的催化剂仍呈现出三维多孔结构，其比表面积可达350.8$m^2 \cdot g^{-1}$，且具有0.33$cm^3 \cdot g^{-1}$的孔体积。得益于多孔结构赋予的大量催化活性位点，当电流密度为10$mA \cdot cm^{-2}$时，所得催化剂在碱性和酸性溶液中分别呈现出−0.27V和−0.23V的低过电势，明显优于商业Pt/C催化剂。此外，为了进一步提高过渡金属的HER催化活性，Zheng等人通过碳化ZIF-67制备了Co、Fe、Ni共掺杂的多孔碳基催化剂，在多孔结构的基础上详细探讨了过渡金属的协同作用[40]。发现当只有Co存在时，所得催化剂的Tafel斜率为124.6$mV \cdot dec^{-1}$；当引入Ni后，Tafel斜率降为98.9$mV \cdot dec^{-1}$；而当只有Co和Fe时，Tafel斜率降为79.4$mV \cdot dec^{-1}$；这说明引入Ni和Fe可以明显增加所得催化剂的HER催化活性位点。特别地，当Co、Fe、Ni三者共同存在时，Tafel斜率仅为65.8$mV \cdot dec^{-1}$，说明不同过渡金属之间发生了明显的协同作用。

单原子催化剂（SACs）由于接近100%的原子利用率，近来在电催化领域受到越来越多的关注。热力学性质不稳定使其在使用过程中不可避免地发生团聚，进而导致催化性能降低，这是单原子催化剂面临的主要挑战。精确调节单原子催化剂载体的微观环境，对其高效使用具有重要作用。多孔结构与高度开放的孔隙结构为单原子的高度分散提供了有效的支撑载体。南洋理工大学楼雄文教授课题组将Pt原子稳定地锚定在氮掺杂的介孔碳纳米颗粒中，扩展X射线吸收精细结构光谱（EXAFS）和X射线光电子能谱（XPS）分析表明，孤立的Pt原子与周围的C、N原子相配位，且根据实验结果和密度泛函理论（DFT）计算得出，孤立的Pt中心可以激活相邻的C、N原子，使这些非金属原子对HER具有电催化活性。最终所得催化剂在酸性溶液中的催化活性比Pt/C催化剂提高了25倍[41]。除了多孔碳材料，其他各种多孔基体也被用来锚定Pt原子，且由于载体较大的比表面积和开放的孔隙结构及较强的金属-载体相互作用，所得催化剂均表现出良好的HER催化活性。

虽然在多孔基体上负载贵金属Pt原子可以有效提升其催化性能，但是关于单原子Pt如何促进其较高HER活性机理的研究还很少。湖南大学谭勇文教授课题组构建了多孔结构的硒化钴用于负载Pt单原子，并在原子水平上探究了HER活性的来源[42]。所得催化剂具有接近零的起始过电位、较低的Tafel斜率（35$mV \cdot dec^{-1}$）和较高的转换频率（TOF，3.93s^{-1}当过电势$\eta=-100mV$时）。重要的是，密度泛函理论计算结果指出，单原子Pt能强烈诱导Pt与$Co_{0.85}Se$界面区电荷重分布，显著促进水解离过程，同时改善H^+的吸附/解吸行为，进一步促进HER动力学。

与Pt相似，Ru以单原子形式存在，能够最大限度地提高Ru的利用率。为了确保Ru以单原子形式分散于多孔基质中，合肥工业大学谢建晖教授课题组以六配位的$[Ru(bpy)_3]Cl_2$为前驱体，将其包覆在g-C_3N_4表面，然后通过高温热解将单原子Ru紧密负载在多孔碳表面[43]。多孔结构能够有效促进催化过程中的质量转移，并且单原子由于更多的暴露活性位点以及金属原子与载体之间的强相互作用，能够促进电荷的转移并提高其催化稳定性。最终所得催化剂在酸性和碱性溶液中均表现出优于商业 Pt/C 催化剂的 HER 催化性能。其中，在碱性溶液中，当电流密度为 $10mA \cdot cm^{-2}$ 时表现出 10mV 的低过电势以及 $17mV \cdot dec^{-1}$ 的低 Tafel 斜率。

MXene 因其丰富的表面基团和优异的化学惰性而成为极具前景的单原子催化剂载体。但是，MXene 表面基团较高的 H^+ 结合强度导致其缓慢的反应动力学。引入弱电负性的杂原子来配位中心单原子可以调节电子结构，优化中间体的吸附，进而实现催化性能的提高。基于上述理论，湖南大学谭勇文教授团队在三维多孔 N、P 共掺杂的 $Ti_3C_2T_x$ MXene 上负载了一系列金属单原子（Pt、Ir、Ru、Pd 和 Au）用于 HER 催化反应[44]。结合密度泛函理论和 X 射线吸收精细结构（XAFS）光谱得出，三维多孔结构不仅提供了丰富的锚定位点，增加了单原子的质量载荷，而且可以防止 $Ti_3C_2T_x$ 纳米片的重新堆积和聚集，从而增加了吸附的催化活性位点，且 N(O)、P 配位中心金属原子的良好电子状态可以显著优化中间体的吸附能，从而增强本征催化活性。其中，负载 Pt 单原子的催化性能在较宽 pH 值范围内高于商业 Pt/C 催化剂 20 倍。除了贵金属，制备过渡非金属单原子催化剂也能显著优化其 HER 性能。例如，Chen 等人通过化学气相沉积法将镍单原子固定在多孔碳材料中并研究了其在酸性溶液中的催化性能，其中镍通过 C—Ni 键结合在多孔石墨烯表面[45]。所得催化剂在 $0.5mol \cdot L^{-1}$ 的 H_2SO_4 溶液中表现出 50mV 的低过电势和 45 $mV \cdot dec^{-1}$ 的 Tafel 斜率。

上述内容讨论了以多孔材料作为基体负载金属颗粒或原子来改善其 HER 催化性能的优势。除了充当载体，直接对金属材料进行多孔化也可以优化其 HER 催化性能。例如，Li 课题组通过 3D 打印技术制备了高度可控、具有周期性孔结构的 Ni(3DPNi) 基电催化剂用于 HER。多孔结构可以抑制气泡的聚结、干扰和捕获，从而促进气泡的快速释放。最终碳掺杂 NiO 修饰的 3DPNi 电极在 $1.0mol \cdot L^{-1}$ KOH 电解液中，呈现出 245mV 的析氢反应过电位[46]。基于 Ni 和 Co 的有效催化活性，Co-Ni 合金催化剂不仅能够充分发挥各自的催化活性，而且能有效提高 Ni 在碱性溶液中的抗腐蚀性能。为了获得更好的 HER 催化性能，北京化工大学徐联宾教授课题组以 Brij 58 非离子表面活性剂为模板，制备了高度有序的多孔 Ni-Co 合金催化剂，其中当 Ni、Co 的原子比为 58：42 时，所得催化剂呈现出 3.8nm 的孔径和 $106m^2 \cdot g^{-1}$ 的比表面积。得益于多孔结构赋予的丰富反应活性位点，所得催化剂表现出 52mV 的低过电势和 $60mV \cdot dec^{-1}$ 的 Tafel 斜率[47]。

过渡金属磷化物因其优异的导电性、价格便宜等优点，在 HER 中表现出良好的催化性能。但大多数关于过渡金属磷化物基催化剂的研究主要集中在通过形态学工程优化导电性、电子结构或增加活性位点上，而对改善反应物扩散和质量输运的研究较少，因此它们的催化性能仍有待提升。为了进一步提高 FeP 的 HER 催化性能，上海大学张海娇教授等人通过 NaCl 晶体模板策略制备了具有超薄二维多孔结构的 FeP 催化剂用于 HER（图 7.8）。所得催化剂虽然表现出较小的比表面积（$50.164m^2 \cdot g^{-1}$），但独特的超薄多孔结构能够充分暴露活性位点，使其在酸性溶液中呈现出 117mV 的过电势和 $56mV \cdot dec^{-1}$ 的 Tafel 斜率[48]。青岛科技大学王荣方教授课题组设计了多孔 Ni_2P 用于碱性条件下的 HER 催化反应，在 Ni_2P 纳米片上形成的多孔结构为 HER 提供了大量的活性位点，有利于 KOH 电解质的储存，并且促进了催化过程中的传质。此外，片状结构为催化过程提供了更多的边缘和缺陷，进而为催化反应创造出更多的活性位点，最终所得多孔 Ni_2P 催化剂表现出 116mV 的低过电势[49]。基于多孔结构的优势，设计多元组分的电催化剂能够充分利用不同组分的优势，从而显著增强其 HER 催化性能。例如，为了进一步提高 CoP 的 HER 催化活性，吉林大学乔振安教授课题组将粒径为 5～50nm 的 CoP 纳米颗粒嵌入 N、P 共掺杂的多孔碳材料中，多孔碳不仅大大提高了 CoP 纳米颗粒的分散性，而且可以促进电荷转移，所得催化剂在酸性和碱性溶液中均表现出优异的 HER 催化性能[50]。

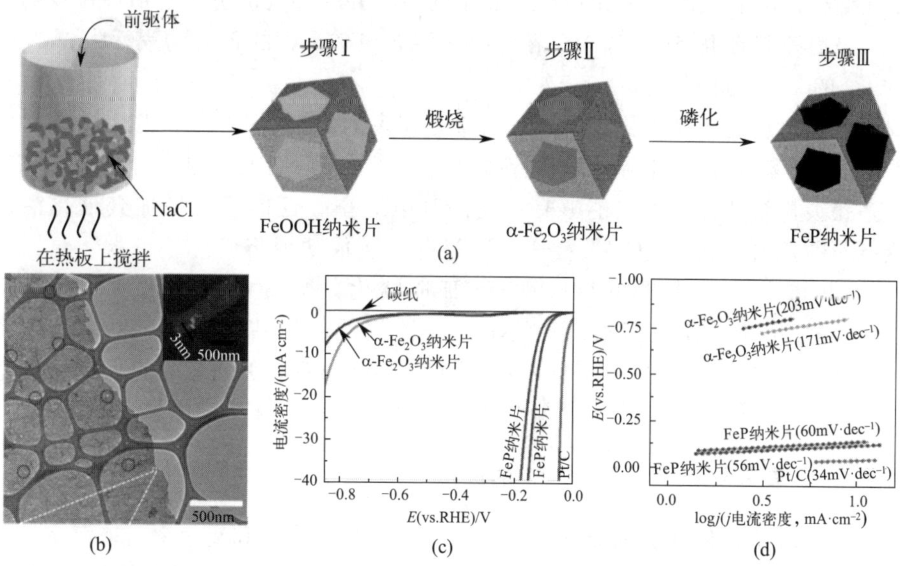

图 7.8　超薄二维多孔 FeP 的制备及其 HER 催化性能研究[48]

(a) 制备流程；(b) 形貌；(c) 电流密度与电势的关系；(d) 电势与电流密度对数的关系

过渡金属碳化物，比如碳化钼、碳化钨等，是另一类比较有效的 HER 催化剂，通过对其造孔处理也可以优化 HER 催化性能。例如，南洋理工大学楼雄文教授团队通过 MOFs 辅助策略制备了具有多孔结构的 MoC 纳米颗粒，用于 HER 催化性能的研究。多孔结构不仅赋予 MoC 较大的比表面积以产生更多催化活性位点，而且能有效促进电子的转移。最终所得催化剂不仅在酸性溶液中表现出良好的催化性能，而且在碱性溶液中的催化性能远高于商业 Pt/C 催化剂[51]。为了进一步提高 MoC 催化剂的 HER 催化性能，复旦大学唐颐教授团队以墨汁为碳源，制备了具有多级孔结构的 MoC/C 复合催化剂[52]。在合成过程中，仅通过调节墨汁的用量，即可实现对电催化剂的骨架结构、孔隙率、碳含量、相组成和活性组分分散性的调控。多级孔结构有效促进了离子和质量在 HER 过程中的传输和交换，并且独特的交联结构能够保证 MoC 和 C 颗粒的高度分散进而赋予其良好的导电性。最终所得催化剂在酸性溶液中表现出 112mV 的低过电势和 $52mV \cdot dec^{-1}$ 的 Tafel 斜率，且在碱性溶液中呈现出 86mV 的低过电势和 $50mV \cdot dec^{-1}$ 的 Tafel 斜率。

由于成本低、无毒、环境友好以及稳定性好，氧化钼（MoO_3）也被用于电催化 HER。但是它并没有活性边缘，设计多孔结构可以有效增强氧化物的催化活性。Suib 等人通过溶剂挥发诱导的自组装策略设计了非化学计量的多孔氧化钼来探究其在 HER 中的催化性能[53]。其中，氧空位的存在不仅能够缩小带隙以增加其导电性，而且可以作为 HER 催化的活性位点。另一方面，多孔结构能够有效促进催化过程中质量的转移并增加反应分子与活性位点的接触。最终所得催化剂在 KOH 溶液中表现出 140mV 的低过电势和 $56mV \cdot dec^{-1}$ 的 Tafel 斜率。

此外，过渡金属硫化物也是目前研究较多的 HER 催化剂。与上述磷化物不同的是，硫化物的半导体属性导致其电导率较低，催化活性位点不足。将其与多孔碳材料结合，不仅能够有效提高其电导率，还能显著增加其催化活性位点。沈阳师范大学赵震教授团队通过盐溶法成功地将 Co_9S_8 纳米颗粒嵌入 N、S 共掺杂的多孔碳材料中进行 HER 催化，所得材料的比表面积高达 $773m^2 \cdot g^{-1}$。高比表面积带来的丰富活性位点，使其在碱性溶液中表现出 196mV 的低过电势和 $75.5mV \cdot dec^{-1}$ 的 Tafel 斜率，并且具有良好的循环稳定性[54]。

7.3.5.2 多孔材料在析氧反应中的应用

为了满足现代社会的能源需求，寻求可持续、清洁和高效率的能源生产尤为重要。作为电解水的阳极半反应，OER 的性能直接决定了其阴极上 HER 的性能。与 HER 不同的是，OER 是四电子-质子耦合反应，因此需要更高的能量。开发高效的电催化剂来克服 OER 的动力学障碍、加快反应速率是这个领域需要解决的关键科学问题。对于特定的 OER 电催化剂，提升其催化性能的传统方法是通过减小催化剂的颗粒尺寸以提高原子利用率和调节活性中心的理化性质。但受限于表面自由能效应，催化剂在纳米化后容易发生颗粒聚集，严重影响其 OER 性能。因此，合理地设计 OER 催化剂的结构对改善其催化性能至关重要。

高度开放的多孔结构能够增加活性位点，进而显著提高 OER 催化性能。比如，为了提升 IrO_2 的 OER 催化性能，Ortel 等人采用软模板策略制备了介孔 IrO_2。得益于更多的表面活性位点，所得介孔 IrO_2 的 OER 催化活性比无孔 IrO_2 纳米晶体高出 200%，充分证明了多孔结构在 OER 催化中的优势[55]。此外，在多孔结构赋予的丰富活性位点的基础上，构筑 Ir 基合金催化剂来进一步提高催化剂的内在活性是提高整体催化活性的另一种有效策略。其中，与过渡金属进行合金化能够有效调节氧吸附能，从而促进 OER 催化反应。例如，北京大学郭少军教授团队设计了具有多孔结构的 IrCoNi 合金催化剂用于 OER 反应，在强酸性溶液（0.1mol・L^{-1} $HClO_4$）中，在电流密度为 10mA・cm^{-2} 时的最低过电位可达 303mV，比 Ir/C 催化剂高 10 倍。第一性原理计算表明，优异的催化性能不仅来源于多孔结构赋予的丰富活性位点，氧中间体在 IrCoNi 合金上吸附能的减弱也是提高 OER 催化活性的另一关键因素[56]。

Ni 基催化剂由于具有优异的电化学性能、良好的电子导电性等优势，在 OER 中表现出良好的催化活性。尽可能多地增加活性位点是提升 Ni 基催化剂 OER 催化活性的有效手段。例如，湖南大学王双印教授团队将具有多级孔结构的 Ni_3S_2 纳米棒生长在泡沫 Ni 上进行 OER 反应，其在 10mA・cm^{-2} 的电流密度下表现出 217mV 的过电势，并且所得催化剂表现出优异的循环稳定性[57]。此外，为了对比 Ni 基催化剂的本征催化活性，Paik 等人分别制备了具有多孔结构的 Ni-P、$Ni(OH)_2$ 和 NiO，对比其在相同形貌下的催化性能。其中，多孔 Ni-P 纳米片表现出最优异的 OER 催化活性，其在 10mA・cm^{-2} 的电流密度下表现出 300mV 的低过电势[58]。过渡金属（氧）氢氧化物，尤其是镍铁基氢氧化物，是迄今为止报道的所有候选 OER 催化剂中最有效的催化剂。优化结构来进一步提升其 OER 催化性能是镍铁基氢氧化物的研究重点，构筑多孔结构的镍铁基氢氧化物能充分增加其活性位点，并且基于多孔结构，在材料中引入杂原子可以进一步调节催化剂的电子结构，进而提升其 OER 催化性能。Yu 等人构筑了 S 掺杂的多孔镍铁基（氧）氢氧化物进行 OER 反应。得益于多孔结构赋予的大比表面积、高密度的活性位点、快速的气泡释放速度以及通过 S 的掺杂以调节 Ni/Fe 的价态进而优化 OER 中间体的吸附能等优点，所得催化剂在 10mA・cm^{-2} 的电流密度下于碱性天然海水中表现出 300mV 的低过电势，并且具有很好的耐久性[59]。

除了对金属催化剂本身进行造孔处理来提高其 OER 催化性能，多孔材料还可作为负载金属催化剂的高效载体[60]。多孔结构不仅能保证金属颗粒的均匀负载，而且可以实现金属催化剂活性位点的有效暴露。比如，重庆大学徐朝和团队在多孔碳表面负载了贵金属 Ru 单原子和 Ru 纳米颗粒，使用所得催化剂进行 OER 催化时表现出 0.17V 的过电势[61]。过渡金属合金/化合物与单独的金属相比，具有更好的电子结构而使其表现出更好的 OER 催化性能。将过渡金属合金沉积到碳载体上，能够进一步增强其 OER 催化活性，但是常规的碳载体由于与金属颗粒之间的相互作用较弱，活性粒子很容易在其表面脱落或发生团聚。为了提高 FeCo 合金的 OER 催化性能，Lee 等人将 FeCo 合金纳米颗粒封装在三维多孔碳凝胶中。三维多孔结构不仅能够有效固定 FeCo 合金纳米颗粒以防止其从碳载体表面脱落，而且能有效防止 FeCo 合金纳米颗粒的团聚。此外，碳凝胶的高孔隙率能够明显提高 OER 过程中质量和电子的传递速率。最终使其在 $10mA \cdot cm^{-2}$ 的电流密度下表现出 0.39V 的低过电势[62]。此外，为了进一步提高催化剂的 HER 催化性能，复旦大学吴仁兵教授团队在 PS 微球模板的导向下基于 ZIF-67 开发了一种具有大孔-介孔-微孔碳多面体负载 Co/CoP 异质结的电催化剂（Co/CoP@HOMC，见图 7.9）。多级孔结构赋予的大比表面积（$321.7m^2 \cdot g^{-1}$）能够暴露更多的活性位点，也提供了快速的质量转移，并且具有 Mott-Schottky 效应的异质结可以诱导电子重新分布，优化氢、水的吸附自由能。在上述多方位条件协同作用下，所得催化剂在 $1.0mol \cdot L^{-1}$ 的 KOH 溶液中呈现出 260mV 的低过电势（电流密度为 $10mA \cdot cm^{-2}$）[60]。

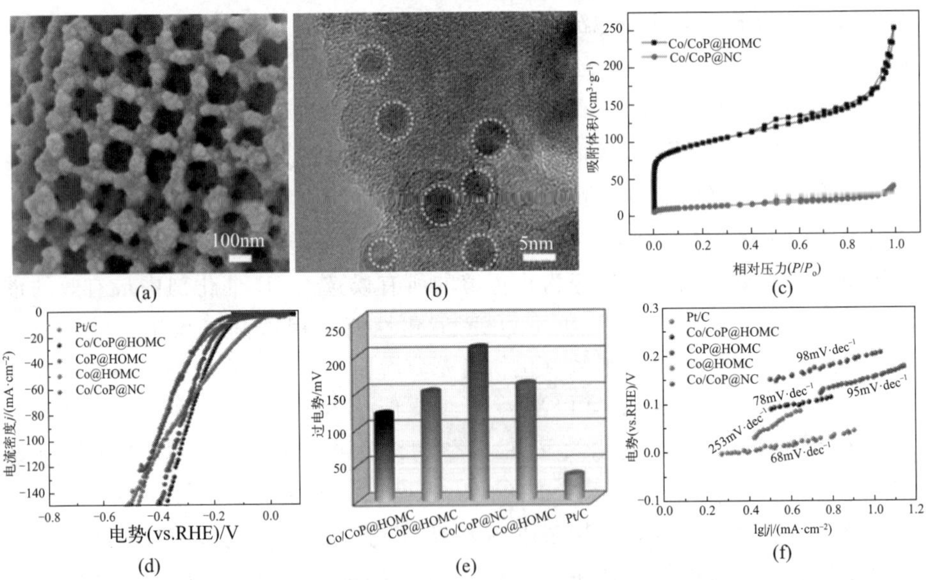

图 7.9　Co/CoP 异质结负载的多级孔碳在 OER 中的应用[60]

（a）结构形貌；（b）异质结形貌；（c）压力与吸附体积的关系；

（d）电势与电流密度的关系；（e）多种材料的电势；（f）电流密度对数与电势的关系

近年来，单原子催化剂因其最大的原子利用率、均匀的金属活性位点和可调节的配位环境等特点，成为一种很有前途的 OER 催化剂。尽管关于单原子催化在 OER 中的应用已经取得了可喜的进展，但是大部分 SACs 是通过自下而上的方法合成的。在这种合成方法中，有限的金属阳离子首先吸附在存在缺陷的固体基质上，然后还原成分散在整个基质上的孤立金属活性位点，这样很难实现单原子的均匀负载，并且原子负载率低、暴露位点有限。使用多孔基体负载过渡金属不仅可以实现金属催化剂的均匀负载，而且能有效降低其使用成本。对此，浙江大学侯阳教授团队将过渡金属 Ni 以原子的形式负载到多孔碳纳米片表面，并且考虑到 S 原子的电负性弱于 N 原子，他们在框架中引入了 S 原子来进一步改善其电子结构，从而改善 OER 催化动力学。最终所得载体的孔径集中在 18nm，且表现出 $235m^2 \cdot g^{-1}$ 的大比表面积。得益于多孔结构赋予的更高催化活性位点密度以及 Ni 单原子的负载作用，所得催化剂在电流密度为 $10mA \cdot cm^{-2}$ 时的过电势仅为 1.51V，且表现出 $45mV \cdot dec^{-1}$ 的低 Tafel 斜率[63]。在各种多孔结构中，大孔能够提供更容易到达的催化活性位点，内蒙古大学谷晓俊教授课题组以 CdS 为牺牲模板，成功将单原子 Ni 封装在 S、N 共掺杂的大孔碳纳米纤维中，空心大孔结构能够保证单原子 Ni 的充分暴露，使所得催化剂在 $10mA \cdot cm^{-2}$ 的电流密度下表现出 285mV 的低过电势和 $50.8mV \cdot dec^{-1}$ 的低 Tafel 斜率[64]。

碳基非金属材料由于具有低廉的价格、导电性好、结构稳定等优势，在 OER 中表现出独特的应用前景，但是无孔结构的碳材料因其催化活性位点较少而导致其 OER 性能较差。构筑多孔碳基催化剂不仅能够利用碳材料的独特优势，而且可以有效增加其比表面积，显著增加其活性位点密度，并且能够提高催化过程中质量和电子的传输效率，从而提升其催化动力学。深圳大学苏陈良教授课题组以金属 Zn 为模板，制备了多孔碳材料用于 OER 催化反应[65]。并且，他们在合成中原位引入了 B 和 N 元素来进一步改善碳材料的电子结构和表面缺陷，所得催化剂最终表现出 $849m^2 \cdot g^{-1}$ 的高比表面积。得益于多孔结构的独特优势和杂原子的修饰，所得催化剂在 $10mA \cdot cm^{-2}$ 的电流密度下表现出 1.57V 的低过电势。此外，二维石墨烯由于具有较大的比表面积、优异的导电性和结构稳定性，在 OER 中表现出良好的应用前景。阿德莱德大学戴胜教授团队通过多巴胺与巯基乙醇之间的席夫碱反应，将介孔碳组装到石墨烯表面，并且在组装过程中通过巯基乙醇的使用，成功实现了 S 元素的原位引入，其不仅能够对碳材料的电子结构起到调节作用，而且可以产生额外的催化活性位点。最终，独特的介孔结构赋予其 $273.0m^2 \cdot g^{-1}$ 的大比表面积，这将有效增加其催化活性位点密度，并且在杂原子掺杂的协同作用下，所得催化剂在 $5mA \cdot cm^{-2}$ 的电流密度下表现出 0.65V 的低过电势和 $53mV \cdot dec^{-1}$ 的低 Tafel 斜率[66]。

7.3.5.3 多孔材料在氧化还原反应中的应用

燃料电池和金属空气电池因其能量密度高、环境友好、安全性高等特点，在能源转换和存储设备的发展中受到了广泛关注。ORR 是多种燃料电池中必不可少的阴极半反应。由于多重质子-电子转移和固有的缓慢动力学，该反应限制了燃料电池的整体效率。迄今为止，贵金属（如 Pt、Pd、Ru）基材料已被证明是促进四电子转移过程最先进的 ORR 催化剂。然而，稳定性差、成本高、容易中毒等缺点严重限制了其在储能系统中的大规模实际应用。多孔结构由于具有高度开放的孔道能够有效增加其催化活性位点而逐渐受到研究者的关注。

近年来，关于 Pt 基催化剂在 ORR 中的应用研究取得了重要进展，通过调整 Pt 原子周围的配位环境，可以优化其催化活性。鉴于多孔结构的优势，中国科学技术大学吴长征教授课题组构筑了多孔 Pt 催化剂用于 ORR 反应。多孔结构不仅可以加速催化过程中气体的扩散，而且能够暴露更多的晶界（活性）位点进行催化反应，最终使其催化性能比商业 Pt/C 催化剂高 7 倍[67]。基于多孔结构，对所得催化剂进行缺陷设计，能够进一步提高其 ORR 催化性能。比如，Wang 等人为了提升 Pd 的 ORR 催化性能，他们制备了富含缺陷的多孔 Pd 材料用于 ORR 催化。所得催化剂不仅具有多孔材料赋予的丰富催化活性位点，而且缺陷产生的空位也能作为额外的催化活性位点。最终所得催化剂在碱性溶液中的 ORR 催化半波电势可达 0.9V[68]。利用多孔结构的优势，开发 Pt 基合金多孔催化剂是提高 ORR 催化效率的另一种有效手段。例如，浙江师范大学王爱军教授课题组制备了多孔树枝状的 PtRuPd 合金催化剂用于 ORR，多孔树枝状结构赋予的更大比表面积和丰富的催化活性位点可以有效提高反应物的质量和电子转移速率，从而明显改善 ORR 催化性能。最终所得催化剂表现出 0.930V 的起始电势和 0.852V 的半波电势，明显优于商业 Pt/C 催化剂[69]。

考虑到贵金属较高的应用成本，具有 ORR 催化活性的过渡金属逐渐受到研究者的关注。然而，相对较低的比表面积和较差的导电性阻碍了它们的实际应用。鉴于多孔碳材料的独特优势，将过渡金属封装到多孔碳材料中，不仅可以提高其导电性，而且能避免过渡金属颗粒发生团聚，更重要的是多孔结构能够有效增加其催化活性位点，促进电子和质量输运动力学。浙江师范大学王爱军教授团队通过一步热解 g-C_3N_4 和酞菁钴的固体混合物，成功地将 Co 纳米颗粒嵌入具有多孔结构的氮掺杂 g-C_3N_4 中。在热解过程中，前驱体酞菁钴不仅可以分解为 Co^{2+} 和酞菁（Pc）单体，充当 C、Co 和 N 的来源，并且 Pc 单体在平面内有共轭大环 π 体系，能以最低的重组能促进氧化还原反应，而且 Pc 对多孔结构的形成起决定性作用。最终，所得催化剂表现出 0.86V 的半波电势，优于商业 Pt/C 催化剂（0.84V）[71]。虽然将金属颗粒负载到多孔碳表面能够有效提升其 ORR 催化性能，但其潜在的催化机制不够明确，特别是缺乏对金属颗粒和 N 原子之间的协同效应以及 N 的构型对整体 ORR 性能贡献的研究。针对这一科学问题，上海大学张海娇教授团队基于多孔结构设计了 Co 纳米颗粒负载的富氮掺杂的多孔碳材料作为 ORR 催化剂。独特的结构设计不仅可以增加比表面积和传质通道，暴露更多的活性位点，增强电子传递能力，而且实验和理论结果均证明吡啶氮掺杂的碳对 Co 纳米粒子的保护能降低 ORR 的理论过电势，因此所得催化剂在 0.1mol・L^{-1} 的 KOH 溶液中表现出 0.90V 的半波电势（图 7.10）[70]。

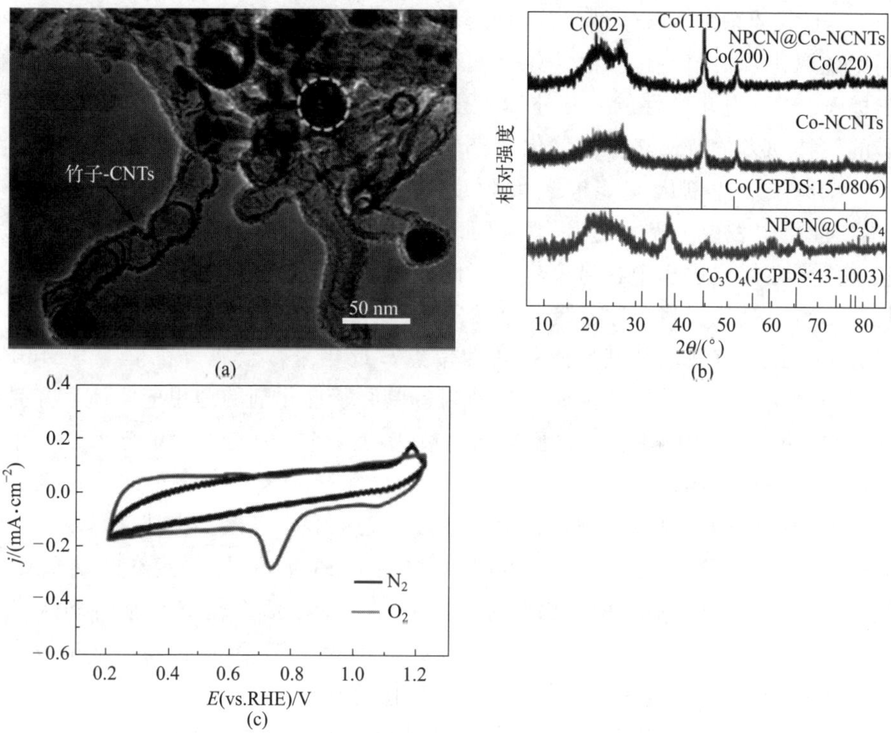

图 7.10　Co 纳米颗粒负载的富氮掺杂的多孔碳材料在 ORR 中的应用[70]

（a）形貌；（b）2θ 与相对强度的关系；（c）电流密度与电势的关系

缺乏高密度活性位点和传质能力差是 ORR 面临的主要问题。为了解决这一问题，复旦大学吴仁兵教授团队基于 ZIF-67 前驱体将 Fe_xCo 合金纳米颗粒均匀负载到氮掺杂的微孔-介孔-大孔碳多面体中。实验和理论研究表明，Co 的合金化为 *OH 中间体的形成提供了有利的电子结构，多级孔结构的碳基体不仅为活性位点的利用提供了高度可达的通道，而且极大地促进了催化过程中的传质。最终所得 $Fe_{0.5}Co$@HOMNCP 复合催化剂表现出优异的 ORR 催化活性半波电势（0.903V）[72]。

过渡金属硫化物因其诱人的结构优势而受到广泛研究，其不仅具有过渡金属的优势，而且 S^{2-} 能够提供 O_2 吸附活性位点，促进 O—O 键的断裂，并且吸附在硫化物表面的 OH^- 具有与 Pt 相似的过电势。但是较小的比表面积仍是限制其催化性能的主要障碍。将其负载到多孔碳材料中，不仅能有效增加其表面活性位点，而且能防止其在载体表面脱落。例如，南京师范大学唐亚文教授团队将 Co_9S_8 嵌入三维多孔碳材料中，得益于多孔碳载体的独特优势，所得催化剂表现出 0.89V 的起始电势和 0.78V 的半波电势[73]。基于多孔结构设计多功能复合催化剂是提升其 ORR 催化性能的另一种有效策略。比如，将 Co、Nb 共掺杂的 MoS_2 纳米片负载到微孔结构的 TiO_2 空心球上，其不仅能利用金属化合物的催化活性，并且 Co 和 Nb 共掺杂可以起到协同作用来进一步提升 ORR 电化学性能。此外，多孔结构赋予其丰富的活性位点并能促进电子的转移动力学。最终所得催化剂表现出优异的 ORR 催化性能[74]。

单原子催化剂因其能够最大限度地利用原子和充分挖掘活性位点，在 ORR 催化中表现出极大的潜力。然而，由于表面自由能较高，高度分散的金属单原子在催化过程中容易聚集。因此，制造实用、稳定的单原子催化剂仍然是一个重大挑战。将单原子催化剂锚定到多孔结构中，不仅能保证单原子的稳定分散，还能有效增加其暴露的活性位点。近年来，金属有机框架（MOFs）材料由于空腔约束效应被证明是一种制备单原子催化剂的理想前驱体，并且已有各种 Fe 基单原子催化剂基于 MOFs 被成功制备。但是，除了分散性，单原子的催化活性还与微观环境密切相关。传统的 MOFs 导向制备的催化剂通常只具有微孔结构，难以实现催化活性中心的高效利用。鉴于上述问题，厦门大学匡勤教授课题组通过热解 ZIF-8 将 Fe 单原子通过 FeN_4 锚定在三维微孔-介孔-大孔的氮掺杂碳基质中。由于原子分散的 FeN_4 活性位点和独特多级孔结构的协同作用，所得催化剂在碱性（半波电势为 0.875V）和酸性（半波电势为 0.784V）溶液中均表现出优异的 ORR 催化活性[75]。

常规 ZIF-8 衍生物固有的微孔结构和碳化过程中不可避免的向内收缩会导致 ORR 催化活性严重降低。为了进一步提高 ORR 催化活性，中国科学院施剑林院士团队基于界面工程策略，将二维石墨烯薄片涂覆在中空、多孔的碳框架表面，使之形成紧密接触的非共价异质结构，有效避免了热处理过程中的结构收缩问题。在多孔结构和 Fe 单原子协同作用下，所得催化剂无论是在酸性、中性还是碱性溶液中的 ORR 催化活性都明显优于商业 Pt/C 催化剂（图 7.11）[76]。

虽然使用 MOFs 为前驱体可以成功制备单原子基多孔催化剂，但是较高的价格是限制 MOFs 材料大量使用的主要缺点。针对这一问题，电子科技大学康毅进教授课题组以多巴胺为前驱体、F127 和 TMB 为造孔模板，成功地

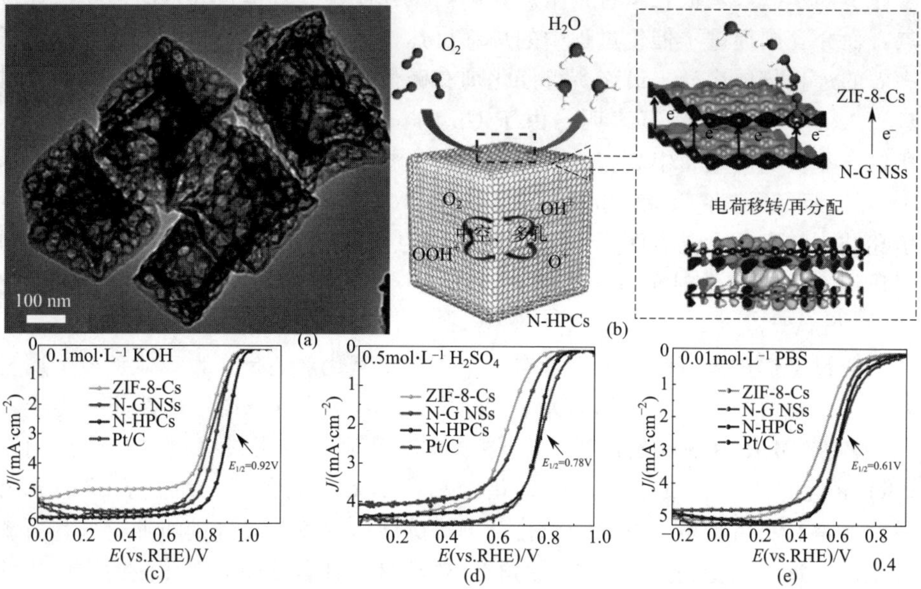

图 7.11　Fe 单原子负载的多孔碳在 ORR 中的应用[76]

ZIF-8-Cs-ZIF-8 纳米晶体掺石墨烯纳米片；N-G-NSs——氮掺石墨烯纳米片；N-HPCs——氮掺空心多孔碳

通过原位策略将单原子 Fe 分散到多孔碳纳米颗粒中，所得催化剂表现出 $494.7m^2 \cdot g^{-1}$ 的高比表面积，并且 Fe 的负载量高达 2.9%（以质量分数计）。得益于多孔结构赋予的高表面积和丰富的可达催化活性位点，所得催化剂在碱性溶液中的半波电势可达 0.846V[77]。

此外，S 元素表现出比 N 更低的电负性，且大量的研究表明，S 掺杂可以改变碳材料的电子分布，进而有利于整个催化过程的进行。在多孔材料中同时引入 N 和 S 不仅能在形貌结构上提升催化剂的 ORR 催化性能，而且可以在电子结构方面有效改善催化剂的导电性。华中师范大学祝志宏教授团队将 Fe 单原子嵌入 N、S 共掺杂的多孔碳材料中进行 ORR 反应，所得催化剂在碱性溶液中表现出 0.96V 的起始电势和 0.84V 的半波电势以及 $56mV \cdot dec^{-1}$ 的低 Tafel 斜率。N、S 共掺杂的 ORR 催化性能明显高于单独 N 掺杂，甚至高于商业 Pt/C 催化剂。通过详细的研究发现，所得催化剂优异的催化性能来源于具有大比表面积的三维多孔结构，其不仅可以减少活性位点的溶解/团聚，还可以促进电解质离子、反应中间体和产物的运输，并且 S 元素的存在能够提供额外的活性位点，进而提升其 ORR 催化性能[78]。

此外，基于多孔结构，构筑双金属单原子催化剂不仅能够充分发挥不同金属原子的催化活性，而且不同金属之间会产生协同作用，进而有效提高其 ORR 催化活性。格里菲斯大学赵惠军院士团队以 PS 微球为模板，将 Fe 和 Ni

单原子同步嵌入多级孔碳材料中。其中，微孔能够有效暴露大量的催化活性位点，而介孔则促进了催化过程中的局部可达性。另一方面，大孔的存在提供了高效的远程传质途径。最终所得催化剂在碱性环境中表现出 0.938V 的半波电势[79]。此外，理论计算表明，由于 Cu 的位置最接近“火山图”顶部的铂，所以在非贵过渡金属中具有最高的 ORR 催化活性。鉴于此，武汉理工大学木士春教授课题组将 Fe 和 Cu 单原子同时嵌入氮掺杂的多孔碳材料中。得益于多孔结构赋予的大比表面积、碳材料优异的导电性以及 Fe 和 Cu 双金属的协同作用，所得催化剂在碱性溶液中表现出 0.892V 的高半波电势，比 Pt 催化剂高 50mV[80]。

通过上述讨论可知，无论是作为多孔金属催化剂还是作为载体负载金属材料，多孔材料的独特结构都能大幅度地提升催化剂的 ORR 催化性能。鉴于多孔结构在 ORR 中呈现出的独特优势，甚至单独的多孔碳材料也被设计用于 ORR 催化过程。Wen 等人通过碳化水莴苣的叶子制备了三维多孔碳纳米材料，所得材料由大量具有混合多孔结构的碳纳米片以及高含量的吡啶氮和石墨氮组成。这些独特的优势使所得的非金属碳材料具有较高的本征活性、快速的电子和质量传递以及高密度的活性位点。最终，所得催化剂无论是在碱性、中性还是酸性条件下都表现出良好的 ORR 催化性能[81]。对碳材料进行杂原子修饰能够进一步提升其 ORR 催化性能，并且杂原子掺杂的位置（如边缘、内部）对催化活性具有较大的影响。山东大学张进涛教授团队为了提升多孔碳材料的 ORR 性能，他们通过热解植酸和苯胺，成功制备了 N、P 共掺杂的多孔碳纳米球用于 ORR 反应，所得催化剂表现出 0.83V 的半波电势。实验结果和 DFT 计算表明，多孔结构不仅提供了大量的催化活性位点，而且多孔边缘的杂原子掺杂对其 ORR 起主导作用[82]。此外，S 具有比 N 更低的电位，对 ORR 催化性能有良好的提升作用。Qiao 等人以多巴胺为碳源、2-巯基乙醇为硫源，成功地将 N、S 共掺杂的介孔碳负载到 GO 表面，所得催化剂表现出 273.0$m^2 \cdot g^{-1}$ 的比表面积。大比表面积带来丰富催化活性位点有效促进了反应物的转移，而且 S 元素的存在也额外增加了催化活性位点，最终所得催化剂表现出与商业 Pt/C 相近的 ORR 催化性能[66]。

7.3.5.4 多孔材料在 CO_2 还原反应中的应用

化石燃料的过度使用导致温室气体 CO_2 的排放不断增加。将二氧化碳转化为增值化学品和燃料能有效缓解全球气候变暖的问题。在电催化 CO_2 还原过程中，根据转移的电子数不同，可以获得多种还原产物，其中常见的有一氧化碳（CO）、甲酸（HCOOH）、甲醇（CH_3OH）、乙醇（C_2H_5OH）等（图 7.12），但由于与析氢反应相似的还原电位，会不可避免地产生 HER 竞争反应。因此，尽可能地提高催化剂的选择性是 CO_2RR 中需要解决的主要问题。

通常，CO_2RR 过程中的选择性与催化剂的表面结构密切相关。研究发现，三维多级孔结构不仅可以产生大量的催化活性位点，而且能够缩短离子和电子的传输途径，并提升产物的运输效率。

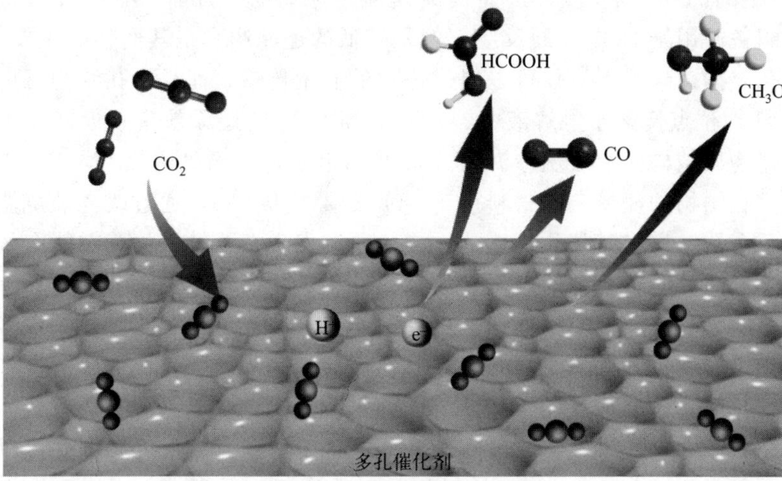

图 7.12　二氧化碳还原过程

基于三维多孔结构的优势，设计高效的电催化剂进行 CO_2 还原生成 CO 是 CO_2RR 中的热点研究方向。例如，Jeon 课题组设计了由相互连通的大孔（孔径为 200～300nm）和介孔（孔径为 10nm）组成的三维多级孔结构的 Au 用于 CO_2RR。相互连接的大孔和介孔不仅能够实现高效的质量传输，而且能赋予其较大的活性表面积，所得催化剂对 CO 的选择性高达 85.8%，并且表现出 0.264V 的低过电势[83]。

近年来，基于非贵金属的单原子催化剂凭借接近 100% 的原子利用率和较高比例的单原子活性位点，成为 CO_2RR 的理想催化剂。将单原子负载到导电基体上可以有效缓解单原子的热力学不稳定问题。但是常规的导电基体并不能完全解决还原过程中反应动力学的迟滞现象。设计多孔结构的导电基体不仅可以增加其催化活性位点，而且能有效提高催化过程的反应动力学。中国科学院大学曹荣教授团队将单原子 Ni 负载到 N 掺杂的多孔碳球中进行 CO_2 还原生成 CO 反应，其中 Ni 原子以 Ni—N_4 的形式沉积在碳球中，多孔结构带来的大比表面积（$1220m^2 \cdot g^{-1}$）使其在 CO_2 还原生成 CO 反应中表现出 95% 的法拉第效率，并且 TOF 值高达 $15608h^{-1}$[84]。为了进一步加速 CO_2 还原过程，北京化工大学庄仲滨教授课题组将 Ag 单原子以 Ag—N_3 的形式固定在多孔碳材料中进行 CO_2 还原生成 CO 反应，Ag 的部分正电荷能够有效增强其与 CO_2RR 中间产物 *COOH 的相互作用，在多孔结构丰富活性位点的优势下，所得催化剂表现出 −0.24V 的低起始电势，且在 −0.37V 下的法拉第效率高达 95%，同时在−0.55V 的电压下表现出 7.6mA·cm^{-2} 的电流密度[85]。

非金属碳材料因其较低的成本、良好的导电性和优异的电化学活性等优点，成为颇有前途的 CO_2RR 电催化剂，并且氮掺杂的碳材料能够抑制 CO_2RR 中的 HER 副反应，进而提高其催化选择性。目前已有各种氮掺杂碳材料被制备并用于 CO_2 还原反应，但是较低的还原产率是其面临的主要挑战。设计多孔氮掺杂碳材料不仅可以提供快速的质量传输，而且多孔结构可以将大量的 N 活性位点暴露于电解液中，从而提高 CO_2 的还原效率。近来，中国科学院福建物质结构研究所温珍海研究员课题组通过高温处理 Zn-MOF-74 制备了具有多孔结构的氮掺杂碳材料用于 CO_2 还原生成 CO，通过改变煅烧温度详细探究了多孔结构对其催化性能的影响。研究发现多孔结构的存在能有效促进质量传输并且可显著增加活性位点的可达性，最终所得催化剂表现出−0.35V 的开路电势，且在−0.55V 电压下的法拉第效率高达 98.4%[86]。基于多孔结构，使用电子给体和受体协同修饰碳材料能够进一步增强其电催化活性。基于此，北京化工大学刘栋课题组以 SiO_2 为硬模板，通过聚合盐酸氨基葡萄糖和硫氰酸制备了 N、S 共掺杂的多孔碳材料。制备过程中，硫氰酸不仅可以提供杂原子，而且能够与 SiO_2 一起起到共模板的作用，从而产生多级孔。在多级孔与杂原子共掺杂的协同作用下，所得催化剂在还原 CO_2 生成 CO 时表现出 87.8%的法拉第效率[87]。

甲酸盐（$HCOO^-$）作为一种高能量密度的液体燃料，被认为是燃料电池中有效的氢载体。此外，它还可以作为化学原料或添加剂，在合成橡胶、医药和染料中间体的制造方面具有广泛的工业前景。然而，由于缓慢的动力学和较差的选择性，通过电催化技术将 CO_2 还原为甲酸仍然是一项巨大的挑战。Sn 基催化剂在 CO_2 还原生成甲酸中表现出较高的选择性，但是其较高的过电势和较低的电流密度严重限制了其在 CO_2 还原中的应用。M. Spurgeon 课题组为了提升 SnO_2 的 CO_2 还原活性，制备了具有多孔结构的 SnO_2 纳米纤维催化剂，所得催化剂在 CO_2 还原生成甲酸中表现出 350mV 的低过电势，且法拉第效率可达 80%。优异的催化性能不仅来源于多孔结构赋予的额外催化活性位点，而且多孔结构能产生更多的晶界密度，从而提升其催化性能[88]。此外，在各种 CO_2 还原甲酸的催化剂中，金属铜由于较低的价格以及还原产物的多样性备受关注。但是，由于铜在还原过程中选择性差且容易失活。为了提升其 CO_2RR 催化活性，设计 Cu 基复合金属催化剂是目前主要的研究策略，比如 Cu/Sn 复合催化剂，但常规的复合材料受限于表面活性位点，不能大幅度提升其 CO_2RR 催化活性。基于复合金属催化剂制备的多孔材料，不仅能保留复合金属的优点，而且可以充分利用多孔结构扩散距离短、离子传输快、电化学反应位点丰富的优点，进而大幅度提升其催化性能。例如，东华大学乔锦丽教授课题组基于核壳结构设计了多孔 Cu@Sn 电极材料用于 CO_2 电还原生成

$HCOO^-$，其 CO_2 电还原活性达到了接近100%的法拉第效率[89]。此外，为了进一步优化 CO_2RR 催化性能，他们将Cu/Sn复合纳米颗粒负载到N掺杂的多孔碳布上，多孔碳的存在不仅能有效提高其导电性，而且为金属Cu/Sn复合纳米颗粒的成核与均匀分布提供了有效载体，将所得催化剂用于 CO_2 还原时，多孔结构不仅能够促进电解液的扩散，而且可以作为“转接站”来限制 CO_2 还原过程中的中间产物，最终产物在 CO_2 还原产生甲酸中表现出15.56mA·cm^{-2} 的电流密度和90.24%的法拉第效率[90]。

多碳化合物是另一类非常有价值的化学品，将 CO_2 还原为多碳化合物是电催化技术的另一主要功能。在各种电催化剂中，铜基催化剂在这类还原反应中表现出较好的应用优势，然而活性位点难以充分暴露是阻碍其实现多碳化合物高效产生的主要障碍。针对这一问题，华东师范大学韩布兴院士团队通过二氧化硅导向制备的氢键有机骨架模板法将负载量高达13.35%（以质量分数计）的金属铜原子在负载到N掺杂薄壁纳米管上，所得催化剂呈现出的丰富介孔（孔径在8～20nm范围内）结构，从而暴露出更多的活性位点，使其在电催化 CO_2 还原生成乙醇的反应中产生高达约81.9%的法拉第效率（图7.13）[91]。

7.3.5.5 多孔材料在氮还原反应中的应用

氨（NH_3）作为一种重要的能量载体，在农业、医药、化工等领域发挥着关键作用。传统合成氨的方法需要消耗大量的能量并且不可避免地会产生 CO_2 等有害气体，探索更环保、经济的制备方法面临着严峻的挑战。电催化技术为 N_2 还原生成氨气提供了一种更温和、环保、高效的方法（图7.14）。然而，由于较高的N≡N键能（940.95kJ·mol^{-1}），高度惰性的 N_2 分子在大气条件下难以解离。此外，在氮气还原过程中，由于与析氢反应相似的还原电位，会产生不利的HER竞争反应。因此，在设计电催化剂进行电催化氮气还原反应（NRR）时，既需要其能有效断裂N≡N键以进行高效氮气还原反应，同时又需要其能尽量避免副反应的发生。在NRR过程中，多孔结构赋予的丰富活性位点和更快的反应动力学能够有效避免副反应的发生。目前，已有各种多孔催化剂被设计并用于NRR。

在各种电催化剂中，金属基催化剂凭借其与氮的最佳结合能，在NRR中表现出良好的应用前景。但在催化反应过程中，金属表面容易吸附 H^+，从而使NRR活性位点密度降低。因此，在设计催化剂进行NRR反应时，应尽可能多地暴露催化活性位点，从而有效增强NRR反应并抑制HER副反应的发生。鉴于多孔结构的优势，苏州大学黄小青教授课题组设计了多孔金属-Te复合金属催化剂用于NRR，其中多孔 $IrTe_4$ 纳米棒表现出最好的NRR催化性

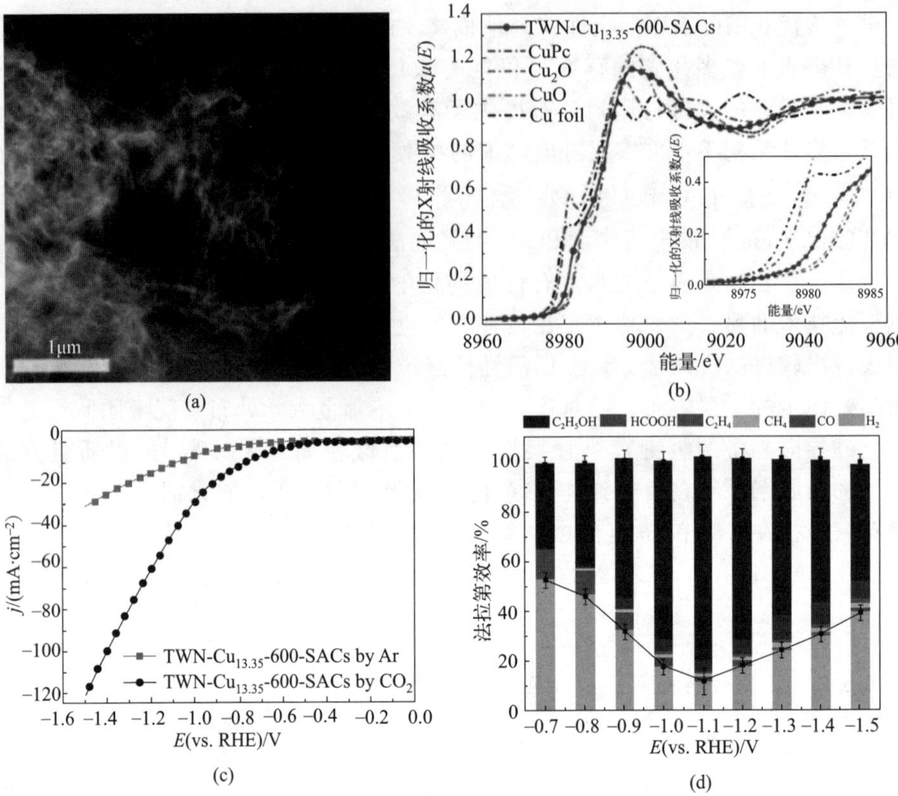

图 7.13 铜单原子负载的 N 掺杂薄壁纳米管在 CO_2RR 中的应用[91]

(a) 形貌；(b) 能量与吸收效率的关系；(c) 电势和电流密度的关系；(d) 电势和法拉第效率的关系

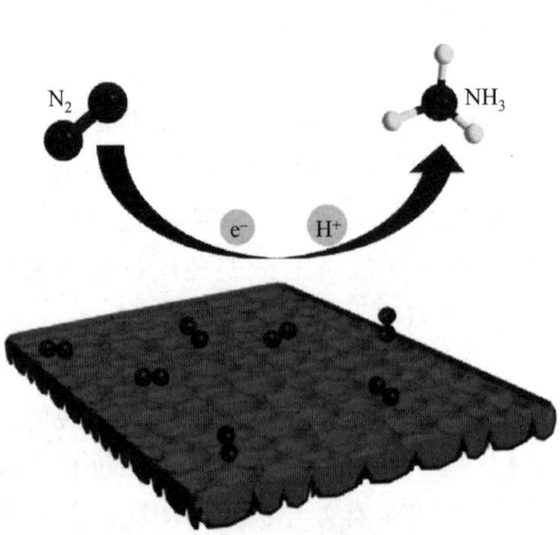

图 7.14 电催化氮还原过程

能，其法拉第效率最高可达15.3%，氨气产率最高可达51.1$\mu g \cdot h^{-1} \cdot mg^{-1}$催化剂，并且所得催化剂在连续循环20次后并未出现明显的催化活性降低现象，使其成为当时NRR活性最高的催化剂。$IrTe_4$优异的催化性能除了来自金属与氮气较强的结合作用之外，多孔结构的存在也为NRR创造了大量的催化活性位点，并且有效抑制了HER副反应的发生[92]。除此之外，Au[93]、Pd_3Cu_1[94]等一系列多孔金属催化剂也被制备并用于NRR，且都表现出优异的催化性能。但是单独金属催化剂用于NRR时，由于金属与H^+较高的吸附作用，副反应HER是阻碍金属催化剂性能大幅度提升的主要障碍。基于多孔结构，设计金属与非金属化合物，能有效减少副反应HER的发生。基于此，兰州交通大学褚克教授课题组设计了多孔结构的FeB_2纳米片用于NRR，所得催化剂在−0.3V的电压下表现出39.8$\mu g \cdot h^{-1} \cdot mg^{-1}$催化剂的氨气产率，并且在−0.2V电压下的法拉第效率高达16.7%[95]。相似地，Ni_2P[96]、Pd-Ag-S[97]等一系列金属/非金属化合催化剂被设计且都表现出良好的NRR催化活性。

单原子催化剂由于接近100%的原子利用率，在NRR催化中表现出良好的应用前景。将单原子催化剂负载到多孔载体中，能够充分利用多孔结构的优势，尽可能多地暴露催化活性位点。Sahoo等人基于DFT理论，分别计算了单原子Fe和Au负载在多孔碳材料表面时的催化性能，且得出Fe-C_2N具有更低的起始电势，意味着更好的催化性能，但在实验中却发现Au-C_2N的法拉第效率高于Fe-C_2N，这种差异说明Au具有更高的选择性和氨解析能[98]。为了进一步提升Au原子的NRR催化性能，湖南大学谭勇文教授团队将Au以单原子的形式固定在多孔$MoSe_2$中进行NRR催化反应。Au的存在不仅能够优化NRR中间产物的吸附，进而抑制副反应HER的发生，而且多孔结构赋予其丰富的活性位点，最终所得催化剂在−0.3V电压下表现出30.83$\mu g \cdot h^{-1} \cdot mg^{-1}$催化剂的氨气产率和37.82%的法拉第效率[99]。

与金属基催化剂相比，非金属的碳材料由于具有较大的比表面积、可调的结构以及能有效抑制副反应HER等优势，在NRR中表现出独特的优势。设计多孔碳材料用于NRR，不仅能保留碳材料的优势，而且能有效促进NRR的反应动力学。纽约州立大学武刚教授课题组通过高温碳化ZIF-8制备了N掺杂的多孔碳材料用于NRR，多孔结构赋予其1100$m^2 \cdot g^{-1}$的大表面积，显著增加了NRR的催化活性位点，最终所得催化剂在−0.3V的电压下表现出10.2%的法拉第效率，并且NH_3产生速率可达$3.4\times10^{-6} mol \cdot cm^{-2} \cdot h^{-1}$。同时，他们通过在所得催化剂引入单原子Fe来作对比，进一步证明非金属碳在NRR中的高度选择性[100]。此外，通过在多孔碳材料中引入双原子共掺杂，不仅能够改变碳材料的电子结构，赋予其丰富的催化活性位点，而且不同杂原子之间会发生协同作用，进而有效提高其NRR催化性能。西北师范大学宋鹏飞教授团队制备了 N、P 共掺杂的多孔碳材料用于 NRR，所得催化剂在 −0.1V 下表现出 5.3%的法拉第效率和 4.36μg・h^{-1}・mg^{-1} 催化剂的氨气产率[101]。类似地，N、S 共掺杂多孔碳[102]，N、P 共掺杂多孔碳[103]，N、B 共掺杂多孔碳[104] 等一系列杂原子共掺杂多孔碳材料被制备并用于 NRR，且都表现出良好的催化活性。

7.4 小结

光催化和电催化技术因其清洁、无污染等优点逐渐受到研究者的广泛关注。光电催化技术不仅可以通过水的分解实现氢气等能源的制备，甚至可以将 CO_2 等温室气体还原为无污染的产物。在光电催化技术中，催化剂的结构直接决定了催化效率。多孔结构由于较大的比表面积赋予的丰富活性位点以及较短的离子传输距离赋予的快速催化反应动力学等优点，在光电催化中表现出良好的应用前景。本章通过列举近年来各种多孔结构的光电催化剂，在不同光电催化领域中的应用，从结构-性能关系的角度讨论了多孔结构在具体光电催化应用中的优势。虽然多孔结构能有效增强其催化性能，但由于合成技术的限制，目前关于多孔催化剂的设计仍面临如下挑战：①主要集中在传统的碳材料等常规催化剂；②关于多孔结构在催化中更深入的作用机理尚未形成统一见解。后续可基于影响催化效率的关键因素，借助原位表征及理论模拟等高端技术进一步揭示其作用机理，从而针对性地设计出更高效的多孔催化剂。

参考文献

[1] Ran J, Zhang J, Yu J, et al. Earth-abundant cocatalysts for semiconductor-based photocatalytic water splitting [J]. Chemical Society Reviews, 2014, 43 (22): 7787-7812.

[2] Zhou W, Li W, Wang J Q, et al. Ordered mesoporous black TiO_2 as highly efficient hydrogen evolution photocatalyst [J]. Journal of the American Chemical Society, 2014, 136 (26): 9280-9283.

[3] Xiong H L, Wu L L, Liu Y, et al. Controllable synthesis of mesoporous TiO_2 polymorphs with tunable crystal structure for enhanced photocatalytic H_2 production [J]. Advanced Energy Materials, 2019, 9 (31): 1901634.

[4] Lan K, Wang R C, Wei Q L, et al. Stable Ti^{3+} defects in oriented mesoporous titania frameworks for efficient photocatalysis [J]. Angewandte Chemie International Edition, 2020, 59 (40): 17676-17683.

[5] Li Y L, Jin T, Ma G, et al. Metal-organic framework assisted and in situ synthesis of hollow CdS nanostructures with highly efficient photocatalytic hydrogen evolution [J]. Dalton Transactions, 2019, 48 (17): 5649-5655.

[6] Xie Y P, Yu Z B, Liu G, et al. CdS-mesoporous ZnS core-shell particles for efficient and stable photocatalytic hydrogen evolution under visible light [J] . Energy & Environmental Science, 2014, 7 (6): 1895-1901.

[7] Wang X W, Li Q C, Gan L, et al. 3D macropore carbon-vacancy g-C_3N_4 constructed using polymethylmethacrylate spheres for enhanced photocatalytic H_2 evolution and CO_2 reduction [J] . Journal of Energy Chemistry, 2021, 53: 139-146.

[8] Zhang Y Z, Huang Z X, Dong C L, et al. Synergistic effect of nitrogen vacancy on ultrathin graphitic carbon nitride porous nanosheets for highly efficient photocatalytic H_2 evolution [J]. Chemical Engineering Journal, 2022, 431: 134101.

[9] Chang J, Zhang T, Qiu S C, et al. Oxygenated triazine-heptazine heterostructure creates an enormous ascension to the visible light photocatalytic hydrogen evolution performance of porous C_3N_4 nanosheets [J] . Small, 2023, 19 (25): 2301579.

[10] Liu X, Zhao Y X, Yang X F, et al. Porous Ni_5P_4 as a promising cocatalyst for boosting the photocatalytic hydrogen evolution reaction performance [J] . Applied Catalysis B: Environmental, 2020, 275: 119144.

[11] Miao Y, Zhang H J, Yuan S, et al. Preparation of flower-like ZnO architectures assembled with nanosheets for enhanced photocatalytic activity [J] . Journal of Colloid and Interface Science, 2016, 462: 9-18.

[12] Xu F, Zhang P, Navrotsky A, et al. Hierarchically assembled porous ZnO nanoparticles: Synthesis, surface energy, and photocatalytic activity [J] . Chemistry of Materials, 2007, 19 (23): 5680-5686.

[13] Mou H Y, Song C X, Zhou Y H, et al. Design and synthesis of porous Ag/ZnO nanosheets assemblies as super photocatalysts for enhanced visible-light degradation of 4-nitrophenol and hydrogen evolution [J] . Applied Catalysis B: Environmental, 2018, 221: 565-573.

[14] Li H L, Chen Y J, Zhou W, et al. Tuning in $BiVO_4/Bi_4V_2O_{10}$ porous heterophase nanospheres for synergistic photocatalytic degradation of organic pollutants [J] . Applied Surface Science, 2019, 470: 631-638.

[15] Zhang M, Xu J, Zong R L, et al. Enhancement of visible light photocatalytic activities via porous structure of g-C_3N_4 [J] . Applied Catalysis B-Environmental, 2014, 147: 229-235.

[16] Li Y F, Jin R X, Xing Y, et al. Macroscopic foam like holey ultrathin g-C_3N_4 nanosheets for drastic improvement of visible-light photocatalytic activity [J] . Advanced Energy Materials, 2016, 6 (24): 1601273.

[17] Deng Y C, Tang L, Zeng G M, et al. Insight into highly efficient simultaneous photocatalytic removal of Cr (Ⅵ) and 2, 4-diclorophenol under visible light irradiation by phosphorus doped porous ultrathin g-C_3N_4 nanosheets from aqueous media: Performance and reaction mechanism [J]. Applied Catalysis B: Environmental, 2017, 203: 343-354.

[18] Wang W J, Niu Q Y, Zeng G M, et al. 1D porous tubular g-C_3N_4 capture black phosphorus quantum dots as 1D/0D metal-free photocatalysts for oxytetracycline hydrochloride degradation and hexavalent chromium reduction [J] . Applied Catalysis B-Environmental, 2020, 273: 119051.

[19] Chen M, Guo C S, Hou S, et al. A novel Z-scheme AgBr/P-g-C_3N_4 heterojunction photocatalyst: Excellent photocatalytic performance and photocatalytic mechanism for ephedrine degradation [J]. Applied Catalysis B: Environmental, 2020, 266: 118614.

[20] Li X B, Kang B B, Dong F, et al. Enhanced photocatalytic degradation and H_2/H_2O_2 production

performance of S-pCN/$WO_{2.72}$ S-scheme heterojunction with appropriate surface oxygen vacancies [J]. Nano Energy, 2021, 81: 105671.

[21] Liu W, Li Y Y, Liu F Y, et al. Visible-light-driven photocatalytic degradation of diclofenac by carbon quantum dots modified porous g-C_3N_4: Mechanisms, degradation pathway and DFT calculation [J]. Water Research, 2019, 151: 8-19.

[22] Han C, Wang Y D, Lei Y P, et al. In situ synthesis of graphitic-C_3N_4 nanosheet hybridized N-doped TiO_2 nanofibers for efficient photocatalytic H_2 production and degradation [J]. Nano Research, 2015, 8 (4): 1199-1209.

[23] Ikreedeegh R R, Tahir M. A critical review in recent developments of metal-organic-frameworks (MOFs) with band engineering alteration for photocatalytic CO_2 reduction to solar fuels [J]. Journal of CO_2 Utilization, 2021, 43: 101381.

[24] Li G H, Sun Y Y, Zhang Q M, et al. Ag quantum dots modified hierarchically porous and defective TiO_2 nanoparticles for improved photocatalytic CO_2 reduction [J]. Chemical Engineering Journal, 2021, 410: 128397.

[25] Di T M, Zhang J F, Cheng B, et al. Hierarchically nanostructured porous TiO_2 (B) with superior photocatalytic CO_2 reduction activity [J]. Science China Chemistry, 2018, 61 (3): 344-350.

[26] Huo H L, Liu D, Feng H, et al. Double-shelled Cu_2O/MnO_x mesoporous hollow structure for CO_2 photoreduction with enhanced stability and activity [J]. Nanoscale, 2020, 12 (26): 13912-13917.

[27] Liu M, Wageh S, Al-Ghamdi A A, et al. Quenching induced hierarchical 3D porous g-C_3N_4 with enhanced photocatalytic CO_2 reduction activity [J]. Chemical Communications, 2019, 55 (93): 14023-14026.

[28] Mo Z, Zhu X W, Jiang Z F, et al. Porous nitrogen-rich g-C_3N_4 nanotubes for efficient photocatalytic CO_2 reduction [J]. Applied Catalysis B: Environmental, 2019, 256: 117854.

[29] Heng Q Q, Wang B F, Fan X Y, et al. Enhanced photoreduction activity of CO_2 to CO over Ag-loaded mesoporous g-C_3N_4 (MCN) by promoting charge separation and CO_2 adsorption [J]. Journal of Alloys and Compounds, 2022, 920: 165945.

[30] Wang F L, Hou T T, Zhao X, et al. Ordered macroporous carbonous frameworks implanted with CdS quantum dots for efficient photocatalytic CO_2 reduction [J]. Advanced Materials, 2021, 33 (35): 2102690.

[31] Chen X J, Shi R, Chen Q, et al. Three-dimensional porous g-C_3N_4 for highly efficient photocatalytic overall water splitting [J]. Nano Energy, 2019, 59: 644-650.

[32] Suen N T, Hung S F, Quan Q, et al. Electrocatalysis for the oxygen evolution reaction: Recent development and future perspectives [J]. Chemical Society Reviews, 2017, 46 (2): 337-365.

[33] Wan X K, Wu H B, Guan B Y, et al. Confining sub-nanometer Pt clusters in hollow mesoporous carbon spheres for boosting hydrogen evolution activity [J]. Advanced Materials, 2020, 32 (7): e1901349.

[34] Li J, Liu J L, Chen C, et al. Pt nanoclusters anchored on ordered macroporous nitrogen-doped carbon for accelerated water dissociation toward superior alkaline hydrogen production [J]. Chemical Engineering Journal, 2022, 436: 135186.

[35] Lu B Z, Guo L, Wu F, et al. Ruthenium atomically dispersed in carbon outperforms platinum toward hydrogen evolution in alkaline media [J]. Nature Communications, 2019, 10 (1): 631.

[36] Chen X L, Zheng J, Zhong X, et al. Tuning the confinement space of N-carbon shell-coated ru-

thenium nanoparticles: Highly efficient electrocatalysts for hydrogen evolution reaction [J]. Catalysis Science & Technology, 2017, 7 (21): 4964-4970.

[37] Wu Y L, Li X, Wei Y S, et al. Ordered macroporous superstructure of nitrogen-doped nanoporous carbon implanted with ultrafine Ru nanoclusters for efficient pH-universal hydrogen evolution reaction [J]. Advanced Materials, 2021, 33 (12): e2006965.

[38] Lei C J, Wang Y, Hou Y, et al. Efficient alkaline hydrogen evolution on atomically dispersed Ni-N_x Species anchored porous carbon with embedded Ni nanoparticles by accelerating water dissociation kinetics [J]. Energy & Environmental Science, 2019, 12 (1): 149-156.

[39] Zhang Z P, Yang S X, Dou M L, et al. Cobalt-nitrogen doped 3D porous carbon prepared with self-generated nanoparticles as sacrificial templates for hydrogen generation [J]. International Journal of Hydrogen Energy, 2017, 42 (7): 4193-4201.

[40] Zhao L P, Yang A L, Wang A Q, et al. ZIF-67 derived Co, Fe, Ni co-doped porous carbon as an efficient electrocatalyst for hydrogen evolution reaction [J]. Journal of Porous Materials, 2020, 27 (6): 1685-1690.

[41] Zhang H B, An P F, Zhou W, et al. Dynamic traction of lattice-confined platinum atoms into mesoporous carbon matrix for hydrogen evolution reaction [J]. Science Advances, 2018, 4 (1): eaao6657.

[42] Jiang K, Liu B Y, Luo M, et al. Single platinum atoms embedded in nanoporous cobalt selenide as electrocatalyst for accelerating hydrogen evolution reaction [J]. Nature Communications, 2019, 10 (1): 1743.

[43] Li Y J, Liu H J, Li B, et al. Ru single atoms and nanoclusters on highly porous N-doped carbon as a hydrogen evolution catalyst in alkaline solutions with ultrahigh mass activity and turnover frequency [J]. Journal of Materials Chemistry A, 2021, 9 (20): 12196-12202.

[44] Peng W, Han J H, Rui L Y, et al. A general strategy for engineering single-metal sites on 3D porous N, P co-doped $Ti_3C_2T_x$ MXene [J]. ACS Nano, 2022, 16 (3): 4116-4125.

[45] Qiu H J, Ito Y, Cong W T, et al. Nanoporous graphene with single-atom nickel dopants: An efficient and stable catalyst for electrochemical hydrogen production [J]. Angewandte Chemie International Edition, 2015, 54 (47): 14031-14035.

[46] Kou T, Wang S, Shi R, et al. Periodic porous 3D electrodes mitigate gas bubble traffic during alkaline water electrolysis at high current densities [J]. Advanced Energy Materials, 2020, 10 (46): 2002955.

[47] Sun T T, Cao J, Dong J, et al. Ordered mesoporous Ni-Co alloys for highly efficient electrocatalytic hydrogen evolution reaction [J]. International Journal of Hydrogen Energy, 2017, 42 (10): 6637-6645.

[48] Mohiuddin M, Zavabeti A, Haque F, et al. Synthesis of two-dimensional hematite and iron phosphide for hydrogen evolution [J]. Journal of Materials Chemistry A, 2020, 8 (5): 2789-2797.

[49] Wu Y T, Wang H, Ji S, et al. Engineered porous Ni_2P-nanoparticle/Ni_2P-nanosheet arrays via the Kirkendall effect and Ostwald ripening towards efficient overall water splitting [J]. Nano Research, 2020, 13 (8): 2098-2105.

[50] Xu J, Miao S J, Tang D H, et al. Molten salts strategy for the synthesis of CoP nanoparticles entrapped, N, P co-doped mesoporous carbons as electrocatalysts for hydrogen evolution [J]. Chemical Research in Chinese Universities, 2021, 38 (1): 237-242.

[51] Wu H B, Xia B Y, Yu L, et al. Porous molybdenum carbide nano-octahedrons synthesized via

confined carburization in metal-organic frameworks for efficient hydrogen production [J] . Nature Communications, 2015, 6: 6512.

[52] Fan X L, Zhang H B, Gao B X, et al. Chinese ink-promoted co-assembly synthesis of 3D hierarchically structured and porous MoC_x/C nanocomposites for highly efficient hydrogen evolution reaction [J] . Carbon, 2020, 170: 558-566.

[53] Luo Z, Miao R, Huan T D, et al. Mesoporous MoO_{3-x} material as an efficient electrocatalyst for hydrogen evolution reactions [J] . Advanced Energy Materials, 2016, 6 (16): 1600528.

[54] Yu H, Zhang W T, Miao S J, et al. Synthesis of Co_9S_8 nanoparticle embedded, N, S co-doped mesoporous carbon with salts as templates for electrocatalytic hydrogen evolution [J]. Microporous and Mesoporous Materials, 2020, 302: 110235.

[55] Ortel E, Reier T, Strasser P, et al. Mesoporous IrO_2 films templated by PEO-PB-PEO block-copolymers: Self-assembly, crystallization behavior, and electrocatalytic performance [J]. Chemistry of Materials, 2011, 23 (13): 3201-3209.

[56] Feng J R, Lv F, Zhang W Y, et al. Iridium-based multimetallic porous hollow nanocrystals for efficient overall-water-splitting catalysis [J] . Advanced Materials, 2017, 29 (47): 1703798.

[57] Ouyang C B, Wang X, Wang C, et al. Hierarchically porous Ni_3S_2 nanorod array foam as highly efficient electrocatalyst for hydrogen evolution reaction and oxygen evolution reaction [J]. Electrochimica Acta, 2015, 174: 297-301.

[58] Yu X Y, Feng Y, Guan B Y, et al. Carbon coated porous nickel phosphides nanoplates for highly efficient oxygen evolution reaction [J] . Energy & Environmental Science, 2016, 9 (4): 1246-1250.

[59] Yu L, Wu L, McElhenny B, et al. Ultrafast room-temperature synthesis of porous S-doped Ni/Fe (oxy) hydroxide electrodes for oxygen evolution catalysis in seawater splitting [J] . Energy & Environmental Science, 2020, 13 (10): 3439-3446.

[60] Li W, Liu J, Guo P F, et al. Co/CoP heterojunction on hierarchically ordered porous carbon as a highly efficient electrocatalyst for hydrogen and oxygen evolution [J] . Advanced Energy Materials, 2021, 11 (42): 2102134.

[61] Hu X L, Luo G, Zhao Q N, et al. Ru single atoms on N-doped carbon by spatial confinement and ionic substitution strategies for high-performance $Li-O_2$ batteries [J] . Journal of the American Chemical Society, 2020, 142 (39): 16776-16786.

[62] Fu G T, Liu Y, Chen Y F, et al. Robust N-doped carbon aerogels strongly coupled with iron-cobalt particles as efficient bifunctional catalysts for rechargeable Zn-air batteries [J] . Nanoscale, 2018, 10 (42): 19937-19944.

[63] Hou Y, Qiu M, Kim M G, et al. Atomically dispersed nickel-nitrogen-sulfur species anchored on porous carbon nanosheets for efficient water oxidation [J] . Nature Communications, 2019, 10 (1): 1392.

[64] Zhao Y F, Guo Y, Lu X F, et al. Exposing single-Ni atoms in hollow S/N-doped carbon macroporous fibers for highly efficient electrochemical oxygen evolution [J] . Advanced Materials, 2022, 34 (35): e2203442.

[65] Sun T, Wang J, Qiu C T, et al. B, N codoped and defect-rich nanocarbon material as a metal-free bifunctional electrocatalyst for oxygen reduction and evolution reactions [J] . Advanced Science, 2018, 5 (7): 1800036.

[66] Qu K, Zheng Y, Dai S, et al. Graphene oxide-polydopamine derived N, S-codoped carbon nanosheets as

superior bifunctional electrocatalysts for oxygen reduction and evolution [J] . Nano Energy, 2016, 19: 373-381.

[67] Cheng H, Liu S, Hao Z K, et al. Optimal coordination-site exposure engineering in porous platinum for outstanding oxygen reduction performance [J] . Chemical Science, 2019, 10 (21): 5589-5595.

[68] Yu H, Zhou T, Wang Z, et al. Defect-rich porous palladium metallene for enhanced alkaline oxygen reduction electrocatalysis [J] . Angewandte Chemie International Edition, 2021, 60 (21): 12027-12031.

[69] Duan J J, Zheng X X, Niu H J, et al. Porous dendritic PtRuPd nanospheres with enhanced catalytic activity and durability for ethylene glycol oxidation and oxygen reduction reactions [J]. Journal of Colloid and Interface Science, 2020, 560: 467-474.

[70] Wang C, Ha Y, Mao X, et al. Co nanoparticles encapsulated in N-doped carbon nanotubes grafted CNTs as electrocatalysts for enhanced oxygen reduction reaction [J] . Advanced Materials Interfaces, 2022, 9 (5): 2101877.

[71] Niu H J, Zhang L, Feng J J, et al. Graphene-encapsulated cobalt nanoparticles embedded in porous nitrogen-doped graphitic carbon nanosheets as efficient electrocatalysts for oxygen reduction reaction [J] . Journal of Colloid and Interface Science, 2019, 552: 744-751.

[72] Li W, Liu B, Liu D, et al. Alloying Co species into ordered and interconnected macroporous carbon polyhedra for efficient oxygen reduction reaction in rechargeable zinc-air batteries [J]. Advanced Materials, 2022, 34 (17): 2109605.

[73] Hu X J, Chen Y F, Zhang M R, et al. Alveolate porous carbon aerogels supported Co_9S_8 derived from a novel hybrid hydrogel for bifunctional oxygen electrocatalysis [J] . Carbon, 2019, 144: 557-566.

[74] Nguyen D C, Luyen Doan T L, Prabhakaran S, et al. Hierarchical Co and Nb dual-doped MoS_2 nanosheets shelled micro-TiO_2 hollow spheres as effective multifunctional electrocatalysts for HER, OER, and ORR [J] . Nano Energy, 2021, 82: 105750.

[75] Zhang X B, Han X, Jiang Z, et al. Atomically dispersed hierarchically ordered porous Fe-N-C electrocatalyst for high performance electrocatalytic oxygen reduction in Zn-air battery [J] . Nano Energy, 2020, 71: 104547.

[76] Kong F T, Cui X Z, Huang Y F, et al. N-doped carbon electrocatalyst: Marked ORR activity in acidic media without the contribution from metal sites? [J] . Angewandte Chemie International Edition, 2022, 61 (15): e202116290.

[77] Zhou Y, Yu Y N, Ma D S, et al. Atomic Fe dispersed hierarchical mesoporous Fe-N-C nanostructures for an efficient oxygen reduction reaction [J] . ACS Catalysis, 2020, 11 (1): 74-81.

[78] Zhang J T, Zhang M, Zeng Y, et al. Single Fe atom on hierarchically porous S, N-codoped nanocarbon derived from porphyra enable boosted oxygen catalysis for rechargeable Zn-Air batteries [J]. Small, 2019, 15 (24): e1900307.

[79] Zhu Z J, Yin H J, Wang Y, et al. Coexisting single-atomic Fe and Ni sites on hierarchically ordered porous carbon as a highly efficient ORR electrocatalyst [J] . Advanced Materials, 2020, 32 (42): e2004670.

[80] Wang Z H, Jin H H, Meng T, et al. Fe, Cu-coordinated ZIF-derived carbon framework for efficient oxygen reduction reaction and zinc-air batteries [J] . Advanced Functional Materials, 2018, 28 (39): 1703798.

[81] Liu L Z, Zeng G, Chen J Z, et al. N-doped porous carbon nanosheets as pH-universal ORR electrocatalyst in various fuel cell devices [J]. Nano Energy, 2018, 49: 393-402.

[82] Chen S, Zhao L L, Ma J Z, et al. Edge-doping modulation of N, P-codoped porous carbon spheres for high-performance rechargeable Zn-air batteries [J]. Nano Energy, 2019, 60: 536-544.

[83] Hyun G, Song J T, Ahn C, et al. Hierarchically porous Au nanostructures with interconnected channels for efficient mass transport in electrocatalytic CO_2 reduction [J]. PNAS, 2020, 117 (11): 5680-5685.

[84] Xiong W F, Li H F, Wang H M, et al. Hollow mesoporous carbon sphere loaded Ni-N_4 single-atom: Support structure study for CO_2 electrocatalytic reduction catalyst [J]. Small, 2020, 16 (41): e2003943.

[85] Sui R, Pei J J, Fang J J, et al. Engineering Ag-N_x single-atom sites on porous concave N-doped carbon for boosting CO_2 electroreduction [J]. ACS Applied Materials & Interfaces, 2021, 13 (15): 17736-17744.

[86] Ye L, Ying Y R, Sun D R, et al. Highly efficient porous carbon electrocatalyst with controllable N-species content for selective CO_2 reduction [J]. Angewandte Chemie International Edition, 2020, 59 (8): 3244-3251.

[87] Li R R, Liu F, Zhang Y H, et al. Nitrogen, sulfur co-doped hierarchically porous carbon as a metal-free electrocatalyst for oxygen reduction and carbon dioxide reduction reaction [J]. ACS Applied Materials & Interfaces, 2020, 12 (40): 44578-44587.

[88] Kumar B, Atla V, Brian J P, et al. Reduced SnO_2 porous nanowires with a high density of grain boundaries as catalysts for efficient electrochemical CO_2-into-HCOOH conversion [J]. Angewandte Chemie International Edition, 2017, 56 (13): 3645-3649.

[89] Hou X F, Cai Y X, Zhang D, et al. 3D core-shell porous-structured Cu@Sn hybrid electrodes with unprecedented selective CO_2-into-formate electroreduction achieving 100% [J]. Journal of Materials Chemistry A, 2019, 7 (7): 3197-3205.

[90] Peng L W, Wang Y X, Masood I, et al. Self-growing Cu/Sn bimetallic electrocatalysts on nitrogen-doped porous carbon cloth with 3D-hierarchical honeycomb structure for highly active carbon dioxide reduction [J]. Applied Catalysis B: Environmental, 2020, 264: 118447.

[91] Xia W, Xie Y J, Jia S Q, et al. Adjacent copper single atoms promote C-C coupling in electrochemical CO_2 reduction for the efficient conversion of ethanol [J]. Journal of the American Chemical Society, 2023, 145 (31): 17253-17264.

[92] Wang J, Huang B L, Ji Y J, et al. A general strategy to glassy M-Te (M = Ru, Rh, Ir) porous nanorods for efficient electrochemical N_2 fixation [J]. Advanced Materials, 2020, 32 (11): e1907112.

[93] Wang H J, Yu H J, Wang Z Q, et al. Electrochemical fabrication of porous Au film on Ni foam for nitrogen reduction to ammonia [J]. Small, 2019, 15 (6): 1804769.

[94] Pang F J, Wang Z F, Zhang K, et al. Bimodal nanoporous Pd_3Cu_1 alloy with restrained hydrogen evolution for stable and high yield electrochemical nitrogen reduction [J]. Nano Energy, 2019, 58: 834-841.

[95] Chu K, Gu W C, Li Q Q, et al. Amorphization activated FeB_2 porous nanosheets enable efficient electrocatalytic N_2 fixation [J]. Journal of Energy Chemistry, 2021, 53: 82-89.

[96] Guo C Y, Liu X J, Gao L F, et al. Fe-doped Ni_2P nanosheets with porous structure for electrore-

duction of nitrogen to ammonia under ambient conditions [J] . Applied Catalysis B: Environmental, 2020, 263: 118296.

[97] Wang H J, Liu S L, Zhang H G, et al. Three-dimensional Pd-Ag-S porous nanosponges for electrocatalytic nitrogen reduction to ammonia [J] . Nanoscale, 2020, 12 (25): 13507-13512.

[98] Sahoo S K, Heske J, Antonietti M, et al. Electrochemical N_2 reduction to ammonia using single Au/Fe atoms supported on nitrogen-doped porous carbon [J] . ACS Applied Energy Materials, 2020, 3 (10): 10061-10069.

[99] Chen D, Luo M, Ning S, et al. Single-atom gold isolated onto nanoporous $MoSe_2$ for boosting electrochemical nitrogen reduction [J] . Small, 2022, 18 (4): e2104043.

[100] Mukherjee S, Cullen D A, Karakalos S, et al. Metal-organic framework-derived nitrogen-doped highly disordered carbon for electrochemical ammonia synthesis using N_2 and H_2O in alkaline electrolytes [J] . Nano Energy, 2018, 48: 217-226.

[101] Song P F, Wang H, Cao X M, et al. Ambient electrochemical N_2 reduction to NH_3 on nitrogen and phosphorus co-doped porous carbon with trace iron in alkaline electrolytes [J] . Chem Electro Chem, 2020, 7 (1): 212-216.

[102] Wang J, Huang H, Wang P, et al. N, S synergistic effect in hierarchical porous carbon for enhanced NRR performance [J] . Carbon, 2021, 179: 358-364.

[103] Zhao S J, Wang J, Wang P, et al. One-step synthesis of N, P co-doped porous carbon electrocatalyst for highly efficient nitrogen fixation [J] . Nano Research, 2022, 15 (3): 1779-1785.

[104] Ren J T, Wan C Y, Pei T Y, et al. Promotion of electrocatalytic nitrogen reduction reaction on N-doped porous carbon with secondary heteroatoms [J] . Applied Catalysis B: Environmental, 2020, 266: 118633.

第 8 章

多孔材料在吸附与分离领域中的应用

8.1 引言

分离在很多工业生产过程中都扮演着非常重要的角色，这是因为大多数现有的化工生产过程无法直接生产出满足应用需求的高纯度化学品。例如，在石油加工中生产的种类丰富的石化产品，通常需要经过分离和提纯的步骤。另外，从气体混合物中提纯单一组分的分离过程也具有重要的环境、经济和实际意义。例如，从空气中捕获温室气体二氧化碳或天然气提纯等。传统的分离过程主要采用蒸馏等工艺，这些分离方法能耗高，并且严重依赖化石燃料的使用，带来了诸多能源和环境问题。据估计，分离过程耗费的能量约占全球能源使用的 10％～15％，而分离过程的成本占总体生产过程成本的 40％～90％。随着气候变化和资源短缺问题日益严峻，减少分离过程中的能量消耗以降低成本并减轻环境负担，从而实现可持续发展逐渐成为趋势。在此背景下，需要开发出低能耗、高效率的新型分离技术来替代传统的蒸馏工艺。

吸附是有前景的新一代分离技术，它利用吸附剂材料对待分离混合物中各组分（吸附质）吸附性能的差异进行选择性吸附分离，以达到纯化的目的。近年来，基于吸附的分离技术迅速发展，吸附剂的种类及相关工艺条件设计的范围不断拓展，使其成为一项持续演进的分离技术，在学术界和产业界广受关注。目前，基于吸附原理的分离技术已广泛用于各领域，例如水处理、脱水干燥、氢气纯化、空气分离或烃类有机物的分离等。

吸附与分离过程的发展离不开具有特殊性能的吸附剂材料的开发。许多固体吸附材料已被广泛用于吸附与分离过程[1-2]。其中，最具代表性的吸附剂材料包括金属有机骨架（MOFs）材料、活性炭和沸石分子筛。这些材料具有独特的结构和性质，使得它们在吸附与分离过程中表现出优异的性能（表 8.1）。

MOFs材料具有高的比表面积、均匀的孔径分布和可调性。这些特性使得MOFs材料在吸附与分离过程中能够有效地捕获目标物质，从而表现出卓越的分离效果[3-4]。活性炭的微孔和介孔结构使其具有良好的吸附性能，可以有效地吸附气体、液体和固体颗粒物。此外，活性炭还可以通过表面改性等方法进一步提高其吸附性能，适用于各种复杂的吸附与分离过程[5-6]。沸石分子筛具有较大的孔径分布范围和丰富的孔道结构，可以对不同大小的分子进行有效的筛选和分离。沸石分子筛则在空气净化、水处理、催化剂载体等领域具有广泛的应用前景[7]。在本章中，我们将重点介绍沸石分子筛在小分子选择性吸附、MOFs材料在有机染料分子吸附以及重金属离子吸附等方面的应用进展。

表8.1 典型的固体吸附材料用于吸附分离过程的特点对比

吸附材料	材料可设计性	生产成本	热稳定性
金属有机骨架(MOFs)材料	高	昂贵	较低
活性炭	中	低	一般
沸石分子筛	居中	居中	较高

8.2 小分子选择性吸附分离

沸石分子筛材料可根据其孔道开口的大小进行分类：将最大孔道开口由8个、10个、12个和超过12个T（tetrahedral，四面体）原子所组成的孔道的沸石定义为小孔、中孔、大孔和超大孔沸石[8]。总体来说，沸石分子筛的孔径大小通常在3～8Å（1Å=10^{-10}m）范围内，孔道结构均一规整，具有筛分小分子（例如二氧化碳、甲烷、氮气、短链烷烃/烯烃或二甲苯异构体等）的能力。其中，孔道开口为八元环的小孔沸石，尤其是其晶体内部含有笼状结构的小孔沸石，由于笼具有较大的内部空腔体积和较小的孔道开口，在气体吸附和分离方面表现出优异的性能，近年来受到了广泛关注。此外，还可以通过对沸石分子筛的结构、化学组成和骨架外客体离子进行调控来调节其吸附特性。沸石分子筛已成功应用于气体和液体的干燥、氮气与氧气的分离、直链烃与支链烃的分离、二甲苯异构体的分离以及其他分离过程。除此之外，沸石分子筛还在很多分离体系中都具有替代现有技术的潜力，例如CO_2捕获、烯烃-烷烃分离和氢同位素的分离等。

通常来说，衡量吸附材料性能的关键指标有：工作容量、吸附动力学、选择性和再生效率。这些指标可以从多方面影响材料的性能，且相互制约。在材料的制备过程中，需要对吸附材料的合成参数进行系统性调控，以探索最佳的吸附性能。沸石分子筛的合成具有一定的灵活性，可以通过调控沸石分子筛的硅铝比（Si/Al）、杂原子类型、骨架外阳离子类型和位置等，实现对沸石分子筛的骨架柔韧性、孔径、酸/碱性质、水热稳定性和亲疏水性的调节。沸石分子筛吸附剂对吸附质的吸附可以通过分子筛分效应（根据气体混合物各组分的分子尺寸/形状进行筛分）、热力学平衡效应（吸附质与吸附剂表面的优先相互作用或吸附质之间相互作用而产生更加稳定的吸附态）或动力学效应（吸附质混合物中各组分在吸附剂上扩散速率的差异）进行选择性分离[9]。根据这三种可能的吸附机理，可进一步将沸石分子筛吸附剂与特定的工业分离技术结合，以实现更高效、更精确的分离。

工业应用中常见的吸附技术有变压吸附和变温吸附。变压吸附是指吸附质在高压下吸附，然后在低压下解吸，其中低压一般为大气压，有时也可以辅助施加真空，在吸附-脱附过程中温度保持恒定。变温吸附是指吸附质在低温下吸附，然后在较高温度下解吸，在吸附-脱附过程中压力保持恒定，通常在大气压下进行。吸附剂在特定分离中的性能取决于多方面的因素，其中最重要的是吸附剂的工作容量（working capacity）。对于变压吸附过程，工作容量是指吸附压力和再生压力之间吸附量的差异。对于变温吸附过程，它是指在某一特定的吸附温度与再生温度下吸附量的差异。而在这两种典型的分离过程中，沸石分子筛的工作容量在很大程度上取决于吸附-脱附曲线的形状。根据吸附-脱附曲线的形状，可以选择最佳的吸附-脱附压力或温度来进行变压吸附或变温吸附操作。

本节将基于典型的小分子选择性吸附分离体系，介绍沸石分子筛材料在吸附分离应用中的特性，重点聚焦小分子气体的选择性吸附分离体系，包含CO_2、烷烃/烯烃、水、甲烷、氮氧化物和稀有气体等。最后，简要介绍沸石分子筛在吸附分离工业过程中的应用进展。

8.2.1 CO_2选择性吸附分离

CO_2作为一种典型的温室气体，被公认为是导致当前全球气候变暖的主要原因[6]。随着气候变化的形势日益严峻，世界各国提出了许多技术路径用于CO_2捕获和封存。尽管液胺吸附是捕获CO_2的有效途径，但是捕获成本昂贵[10]。因此，以固体多孔材料为吸附剂，从烟道气和天然气中高效捕获CO_2成为极具潜力的替代过程。如前文所述，在众多有潜力的CO_2吸附分离材料中，沸石分子筛具有很多独特的优势[11-12]。首先，沸石材料水热稳定性高、易于再生、耐受各种污染物（如SO_x、NO_x等），同时生产成本相对较低。沸石分子筛的骨架结构、化学组成及骨架外阳离子的类型和位置对CO_2吸附分离性能都有显著的影响。此外，由于沸石分子筛的CO_2吸附分离性能随着孔道内部静电场的增加而增强，因此通过调节沸石分子筛骨架外阳离子的类型

与位置可以实现对 CO_2 吸附分离性能的调控。在目前合成得到的沸石分子筛材料中，小孔沸石分子筛材料由于独特的分子筛分效应，可从烟道气（CO_2/N_2）和天然气（CO_2/CH_4）中有效地捕获 CO_2 而受到了广泛关注。小孔沸石分子筛的孔道大小和常见的小分子气体分子的动力学直径（CO_2：3.3Å；N_2：3.64Å；CH_4：3.8Å）相当。因此，相比于介孔和大孔沸石分子筛，小孔沸石分子筛在 CO_2 吸附分离中通常表现出更高的分离选择性。下面将以几种典型的小孔沸石分子筛（包括 LTA、CHA、KFI 和 RHO 等结构，图 8.1）为例，介绍它们在 CO_2 吸附分离中的应用。

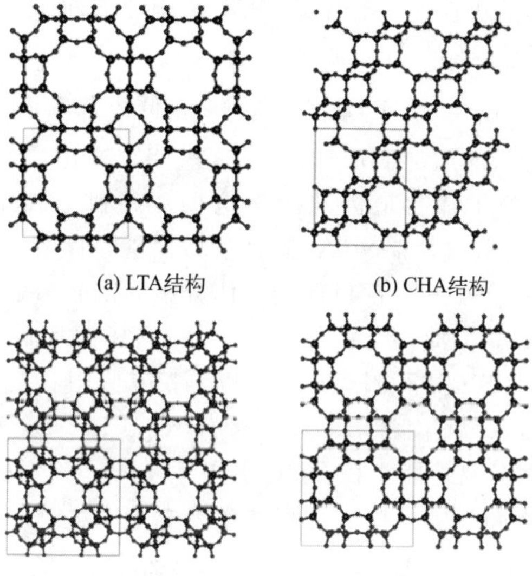

(a) LTA结构　(b) CHA结构　(c) KFI结构　(d) RHO结构

图 8.1 典型的小孔沸石分子筛的拓扑结构图

8.2.1.1 LTA 型分子筛

LTA 结构属于立方晶系，其骨架结构与 SOD 拓扑结构类似。LTA 结构由具有 24 个 T 原子的 14 面体（$[4^6 6^8]$）sod 笼构建，sod 笼通过双四元环(d4r) 单元连接，产生由 48 个 T 原子组成的 26 面体（$[4^{12} 6^8 8^6]$，即 lta 笼）。与 LTA 结构不同的是，在 SOD 结构中，sod 笼以体心立方形式排列，相互之间由单四元环（s4r）和单六元环（s6r）连接。根据骨架外阳离子的不同类型，LTA 型沸石的孔径可在 3～5Å 之间变化。例如，Na-A（Si/Al=1）沸石的孔道尺寸约为 3.8Å，因此 Na-A 沸石又称为 4A 分子筛。当 Na-A 沸石中骨架外的 Na^+ 经离子交换成 K^+ 或 Ca^{2+} 时，所制备的分子筛转变为 K-A 沸石（3A 分子筛）或 Ca-A 沸石（5A 分子筛）。含不同骨架外阳离子的 LTA 型沸石由于具有不同的孔道开口直径，在 CO_2 吸附容量和吸附选择性方面存在显著差异。

Liu 等人研究了具有不同钠钾比（Na/K）的 NaK-A（LTA 型）沸石对 CO_2 和 N_2 的吸附性质。尽管 NaK-A 沸石与 Na-A 沸石的 CO_2 吸附容量相当（前者为 3.4mmol·g^{-1}，后者为 3.9mmol·g^{-1}），但 NaK-A 的 N_2 吸附容量很低，其 CO_2/N_2 的吸附选择性达到 172，远高于 Na-A[13]。当 NaK-A 沸石的 Na/K 在 2.8～5.7 之间变化时，还可以从 CO_2/CH_4 中选择性吸附 CO_2[14]。LTA 沸石的骨架 Si/Al 比对其 CO_2 吸附性能也有影响。Palomino 等人合成了 5 种骨架 Si/Al 在 1.0 至无穷大之间的 LTA 型沸石，发现 LTA 型沸石的 CO_2 吸附容量随着分子筛骨架中 Al 含量的增加而增加。当 LTA 型沸石的骨架 Si/Al 为 2.0 时，CO_2 吸附容量达到最大值［5.0mmol·g^{-1}，在 303K 和 1.0bar（1.0bar=10^5Pa）条件下］。在低压范围内，CO_2 的吸附选择性随着骨架中 Al 含量的增加而增加[15]。这表明，通过增加分子筛骨架中 Al 的含量来增强沸石分子筛孔道内部的静电场，有利于选择性地吸附极性的 CO_2 分子。但是，过低的骨架 Si/Al 需要较高含量的骨架外阳离子以保持电荷平衡，这将减少沸石分子筛内部可容纳气体分子的空间，呈现出"跷跷板"效应（trade-off effect）。因此，寻找最佳的 CO_2 选择性吸附材料，需要综合考虑沸石分子筛的骨架 Si/Al 和阳离子类型以调控其吸附容量和吸附选择性。经多种阳离子交换的 LTA 型沸石（如 $Na_{10.2}K_{1.0}Cs_{0.8}$-LTA）也显示出优异 CO_2/CH_4 的选择性分离性能，在 293K 和 0.5bar 下 CO_2/CH_4 的吸附选择性高于 1500[16]。结合同步辐射粉末 X 射线衍射和 Rietveld 结构精修对吸附分离的机理进行研究发现，K^+ 和 Cs^+ 都位于 LTA 结构的八元环内。这些阳离子可能阻碍了 CH_4 分子通过 LTA 型分子筛的八元环窗口，而极性的 CO_2 分子可以通过与骨架外阳离子的相互作用，将骨架外阳离子短暂且可逆地推开并进入 LTA 型沸石的内部空腔，同时骨架外阳离子可移动至初始阳离子位置。这种 CO_2 分子通过与沸石骨架外阳离子的相互作用而被选择性吸附的方式被称为"活板门"效应（trap-door effect）。

8.2.1.2 CHA 型分子筛

菱沸石（chabazite，CHA 结构）是以双六元环（d6r）为基本结构单元的典型小孔沸石。CHA 结构所含的 *cha* 笼可以通过六个八元环窗口进入，孔径约为 3.8Å。具有不同骨架外阳离子的菱沸石（CHA 型）的 N_2 和 CO_2 吸附性能有着明显的区别。在 273K 和 1.0bar 条件下，Li-CHA，Na-CHA 和 K-CHA（骨架 Si/Al 均为 2.5）的每个晶胞分别能吸附 1.53、1.25 和 0.87 个 N_2 分子，而相应的 CO_2 吸附量分别为 6.37 个、5.82 个和 4.77 个[17]。由此可以看出，Li^+ 具有最小的离子半径和更强的极化性质，因此 CO_2 和 N_2 的吸附量均很高。另外，随着骨架外阳离子半径的增大，虽然 CHA 分子筛上的 CO_2 和 N_2 的吸附量均在下降，但 CO_2/N_2 的选择性却在上升。与前文所述的 LTA 型沸石类似，“活板门”效应可能在 K-CHA 型沸石对 CO_2 分子的选择性吸附过程中也起到了重要的作用[18]。极化的 CO_2 与拥有“活板门”效应的 K^+ 有足够强的相互作用，可以将 K^+ 暂时且可逆地偏离八元环窗口，从而为 CO_2 提供足够的空间以进入沸石孔道内（图 8.2）。然而，与 K^+ 相互作用较弱的 N_2 分子则不会引起骨架外阳离子运动，此时 K^+ 扮演了“守门员”的角色，能有效阻止 N_2 分子进入其孔道内部，因此 K-CHA 型沸石的 N_2 吸附量比较低，CO_2/N_2 的吸附选择性较高。通过“活板门”效应进行 CO_2/N_2 的吸附分离在 Cs-CHA 分子筛中效果更加显著。

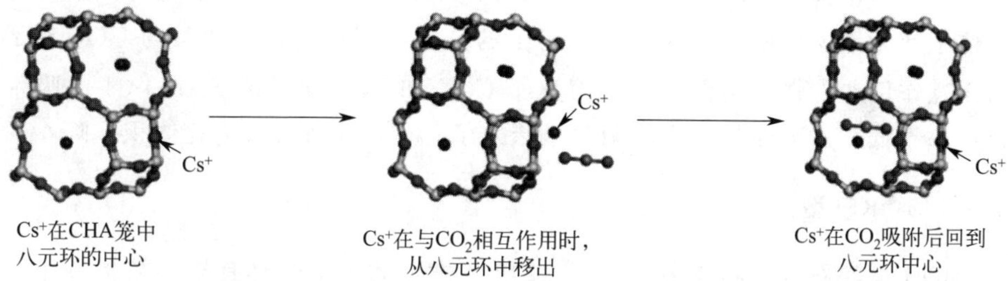

图 8.2 “活板门”效应（trap-door effect）在 CHA 型沸石分子筛中用于 CO_2 选择性吸附分离过程的作用机制

为了更加充分地利用“活板门”效应进行 CO_2 选择性吸附分离，科学家们研究了具有不同骨架 Si/Al 组成的小孔 CHA 沸石对 N_2 的吸附行为。“活板门”筛分效应起作用的前提是沸石分子筛的骨架 Si/Al 组成为一个最佳值。在具有最佳 Si/Al 组成的 CHA 型沸石中，八元环孔道开口可以更大程度地甚至完全被“活板门”阳离子占据，从而使得“活板门”效应达到最强。当 Si/Al＜3.0 时，K-CHA 几乎不吸附 N_2。这表明由于其骨架中 Al 含量高，较多的骨架外平衡离子 K^+ 几乎占据了所有的八元环孔道开口，N_2 分子和 K^+ 的弱相互作用使 N_2 难以进入分子筛内部。然而，Si/Al＞3.0 的 K-CHA 沸石的 N_2 吸附量明显上升，这表明 CHA 分子筛中的八元环没有完全被具有“活板门”效应的阳离子占据，N_2 分子可以从开放的八元环窗口进入 CHA 的孔道内[19]。值得注意的是，理想的 Si/Al 只是“活板门”效应最大化所必需的条件之一，分子筛的骨架铝分布也会影响骨架外阳离子是否可以完全占据八元环孔道窗口。

另外，Hudson 等人发现对 SSZ-13 分子筛进行适当的 Cu^{2+} 交换，CO_2 将优先吸附在八元环窗口并且不与 Cu^{2+} 配位[20]。这与之前报道的情况有所不同，因为在碱金属离子交换的 Y 型沸石（FAU）、Na-X（FAU）和 Na 型 ZSM-5（MFI）中，CO_2 分子与骨架外阳离子都存在相互作用。基于 SSZ-13

分子筛骨架外 Cu^{2+} 特殊的作用，调控 Cu-SSZ-13 中的 Cu^{2+} 含量可以提高 CO_2 吸附能力和选择性。研究发现，因为 H_2O 与 CO_2 的吸附位点并不相同，H_2O 会优先与 Cu^{2+} 位点结合，但不会干扰八元环窗口中位点对 CO_2 的吸附。与其他阳离子交换沸石相比，这种吸附机制可能避免 H_2O/CO_2 在 Cu-SSZ-13 骨架外阳离子上的竞争吸附，从而提高潮湿条件下 CO_2 的吸附容量和选择性。

具有 CHA 拓扑结构的磷酸铝分子筛 SAPO-34 也具有很好的 CO_2 选择性吸附性能。碱金属离子交换形式的 SAPO-34 的 CO_2 选择性吸附性能取决于骨架外阳离子的类型。含较小骨架外阳离子的 SAPO-34 分子筛表现出较高的吸附容量，经二价阳离子交换的 SAPO-34 分子筛更适合 CO_2 吸附分离[21]。Sr-SAPO-34 在低压范围内显示出较大的等温线斜率，表明吸附物与吸附剂之间的相互作用很强。同步辐射的粉末 XRD 和 Rietveld 结构精修表明，Sr^{2+} 优先位于八元环窗口中。这种二价阳离子的高电场四极矩，导致其与 CO_2 分子的相互作用非常强。然而，三价阳离子 Ce^{3+} 和 Ti^{3+} 交换的 SAPO-34 的吸附容量非常低，这可能是交换的阳离子堵塞了孔道，导致有效的孔体积下降[22]。

8.2.1.3 KFI 型分子筛

KFI 型沸石分子筛是 Barrer 于 1948 年发现的第一个具有拓扑结构的小孔沸石分子筛，可通过无模板法合成，具有孔径为 3.9Å 的三维八元环通道结构，也是潜在的 CO_2 选择性吸附材料。不同骨架 Si/Al（1.7～4.7）和骨架外阳离子类型（H^+、Li^+、Na^+、K^+、Mg^{2+}、Ca^{2+}）的 ZK-5 沸石（KFI 结构）展现出不同的 CO_2 和 N_2 吸附性能[23-24]。其中，Si/Al 为 4.7 的 Li-ZK-5 具有最高的 CO_2 吸附容量（5.0mmol·g^{-1}，在 303K 和 1.0bar 条件下）。这是因为离子半径较小的 Li^+ 具有更强的极化能力，可以产生更高的局部电场和场梯度，而且 Li-ZK-5 沸石具有稍大的微孔体积。但是，Si/Al 为 1.7 的 Li-ZK-5 沸石在 303K 和 1.0bar 条件下只有约 4.2mmol·g^{-1} 的 CO_2 吸附容量，在高压（40bar）下才表现出 4.8mmol·g^{-1} 的 CO_2 吸附容量。这表明随着 Si/Al 的降低，吸附容量的下降是由骨架外阳离子含量的增加引起的，因为这导致沸石的可用孔体积较小，因此只能吸附少量的 CO_2。

8.2.1.4 RHO 型及其家族分子筛

RHO 沸石家族是由一系列结构相关联的沸石分子筛组成。其中最为典型的 RHO 分子筛是由［$4^8 8^2$］结构单元、双八元环（d8r）和［$4^{12} 6^8 8^6$］lta 笼组成的。RHO 沸石分子筛家族的其他成员是在第一代最典型的 RHO 沸石分子筛结构的基础上，沿着每个晶胞边缘在 lta 笼之间插入一对额外的 d8r 和 pau 结构基本单元制备的，晶胞尺寸每代增加约 10Å。在 RHO 家族中的每个沸石成员都填充了四种类型的笼结构，即［$4^6 6^2 8^6$］、［$4^5 8^3$］、［$4^6 8^4$］和［$4^7 8^5$］笼，形成完全四面体连接的分子筛骨架。因此，RHO 分子筛是该 RHO 家族的第一代（RHO-G1），天然沸石泡沸石（PAU）和合成沸石 ZSM-25（MWF）分别是第三代（RHO-G3）和第四代（RHO-G4）。在此基础上，具有更加复杂结构的第五代 PST-20 分子筛、第六代 PST-25 分子筛、第七代 PST-26 分子筛和第八代 PST-28 分子筛也被成功合成[25-28]。

RHO 家族的所有已知分子筛都含有八元环孔道结构，因此它们有可能是理想的 CO_2 吸附分离材料。第一代 Na-RHO 沸石在 298K 和 1.0bar 时具有最高的 CO_2 吸附容量（约 4.6mmol·g^{-1}）。虽然这个吸附容量低于 Si/Al 为 1.3 的商用大孔沸石 Na-X 的值（5.8mmol·g^{-1}），但高于两种广泛使用小孔沸石 Na-A 和 K-CHA 的 CO_2 吸附容量（分别为 3.6mmol·g^{-1} 和 3.7mmol·g^{-1}）。尽管 Na-RHO 沸石的吸附容量很大，但作为工业 CO_2 吸附剂的一个严重缺点是它的 CO_2 吸附动力学非常慢，CO_2 在 Na-RHO 沸石上需要很长的时间才能达到吸附平衡。导致这一现象的主要原因可能是 CO_2 分子通过 d8r 结构单元进入其内部空隙的受到很大的传质限制[19-29]。

然而，当使用具有更加复杂结构的 RHO 家族沸石（Na-PST-29、NaTEA-ECR-18、NaTEA-ZSM-25 和 NaTEA-PST-20）作为吸附剂时，CO_2 不仅可以通过 d8r 结构单元扩散进入，还可以通过单八元环（s8r）窗口扩散，因此可以更快地达到 CO_2 吸附动力学平衡[30]。造成吸附动力学差异的另一种可能的原因是，Na^+ 在 s8r 窗口中的结合作用比在 d8r 笼中的更弱，CO_2 分子更容易置换 s8r 窗口中的阳离子。由于“活板门”效应，RHO 家族的所有成员对 CO_2 的选择性均高于 CH_4，且比 Na-X、Na-A 或 K-CHA 的选择性高得多。近期的研究表明，在 303K 和 1bar 条件下，当以 CO_2/H_2O 混合气（相对湿度为 5%）为吸附气体时，Cs^+ 交换的 RHO 沸石分子筛仍然可以对 CO_2 表现出 1.45mmol·g^{-1} 的吸附容量。相比之下，Li^+，Na^+，K^+，Rb^+ 交换的 RHO 沸石则只能表现出低于 1mmol·g^{-1} 的吸附容量（图 8.3）。X 射线衍射分析结果揭示出，H_2O 可能与 Cs^+ 之间存在较弱的相互作用，Cs^+ 可以在 RHO 结构的单八元环开口起到“守门员”的作用，而其他碱金属阳离子由于与 H_2O 分子相互作用较强而吸附了更多的水分子，导致 CO_2 吸附容量下降[31]。因此，RHO 家族分子筛在 CO_2 选择性吸附分离中有着广阔的应用前景。

8.2.1.5　其他小孔分子筛

除了以上几种典型的小孔分子筛外，很多其他的小孔分子筛也被用于 CO_2 选择性吸附分离的研究中。其中，硅磷酸铝组成的分子筛由于具有离子

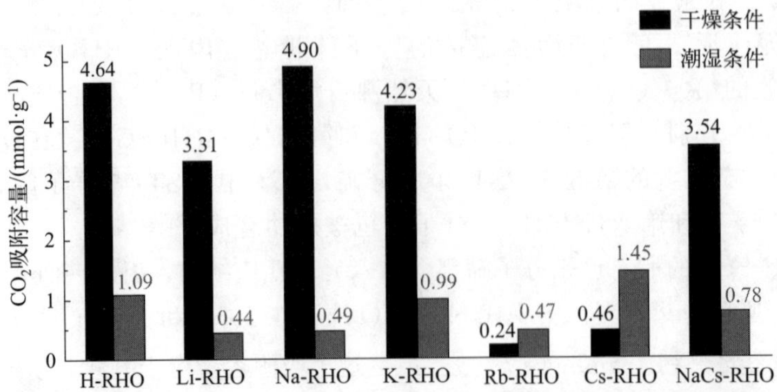

图 8.3 H-RHO、Li-RHO、Na-RHO、K-RHO、Rb-RHO、Cs-RHO 和 NaCs-RHO 在干燥条件下和在潮湿条件下（5%相对湿度）的平衡 CO_2 吸附容量

交换性而对 CO_2 表现出一定的吸附能力。小孔 SAPO-56（AFX 结构）对水的敏感性较低，在 273K 和 1.0bar 时表现出与 Na-X 相当的 CO_2 吸附能力（5.4mmol·g^{-1}）[32]。SAPO-RHO 的 CO_2/N_2 选择性为 26，远高于 Na-X 以及其他硅磷酸铝分子筛。中国科学院大连化学物理研究所刘中民团队报道了 M-DNL-6 分子筛。其具有较高的骨架 Si 含量和相应的 Brønsted 酸位点数量，M-DNL-6 分子筛存在 298K 和 1.0bar 下的 CO_2 吸附容量为 4.7mmol·g^{-1}，CO_2/CH_4 和 CO_2/N_2 选择性分别达到 12 和 20[33]。在无有机结构导向剂的条件下合成了含 K^+ 的 MER 型的 SAPO 分子筛。该分子筛在 298K 和 1.0bar 下的 CO_2 吸附容量达到 3.0mmol·g^{-1}，而且由于“活板门”效应还显示出相当高的 CO_2/CH_4 选择性[34]。

具有不同骨架拓扑结构的小孔磷酸铝分子筛也可能是潜在的 CO_2 吸附剂[35-36]。在 273K 和 1.0bar 条件下，$AlPO_4$-17 吸附容量可达 2.3mmol·g^{-1}，而 $AlPO_4$-25 和 $AlPO_4$-53 的 CO_2/N_2 选择性分别为 46 和 76，远高于 $AlPO_4$-17 的选择性。将 AlPO 分子筛用于变压吸附条件下，$AlPO_4$-17 和 $AlPO_4$-53 的整体性能优于商用 Na-X 沸石，在 298K 下，吸附压力和脱附压力分别为 0.9bar 和 0.15bar 时，工作容量分别为 1.4mmol·g^{-1}（$AlPO_4$-17）、0.8mmol·g^{-1}（$AlPO_4$-53）和 0.7mmol·g^{-1}（Na-X）。

8.2.2 小分子烷烃/烯烃类气体吸附分离

烷烃/烯烃分离是石化工业中最重要，也是最耗能的工艺之一。因为具有相同碳数的烷烃/烯烃在沸点、分子量、极化率和动力学直径等物理化学性质上非常相似[37-38]。在烯烃中，乙烯和丙烯占据着重要地位——不仅是生产聚乙烯和聚丙烯等聚合物的关键原料，也是制造诸多化学品的主要原料。烯烃可以通过石脑油的蒸汽裂化、催化裂化和催化脱氢等过程生产，但不可避免地会生成同碳数的烷烃。因此，为了充分利用烯烃产物，必须将烯烃与相应的烷烃分离。

目前，烯烃/链烷烃分离主要依赖于设备投资高和能耗大的冷冻精馏工艺[39]。因此，为了降低精馏工艺的高昂成本，必须探索低成本且低耗能的分离技术。使用基于多孔材料的吸附分离技术是理想的选择。根据分离机理，可以将烷烃/烯烃在多孔材料上的分离归为两大类，分别是动力学分离和相互作用力驱动分离[40]。动力学分离利用具有相同碳原子数的烯烃和烷烃在沸石孔道中扩散速率的细微差异将两者分离。通常来说，烯烃的动力学直径略小，因而表现出更快的扩散速率。相互作用力驱动分离是通过在分子筛孔道中交换过渡金属离子（如 Cu^+ 和 Ag^+），利用金属离子的不饱和最外层 s 轨道与烯烃的 C=C 双键之间的相互作用，将烯烃从气体混合物中选择性吸附，从而达到烷烃/烯烃分离的目的。然而，基于上述两种机理的分离技术都存在缺点。对于动力学分离机理，残留在吸附剂上的烷烃需要经过额外的步骤才能去除。此外，对于相互作用力驱动分离机理，由于烯烃常在吸附剂的极性诱导下发生一定程度的聚合，其工作容量将会逐渐降低。尽管如此，相比于其他技术路线，基于多孔材料的吸附分离的技术仍是可在实际应用中取代现有工艺的潜力路线之一。

8.2.2.1　乙烯/乙烷

尽管有许多沸石分子筛对乙烯/乙烷（$C_2^=/C_2$）都有一定的分离能力，例如 Na-A、Ca-A 和 Na-X 沸石等，然而这些沸石分子筛都显示出相对较低的 $C_2^=/C_2$ 选择性（仅约为 5），这表明仅仅依靠动力学扩散速率的差异进行分离有着很大的难度[41-43]。为了进一步提高 $C_2^=$ 的吸附量和选择性，可以在这些沸石中引入 Cu^+ 或 Ag^+，利用金属阳离子和 $C_2^=$ 之间形成的 π 配位作用来提高吸附选择性[44-45]。将 CuCl 引入至 Na-X 沸石中所制备的 CuCl/Na-X 沸石材料展现出比 Na-X 沸石更高的 $C_2^=$ 选择性。类似地，将 Ag^+ 通过离子交换引入 Ca-A 沸石中，所得的 Ag/Ca-A 沸石在 303K 和 1.0bar 下只会选择性吸附 $C_2^=$，而几乎不吸附 C_2，因而表现出超高的 $C_2^=/C_2$ 选择性，这可能是 π 配位和尺寸筛分效应相互叠加的结果。

通常来说，为了防止烯烃在烯烃/烷烃分离过程中发生聚合反应，理想的吸附剂是不含酸位点或过渡金属的全硅沸石，仅通过沸石孔道尺寸的筛分效应来分离烯烃和烷烃分子。Corma 课题组使用复杂的有机结构导向剂制备了小孔全硅沸石 ITQ-55，该分子筛具有新颖独特的拓扑结构，其结构中含有由八元环窗口连接的心形笼状结构，并且具有特殊的骨架柔性。这种特殊的沸石能够利用$C_2^=$和C_2分子在动力学扩散速率上的细微差异进行分离。以全硅的ITQ-55分子筛为吸附剂材料，$C_2^=/C_2$分离选择性高达50，Al-ITQ-55的$C_2^=/C_2$分离选择性甚至高达300[46]。上述研究表明，通过合理设计沸石结构进行乙烯/乙烷的吸附分离具有可行性。

8.2.2.2 丙烯/丙烷

由于小孔沸石的八元环孔道尺寸与丙烯（$C_3^=$）和丙烷（C_3）的分子尺寸接近，小孔沸石在$C_3^=/C_3$分离中的应用也备受关注。通过对小孔分子筛的孔径进行精细调控，有望实现最佳的分离性能。实际上，不同小孔分子筛中八元环窗口大小的细微差别，对$C_3^=/C_3$分离性能非常敏感。通常可以通过调节分子筛骨架的组成和骨架外阳离子的类型来实现对八元环孔径的调控。

Na-A沸石的八元环有效孔径恰好位于$C_3^=$和C_3的动力学分子直径之间，可以通过尺寸筛分效应来实现对$C_3^=/C_3$的选择性吸附。在303K和1.0bar条件下，Na-A沸石可以吸附$C_3^=$（$1.9mmol \cdot g^{-1}$），而几乎不吸附C_3（$<0.2mmol \cdot g^{-1}$），$C_3^=/C_3$的选择性高达20。而Ca-A沸石由于孔径较大（5Å），虽然显示出更高的$C_3^=$吸附量（$2.5mmol \cdot g^{-1}$，在323K和1.0bar条件下），但$C_3^=/C_3$选择性很低。用尺寸较小的Li^+交换Na-A沸石中的大部分Na^+可以同时保证较高的$C_3^=$吸附量（393K和1.0bar，$2.3mmol \cdot g^{-1}$）和较高的$C_3^=/C_3$选择性（>15）[47-50]。这种选择性的提高可能是由于$C_3^=$在沸石孔道中扩散速率的增加而引起的，而C_3在沸石孔道中的吸附仍然受到扩散限制。这意味着要利用动力学差异分离烯烃/烷烃的混合物，不仅需要控制沸石的孔径，还需要考虑两者在沸石孔道中的扩散速率。

调控烯烃和烷烃分离的另一种方法是调控沸石的骨架组成以实现对八元环孔径的精细调控。对于具有相同骨架拓扑结构，但不同组成的全硅CHA分子筛和磷酸铝分子筛$AlPO_4$-34，$C_3^=$和C_3的扩散速率存在显著差异。由于尺寸筛分效应，全硅CHA沸石显示出高$C_3^=$选择性，而$AlPO_4$-34表现出相似的$C_3^=$和C_3吸附容量（在298K和1.0bar下，分别为$2.5mmol \cdot g^{-1}$和$2.8mmol \cdot g^{-1}$）[51-52]。然而，由于$AlPO_4$-34分子筛具有更大的八元环窗口尺寸，$C_3^=$分子在$AlPO_4$-34分子筛中的扩散速率明显高于全硅CHA分子筛。由于磷酸铝分子筛和全硅分子筛均不易使烯烃分子在分离过程中发生低聚反应，因此相比于结构相同的硅铝分子筛，两者均在烯烃/烷烃分离体系中展现出一定的潜力。但值得注意的是，在磷酸铝分子筛中，占据骨架原子位点的铝和磷的电负性差异较大，这导致材料具有一定的极性，这一点与全硅分子筛存在显著不同。

8.2.2.3 丁烯异构体/丁烷

除了乙烯/乙烷和丙烯/丙烷的分离，沸石分子筛还可以用于丁烯异构体/丁烷的分离。例如，通过层状分子筛前驱体 RUB-39 制备得到的 RUB-41 分子筛（RRO 结构）具有八元环和十元环交叉孔道结构，可以从丁烯顺反异构体中分离出顺式-2-丁烯和反式-2-丁烯[53]。另外，小孔分子筛 ITQ-32 对丁烯（$C_4^{=}$）表现出较好的选择性吸附能力。此外，DDR 型分子筛在分离 C_4 烃（如 1,3-丁二烯和 2-丁烯异构体）方面也具有一定的优势。DDR 沸石中的笼结构只允许反式 2-丁烯和 1,3-丁二烯进入，而将动力学直径较大的 1-丁烯和顺式 2-丁烯排除在外[54]。除了这些全硅沸石外，ERI 型磷酸铝和硅磷酸铝分子筛材料（$AlPO_4$-17 和 SAPO-17）也可以从 1-丁烯和顺式 2-丁烯中选择性地分离出反式 2-丁烯[55]。

8.2.3 其他小分子吸附分离

8.2.3.1 甲烷

除了烯烃/烷烃分离外，甲烷的分离纯化也备受关注。这是由于为了减少对原油的强烈依赖，科学家们希望可以找到替代能源。而甲烷正是一种重要的清洁能源，也是一种温室气体，其高效的分离和利用对环境和能源都具有重要意义。甲烷在不同分子筛中的吸附量、等量吸附热、相互作用能等参数与分子筛的结构、组成和改性方法密切相关。然而，相比于 MOFs 等材料，大多数沸石分子筛表现出相对较低的甲烷吸附量，与实际应用的需求还有很大的差距[56]。尽管沸石分子筛的甲烷吸附量很低，但是仍有希望利用沸石分子筛去除甲烷中的其他杂质，以达到纯化甲烷气体的目的。目前，已有许多理论和实验方法用于研究甲烷在不同分子筛中的吸附机理和性能，如蒙特卡罗方法、密度泛函理论、等温吸附曲线等。这些方法可以为设计和优化高效的甲烷吸附分离材料提供指导和依据。

8.2.3.2 水

在干燥条件下，沸石分子筛对于很多气体都是比较理想的选择性吸附材料。然而，大多数的工业分离过程都有水的存在，由于水分子的动力学直径较小（2.64Å）且极性相对较强，其会优先占据沸石材料中的吸附位点，从而阻碍沸石对其他气体分子的吸附。此外，由于水分子与骨架外阳离子之间的相互作用，沸石骨架外阳离子的类型会影响其对水的吸附亲和力[57]。例如，Cs^+ 与水之间的相互作用较弱，Cs^+ 的存在会减少沸石的孔体积，增强沸石孔道内的疏水性，使其对水的吸附能力减弱。

沸石的亲/疏水性可以通过控制其骨架中的 Si/Al 来调节。因此，当需要从含水混合气中选择性地吸附移除其他气体分子时，可以选择疏水性较强的高硅沸石或纯硅沸石。另一种调控沸石分子筛亲水性的方法是用氨基将其功能化，通过增强分子筛对某一特定组分气体的相互作用来提高对该气体的吸附能力。

8.2.3.3 氮氧化物

氮氧化物的排放是平流层臭氧消耗和全球变暖的主要原因之一。为了从干燥和潮湿的烟道气中吸附和移除氮氧化物，科学家们尝试使用含过渡金属离子的沸石分子筛作为吸附剂。研究表明，氮氧化物在沸石上的吸附/解吸性能受到温度、老化、金属阳离子类型、所用沸石载体结构等影响。基于 Pd-SSZ-13、Pd-ZSM-5 和 Pd-beta（*BEA）的氮氧化物吸附实验表明，负载了 1%（以质量分数计）Pd 的吸附剂在 373K 下的 NO 存储容量分别为 48μmol $NO_x \cdot g^{-1}$、58μmol $NO_x \cdot g^{-1}$ 和 64μmol $NO_x \cdot g^{-1}$[58]。最大 NO_x 解吸峰值温度随着沸石孔径的减小而升高：Pd-beta（530K）＜Pd-ZSM-5（550K）＜Pd-SSZ-13（630K）。进一步的研究表明，沸石中存在多种状态的金属态物种，包括位于沸石孔道中呈原子分散的 Pd 及沸石晶体外的 PdO_2 和 PdO 颗粒。因此，氮氧化物明确的吸附位点及其在吸附剂上的吸附机理仍然值得进一步研究。

8.2.3.4 稀有气体

稀有气体的捕获和提纯是极具挑战性的领域。典型的稀有气体为氙(Xe)、氪（Kr)。其中，Xe 可用于半导体制造、照明、航空航天、医学成像和麻醉等领域。Kr 不仅可用于照明，还可以用于医学成像示踪、密闭容器探伤检漏等。同时，核电发展过程中产生的放射性核燃料中主要的气态放射性核素为 ^{127}Xe、^{85}Kr 等，它们具有易挥发、易扩散的特性，对其进行有效捕获是放射性核燃料处理中的关键技术。此外，由于大气中 Xe/Kr 含量极低（Xe 约为 0.086×10^{-6}，Kr 约为 1.14×10^{-6}），因此从大气中分离捕获 Xe/Kr 异常困难。空气深冷分离工艺利用 Xe/Kr 沸点（−108.12℃/−153.22℃）明显高于 O_2、N_2 和 Ar 的特点实现了其的高效捕获，但该工艺存在能耗大、产品纯度不高等缺点，难以提供高纯度的稀有气体产品[59-61]。

吸附分离是一种更理想的 Xe/Kr 分离手段，其可在接近常温常压的条件下，使用多孔材料对 Xe/Kr 进行低能耗、高选择性的分离。多孔材料的吸附分离性能直接决定分离过程的效率。理想的多孔材料应该具备高选择性、高吸附容量且高稳定性等特点。目前，为实现稀有气体的高效捕获，已发展出多种吸附分离材料，包括沸石分子筛、多孔碳材料、金属有机框架材料、有机分子笼等。

由于较小的孔道开口，小孔沸石分子筛被广泛地应用于 Xe/Kr 分离[62-65]。SAPO-34 分子筛膜在 Xe/Kr 分离中表现出一定的分离性能，但是其亲水特性易导致孔道被水堵塞。高硅 SSZ-13 分子筛和全硅的 DDR 分子筛具有较高的疏水特性，在 Xe 捕获中表现出较高的吸附选择性，尤其是在含水气氛中依然表现出较高的分离效率。活性炭材料虽然具有比表面积高、化学稳定性好等特点，但因其缺少极性位点，通常表现出较高的 Xe 吸附量和较低的 Xe/Kr 选择性。MOFs 由于其结构多样、化学组成可调性高等特点，在 Xe/Kr 分离中具有较好的应用前景。目前的研究中，集中在通过调控 MOFs 的极化环境、孔道结构、骨架柔性等，实现对极化率高的 Xe 选择性吸附，进一步实现 Xe/Kr 的高效分离。但在实际应用中仍面临诸多挑战：①需要解决吸附量与吸附选择性之间的矛盾；②材料的稳定性需要进一步增强；③需要设计出更具选择性的吸附分离材料；④需要对吸附机理进行深入研究等。

8.2.4　分子筛用于吸附分离工业过程

8.2.4.1　天然气和空气脱水干燥

以 LTA 结构为代表的小孔沸石非常适合气体的脱水干燥过程，这也是沸石分子筛在吸附与分离领域中的首次工业应用。具有低硅铝比和强亲水性的 LTA 沸石在气体干燥领域具有两个独特的优势：①吸附选择性高；②低分压下的水吸附容量高。根据气体的组分，可以选择不同的 LTA 沸石作为吸附剂使用。当气体中含有短链醇、胺或 H_2S 等组分时，K^+ 型的 LTA（3A）沸石是最好的选择，因为较小的孔道可以最大限度地提高筛分效果。当气体中含有较高含量的酸性气体时，具有高硅铝比的沸石具有更高的抗酸性，因而是更好的吸附剂[66-67]。

8.2.4.2　制氧

尽管深冷空气分离技术是目前生产液氧的主要方法，但基于吸附分离过程的液氧生产工艺被认为是潜在的新技术。当采用深冷工艺从空气中分离氮气和氧气时，尽管可以实现高选择性的分离，但在经济上存在明显的缺点。基于吸附分离技术制取氧气需要吸附剂材料与分离技术的完美结合。目前，LTA 型、X 型和丝光沸石已经用于制氧技术的开发。基于吸附剂特性开发变压吸附或变温吸附等工艺过程，可最大限度地提高生产效率。

在变压吸附工艺中，空气被压缩机压缩到至少大于 1.5 标准大气压（atm，1atm＝101325Pa）。吸附剂在一定压力条件下发生吸附，而解吸阶段在大气压下进行。由于氮气分子与沸石之间具有更强的相互作用而被吸附，而氧气则在出口处被收集起来。当氮气在分子筛吸附剂上的吸附达到饱和时，通过泄压使氮气分子脱附，实现吸附剂的再生。变压吸附工艺制取的氧气纯度不高于95%。当制取的氧气纯度达到99.5%时，会导致变压吸附装置的成本大幅度增加。施加真空的变压吸附是变压吸附技术的改进，区别是其解吸在低于常压的条件下进行。

8.2.4.3 制氢

高纯度氢气主要通过天然气的蒸汽重整反应获得。在此过程中，通过结合高温和较大压力，经过催化过程获得由氢气、二氧化碳、一氧化碳和甲烷组成的混合气。然后，通过变压吸附分离过程获得纯度高于99.99%的氢气。工业操作中，为了获得高纯氢气，通常需要使用多根填充柱以实现氢气提纯。当待提纯的混合气通入吸附柱时：在第一床层中，通常使用干燥剂去除水；在第二床层中，通常使用低极性吸附剂去除合成气中的二氧化碳。一旦极性较大的气体组分被去除，剩余的杂质组分（如甲烷和一氧化碳）可以通过5A或NaX分子筛吸附剂移除。

8.2.4.4 CO_2 吸附分离

去除天然气或沼气中的二氧化碳需要高效率的二氧化碳吸附材料。研究表明，通过调控FAU或LTA结构沸石的骨架组成，对骨架外阳离子的含量进行调控，可实现对二氧化碳/甲烷分离性能的调控。二氧化碳与骨架外阳离子相互作用强烈，其吸附常数与沸石骨架中 Na^+ 含量呈指数相关，而甲烷对骨架外阳离子含量很不敏感。用于从天然气、沼气或合成气混合物中选择性吸附分离二氧化碳的变压吸附工艺与采用溶剂吸收二氧化碳的工艺存在竞争关系。

8.2.4.5 直链/异构烷烃吸附分离

从含有支链和环状烷烃的馏分中分离出直链烷烃对于汽油的改质升级有着重要的意义。目前，有几种不同的工艺可用于正构烷烃/异构烷烃分离。通过变压吸附技术结合真空逆流解吸可以获得含有20%～40%正链的烷烃。通常，惰性气体或短链烷烃可用作解吸剂。直链/异构烷烃的吸附分离常使用5A沸石作为吸附剂，因为它具有良好的直链烷烃/异构烷烃选择性。分离机制主要依赖于异构烷烃较大的分子尺寸，使其在沸石孔道中的扩散存在的空间位阻，因而可优先吸附正链烷烃。

8.2.4.6 二甲苯异构体吸附分离

对二甲苯是二甲苯的三种异构体之一，由于其可用作对苯二甲酸聚合的原料，因此具有最高的应用价值。由对二甲苯生产的聚对苯二甲酸乙二醇酯，广泛用于制造塑料瓶或服装用合成纤维等领域。多年来，对二甲苯市场经历了高速增长，预计在亚洲和中东地区会保持持续增长的态势。二甲苯混合物通常来自石脑油的催化重整过程，也可以从汽油热解和甲苯歧化中获得二甲苯。因为聚合反应需要使用高纯的对二甲苯，因此必须从二甲苯混合物中将其分离提纯。

由于不同二甲苯异构体的沸点非常接近，传统蒸馏等工艺很难实现二甲苯异构体的分离，目前工艺主要采用结晶技术进行分离。尽管对二甲苯的熔化温度与其他异构体的熔化温度明显不同，但低共熔混合物的存在使得对二甲苯的提纯变得非常困难。因此，吸附分离逐渐成为对二甲苯提纯的主要技术。阳离子交换 X 或 Y 沸石被用作二甲苯分离的吸附剂，结合相关吸附分离过程以实现对二甲苯的提纯。近年来，将具有直行孔道结构的 MFI 沸石分子筛用于二甲苯异构体的分离，取得了很好的分离效果。

8.3　有机染料分子吸附分离

快速工业化进程给环境带来了许多严重的威胁，其中之一就是废物排放。特别是化学废物，它们被大量地排放到水体中，导致了水质的严重污染。这些化学废物对生态系统和人类健康构成了巨大的风险。在众多的化学废物中，染料是一种简单且常见的有色化学品。染料具有高溶解性和醒目的颜色，因此在制造有吸引力的产品时得到了广泛应用。

染料大致可分为天然染料和合成染料两大类。天然染料价格昂贵，通常来源于自然资源如动物、植物、矿物等，对环境无害。相比之下，合成染料由于其成本低、合成容易、颜色范围广等优点，在许多领域都受到了广泛的关注。合成染料的分子是高度复杂和稳定的，这是由于色素（助色团，亲和力作用）和发色团（发色作用）等成分的存在，但是合成染料也是一种有毒的污染物。在纺织行业中，大多数合成染料因其能呈现不同颜色、高溶解性和对材料的高亲和力而被广泛应用，相较于天然染料更具优势。每年工业上合成和使用的染料数量约为 70 万吨，可供选择的染料种类超过 10000 种。染料有不同的类型，如非离子染料（分散），阴离子染料（直接、酸性和活性），阳离子染料（碱性）。其中，直接染料、酸性染料、活性染料和碱性染料易溶于水，而分散染料、偶氮染料和还原染料不溶于水。在纺织工业中，常用的染料有碱性染料、酸性染料、活性染料、直接染料、偶氮染料、还原染料、分散染料和硫化染料。值得注意的是，染料的颜色取决于水介质的 pH 值。即使浓度很低，染料在水中也能显示出明显的颜色。高浓度染料会降低水中溶解氧含量和透明度。

通常，染料中含有一些有毒的成分，如胺、芳香基团和一些有毒金属元素

（如镉、铜、铅、铬、钴、锌）等。由于这些有害物质的存在，染料被认为会对水产养殖和人类的生命健康造成危害。染料废水对人体皮肤、大脑、DNA、肾、肝、神经和生殖系统都会产生不良影响。此外，染料还是引发过敏反应、哮喘症状以及恶性肿瘤（如膀胱癌）的主要原因之一。因此，在将废水排放到其他水源之前，有必要去除废水中的染料，以保护人类健康和水生生物安全。在水净化领域中存在许多吸附剂可供选择，如天然二氧化硅、生物质、沸石、纤维素、纳米材料、生物炭、黏土、壳聚糖、聚合物和干凝胶等。然而，上述吸附剂往往存在着一些缺点，例如吸附容量较低或者选择性较差，并且可重复利用性也不太理想。相比之下，多孔材料由于具备较大的比表面积和更多的吸附位点等优势，在废水处理方面得到了广泛应用，并展现出了巨大的潜力。本节将重点介绍 MOFs（金属-有机框架）和 COFs（共价-有机框架）材料在吸附与分离有机染料分子方面所取得的进展。

8.3.1 阳离子染料吸附分离

阳离子染料是一类带有正电荷的染料分子，具有极强的亲水性。这种染料能够与带有负电荷的物质（如纤维素、丝绸、聚酰胺等）进行化学结合。在皮革、橡胶、纸张等材料中应用广泛。目前常用的阳离子染料包括亚甲基蓝、甲基橙、罗丹明 B、孔雀石绿等。研究表明，MOFs 材料对阳离子染料的吸附机制涉及以下几个方面（图 8.4）：①静电相互作用；②酸碱相互作用；③氢键相互作用；④π-π 堆叠/相互作用；⑤疏水相互作用。

8.3.1.1 亚甲基蓝

亚甲基蓝（MB）是一种常见的阳离子染料，由于其高对比度和高可见性而被应用于纺织工业中的棉花、丝绸、纸张、羊毛和木材等材料中。MB 的分子量为 319.8，最大吸收波长（λ_{max}）为 663nm。环境中大量接触 MB 可能导致严重的健康问题，如黄疸、出汗、心脏问题、眼睛刺激、呕吐以及四肢瘫痪等症状。因此，MB 基废水的处理非常重要。Arora 等人利用常规溶液法合成了铁基 MOF（MOF-Fe）[68]。需要注意的是，最大吸附值（q_{max}）取决于各种实验条件，如染料溶液的初始浓度和 pH 值、吸附剂的静电表面电荷、吸附剂用量等。尽管研究表明在 pH＝9 时 MB 的去除率较高，但考虑到实际应用，在自然 pH 条件下对 MB 进行了吸附实验。虽然 MOF-Fe 表面积较大，但在 24 小时的缓慢吸附后才能去除 94％的 MB，材料的 q_{max} 仅为 8.6mg・g^{-1}。相反，氨基功能化铁基 MOF（MOF-Fe）的比表面积更小，但在 pH＝9 时，对 MB 的吸附能力却更高（312.5mg・g^{-1}）[69]。值得注意的是，MOF-Fe 经氨基化处理后无形态学变化。然而，MOF-Fe 氨基化后的总表面积（16.3m^2・g^{-1}）与

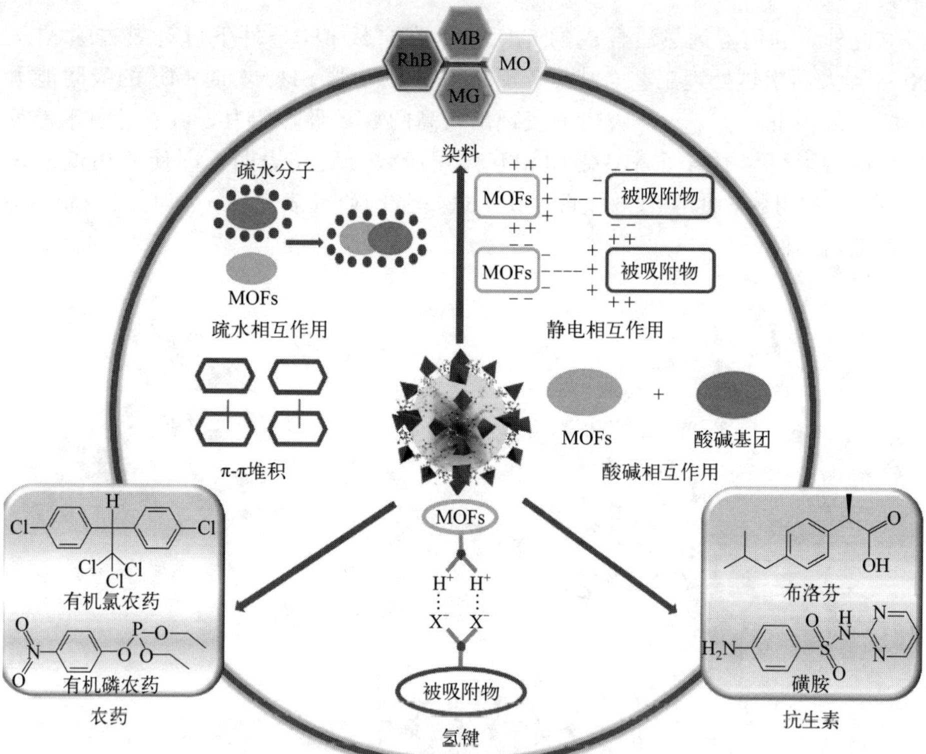

图 8.4　MOFs 的吸附机理

RhB—罗丹明 B；MB—亚甲基蓝；MO—甲基橙；MG—孔雀石绿

纯 MOF-Fe（447.5$m^2 \cdot g^{-1}$）相比有显著变化，这可能是由于氨基进入堵塞了孔隙。然而改性 MOFs 的低表面积并不影响其对 MB 的吸附；相反，改性 MOFs 的表面电荷（pH＝9 时带高负电荷）对吸附起着关键作用，促进了带正电荷的 MB 分子更多地被捕获和固定（q_{max}＝312.5$mg \cdot g^{-1}$）。吸附平衡研究表明，氨基化 MOF-Fe 和 MOF-Fe 分别在 10h 和 15h 时达到吸附平衡。可重复利用性研究表明，在第二次循环之后两种类型 MOFs 的吸附效率都大约达到了 99%。

在另一项研究中，Li 等人合成了具有棒状形态的 Fe 改性 MOF-545，用于在 pH＝9 的水中去除 MB[70]。该 MOF 的比表面积为 2368$m^2 \cdot g^{-1}$，但这对 MB 的吸附去除没有任何积极影响。吸附剂的 q_{max} 值为 382.3$mg \cdot g^{-1}$，在 20 分钟内达到平衡，即使在第 8 个循环后，MB 去除率也可达到 91%。此外，还可以通过引入精确官能团来增强 MOFs 的吸附能力。例如，Hong 等人采用溶剂热法，制备了具有不同配体的 Zn-MOFs，均可去除水溶液中的 MB（其中 Zn 含量为 45% 的 Zn-MOF 1 在水环境中对 MB 的吸附速度最快，吸附量最大)[71]。

此外，利用溶剂热法合成的 Cd-MOF 在自然 pH 条件下可有效去除 MB。Xiao 等人利用热处理工艺合成了 Cd-MOF，以增强 pH＝7 时 MB 的吸附能力 ($595.4mg \cdot g^{-1}$)[72]。该吸附剂表现出较高的 MB 吸附能力，可能是由于带负电荷的吸附剂与阳离子 MB 之间相互作用所致。研究表明，即使使用低剂量 (50mg) 的材料，也能有效去除 MB。进一步的研究表明，平衡时间随着 MB 浓度的增加而延长。

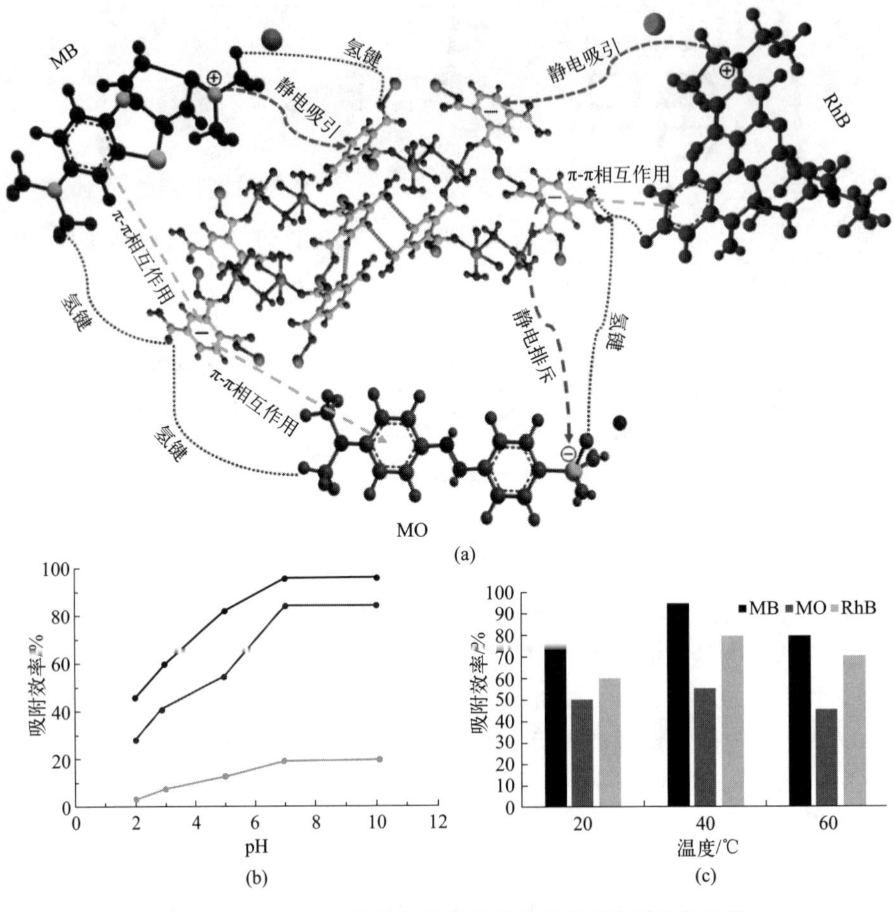

图 8.5　Cu-btc-1 吸附染料的机理示意图及其吸附染料性能

(a) 结构模型；(b) pH 值与吸附效率的关系；(c) 温度与吸附效率的关系

Cu-MOF 也是一种常见的 MOFs 材料，可在自然 pH 条件下高效去除 MB。研究表明，Cu-MOF 能够在 60 分钟内去除 90％的 MB，但随着时间的延长，并未观察到去除效率有提高的趋势。类似地，Saleh 等人开发了一种水稳定的 Cu-MOF (Cu-btc-1)，在 pH＝7 时可有效去除包括 MB 在内的各种染料[73]（图8.5）。所合成的MOF对于MB具有较高的去除率（98.6%）和选择性，吸附平衡时间仅为40分钟。此外，合成方法可能会影响制备样品的表面性能，Dzhardimalieva等人研究了慢蒸发法、溶剂热法和水基法三种方法合成的Cu-MOF[74]。与慢蒸发法（$1348m^2 \cdot g^{-1}$）和溶剂热法（$830m^2 \cdot g^{-1}$）相比，采用水基法合成的MOF具有最高的比表面积（$1562.3m^2 \cdot g^{-1}$）。为了提高对染料的去除率，作者还考察了水基法制备的Cu-MOF在pH=6.6条件下对MB的吸附。结果显示，接触时间为2小时，MB去除率达到91%，且q_{max}值为$173.8mg \cdot g^{-1}$，达到理想范围。另一个小组则研究了带负电荷的Cu-MOF的吸附性能，并利用溶剂热法将其与裂片石莼（*Ulva fasciata*）生物质颗粒进一步功能化[75]。功能化的Cu-MOF表现出$950m^2 \cdot g^{-1}$的高比表面积，在pH=10时，吸附剂的q_{max}值为$162mg \cdot g^{-1}$。由此可以看出，较高的MB去除率与材料的高比表面积密不可分。

为了克服粉末状MOFs基材料在染料吸附实际应用中受到的限制（回收问题），Zhan等人开发了一种3D打印的聚合物Cu-MOFs，该材料可以根据需要设计成不同形状（如正方形、六边形和圆形），并能够在pH=6.4下快速去除MB[76]。与正方形（96.6%）和圆形（95.8%）相比，由于其高孔隙率，六边形MOF表现出最高的MB去除率（99.8%），吸附平衡时间仅为20分钟。经过10次循环后，六边形、正方形和圆形的Cu MOFs分别保持82%、72%、64%的可重复使用性，而粉末材料只能进行三次循环再利用。去除效率远高于粉末形式的这类Cu-MOFs具有很高的实用性。

相较于前述各类MOFs材料对MB的吸附分离性能而言，Liu等人成功合成了一种三嗪官能化聚酰亚胺COFs（TS-COF）[77]。该COFs材料对亚甲基蓝有极高的吸附量（约$1691mg \cdot g^{-1}$），同时对其他染料分子均有较好的吸附性能，然而并未呈现特异选择性。

8.3.1.2　孔雀石绿

孔雀石绿（MG）是一种有害染料，其在水介质中高度溶解并呈现蓝绿色。MG广泛应用于丙烯酸、食品、油漆、造纸、制药、皮革、丝绸和纺织等行业。此外，在以水产养殖为基础的工业中，它也被用作杀菌剂和消毒剂来处理真菌和其他细菌。MG染料的分子量为365，λ_{max}值为617nm，在强酸性和强碱性介质中都不稳定，并可能因其分子结构在水溶液中的变化而导致λ_{max}值发生改变。由于MG具有致畸、诱变、致癌性，并会对人类和其他活体动物产生其他副作用，因此在将其排放到环境中之前从废水中去除是十分必要的。

在此背景下，Hassan等人研究制备了Zn-MOF（ZIF-8）材料，并在pH=8条件下评估其去除MG的能力[78]。虽然ZIF-8具有较高的比表面积

(495.1m^2·g^{-1})，但该材料的 q_{max} 值相对较低（60.2mg·g^{-1}），这可能是由于 ZIF-8 表面官能团数量较少导致的吸附率不高。实验结果显示，在第 3 个循环后，MG 去除率为 62%。在另一项研究中，Mahmoodi 等人利用壳聚糖/聚乙烯醇（CS/PVA）纳米纤维作为基底，采用多次涂层法将 ZIF-8 应用于复合纤维材料，以在 pH=6 条件下高效去除 MG[79]。通过 2 到 3 层的 ZIF-8 MOF 涂层，颗粒尺寸明显增大并均匀地覆盖在 CS/PVA 纳米纤维上。经过优化处理后，第 2 个循环时，对 MG 的吸附效果达到 92%，优于第 1 个循环时的 74%和第 3 个循环时的 79%。相比之下，仅使用 CS/PVA 和单独使用 ZIF-8 的去除率分别只有 5%和 68%。该研究的 q_{max} 值较高（1000mg·g^{-1}），并且材料的可再生性更好（第 5 个循环后 MG 去除率仍可达到 90%）。

为了更有效地去除 MG，另一项研究合成了不同比例（1∶1、1∶2、1∶4、1∶8）的己二酸/锌碳材料，并在这些碳材料上合成了 ZIF-8（11-ZIF8/C、12-ZIF8/C、14-ZIF8/C 和 18-ZIF8/C）[80]。结果表明，14-ZIF-8/C 对 MG 的吸附效果最好。

高效去除染料分子一直是研究人员关注的焦点。基于此，Ma 等人开发了 Fe_3O_4@Au@MIL-100（Fe）磁性纳米复合材料，仅在 10 分钟内即可完全去除 MG[81]。这种 MOF 复合材料具有出色的去除率，可能归因于带正电荷的 MG 与带负电荷的 Fe-MOF 复合材料之间的静电相互作用，而这种相互作用加速了吸附速率。

8.3.1.3 罗丹明 B

罗丹明 B（RhB）是一种广泛应用于皮革、印刷、纺织、染色、食品、造纸、黄麻、油漆等行业的水溶性阳离子染料。然而，被 RhB 污染的水可能引起皮肤病、眼睛刺激、呕吐、呼吸问题等不良反应。此外，该染料对生物体具有高度致癌性。考虑到 RhB 的危害，其含量控制也被列入污水排放指标中。

Cheng 等人将琼脂糖（AG）生物质分别与 ZIF-67 和 ZIF-8 MOFs 复合，制备了用于去除 RhB 的 ZIF-67/AG 和 ZIF-8/AG 气凝胶 MOFs[82]。研究结果显示，ZIF-67（1279m^2·g^{-1}）和 ZIF-8（1229m^2·g^{-1}）的比表面积均高于其相应的气凝胶样品（ZIF-67/AG，399m^2·g^{-1}；ZIF-8/AG，330m^2·g^{-1}）。然而，吸附剂的比表面积在本研究中并未起到主要作用，其吸附性能主要取决于样品的表面官能团。与功能基团（官能团）较少的 ZIF-67/AG 相比，功能基团丰富的 ZIF-8/AG 能够有效吸附大量 RhB。此外，ZIF-8/AG 的可重复使用性更好（第 5 个循环后 RhB 的去除效率为 90%），并且在 40 分钟后达到平衡。在类似的研究中，Meng 等人采用浸泡法制备氧化玉米芯（P-OCB）与 ZIF-8 的复合材料（ZIF-8/P-OCB），并在 pH=9 时通过机械搅拌方法成功去除了 RhB[83]。纯 P-OCB 的比表面积（41.9m^2·g^{-1}）较低，尽管经过粒子功能化处理 P-OCB 的比表面积增加至 224.5$m^2 \cdot g^{-1}$（Ag@ZIF-8/P-OCB），但其单纯形式仍无法有效吸附 RhB（60 分钟后只有 2.0$mg \cdot g^{-1}$），然而当以硼氢化钠（$NaBH_4$）为还原剂时，则可以显著缩短完全还原所需的时间（8 分钟）。

除此之外，Zhao 等人采用微波法合成 Cu-MOF，并在低 pH 值（pH=3）条件下成功去除了 RhB[84]。该材料的比表面积为 342.7$m^2 \cdot g^{-1}$，吸附容量高达 185$mg \cdot g^{-1}$，这是该条件下去除 RhB 可获得的最高 q_{max} 值，平衡所需时间为 80 分钟。另一项研究采用水热法制备了两种不同 NH_2 功能化[NH_2-mil-101(Fe) 和 NH_2-mil-101(Al)]的 MOFs，用以在自然 pH 条件下去除 RhB[85]。NH_2-MIL-101(Fe) MOF 和 NH_2-MIL-101（Al）MOF 的比表面积分别为 2572.3$m^2 \cdot g^{-1}$ 和 2073.8$m^2 \cdot g^{-1}$。NH_2-MIL-101（Fe）MOF 具有更高的去除率（97%），而 NH_2-MIL-101（Al）MOF 则较低（60%）。

比表面积并不是影响染料去除率的唯一判别标准，Navarathna 等人合成了 MIL-53-Fe MOF，并进一步用 Fe_3O_4/生物炭复合材料（MBC）对该材料进行改性获得 MOF-MBC[86]。该材料在 pH=6 条件下可有效去除 RhB。MOF-MBC 具有非常低的比表面积（7$m^2 \cdot g^{-1}$），但是染料去除率（71%）和 q_{max}（55$mg \cdot g^{-1}$）可达中等水平。

由于 COFs 材料具有大比表面积和设计灵活性等特点，其在吸附染料分子方面同样具有广泛的应用前景。Hou 等人以 5,10,15,20-四(对氨基苯基)卟啉和 2,6-二甲氧基萘-1,5-二甲醛为原料，通过席夫碱反应成功合成了亚胺连接的卟啉 COFs，并研究了其对 RhB 染料的吸附[87]。研究发现，当 COFs 骨架中卟啉环配位 Fe^{3+} 后，对 RhB 染料表现出良好的吸附效果。此外，Cao 等人报道了含有砜键结构的 COF TpSD 可作为光催化剂降解水中的有机染料。在氙灯可见光下，含 COF TpSD 的 RhB 溶液可在 30min 内完全降解[88]。

Kandambeth 等人首次报道了使用固态混合方法制备的自支撑 COFs 膜，该膜在去除水中染料方面表现出优异性能[89]。COF 膜的纯水透过率约为 92$L \cdot m^{-2} \cdot h^{-1}$），对孟加拉玫瑰红排斥率高达 99%。随后，Fan 和 Shi 等人采用高温溶剂热合成方法在纳米多孔氧化铝衬底上以管状和平晶片的形式原位合成互生 COFs 层。两种膜对各种染料均表现出优异的排斥性[90-91]。

多孔芳香框架（PAFs）材料具有坚固的结构、高稳定性和高比表面积，是一种很有前景的染料吸附材料。Liu 等人通过 Suzuki-Miyaura 偶联反应，将一个四面体（四节点）单体与一系列三节点单体聚合，合成了四种新型 PAFs 材料[92]。所得材料均呈现出多级孔结构，具有较高的热稳定性和化学稳定性。这些 PAFs 材料的比表面积分别为：857$m^2 \cdot g^{-1}$（PAF-111）、526$m^2 \cdot g^{-1}$（PAF-112A）、725$m^2 \cdot g^{-1}$（PAF-112B）、598$m^2 \cdot g^{-1}$（PAF-113）。以 RhB 作为模型有机染料，对所得 PAFs 材料的染料吸附性能进行了测试。PAF-111

对 RhB 拥有最大吸附容量 $1666mg \cdot g^{-1}$（167%，以质量分数计），这在已报道的多孔有机材料中处于最高水平。值得注意的是，在该吸附条件下，PAF-111 可以重复使用至少 10 次，且仍保持良好的吸附能力。该研究揭示了 PAFs 材料作为超稳定吸附材料去除有机染料的巨大潜力和优势。

Zhang 等人基于 Scholl 反应，以 ZnO 为模板合成了卟啉基中空有机聚合物（h-COPs）[93]。相比于卟啉基球形实心 COPs，中空 COPs 对 RhB 的吸附能力也表现出显著增强。近期，Zhang 等人利用发烟硫酸对该 h-COPs 进行磺化，所得磺化中空有机聚合物（sh-COPs）对阳离子染料罗丹明 B 和亚甲基蓝的吸附量提升到$>900mg \cdot g^{-1}$，而对阴离子染料酸性橙的吸附量则大幅度下降，表现出良好的阳离子染料吸附选择性[94]。

此外，将对染料的吸附和光降解有机结合也成为研究的一个热点。Wang 等人报道了一类基于亚芴基的共轭微孔-介孔聚合物 BF-CMPs，其中含有芘单元结构的 Py-CMP 表现出极强的 RhB 吸附能力（$1905mg \cdot g^{-1}$）[95]。同时，该聚合物也表现出极强的光催化分解染料能力。Cai 等人通过三聚氰胺与 1,2,5-三甲酰间苯三酚的反应，合成了可在可见光下吸附降解甲基橙的 COF（Tp-MA），这种兼具吸附与光降解性能的多孔有机聚合物具有重要的实际应用价值[96]。

8.3.2 阴离子染料吸附分离

在水介质中，阴离子染料带负电荷。它们具备多种不同的官能团，如硝基（$R—NO_2$）、偶氮（R—N ═N—R）、亚硝基（R—N ═O）、磺酸盐（$R—SO_3^-$）以及三苯基甲烷[$R—N(CH_2CH_3)_2$]等。重要的是，阴离子染料的结构主要含有偶氮基团，该基团属于一种发色团，并且还包括一些芳香基团和磺酸基团。其结构复杂，难以在水介质中生物降解。水体中阴离子染料的存在会导致环境污染。阴离子染料易溶于水，并通过静电或其他相互作用机制被吸附到带正电荷的吸附剂表面。

刚果红（CR）是一种有害的联苯胺类染料，被确认为致癌物质。其主要用于纺织、造纸、丝绸、染色、生物化学和印刷工业。CR 的芳香结构，使其不可生物降解，在阳光下高度稳定。此外，CR 还可能引起皮肤过敏、恶心、腹泻和呕吐等不良反应。因此，在将受到 CR 污染的水排放之前，有必要对其进行处理。带正电荷的 MOFs 是目前主要用于去除废水中阴离子染料的材料之一。

铟（In)-MOFs 具有高达 $623m^2 \cdot g^{-1}$ 的比表面积，常被用于去除各种阴离子染料，特别是对于 CR 的处理，将 CR 完全去除的时间仅为 6 分钟，q_{max} 值高达 $299mg \cdot g^{-1}$。这一优异性能可能归因于 MOFs 结构中含有三嗪环和氮、仲胺等功能基团。此外，通过混合两种配体体系合成的富氮富羟基 Zn-MOFs，在 60 分钟内实现了对 CR 的完全去除（去除率 100%），并且其 q_{max} 高达 2348mg・g^{-1}[97]。最近，Nguyen 等人采用微波辅助溶剂热法合成了具有较高比表面积（489m^2・g^{-1}）的 Zn-MOFs（ZIF-8）[98]。研究发现，在 pH=8 的条件下，该材料的高表面积有助于对 CR 的去除（60 分钟内的去除率为 99%）。

此外，Zr-MOFs（UiO-66）也被用作吸附 CR 的多孔材料[99]，但该材料对 CR 的去除效果不佳，q_{max} 值较低，仅为 80mg・g^{-1}。Yang 等人在纯 Ze-MOFs 材料的基础上通过溶剂热法将 Ce(Ⅲ) 掺杂到 Zr-MOFs 上 [Ce(Ⅲ)/UiO-67]，从而改善了原材料在 pH=7 时的 CR 去除率[100]，使 q_{max} 提升至 799.6mg・g^{-1}。由此可见，Ce(Ⅲ) 可能是提高 Zr-MOFs 染料去除率的潜在材料。类似地，Li 等人通过溶剂热法合成了银耳状的带正电荷的 Zr-MOFs（TFMOFs）。即使该材料具有较低的比表面积（89.9m^2・g^{-1}）[101]，但它仍能在 pH=4 的条件下实现高 q_{max} 值（254.1mg・g^{-1}）。但是 TFMOFs 显示出较差的重复性，第 3 次循环后 q_{max} 值仅为 124.3mg・g^{-1}。

在另一项研究中，Yang 等人研究了磺酸官能团改性的金属有机框架材料（MIL-101-SO_3H）对 CR 及其他有毒染料的去除效果[102]。通过调整 2-磺基对苯二甲酸单钠与对苯二甲酸的物质的量比，成功地将游离的 SO_3H 基团引到 MIL-101（CR）骨架上，从而调节吸附剂和有毒染料之间的吸附驱动力。该材料去除 CR 时的 q_{max} 值为 2592.7mg・g^{-1}，比未涂覆的 MIL-101 提高了 89.6%。

除了改性 MOFs 材料外，复合 MOFs 膜材料也被广泛应用于染料分子的吸附。Tan 等人将氨化 Cr-MOFs 与聚偏氟乙烯（PVDF）膜复合得到[NH_2-MIL-101(Cr)/PVDF-4][103]。这种 MOFs 复合膜在 pH=5 下表现出高效的 CR 吸附，并实现了优异的重复使用性（第 6 次循环后的去除效率仍可达到 98%）。然而，由于该 MOFs 复合膜的比表面积较小（12.2m^2・g^{-1}），其吸附过程十分缓慢（350 分钟）。在另一项研究中，Zhang 等人通过水热法成功合成了氨基（—NH_2）官能化 MIL-101（Cr）MOFs[104]。该材料具有极高的比表面积（3112.6m^2・g^{-1}），在 pH=7 时的 CR 去除率最高（q_{max}=3040.6mg・g^{-1}）。与其他相关研究相比，该 q_{max} 值也处于最高水平。因此可以推断，—NH_2 基团可能是导致 MOFs 表面对 CR 物质表现出卓越吸附性能的原因。

COFs 材料也常被应用于阴离子染料的吸附，Yu 等人通过刚性三角三胺和 4,4′-联吡啶（BIPY）衍生的双醛缩合形成亚胺键，制备了多阳离子二维（2D）共价有机框架（PC-COFs）材料[105]。基于 PC-COFs 材料的高稳定性和多阳离子性，研究了其对水中低浓度阴离子染料污染物的吸附能力。选用甲基橙（MO，单阴离子）、酸性绿 25（AG-25，双阴离子）、直接耐晒棕色 M（DFBM，双阴离子）、靛胭脂红（IC，双阴离子）、酸性红 27（AR-27，三阴离子）5 种广泛应用于商业的有机染料作为样品。在浓度低于 $1.0\times10^{-4}mol\cdot L^{-1}$ 时，这些染料的 UV-Vis 光谱吸收符合 Beer 定律。这样就可以定量测量摄取后水中剩余染料的浓度。首先在保持各染料阴离子总浓度为 $2.1\times10^{-4}mol\cdot L^{-1}$ 的条件下，加入 $1.0mol\cdot L^{-1}$ 的 PC-COFs，使各染料的阴离子物质的量相同，各染料的吸收率分别为 32.7%、11.4%、38.2%、40.4%和 33.9%。

此外，通过预先设计并构筑离子型聚合物骨架往往能使聚合物表现出良好的选择性吸附能力。Huang 等人对 COFs 骨架进行电荷修饰，通过引入咪唑鎓盐基团得到二维阳离子骨架的 COFs 材料[106]。该材料对阴离子染料甲基橙（MO）显示出较强的吸附能力，最大吸附量达到 $553mg\cdot g^{-1}$，对靛胭脂酸性蓝也有很好的吸附表现，但对中性染料（罗尼红）和阳离子染料（罗丹明 B）的吸附性能较差。与此类似，Li 等人将吡啶鎓盐引入骨架，构筑了带正电荷的二维 PC-COFs 材料，其中抗衡阴离子 Cl^- 分布在各层间[107]。该聚合物对含阴离子基团（如磺酸根、羧酸根）的有机染料表现出良好的吸附性能，可将水相中阴离子染料的浓度降到 $10^{-7}\sim10^{-8}mol\cdot L^{-1}$。Qiu 等人将溴甲菲啶和溴乙菲啶引入骨架中合成了两种三维阳离子型聚合物 3D-ionic-COF-1 和 3D-ionic-COF-2，均对阴离子染料甲基橙表现出良好的吸附性能。

8.3.3 酸性染料吸附分离

酸性染料，如酸性蓝 80（AB80）、酸性蓝 92（AB92）、酸性橙 7（AO7）、铬黑 T（EBT）、甲基橙（MO）、酸性红 57（AR57）、酸性红 26（AR26）、酸性红色（18）、酸性铬蓝 K（ACBK）等属于合成的阴离子染料，具有多种颜色。这些染料还表现出良好的水溶性，主要用于皮革、尼龙、食品、丝绸、制药、羊毛、纺织品、化妆品等行业。由于其含有磺酸基和芳香环结构，这些染料在水中无法进行生物降解。此外，它们对人类具有致癌和致突变作用，并对环境有害。因此，含酸性染料的废水应在排入自然水体中之前进行彻底处理。

8.3.3.1 酸性蓝 80、酸性铬蓝 K、酸性红 26 和酸性橙 7

Jun 等人制备了基于铝（Al）的 MOFs 材料，用于在中性 pH 条件下去除 AB80，其显示出高 q_{max}（$200mg\cdot g^{-1}$）[108]。这种高吸附容量可归因于吸附剂的高比表面积（$630m^2\cdot g^{-1}$）和高正电荷（12mV）。此外，基于铟的 MOFs 材料（In-TTATAB）对 ACBK 和 AR26 表现出了高去除效率（6 分钟和10分钟）和卓越的去除率（99.9%和93%）[109]。去除效率高是由于MOFs材料中的H_3TATAB配体，其含有氮原子和仲氨基团（带正电荷），可通过静电相互作吸引带负电荷的阴离子染料。Zhao等人制备了Ce-MOFs材料和Zr-MOFs材料，其比表面积分别为$1090m^2 \cdot g^{-1}$和$826m^2 \cdot g^{-1}$[110]。用于AO7的去除时，Ce-MOFs材料和Zr-MOFs材料分别产生$427mg \cdot g^{-1}$和$332mg \cdot g^{-1}$的q_{max}值。与其他报道的MOFs材料相比，Ce-MOFs的去除率最高。

8.3.3.2　铬黑T

铬黑T（EBT）是一种常用的酸性染料，广泛应用于丝绸、尼龙、羊毛、染色、印刷、化妆品等行业。此外，它还可用作滴定分析中的金属离子指示剂。由于它对人类和水生生物具有致癌作用，因此设计一种高效吸附剂以从水中去除EBT变得非常必要。EBT的分子量为461.3，λ_{max}为524nm。最近，Bu等人采用超声波法合成了由胺功能化的Zr-MOFs（UiO-66-NH_2）和氧化石墨烯（GO）组成的复合材料[111]。优化比例（5%，以质量分数计）GO改性的UiO-66-NH_2表现出大比表面积（$740.3m^2 \cdot g^{-1}$）和高q_{max}（$263.1mg \cdot g^{-2}$）。相比之下，裸露的UiO-66-NH_2显示出相对较小的比表面积（$675.3m^2 \cdot g^{-1}$）和低的q_{max}值$220.8mg \cdot g^{-1}$。因此，GO可以通过增加UiO-66-NH_2的比表面积来提升其吸附能力（图8.6）。然而，处理过程中的pH值（pH=1.0）会产生对环境和健康有害的高酸性介质。

在另一项研究中，Balouchi等人首次采用电凝聚（EC）和吸附联合工艺，在pH=5的条件下利用Co-MOFs（ZIF-67）去除EBT[112]。与单独的EC（89%）相比，联合工艺表现出更高的去除率（99%）。此外，Haghighat等人研究了Co和Zn的不同前体，分别用于合成ZIF-67和ZIF-8 MOFs[113]。MOFs材料的形态随前体的变化而改变。与基于其他前体制备的ZIF-67和ZIF-8 MOFs材料相比，乙酸钴前体制备的ZIF-67-OAc材料显示出高比表面积（$1300m^2 \cdot g^{-1}$），但其对EBT的吸附量适中，q_{max}值为$263.5mg \cdot g^{-1}$。此外，Mahmoodi等人将从罗勒籽中提取的ZIF-8（NP/MC/ZIF-8）和用黏液（MC）修饰的Fe_3O_4纳米颗粒组成的复合物，在pH=6的环境下去除EBT[114]。然而，生物纳米复合材料具有较低的比表面积（$7.1m^2 \cdot g^{-1}$）和q_{max}值（$8.1mg \cdot g^{-1}$）。因此，与用于EBT去除的MOFs材料相比，生物纳米复合材料的吸附能力较低。

8.3.3.3　甲基橙

甲基橙（MO）是一种阴离子偶氮染料，具有可生物降解性，并含有一个

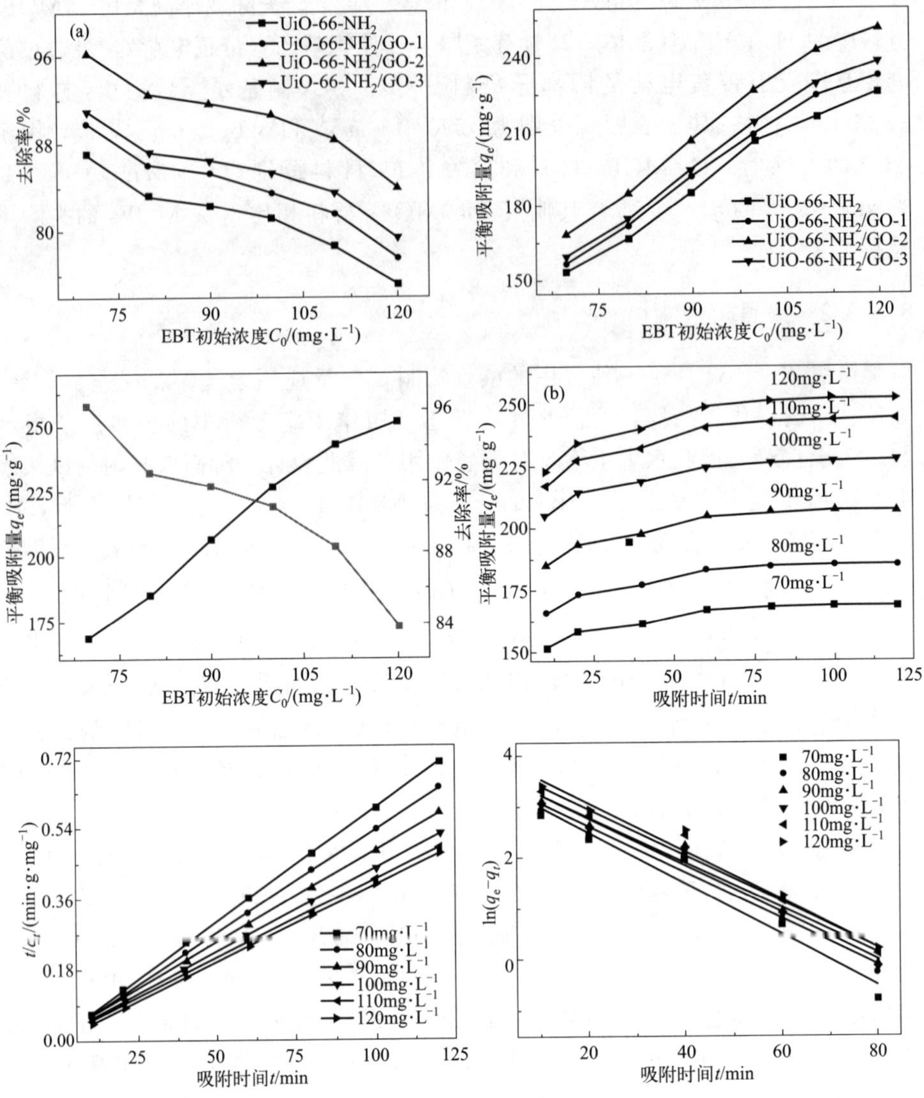

图 8.6　UiO-66-NH_2 和 UiO-66-NH_2/GO 对 EBT 的吸附能力及其动力学

偶氮基团，这对环境和健康造成了不良影响。Li 等人合成了具有高比表面积（$2368m^2 \cdot g^{-1}$）的 Fe 改性 MOFs 材料。该材料在 pH＝5 条件下展现出很高的 q_{max} 值（$803.6mg^{-1}$），能够有效去除 MO[70]。Zhang 等人合成了 MIL-101-Cr、MIL-53-Al 和 ZIF-8 三种 MOFs 材料用于去除 MO[115]。与 MIL-53-Al（$1238m^2 \cdot g^{-1}$ 和 $100mg \cdot g^{-1}$）和 ZIF-8（$1426m^2 \cdot g^{-1}$ 和 $5.2mg \cdot g^{-1}$）相比，MIL-101-Cr 具有最高的比表面积和较高的 q_{max}（$2891m^2 \cdot g^{-1}$ 和 $196mg \cdot g^{-1}$）。与 MIL-53-Al 相比，ZIF-8 表现出更低的吸附容量，这是由于

染料分子的尺寸大于ZIF-8的孔径而难以被固定在孔隙中。在另一项研究中，Wu等人合成了不同TiO_2配比（10%～40%，以质量分数计）的改性MIL-101-Cr，并用于自然pH值条件下去除MO[116]。当配比为20%时获得最佳去除率（93%）。经过优化后的MOFs材料（20%）的比表面积（2223.2$m^2 \cdot g^{-1}$）高于其他配比的比表面积：10%（2135.2$m^2 \cdot g^{-1}$）、30%（1746.9$m^2 \cdot g^{-1}$）和40%（1725.4$m^2 \cdot g^{-1}$）。根据不同的比表面积进行实验优化后，发现20%配比的材料的q_{max}（242$mg \cdot g^{-1}$）适中。

Song等人观察到Co-MOFs（ZIF-67）改性纤维素气凝胶（CA/ZIF-67）在pH=6时去除MO的q_{max}值很高，达到了617$mg \cdot g^{-1}$[117]。相比之下，纯纤维素气凝胶（CA）的q_{max}值仅为127$mg \cdot g^{-1}$。因此，可以得出结论，ZIF-67在增强CA对MO的吸附能力方面发挥了关键作用。在类似的研究中，超声合成的ZIF-67修饰的CoNi-LDH在pH=6时获得了较高的q_{max}值（1029.5$mg \cdot g^{-1}$），尽管MOF/LDH的比表面积较低（172.3$m^2 \cdot g^{-1}$）[118]。对于可重复性而言，MOF/LDH表现最佳（即使在第4个循环后仍为850$mg \cdot g^{-1}$）。另一组研究人员观察到，ZIF-67修饰的CoAl-LDH具有较高的比表面积（374.3$m^2 \cdot g^{-1}$），但其q_{max}却只有180.5$mg \cdot g^{-1}$[119]。最近，Sun等人通过煅烧策略制备了SiO_2@ZIF-67/CNTs复合材料[120]。该复合材料具有较高的比表面积（1135$m^2 \cdot g^{-1}$），但其在pH=7时仅显示出321.7$mg \cdot g^{-1}$的q_{max}，并未达到预期效果。而未煅烧的材料则表现出更低的比表面积（993$m^2 \cdot g^{-1}$）和低的q_{max}（111.5mg^{-1}）。这说明材料的制备方法和条件对吸附剂的性能影响巨大。

另一项研究发现，即使MOFs材料带正电荷，在自然pH值下Cd-MOFs材料对MO的吸附过程也非常缓慢（300分钟）[121]。Xue等人认为，缓慢的吸附是尺寸限制（MO分子的尺寸大于MOFs材料的孔径）所致。双金属Cu-Zr MOFs材料（PFC-24-Zr）也有类似的趋势，吸附MO的过程非常缓慢（24小时），并且观察到了较低的q_{max}值（12$mg \cdot g^{-1}$）[122]。观察到的缓慢吸附和低吸附容量可能是由双金属MOFs材料的低比表面积（142$m^2 \cdot g^{-1}$）导致的。相比之下，溶剂热法合成的带高正电荷的Zn-MOFs材料可在自然pH值下30分钟内有效去除MO（去除率为99.9%）[123]。此外，市售Al-MOFs材料［MIL-53（Al）］已被用于在pH=6时去除MO[124]，但是该材料在pH=6时带负电荷。同样地，其他研究人员观察到带负电荷的Cu-MOFs材料在90分钟内也表现出较高的MO去除率（92.6%）[125]。

大多数MOFs材料都表现出优异的吸附能力。高吸附量的MOFs材料具备以下特点：比表面积非常大、表面官能团丰富、具有高正电荷比及高表面能效率等。相反，吸附量低的MOFs材料表现出孔隙较少、表面官能团匮乏，从而导致效率较低。

除了上述介绍的各种 MOFs 材料外。通过本征微孔聚合物（PIMs）后修饰策略可使聚合物骨架带电，从而产生电荷吸附选择性。Budd 等人通过对含硝基的 PIM-1 进行水解和后修饰改性，成功合成了氨基修饰聚合物 amine-PIM-1[126]。该聚合物在酸性条件下表现出优异的吸附能力，可用于吸附酸性染料（如酸性橙Ⅱ、酸性红Ⅰ等）。

目前的研究表明，影响有机染料吸附的因素主要有两点：①对于带电有机染料而言，有机聚合物的电性能对其吸附选择性有重要影响，这源于有机染料分子与有机聚合物之间的静电相互作用，尤其是氨基修饰的聚合物，其骨架在酸性或碱性下有不同的荷电性质，从而表现出可调节的吸附选择性；②特殊结构（如中空结构）可能对聚合物的吸附能力有重要影响，但影响机理还有待进一步研究。另外，兼具吸附和光降解性能的多孔有机聚合物的设计与合成正在成为一个重要的发展方向。

8.4 重金属离子吸附分离

重金属是指密度大于 $5g \cdot cm^{-3}$ 且原子序数大于 20 的金属，如图 8.7 所示，主要包括铅（Pb）、汞（Hg）、镉（Cd）、锌（Zn）、铬（Cr）、钴（Co）、银（Ag）、砷（As）、镍（Ni）、铁（Fe）和铜（Cu）。人类活动和化学加工是土壤和水体中重金属离子的主要来源。离子形式的重金属很容易进入食物链，并对生物体产生负面影响。当这些金属在身体中堆积时，会引发疾病（如癌症），因为它们具有高稳定性和毒性。此外，重金属渗入水体会威胁人类健康和生态系统。例如，人类和动物接触或摄入铅可能对健康产生重大负面影响。因此，将其从水溶液中去除对人类整体健康至关重要。此外，汞对人体健康具有高度毒性，并且在自然环境中大量存在。其中，高浓度汞会损害细胞，成为酶抑制剂，并导致神经和免疫系统崩溃。因此，迫切需要有效地固定土壤和水体中的重金属离子。

与其他重金属离子去除方法相比，吸附法具有潜在的成本效益、高去除效率和简便的操作等优势，因此适用于大规模重金属离子去除系统。吸附技术需要从现成的低成本材料中制备吸附剂，这类材料包括生物质、黏土、农业和工业废料等。吸附剂的性质和类型对于吸附效率有重要影响。因此，人们期望开发出低成本且具有高吸附容量的吸附材料。传统吸附剂材料的选择性和吸附能力较低，并且一些材料难以回收再利用。为了解决传统吸附剂材料的这些缺陷，研究人员设计并开发了具有独特结构和理想性能的多孔材料，将其用作新

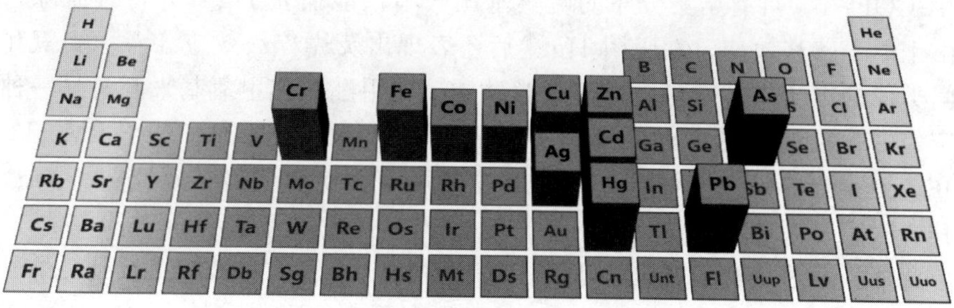

图 8.7　常见的重金属（突出块体）

型吸附剂。

8.4.1　汞离子吸附分离

MOFs 材料在吸附汞离子（Hg^{2+}）方面的研究已经有许多文献报道。例如，由于其能与 Hg^{2+} 形成强化学键，且对 Hg^{2+} 具有高亲和力，硫化物修饰的 MOFs 材料可以有效吸附并去除 Hg^{2+}[127]。Zhou 等人使用 ZIF-67 从溶液中去除 Hg^{2+}，并发现该吸附剂对 Hg^{2+} 的吸附量可达 $1740mg \cdot g^{-1}$[128]。这种优异的吸附性能归因于 Hg^{2+} 与配体的咪唑环 N 原子之间的强配位作用。另一项研究表明，引入巯基乙酸有助于 SH-MIL-68（In）去除 Hg^{2+}。相比之下，NH_2-mil-68（In）的—NH_2 基团具有更多可用于功能化 MOFs 材料表面的位点[129]。例如，通过使用硫、酰胺、羧基和羟基来修饰 MOFs 材料可以提高其对 Hg^{2+} 的吸附能力。此外，Tang 等人报道了一种新型 Zr-MOFs 材料对溶液中的 Hg^{2+} 具有选择性吸附[130]，对溶液中 Hg^{2+} 的吸附量为 $962mg \cdot g^{-1}$，表现出高的吸附效率。

Hg^{2+} 的高效去除可能与金属离子、叔胺和羧基之间的配位作用有关。[三(吡啶-4-基甲基)胺]配体和 Co（SCN)$_2$ 合成的 MOFs 材料（FJI-H30）可用于去除溶液中的 Hg^{2+}[131]。吸附机理表明，吸附后的 Hg^{2+} 会与 S 原子（在—SCN 基团中）结合，导致 FJI-H30 基质发生结构变化。这种结构变化增强了 MOFs 与 Hg^{2+} 之间的键合，从而提高了吸附容量。利用溶剂热技术合成的卟啉锆-MOFs 材料（PCN-221）可用于水介质中 Hg^{2+} 的去除[132]。在 30 分钟内，PCN-221 对 Hg^{2+} 的吸附量为 $233mg \cdot g^{-1}$，主要归因于 PCN-221 基质中存在卟啉配体。

硫衍生物与 Hg^{2+} 之间具有特殊的结合亲和力。研究表明，几种含硫 2D COFs 材料（包括 COF-LZU8、TAPBBMTTPA-COF、TPB-DMTP-COF-SH、COF-S-SH、SCTN-1 和 NOP-28）对汞具有良好的吸附性能和选择性。采用功能单体从头设计（*de-novo*）法制备的 COF-LZU8[133] 和 TAPB-BMT-

TPA-COF[134] 具有密集分布的硫醚基团，不仅能捕获 Hg^{2+} 并将其脱除，而且由于电子转移效应，在吸附 Hg^{2+} 后还表现出荧光猝灭效应。考虑到氧和硫之间类似的电子供体效应，研究者尝试用硫化甲酯取代甲氧基来制备另一种高稳定、多孔且结晶良好的功能型 COFs 材料，将其命名为 TAPB-BMTTPA-COF。更重要的是，该材料孔壁上未被吸附的硫化物基团有效捕获了 Hg^{2+}，使其吸附容量高达 734mg·g^{-1}，并在 5 分钟内快速达到吸附平衡。

此外，通过硫醇-烯点击反应将硫衍生物（1,2-乙二硫醇）接枝到乙烯基官能化 COFs 材料，所得的改性 COFs 材料具有更高的吸附容量（1350mg·g^{-1}）和分配系数 K_d（2.3×10^9 mL·g^{-1}）。类似地，另一种通过“点击反应”将硫醇基接枝到具有反应性乙炔基制备 COFs 材料，所制备的 COFs 材料（TPB-DMTP-COF-SH）对汞具有极高的吸附容量（4395mg·g^{-1}）和极快的吸附动力学（2 分钟）[135]。

含硫 COFs 材料吸附 Hg^{2+} 已被广泛研究，其吸附量范围为 236～4395mg·g^{-1}。即使是最低的吸附剂也远高于大多数报道中其他吸附剂的性能，且最大吸附量超过了其自身质量的 4 倍。所有已报道的含硫 COFs 材料对汞的吸附机制都归因于 Hg^{2+} 与 S 原子之间的相互作用。COFs 材料结构（孔径大小和拓扑结构）和含硫官能团（类型、含量和空间排列）的差异可能是造成其吸附性能差异的原因。

8.4.2 铅离子吸附分离

Liu 等人用间苯二酚醛对 UiO-66-NH_2 进行后修饰，成功合成了具有去除水中铅离子（Pb^{2+}）功能的 UiO-66-RSA 材料[136]。反应溶液的最佳 pH 值为 4，最大吸附量为 189.8mg·g^{-1}，优于原材料（UiO-66-NH_2）。Pb^{2+} 通过与金属有机框架 UiO-66-RSA 形成双/四配位金属配合物而被高效吸附。该过程基于羟基/氮官能团与 Pb(Ⅱ) 之间发生的配位反应（图 8.8）。结果表明，UiO-66-RSA 吸附剂在去除 Pb^{2+} 方面具有巨大潜力，并具备广阔的应用前景。

氨基酸功能化 MOFs 材料可以提高其对 Pb^{2+} 的吸附效率。例如，通过调整氨基酸功能化的 MIL-53（Al）（改变—NH_2 基团浓度）来增强其对 Pb^{2+} 的吸附能力。MOFs 吸附剂表现出较高的还原性，这是磁性框架复合材料对外部磁拉力的响应所致。Abdel-Magied 等人制备了两种磁性 MOFs 材料（Fe_3O_4@UiO-66-NH_2 和 Fe_3O_4@ZIF-8），并用它们去除铅和镉[137]。对于 Fe_3O_4@UiO-66-NH_2，他们报告了镉和铅的去除率分别为 370mg·g^{-1} 和 666.7mg·g^{-1}，而对于 Fe_3O_4@ZIF-8，对镉和铅的去除率分别为 714.3mg·g^{-1} 和 833.3mg·g^{-1}。该吸附过程是自发、放热且单层进行的。经过 4 个循环后，这两种吸附剂仍保持显著的吸附能力。在类似的研究中，Abdelmoaty 等人用

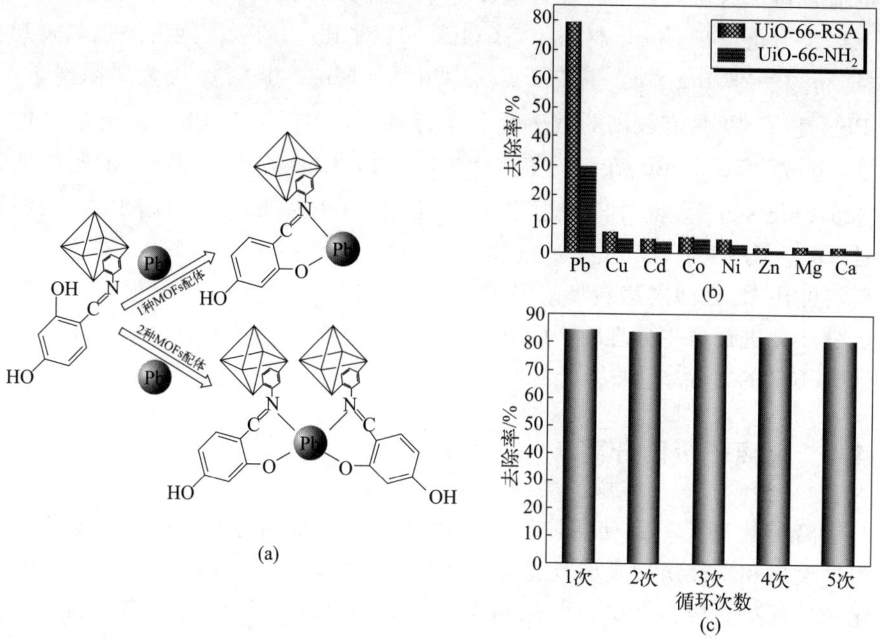

图 8.8　UiO-66-RSA 对铅离子的推断吸附机制及其吸附性能

（a）结构模型；（b）不同离子去除率；（c）循环次数与去除率关系

三聚氰胺修饰 UiO-66 可增强对铅离子（177.5mg・g^{-1}）和镉离子（146.6mg・g^{-1}）的吸附[138]。研究发现，在 pH＝6 的条件下，物理吸附是铅离子和镉离子去除的主要方式，并且该过程也是自发的放热过程。据报道，氮原子（N）的引入会使 MOFs 材料对 Pb^{2+} 的吸附能力增强[139]。具体而言，具有 N 配体的 MOFs 材料可以创造出对 Pb^{2+} 具有高选择性的结合位点。此外，硫功能化同样可以增强 MOFs 材料从溶液中吸附 Pb^{2+} 的能力。Xiong 等人使用 HS-mSi@MOF-5 和巯基改性 MOF-5 在硅胶吸附介质中吸附 Pb^{2+}[140]。吸附动力学表明，HS-mSi@MOF-5 的吸附能力相较于巯基改性的材料得到显著提升。在另一项研究中，研究者利用聚丙烯酰胺和聚对苯二甲酸乙二醇酯对 MOFs 材料进行了修饰[141]。复合材料中含有—COOH、—NH_2、—CO—NH_2 等官能团，主要通过离子交换和静电表面配位去除 Pb^{2+}。三聚氰胺修饰的 MOFs 材料也可以有效地从盐溶液中吸附 Pb^{2+}。在 pH＝5 的环境下与原始 MOFs 材料进行比较，120 分钟内，三聚氰胺-MOFs 材料的吸附量为 122.0mg・g^{-1}，原始 MOFs 材料的吸附量为 72.1mg・g^{-1}。当 pH＝6 时，三聚氰胺改性 MOFs 材料的吸附量提高到 205mg・g^{-1}。吸附实验数据符合准二级动力学模型，其机理为氨基与 Pb^{2+} 的协同作用。三聚氰胺修饰 MOFs 材料的行为可以归因于三聚氰胺与 MOFs 材料之间的轨道切换和电荷转移，这与三聚氰胺在合成反应中完全掺入 MOFs 材料中有关。

迄今为止，在 COFs 材料中，COFs-SH 对 Pb^{2+} 的吸附能力最强，表观吸附量（q_e）=239mg·g^{-1}。在 Fe^{3+}、Cd^{2+}、Mn^{2+} 和 Cr^{6+} 等金属阳离子中，对 Pb^{2+} 和 Cu^{2+} 具有较高的敏感性和选择性，COFs-V 对 Pb^{2+} 具有较高的选择性，q_{max}=38.24mg·g^{-1}。在 pH=6.5 时，COFs-SH 对 Cu^{2+} 的吸附能力为 225.7mg·g^{-1}。此外，使用 COFs-TP 和 COFs-TE 作为吸附 Pb^{2+} 的吸附剂时，q_{max} 分别为 140mg·g^{-1} 和 185.7mg·g^{-1}（pH=6.5）。两种 COFs 材料均可在 25 分钟内达到吸附平衡状态。经过 10 次吸附-脱附循环后，在使用 1% HCl 进行再生处理时，COFs-TP 对 Pb^{2+} 的去除率达到 95.6%，COFs-TE 对 Pb^{2+} 的去除率为 96.5%[142]。

8.4.3 镉离子吸附分离

镉离子（Cd^{2+}）即使在最低水平也会导致严重的健康风险，它会引发多种慢性疾病和急性疾病，如肾衰竭、肺气肿、睾丸萎缩和高血压。镉广泛应用于化肥、保护涂层、采矿、电池和聚氯乙烯（PVC）稳定剂等多个行业，并被用作合金中的防腐蚀剂。然而，由于对镉的不当处理，它最终通过各种自然和人类活动进入不同区域的水体，导致水污染。考虑到镉具有累积性和不可降解性，因此从饮用水和家庭水源中去除镉至关重要。

根据 Liu 等人的报道，COF-ETTA-2,3-Dha 对 Cd^{2+} 的最大吸附量为 116mg·g^{-1}[143]。在低 pH 值条件下，由于氮原子的质子化程度和羟基的增加，吸附效率降低，从而削弱了氧原子与 Cd^{2+} 螯合的亲和力。碱性和中性条件有利于 Cd^{2+} 的吸附，因为质子化被抑制，并且 pH 值对吸附容量没有显著影响。因此，COF-ETTA-2，3-Dha 在 pH=12 时表现出较高的吸附能力，在 60 分钟内达到平衡，并在 4 次吸附-解吸循环后可使用盐酸进行再生。

Wang 等人将 CTF-1（共价三嗪骨架材料）作为 Cd^{2+} 的吸收剂进行了一系列研究，发现其 q_{max} 为 29.26mg·g^{-1}。吸附过程受到 pH 值的影响，pH 值会影响表面电荷、溶解度、水解反应和沉淀。随着 pH 值的增高，Cd^{2+} 的去除量增加。相反，随着 pH 值的降低，H^+/H_3O^+ 浓度增高[144]，Cd^{2+} 的去除量减少，这与 Cd^{2+} 竞争 CTF-1 表面的负位点有关。然而，在 pH=4～7 范围内，表面电荷值呈负值，导致吸附和沉淀得到改善。因此，CTF-1 的最适 pH 为 9。基于准一级和准二级动力学模型分析得知，CTF-1 实现吸附平衡所需时间为 120 分钟。最后，在经历了 7 个吸附-脱附的循环操作之后，通过使用盐酸进行再生处理仍能保持 CTF-1 良好的重复利用性。

8.4.4　铜离子吸附分离

铜离子存在双氧化态（Cu^+ 和 Cu^{2+}）。因此，氧化状态下发生的变化很可能会产生羟基自由基和超氧化物，从而导致它们产生毒性。尽管铜具有潜在的益处，但过量接触或摄入会对人体器官造成损害。已有多篇文献报道了利用MOFs材料吸附铜的方法。例如，Subramaniyam等人使用一种环境友好型Zr基MOFs材料从真实水样中分离 Cu^{2+}，最大吸附量为150mg·g^{-1}，去除率为50%[145]。Yuan等人使用水稳性MOF-199去除水中的 Cu^{2+}，其吸附容量高达7831.34mg·g^{-1}，显著高于其他典型吸附剂[146]。这些材料的高吸附能力主要归功于其多孔结构以及亚胺配体与铜离子间形成的协同配位作用。该吸附过程符合Langmuir等温模型，并且属于单层吸附机制。

有研究使用三种氨基来修饰ZIF-8，以增强其对水溶液中 Cu^{2+} 的去除率。ZIF-8配合物的主要作用是消除MOFs材料的混凝现象，提高其吸附能力。利用物理混合和冷冻干燥法合成的基于ZIF-67框架的细菌纤维素/壳聚糖复合改性气凝胶（ZIF-67/BC/CH气凝胶）被成功应用于水溶液中 Cu^{2+} 和 Cr^{6+} 的去除[147]，其对 Cu^{2+} 和 Cr^{6+} 分别表现出200.6mg·g^{-1} 和152.1mg·g^{-1} 的吸附量。采用细菌纤维素纤维代替非环保型化学交联剂提高了壳聚糖在水中的稳定性。连续5次吸附循环后，吸附剂对 Cr^{6+} 和 Cu^{2+} 的去除率分别为72%和81%。

对于COFs材料，当pH=5时，COF-JLU3对 Cu^{2+} 的选择性和敏感性均高于 Li^+、Na^+、K^+、Mg^{2+}、Co^{2+}、Ag^+、Al^{3+}、Ba^{2+}、Fe^{3+}、Ca^{2+}、Zn^{2+}、Cr^{3+}、Ni^{2+}、Pb^{2+} 和 Cd^{2+}。基于准一级和准二级动力学模型，COF-JLU3的平衡时间为120分钟，经3次吸附-脱附循环后，材料可在四氢呋喃（THF）中均匀再生。

8.4.5　其他金属离子吸附分离

除了上述MOFs材料和COFs材料对常见金属离子的吸附作用外，这两种材料在对其他金属离子的吸附方面也有不俗的表现。Yuan等人利用溶剂热法合成的巯基功能化Zr-MOFs材料（UiO-66-Cl和UiO-66-S），可有效去除水中的铁离子（Fe^{3+}）[148]。结果表明，UiO-66-S对 Fe^{3+} 的吸附量为481mg·g^{-1}，而UiO-66-Cl对 Fe^{3+} 的吸附量为279mg·g^{-1}。此外，高硫密度的MOFs材料对 Fe^{3+} 具有选择性，这是基于 Fe^{3+} 与不饱和巯基官能团的相互作用。因此，通过该材料将水净化到可饮用水平的可能性是存在的。模拟二级吸附动力学方程表明，UiO-66-Cl和UiO-66-S的吸附速率常数分别为0.124g·mg^{-1}·h^{-1}

和 1.07g·mg^{-1}·h^{-1}，后者的吸附速率更高。此外，经过 6 次循环，UiO-66-S 的去除率保持在 89%，具有良好的可重复利用性。

为了比较 MOFs 材料对不同重金属的吸附能力。Jalali 等人合成了一种新型改性磁性 MOFs 材料（将三肽谷胱甘肽固定在磁性 MOFs 材料上），并用以去除不同的重金属离子（Pb^{2+}、Hg^{2+} 和 Cd^{2+}）[149]。通过模拟计算得到了吸附剂吸附前后的优化结构。结果显示，该吸附剂对 Pb^{2+}、Cd^{2+} 和 Hg^{2+} 的最大吸附容量分别为 397mg·g^{-1}、393mg·g^{-1} 和 431mg·g^{-1}。经过改性后，该吸附剂在 20 分钟内可使溶液中重金属离子的去除率达到 90%以上，并且其吸附行为符合 Langmuir 等温模型和模拟二级动力学模型。这种吸附行为可能与 Zr-MOFs 的微晶有序结构有关，从而为大量谷胱甘肽沉积物提供了高比表面积。

相对于 MOFs 材料，COFs 材料具有更强的可控性和灵活性，可以通过设计调整 COFs 材料中的化学官能团以优化其吸附性能。Valentin 等人采用后合成法制备了三维羧基 COFs 材料（3D COF—COOH）[150]。通过将三维 COFs 材料与 OH 和琥珀酸酐进行开环反应，成功引入了羧基官能团。琥珀酸酐的引入使 COFs 材料的 BET 比表面积从 1077m^2·g^{-1} 降低到 540m^2·g^{-1}，孔径从 1.35nm 降低到 0.68nm。尽管如此，羧基功能化 3D COFs 材料依旧表现出了优异的镧系元素选择性，并且可以在吸附容量最小的情况下重复使用几个循环。

此外，Yan 等人报道了阳离子共价有机纳米片（iCON），用于去除水溶液中的放射性 TcO_4^-（本研究中用非放射性 ReO_4^- 代替）[151]。该材料具有 437mg·g^{-1} 的饱和吸附容量，在约 30 分钟内能够快速达到吸附平衡，并且在较宽的 pH 值范围内表现出良好的吸附选择性。其吸附机理为目标阴离子与 iCON 中的 Cl^- 之间发生的阴离子交换。

MOFs 材料和 COFs 材料因其独特的物理化学性质已被广泛应用于废水处理、金属离子吸附等领域，并表现出高效性、可再生性和低成本等优点。未来，MOFs 材料和 COFs 材料在该领域的研究将会越来越多，不断创新发展，为环境保护和治理提供巨大帮助。

8.5 小结

沸石分子筛是一类极具潜力的吸附材料，但其气体吸附容量和选择性受孔道结构、骨架组成及骨架外阳离子类型等因素的显著影响。这些性质的高度可调性促使科研人员持续探索将其用于下一代高效吸附分离材料的可能性。近年来，沸石分子筛材料对惰性气体（例如氦、氖、氩等）的选择性吸附也表现出了不错的性能。在碳氢化合物的分离中，尽管 MOFs 材料展现出更加优异的性能，但综合考虑生产成本和热稳定性，沸石分子筛仍然是较好的选择。因此，未来需要研究杂原子取代的沸石分子筛和离子交换的沸石分子筛用于碳氢化合物分离。此外，还需要关注实际工业操作过程中，水的存在对沸石分子筛应用于分离过程的影响。另外，有些沸石分子筛的合成需要使用昂贵的有机结构导向剂和对环境不友好的氟化物，这可能是限制具有优异吸附分离性能的沸石分子筛材料实际应用的主要障碍之一。

基于 MOFs 材料的吸附剂是一类新型的杂化材料，在去除水溶液中的有机污染物方面得到了广泛应用。近年来，通过在 MOFs 材料上引入特定官能团、磁性 MOFs 材料的合成以及特定外源物质的掺入，MOFs 材料得到了显著的发展。这些新策略明显提高了 MOFs 基吸附剂的效率，并且相较于大多数传统吸附剂具有显著的优势。同样，由强共价键连接的纯 COFs 材料（有机多孔材料），具有比表面积高、密度小和结构可设计等诸多优点，作为吸附剂表现出优异的性能。目前，实验室已经合成了多种 COFs 材料，并发现它们对阴/阳离子染料、酸性染料、重金属离子（如 Cu^{2+}、Cd^{2+}、Pb^{2+} 等）以及有害气体（如 SO_2、H_2S 等）等污染物具有良好的吸附效果，且比传统吸附材料表现出更好的性能。然而，MOFs 材料和 COFs 材料在环境保护领域中的应用研究仍处于起步阶段，需进一步研究以提高其实用性。

参考文献

[1] Eldridge R B. Olefin/paraffin separation technology: A review [J]. Industrial & Engineering Chemistry Research, 1993, 32 (10): 2208-2212.

[2] Patel H A, Byun J, Yavuz C T. Carbon Dioxide Capture Adsorbents: Chemistry and Methods [J]. ChemSusChem, 2017, 10 (7): 1303-1317.

[3] Stock N, Biswas S. Synthesis of metal-organic frameworks (MOFs): Routes to various MOF topologies, morphologies, and composites [J]. Chemical Reviews, 2012, 112 (2): 933-969.

[4] Furukawa H, Cordova K E, O' Keeffe M, et al. The chemistry and applications of metal-organic frameworks [J]. Science, 2013, 341 (6149): 1230444.

[5] Titirici M-M, White R J, Brun N, et al. Sustainable carbon materials [J]. Chemical Society Reviews, 2015, 44 (1): 250-290.

[6] Mohamad Nor N, Lau L C, Lee K T, et al. Synthesis of activated carbon from lignocellulosic biomass and its applications in air pollution control—A review [J]. Journal of Environmental Chemical Engineering, 2013, 1 (4): 658-666.

[7] Dusselier M, Davis M E. Small-pore zeolites: Synthesis and catalysis [J]. Chemical Reviews, 2018, 118 (11): 5265-5329.

[8] Cundy C S, Cox P A. The hydrothermal synthesis of zeolites: History and development from the

earliest days to the present time [J] . Chemical Reviews, 2003, 103 (3): 663-702.

[9] Smith A R, Klosek J. A review of air separation technologies and their integration with energy conversion processes [J] . Fuel Processing Technology, 2001, 70 (2): 115-134.

[10] Hasan M M F, First E L, Floudas C A. Cost-effective CO_2 capture based on in silico screening of zeolites and process optimization [J] . Physical Chemistry Chemical Physics, 2013, 15 (40): 17601-17618.

[11] Younas M, Sohail M, Leong L K, et al. Feasibility of CO_2 adsorption by solid adsorbents: A review on low-temperature systems [J] . International Journal of Environmental Science and Technology, 2016, 13 (7): 1839-1860.

[12] Ben-Mansour R, Habib M A, Bamidele O E, et al. Carbon capture by physical adsorption: Materials, experimental investigations and numerical modeling and simulations-A review [J]. Applied Energy, 2016, 161: 225-255.

[13] Liu Q, Mace A, Bacsik Z, et al. NaKA sorbents with high CO_2-over-N_2 selectivity and high capacity to adsorb CO_2 [J] . Chemical Communications, 2010, 46 (25): 4502-4504.

[14] Bacsik Z, Cheung O, Vasiliev P, et al. Selective separation of CO_2 and CH_4 for biogas upgrading on zeolite NaKA and SAPO-56 [J] . Applied Energy, 2016, 162: 613-621.

[15] Palomino M, Corma A, Rey F, et al. New insights on CO_2-methane separation using LTA zeolites with different Si/Al ratios and a first comparison with MOFs [J] . Langmuir, 2010, 26 (3): 1910-1917.

[16] Cheung O, Wardecki D, Bacsik Z, et al. Highly selective uptake of carbon dioxide on the zeolite |$Na_{10.2}KCs_{0.8}$| -LTA-a possible sorbent for biogas upgrading [J] . Physical Chemistry Chemical Physics, 2016, 18 (24): 16080-16083.

[17] Ridha F N, Webley P A. Anomalous Henry's law behavior of nitrogen and carbon dioxide adsorption on alkali-exchanged chabazite zeolites [J] . Separation and Purification Technology, 2009, 67 (3): 336-343.

[18] Shang J, Li G, Singh R, et al. Discriminative separation of gases by a "molecular trapdoor" mechanism in chabazite zeolites [J] . Journal of the American Chemical Society, 2012, 134 (46): 19246-19253.

[19] Shang J, Li G, Singh R, et al. Determination of composition range for "molecular trapdoor" effect in chabazite zeolite [J] . The Journal of Physical Chemistry C, 2013, 117 (24): 12841-12847.

[20] Hudson M R, Queen W L, Mason J A, et al. Unconventional, highly selective CO_2 adsorption in zeolite SSZ-13 [J] . Journal of the American Chemical Society, 2012, 134 (4): 1970-1973.

[21] Bellatreche S, Hasnaoui M A, Ghezini R, et al. Thermodynamic adsorptive properties of exchanged chabazite-like aluminophosphate SAPO-34 [J] . Fluid Phase Equilibria, 2018, 459: 230-237.

[22] Rivera-Ramos M E, Ruiz-Mercado G J, Hernández-Maldonado A J. Separation of CO_2 from light gas mixtures using ion-exchanged silicoaluminophosphate nanoporous sorbents [J] . Industrial & Engineering Chemistry Research, 2008, 47 (15): 5602-5610.

[23] Liu Q, Pham T, Porosoff M D, et al. ZK-5: A CO_2-selective zeolite with high working capacity at ambient temperature and pressure [J] . ChemSusChem, 2012, 5 (11): 2237-2242.

[24] Remy T, Peter S A, Van Tendeloo L, et al. Adsorption and separation of CO_2 on KFI zeolites: Effect of cation type and Si/Al ratio on equilibrium and kinetic properties [J] . Langmuir, 2013,

29 (16): 4998-5012.

[25] Guo P, Shin J, Greenaway A G, et al. A zeolite family with expanding structural complexity and embedded isoreticular structures [J] . Nature, 2015, 524 (7563): 74-78.

[26] Shin J, Xu H, Seo S, et al. Targeted synthesis of two super-complex zeolites with embedded isoreticular structures [J] . Angewandte Chemie International Edition, 2016, 55 (16): 4928-4932.

[27] Min J G, Choi H J, Shin J, et al. Crystallization mechanism of a family of embedded isoreticular zeolites [J] . The Journal of Physical Chemistry C, 2017, 121 (30): 16342-16350.

[28] Cho J, Choi H J, Guo P, et al. Embedded isoreticular zeolites: Concept and beyond [J]. Chemistry-A European Journal, 2017, 23 (63): 15922-15929.

[29] Pham T D, Liu Q, Lobo R F. Carbon dioxide and nitrogen adsorption on cation-exchanged SSZ-13 zeolites [J] . Langmuir, 2013, 29 (2): 832-839.

[30] Min J G, Kemp K C, Lee H, et al. CO_2 adsorption in the RHO family of embedded isoreticular zeolites [J] . The Journal of Physical Chemistry C, 2018, 122 (50): 28815-28824.

[31] Xu L, Okrut A, Tate G L, et al. Cs-RHO goes from worst to best as water enhances equilibrium CO_2 adsorption via phase change [J] . Langmuir, 2021, 37 (47): 13903-13908.

[32] Cheung O, Liu Q, Bacsik Z, et al. Silicoaluminophosphates as CO_2 sorbents [J] . Microporous and Mesoporous Materials, 2012, 156: 90-96.

[33] Su X, Tian P, Fan D, et al. Synthesis of DNL-6 with a high concentration of Si (4Al) environments and its application in CO_2 separation [J] . Chem Sus Chem, 2013, 6 (5): 911-918.

[34] Georgieva V M, Bruce E L, Verbraeken M C, et al. Triggered gate opening and breathing effects during selective CO_2 adsorption by merlinoite zeolite [J] . Journal of the American Chemical Society, 2019, 141 (32): 12744-12759.

[35] Liu Q, Cheung N C O, Garcia-Bennett A E, et al. Aluminophosphates for CO_2 Separation [J]. ChemSusChem, 2011, 4 (1): 91-97.

[36] Zhong S, Bu N, Zhou R, et al. Aluminophosphate-17 and silicoaluminophosphate-17 membranes for CO_2 separations [J] . Journal of Membrane Science, 2016, 520: 507-514.

[37] He Y, Zhou W, Krishna R, et al. Microporous metal-organic frameworks for storage and separation of small hydrocarbons [J] . Chemical Communications, 2012, 48 (97): 11813-11831.

[38] Li J-R, Kuppler R J, Zhou H-C. Selective gas adsorption and separation in metal-organic frameworks [J] . Chemical Society Reviews, 2009, 38 (5): 1477-1504.

[39] Moliner M, Martínez C, Corma A. Synthesis strategies for preparing useful small pore zeolites and zeotypes for gas separations and catalysis [J] . Chemistry of Materials, 2014, 26 (1): 246-258.

[40] Rege S U, Padin J, Yang R T. Olefin/paraffin separations by adsorption: π-Complexation vs. kinetic separation [J] . AIChE Journal, 1998, 44 (4): 799-809.

[41] Romero-Pérez A, Aguilar-Armenta G. Adsorption kinetics and equilibria of carbon dioxide, ethylene, and ethane on 4A (CECA) zeolite [J] . Journal of Chemical & Engineering Data, 2010, 55 (9): 3625-3630.

[42] Mofarahi M, Salehi S M. Pure and binary adsorption isotherms of ethylene and ethane on zeolite 5A [J] . Adsorption, 2013, 19 (1): 101-110.

[43] Narin G, Martins V F D, Campo M, et al. Light olefins/paraffins separation with 13X zeolite binderless beads [J] . Separation and Purification Technology, 2014, 133: 452-475.

[44] Van Miltenburg A, Zhu W, Kapteijn F, et al. Adsorptive separation of light olefin/paraffin mixtures [J]. Chemical Engineering Research and Design, 2006, 84 (5): 350-354.

[45] Aguado S, Bergeret G, Daniel C, et al. Absolute molecular sieve separation of ethylene/ethane mixtures with silver zeolite A [J]. Journal of the American Chemical Society, 2012, 134 (36): 14635-14637.

[46] Bereciartua P J, Cantín Á, Corma A, et al. Control of zeolite framework flexibility and pore topology for separation of ethane and ethylene [J]. Science, 2017, 358 (6366): 1068-1071.

[47] Da Silva F A, Rodrigues A E. Vacuum swing adsorption for propylene/propane separation with 4A zeolite [J]. Industrial & Engineering Chemistry Research, 2001, 40 (24): 5758-5774.

[48] Da Silva F A, Rodrigues A E. Adsorption equilibria and kinetics for propylene and propane over 13X and 4A zeolite pellets [J]. Industrial & Engineering Chemistry Research, 1999, 38 (5): 2051-2057.

[49] Grande C A, Rodrigues A E. Adsorption kinetics of propane and propylene in zeolite 4A [J]. Chemical Engineering Research and Design, 2004, 82 (12): 1604-1612.

[50] Grande C A, Rodrigues A E. Propane/propylene separation by pressure swing adsorption using zeolite 4A [J]. Industrial & Engineering Chemistry Research, 2005, 44 (23): 8815-8829.

[51] Hedin N, DeMartin G J, Strohmaier K G, et al. PFG NMR self-diffusion of propylene in ITQ-29, CaA and NaCaA: Window size and cation effects [J]. Microporous and Mesoporous Materials, 2007, 98 (1): 182-188.

[52] Hedin N, DeMartin G J, Roth W J, et al. PFG NMR self-diffusion of small hydrocarbons in high silica DDR, CHA and LTA structures [J]. Microporous and Mesoporous Materials, 2008, 109 (1): 327-334.

[53] Tijsebaert B, Varszegi C, Gies H, et al. Liquid phase separation of 1-butene from 2-butenes on all-silica zeolite RUB-41 [J]. Chemical Communications, 2008 (21): 2480-2482.

[54] Gücüyener C, van den Bergh J, Joaristi A M, et al. Facile synthesis of the DD3R zeolite: Performance in the adsorptive separation of buta-1, 3-diene and but-2-ene isomers [J]. Journal of Materials Chemistry, 2011, 21 (45): 18386-18397.

[55] Richter M, Ehrhardt K, Roost U, et al. Molecular sieving of n-butenes by zeolite erionite and by isostructural silicoaluminophosphate SAPO-17 [M] //Weitkamp J, Karge H G, Pfeifer H, et al. Studies in Surface Science and Catalysis. Amsterdam: Elsevier, 1994: 1285-1292.

[56] He Y, Zhou W, Qian G, et al. Methane storage in metal-organic frameworks [J]. Chemical Society Reviews, 2014, 43 (16): 5657-5678.

[57] Moïse J C, Bellat J P, Méthivier A. Adsorption of water vapor on X and Y zeolites exchanged with barium [J]. Microporous and Mesoporous Materials, 2001, 43 (1): 91-101.

[58] Chen H-Y, Collier J E, Liu D, et al. Low temperature NO storage of zeolite supported Pd for low temperature diesel engine emission control [J]. Catalysis Letters, 2016, 146 (9): 1706-1711.

[59] Banerjee D, Simon C M, Elsaidi S K, et al. Xenon Gas Separation and Storage Using Metal-organic Frameworks [J]. Chem, 2018, 4 (3): 466-494.

[60] Neice A E, Zornow M H. Xenon anaesthesia for all, or only a select few? [J]. Anaesthesia, 2016, 71 (11): 1267-1272.

[61] Elsaidi S K, Ongari D, Xu W, et al. Xenon recovery at room temperature using metal-organic frameworks [J]. Chemistry-A European Journal, 2017, 23 (45): 10758-10762.

[62] Feng X, Zong Z, Elsaidi S K, et al. Kr/Xe Separation over a chabazite zeolite membrane [J].

Journal of the American Chemical Society，2016，138 (31)：9791-9794.

[63] Wu T，Lucero J，Zong Z，et al. Microporous crystalline membranes for Kr/Xe separation：comparison between AlPO-18，SAPO-34，and ZIF-8 [J] . ACS Applied Nano Materials，2018，1 (1)：463-470.

[64] Hye Kwon Y，Kiang C，Benjamin E，et al. Krypton-xenon separation properties of SAPO-34 zeolite materials and membranes [J] . AIChE Journal，2017，63 (2)：761-769.

[65] Kwon Y H，Min B，Yang S，et al. Ion-exchanged SAPO-34 membranes for krypton-xenon Separation：Control of permeation properties and fabrication of hollow fiber membranes [J] . ACS Applied Materials & Interfaces，2018，10 (7)：6361-6368.

[66] Breck D W. Zeolite molecular sieves：Structure，chemistry and use [M] . Hoboken：John Wiley & Sons Inc，1974.

[67] Ausikaitis J P，Garg D R. Adsorption separation cycle. EP0064267A2 [P] . 2024-07-31.

[68] Arora C，Soni S，Sahu S，et al. Iron based metal organic framework for efficient removal of methylene blue dye from industrial waste [J] . Journal of Molecular Liquids，2019，284：343-352.

[69] Paiman S H，Rahman M A，Uchikoshi T，et al. Functionalization effect of Fe-type MOF for methylene blue adsorption [J] . Journal of Saudi Chemical Society，2020，24 (11)：896-905.

[70] Zhang C，Li H，Li C，et al. Fe-loaded MOF-545 (Fe)：Peroxidase-like activity for dye degradation dyes and high adsorption for the removal of dyes from wastewater [J] . 2020，25 (1)：168.

[71] Hong Y-s，Sun S-l，Sun Q，et al. Tuning adsorption capacity through ligand pre-modification in functionalized Zn-MOF analogues [J] . Materials Chemistry and Physics，2020，243：122601.

[72] Xiao M，Yue H-D，Feng X-J，et al. A double-layered neutral cadmium organic framework for selective adsorption of cationic organic dyes through electrostatic affinity [J] . Journal of Solid State Chemistry，2020，288：121376.

[73] I M，Saleh H A M，Qasem K M A，et al. Efficient and selective adsorption and separation of methylene blue (MB) from mixture of dyes in aqueous environment employing a Cu (Ⅱ) based metal organic framework [J] . Inorganica Chimica Acta，2020，511：119787.

[74] Dzhardimalieva G I，Baimuratova R K，Knerelman E I，et al. Synthesis of copper (Ⅱ) trimesinate coordination polymer and its use as a sorbent for organic dyes and a precursor for nanostructured material [J] . Polymers，2020，12 (5)：12051024.

[75] Abdelhameed R M，Alzahrani E，Shaltout A A，et al. Development of biological macroalgae lignins using copper based metal-organic framework for selective adsorption of cationic dye from mixed dyes [J] . International Journal of Biological Macromolecules，2020，165：2984-2993.

[76] Pei R，Fan L，Zhao F，et al. 3D-Printed metal-organic frameworks within biocompatible polymers as excellent adsorbents for organic dyes removal [J] . Journal of Hazardous Materials，2020，384：121418.

[77] Zhu X，An S，Liu Y，et al. Efficient removal of organic dye pollutants using covalent organic frameworks [J] . AIChE Journal，2017，63 (8)：3470-3478.

[78] Hassan N，Shahat A，El-Didamony A，et al. Equilibrium，kinetic and thermodynamic studies of adsorption of cationic dyes from aqueous solution using ZIF-8 [J] . Moroccan Journal of Chemistry，2020，8 (3)：21127.

[79] Mahmoodi N M，Oveisi M，Taghizadeh A，et al. Synthesis of pearl necklace-like ZIF-8@chitosan/PVA nanofiber with synergistic effect for recycling aqueous dye removal [J] . Carbohydrate

Polymers, 2020, 227: 115364.

[80] Li Y, Yan X, Hu X, et al. In situ growth of ZIF-8 onto porous carbons as an efficient adsorbent for malachite green removal [J] . Journal of Porous Materials, 2020, 27 (4): 1109-1117.

[81] Ma X, Liu H, Wen S, et al. Ultra-sensitive SERS detection, rapid selective adsorption and degradation of cationic dyes on multifunctional magnetic metal-organic framework-based composite [J]. Nanotechnology, 2020, 31 (31): 315501.

[82] Cheng P, Kim M, Lim H, et al. A general approach to shaped MOF-containing aerogels toward practical water treatment application [J] . Advanced Sustainable Systems, 2020, 4 (8): 2000060.

[83] Meng X, Duan C, Zhang Y, et al. Corncob-supported Ag NPs@ ZIF-8 nanohybrids as multifunction biosorbents for wastewater remediation: Robust adsorption, catalysis and antibacterial activity [J] . Composites Science and Technology, 2020, 200: 108384.

[84] Zhao S, Li S, Zhao Z, et al. Microwave-assisted hydrothermal assembly of 2D copper-porphyrin metal-organic frameworks for the removal of dyes and antibiotics from water [J] . Environmental Science and Pollution Research, 2020, 27 (31): 39186-39197.

[85] Taha A A, Huang L, Ramakrishna S, et al. MOF [NH_2-MIL-101(Fe)] as a powerful and reusable Fenton-like catalyst [J] . Journal of Water Process Engineering, 2020, 33: 101004.

[86] Navarathna C M, Dewage N B, Karunanayake A G, et al. Rhodamine B adsorptive removal and photocatalytic degradation on MIL-53-Fe MOF/magnetic magnetite/biochar composites [J]. Journal of Inorganic and Organometallic Polymers and Materials, 2020, 30 (1): 214-229.

[87] Hou Y, Zhang X, Wang C, et al. Novel imine-linked porphyrin covalent organic frameworks with good adsorption removing properties of RhB [J] . New Journal of Chemistry, 2017, 41 (14): 6145-6151.

[88] Cao Y, Liu W, Qian J, et al. Porous Organic Polymers Containing a sulfur skeleton for visible light degradation of organic dyes [J] . Chemistry-An Asian Journal, 2019, 14 (16): 2883-2888.

[89] Kandambeth S, Biswal B P, Chaudhari H D, et al. Selective molecular sieving in self-standing porous covalent-organic-framework membranes [J] . Advanced Materials, 2017, 29 (2): 1603945.

[90] Fan H, Gu J, Meng H, et al. High-flux membranes based on the covalent organic framework COF-LZU1 for selective dye separation by nanofiltration [J] . Angewandte Chemie International Edition, 2018, 57 (15): 4083-4087.

[91] Shi X, Xiao A, Zhang C, et al. Growing covalent organic frameworks on porous substrates for molecule-sieving membranes with pores tunable from ultra-to nanofiltration [J] . Journal of Membrane Science, 2019, 576: 116-122.

[92] Zhang L, Sun J-S, Sun F, et al. Facile synthesis of ultrastable porous aromatic frameworks by Suzuki-Miyaura coupling reaction for adsorption removal of organic dyes [J] . Chemistry-A European Journal, 2019, 25 (15): 3903-3908.

[93] Zhang H-J, Wang J-H, Zhang Y-H, et al. Hollow porous organic polymer: High-performance adsorption for organic dye in aqueous solution [J] . Journal of Polymer Science Part A: Polymer Chemistry, 2017, 55 (8): 1329-1337.

[94] Wang J-H, Zhang Y, An L-C, et al. Sulfonated hollow covalent organic polymer: Highly-selective adsorption toward cationic organic dyes over anionic ones in aqueous solution [J] . Chinese Journal of Chemistry, 2018, 36 (9): 826-830.

[95] Wang B, Xie Z, Li Y, et al. Dual-functional conjugated nanoporous polymers for efficient organic

pollutants treatment in water: A synergistic strategy of adsorption and photocatalysis [J]. Macromolecules, 2018, 51 (9): 3443-3449.

[96] He S, Rong Q, Niu H, et al. Construction of a superior visible-light-driven photocatalyst based on a C_3N_4 active centre-photoelectron shift platform-electron withdrawing unit triadic structure covalent organic framework [J]. Chemical Communications, 2017, 53 (69): 9636-9639.

[97] Mao Y, Wang Q, Yu L, et al. A 2-fold interpenetrated nitrogen-rich metal-organic framework for rapid and selective adsorption of Congo Red [J]. Inorganic Chemistry, 2020, 59 (12): 8213-8219.

[98] Tran T V, Nguyen H, Le P H A, et al. Microwave-assisted solvothermal fabrication of hybrid zeolitic-imidazolate framework (ZIF-8) for optimizing dyes adsorption efficiency using response surface methodology [J]. Journal of Environmental Chemical Engineering, 2020, 8 (4): 104189.

[99] Panda J, Sahu S N, Sahoo J K, et al. Efficient removal of two anionic dyes by a highly robust zirconium based metal organic framework from aqueous medium: Experimental findings with molecular docking study [J]. Environmental Nanotechnology, Monitoring & Management, 2020, 14: 100340.

[100] Yang J-M, Yang B-C, Zhang Y, et al. Rapid adsorptive removal of cationic and anionic dyes from aqueous solution by a Ce (Ⅲ) -doped Zr-based metal-organic framework [J]. Microporous and Mesoporous Materials, 2020, 292: 109764.

[101] Liu J, Yu H, Wang L. Superior absorption capacity of tremella like ferrocene based metal-organic framework in removal of organic dye from water [J]. Journal of Hazardous Materials, 2020, 392: 122274.

[102] Yang J-M, Zhang W, Zhang R-Z, et al. Modulation of the driving forces for adsorption on MIL-101 analogues by decoration with sulfonic acid functional groups: Superior selective adsorption of hazardous anionic dyes [J]. Dalton Transactions, 2020, 49 (20): 6651-6660.

[103] Tan Y, Sun Z, Meng H, et al. Aminated metal-organic framework (NH_2-MIL-101 (Cr)) incorporated polyvinylidene (PVDF) hybrid membranes: Synthesis and application in efficient removal of Congo red from aqueous solution [J]. Applied Organometallic Chemistry, 2020, 34 (1): e5281.

[104] Zhang W, Zhang R-Z, Yin Y, et al. Superior selective adsorption of anionic organic dyes by MIL-101 analogs: Regulation of adsorption driving forces by free amino groups in pore channels [J]. Journal of Molecular Liquids, 2020, 302: 112616.

[105] Yu S-B, Lyu H, Tian J, et al. A polycationic covalent organic framework: A robust adsorbent for anionic dye pollutants [J]. Polymer Chemistry, 2016, 7 (20): 3392-3397.

[106] Huang N, Wang P, Addicoat M A, et al. Ionic covalent organic frameworks: Design of a charged interface aligned on 1D channel walls and its unusual electrostatic functions [J]. Angewandte Chemie International Edition, 2017, 56 (18): 4982-4986.

[107] Li Z, Li H, Guan X, et al. Three-dimensional ionic covalent organic frameworks for rapid, reversible, and selective ion exchange [J]. Journal of the American Chemical Society, 2017, 139 (49): 17771-17774.

[108] Jun B-M, Heo J, Taheri-Qazvini N, et al. Adsorption of selected dyes on $Ti_3C_2T_x$ MXene and Al-based metal-organic framework [J]. Ceramics International, 2020, 46 (3): 2960-2968.

[109] Liu X, Liu B, Eubank J F, et al. Highly effective and fast removal of anionic carcinogenic dyes

via an In3-cluster-based cationic metal-organic framework with nitrogen-rich ligand [J]. Materials Chemistry Frontiers, 2020, 4 (1): 182-188.

[110] Zhao D, Cai C. Cerium-based UiO-66 metal-organic framework for synergistic dye adsorption and photodegradation: A discussion of the mechanism [J]. Dyes and Pigments, 2021, 185: 108957.

[111] Bu J, Yuan L, Ren Y, et al. Enhanced removal of Eriochrome Black T in wastewater by zirconium-based MOF/graphene oxide [J]. Canadian Journal of Chemistry, 2019, 98 (2): 90-97.

[112] Balouchi H, Baziar M, Dehghan A, et al. Combination of electrocoagulation and MOF adsorption systems for EBT removal from water [J]. International Journal of Environmental Analytical Chemistry, 2022, 102 (6): 1307-1317.

[113] Haghighat G A, Sadeghi S, Saghi M H, et al. Zeolitic imidazolate frameworks (ZIFs) of various morphologies against eriochrome black-T (EBT): Optimizing the key physicochemical features by process modeling [J]. Colloids and Surfaces A: Physicochemical and Engineering Aspects, 2020, 606: 125391.

[114] Mahmoodi M, Javanbakht V. Fabrication of Zn-based magnetic zeolitic imidazolate framework bionanocomposite using basil seed mucilage for removal of azo cationic and anionic dyes from aqueous solution [J]. International Journal of Biological Macromolecules, 2021, 167: 1076-1090.

[115] Zhang X, Qian L, Yang S, et al. Comparative studies of methyl orange adsorption in various metal-organic frameworks by nitrogen adsorption and positron annihilation lifetime spectroscopy [J]. Microporous and Mesoporous Materials, 2020, 296: 109993.

[116] Wu W, Yao T, Xiang Y, et al. Efficient removal of methyl orange by a flower-like TiO_2/MIL-101 (Cr) composite nanomaterial [J]. Dalton Transactions, 2020, 49 (17): 5722-5729.

[117] Song W, Zhu M, Zhu Y, et al. Zeolitic imidazolate framework-67 functionalized cellulose hybrid aerogel: an environmentally friendly candidate for dye removal [J]. Cellulose, 2020, 27 (4): 2161-2172.

[118] Saghir S, Xiao Z. Hierarchical mesoporous ZIF-67@LDH for efficient adsorption of aqueous Methyl Orange and Alizarine Red S [J]. Powder Technology, 2021, 377: 453-463.

[119] Nazir M A, Khan N A, Cheng C, et al. Surface induced growth of ZIF-67 at Co-layered double hydroxide: Removal of methylene blue and methyl orange from water [J]. Applied Clay Science, 2020, 190: 105564.

[120] Sun H, Ju C, Zhao Y, et al. Preparation of SiO_2@ZIF-67/CNTs and research on its adsorption performance at low-temperature [J]. Colloids and Surfaces A: Physicochemical and Engineering Aspects, 2020, 603: 125205.

[121] Yang L, Liu Y-L, Liu C-G, et al. A cationic metal-organic framework for dye adsorption and separation based on column-chromatography [J]. Journal of Molecular Liquids, 2020, 300: 112311.

[122] Xue H, Huang X-S, Yin Q, et al. Bimetallic cationic metal-organic frameworks for selective dye adsorption and effective $Cr_2O_7^{2-}$ removal [J]. Crystal Growth & Design, 2020, 20 (8): 4861-4866.

[123] Zhao L, Meng L, Liu X, et al. A multifunctional metal-organic framework containing chiral centers for effectively and rapid removing anionic dye from aqueous solution [J]. Journal of Solid State Chemistry, 2020, 283: 121141.

[124] Al Sharabati M, Sabouni R. Selective removal of dual dyes from aqueous solutions using a metal organic framework (MIL-53 (Al)) [J] . Polyhedron, 2020, 190: 114762.

[125] Mantasha I, Hussain S, Ahmad M, et al. Two dimensional (2D) molecular frameworks for rapid and selective adsorption of hazardous aromatic dyes from aqueous phase [J] . Separation and Purification Technology, 2020, 238: 116413.

[126] Satilmis B, Budd P M. Selective dye adsorption by chemically-modified and thermally-treated polymers of intrinsic microporosity [J] . Journal of Colloid and Interface Science, 2017, 492: 81-91.

[127] Qin L, Zeng G, Lai C, et al. "Gold rush" in modern science: Fabrication strategies and typical advanced applications of gold nanoparticles in sensing [J] . Coordination Chemistry Reviews, 2018, 359: 1-31.

[128] Zhou J, Zhang H, Xie T, et al. Highly efficient Hg^{2+} removal via a competitive strategy using a Co-based metal organic framework ZIF-67 [J] . Journal of Environmental Sciences, 2022, 119: 33-43.

[129] Li H, Xu S, Du J, et al. Cu@Co-MOFs as a novel catalyst of peroxymonosulfate for the efficient removal of methylene blue [J] . RSC Advances, 2019, 9 (17): 9410-9420.

[130] Tang Y, Zheng M, Xue W, et al. Synergistic disulfide sites of tetrathiafulvalene-based metal-organic framework for highly efficient and selective mercury capture [J] . Separation and Purification Technology, 2022, 287: 120577.

[131] Tian J, Shi C, Xiao C, et al. Introduction of flexibility into a metal-organic framework to promote Hg (Ⅱ) capture through adaptive deformation [J] . Inorganic Chemistry, 2020, 59 (24): 18264-18275.

[132] Seyfi Hasankola Z, Rahimi R, Shayegan H, et al. Removal of Hg^{2+} heavy metal ion using a highly stable mesoporous porphyrinic zirconium metal-organic framework [J] . Inorganica Chimica Acta, 2020, 501: 119264.

[133] Ding S-Y, Dong M, Wang Y-W, et al. Thioether-based fluorescent covalent organic framework for selective detection and facile removal of mercury (Ⅱ) [J] . Journal of the American Chemical Society, 2016, 138 (9): 3031-3037.

[134] Huang N, Zhai L, Xu H, et al. Stable covalent organic frameworks for exceptional mercury removal from aqueous solutions [J] . Journal of the American Chemical Society, 2017, 139 (6): 2428-2434.

[135] Merí-Bofí L, Royuela S, Zamora F, et al. Thiol grafted imine-based covalent organic frameworks for water remediation through selective removal of Hg (Ⅱ) [J] . Journal of Materials Chemistry A, 2017, 5 (34): 17973-17981.

[136] Fu L, Wang S, Lin G, et al. Post-modification of UiO-66-NH_2 by resorcyl aldehyde for selective removal of Pb (Ⅱ) in aqueous media [J] . Journal of Cleaner Production, 2019, 229: 470-479.

[137] Abdel-Magied A F, Abdelhamid H N, Ashour R M, et al. Magnetic metal-organic frameworks for efficient removal of cadmium (Ⅱ), and lead (Ⅱ) from aqueous solution [J] . Journal of Environmental Chemical Engineering, 2022, 10 (3): 107467.

[138] Abdelmoaty A S, El-Wakeel S T, Fathy N, et al. High performance of UiO-66 metal-organic framework modified with melamine for uptaking of lead and cadmium from aqueous solutions [J]. Journal of Inorganic and Organometallic Polymers and Materials, 2022, 32 (7): 2557-2567.

[139] Zhang R, Liu Y, An Y, et al. A water-stable triazine-based metal-organic framework as an effi-

cient adsorbent of Pb (Ⅱ) ions [J]. Colloids and Surfaces A: Physicochemical and Engineering Aspects, 2019, 560: 315-322.

[140] Zhang J, Xiong Z, Li C, et al. Exploring a thiol-functionalized MOF for elimination of lead and cadmium from aqueous solution [J]. Journal of Molecular Liquids, 2016, 221: 43-50.

[141] Zhao F, Su C, Yang W, et al. In-situ growth of UiO-66-NH_2 onto polyacrylamide-grafted non-woven fabric for highly efficient Pb (Ⅱ) removal [J]. Applied Surface Science, 2020, 527: 146862.

[142] Li G, Ye J, Fang Q, et al. Amide-based covalent organic frameworks materials for efficient and recyclable removal of heavy metal lead (Ⅱ) [J]. Chemical Engineering Journal, 2019, 370: 822-830.

[143] Liu N, Shi L, Han X, et al. A heteropore covalent organic framework for adsorptive removal of Cd (Ⅱ) from aqueous solutions with high efficiency [J]. Chinese Chemical Letters, 2020, 31 (2): 386-390.

[144] Wang M, Yu X, Yang C, et al. Removal of fluoride from aqueous solution by Mg-Al-Zr triple-metal composite [J]. Chemical Engineering Journal, 2017, 322: 246-253.

[145] Subramaniyam V, Thangadurai T D, Lee Y I. Zirconium based metal-organic framework for the adsorption of Cu (Ⅱ) ions in real water samples [J]. Cleaner Engineering and Technology, 2022, 9: 100526.

[146] Yuan Q, Wang Y, Yuan F, et al. Water-stable metal organic framework-199@polyaniline with high-performance removal of copper Ⅱ [J]. Environmental Science and Pollution Research, 2022, 29 (29): 44883-44892.

[147] Li D, Tian X, Wang Z, et al. Multifunctional adsorbent based on metal-organic framework modified bacterial cellulose/chitosan composite aerogel for high efficient removal of heavy metal ion and organic pollutant [J]. Chemical Engineering Journal, 2020, 383: 123127.

[148] Yuan Y, Yu J, Chen H, et al. Thiol-functionalized Zr metal-organic frameworks for efficient removal of Fe^{3+} from water [J]. Cell Reports Physical Science, 2022, 3 (3): 100783.

[149] Ragheb E, Shamsipur M, Jalali F, et al. Modified magnetic-metal organic framework as a green and efficient adsorbent for removal of heavy metals [J]. Journal of Environmental Chemical Engineering, 2022, 10 (2): 107297.

[150] Lu Q, Ma Y, Li H, et al. Postsynthetic Functionalization of three-dimensional covalent organic frameworks for selective extraction of lanthanide ions [J]. Angewandte Chemie International Edition, 2018, 57 (21): 6042-6048.

[151] Da H-J, Yang C-X, Yan X-P. Cationic covalent organic nanosheets for rapid and selective capture of perrhenate: An analogue of radioactive pertechnetate from aqueous solution [J]. Environmental Science & Technology, 2019, 53 (9): 5212-5220.

第9章

多孔材料在能源存储中的应用

9.1 引言

能源和环境是人类社会赖以生存和发展的重要物质基础。保护自然环境、开发可再生能源、发展高效储能技术是当今全球关注的重要议题。根据国际能源机构 2019 年的统计数据[1]，过去 10 年，全球电力消耗以惊人的约 3.5%速度增长，2018 年发电能力超过了 2.5 万太瓦时，但其中以不可再生能源为主（煤炭占 38%、天然气占 23%和石油占 3%），相比之下，可再生能源只占相当小的比例（水电占 17%、风能占 5%和太阳能占 2%）。可再生能源主要包括太阳能、风能、潮汐能、地热能、生物质能和水能等。虽然可再生能源在自然界可以循环再生，是取之不尽、用之不竭的能源，但是由于这些可再生能源在时间和空间上的分布不均，必须与相应的大规模储能技术相匹配，才能实现有效储存和可控释放。因此，大规模储能在增强电网的稳定性、安全性和可靠性方面发挥着关键作用。

自 1859 年铅酸电池发明，并于 19 世纪 80 年代被应用于电网以来，多种适用于电网规模的储能系统便开始持续部署。目前，成熟的商业大规模储能系统以物理储能为主，如抽水蓄能等，其占中国储能总规模的比例约达 90%。然而，物理储能会受到地理、地形等环境因素的限制。作为补充，可充电电池（例如铅酸电池、氧化还原液流电池、钠-硫电池等）凭借高灵活性和可扩展性等优势，成为间歇性可再生能源电网储能的重要解决方案，适用于各种分布位置。

但是，传统的大部分商用可充电电池仍较难满足高能量密度的储能要求。国际能源机构在 2021 年曾指出，“能源体系已从燃料密集型转向材料密集型”。其中，最引人注目的成果是锂离子电池的商业化。2019 年诺贝尔化学奖授予了三位在锂离子电池的发展过程中做出突出贡献的化学家。相较于传统的铅酸电池，锂离子电池具有能量密度高、体积小、电压高的优点，这使其成为应用最广泛的可充电电池，其发明堪称电池发展史上的一座里程碑。不过，随着电动汽车以及便携式电子设备的大规模普及，传统锂离子电池的能量密度已无法满足日益增长的消费需求。此外，锂和钴资源的稀缺以及成本的不断攀升，也给当前锂离子电池的进一步发展带来了阻碍。因此，开发先进的能源材料对于提升电化学储能体系的能量密度而言至关重要。实现高能量密度电池，始终是推动储能材料发展的核心驱动力。为此，近 30 年来，各种新型电化学储能装置（如钠/钾离子电池、碱金属硫电池、金属空气电池、固态电池、水系金属离子电池等）得以开发并投入应用（图 9.1）。

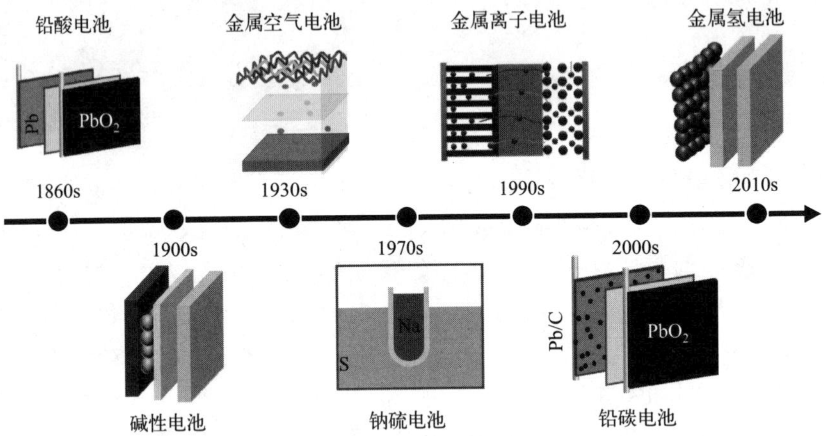

图 9.1　典型储能电池发展的关键阶段时间轴

根据化学电源的基本原理，在各类电池体系中，电子与离子的传输贯穿电池的各个组成部分。电极材料、隔膜、电解质、集流体等部件在离子和电子的传输过程中发挥着重要作用。为实现高效的离子与电子传输速率，对组成电池的各个部件进行合理的多孔结构设计是必不可少的。例如，在锂-硫电池材料设计中，构筑具有合理孔道结构的多孔碳/硫复合正极，能显著缓解多硫化物的“穿梭效应”，从而提升硫正极的结构稳定性和循环稳定性；在金属-空气电池设计中，具有良好导电性和较大比表面积的多孔电催化剂，可有效提高金属-空气电池的功率密度与循环稳定性；在固态电池设计中，高性能多孔固态电解质隔膜对促进固态离子传输起到至关重要的作用。在本章中，我们将对多孔材料在各类电化学储能器件中的应用进行总结与讨论，期望能为材料基础科学的发展以及储能材料的开发起到积极的推动作用。

9.2 碱金属（锂/钠/钾）离子电池

锂离子电池的发展最早可追溯到 20 世纪 70 年代对锂金属电池的研究。锂作为最轻的金属，具有最低的标准还原电位，这两个特性赋予了它诱人的高能量密度。但是，金属锂在室温下会与水缓慢发生反应，所以，“非水电解质”的引入是关键的一步。在 1973 年到 1976 年间，Li-CF_x 电池、Li-MnO_2 电池，以及 Li-I_2 原电池（也称作一次电池）相继出现。此类电池在组装完成后，两端即存在电压，不能充电。因此，其存在成本高、环境污染等一系列问题。为了创造出可重复使用的电池，当时在 Moli Energy 公司工作的 Whittingham 首次将金属锂用于电池的负极，创造出了在室温下工作的可充电锂金属电池。尽管正极工作正常，但在镀锂/反镀过程中，“锂枝晶”的生长致使锂/液体电解质界面不稳定，并会穿透隔膜引起电池短路，造成重大安全隐患。为了解决这些问题，研究人员尝试采用锂合金代替纯锂作为锂金属负极。但锂合金负极在循环过程中，因反复的体积变化，导致合金粉化并从集流体上脱落，进而引起电池循环性能下降。所以，锂金属电池最终未能实现产业化。

1977 年，Armand 在其专利中指出，嵌锂石墨化合物可作为二次电池的电极材料。1980 年，他提出了“摇椅式电池”的概念。1981 年，Goodenough 发现 $LiMO_2$（M＝Co、Ni、Mn）化合物是性能优良的正极材料。1983 年，法国 INPG 实验室首次在电化学电池中成功实现了锂在石墨中的可逆脱嵌。随后，世界各地掀起了碳负极材料的研究热潮。1985 年，日本的吉野章开发出石油焦负极。实验结果表明，以其开发出的电池性能更为稳定，具有质量轻、容量大的特点，且能产生 4V 的高电压。1991 年，日本索尼（Sony）公司采用石油焦作为负极、$LiCoO_2$ 作为正极，以溶解在丙烯碳酸酯和乙烯碳酸酯中的 $LiPF_6$ 作为电解液，成功研发出商业化锂离子二次电池。目前，锂离子电池仍然是应用最广泛的可充电电池（图 9.2）。

钠离子电池从 20 世纪 70 年代起，便受到学术界的关注，其研究甚至早于锂离子电池。但是，随着 90 年代锂离子电池的成功商业化，并在消费、动力和储能等领域的广泛应用，钠离子电池的发展陷入停滞。进入 21 世纪，由于锂资源的稀缺（地壳储量仅为 0.0017%，以质量分数计，下同）和分布不均，钠离子电池技术逐渐重新进入科研界的视野。钠元素与锂元素同属于碱金属元素，二者物理化学性质相似（表 9.1），并且钠在地壳中的储量丰富（2.3%）。因此，科学家期望借鉴锂离子电池的技术，来推动下一代钠离子电池的发展。近年来，钠离子电池的相关研究取得了突飞猛进的进展，其优势不断被挖掘。特别是在固定式大型电池领域，低成本的钠离子电池备受瞩目，可应用于应对

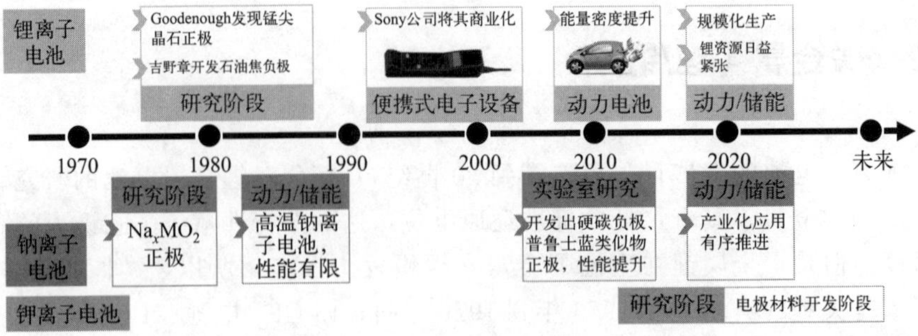

图 9.2 碱金属（锂/钠/钾）离子电池的发展历程

灾害、实现光伏发电和风力发电的平均化以及储存夜间电力等。

表 9.1 锂、钠、钾的物理化学性质对比

物理化学性质	锂	钠	钾
原子序数	3	11	19
原子质量/($g \cdot mol^{-1}$)	6.94	22.99	39.10
原子半径/Å	1.52	1.86	2.77
离子半径/Å	0.76	1.02	1.38
标准电极电位/V	−3.04	−2.71	−2.93
地壳丰度/($\times 10^{-6}$)	17	23000	21000
熔点/℃	180.5	97.7	63.65
密度/($g \cdot cm^{-3}$)	0.534	0.968	0.862

钾离子电池作为一种新兴的电池，在最近几年获得了越来越多的关注。首先，钾元素在地壳中的储量丰富（2.09%，以质量分数计）、来源广泛，且物理化学性质与锂元素相似。其次，相比于除锂离子电池之外的其他电池系统，钾离子电池具有更高的体积能量密度和质量能量密度。另外，尽管钾的原子量更大，但是在电解液中，钾离子的溶剂化程度最低，对应的溶剂化离子半径也最小，因而在电解液中具有更快的迁移速率。目前，钾离子电池技术仍处于研发的初级阶段，主要存在电极容量偏低、循环寿命较短等问题，难以满足市场应用的需要。因此，研发先进电极材料成为提升钾离子电池性能、推动其发展的关键所在。

9.2.1 碱金属（锂/钠/钾）离子电池的工作原理

锂离子电池主要由正极、负极、隔膜和电解液组成[图 9.3(a)]。锂离子电池的充放电机制基于“摇椅式电池”概念。当电池充电时，Li^+ 从正极材料中脱嵌并通过电解质和隔膜向负极迁移，最终嵌入石墨负极，形成碳锂化合物(Li_xC_6)。外部电子在电场作用下从正极向负极转移，以达到电荷平衡，从而完成充电过程。放电时，Li^+ 在内部电场作用下从石墨负极脱出，向正极移动，最后嵌入正极材料，形成富锂化合物。外部电子由负极向正极移动，以达到电荷平衡，进而完成放电过程。在整个充放电过程中，Li^+ 在正极和负极之间流动，实现化学能与电能的相互转化，同时在电池内储存电化学能。

锂离子电池常用的正极材料为具有高氧化还原电位的含锂离子的金属氧化物（如 $LiCoO_2$、$LiMn_2O_4$ 和 $LiFePO_4$），负极材料主要有碳负极（如石墨、无定形碳、硬碳等）、过渡金属氧化物（如 TiO_2、WO_2、Nb_2O_5 等）、过渡金属硫化物（如 MoS_2）以及合金型负极材料（如 Si、Sn、Ge 等）。以 $LiCoO_2$ 为正极、石墨为负极的锂离子电池，其电化学反应如下：

负极：$$6C + xLi^+ + xe^- \rightleftharpoons Li_xC_6 \tag{9.1}$$

正极：$$LiCoO_2 \rightleftharpoons Li_{1-x}CoO_2 + xLi^+ + xe^- \tag{9.2}$$

总反应：$$6C + LiCoO_2 \rightleftharpoons Li_{1-x}CoO_2 + Li_xC_6 \tag{9.3}$$

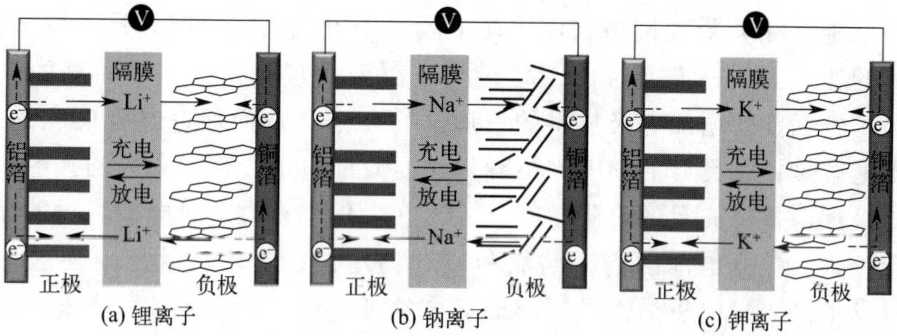

图 9.3　锂离子、钠离子、钾离子电池工作原理示意图

与锂离子电池类似，钠离子电池依靠钠离子在正负极之间的迁移，进行可逆的电化学反应，以此实现电能与化学能的相互转换。其主要组成部分同样为正极、负极、隔膜和电解液。由于钠离子半径大于锂离子半径，钠离子在电池内部的迁移更加困难。因此，钠离子电池对电极材料的晶格和结构稳定性的要求更高，这就需要开发新的、适宜储钠的电极材料。目前，有报道的钠离子电池正极材料主要包括：层状过渡金属氧化物、聚阴离子型混合物、普鲁士蓝类似物等。钠离子电池负极材料主要有：硬碳材料、钛基氧化物（如 TiO_2、$NaTiO_2$ 等）、合金型负极材料（如 P、Sn、Sb 等）、过渡金属硫化物以及磷化物等。以钠的氧化物为正极，硬碳材料为负极组成的全电池为例[图 9.3(b)]，整个充放电反应可表示为：

正极反应：$$NaMO_2 \rightleftharpoons xNa^+ + xe^- + Na_{1-x}MO_2 \tag{9.4}$$

负极反应：$$C + xNa^+ + xe^- \rightleftharpoons Na_xC \tag{9.5}$$

总反应：$$NaMO_2 + C \rightleftharpoons Na_{1-x}MO_2 + Na_xC \tag{9.6}$$

钾离子电池与锂/钠离子电池类似，同样由正极、负极、隔膜和电解质四大主要部件构成。其正极通常为钾金属氧化物、普鲁士蓝类似物等。负极通常为碳基负极、合金类负极、转化类负极等。以钴酸钾和石墨组成的全电池为例[图 9.3(c)]，在充放电过程中，钾离子通过电解液分别在钴酸钾和石墨之间来回脱嵌。内部的电池反应式为：

正极反应：
$$K_xCoO_2 \rightleftharpoons yK^+ + ye^- + K_{x-y}CoO_2 \quad (y<x<0.66) \tag{9.7}$$

负极反应：
$$8yC + yK^+ + ye^- \rightleftharpoons K_yC_{8y} \tag{9.8}$$

总反应：
$$K_xCoO_2 + 8yC \rightleftharpoons K_{x-y}CoO_2 + K_yC_{8y} \tag{9.9}$$

9.2.2 多孔碳基复合负极材料

碳材料具有价格低、容量高、充放电平台低等优势，在各种碱金属离子电池中得到广泛研究。其中，具有多孔结构的碳基电极拥有丰富可调的孔道以及优异的三维（3D）导电网络，用作碱金属离子电池的负极时，具备以下优势：①较大的比表面积一方面有助于材料与电解液的接触，增强界面处的离子通量，另一方面能够增加电极材料的反应活性位点，从而促进电极反应的发生，提升电池容量；②良好的导电网络确保了有效的电子传输；③大的孔隙体积还能为电极反应提供充足的膨胀空间，确保在大倍率充放电时电极材料的结构保持稳定，极大提升电池的倍率性能和循环稳定性；④多孔碳材料还能作为载体，与其他高容量电极活性颗粒形成复合负极。近年来，研究者研发出了类型众多的多孔碳基负极材料，并将其应用于锂/钠/钾离子电池负极，显著提升了电池的电化学性能。

9.2.2.1 锂离子电池用多孔碳基复合负极材料

锂离子电池用多孔碳材料主要包括微孔碳、介孔碳、大孔碳以及分级结构多孔碳（多级孔碳）。微孔能促进 Li^+ 的可逆嵌入/脱嵌过程，具有较高的存储容量。通过分子筛硬模板法制备的有序微孔碳，由于拥有丰富的微孔孔道和极高的比表面积而具有很高的储锂容量。例如，Ryoo 等人以 Ca^{2+} 交换 Y 分子筛为模板、乙烯为碳源，采用化学气相沉积法制备出了三维类石墨烯结构的有序微孔碳[2]。该材料比表面积高达 $2770m^2 \cdot g^{-1}$，微孔平均尺寸为 0.92nm。将其作为锂离子电池负极材料时，展现出 $2950mA \cdot h \cdot g^{-1}$ 的高储锂比容量（反映电极材料容量性能的参数，无特别说明，本章中的“容量”即指“比容量”，约为石墨最大比容量的 7.9 倍）。而介孔/大孔碳有利于 Li^+ 转移动力学和电解质迁移，在提升碳负极的倍率性能方面具有显著优势。例如，采用 MgO 模板法制备的介孔/大孔碳材料，显示出优异的容量保持率和大电流放电性能[3]。采用 KOH 刻蚀法制备的多阵列孔道石墨负极，同样展现出优异的倍率性能[4]。但是，随着比表面积增大，电极/电解质副反应会随之增多，在首次循环时会消耗更多锂离子，造成首圈库仑效率较低。因此，需要合理设计孔道尺寸与比表面积，平衡好容量、库仑效率与倍率性能之间的关系。

在碳骨架（框架）中引入单或双杂原子（B、N、S、O和P)，能够调节碳层的电子结构和化学结构，从而提高电子电导率，扩大层间距离，降低嵌锂吸附能垒，并且能增加活性位点来改善储锂和循环性能。其中，原子直径与C相近的N原子掺杂的应用最为广泛。N原子可向石墨碳层内的大π键提供自由电子，从而提高电导率，同时引入活性位点，增强电化学反应活性，进而获得更高的锂离子存储性能。研究表明，3.9%（以原子分数计）N掺入石墨碳框架，可提供高达600mA·h·g^{-1}的储锂容量。这主要是由于电导率增加，表面法拉第电容提高，促进了Li的嵌入[5]。N掺杂还可以提高锂吸附/解吸的可逆性，从而提高初始库仑效率。由含氮的类沸石咪唑酯骨架材料（ZIF）热解得到的石墨烯颗粒类似物，其N含量高达17.72%（以质量分数计)[6]，将这些颗粒作为锂离子电池负极材料，在100mA·g^{-1}电流密度下循环50次后，容量为2132mA·h·g^{-1}；在5A·g^{-1}电流密度下循环1000次后，容量为785mA·h·g^{-1}。其优异的电化学性能可归因于独特的氮掺杂碳结构，该结构由大量的小石墨烯类似颗粒组成，这些颗粒在六边形晶格和边缘内高度掺杂了氮。此外，氮掺杂介孔碳作为包覆界面，可以显著提高锂离子电池循环的稳定性。例如，在三嵌段共聚物P123和F127的结构导向作用下，通过简单的协同组装策略，将球形孔结构（S）的高氮掺杂介孔碳组装到碳纳米管（S-NMC/CNTs）上（图9.4)。得益于快速的电子/离子传输动力学，所得的S-NMC/CNTs负极材料在锂离子电池中表现出优异的电化学性能，在0.1A·g^{-1}电流下循环100次后，可实现588.1mA·h·g^{-1}的高可逆容量，并且具有优异的循环稳定性。

为了进一步提高活性，可将多孔碳与其他功能材料复合。常见功能材料包括合金（Si、Sn、Ge)、金属氧化物（如α-Fe_2O_3、Co_3O_4、SiO_x、TiO_2、CuO）和金属硫化物（如MoS_2、SnS_2)。多孔碳作为三维导电网络，能够提高这些功能材料的导电性。例如，Gu等人报道了一种介孔豌豆状Co_3O_4@C纳米管阵列，其中Co_3O_4纳米颗粒限域在碳纳米管阵列的管内孔中[7]。纳米管之间的孔隙呈开放状态，这使得电解液能够有效地扩散至Co_3O_4纳米颗粒的界面。该复合材料用作锂离子电池负极材料时，具有较高的比容量、优异的倍率性能和循环性能。Zhu等人报道了一种将超小Sn纳米颗粒（约5nm）嵌入氮掺杂多孔碳的复合材料，同样显示出优异的储锂性能[8]。尽管将功能纳米材料嵌入多孔碳制备得到的复合电极具有诸多优点，但功能纳米颗粒的嵌入也可能造成孔隙堵塞，从而产生“死体积”，导致复合电极堆积密度降低。因此，功能纳米颗粒与多孔碳材料之间的均匀复合，以及孔道结构的合理设计至

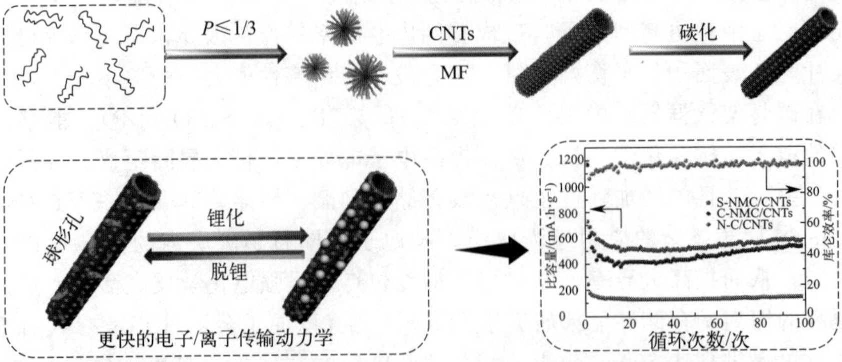

图 9.4 碳纳米管/介孔碳复合负极材料的制备与循环性能

P—堆积参数；MF—三聚氰胺；C—圆柱形结构；N—无孔结构

关重要。

9.2.2.2 钠离子电池用多孔碳基复合负极材料

与锂离子电池相比，钠离子电池的理论比容量较低。研究人员普遍认为，多孔结构设计能促进钠离子的输运，并为碳负极提供活性位点。例如，Ji 等人报道了一种具有高比表面积的三维多孔碳骨架负极材料，将其用作钠离子电池负极时，显示出高比容量（在 $0.1A \cdot g^{-1}$ 下，容量达到 $356.1mA \cdot h \cdot g^{-1}$）[9]。这主要得益于形成三维多孔碳骨架的碳纳米片的层间距增大（0.42nm），从而加速了 Na^+ 的扩散和嵌入。中空结构的碳材料具有丰富的活性位点和较大的电极/电解液接触面积，也是一种优良的钠离子电池负极材料。例如，采用 N、O 掺杂的空心多孔碳纳米胶囊作为钠离子电池负极，在 $5A \cdot g^{-1}$ 的电流密度下循环 10000 次后，仍能获得 $150mA \cdot h \cdot g^{-1}$ 的可逆容量[10]。理论计算表明，该中空密封胶囊结构具有良好的机械稳定性，能够适应超高电流密度下的快速钠嵌入/脱出过程。硬碳材料是近年来研究较多的一类钠离子电池负极材料。然而，硬碳材料的倍率性能（通常 $<5A \cdot g^{-1}$）和容量较低，这限制了它们的实际应用和商业化推广。最近，研究人员通过 ZnO 辅助的体蚀刻策略，合理调控石墨微晶的长度、扩大层间距离、优化孔结构，开发出一种超快储钠的硬碳材料（$20A \cdot g^{-1}$ 下的可逆容量为 $230.4mA \cdot h \cdot g^{-1}$，$50A \cdot g^{-1}$ 时的容量为 $107mA \cdot h \cdot g^{-1}$）[11]。

近年来，生物质衍生多孔碳材料凭借前驱体种类繁多、价格低廉的优势，成为具有广阔应用前景的钠离子电池负极备选材料。例如，生物质（泥炭藓）衍生的三维分级多孔碳，由厚度约为 60nm 且相互连接的碳纳米片网络组成，碳纳米片层间距膨胀至约 0.388nm，这有利于钠离子的插层反应[12]。将其作为钠离子电池负极材料，在 $0.5A \cdot g^{-1}$ 的电流密度下，循环 210 次后仍然具有 356.1mA·h·g^{-1} 的高容量。另一项研究报道了一种废软木衍生的多级孔碳材料[13]。结果表明，开放的微孔影响初始库仑效率，开放的大孔有助于碳基质在循环过程中的稳定，封闭的纳米孔有利于平台容量的增加。具有最优多孔结构的样品展现出高比容量（在 167.5mA·g^{-1} 时具有 362mA·h·g^{-1} 的比容量）和长循环寿命。

杂原子掺杂的多孔碳材料也表现出优异的储钠性能。将杂原子（如 B、N、O、P、S、F）掺杂到碳材料中，会改变局部键合环境和电子分布，从而提高电导率。并且，将 O、S、P、F 等具有大共价半径的原子掺杂到碳材料内，能够起到扩大碳层间距的作用，同时产生缺陷（如空位、空穴、边缘）等功能活性位点，从而提高反应活性。与 C 原子半径相似的 B 原子和 N 原子，通过取代 C 原子的方式与碳材料结合，而比 C 原子半径大的 S 原子和 P 原子在大多数情况下倾向于通过化学键嵌入碳层之间的间隙。其中，氮掺杂是最具代表性的方式，它通过在碳中引入活性缺陷、吡啶 N、吡咯 N 等物质，提高碳的导电性、电化学反应性以及对 Na^+ 的吸附能力。间质 S 或 P 掺杂剂可以增大碳层间距，在循环中充当电子给体，可逆地吸附 Na^+，并具有电化学活性，可提供额外的 Na^+ 存储位点。在泡沫炭中加入 O，能够引发表面氧化还原反应，提高钠离子电池阳极的容量和速率性能。此外，双原子掺杂（如 N/S、N/P）可协同增强钠存储。但是，大多数多孔碳负极的初始库仑效率较低，这是由于固体电解质界面（SEI）层的形成以及碳的高比表面积、孔隙率和官能团导致的一些不可逆反应，可以通过探索合适的电解质和添加剂，或进行表面改性来调节电极/电解质界面上的反应。因此，要提高钠离子电池中 Na^+ 的存储能力，需要对碳的织构、结构、电子和表面化学性质进行综合和适当的工程设计，而碳功能化的研究还远远不能满足钠离子电池的应用需求。

9.2.2.3　钾离子电池用多孔碳基复合负极材料

与钠相比，钾具有更低的标准还原电位（−2.93V），其数值接近于锂（−3.04V）。因此，钾离子电池具有相对较高的能量密度。此外，钾的斯托克斯（Stokes）半径（3.6Å）小于锂（4.8Å）和钠（4.6Å），这使得钾离子在电解质中具有更好的离子迁移率和离子导电性。自石墨首次被发现可作为钾离子电池的负极材料以来，各种多孔碳材料已被应用于钾离子存储，包括软碳、硬碳（例如由生物质或废物衍生的多孔碳）或是它们的组合（例如软硬复合碳）。

插层机制和吸附机制是碳基材料中两种常见的钾离子储存机制。为开发出具有更高电容存储能力和更高倍率性能的碳质电极材料，必须充分利用这两种机制。具体而言，钾离子在碳层中的插入过程属于扩散控制的法拉第过程。由于钾离子的扩散能力较差，通过钾离子的插入/脱出来实现高倍率的能力通常具有挑战性。相比之下，钾离子在碳表面缺陷、官能团或纳米孔隙上的吸附是一个表面诱导的电容过程，这一过程有利于离子的快速扩散和保持良好的结构稳定性，对实现高倍率和长循环性能起到促进作用。电容贡献主要来自活性表面的双层电容/赝电容行为，比表面积的增加和杂原子的掺杂可以在不损伤电极的情况下增强活性表面的赝电容行为。例如，N、O 掺杂的大孔/介孔/微孔硬碳微球（比表面积为 $1030m^2 \cdot g^{-1}$）具有电容主导的钾离子存储机制[14]。平均孔径为 13.8nm 的信封状氮掺杂碳纳米片（比表面积为 $674m^2 \cdot g^{-1}$），作为钾离子电池负极具有较高的赝电容，在 $50mA \cdot g^{-1}$ 时，可提供 $367mA \cdot h \cdot g^{-1}$ 的初始可逆容量，展现出超稳定的循环性能[15]。

电极材料的纳米结构设计能缩短钾离子的扩散路径，提升反应动力学性能。尤其是具有高比表面积的三维互连多孔碳结构，其丰富的孔隙通道促进了电子的快速转移和离子的传输，有效缓冲了钾离子在插入/脱出过程中引起的体积膨胀。同时，高比表面积有助于电解质与电极之间的接触，优化电容性能。例如，高石墨化空心碳纳米笼被视为一种优良的钾离子电池负极材料，具备良好的循环稳定性和高倍率性能。近期，Tang 等人提出了一种 K 功能化碳量子点的诱导组装策略，用于合理设计多孔碳纳米笼[16]。电镜结果表明（图 9.5），所得碳纳米笼具有均一的形貌和明显的层状结构。由这些二维（2D）超薄碳纳米片组装成的三维分级笼状结构，能够有效地缓解充放电过程中较大的体积变化，提高整个电极的结构稳定性，进而提升钾离子的存储能力。

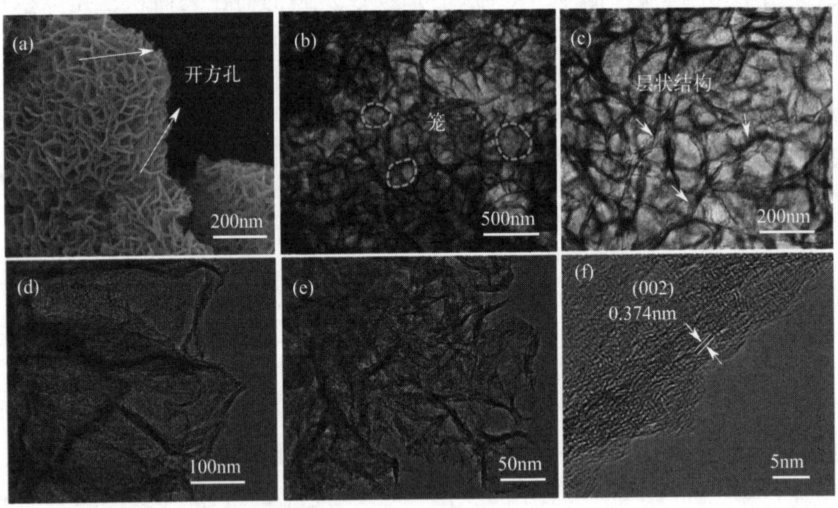

图 9.5　碳纳米笼的扫描电镜图（a）、透射电镜图（b）～(e)、高分辨率透射电镜图像（f）

杂原子掺杂（如 N、S、B、O、P、F）是一种通过引入缺陷/空位来调控碳的电子结构，进而提高反应动力学的有效策略。N 原子是最广泛采用的掺杂原子之一，其具有较高的吸附能。吡啶型氮和吡咯型氮能够对钾离子产生更强的吸引力，从而加快钾离子的吸附速率。相比之下，石墨型氮掺杂由于其富电子结构，可能会降低钾的吸附速率。因此，N原子的掺杂不仅提高了材料的电导率，而且由此产生的表面缺陷还可作为电容性钾存储的活性位点，这有助于推动K^+在材料表面的快速存储动力学进程，进而对提高循环稳定性和充放电速率性能有益。S和P的掺杂可以通过充当活性位点、产生缺陷以增强电容过程、增大碳中间层等方式，促进K^+的插入/脱出速率，从而提升碳的储钾性能[17]。双原子（如S/O、N/O、N/P、P/O）掺杂也是一种常用的掺杂策略。例如，O掺杂能够改善碳表面的润湿性，但会降低碳的电导率，而通过引入N原子则可以提高电导率[18]。N、P共掺杂的石墨碳纳米笼具有扩大的层间距，这既能加快钾离子和电子的传输速度，又能提高吸附容量，实现高倍率和长循环性能。近期，Zhang等人通过界面组装路线和简单的后硫化工艺，制备出了一种储钾性能优异的杂原子掺杂的介孔碳复合材料。其中，N、S共掺杂的介孔碳（NS-MC）很好地生长到生物质衍生的孢子碳（SC）上。这种独特的结构设计使所制备的NS-MC/SC复合材料具有丰富的介孔通道、扩大的层间距以及高含量的氮硫共掺杂的特征。凭借这些优势，所得的NS-MC/SC负极在100mA・g^{-1}的电流密度下循环300次后，依然可保持350.4mA・h・g^{-1}的高可逆储钾比容量（图9.6）。理论模拟结果表明，N、S共掺杂是钾离子存储性能提高的主要原因。

9.2.3　多孔合金基复合负极材料

合金负极具有比容量极高、工作电压较低以及自然丰度高的优势，作为下一代高性能碱金属离子电池的负极，正受到越来越多的关注。常见的合金基负极材料包括硅基、锡基、锑基以及其他少数金属（如锗、锌和铝等）。图9.7展示了分别应用于锂离子电池、钠离子电池和钾离子电池的常见合金基负极[19]。然而，合金基负极在充放电过程中，因其固有的剧烈体积和结构变化，通常表现出较差的循环寿命，这会导致机械断裂，并且加剧副反应。采用纳米化、多孔化以及复合化等策略，能够缓解体积膨胀问题，增强循环稳定性。此外，调控多金属合金的结构和形貌也能改善结构稳定性。含有活性元素的多金属合金能够提高合金的表面迁移率，并有助于活性元素的固定。含Cu、Fe、Ni等非活性金属的合金也能够缓慢体积膨胀。

9.2.3.1　锂离子电池用多孔合金基复合负极材料

硅基合金是锂离子电池中应用最广泛的一类合金基负极材料。硅基负极具有极高的理论比容量（Si，室温下形成$Li_{15}Si_4$合金，理论比容量约为3579mA・h・g^{-1}）和合适的嵌/脱锂电位，成为有希望替代石墨（理论比容

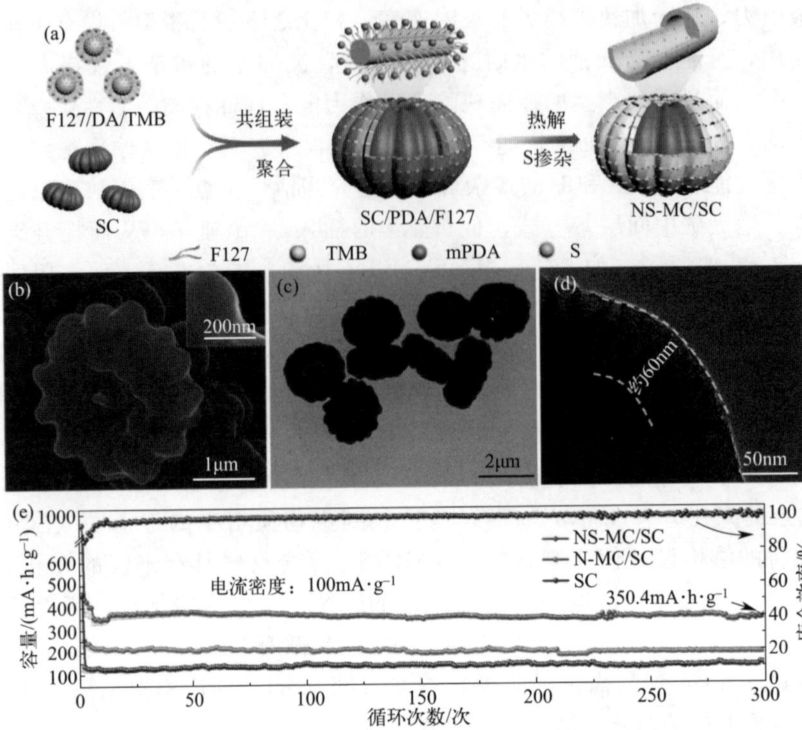

图 9.6 NS-MC/SC 复合材料的制备流程示意图 (a)、扫描电镜图 (b)～(d) 和电化学循环性能图 (e)

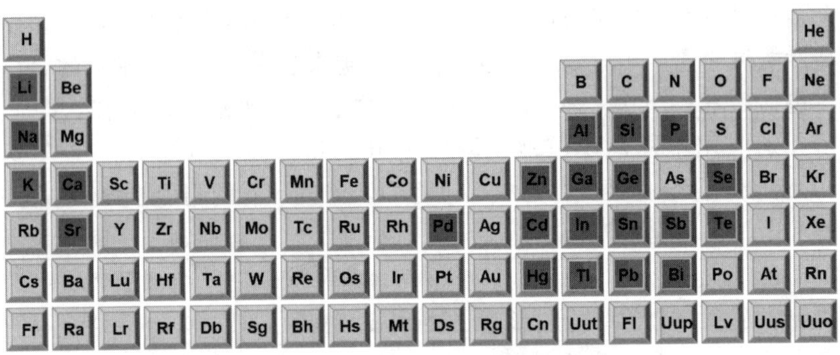

图 9.7 碱金属离子电池阳极常用合金元素的示意图

量约为 372mA·h·g^{-1}）的下一代商业负极材料。然而，硅在锂化过程中会产生约 300%的体积膨胀，造成电极内应力增加和形成不稳定的固体电解质界面，最终导致电极内部电接触失效、循环寿命快速缩短。为了解决这些问题，通过设计纳米结构（如纳米线、纳米片、纳米核-壳结构、纳米蛋黄-壳结构、纳米多孔结构等）能极大地改善硅负极的电化学性能。但是，从实际应用角度来看，纳米结构的高比表面积导致其与电解液发生严重的副反应，并且其存在化学稳定性差、可加工性差、生产成本较高等不良因素，这些因素极大地阻碍了纳米结构硅负极的商业化进程。最近的研究表明，微米分级孔道结构电极材料因具有化学稳定性好、比表面积低、振实密度高等优势，已成为硅基材料实用化设计的重点方向（图 9.8）。

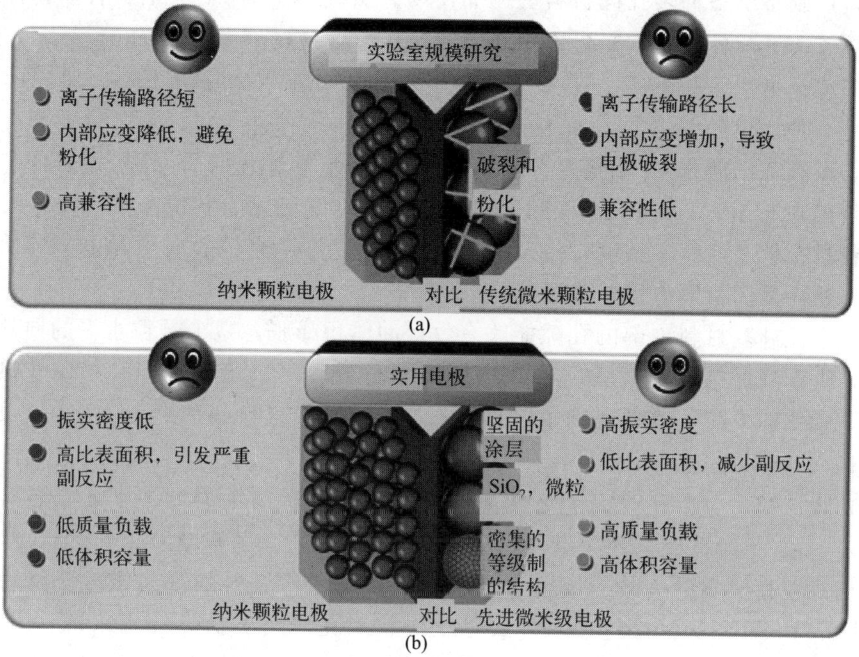

图 9.8　纳米结构和微米级硅基负极材料概述

多孔结构对提升硅负极的电化学性能贡献主要体现在两个方面[20]。其一，预先形成的孔隙可以适应循环过程中较大的体积变化，这有助于稳定整个结构，保持循环稳定性。其二，较高的比表面积可以增大电解液与硅表面的接触面积，缩短锂离子扩散长度，从而提高可用容量。通过模拟和原位透射电镜实验，研究人员考察了孔隙（如孔隙大小和孔隙率）对结构稳定性的影响。Ge 等研究了多孔掺杂 Si 纳米线的孔径变化及其应变诱导应力[21]。其中，初始孔隙半径与孔隙间距之比（r/l）越大，最大应力越小。因此，大孔径与高孔隙率有利于获得高电化学容量和长循环稳定性。Li 等人合成了大孔-介孔硅海绵（MSS）作为模型结构[22]。连续介质力学计算表明，随着 MSS 粒子中孔隙率的提高，整体体积膨胀减小。结合原位透射电镜结果，MSS 颗粒在完全锂化时的体积膨胀可限制在约 30%。此外，Shen 等人还证明了多孔硅颗粒的临界断裂直径尺寸可达 1520nm，而之前报道的结晶硅颗粒（c-Si）的临界断裂直径尺寸为 150nm[23]。这种显著的差异可能是由于不同的锂化行为：多孔硅采用端到端的方式，而 c-Si 采用的是表面到中心的方式。

由于多孔硅颗粒能够在微米尺度维持结构稳定而不发生断裂，各类面向实用化的微米多孔硅基负极材料相继被开发与报道。制备多孔硅基材料的方法丰富多样，包括镁热还原、金属辅助化学蚀刻、脱合金、模板辅助工艺和电化学蚀刻等。通常情况下，通过镁热还原法处理具有不同结构和形貌的 SiO_2 前驱体，可制备出各种多孔硅材料。例如，以天然硅藻土为 SiO_2 前驱体，采用镁热还原法可制备出具有微尺度多孔结构的硅负极材料[24]。将其组装成全电池，面积容量可达 1.9mA·h·cm^{-2}，质量负载水平为 2.5mg·cm^{-2}。脱合金法也是一种常用的制备多孔硅材料的方法。例如，通过 Al-Si 合金的脱合金反应，可制备出微米级 Si 笼复合材料[25]。该负极展现出 4.4mg·cm^{-2} 的高质量负载和 6.4mA·h·cm^{-2} 的面积容量。高质量负载的实现得益于微米尺度材料具有较高的振实密度，以及 3D 多孔结构提供了充足的离子和电子传输通道，从而使制备厚电极成为可能。

多孔硅基材料内部的孔隙能够有效缓冲体积膨胀，减少颗粒水平的向外膨胀，进而降低电极膨胀率。例如，以 SiO_2 分子筛 KIT-6 为原料，采用镁热还原和碳化的方法，制备得到了一种具有 3D 网络结构的 Si@SiO_x/C 复合负极材料（3D-Si@SiO_x/C）[26]。计算预测表明，轴对称 3D 结构可以有效抑制硅的膨胀，并适应单颗粒内的体积膨胀。电化学测试结果表明，在质量负载为 3mg·cm^{-2} 时，完全锂化电极的膨胀率仅为 9.3%。尽管微米 3D 多孔结构允许相对较高的质量负载，但由于其多孔特性，这些材料的振实密度仍然很低（约 0.6g·cm^{-3}）。最近，一种蚁巢状块状多孔硅负极被设计出来，它由 3D 互连的硅纳米微球和双连续的纳米孔网络组成[27]。这种多孔结构显示出较高的振实密度（约为 0.84g·cm^{-3}），在质量负载为 2.9mg·cm^{-2} 时，可获得 5.1mA·h·cm^{-2} 的高面积比容量和 17.8%的低电极膨胀率。

除硅基合金外，锡基合金也是一种高容量锂离子电池负极材料。与硅基合金类似，金属锡在脱/嵌锂过程中会产生约 200%的体积膨胀，这会导致颗粒粉碎、结构恶化和容量快速衰减。然而，锡负极的临界断裂尺寸明显小于硅负极。根据早期的建模研究，Sn 的临界尺寸将小于一个晶胞单位。因此，将超小锡纳米颗粒均匀地嵌入多孔碳基体中是提升金属锡基负极材料电化学性能的一种有效手段[28]。此外，锗、锑等金属以及二元或多元合金也可以用作锂离子电池负极材料。例如，Yang 等人[29] 以 AlSiGe 带为前驱体，采用脱合金方法合成了 3D 纳米多孔 SiGe 合金。通过调节前驱体中牺牲性 Al 的含量，可以有效地调控合成的 SiGe 合金的形貌和孔隙率。3D 多孔 SiGe 合金具有均匀的珊瑚状结构、多级孔（微孔和介孔）结构。在电流密度为 1A·g^{-1} 的条件下，经过 150 次循环后，仍可获得 1158mA·h·g^{-1} 的高可逆比容量，并展现出优异的倍率性能。

9.2.3.2 钠离子电池用多孔合金基复合负极材料

虽然多孔硅基负极材料在锂离子电池中展现出巨大的应用前景，但是硅负极材料不具备储钠活性。在钠离子电池负极材料中，金属锡、锑等显示出更优异的性能。由于锡在钠化/脱钠的过程中会产生巨大的体积变化，制备多孔锡基材料被证明是一种有效的策略。Kim 等人通过相转化技术制备了多孔锡负极材料[30]。多孔锡电极显示出较高的初始比容量（$1066mA \cdot h \cdot g^{-1}$）和长循环稳定性。Wang 等人通过硫脲配体调节 Cu^{+}/Cu 的氧化还原电位，触发 Cu 与 Sn^{2+} 的置换反应，获得了 3D 多孔 Sn[31]。多孔锡电极的可逆比容量为 $700mA \cdot h \cdot g^{-1}$，在 $2.5A \cdot g^{-1}$ 的电流密度下可稳定循环 400 次。

多孔锑基负极也是一类优异的钠离子电池负极材料。Ji 等人以锌微球为模板，通过置换反应成功制备出多孔中空 Sb 微球[32]。将其作为钠离子电池负极材料时，多孔空心 Sb 微球展现出较高的初始可逆比容量、良好的循环稳定性以及优异的倍率性能。这种优异的电化学性能主要归因于其独特的多孔和中空结构，该结构能够在反复合金化/脱合金过程中适应应变。Liu 等人采用化学脱合金方法，对纳米多孔锑的形貌和锑颗粒大小进行调控，并系统研究了多孔锑的形貌以及锑颗粒大小对电化学性能的影响[33]。根据 Al-Sb 合金成分的差异，采用自上而下的方法，分别对 Al30Sb70、Al20Sb80、Al90Sb10、Al70Sb30 和 Al55Sb45 合金带前驱体进行化学脱合金处理，可以制备出不同尺寸的珊瑚状、蜂窝状纳米多孔锑和不同粒径的锑纳米颗粒。电化学性能测试表明，珊瑚状多孔锑在小电流密度和大电流密度下进行循环时，表现出更优异的可逆比容量。其优异的电化学性能得益于珊瑚状纳米多孔锑能够适应 Na^{+} 的插入/脱出所产生的巨大体积变化，进而确保电极结构的完整性。同时，较高的比表面积提升了 Na^{+} 的传输速率。因此，合适的多孔结构对锑电极的电化学性能起着至关重要的作用。

9.2.3.3 钾离子电池用多孔合金基复合负极材料

碳材料已被广泛用作钾离子电池的负极材料，然而，其低能量密度仍是一个致命障碍。因此，基于实际应用需求，开发金属（合金）基负极材料迫在眉睫。目前，合金型钾离子电池负极材料的研究主要集中在锡、锑和铋等金属上。

锡（Sn）能与钾形成多种不同的二元合金。锡基负极材料的改性策略主要包括纳米结构构筑以及与多孔导电网络复合。Huang 等人[34] 利用原位生成的 NaCl 晶体作为模板，制备了三维聚合物-Sn 配合物衍生的三维分级多孔碳/锡复合材料，有效地缓解了结构退化。对碳质材料进行杂原子掺杂有望进一步提高锡基负极的电化学性能。Li 等人[35] 通过模板诱导原位聚合工艺设计了 Sn 纳米簇@氮掺杂碳管，经过 4000 次循环后，该负极在 $1A \cdot g^{-1}$ 的条件下仍具有 $149.9mA \cdot h \cdot g^{-1}$ 的高循环稳定性。研究锡基负极中钾离子的储存机理对进一步优化其电化学性能至关重要。

锑（Sb）具有较低的合金电位和较高的导电性（$2.56\times10^6S\cdot m^{-1}$），是一种极具潜力的合金型负极材料。Wu 等人的一项早期研究表明，锑可以与钾形成 K_3Sb 的最终合金相[36]。然而，在钾化/脱钾过程中，由于存在显著的体积变化，其循环稳定性较差。为了解决这一问题，研究人员致力于通过缓解锑负极的内部应力来提高其电化学性能。例如，Han 等人[37] 将锑纳米颗粒限域在蜂巢状 3D 碳骨架中，获得了具有优异循环稳定性和高倍率性能的钾离子电池负极。为进一步改善离子迁移动力学，人们提出了许多提高合金类材料孔隙密度的策略。最近，He 等人[38] 通过真空蒸馏的方法从商业锌锑合金中蒸发低沸点的锌，制备出了 3D 纳米多孔 Sb。与体相锑相比，纳米多孔 Sb 表现出更好的循环性能，这是因为多孔结构以及相互连接的韧带能够加速离子运输，并且在循环过程中能够适应体积变化。He 等人[39] 以氯化钾作为模板、酒石酸锑钾作为前驱体，设计出一种具有 3D 大孔结构的 Sb@C 复合材料。这种独特的结构促进了快速的离子传输，并且在钾离子嵌入过程中，有效缓解了体积变化，从而在 260 次循环后仍可保持 97%的容量，展现出优异的长期循环稳定性。

近年来，金属铋（Bi）凭借其较高的理论比容量（约 $385mA\cdot h\cdot g^{-1}$）、价格低廉和无毒性等优势，逐渐成为一种极具应用前景的钾离子电池用合金型负极材料。然而，在充放电过程中，由于金属铋会发生严重的体积膨胀、电极粉碎等现象，且动力学过程缓慢，其在实际应用中的循环稳定性和倍率性能欠佳，这限制了金属铋在钾离子电池电极材料方面的应用。通过优化电极的孔道结构和组分，并精心设计表面和界面，构建高性能铋基负极，对于实际应用而言具有重要意义。近期，研究人员以新型铋基金属有机框架为前驱体，采用可控热解法，将 Bi 纳米颗粒镶嵌在带有空隙的氮掺杂碳纳米笼三维多孔碳骨架（N-CNCs）中，获得了一种高性能的铋基钾离子电池负极材料[40]。原位透射电镜（TEM）结果表明，优化的 Bi@N-CNCs 内部空隙和韧性壳层可有效缓解 Bi 在合金化时产生的体积膨胀。在充放电过程中，N-CNCs 的表面形成稳定且薄的 SEI 层，同时碳网络和纳米铋之间的电子传输流畅，因此在反复充放电后，其结构仍能保持完好。

9.2.4 多孔过渡金属化合物基负极材料

过渡金属化合物包括氧化物、硫化物、磷化物、硒化物等，是一类重要的碱金属离子电池负极材料。根据电化学反应机制的不同，过渡金属化合物可分为两类：①嵌入型反应机制；②转化型反应机制。一般而言，符合嵌入型反应机制的过渡金属化合物主要有：TiO_2、WO_2、Nb_2O_5、V_2O_3、VPO_4 等过渡金属氧化物，硫化物（WS_2、ReS_2 和 CoS 等过渡金属硫化物，$MoSe_2$、WSe_2、$ReSe_2$ 和 CoSe 等过渡金属硒化物。由于碱金属离子只能容纳在这些过渡金属化合物中框架的空位位置，嵌入反应中所涉及的电子数目通常小于1。因此，基于嵌入反应的过渡金属化合物负极通常具有相对较低的比容量[41]。符合转化型反应机制的过渡金属化合物主要有：Fe_2O_3、CuO、Ti_6O_{11}、Co_3O_4-F_2O_3/C 等过渡金属氧化物，MoS_2、SnS_2、Sb_2S_3、FeS_2、NiS、Cu_2S、ZnS、CoS 等过渡金属硫化物，$FeSe_2$、ZnSe、$NiSe_2$ 等过渡金属硒化物。在转化反应中，碱金属离子与负极中的其他元素反应生成新的化合物。由于过渡金属离子在电化学反应过程中全部还原为金属态，因此转化型负极材料的理论比容量始终比嵌入型负极材料高得多。然而，由于在转化反应过程中往往伴随着较大的体积变化，这将导致活性材料的团聚和粉碎，严重地限制了它们的倍率性能和循环稳定性[42]。为了解决这些问题，各种过渡金属化合物/碳复合负极材料以及具有各种空腔/孔道结构的复合负极材料被开发并报道出来。

9.2.4.1 锂离子电池用多孔过渡金属氧化物复合负极材料

过渡金属氧化物是一类重要的锂离子电池负极材料。过渡金属氧化物不仅具备高容量的优势，还具有成本低廉、环境友好的特点，是商业化锂离子电池负极材料的重要备选材料之一。其中，具有多孔结构的过渡金属氧化物，因其较高的比表面积以及良好的电解液浸润性，有利于锂离子的快速嵌入/脱嵌与传输。

氧化铁（Fe_2O_3）具有低成本、低毒性、高理论容量（1005mA·h·g^{-1}）和生态友好等特点，与其他转化型过渡金属氧化物或过渡金属硫化物相比具有更好的适用性和环境相容性。Fe_2O_3 的密度（约 5.0g·cm^{-3}）是常规石墨（约 2.2g·cm^{-3}）的两倍多，具有更高的容量。然而，氧化铁基材料在锂化/脱锂过程中体积膨胀过大，往往导致颗粒团聚和分离，循环性能较差。设计多孔和中空的纳米结构 Fe_2O_3 基负极材料是解决电接触失效和活性材料分离等问题的有效策略。首先，Fe_2O_3 颗粒之间的空隙可以作为缓冲层，以减缓循环过程中的体积膨胀。其次，固有孔隙度增加了电极/电解液的活性比表面积，由中空和多孔结构形成的通道保证了锂离子在扩散过程中的高效率。例如，研究人员通过柠檬酸锌微球的阳离子刻蚀和热处理的方法制备了中空多孔 α-Fe_2O_3 微球[43]。该材料作为锂离子电池负极材料，经过1000次循环后，在 1A·g^{-1} 的条件下，容量仍然保持在 1100mA·h·g^{-1} 以上。最近，Zhang 等人通过 Sn^{2+} 诱导的水热途径设计了一种独特的骨状氮掺杂碳包覆 Fe_3O_4 复合材料（B-Fe_3O_4@C）[44]。制备的 B-Fe_3O_4@C 负极材料表现出优异的锂存储能力（图9.9）。但是，纳米结构的氧化铁负极经常发生负衰减，即非常规的容量增加，导致循环时容量增加。然而，负衰减的详细机制仍不清楚，对其原因也未达成共识。最近，研究人员利用先进的同步加速器基础分析，全面研究了具有高度有序介孔结构的氧化铁阳极的负衰落[45]。电化学和结构分析表明，负衰落源于电解质衍生表面层的优化，由此形成的表面层对纳米结构电极材料的结构稳定性以及循环稳定性有很大的贡献。这项工作为理解负衰落的起源及其对纳米负极材料的影响提供了一种深刻的见解。

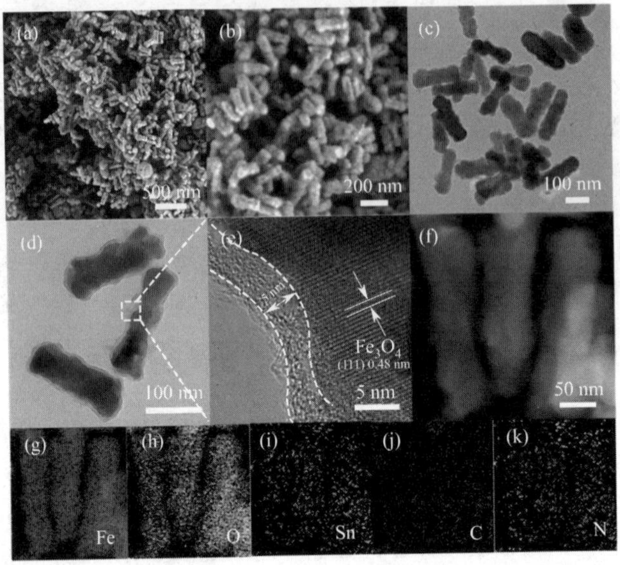

图 9.9　B-Fe_3O_4@C 负极材料的扫描电镜（a）～（b）、透射电镜（c）～（d）、高分辨透射电镜（e）以及元素分布图（f）～（k）

在众多不规则、球形、圆柱形以及双连续孔隙结构中，由两个相互交织却互不相连的骨架构成的双连续孔隙结构，引发了广泛关注。具备这种结构的电极材料在储能和转换器件方面展现出显著优势。这是因为其骨架和孔道在三个维度上均保持连续，有利于离子在孔隙中顺畅地扩散，同时也有利于活性材料骨架在各个方向上自由地进行电荷输运。此外，双连续孔隙结构不易出现堵塞现象，从而能够提供稳定的质量扩散，极大地增大了电解质离子与孔壁上活性位点的有效接触面积。最近，研究人员通过两亲性嵌段共聚物聚氧化乙烯-*b*-聚苯乙烯（PEO-*b*-PS）与钛源二（乙酰丙酮基）钛酸二异丙酯（TIA）在四氢呋喃和盐酸水溶液的混合溶液中的挥发诱导共组装，成功制备了双套 Diamond 双连续结构的介孔二氧化钛[46]。通过溶剂的缓慢挥发，PEO-*b*-PS 与水解的钛源相互作用并发生微相分离，形成两个交织在一起但互不连接的 Diamond 骨架。溶剂的挥发导致两个骨架之间失去支撑，相互靠近，形成位错双套 Diamond（SDD）骨架。随后，通过煅烧得到具有高结晶度锐钛矿相的 SDD 二氧化钛骨架。将具有 SDD 结构的介孔二氧化钛用作锂离子电池的负极材料时，表现出良好的电化学性能。

9.2.4.2　钠离子电池用多孔过渡金属化合物基复合负极材料

正交晶相 Nb_2O_5 被认为是一种潜在的钠离子电池用负极材料，因为它可以可逆地嵌入大量钠离子，同时结构稳定，不易遭到破坏。但是，其低电导率这一固有缺陷，致使它具有较低的可逆容量和较差的循环稳定性。最近，研究人员采用静电雾化沉积技术合成了一种基于 Nb_2O_5 的自支撑 3D 多孔 Nb_2O_5@C 复合材料，用作钠离子电池负极时，显著提升了 Nb_2O_5 的循环稳定性及倍率性能[47]。优越的储钠性能归因于 Nb_2O_5 与含碳基质之间的协同效应。其中，3D 多孔网状结构不仅促进了离子/电子的扩散，同时还抑制了钠离子嵌入/脱出过程中的体积变化。进一步研究发现，在金属氧化物间插入非金属元素（如 H、S），能够产生相当数量的氧缺陷，使带隙变窄，进而提高氧化物的导电性。通过对 Nb_2O_5 进行改性，获得了无定型氢化纳米介孔结构 Nb_2O_5(a-H-Nb_2O_5)，其表面分布着大小均一的微孔，孔的直径在 15～20nm 之间不等[48]。当将其用于钠离子电池的负极材料时，无需黏结剂，便可表现出良好的电化学循环性能和高度可逆性。

除过渡金属氧化物外，过渡金属硫化物也是一类被广泛研究的钠离子电池负极材料。其中，MoS_2 作为一种典型的二维层状材料，由于其具备较高的理论比容量，被视为一种潜在的钠离子电池负极材料，因而得到广泛关注与研究。然而，MoS_2 在首次循环后（0～3V），其层状结构发生了不可逆变化，结构稳定性较差，使得电化学容量迅速衰减。此外，转换生成的硫单质可能与电解液发生副反应，不利于其循环性能的保持。为了解决这些问题，研究者已经提出过很多方案和方法，比如通过构造具有多孔形貌的 MoS_2 来改善结构稳定性和离子传导性能。最近，有研究团队采用二次硫化（溶剂热硫化和高温煅烧硫化）以及酸刻蚀策略，将基于锌、钼基的沸石型咪唑骨架转换成富含钼缺陷的超薄二硫化钼纳米片，这些纳米片将组装形成中空多孔的微立方体框架。该材料用作钠离子电池负极时，显示出较高的可逆容量、优异的倍率性能和循环稳定性。动力学分析结果表明，快速的钠离子存储得益于材料本身的电容性电荷存储机制[49]。从负极结构的角度来看，无序的堆垛和大量的颗粒界面会阻碍离子和电子的扩散。为解决这些问题，研究人员报道了一种 MoS_2/C 多孔微球锚定碳纳米管网络结构（MoS_2/C-MWCNT），其中 MoS_2/C 多孔微球紧紧锚定在 MWCNT 网络中[50]。MWCNT 可替代制备负极时常用的碳纳米颗粒，进一步改善整个负极材料的结构稳定性、电子和钠离子传导速率。将 MoS_2/C-24MWCNT 应用于钠离子电池负极时，展现出了出色的倍率性能（$324mA\cdot h\cdot g^{-1}$ 在 $20A\cdot g^{-1}$ 下）和大电流长循环性能（在 $2A\cdot g^{-1}$ 电流密度下循环 1000 次后，比容量为 $416mA\cdot h\cdot g^{-1}$）。

此外，Sb_2S_3 具有资源丰富和理论容量高等优点，也是一种极具前景的钠离子电池硫化物负极材料。如图 9.10 所示，He 等人采用 L-酒石酸辅助的溶剂热法成功制备出介孔结构的榆树叶状 Sb_2S_3/氮掺杂 $Ti_3C_2T_x$ 杂化材料（L-Sb_2S_3/Ti_3C_2）[51]。榆树叶状的 Sb_2S_3 高度分散并均匀锚定在 $Ti_3C_2T_x$ 纳米片上，而 Sb_2S_3 纳米颗粒中存在大量的介孔，类似于树叶中的气孔，可以增强离子和电子的传输动力学。同时，由于硫前驱物的分解，可以很容易地实现 $Ti_3C_2T_x$ 的原位氮掺杂，从而进一步增强界面电子转移的动力学。

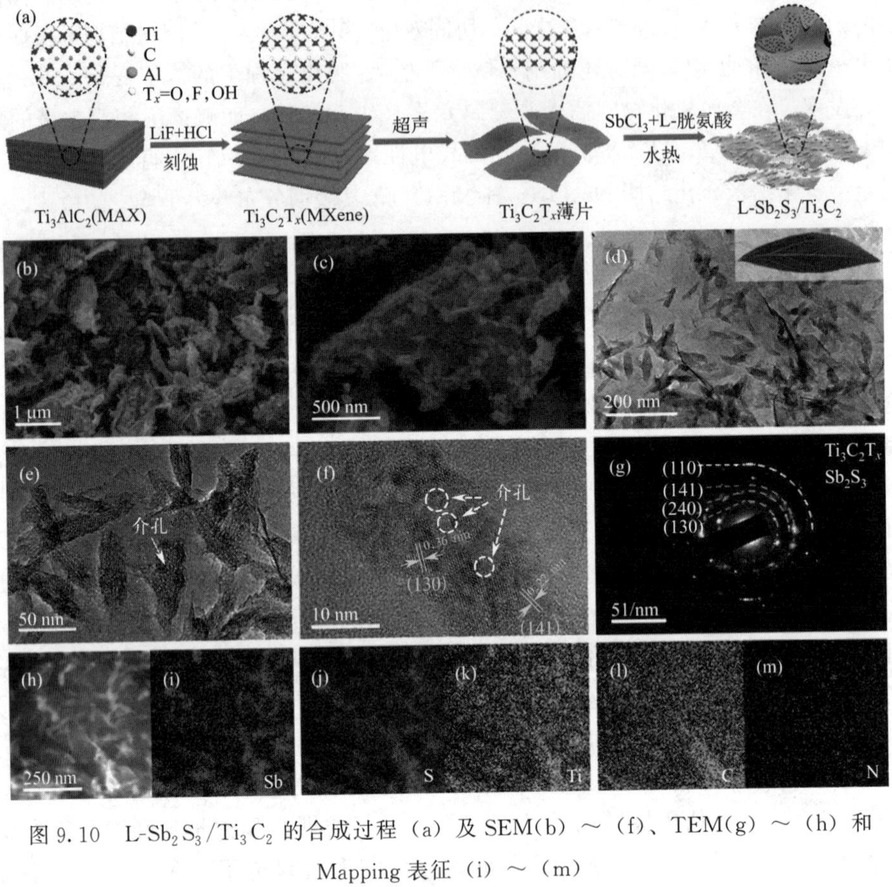

图 9.10　L-Sb_2S_3/Ti_3C_2 的合成过程（a）及 SEM(b) ～（f)、TEM(g) ～（h）和 Mapping 表征（i）～（m）

SEM—扫描电镜；TEM—透射电镜；Mapping—元素分布图

9.2.4.3　钾离子电池用多孔过渡金属化合物基复合负极材料

镍硫化物（如 NiS、NiS_2 和 Ni_3S_2 等）因其较高的理论容量而在钾离子电池领域得到了广泛应用。然而，它们在循环过程中固有的缓慢动力学通常会导致快速的容量衰减和较差的倍率性能。Han 等的一项研究发现，与 NiS_2 相比，NiS_2/3D 氧化石墨烯表现出更少的极化现象和更好的容量保持能力[52]。

原位X射线衍射（XRD）和非原位拉曼光谱（Raman）测试结果证明了部分 NiS_2 相转变为 K_xNiS_2 中间体的可逆过程，然后生成Ni和 K_2S_4 产物。这是由于在初始循环期间 NiS_2 纳米晶体转换时伴随着一种无定形相的转变。此外，Yang等人通过聚苯胺的原位碳化制备了嵌入碳层的花朵状的 NiS_2@NC[53]。由于双官能碳的优点、三维多孔结构和丰富的活性位点，NiS_2@NC@C表现出较高的倍率性能和循环稳定性。

与金属-硫键相比，相应的金属-硒键在与 K^+ 的转化反应中更容易断裂，有望改善反应动力学。最近，研究人员提出了一种真空辅助策略，通过固相反应在中空介孔碳纳米球（HMCS）内均匀形成金属-有机框架Co基的沸石咪唑盐框架（ZIF-67），然后进行硒化得到介孔碳限域的 $CoSe_2$ 纳米晶（$CoSe_2$@NC/HMCS），用于高性能钾离子电池[54]。由有机连接剂衍生的N掺杂碳基体和HMCS的小孔径组成的“双约束体系”可以有效抑制 $CoSe_2$ 纳米晶体的过度生长。因此，所得到的独特结构的复合材料作为钾离子电池的负极材料具有稳定的循环性能和优异的倍率性能。

其他过渡金属硒化物，如珊瑚状 $NiSe_2$@graphene、分层双原子层状 WSe_2/C超薄褶皱纳米片等，也被用作钾离子存储的负极材料。这些研究结果证实了过渡金属硒化物作为钾离子电池负极的潜力。然而，K_xS 和 K_xSe 的放电产物在电解质中具有可溶性。当这些产物溶解于电解质中时，会导致快速的容量衰减。因此，在转化反应过程中，维持金属与 K_xS（K_xSe）之间的界面稳定性以及较高的互扩散能力，是实现高首次循环库仑效率和良好循环性能的关键。

9.3 碱金属（锂/钠）硫电池

锂离子电池具有高能量密度、循环寿命长等特点，已被广泛应用于移动设备、电动汽车、智能电网等领域。然而，商用锂离子电池的正极材料基于可脱嵌机理，这限制了锂离子的电荷存储能力，也制约了锂离子电池能量密度的提升。随着电动汽车和便携式电子设备市场需求的日益增长，层状过渡金属氧化物正极等商用锂离子电池越来越难以满足长续航、快速充电以及极端环境使用的要求。因此，开发具有更高能量密度的新型二次电池迫在眉睫。

近年来，基于多电子转移反应机制的硫正极，因其超高的理论容量以及资源丰富、成本低廉、环境友好等优势，与金属锂组成的锂硫电池引起了研究人员的广泛关注。锂硫电池的概念最早由Danuta在1960年提出，当时的原型电池使用锂或锂合金作为负极材料，硫作为正极材料，脂肪族饱和胺作为电解液。在后续研究中，科研人员筛选出二甲亚砜（DMSO）、1，3-二氧戊环

(DOL) 作为电解液，$LiNO_3$ 作为电解液添加剂，这些改进显著提升了锂硫电池的性能。近年来，碳/硫复合正极的开发使得锂硫二次电池成为研究热点。

此外，钠硫电池因具有理论能量密度高、价格低廉等优点而被广泛关注。早在 20 世纪 60 年代中期，钠硫电池作为一种高能固体电解质二次电池便已问世。长期的研究表明，钠硫电池作为储能电池的优势明显。例如，日本 NGK 公司和东京电力公司开发的钠硫电池示范储能电站自 1992 年运行至今，并成功应用于城市电网的储能中。我国钠硫电池的研究以中国科学院上海硅酸盐研究所为代表，该所与上海电力公司联合开发的单体钠硫电池容量高达 650A·h，并在 2009 年建成了具有年产 2MW 单体电池生产能力的中试线，形成了具有特色的钠硫电池关键材料和电池的评价技术。钠硫电池虽然在大规模储能方面成功应用了近 20 年，但其较高的工作温度（300～350℃）以及在高温下存在的安全隐患一直是人们关注的问题。因此，降低钠硫电池的工作温度，发展室温钠硫电池具有重要意义。近年来，人们在探索室温钠硫电池方面开展了一系列的研究工作。

9.3.1 碱金属（锂/钠）硫电池的基本原理和组成

不同于“摇椅式”插层机理的锂离子电池，锂硫电池采用单质硫作为正极，金属锂作为负极，通过 S—S 键的断裂和重组实现化学能和电能的相互转化。放电时，金属锂首先氧化失去电子，生成锂离子，随后锂离子通过电解液从负极向正极移动，和硫单质发生一系列反应，生成硫化锂（Li_2S）。电子通过外电路迁移到硫正极，形成一个完整的回路（图 9.11）。充电时，整个反应逆向进行，Li_2S 电解，释放出的锂离子重新迁移回负极，沉积为金属锂。其整体电化学反应方程式如下：

$$2Li + S \longleftrightarrow Li_2S \tag{9.10}$$

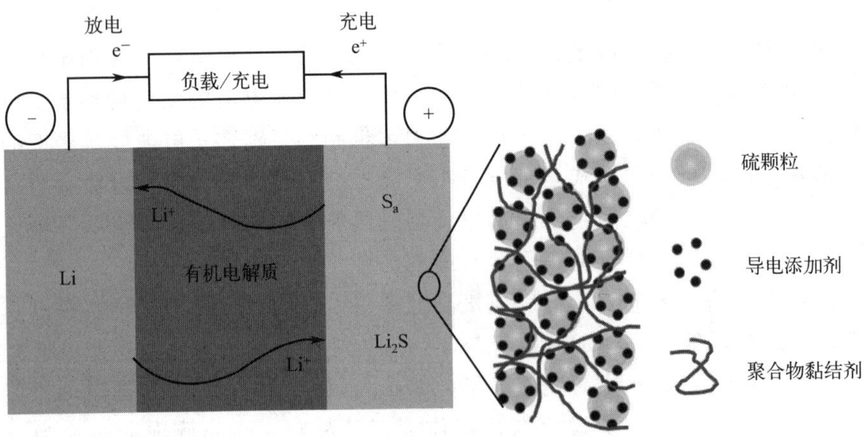

图 9.11 锂硫电池的工作原理

高温钠硫电池与锂硫电池类似，正极活性物质为硫，最终放电产物为 Na_2S_3，其理论能量密度为 760W・h・kg^{-1}，整体电化学反应方程式如下：

$$2Na + xS \rightleftharpoons Na_2S_x \tag{9.11}$$

室温钠硫电池正极也采用硫材料，负极为钠金属。然而其在室温环境下，最终放电产物为 Na_2S，因此相较于高温钠硫电池，其具有更高的理论能量密度（1274W・h・kg^{-1}）。并且其室温的运行环境不需要额外的保温箱，不仅降低了成本，同时也避免了高温带来的安全隐患。

9.3.1.1　硫正极

硫在自然界中以环状 S_8 分子形式存在，原子量为 32，能够提供 1672mA・h・g^{-1} 的理论比容量，是目前已知具有最高比容量的固态正极材料，锂硫电池的理论能量密度高达 2600W・h・kg^{-1}。锂硫电池的工作电压为 2.0V 左右，可以避免高压下引发的电解液分解。硫正极的化学反应非常复杂，能够形成一系列多硫化物。通常，多硫化物可以大致分为两类：第一类是长链多硫化物 Li_2S_n（$4<n<8$），代表了高电荷状态和电池充电状态；第二类是短链多硫化物 Li_2S_n（$2<n<4$），代表了低电荷状态和电池放电状态。虽然硫正极具有超高的理论比容量，但是由于硫正极自身的特点，仍然面临着以下主要挑战。

① 硫和硫化锂具有极低的离子和电子电导率。室温下，硫的电导率仅为 5×10^{-28}S・cm^{-1}。以纯硫作为正极时，基本没有电化学活性。所以制备硫正极时必须加入大量的导电剂，以提高硫活性物质的利用率。同时，锂离子在硫化锂中的扩散系数低于 10^{-15}cm^2・s^{-1}，增加了电极的极化，导致硫在放电过程中很难完全转化为硫化锂，从而影响电化学反应活性。

② 巨大的体积膨胀率。单质硫转化为硫化锂时约产生 80% 的体积膨胀，单质硫转化为硫化钠时约产生 160% 的体积膨胀。巨大的体积膨胀会造成活性颗粒粉化、电接触失效等问题。

③ 多硫化锂中间产物的穿梭效应。在充放电过程中形成可溶性的中间产物多硫化锂，这些中间产物会溶出正极并在正负极之间穿梭，导致循环过程中的活性物质流失、容量快速衰减、库仑效率降低。

④“死硫”导致电极中的孔道阻塞。电池循环过程中存在含硫中间组分的溶解和再析出，这一过程造成电极表面含硫物种的无序堆积，导致“死硫”的形成并堵塞电极中的孔道。

现阶段，关于硫正极的研究工作主要致力于抑制多硫化物的穿梭效应，同时提高活性物质的利用率。例如，将硫负载到多孔碳载体中是一种有效的策略，目前已经有多项突破性研究成果。

9.3.1.2 锂负极与钠负极

锂金属负极具有最低的电化学电位，与硫正极组成锂硫电池时具有较高的工作电压。但是，锂金属由于本身的特点，仍然面临着很多问题（图 9.12）。

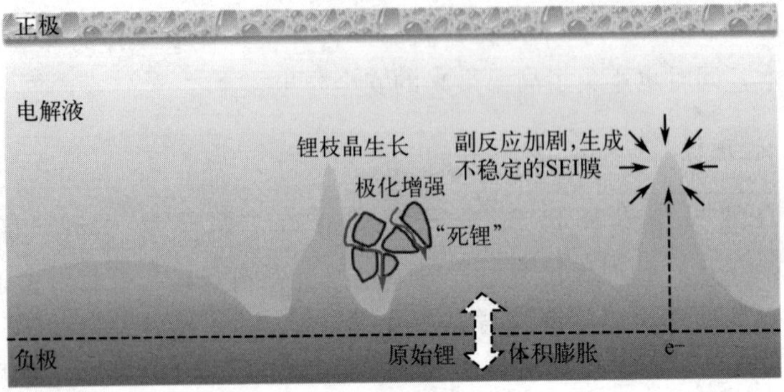

图 9.12 金属锂负极面临的问题

① 锂枝晶生长。由于金属锂表面电场不均匀，锂离子在循环过程中反复成核和生长导致锂枝晶生长。

② 不稳定的 SEI 膜。不稳定的锂金属容易与电解液中的溶剂和锂盐反应，生成 SEI 膜，不致密的 SEI 膜导致电解液与金属锂反复反应，造成电解液不断消耗和库仑效率低等问题。

③ “死锂”导致的锂损失。在反复的充放电过程中，锂枝晶的生长和不稳定的 SEI 膜会形成“死锂”，造成锂的损失。

④ 锂金属负极的无限体积膨胀。由于金属锂负极在放电过程中全部变成锂离子溶解在电解液中，导致体积无限膨胀。

为了解决上述问题和挑战，多孔材料被广泛应用于金属锂负极保护。多孔材料作为锂金属骨架，可以抑制锂负极在循环过程中的体积膨胀。多孔材料制备的多孔人工保护层可以隔离金属锂与电解液的接触，同时又能保证较高的锂离子迁移速率，有效减少副反应的发生。多孔材料制备的多孔固态电解质膜可以提升锂离子在近集流体一侧的均匀性，使得锂沉积更加均匀。带有丰富官能团的多孔材料还可以改变电解液和材料的界面特性，诱导锂金属均匀沉积。

钠金属负极与锂金属负极具有相似的电化学性质，也会产生钠枝晶生长、不稳定的 SEI 膜、低的库仑效率和“死钠”堆积、无限体积膨胀等一系列问题。基于此，可将室温钠硫电池的放电终产物 Na_2S 作为正极，使之与其他安全的负极（如硬碳、锡等）配对。这种策略不仅可以消除硫正极的体积膨胀问题，还可以提供钠源，避免直接采用钠金属负极引起的安全隐患。

9.3.2　多孔碳/硫复合正极材料

将硫负载在多孔碳基体材料中是解决硫正极所面临问题的一种有效途径。多孔碳材料作为硫正极的载体具有以下优势：①多孔碳框架为硫和硫化锂提供了高导电网络；②多孔结构可以有效地抑制可溶性中间多硫化锂的穿梭效应。因此，多孔碳/硫复合正极材料可以极大地提升和延长锂硫电池的放电容量、库仑效率、倍率性能和循环寿命。目前报道的多孔碳材料主要包括微孔碳、介孔碳、大孔碳、分级多孔碳（多级孔碳）和空心碳等（图9.13）。

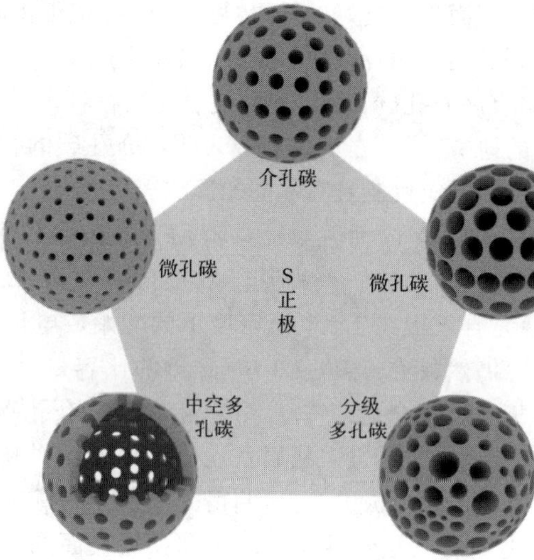

图9.13　用于硫正极载体的多孔碳类型

9.3.2.1　微孔碳/硫复合正极

大量研究结果表明，微孔孔道对硫和多硫化物具有很强的吸附和空间限域作用，表现出不同于其他多孔碳/硫复合正极的电化学放电现象。例如，以蔗糖为碳源，制备出孔径分布在0.7nm的微孔碳球[55]。以其作为正极材料组装的锂硫电池在0.4mA·g^{-1}的电流密度下，500次循环之后的容量保持率仍然高达80%。并且，这种复合正极在充放电测试中只表现出一个低电位放电平台。第一性原理研究表明，当微孔碳的孔径小于环状S_8分子（约0.7nm）的尺寸时，S_8分子只能以亚稳态的链状小分子$S_{2\sim4}$形式存在[56]。这消除了硫正极放电过程中$S_8 \rightarrow S_4^{2-}$的转化，从而避免了可溶性中间多硫化物的生成。这也解释了微孔碳/硫复合正极只表现出一个低电位放电平台的现象。Guo等人制备了孔径尺寸为0.5nm的微孔碳/硫复合正极，由其组装的锂硫电池表现出优良的循环稳定性和倍率性能。

此外，环状 S_8 分子与链状 $S_{2\sim4}$ 小分子在醚类和碳酸酯类电解质中具有不同的电化学反应机理。研究发现，环状 S_8 分子在醚类电解质中表现出可逆的充放电特性，而在碳酸酯类电解质中的电化学反应不可逆[57]。不同的是，链状 $S_{2\sim4}$ 小分子在两种电解质中展现出相似的可逆充放电性质。因此，以链状 $S_{2\sim4}$ 小分子为放电产物的微孔碳/硫正极对电解质具有高度的适应性，能够适应常用的碳酸酯类电解液。

9.3.2.2 介孔碳/硫复合正极

介孔碳具有大的比表面积、良好的导电性、可控的介孔孔道和结构稳定性，这些特性可以有效提升硫正极的活性材料利用率，进而改善电池的循环性能。Nazar 等人首次制备出有序介孔碳 CMK-3/硫复合正极材料，开启了介孔碳/硫复合正极用于锂硫电池的研究[58]。之后的研究表明：介孔碳的孔径、孔容、比表面积等对硫正极的电化学反应机制具有不同的影响。

小尺寸介孔可以负载更多的活性物质，有助于抑制中间多硫化物的扩散；大尺寸介孔有利于锂离子的传输。一种基于双重孔道结构（2.0nm 和 5.6nm）的高度有序介孔碳/硫复合正极在 1C 电流密度下的初始放电比容量为 $995mA \cdot h \cdot g^{-1}$，100 次循环后仍然具有 $550mA \cdot h \cdot g^{-1}$ 的比容量[59]。但是，Wiesner 等人的研究表明，对于大尺寸介孔结构（$>$10nm），有序介孔碳的孔道结构和尺寸对循环性能的影响有限[60]。不过，他们发现，碳化温度对复合电极的循环性能有显著的影响。低碳化温度（900℃）所制得的介孔碳比高碳化温度（1600℃）所制得的介孔碳具有更优的电化学性能。说明介孔碳表面的含氧官能团对锂硫电池的性能影响显著。因此，他们采用二氧化碳活化法在介孔碳骨架上引入孔径$<$4nm 的微孔，得到的活化介孔碳/硫复合材料在 1C 电流密度下，经过 100 次循环后仍然保持 $730mA \cdot h \cdot g^{-1}$ 的比容量。

Li 等系统研究了具有不同孔容和孔径的介孔碳载体对碳/硫复合正极电化学性能的影响[61]。他们发现，大孔容可以提高硫的负载量，而介孔尺寸对复合电极性能的影响较小。对于同一种碳载体，较低的硫负载量可以提高电池的初始库仑效率和循环性能。此外，由于介孔碳具有高导电性和高孔隙率，可以将其用作锂硫电池正极材料的添加剂[62]。介孔碳添加剂的孔径尺寸对电化学性能的提升作用不明显，而具有大孔容的介孔碳添加剂能显著提升硫正极的电化学性能，进一步验证了孔容使多硫离子吸附量增加是提高锂硫电池性能的关键。

在钠硫电池体系中，硫化钠的本征反应活性低，导致其与多硫化物的转化动力学缓慢，进而加剧多硫化物的“穿梭效应”。因此在正极材料的设计中，引入催化剂，从而提高 Na_2S 的反应活性，利用高效催化剂催化 Na_2S 与多硫化物的可逆循环，可以实现高效可逆的室温钠硫电池。Zhang 等人原创性地提出原子级 Fe 催化剂的双功能机制[63]。将单原子 Fe 负载于氮掺杂的介孔碳球上，利用分散在原子级 Fe 催化剂上的硫作为正极，弱化多硫化物中的 S—S 键，提高多硫化物的反应活性，加速钠离子的扩散速率，成功抑制了穿梭效应。获得了首次循环比容量为 1650mA·h·g^{-1}，在电流密度为 100mA·g^{-1} 下，经过 500 次循环之后，比容量维持在 540mA·h·g^{-1} 的优异循环性能。

9.3.2.3　活性炭/硫复合正极

活性炭材料具有超高的比表面积、大孔容和较窄的孔径分布，是理想的硫载体。其超高比表面积和大孔容可以提高硫的负载量和活性硫的利用率，小孔径的纳米孔道可以抑制可溶性多硫分子的液相扩散。

Huang 等人首次报道了以猪骨头为原料，KOH 活化制备的活性炭作为硫正极材料的添加剂[64]。由于活性炭材料具有超高的比表面积和大的孔容，组装的锂硫电池的性能比未添加活性炭材料的电池有明显提高，初始放电比容量高达 1265mA·h·g^{-1}。通过调节 KOH 溶液浓度，可实现孔结构参数的可控调节，优化的活性炭/硫复合正极，在 1C 下可以实现 800 次的长循环寿命[65]。通过 KOH 活化石墨烯水凝胶制备得到的多孔活化石墨烯活性炭具有高比表面积（2313m^2·g^{-1}），也是一种良好的硫载体，硫的负载量可高达 67%[66]。当利用更高比表面积（3000m^2·g^{-1}）的活化石墨烯作为碳载体时，硫的负载量可以高达 75%[67]。

9.3.2.4　多级孔碳/硫复合正极

大量的研究表明：微孔对硫和多硫离子具有空间限域和吸附作用，介孔能够促进电解液的浸润和锂离子传输，而大孔可以进一步提高离子电导率和硫的负载量。结合以上两种甚至三种孔径分布形成的多级孔碳，已被广泛应用于锂硫电池正极材料中。得益于多种孔径的协同作用，多级孔碳作为硫载体，通常表现出优于单一孔道多孔碳/硫复合材料的电化学性能。

采用 KOH 活化介孔碳的方法，制备的介孔-微孔双重孔径分布的多级孔碳作为硫正极载体，显著提升了硫的利用率以及锂电池的循环性能[68]。硬模板法也是制备多级结构多孔碳的常用方法。例如，采用氧化锌为硬模板，蔗糖为碳源，通过高温碳热还原制备得到的多孔碳具有双重孔径分布[69]，比表面积高达 3060m^2·g^{-1}，硫负载量可达 75%，面积负载量高于 3mg·cm^{-2}。组装的锂硫电池表现出优异的倍率性能和高能量密度。采用氧化镁为模板，苯为碳源，制备得到的具有微孔、介孔和大孔的笼形分级结构碳具有极大的孔容，硫负载量高达 80%，微孔-介孔结构有效缓解多硫离子的穿梭[70]。独特的三维分级框架结构提高了硫正极的导电性。制备的多级孔碳/硫复合电极在 1A·g^{-1} 的电流密度下，经过 300 次循环后放电比容量仍然可达 558mA·h·g^{-1}。

9.3.2.5 空心碳/硫复合正极

近年来，具有空心（中空）结构的多孔碳材料吸引了研究人员的关注。空心碳球具有大的内部空腔，可以提高硫的负载量，而外部的多孔壳层可以有效地抑制多硫离子的扩散。He 等人研究了不同多孔壳结构的空心碳纳米球作为硫正极的电化学性能[71]。他们发现，采用阳离子表面活性剂（聚二烯丙基二甲基氯化铵）作为造孔剂，得到的空心碳纳米球具有最优化的多孔壳结构。与原始的空心碳纳米球以及经过 KOH 活化的空心碳纳米球相比，在相同的硫负载量下，这种多孔壳结构的空心碳纳米球展现出更好的循环稳定性。这种精心设计的多孔碳壳结构不仅提高了空心碳纳米球内部空腔的利用率，而且促进了活性物质的均匀分布，这对于电解液和锂离子的传输是有利的。Xu 等人通过聚苯胺-聚吡咯共聚物的碳化，制备得到比表面积高达 $3022m^2 \cdot g^{-1}$ 的空心碳纳米球[72]。由于高度发达的多孔结构和尺寸均一的纳米球形貌，这种空心碳/硫正极表现出优异的循环和倍率性能。

空心碳纤维是另一类空心结构碳载体，其独特的一维（1D）结构和优异的物化性质有助于增加硫电极的导电性，提高活性硫的利用率。研究表明，具有高长径比的空心碳纤维可以有效抑制多硫离子的穿梭和液相扩散。阳极氧化铝作为硬模板制备的空心碳纤维通常具有较高的长径比。例如，Zhang 等利用该方法合成的空心碳纤维长度可达 60μm，直径为 200～300nm[73]。Moon 等以阳极氧化铝为硬模板，先采用气相沉积法合成了空心碳纤维阵列[74]，再通过毛细管作用将熔融硫装载到空心碳纤维内部，最后以金属铂封装。该空心碳纤维的直径为 75nm，碳纤维壁厚仅为 3nm，而长度可达 15μm。这种空心碳纤维的硫负载量可达 81%。在 $837.5mA \cdot g^{-1}$ 下，可逆容量高达 $1520mA \cdot h \cdot g^{-1}$。即使在 $33500mA \cdot g^{-1}$，依然具有高达 $1234mA \cdot h \cdot g^{-1}$ 的放电比容量。

9.3.3 多孔材料对碱金属（锂/钠）负极的修饰

多孔材料具有丰富的多级孔结构、高比表面积、低密度等特点，对提升锂/钠金属负极的稳定性和安全性具有重要作用。具体而言，多孔材料对锂/钠金属负极的修饰和保护主要包括以下几个方面[75]：①构建多孔人工保护层，通过多孔人工 SEI 层的构建，防止锂金属与电解质直接接触，从而减少副反应；②作为三维多孔骨架在电化学循环反应时保护碱金属负极。

9.3.3.1 多孔人工保护层

具有较高活性的锂金属负极能与电解质发生反应生成 SEI 层。传统的电解质形成的 SEI 层均质性较差，在循环过程中容易产生裂纹，从而形成枝晶和死锂，进一步破坏电极性能。为了解决这些问题，研究人员通过构建人工

SEI 保护层来替代自然形成的 SEI 层，从而防止锂金属直接接触液体电解质，减少有害副反应的发生。一个理想的人工 SEI 保护层应具备以下关键要素[76]：①机械稳定性；②空间均匀的锂离子传输；③化学钝化以减少锂与电解质之间的副反应发生；④适当的孔隙率以实现高的锂离子扩散率。目前，多孔人工 SEI 保护层主要包括高分子膜、无机膜、有机-无机杂化膜等。

聚二甲基硅氧烷（PDMS）有机薄膜具有化学稳定性高的优点，不仅可以防止副反应的发生，而且其柔韧性能够适应金属锂在膨胀或收缩过程中的体积变化。因此，它可以作为稳定的界面层来保护锂金属负极。尽管具有高弹性的有机薄膜在重复镀/脱锂过程中能够保持完整，但其较低的剪切模量难以有效阻止锂枝晶的生长，薄膜容易被锂枝晶穿透。因此，人们开发了一种无机 Al_2O_3 人工保护层，通过原子层沉积覆盖在锂金属表面，以保护锂金属阳极[77]。结果表明：14nm 厚的 Al_2O_3 层可以防止锂金属与电解质溶剂发生反应。由于 Al_2O_3 层具有较高的剪切模量，可以抑制锂枝晶的生长。但是，Al_2O_3 层的弹性模量太低，无法缓冲镀/脱锂过程中反复的体积变化，从而限制了锂金属电池的循环性能。

因此，同时具有较高的弹性模量和剪切模量的有机-无机复合人工保护层被设计和开发出来。Liu 等人提出了一种由无机 Cu_3N 纳米颗粒和有机聚合物丁苯橡胶组成的人工保护层[78]。该复合薄膜同时具有较高的机械强度、良好的柔韧性和高的锂离子导电性。在半电池的初始放电过程中，Cu_3N 转化为 Li_3N，Li_3N 均匀地分散在聚合物基体中。因此，使用具有高弹性模量和剪切模量的复合人工保护层不仅在机械上抑制了锂枝晶的形成，隔离了锂金属和液体电解质，而且在重复循环过程中保持了 SEI 层的完整性。

9.3.3.2　三维材料用作碱金属骨架

在平面金属集流体表面通过化学处理或刀片法涂覆的多孔材料可以作为碱金属骨架以保护碱金属阳极。由于碳材料具有化学稳定性，通常选用多孔碳材料作为碱金属骨架。例如，采用化学方法将碳纳米球相互连接形成薄膜，附着在铜集流器的表面，可以诱导锂均匀地沉积（图 9.14）[79]。由于多孔非晶态碳的电子导电性低，金属锂会优先在空心碳纳米球层和 Cu 衬底之间成核生长。多孔空心球在镀/脱锂过程中能够适应体积膨胀，SEI 层保持稳定。电化学测试结果表明，在 150 次以上的循环中，镀/脱锂的库仑效率高达 99%。通过改性薄多孔空心碳层可以进一步提高金属锂电池的电化学性能，改性策略主要包括：①在多孔空心碳中引入各种金属纳米颗粒诱导锂的成核生长，降低成核障碍；②在多孔空心碳表面修饰杂原子或基团，改变表面性质，以控制锂的成核生长过程。

通过理论分析锂金属在不同金属基体上的成核模式，发现不同金属在锂金属中有一定的溶解度，没有成核障碍，其中金的过电位最低。通过设计含有金纳米颗粒的空心碳球，用于锂金属电池的三维骨架，锂金属优先在空心碳球内

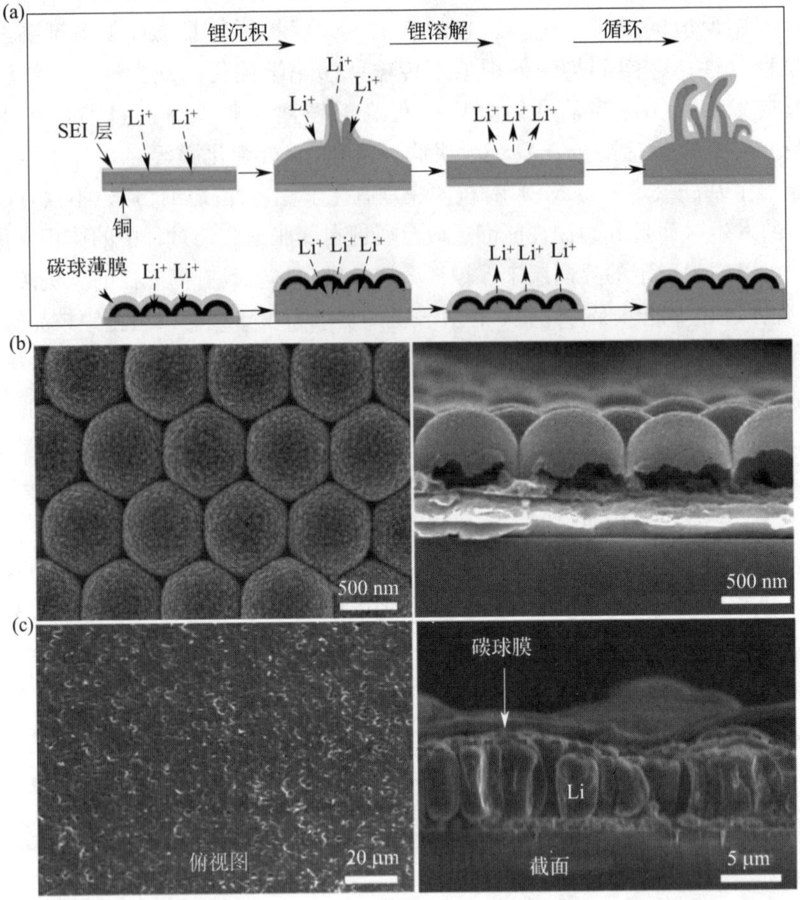

图 9.14 铜集流器和空心碳纳米球层包覆的铜集流器上的锂金属沉积示意图 (a)、空心碳纳米球扫描电镜图像 (b) 和沉积锂的俯视图和截面扫描电镜图像 (c)

成核生长[80]。与纯空心碳球相比，这提高了电池的库仑效率并延长了电池的循环寿命。引入金纳米颗粒或其他金属纳米颗粒可以成功地调节锂的成核和生长，但牺牲了能量密度，并且显著增加了成本。基于此，研究人员设计了具有不同外部和内部碳壳表面特性的空心多孔碳球[81]。多孔碳壳有利于锂离子在外层空间的迁移，内表面的氮掺杂致密层确保了锂优先在空心碳球内成核生长，电化学性能与在空心碳球内引入金属纳米颗粒的情况相似，但在不引入金属纳米颗粒的情况下可以大大提高能量密度。

9.3.4 多孔集流体

高比表面积的多孔集流体可以显著降低局部电流密度，从而有效减缓锂枝晶的生长。此外，高孔隙体积的多孔结构可以提供足够的空间，最大限度地减少锂金属在循环过程中的“膨胀和收缩”。铜箔是常见的负极集流体材料，在锂金属电池中也得到了广泛的研究。与平面铜集流体相比，多孔结构提供了大量的突起尖端，降低了局部电流密度，从而可以实现均匀的锂沉积（图 9.15）。

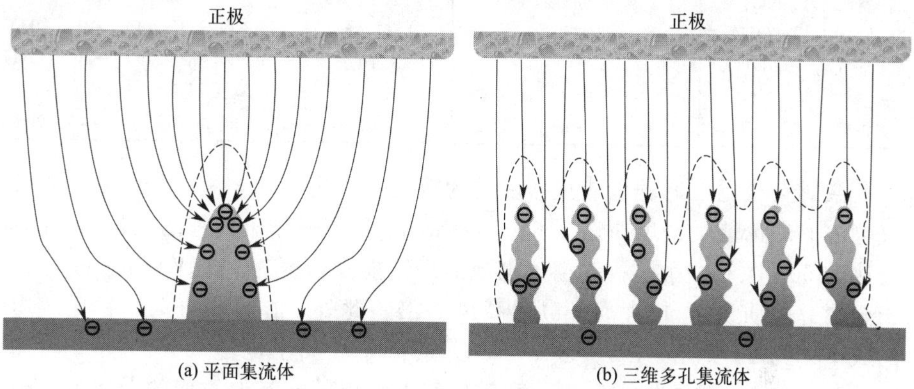

图 9.15　平面集流体与多孔集流体的锂沉积对比图

锂的成核和生长行为不仅依赖于多孔结构，而且与集流体的表面性质有关。原则上，铜被认为是具有高表面能的基材，具有“疏锂”特性。它表现为与锂的不相容，导致锂成核不均匀，难以形成稳定的 SEI 层。通过对多孔铜表面改性（例如涂覆掺氮石墨烯层），可以改变其表面性质，提高锂和集流体的亲和性或润湿性[82]。但是，对具有官能团的铜集流体表面进行改性通常是比较困难的。基于此，其他多孔金属集流体被开发和设计。例如，将固定在 3D 泡沫镍上的锂化 $NiCo_2O_4$ 纳米棒作为集流体。大比表面积的孔隙结构不仅大大降低了局部电流密度，而且原位形成的 Li_2O 成分是一种“亲锂”产物，具有离子导电性，提供了锂成核活性位点，降低了镀/脱锂过程中的过电位[83]。

9.4　金属空气电池

金属空气电池具备能量密度高、倍率性能好、低碳可持续等优点，被认为是新一代的储能与转化装置。自 1878 年第一块锌空气电池问世以来，金属空气电池的研究取得了显著进展。现如今，该领域已发展出多种金属空气电池。金属空气电池通过空气正极与金属负极之间的电化学反应实现化学能与电能的转化，是一种介于原电池和燃料电池之间的半燃料电池。按照金属负极（例如锂、镁、铝、锌、铁）的不同，金属空气电池可分为多种类型。表 9.2 列出了常见金属空气电池的基本参数。

表 9.2 常见金属空气电池的基本参数

电池	放电产物	能量密度/($W\cdot h\cdot kg^{-1}$)	工作电压/V	总反应
锂空气	Li_2O_2	11680	2.96	$2Li+O_2 \longrightarrow Li_2O_2$
钠空气	Na_2O_2	1605	2.33	$2Na+O_2 \longrightarrow Na_2O_2$
	NaO_2	1108	2.27	$Na+O_2 \longrightarrow NaO_2$
钾空气	KO_2	935	2.48	$K+O_2 \longrightarrow KO_2$
铁空气	$Fe(OH)_2$	764	1～1.28	$2Fe+O_2+2H_2O \longrightarrow 2Fe(OH)_2$
镁空气	$Mg(OH)_2$	3910	3.10	$2Mg+O_2+2H_2O \longrightarrow 2Mg(OH)_2$
锌空气	ZnO	1350	1.65	$Zn+O_2 \longrightarrow 2ZnO$
铝空气	$Al(OH)_3$	8100	1.20～1.60	$4Al+3O_2+6H_2O \longrightarrow 4Al(OH)_3$

金属空气电池的理论能量密度约为普通离子电池的 3～30 倍。其中，锂空气电池的理论能量密度高达 $11680W\cdot h\cdot kg^{-1}$（基于金属锂的质量），比容量高达 $3860mA\cdot h\cdot g^{-1}$；锌空气电池的理论能量密度为 $1350W\cdot h\cdot kg^{-1}$（基于金属锌的质量），比锂离子电池高出 5 倍。此外，在成本方面，锌空气电池的成本约为 10 美元$\cdot kW^{-1}\cdot h^{-1}$，远远低于锂离子电池（400～800 美元$\cdot kW^{-1}\cdot h^{-1}$）。除了锂空气电池和锌空气电池以外，其他类型的金属空气电池也具有各自的优势。例如，铝空气电池展现出高达 $8040A\cdot h\cdot L^{-1}$ 的体积容量，钠空气电池具有比锂空气电池更小的过电位。然而，这些电池仍然面临着阻碍其大规模工业应用的问题。为了实现金属空气电池的实际应用，需要考虑电池内各部件的材料设计及其相应的调节。

9.4.1 金属空气电池的工作原理

金属空气电池通常包括四个主要部分：空气正极、金属负极、电解质（液）和隔膜。当使用锌、铝、镁和铁等作负极时，由于这些金属不与水发生反应，因此通常采用碱性电解质水溶液。然而，当使用电极电位更负的材料如锂、钠、钾等作为负极时，由于这些金属会与水发生反应，因此必须使用非水非质子电解质，例如耐酚固体电解质和 $LiBF_4$ 盐溶液。隔膜是金属空气电池中的一个可选部件，用于分离两种不同的电解质，阻碍电极间传质过程，并防止金属枝晶生长引起短路。

金属空气电池的电极反应随金属电极和电解质类型的不同而有所不同。在涉及水系电解质的金属-空气电池中，通常的电极反应可以概述如下：

金属电极： $$M \rightleftharpoons M^{n+}+ne^- \tag{9.12}$$

空气电极： $$O_2+2H_2O+4e^- \rightleftharpoons 4OH^- \tag{9.13}$$

式中，M 为金属；n 为金属离子电荷数。放电过程中金属电极上产生的金属离子可能与碱性电解质中的 OH^- 进一步发生反应。在空气电极侧，放电时发生氧化还原反应（ORR），充电时发生氧析出反应（OER）。对于非水系电解质的金属空气电池，在空气电极上氧气与金属离子发生反应，放电产物为超氧化物或过氧化物。电极反应如下：

金属电极： $M \rightleftharpoons M^+ + e^-$ (9.14)

空气电极： $xM^+ + O_2 + xe^- \rightleftharpoons MxO_2$ ($x=1$ 或 2) (9.15)

显然，水系与非水系电解质的金属空气电池体系工作原理的区别在于氧化还原反应和氧析出反应。氧化还原反应包括阴极电催化剂表面的分子氧还原生成 O_2^{2-} 或 O^{2-}，然后与金属阳离子结合形成 O_2^{2-} 或 O^{2-} 或两者的混合物作为放电产物。除此之外，锂、钾和钠对大气中 H_2O 和 CO_2 的灵敏度更高，因此，带有这些金属阳极的金属空气电池通常是在纯氧环境中研究的，故也被称为锂氧电池、钠氧电池和钾氧电池。

9.4.1.1 锂空气电池

锂空气电池最早是由 Littauer 在 1974 年提出的，但是直到 1996 年，Abraham 等人才成功组装了第一个非水锂空气电池。随后的研究集中在对锂空气电池的电化学反应机理方面。2002 年，Read 等人发现锂空气电池的电化学性能与电解液溶剂以及空气正极材料有关。2006 年，Ogasawara 等人利用质谱分析技术首次证明 Li_2O_2 的电化学可逆性。至此，锂空气电池得到了广泛的关注，并迅速发展。

在非水体系中，锂空气电池内部的电化学反应包括负极金属锂的剥离与沉积、空气正极的氧化还原反应和氧析出反应（图 9.16）。

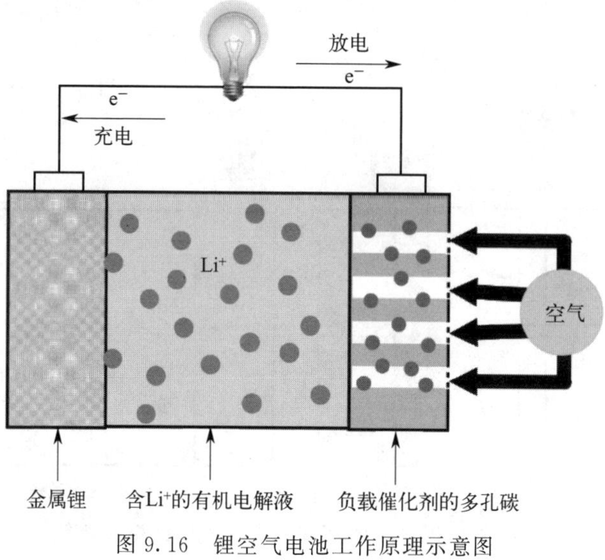

图 9.16 锂空气电池工作原理示意图

相应的电化学反应方程式如下：

锂负极： $Li \rightleftharpoons Li^+ + e^-$ (9.16)

空气正极： $2Li^{+}+O_2+2e^{-} \rightleftharpoons Li_2O_2$ (9.17)

其中，在放电时，由于产物 Li_2O_2 在非水系电解液中溶解度极低，通常会沉积于空气正极表面，形成一层绝缘性薄膜或者环状晶体颗粒，锂空气电池的放电容量则由 Li_2O_2 沉积物的量和正极材料孔隙率决定。在充电时，Li_2O_2 进行氧化分解，并释放氧气。

9.4.1.2 锌空气电池

典型的锌空气电池由金属锌负极、空气正极、隔膜和高浓度碱性电解液组成。在锌空气电池中发生的电极反应可表示为：

锌负极： $Zn+2OH^{-} \rightleftharpoons ZnO+H_2O+2e^{-}$ (9.18)

空气正极： $O_2+2H_2O+4e^{-} \rightleftharpoons 4OH^{-}$ (9.19)

在放电过程中［图 9.17(a)］，金属锌被氧化成锌离子，扩散到正极的氧通过氧化还原反应被还原成 OH^{-}。OH^{-} 迁移到阳极（负极）与 Zn^{2+} 反应生成锌酸盐离子［$Zn(OH)_4{}^{2-}$］。$Zn(OH)_4{}^{2-}$ 进一步分解为不溶性 ZnO 作为放电产物，使液体电解质过饱和。绝缘的 ZnO 在锌电极上沉积导致了锌的钝化，这是制约锌空气电池放电比容量的一个关键因素。此外，锌离子在电解质中的扩散使氧化锌不仅沉积在锌电极上，而且沉积在空气电极和电池外壳内侧。未沉积在锌电极上的 ZnO 可能导致容量损失和低的库仑效率。因此，锌空气电池放电过程设计的主要目标是调节 ZnO 的沉积。

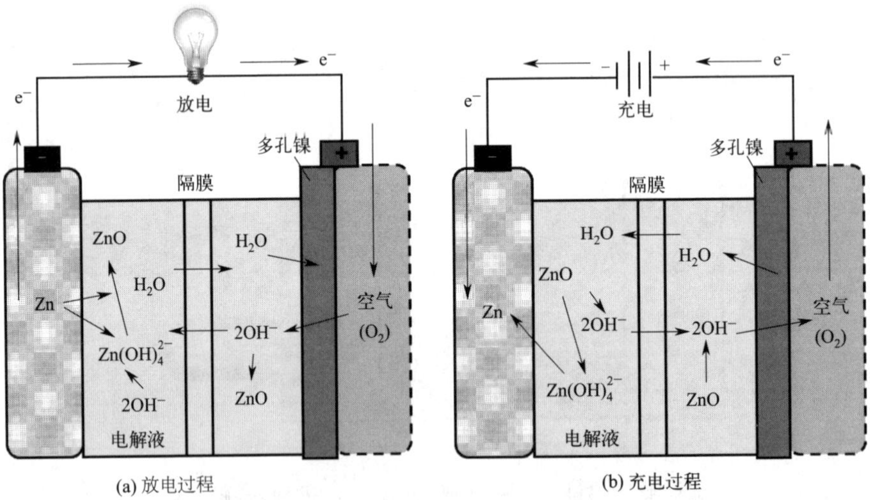

图 9.17 锌空气电池放电过程与充电过程示意图

充电过程中［图 9.17(b)］，上述电化学反应是可逆的，最终导致锌沉积回金属电极，氧气通过析氧反应在电极-电解质界面释放。充电过程中可能导致锌电极失效的因素可以分为两类：

① 形态的变化。锌在电解质中的浓度分布并不均匀，这与锌电极表面的距离有关。因此，在充电过程中，锌离子更易于沉积在锌电极表面的突起上。随着循环的不断进行，电极表面会生长出尖锐的针状锌枝晶，这些枝晶会刺穿隔膜甚至导致短路。除了枝晶，在锌基电池的循环过程中还可以观察到电极厚度和表面积的变化。锌电极形状的变化可以归因于电极上电流和反应区的不均匀分布，导致电极致密化和容量下降。

② 锌电极上的氢气析出。氢气析出（HER）是水系锌空气电池在锌电极表面的主要副反应。充电过程中，部分能量将被所产生的氢气消耗，造成库仑效率降低。此外，在非工作状态下，锌电极同样会受到腐蚀，该现象是由氢气析出与锌氧化的耦合效应引起的。自放电过程也是容量衰减的一个重要原因。

9.4.1.3　铝空气电池

典型的铝空气电池由铝负极、空气正极和电解液组成。铝负极采用纯铝或铝合金，空气正极主要由催化剂和集流体组成。电解液可采用碱性或者中性电解液。在中性电解液中，铝空气电池的电极反应方程式如下：

铝负极： $$Al + 3OH^- \rightleftharpoons Al(OH)_3 + 3e^- \tag{9.20}$$

空气正极： $$O_2 + 2H_2O + 4e^- \rightleftharpoons 4OH^- \tag{9.21}$$

总反应： $$4Al + 3O_2 + 6H_2O \rightleftharpoons 4Al(OH)_3 \tag{9.22}$$

在碱性电解液中铝空气电池的电极反应方程式如下：

铝负极： $$Al + 4OH^- \rightleftharpoons Al(OH)_4^- + 3e^- \tag{9.23}$$

空气正极： $$O_2 + 2H_2O + 4e^- \rightleftharpoons 4OH^- \tag{9.24}$$

总反应： $$4Al + 3O_2 + 6H_2O + 4OH^- \rightleftharpoons 4Al(OH)_4^- \tag{9.25}$$

由于高安全性、环保性和低成本，铝空气电池被认为是电动汽车或备用系统中极具潜力的电池替代品。

9.4.1.4　镁空气电池

镁空气电池以金属镁或镁合金作为负极活性物质，以空气中的氧气作为正极活性物质。氧气通过气体扩散电极传输，到达气-液-固三相界面，在此处与镁负极反应，从而释放出电能。在水系电解质中，镁空气电池的电极反应为：

镁负极： $$Mg \rightleftharpoons Mg^{2+} + 2e^- \tag{9.26}$$

空气正极： $$O_2 + 2H_2O + 4e^- \rightleftharpoons 4OH^- \tag{9.27}$$

在非水系电解质中，镁空气电池的电极反应为：

镁负极： $$Mg \rightleftharpoons Mg^{2+} + 2e^- \tag{9.28}$$

空气正极： $$O_2 + 2e^-/4e^- \rightleftharpoons O_2^{2-}/2O^{2-} \tag{9.29}$$

镁及镁合金的密度轻，镁空气电池不仅能量密度高，而且质量轻，非常适宜用作便携式电源、野外作业电源等。

9.4.2 空气正极用多孔材料

对于大多数金属空气电池来说，空气电极反应物氧气不是封装在电池中，而是从周围空气中获得的。因此，空气电极通常只由一个电催化剂层和一个气体扩散层组成，以降低电极的过电位并增强环境空气与催化剂表面之间的氧扩散。然而，受限于空气电池正极的反应动力学和传质动力学缓慢、电极稳定性差等问题，金属空气电池正极材料的结构设计是制约其发展的技术难题。此外，经济和环境方面的因素也同样重要。虽然贵金属（Pt、Ag、Ru、Ir 等）作为电催化剂在金属空气电池中显示出优异的催化活性，但稳定性低、稀缺性和成本高等挑战阻碍了其商业化应用。因此，开发具有高催化活性、良好导电性、低成本的适用于金属空气电池的正极催化剂对于提高电池的能量转换效率、倍率性能和延长电池的循环寿命等至关重要。近年来，关于金属空气电池催化剂的设计和合成有大量研究和报道，包括针对水系和非水系金属空气电池的多孔电催化剂以及多孔气体扩散层的设计。

9.4.2.1 水系金属空气电池的多孔电催化剂

水系金属空气电池需要在空气电极上使用高效的 ORR/OER 双功能电催化剂，以降低放电过程和充电过程的过电位。ORR/OER 双功能电催化剂的研制难点在于 ORR 和 OER 对电催化剂的要求不同。ORR 和 OER 是多步反应，涉及各种含氧物质（中间体）在电催化剂表面的吸附。对 ORR 和 OER 反应机理的分析表明，达到最佳 ORR 或 OER 活性的含氧物质在电催化剂上的理想吸附能通常是不同的。近年来，因具有良好电催化活性、低成本、高稳定性和环境友好等特点，过渡金属基和碳基电催化剂被广泛研究。通过对催化材料结构和成分的合理调控，一系列高性能的 ORR/OER 双功能电催化剂被开发了出来。

过渡金属（Fe、Co、Mn、Cu 和 Ni）氧化物、硫化物和氢氧化物被认为是高效的 OER/ORR 双功能催化材料。对这些化合物进行合理的多孔结构设计能够为 O_2 吸附/扩散提供更多的活性位点。例如，Guo 等人报道了多孔 Co 掺杂的 NiO 纳米花结构[84]。研究表明：良好的 NiO 二维六边形骨架与纳米片内部纳米孔之间的协同效应为 O_2 的吸附/扩散提供了大的有效电化学活性表面积，Co 掺杂可以提高原始 NiO 纳米花的导电性，同时增强其内在 ORR 和 OER 活性。所制备的电极具有优异的电催化活性和稳定性，在 $10mA \cdot cm^{-2}$ 的电流密度下，ORR 的半波电位为 0.79V，OER 的过电位为 1.53V。当用于锌空气电池时，其峰值功率密度可达 $93mW \cdot cm^{-2}$，在电流密度为 $5mA \cdot cm^{-2}$ 时，比容量高达

$830mA \cdot h \cdot g^{-1}$。

将具有较高本征活性的金属纳米粒子与具有适宜孔道结构的碳材料有效复合，能够降低金属空气电池的充放电过电位，从而获得高的功率密度和能量转换效率。例如，采用金属有机框架和含氮碳源的高温热解反应，可以制备得到氮掺杂碳纳米管原位生长在碳纤维上的多级结构，其中钴纳米颗粒被包裹在碳纳米管的顶端[85]。钴纳米粒子和氮掺杂碳提供了电催化 ORR 活性，由碳纤维和碳纳米管构成的网络结构保证了复合电极材料具有较高的导电性和多孔结构。结果表明，相比于可逆氢电极，该电极的半波电位为 0.87V，仅比商用 Pt/C 电催化剂低 7mV，展现出优异的电催化性能。当被应用于锌-空气电池时，其峰值功率密度可达 $220mW \cdot cm^{-2}$。Zhang 等人报道了钴配位卟啉共价有机框架（POF）包覆的碳纳米管（CNTs）复合材料（CNT@POF）作为锌-空气电池的双功能电催化剂[86]。薄的 POF 层同轴地包裹着 CNTs 表面，促进了电子的快速转移。以 CNT@POF 为空气电极的锌空气电池在 $2.0mA \cdot cm^{-2}$ 时显示出 0.71V 的低初始电压间隙、$237mW \cdot cm^{-2}$ 的高功率密度，以及超过 200 次的循环寿命。

将金属氮化物固定在碳基体上组成的复合材料也是一类高效的双功能电催化剂材料。由于碳基体内金属与氮之间的相互作用可以调节局域电子构型，从而降低含氧中间体的吸附能，最终提升 OER/ORR 双功能电催化剂的活性。例如，Li 等人采用活性盐/二氧化硅纳米粒子模板法制备了二维介孔-微孔 FeCo-N_x 掺杂碳纳米片，可作为高性能双功能氧电极（图 9.18）[87]。FeCo-N_x 掺杂碳纳米片具有明确的二维形貌和均匀的金属原子掺杂，可产生丰富的 ORR-OER 活性位点。这些特点使锌空气电池具有良好的可逆氧电催化性能。对于其他类型的水系金属空气电池（如铝空气电池和镁空气电池），空气电极电催化剂的设计遵循相同的原则。例如，Cheng 等人设计了一种 FeN_x 负载的开放介孔碳纤维作为镁空气电池空气电极的催化剂[88]。所制备的复合电极具有开放介孔互连结构、三维分层多孔网络、良好的生物适应性、Fe-N_x 原子位点均匀耦合和高氧电催化性能等优点。采用中性电解质组装的镁空气电池具有开路电压高、放电电压平台稳定、容量大、使用寿命长、灵活性好等特点。

9.4.2.2　非水系金属空气电池多孔电催化剂

非水系金属空气电池的空气电极反应与水系金属空气电池不同。水系电池体系中的 ORR 和 OER 为四电子转移反应，而非水系电池体系中的 ORR 和 OER 为两电子转移过程，产物为金属氧化物或金属过氧化物。以锂空气电池为例，虽然形成和分解 Li_2O_2 所包含的步骤更少，但是，由于复杂的中间体和更多的副反应，O_2 与 Li_2O_2 的转化仍然缓慢。此外，空气电极中锂离子的有限储存和 Li_2O_2 的绝缘特性也会影响电池的容量和充放电性能。碳材料以

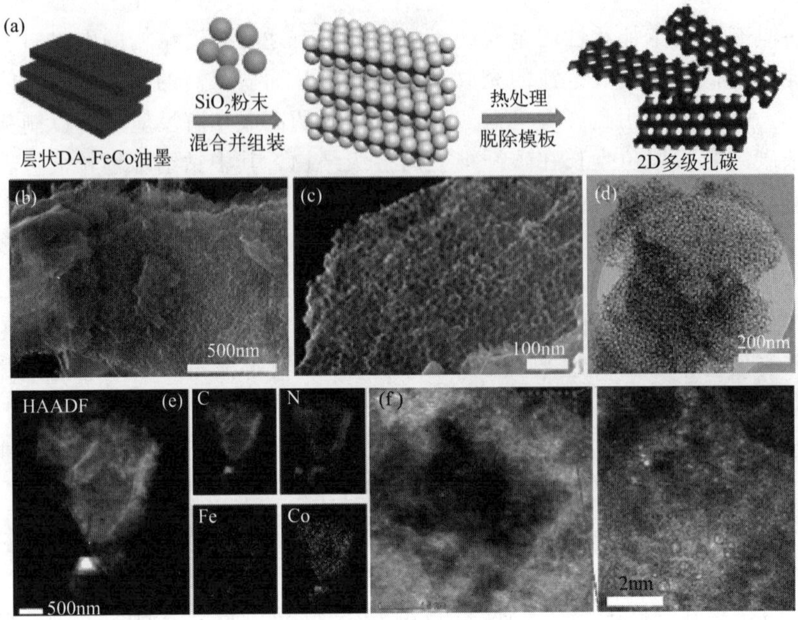

图 9.18 二维介孔-微孔 FeCo-N$_x$ 掺杂碳纳米片的制备示意图（a）、SEM 图（b）～（c）、TEM 图（d）、HAADF-STEM 图像和相应的元素映射（e）以及高分辨 HAADF-STEM 图像（f）

其高导电性、大比表面积、多孔结构等优点，作为空气电极电催化剂和锂空气电池的载体得到了广泛的研究，有利于实现高的放电容量和倍率能力。然而，碳材料对 Li_2O_2 的分解活性低，在高电位下稳定性差，导致能量转换效率和循环稳定性较差。因此，非碳的空气电极材料近年来得到了广泛研究，这些材料主要包括贵金属和过渡金属氧化物。

通过孔隙结构的合理设计来调节电催化剂活性物质的表面/界面结构，能够制备得到高效的双功能催化剂。Zheng 等人采用同步还原法制备了具有核壳结构的 Co_3O_4@Co_3O_4/Ag 复合物[89]。在多孔 Co_3O_4 壳层上，部分 Ag 掺杂到晶格中，以单原子或团簇的形式存在于 Co_3O_4 壳层表面。Ag-Co_3O_4 界面调节了电子的结构，为 ORR 和 OER 提供了更高活性的活性位点。Co_3O_4@Co_3O_4/Ag 作为锂空气电池的空气电极电催化剂时，具有较高的初始容量和倍率能力。在比容量为 $1000mA \cdot h \cdot g^{-1}$、电流密度为 $200mA \cdot g^{-1}$ 的充放电循环试验中，Co_3O_4@Co_3O_4/Ag 催化的锂空气电池在循环 80 次后仍能保持初始比容量。这种优异的性能可以归因于高活性的物种、Ag 纳米颗粒的导电性、Co_3O_4 的多孔结构，以及放电产物 Li_2O_2 的结构调控。Zhang 等人提出了一种纳米多孔镍（NPNi）的全金属空气电极结构，其纳米设计的 AuNi 合金表面直接附着在泡沫 Ni(FNi) 上，即 AuNi/NPNi/FNi[90]。泡沫 Ni 保证了空气电极的机械稳定性和导电性；多孔 Ni 有利于传质；AuNi 合金提供 ORR 和 OER 活性。因此，以 AuNi/NPNi/FNi 为空气电极的锂-氧气电池在电流密度为 $1.0A \cdot g^{-1}$、极限比容量为 $3000mA \cdot h \cdot g^{-1}$ 的情况下，具有超高比容量（$22551mA \cdot h \cdot g^{-1}$）和长循环寿命（286 次循环）。

对于某种活性材料，设计良好的孔隙结构可以进一步改善质量输运和放电产物的沉积。在导电多孔基板上涂覆或生长有电催化剂的传统空气电极，其比容量受到放电产物表面钝化和低质量负载的限制。基于此，Guo 等人设计了一种用于锂氧电池的 3D 打印分层多孔空气电极[91]。这种分层的孔隙结构可以为 Li_2O_2 的储存提供足够的空间，并且电催化剂与 Li_2O_2 纳米颗粒之间良好的接触有利于 Li_2O_2 的分解。然后通过 3D 打印制备的钴基金属有机框架（Co-MOF）经碳化以实现空气电极的设计，Co 纳米颗粒组装在氮掺杂的纳米多孔碳片（NC-Co）中作为活性材料（3DP-NC-Co）。与碳纸上随机填充的 NC-Co(RP-NC-Co）和碳纸上生长的 NC-Co(CP-NC-Co）相比，以 3DP-NC-Co 作为空气电极的锂氧电池在比容量、过电位和循环稳定性方面表现出了更优异的性能。

9.4.2.3　多孔气体扩散层

在金属空气电池的空气电极上，气体扩散层（GDL）位于电催化剂层的外面。GDL 的主要作用包括：①确保电解液和环境空气的有效气体扩散；②防止电解液溢出和泄漏；③为电催化剂提供机械稳定性和导电支撑。燃料电池的气体扩散层已经得到了很好的研究，并且已经开发出并生产出了商用 GDL，可以直接应用于金属空气电池。最常用的 GDL 材料是由碳纤维组成的无纺碳纸和编织碳布。通常对 GDL 进行表面处理，以降低其对电解质的亲和力，并在一侧涂上碳粉微孔层，以加强其与电催化剂的相互作用。这种商用碳纤维基 GDL 已广泛应用于金属空气电池中。新型 GDL 的实验室研究也有报道。例如，Yang 等人采用硬模板法制备了一种基于聚二甲基硅氧烷（PDMS）的柔性和可拉伸 GDL，用于柔性锂氧电池[92]。以泡沫镍为硬模板，填充液态的 PDMS，再经过固化、去除模板和真空干燥等步骤制备得到 GDL。

然而，碳材料在高氧化电位下容易被腐蚀。碳基 GDL 的腐蚀可能导致电极的退化，从而影响循环寿命。因此，具有较高电化学稳定性和导电性的金属基材料作为水系和非水系金属空气电池中的气体扩散介质也备受关注。这些金属基材料主要包括泡沫镍、不锈钢网和钛网等。例如，Liu 等人采用镀钌纳米粒子包覆超轻泡沫镍的方法制备了一种新型的无碳、无黏结剂的 O_2 阴极，具有良好的导电性和电催化性能[93]。这种全金属整体结构能够抑制 CO_2 的析出，并提供了比商业泡沫镍基阴极高 306 倍的比容量。Chang 等人采用 RuO_x/氮化钛纳米管阵列作为阴极，钛网作为 GDL 层，优化后的整体电极可以避免碳材料产生的副反应，具有低过电位和 300 次以上循环的良好稳定性[94]。

9.4.3 多孔材料在金属空气电池负极中的应用

9.4.3.1 多孔材料在金属锌电极中的应用

以锌为金属电极（锌负极）的电池普遍存在枝晶、ZnO 沉积、电极腐蚀等问题。提高 Zn 电极性能的主要目标是在长的放电-充电周期后保持其原有状态。通过金属锌的界面工程进行有效调控是提升电池整体性能的重要策略。目前，对金属锌的界面调控策略主要包括[95]：①构建人工界面层，调节锌离子（Zn^{2+}）沉积行为，防止锌负极与电解液中的活性水直接接触，从而有效抑制副反应；②构建表面涂层，提升锌负极的可逆性和利用率；③电解液改性，通过电解液添加剂抑制锌枝晶的生长；④锌负极的三维结构设计，提升锌的利用率和反应速率。其中，多孔材料在表面涂层的构建和锌负极的三维结构设计方面具有显著优势。

构建表面涂层的目的是通过改善 Zn^{2+} 沉积，实现锌的均匀成核和平坦的锌沉积层，从而提高锌负极的界面稳定性以及延长其循环寿命。迄今为止，多种材料已被用于制备高性能锌负极的界面层，包括碳基材料、金属基材料、无机非金属材料、聚合物和复合材料。大量研究表明，多孔颗粒涂覆层能够调节锌电极的表面结构和电流分布，从而抑制枝晶生长[96]。其中，非金属无机材料涂层利用多孔通道结构改变 Zn^{2+} 的沉积行为和迁移路径，诱导 Zn^{2+} 沿通道有序沉积。例如，Kang 等在锌箔上包覆纳米多孔的 $CaCO_3$ 层，实现了锌的均匀溶解和析出[97]。一方面，$CaCO_3$ 层的高孔隙率确保电解质流量和电极表面锌的溶解/析出速率均匀；另一方面，$CaCO_3$ 的绝缘性能提高了穿过该层的电位梯度。因此，在充电过程中，只有靠近电极表面的区域才有可能提供足够的负电位形成锌，从而防止尖锐的针状锌枝晶的堆积。当用于可充电的含水体系电池时，包覆纳米多孔的 $CaCO_3$ 涂层的锌电极具有 42.7%的高放电容量，循环寿命是纯 Zn 箔的 15 倍以上。

上述讨论的涂层均为单一的无机或者有机涂层，在提高锌负极的性能以及延长其寿命方面的作用是有限的。无机涂层脆性大，长周期循环之后容易断裂。有机聚合物涂层虽然是柔性的，但疏水的聚合物层具有较高的 Zn^{2+} 成核势垒，导致极化电位增加，而亲水的聚合物容易溶解在水系电解质中，失去对锌阳极的保护作用。基于此，研究人员致力于开发无机-有机杂化的复合涂层。例如，Cui 等人通过将 Nafion 与 Zn-X 分子筛配位，设计并合成了有机-无机复合保护层[98]。该复合保护层通过 Zn^{2+} 架起 Zn-X 与 Nafion 界面的桥梁，不仅能有效屏蔽阴离子，释放水，抑制副反应，还能通过均匀镀/脱锌来抑制锌枝晶的生长。具有微孔孔道的金属有机框架（MOFs）因独特的有机-无机杂化结构可用作锌负极的复合涂层。Liu 等人提出了一种由 MOFs 纳米颗粒组成的人工复合保护层来重建锌负极/电解质界面[99]。亲水 MOFs 纳米颗粒作为相互连接的电解质储层，可实现纳米级润湿效应，并调节锌负极上的电解质通量，从而增强界面的亲锌性，降低电池的过电位和成核能。另外，Yang 等人提出利用 MOFs 包覆层构建超饱和电解质前端表面的新概念[100]。在电池充电之前，金属锌表面的这层多孔非导电 MOFs 层会对离子的溶剂化结构进行调控。具体来讲，在 [$Zn(H_2O)_6{}^{2+}$ $SO_4{}^{2-}$]脱溶剂化的过程中，空白的金属锌负极会发生水分解导致的钝化，而 MOF 层则能通过预先的脱溶剂化防止水分子到达金属锌负极的表面。研究人员发现，在电场作用下，紧密堆积的 ZIF-7 框架（尺寸窗口为 2.94Å）能够与金属锌负极形成很好的亲和性，从而排斥尺寸较大的带电离子复合物，有利于引导锌均匀沉积，获得无枝晶、无腐蚀的锌负极。

锌负极的三维结构的设计是另外一种稳定锌负极的常用策略，三维结构的锌负极能控制锌和 ZnO 的溶解/析出过程，使得锌电极在长循环时保持其原有的电极结构。研究表明，具有合理孔隙率和比表面积的锌负极，能促进放电产物的扩散，抑制 ZnO 钝化层。Panker 等人设计了一种孔隙互连、导电的 3D 结构海绵锌，将其用作各种类型的锌基水系电池[101]。与商用锌粉电极上严重的枝晶问题相比，3D 海绵锌电极形状变化最小，未见枝晶。这种 3D 海绵锌电极的高比表面积和整体结构也有利于提高锌的利用率。基于锌的质量，电池达到了理论容量的 90%以上，充电过程中可恢复容量的 95%以上。3D 锌电极的优异性能主要归功于均匀分布的电流和电解质。此外，将锌与其他金属（例如 Cu）复合制备三维多孔合金电极[102]，能提供更高效的电子和离子传输路径，增加单位基底面积的材料负载量，实现锌的均匀沉积/剥离，提升面积容量和循环稳定性。

作为涂层或三维骨架结构使用时，多孔材料能有效抑制锌枝晶的生长并稳定锌负极。具有微孔孔道的复合涂层可通过各组分的协同效应，有效克服单一材料的局限性。复合材料涂层制备方法复杂，不易批量生产。相比之下，碳基材料和无机非金属材料易于制备，且价格低廉。然而，这些电化学惰性保护材料的使用在一定程度上降低了锌负极的反应速率。因此，未来仍需要不断探索制备简单、成本低廉、性能优异的涂层材料作为锌负极的保护层。

9.4.3.2 多孔材料在金属锂电极中的应用

与锂硫电池类似，在锂空气电池中，锂金属电极面临的主要挑战就是抑制锂枝晶的生成。由于锂比锌更活泼，锂枝晶会导致比容量、库仑效率及稳定性等性能的降低，甚至可能击穿隔膜，导致电路短路。此外，锂空气电池中的锂电极还受到氧气交叉效应的影响，空气电极中氧气的扩散可能导致电解液分解，并在锂电极上形成氢氧化锂（LiOH）和碳酸盐。当锂空气电池在环境空气中工作时，H_2O、CO_2 和 N_2 对锂电极稳定性的影响同样不容忽视。针对这些问题的解决策略主要包括表面涂覆、设计多孔集流体等。这些策略能够控制电流分布和离子流，从而改变锂的成核和沉积行为，以抑制锂枝晶的生长。

锂-空气电池中，锂电极的保护层需要具备较高的机械强度，以抑制锂枝的生长，同时具备低的 O_2 和 H_2O 渗透性以保护电极，电子绝缘性以避免电解液分解，高离子电导率以确保快速的锂离子扩散，以及高稳定性等。多孔碳材料是最常用的包覆材料，包括碳纳米管、还原氧化石墨烯、活性炭颗粒等。然而，合理设计碳材料的孔道结构，以实现金属锂负极的长循环稳定性，仍然是一个挑战。Li 等人采用木材碳化和化学气相沉积技术，制备了一种自支撑三维结构的碳纳米纤维网络，用作三维无支撑锂负极的集流体[103]。这种三维碳材料垂直排列，具有较低的迂曲度；其碳质微通道不仅可以容纳充放电过程中的体积变化，而且提供了锂离子在长程范围内的均匀、直接和快速传输通道。此外，均匀覆盖的碳纳米纤维网络通过强毛细作用提高了电解液的浸润性，从而充当局部储液池，促进了锂离子在短程范围内的均匀分布和沉积。

在构建三维多孔集流体方面，Lu 等报道了一种基于三维多孔铜集电极/锂金属复合阳极的一步稳定锂金属电池的方法[104]。研究人员利用机械压力把多孔铜网集流体嵌入锂金属中，形成一种 3D Cu/Li 复合电极结构。由于这种新型集流体的多孔性质，锂金属负极表面会形成高比表面积的三维结构，这有利于提高电化学反应的动力学，降低界面电阻。此外，复合电极的多孔结构为“无主”锂的再沉积提供了一个“笼子”，并在循环过程中抑制锂负极体积的膨胀。与平面铜箔相比，这种设计能有效降低界面电阻，并稳定金属锂的沉积。

9.4.3.3 多孔材料在其他金属电极中的应用

金属钠、钾负极面临的挑战与锂负极相似，主要包括枝晶生长和氧气交叉效应。针对锂负极的策略也适用于改善钠、钾负极的性能。例如，Chi 等人通过热熔融灌输法将钠金属填充进三维多孔碳毡的孔隙中，成功制备出三维柔性碳毡/金属钠复合负极[105]。该复合材料作为对称电池和全电池的电极材料，有效抑制了钠枝晶的形成并减缓了钠负极的体积膨胀。机理研究表明，三维碳毡在两方面发挥作用：它既为钠的预存储提供了足够空间，又为电池充放电循环过程提供载体，平衡了钠离子与电子的分布，从而有效抑制枝晶生长和减缓体积膨胀。

铝-空气电池的性能很大程度上取决于铝负极的纯度、合金元素、微观结构、表面改性以及铝基复合材料的加工和成型[106]。调控铝负极的微观结构是一种有效提升电池性能的策略，例如，构筑三维多孔电极或者涂覆微孔包覆层。采用激光烧结法的 3D 打印技术制备的三维多孔结构铝空气电池，具有 $239mA \cdot h \cdot g^{-1}$ 的放电容量。通过调整打印层数可以获得不同厚度的电极，从而实现高质量负载和高面积容量。表面涂层可以改变铝负极的电化学行为。碳因其多孔结构被认为是一种理想的涂层材料：它不仅能防止环境条件下氧化层的形成，还能减少铝酸盐的黏附。在商用铝负极上涂覆碳层有助于将放电产物铝酸盐在中性电解质中的黏附程度降至最低，允许凝胶沉积物的形成。研究表明，碳涂层可以使活性铝负极的寿命延长至未涂层的商用铝负极的 3 倍。

9.5 固态电池技术

随着电动汽车的快速发展以及电网储能需求的增加，对于高能量密度、高安全性电池的需求变得日益迫切。在众多电池材料体系中，金属锂负极因其具有最低的电极电位和最高的理论比容量，而被认为是电池负极材料的优选。然而，目前商用的锂离子电池采用有机电解液，这种电解液不仅易燃，而且容易产生锂枝晶等问题。若电池发生短路，可能会引发起火甚至爆炸等安全事故。此外，有机电解液的电化学窗口较窄，这限制了其与某些高电压正极材料及高比容量金属负极的兼容性。由于固态电解质具有较高的机械强度并且不易燃，因此固态锂电池有望完全解决基于碳酸盐电解质的传统金属锂基电池在安全性和枝晶方面的问题。

固态电池的发展伴随着固体离子导体的发现（图 9.19）[107]。第一个被报道的离子导体可以追溯到 1833 年。Michael Faraday 首次报道了 Ag_2S 中的离子导电现象，并提出了著名的“法拉第定律”。此后，固态电池的研究几乎停滞，直到 20 世纪 50 年代才出现关于银盐的固态电池（如 $Pb/PbCl_2/AgCl/Ag$ 和 $Ag/AgI/I_2$）的研究。这一阶段的固态电池在低电压和低放电电流下表现出较差的性能。之后，随着卤化锂中锂离子导电性的发现，以 LiI 为电解质的金属锂基电池在 20 世纪 70 年代问世。随后，Liang 等提出了 Li/LiI/MI(M＝重金属，如 Ag，Cu，Pb）固态电池，以解决 I_2 阴极的碘蒸气扩散问题。他们发现在 LiI 电解液中加入 Al_2O_3 可进一步改善 Li/LiI/MI 电池的性能，制备的固态电池具有 100～200$W \cdot h \cdot kg^{-1}$ 的高能量密度。然而，这种电池会在电极/电解质界面持续形成 LiI，导致极化增加，使得电池循环衰减加速。20 世纪 70 年代末，随着锂嵌入型正极材料的发现和发展，固态电池的循环性能得以提升。1983 年，Knutz 和 Skaarup 等报道了一种可以循环超过 200 次的 $Li/Li_3N/TiS_2$ 固态电池。同年，日立公司的研究人员制备了一种循环寿命高达 2000 次的 $Li/Li_{3.6}Si_{0.6}P_{0.4}O_4/TiS_2$ 可充电固态锂电池。

20 世纪 80 年代和 90 年代，具有高离子导电性的氧化物离子导体在能量储存和转换器件中的潜在应用引起了越来越多的关注。这一时期报道了许多固体离子导体。1976 年，Goodenough 等首次制备了钠离子导体（NASICON，也称钠超离子导体）。1989 年，Aono 等报道了其锂对应物 $Li_{1.3}Al_{0.3}Ti_{1.7}(PO_4)_3$，具有高离子电导率。1993 年，Inaguma 等报道了钙钛矿结构的

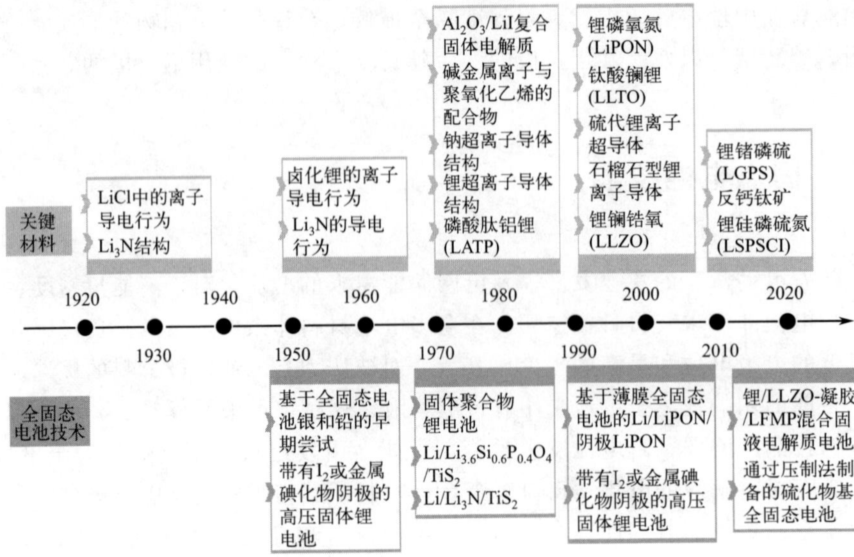

图 9.19　固态电池技术的发展历程

$Li_{0.34}La_{0.51}TiO_{2.94}$，其离子电导率高达 $10^{-3}S \cdot cm^{-1}$。石榴石型化合物也是一种重要的氧化物型固态电解质，其中的 $Li_7La_3Zr_5O_{12}$ 因其具备优异的离子快速传导性而受到广泛关注。一般来说，氧化物型电解质具有较高的离子导电性和较高的机械强度。1999 年，Birke 等人报道了第一种基于氧化物的固态电池［$Li_4Ti_5O_{12}/Li_{1.3}Al_{0.3}Ti_{1.7}(PO_4)_3/LiMn_2O_4$］。通过在余温过程中引入 15%(以质量分数计) 的 $0.44LiBO_2 \cdot 0.56LiF$，使电极与电解质紧密接触，构建的电池在 10 次循环后具有很小的容量损失。此外，通过在 N_2 中射频溅射 Li_3PO_4 制备得到了 LiPON 电解质，这种电解质在长期循环过程中表现出与锂负极和高压正极良好的相容性。另一种高离子导电性材料是 20 世纪 80 年代提出的硫化物型固态电解质，由于锂-硫键结合较弱，表现出高的锂离子导电性。自 20 世纪 90 年代以来，基于碳酸盐液体电解质的锂离子电池已经快速发展和商业化，固态电池的研究逐渐放缓，直到对更高能量密度和高安全性的需求重新激发了对固态电池的研究。值得一提的是，在 2011 年，一种由 $Li_{10}GeP_2S_{12}$ 构成的硫化物固态电解质被发现，该材料的锂离子导电性是当时所有固态电解质中最高的，其导电性甚至高于传统液态电解质。因此，硫化物电解质因其超高离子电导率而显示出巨大的应用前景。

9.5.1　固态电池技术概述

9.5.1.1　全固态锂电池技术简介

全固态锂电池主要包括全固态锂离子电池和全固态锂金属电池。全固态电池结构简单，由正极、固态电解质和负极三部分组成。其中，固态电解质充当了液态锂离子电池中隔膜和电解液的双重角色。其工作原理与传统锂离子电池相似，通过锂离子在正负极之间迁移实现充放电。充电时，锂离子从正极材料中脱出迁移至负极，电子从外电路传输至负极，在负极处锂离子与电子结合成锂原子，嵌入负极材料中。放电时，锂离子和电子的迁移路径则相反。由于锂离子在固态电解质中的传输速率较低，正极与固态电解质之间具有较大的界面阻抗，因此，全固态电池中通常采用复合正极：将电极活性材料、固态电解质和导电剂复合。固态电解质的选用对开发综合性能优异的全固态锂电池至关重要。根据目前的研究，固态电解质主要包括有机聚合物、无机化合物以及有机-无机复合固态电解质三大类，具体将在后文中阐述。

相比于液态电池，全固态电池将液态电解质替换为不可燃的固态电解质。由于这种电池不存在液相，从根本上避免了电解质可燃造成的安全隐患，因而全固态电池被认为是具有本质安全的电池。除此之外，固态锂电池还具有许多优势。①能量密度更高。大多数固态电解质的电化学窗口范围宽，因此能拓宽电池的工作电压范围，从而获得较高的能量密度。②功率密度高。由于锂离子是固态电池中唯一的载流子，不会产生浓差极化，可对其进行大电流放电，因而具有高的功率密度。③工作温度范围宽。固态电池无论是在低温还是高温下运行都具有较好的稳定性，因此其工作温度范围较宽（图 9.20）。④应用领域广泛。由于固态电池中无需电解液，它们不仅适用于微电子领域，也适用于电网储能、电动汽车等领域。

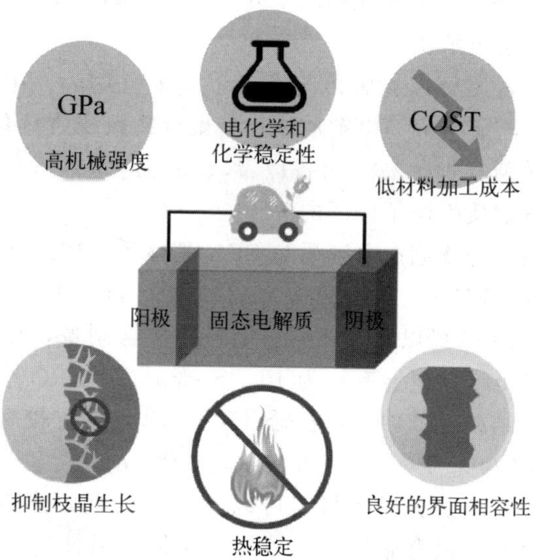

图 9.20　固态电池的各种优势

尽管固态锂电池在性能上具有显著优势，但在电池的基础研究和制备技术方面仍面临许多问题和挑战。首先，电池内部的界面接触问题制约了全固态电池的功率和倍率性能。固态电池内部存在固-固物理接触界面，包括电解质与电极之间以及电解质内部。在电化学循环过程中，这些界面容易发生接触不良甚至失效，进而缩短电池的使用寿命。其次，大部分固态电解质电导率比传统电解液低一个数量级，快充性能欠佳。再次，固态电池的制备工艺复杂，涉及的工艺参数对电池性能有显著影响，因此必须全面考虑这些参数的综合效应。此外，除了固态锂电池，研究人员也相继开发出基于固态电解质的各种新型固态电池，如固态锌空气电池、固态镁基电池等。

9.5.1.2 固态电解质分类

固态电解质是固态电池的关键成分，一个合适的固态电解质应满足几个关键条件：高的锂离子导电性、低的电子导电性，以及良好的化学和电化学稳定性。从实际应用来看，低成本、环保的材料有利于固态电池的商业化推广。到目前为止，已经发展了一系列固态电解质类型。按照化学组成，固态电解质主要分为聚合物固态电解质（有机固态电解质）、无机固态电解质和有机-无机复合固态电解质。聚合物固态电解质主要包括聚氧化乙烯（PEO）、聚丙烯腈（PAN）、聚偏氟乙烯（PVDF）等。按照结构可分为晶相、非晶相和玻璃微晶相。晶相结构固态电解质主要包括钙钛矿型、石榴石型和硫银锗型等，非晶相结构固态电解质主要有 LiPON 型，玻璃微晶相结构固态电解质主要包括 LISICON（锂离子导体，也称锂超离子导体）、NASICON 等。

(1) 聚合物固态电解质

聚合物固态电解质可以克服传统锂离子电池（LIBs）中液态电解质泄漏和易燃性的问题。与无机固态电解质相比，聚合物电解质具有良好的界面接触性、良好的电化学稳定性、易于制备以及较高的经济性等优点。基于这些优点，聚合物固态电解质引起了广泛的关注。

最具代表性的聚合物固态电解质是 PEO 基体系。PEO 与锂盐复合是一种良好的锂离子导体。PEO 的化学结构为 $H\!\left(O—CH_2—CH_2\right)_nOH$，分子量一般在 20000 左右。PEO 可以通过环氧乙烷开环聚合制备，在 40～60℃时表现出中等的锂离子导电性，电导率约为 $10^{-5}S\cdot cm^{-1}$。PEO 中的锂离子电导率来源于特定的分子结构，其中氧化乙烯（EO）单元具有较高的锂给体数和较高的链柔性。在 PEO 基质中，Li^+ 在 PEO 链段上由氧配位。通过 Li—O 键的断裂和形成，以及连续的分段重排，可以实现锂的远距离输运。此外，PEO 是一种半结晶聚合物，只有非晶态区域有利于锂从活性链段的运输。PEO 的玻璃化转变温度在 60℃左右，超过这个温度，非晶态相可能会超过晶态相。因此，PEO 在室温下仅表现出中等的锂离子导电性，但在高温下锂离子导电性显著增强。为了进一步提高室温下锂离子的导电性，提高载流子密度和减缓 PEO 的结晶是两个主要的研究方向。在过去的几十年里，研究人员已经利用各种锂盐来降低解离能。支链和接枝链也被引入以降低玻璃化转变温度，进一步设计了嵌段、接枝或超支化聚合物宿主，以提高 PEO 的机械强度和锂离子导电性。

除了 PEO 基质外，人们还致力于开发其他聚合物固态电解质。以聚苯胺、聚氟乙烯、聚甲基丙烯酸甲酯为基础的各种聚合物固态电解质的研究受到了广泛的关注，并取得了很大的进展。但由于锂离子导电性低、电压不稳定等问题，这些聚合物固态电解质还远远不能满足实际应用的需要。将无机添加剂与聚合物固态复合，可进一步提高聚合物固态电解质的综合性能。

（2）无机固态电解质

与聚合物电解质相比，无机固态电解质具有更高的离子电导率和更大的硬度。但是它们易脆，并且与电极的界面阻抗大。无机固态电解质主要分为氧化物固态电解质和硫化物固态电解质。氧化物固态电解质主要包含钙钛矿型 LLTO、石榴石型 LLZO、钠超离子导体型 LATP/LAGP 和锂超离子导体型 LZGO。每种类型各有优缺点，下面对其进行简要介绍。

钙钛矿结构的通式可写为 ABO_3，归属于 $Pnma$ 空间群。对于传统的钙钛矿材料，原子 A 位被二价碱土金属离子（Ba^{2+}，Ca^{2+} 等）占据，而面心的 O 原子形成八面体，被四价过渡金属元素 B 占据，如 Ti^{4+}。由于钙钛矿 LLTO 展现出优异的锂离子传导性能，它被认为是未来高性能锂离子电池的重要材料之一。因此，研究人员对其高锂离子导电性的基本机理进行了大量研究。结果表明，在 $P4/mmm$ 和 $Cmmm$ 的空间群中，$Li_{3x}La_{2/3-x}\square_{1/3-2x}TiO_3$ 多为两种类型。由于 La 在 $1a$ 和 $1b$ 位的不对称分布，可形成富 La 层和贫 La 层交替叠加，并可检测到相应的晶格畸变。钙钛矿固态电解质的导电性受其晶格和锂离子浓度梯度的影响较大。在贫锂正交结构 LLTO 中，高的 La 占位率和低浓度空位导致锂传输缓慢，而富锂四面体钙钛矿 LLTO 表现出更高的锂离子导电性。此外，富锂的 LLTO 中相对较低的 La 占位率进一步降低了锂向［001］方向扩散的能量势垒，形成了三维锂传导通道。根据与温度相关的电导率测量，外部温度的升高也可能导致锂传输通道从 2D 变为 3D，这可归因于晶格的扭曲[108-110]。

传统的石榴石结构可以写成 $A_3B_2(XO_4)_3$ 的通用化学式，当该结构中的 X 位被锂原子占据时，石榴石型结构通过相互连接的多面体空位成为有前途的锂离子导体。2003 年，Weppner 等首次报道了室温下锂离子电导率高达 $10^{-6}S\cdot cm^{-1}$ 的石榴石电解质 $Li_5La_3M_2O_{12}$（M＝Nb 或 Ta）[111]。石榴石型结构中的锂离子导电性受多种因素的影响，其中锂离子浓度、锂配位环境、晶体结构和晶界是最重要的因素。深入研究表明，锂离子电导率的提高与石榴石型结构中的锂配位环境直接相关。

NASICON 是近年来备受关注的电解质体系的另一大家族。目前，流行的 NASICON 型固态电解质是由 $LiTi_2(PO_4)_3$ 和 $LiGe_2(PO_4)_3$ 母晶格衍生而来的。四价金属离子 Ti^{4+} 和 Ge^{4+} 被三价阳离子 Al^{3+}、Ga^{3+}、Fe^{3+} 等部分取代，有望进一步提高锂离子的导电性。在掺 Al 的 NASICON 固态电解质中，$Li_{1.3}Al_{0.3}Ti_{1.7}(PO_4)_3$ 和 $Li_{1+x}AlxGe_{2-x}(PO_4)_3$ 体系可以获得高达 $10^{-3}S \cdot cm^{-1}$ 的高温锂离子电导率，这两个体系分别简称为 LATP 和 LAGP。锂离子电导率的增强可归因于骨架中移动碱离子浓度的增加，以及由于原子半径效应形成的激发能较低的额外迁移通道。LISICON 在正交 *Pnma* 空间群中表现出 γ-Li_3PO_4 型结构。Hong 报道了第一种 LISICON 型固态电解质 $Li_{14}ZnGe_4O_{16}$，在室温下表现出约 $10^{-7}S \cdot cm^{-1}$ 的锂离子电导率[112]。

与氧化物电解质相比，硫化物电解质具有高的离子电导率，这主要是由于硫比氧具有更大的离子半径，电负性小，对锂离子的束缚较弱，从而提高了可自由移动的锂离子浓度。此外，硫化物电解质还具有机械柔韧性好、制备工艺简单等优势，在全固态电池中展现出良好的应用前景。硫化物电解质种类繁多，按照结晶形态，可分为玻璃态、陶瓷晶态、玻璃陶瓷态三大类。

玻璃态硫化物电解质主要化学组成为 Li_2S-M_xS_y（M＝Al、Si、P 等）。由于其晶体结构具有各向同性，不存在晶界阻抗，离子传输更容易，其室温锂离子电导率高达 $10^{-4} \sim 10^{-3}S \cdot cm^{-1}$。此外，玻璃态硫化物电解质还具有较好的热稳定性和电化学稳定性，在高低温固态电池中具有明显优势。目前，基于玻璃态硫化物电解质的全固态电池已经实现了低成本生产。

Thio-LISICON 是最典型的陶瓷晶态硫化物电解质，由东京工业大学的 Kanno 教授最早在 Li_2S-GeS_2-P_2S 体系中发现，化学组成为 $Li_{4-x}Ge_{1-x}P_xS_4$，室温离子电导率最高达 $2.2 \times 10^{-3}S \cdot cm^{-1}$（其中 $x=0.75$）[113]。Thio-LISICON 的化学结构与 LISICON 相似，均具有 γ-Li_3PO_4 结构，属于正交 *Pmma* 空间群，化学通式为 $Li_{4-x}A_{1-x}B_xS_4$（A＝Ge、Si 等，B＝P、Al、Zn 等）。研究表明，通过异价元素取代可以提高 Thio-LISICON 的离子电导率[114]。具有立方结构的锂硫银锗矿型化合物是一种新型陶瓷晶态硫化物电解质。主要包括 Li_7PS_6、Li_6PS_5X（X＝Cl、Br、I）和 $Li_7Ge_3PS_{12}$。Li_7PS_6 在高温下为立方相，在低温下被转化为正交晶相，通过卤素取代得到的 Li_6PS_5X 化合物可将高温立方相稳定在室温，提高离子电导率[115]。并且，Li_6PS_5X 化合物因其电化学窗口宽和制备工艺简单，获得了较多的关注。

玻璃陶瓷态硫化物电解质是通过对玻璃态硫化物电解质进行高温析晶处理而获得的。这类材料是晶相与非晶相的结合，结晶相主要由 Thio-LISICON 等高离子导电性的物相组成。例如，Kim 等人采用热处理法对 $78Li_2S \cdot 22P_2S_5$ 电解质进行析晶处理[116]，最终制备了富含 Thio-LISICON 结晶相的玻璃陶瓷态硫化物电解质，室温离子电导率高达 $8.5\times10^{-4}S \cdot cm^{-1}$。

(3) 有机-无机复合固态电解质

有机-无机复合固态电解质（简称复合固态电解质）是由聚合物固态电解质与无机固态电解质结合而成的。这种复合的初衷是通过添加陶瓷添加剂来提高聚合物固态电解质的机械稳定性，即“聚合物中的陶瓷”。结果表明，所制备的固态电解质具有优异的力学性能和较强的锂离子导电性。无机陶瓷的添加减缓了结晶相的形成，从而在聚合物中增加了非晶态区域[117]。此外，无机陶瓷与聚合物固态链中 N、F、O 的界面相互作用进一步促进了锂离子的传输，因此提升了锂离子的导电性。将聚合物固态电解质与无机固态电解质相结合（如将聚合物固态电解质嵌入无机固态电解质中），形成的“陶瓷中的聚合物”可视为另一种复合体系。值得注意的是，无机固态电解质和正极材料之间的不良机械接触一直是大多数固态电解质的关键障碍。通过添加少量聚合物成分来改善界面接触，能够有效解决这一界面问题[118]。无机固态电解质与聚合物固态电解质的结合，能够充分发挥各组分的优势，在未来的能源存储与转换领域中，是一种极具潜力的材料选择。

9.5.2 多孔材料在固态电池中的应用

理想的固态电解质必须具备高离子电导率、低界面电阻、良好的化学稳定性和电化学稳定性。近年来，大量研究表明具有多孔结构的无机-有机聚合物复合电解质具有优异的综合电化学性能和力学性能。多孔材料在固态电解质中的应用包括以下几方面。①无机多孔颗粒填料。无机多孔颗粒作为填料与有机固态电解质复合能提升有机电解质的离子电导率、热稳定性和力学性能等。②固态电解质三维骨架。选用三维多孔无机/有机材料作为骨架，既能提供连续的三维离子导电网络，又能提升力学性能。③多孔混合离子电子导体层。通过在碱金属负极与固态电解质之间引入三维多孔混合离子电子导体层，缓解碱金属负极与固态电解质接触界面的电化学不稳定性和机械不稳定性，提升固态电池的稳定性。

9.5.2.1 无机多孔颗粒填料

聚环氧乙烷（PEO）因其柔韧性好、制造成本低、稳定性可靠等优点而成为最具商业化前景的固态聚合物电解质材料。然而，其低电导率仍然是制约其商业化的一大问题。研究人员一直在探索如何加快锂离子在固态聚合物电解质中的传输速度，并改善固态聚合物电解质与锂金属负极之间的界面稳定性。

已有研究表明，无机多孔颗粒作为填料，可以通过降低 PEO 的结晶度来提高复合电解质的离子电导率，并同时提高其热稳定性、力学性能以及界面相容性。理想的无机填料应具备以下特点：①与 PEO 具有良好的相容性，以实现均匀分散；②能够与负离子良好配位，以加速锂盐的解离；③具有强吸附能力，以改善微分子的界面稳定性和安全性。

研究表明，具有高孔隙率、无机-有机杂化特性、大比表面积和路易斯酸特性的金属有机框架颗粒可作为填料极大地改善 PEO 基有机固态电解质的化学稳定性和电化学性能。使用 ZIF-8 填充的 PEO-双（三氟甲磺酰亚胺）锂（LiTFSI）的 $LiFePO_4$ 电池在 60℃时具有良好的倍率性能、高容量和长循环性能[119]。最近，研究发现将多孔铁电陶瓷钛酸铋（$Bi_4Ti_3O_{12}$，BIT）纳米纤维作为纳米填料混合在 PEO/LiTFSI 体系中制备的有机-无机复合固态电解质可实现电导率和界面稳定性的双重提升[120]（图 9.21）。由于铁电材料的组成原子具有更强的路易斯酸/碱性，能更好地促进锂盐的解离。并且，铁电材料自发极化产生的内建电场有望促进锂离子的传递，进而提高聚合物固态电解质的离子电导率。此外，一维多孔结构不仅保证了与聚合物基体的良好接触，而且能形成长程、连续的有机-无机界面。

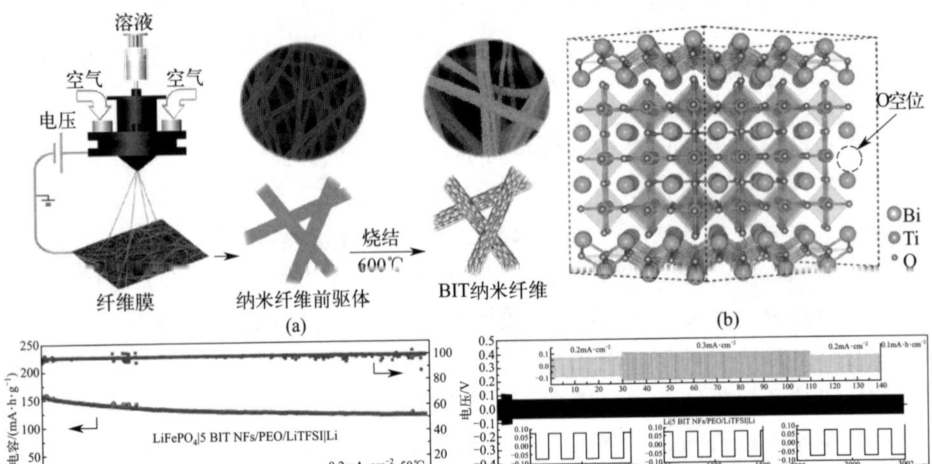

图 9.21 多孔铁电陶瓷钛酸铋（$Bi_4Ti_3O_{12}$）纳米纤维作为纳米填料混合在 PEO/LiTFSI 体系中的制备过程示意图（a）、$Bi_4Ti_3O_{12}$ 的晶体结构图（b）、全固态 $LiFePO_4$/$LiNi_{0.8}Mn_{0.1}Co_{0.1}O_2$ ‖ Li 电池在 $0.2mA \cdot cm^{-2}$ 和 50℃时的循环性能（c）、在 50℃条件下，重复充放电容量为 $0.1mA \cdot h \cdot cm^{-2}$ 的对称电池持续镀锂/剥离循环的电压分布图（d）

9.5.2.2　固态电解质三维多孔骨架

尽管将无机多孔纳米颗粒作为增强相分散于聚合物基体中，能够有效提升复合固态电解质的离子电导率与稳定性，但以零维或一维纳米颗粒作为增强相的复合材料，因其难以构建锂离子高速长程迁移的连续通道，从而制约了复合固态电解质离子电导率的进一步提升。近期，研究人员提出采用三维多孔骨架作为增强相与聚合物复合的策略。由此制备的复合固态电解质内部，两种组分呈连续分布，形成的高导电相同样连续贯通，使得该复合固态电解质不仅具备更高效的导电通道，还展现出更优异的综合力学性能。目前，已报道的三维多孔骨架材料主要分为无机和有机两大类。

三维多孔石榴石已被证实是一种高效的固态电解质三维多孔骨架材料。Sun 等人通过在三维多孔石榴石微结构中注入凝胶聚合物固态电解质，制备出了适用于锂空气固态电池的复合固态电解质[121]。在该复合固态电解质中，3D 多孔石榴石微结构（LLZTO）作为刚性骨架可以有效抑制锂枝晶生长，而其三维孔道内连续的凝胶聚合物固态电解质则充当离子的高速通道，确保了高离子电导率（$1.06\times10^{-3}S\cdot cm^{-1}$）。此外，这种复合固态电解质可有效阻隔氧气穿梭，与锂金属负极及空气电极展现出良好的兼容性，为实现长循环寿命且无枝晶生长的锂氧电池提供了新的技术路径。

由于无机固态电解质存在脆性高的问题，当其与有机固态电解质复合后，会降低有机固态电解质的柔韧性。最近，研究人员开发出以多孔聚酰胺类作为机械增强框架材料，制备出了聚氧化乙烯（PEO）/双（三氟甲磺酰）亚胺锂（LiTFSI）的多孔聚酰胺（PA）膜[122]。这种复合固态电解质膜具有更好的柔性和机械强度，杨氏模量高达 1030MPa。并且，聚酰胺膜的多孔结构减少了固态电解质内部的结晶区域，有效提高了离子电导率。以 1C 的倍率循环时，使用 PA/PEO/LiTFSI 电解质组装的固态 $LiFePO_4$ ‖ Li 电池在循环 300 次（60℃）后保留了 82%的容量。此外，柔性的 $LiFePO_4$ ‖ PA/PEO/LiTFSI ‖ Li 软包电池也可以在恶劣的操作环境下工作，如折叠、卷曲和穿孔。另外，以多孔聚酰亚胺（PI）作为机械增强框架材料，添加阻燃剂（十溴二苯乙烷，DBDPE）和离子导电聚合物电解质（聚环氧乙烷/双三氟甲烷磺酰基锂，PEO/LiTFSI）形成的复合固态电解质具有良好的热稳定性，有效增强了固态电池的耐高温性能[123]。

采用三维多孔材料作为载体，可负载具备高离子导电性的电解质或者离子液体，用作固态电解质时，表现出优异的电化学性能。Ben 等人利用多孔芳香骨架聚合物（PAF-1）对锂盐 $LiPF_6$ 的高吸附性，将负载了 $LiPF_6$ 的 PAF-1 作为新型电解质制备成固态电池，展现出更优异的长循环稳定性[124]。PAF-1 中的苯环与锂盐中的锂离子通过阳离子 - π 相互作用结合，使锂离子稳定存在于 PAF-1 的框架中。同时，连续多孔的三维网络以及足够大的孔隙体积，为锂离子的传输提供了畅通无阻的通道，实现了锂离子的快速传输。同样地，Xu 等人利用阳离子改性的纤维素纳米纤维作为三维框架，在其内部限域负载聚合双阳离子离子液体，构筑了一种安全、环境友好且具有本征氢氧根（OH^-）离子传导能力的多层级纳米结构固态电解质[125]。由此组装的柔性锌空气电池展现出良好的电化学性能和超长的循环寿命。这些前沿研究为开发高性能多孔固态电解质提供了新思路。

9.5.2.3 三维多孔混合离子电子导体层

陶瓷固体电解质的机械应力应变能力有限，碱金属或其与少量溶质元素的合金（β 相）的体积膨胀往往会导致固态电解质的断裂、腐蚀以及电子/离子接触分离，从而产生高电荷转移电阻。近期研究表明，在碱金属负极与固态电解质之间构建三维多孔混合离子电子导电层是一种有效的策略。这种具有大比表面积的三维多孔夹层有利于锂离子和电子的传输动力学，同时为 β 相的沉积提供足够的空间，从而抑制固态电解质/β 相界面处的锂沉积，减少界面应力的累积[126]。例如，Xu 等人成功设计了以石榴石固态电解质为锂金属载体的多孔混合离子电子导电层，并制备出三维固态锂金属负极[127]。具体来讲，基于多孔-致密-多孔的三层石榴石骨架优势，在多孔结构的一侧上涂覆一层纳米管，形成三维的混合离子电子导电网络框架，用作锂金属负极载体。最后，通过缓慢的电化学沉积方法，在碳纳米管修饰的多孔结构一侧得到三维锂金属负极。该结构设计实现了锂金属负极与石榴石固态电解质界面的无缝结合；在高电流密度（$>0.5mA \cdot cm^{-2}$）下，能够实现稳定的锂循环，并有效地抑制了锂枝晶生长。目前，关于三维多孔混合离子电子导体层的研究仍处于初级阶段，如何优化孔道的微观结构以及如何选择多功能组分等方面还有待进一步研究。

9.6 水系离子电池

大规模储能技术的发展对全球各国的能源战略具有重要意义。而传统的二次电池技术依然难以满足大规模储能的需求。例如，由于采用昂贵的稀有金属，镍氢电池在价格上难以满足大规模储电的成本要求；全钒液流电池除了采用贵金属外，还存在毒性和腐蚀性的问题；钠硫电池因为需要高温，液态硫和金属钠对氧化铝隔膜具有强腐蚀性，容易造成燃烧事故。与上述传统二次电池相比，有机碱金属离子电池具有能量密度高和循环寿命长的特点，在性能上能满足储能系统的技术要求。但是，其同样存在大量使用价格昂贵且有毒易燃的有机电解质以及在大规模生产和使用时易造成爆炸事故等问题。以水为溶剂的水系电池由于低成本和高安全性的独特优势，在大规模能量存储系统中显示出更强的竞争力。铅酸电池是最早商业化的水系可充电电池。由于低成本的特点，铅酸电池曾广泛应用于发动机、照明和汽车点火系统。然而，铅酸电池含有有害的重金属离子，大规模应用会造成严重的环境污染。并且这类电池具有低容量、短循环寿命和低能量效率等缺点，难以满足大规模储能技术对能量密度的要求。

在电池体系的开发过程中，研究人员发现以中性盐水溶液作为电解质的水系离子电池既避免了有机电解质的易燃问题，又能克服传统水系铅酸电池的高污染和寿命短的缺点，很有希望成为大规模能源存储的理想电源体系。水系电池首次由 Dahn 等人于 1994 年提出，该电池选用 $LiMn_2O_4$ 作为正极，VO_2 作为负极，$5mol \cdot L^{-1} LiNO_3$ 的水溶液作为电解质，电池反应基于传统的“摇椅式”模型。随着近三十年来的研究，人们对水系电池的电极材料、电解质以及它们的相互作用原理认识不断加深。近年来，其他水系离子电池（例如钠、钾、锌、镁等）也得到越来越多的关注与研究。相较于商用有机锂离子电池体系，水系电解液价格低廉、易制备。此外，水系电解液具有比有机电解液更高的离子导电率，这一特点大大提升了水系离子电池的倍率性能，使得其在大规模电网储能方面具有广阔的发展前景。

9.6.1　水系电池概述

9.6.1.1　水系锂/钠离子电池

与传统锂离子电池类似，水系锂离子电池也是基于正负极材料在充放电过程中的氧化还原反应，实现化学能和电能之间的相互转化。这类电池的特点是，其内部主要是单一的锂离子在正负极之间进行嵌入和脱出。因此，我们可以参考有机锂离子电池或钠离子电池的反应过程和研究，来寻找和借鉴合适的电极材料。目前常用的水系锂离子电池正极材料有 $LiFePO_4$、$LiCoO_2$、$LiMn_2O_4$；负极材料则包括 $LiTi_2(PO_4)_3$、VO_2 和 TiP_2O_7。以 Dahn 等人提出的水系离子电池为例，其电池内的化学反应可表示为：

正极：$$LiMn_2O_4 \rightleftharpoons Li_{1-x}Mn_2O_4 + xLi^+ + xe^- \tag{9.30}$$

负极：$$VO_2 + xLi^+ + xe^- \rightleftharpoons Li_xVO_2 \tag{9.31}$$

总反应：$$LiMn_2O_4 + VO_2 \rightleftharpoons Li_{1-x}Mn_2O_4 + Li_xVO_2 \tag{9.32}$$

充电时，锂离子从正极脱出，电子通过外电路流向负极，在负极处锂离子和电子结合。放电时，过程与充电相反，这符合传统的“摇椅式电池”模型。水系钠离子电池的反应机制与水系锂离子电池类似，电解液由锂盐水溶液更换为钠盐水溶液，电极材料选用能够脱嵌钠离子的化合物。常用的水系钠离子电池正极材料包括过渡金属氧化物（$NaCoO_2$、$NaNiO_2$、$NaMnO_2$、$NaFeO_2$ 的固溶体）、具有开放骨架结构的聚阴离子化合物、普鲁士蓝类似物和有机化合物。负极材料主要包括聚阴离子化合物、普鲁士蓝衍生物以及碳质材料。

9.6.1.2 水系锌离子电池

水系锌离子电池的结构与水系锂/钠离子电池类似，主要由锌金属负极、隔膜、锌离子盐溶液和正极组成。水系锌离子电池在空气中具有更高的化学稳定性和更高的安全性。并且，水系锌离子电池具有相对较高的析氢过电位，使得其具有更宽的电压窗口（约为 2V）和能量密度。目前，适用于水系锌离子电池的正极材料主要包括锰基化合物（如 MnO_2、$ZnMn_2O_2$）、层状锌金属化合物（如 VS_2、$Zn_{0.25}V_2O_5 \cdot nH_2O$）、普鲁士蓝化合物和聚合物等。以 V_2O_5 为正极材料的水系锌离子电池的化学反应为：

正极：
$$2Zn^{2+} + 4e^- + V_2O_5 \rightleftharpoons Zn_2V_2O_5 \tag{9.33}$$

负极：
$$Zn \rightleftharpoons Zn^{2+} + 2e^- \tag{9.34}$$

总反应：
$$2Zn + V_2O_5 \rightleftharpoons Zn_2V_2O_5 \tag{9.35}$$

充电时，锌离子从正极脱出，通过电解液传输；同时，电子通过外电路传输至负极，锌离子与电子嵌入金属锌负极。放电时，锌离子从金属锌负极剥离，通过电解质传输到正极；同时，电子通过外电路传输，锌离子与电子嵌入正极材料中。目前，关于锌离子电池的反应机制仍存在争议。认同度较高的锌离子存储机制主要包括：①锌离子嵌入/脱出机制；②锌离子与质子共同嵌入机制；③替代/嵌入机制。大量的研究表明，大部分正极材料符合第一种反应机制，而锰基化合物正极则遵循第二或第三种反应机制。

9.6.2 多孔材料在水系锌离子电池电极中的应用

由于水的析氢与析氧反应，水系电解质的稳定电压窗口被限制在 1.23V 以下，这远低于有机系电解质的电压窗口。水系电池能量密度低于有机系电池的主要原因之一正是其狭窄的电压窗口。因此，拓宽水系电解质的稳定电压窗口，开发高容量的新型电极材料已成为水系电池研究的重点[128]。近年来，已经发展了多种不同的正极和负极材料[129]。对这些电极材料的结构改性可以进一步提升水系电池的能量密度，本节将主要围绕多孔材料在水系锌离子电池正极和负极（结构化负极）中的应用进行讨论。

9.6.2.1 多孔材料在水系锌离子电池正极中的应用

典型的水系锌离子电池正极材料包括锰基材料、钒基材料、普鲁士蓝类似物、有机化合物、钠超离子导体以及金属硫化物。锰基正极材料因其成本低、地壳中含量丰富、环境友好等优点，已被广泛研究并用于锌离子电池正极。MnO_2 具有很高的理论容量（基于 Mn^{4+} 和 Mn^{3+} 之间的单电子转移），工作电压范围为 0.8～1.8V。MnO_2 有各种各样的晶相，包括 α-MnO_2、β-MnO_2、γ-MnO_2 等。这些结构变体在氧化还原反应机制中起着不同的作用，这决定了电池的电化学性能。以 α-MnO_2 为正极，锌金属为负极，温和的锌盐溶液为水电解质，构建的 Zn/MnO_2 水基电池具有很高的库仑效率，但其循环稳定性较差[130]。此外，MnO_2 材料的导电性差、体积膨胀大，严重影响了锌离子电池的倍率和循环性能。为了解决这些问题，近年来的研究集中在锰基材料的结构改性方面。例如，通过构建介孔 MnO_2 花状纳米球作为锌空气电池的正极，在 3.0A・g^{-1} 时提供 124mA・h・g^{-1} 的高比容量和 2000 次以上的良好循环稳定性[131]。此外，通过 MOFs 材料包覆制备出的含氮导电多孔碳包覆的氧化锰纳米棒复合正极，具有特殊多孔结构和高效的导电网络，十分有利于电化学性能的改善。作为锌离子电池的正极材料，该材料提升了其倍率性能和循环稳定性[132]。Ren 等人采用溶液模板法在温和的温度下合成的由几层超薄纳米片构成的反蛋白石二氧化锰[133]。作为水系锌离子电池的正极材料，层数少的超薄纳米片结合具有大孔的反蛋白石结构，保证了优异的性能。在电流密度为 300mA・g^{-1} 的情况下，第 100 次循环后可保留 262.9mA・h・g^{-1} 的高比放电容量，容量保留率高达 95.6%。在 2000mA・g^{-1} 的高电流密度下，即使经过 5000 次循环，也能获得 121mA・h・g^{-1} 的高比放电容量。因此，合理调控锰基材料的孔道结构对提高锌离子电池的倍率性能和长循环稳定性具有重要作用。

钒基材料，尤其是具有开放式骨架结构的钒氧化物，具有结构灵活、氧化还原电位合适、比容量高等优点，成为水系锌离子电池正极研究的热点。然而，钒基材料的电导率不高，导致其动力学反应较缓慢；此外，钒会微溶于电解液中，导致活性物质流失，从而缩短了循环寿命；在充放电过程中 Zn^{2+} 嵌入/脱出产生的应力会引起钒氧化物晶格膨胀/收缩，从而导致结构变形，电池循环稳定性较差。单一的纳米结构在电化学充放电过程中容易团聚，发生“电化学烧结”，从而丧失在动力学上的优势，加快容量衰减。因此，需要对其形貌进行合适的调控。众多研究表明，三维多孔微纳结构的钒基电极材料不仅具有上述动力学的优势，而且可以避免循环过程中的团聚，保持结构完整[134]。Wang 等设计了一种分级多孔锌钒氧化物 $Zn_{0.3}V_2O_5\cdot 1.5H_2O$ 结构［图 9.22(a)～(c)］[135]。分级多孔结构为电化学过程中产生的应力提供了缓冲空间，并且为正极材料与电解液提供了更大的接触面积，缩短了离子扩散路径，有利于快速动力学反应和长期稳定性。这种正极材料表现出超长的循环稳定性，在 10A・g^{-1} 下，20000 次循环后，容量保持率高达 96%［图 9.22(d)］。

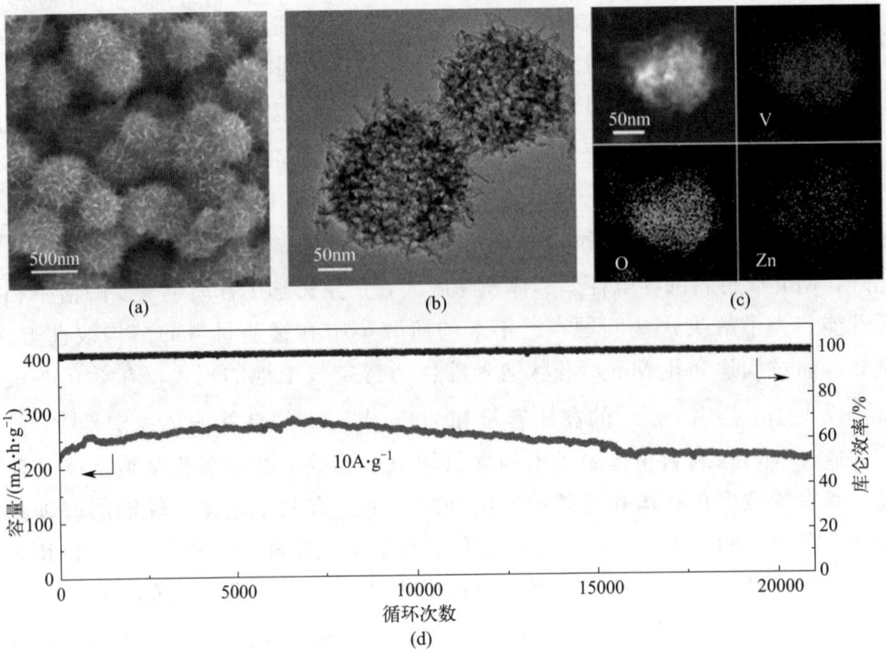

图 9.22 $Zn_{0.3}V_2O_5 \cdot 1.5H_2O$ 正极材料的 SEM 图像（a）～（b）组成分析（c）和循环性能（d）

9.6.2.2 多孔材料在水系锌离子电池负极中的应用

因具有高理论比容量、高安全性、低成本以及无毒无害等优点，金属锌被认为是水系电解液中具有发展前景的负极材料之一。然而，不可逆的枝晶生长以及析氢、腐蚀等副反应阻碍了锌负极的实际应用。先进的水系锌负极结构的设计和优化一直是研究的热点。与锂负极类似，锌枝晶的形成会导致循环稳定性差、库仑效率低等问题。近年来，制备高性能的三维结构锌负极引起了人们的极大兴趣。这种三维结构能够提供较高的比表面积、更多的离子活性位点，从而可以提升电极的面能量密度和功率密度。一般而言，三维结构化锌负极材料需要选用合适的三维多孔材料作为基底，这些基底材料包括碳材料、金属材料，以及聚合物或复合材料等其他材料。

（1）三维多孔碳/锌结构化负极

目前，关于碳基材料用于锌负极的基体已经有大量研究，主要包括碳纤维、碳布、碳纳米管、石墨烯以及其他碳材料等。碳材料具有高导电性、高化学稳定性、高比表面积以及独特的多孔结构，可以均匀化载流子通量，并降低成核过电位，提高离子传输速率，促进离子的扩散，为锌沉积提供更大的沉积空间。具有多孔导电碳网络的碳纤维是一种优良的锌负极基体材料。例如，在碳纤维上电沉积锌得到的负极与在泡沫镍上沉积的多孔 Co_3O_4 正极组装成的水系电池，能够实现 1.78V 的高电压和 241W·h·kg^{-1} 的高能量密度[136]。在碳材料中，与碳纳米管薄膜或纤维相比，三维碳纳米管泡沫由于其层次化的多孔结构和较高的比表面积，可以提供更多的 Zn^{2+} 沉积位点和空间。基于 Zn/CNT 作为负极的高柔性对称电池具有优越的循环稳定性，1000 次循环后仍可保持 88.7%的容量[137]。此外，碳纳米管泡沫的三维骨架可用于机械限制锌枝晶的生长和积聚。Wang 等人通过在三维碳纳米管泡沫中沉积锌，制备了锌/碳纳米管复合电极，该电极对锌枝晶生长具有较好的抑制能力[138]。此外，碳纳米管的高柔韧性和自组装性使其能够用于制备柔性电池。具有热稳定性和高导电性的碳布也可以作为柔性基底。采用电化学沉积法制备柔性锌负极，在碳布上形成均匀的锌膜[139]。Zn@C‖Bi_2S_3 电池表现出比 Zn‖Bi_2S_3 电池更好的循环稳定性和倍率性能。类似地，Zhao 等人通过在碳布上电沉积锌纳米片阵列制备了柔性负极[140]。由于均匀的锌纳米片阵列之间的空间和负极的比表面积迅速增加，有利于电解液渗透并降低循环阻抗。这些以碳布为基体的锌基负极表现出良好的灵活性和循环稳定性。

虽然碳材料能够抑制锌枝晶，但锌和碳材料之间的晶格不匹配导致锌在碳材料上有更高的成核势垒。为了充分利用三维碳材料结构高比表面积和高导电性的优势，在碳材料上引入亲锌材料（例如含 N、C═O 和—NH_2 的亲锌官能团，以及 Ag、Cu、Sn、TiO_2 和 SiO_2 等亲锌金属单质或金属氧化物）可实现高度稳定的锌沉积/剥离循环过程。

理论上，在碳基体上引入电负性强的官能团可以在循环过程中吸收并引导 Zn^{2+} 均匀成核。例如，引入 N、C═O、—NH_2 等官能团会形成亲锌位点，起到抑制枝晶生长的作用。Xiao 等人报道了一种在碳布上原位生长的三维氮掺杂垂直石墨烯纳米片（N-VG@CC），该纳米片被用作基底来制备无枝晶负极[141]。氮掺杂石墨烯中含有丰富的含氮官能团。根据密度泛函理论（DFT），在 Zn^{2+} 的沉积过程中，电负性较高的氮元素能够捕获 Zn^{2+}，有利于 Zn 的成核过程。在不同电流密度下，Zn 在 N-VG@CC 上的成核过电位远低于在碳布上的成核过电位。因此，具有大比表面积的氮掺杂石墨烯和亲锌官能团可以促进 Zn 的均匀成核，降低局部电流密度，并实现后续循环中 Zn^{2+} 的均匀沉积/剥离。类似地，Cao 等人采用氮掺杂碳布作为锌负极的基底也表现出良好的循环稳定性[142]。Qiu 等提出将 C═O 引入到碳布中以提高基底的润湿性[143]。通过苯胺原位聚合将丰富的亲锌胺基团（—NH_2）引入碳布表面，制备的锌基负极材料也表现出更优异的长循环稳定性。根据 DFT 计算结果，C═O 和—NH_2 官能团对 Zn 原子具有较高的结合能。因此，在碳骨架上引入亲锌官能团构建无枝晶锌的三维负极（结构化负极）是一种有效的方法。通过分析这些亲锌官能团的共同特征，可以得出以下结论。首先，金属锌与这些官能团之间存在强烈的相互作用，从而使锌稳定沉积。其次，通过在碳骨架中引入极性官能团，可以改善基底的润湿性。再次，这些官能团通常表现出较高的电负性和强的局域偶极子，这有助于降低 Zn^{2+} 沉积过程中 Zn 的成核过电位。碳基材料可以降低局部电流密度，提高电场分布的均匀性。亲锌基团可作为亲锌活性位点，调控锌的沉积。结合三维结构和亲锌官能团可以得到高性能的负极材料。

亲锌金属修饰的三维碳材料也是构建无枝晶锌负极的有效方法。亲锌纳米颗粒能够调节 Zn^{2+} 的均匀沉积。Liang 等人利用喷墨打印技术制备了 Ag 修饰的三维碳骨架[144]。Ag 纳米颗粒（AgNPs）可直接沉积在碳布上，从而得到 AgNPs@CC 基底。随后，通过在基底上电沉积锌，制得 AgNPs@CC/Zn 负极。在 $10mA \cdot cm^{-2}$ 的高电流密度下，AgNPs@CC/Zn 对称电池可以稳定循环 480 小时。在电流密度为 $5.0A \cdot g^{-1}$ 时，AgNPs@CC/Zn ‖ $NaV_3O_8 1.5H_2O$ 电池可循环超过 1200 次。进一步研究表明，在初始成核阶段，AgNPs 作为亲锌位点促进 Zn 的均匀沉积。在循环过程中，形成亲锌合金 $AgZn_3$，以补偿活性锌的不可逆损失。同时，AgNPs 可以提高碳布的导热性和润湿性，有利于 Zn^{2+} 的快速迁移和均匀沉积。此外，Sn、Cu 等金属也被用作修饰多孔碳基体的亲锌金属，以促进锌的均匀沉积/剥离。因此，具有高电负性的亲锌官能团能够吸收 Zn^{2+}，实现锌的均匀沉积，并提高负极的润湿性。亲锌金属还能与锌形成具有高亲锌性的合金，为锌的沉积提供成核位点（种子）。综合两种材料的优点，可以构建出一个由亲锌官能团和金属修饰的良好三维碳结构。

（2）三维多孔金属/锌结构化负极

金属纳米孔骨架电极因其较高的比表面积和良好的导电性，能够通过多种方式引导锌金属的均匀沉积。金属基底包括铜网、多孔铜、多孔镍和不锈钢网等。这些金属基底与锌的相容性较好，亲锌化合物可以附着在上面形成活性的成核位点，引导 Zn^{2+} 均匀沉积。

三维铜作为一种理想的基底，具有结构稳定、孔洞丰富、导电性好等优点。目前有两种类型的三维铜应用于锌负极：一种是改良的商用铜箔，另一种是直接使用多孔铜（例如铜网、泡沫铜）。Wu 等人报道了在化学蚀刻多孔铜骨架上电沉积锌制备的高度稳定的三维锌负极[145]。三维多孔铜骨架固有的优良导电性和开放式的结构保证了锌的均匀沉积/剥离。在 350 小时的重复沉积/剥离过程中，3D 锌负极表现出较低的极化、稳定的循环性能、几乎 100％的库仑效率和快速的电化学动力学。Zhang 等人提出了一种基于亲锌性铜网骨架和 Zn^{2+} 导向作用的聚丙烯酰胺（PAM）电解质添加剂制备无枝晶锌负极的协同改性策略[146]。铜网不仅可以为锌负极提供结构支撑，而且可以通过原位形成的 Cu-Zn 固溶体促进锌的均匀成核，PAM 上的酰基对锌离子具有较强的选择性吸附作用，锌离子可以沿聚合物链转移在电极表面呈均匀分布。制备的锌负极在较宽的电流密度范围内（$0.2 \sim 20mA \cdot cm^{-2}$）均表现出无枝晶的形貌，并利用 PAM 改性后的活化界面显著提高了电池的循环稳定性。

近年来，3D 打印技术已应用于锌离子电池。Qian 等人利用 3D 打印技术制作了三维镍电流收集器[147]。通过在导电的三维镍晶格上电沉积锌，得到了三维镍-锌（3DNi-Zn）负极（图9.23)。这种具有三维多通道结构的特殊负极有利于 Zn^{2+} 的分布和沉积。得益于多孔晶格，3DNi-Zn负极在 $10mA\cdot h\cdot cm^{-2}$ 时具有稳定的库仑效率和高面积比容量，而且在三维负极表面没有观察到明显的锌枝晶。此外，不锈钢也可以用来稳定锌负极。Zhang等人通过简单的一步法制备了高性能的锌-不锈钢网复合负极[148]。三维钢网结构可以降低局部电流密度，抑制枝晶生长。这表明，该复合负极具有较高的循环稳定性和优良的倍率性能。

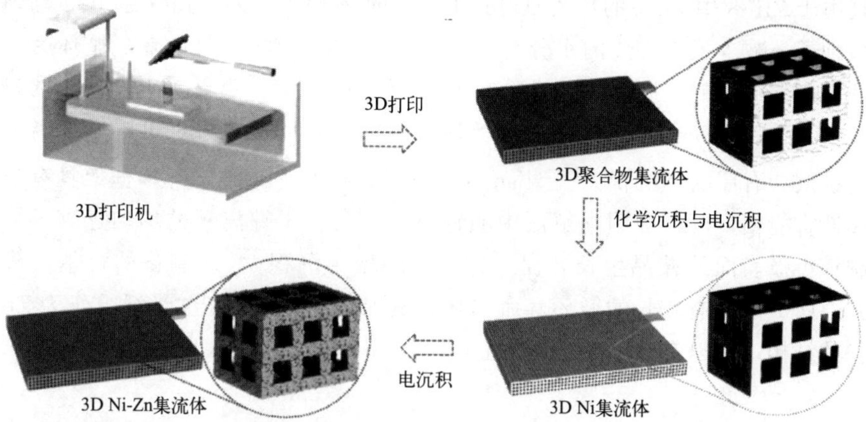

图9.23　三维镍-锌负极的制作过程示意图

在金属骨架中引入对锌具有亲和力的纳米颗粒（如N/O官能团、CuO、TiO_2 等）可以提高金属骨架的活性表面积和亲锌性。三维金属基底可以降低局部电流密度，并且可以充当锌沉积的容器，从而促进锌的均匀成核，在一定程度上减少枝晶的生成。在金属基底上引入亲锌物质，可以进一步提高金属基底的亲锌性，降低锌沉积过程中的成核势垒，从而促进Zn的均匀成核。Zhao等人通过电化学还原和空气退火处理制备了CuO装饰的铜网（CM@CuO）基底[149]。随后，在CM@CuO基底上沉积锌，制得无枝晶CM@CuO@Zn负极。根据DFT计算，CuO促进了 Zn^{2+} 的均匀分布和Zn的均匀沉积。Zhang等人通过无模板电沉积法和气相脱合金法制备了带有亲锌 TiO_2 层的多孔三维钛（3D Ti-TiO_2）骨架[150]。三维结构降低了局部电流密度，起到了锌沉积容器的作用，增强了锌的均匀成核。亲锌 TiO_2 层可以提高Zn和Ti骨架的亲和性以及3D Ti-TiO_2 与电解质的润湿性，促进Zn的均匀成核。即使在 $5A\cdot g^{-1}$ 的高电流密度下，Zn@3D Ti-TiO_2 ‖ S-MXene@MnO_2 电池的稳定循环仍可达500次。多孔金属基底具有高导电性和大比表面积，可以使离子分布和电场分布均匀。在三维金属骨架中加入亲锌材料可以进一步稳定锌负极。然而，由于使用了重或厚的金属基底，相应锌离子电池的体积能量密度将受到限制。此外，当金属作为基底时，氢气析出反应（HER）难以消除。因此，选择合适的金属基底对于锌离子电池的实际应用非常重要。

（3）其他三维多孔材料/锌结构化负极

除了碳基质和金属基质外，其他材料包括 MOFs、2D MXenes、多孔聚苯并咪唑（PBI）纳米纤维框架等也被用作基底材料。这些基底材料被用作锌沉积框架以稳定锌负极，它们具有多孔基质、均匀的成核种子，并可作为阴离子宿主。Wang 等人报道了在 500℃退火处理的 Zn@ZIF-8-500 阳极能抑制枝晶生长[151]。这是由于 ZIF-8 中 Zn^{2+} 的热还原得到了微量的 ZnO，为 Zn 的沉积提供了均匀的成核种子，减少了不必要的水分解。Zn@ZIF-8-500 负极在 20000 次循环后仍能表现出优异的性能，库仑效率接近 100%，无枝晶生成。Tian 等人发现柔性三维层状 $Ti_3C_2T_x$ MXene@Zn 有丰富的活性位点和良好的导电性，可以实现离子的快速扩散和有序的锌沉积[152]。Jian 等人发现多孔的 PBI 纳米纤维框架具有丰富的极性官能团，可以吸附电解液中的锌离子，有利于锌离子的均匀迁移，从而抑制锌负极表面的枝晶生长并促进锌离子的均匀沉积[153]。制备的锌基负极在 $1.0A \cdot g^{-1}$ 时具有较长的循环寿命和高容量保持能力。PBI 纳米纤维作为 Zn^{2+} 沉积的结构，可以有效地抑制枝晶生长，提高电池的电化学性能。

9.7 超级电容器

电化学储能电池的电荷存储主要依赖于电极材料晶体结构中阳离子的插入/脱出，从而受到晶体框架内阳离子扩散的控制，这大大限制了电池的充放电速率（或功率密度）。超级电容器是一种综合了电池的高能量密度和传统电容器的高功率密度的可以实现电能快速储存或释放的新型储能装置。由于超级电容器的电荷存储是基于电极材料的表面反应，没有离子在材料体内扩散，因此，它可以提供比电池更大的功率密度。当需要高功率传输或快速能量收集时，超级电容器是充电电池有效的替代品或补充。

超级电容器的雏形始于 1746 年发明的莱顿瓶，但直到 19 世纪才开始被深入研究。1897 年，Helmholtz 首次提出了电化学双电层理论。之后，通用电气的 Becker 在 1957 年申请了第一个关于超级电容器的专利。这项专利掀起了超级电容器的研究热潮，随后被日本 NEC 公司买下，推出了应用于电动汽车启动系统的“Super Capacitor”水系电容器。随后，松下公司以活性炭为电极材料，设计出以有机溶液为电解液的超级电容器，引发广泛关注。20 世纪 70 年代初，以二氧化钌为电极材料的超级电容器被开发出来。1990 年，二氧化钌/碳/Nafion 硫酸水系超级电容器被商业化。近年来，超级电容器已被广泛应用于消费类电子产品、记忆存储、能源管理和工业动力等领域。目前，美国能源部已经将超级电容器列为未来重要的能源储存装置，我国也已经将超级电容器的开发列入科技发展纲要。在国家行动纲领《中国制造 2025》中，超级电容器被列为重点扶持的储能器件。因此，加速研发高能量密度的超级电容器具有重要的国家战略意义。

超级电容器的能量密度取决于电极材料的比电容和整体电压。一方面，制造混合/非对称超级电容器可以有效地利用两种电极之间的电位差来提高电容器的整体电压。另一方面，开发多孔纳米电极材料来提高比电容是一种有效的方法。其中，多孔碳材料和多孔过渡金属化合物是被研究最广泛的两类电极材料。

9.7.1　超级电容器的组成与电荷存储机理

9.7.1.1　超级电容器的组成

超级电容器是基于界面电荷快速积累或法拉第电荷转移过程实现储能的元器件。与电池类似，超级电容器也是由集流体、隔膜、电解液和电极材料组成。集流体需要是电导率高、化学稳定性好且耐腐蚀的材料。常用的集流体材料包括碳基材料（例如碳纸、碳布和碳纤维等）和金属材料（例如铝箔、铜箔、泡沫镍、不锈钢网等）。隔膜一般选用聚四氟乙烯、聚丙烯、纤维素膜等。电解液一般包括水系电解液（例如氢氧化钾、盐酸、硝酸钾等）与有机电解液。水系电解液具有环境友好、不可燃和成本低廉等优势，但其稳定工作电压窗口较窄。有机电解液一般包含大分子溶质盐（如四氟硼酸铵）和有机溶剂（例如乙腈、碳酸丙烯酯等）。虽然有机电解液具有较宽的工作电压窗口，但因成本高、对环境不友好，限制了其在商业中的应用。

超级电容器的电极材料主要依据电荷存储机理的不同分为双电层电容电极材料与赝电容电极材料两大类。其中，各种类型的碳材料遵循双电层电荷存储机理，过渡金属氧化物遵循赝电容电荷存储机理。对于采用双电层电荷存储机制的电容器，在充电过程中，带负电的离子快速吸附于正极，而带正电的离子则迅速吸附于负极，从而形成双电层。当放电时，这些离子会从电极表面迅速脱离，以完成电荷的释放。

9.7.1.2　超级电容器的电荷存储机理

超级电容器的活性材料中的充放电过程与电池中的充放电过程有本质上的不同。超级电容器中的电荷存储过程在理想情况下是二维的，并通过两种主要机制进行：一是双层静电荷的积累（双电层电容），二是通过在电极表面上发生的法拉第氧化还原反应来进行电荷存储（赝电容）。

一般来说，双电层电容器具有良好的功率性能和较长的循环寿命，并且具有接近矩形的循环伏安曲线。在不受扩散限制的条件下，离子在电极-电解质界面的吸附和解吸几乎瞬间完成。最简单且历史最悠久的双电层模型是由Helmholtz提出的，该模型中，电容C可以采用平行板电容器进行计算：

$$C=\varepsilon\varepsilon_0\varepsilon_r\frac{A}{d} \tag{9.36}$$

式中，ε_0是空气的介电常数或真空介电常数（$8.84\times10^{-12}F\cdot m^{-1}$）；$\varepsilon_r$是两板之间使用的电解质的介电常数；$A$是极板的面积，$m^2$；$d$表示两板之间的距离。基于该模型，在外加电压下，浸泡在电解质中的电极吸引相反电荷的离子，同时排斥相同电荷的离子。因此，在电极-电解质界面处形成了两个紧密的电荷层，称为“双电层电容”。双电层电容在每个电极-电解质界面类似于传统的平行板电容器。然而，带电荷的离子在电解质溶液中是可移动的，并且受到扩散力和静电力的影响。因此，Gouy-Chapman模型被提出来，其中离子被当作点电荷，离子在溶液中靠近表面的浓度遵循玻尔兹曼分布。但是，该模型将溶液中的离子假设为没有体积的点电荷，导致了电极界面的电容计算值远大于其实际电容值。之后，Stern将以上两种模型组合构建了Gouy-Chapman-Stern模型，它结合了Helmholtz和Gouy-Chapman的思想（图9.24）。因此，Gouy-Chapman-Stern模型更准确地描述了双电层的详细结构，表示了由于电解液离子的热运动而在电解液中形成的致密层（Stern层）和扩散层。插入电路显示了Stern层和扩散层的串联电容器。该模型认为电化学双电层实际上具有多层结构，包括内亥姆霍兹平面（IHP）、外亥姆霍兹平面（OHP）和靠近本体电解质溶液的扩散层。在由IHP和OHP组成的Stern层中，电势从表面势到内层和外层致密层都呈线性衰减，只是衰减梯度或斜率不同。接近扩散层时，电势的变化偏离线性特征，达到一个稳定值，并在整个电解质中几乎保持不变。因此，电极的总双电层电容C_{dl}可表示为：

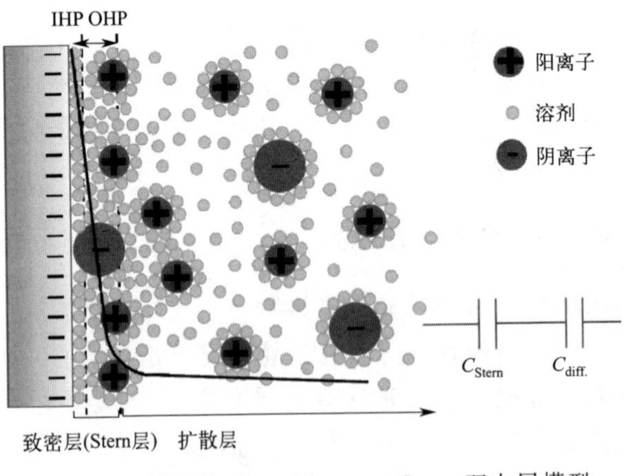

图9.24　平面的Gouy-Chapman-Stern双电层模型

$$C_{dl}=\frac{1}{C_{Stern}}+\frac{1}{C_{Diff}} \tag{9.37}$$

式中，C_{Stern} 为 Stern 层的双电层电容；C_{Diff} 为扩散区的双电层电容。

赝电容又被称为准电容（pseudocapacitance），其反应机制由化学家 Conway 首次提出。他认为，赝电容电容器的电荷存储是基于可逆的法拉第电荷转移实现的。赝电容电荷存储通常包括三种机制，分别为欠电位沉积、插层型赝电容和表面赝电容（氧化还原型）。一般，贵金属 Pt 或者 Au 电极符合欠电位沉积机制，但是由于其较低的电压窗口和高成本而未得到广泛研究。表面赝电容机制是通过具有氧化还原活性的电极表面的电荷转移来实现电荷存储的。RuO_2、MnO_2 和 MXene 是典型的表面赝电容电极材料。插层型赝电容是一种新型的电荷存储机制，它依赖于阳离子（例如 Li^+、Na^+、K^+、和 H^+）在活性材料本体中的插入/脱出，而不受阳离子在活性材料晶体框架内扩散的限制。由于整个电荷存储过程不发生相变，动力学控制步骤仍然为吸附过程。因此，插层型赝电容材料具有优异的倍率性能。T-Nb_2O_5 是典型的插层型赝电容电极材料。虽然插层赝电容行为的动力学接近于电容或传统的赝电容行为，但其电极形状仍然类似于电池型电极，电荷存储发生在非常窄的电位窗口。

9.7.2 超级电容器系统

9.7.2.1 对称超级电容器

对称超级电容器通常由两个相同的超级电容器型电极组成，这些电极包括活性炭和赝电容材料。大多数商用超级电容器都是基于两个对称的活性炭电极的，在有机电解质中其电压窗口可达 2.7V。由于受水分解的限制，在水系电解质中的极限工作电压约为 1.23V。进一步提高水系超级电容器能量密度的关键是拓宽电压窗口。大量研究表明，拓宽电压窗口的一个有效策略是选择具有高过电位的析氢和/或析氧的电极材料。例如，Hu 等报道的活性炭‖活性炭对称超级电容器在 $0.5mol \cdot L^{-1}$ Na_2SO_4 水电解质中表现出 2.0V 的高电池电压。这一高值归因于与储氢机制相关的高过电位[154]。Cao 等人利用 RuO_2 作为负极和正极，构建了对称的水系超级电容器，在高能量密度和功率密度的情况下，实现了 1.6V 的高工作电压[155]。这种良好的性能是由于 RuO_2 在析氧过程中具有较高的过电位。尽管对称超级电容器的正负电极采用相同的超级电容器类型材料，但由于充放电过程中正负电极吸收的电解质离子不同，使两个电极的质量存在差异。

9.7.2.2 非对称超级电容器

非对称超级电容器也被称为准电池（pseudo-battery）。它们可分为两种类型：一是由两种不同的双电层电容活性材料组成的电容型电极，二是由一种双电层电容与一种赝电容电极组成的混合电容器[156]。在充电和放电过程中，非对称超级电容器能够充分利用两个电极的不同电位窗口，以此最大化整个器件的工作电压。与对称超级电容器相比，非对称超级电容器具有较高的能量密度和脉冲功率。能量密度是评估超级电容器电化学性能的关键参数之一，对于相同的电容值，电压增至原来的2倍，则能量密度可增至原来的4倍。因此，经过精心设计的非对称超级电容器展现了提高能量密度的可能性，适用于需要高功率存储和输送能量的应用场景。

9.7.3 多孔碳基电极材料

双电层电容器的储能机制是基于电解液离子在电极活性材料表面的静电吸附。因此，双电层电容器高电容的关键在于使用具有大比表面积和高电子电导率的电极材料。具有大比表面积和良好导电性的纳米碳基材料是双电层电容器的首选材料。碳基材料包括石墨烯衍生物、活性炭、碳纳米管、碳纤维、碳布、碳化物衍生碳、沸石模板碳和导电多孔碳等。

碳基材料的双电层电容受其结构，尤其是孔隙率和比表面积的影响。研究者实验研究了无溶剂离子液体电解质的电容与孔径之间的关系[157]。他们的研究表明，当孔尺寸与离子尺寸最佳匹配时，可以获得最大电容。Ji等人分析了各种碳基电极的电容与比表面积之间的关系[158]。碳电极的比电容（单位为$F\cdot g^{-1}$）随着比表面积的增加而增大，但当比表面积超过$1500m^2\cdot g^{-1}$时，归一化电容（比电容与比表面积的比值）逐渐减小，最终稳定在$5\mu F\cdot cm^{-2}$左右。因此，碳基材料具有小孔径和可控比表面积，能够优化离子扩散并获得高电容。

近年来，多孔结构的电极活性材料提供了非常高的比表面积和良好的电解质通路，引起了相当多的关注。虽然Gouy-Chapman-Stern模型能较好地描述平面表面上的电荷分布，但不能很好地描述多孔材料中的电荷分布。离子在电解质中的运动与其在电极活性材料孔隙中的运动完全不同。孔隙大小对离子在孔隙内的迁移有很大的影响。适当的孔隙尺寸可以显著提高碳基材料的电容。当孔径与溶剂化离子的半径相匹配时，可获得最高的电容。

通常认为，直径小于0.5nm的孔隙不能被水合离子进入，而直径小于1.0nm的孔隙不能被有机电解质进入。因此，基于Gouy-Chapman-Stern模型，这些孔隙对双电层电容没有贡献。在介孔材料中，介孔尺寸较小（直径约为3～5nm）的电极活性材料表现出最佳的电容性能，因为孔的直径约为溶剂化离子半径的两倍，从而使离子在相邻的孔壁上都有适当的吸附。然而，后来，Gogotsi的团队与Simon合作，报道了比溶剂化电解质离子尺寸更小的孔隙的电容异常增加现象[159]。虽然整个机制还不完全清楚，但微孔材料的电容增加可以归因于离子进入超微孔（直径<1nm）碳时的部分脱溶作用。随着溶剂化壳层的变形，以及离子表面与碳表面距离的缩短，系统的电容增大，超出平面电容模型的计算值[160]。因此，许多研究致力于孔隙率对多孔碳材料电容的影响。根据多孔碳材料的孔隙尺寸和形状的差异，已经发展出适用于介孔碳和微孔碳的电容计算模型[161]。因此，兼具微孔与介孔结构的碳电极可以促进双电层电容性能的提升。此外，通过杂原子掺杂，也可以有效提升碳材料的界面浸润性和电子供给能力，引入赝电容特性，从而改善碳电极的双电层电容性能。

9.7.3.1　介孔碳

活性炭材料是商业化超级电容器的电极活性材料。但是，活性炭材料在大电流充放电时性能不佳，主要原因是活性炭材料内部孔道分布较宽（从微孔到介孔再到大孔）。活性炭中的微孔占据很大比例，并且这些孔道很多都是闭合的或者孔径过小，无法被电解液浸润。有序介孔碳的出现大大改善了这一局限性。有序介孔碳的孔道由介孔构成，孔径分布窄且有序排列，对电解质有很好的渗透性，离子在有序排列的孔道中的传输阻力远远小于其在不规则孔道中的阻力。因此，有序介孔碳作为超级电容器的电极材料展现出优异的倍率性能。近年来，各种有序介孔碳已经被开发出来并用作双电层超级电容器的电极材料。例如，采用硬模板法制备的有序介孔碳 CMK-3 具有纤维状紧密堆积结构，孔径为 3.90nm，比表面积为 $900m^2 \cdot g^{-1}$。当用作超级电容器的电极材料时，CMK-3 在有机电解质中的比电容为 $90F \cdot g^{-1}$[162]。

为了提高介孔碳材料的电子导电性，可以对其进行多种形貌设计，包括排列有序的介孔碳纳米纤维、介孔碳纳米管、介孔碳球阵列，以及介孔碳纳米纤维阵列。例如，Liu 等结合有机溶剂的表面活性剂模板自组装与天然螃蟹壳模板工艺，制备了高度有序的介孔碳纳米纤维阵列，在该过程中，螃蟹壳被用作生成纳米纤维阵列的硬模板[163]。组装的超级电容器表现出了 $152F \cdot g^{-1}$ 的比电容、高倍率能力和优异的循环稳定性。此外，一些研究人员利用这一原理将多孔碳沉积到高导电性支撑介质上，如碳纳米管和石墨烯，以改善其电容特性。例如，Qian 等人合成了具有核壳结构的 CNT@介孔碳[164]。Liu 等人开发了一种分层多孔复合材料，该复合材料由有序介孔碳覆盖的互连大孔石墨烯网络组成，其均匀孔径为 9.6nm[165]。他们还证明了介孔的方向（垂直或平行于复合材料表面）可以由组分的比例调节，这进一步影响了复合材料的电化学行为。当有序介孔碳/石墨烯在 $6mol \cdot L^{-1}$ KOH 电解液中作为超级电容器的电极材料时，具有垂直介孔的有序介孔碳/石墨烯在电流密度为 $0.5A \cdot g^{-1}$ 时具有 $197F \cdot g^{-1}$ 的高比电容。

9.7.3.2　杂原子掺杂多孔碳

表面功能化是提高碳材料电容性能的另一种有效途径。其中，杂原子掺杂是最常用的碳材料表面功能化方法。引入碳骨架的最常见的杂原子包括氮（N）、氧（O）、硼（B）、硫（S）和磷（P）。杂原子掺杂到碳基材料的晶格中，能够增强化学活性，改善润湿性，提升电导率，并增强赝电容特性。特别是氮掺杂碳材料作为超级电容器的电极材料已被广泛研究。由于含氮基团能够产生或增加氧化还原反应、电子给体能力和电极润湿性，因此在碳材料中掺入氮能显著提高其电容性能。例如，Zhou 等人报道了一种富氮有序介孔碳纳米纤维阵列，其比表面积为 $1030m^2 \cdot g^{-1}$，平均介孔孔径为 15.0nm，含氮量高达 6.7%。这些优异的结构特性使其具有 $264F \cdot g^{-1}$ 的超高比电容[166]。通过进一步增加比表面积或改变孔径，氮掺杂碳材料的比电容可提高至 $325F \cdot g^{-1}$。在碳材料中，氮原子通常可以分为三种不同的类型：①吡啶型氮，它与两个碳原子成键，并向芳香系统提供一个 p 电子；②吡咯型氮，与五元环相邻碳原子上的酚基或羰基相结合；③石墨化氮，它连接三个碳原子，位于石墨烯层中心或山谷位置。位于石墨烯层边缘的氮基团，如吡啶型氮和吡咯型氮，通常具有赝电容效应，而石墨化氮可以促进电子通过碳的转移。氧也是一种广泛用于修饰碳材料的杂原子。碳材料中的氧原子可分为三种：C ═O 醌型氧、C—OH 酚基或 C—O—C 醚基、COOH 化学吸附氧。例如，Zhao 等人开发了一种多级孔碳，通过 HNO_3 活化产生丰富的氧官能团[167]。富氧官能团提供稳定的赝电容，使制备的样品具有高的比电容（在 $1mol \cdot L^{-1}$ H_2SO_4 中的比电容为 $369F \cdot g^{-1}$）。通常，由于氮和氧的协同作用，它们总是被共掺杂到碳骨架中。例如，Li 等人通过相分离湿纺丝和随后聚丙烯腈（PAN）前驱物的化学活化，制备了富氮富氧的多级孔碳纤维[168]。该碳纤维具有高达 $2176m^2 \cdot g^{-1}$ 的比表面积，在 $0.1A \cdot g^{-1}$ 电流密度下具有 $329F \cdot g^{-1}$ 的比电容。

近年来，由于其来源广泛、可再生和低成本的优势，生物质衍生的碳电极材料在储能领域引起了极大的关注。这些生物质基碳材料在超级电容器的应用中取得了优异的电化学性能。这主要归因于以下两个因素：①生物质衍生碳的孔隙结构在很大程度上依赖于生物质前驱体，而天然的、均匀且精确的生物结构为制备几何形状明确可控的电极材料提供了良好的模板，通过生物前驱体的调控，可以获得具有可控微观结构的多孔碳；②生物质的基本组成元素是碳、硫、氮和磷，可在制备过程中实现自掺杂，这些元素具备的丰富的表面化学性质使生物质衍生碳材料与电化学反应过程具有很好的相容性。

迄今为止，以生物质为原料采用不同方法已经制备了一系列新型多孔碳材料（包括一维、二维和三维的多孔碳），这已成为制备超级电容器电极材料的一个重要领域。纤维素作为地球上储量最丰富的可再生生物质纤维，具有高碳含量、丰富的表面化学性质、优越的力学性能、高比表面积、热稳定性和易加工性等特点，是先进储能系统的理想材料。Jin 等人报道了一系列木质纤维通过一步碳化和水蒸气活化制备的活性炭纤维[169]。活化时间越长，产生的介孔越多，介孔相互连接，这对于电解液进入内部微孔非常重要，从而保证了高电容的实现。具有最佳结构的样品在 0.5A・g^{-1} 时具有 280F・g^{-1} 的比电容，在 2000 次充放电循环中具有 99.3%的高电容保持率。以生物质为前驱体制备多孔碳时，还可以同步实现丰富的杂原子掺杂。例如，Yun 等人从蚕丝蛋白中制备了含有大量氮和氧原子的碳基微孔纳米板[170]。这种类型的多孔碳纳米板显示出高的比表面积（2557m^2・g^{-1}）和优异的比电容（电流密度为 0.1A・g^{-1} 时的比电容为 264F・g^{-1}）。Wahid 等人用酸奶合成了重氮（12%，以质量分数计）掺杂的多孔碳，其比表面积为 1300m^2・g^{-1}，在 2A・g^{-1} 电流密度下具有 225F・g^{-1} 的高比电容[171]。Wu 等人通过碱法处理小麦粉的一步碳化，合成了三维互连的蜂窝状多孔碳泡沫[172]。互连的多孔结构、高比表面积（1313m^2・g^{-1}）和杂原子掺杂（N：1.1%；O：11.2%；掺杂量均以原子分数计）使多孔碳泡沫电极表现出 473F・g^{-1} 的比电容（在 0.5A・g^{-1} 电流密度下）。

9.7.3.3　多孔石墨烯

和传统多孔碳电极相比，多孔石墨烯具有极高的电导率和比表面积。同时，石墨烯片层所特有的褶皱和叠加效果可以形成纳米孔道和纳米空穴，有利于电解液的扩散，因此在超级电容器领域受到广泛关注。一般而言，多孔石墨烯根据孔的分布可以分为三类[173]：面内孔石墨烯、二维孔石墨烯和三维孔石墨烯。面内孔石墨烯具有较大的比表面积，孔径可控，导电性高。可以通过自下而上（利用有机分子前驱体和模板剂），或者自上而下（在石墨烯上制造缺陷）的方法制备得到。二维孔（层状孔）石墨烯是通过在石墨烯片上引入多孔功能化基团得到的。无规则层状孔主要通过石墨烯和其他前驱体相互作用得到。规则层状孔石墨烯可通过软模板法和硬模板法得到，其孔径大小可以通过调控模板剂尺寸和后处理的工艺来实现。层状孔石墨烯不仅具有二维石墨烯的形态特征和微/介孔结构，而且具有大的比表面积、超薄厚度和较高的导电性等优异性能。相比面内孔和层状孔石墨烯材料，三维孔石墨烯网络材料不仅具有大比表面积、低密度、高导电性等特点，而且能在一定程度上解决石墨烯粉体材料的堆叠问题，保持单层石墨烯的本征物理化学性质。

人们开发了各种方法来获得用于超级电容器的高性能多孔石墨烯材料。通过化学刻蚀、氢氧化钾活化等方法得到的具有高度连通孔结构的石墨烯网络材料，可提供优异的电子传输特性。并且，其多层次孔结构大大促进了离子的快速传输，从而使该材料在高负载电极中同时实现了较高的容量和极高的功率特性。例如，Kim 等人证明了剥离氧化石墨的化学活化法，合成出比表面积高达 3100m^2・g^{-1}、具有丰富微孔的多孔石墨烯基碳[174]。将该材料用作超级电容器电极材料，在电流密度分别为 1.4A・g^{-1}、2.8A・g^{-1} 和 5.7A・g^{-1} 时，具有

165F·g^{-1}、166F·g^{-1}和166F·g^{-1}的高比电容。此外，该小组通过微波膨胀和氧化石墨的KOH活化法，开发出比表面积高达3290m^2·g^{-1}的多孔石墨烯[174]。这种石墨烯衍生多孔碳的质量比电容和体积比电容分别为174F·g^{-1}和100F·cm^{-3}。通常，低堆积密度和高比表面积的多孔结构具有较高的质量比电容和较低的体积比电容。为了同时获得高质量比电容和高体积比电容，Xu等人在超级电容器中使用具有纳米孔的蜂窝状石墨烯框架（HGF）作为高性能无黏结剂电极［图9.25(a)～(b)］[175]。多孔石墨烯中的纳米孔有效地缩短了相邻石墨烯层之间的离子传输距离，加速了整个电容器组件的离子传输。因此，在有机电解质中，蜂窝状石墨烯框架不仅具有298F·g^{-1}的高质量比电容，而且具有212F·cm^{-3}的高体积比电容［图9.25(c)～(d)］。此外，由蜂窝状石墨烯框架制成的全封装器件提供的体积能量密度和质量能量密度分别为49W·h·L^{-1}和35W·h·kg^{-1}，与传统铅酸电池相当。

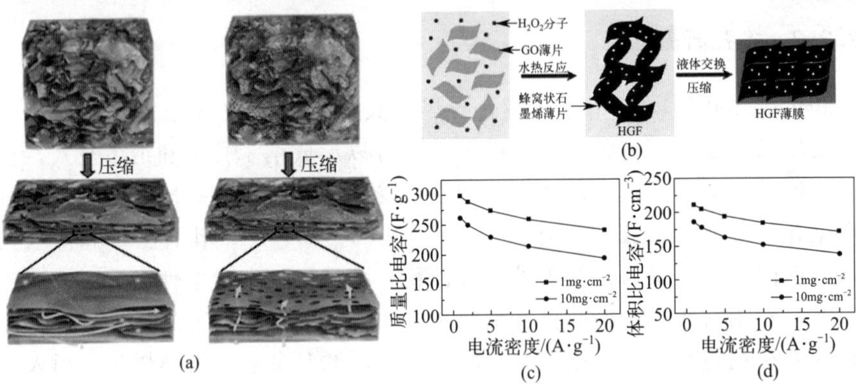

图9.25 石墨烯和蜂窝状石墨烯的初始溶剂化三维大孔结构（a）、蜂窝状石墨烯框架的制备过程（b）、不同电流密度下HGF电极的质量比电容（c）和体积比电容（d）

此外，设计垂直排列的石墨烯阵列对于促进离子扩散以提高电容具有重要意义，特别是在高扫描速率下。例如，Zheng等人报道了基于垂直排列的石墨烯纳米片的高密度有序阵列的大功率微型超级电容器[176]。由于其边缘垂直取向、高导电性、石墨烯高密度有序排列以及开放的片间通道，所组装的电容器显示出约7.3mF·cm^{-2}的高面积比电容和9ms的短时间常数的快速频率响应。这种制备高密度单向垂直排列石墨烯纳米片的策略证明了制造高功率紧凑型超级电容器的可行性。类似地，Lee等人通过冰模板自组装技术实现了垂直排列的三维多孔$VOPO_4$/石墨烯的制备[177]。得到的三维$VOPO_4$/石墨烯具有较高的比表面积、垂直排列的多孔结构和优良的导电性，极大地促进了电解质离子在多孔框架内的扩散和电子的传输。结果表明，制备的电极在0.5A·g^{-1}时的比电容值为527.9F·g^{-1}，而不含石墨烯的三维$VOPO_4$电极的比电容值约为247F·g^{-1}。

赝电容材料包括过渡金属氧化物（TMO）、过渡金属氢氧化物、导电聚合物或杂原子掺杂的活性材料，能够实现更高的能量密度，但其倍率性能和循环寿命低于双电层电容材料。为了解决这一问题，一种有效的策略是开发基于多孔石墨烯的杂化材料，以充分利用多孔石墨烯和电活性成分（例如过渡金属氧化物、聚合物）之间的协同效应。目前，已经开发了多种石墨烯/过渡金属氧化物以及石墨烯/导电聚合物的杂化材料。其中，石墨烯作为电活性材料的柔性导电基底，提高了导电性并减少了团聚现象，从而提高了电化学性能。例如，Dong等人采用水热法制备了三维石墨烯/Co_3O_4 杂化材料[178]。该杂化材料在电流密度分别为 $10A \cdot g^{-1}$、$15A \cdot g^{-1}$、$20A \cdot g^{-1}$ 和 $30A \cdot g^{-1}$ 时的比电容分别是 $768F \cdot g^{-1}$、$618F \cdot g^{-1}$、$552F \cdot g^{-1}$ 和 $456F \cdot g^{-1}$。Yan 等人报道了一种具有花状结构的 $Ni(OH)_2$/石墨烯杂化材料[179]。该材料在 $1mV \cdot s^{-1}$ 扫描速率下，其比电容达到 $1735F \cdot g^{-1}$，高于纯 $Ni(OH)_2$ 的 $1600F \cdot g^{-1}$，从而证实了协同效应的存在。即使在扫描速率提高至 $50mV \cdot s^{-1}$ 时，$Ni(OH)_2$/石墨烯杂化材料的比电容仍保持在 $523F \cdot g^{-1}$，显示出优异的倍率性能。

9.7.4 金属有机框架基电极材料

金属有机框架（MOFs）是一类由金属位点和团簇与有机配体构成的晶体材料。因其优异的比表面积、可调的孔径和表面官能团，近年来引起了电化学储能领域的极大兴趣。然而，由于 MOFs 具有相对较低的电导率，在超级电容器电极材料应用时，通常需要对 MOFs 进行碳化处理，转化为多孔碳材料，或者将 MOFs 与高导电性材料复合制备杂化电极。近期，研究人员发现通过设计有机配体及金属位点或团簇，可以调节 MOFs 的电导率，从而使 MOFs 能够直接应用于超级电容器电极[180]。

9.7.4.1 金属有机框架衍生的电极材料

金属有机框架衍生的电极材料主要包括多孔碳、多孔金属氧化物和多孔碳/金属氧化物复合材料。以 MOFs 材料为前驱体，在惰性气氛下煅烧后得到的多孔碳具有高比表面积和较窄的孔径分布，显示出优异的双电层电容特性。例如，以双金属有机框架（bi-MOFs）为模板，采用快速加热（加热速率为 300℃/min）和在 CO_2 气氛下直接活化相结合的新退火策略制备了纳米多孔碳[181]。高加热速率下制备的纳米多孔碳比表面积为 $652.36m^2 \cdot g^{-1}$，孔比体积为 $0.28cm^3 \cdot g^{-1}$，均高于正常退火样品（加热速率为 5℃/min），该纳米多孔碳在水电解质中表现出优异的电化学性能。其比电容在 $1.0A \cdot g^{-1}$ 时为 $253F \cdot g^{-1}$，而在 $20.0A \cdot g^{-1}$ 时仍可保持 $120F \cdot g^{-1}$。MOFs 衍生的多孔碳通常亲水性较差，而通过热解含 N 的 MOFs 前驱体可以获得有良好亲水性的 N 掺杂多孔碳。Bao 等人将 ZIF-8 热解后得到 N 掺杂分级多孔碳[182]。该多孔碳内部具有适宜的微孔/介孔比和良好的亲水性。在 $0.5A \cdot g^{-1}$ 的电流密度下，其比电容高达 $332F \cdot g^{-1}$，且能稳定循环10000次。此外，Tang等人采用种子介导的生长方法制备了核壳结构的ZIF-8@ZIF-67[183]。对ZIF-8@ZIF-67晶体进行热处理后，得到了以氮掺杂碳（NC）为核、高石墨碳（GC）为壳的选择性功能化纳米多孔杂化碳材料。这是第一个在纳米级别上将NC和GC集成在一个粒子中的例子。电化学数据表明：这种纳米多孔杂化碳材料集成了单个NC和GC的优势，在电流密度为 $2A \cdot g^{-1}$ 时具有 $270F \cdot g^{-1}$ 的高比电容。

在MOFs的分子结构中，金属中心与有机配体相互交联，在空气中直接热解，可制备出具有丰富孔道的金属氧化物，用作赝电容型超级电容器材料。例如，以ZIF-67为前驱体，可制备出孔径分布可调的多孔 Co_3O_4 纳米颗粒[184]。在最佳的煅烧温度450℃下，多孔 Co_3O_4 纳米颗粒用作电容材料，在电流密度为 $1A \cdot g^{-1}$ 时，比电容可达 $706F \cdot g^{-1}$。当以多元金属MOFs为前驱体时，可以制备出多孔混合金属氧化物，它们通常具备更多的电活性位点。例如，以双金属Ni/Co-MOFs为前驱体，经过硫化和煅烧，可制备出N、S共掺杂的双金属氧化物。由于具有丰富的电化学活性位点和氧化还原中心，该双金属氧化物展现出优异的高比电容和倍率性能。但是，这种方式衍生的金属氧化物通常导电性较差。为此，通过在氩气（Ar）和空气中分别对Co基MOFs进行热处理，可制备出多孔 Co_3O_4/C纳米线阵列[185]。在电流密度为 $1mA \cdot cm^{-2}$ 的情况下，混合 Co_3O_4/C纳米线阵列具有 $1.32F \cdot cm^{-2}$ 的比电容，显著优于裸 Co_3O_4 纳米颗粒。相互连接的碳导电网络和分级孔内的离子扩散是促进赝电容性能增强的主要原因。这些研究成果表明，以MOFs为前驱体得到的衍生物能保持原MOFs材料丰富的孔道结构和比表面积，通过合适的煅烧条件控制，可以得到兼具导电性和赝电容特性的优异电极材料。

9.7.4.2 金属有机框架基复合电极材料

由MOFs和金属氧化物组成的复合（杂化）材料因其具有内部通道充足、离子扩散快、电子传输高效等突出优点而备受关注。Du等人[186]证明，由Ni-MOF纳米片构建的分级多孔结构可以为电化学反应提供更多的活性位点，从而实现优异的超级电容器性能。因此，这种分级多孔Ni-MOF在 $1A \cdot g^{-1}$ 的电流密度下展现出 $1057F \cdot g^{-1}$ 的出色比电容。最近，Lu等人报道了由贵金属颗粒、MOFs以及双金属氧化物复合而成的杂化材料[187]。由于双金属（Zn、Mn）、贵金属颗粒与MOFs的协同作用，复合材料具有快速的电化学反应动力学、充足的电化学活性位点、活跃的电子状态，从而促进电化学反应的进行。当组装为超级电容器时，其最大工作电压窗口为1.75V，并表现出优良的倍率性能。在 $3.15kW \cdot kg^{-1}$ 的功率密度下，实现了 $204.31W \cdot h \cdot kg^{-1}$

的能量密度。此外，还可以将 MOFs 或者其衍生物与各种导电碳材料（如碳纳米管、石墨烯、导电聚合物）复合，以提高电极的循环稳定性。

9.7.4.3　导电金属有机框架电极材料

2009 年，Kajiwara 等人报道了第一种导电金属有机框架（c-MOF），命名为 $Cu[Cu(pdt)_2]$[188]。随后，研究者开发出一种具有可用于离子传输的准一维纳米孔的二维层状 c-MOF[180]。该材料作为超级电容器电极时，在有机电解质（$1mol \cdot L^{-1}$ $TEABF_4/ACN$）中，双电极对称超级电容器表现出优异的双电层性能，质量比电容为 $111F \cdot g^{-1}$($0.05A \cdot g^{-1}$，1V)，面积比电容可达约 $18\mu F \cdot cm^{-2}$，等效串联电阻低至 0.47Ω。这些电化学性能表现与许多碳材料相媲美甚至更优。这种出色的性能归因于均匀的孔道结构，使得其表面积得到了最大限度的利用。该项研究是首个完全基于 c-MOFs 电极的双电层电容器的研究，为使用二维 c-MOFs 作为超级电容器电极材料的研究奠定了基础。随后，该 c-MOF 在水溶液以及离子液体中同样展现出了优良的双电层电容性能。

受到上述工作的启发，各种不同的导电 MOFs 被用于超级电容器电极。Feng 等人将过渡金属与有机配体六氨基苯（HAB）结合构建二维 c-MOFs，合成了具有亚纳米孔隙的正方形平面配位晶体结构[189]。在 $1mol \cdot L^{-1}$ KOH 水溶液中，其循环伏安（CV）曲线出现了明显的氧化还原峰，表明这是一个高度可逆的电化学过程。这种现象表明 Ni-HAB 是一种典型的赝电容材料。同时，其最大质量比电容和体积比电容分别达到 $420F \cdot g^{-1}$ 和 $760F \cdot cm^{-3}$，在 12000 次循环后，电容保持率为 90%。此外，以 Cu^{2+} 为金属位点的 HAB 基 c-MOF 也表现出优异的赝电容性能[190]。在基底上生长的 c-MOF 可以调节 MOF 生长方向，从而提高其电化学性能。例如，将 c-MOF $Cu_3(HHTP)_2$ 在无导电剂和黏合剂的情况下直接在碳布上生长形成纳米线阵列，可以充分利用其高孔隙率和优良电导率的特性，在三电极体系中使用纳米线阵列电极可以实现高于传统粉末电极两倍的电容，同时倍率性能得到提升[191]。该工作证明，通过改变 c-MOF 的形貌来制备取向高度一致的电极能够显著提高孔隙的利用率，从而提高电化学性能（包括倍率性能和电容性能）。然而，采用 c-MOF 电极提高超级电容器电容性能的研究虽然取得了显著进展，但其实际应用仍处于起步阶段。

9.7.5　多孔有机聚合物基电极材料

有机电极材料因其能量密度高和循环稳定性良好等优点，受到了广泛关注。特别是有机多孔聚合物，由于它们的高比表面积、可调节的孔径和功能，作为超级电容器中的电极材料备受关注。这些材料主要包括共价有机框架（COFs）、共轭微孔聚合物（CMPs）、非晶态超交联聚合物（HCPs）、本征微孔聚合物（PIMs）和多孔芳烃框架（PAFs）。COFs是由有机分子有序连接构成的结晶性有机多孔聚合物，它们含有轻质元素（如C、H、N、O、B等），因此具有较低的分子量和较高的能量密度。COFs有序的孔道不仅可以促进离子迁移，还可以通过理论模拟预测其性质。CMPs是一种重要的非晶态共轭微孔聚合物，由π共轭多孔骨架组成，可以通过多种偶联反应和氧化聚合的方法制备。它们在结构多样性和性能调节方面优于COFs。HCPs以其简单的合成过程、良好的稳定性、低成本、大比表面积和重量轻等特点而著称。PIMs具有刚性扭曲的大分子骨架以及融合环结构，由此形成了连续的微孔网络。PAFs由C—C键连接的芳香基构建块构成，具有刚性框架和高稳定性。

9.7.5.1 共价有机框架材料

COFs的有序微孔结构可以降低离子扩散阻力，促进离子向纳米孔的快速扩散。基于上述优势，各种COFs以及复合结构和碳化衍生物被广泛应用于超级电容器中。理论上，有序多孔的COF基电极可以实现大功率、高能量密度以及宽电位窗口。然而，易水解和氧化稳定性差是阻碍这类电极材料应用的两个主要问题。为了提高COFs的稳定性，人们开发了具有不同极性连接键（例如芳胺键、酰胺键、亚胺键、碳碳双键、三嗪基键和噻唑键等）的新型COFs。

Banerjee通过可逆的希夫碱缩合反应和不可逆的烯醇-酮互变异构，开发了两个具有化学稳定性的COFs[192]。这些稳定的COFs即使在沸水或酸的环境下也保持了良好的结晶特性和优异的电阻性能。它们拥有$535m^2 \cdot g^{-1}$的高比表面积和优异的化学稳定性，但是由于其导电性能较差且缺乏氧化还原活性，它们的比电容仅为$15F \cdot g^{-1}$。Cooper等人在没有过渡金属催化剂的条件下，合成了稳定的噻唑键连接的COFs(TZ-COFs)[193]。即使在沸水、强酸、强碱和还原剂存在的条件下处理48小时，TZ-COFs的结晶度也没有明显损失。这些材料具有有序的多孔结构，良好的结晶度和物理化学稳定性，是一种极具潜力的电极材料。

COFs的电容包括双电层电容和赝电容。双电层电容主要依赖于电极材料的比表面积、孔道结构和电导率，而赝电容则与电极材料的氧化还原活性有关。为了提高赝电容，已将包括吡啶、蒽醌、醌和三嗪基团在内的多种氧化还原活性基团引入COFs中。例如，在溶剂热条件下，通过二氨基吡啶（DAP）与三甲酰间苯三酚（TFP）的缩合反应，制得了含有吡啶的COFs(TaPa-Py COFs)[194]。为了研究吡啶基团的法拉第电容行为，使用二氨基苯（DAB）作为单体，合成了不含吡啶基团的COFs(DAB-TFP COFs)以作对比。基于氧化还原活性吡啶的TaPa-Py COFs表现出可逆的电化学行为，CV曲线峰值在−0.3～0.4V之间，这是由H^+插入TaPa-Py COFs中引起吡啶单元的质子耦合电子转移反应所致。

TaPa-Py COFs电极在20mV·s^{-1}时的比电容为180.5F·g^{-1}，循环稳定性好。吡啶结合了一个H^+和一个e^-，形成了吡啶自由基，进而与第二个H^+和第二个e^-结合，生成二氢吡啶。本研究表明，吡啶基COFs是一类具有潜力的电容存储电极材料。

虽然COFs在超级电容器电极材料方面取得了很大的进展，但COFs通常具有较差的导电性，表现出较慢的充放电速率，从而导致功率性能较差。为了获得高导电性的COFs，许多纳米材料被用于与COFs形成配合物，包括石墨烯、碳纳米管、碳纳米纤维和聚(3,4-乙烯二氧噻吩)(PEDOT)等。例如，Dichtel等通过电聚合方法将具有氧化还原活性的3,4-乙烯二氧噻吩（EDOT）加入2,6-氨基蒽醌-2,4,6-三甲酰间苯三酚（DAAQ-TFP）COF薄膜的孔中[195]。PEDOT在DAAQ-TFP基电极上的制备，是通过在EDOT溶液中进行电聚合实现的。通过调节初始单体的含量来控制聚合物薄膜的厚度。PEDOT修饰的DAAQ-TFP COFs表现出比未修饰的DAAQ-TFP COFs(430Ω)更小的电阻（20Ω），表明其导电性得到改善。经PEDOT改性的COFs的体积能量密度和功率特性比未改性的COFs提高了约30倍。

许多研究表明，COFs的碳化产物表现出比原始COFs更强的电化学特性。例如，通过碳化COFs和氮化二维分子网络制备了N掺杂微孔碳（ACOF1）[196]。ACOF1呈纳米棒状结构，碳化后仍保持棒状结构，说明碳化引起的结构变形较小。碳化过程中，COFs的氮键断裂，氮气释放，形成微孔结构，对电解质离子吸附起重要作用。碳化后的ACOF1微孔分布较窄，比表面积增大（1596cm^2·g^{-1}），比电容提高（1A·g^{-1}时为243F·g^{-1}），这与ACOF1的大比表面积、高氮含量和丰富的活性位点有关。这表明了用COFs制备微孔杂原子掺杂碳的优势。尽管高温工艺获得了良好的性能，但高温碳化可能导致COFs多孔结构的坍塌。为了解决这一问题，可以采用模板热解法。Awaga等人通过盐辅助热解法制备了多孔杂原子掺杂碳（PHCs，命名为ONC-T1s）[197]。PHCs表现出大比表面积（高达3451m^2·g^{-1}）的多级孔结构。基于PHCs的超级电容器在1A·g^{-1}时实现了1711F·g^{-1}的高比电容，以及500A·g^{-1}的快速充放电速率（对应的比电容为856F·g^{-1}）和优异的稳定性。

9.7.5.2　共轭微孔聚合物

共轭微孔聚合物具有高比表面积、明确的多级孔结构、易于调控的化学成分和氧化还原活性等特点，可广泛应用于超级电容器。制备的兼具大比表面积、高氧化还原活性、优良导电性和良好耐久性的稳定CMPs，是研究超级电容材料与化学结构关系的理想平台。为了提高材料的赝电容，在CMPs中加入氧化还原活性单元，并在氨气气氛下碳化，可增加杂原子的含量。此外，通过共轭CMPs的构建、CMPs的热解和CMPs配合物的制备能够有效提高电导率。

首次基于 CMPs 的超级电容器材料 Py-CNPn(n=1～4) 是通过定向碳-碳交联反应形成的刚性共轭聚合物网络 CNPn 在 600℃下热解制备的[198]。基于短连接体的 Py-CNP1 和 Py-CNP3 比基于长连接体的 Py-CNP2 和 Py-CNP4 具有更高的比表面积，Py-CNP3 的比表面积高达 $900m^2 \cdot g^{-1}$。在低扫描速率（<$25mV \cdot s^{-1}$）下，Py-CNP3 相较于碳纳米管（CNTs）具有更好的初始比电容和更快的速率响应；然而，在高扫描速率（$50mV \cdot s^{-1}$）下，其速率响应较慢，这主要是由于其电子导电性较差。通过构建 π 共轭 CMPs 可以显著提高材料的电导率。例如，在 300～500℃下通过离子热缩合反应合成了氮杂稠环的 CMP(Aza-CMP)[199]。通过优化反应温度，可以获得具有最高比电容（$946F \cdot g^{-1}$）的电极材料。基于 Aza-CMP 的超级电容器电极材料展现出高容量、良好的能量密度和高循环耐久性。此外，将 Aza-CMP 与导电碳基材料（如碳纳米管、石墨烯等）复合，可以显著增强其导电性，从而获得更优异的倍率性能。

9.7.5.3 其他微孔聚合物

超交联聚合物具有合成简便、稳定性好、成本低、比表面积大、质量轻等优点。然而，导电性差阻碍了其作为超级电容器电极材料。提高 HCPs 导电性的方法有很多，包括构建 π 共轭 HCPs、引入杂原子、将功能化的 HCPs 进行碳化处理以获得高导电性的多孔材料，以及制备 HCPs 与导电材料的配合物等。

本征微孔聚合物具有高刚性高分子骨架、大比表面积和连续的微孔网络。但是，与其他微孔聚合物类似，较差的导电性限制了它们作为超级电容器电极材料的使用。目前，大多数基于 PIMs 的超级电容器电极材料是利用其碳化衍生的多孔碳。一般而言，碳化过程会伴随微孔结构的退化。为了生成基于 PIMs 的微孔碳，研究人员已经发展出了各种碳化技术。与通过可逆有机缩合反应获得的常规 COFs 不同，多孔芳香骨架通过不可逆的交叉偶联反应（通常为 C—C 偶联）制备而成。因此，PAFs 通常具有极好的化学稳定性。然而，PAFs 的导电性差，这限制了它们在电化学器件中的应用。碳化是提高 PAFs 导电性能的常用方法。然而，碳化后杂原子含量的降低和孔隙结构的破坏往往会导致 PAFs 的电化学性能下降。控制热解温度、使用模板、改变热解气氛等，是提高碳化产物电化学性能的重要手段。

9.8 小结

可充电电池和超级电容器分别代表了两种领先的电化学储能技术。在本章，我们讨论了多孔材料在各种类型的储能装置（包括碱金属离子电池、碱金属硫电池、金属空气电池、水系离子电池、固态电池以及超级电容器）中的应用。新型高容量电极材料的开发是获得高性能电化学储能器件的关键。通过对高容量电极材料进行合理的孔道结构设计，能显著改善电极材料内部的离子/电子输运动力学，从而提升电极材料的倍率性能。将多孔材料作为界面修饰层能显著提升电极/电解质的界面电荷转移效率，从而提升电极材料的循环稳定性。此外，采用三维多孔结构设计对储能器件的其他组件进行优化，也能提升其电化学性能。将传统集流体替换为具有大孔孔道的泡沫金属/多孔碳材料，可使电场分布更均匀，有效缓冲金属电极的巨大体积变化，从而获得具有优异循环稳定性的金属负极。在固态电池体系中，将多孔材料应用于固态电解质三维骨架或者混合离子电子导体层，能显著提高电极与固态电解质界面的电化学稳定性和机械稳定性，从而增强固态电池的稳定性。

综上所述，多孔材料在先进能源材料的开发中扮演着至关重要的角色。基于多孔材料设计的高性能电极材料受到了广泛关注。虽然在多孔材料的研究中取得了很大进展，但在提高储能器件的综合电化学性能方面仍有很多工作要做。具体如下。①低成本、可控制备多孔电极材料的策略仍然不足。尽管文献报道了大量精心设计的多孔电极，并材料展现出优异的电化学性能，但多孔电极材料的大规模制备和商业化应用仍然受到制造成本和制备方法可扩展性的限制。②多孔结构对电化学性能的影响机制仍需进一步探索。孔径结构（包括大小、方向等）对电子/离子的传输具有重要影响，虽然已经报道了大孔、介孔、微孔、多级孔结构的活性材料，但是孔道结构与电化学性能之间的结构-性能关系尚不明确。③多孔结构赋予了材料高比表面积和快速的质量传输。然而，这也带来了一些负面影响，例如增加了副反应，导致电解液的消耗、不可逆的容量损失和活性材料利用率的降低，这对电池性能不利。为此，需要通过孔道结构的优化设计，降低孔隙率，同时保持高离子传输速率。

参考文献

[1] Zhu Z, Jiang T, Ali M, et al. Rechargeable batteries for grid scale energy storage [J]. Chemical Reviews, 2022, 122 (22): 16610-16751.

[2] Kwon Y, Kim K, Park H, et al. Anomalously high lithium storage in three-dimensional graphene-like ordered microporous carbon electrodes [J]. Journal of Physical Chemistry C, 2018, 122 (9): 4955-4962.

[3] Zhu C, Akiyama T. Cotton derived porous carbon via an MgO template method for high performance lithium ion battery anodes [J]. Green Chemistry, 2016, 18 (7): 2106-2114.

[4] Cheng Q, Yuge R, Nakahara K, et al. KOH etched graphite for fast chargeable lithium-ion batteries [J]. Journal of Power Sources, 2015, 284: 258-263.

[5] Wang X, Weng Q, Liu X, et al. Atomistic origins of high rate capability and capacity of N-doped graphene for lithium storage [J]. Nano Letters, 2014, 14 (3): 1164-1171.

[6] Zheng F, Yang Y, Chen Q. High lithium anodic performance of highly nitrogen-doped porous carbon prepared from a metal-organic framework [J]. Nature Communications, 2014, 5 (1): 5261.

[7] Gu D, Li W, Wang F, et al. Controllable synthesis of mesoporous peapod-like Co_3O_4@carbon nanotube arrays for high-performance lithium-ion batteries [J]. Angewandte Chemie International Edition, 2015, 54 (24): 7060-7064.

[8] Zhu Z, Wang S, Du J, et al. Ultrasmall Sn nanoparticles embedded in nitrogen-doped porous carbon as high-performance anode for lithium-ion batteries [J]. Nano Letters, 2014, 14 (1): 153-157.

[9] Hou H, Banks C E, Jing M, et al. Carbon quantum dots and their derivative 3D porous carbon frameworks for sodium-ion batteries with ultralong cycle life [J]. Advanced Materials, 2015, 27 (47): 7861-7866.

[10] Wang L, Lu B, Wang S, et al. Ultra-high performance of Li/Na ion batteries using N/O dual dopant porous hollow carbon nanocapsules as an anode [J]. Journal of Materials Chemistry A, 2019, 7 (18): 11117-11126.

[11] Yin X, Lu Z, Wang J, et al. Enabling fast Na^+ transfer kinetics in the whole-voltage-region of hard-carbon anodes for ultrahigh-rate sodium storage [J]. Advanced Materials, 2022, 34 (13): 2109282.

[12] Ding J, Wang H, Li Z, et al. Carbon nanosheet frameworks derived from peat moss as high performance sodium ion battery anodes [J]. ACS nano, 2013, 7 (12): 11004-11015.

[13] Li Y, Lu Y, Meng Q, et al. Regulating pore structure of hierarchical porous waste cork-derived hard carbon anode for enhanced Na storage performance [J]. Advanced Energy Materials, 2019, 9 (48): 1902852.

[14] Yang J, Ju Z, Jiang Y, et al. Enhanced capacity and rate capability of nitrogen/oxygen dual-doped hard carbon in capacitive potassium-ion storage [J]. Advanced Materials, 2018, 30 (4): 1700104.

[15] Liu L, Chen Y, Xie Y, et al. Potassium-ion batteries: Understanding of the ultrastable K-ion storage of carbonaceous anode [J]. Advanced Functional Materials, 2018, 28 (29): 1870204.

[16] Hu Y, Tang C, Lv F, et al. K-functionalized carbon quantum dots-induced interface assembly of carbon nanocages for ultrastable potassium storage performance [J]. Small Methods, 2022, 6 (5): 2101627.

[17] Wu X, Chen Y, Xing Z, et al. Advanced carbon-based anodes for potassium-ion batteries [J]. Advanced Energy Materials, 2019, 9 (21): 1900343.

[18] Liu L, Chen Y, Xie Y, et al. Potassium-ion batteries: Understanding of the ultrastable K-ion storage of carbonaceous anode [J]. Advanced Functional Materials, 2018, 28 (29): 1870204.

[19] Wang X, Tang S, Guo W, et al. Advances in multimetallic alloy-based anodes for alkali-ion and alkali-metal batteries [J]. Materials Today, 2021, 50: 259-275.

[20] Zhu G, Luo W, Wang L, et al. Silicon: Toward eco-friendly reduction techniques for lithium-ion battery applications [J]. Journal of Materials Chemistry A, 2019, 7 (43): 24715-24737.

[21] Ge M, Rong J, Fang X, et al. Porousdoped silicon nanowires for lithium ion battery anode with long cycle life [J]. Nano Letters, 2012, 12 (5): 2318-2323.

[22] Li X, Gu M, Hu S, et al. Mesoporous silicon sponge as an anti-pulverization structure for high-performance lithium-ion battery anodes [J]. Nature Communications, 2014, 5: 4105.

[23] Shen C, Ge M, Luo L, et al. In situ and ex situ TEM study of lithiation behaviours of porous silicon nanostructures [J]. Scientific Reports, 2016, 6: 31334.

[24] Zhang Y, Zhang R, Chen S, et al. Diatomite-derived hierarchical porous crystalline-amorphous network for high-performance and sustainable Si anodes [J]. Advanced Functional Materials, 2020, 30 (50): 2005956.

[25] Lv Y, Shang M, Chen X, et al. Largely improved battery performance using a microsized silicon Skeleton Caged by Polypyrrole as Anode [J]. ACS nano, 2019, 13 (10): 12032-12041.

[26] Lee J, Moon J, Han S A, et al. Everlasting living and breathing gyroid 3D network in Si@SiO_x/C nanoarchitecture for lithium ion battery [J]. ACS nano, 2019, 13 (8): 9607-9619.

[27] An W, Gao B, Mei S, et al. Scalable synthesis of ant-nest-like bulk porous silicon for highperformance lithium-ion battery anodes [J]. Nature Communications, 2019, 10 (1): 1447.

[28] Li Y, Ou C, Zhu J, et al. Ultrahigh and durable volumetric lithium/sodium storage enabled by a highly dense graphene-encapsulated nitrogen-doped carbon@Sn compact monolith [J]. Nano Letters, 2020, 20 (3): 2034-2046.

[29] Yang Y, Liu S, Bian X, et al. Morphology- and porosity-tunable synthesis of 3D nanoporous SiGe alloy as a high-performance lithium-ion battery anode [J]. ACS nano, 2018, 12 (3): 2900-2908.

[30] Kim C, Lee K-Y, Kim I, et al. Long-term cycling stability of porous Sn anode for sodium-ion batteries [J]. Journal of Power Sources, 2016, 317: 153-158.

[31] Wang L, Ni Y, Lei K, et al. 3D porous tin created by tuning the redox potential acts as an advanced electrode for sodium-ion batteries [J]. ChemSusChem, 2018, 11 (19): 3376-3381.

[32] Hou H, Jing M, Yang Y, et al. Sb porous hollow microspheres as advanced anode materials for sodium-ion batteries [J]. Journal of Materials Chemistry A, 2015, 3 (6): 2971-2977.

[33] Liu S, Feng J, Bian X, et al. The morphology-controlled synthesis of a nanoporous-antimony anode for high-performance sodium-ion batteries [J]. Energy & Environmental Science, 2016, 9 (4): 1229-1236.

[34] Huang K, Xing Z, Wang L, et al. Direct synthesis of 3D hierarchically porous carbon/Sn composites via in situ generated NaCl crystals as templates for potassium-ion batteries anode [J]. Journal of Materials Chemistry A, 2018, 6 (2): 434-442.

[35] Li J, Wang G, Yu L, et al. Dual-functional template-induced in situ polymerization process enables the hierarchical carbonaceous nanotubes with simultaneous Sn cluster incorporation and nitrogendoping for superior potassium-ion storage [J]. ACS Applied Materials & Interfaces, 2021, 13 (11): 13139-13148.

[36] McCulloch W D, Ren X, Yu M, et al. Potassium-ion oxygen battery based on a high capacity antimony anode [J]. ACS Applied Materials & Interfaces, 2015, 7 (47): 26158-26166.

[37] Han C, Han K, Wang X, et al. Three-dimensional carbon network confined antimony nanoparticle anodes for high-capacity K-ion batteries [J]. Nanoscale, 2018, 10 (15): 6820-6826.

[38] He X-D, Liu Z-H, Liao J-Y, et al. A three-dimensional macroporous antimony@carbon composite as a high-performance anode material for potassium-ion batteries [J]. Journal of Materials Chemistry A, 2019, 7 (16): 9629-9633.

[39] He X-D, Liu Z-H, Liao J-Y, et al. A three-dimensional macroporous antimony@carbon composite as a high-performance anode material for potassium-ion batteries [J]. Journal of Materials Chemistry A, 2019, 7 (16): 9634-9637.

[40] Sun Z, Liu Y, Ye W, et al. Unveiling intrinsic potassium storage behaviors of hierarchical nano Bi

@N-doped carbon nanocages framework via in situ characterizations [J] . Angewandte Chemie International Edition, 2021, 60 (13): 7180-7187.

[41] Li L, Zheng Y, Zhang S, et al. Recent progress on sodium ion batteries: potential high-performance anodes [J] . Energy & Environmental Science, 2018, 11 (9): 2310-2340.

[42] Min X, Xiao J, Fang M, et al. Potassium-ion batteries: Outlook on present and future technologies [J] . Energy & Environmental Science, 2021, 14 (4): 2186-2243.

[43] Hao S, Zhang B, Ball S, et al. Phase transition of hollow-porous α-Fe_2O_3 microsphere based anodes for lithium ion batteries during high rate cycling [J] . Journal of Materials Chemistry A, 2016, 4 (42): 16569-16575.

[44] Wang Q, Liu Y, Zhu G, et al. Sn^{2+}-regulated synthesis of a bone-like Fe_3O_4@N-doped carbon composite as the anode for high-performance lithium storage [J] . ACS Applied Energy Materials, 2021, 4 (4): 3785-3793.

[45] Chen X. A new chapter of ACS nano: Strengthening the impact with a global engagement [J] . ACS Nano, 2022, 16 (1): 1-2.

[46] Sheng Q, Li Q, Xiang L, et al. Double diamond structured bicontinuous mesoporous titania templated by a block copolymer for anode material of lithium-ion battery [J] . Nano Research, 2021, 14 (4): 992-997.

[47] Yang H, Xu R, Gong Y, et al. An interpenetrating 3D porous reticular Nb_2O_5@carbon thin film for superior sodium storage [J] . Nano Energy, 2018, 48: 448-455.

[48] Ni J, Wang W, Wu C, et al. Highly reversible and durable Na storage in niobium pentoxide through optimizing structure, composition, and nanoarchitecture [J] . Advanced Materials, 2017, 29 (9): 1605607.

[49] Li Y, Zhang R, Zhou W, et al. Hierarchical MoS_2 hollow architectures with abundant Mo vacancies for efficient sodium storage [J] . ACS nano, 2019, 13 (5): 5533-5540.

[50] Chen B, Lu H, Zhou J, et al. Porous MoS_2/carbon spheres anchored on 3D interconnected multiwall carbon nanotube networks for ultrafast Na storage [J] . Advanced Energy Materials, 2018, 8 (15): 1702909.

[51] He F, Tang C, Zhu G, et al. Leaf-inspired design of mesoporous Sb_2S_3/N-doped $Ti_3C_2T_x$ composite towards fast sodium storage [J] . Science China Chemistry, 2021: 42-46.

[52] Han K, Meng J, Hong X, et al. Three-dimensional graphene-supported nickel disulfide nanoparticles promise stable and fast potassium storage [J] . Nanoscale, 2020, 12 (15): 8255-8261.

[53] Yang L, Hong W, Zhang Y, et al. Hierarchical NiS_2 modified with bifunctional carbon for enhanced potassium-ion storage [J] . Advanced Functional Materials, 2019, 29 (50): 1903454.

[54] Yang S H, Park S-K, Kang Y C. MOF-derived $CoSe_2$@N-doped carbon matrix confined in hollow mesoporous carbon nanospheres as high-performance anodes for potassium-ion batteries [J] . Nano-Micro Letters, 2020, 13 (1): 9.

[55] Zhang B, Qin X, Li G R, et al. Enhancement of long stability of sulfur cathode by encapsulating sulfur into micropores of carbon spheres [J] . Energy & Environmental Science, 2010, 3 (10): 1531-1537.

[56] Xin S, Gu L, Zhao N-H, et al. Smaller sulfur molecules promise better lithium-sulfur batteries [J] . Journal of the American Chemical Society, 2012, 134 (45): 18510-18513.

[57] Li Z, Yuan L, Yi Z, et al. Insight into theelectrode mechanism in lithium-sulfur batteries with ordered microporous carbon confined sulfur as the cathode [J] . Advanced Energy Materials, 2014,

4 (7): 1301473.

[58] Ji X, Lee K T, Nazar L F. A highly ordered nanostructured carbon-sulphur cathode for lithium-sulphur batteries [J]. Nature Materials, 2009, 8 (6): 500-506.

[59] He G, Ji X, Nazar L. High "C" rate Li-S cathodes: Sulfur imbibed bimodal porous carbons [J]. Energy & Environmental Science, 2011, 4 (8): 2878-2883.

[60] Werner J G, Johnson S S, Vijay V, et al. Carbon-sulfur composites from cylindrical and gyroidal mesoporous carbons with tunable properties in lithium-sulfur batteries [J]. Chemistry of Materials, 2015, 27 (9): 3349-3357.

[61] Li X, Cao Y, Qi W, et al. Optimization of mesoporous carbon structures for lithium-sulfur battery applications [J]. Journal of Materials Chemistry, 2011, 21 (41): 16603-16610.

[62] Park M-S, Jeong B O, Kim T J, et al. Disordered mesoporous carbon as polysulfide reservoir for improved cyclic performance of lithium-sulfur batteries [J]. Carbon, 2014, 68: 265-272.

[63] Zhang B-W, Li S, Yang H-L, et al. Atomically dispersed S-Fe-N_4 for fast kinetics sodium-sulfur batteries via a dual function mechanism [J]. Cell Reports Physical Science, 2021, 2 (8): 100531.

[64] Wei S, Zhang H, Huang Y, et al. Pig bone derived hierarchical porous carbon and its enhanced cycling performance of lithium-sulfur batteries [J]. Energy & Environmental Science, 2011, 4 (3): 736-740.

[65] Ye H, Yin Y-X, Xin S, et al. Tuning the porous structure of carbon hosts for loading sulfur toward long lifespan cathode materials for Li-S batteries [J]. Journal of Materials Chemistry A, 2013, 1 (22): 6602-6608.

[66] Ding B, Yuan C, Shen L, et al. Chemically tailoring the nanostructure of graphene nanosheets to confine sulfur for high-performance lithium-sulfur batteries [J]. Journal of Materials Chemistry A, 2013, 1 (4): 1096-1101.

[67] You Y, Zeng W, Yin Y-X, et al. Hierarchically micro/mesoporous activated graphene with a large surface area for high sulfur loading in Li-S batteries [J]. Journal of Materials Chemistry A, 2015, 3 (9): 4799-4802.

[68] Liang C, Dudney N J, Howe J Y. Hierarchically structured sulfur/carbon nanocomposite material for high-energy lithium battery [J]. Chem Mater, 2009, 21 (19): 4724-4730.

[69] Strubel P, Thieme S, Biemelt T, et al. ZnO hard templating for synthesis of hierarchical porous carbons with tailored porosity and high performance in lithium-sulfur battery [J]. Advanced Functional Materials, 2015, 25 (2): 287-297.

[70] Lyu Z, Xu D, Yang L, et al. Hierarchical carbon nanocages confining high-loading sulfur for high-rate lithium-sulfur batteries [J]. Nano Energy, 2015, 12: 657-665.

[71] He G, Evers S, Liang X, et al. Tailoring porosity in carbon nanospheres for lithium-sulfur battery cathodes [J]. ACS nano, 2013, 7 (12): 10920-10930.

[72] Xu F, Tang Z, Huang S, et al. Facile synthesis of ultrahigh-surface-area hollow carbon nanospheres for enhanced adsorption and energy storage [J]. Nature Communications, 2015, 6 (1): 7221.

[73] Zheng G, Yang Y, Cha J J, et al. Hollow carbon nanofiber-encapsulated sulfur cathodes for high specific capacity rechargeable lithium batteries [J]. Nano Letters, 2011, 11 (10): 4462-4467.

[74] Moon S, Jung Y H, Jung W K, et al. Encapsulated monoclinic sulfur for stable cycling of Li-S rechargeable batteries [J]. Advanced Materials, 2013, 25 (45): 6547-6553.

[75] Liu Y, Zhai Y, Xia Y, et al. Recent progress of porous materials in lithium-metal batteries [J]. Small Structures, 2021, 2 (5): 2000118.

[76] Yu Z, Cui Y, Bao Z. Design principles of artificial solid electrolyte interphases for lithium-metal anodes [J]. Cell Reports Physical Science, 2020, 1 (7): 100119.

[77] Kozen A C, Lin C-F, Pearse A J, et al. Next-generation lithium metal anode engineering via atomic layer deposition [J]. ACS nano, 2015, 9 (6): 5884-5892.

[78] Liu Y, Lin D, Yuen P Y, et al. An artificial solid electrolyte interphase with high Li-ion conductivity, mechanical strength, and flexibility for stable lithium metal anodes [J]. Advanced Materials, 2017, 29 (10): 1605531.

[79] Zheng G, Lee S W, Liang Z, et al. Interconnected hollow carbon nanospheres for stable lithium metal anodes [J]. Nature Nanotechnology, 2014, 9 (8): 618-623.

[80] Yan K, Lu Z, Lee H-W, et al. Selective deposition and stable encapsulation of lithium through heterogeneous seeded growth [J]. Nature Energy, 2016, 1 (3): 16010.

[81] Ye W, Pei F, Lan X, et al. Stable Nano-encapsulation of lithium through seed-free selective deposition for high-performance Li battery anodes [J]. Advanced Energy Materials, 2020, 10 (7): 1902956.

[82] Zhang R, Wen S, Wang N, et al. N-doped graphene modified 3D porous Cu current collector toward microscale homogeneous Li deposition for Li metal anodes [J]. Advanced Energy Materials, 2018, 8 (23): 1800914.

[83] Huang X, Feng X, Zhang B, et al. Lithiated $NiCo_2O_4$ nanorods anchored on 3D nickel foam enable homogeneous Li plating/stripping for high-power dendrite-free lithium metal anode [J]. ACS Applied Materials & Interfaces, 2019, 11 (35): 31824-31831.

[84] Qian J, Guo X, Wang T, et al. Bifunctional porous Co-doped NiO nanoflowers electrocatalysts for rechargeable zinc-air batteries [J]. Applied Catalysis B: Environmental, 2019, 250: 71-77.

[85] Zou L, Hou C-C, Liu Z, et al. Superlong single-crystal metal-organic framework nanotubes [J]. Journal of the American Chemical Society, 2018, 140 (45): 15393-15401.

[86] Li B-Q, Zhang S-Y, Wang B, et al. A porphyrin covalent organic framework cathode for flexible Zn-air batteries [J]. Energy & Environmental Science, 2018, 11 (7): 1723-1729.

[87] Li S, Cheng C, Zhao X, et al. Active salt/silica-templated 2D mesoporous FeCo-N_x-carbon as bifunctional oxygen electrodes for zinc-air batteries [J]. Angewandte Chemie International Edition, 2018, 57 (7): 1856-1862.

[88] Cheng C, Li S, Xia Y, et al. Atomic Fe-N_x coupled open-nesoporous carbon nanofibers for efficient and bioadaptable oxygen electrode in Mg-Air batteries [J]. Advanced Materials, 2018, 30 (40): 1802669.

[89] Gao R, Yang Z, Zheng L, et al. Enhancing the catalytic activity of Co_3O_4 for Li-O_2 batteries through the synergy of surface/interface/doping engineering [J]. ACS Catalysis, 2018, 8 (3): 1955-1963.

[90] Xu J-J, Chang Z-W, Yin Y-B, et al. Nanoengineered ultralight and robust all-metal cathode for high-capacity, stable lithium-oxygen batteries [J]. ACS Central Science, 2017, 3 (6): 598-604.

[91] Lyu Z, Lim G J H, Guo R, et al. 3D-printed MOF-derived hierarchically porous frameworks for practical high-energy density Li-O_2 Batteries [J]. Advanced Functional Materials, 2019, 29 (1): 1806658.

[92] Yang X-Y, Xu J-J, Bao D, et al. High-performance integrated self-package flexible Li-O_2 battery

based on stable composite anode and flexible gas diffusion layer [J] . Advanced Materials, 2017, 29 (26): 1700378.

[93] Liu Z, Feng N, Shen Z, et al. Carbon-free O_2 cathode with three-dimensional ultralight nickel foam-supported ruthenium electrocatalysts for Li-O_2 batteries [J] . ChemSusChem, 2017, 10 (13): 2714-2719.

[94] Chang Y, Dong S, Ju Y, et al. A carbon- and binder-free nanostructured cathode for high-performance nonaqueous Li-O_2 battery [J] . Advanced Science, 2015, 2 (8): 1500092.

[95] Li B, Zhang X, Wang T, et al. Interfacial engineering strategy for high-performance Zn Metal Anodes [J] . Nano-Micro Letters, 2021, 14 (1): 6.

[96] Li W, Wang K, Zhou M, et al. Advanced low-cost, high-voltage, long-life aqueous hybrid sodium/zinc batteries enabled by a dendrite-free zinc anode and concentrated electrolyte [J] . ACS Applied Materials & Interfaces, 2018, 10 (26): 22059-22066.

[97] Kang L, Cui M, Jiang F, et al. Nanoporous $CaCO_3$ coatings enabled uniform Zn stripping/plating for long-life zinc rechargeable aqueous batteries [J] . Advanced Energy Materials, 2018, 8 (25): 1801090.

[98] Cui Y, Zhao Q, Wu X, et al. An interface-bridged organic-inorganic layer that suppresses dendrite formation and side reactions for ultra-long-life aqueous zinc metal anodes [J] . Angewandte Chemie International Edition, 2020, 59 (38): 16594-16601.

[99] Liu M, Yang L, Liu H, et al. Artificialsolid-electrolyte interface facilitating dendrite-free zinc metal anodes via nanowetting effect [J] . ACS Applied Materials & Interfaces, 2019, 11 (35): 32046-32051.

[100] Yang H, Chang Z, Qiao Y, et al. Constructing a super-saturated electrolyte front surface for stable rechargeable aqueous zinc batteries [J] . Angewandte Chemie International Edition, 2020, 59 (24): 9377-9381.

[101] Parker J F, Chervin C N, Pala I R, et al. Rechargeable nickel-3D zinc batteries: An energy-dense, safer alternative to lithium-ion [J] . Science, 2017, 356 (6336): 415-418.

[102] Liu B, Wang S, Wang Z, et al. Novel 3Dnanoporous Zn-Cu alloy as long-life anode toward high-voltage double electrolyte aqueous zinc-ion batteries [J] . Small, 2020, 16 (22): 2001323.

[103] Zhang S, Wang D, Xu X, et al. Spatially hierarchical carbon enables superior long-term cycling of ultrahigh areal capacity lithium metal anodes [J] . Matter, 2022, 5 (4): 1263-1276.

[104] Li Q, Zhu S, Lu Y. 3D porous Cu current collector/Li-metal composite anode for stable lithium-metal batteries [J] . Advanced Functional Materials, 2017, 27 (18): 1606422.

[105] Chi S-S, Qi X-G, Hu Y-S, et al. 3D flexible carbon felt host for highly stable sodium metal anodes [J] . Advanced Energy Materials, 2018, 8 (15): 1702764.

[106] Jiang M, Fu C, Meng P, et al. Challenges and strategies of low-cost aluminum anodes for high-performance Al-based batteries [J] . Advanced Materials, 2022, 34 (2): 2102026.

[107] Chen R, Li Q, Yu X, et al. Approaching practically accessible solid-state batteries: Stability issues related to solid electrolytes and interfaces [J] . Chemical Reviews, 2020, 120 (14): 6820-6877.

[108] Ibarra J, Várez A, León C, et al. Influence of composition on the structure and conductivity of the fast ionic conductors $La_{2/3-x}Li_{3x}TiO_3$ ($0.03 \leqslant x \leqslant 0.167$) [J] . Solid State Ionics, 2000, 134 (3): 219-228.

[109] Yashima M, Itoh M, Inaguma Y, et al. Crystal structure and diffusion path in the fast lithium-

ion conductor $La_{0.62}Li_{0.16}TiO_3$ [J]. Journal of the American Chemical Society, 2005, 127 (10): 3491-3495.

[110] Zou Y, Inoue N. Structure and lithium ionic conduction mechanism in $La_{4}/_{3-y}Li_{3y}Ti_2O_6$ [J]. Ionics, 2005, 11 (5): 333-342.

[111] Thangadurai V, Kaack H, Weppner W J F. Novel fast lithium ion conduction in garnet-type $Li_5La_3M_2O_{12}$ (M = Nb, Ta) [J]. Journal of the American Ceramic Society, 2003, 86 (3): 437-440.

[112] Hong H Y P. Crystal structure and ionic conductivity of $Li_{14}Zn(GeO_4)_4$ and other new Li^+ superionic conductors [J]. Materials Research Bulletin, 1978, 13 (2): 117-124.

[113] Kanno R, Hata T, Kawamoto Y, et al. Synthesis of a new lithium ionic conductor, thio-LISICON-lithium germanium sulfide system [J]. Solid State Ionics, 2000, 130 (1): 97-104.

[114] Kato Y, Hori S, Saito T, et al. High-power all-solid-state batteries using sulfide superionic conductors [J]. Nature Energy, 2016, 1 (4): 16030.

[115] Buzaglo M, Shtein M, Regev O. Graphene quantum dots produced by microfluidization [J]. Chemistry of Materials, 2016, 28 (1): 21-24.

[116] Kim J, Eom M, Noh S, et al. Performance optimization of all-solid-state lithium ion batteries using a Li_2S-P_2S_5 solid electrolyte and $LiCoO_2$ cathode [J]. Electronic Materials Letters, 2012, 8 (2): 209-213.

[117] Zhou W, Wang S, Li Y, et al. Plating a dendrite-free lithium anode with a polymer/ceramic/polymer sandwich electrolyte [J]. Journal of the American Chemical Society, 2016, 138 (30): 9385-9388.

[118] Chen L, Li Y, Li S-P, et al. PEO/garnet composite electrolytes for solid-state lithium batteries: From "ceramic-in-polymer" to "polymer-in-ceramic" [J]. Nano Energy, 2018, 46: 176-184.

[119] Lei Z, Shen J, Zhang W, et al. Exploring porous zeolitic imidazolate frame work-8 (ZIF-8) as an efficient filler for high-performance poly (ethyleneoxide) -based solid polymer electrolytes [J]. Nano Research, 2020, 13 (8): 2259-2267.

[120] Kang J, Yan Z, Gao L, et al. Improved ionic conductivity and enhancedinterfacial stability of solid polymer electrolytes with porous ferroelectric ceramic nanofibers [J]. Energy Storage Materials, 2022, 53: 192-203.

[121] Zhao C, Sun Q, Luo J, et al. 3D porous garnet/gel polymer hybrid electrolyte for safe solid-state Li-O_2 batteries with long lifetimes [J]. Chemistry of Materials, 2020, 32 (23): 10113-10119.

[122] Xu Y, Zhang S, Liang T, et al. Porous polyamide skeleton-reinforced solid-state electrolyte: Enhanced flexibility, safety, and electrochemical performance [J]. ACS Applied Materials & Interfaces, 2021, 13 (9): 11018-11025.

[123] Cui Y, Wan J, Ye Y, et al. A fireproof, lightweight, polymer-polymer solid-state electrolyte for safe lithium batteries [J]. Nano Letters, 2020, 20 (3): 1686-1692.

[124] Zou J, Trewin A, Ben T, et al. High uptake and fast transportation of $LiPF_6$ in a porous aromatic framework for solid-state Li-ion batteries [J]. Angewandte Chemie International Edition, 2020, 59 (2): 769-774.

[125] Xu M, Dou H, Zhang Z, et al. Hierarchically nanostructured solid-state electrolyte for flexible rechargeable zinc-air batteries [J]. Angewandte Chemie International Edition, 2022, 61 (23): e202117703.

[126] Kim S Y, Li J. Porous mixed ionic electronic conductor interlayers for solid-state batteries [J].

Energy Material Advances, 2021, 2021: 1519569.

[127] Xu S, McOwen D W, Wang C, et al. Three-dimensional, solid-state mixed electron-ion conductive framework for lithium metal anode [J]. Nano Letters, 2018, 18 (6): 3926-3933.

[128] Tang B, Shan L, Liang S, et al. Issues and opportunities facing aqueous zinc-ion batteries [J]. Energy & Environmental Science, 2019, 12 (11): 3288-3304.

[129] Liu M, Ao H, Jin Y, et al. Aqueous rechargeable sodium ion batteries: Developments and prospects [J]. Materials Today Energy, 2020, 17: 100432.

[130] Xu C, Li B, Du H, et al. Energetic zinc ion chemistry: the rechargeable zinc ion battery [J]. Angewandte Chemie International Edition, 2012, 51 (4): 933-935.

[131] Wang J, Wang J-G, Liu H, et al. Zinc ion stabilized MnO_2 nanospheres for high capacity and long lifespan aqueous zinc-ion batteries [J]. Journal of Materials Chemistry A, 2019, 7 (22): 13727-13735.

[132] Fu Y, Wei Q, Zhang G, et al. High-performance reversible aqueous Zn-ion battery based on porous MnO_x nanorods coated by MOF-derived N-doped carbon [J]. Advanced Energy Materials, 2018, 8 (26): 1801445.

[133] Ren H, Zhao J, Yang L, et al. Inverse opal manganese dioxide constructed by few-layered ultrathin nanosheets as high-performance cathodes for aqueous zinc-ion batteries [J]. Nano research, 2019, 12: 1347-1353.

[134] Zhang S, Tan H, Rui X, et al. Vanadium-based materials: Next generation electrodes powering the battery revolution? [J]. Accounts of Chemical Research, 2020, 53 (8): 1660-1671.

[135] Wang L, Huang K-W, Chen J, et al. Ultralong cycle stability of aqueous zinc-ion batteries with zinc vanadium oxide cathodes [J]. Science Advances, 5 (10): eaax4279.

[136] Du Y, Chi X, Huang J, et al. Long lifespan and high-rate Zn anode boosted by 3D porous structure and conducting network [J]. Journal of Power Sources, 2020, 479: 228808.

[137] Zeng Y, Zhang X, Qin R, et al. Dendrite-free zinc deposition induced by multifunctional CNT frameworks for stable flexible Zn-ion batteries [J]. Advanced Materials, 2019, 31 (36): 1903675.

[138] Wang X, Wang F, Wang L, et al. An aqueous rechargeable $Zn//Co_3O_4$ battery with high energy density and good cycling behavior [J]. Advanced Materials, 2016, 28 (24): 4904-4911.

[139] Xu G, Zheng C, Zhang Q, et al. Binder-free activated carbon/carbon nanotube paper electrodes for use in supercapacitors [J]. Nano Research, 2011, 4 (9): 870-881.

[140] Zhao Y, Ma L, Zhu Y, et al. Inhibiting grain pulverization and sulfur dissolution of bismuth sulfide by ionic liquid enhanced poly (3, 4-ethylenedioxythiophene): poly (styrenesulfonate) for high-performance zinc-ion batteries [J]. ACS nano, 2019, 13 (6): 7270-7280.

[141] Xiao X, Liu W, Wang K, et al. High-performance solid-state Zn batteries based on a free-standing organic cathode and metal Zn anode with an ordered nano-architecture [J]. Nanoscale Advances, 2020, 2 (1): 296-303.

[142] Cao Q, Gao H, Gao Y, et al. Regulating dendrite-free zinc deposition by 3D zincopilic nitrogen-doped vertical graphene for high-performance flexible Zn-ion batteries [J]. Advanced Functional Materials, 2021, 31 (37): 2103922.

[143] Qiu W, Li Y, You A, et al. High-performance flexible quasi-solid-state Zn-MnO_2 battery based on MnO_2 nanorod arrays coated 3D porous nitrogen-doped carbon cloth [J]. Journal of Materials Chemistry A, 2017, 5 (28): 14838-14846.

[144] Li Y, Tan Z, Liang Y, et al. Amine-functionalized carbon cloth host for dendrite-free Zn metal anodes [J]. ACS Applied Energy Materials, 2021, 4 (5): 4482-4488.

[145] Kang Z, Wu C, Dong L, et al. 3D porous copper skeleton supported zinc anode toward high capacity and long cycle life zinc ion batteries [J]. ACS Sustainable Chemistry & Engineering, 2019, 7 (3): 3364-3371.

[146] Zhang Q, Luan J, Fu L, et al. The Three-dimensional dendrite-free zinc anode on a copper mesh with a zinc-oriented polyacrylamide electrolyte additive [J]. Angewandte Chemie International Edition, 2019, 58 (44): 15841-15847.

[147] Qian Y, Meng C, He J, et al. A lightweight 3D Zn@Cu nanosheets@activated carbon cloth as long-life anode with large capacity for flexible zinc ion batteries [J]. Journal of Power Sources, 2020, 480: 228871.

[148] Zhang G, Zhang X, Liu H, et al. 3D-printed multi-channel metal lattices enabling localized electric-field redistribution for dendrite-free aqueous Zn ion batteries [J]. Advanced Energy Materials, 2021, 11 (19): 2003927.

[149] Zhao J, Ren H, Liang Q, et al. High-performance flexible quasi-solid-state zinc-ion batteries with layer-expanded vanadium oxide cathode and zinc/stainless steel mesh composite anode [J]. Nano Energy, 2019, 62: 94-102.

[150] Zhang Q, Luan J, Huang X, et al. Simultaneously regulating the ion distribution and electric field to achieve dendrite-free Zn anode [J]. Small, 2020, 16 (35): 2000929.

[151] Wang Z, Huang J, Guo Z, et al. A metal-organic framework host for highly reversible dendrite-free zinc metal anodes [J]. Joule, 2019, 3 (5): 1289-1300.

[152] Tian Y, An Y, Wei C, et al. Flexible and free-standing Ti3C2Tx MXene@Zn Paper for dendrite-free aqueous zinc metal batteries and nonaqueous lithium metal batteries [J]. ACS nano, 2019, 13 (10): 11676-11685.

[153] Jian Q, Wan Y, Sun J, et al. A dendrite-free zinc anode for rechargeable aqueous batteries [J]. Journal of Materials Chemistry A, 2020, 8 (38): 20175-20184.

[154] Wu T-H, Hsu C-T, Hu C-C, et al. Important parameters affecting the cell voltage of aqueous electrical double-layer capacitors [J]. Journal of Power Sources, 2013, 242: 289-298.

[155] Cao Q, Gao H, Gao Y, et al. Regulating dendrite-free zinc deposition by 3D zincopilic nitrogen-doped vertical graphene for high-performance flexible Zn-ion batteries [J]. Advanced Functional Materials, 2021, 31 (37): 2103922.

[156] Shao Y, El-Kady M F, Sun J, et al. Design and mechanisms of asymmetric supercapacitors [J]. Chemical Reviews, 2018, 118 (18): 9233-9280.

[157] Largeot C, Portet C, Chmiola J, et al. Relation between the ion size and pore size for an electric double-layer capacitor [J]. Journal of the American Chemical Society, 2008, 130 (9): 2730-2731.

[158] Ji H, Zhao X, Qiao Z, et al. Capacitance of carbon-based electrical double-layer capacitors [J]. Nature Communications, 2014, 5 (1): 3317.

[159] Yang S, Du H, Li Y, et al. Advances in the structure design of substrate materials for zinc anode of aqueous zinc ion batteries [J]. Green Energy & Environment, 2022, 8 (6): 1531-1552.

[160] Choi H, Yoon H. Nanostructured electrode materials for electrochemical capacitor applications [J]. Nanomaterials, 2015, 5 (2): 906-936.

[161] Huang J, Sumpter B G, Meunier V. A universal model for nanoporous carbon supercapacitors ap-

plicable to diverse pore regimes, carbon materials, and electrolytes [J]. Chemistry-A European Journal, 2008, 14 (22): 6614-6626.

[162] Li Y, Tan Z, Liang Y, et al. Amine-functionalized carbon cloth host for dendrite-free Zn metal anodes [J]. ACS Applied Energy Materials, 2021, 4 (5): 4482-4488.

[163] Liu H-J, Wang X-M, Cui W-J, et al. Highly ordered mesoporous carbon nanofiber arrays from a crab shell biological template and its application in supercapacitors and fuel cells [J]. Journal of Materials Chemistry, 2010, 20 (20): 4223-4230.

[164] Qian X, Lv Y, Li W, et al. Multiwall carbon nanotube@mesoporous carbon with core-shell configuration: A well-designed composite-structure toward electrochemical capacitor application [J]. Journal of Materials Chemistry, 2011, 21 (34): 13025-13031.

[165] Liu R, Wan L, Liu S, et al. An interface-induced Co-assembly approach towards ordered mesoporous carbon/graphene aerogel for high-performance supercapacitors [J]. Advanced Functional Materials, 2015, 25 (4): 526-533.

[166] Zhou D-D, Li W-Y, Dong X-L, et al. A nitrogen-doped ordered mesoporous carbon nanofiber array for supercapacitors [J]. Journal of Materials Chemistry A, 2013, 1 (29): 8488-8496.

[167] Zhao Y, Ran W, He J, et al. Oxygen-rich hierarchical porous carbon derived from artemia cyst shells with superior electrochemical performance [J]. ACS Applied Materials & Interfaces, 2015, 7 (2): 1132-1139.

[168] Li Y, Lu C, Zhang S, et al. Nitrogen- and oxygen-enriched 3D hierarchical porous carbon fibers: Synthesis and superior supercapacity [J]. Journal of Materials Chemistry A, 2015, 3 (28): 14817-14825.

[169] Jin Z, Yan X, Yu Y, et al. Sustainable activated carbon fibers from liquefied wood with controllable porosity for high-performance supercapacitors [J]. Journal of Materials Chemistry A, 2014, 2 (30): 11706-11715.

[170] Yun Y S, Cho S Y, Shim J, et al. Microporous carbon nanoplates from regenerated silk proteins for supercapacitors [J]. Advanced Materials, 2013, 25 (14): 1993-1998.

[171] Wahid M, Parte G, Phase D, et al. Yogurt: A novel precursor for heavily nitrogen doped supercapacitor carbon [J]. Journal of Materials Chemistry A, 2015, 3 (3): 1208-1215.

[172] Wu X, Jiang L, Long C, et al. From flour to honeycomb-like carbon foam: Carbon makes room for high energy density supercapacitors [J]. Nano Energy, 2015, 13: 527-536.

[173] Huang H, Shi H, Das P, et al. The chemistry and promising applications of graphene and porous graphene materials [J]. Advanced Functional Materials, 2020, 30 (41): 1909035.

[174] Kim T, Jung G, Yoo S, et al. Activated graphene-based carbons as supercapacitor electrodes with macro- and mesopores [J]. ACS nano, 2013, 7 (8): 6899-6905.

[175] Xu Y, Lin Z, Zhong X, et al. Holey graphene frameworks for highly efficient capacitive energy storage [J]. Nature Communications, 2014, 5 (1): 4554.

[176] Zheng S, Li Z, Wu Z-S, et al. High packing density unidirectional arrays of vertically aligned graphene with enhanced areal capacitance for high-power micro-supercapacitors [J]. ACS nano, 2017, 11 (4): 4009-4016.

[177] Lee K H, Lee Y-W, Lee S W, et al. Ice-templated self-assembly of $VOPO_4$-graphene nanocomposites for vertically porous 3D supercapacitor electrodes [J]. Scientific Reports, 2015, 5 (1): 13696.

[178] Dong X-C, Xu H, Wang X-W, et al. 3D graphene-cobalt oxide electrode for high-performance su-

percapacitor and enzymeless glucose detection [J] . ACS nano, 2012, 6 (4): 3206-3213.

[179] Yan J, Fan Z, Sun W, et al. Advanced asymmetric supercapacitors based on Ni $(OH)_2$/graphene and porous graphene electrodes with high energy density [J] . Advanced Functional Materials, 2012, 22 (12): 2632-2641.

[180] Sheberla D, Sun L, Blood-Forsythe M A, et al. High electrical conductivity in Ni_3 (2,3,6,7,10,11-hexaiminotriphenylene)$_2$, a semiconducting metal-organic graphene analogue [J] . Journal of the American Chemical Society, 2014, 136 (25): 8859-8862.

[181] Lei T, Pan F. The synthesis of nanostructured nitrogen-doped carbon via one-step rapid carbonization of metal-organic frameworks: Towards enhanced supercapacitor performance [J] . Journal of Energy Storage, 2019, 25: 100898.

[182] Bao W, Mondal A K, Xu J, et al. 3D hybrid-porous carbon derived from carbonization of metal organic frameworks for high performance supercapacitors [J] . Journal of Power Sources, 2016, 325: 286-291.

[183] Tang J, Salunkhe R R, Liu J, et al. Thermal conversion of core-shell metal-organic frameworks: A new method for selectively functionalized nanoporous hybrid carbon [J] . Journal of the American Chemical Society, 2015, 137 (4): 1572-1580.

[184] Sun Z, Huang F, Sui Y, et al. Cobalt oxide composites derived from zeolitic imidazolate framework for high-performance supercapacitor electrode [J] . Journal of Materials Science: Materials in Electronics, 2017, 28 (18): 14019-14025.

[185] Zhang C, Xiao J, Lv X, et al. Hierarchically porous Co_3O_4/C nanowire arrays derived from a metal-organic framework for high performance supercapacitors and the oxygen evolution reaction [J] . Journal of Materials Chemistry A, 2016, 4 (42): 16516-16523.

[186] Du P, Dong Y, Liu C, et al. Fabrication of hierarchical porous nickel based metal-organic framework (Ni-MOF) constructed with nanosheets as novel pseudo-capacitive material for asymmetric supercapacitor [J] . J Colloid Interface Sci, 2018, 518: 57-68.

[187] Lu Q, Li D, Zi B, et al. Abrand-new hybrid structure with advantageous electron state for ultra-high energy density asymmetric supercapacitors [J] . ACS Energy Letters, 2022, 7 (12): 4204-4311.

[188] Takaishi S, Hosoda M, Kajiwara T, et al. Electroconductive porous coordination polymer Cu [Cu $(pdt)_2$] composed of donor and acceptor building units [J] . Inorganic Chemistry, 2009, 48 (19): 9048-9050.

[189] Feng D, Lei T, Lukatskaya M R, et al. Robust and conductive two-dimensional metal-organic frameworks with exceptionally high volumetric and areal capacitance [J] . Nature Energy, 2018, 3 (1): 30-36.

[190] Augustyn V, Come J, Lowe M A, et al. High-rate electrochemical energy storage through Li^+ intercalation pseudocapacitance [J] . Nature Materials, 2013, 12 (6): 518-522.

[191] Du H, Li J, Zhang J, et al. Separation of hydrogen and nitrogen gases with porous graphene membrane [J] . Journal of Physical Chemistry C, 2011, 115 (47): 23261-23266.

[192] Kandambeth S, Mallick A, Lukose B, et al. Construction of crystalline 2D covalent organic frameworks with remarkable chemical (acid/base) stability via a combined reversible and irreversible route [J] . Journal of the American Chemical Society, 2012, 134 (48): 19524-19527.

[193] Wang K, Jia Z, Bai Y, et al. Synthesis of stable thiazole-linked covalent organic frameworks via a multicomponent reaction [J] . Journal of the American Chemical Society, 2020, 142 (25):

11131-11138.

[194] Khattak A M, Ghazi Z A, Liang B, et al. A redox-active 2D covalent organic framework with pyridine moieties capable of faradaic energy storage [J] . Journal of Materials Chemistry A, 2016, 4 (42): 16312-16317.

[195] Mulzer C R, Shen L, Bisbey R P, et al. Superior charge storage and power density of a conducting polymer-modified covalent oganic framework [J] . ACS Central Science, 2016, 2 (9): 667-673.

[196] Kim G, Yang J, Nakashima N, et al. Highlymicroporous nitrogen-doped carbon synthesized from azine-linked covalent organic framework and its supercapacitor function [J] . Chemistry-A European Journal, 2017, 23 (69): 17504-17510.

[197] Yan D, Wu Y, Kitaura R, et al. Salt-assisted pyrolysis of covalent organic frameworks to porous heteroatom-doped carbons for supercapacitive energy storage [J] . Journal of Materials Chemistry A, 2019, 7 (47): 26829-26837.

[198] Feng X, Liang Y, Zhi L, et al. Synthesis of microporous carbon nanofibers and nanotubes from conjugated polymer network and evaluation in electrochemical capacitor [J] . Advanced Functional Materials, 2009, 19 (13): 2125-2129.

[199] Kou Y, Xu Y, Guo Z, et al. Supercapacitive energy storage and electric power supply using an aza-fused π-conjugated microporous framework [J] . Angewandte Chemie International Edition, 2011, 50 (37): 8753-8757.

第 10 章

多孔材料在生物医学领域中的应用

10.1 引言

据不完全统计，材料在生物医学领域中的应用（亦称生物医用材料）已经有几千年的历史。早在公元前，棉花纤维、马鬃就有记载被用作伤口缝合的缝合线。这些棉花纤维、马鬃可被视为原始的生物医用材料，为人类解决伤口、疾病等问题提供了重要工具。近代以来，人们对生物医用材料的重视程度进一步提高，并取得了一系列突破性进展。其中一个极具代表性的范例便是第二次世界大战时期人们利用具有耐腐蚀特性的金属材料来修复关节，以恢复关节的活动能力与功能，进而缓解由关节损伤或炎症所带来的痛苦。随后的近一个世纪以来，生物医用材料蓬勃发展，相继开发出了生物医用金属材料、高分子材料、无机非金属材料（陶瓷）、复合材料等。材料的特性也随着时代的发展逐渐演变，从原先的生物惰性逐渐发展为兼具生物活性、功能性及相容性的新型材料。同时，材料的应用范围也极为广阔，从组织修复再生逐步拓展到药物控释递送、组织工程、生物成像与传感、抑菌抗菌以及生物安全性等领域。此外，随着人们对材料性能需求的不断提高，材料的尺度发生了根本性变革，逐渐从宏观尺度延伸至微米及纳米级微观尺度，这一变化显著增强了材料在细胞及至亚细胞层面的生物相互作用与生物效应。

近年来，多孔材料以其自身高比表面积、高孔容的特点，相较于传统致密材料具有更高的负载量及控释性能，在生物医学领域中展现了良好的应用前景。通过利用分子自组装、表（界）面改性及杂化复合等手段，多孔材料可通过其自身生物活性以及客体分子负载诱导生物效应，进而在诊断与治疗领域发挥重要作用。以生物医学应用为应用导向的多孔材料，其材料设计主要从以下四个方面进行考虑。第一，生物相容性。生物相容性是指材料与生物活体组织接触后，不引起一系列不恰当的生理反应，包括但不限于细胞或组织的功能下降或紊乱、炎症、癌变以及排异反应等。多孔材料由于具有较高的比表面积，其表界面具有较多的化学基团，因此与生物体组织或体液接触后往往会引发一定程度的生理副反应，例如细胞毒性、过敏、溶血等。因此，大多数多孔材料需要借助表面改性的手段以提高其生物相容性。第二，生物降解性。生物降解性与生物相容性均是材料安全性的重要考量标准，且在很大程度上是相辅相成的：对于大部分生物医用材料，尤其是药物控释多孔材料，生物降解性是生物相容性的必要条件。值得指出的是，这里所提到的生物相容性，不仅指材料本身，也包含其降解产物。生物降解性根据其降解方式可大致分为两类：自然降解与响应性降解。前者是生物医用多孔材料的主要降解方式，其原理是通过材料与生理环境的化学反应，包括水解、离子交换等导致材料的崩塌或解体；而后者则是近年来提出的新概念，其原理是通过在多孔材料中构建具有对外场（如光、超声、磁场等）或生理内环境（如 pH 值、谷胱甘肽、酶等）响应性断裂的化学键，实现多孔材料的响应性可控降解。第三，生物功能性。生物功能性是多孔材料在生物医用领域的核心立足点。该类材料在药物负载与缓释方面具备先天优势，但如何进一步放大该优势，并同时拓展其在多个方面的功能性，例如精准靶向、传感、成像等，是目前研究的热点问题。以药物的控释与递送为例，多孔材料的孔径对药物分子的有效负载起着决定性作用。孔径需依据目标药物分子的尺度进行相应的改造，从而避免孔径过小导致的孔道堵塞或是孔径过大导致的药物泄漏。同时，通过制备纳米尺度的多孔材料，并通过表面修饰靶向基团，可实现高效精准的抗肿瘤药物递送；将多孔材料与造影剂相结合，可实现材料的活体内可视化，推动新一代诊疗一体化平台的构建。

总之，通过研究者近几十年来的研究与积淀，多孔材料已成为生物医学领域的重要材料之一，具有极为广阔的应用前景。但另一方面，多孔材料目前的临床应用依然处于雏形阶段，成功的临床转化范例较少，尤其是其长期生物安全性有待进一步深入探究，这也是研究者未来努力的主要方向之一。

10.2　药物控释与递送

10.2.1　二氧化硅多孔材料

二氧化硅基多孔材料的生物相容性已经在不同的体外和体内模型中得到广泛证明。材料的孔径、比表面积和孔容对于其药物递释性能至关重要。孔径一般需大于药物分子的尺寸，以保证有效负载。同时，孔径制约着药物在孔道中的扩散行为，因此对药物的释放速率亦有较大影响。另一方面，材料的高比表面积和高孔容也是提高药物负载量的关键因素。在化学性质方面，无定形二氧化硅的表面具有高密度的硅羟基。对于纯二氧化硅介孔材料，其与药物之间的相互作用机制主要依赖于表面硅羟基的弱相互作用（例如范德瓦耳斯力或氢键）。此外，硅羟基可通过官能化实现不同种类有机基团的共价锚定，从而制备有机-无机杂化（复合）介孔材料。

在药物递送技术中，纳米颗粒的核心任务之一是将负载的药物精确地递送到体内特定的位点并实现可控释放，以提高药效并减少潜在的副作用。鉴于此，在纳米载体的设计过程中，须着重考虑其生物靶向性及药物控释性能。

靶向二氧化硅多孔纳米粒子的设计和工程化应以药物的精确递送为主要目的。由于纳米载体可以选择性地积聚在肿瘤组织中并释放所负载的药物，目前多数关于药物靶向递送系统（简称靶向递药系统）的研究都集中在癌症治疗上。当纳米粒子被注射到血液中时，它们通过高通透性和滞留（EPR）效应被动靶向并积聚至实体瘤中。然而，EPR效应的靶向效率有时并不尽如人意。主动靶向策略可有效弥补EPR效应的不足，它是基于在材料表面偶联具有靶向能力的配体，这些配体对细胞膜上过表达的特定受体具有高亲和力，从而使得纳米载体具备识别与疾病相关的生物靶标，例如癌细胞表面过表达的细胞受体等。虽然主动靶向纳米粒子尚未在临床应用，但个别纳米系统已经进入临床试验阶段。目前来看，主动靶向纳米载体依然存在多个问题，例如表面配体引发的炎症反应、纳米材料粒径增加、结合位点屏障，以及配体与靶点分子结合后可能阻碍纳米粒子在组织中的进一步扩散等。因此，在设计主动靶向纳米载体时，平衡材料的靶点结合能力和其自身的扩散能力非常重要。

10.2.1.1 刺激响应

纳米递药系统的一大主要优势是在特定组织中按需释放药物。理想的药物递送系统应具有高药物负载能力，避免药物的过早释放，并能够将药物靶向递送至病灶区域，同时能够释放大量药物或生物分子，从而提高药物在局部组织的浓度和治疗效果。因此，理想的药物递送系统应具有刺激响应性控释能力。刺激响应性控释可分为内部刺激和外部刺激两种。内部刺激包括肿瘤微环境中的酸性（pH值）、高浓度谷胱甘肽以及某些酶水平升高；外部刺激可以是近红外光、超声波或磁场等，可以从外部控制，并且可以定位到特定区域，从而减少潜在的副作用。

构建刺激响应性多孔二氧化硅材料始终是相关研究的热点方向。尽管该类材料的开放性孔道可有效地负载药物，但同时也容易引起药物泄漏，进而导致疗效大幅下降。此外，某些药物在泄漏后会分布于全身的多个器官中，可能会引发较严重的副作用。因此，设计可封闭的纳米孔道以防止药物的过早释放极为重要。

介孔二氧化硅纳米粒子，作为具有优异理化性质的二氧化硅多孔材料，可用作潜在的药物递送系统，用于疾病（如癌症等）治疗。与有机纳米粒子相比，介孔二氧化硅纳米粒子具有无机材料的典型优点，如机械稳定性、可控降解性、热稳定性以及化学稳定性。介孔二氧化硅纳米粒子作为药物递送载体主要考虑以下几个因素：①在血液中的循环时间；②病灶积累和靶向能力；③跨越生理屏障的能力；④药代动力学行为。

10.2.1.2　介孔二氧化硅纳米粒子在血液中的循环时间

纳米颗粒在体内（血液中）的循环时间取决于材料的物理化学性质，例如粒径、形状、表面性质等。粒径对于延长纳米粒子的循环时间非常重要。一般来说，直径小于10nm的纳米粒子会被肾脏快速清除，而直径大于200nm的纳米粒子则会被网状内皮系统清除，并可能聚集到毛细血管和肺泡中引起栓塞。目前认为，确保长循环半衰期的介孔二氧化硅纳米粒子的最佳粒径范围是50～100nm，因为较小的粒径往往因孔隙率不足导致药物负载能力低，而较大的粒径则难以跨越某些生物屏障。

在血液中循环期间，纳米粒子可能会遇到不同的流速，而不同形状的纳米粒子会受到不同的剪切应力。研究者已经观察到纳米粒子的形状可能对其在体内的代谢命运产生巨大影响。通常，球形纳米粒子已被用于纳米医学领域，但研究者们对其他形状（如棒状、圆柱体、圆盘或椭球体）的纳米粒子也进行了探索，研究了与形状相关的生物相容性、生物分布和体内清除效率等性能。例如，有报告研究了不同长径比的棒状介孔二氧化硅纳米粒子的在体内的代谢命运，揭示了低长径比（短棒）的纳米粒子倾向于累积于肝脏中，而高长径比（长棒）的纳米粒子则优先累积在脾脏中。

进入血液循环的二氧化硅纳米粒子会与不同类型的生物分子和血液中的细胞相接触。血液的成分高度复杂，平均含有3700多种蛋白质，以及其他生物分子，如糖、胆固醇、氨基酸等。由于血清蛋白的非特异性黏附，可以在多孔二氧化硅纳米粒子表面形成蛋白冠。蛋白冠的组成取决于血液中生物分子的类型和纳米粒子的表面性质。而纳米粒子表面的微小改变可能会对蛋白质的吸附或脱附产生显著影响，从而影响蛋白冠的组成。血液中存在的视蛋白可吸附在纳米粒子表面，进而帮助巨噬细胞识别并清除被视蛋白标记的纳米粒子。利用亲水聚合物对介孔二氧化硅纳米粒子进行表面改性，已被广泛用于减少蛋白冠的形成中。例如，通过在粒子表面偶联聚乙二醇，以避免纳米粒子在血液循环时被免疫系统快速清除。用聚乙二醇包裹的介孔二氧化硅纳米粒子不仅可以增加材料在水环境中的分散性，还可以保护材料表面免受酶和抗体的影响，并延长其循环周期。聚乙二醇的分子量以及表面偶联的密度在对视蛋白的排斥中起重要作用，分子量为10000～20000的聚乙二醇展现了较为优异的性能。聚乙二醇化介孔二氧化硅纳米粒子的体内评估显示，其在肝脏、脾脏和肺中的积累减少，而血液循环的半衰期延长。

然而，聚乙二醇化的介孔二氧化硅纳米粒子可能会诱导机体产生聚乙二醇抗体，并进一步导致纳米粒子被快速清除。因此，作为聚乙二醇化的替代方案，研究者开发了两性离子表面改性的策略，其特征是在纳米材料表面上连接相同数量的带正电荷和带负电荷的官能团。通过使用两性离子修饰聚乙烯亚胺涂层的氧化铁-介孔二氧化硅纳米粒子，实现蛋白质吸附程度的降低，以及不同生物分子的共递送。此外，也可同时将两个不同电性的官能团（正电和负电）偶联到介孔二氧化硅纳米粒子的表面，混合电荷的两性离子表面使得纳米粒子的蛋白质黏附和巨噬细胞摄取显著降低，效果与聚乙二醇化的方法较为类似。

赋予介孔二氧化硅纳米粒子血液循环时“隐形”特性的其他手段包括用细胞膜涂覆以避免巨噬细胞的识别，该手段在2011年被首次报道[1]。红细胞因其在血液中出色的循环性能，是细胞膜的理想来源。包裹了红细胞膜的介孔二氧化硅纳米粒子可同时负载阿霉素和近红外光敏剂，进而产生化疗和光动力疗法的协同治疗效应。除红细胞膜外，不同种类的细胞膜也被用于包裹不同类型的纳米粒子。例如，癌细胞膜已被用于包裹具有同型靶向能力的介孔二氧化硅纳米粒子，并且通过封装超顺磁性铁氧化物赋予材料磁热疗特性。

10.2.1.3 介孔二氧化硅纳米粒子的病灶积累和靶向能力

目前，介孔二氧化硅纳米粒子的靶向递送系统研究最为广泛的是癌症的靶向治疗（图10.1）。在癌症化疗中，使用的大多数常规药物都具有较高的毒性，易导致一系列副作用。为了克服这个问题，纳米载体可以设计成具有靶向肿瘤的特性，并选择性地被肿瘤细胞内化。与大多数纳米载体一样，介孔二氧化硅纳米粒子是一种理想的药物靶向递送载体，通过被动靶向、主动靶向或两者结合的方式选择性地将抗癌药物递送到癌细胞。被动靶向主要基于EPR效应，这一现象最早于1986年被研究人员发现并报道[2]，大分子倾向于在肿瘤间质中长时间积累。由于实体瘤的快速生长，新血管迅速形成，并在血管壁上形成了大量的缺陷。这些具有缺陷的肿瘤血管导致血管通透性增加，促使血液外渗到肿瘤间质中。此外，肿瘤组织的快速生长也会引起淋巴引流缺陷，阻碍纳米粒子和大分子的扩散，并促使它们滞留在肿瘤间质中。另一方面，主动靶向包括将某些配体附着到纳米载体的表面，这些配体对靶器官、组织、细胞或细胞器表面过表达的某些受体具有很强的亲和力。

靶向能力依赖于不同的参数，例如靶标中过表达受体的丰度和可及性，介孔二氧化硅纳米粒子表面偶联的靶向配体的密度，当然还有靶向配体和过表达受体之间的亲和力。在各种不同的主-客体相互作用中，酰胺键和马来酰亚胺-硫醇偶联是迄今为止研究最多的靶向系统。此外，一些研究小组将多个靶向配体共同偶联在一个纳米载体上，提出了“双重靶向”的概念，进一步提升了载体对癌细胞的特异性和选择性[3]。

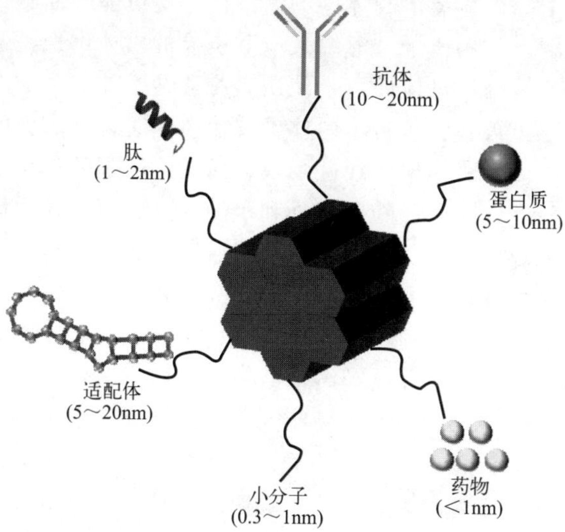

图 10.1　介孔二氧化硅纳米粒子表面附着的不同靶向配体的示意图

10.2.1.4　介孔二氧化硅纳米粒子跨越生理屏障的能力

在肿瘤治疗中，纳米粒子必须跨越多道生理屏障才能实现高效的肿瘤治疗，包括快速血流清除、肿瘤组织积累不足、癌细胞摄取不足以及内体包裹等。而纳米载体是否能够有效跨越这些生理屏障，在很大程度上决定了纳米药物的最终治疗效果。

纳米粒子即使能够通过被动或主动靶向累积于肿瘤中，仍然有一些生理屏障需要被跨越。比如，富含胶原蛋白的肿瘤致密细胞外基质阻碍了纳米载体的渗透，限制了其对肿瘤内部的治疗效果。这种限制可以通过降解肿瘤的致密细胞外基质来解决，从而促进纳米载体在肿瘤中的渗透与扩散。基质降解可以通过在给药前局部施用蛋白水解酶来实现，或者将蛋白水解酶直接偶联到纳米粒子的表面。因此，用蛋白水解酶（如胶原酶）修饰的介孔二氧化硅纳米粒子有助于消化富含胶原蛋白的肿瘤肿块，促进纳米载体渗透至实体瘤的深层区域。然而，这些酶可能会在生理环境中降解。为解决这一问题，研究人员将介孔二氧化硅纳米粒子负载胶原酶，并用 pH 值响应性聚合物胶囊包裹。胶原酶会在胶囊中受到保护避免被降解，而肿瘤组织的微酸性条件可以触发胶原酶的释放[4]。

肿瘤组织内另一道导致治疗效率降低的生理屏障是较高的组织间质液压。这是癌细胞快速生长和分裂的结果，癌细胞压迫肿瘤组织附近的淋巴管，阻碍了纳米载体扩散到肿瘤组织中。纳米粒子可能遇到的下一道生理屏障是溶酶体包封。纳米粒子在通过血液累积于肿瘤中并选择性地内化到肿瘤细胞后，应在细胞内释放药物。然而，当细胞通过内吞作用将纳米粒子内化后，会将其包封于内体或溶酶体中。内体或溶酶体中的高酸性环境可能会导致纳米载体及其负载的药物发生降解。利用质子“海绵效应”诱导的内体逃逸是避免内体或溶酶体包封的一种有效策略。具体而言，使用具有酸性缓冲能力的配体修饰纳米粒子，当这些纳米粒子被细胞包封于内体或溶酶体中时，其表面的缓冲配体可一定程度地中和内体或溶酶体中的酸性溶液，而在质子泵的作用下质子会不断涌入细胞内以保持酸度，同时伴随氯离子和水的流入。因此，内体或溶酶体会膨胀，最终囊泡会被破坏，导致纳米粒子被释放到细胞质中。

研究人员使用酸性缓冲配体装饰了介孔二氧化硅纳米粒子的表面，例如阳离子聚合物（聚乙烯亚胺）、咪唑基团和某些具有缓冲能力的氨基酸等，以促进药物的内体逃逸和细胞质释放。纳米载体的内体逃逸也可以通过表面装饰可响应外部刺激并产生活性氧物种的官能团实现。活性氧物种可诱导内体或溶酶体膜的过氧化，促使它们的渗透性和不稳定性增加，从而导致被包封的纳米粒子从内体或溶酶体中逃逸。例如，将光敏剂（如吲哚菁）负载到介孔二氧化硅纳米粒子的孔道中，在近红外照射下产生活性氧（ROS）物种，破坏内体膜的稳定性。同时，光敏剂也可偶联到介孔二氧化硅纳米粒子的表面，以帮助药物在细胞质中释放[5]。

有些药物需要在特定的亚细胞器中起效，比如线粒体。线粒体参与细胞的凋亡、代谢和活性药物的生成，因此靶向线粒体递送可有效提升治疗效果。在介孔二氧化硅纳米粒子表面修饰线粒体靶向配体，例如三苯基膦衍生物、胍衍生物或线粒体靶向肽，可构建有效的线粒体靶向递药系统。递药系统也可靶向细胞核，以避免药物在细胞核外释放或被细胞通过胞吐作用排出。为构建细胞核靶向的递药系统，研究人员在介孔二氧化硅纳米粒子表面修饰了特定的多肽，这些多肽可识别启动跨核膜渗透机制的特定转运受体。

10.2.1.5 介孔二氧化硅纳米粒子的药代动力学

纳米药物的体内动力学特性与纳米载体的设计息息相关。用于癌症治疗的理想纳米载体应具有肿瘤局部选择性释放药物的能力。此外，载体须具有响应某些刺激的能力，进而按需释放药物，即智能纳米递药系统。在癌症治疗中，纳米载体负载的药物通常具有极高的细胞毒性，因此开发智能递药系统，以避免药物在到达肿瘤部位之前过早释放是十分必要的。这不仅能提高纳米药物的治疗效率，同时还能降低细胞毒性药物脱靶导致的潜在毒副作用。

刺激响应概念在基于介孔二氧化硅纳米粒子的递药系统的构建中应用十分广泛。介孔二氧化硅纳米粒子的多孔结构一方面有利于药物的负载，但另一方面也易造成药物的过早泄漏。因此，在药物被封装于孔道内部之后，需要关闭孔道入口，防止药物的过早释放。为此，在孔道入口处可连接不同的有机或无机修饰物，这些修饰物作为“守门人”将暂时关闭孔道，并在受到特定刺激后重新开启。“守门人”可响应特定的刺激而发生化学或物理变化，从而介导药物释放。刺激可分为两种基本类型：内部刺激和外部刺激。

（1）内部刺激

内部刺激是指由病灶部位特殊的生化环境引起的刺激。智能介孔二氧化硅纳米粒子可响应疾病引发的化学或生物刺激信号而释放药物，而无须任何外部干预。pH 值是内部刺激中最为常用的刺激信号之一。pH 值响应性介孔二氧化硅纳米粒子可通过响应病灶部位的 pH 值变化释放药物。例如，肿瘤组织具有微酸性环境，其细胞外 pH 值在 6.5 到 7 之间。肿瘤组织较低的 pH 值是由于 Warburg 效应，即糖酵解产生酸性乳酸所导致的。正常的生理环境呈中性，通常 pH 值在 7.4 左右。

此外，不同亚细胞区域或细胞器的 pH 值也存在差异：细胞质的 pH 值为 7.4，而高尔基体（pH=6.4）和其他细胞器，如内体（pH=5.5）或溶酶体（pH=5.0）酸性更强。通常，pH 值响应性介孔二氧化硅纳米粒子可以采用不同的修饰物来封盖孔道入口，例如聚合物、大分子或无机粒子等。pH 值响应聚合物能够根据环境 pH 改变其构象，阻止生理 pH 值下的药物释放，而低 pH 值（酸性）会导致其构象改变，从而触发药物释放。目前可用于介孔二氧化硅纳米粒子表面修饰的 pH 响应聚合物已有大量报道，包括聚(4-乙烯基吡啶)、聚[2-(二乙氨基)乙基甲基丙烯酸酯]、聚[2-(二甲氨基)乙基丙烯酸酯]、壳聚糖、淀粉、聚丙烯胺盐酸盐和聚苯乙烯、配位聚合物、明胶等。除了 pH 值诱导的构象变化之外，含有羧基的聚合物可以根据 pH 值进行质子化或去质子化，也已用于构筑 pH 值响应的递药系统。细胞毒性化疗药物，如阿霉素，其氨基基团会在生理 pH 值下去质子化，可通过静电相互作用吸附于聚合物包被的介孔二氧化硅纳米粒子中。当纳米粒子到达酸性环境时，聚合物的羧基被质子化，药物的氨基基团带正电荷，从而增加静电排斥并触发药物释放。类似的原理也可拓展至聚(L-谷氨酸)、聚(L-组氨酸)和聚(天冬氨酸)。此外，通过酸不稳定的化学键连接到介孔二氧化硅纳米粒子的聚合物也可用于开发 pH 值响应性介孔二氧化硅纳米粒子。

无机物也可被用于可逆地封闭介孔二氧化硅纳米粒子的孔道入口，以开发 pH 响应性纳米载体。无机物包括 Au、Fe_3O_4 或 CeO_2 等纳米粒子，通过 pH 值响应化学键连接到孔道入口。此外，酸性可降解的无机纳米粒子，例如 ZnO 量子点、羟基磷灰石、Au 纳米粒子或层状氢氧化物纳米片，也可用于纳米载体的孔道封闭。

除了上述用不同的 pH 值响应物质封闭载体孔道入口的方法外，还可以使用 pH 响应性可断裂的化学键（如肼、缩醛或酯键）将药物偶联到介孔二氧化硅纳米粒子上。肿瘤组织、内体或溶酶体的酸性环境会切断 pH 值响应性化学键，触发药物在酸性微环境中的释放。

谷胱甘肽是一种还原剂，在维持细胞内的氧化应激水平方面起着至关重要的作用。尽管谷胱甘肽的水平在生物体中各不相同（例如谷胱甘肽在细胞内的浓度可比其在细胞外的浓度高出三个数量级），但许多研究发现肿瘤组织比健康组织呈现更高的谷胱甘肽水平。因此，肿瘤部位谷胱甘肽水平升高的特性已被用于设计氧化还原响应性介孔二氧化硅药物控释系统。

与 pH 值响应性载体的概念类似，氧化还原响应性介孔二氧化硅纳米粒子可以通过多种化合物来封闭孔道入口，包括聚合物、无机粒子等。例如，将含有谷胱甘肽响应性裂解的 S—S 键（二硫键）的聚合物作为外壳包覆于介孔二氧化硅纳米粒子的表面，或以二硫键作为连接基团，将其他聚合物分子偶联至纳米粒子的表面。肿瘤组织中高浓度的谷胱甘肽会切断二硫键，进而触发介孔二氧化硅孔道内药物的释放。

同样，研究人员利用 CdS、Fe_3O_4 或 Au 等无机纳米粒子，通过二硫化物将其连接至介孔二氧化硅纳米粒子的表面，以封闭孔道入口。谷胱甘肽通过还原反应切断 S—S 键，生成两个—SH 基团，导致孔道入口处纳米粒子的脱落，并触发药物的释放。孔道入口也被金属纳米结构封闭。例如，高浓度的谷胱甘肽会将二氧化锰涂层的 Mn^{4+} 还原为 Mn^{2+}，进而溶解二氧化锰并触发药物释放。

具有较大尺寸的有机物，如叶酸、抗体聚合物、蛋白质等，可通过二硫键连接到介孔二氧化硅纳米粒子的表面并封闭孔道入口，以构建氧化还原响应性介孔二氧化硅纳米粒子。核酸分子可通过二硫键连接至介孔二氧化硅纳米粒子并阻塞孔道入口。还原性分子可切断二硫键，使得核酸分子脱离纳米粒子表面，进而释放药物。有研究人员通过二硫键将细胞色素 *c* 连接到负载了阿霉素的介孔二氧化硅纳米粒子表面。细胞色素 *c* 既作为封闭孔道的“守门人”，其自身也具有抗癌活性。该纳米系统通过细胞色素 *c* 与阿霉素的协同作用，表现出了优异的肝癌治疗效果。

在病灶部位中某些酶的失调，包括低表达或过表达，可用于开发酶响应性二氧化硅智能药物递送系统。酶响应性介孔二氧化硅纳米粒子可以采用不同的概念来设计，例如聚合物外壳、超分子，甚至使用酶本身。含有特定酶可切位点的聚合物可用于包覆介孔二氧化硅纳米粒子，例如半乳糖多糖和透明质酸，这些聚合物可被肿瘤中某些过表达的酶降解，进而促进药物释放。明胶、胶原蛋白、多肽、葡聚酰胺和聚酯衍生物也可用于封闭介孔二氧化硅的孔道入口，并通过响应肿瘤组织过表达的金属蛋白酶、酰胺酶或酯酶等来释放药物。

一些环糊精和甘脲基大环分子含有酶可裂解位点，因此也可用作超分子纳米阀来封闭孔道。肿瘤部位酶的过表达会切断这些分子中的特定位点，使得孔道打开，触发药物释放。其他用于堵塞介孔二氧化硅孔道的大分子包括三磷酸腺苷，其可在颗粒外表面形成致密的网络。酸性磷酸酶是一种骨转移的生化标志物，其存在可裂解磷酸键，可通过磷酸键的裂解来分解磷酸腺苷外壳并触发药物释放。

（2）外部刺激

外部刺激是通过远程控制激活药物释放，且药物释放能根据需求打开或关闭。外部刺激可以在病灶部位局部应用，因此可提升给药精度，从而提高治疗的效益和效率。介孔二氧化硅纳米粒子已被开发用于响应不同外部刺激信号，包括磁场、光、超声波及温度等(图 10.2)。

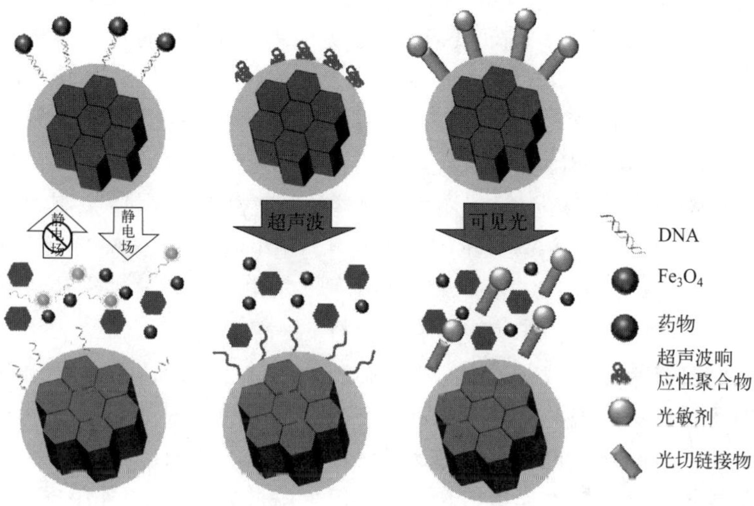

图 10.2　用于触发介孔二氧化硅纳米粒子药物释放的不同外部刺激的示意图

磁场是一种常用的外部刺激，主要包括恒定磁场和交变磁场，前者可用于磁场引导，而后者可用于产生热能（升高温度）。在恒定磁场中，可以利用二氧化硅骨架中封装的磁性纳米粒子追踪二氧化硅纳米材料的生物分布，或通过磁场引导纳米粒子在肿瘤组织中积累。将磁性纳米粒子封装于二氧化硅骨架中，获得的复合材料能够在外部交变磁场的作用下产生热能。交变磁场响应的介孔二氧化硅纳米粒子最常见的合成途径是在二氧化硅骨架中引入磁性纳米粒子，然后在孔道入口处包裹热敏“守门人”，如热响应聚合物，它们在生理温度下可能呈现封闭构象，但在温度升高时则可呈现开放构象。脂质双层表面涂层与上述原理类似，在交变磁场产生的热量作用下脂质双层会被破坏，进而触发药物释放。同样，对温度敏感的假轮烷在交变磁场的作用下也会分解并触发药物释放。

光是一种非侵入性的外部刺激信号，可触发介孔二氧化硅纳米粒子的药物释放，并对其释放动力学进行控制。光作为刺激源的主要优势包括波长可调（紫外、可见光、近红外等）、使用简便、毒性低以及可实现精准的局部照射。

偶氮苯可被偶联至介孔二氧化硅纳米粒子的孔道内，紫外线照射将引起偶氮苯分子的顺反异构化，使它们作为分子叶轮推动负载的药物从孔道中扩散至孔外。此外，偶氮苯分子也可用作“守门人”，通过偶联至介孔二氧化硅纳米粒子的孔道入口处，进而构筑光响应纳米载体。

另一方面，较短波长的光呈现较低的组织穿透能力。基于双光子激发的光动力疗法在治疗不同类型的癌症方面取得了一系列进展。其原理是利用两个相对低能量的光子同时被光敏剂吸收，导致总吸收能量是单个光子的两倍。这种双光子激发的手段已成功应用于多种基于介孔二氧化硅纳米粒子的递送系统，包括活性氧物种、基因和药物，以治疗癌症。

超声波具有许多优点，例如低侵入性、无电离辐射及可控的组织渗透性。超声波与介孔二氧化硅材料相结合，有望实现疾病部位药物递送的精准时空控制，从而降低对健康组织的损伤。将聚合物通过超声波响应性化学键偶联至材料表面并封闭孔道入口，可构建超声响应性介孔二氧化硅纳米粒子，其可响应超声波进而释放药物。包覆聚多巴胺的介孔二氧化硅材料可构筑新型智能纳米载体，其可同时响应超声波与 pH 值两种刺激信号。超声辐照可引起超声波空化效应，触发药物释放。叶酸功能化的 β-环糊精包覆以及海藻酸钠包覆的介孔二氧化硅纳米粒子也利用了类似的超声波空化效应以实现药物的精准控释及肿瘤治疗。

与健康组织相比，具有过表达炎症标志物的肿瘤组织可能显示出高达 5℃ 的温度变化，这一显著的温度变化可用于构建靶向肿瘤的温度响应性介孔二氧化硅纳米粒子。此外，也可通过磁诱导热疗或等离子体效应来提高纳米载体的温度。用热敏聚合物［例如聚(*N*-异丙基丙烯酰胺)及其衍生物］包覆介孔二氧化硅材料，能仅在上述温度升高的场景下（肿瘤组织或由外部刺激触发时）触发药物释放。利用类似的原理，多种温度敏感材料（例如聚合物、肽或核酸）可用作“守门人”封闭介孔二氧化硅材料的孔道，并在温度升高时开放孔道入口，触发药物释放。

10.2.2 多孔分子筛

分子筛材料通常具有较小且均一的微孔结构。利用该孔结构特征，分子筛可选择性地将特定尺寸的药物分子吸附到孔隙中，通过分子筛与药物分子间的氢键、疏水作用、静电力等较弱的作用力实现药物的缓释。另一方面，分子筛可通过表面包裹可生物降解的聚合物（如壳聚糖、明胶和海藻酸盐等）的策略延长药物释放。此外，通过对分子筛材料的表（界）面涂层与改性，可有效改善该材料的生理稳定性、控释特性、血液循环周期，同时可赋予材料主动和被动药物靶向递送特性。通过将分子筛，特别是纳米分子筛粒子与“智能”或“刺激响应”高分子聚合物相结合，可构筑对生理环境或病灶部位的温度变化、

pH 值或外部光照及磁场响应的递送体系（图 10.3）。这些策略为构建高效、安全的分子筛药物递送系统提供了重要手段。

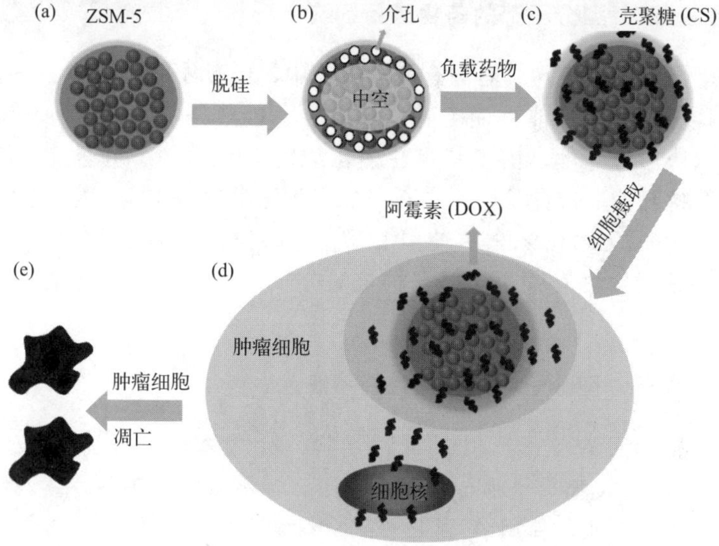

图 10.3　使用沸石进行癌症治疗的抗癌药物递送示意图

基于沸石的药物载体体系的合成：水热法制备沸石（a）、使用脱硅技术形成中空沸石（b）、负载药物和壳聚糖（CS）涂层（c）、肿瘤细胞对沸石的细胞摄取（d）、由沸石释放的阿霉素（DOX）诱导的肿瘤细胞凋亡（e）

10.2.2.1　基于斜发沸石分子筛的药物递释系统

斜发沸石是一种天然沸石，具有二氧化硅和氧化铝的微孔四面体排列。它的化学式为：$(Na, K, Ca)_{2\sim3}Al_3(Al, Si)_2Si_{13}O_{36}\cdot 12H_2O$。它是呈白色至红色的板状单斜硅酸盐晶体，莫氏硬度为 3.5～4，相对密度为 2.1～2.2。斜发沸石具有离子交换特性，特别是对铵离子（NH_4^+）具有很强的交换亲和力，因此可用作尿素传感器的功能材料。此外，它也被用作肥料以及除臭剂。

斜发沸石作为控释载体能增加肠道对维生素和矿物质的吸收能力。例如，膨润土与斜发沸石混合物被用作维生素 E 包封和缓慢释放的多孔载体；斜发沸石作为口服递送平台可用于释放多种维生素（维生素 A、维生素 D3 和维生素 E）。该类沸石表现出酸性缓冲特性，在酸性胃环境中保护维生素，从而提高其稳定性。由于这一酸性缓冲特性的存在，脂溶性维生素在斜发沸石存在下表现出较高的生物活性。

斜发沸石经过表面阳离子改性后可作为抗炎药（例如布洛芬和双氯芬酸）以及抗腹泻药物的递送系统。表面修饰的斜发沸石与药物分子间具有更高的结合能，有利于药物的缓释。斜发沸石也被用于癌症的辅助治疗：其通过降低蛋白激酶表达并刺激肿瘤抑制基因的表达，进而延缓肿瘤生长。

10.2.2.2 基于L型分子筛的药物递释系统

在高度多样化的天然沸石与合成分子筛中，L型分子筛因其优异的物理化学和结构特性以及多功能性而受到广泛关注。L型分子筛是一种结晶铝硅酸盐，具有六边形对称性。由于其存在多孔结构，因此L型分子筛具有优异的分子负载及控释性能。此外，它在新兴的生物医学领域中也开始崭露头角，如基因递送。例如，Bertucci等人使用L型分子筛作为肽核酸载体，用于活细胞内递送[6]。该材料可有效封装并保护核酸分子，防止其过早释放，从而实现基因治疗。

10.2.2.3 基于A型分子筛的药物递释系统

A型分子筛具有三维（3D）孔隙结构，孔隙体积分数为0.47，硅铝比（Si/Al）为1.0。A型分子筛与水凝胶的复合材料可作为实现持续药物释放的伤口敷料。研究表明，使用A型分子筛材料增强了氧气传输性能，并提高了水凝胶稳定性，保持了氧气传输速率。负载了一氧化氮（NO）的A型分子筛纳米颗粒对伤口病原体，例如革兰氏阴性菌［大肠埃希菌（俗称大肠杆菌）和鲍曼不动杆菌］、革兰氏阳性菌（表皮葡萄球菌和耐甲氧西林金黄色葡萄球菌）和真菌（白念珠菌）等，展现了良好的抗菌消炎作用。

Rieger等人分析了通过静电纺丝工艺负载在纤维素纤维内的银包覆LTA型分子筛的抗菌剂递送特性。该静电纺丝纳米纤维利用改性多孔分子筛将抗菌剂快速递送到目标位点，表现出高达92%的微生物和细菌抑制率。由于分子筛具有额外的外表面积和开放的孔隙结构，其与纳米纤维形成的复合材料能为体系提供了更持久的药物递送性能。A型分子筛也可以用于抗癌药物的递释系统。在一项研究中，一种常见的抗癌药物——5-氟尿嘧啶（5-FU）被封装到A型分子筛纳米复合磁性颗粒中。与游离的5-FU相比，分子筛孔内的药物包封提升了其细胞毒性，并可实现持续的药物释放，避免药物突释现象的发生。Neves等人研究了不同拓扑结构的A型（LTA）与Y型（FAU）分子筛的药物递送性能。FAU和LTA对癌细胞均未产生明显的细胞毒性。负载抗癌药物α-氰基-4-羟基肉桂酸之后，药物对癌细胞的抑制活性与负载前相比提升了585倍，其原因在于分子筛的纳米孔结构大幅提升了药物在水中的溶解度。

10.2.2.4 基于Y型分子筛的药物递释系统

FAU是硅酸盐矿物分子筛家族中的一种矿物族。该族由FAU-Na、FAU-Mg、和FAU-Ca组成，它们都具有相同的基本化学式$(Na,Ca,Mg)_{3.5}$

$[Al_{17}Si_{17}O_{48}]\cdot 32H_2O$，但在钠、镁和钙的含量方面有所不同。FAU 作为稀有矿物存在于全球多个地区，并已实现工业合成。Y 型分子筛于 1842 年在德国林贝格采石场首次发现。钠改性的 FAU-Na 是在 20 世纪 90 年代发现富含镁和钙的分子筛之后发现的。它以法国地质学家和火山学家巴泰勒米・福哈斯・德・圣丰（1741—1819）的名字命名。Y 型分子筛的 FAU 框架包括通过六角形棱镜连接的钠长石笼。孔彼此垂直排列。每个孔由十二元环形成，直径相对较大，为 7.4Å。内腔直径为 12Å，周围环绕着 10 个钠长石笼。晶胞是立方的，其晶格常数是 24.7Å。沸石 Y 的孔隙率为 48%，Si/Al 为 2.43。它通常在 793℃时发生热分解。

Karimi 等人比较了 ZSM 分子筛、Y 型分子筛和聚乙二醇纳米结构作为抗癌药物载体的药物递送和生物医学性质[7]。结论显示，分子筛样品的孔隙及高比表面积可被有效利用于药物封装，因此展现了比聚乙二醇纳米结构更强的抗氧化能力及药物缓释行为。同时，Y 型分子筛的截断八面体构型也是影响其药物缓释行为的重要因素。近年来，分子筛聚合物复合材料也受到高度重视。例如，花姜酮是治疗结肠癌、皮肤癌和乳腺癌最有效的药物之一。Salleh 等人评估了基于花姜酮的 Y 型分子筛-明胶复合材料的抗癌药物递送性能。Y 型分子筛的孔道实现了药物的稳定释放行为，同时对药物分子具有保护作用[8]。

Rezaee 等人通过水热法合成了 pH 响应性 Y 型分子筛纳米颗粒，并测试其药物递送效率[9]。单宁酸包覆的分子筛与未被包覆的分子筛相比，有效延长了药物缓释的周期。该 pH 值响应性 Y 型分子筛纳米颗粒负载甲硝唑之后可被用作高效的抗滴虫药物。与天然形式相比，合成分子筛的优势之一是它们能够响应外部刺激（例如 pH 值、电场或磁场等）以实现负载药物的按需释放。例如，Paradee 和 Sirivat 合成了 Y 型分子筛-海藻酸盐水凝胶复合材料，通过离子交换将叶酸封装在分子筛的微孔结构中，并进一步研究了电场对药物释放速率的影响[10]。由于叶酸与电场的阳极部分之间的静电互斥作用，电场可加快叶酸的释放。此外，海藻酸盐的交联度和分子筛中的铝含量也会直接影响叶酸的释放速率。

作为紫外线 B(UVB) 和紫外线 A(UVA) 的吸收剂，羟苯甲酮是多种防晒产品中的主要成分，其最大允许安全浓度为 6%。多孔分子筛的使用或可进一步提升羟苯甲酮在防晒产品中的最大允许安全浓度。在体外评估中，封装羟苯甲酮的 Y 型分子筛表现出显著的抗紫外线效果，同时 Y 型分子筛还可保护羟苯甲酮，降低其光降解程度。

Arruebo 等人合成了在标准物理条件和环境温度下具有高比表面积、机械强度和吸附能力的磁铁矿-Y 型分子筛纳米复合材料。体外试验显示，该复合纳米颗粒对阿霉素等药物具有较高的负载量[11]。同时，它们具有高液体摄入和小孔隙的特点，有利于药物的缓慢释放。分子筛也可通过改性用于靶向治疗和成像。Ndiege 等人将 Y 型分子筛应用于靶向生物成像[12]。他们通过点击化学将靶向适配体与分子筛相连，用于靶向具有特定生物标志物的细胞上。

10.2.2.5 基于X型分子筛的药物递释系统

X型分子筛与Y型分子筛具有相似的FAU型骨架，都属于铝硅酸盐沸石家族，二者不同之处在于硅铝原子比。X型分子筛的硅铝原子比通常在1～1.5的范围内，而Y型分子筛的更高。FAU型骨架中，24个四面体构成的立方体八面体单元（即方钠石笼）与金刚石中的碳原子排列方式相似，它们通过六角棱镜（双六元环）连接，形成3D多孔通道结构，其特征在于具有十二元环开口，孔径为8Å。有研究者研究了不同合成分子筛对药物（如酮洛芬）的吸附和释放能力。结果表明，由于负电荷的排斥作用，未经活化处理的分子筛难以吸附酮洛芬钠盐。活化处理对于去除分子筛孔内的分子，以保证酮洛芬分子能够进入孔道至关重要。在口服应用中，只有不到10%的药物能够被胃部消化吸收，但分子筛的使用可以减少酮洛芬对胃的负面影响，因为分子筛包封的药物能够通过胃部进入胃肠道之后再释放。Hassanvand等人研究了超声波在增强介孔分子筛纳米颗粒药物递送和释放特性中的作用[13]。分子筛纳米颗粒可以通过血脑屏障，从而增加到达靶部位的有效药物剂量。同时，施加超声波可以刺激材料骨架以提高药物的释放速率。因此，该技术可以通过外场刺激有效控制药物的释放行为。

在另一项研究中，X型分子筛和Y型分子筛被用于探究合成分子筛封装及释放双氯芬酸和吡罗昔康的能力。在大多数患者体内，缓释的抗炎药物均展现了良好的效果。因此，合成分子筛可通过其微孔和介孔结构介导药物的缓慢释放，防止高剂量药物突然暴露于体内。可以说，合成分子筛是这类药物的理想载体材料。近期，X型分子筛被用于负载并递送达那唑，并与口服达那唑制剂进行了比较。据报道，负载药物的X型分子筛的稳定性长达6个月。药物释放实验表明，X型分子筛负载的达那唑在起始阶段释放缓慢，然后随释放时间推移而逐渐加快。在外翻肠囊模型中的离体评估表明，X型分子筛的缓释作用可促进达那唑穿透肠上皮的输运过程。因此，微孔X型分子筛可作为药物递送载体，以促进水溶性较差药物的口服吸收。表面活性剂也被用于增强分子筛药物载体的性能。分子筛-表面活性剂平台提高了对氯喹的吸附性能，且该吸附性能与表面活性剂的浓度和链长以及分子筛的类型有关。然而，具有钠/钙反离子配合物的P型分子筛和Z型分子筛对氯喹的吸附性能都较弱。

10.2.2.6 基于MFI型分子筛的药物递释系统

ZSM-5（MFI型骨架）是一种铝硅酸盐分子筛，属于Pentasil型（五元环）分子筛家族。它的化学式为 $Na_nAl_nSi_{96-n}O_{192}\cdot16H_2O$（$0<n<27$）。ZSM-5是较为常见的生物医用多孔材料，尤其在药物递送领域展现了巨大的

应用前景。

骨移植是一种常规的骨科手术，可以促进骨缺损或骨愈合相关并发症部位的骨形成。骨移植手术的术后受体移植部位感染是一个常见且较为严重的临床问题，易导致较高的死亡率，其治疗往往需要消耗大量的药物及医疗资源。针对这一问题，ZSM-5分子筛材料因其较高的生物相容性，展现了一定的应用价值。Guo等人[14]报道了使用水热法合成的ZSM-5分子筛作为添加剂用于药物递释系统。该分子筛具有圆盘状形貌，厚度与直径分别为100nm和300nm，能够将药物包封于孔道内，并实现药物的缓释作用，从而延长药物的作用周期以治疗感染。从ZSM-5分子筛中连续释放的庆大霉素有效减少了细菌的黏附和生物膜的形成。因此，负载庆大霉素的ZSM-5分子筛因其高生物相容性、多孔结构的特点，或可作为有效抗植入体相关感染药物的递送载体。

水热法合成的ZSM-5分子筛具有特定的SiO_2∶Al_2O_3比值，具有较高的药物递送载体的潜力。Hodali等人[15]研究了水热法合成的ZSM-5分子筛对5-FU药物的释放性能。结果显示，在前15分钟内有50%的药物释放到了组织培养基中。这种突释现象很可能是由部分药物吸附在ZSM-5分子筛的表面或孔道入口处所导致的。随后，ZSM-5分子筛展现了持续2～4小时的5-FU的二次缓释行为，这是由于药物分子被吸附到了较深的微孔孔道中。Wen等人[16]成功开发了一种具有pH响应性的ZSM-5-阿霉素-壳聚糖复合材料，用于调节其在癌细胞和非癌细胞中的释放行为。肿瘤微环境通常比正常组织环境的酸性更强。因此，在酸性肿瘤组织中，壳聚糖溶解并诱导阿霉素药物的快速释放，而在中性正常组织中，由于壳聚糖的包覆显示出较低的阿霉素释放速率。ZSM-5分子筛这种理想的药物选择性释放行为可归因于多方面因素，包括材料的多孔结构、粒径分布和表面官能化，以及纳米粒子的EPR效应、持久的循环时间、高效的细胞摄取性和可控的药物生物分布。

基于微孔分子型的微针也被应用于透皮药物递送。以聚合物为模板的分子筛微针通过紫外线诱导的交联过程而形成，其中规则的圆柱形针状MFI型分子筛生长在硅基基底上。在猪皮模型试验中，这种分子筛微针由于其直径较细小，显示出更好的皮肤穿透力，能够有效地穿过组织屏障并将药物递送至目的地。

以硅酸和十水合四硼酸钠为前驱体，Khatamian等人[17]通过水热法合成硅硼比（Si/B）可变的MFI型硼硅酸分子筛，并将其应用于阿霉素递送系统。结果表明，该药物递送系统具有pH响应性特征，在酸性pH条件下显示了较高的药物释放速率。分子筛材料的硼含量可以通过不同合成参数进行调节，例如通过改变结晶时间和反应pH等。具有有序矩形纳米晶和大比表面积的硼硅酸纳米颗粒显示出较高的药物负载能力，并对乳腺癌细胞展现了较高的细胞毒性。Fe/B对硼铁硅酸分子筛的阿霉素负载量也有较大影响。Fe/B为0.5、1和2时，Fe含量的提高降低了药物的负载率。对于Fe/B趋于∞的样品，由于形成了氧化铁，药物负载率大幅提高。然而，鉴于药物与杂原子取代的分子筛之间的相互作用降低了阿霉素分子从分子筛表面的脱附行为，所有材料的药物释放量均较低。

化疗是转移性癌症的重要治疗方法，但往往会对正常组织产生较大的毒副作用。在最近的一项研究中，Yang 等人[18]合成了 pH 响应性介孔 ZSM-5-壳聚糖-阿霉素纳米盘复合材料用于针对骨肉瘤的药物递送。pH 值响应性介孔 ZSM-5-壳聚糖-阿霉素纳米盘复合材料展现出较高的药物负载能力，并可将阿霉素快速地递送到酸性的目标组织，如肿瘤细胞。此外，通过药代动力学研究、血清学检查和苏木精-伊红（H-E）染色，这些 pH 值响应性分子筛药物载体显示出较少的不良反应，尤其是较低的心脏毒性。因此，介孔 ZSM-5-壳聚糖-阿霉素纳米盘可能是靶向癌症治疗的理想 pH 值响应性药物载体。

10.2.3 碳基多孔材料

多孔碳材料具有密度更低、孔隙率更高、吸附能力更强等特点，具有较高的载药量，对于满足临床需要的高剂量化疗药物具有重要意义。多孔碳材料通常以煅烧或水热法合成，其表面较为疏水。浓强酸（例如浓硫酸和浓硝酸）氧化或稀硫酸/过硫酸铵混合溶液氧化是提升材料亲水性并促使其表面产生官能团的常用策略。酸氧化处理可在碳材料表面产生丰富的官能团，如羧基、羰基等。这些官能团可根据不同生物应用的需求做进一步修饰，例如聚乙二醇化、连接主动靶向基团等。

10.2.3.1 载药方法

多孔碳材料的载药通常采用物理吸附法和溶剂蒸发法两种方法进行。物理吸附法是将碳材料浸泡于含药物的溶液中，药物分子可以逐渐渗透到孔隙通道中并吸附于材料表面，直到达到平衡。负载药物后的碳材料可以通过离心或过滤收集。溶剂蒸发法是将碳材料浸泡于含药物的溶液后，通过旋转蒸发等方法快速将溶剂蒸发去除，从而获得碳材料与药物的混合物。与物理吸附法相比，它可以获得更高的药物负载率，但若药物投料量过高，也易造成药物分子在孔道外结晶等问题。

Liu 等人[19]报道了使用 Eu^{3+}/Gd^{3+}-EDTA 掺杂的空心介孔碳来提高非水溶性模型药物卡维地洛的口服生物利用度并实现体内成像。空心介孔碳通过溶剂蒸发法的载药效率可达 73.6%，而通过物理吸附法的载药效率可达 47.8%。与卡维地洛的商用胶囊相比，负载于空心介孔碳的卡维地洛表现出持续地释放行为，并且随着介孔壳的变厚，释放速率减慢，大大提高了卡维地洛的口服生物利用度。Shi 等人对介孔碳纳米粒子和介孔硅纳米粒子的载药效率进行了比较。他们发现，由于介孔碳纳米粒子骨架中芳香环的存在，喜树碱的载药效率可达 17%，高于介孔硅纳米粒子。

Zhang 等人[20]报道羧基化的介孔碳纳米粒子可有效提高疏水性卡维地洛的溶解度和溶解速率，从而提高口服后的生物利用度。该药物负载到纳米孔中后处于无定形状态，与结晶药物粉末相比，平衡溶解度和溶解速率均有显著提高。此外，与商业产品相比，负载于该碳基多孔材料的卡维地洛的相对生物利用度提高了 179.28%±20.5%。Wang 等人[21]进行了肠道渗透性实验，以研究多孔碳材料改善塞来昔布药物生物利用度的机制。他们研究了肠上皮细胞与多孔碳球载体的相互作用、黏附和摄取，发现该材料可以显著降低药物外排率，提高药物的肠道上皮细胞渗透性。由于同时提高了溶出率、促进了细胞摄取并降低了药物的外排率，因此与商业化胶囊相比，负载到多孔碳球中的塞来昔布的口服生物利用度显著提高。

多孔碳纳米粒子的粒径对药物释放速率有很大影响。Zhang 等人[22]合成了不同粒径的多孔碳纳米粒子，并比较了模型药物辛伐他汀的释放行为。结果表明，随着粒径的减小，药物分子的扩散距离缩短，释放速率大大提高。

扩大孔径也可提高药物溶解速率。Zhao 等人[23]制备了纤维状有序介孔碳用于负载非水溶性药物塞来昔布以提高其溶解率和口服生物利用度。结果表明，随着介孔碳的孔径从 4.4nm 增加到 7nm，药物的溶解速率显著提升。此外，Eleftheriaolis 等人[24]比较了不同孔径的介孔碳气凝胶中布洛芬的溶解速率。结果表明，孔径为 20nm 的介孔碳气凝胶中的布洛芬溶解速率相较于孔径为 10nm 的介孔碳气凝胶明显加快。

药物的释放速率与纳米载体的粒径之间存在密切关联，且释放速率与孔通道的长度成反比。为了验证这一观点，Zhao 等人[25]比较了具有不同介孔结构碳纳米粒子的洛伐他汀药物释放行为。释放曲线显示，较长二维孔通道的碳纳米粒子释放洛伐他汀的速率比具有较短三维孔通道的材料慢，表明药物释放速率会随着孔通道长度的延长而降低。

与传统的介孔碳纳米粒子相比，中空介孔碳纳米粒子由于其介孔外壳和空腔的独特结构，更容易实现药物的持续释放。Liu 等人[19]制备了 70～130nm 不同壳层厚度的中空介孔碳纳米粒子。该类材料展现了较高的药物负载能力，并且随着壳层厚度的增加，分子扩散距离变长，药物释放速率减缓。

10.2.3.2 相互作用

载体与负载药物之间的强相互作用可延缓药物的释放。多孔碳纳米粒子的碳质骨架可通过超分子 π-π 堆积与芳香族药物分子产生较强的相互作用，以实现药物的持续释放。Zhu 等人[26]开发了直径为 90nm 的介孔碳纳米粒子作为阿霉素的跨膜递送载体。由于阿霉素和介孔碳纳米粒子之间的疏水相互作用和超分

子 π-π 堆积，介孔碳纳米粒子表现出较高的阿霉素负载能力，并且在中性条件（生理中性）下表现出持续释放，而酸性条件下负载阿霉素的介孔碳纳米粒子的释放速率相较于中性条件下显著加快。由于肿瘤组织微环境的酸性略高于正常组织，这种 pH 值依赖性阿霉素释放曲线促进了介孔碳纳米粒子的肿瘤特异性药物释放，并可在很大程度上避免在体内循环过程中对正常组织产生细胞毒性。

10.2.3.3 扩散阻碍效应

由于在多孔碳材料表面修饰聚合物可以改变药物与载体之间的相互作用，因此 Zhang 等人[27]在有序介孔碳材料 CMK-5 的表面包覆聚合物聚二甲基二烯丙基铵，开发了一种用于非水溶性药物的口服递药系统。他们选择三种具有酸性或碱性性质的不同药物（尼莫地平、卡维地洛和非诺贝特）作为模型药物。研究结果表明，传统的羧基化 CMK-5 释放药物的速度较快，1 小时内累积药物释放率达到 80%，而聚二甲基二烯丙基铵包被的 CMK-5 在 12 小时内观察到药物的持续缓慢释放，同时伴随着材料粒径的不断增加，经过 9 小时后，从最初的 2μm 增大至 5μm。粒径的增加表明聚二甲基二烯丙基铵在水环境中逐渐膨胀，可有效阻碍药物分子的释放。Zhang 等人[28]开发了一种介孔碳-双层脂质纳米复合材料载体，用于改善水溶性较差的药物尼莫地平的口服递送效率。由于双层脂质所提供的物理屏障，负载尼莫地平的介孔碳材料在模拟肠液中展现出持续的药物释放行为。体内生物利用度实验表明，与商业制剂相比，该递药系统大大提高了尼莫地平的生物利用度，可在较长时间内保持较高的血药浓度。

10.2.3.4 受控/靶向给药系统

（1）受控给药系统（CDDS）

为了防止药物过早释放带来的药物损失和副作用，实现药物在病灶部位的最大释放，研究者们开发了受控给药系统（刺激响应性药物递送系统），如图 10.4 所示。这种新型药物递送系统可以通过在多孔材料的孔道入口处安装各种“守门人”来实现：“守门人”可防止药物分子从载体中泄漏，但在某些刺激条件下，如 pH 值、还原性物质、温度和酶等，“守门人”分子可被移除，使得原本关闭的孔道变为打开状态，促进药物释放。

在各类刺激响应性药物递送系统中，pH 值响应性系统受到了最为广泛的关注。众所周知，正常组织和病灶组织之间以及细胞质和亚细胞器之间存在天然的 pH 值梯度。比如，肿瘤组织的酸性比正常组织更强。Huang 等人[29]开发了一种 pH 值响应性多孔碳药物递送系统，其中 ZnO 量子点通过酰胺键作为“守门人”附着在介孔碳纳米粒子的表面上，并且选择罗丹明 6G 作为模型药物负载到纳米粒子中。实验表明，罗丹明 6G 的释放曲线与周围培养基的 pH 值具有强相关性。在 pH 值低于 5.5 的条件下，ZnO 量子点开始溶解并逐渐使孔道打开，从而释放罗丹明 6G。此外，介孔碳纳米粒子在近红外光照射下产生的热量会提高局部温度，从而进一步促进罗丹明 6G 的释放。罗丹明 6G 与介孔碳纳米粒子孔道之间的相互作用在较高温度下会减弱，而 pH 值的进一步下降会导致二者之间的静电排斥作用增强。因此，pH 值和温度的协同作用可以促进近红外光照射下肿瘤部位的介孔碳纳米粒子快速释放罗丹明 6G。

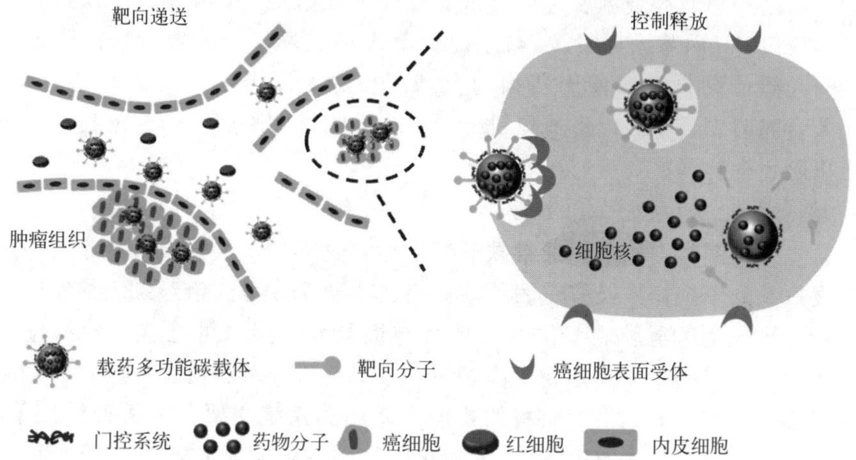

图 10.4　基于介孔碳纳米粒子的刺激响应性药物递送系统的体内过程示意图

还原性物质是另一种广泛使用的触发药物释放的刺激因素。谷胱甘肽是一种抗氧化剂，其浓度在细胞外液（2～10μmol/L）和细胞内（10mmol/L）之间存在显著差异。此外，肿瘤细胞内的谷胱甘肽浓度至少是正常细胞的三倍。二硫键被广泛应用于构建氧化还原响应性药物递送系统，因为二硫键在细胞外液的低浓度谷胱甘肽环境中较为稳定，但在含有高浓度谷胱甘肽的细胞内可与谷胱甘肽发生氧化还原反应并导致二硫键断裂。Zhang 等人[30]构建了一种基于介孔碳纳米粒子的氧化还原响应性药物递送系统，其中作为“守门人”的荧光碳点通过可裂解的二硫键偶联到介孔碳纳米粒子表面，从而堵塞孔道。在谷胱甘肽存在的情况下，由于二硫键的裂解，荧光碳点与介孔碳纳米粒子发生分离，从而触发封装的阿霉素的快速释放。荧光碳点的荧光在偶联到介孔碳纳米粒子表面时被猝灭，而一旦脱离则会恢复荧光。因此，荧光碳点既是实现药物控释的“守门人”，又是可视化药物释放过程的探针。此外，偶联到孔道入口的聚合物也可以用作氧化还原响应的“守门人”。Zhang 等人[31]构建了一种聚丙烯酸偶联的空心介孔碳作为氧化还原和 pH 值双响应性药物递送系统。聚丙烯酸通过二硫键偶联于空心介孔碳孔道的入口处，以阻碍药物的释放。细胞内的较低 pH 值（酸性环境）可触发聚丙烯酸表面吸附的药物释放，而细胞内的较高浓度谷胱甘肽可诱发二硫键断裂，使聚丙烯酸层脱落，进而实现孔道内药物的释放。

此外，温度已被用作触发药物释放的刺激因素。Zhu 等人[32]构建了由聚(*N*-异丙基丙烯酰胺)和有序介孔碳（CMK-3）组成的温度响应性药物递送系统。由于在“最低临界共溶温度”下的亲疏水性质的转变，聚(*N*-异丙基丙烯酰胺)可被用作温敏聚合物，并已成为生物医学应用中使用最广泛的温度响应性聚合物之一。当环境温度达到“最低临界共溶温度”（约 25℃）以上时，可以诱导聚(*N*-异丙基丙烯酰胺)与水之间氢键的破坏，导致聚合物链收缩，从而使介孔碳的孔打开以便于药物的负载。当温度低于“最低临界共溶温度”时，聚合物与水分子之间形成氢键会导致聚合物链的膨胀，进而密封介孔碳的孔道以防止药物释放。

（2）靶向给药系统（TDDS）

常规化疗药物在给药后通常缺乏特异性，这不仅严重限制其治疗效果，更会引发一系列毒副作用及多重耐药性。近几十年来，靶向给药系统的发展使得药物能够靶向递送至肿瘤部位并实现特异性释放，同时可能避免药物过早泄漏。该系统可以减少化疗药物的高剂量需求，并大幅减少对正常组织和细胞的损伤。其中，基于多孔纳米材料的靶向纳米给药系统主要分为两种设计策略。①被动靶向策略。尺寸范围在 50～200nm 之间的纳米颗粒通过穿透血管系统进入肿瘤区域，即 EPR 效应。②主动靶向策略。对载体进行配体或抗体修饰，以赋予其肿瘤特异性识别能力。

Wan 等人[33]开发了一种基于介孔碳球的多功能靶向药物递送系统。他们将介孔碳球表面偶联聚乙烯亚胺，并进一步共价连接异硫氰酸荧光素和叶酸，同时将紫杉醇负载于孔道中。结果表明，由于体内肿瘤组织中纳米颗粒的积累量较高，叶酸功能化的纳米颗粒可被过表达叶酸受体的肿瘤细胞特异性摄取，因此与其他紫杉醇制剂相比具有更好的抗肿瘤活性。此外，该系统还可用于改善口服生物利用度差的紫杉醇。结果表明，该系统通过叶酸受体介导的 Caco-2 细胞内吞作用显示出增强的细胞摄取。此外，纳米颗粒显著增强了紫杉醇在 Caco-2 细胞单层中的通透性。体内实验结果表明，纳米颗粒不仅提高了紫杉醇的口服生物利用度，而且降低了其胃肠道毒性。

Wan 等人[34]开发了一种透明质酸功能化介孔碳球，用于酶响应性药物靶向递送系统。药物可被稳定地包封于孔道中，而透明质酸赋予了颗粒胶体稳定性、生物相容性、细胞靶向能力和可控药物释放特性。结果表明，透明质酸功能化介孔碳球能够特异性靶向 CD44 受体过表达的癌细胞。阿霉素和维拉帕米共负载的透明质酸功能化介孔碳球表现出 pH 值和透明质酸酶 1 双响应性药物释放模式，促进了肿瘤微环境中的特异性药物释放，对肠癌肿瘤表现出优异的治疗效果。Zhou 等人[35]最近设计了一种基于介孔碳纳米粒子的新型多功能纳米平台，以实现酶和谷胱甘肽双响应性药物释放、靶向递送和联合化学光热治疗。介孔碳纳米粒子通过二硫键与生物大分子透明质酸偶联，使该系统对细胞内的透明质酸酶 1 和谷胱甘肽响应，以控制药物释放。透明质酸可作为 CD44 过表达癌细胞的靶向基团，提高介孔碳纳米粒子的胶体稳定性和生物相容性，实现透明质酸酶 1 触发的药物释放。

（3）治疗性生物分子递送

除了提供传统的化学药物外，多孔碳纳米粒子还可用于递送生物大分子，如基因或蛋白质。基因治疗是一种以外源性核酸为治疗药物，通过抑制癌基因表达和肿瘤细胞增殖从而实现肿瘤治疗的新型抗癌手段。为了应对核酸分子易降解和细胞摄取效率低等问题，Meng 等[36]设计了一种聚乙烯亚胺修饰的氧化介孔碳纳米球用于光热-基因联合治疗。该氧化介孔碳纳米球具有均一的形貌、有序的介孔孔道、优异的水分散性和良好的生物相容性。编码 ING4 和 pING4 的质粒 DNA 可以负载到氧化介孔碳纳米球中，以抑制癌细胞的增殖和肿瘤血管的生成。同时，该系统还可以通过光热消融消除肿瘤，实现基因与光热的联合治疗，从而显著抑制肿瘤生长，并延长荷瘤小鼠的寿命。

具有较大孔径的介孔碳纳米颗粒不仅能用于癌症基因治疗，而且能负载蛋白质用作口服疫苗的佐剂。Wang 等人[37]采用介孔二氧化硅作为模板，蔗糖作为碳源，合成了一种粒径为 470nm 的介孔碳（C1）用作口服疫苗的佐剂。该纳米佐剂可有效防止抗原蛋白在胃肠道中的降解，提高 M 细胞的摄取效率。作者以牛血清白蛋白（BSA）为抗原，将其负载到介孔碳粒子的孔道中。口服后，该纳米佐剂诱导产生的 IgG 的滴度与弗氏完全佐剂几乎相当，这表明负载 BSA 的 C1 可以有效刺激黏膜免疫应答。

10.3　组织工程

生物材料可用于组织修复和再生，并最终重建组织的结构与功能。多孔生物材料可制造复杂的三维结构，模拟与组织类似的力学性能，并允许大分子的传质与细胞的进入。同时，多孔生物材料也可作为生物相容的植入物，并可根据具体应用设计成具有生物活性或生物惰性的材料。在多孔生物材料的设计中，要考虑的因素可分为物理性质和化学性质两个方面。物理性质包括孔道形状、孔道均匀性、孔道连通性、孔径、孔容、疏水性和力学性能（压缩和拉伸强度、平衡模量、疲劳性能等）。化学性质影响材料的细胞相容性和生物活性，尤其在增强细胞黏附、增殖、迁移和分化等方面具有重要意义。其他需要考虑的特性包括流变特性、降解性和免疫反应性。在本节中，我们将讨论几种较为常用的多孔生物材料。

10.3.1 多孔聚合物

聚合物作为生物材料在组织工程领域具有广泛的应用。聚合物可以以固体、液体和凝胶状态使用。例如，聚乙二醇（PEG）可以用于制造固体材料或凝胶状材料。此外，多种天然和合成的多孔聚合物也可应用于软组织工程和硬组织工程中。聚合物链之间的分子间力决定了材料的弹性和相关力学性能（例如，拉伸和压缩强度、韧性、断裂应变），其力学性能随孔隙率的变化而变化。因此，多孔聚合物可在多种组织工程中使用。

多孔聚合物具有可控的宏观和微观理化性质，而调控聚合物时要考虑的重要因素主要包括流变和力学性能、与水分子相互作用、交联机理、降解性能以及与细胞相互作用等。热塑性多孔聚合物材料已在心脏、角膜、泌尿系统、软骨、神经元和血管等方面展现了应用价值。热固性多孔聚合物通常具有较高硬度，因此可被应用于骨骼、颌面假体和牙科等方面。其他具有应用前景的多孔聚合物生物材料包括聚(癸二酸甘油酯)（PGS），聚(ε-己内酯)（PCL）和硅/聚二甲基硅氧烷（PDMS）。这些材料具有延展性，与天然软组织的力学性能较为接近，并显示出与细胞环境相互作用的特性，可促进支架内细胞的增殖及分化。

作为热固性聚合物家族的一员，形状记忆聚合物（SMP）可以作为可吸收材料、伤口敷料、瘢痕护理材料和药物载体，因而受到特别关注。例如，基于柠檬酸的多孔聚合物具有对生理温度敏感的形状记忆功能，从而控制药物的释放。尽管形状记忆聚合物通常被用于软组织工程，某些也可用于需要较硬材料的组织工程。例如，聚(ε-己内酯)可用于血管包裹，该聚合物可在体温下成型，其支架可模仿患者的静脉几何形状。在类似的研究方向上，形状记忆多孔聚(ε-己内酯)支架可“自贴合”颅颌面部骨骼和股骨缺陷。

共轭聚合物是具有单键和双键交替主链的聚合物，产生离域的π电子，使其具有导电性。由于它们比金属更软，因此这些聚合物可被用作神经探针的多孔基质、眼部药物输送系统以及骨再生的材料。此外，共轭聚合物在生物电子学中亦有应用。它们易于合成并具有可控的溶胶-凝胶结构，可同时保持光学和电子特性。例如，在体内测试中，多孔聚吡咯（PPy）可促进组织生长，并具有良好的药物控释性能。多孔聚噻吩（PT）-聚(ε-己内酯)支架显示出良好的成骨细胞黏附和增殖。聚苯胺可用作组织工程中抗菌药物的载体。聚(3-羟基丁酸-*co*-3-羟基戊酸酯)（PHBV）是一种由微生物发酵而成的热塑性聚酯，与聚羟基链烷酸酯（PHA）相混合具有抗菌特性。它可以作为金属多孔支架的涂层，用于骨再生领域。

具有低蛋白吸附和较高细胞黏附的聚合物通常表现出较低的免疫反应。聚合物材料还可提供细胞结合位点并促进细胞相互作用，这对于其他组织工程应用（例如骨组织工程）十分重要。生物相容性多孔材料包括合成聚合物和天然聚合物两大类。后者可以进一步分类为基于多糖的聚合物［例如，甲壳素、壳聚糖、藻酸盐、糖胺聚糖（GAG）、硫酸软骨素2等］和基于蛋白质的聚合物（例如，胶原蛋白、明胶、蚕丝等）。

可生物降解的聚合物可通过水解或酶解作用使材料分解。降解过程可能发生在材料表面或内部，也可两者同时发生。多孔天然聚合物通常通过酶的作用降解，主要用于缝合线和贴片、伤口愈合和术后伤口护理。例如，Wang等人[38]构建了一个具有梯度孔径的3层“夹层”结构支架（外层孔径为167μm，内层孔径为87μm），并通过增加肉芽组织形成和伤口再上皮化在体内小鼠模型中实现了有效的伤口愈合。同样，高孔隙率（70%～95%）透明质酸可用于皮肤组织修复，该材料的孔隙率可通过再水化过程调控。多孔蚕丝是另一种被广泛用作生物材料的天然聚合物。蚕丝是一类具有独特结构的蛋白，具有生物相容性、可降解性、力学性能优越、适合水或有机溶剂处理等特点，并且可以通过化学改性以适应不同的生物医学应用。

多孔合成聚合物在水中的主要降解机理是通过水解破坏其聚合物主链中的不稳定化学键。最常用的多孔合成聚合物是聚酯（包括聚酯基聚氨酯）。例如，聚乙醇酸（PGA）、聚乳酸（PLA）和聚(ε-己内酯)可被用作多孔神经引导导管。这三种材料在体内具有不同的降解周期。PGA会在植入后数小时即开始降解，通常在1周到1个月的时间尺度上完成降解。PLA在体内可留存长达6个月，而PCL则可能需要1～2年才能降解。尽管可促进细胞生长，但大多数合成聚合物是疏水性的，在降解时会释放酸性副产物。目前，一些天然聚合物涂层，如玉米醇溶蛋白、壳聚糖、丝心蛋白和明胶，已被发现具有改善细胞在合成聚合物中黏附和生长的功能。

多孔聚合物材料在临床上已取得了巨大的成功。其中，生物稳定聚合物是不可降解的材料，常用于肌肉骨骼修复和封装细胞疗法。聚乙烯材料已被成功应用于骨植入方面，最近被用于心血管方面，例如心脏瓣膜。超高分子量聚乙烯（UHMWPE）由于其化学惰性、高生物稳定性和与关节间隙的相容性，通常用作全髋关节/膝关节置换术的关节材料。此外，该类材料的一系列新应用也引起了人们的关注。例如，基于超高分子量聚乙烯的多孔气凝胶（孔隙率为94%～97%，孔径为2～5μm）显示出可调节的力学性能，有利于材料与细胞的相互作用。相比之下，聚丙烯（PP）则通常用于软组织的再生。聚丙烯材料曾用于疝气和盆底修复，但它们往往会引起炎症反应。最近，通过将聚丙烯与多巴胺官能化多糖水凝胶混合形成的多孔网状材料可最大限度地减少腹部粘连，同时促进胶原蛋白在材料周围的沉积及与腹壁的融合。

10.3.2 多孔水凝胶

水凝胶由亲水聚合物交联形成，可以容纳大量的水，它们可以形成单个或多个聚合物网络（图 10.5）。当两种聚合物结合时，它们被定义为双网络，并且根据组成聚合物的结构，它们可以分为半互穿聚合物网络（Semi-IPNs，结合交联聚合物和线型聚合物）或互穿聚合物网络（IPNs，结合两种交联聚合物）。水凝胶因其能够模拟高度水合的具有各种外部和内部几何形状的 3D 软组织而成为再生医学中的重要材料。水凝胶的孔隙率和孔径可以通过材料组分（例如水凝胶中的水量）和制备方法而变化，并可以通过调控合成条件获得完全不同的孔几何形状（海绵状、柱状或层状）。水凝胶结构内部的方向性导致该材料在受到压力时具有各向异性应力-应变响应的性质。这使得材料具有可控的物理特性，包括力学性能，如拉伸和压缩性能。这些因素会影响水凝胶材料的降解速率和分子扩散性，使其成为细胞和药物递送的理想载体。

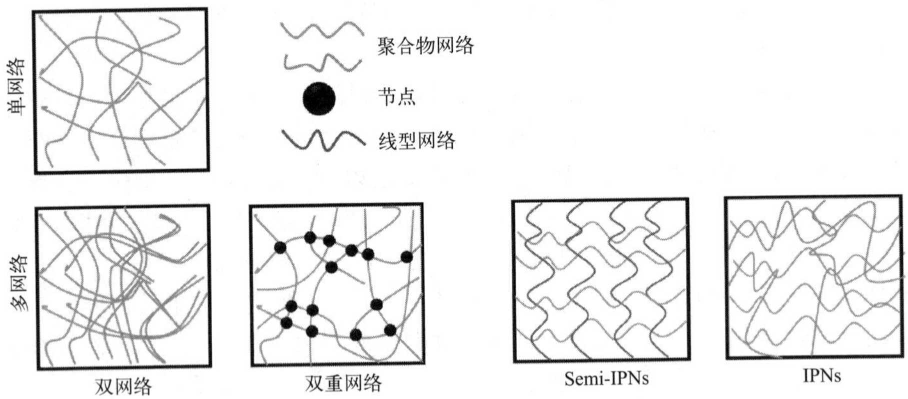

图 10.5　水凝胶的聚合物网络形成示意图

股线之间的连接可以是物理交联的化学物质

水凝胶可允许氧、营养物质和其他水溶性分子通过被动扩散的方式透过，但存在一个重要的问题，水凝胶在介导更大规模分子扩散方面的能力有限，导致材料内扩散的分子水平低于组织工程所需的水平。目前已开发了各种方法来制备具有大孔结构的水凝胶以增强支架内细胞的活力。然而，由于材料普遍较弱的力学性能和较高的含水量，孔隙易塌陷。尽管增加交联和聚合物浓度可能会提高多孔结构的机械稳定性，但这可能会导致微环境中的不良变化以及由此产生的不利于细胞分化的机械转导过程。此外，较高的聚合物浓度可能会干扰细胞的胞外基质（ECM）的沉积和迁移。

明胶具有成本低、无免疫原性且可降解的特性，这使其在开发生物材料方面具有极大的潜力。明胶还含有细胞结合基序，例如精氨酸-甘氨酸-天冬氨酸（RGD）肽序列，可提高包封细胞的附着和活力。通过用甲基丙烯酸酐修饰明胶制备甲基丙烯酰化明胶（GelMA），可获得具有可调物理和化学性质的光固化水凝胶，同时保持明胶的生物相容性。Billiet 等人[39]展示了通过 3D 打印负载细胞的甲基丙烯酰化明胶水凝胶进而制备机械稳定性生物支架的方法。高浓度的 GelMA（10～20g・$100mL^{-1}$）显示出较高的可打印性、快速物理凝胶化特性和优异的 3D 形状保真度，可形成 100%互连的孔隙网络。研究人员还探索了甲基丙烯酰化明胶在介导生物分子的物理扩散及其递送方面的能力，并探究了该体系如何辅助细胞内的信号转导。

海藻酸盐主要来源于天然海藻，是一种可生物降解且具有较高生物相容性的多糖。研究人员发现，含有聚乙烯亚胺交联剂的 2g・$100mL^{-1}$ 海藻酸钠基水凝胶是维持结构的最佳选择。通过优化钙离子浓度（用作交联剂）可获得机械稳定的多孔支架，且降解速率可控。然而，与明胶不同，海藻酸盐缺乏细胞黏附位点，这限制了其在细胞培养中的应用。为解决这一问题，研究人员制备了具有多孔结构的明胶和海藻酸钠的混合凝胶，以克服细胞在海藻酸盐凝胶中不易黏附的问题[40]。

增材制造还可用于制备微孔和纳米多孔水凝胶。悬浮层增材制造（SLAM）已被开发为 3D 打印高成本的替代方案。SLAM 允许低黏度水凝胶（0.25～1.00g・$100mL^{-1}$）在室温下挤出，并通过浸入含有自修复液体凝胶的琼脂糖基质中以保持其结构。可生物降解的水凝胶，如聚(*N*-异丙基丙烯酰胺-*co*-乙烯基吡咯烷酮-*co*-甲基丙烯酸酯-聚交酯)可与甘露醇结合使用作为致孔剂，通过增强细胞的快速浸润来促进愈合反应。

10.3.3　陶瓷

多孔生物陶瓷或生物陶瓷泡沫是一类多功能材料，在生物医学领域具有广泛应用。该类陶瓷可用于修复和重建肌肉和骨骼系统中受损的组织。根据材料对生物环境的反应可分为两类，包括生物惰性材料（如氧化铝和氧化锆），以及生物活性材料（如 CaP 陶瓷）。这些材料被广泛应用于骨植入体、颌面外科手术以及口腔植入体等领域，并且研究人员正致力于进一步扩展多孔生物陶瓷材料在生物医学领域的应用。

多孔生物陶瓷在临床中的应用取决于孔表面的化学性质和材料的孔径。孔表面的化学性质由材料成分（例如，二氧化硅、氧化铝和二氧化钛）、状态（结晶、无定形或半结晶）和加工改性（是否存在羟基或硅醇）决定。

多孔生物陶瓷用作非承重部位的骨植入物，需要开放的互连多孔网络（孔径$>100\mu m$），以促进组织向内生长和机械互锁。例如，具有约 70%互连孔隙率的多孔羟基磷灰石陶瓷可诱导较高的向内生长行为，可用作诱导生物结合的植入体。多孔网络还可介导一定程度的血管化来输送营养和清除废物。生物再吸收可以使用生物活性玻璃、羟基磷灰石和磷酸钙（TCP）进行，并且缓慢的生物再吸收有助于新的活体组织的形成，进而替换植入体。

在药物递送方面，多孔生物陶瓷需要多级孔结构才能实现快速传输、高选择性、快速摄取和释放。因此，研究人员研发了同时含有不同孔径的材料，即双峰或三峰孔径分布。例如，介孔二氧化硅纳米颗粒，特别是 MCM-41 和 SBA-15，已作为药物控释系统被广泛使用。其他用于药物递送的无机多孔生物陶瓷材料还包括氧化锆、氧化铝和二氧化钛等。

10.3.4 玻璃

玻璃具有无定形结构，而玻璃陶瓷通常是玻璃部分结晶的结果，具有有序的结构。生物活性玻璃和玻璃陶瓷尽管制备方法不同，但具有一系列类似的性质，例如具有可控的降解和离子释放速率。玻璃可从不同的来源获得，主要可分为金属、硫化物或氧化物。最后一类包含从各种氧化物所获得的玻璃材料，例如二氧化硅、五氧化二磷（P_2O_5）、氧化钠、氧化铝、二氧化锗。典型的玻璃成型元素是硅、磷和硼。

1969 年生产的第一块生物活性玻璃 Bioglass ®（又称作 45S5），是通过熔融淬火法制得的（熔化高纯度氧化物），由硅酸盐网络和网络改性剂（如氧化钠和氧化钙）组成。该类材料的主要缺点是它们的完全致密结构，这大大限制了它们的临床应用。尽管如此，熔融淬火方法对于某些化合物（如磷酸盐玻璃和硼磷酸盐玻璃）仍然是最可靠的。这些材料具有良好的生物可吸收特性，因此在生物医学应用中显示出了巨大的潜力。磷酸盐玻璃在化学组成上类似于人体骨骼的无机相，并且具有较高的溶解性。硼磷酸盐玻璃比纯磷酸盐玻璃具有更好的热性能和力学性能。

另一种较为常用的生物活性玻璃和微晶玻璃的低温低成本制备方法是溶胶-凝胶法。该方法可获得具有高比表面积且形状和结构可调的多孔材料，例如结晶或无定形结构。在常温下，溶胶-凝胶法可以制备具有纤维、薄膜或纳米颗粒形貌与结构的玻璃，并能对其孔隙率进行调控。

目前，许多研究工作都聚焦于多孔自支撑生物玻璃的 3D 结构。该类材料的制备通常需要一个牺牲模板来创建大孔结构，而此模板可以通过溶解或热分解等方法去除。使用 F127，通过将甲基纤维素和聚氨酯海绵作为模板并以特定顺序混合，Tang 等人合成了三峰介孔生物活性玻璃支架。这种材料含有高孔互连的大孔（200～500μm）、细胞大小的微孔（＜10μm）和具备药物封装和释放特性的介孔（约 7.5nm）。除了使用牺牲模板，天然模板由于其自身的复杂结构也受到关注。生物分子、植物或花粉已成功用作溶胶-凝胶法合成的模板。通过静电纺丝合成的纳米纤维结构可进一步构筑纳米纤维支架，其具有与细胞外基质类似的性质。溶胶-凝胶法可用于制备纳米纤维支架，以3D细菌纤维素气凝胶作为牺牲模板，获得的纤维直径比静电纺丝制备的纤维直径细10倍。根据所采用模板的顺序不同，可以获得从无序泡沫状结构到有序蛋白石样互补晶格的结构。

除了以上无机材料，生物玻璃-生物聚合物复合材料也具有极大的研究价值。这种新型复合材料在正常组织环境中可实现比无机材料更好的细胞黏附、增殖和分化，同时具有生物降解性。生物玻璃-生物聚合物复合材料可以与特定的药物或纳米颗粒（例如银纳米颗粒、金纳米颗粒等）结合使用，以改善体系的医疗或力学性能。组织工程中常用的生物聚合物有蛋白质（例如胶原蛋白、白蛋白、丝心蛋白）、天然多糖（例如壳聚糖、藻酸盐、透明质酸、淀粉）和聚羟基脂肪酸酯（例如聚羟基丁酸酯）、羟基戊酸共聚物、聚(3-羟基丁酸-3-羟基戊酸酯)和合成聚(α-羟基酯)（例如聚乳酸、聚乙醇酸及其共聚物）等。

研究人员正在开发生物玻璃-生物活性玻璃复合材料的快速成型制备方法。Pires等[41]报道，采用多种化学组成的$CaO \cdot P_2O_5 \cdot TiO_2$玻璃的增材制造可获得极具应用价值的临时支架用于低承重骨组织再生。在另一项研究中，Wu等人通过使用聚乙烯醇作为黏合剂的改进3D打印技术，提出了一种简便的方法来制备具有可控孔结构、出色的机械强度和骨再生矿化能力的多功能多级介孔生物玻璃支架。此外，将45S5生物活性玻璃或锶取代生物活性玻璃（Sr-BG）整合到聚（ε-己内酯）中，并利用增材制造技术可合成3D生物活性复合支架，其形态与聚（ε-己内酯）支架非常相似，但在相似的体积孔隙率（约75%）下，其具有更高的压缩杨氏模量。

10.3.5 多孔磷酸钙

磷酸钙是人体骨骼中矿物相的主要组分之一。天然和人工合成的磷酸钙是被广泛研究和使用的生物材料，具有较强的成骨潜力，并且可被身体吸收。骨矿物质主要含有钙和磷酸盐以及几种微量元素（包括碳酸盐、镁和钠等）。

磷酸钙与陶瓷和水泥的混合物，包括羟基磷灰石、双相磷酸盐和磷酸三钙剂等，可用于牙科应用，并可作为耳部和眼部植入体。具有多孔结构的磷酸钙材料可被用作药物载体和抗菌剂。尽管与体内骨骼相比，该类材料的抗压强度相对较低，但它们具有良好的生物相容性、生物降解性和骨诱导性，并可促进蛋白质黏附。1991年Ripamonti等人首次发现磷酸钙材料的骨诱导特性[42]，这一发现立即引起了人们的关注。研究人员在体内观察到了该特性，并且发现体内的炎症反应可以进一步增强其骨诱导能力。因此，磷酸钙材料可在不添加骨形态发生蛋白（BMP）的情况下直接使用。

多孔磷酸钙材料的概念是近年来才被提出的。研究人员已经探索了具有不同的形貌和微观结构的多孔磷酸钙，以构建适合骨细胞生长的环境，并同时支持新神经和血管的生成。表面活性剂和致孔剂已被广泛用于合成多孔磷酸钙，最近，研究人员提出了仿生发泡和3D打印方法以更好地提高支架的可重复性和控制其孔道结构。仿生发泡可通过冷冻干燥、静电纺丝和Pickering乳液来实现，产生游离的致孔剂-溶剂互连结构。除了几何特征外，研究人员还发现，形成新组织的细胞倾向于在粗糙表面和化学极性表面上分化。

微/纳米级孔隙率和比表面积决定了结构内部的连通性。在具有高孔隙率（64%～76%）的陶瓷微结构中，一般认为比表面积在30～40$m^2 \cdot g^{-1}$之间较为理想。表面几何形状也会影响细胞附着和细胞增殖。Barba等人[43]证明，具有凹陷球形大孔的材料在细胞附着和细胞增殖方面的性能优于具有凸面棱柱形大孔的材料。球形大孔可控制钙和磷酸根离子缓慢释放，吸附相关蛋白质和生长因子，同时增强材料的生物吸收性。

孔隙率和孔径已被证明会显著影响材料的降解速率以及骨诱导特性。在缺钙型羟基磷灰石泡沫上，异位骨取代了支架；而在烧结的磷酸钙中，孔道被新形成骨组织覆盖，进而阻止分子的扩散。有研究发现，新形成的骨组织往往集中在支架的中心部分。这一现象可能与离子的快速扩散有关。为了改善新骨形成，使其能在支架内均匀分布，研究人员提出了基于低温粉末喷墨法的固体自由成型制造技术。通过改变孔径、孔层厚度和印刷方向，Farzadi等人[44]观察到了新骨组织在这种一维壁厚较薄的打印支架中均匀分布。

10.3.6 羟基磷灰石

羟基磷灰石[$Ca_{10}(PO_4)_6(OH)_2$]是最常见的磷酸钙形式之一，含有骨内矿化相的关键成分，并且具有较高的生物相容性，因此可作为骨组织的理想替代材料。尽管羟基磷灰石具有生物活性，但是其机械强度差和降解速率低的问题，使得该类材料难以单独使用，因此多数研究都聚焦于羟基磷灰石复合材料上。

羟基磷灰石复合材料的制备可使用天然或人工合成的原料。例如，来自墨鱼骨的羟基磷灰石支架具有相互连通的多孔结构，是一种理想的羟基磷灰石天然原料，而通过混合丝心蛋白与羟基磷灰石可获得具有一定柔韧性且结构稳定的复合材料。此外，冷冻铸造的多孔羟基磷灰石支架有助于成骨细胞的附着和分化。

Cox等人[45]证明，在羟基磷灰石-聚乙烯醇复合材料中，流动性和可打印性可通过降低羟基磷灰石含量来增加，但同时生物活性也有所降低。材料的可打印性可非常重要，尤其对于构建具有高分辨率、相互连通孔道的大孔结构。为获得较高的打印分辨率，需减少颗粒间的空隙以增强颗粒间的作用力，提高羟基磷灰石-聚乙烯醇结构的力学性能。此外，新一代打印技术（如烧结和脱粉技术）还可以避免使用可能造成孔道堵塞和对细胞活力产生负面影响的溶剂。

Han 等人[46]探索了羟基磷灰石复合材料作为药物载体的潜力，他们通过在聚合物涂层中嵌入骨形态发生蛋白，制备具有较高生物活性的功能化羟基磷灰石-聚（L-赖氨酸）-聚多巴胺支架，展现了涂层羟基磷灰石支架作为蛋白质递送系统的潜力。

10.3.7　金属

金属生物材料是承重植入物中最常用的支架材料，尤其是在骨科手术中发挥着重要作用。金属生物材料可用于心血管外科、颌面外科和牙科材料。在临床应用的金属和合金生物材料包括不锈钢、钛及其合金、钴基合金、钴铬（Co-Cr）合金和钽基（Ta）合金。临床应用的第一种不锈钢合金材料含有铬和镍（Ni），比钢更坚固，更耐腐蚀。Co-Cr 合金因其优异的耐磨性而被用于人工关节。钛（Ti）及其合金以其轻质而著称，具有出色的抗拉强度和耐点蚀性，已被用于牙科和血管内修复布线等，以及作为多孔 Ti（Ti-6Al-4V）用于骨重建。贵金属，如金（Au）、银（Ag）、铂（Pt）及其合金通常用于牙科，因为它们具有良好的铸造性、延展性和耐腐蚀性。钽通常用于支架的 X 射线标记。锆基（Zr）合金等非晶态合金的柔韧性使其成为小型金属植入物的理想材料。目前，可生物降解的金属，如铁基（Fe）或镁基（Mg）合金，也被用作植入材料。

不锈钢主要用于固定外科植入物。最常用的合金是 316L（316 低碳型不锈钢），其表面可形成一层薄的保护性氧化铬层，避免腐蚀。该类合金价格便宜，易于获得，且具有较高的生物相容性和机械强度。然而，当暴露于含有氯离子或还原性含硫化合物的体液时，不锈钢植入物会释放有毒元素，如镍和铬。通过使用过渡金属氮化物（如氮化钛、氮化钒和氮化钛铝）的保护涂层可有效防止合金的磨损和腐蚀。另一个主要问题是有毒镍的存在，许多患者对镍元素敏感。目前的研究也在向着用氮元素替代镍的无镍不锈钢方向发展。

此外，Co-Cr 合金还表现出优异的力学性能和耐腐蚀性。它们通常被用作模块化假肢装置的组件，例如髋关节或膝关节，特别是在需要运动的球窝关节中。最近，具有多孔结构的钴铬钼（Co-Cr-Mo）合金已被用于预防骨科植入物感染，并且还与超高分子量聚乙烯结合使用以提高其耐腐蚀性和耐磨性。

另一方面，Ti 由于其高耐腐蚀性、轻质和出色的生物相容性，是外科植入物的理想材料。Ti 合金主要用于颅面植入物、牙科植入物，髋关节、膝盖、肩部、脊柱、肘部和手腕的关节置换部件，以及骨固定材料（如螺钉、螺母和板等）。值得注意的是，Ti-6Al-4V 是假肢设备中最常用的合金之一。这些材料与计算机断层扫描（CT）和磁共振成像（MRI）等成像技术相兼容。许多关于钛合金材料的研究还致力于开发多孔结构，以允许血管系统渗透，从而实现金属与骨骼的完美融合。一些新型钛合金具有足够低的杨氏模量以避免应力屏蔽，但同时又可抑制回弹，可用作脊柱固定植入物，其可通过适当的弯曲以匹配患者脊柱的曲率。这些合金包括 Ti-Cr、Ti-Mo、Ti-Zr-Cr、Ti-Zr-Mo 和 Ti-Zr-Mo-Cr。镍钛（Ni-Ti）合金是一种智能材料，具有形状记忆和超弹性特性、出色的生物相容性，并且在体内高度稳定。与其他金属和金属合金植入材料相比，镍钛合金具有更接近骨骼的弹性模量。镍钛诺可用于正畸、骨折治疗，以及作为骨缝合锚用于将肌腱和韧带等软组织附着在骨骼上，还可作为血管的加固材料。在镍钛合金中添加铜后，其在致密和多孔结构中均表现出更好的疲劳性能和形状记忆性能。

镁合金的耐腐蚀性低于钛合金和钴铬合金。然而，镁合金在抗拉强度、断裂伸长率和杨氏模量等力学性能方面更类似于骨骼，这使得它们适合作为可生物降解的生物材料——因其易在腐蚀性溶液中溶解。此外，铁基合金也有应用，但仅作为临时植入物应用。铁基合金比镁基合金具有更高的强度和杨氏模量。

10.3.8 分子筛

分子筛可用作控制出血和促进伤口愈合的生物材料。分子筛具有多孔结构（包括微观和宏观通道），因此对环境液体具有较高的吸附能力。同时，其自身负电性的表面也有助于止血。Narsh Ahuya 等报道，使用分子筛材料可以控制出血并显著降低致命性腹股沟伤口患者的死亡率。分子筛的改性可以减少其放热反应并减轻对组织的损伤。2012 年，有学者对天然分子筛颗粒与 Quckclot（一种商业化分子筛止血剂）的止血性能在腹股沟损伤的兔子模型中进行了评价和比较。结果表明，天然分子筛颗粒组与 Quckclot 组均达到 100%的凝血效率。天然分子筛颗粒组所有的动物都存活，而 Quikclot 组中四分之三的动物发展为严重的组织坏死。所以这项研究表明，天然分子筛颗粒在致死性腹股沟损伤的兔模型中的应用显著降低了死亡率并加速了伤口愈合。此外，天然分子筛颗粒的低成本、易于制造和高生物相容性使它们成为合成分子筛止血剂的绝佳替代品。2013 年的另一项研究表明，分子筛可将 Ca^{2+} 释放到血液中，从而加速血液凝固和缩短凝块形成时间。具体而言，分子筛通过阳离子交换反应（即离子交换过程）释放 Ca^{2+}，并在与血液接触时吸附 Na^{+} 和 K^{+}。因此，Ca^{2+} 浓度的增加缩短了体外活化部分凝血活酶时间和凝块形成时间。因此，阳离子交换是分子筛止血作用的重要机制。

2014 年，研究人员制备了具有不同八面体分子筛含量的凝胶状支架（明胶支架）用于伤口愈合。根据这项研究，含有 0.5%分子筛的明胶支架具有最优性能，其腔体尺寸为 10～350μm。共聚焦显微镜图像表明，通过增加明胶中的分子筛含量，细菌的死亡率增加。支架提高了可被细胞利用的氧气含量，使得 NIH3T3 成纤维细胞的存活率大幅提升。大鼠的体内模型研究表明，皮肤产生的溃疡在20天后愈合[47-49]。在另一项研究中，研究人员将分子筛和一氧化氮混合以制备用于伤口愈合的软膏。体内测试结果表明，20天后不含分子筛的软膏实验组85%的伤口愈合，而含分子筛和一氧化氮的软膏组显示95%的伤口愈合。因此，分子筛和一氧化氮可以作为抗菌药物促进伤口愈合[50]。

10.4 生物成像

10.4.1 磁共振

10.4.1.1 介孔碳辅助磁共振成像

磁共振成像（MRI）是一种广泛使用的医学成像技术，能够通过无创的手段获得具有高空间和时间分辨率的生理信息。介孔碳纳米粒子的MRI主要是通过将磁共振活性的分子或纳米粒子负载于介孔碳的孔道中，如钆（Gd）螯合物、Fe_3O_4 和 MnO_2 等。Zhang等人[51] 开发了一种基于介孔碳纳米粒子的智能刺激响应性纳米系统，以提高诊断成像的分辨率和特异性，从而提升癌症治疗效率。研究者通过简单的原位氧化还原策略将 MnO_x 纳米粒子负载到介孔碳中。该纳米系统可用于对pH敏感的T1加权MRI和pH/高能聚焦超声双响应的药物控释。此外，该纳米系统抑制了肿瘤转移，并具有较低的溶血率和较高的组织相容性。

10.4.1.2 分子筛造影剂

材料孔隙率及其表面工程相结合是构建具有多模态功能的MRI领域的一个重要因素。分子筛纳米平台可通过偶联修饰赋予其磁性、放射性或光学性质。表面聚乙二醇化量较高的纳米LTL型分子筛，经离子交换嵌入顺磁性 Gd^{3+} 后，具有较高安全性和较长的循环时间，表现出显著的纵向弛豫率。另一方面，较高的聚乙二醇化阻碍了分子筛内部的质子/水扩散和交换，从而对弛豫率松弛性产生不利影响。因此，需要对聚乙二醇程度进行系统优化，以实现提高弛豫率并阻止Gd离子泄漏的双重目标。

Platas-Iglesias等人在NaY和NaA分子筛上负载钆，并研究如何提高MRI的分辨率。他们引入了多个关键因素，例如脱落、孔隙率等，用于优化钆的负载。因此，在MRI中具有高弛豫率的新型多孔物质作为造影剂必须具有以下重要特性。材料必须能够将钆离子保留于框架内，以确保纵向弛豫率，同时具有足够大的孔道以确保水分子从物质内部到外界的扩散。通过在不同温度下制备含有1.3%～5.4%钆的分子筛。研究表明，通过减少钆含量，弛豫速率显著提高[52-53]。在另一项研究中，含钆分子筛被用作一种口服造影剂，用于提高消化道 MRI 图像的分辨率。将该化合物制备为悬浮液并作为狗的饲料，在 MRI 之前和之后对实验狗进行评估。通过检查狗的血液和尿液及其生命体征，评估 Gd 的吸收情况和毒性，因为未在狗的血液和尿液中发现 Gd 摄取迹象和毒性反应。所以含钆分子筛是一种有前景的造影剂，可提高消化道 MRI 图像的分辨率。这些结果表明，分子筛在提高 MRI 图像的质量和分辨率方面具有重要作用。

10.4.2 荧光成像

介孔碳纳米材料由于其易于功能化、良好的生物相容性及超分子 π-π 堆积效应，已成为新型诊疗纳米平台。超分子 π-π 堆积可暂时猝灭接枝或负载在介孔碳纳米材料上的荧光分子，而荧光分子一旦从材料上脱附出来，其荧光信号便会恢复。Li 等人[54] 将 Cy3 标记的 DNA 探针修饰于氧化介孔碳纳米球表面，制备了荧光适配体传感器。适配体传感器可以选择性结合并检测液体中的 MUC1 黏蛋白，进而实现对溶液中的癌细胞的定量分析。由于该碳纳米材料通过超分子 π-π 堆积猝灭 Cy3 标记的 DNA 探针，而荧光信号一旦到达目标部位即可恢复，因此此适体传感器可对癌细胞和实体瘤进行特异性成像。猝灭后的荧光信号在实体瘤中被开启，而正常组织显示无荧光信号，从而可有效区分肿瘤组织与正常组织。

将介孔碳纳米粒子和碳点相结合已成为新的体内实时成像技术。碳点在不同波长的激光激发下可发出多种颜色的荧光，但由于其具有无孔结构和低载药能力，碳点作为药物载体的应用仍然有限。因此，将介孔碳材料与碳点相结合或许会给生物医学领域带来新的契机。Kong 等人通过前驱体在热溶剂中的碳化路线制备了荧光介孔碳纳米粒子，在 360nm 的光激发下其量子产率约为 37%。癌细胞在内吞该介孔碳-碳点复合纳米粒子后显示出了较强的荧光。此外，其荧光信号具有较高的光稳定性，优于传统的有机荧光染料。Wang 等人[55-56] 通过将荧光碳点封装于多孔碳中，制备了荧光多孔碳纳米胶囊，其可作为光学造影剂用于癌细胞的荧光共聚焦显微镜和双光子荧光成像。

10.4.3 光声成像

光声（PA）成像以脉冲激光作为能量源，以超声波作为信号工具，是一种强大的诊断成像手段。当脉冲激光遇到身体组织和器官时，光能转化为热量，导致目标区域的温度升高，并进一步导致热弹性膨胀，从而产生超声波。与传统的光学成像方法相比，PA 成像具有更高的空间分辨率和灵敏度，以及更深的组织穿透性。Li 等人[57] 设计了一种可降解的中空介孔硅-碳复合纳米粒子用于 pH 响应性光声成像引导下的化疗与光热联合治疗。多孔硅纳米结构具有良好的生物降解性和生物相容性，而碳基纳米材料具有出色的近红外吸收、生物相容性和较高的光稳定性[58]。通过结合两种材料，硅-碳复合纳米粒子可被用作高效且可生物降解的光热材料，显示出良好的光声信号。光声图像证明该纳米粒子可选择性地累积至肿瘤组织附近，并通过联合化疗实现体内肿瘤的完全消除。

10.5　生物传感

生物传感器是一种分析装置，由生物传感元件（酶、抗体、核酸）与物理传感器（光学、质量或电化学）构成，它们共同将分析物的浓度转化为可测量的电信号（图 10.6）。生物分子与传感器表面电信号的稳定性是影响生物传感器稳定性和灵敏度的关键因素。在水溶液中，酶等生物分子可发生氧化还原反应，同时它们的三级结构在空气-水界面会被破坏，导致催化活性快速下降，因此酶的使用比较昂贵且复杂。为了解决这个问题，可以将生物分子固定到某种惰性基质上，最大限度地保留其催化活性，从而延长其使用寿命。此外，具有良好生物相容性和良好机械强度的载体材料可有效提高生物分子在极端条件下的稳定性。因此，选择合适的基质材料固定生物分子，对于生物传感器的性能至关重要。

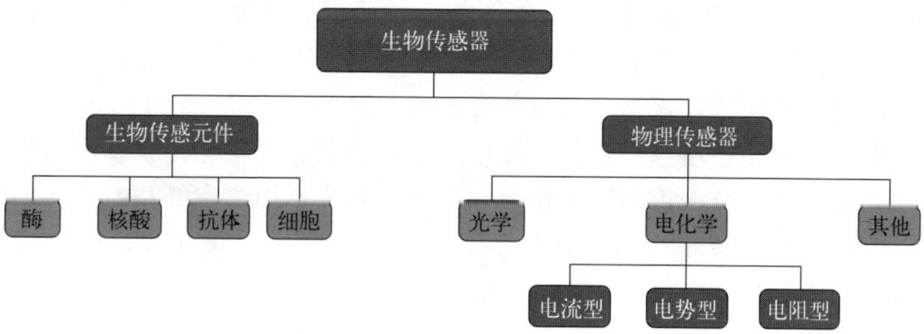

图 10.6　生物传感器结构组成示意图

10.5.1　介孔二氧化硅

介孔二氧化硅具有良好的亲水性和生物相容性，已广泛用于蛋白质固定和生物传感。使用介孔二氧化硅材料作为酶固定化基质的概念由 Ju 小组于 2004 年提出[59]。他们将血红蛋白固定在二维六方相介孔二氧化硅修饰的玻璃碳的孔道中，并观察到血红蛋白的直接电子转移。血红蛋白/介孔二氧化硅电极表现出两对稳定的氧化还原峰，归因于固定化血红蛋白的氧化还原。血红蛋白的平均电子转移速率 k_s 为 $(0.92 \pm 0.18)s^{-1}$。为了实现蛋白质的电子转移，电极材料的性质、修饰基质和蛋白质的固定化过程都很重要。Ju 小组将血红蛋白的快速电子转移速率归因于血红蛋白和二维六方相介孔二氧化硅之间的强相互作用，并指出介孔二氧化硅可以为血红蛋白的电子转移反应提供良好的微环境。在后续工作中，Ju 和同事通过介孔材料修饰的电极观察了辣根过氧化物酶和肌红蛋白的直接电化学行为。这些蛋白质通过物理吸附和疏水/亲水或静电相互作用被封装于介孔二氧化硅的孔道中，而不产生交联相互作用，因此有利于保持酶的生物活性。

抗原-抗体以及 DNA 也可被负载于介孔基质中，并应用于生物传感。He 等人[60] 制备了一种介孔材料修饰的碳浆电极，用于通过阳极剥离伏安法测定心肌肌钙蛋白 I。患者血清中的心肌肌钙蛋白 I（cTnI）水平被认为是诊断心肌损伤的“金标准”。检测血清中的心肌肌钙蛋白 I 有助于急性心肌梗死的诊断、心肌损伤的识别和心脏风险的分级。研究人员探究了不同孔径以及不同种类介孔材料对免疫传感器响应的影响，发现 SBA-15 比 MCM-41 和 Y 型分子筛更适合用于 IgG1（抗 cTnI 抗体）的固定，因为 SBA-15 的介孔较大，符合心肌肌钙蛋白 I 的分子尺寸（10nm×14nm×5nm）。孔径是电流响应的关键因素，因为孔径越大，IgG1 的固定就越容易，固定效率就越高。心肌肌钙蛋白 I 的响应基于吸附银的阳极溶出峰。在最佳条件下，吸附银的阳极溶出峰值电流与蛋白浓度之间的线性关系为 $0.5 \sim 5.0 ng \cdot mL^{-1}$。此外，以测定急性心肌梗死临床样本中的心肌肌钙蛋白 I 为目标，将所建立的方法与常规的酶联免疫吸附测定法进行了比较，显示了较高的可靠性与灵敏度。

最近，基于孔道堵塞导致的电导率降低，介孔二氧化硅薄膜修饰电极已被应用于无标记生物分子识别。工作原理如下：首先，用含有氨基的介孔二氧化硅膜（$0.1\mu m$ 厚）修饰电极，并与生物素基团或寡核苷酸连接，然后分别与链霉亲和素或互补 DNA 分子反应，在含有指示分子的电解质溶液中进行检测反应。在特异性结合之前，指示剂分子可以自由进入导电表面并产生典型的氧化还原响应。特异性结合后，指示剂分子不能再自由进入导电表面，导致氧化还原电流减少或消失。从特异性结合前后指示剂电流响应的降低或消失，可以识别从 nmol 到 fmol 水平的目标生物分子。此外，互补 DNA 分子引起的响应远低于非互补 DNA 分子的响应，表明其具有良好的选择性。

10.5.2 介孔碳

有序介孔碳材料是介孔材料家族中的另一个重要成员，主要使用介孔二氧化硅作为硬模板合成。有序介孔碳的导电性明显优于介孔二氧化硅，有利于酶与电极之间电信号的快速传导。此外，一些非晶态有序介孔碳含有边缘平面状缺陷位点，具有良好的电催化活性。然而，与介孔二氧化硅相比，其在酶固定和电极修饰方面的应用存在明显的不足。主要问题在于介孔碳材料难以均匀分散在水溶液中，使得体系的重现性差且反应速率较慢。为了解决这个问题，科学家们试图将大孔碳挤压到管中（例如聚四氟乙烯中）以形成碳棒电极，并且通过物理吸附酶溶液将酶分子固定在碳电极上。然而，材料的酶负载能力较差且不可控，并且酶的固定过程复杂又耗时（通常为16小时或20小时）。

首例基于介孔碳的电化学生物传感器是由Chen的小组在2007年报道的[61]。生物传感器由血红蛋白和二维六方介孔碳（CMK-3）组装于壳聚糖修饰的玻璃电极表面上。在该项工作中，CMK-3首先在80°C回流条件下用$1mol \cdot L^{-1}$硫酸处理3h。处理后，CMK-3表面充满—COOH基团，可以提高其亲水性。此外，带负电荷的表面也有利于固定血红蛋白，该表面在pH＝7.0时带正电荷。

与裸玻璃碳相比，壳聚糖电沉积后，代表电子转移电阻的奈奎斯特图的半圆形直径变大，表明壳聚糖成功地沉积在玻璃碳电极表面，阻碍了氧化还原探针的电荷转移。相比之下，在壳聚糖外层组装CMK-3时，半圆形直径变小，这证明了CMK-3具有较好的导电性。良好的导电性有利于血红蛋白加速电荷转移。血红蛋白/CMK-3薄膜电极对H_2O_2和O_2均表现出显著的催化还原作用。较好的循环性能和良好的电极催化行为表明，CMK-3可明显提高血红蛋白电极反应的可逆性。

以下因素有助于提升有序介孔碳的电化学性能。第一个因素是有序介孔碳的纳米结构孔道。较大的比表面积可以增加有序介孔碳/玻璃碳电极的电化学表面积，为有序介孔碳孔道介导的溶液物质传输提供了有利的微环境，也有利于加速电极与溶液之间的电荷转移。第二个因素是碳纳米棒和玻璃碳电极上的有序介孔碳中的均一有序的孔道排列，这对于各种电化学应用，特别是电化学传感器和生物传感器的开发意义重大。此外，良好的电催化性能也很重要，其可通过增加材料结构内的缺陷位点数量来实现，并可通过傅立叶变换红外光谱（FT-IR）、X射线光电子能谱（XPS）和拉曼光谱（RS）等手段进行表征。

电化学生物传感器的基本原理是将酶固定在电极表面上，并在酶和电极之间形成有效的电信号，同时保持酶的稳定性和生物活性。石墨化有序介孔碳具有良好的石墨化程度和高导电性的优势，是构建基于酶的电化学生物传感器极具前景的候选材料。2009年，Chen课题组[62]采用镍催化模板辅助法制备了两种三维有序石墨化介孔碳材料——GMC-6（孔径＝6nm）和GMC-13（孔径＝13nm），并系统地探索了该材料在血红蛋白固定和电化学生物传感器构建方面的应用。与之前报道的有序介孔碳不同，石墨化有序介孔碳具有高度的结晶度和石墨化程度，使其具有良好的导电性，这对于生物传感器的电传导至关重要。

与GMC-13和碳纳米管相比，GMC-6在促进血红蛋白的电荷转移和改善生物传感器的性能方面具有显著优势，表明合适的孔径对于血红蛋白的固定十分重要。基于GMC-6的生物传感器在较宽的线性范围（$1\sim180\mu mol\cdot L^{-1}$，样本数量$n=19$，相关系数$R=0.9894$）内表现出优异的分析性能，以及检测$H_2O_2$的良好稳定性和选择性，表明石墨化有序介孔碳通过将其孔径与酶分子相匹配，可作为一种极具应用前景的电化学生物传感平台。

10.5.3 纳米多孔金

金纳米材料，包括纳米颗粒、纳米纤维、纳米管、纳米孔和纳米棒等形式的金材料，具有良好的生物相容性、优异的催化能力、良好的导电性以及与硫醇基团的强相互作用，是生物传感领域应用最广泛的纳米材料。作为金纳米材料的重要成员，纳米多孔金不仅具有金纳米材料的所有优点，而且还具有一系列独特的特性[5]：①纳米多孔金为三维海绵状结构，具有可控的纳米孔和表面积；②纳米多孔金本质上为宏观材料，但具有纳米级微观结构，这意味着该材料可以重复使用；③纳米多孔金的孔径在几纳米到几微米的范围内可调，有利于孔径依赖效应的研究；④制备方法简单只需在浓硝酸中将Ag从Ag-Au合金中脱合金即可制得；⑤纳米多孔金具有非常干净的表面，可以清除在金纳米颗粒制备过程中所产生的分子或离子（如聚合物表面活性剂和Cl^-），从而避免可能产生的中毒或钝化效应；⑥纳米多孔金可以避免颗粒聚集，从而提高其电极的稳定性并延长使用寿命。到目前为止，基于纳米多孔金的生物传感器几乎涵盖了所有生物传感器，包括DNA、抗原、酶和细菌。良好的灵敏度表明纳米多孔金是生物传感器制造中极具应用前景的平台。

10.6 抗菌多孔材料

10.6.1 抗菌分子筛

分子筛可用作抗菌材料的主要原因是它们的离子交换特性。铝硅酸盐（最重要的分子筛类型）基于二氧化硅（SiO_2）骨架，其中一部分硅原子被铝原子所替代。每个铝原子都会导致骨架产生负电荷，因此需要被带正电荷的阳离子中和。这些阳离子并不嵌入骨架之中，而是位于结构的孔道中，因此是可移动的，能够从材料中交换出来被其他阳离子取代。因此，分子筛是可用于吸附、储存和输送阳离子的理想材料。

抗菌应用中主要使用的金属阳离子是银离子（Ag^+），如图10.7所示，同时其他离子（例如 Cu^{2+} 和 Zn^{2+}），也具有较强的抗菌特性。分子筛的制备成本较低，并且易于引入阳离子，使得其成为极具商业化前景的抗菌材料。分子筛可以吸附氧化态的银离子或还原态的银纳米颗粒。分子筛也可负载其他类型的抗菌剂。一氧化氮气体是人体自身对抗细菌感染的防御手段之一，可被储存在分子筛的孔隙中用于抗菌应用。

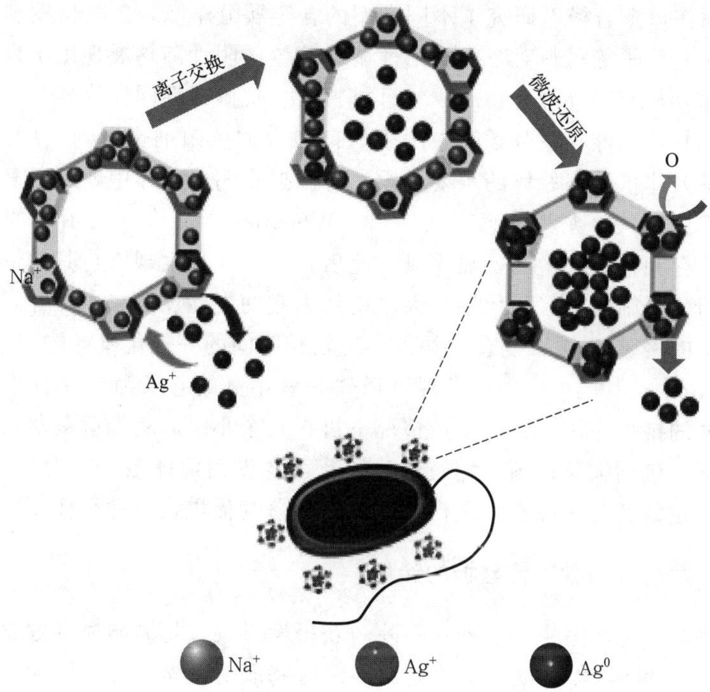

图 10.7　抗菌应用的银纳米颗粒合成示意图

10.6.1.1　抗菌涂料中的分子筛-聚合物复合材料和医疗器械

分子筛通常制备为粉末形式的材料。由于其无机硅酸盐组分，可加工性相对较差。因此，为了改善材料的应用性能，最常见的方法是制备分子筛与聚合物的复合材料，而这些聚合物通常被称为“填料”。分子筛基复合材料有多种标准聚合物制备技术，例如旋涂法、静电纺丝等，而作为“填料”的聚合物的种类选择也非常广泛。分子筛-聚合物复合材料等抗菌材料可作为伤口愈合敷料以及医疗设备的涂层。

10.6.1.2　伤口愈合的抗菌应用

分子筛-聚合物复合材料可负载银离子等抗菌剂，以开发防止伤口感染的抗菌敷料。相比于将抗菌剂直接掺入聚合物，将抗菌剂封装于分子筛内可实现更为可控的药物释放。分子筛是止血剂中常用的添加剂，因为分子筛与血液接触时可促进凝血，进而防止严重出血。该领域最著名的分子筛产品是 QuikClot®。

在抗菌领域使用最普遍的分子筛是含有银离子的分子筛，Yu 等人[63] 的研究表明，含银分子筛 A-壳聚糖复合材料可有效且快速地杀灭大肠杆菌。除了含银离子的分子筛，含有铜离子的分子筛在该领域也有报道。Ninan 和同事[49] 采用伤口愈合模型研究了不同类型的含金属分子筛，包括斜发沸石和八面沸石。这些分子筛材料对革兰氏阳性菌和革兰氏阴性菌均展现出了良好的抗菌活性，并且与明胶等聚合物形成复合材料后，抗菌活性同样优异。

最近，其他可储存在分子筛中用于伤口愈合的抗菌剂也受到了广泛关注。一氧化氮是人体抵御病原体的重要手段，有证据表明，人体中缺乏一氧化氮与伤口愈合不良有关，尤其是感染的伤口。Wheatley 等人[64] 展示了如何使用分子筛来储存和输运大量的一氧化氮。此后，研究人员发现，与其他输运手段相比，使用分子筛输运一氧化氮对人体皮肤引起的炎症反应较少，并且通过静电纺丝制备的聚乳酸-沸石复合材料可实现较长时间的一氧化氮释放。

Niedrauer 及其同事[50,65] 发现可释放一氧化氮的分子筛对几种不同的细菌具有很强的抗菌作用，在大多数情况下可在几个小时内将细菌菌落数降低至检测限以下，包括大肠杆菌、鲍曼不动杆菌、表皮葡萄球菌等。他们还发现，可释放一氧化氮的分子筛在大鼠模型中具有显著的促进伤口愈合作用。

10.6.1.3 导管和其他医疗器械的涂层

人们普遍认为，医院内感染（医院内获得性感染）是影响患者健康的重要因素。因此，预防这类感染非常重要。许多研究证明了含银分子筛涂层的抗菌功效及其商业化前景。有许多学术研究着眼于含银分子筛-聚合物复合材料的抗菌特性，其中更多关注的是复合材料的性质，而不是整体设备的有效性。从目前实验室的研究结果来看，将分子筛掺入聚合物薄膜和涂层内部并不会对分子筛的抗菌活性产生不利影响。因此，这提供了一种非常有效的抗菌材料生产方法。

最近，研究人员对商业化的含银分子筛涂层（使用 AgION™ 技术）在降低医疗导管相关的成人和婴儿感染方面的性能进行了试验，取得了一定成功。在 86 名婴儿，其中大约一半使用了含银分子筛涂层导管，另一半使用了未涂覆的聚氨酯导管，前者的感染率仅为 2%，而后者为 22%。这是一项重大改进，充分证明了商用分子筛涂层导管的潜力。一项针对成人的类似研究也显示细菌定植的显著减少。一项关于肾移植的研究表明，未涂覆的导管的细菌定植发生率为 50%，而分子筛涂层导管后细菌定植发生率减少到约 6%。

10.6.1.4 多功能分子筛基抗菌材料

多孔材料的多功能特性是其作为输送系统的一个重要优势。也就是说，分子筛在许多应用中可具有多种功能。两种（或多种）功能可以都是抗菌的，或者一种是抗菌的，另一种则是其他功能。例如，分子筛最重要的应用之一是作为吸附剂。它们广泛用于从环境中去除气味或有毒化合物。使用 AgION^{TM} 技术的公司将吸附功能与银离子输运相结合，生产出既能杀菌又能吸附化学物质的材料（Agion Active XL^{TM}技术）。同样，FOX 及其同事将分子筛的两种抗菌功能结合起来，同时提供金属离子（如 Zn^{2+}）和一氧化氮，并证明这是一种优异的双功能抗菌手段。这种双功能抗菌手段对于具有抗药性细菌而言尤为重要，因为多种作用模式可能更有助于杀死抗药性细菌。

10.6.2　抗菌金属有机框架

10.6.2.1　抗菌作用机制

根据细胞壁结构的不同，大多数细菌可分为两类：革兰氏阳性菌和革兰氏阴性菌。两种细菌的细胞壁不同之处在于革兰氏阳性菌的肽聚糖层比革兰氏阴性菌厚，并且革兰氏阴性菌也有独特的外膜。因此，两种细菌不同的细胞壁结构导致其对金属有机框架（MOFs）的耐受度不同。

研究发现，革兰氏阴性菌对金属有机框架或其复合材料抗菌作用的敏感性比革兰氏阳性菌更高。这种现象可以通过金属纳米粒子的抗菌机制来解释。众所周知，金属纳米粒子所释放的金属离子能够穿过细胞膜，导致细胞损伤。当金属纳米粒子与细菌细胞壁相互作用时，它们会持续释放离子。革兰氏阳性菌上存在较厚的肽聚糖层，可以防止金属离子渗透到细胞中。这一假说对 MOFs 抗菌机制的研究具有较重要的指导意义。研究人员认为，金属有机框架的抗菌作用是由金属离子和有机配体的降解与释放引起的，其中金属离子的释放被认为是抗菌作用的主导因素（图 10.8）。有趣的是，一些研究发现金属有机框架对革兰氏阳性菌比对革兰氏阴性菌具有更好的抗菌效果，这可能是由于革兰氏阴性菌较厚的细胞膜阻止了金属有机框架渗透到细菌细胞中。扫描电子显微镜（SEM）图像显示，金属有机框架处理后的革兰氏阳性菌的细胞膜上存在许多凹坑和间隙，但是革兰氏阴性细菌没有显著变化[66]。另一种可能的解释方式是革兰氏阳性菌表面的负电荷比革兰氏阴性菌更多，因此更有利于前者与带正电荷的金属离子相互作用。

金属有机框架被认为是一种良好的金属离子储存库，可持续地释放金属离子，而金属离子的释放情况决定了金属有机框架的抗菌效果。例如，酸可破坏金属有机框架的结构，导致材料的降解与金属阳离子的释放。此外，金属有机框架的有机配体也可通过缓释与金属离子协同发挥抗菌作用。

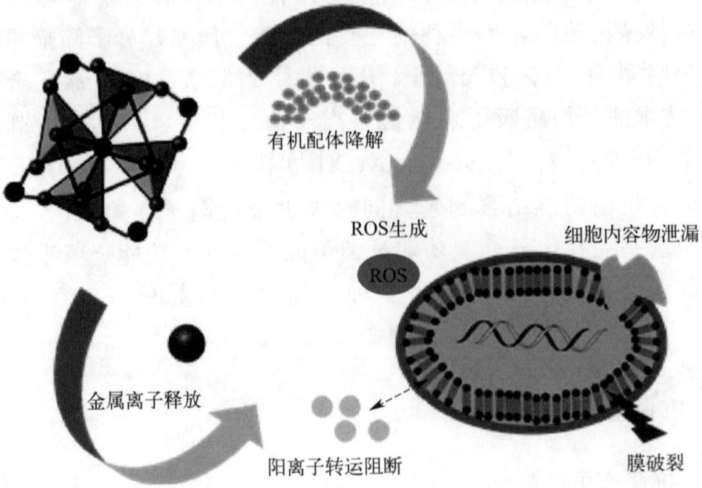

图 10.8 金属有机框架的可能抗菌机制

10.6.2.2 MOFs 的抗菌应用

近年来，MOFs 越来越多地被作为抗菌剂使用，如 Ag-MOFs、Cu-MOFs、Zn-MOFs、Co-MOFs 和 Ni-MOFs。由于银离子的优越抗菌能力，Ag-MOFs 是第一批被用于抗菌的 MOFs 材料，其抗菌活性可媲美甚至优于商用的银纳米粒子。

除 Ag-MOFs 之外，研究人员也对其他含有不同金属离子的 MOFs 的抗菌作用及抗菌机制进行了研究。Colinas 等人[67] 报道了两种 Zn-MOFs，并进一步评估了它们对大肠杆菌和表皮葡萄球菌的杀伤活性。这两种化合物增强了相对于标准锌源在液体和固体介质中的抗菌活性。Zn-MOF 纳米立方体可以与细菌膜表面的亲脂酸或羟基相互作用，进而穿透细菌并造成细胞损伤[68]。

Zhuang 等人[69] 发现一类新型的 Co-MOF，其具有高效的抗菌活性，可破坏大肠杆菌的外膜。作者提出了六种可能的抗菌机制：①脂质氧化；②直接损伤；③活性氧物种形成；④干扰阳离子转运；⑤螯合效应；⑥膜去极化。

作为新一代抗菌材料，MOFs 的抗菌机制尚未得到全面系统的研究。由于 MOFs 可释放金属离子，MOFs 的抗菌机制仍被认为与金属离子的抗菌机制类似，如活性氧物种的产生、离子平衡改变、细胞壁破坏、与蛋白质的巯基相互作用、酶失活等。然而，MOFs 具有比金属离子更强的抗菌性能，可能归因于材料中金属离子的释放、晶体结构、组分等。此外，MOFs 的抗菌应用也可通过合成后修饰来实现。

MOFs 由金属离子和有机配体构成，其抗菌效果不仅取决于其金属离子，还取决于其有机配体。由具有抗菌作用的有机配体制备的 MOFs 具有更广泛的应用。Tamames-Tabar 等人通过水热法合成了一种新型生物相容性的由 Zn^{2+} 和壬二酸组成的生物活性 MOFs[70]。壬二酸由于其抗菌和抗炎特性，已广泛用于皮肤病和皮肤护理。将壬二酸和 Zn^{2+} 结合形成的稳定 MOFs 结构可解决壬二酸皮肤吸收不良的问题。研究者还研究了 MOFs 的降解和壬二酸的释放，阐明了 Zn^{2+} 和壬二酸之间的协同抗菌效应。

2017 年，Chowdhuri 等人[66] 通过一锅法将万古霉素和叶酸（靶向配体）封装于沸石咪唑酸盐框架（ZIF-8）中，用于对抗耐药性金黄色葡萄球菌。Duan 等[71] 描述了一种基于羧苄西林（CAR）的 MOF 包被的介孔二氧化硅纳米粒子，用于共递送抗生素以抑制金黄色葡萄球菌。研究者使用羧苄西林作为 Fe^{3+} 的配体合成 MOFs。由于感染细菌部位的酸性微环境，pH 敏感型羧苄西林-铁基 MOFs 的结构降解，CAR 和 β-内酰胺酶抑制剂被释放以清除金黄色葡萄球菌和细菌生物被膜。

10.6.2.3　金属纳米粒子-MOFs 复合材料的抗菌应用

金属纳米粒子对于解决细菌多药耐药性具有很高的应用价值。因此，MOFs 与金属纳米粒子形成的复合材料可具有较高的抗菌作用。Ag 纳米粒子在抗菌方面具有广泛的应用。因此，许多研究聚焦于制备含有 Ag 纳米粒子的 MOFs 复合材料。研究人员发现，将 Ag 纳米粒子封装于 MOFs 后，其细胞毒性相较于单独存在的 Ag 纳米粒子显著降低。抗菌测试证实，Ag 纳米粒子-MOFs 复合材料依然具有普适的抗菌活性。抗菌原理是 Ag 纳米粒子通过与溶解的 O_2 反应氧化生成 Ag^+，并从 MOFs 中释放出来产生抗菌效果。另有研究表明，复合材料释放的 Ag^+ 可破坏细胞膜的通透性，导致细胞内容物泄漏，进而产生强效的抗菌活性。

Guo 等人[72] 通过将 ZIF-8 纳米粒子沉积在 Ag 纳米线的外层上，合成了一种核壳结构的 Ag@ZIF-8。他们对 Ag@ZIF-8 纳米线针对枯草芽孢杆菌和大肠埃希菌的抗菌功效进行了评估。结果显示，Ag@ZIF-8 纳米线对这两种细菌均十分有效。Ag@ZIF-8 用 200μg/mL 可 100%地抑制枯草芽孢杆菌的生长，而 Ag 纳米线和 ZIF8 的抗菌效果较低，抑制率分别为 49.3%和 85.2%。除 Ag 纳米线之外，Ag 纳米片和 Ag 纳米纤维与 MOFs 的复合材料也有报道[73]。

设计含有光催化金属纳米粒子的 MOFs 复合材料是抗菌应用的一个重要手段。Mohaghegh，Faraji 和 Abedini[74] 通过涂覆工艺制造了 MIL-88B (Fe) -Ag/TiO_2 纳米管/Ti 板复合材料。抗菌活性测试结果表明，该材料在紫外线照射下具有光催化效果，进而可有效杀伤大肠杆菌。Ag@MOF-5 对水进行消毒是另一种重要的抗菌应用[75]，其在可见光下的光催化效应可在 70 分钟内使 91%以上的细菌失活。

10.6.2.4 抗菌化学品-MOFs 复合材料的应用

(1) MOFs 负载抗生素

MOFs 具有高负载能力与可控的化学组分，因此在抗生素递送应用方面引起人们极大的兴趣（图 10.9）。MOFs 可同时递送针对不同细菌菌株的多种治疗剂。Bhardwaj 等人[76] 报道了三种类型的锌基纳米 MOFs 的抗菌功效：IRMOF-3、MOF-5 和 Zn-BTC。这些 MOFs 与氨苄西林和卡那霉素联合使用，展现了比单独使用 MOFs 或药物更低的最低抑菌浓度，证明了 MOFs 与药物优异的协同抗菌效应。其他研究人员也报道了类似的结果。表明负载萘啶酸的 MOFs 的抗菌效果比单独的 MOFs 和抗生素高 10 倍。2018 年，研究人员使用 MOFs 负载庆大霉素[77]，有效改善了庆大霉素的抗菌效果。MOFs 的多孔特性使其可负载多种治疗剂：例如，负载一氧化氮/甲硝唑的 MOFs 具有快速灭菌能力。

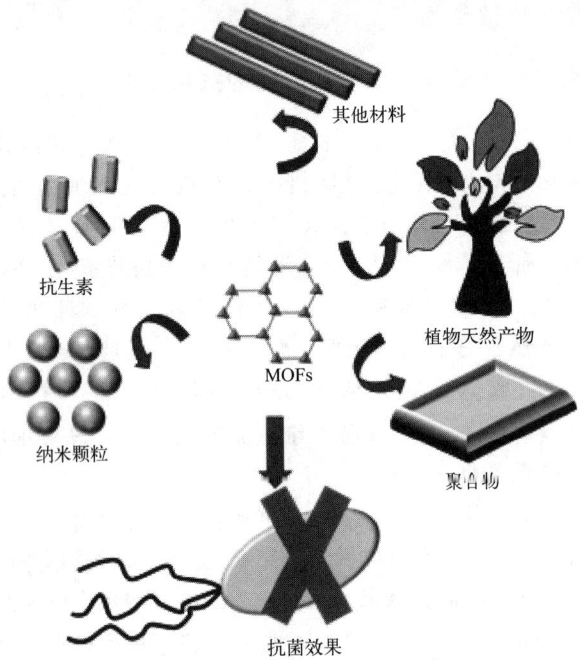

图 10.9 金属有机框架可能的抗菌应用概要

有研究人员报道了使用 MOFs 的响应性降解以实现抗菌药物的控释。ZIF-8 可有效封装环丙沙星，并可在酸性条件下释放环丙沙星。此外，研究人员也制备了可高效负载庆大霉素的 ZIF-8 纳米粒子[78]，并证明了该材料在酸性条件下（pH=5.0）表现出较高的药物释放速率。这种 pH 响应性 MOFs 体系可成为具有转化前景的抗生素药物递送系统。

Lin 等人[79] 利用多孔羧酸铁 MOFs 开发了在酸性条件下稳定的药物释放

系统［MOF-53（铁）］，展现了良好的抗菌作用。MOFs较低的细胞毒性是其另一个主要优势。研究人员研究了两种不同的负载庆大霉素的生物相容性MOFs，分别含有Fe和Zr（MIL-100和UIO-66）。这些MOFs具有较低的细胞毒性，并在体外生物相容性以及抗生素的保护性等方面都具有良好的性能。

随着药物控释手段的发展，研究人员报道了一种基于光响应性MOFs的细菌感染联合治疗的新策略[80]。研究人员将2-硝基苯甲醛包封于ZIF-8中，并随后负载了抗菌剂利福平。光处理可诱导2-硝基苯甲醛原位产生酸，进而导致ZIF-8降解，实现利福平的可控释放。研究结果证实了抗生素和MOFs的协同抗菌效应，并在小鼠损伤模型中证明了该方法可有效杀灭细菌，促进瘢痕产生，保护伤口组织。

抗生素和MOFs的联合可由简单的封装实现，而MOFs可以用作实现抗生素持续释放的载体。MOFs由于自身的抗菌作用，可提高抗生素的抗菌活性。并且由于MOFs自身可控的化学性质，它们可用作控制药物的响应性递送系统，依据外部环境的变化实现药物的按需释放。最后，MOFs具有良好的生物相容性和较低的细胞毒性，在抗菌治疗领域具有巨大的应用潜力。

（2）MOFs负载植物天然产物

植物天然产物是生物活性化合物的重要储存库，其中一些具有抗菌特性，并已被用于治疗各种疾病。一些报告表明，植物天然产物具有多种抗菌作用机制，包括细胞质膜损伤、抑制核酸和细胞壁合成等。除了结合上述植物天然产物的抗菌优势，MOFs还可以解决植物天然产物的疏水性和生物相容性较差的问题[81]。因此，将MOFs用于负载植物天然产物的相关研究已取得了一定的进展。

异硫氰酸烯丙酯是十字花科植物精油的主要成分，也广泛用作食品的天然调味剂。Wang等人[82]证明MOFs可有效地负载并以可控的方式释放异硫氰酸烯丙酯。在他们的工作中，通过湿度作为外部刺激诱导MOFs结构的坍塌，进而实现异硫氰酸烯丙酯的可控释放。

Yu等人[83]制备了一种由MOFs纳米晶组成的多功能矿化胶原蛋白涂层以控制柚皮苷的释放。柚皮苷具有抗菌功能，可用于对抗牙周病原体[84]。研究者使用电化学沉积法在金属钛表面合成了MOFs纳米晶体涂层，并评价了其抗菌活性。生物相容性评估表明该材料即使在高浓度下也不具有明显的细胞毒性，并且涂层还可持续释放MOFs中的柚皮苷，在抵抗金黄色葡萄球菌的黏附和繁殖方面展现出了良好的活性。

最近，在百里香和牛至中发现了另一种植物天然产物——百里酚，可与MOFs结合以改善其抗菌活性。他们对百里酚联合的抗菌作用进行了评估。作为载体，MOFs可以促进百里酚在水中分布均匀，解决了应用过程中百里酚水溶性差的问题。抑菌实验表明，与对照样品相比，负载百里酚的MOFs杀菌活性较强，孵育24小时后未观察到微生物生长。这些结果表明，将百里酚负载到 MOFs 中可促进其在水中的扩散，表现出对致病菌良好的抑制效果。

作为一种理想的载体材料，MOFs 与抗菌剂结合已被广泛应用于抗菌领域。迄今为止，多数研究主要集中在抗生素与 MOFs 的组合。但是，抗生素的滥用会引起一系列耐药性菌株的产生。因此我们相信，在未来的研究中，将会有更多的植物天然产品被开发，并与 MOFs 相结合用于抗菌、抑菌领域。

10.6.2.5 聚合物-MOFs 复合材料的抗菌应用

（1）聚合物-Ag-MOFs 复合材料

Li 等人[85] 报告了在具有抗菌性能的功能性聚合物聚醚酰亚胺（PEI）表面上生长分散的 Ag-MOFs。在抗菌测试中，Ag-MOFs 薄膜展现了快速有效的抗菌效果。结果表明，Ag-MOFs 薄膜和 PEI 薄膜对大肠杆菌具有协同抗菌作用。此外，薄膜在长达 8 个月的时间里对大肠杆菌保持了超过 70% 的抗菌率。

聚合物-MOFs 复合材料可构建具有优异抗菌性能的表面，且效果持久。研究人员在基于聚酰胺材料的渗透薄膜中，探究了利用 Ag-MOFs 减少其生物污染的能力。相比于对照组，这些抗菌复合膜可以使附着在膜表面的活细菌数量减少超过 90%。2019 年，研究人员报道了类似的抗菌材料设计概念：采用原位锚定法将银离子沉积在薄膜表面，然后将膜暴露于配体溶液中以形成 Ag-MOFs，用于高效的细菌清除。该研究证明，聚合物-Ag-MOFs 复合材料不仅可生物防污，还具有可持续数月的抗菌作用。

（2）聚合物-Cu-MOFs 复合材料

Cu-MOFs 在制备 MOFs 与聚合物的复合材料中较为常用。研究人员使用 1,3,5-苯三羧酸铜制备了 Cu-MOFs 和蚕丝纤维的复合材料。蚕丝纤维表面的羧基去质子化后带负电荷，然后通过浸渍法吸附铜离子，并进一步原位生长 Cu-MOFs。该复合材料的抗菌活性与其活性成分（Cu-MOFs 颗粒或铜离子）的释放速率呈正相关。

后来，研究人员制备了基于 Cu-MOFs 和纤维素纤维的复合材料，该复合材料对大肠杆菌具有很强的抗菌活性。2018 年，Singbumrung 等人[86] 通过结合 Cu-MOFs 与静电纺丝聚合物纤维制备了复合材料。抗菌测试表明，纤维表面的 Cu-MOFs 足以抑制细菌生长，且抗菌活性随着光纤上 Cu-MOFs 浓度的增加而增加。同年，Emam 等人[87] 构筑了基于 Cu-MOFs、聚酯及尼龙的生物活性合成织物，该复合织物对多种病原体展现了良好抑制活性。

Rubin 等人[88] 开发了一种新型的棉花-Cu-MOFs 复合材料。他们通过一种天然棉羧甲基化的方法，增加棉花中的成核位点以有利于 MOFs 的原位生长。通过逐层处理的手段，MOFs 可在改性后的棉织物外表面生长。该复合材料展现了作为伤口敷料的应用潜力，在 24 小时内有效抑制了大肠杆菌的生长。

(3) 其他聚合物-MOFs 复合材料

Miao 等人[89] 提出了一种溶胶-凝胶方法来合成 ZIF-8 纳米粒子，并将该纳米粒子与聚偏二氟乙烯胶体颗粒悬浮液混合，以改善其抗菌性能。在另一项研究中，Liu 等人制备了 Zr-MOFs 与聚（ε-己内酯）的复合膜。该复合材料在 LED 灯照射下可产生活性氧物种，因此可作为有效的光敏剂用于杀灭大肠杆菌。Samantaray 等人[90] 利用季铵化合物生产合成了抗菌聚合物，并将其与 Zn-MOFs 混合制备了聚合物-MOFs 复合材料。该复合材料通过活性氧介导的杀菌机制，使细菌数量减少了 7 个数量级。Qian 等[91] 研究了羧化纤维素与 ZIF-67 的复合材料，其具有良好的力学性能和抗菌活性，可形成具有 12mm 直径的大肠杆菌抑制区域。

研究人员通过将 Co-MOFs 分散在含有聚乙烯吡咯烷酮的二氯甲烷溶液中，并与聚乳酸纤维溶液混合，制备了一种新型的聚乳酸纤维-Co-MOFs 复合材料。抗菌测试证实，纤维中的 Co-MOFs 可以显著减少细菌定植和生物被膜的生长。该材料通过释放封装在聚乳酸纤维中 Co-MOFs 的钴离子，可有效抑止周围环境中微生物的生长。

聚合物-MOFs 复合材料的抗菌能力与材料中 MOFs 的类型密切相关。Ma 等人[92] 制备了三种 MOFs 与纤维素纤维的复合材料，分别包含 ZIF-8、MOF-199 和 Ag-MOFs。研究发现，该复合纤维的抗菌活性遵循如下顺序：Ag-MOFs＞MOF-199＞ZIF-8。除 MOFs 的类型外，MOFs 与聚合物复合材料的制备方法是另一个重要因素。目前已有多种方法被报道，例如顺序浸渍、超声处理和改性。制备方法的多样性和 MOFs 本身的特性导致了其不同的抗菌应用性能。例如，由于 MOFs 晶体与阴离子纤维素纤维间较强的相互作用力，MOFs 晶体改性的纺织品可被洗涤并反复使用。此外，低毒性、湿度适应性和出色的自清洁功能也是 MOFs 的重要优势。聚合物-MOFs 复合材料具有巨大的应用前景。例如，研究人员测试了织物-Cu-MOF 在 10mg/mL 浓度下对卤虫的毒性。结果显示，所有的卤虫依然存活，死亡率接近零，这表明该复合材料具有较高的生物安全性。这种毒性较低的 MOFs 复合材料在食品领域具有广阔的应用前景。

目前，对于聚合物-MOFs 复合材料的抗菌机理，存在两种不同的观点。一种观点认为，金属离子的释放起着主要的抗菌作用，比如从织物释放到水环境中。次要机制是有机配体的降解。简而言之，该观点认为释放抗菌物质是杀死细菌的关键。但另一种观点表明，在抗菌作用中，材料释放的抗菌物质，比如 MOFs 复合材料释放的金属离子，可以忽略不计。2019 年，研究人员通过电感耦合等离子体原子发射光谱仪发现，Ag-MOFs 膜复合材料并未释放银离子，因此抗菌机制可能源于 Ag-MOFs 薄膜的银（Ⅰ）活性位点，而非释放的银离子。Neufeld 等人[93] 提出了接触抗菌作用机制。他们研究了具有较高水稳定性的聚合物-MOFs 复合材料的抗菌表面，这使得材料以较为被动的方式与细菌发生作用。壳聚糖-Cu-MOFs薄膜通过将醋酸壳聚糖和Cu-MOFs溶液混合制得。该材料可防止细菌的附着，并且抗菌活性表明该材料可作为抗菌表面重复使用。研究者在实验过程中测试了薄膜浸出液的抗菌能力，并发现这些浸出液并不具备壳聚糖-Cu-MOFs薄膜的抗菌效果。这一结果表明材料杀死细菌的机制并非通过释放抗菌物质，而是通过一种接触抗菌的作用机制。

关于聚合物-MOFs复合材料在抗菌领域的应用有许多报道，其中聚合物的种类多为静电纺丝、纤维、功能膜等。此类复合材料抗菌性能的大量研究显著提高了其抗菌应用潜力；该类多功能复合材料可广泛应用于医疗、环境、食品包装等领域。

10.6.2.6 其他材料-MOFs复合材料的抗菌应用

除了上述MOFs复合抗菌材料，其他材料与MOFs相结合的抗菌应用亦有报道。2016年，Azad等人[94] 采用超声辅助水热法制备活性炭与MOFs的复合材料，并证实该复合材料可有效对抗金黄色葡萄球菌和铜绿假单胞菌（俗称绿脓杆菌）。

氧化石墨烯是一种碳基材料，其官能团主要为羧基，可为后续化学反应提供位点。氧化石墨烯的锋利边缘被证明是其抗菌活性的主要原因。因此，MOFs与氧化石墨烯相结合是一种新兴技术，具有广阔的应用前景。作者评估了氧化石墨烯-Ag-MOFs和Ag-MOFs的Zeta电位，结果表明氧化石墨烯-Ag-MOFs具有较低的静电荷和较高的抗菌活性。最后，研究者将氧化石墨烯-Ag-MOFs应用于抗污纳米薄膜复合材料。除碳基材料外，钛表面、碘和针状纳米阵列等也可与MOFs结合制备抗菌复合材料，展现了高效的抗菌性能。

10.6.2.7 MOFs性能对抗菌应用的影响

MOFs可作为金属离子储存库，通过金属离子的持续释放起到杀菌作用，相较于常规抗菌金属纳米粒子具有更好的安全性和可控性。MOFs更小的粒径导致比表面积增加，这是增强其抗菌活性的重要因素之一。高比表面积可提高MOFs表面暴露的金属离子量，从而提高金属活性位点的利用率，促进其与细菌的充分接触以实现良好的抗菌效果。除了金属离子的释放，MOFs的另一个优势是抗菌配体的应用。抗菌配体可与金属阳离子相结合，并通过两者的持续释放实现更强的杀菌效果。

MOFs与金属纳米粒子复合材料中释放的金属离子可增强抗菌活性，破坏细胞膜的通透性，并导致细胞内容物的泄漏。因此，金属纳米粒子的负载量是决定该类复合材料抗菌效果的关键。MOFs的高比表面积、小粒径以及多孔结构可实现对金属纳米粒子的高效负载。金属纳米粒子的负载状况可通过负载前后比表面积的变化来判断。除了负载金属纳米粒子外，MOFs还可以充当稳定剂，固定金属纳米粒子并提高其稳定性和分散性，防止金属纳米粒子聚集。

MOFs 的多孔结构使得金属纳米粒子具有良好的分散性，进而促进金属离子与细菌的接触并产生优异的抗菌效果。除了保证金属纳米粒子的良好分散性，MOFs 的多孔结构在材料的抗菌性能中也起着重要作用。此外，高比表面积的 MOFs 的多孔结构可以吸附和富集细菌，从而增强抗菌活性。

MOFs 的多孔结构在负载抗菌药物方面具有很好的优势。MOFs 的高比表面积和大孔径可以负载更多抗菌药物以达到更好的抗菌效果。通过表征 MOFs 的比表面积和孔容变化，可以判断抗菌药物的负载情况。Yu 等人[95] 研究表明，MOFs 的比表面积高达 $3700m^2 \cdot g^{-1}$，丰富的介孔结构非常有利于柚皮苷分子的吸附和分布。Soltani 等人[78] 报告了 ZIF-8 的比表面积为 $1151.3m^2 \cdot g^{-1}$，微孔孔容近似为 $0.2385m^3 \cdot g^{-1}$；而在封装庆大霉素之后其比表面积和微孔孔容分别降为 $64.63m^2 \cdot g^{-1}$ 和 $0.14849m^3 \cdot g^{-1}$。

聚合物-MOFs 复合材料的抗菌应用主要是基于 MOFs 的抗菌作用，而 MOFs 纳米粒子的分散性较高，因此它们可分布在聚合物表面，直接接触细菌，从而增强其抗菌特性。此外，当 MOFs 与其他材料相结合时，其金属离子不受氧化性环境或杂质的影响，并且 MOFs 与其他材料结合后可获得具有更高孔隙率的材料，以达到较好的抗菌效果。例如，Firouzjaei 等[96] 制备了氧化石墨烯与 Ag-MOFs 的复合材料，其中孔容为 Ag-MOFs 的 3.5 倍，因此该复合材料具有更好的抗菌活性。

10.7 生物安全性

10.7.1 二氧化硅

介孔二氧化硅纳米颗粒（MSN）和有机二氧化硅纳米颗粒的生物相容性已被广泛研究。重要的是，给定环境中任何物体的毒性都是剂量依赖性的。MSN 对细胞系的毒性主要归因于两种可能的机制：①表面硅酸盐导致 MSN 与含四烷基铵磷脂之间的静电相互作用导致膜溶解；②二氧化硅诱导产生的活性氧（ROS）导致细胞坏死或通过膜溶解凋亡。Zhang 及其同事[97] 的研究表明，通过高温处理获得的应变三元硅氧烷环的存在是无定形二氧化硅表面 ROS 的潜在来源。此外，他们还观察到颗粒电荷与 ROS 相关毒性增加之间的以下趋势：阳离子＞阴离子＞中性。鉴于硅氧烷和硅醇（及其不同种类）在二氧化硅颗粒表面的存在状态高度依赖于颗粒的合成历史及其孔隙率，因此并非所有二氧化硅颗粒的毒性都相同。

在红细胞（RBC）中，上述两种机制都可能导致溶血。由于表面硅醇的可及性，溶血在无孔二氧化硅的情况下比在 MSN 和乙烯基桥的周期性介孔有机硅（PMO）纳米颗粒的情况下严重得多。发现 PMO 纳米颗粒的溶血程度甚至低于 MSN，与空心 MSN 相比，亚苯基桥接空心 PMO 也是如此。三重杂化（乙烷、苯、四硫化物部分）蛋黄-壳 PMO 纳米颗粒在高达 $2000\mu g \cdot mL^{-1}$ 的颗粒浓度下也表现出极低的溶血行为。值得注意的是，聚乙二醇化可以通过降低红细胞脂质双层带负电荷的二氧化硅和带正电荷的三甲基铵基团之间的相互作用来改善 MSN 的血液相容性。

虽然体外毒性是高度依赖细胞的，但已经发现 MSN 在各种癌性和非癌性细胞系（例如，HeLa、MCF-41、A549、293T、L02、C2C12 等）中具有生物相容性。同样，具有亚苯基桥的 PMO 和三重杂化蛋黄-壳 PMO 纳米颗粒在高浓度下均可保持生物相容性。尽管如此，在生物相容性方面，显然不能将所有 MSN 一概而论，对于有机二氧化硅纳米颗粒来说更为重要，因为它们的细胞相互作用和生物相容性在很大程度上取决于桥连掺杂或组成其框架的类型。值得庆幸的是，最近报道了越来越多的具有不同桥接单元的介孔有机硅纳米颗粒（MON）和 PMO 纳米颗粒，这为其体外生物相容性提供了有力支持。含有亚苯基、乙烯、苯-卟啉和乙烯-丁二烯二苯的 PMO 纳米颗粒在 MCF-7 乳腺癌细胞中具有生物相容性。FITC 功能化的亚甲基桥接 PMO 纳米颗粒在 HeLa 细胞中具有低细胞毒性。具有丙基四硫键的可生物降解 MON 在 B16F0 皮肤癌细胞和 HEK293t 正常细胞中具有生物相容性。可生物降解的 PMO 纳米载体孵育到各种癌症系中时，均表现出了生物相容性，具体包括与亚苯基-草酰胺（A549 肺癌细胞）、与乙烯-二硫键（MCF-7 乳腺癌细胞）、与亚苯基-四硫化物（MCF-7/ADR 癌细胞）等。Zhang 及其同事研究了三阴性乳腺癌细胞，发现具有丙烷桥的 Au@MONs 可被 MDA-MB-231 LUC 细胞良好耐受。由乙烯桥组成的 Janus AuNR@PMO-PEG 也对 4T1 鼠乳腺癌细胞具有生物相容性，即使在高浓度下也能保持 MSN、MON 和 PMO 纳米颗粒的低细胞毒性，还表现出了没有颗粒聚集以及形态均一。Fatieiev 等人[98] 观察到，在 HeLa 细胞中，球形亚苯基桥的 PMO 纳米颗粒比棒状和线状 PMO 纳米材料具有更高的细胞毒性，而长径比增加的 MSN 则观察到毒性增强的趋势。

介孔二氧化硅纳米球和纳米棒的体内组织相容性研究表明，其在体内毒性并不显著。静脉内和腹膜内施用 MSN，在非常高的剂量（$1.2g \cdot kg^{-1}$）下对实验小鼠是致命的，而在较低剂量（$40mg \cdot kg^{-1}$）下实验小鼠对颗粒的耐受性极佳。另一项研究发现，单剂量给药后，介孔二氧化硅纳米颗粒的半致死剂量高于 $1000mg \cdot kg^{-1}$，并且在重复的较低剂量下再表现出良好的耐受性（$80mg \cdot kg^{-1}$，14 天）。Lu 及其同事[99] 的体内研究表明，$50mg \cdot kg^{-1}$ 剂量足以满足癌症治疗的药理学应用需求。此外，使用剂量为 $100mg \cdot kg^{-1}$ 和 $200mg \cdot kg^{-1}$ 的介孔二氧化硅纳米探针进行的体内生物成像实验未显示任何毒性作用。同样，对于空心 PMO 纳米颗粒，即使以 $100mg \cdot kg^{-1}$ 的剂量给小鼠连续施用两个月，也未显示出动物的任何组织降解或异常行为。具有双

（丙基）二硫基团的聚乙二醇化空心介孔有机二氧化硅纳米颗粒（HMON）在4T1 癌细胞中具有最小的细胞毒性，并且具有出色的体内生物相容性。后续实验通过静脉将不同剂量的颗粒（$5mg \cdot kg^{-1}$、$10mg \cdot kg^{-1}$ 和 $20mg \cdot kg^{-1}$）注入小鼠体内，并随后喂养 30 天，对小鼠的健康程度进行测定。监测结果显示，无论是否使用 HMON-PEG，即使在 $20mg \cdot kg^{-1}$ 的剂量下也没有观察到血液指数和体重上的显著差异。对照组小鼠和注射 HMON-PEG 的小鼠的心脏、肝脏、脾脏、肺和肾脏的病理切片未显示任何明显的病理变化，这表明其体内生物相容性极佳。二硫掺杂的 MON（剂量：$30mg \cdot kg^{-1}$）、二硫掺杂的聚乙二醇化 MON（剂量：$20mg \cdot kg^{-1}$）共价锚定金属卟啉（剂量：$20mg \cdot kg^{-1}$）和亚苯基-硫醚桥接的 PMO 纳米颗粒（剂量：$50mg \cdot kg^{-1}$）注射到小鼠体内并喂养一个月，获得了相同的结论。然而，应该注意的是，颗粒在体内会非常迅速地被各种蛋白质包裹，从而显著增强其生物相容性。

10.7.2　分子筛

与介孔二氧化硅相比，对分子筛（沸石）纳米颗粒所做的工作要少得多。最近的研究表明，蛋白质冠会积累在纳米晶沸石上。这项工作还证明了圆盘形纳米级沸石 L 在低浓度下的低细胞毒性。然而，在高浓度下观察到了毒性反应，这与表面上带止电荷的功能基团有关。与二氧化硅研究类似，沸石可被 HeLa 癌细胞系内化。在化学组成方面，至少对于硅质矿（框架中没有 Al）而言，通过各种标准测定评估其对多种细胞类型的毒性反应非常小，这主要是由于拉曼振动光谱检测到的表面上缺乏应变的硅氧烷环。

与介孔二氧化硅纳米颗粒类似的工作揭示了沸石可发生类芬顿化学，即使在重金属离子含量非常低的情况下，也可以原位产生 ROS，这是由于沸石固有的离子交换特性。随着合成方法的增加，人们的关注点已经转向纳米级材料。微米级沸石实际上是无毒且对环境安全的，但纳米级沸石在生物或环境领域的风险尚未经过全面评估。

2011 年，Kihara 及其同事[100] 证明，与纯硅质沸石相比，含铝纳米级沸石的硅质沸石显示出明显的毒性剂量反应关系。不同的形态似乎在确定毒性方面也起着关键作用。另一项研究表明，与介孔二氧化硅上相关研究结果相矛盾的是，表面电荷差异似乎在确定毒性效应方面未起到具体作用。最近的研究表明，在测定条件下，沸石的毒性效应倾向于细胞坏死，而不是通过凋亡机制进行程序性细胞死亡。

Petushkov 及其同事[101] 的一项研究进一步阐明了先前报道的体内毒性问题。首先，观察到毒性在体外测定中是细胞系依赖性的。这归因于细胞摄取的不同机制。细胞毒性也受到每个细胞系表面功能化的干扰，在得出关于此类型材料的粗略结论时必须考虑这一点。根据所涉及的材料，毒性机制是不同的。特别是，在羧基官能化 Silicalite-1 处理的细胞中观察到了细胞凋亡（使用半胱天冬酶活性测定法测量），而相同大小的硫醇官能化 Silicalite-1 被发现可诱导细胞坏死。

10.7.3 多孔碳

目前关于多孔碳的细胞毒性还存在一些争议。一些研究指出碳质材料可能存在细胞毒性。Saha 等[102] 报道，碳产物可能导致不同水平的三磷酸腺苷（ATP）耗竭，这是碳诱导细胞毒性的主要原因。研究发现，一些典型的碳质材料，如石墨烯、富勒烯和多壁碳纳米管等，会触发细胞周期异常。另一方面，一些研究报告指出，碳纳米粒子的细胞毒性几乎可以忽略不计。Gui 等人[103] 研究了几种碳材料，发现中空介孔碳对小鼠肾功能和肝功能的细胞毒性最小。此外，即使在暴露于中空介孔碳 30 天后，其他器官仍未受到影响，仅对细胞周期分布具有较弱的副作用。

细胞毒性和胃肠道黏膜刺激研究表明，常规和羧基化介孔碳纳米粒子具有优异的生物相容性。在 Lea 等人[104] 的研究中，将不同浓度的羧基化介孔碳纳米粒子（范围为 20～500$\mu g \cdot mL^{-1}$）与人上皮细胞系（Caco-2）一起孵育，用于测试口服药物对肠黏膜的潜在细胞毒性。低浓度和高浓度羧基化介孔碳纳米粒子均表现出较为有限的细胞毒性，当细胞暴露于高达 500$\mu g \cdot mL^{-1}$ 的高浓度羧基化介孔碳纳米粒子时，细胞依然可以耐受，这凸显了碳纳米材料的生物医用潜力。

软模板法合成的介孔碳是一种具有极高比表面积的材料，在高达 500$\mu g \cdot mL^{-1}$ 的高浓度下显示出轻微的细胞毒性。大多数多孔碳材料不会引发细胞氧化应激，也不会引起氧化损伤造成的细胞死亡，溶血率也不到 1%。然而，有文献报道，针状介孔碳纳米颗粒的形状会诱发细胞毒性，因为它们具有穿透细胞的能力。综上所述，粒径和形状对多孔碳材料的细胞毒性有一定影响，而比表面积、孔径和电导率等性质对材料的细胞毒性似乎影响较小。

10.8 小结

多孔材料可以从多个角度进行分类与表征，包括其力学特性（例如拉伸和抗压强度、流变特性）、孔隙特征（例如孔径大小、孔道方向、几何形状）和互连性（例如孔隙率、内相占比、体积），以及它们与身体互动时的生物行为（例如生物相容性、生物活性、组织电导率/电感，生物降解性）。制备技术的持续优化和发展，将推动多孔材料更好地满足从基础研究到临床应用的多样化需求。

金属类多孔材料具有出色的抗形变能力，但通常具有生物惰性且难以在体内降解。聚合物化学已经发展到可实现分子水平的精确控制，可允许构建多孔聚合物材料（包括水凝胶）。该类多孔聚合物可在一定条件下响应机体外部刺激或内部刺激发生自组装和交联等反应。该领域仍然存在的挑战包括解决纯化、灭菌，以及确保材料从进入机体到完全降解这一过程的良好生物相容性。陶瓷和玻璃含有体内天然存在的矿物质成分，可作为催化剂、诱导剂/抑制剂、稳定剂等与身体组织长期接触或再吸收。然而，由于它们的负载能力、固有脆性仍有改进的空间，因此亟需发展合适且可规模化的加工制备策略。

尽管多种多孔材料（例如二氧化硅）已被用作许多药物制剂中的载体材料，但多孔载体材料尚未被不同国家的监管机构批准用于临床应用。因此，多数用于药物递送的多孔材料仍处于临床前阶段。其中，多孔二氧化硅已被批准用于人类口服给药，同时也可作为食品添加剂，显示出较高的口服耐受性和安全性。

尽管在临床试验中的初步数据证实纳米多孔材料的安全性较高，但这些纳米颗粒在临床转化方面的进展却始终较为缓慢。其中可能的原因是大多数临床前研究专注于啮齿动物等小动物模型，仅极少数研究在大型哺乳动物模型上进行，例如猪、羊、猴子等更接近于人类的动物。可以这样认为，推动多孔材料临床应用的关键在于证明其长期的生物安全性（包括不同的给药途径），同时扩大其生产规模，从而使材料具备商业化潜力。此外，尽可能使用美国食品与药品监督管理局（FDA）批准的材料修饰优化基于多孔材料的体系，以便更容易地转化为临床试验。

COVID-19 疫苗的成功研发无疑是该领域科学的重大突破。得益于先前在纳米载体（包括脂质纳米粒子）的基础科学方面的大量研究活动和经验，mRNA 疫苗配方的快速发展成为可能。同样，过去 20 年对多孔材料的基础研究有望为该类载体材料的未来临床转化与应用铺平道路，我们也坚信这一天迟早会到来。

本章节全面和系统地介绍了基于多孔材料在生物医学领域的发展历史和当前研究进展，涵盖了不同的应用领域，包括药物控释递送、组织工程、生物成像、生物传感、抗菌以及生物安全性等，同时也讨论了针对癌症等疾病的治疗体系，我们也期待该领域能在未来具有更多的研究与发展的新方向。

参考文献

[1] Hu C M, Zhang L, Aryal S, et al. Erythrocyte membrane-camouflaged polymeric nanoparticles as a biomimetic delivery platform [J]. Proc Natl Acad Sci U S A, 2011, 108 (27): 10980-10985.

[2] Rolland A. Gene medicines: The end of the beginning? [J]. Adv Drug Deliv Rev, 2005, 57 (5): 669-673.

[3] Zhu Y, Feijen J, Zhong Z. Dual-targeted nanomedicines for enhanced tumor treatment [J]. Nano Today, 2018, 18: 65-85.

[4] Villegas M R, Baeza A, Noureddine A, et al. Multifunctional protocells for enhanced penetration in

3D extracellular tumoral matrices [J]. Chemistry of Materials, 2018, 30 (1): 112-120.

[5] Niedermayer S, Weiss V, Herrmann A, et al. Multifunctional polymer-capped mesoporous silica nanoparticles for pH-responsive targeted drug delivery [J]. Nanoscale, 2015, 7 (17): 7953-7964.

[6] Bertucci A, Lülf H, Septiadi D, et al. Intracellular delivery of peptide nucleic acid and organic molecules using zeolite-L nanocrystals [J]. Advanced Healthcare Materials, 2014, 3 (11): 1812-1817.

[7] Karimi M, Habibizadeh M, Rostamizadeh K, et al. Preparation and characterization of nanocomposites based on different zeolite frameworks as carriers for anticancer drug: Zeolite Y versus ZSM-5 [J]. Polymer Bulletin, 2019, 76 (5): 2233-2252.

[8] Salleh N, Jais U S, Sarijo S H. Gelatin-coated zeolite y for controlled release of anticancer drug (zerumbone) [C] //2012 IEEE Symposium on Business, Engineering and Industrial Applications. 2012: 124-129.

[9] Rezaee H, Ghorbani M, Nikpay A, et al. Tannic acid-coated zeolite Y nanoparticles as novel drug nanocarrier with controlled release behavior and anti-protozoan activity against Trichomonas gallinae [J] Journal of Dispersion Science and Technology, 2019, 40 (4): 587-593.

[10] Paradee N, Sirivat A. Encapsulation of folic acid in zeolite Y for controlled release via electric field [J]. Molecular Pharmaceutics, 2016, 13 (1): 155-162.

[11] Arruebo M, Fernández-Pacheco R, Irusta S, et al. Sustained release of doxorubicin from zeolite-magnetite nanocomposites prepared by mechanical activation [J]. Nanotechnology, 2006, 17 (16): 4057-4064.

[12] Ndiege N, Raidoo R, Schultz M K, et al. Preparation of a versatile bifunctional zeolite for targeted imaging applications [J]. Langmuir, 2011, 27 (6): 2904-2909.

[13] Hassanvand A, Hajihassani M, Abdi M, et al. Drug delivery using nano-pore zeolites and ultrasound [J]. The Journal of Neuropsychiatry and Clinical Neurosciences, 2013, 25 (1): E20-E20.

[14] Guo Y-P, Long T, Song Z-F, et al. Hydrothermal fabrication of ZSM-5 zeolites: Biocompatibility, drug delivery property, and bactericidal property [J]. Journal of Biomedical Materials Research Part B: Applied Biomaterials, 2014, 102 (3): 583-591.

[15] Hodali H A, Marzouqa D a M. In vitro evaluation of zeolite nanoparticles as carrier for delivery of 5-fluorouracil [J]. Asian Journal of Chemistry, 2016, 28 (7): 1479-1485.

[16] Wen X, Yang F, Ke Q-F, et al. Hollow mesoporous ZSM-5 zeolite/chitosan ellipsoids loaded with doxorubicin as pH-responsive drug delivery systems against osteosarcoma [J]. Journal of Materials Chemistry B, 2017, 5 (38): 7866-7875.

[17] Khatamian M, Yavari A, Akbarzadeh A, et al. A study on the synthesis of [Fe, B] -MFI zeolites using hydrothermal method and investigation of their properties [J]. Journal of Molecular Liquids, 2017, 242: 979-986.

[18] Yang F, Wen X, Ke Q-F, et al. pH-responsive mesoporous ZSM-5 zeolites/chitosan core-shell nanodisks loaded with doxorubicin against osteosarcoma [J]. Materials Science and Engineering: C, 2018, 85: 142-153.

[19] Liu J, Zhao Y, Cui Y, et al. A Eu^{3+} /Gd^{3+} -EDTA-doped structurally controllable hollow mesoporous carbon for improving the oral bioavailability of insoluble drugs and in vivo tracing [J]. Nanotechnology, 2016, 27 (31): 315101.

[20] Zhang Y, Zhi Z, Li X, et al. Carboxylated mesoporous carbon microparticles as new approach to improve the oral bioavailability of poorly water-soluble carvedilol [J]. International Journal of Pharmaceutics, 2013, 454 (1): 403-411.

[21] Wang T Y, Zhao P, Zhao Q F, et al. The mechanism for increasing the oral bioavailability of poorly water-soluble drugs using uniform mesoporous carbon spheres as a carrier [J]. Drug Deliv, 2016, 23 (2): 420-428.

[22] Zhang Y, Wang H, Gao C, et al. Highly ordered mesoporous carbon nanomatrix as a new approach to improve the oral absorption of the water-insoluble drug, simvastatin [J]. European Journal of Pharmaceutical Sciences, 2013, 49 (5): 864-872.

[23] Zhao P, Jiang H, Jiang T, et al. Inclusion of celecoxib into fibrous ordered mesoporous carbon for enhanced oral bioavailability and reduced gastric irritancy [J]. European Journal of Pharmaceutical Sciences, 2012, 45 (5): 639-647.

[24] Eleftheriadis G K, Filippousi M, Tsachouridou V, et al. Evaluation of mesoporous carbon aerogels as carriers of the non-steroidal anti-inflammatory drug ibuprofen [J]. International Journal of Pharmaceutics, 2016, 515 (1): 262-270.

[25] Zhao P, Wang L, Sun C, et al. Uniform mesoporous carbon as a carrier for poorly water soluble drug and its cytotoxicity study [J]. European Journal of Pharmaceutics and Biopharmaceutics, 2012, 80 (3): 535-543.

[26] Zhu J, Liao L, Bian X, et al. pH-controlled delivery of doxorubicin to cancer cells, based on small mesoporous carbon nanospheres [J]. Small, 2012, 8 (17): 2715-2720.

[27] Zhang C, Zhao Q, Wan L, et al. Poly dimethyl diallyl ammonium coated CMK-5 for sustained oral drug release [J]. International Journal of Pharmaceutics, 2014, 461 (1): 171-180.

[28] Zhang Y, Zhao Q, Zhu W, et al. Synthesis and evaluation of mesoporous carbon/lipid bilayer nanocomposites for improved oral delivery of the poorly water-soluble drug, nimodipine [J]. Pharmaceutical Research, 2015, 32 (7): 2372-2383.

[29] Huang X, Wu S, Du X. Gated mesoporous carbon nanoparticles as drug delivery system for stimuli-responsive controlled release [J]. Carbon, 2016, 101: 135-142.

[30] Zhang Y, Han L, Zhang Y, et al. Glutathione-mediated mesoporous carbon as a drug delivery nanocarrier with carbon dots as a cap and fluorescent tracer [J]. Nanotechnology, 2016, 27 (35): 355102.

[31] Zhang Y, Han L, Hu L-L, et al. Mesoporous carbon nanoparticles capped with polyacrylic acid as drug carrier for bi-trigger continuous drug release [J]. Journal of Materials Chemistry B, 2016, 4 (30): 5178-5184.

[32] Zhu S, Chen C, Chen Z, et al. Thermo-responsive polymer-functionalized mesoporous carbon for controlled drug release [J] . Materials Chemistry and Physics, 2011, 126 (1): 357-363.

[33] Wan L, Zhao Q, Zhao P, et al. Versatile hybrid polyethyleneimine - mesoporous carbon nanoparticles for targeted delivery [J] . Carbon, 2014, 79: 123-134.

[34] Wan L, Jiao J, Cui Y, et al. Hyaluronic acid modified mesoporous carbon nanoparticles for targeted drug delivery to CD44-overexpressing cancer cells [J]. Nanotechnology, 2016, 27 (13): 135102.

[35] Zhou L, Dong K, Chen Z, et al. Near-infrared absorbing mesoporous carbon nanoparticle as an intelligent drug carrier for dual-triggered synergistic cancer therapy [J]. Carbon, 2015, 82: 479-488.

[36] Meng Y, Wang S, Li C, et al. Photothermal combined gene therapy achieved by polyethyleneimine-grafted oxidized mesoporous carbon nanospheres [J]. Biomaterials, 2016, 100: 134-142.

[37] Wang T, Zou M, Jiang H, et al. Synthesis of a novel kind of carbon nanoparticle with large mesopores and macropores and its application as an oral vaccine adjuvant [J]. European Journal of

Pharmaceutical Sciences, 2011, 44 (5): 653-659.

[38] Wang Y, Xu R, Luo G, et al. Biomimetic fibroblast-loaded artificial dermis with "sandwich" structure and designed gradient pore sizes promotes wound healing by favoring granulation tissue formation and wound re-epithelialization [J]. Acta Biomaterialia, 2016, 30: 246-257.

[39] Billiet T, Gevaert E, De Schryver T, et al. The 3D printing of gelatin methacrylamide cell-laden tissue-engineered constructs with high cell viability [J]. Biomaterials, 2014, 35 (1): 49-62.

[40] You F, Wu X, Chen X. 3D printing of porous alginate/gelatin hydrogel scaffolds and their mechanical property characterization [J]. International Journal of Polymeric Materials and Polymeric Biomaterials, 2017, 66 (6): 299-306.

[41] Pires L S O, Fernandes M H F V, de Oliveira J M M. Biofabrication of glass scaffolds by 3D printing for tissue engineering [J]. The International Journal of Advanced Manufacturing Technology, 2018, 98 (9): 2665-2676.

[42] LeGeros R Z, Lin S, Rohanizadeh R, et al. Biphasic calcium phosphate bioceramics: Preparation, properties and applications [J]. Journal of Materials Science: Materials in Medicine, 2003, 14 (3): 201-209.

[43] Barba A, Diez-Escudero A, Espanol M, et al. Impact of biomimicry in the design of osteoinductive bone substitutes: nanoscale matters [J]. ACS Applied Materials & Interfaces, 2019, 11 (9): 8818-8830.

[44] Farzadi A, Solati-Hashjin M, Asadi-Eydivand M, et al. Effect of layer thickness and printing orientation on mechanical properties and dimensional accuracy of 3D printed porous samples for bone tissue engineering [J]. Plos One, 2014, 9 (9): e108252.

[45] Cox S C, Thornby J A, Gibbons G J, et al. 3D printing of porous hydroxyapatite scaffolds intended for use in bone tissue engineering applications [J]. Materials Science and Engineering: C, 2015, 47: 237-247.

[46] Han L, Jiang Y, Lv C, et al. Mussel-inspired hybrid coating functionalized porous hydroxyapatite scaffolds for bone tissue regeneration [J]. Colloids and Surfaces B: Biointerfaces, 2019, 179: 470-478.

[47] Ninan N, Muthiah M, Park I-K, et al. Faujasites incorporated tissue engineering scaffolds for wound healing: In vitro and in vivo analysis [J]. ACS Applied Materials & Interfaces, 2013, 5 (21): 11194-11206.

[48] Ninan N, Grohens Y, Elain A, et al. Synthesis and characterisation of gelatin/zeolite porous scaffold [J]. European Polymer Journal, 2013, 49 (9): 2433-2445.

[49] Ninan N, Muthiah M, Bt. Yahaya N A, et al. Antibacterial and wound healing analysis of gelatin/zeolite scaffolds [J]. Colloids and Surfaces B: Biointerfaces, 2014, 115: 244-252.

[50] Neidrauer M, Ercan U K, Bhattacharyya A, et al. Antimicrobial efficacy and wound-healing property of a topical ointment containing nitric-oxide-loaded zeolites [J]. 2014, 63 (2): 203-209.

[51] Zhang S, Qian X, Zhang L, et al. Composition - property relationships in multifunctional hollow mesoporous carbon nanosystems for pH-responsive magnetic resonance imaging and on-demand drug release [J]. Nanoscale, 2015, 7 (17): 7632-7643.

[52] Bresinska I, Balkus K J, Jr. Studies of Gd (Ⅲ) -exchanged Y-type zeolites relevant to magnetic resonance imaging [J]. The Journal of Physical Chemistry, 1994, 98 (49): 12989-12994.

[53] Platas-Iglesias C, Vander Elst L, Zhou W, et al. Zeolite GdNaY nanoparticles with very high relaxivity for application as contrast agents in magnetic resonance imaging [J]. Chemistry - A European Journal, 2002, 8 (22): 5121-5131.

[54] Li C, Meng Y, Wang S, et al. Mesoporous Carbon Nanospheres Featured Fluorescent Aptasensor

for Multiple Diagnosis of Cancer in Vitro and in Vivo [J]. ACS Nano, 2015, 9 (12): 12096-12103.

[55] Wang H, Shen J, Li Y, et al. Magnetic iron oxide - fluorescent carbon dots integrated nanoparticles for dual-modal imaging, near-infrared light-responsive drug carrier and photothermal therapy [J]. Biomaterials Science, 2014, 2 (6): 915-923.

[56] Wang H, Sun Y, Yi J, et al. Fluorescent porous carbon nanocapsules for two-photon imaging, NIR/pH dual-responsive drug carrier, and photothermal therapy [J]. Biomaterials, 2015, 53: 117-126.

[57] Zhang J, Zhang J, Li W, et al. Degradable hollow mesoporous silicon/carbon nanoparticles for photoacoustic imaging-guided highly effective chemo-thermal tumor therapy in vitro and in vivo [J]. Theranostics, 2017, 7 (12): 3007-3020.

[58] Wang Y, Wang K, Zhang R, et al. Synthesis of core - shell graphitic carbon@silica nanospheres with dual-ordered mesopores for cancer-targeted photothermochemotherapy [J]. ACS Nano, 2014, 8 (8): 7870-7879.

[59] Dai Z, Liu S, Ju H, et al. Direct electron transfer and enzymatic activity of hemoglobin in a hexagonal mesoporous silica matrix [J]. Biosensors and Bioelectronics, 2004, 19 (8): 861-867.

[60] Guo H, He N, Ge S, et al. Molecular sieves materials modified carbon paste electrodes for the determination of cardiac troponin I by anodic stripping voltammetry [J]. Microporous and Mesoporous Materials, 2005, 85 (1): 89-95.

[61] Feng J-J, Xu J-J, Chen H-Y. Direct electron transfer and electrocatalysis of hemoglobin adsorbed on mesoporous carbon through layer-by-layer assembly [J]. Biosensors and Bioelectronics, 2007, 22 (8): 1618-1624.

[62] Lu X, Xiao Y, Lei Z, et al. A promising electrochemical biosensing platform based on graphitized ordered mesoporous carbon [J]. Journal of Materials Chemistry, 2009, 19 (27): 4707-4714.

[63] Yu L, Gong J, Zeng C, et al. Preparation of zeolite-A/chitosan hybrid composites and their bioactivities and antimicrobial activities [J]. Materials Science and Engineering: C, 2013, 33 (7): 3652-3660.

[64] Wheatley P S, Butler A R, Crane M S, et al. NO-releasing zeolites and their antithrombotic properties [J]. Journal of the American Chemical Society, 2006, 128 (2): 502-509.

[65] Neidrauer M, Ercan U K, Bhattacharyya A, et al. Antimicrobial efficacy and wound-healing property of a topical ointment containing nitric-oxide-loaded zeolites [J]. J Med Microbiol, 2014, 63 (Pt 2): 203-209.

[66] Chowdhuri A R, Das B, Kumar A, et al. One-pot synthesis of multifunctional nanoscale metal-organic frameworks as an effective antibacterial agent against multidrug-resistant Staphylococcus aureus [J]. Nanotechnology, 2017, 28 (9): 095102.

[67] Colinas I R, Rojas-Andrade M D, Chakraborty I, et al. Two structurally diverse Zn-based coordination polymers with excellent antibacterial activity [J]. CrystEngComm, 2018, 20 (24): 3353-3362.

[68] Tong G-X, Du F-F, Liang Y, et al. Polymorphous ZnO complex architectures: Selective synthesis, mechanism, surface area and Zn-polar plane-codetermining antibacterial activity [J]. Journal of Materials Chemistry B, 2013, 1 (4): 454-463.

[69] Zhuang W, Yuan D, Li J-R, et al. Highly potent bactericidal activity of porous metal-organic frameworks [J]. Advanced Healthcare Materials, 2012, 1 (2): 225-238.

[70] Tamames-Tabar C, Imbuluzqueta E, Guillou N, et al. A Zn azelate MOF: Combining antibacterial effect [J]. Cryst Eng Comm, 2015, 17 (2): 456-462.

[71] Duan F, Feng X, Jin Y, et al. Metal – carbenicillin framework-based nanoantibiotics with enhanced penetration and highly efficient inhibition of MRSA [J]. Biomaterials, 2017, 144: 155-165.

[72] Guo Y-F, Fang W-J, Fu J-R, et al. Facile synthesis of Ag@ZIF-8 core-shell heterostructure nanowires for improved antibacterial activities [J]. Applied Surface Science, 2018, 435: 149-155.

[73] Duan C, Meng J, Wang X, et al. Synthesis of novel cellulose- based antibacterial composites of Ag nanoparticles@ metal-organic frameworks@ carboxymethylated fibers [J]. Carbohydrate Polymers, 2018, 193: 82-88.

[74] Mohaghegh N, Faraji M, Abedini A. Highly efficient multifunctional Ag/TiO_2 nanotubes/Ti plate coated with MIL-88B (Fe) as a photocatalyst, adsorbent, and disinfectant in water treatment [J]. Applied Physics A, 2018, 125 (1): 25.

[75] Thakare S R, Ramteke S M. Fast and regenerative photocatalyst material for the disinfection of *E. coli* from water: Silver nano particle anchor on MOF-5 [J]. Catalysis Communications, 2017, 102: 21-25.

[76] Bhardwaj N, Pandey S K, Mehta J, et al. Bioactive nano-metal – organic frameworks as antimicrobials against Gram-positive and Gram-negative bacteria [J]. Toxicology Research, 2018, 7 (5): 931-941.

[77] Nabipour H, Soltani B, Ahmadi Nasab N. Gentamicin loaded Zn_2 $(bdc)_2$ (dabco) frameworks as efficient materials for drug delivery and antibacterial activity [J]. Journal of Inorganic and Organometallic Polymers and Materials, 2018, 28 (3): 1206-1213.

[78] Soltani B, Nabipour H, Nasab N A. Efficient storage of gentamicin in nanoscale zeolitic imidazolate framework-8 nanocarrier for pH-responsive drug release [J]. Journal of Inorganic and Organometallic Polymers and Materials, 2018, 28 (3): 1090-1097.

[79] Lin S, Liu X, Tan L, et al. Porous iron-carboxylate metal – organic framework: A novel bioplatform with sustained antibacterial efficacy and nontoxicity [J]. ACS Applied Materials & Interfaces, 2017, 9 (22): 19248-19257.

[80] Song Z, Wu Y, Cao Q, et al. pH-responsive, light-triggered on-demand antibiotic release from functional metal – organic framework for bacterial infection combination therapy [J] . Advanced Functional Materials, 2018, 28 (23): 1800011.

[81] Soomro N A, Wu Q, Amur S A, et al. Natural drug physcion encapsulated zeolitic imidazolate framework, and their application as antimicrobial agent [J]. Colloids and Surfaces B: Biointerfaces, 2019, 182: 110364.

[82] Wang H, Lashkari E, Lim H, et al. The moisture-triggered controlled release of a natural food preservative from a microporous metal – organic framework [J]. Chemical Communications, 2016, 52 (10): 2129-2132.

[83] Yu M, You D, Zhuang J, et al. Controlled release of naringin in metal-organic framework-loaded mineralized collagen coating to simultaneously enhance osseointegration and antibacterial activity [J]. ACS Applied Materials & Interfaces, 2017, 9 (23): 19698-19705.

[84] Yin L, Cheng W, Qin Z, et al. Effects of naringin on proliferation and osteogenic differentiation of human periodontal ligament stem cells in vitro and in vivo [J]. Stem Cells International, 2015, 2015: 758706.

[85] Li W, Zhou S, Gao S, et al. Spatioselective fabrication of highly effective antibacterial layer by surface-anchored discrete metal-organic frameworks [J]. Advanced Materials Interfaces, 2015, 2 (2): 1400405.

[86] Singbumrung K, Motina K, Pisitsak P, et al. Preparation of Cu-BTC/PVA fibers with antibacterial applications [J]. Fibers and Polymers, 2018, 19 (7): 1373-1378.

[87] Emam H E, Darwesh O M, Abdelhameed R M. In-growth metal organic framework/synthetic hybrids as antimicrobial fabrics and its toxicity [J]. Colloids and Surfaces B: Biointerfaces, 2018, 165: 219-228.

[88] Rubin H N, Neufeld B H, Reynolds M M. Surface-anchored metal-organic framework-cotton material for tunable antibacterial copper delivery [J]. ACS Applied Materials & Interfaces, 2018, 10 (17): 15189-15199.

[89] Miao W, Wang J, Liu J, et al. Self-cleaning and antibacterial zeolitic imidazolate framework coatings [J]. Advanced Materials Interfaces, 2018, 5 (14): 1800167.

[90] Samantaray P K, Baloda S, Madras G, et al. A designer membrane tool-box with a mixed metal organic framework and RAFT-synthesized antibacterial polymer perform in tandem towards desalination, antifouling and heavy metal exclusion [J]. Journal of Materials Chemistry A, 2018, 6 (34): 16664-16679.

[91] Qian L, Lei D, Duan X, et al. Design and preparation of metal-organic framework papers with enhanced mechanical properties and good antibacterial capacity [J]. Carbohydrate Polymers, 2018, 192: 44-51.

[92] Ma S, Zhang M, Nie J, et al. Multifunctional cellulose-based air filters with high loadings of metal-organic frameworks prepared by in situ growth method for gas adsorption and antibacterial applications [J]. Cellulose, 2018, 25 (10): 5999-6010.

[93] Neufeld B H, Neufeld M J, Lutzke A, et al. Metal-organic framework material inhibits biofilm formation of pseudomonas aeruginosa [J]. Advanced Functional Materials, 2017, 27 (34): 1702255.

[94] Azad F N, Ghaedi M, Dashtian K, et al. Ultrasonically assisted hydrothermal synthesis of activated carbon-HKUST-1-MOF hybrid for efficient simultaneous ultrasound-assisted removal of ternary organic dyes and antibacterial investigation: Taguchi optimization [J]. Ultrasonics Sonochemistry, 2016, 31: 383-393.

[95] Yu J, Mu C, Yan B, et al. Nanoparticle/MOF composites: Preparations and applications [J]. Materials Horizons, 2017, 4 (4): 557-569.

[96] Firouzjaei M D, Shamsabadi A A, Sharifian Gh M, et al. A novel nanocomposite with superior antibacterial activity: A silver-based metal organic framework embellished with graphene oxide [J]. Advanced Materials Interfaces, 2018, 5 (11): 1701365.

[97] Zhang H, Dunphy D R, Jiang X, et al. Processing pathway dependence of amorphous silica nanoparticle toxicity: Colloidal vs pyrolytic [J]. J Am Chem Soc, 2012, 134 (38): 15790-15804.

[98] Fatieiev Y, Croissant J G, Alamoudi K, et al. Cellular internalization and biocompatibility of periodic mesoporous organosilica nanoparticles with tunable morphologies: From nanospheres to nanowires [J]. Chemplusehem, 2017, 82 (4). 631-637.

[99] Lu J, Liong M, Li Z, et al. Biocompatibility, biodistribution, and drug-delivery efficiency of mesoporous silica nanoparticles for cancer therapy in animals [J]. Small, 2010, 6 (16): 1794-1805.

[100] Kihara T, Zhang Y, Hu Y, et al. Effect of composition, morphology and size of nanozeolite on its in vitro cytotoxicity [J]. Journal of Bioscience and Bioengineering, 2011, 111 (6): 725-730.

[101] Petushkov A, Intra J, Graham J B, et al. Effect of crystal size and surface functionalization on the cytotoxicity of silicalite-1 nanoparticles [J]. Chemical Research in Toxicology, 2009, 22 (7): 1359-1368.

[102] Saha D, Heldt C L, Gencoglu M F, et al. A study on the cytotoxicity of carbon-based materials [J]. Materials Science and Engineering: C, 2016, 68: 101-108.

[103] Gui X, Chen Y Zhang Z, et al. Fluorescent hollow mesoporous carbon spheres for drug loading and tumor treatment through 980-nm laser and microwave co-irradiation [J]. Biomaterials, 2020, 248: 120009.

[104] Lea T, Verhoeckx K, Cotter P, et al. Caco-2 cell line [C] //The Impact of Food Bioactives on Health: In vitro and ex vivo models. Cham: Springer, 2015: 103-111.

第11章

总结与展望

11.1 总结

11.1.1 多孔材料的制备

随着科技的日新月异，众多新型多孔材料如雨后春笋般涌现，如微孔材料家族中的新型微孔聚合物和金属有机框架材料，介孔材料家族中的新型有序介孔高分子和介孔碳材料，大孔材料家族中的新型有序大孔材料以及各种多级孔（分级结构多孔）材料。新型多孔材料的开发依赖于制备方法的创新，可控孔道制备方法的不断探索，一方面有利于传统多孔材料理化性能的提升以及功能应用的增强，另一方面也为新型多孔材料的开发提供了更多手段和可行性。

沸石分子筛作为一种典型的微孔材料，在工业催化与分离领域已发挥着至关重要的作用，并且在未来，有望在更多与环境、能源及材料等相关的领域得到应用。截至目前，被国际分子筛协会认可的分子筛拓扑结构已达 250 余种。然而，通过计算机理论预测，可能存在的分子筛结构数量高达百万种。这意味着，当前的分子筛制备方法仅实现了极少数沸石分子筛的人工合成，因而仍需借助现有的制备技术开展高通量筛选工作，或者开发全新的制备方法来合成新型沸石分子筛。另一方面，在制备过程中，由于亚稳态沸石结构之间存在激烈竞争，常常会得到两种或多种分子筛的混晶。所以，必须对制备过程进行精准把控，以此调控沸石分子筛的孔道结构及类型，进而实现对客体分子的选择性识别或催化。不过，无论是探索合成新结构的沸石分子筛，还是针对某一特定的沸石拓扑结构进行合成优化，均属于劳动密集型任务。在沸石分子筛的水热晶化过程中，无机物种和有机模板剂之间的相互协同对其结构的形成有着重要的影响，分子筛的最终结构还受到其他诸多因素的影响。由于这种高维的合成参数空间，探寻制备成本低且相选择性好的沸石分子筛合成途径，一直是数十年来研究工作的重点。在沸石分子筛的水热合成中，有机结构导向剂（OSDA）在某些拓扑结构的结晶过程中起着重要作用。借助计算机辅助设计 OSDA，并评估其对特定沸石分子筛结构的导向作用，将有助于推动沸石分子筛制备朝着理性设计的模式发展。沸石分子筛的化学组成、形貌、取向以及晶体结构等因素，均对其在催化和分离过程中的性能有着重要影响。此外，随着表征技术的不断进步，针对催化活性位点在分子筛骨架中的分布与状态的研究也发展迅速，这就要求开发出能够有效调控沸石分子筛结构的新合成方法。近些年，为减轻环境负担、降低制造成本，一些沸石分子筛的绿色合成方法相继被开发出来，这将极大地缓解传统沸石分子筛合成过程中三废排放量大、合成成本高等问题。

MOFs 材料具有孔隙结构丰富、比表面积大、易于功能化等优点，在过去二十多年里引起了众多学者的研究兴趣，得到了迅猛发展。截至 2024 年，已合成并报道的 MOFs 材料超过 90000 种，其比表面积可在 $1000\sim10000m^2\cdot g^{-1}$ 范围内调节，超过了传统分子筛的比表面积。此外，其优异的稳定性也赋予了 MOFs 材料更多可能性，即便客体分子被移除，仍能保持良好的结构完整性。水热/溶剂热法是目前制备 MOFs 材料最常用的方法。一般而言，选择过渡金属盐（如 Cu、Mn、Fe、Zn 等）作为前驱体，有机配体则选用二羧酸化合物。近年来，一些新方法的出现极大地突破了传统合成路线的限制，让 MOFs 材料的结构更加丰富多样且具备多功能化。比如，可以在 MOFs 的结构中引入特定的官能团以及磁性组分等；通过与机械化学合成方法相结合，使得制备绿色环保且生物相容性优异的 MOFs 材料成为可能；而生物质衍生 MOFs 材料的研发，也为低成本大规模制备工艺创造了更多契机。这些新方法不仅改善了 MOFs 材料的结构与性能，缩短了反应时间，提高了产物收率，而且还降低了对传统高耗能制备路线的依赖。因此，通过选择合适的金属节点和有机连接剂，合理设计拓扑结构与组装方式，能够对 MOFs 的框架结构、孔隙环境和功能进行精细调整。此外，由于 MOFs 可与多种材料（如金属纳米颗粒、生物分子、聚合物）兼容，MOFs 的孔隙空间为功能组分的掺入提供了优良的模板，使得 MOFs 基复合材料的制备受到了广泛关注并得以发展。

MOPs 材料具有高表面积、低密度以及官能团丰富等优点，其在材料设计和制造方面的通用性，使其成为一类极具吸引力的多孔聚合物，是材料科学中一个不断发展的领域。合成 MOPs 材料的方法丰富多样，无论是直接合成还是后功能化，都能够较容易地将官能团引入聚合物框架内，从而实现多功能的应用。因此，MOPs 材料的合成与表征已成为重要的研究领域，其中孔隙率和组成是主要的研究热点。牺牲硬模板法是应用最广泛的一类方法，利用该方法能够通过继承硬模板的形貌，开发出具有各种形态的 MOPs 材料。然而，硬模板的去除需要额外的步骤，并且需要使用苛刻的化学物质，这会增加最终产品的成本。相比而言，软模板法的步骤较少，但不能提供与硬模板相同水平的形态学控制。尽管直接合成能够使 MOPs 材料的设计具备精确的宏观形貌，但需要稳定框架内的微孔结构。因此，开发能够精确控制孔隙尺寸、结构和形态的 MOPs 材料合成方法，仍然是一个持续发展的课题。此外，以应用为导向，针对目标结构进行 MOPs 材料的设计，是这类材料未来的发展方向。

在研究人员近 30 年来的不断努力下，目前已经成功开发出硅基介孔材料和非硅基介孔材料。硅基介孔材料主要有 MCM 系列、SBA 系列等；非硅基介孔材料则主要包括过渡金属氧化物（如氧化锆、二氧化钛、氧化锡、氧化锰、氧化铌、氧化钽等）和非金属单质/化合物（如磷酸盐、硫酸盐和介孔碳）。介孔材料具有高比表面积、大孔容等特点，不仅能够实现较高的负载量，还能针对不同应用需求修饰不同官能团。模板合成法在介孔材料制备中应用最为普遍，该方法利用表面活性剂等结构导向剂来调控材料的孔结构和比表面积，从而实现介观结构（有序或无序）的可控合成。化学蚀刻是介孔材料制备的另一项重要技术，能够通过选择性蚀刻构建空心或多壳层结构。然而，蚀刻剂可能会对材料的孔结构造成破坏，甚至导致材料结构坍塌。因此，对于蚀刻剂的选择和蚀刻条件，通常需要精细把控。微波技术的出现，使介孔二氧化硅材料的快速合成成为可能，但快速加热过程以及较高的反应速率，导致材料孔结构的调控较为困难。因此，应针对不同应用场景对材料的需求，选用相应的制备方法。近年来，研究人员不断突破合成的局限性，开发出一系列制备介孔材料的新方法。其中，复旦大学赵东元院士团队提出的一种通用的单胶束组装方法极具代表性[1]。通过调节胶束的大小、结构以及形状，能够系统地合成具有不同结构、孔尺寸的介孔高分子和碳材料，为合成传统模板方法难以实现的各种新型纳米结构提供了可能。另外，多孔材料的材料基因工程研究是一个全新的研究方向，吉林大学于吉红院士团队领衔的材料基因工程研究，如同人类基因组计划一样，能够在更短的时间内，以更低的成本开发出具有优异性能的新型功能材料。在未来的 5～10 年间，基于材料基因工程的研究有望实现特定催化与吸附分离多孔功能材料的高效创制。这些新材料将主要用于石化行业和精细化工等领域的催化剂、污水及放射性污染物的处理、气体分离与提纯等方面。

大孔材料因其更易于接触的表面，在不同领域表现出一些独特的优势。相较于微孔和介孔结构，大孔结构不仅能够保证物质进入孔道的流畅性，降低物质在扩散过程中的阻力，从而显著提升物质在传输扩散过程中的效率；而且大孔材料拥有较大的内部空间，能够依据研究目的和应用方向，方便地对孔壁进行修饰，以获得特殊功能；甚至，大孔结构独特的空间排列方式赋予了其光子带隙效应和慢光子效应，使其在光子晶体、催化和传感器等领域表现出独特的应用优势。目前，通过多种方法已成功制备出阳极氧化铝、泡沫金属、大孔陶瓷、大孔金属材料和大孔非金属材料等各类大孔材料。我们对不同大孔材料的特点及其制备方法进行了分类和总结。尽管针对不同的材料类型，可以选择相应的制备方法来获得所需的大孔材料，但与介孔材料相比，大孔材料的制备方法相对传统，在孔结构调控方面存在一定的局限性。比如，在泡沫金属的制备过程中，虽然能够采用多种发泡法来构建大孔结构，但受制备工艺以及发泡剂的限制，难以实现孔结构、孔径和孔分布的均匀调控。此外，制备过程烦琐也是大孔材料制备面临的另一主要问题。例如，对于大孔金属或非金属材料，通常采用 PS 微球、PMMA 微球以及 SiO_2 微球等胶晶模板来制备。虽然这种方法能够获得所需的大孔结构，且具有一定程度的有序性，但在制备过程中需要额外的去除模板步骤，这无疑增加了制备过程的复杂性。

多级孔材料融合了多尺度孔道的结构优势，为多孔材料的应用提供了更为广阔的空间。以多级孔道分子筛为例，它兼具传统微孔分子筛的固有催化性能，以及介孔和大孔孔道在物质传输方面的优势。自这类材料被报道以来，便成为工业应用中理想的催化剂和吸附剂。在众多催化应用中，多级孔道沸石催化剂表现出优异的催化活性、选择性以及独特的扩散路径，有效改善了传质效果，并增加了反应物的可及性。多级孔道体系还有助于焦炭前驱体的逸出，从而提高材料的抗结焦性。此外，多级孔道沸石内部扩散性能的优化，能够显著提高对大分子尺寸反应物的吸附能力。目前，人们已研发出后处理合成和原位合成等策略，用以制备具有丰富二次孔的孔隙率且介孔或大孔完全互连的多级孔道分子筛。多数原位合成策略需使用硬模板或软模板。模板与沸石分子筛合成凝胶中的无机物种之间的相互作用，对于多级孔结构的形成起着关键作用。因此，为使沸石分子筛实现更优的催化性能，需要对多级孔道分子筛的制备过程进行精准调控，以实现微孔、介孔和大孔在数量、位置、尺寸分布及互连性等方面的最佳平衡。而且，由于模板相对昂贵且无法回收，因此还应考虑经济和环境成本。尽管有不使用模板制备多级孔道分子筛的相关报道，但由于制备过程复杂，仍难以进行大规模放大合成。后处理合成法（脱铝、脱硅和层状分子筛剥离等）虽然已经是制造多级孔道的常用方法，但并非所有的介孔都对沸石分子筛外部开放，且孔道体系复杂，呈现出无序的特征。与原位合成和脱金属等后处理策略相比，在常规表面活性剂存在的条件下，通过初始脱硅/解聚以及随后的重新组装过程来进行沸石重结晶，具有较高的产率。例如，使用通过沸石重结晶制备的介孔 Y 型沸石分子筛催化剂，在炼油的流化催化裂化过程中显示出一定的应用潜力。尽管目前已开发出多条路线用于制备多级孔道分子筛，但在很多重要方面仍面临巨大挑战。例如，如何制备出高稳定性的多级孔道分子筛；不同孔道系统之间的协同机制尚不明确；如何开发新的合成策略，以实现多级孔道分子筛的低经济成本、环境友好性以及广泛通用性。

多孔材料的快速开发和应用在很大程度上依赖于表征技术的进步。近年来，一系列原位/非原位表征技术不断发展，使我们对多孔材料在微观原子尺度上的结构有了更深入和细致的认识。目前，扫描透射电子显微镜（STEM）已成为一种功能强大的材料原子分辨率成像工具[2]。随着球差（Cs）校正器在 STEM 中的成功应用，现已能够实现亚埃级分辨率，可用于研究沸石分子筛框架的原子位置、结构缺陷、孔道连通性以及表面结构。借助高角度环形暗场（HAADF）和环形亮场（ABF）探测器，能够协同观测不同原子序数（Z）的元素，其中 HAADF 适用于分析 Z 较高的元素，ABF 适用于分析 Z 较低的元素。利用 STEM 技术同时记录 HAADF 和集成差分相位对比（iDPC）图像，可用于研究沸石晶体中金属物种的空间分布。HAADF 图像侧重于重金属位点的可视化，iDPC 图像能实现对沸石骨架进行成像。STEM-iDPC 技术即便在极低剂量条件下，也能提供相当高的信噪比。例如，通过 Cs 修正的 STEM 研究 K 交换型 EMT 沸石和 Pb 交换型 EMT 沸石中 K^+ 和 Pb^{2+} 的局部信息[3]。基于 Cs 校正的 STEM 图像，可以发现 Pb^{2+} 和 K^+ 在孔隙中呈非周期性分布。此外，基于 Cs 校正的 STEM-ADF 能直接观察到位于 MFI 型沸石骨架中的低原子序数过渡金属 Fe 单原子，在沸石骨架的不同 T 位点上，Fe 单原子呈现为较亮的点[4]。该研究对沸石骨架中杂原子的局部结构分析具有重要的指导意义。与相同探针条件下的标准明场和暗场 STEM 成像相比，高分辨率 STEM 和 iDPC 技术的组合展现出最佳的对比度和信噪比，能够同时对重元素和轻元素进行成像。

基于同步加速器的 X 射线吸收光谱（XAS）技术，近年来逐渐成为研究热点。通常，XAS 包含两个区域，分别是扩展 X 射线吸收精细结构（EXAFS）光谱和 X 射线吸收近边结构（XANES）光谱。XANES 可通过分析白线强度、吸收边位移以及前后特征，来展现金属物种的电子性质和位置对称性。EXAFS 及其相关方法在深入获取单原子位点配位环境和成键距离信息方面，功能十分强大。与 Cs-STEM 技术提供材料特定区域的成像信息不同，XAS 技术基于光谱拟合，能够提供整个大块样品中金属物种配位环境和电子性质的平均信息。这两种表征方法在揭示金属在沸石中的分散和结构方面是互补的。

此外，先进表征技术的不断开发，也使我们对功能多孔材料的吸附、催化机制有了更为深刻的认识。例如，采用原位单晶 X 射线衍射快照技术和低温恒温器装置，能够对多孔材料的分子吸附过程进行检测。这不仅为理解多孔材料中的分子分离和反应提供了有效的检测手段，而且对于设计具有分离和催化等实用功能的材料，具有重要意义[5]。借助 STEM-iDPC 技术，成功地对 Mo@ZSM-5 沸石的催化活性位点展开了研究[6]。高分辨率的 STEM-iDPC 图像首次为 Mo@ZSM-5 沸石催化剂的 10-MR 通道中存在原子分散且偏离中心的 Mo 物种，提供了直接证据。需要强调的是，框架 Al 原子通过特定的 Mo—Al 相互作用，在促进 Mo 单原子在 10-MR 通道内的分散过程中发挥着关键作用。单原子 Mo 物种之所以呈现偏离中心的特征，可归因于它与沸石框架的单个 $[AlO_4]^-$ 位点结合。因此，这种一对一的 Mo-Al 相互作用，使得在 10-MR 通道周围区分框架 Al 原子和 Si 原子成为可能。通过对 100 个 10-MR 通道的观察进行统计分析，可以推断出框架 Al 原子优先位于 T1 位点（占比 40%），其次是 T2 和 T5 位点，而 T3 和 T6 位点相对较少。

11.1.2　多孔材料的应用

多孔材料已在众多领域得到广泛应用，例如：多孔硅被应用于光电器件；多孔催化剂用于炼油以及碳氢化合物的转化；多孔膜用于气体的分离与纯化；多孔吸附剂用于水处理和净化等。多孔功能材料是当前工业上应用最广泛、使用量最大的催化与吸附分离材料，新型多孔材料的研发及应用展现出巨大的节能降耗与碳减排潜力。以 CHA 型沸石分子筛为例，它不仅能够用于 CO_2 捕获，还能高效催化甲醇制烯烃这一关键反应。此外，在电化学储能、海水淡化和药物传递等新兴应用领域，也需要具有明确结构、界面、组分和形态特性的先进多孔材料。本书系统地总结了多孔材料在工业催化、光电催化、环境保护、能源存储以及生物医药领域中的应用现状（图 11.1）。

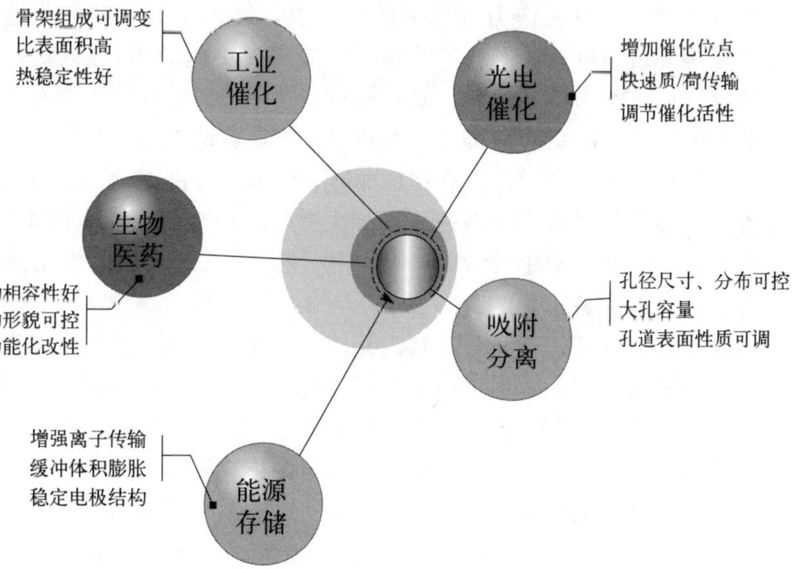

图 11.1　多孔材料在不同应用领域中的优势

在工业催化领域，微孔分子筛因具有良好的热稳定性、较高的比表面积、独特的孔道结构以及可调变的骨架组成和酸性质等特点，日益受到人们的关注。在过去的几十年里，沸石分子筛作为固体酸催化剂，被广泛应用于石油工业中，如甲醇制烯烃、催化裂解、加氢、重整和选择性氧化等。近年来，沸石分子筛在环境催化领域也展现出较好的催化性能，如氮氧化物的催化还原、水中污染物的氧化降解等。随着合成方法和表征技术的进步，通过进一步调控分子筛的孔道结构、元素组成、晶体形貌、活性位点分布以及骨架外物种等因素，能够制备出催化性能优异的新型分子筛材料，这也使得分子筛得以应用于一些具有较高挑战性的催化过程中。但是，沸石分子筛狭小的微孔孔道存在扩散阻力较大、容易失活等问题，这为兼具微孔和介孔材料优势的多级孔道分子筛的发展和应用提供了空间。针对目标催化反应，构建出既能实现高效催化，又能保证快速扩散的催化剂体系，将是未来多孔材料催化剂发展的主要方向。此外，在依托多孔材料研究催化反应机理、结构-性能关系等方面仍然面临一定的挑战。这方面的进展将有助于为分子筛材料的未来研发与应用提供新的研究思路，为实现催化剂的理性设计奠定基础。

在光电催化领域，光催化剂作为催化活性的关键因素，其性质和结构与整个催化过程的催化效率直接相关。对于特定的催化剂而言，其形貌和微观结构是决定其催化性能的另一重要因素。与其他结构相比，多孔结构在光电催化中展现出一些独特的优势：首先，多孔结构具有更大的比表面积以及高度开放的孔隙结构，这使得在催化过程中，它不仅能够增加催化材料表面的反应活性位点，而且催化剂内部也可作为额外的活性位点，进一步提升其催化性能；其次，多孔结构凭借高度开放的孔隙结构，能够实现快速的质量/电荷传输，有效地加快催化反应动力学；此外，多孔材料在孔隙形成过程中，会在边缘、角落以及晶界等位置产生结构缺陷，这些缺陷位点能够调节材料的催化活性；最后，在构建异质结催化剂时，多孔结构能够有效地提高助催化剂或其他催化剂的分散性，从而使其暴露出更多的催化活性位点。我们通过探讨不同种类的多孔催化剂在各类催化反应中的应用，从结构-性能关系的角度详细阐述了多孔结构在催化方面的优势。

在吸附与分离领域，微孔分子筛因其较大的比表面积、孔体积以及分子尺度的孔道大小，被认为是适用于小分子气体吸附和分离的理想材料。例如，在 CO_2 吸附分离、烷烃/烯烃分离、脱水和稀有气体捕获等领域，微孔分子筛已经展现出高效的性能。近年来，在分子筛孔道中掺入客体分子或离子，以此调控其吸附和分离性能的研究引起了广泛关注。以硅铝分子筛为例，孔道中的碱金属阳离子能够选择性地使 CO_2 分子通过，表现出特殊的筛分机理。对分子筛在气体吸附和分离过程中的机理展开研究，将有助于针对特定的分离体系，合理地设计分子筛材料。近期，得益于其超高的孔隙率、可控的孔径、晶体性质和高度有序的结构，MOFs 已成功应用于气体吸附和分离领域。MOFs 从溶液中去除污染物的作用，主要由五种吸附机制驱动，分别为静电相互作用、酸碱相互作用、氢键、π-π 堆积相互作用以及疏水相互作用。MOFs 作为固体吸附剂的性能，取决于诸多操作变量，例如接触时间、吸附剂用量、污染物浓度、pH 值、离子强度等。利用天然材料作为前驱体，能够提升该工艺的经济性。同时，通过减少化学溶剂的使用，并最终使用毒性更小、更环保的溶剂，可以增强 MOFs 的生态友好性。

在能源存储与转化领域，新型高容量电极材料是制备高性能电化学储能器件的关键。通过对高容量电极材料进行合理的孔道结构设计，能够显著改善电极材料内部的离子/电子传输动力学，从而提升电极材料的倍率性能。将多孔材料作为界面修饰层能显著提升电极/电解质的界面电荷转移效率，有效提升电极材料的循环稳定性。同时，对储能器件的其他组件进行三维多孔结构优化，同样有助于提升其电化学性能。例如，将传统集流体替换为具有大孔孔道的泡沫金属/多孔碳材料，能够使电场分布更加均匀，还能有效缓解金属电极在充放电过程中的巨大体积变化，从而获得具备优异循环稳定性的金属负极。在固态电池体系中，将多孔材料应用于固态电解质三维骨架或者混合离子/电子导体层，能显著改善电极与固态电解质界面存在的电化学不稳定性和机械不稳定性问题，大幅提升固态电池的稳定性。此外，对于快速充电电池而言，电极材料内部的合理孔道设计显得尤为重要。以快速充电锂离子电池负极材料为例，当在大电流下进行充电时，离子在电极厚度方向上形成的浓度梯度所导致的浓差极化，是制约快充性能的最大瓶颈。而通过在电极厚度方向上精心设计合理的孔道结构（如构建梯度多孔结构），能够显著改善因浓差极化引发的锂离子浓度梯度，从而提升锂离子电池的快速充电性能。目前，关于多孔电极材料在快速充电领域的研究尚处于起步阶段。关于梯度孔道电极的制备方法、离子在梯度孔道内的传输动力学等基础科学问题都值得深入研究。

在生物医学领域，多功能多孔材料凭借其结构形貌可控、生物相容性良好、易于进行功能化改性等优势，在生物技术的发展进程中发挥了重要作用。近年来，在科研人员的不断努力创新下，多孔材料在多种生物医学应用中均取得了令人瞩目的突破，包括药物控释递送、光动力和光热疗法、生物传感、生物成像、抗菌、组织再生等。在形貌方面，多孔材料可制备纳米级粉末、空心结构、薄膜材料以及 3D 打印的多孔材料。形貌的可控性和结构的复杂性对于进一步拓展多孔材料在生物医学中的应用具有重要意义。此外，多孔材料可通过表（界）面或骨架官能化进行改性，不仅可显著提高其在生理环境中的分散性和稳定性，还可为特定的生物医学应用进行材料的精确定制合成。

尽管在过去十年间，多孔材料在生物医学领域取得了令人瞩目的进展，但其在体外和体内生物医学应用中仍然面临诸多挑战。用于生物医学应用的许多多孔材料，如二氧化硅基材料、碳基材料等，属于无定形材料，其化学结构具有随机性。因此，研究这类材料的结构-性能构效关系，仍存在一定难度。目前，许多具有晶体结构的多孔材料，例如金属有机框架材料，已迅速在生物医学领域得到开发和应用。然而，制备高结晶度、尺寸均一且粒径可控的多孔材料，依然面临挑战，迫切需要发展新一代合成和制造手段，以获得具有结构更加明确、性能更加优异的多孔材料。比如，利用四维（4D）打印技术制备结构可控的多孔材料很可能是未来的研究热点。此外，可以预见，借助机器学习和人工智能技术，多孔材料在结构设计与生物医学性能评估方面的研究效率将得到进一步提升。多孔材料在生物医学应用中面临的另一个问题是，其制备过程通常会涉及有机溶剂和重金属离子，而这些有毒溶剂或金属离子的残留很可能会给材料带来一定程度的生物毒性。因此，迫切需要发展绿色且生物友好的合成手段，以保证多孔材料的长期生物相容性与生物安全性。

11.2 展望

11.2.1 多孔材料的基础研究

多孔材料作为一类重要的功能材料，其类型和组成正在不断被开发和拓展。从传统的沸石分子筛，到最新的有机多孔聚合物；材料体系也从单一的无机化合物，发展到无机-有机复合（杂化）材料，进而又发展到纯有机多孔材料。

沸石分子筛已成为一类重要的固体催化剂。该催化剂结合了活性金属位点的优势以及沸石自身的特性，在 Brønsted 酸、Lewis 酸和金属催化反应，乃至串联反应中，均展现出优异的活性、选择性与稳定性。然而，根据应用需求合理设计沸石分子筛材料，仍然面临诸多棘手难题。这主要源于沸石的晶化过程极为复杂，且缺乏能够清晰阐释晶化历程的确凿证据。近年来，研究者尝试根据催化反应机理，对分子筛的结构进行合理设计。例如，Gallego 等人根据催化反应中间体的构型，设计出能够导向分子筛晶化的有机结构导向剂[7]。Deem 等人则采用分子动力学模拟与有机分子设计相结合的手段，预测合适的有机结构导向剂分子。这些尝试有利于改变用传统试错法进行沸石分子筛合成的研究模式。除了沸石分子筛结构的研究，关于沸石中催化活性中心的研究已经深入到了微观分子层面，尤其是催化活性的类型、分布等问题，已逐渐成为研究的主要方向。此外，借助多孔沸石的限域空间，将具有催化性能的客体分子引入沸石孔道中，使得金属-分子筛复合材料在加氢、脱氢、氧化等各种重要的多相催化反应中得到了广泛的应用。

尽管金属-沸石催化剂体系在合成、表征和催化方面已取得重大进展，但仍存在许多挑战需要解决。①合成含金属和高金属含量的金属-沸石分子筛仍然具有挑战性。在深入理解沸石结晶机理的基础上，开发新的合成策略，突破含金属沸石和金属-沸石分子筛复合材料在金属负载含量方面的限制，同时保持良好的金属分散性与抗烧结能力，这无论从学术研究层面，还是从工业角度，均具有重要意义。②金属在沸石中的位置和分布在很大程度上取决于合成条件。然而，目前仍然缺乏有效的合成方法，来精确调控金属的位置和分布。③金属活性位点的原子水平检测及反应机理有待深入研究。在催化剂活化或催化反应过程中，限制在沸石中的金属位点可能发生动态转变，尤其是骨架外原子、阳离子和团簇。这种变化干扰了对真正活性位点的识别，特别是当沸石中存在多个金属位点时。从原子水平研究活性金属位点的结构和动力学对于合理设计高效的沸石基催化剂具有重要意义。因此，将原子分辨率光谱和显微技术相结合，似乎是获取沸石中活性金属位点固体结构信息的有效方法。此外，还需运用原位或操作条件下的表征技术，尤其是原子或分子水平的表征技术，来阐明催化过程中沸石内真实活性金属位点的性质，并探究催化反应机理。此外，还应结合理论计算和其他计算技术，构建更加复杂且贴近实际的催化体系，以弥合金属物种结构与其催化性能之间的差距。

近年来，针对新型的微孔 MOFs 以及 MOPs，大量制备方法相继被开发出来。尽管 MOFs 的开发已取得显著进展，但仍存在一些基础问题亟待解决。首先，MOFs 的制备受多种参数协同调控，理论上每个参数都至关重要，但目前仍缺乏普适性方法来实现。其次，开发多功能 MOFs 材料依旧面临挑战。例如，如何将氧化还原活性的共轭分子作为客体分子引入 MOFs 骨架以提升导电性；怎样通过化学后修饰合成含多官能团的 MOFs。再次，从微观尺度上阐明 MOFs 的合成机理以及在应用过程中的作用机制意义重大，而这依赖于先进的原位表征技术的开发。此外，在 MOPs 性能的开发与优化方面也面临诸多难题。MOP 的合成与应用是一个新兴的跨学科研究领域，目前对其结构的理解及其与性能之间构效关系的认识仍需深化。得益于丰富的可设计性与合成路径，MOPs 有望衍生出一系列具有独特物理化学性质的新型微孔聚合物，从而在多空材料中脱颖而出。所以，对于合成化学家、材料化学家，以及从事能量存储、分离科学、催化剂和传感器技术研究的科研人员而言，MOPs 有望在未来成为新的研究热点。

介孔材料的制备在过去三十年里取得了长足的进步，介孔材料的种类也从单一的二氧化硅扩展到其他金属化合物、金属单质、介孔有机硅以及介孔有机高分子材料。其中，有序介孔材料相较于无序介孔材料在应用中展现了更为出色的传质能力和更高的选择性。然而，其制备条件和方法相较于无序介孔材料，要更为苛刻和复杂。在目前已报道的制备方法中，软模板法主要以表面活性剂为模板，是制备有序介孔材料的一种有效合成途径。但软模板过程大多较为烦琐，涉及复杂的溶胶-凝胶化学，而且反应产物对合成条件极为敏感。硬模板法是合成有序介孔材料的另一种方法，其原理类似于传统的纳米铸造法。相较于软模板法，其在合成路线上更为简单。并且，由于硬模板通常比软模板具有更好的热稳定性，所以能够制备出结晶度更高的有序多孔材料。不过，硬模板也存在一些问题，通过硬模板获得的材料，其晶体结构及孔径会受到模板的限制，因此在材料结构的可控性方面不如软模板法。此外，硬模板的去除难度较大，在模板去除过程中，常常会对材料结构造成一定程度的破坏。近年来，无模板法在制备介孔材料方面取得了一系列进展，但其适用范围依然较窄，且在材料的可控性方面亦有不足。总体而言，到目前为止，二氧化硅和碳基材料的介观结构可控合成已相对成熟，但对于其他元素或化合物的制备仍具有一定挑战性，尤其是过渡金属、稀土金属和硫族化合物等。关键原因在于，这些前驱体与模板剂之间的相互作用较弱，同时反应活性较高，难以实现分子自组装，而且其晶体结构容易坍塌。因此，迫切需要开发出针对上述元素的新型介孔材料的合成策略。

大孔材料的种类繁多，尽管在设计和应用方面已取得显著进展，但仍存在一些亟待解决的问题。①制备方法的探索。虽然目前已有各种方法用来制备大孔材料，但是其制备方法相对于其他多孔材料来说较为传统。比如，大孔金属材料的制备目前主要依赖传统的 SiO_2 微球或 PS 微球等胶晶模板。这种制备方法的局限性严重限制了大孔材料的应用范围以及使用性能的提升。因此，探索新型制备方法对于推动大孔材料的发展具有重要的研究意义。②特定大孔材料的设计制备。当前，大孔材料的制备通常是根据大孔材料的类型来选择相应的制备方法。比如，阳极氧化铝是通过电解液对铝箔进行氧化处理制得，而金属化合物大多采用胶晶模板策略。在后续研究中，可以尝试根据不同需求，将不同的制备方法相结合，从而获得特定的大孔材料。③大孔材料应用的进一步拓展。与微孔和介孔材料相比，由于受到制备方法或结构的限制，目前关于大孔材料在不同领域中的应用研究相对较少。因此，有必要进一步探索大孔材料的应用领域，以此有效地推动大孔材料的发展。

多级孔材料是一类结合了多种类型孔道结构的分级结构材料，能够克服传统单一孔道结构在应用中存在的缺点。自多级孔道沸石分子筛的概念被提出以来，它便一直是工业应用中理想的催化材料。从传统的后处理脱金属法到直接合成法，多级孔道沸石分子筛的发展趋势越来越聚焦于如何在温和条件下实现其成功合成，以及在提升材料扩散性的同时，确保催化剂的其他关键性质不受影响等。此外，对多级孔道材料各孔道的数量、位置、形状、连通性等参数进行调控，有助于实现材料孔道体系在微观、介观和宏观尺度上的优化，从而构建出更为合理的多孔材料。

需要指出的是，制备方法的开发与完善离不开对制备机理的深刻理解。而对制备机理的探索，则依赖先进的表征技术和理论模拟。在理论模拟方面，计算机技术与高通量组合实验方法将成为材料基础研究新的助力。目前，新材料的研发主要依靠研究者的科学直觉以及大量重复性的“尝试法”实验，从实验室发现新材料到最终实现工业化应用，通常需要 10～20 年的时间。面对未来科学研究的巨大挑战，科学家必须缩短新材料的研发周期。借助计算机模拟与数据挖掘技术，并结合高通量组合化学实验方法，有望在未来的 5～10 年内，实现特定催化与吸附分离多孔功能材料的高效创制。

11.2.2　多孔材料的产业化研究

随着多孔材料种类的不断丰富，其应用领域已从工业催化、吸附分离等方面，逐步拓展至光电催化、能源存储、生物医药、环境治理等多个领域。然而，目前能够实现产业化应用的多孔材料种类却非常有限。

在工业催化领域，迄今为止，已有几种类型的沸石实现了商业化催化应用。比如用于 NH_3-SCR 的 Cu-SSZ-13 沸石、用于烯烃环氧化的 TS-1 沸石、用于催化裂化反应的 Y 型沸石、用于烷基化反应的 Al* BEA 沸石等。目前，制备新型高性能金属分子筛催化剂的方法层出不穷，但从实验室规模合成到工业化大规模生产仍面临很大挑战。这主要是因为研究人员更侧重于追求结晶性良好的高性能沸石催化剂，却忽视了在成本控制、能源利用、废物排放与处理、化学毒性等方面进行优化。然而，一个成功的沸石工业化生产过程，需要具备经济、高效、安全、生态的合成条件，同时还要确保沸石的高纯度、高质量和优异的催化性能。为了缩小实验室和工业规模生产之间的差距，在合成过程中必须着重考虑两点：其一，新开发的合成方法应该简单、绿色、低成本、可靠且易于扩展；其二，在不牺牲催化剂性能和合成再现性的前提下，应使用实验室设备完成输出公斤级催化剂的放大优化过程。在这一阶段，将投入大量的精力进行规模化优化，这对进一步的产业化具有重要意义。近年来，在无溶剂和无模板剂的条件下进行沸石分子筛的合成研究取得了显著进展。无溶剂的合成环境避免了分子筛合成过程中所产生的废水排放问题。以晶种为导向剂的无模板剂合成法，一方面能够降低沸石的生产成本，另一方面还可以省去焙烧去除有机模板剂的过程，这不仅减少了模板剂热分解对沸石结构的影响，还能降低气体废弃物的排放。目前，无溶剂和无模板剂体系的分子筛合成已拓展至 20 余种沸石结构，并且在未来有望进一步拓展，从而推动沸石合成过程朝着更加绿色化的方向发展。

在光电催化领域，多孔材料因其独特的多孔优势受到广泛关注。目前，研究者已开发出多种方法制备不同类型的光电催化多孔材料，并对其性能优势进行了深入研究。然而，仍存在一些问题和挑战亟待解决，以进一步提升多孔材料的催化性能。

①合成方法的探索与改进。目前，多孔材料的合成主要依赖传统的自上而下的方法，尽管该方法能够制备出具有不同结构的多孔催化剂，但难以实现对孔结构的精确调控。由于催化反应发生于催化剂表面，催化剂的形貌和孔结构对其催化性能均有着重要影响。因此，探索更合适的制备方法来获得形貌和孔结构同时精确可调的多孔催化剂是亟待解决的关键问题之一。②催化反应机理的深入探究。虽然现有研究表明多孔材料在催化中表现出独特的催化性能，但是目前对其在催化过程中的作用机理缺乏更深入的理解。比如，多孔材料催化性能的提升，究竟是取决于多孔材料的比表面积，还是孔在材料中的分布等因素，均需进一步细致地研究。唯有在此基础上设计特定的催化剂，才能更有效地提升其催化性能。③理论模拟及原位表征等先进技术的应用。在催化实验的基础上，采用原位表征及理论计算等先进技术，有助于更深入地理解多孔结构在催化反应过程中的作用机理，进而实现有针对性的多孔催化剂设计。

在吸附与分离领域，分子筛因其相对较低的生产成本和较高的水热稳定性，在产业化应用方面展现出良好的潜力。目前，分子筛在乙醇脱水过程中已经取得了实际的应用，并有希望拓展至更多的脱水过程。由于其在其他小分子气体的吸附与分离中优异的性能，分子筛在未来也有望被应用在一些重要的吸附分离过程中。但是，分子筛作为吸附与分离材料时，往往需要将其制备成分子筛膜材料。因此，分子筛膜制备过程中存在的问题也需要研究。如何制备出高通量、高选择性且高稳定性的分子筛膜材料，是将分子筛广泛应用于各类分离过程的关键所在。MOFs是吸附与分离领域的新型多孔材料，目前其开发仍处于基础研究阶段。就MOFs的工业应用而言，还面临诸多问题与挑战。例如，有机配体作为MOFs的基本前驱体，其价格较为昂贵，这对MOFs的成本效益产生了负面影响，从而限制了它们的实际应用。同时，MOFs的水稳定性低，这也制约了其适用范围。此外，溶液中金属离子的潜在浸出可能导致二次水污染。虽然MOFs基吸附剂在废水处理中已得到成功应用，但仍需提高MOFs的选择性，特别是MOFs膜的选择性，以满足实际应用的要求。因此，相关研究工作仍需聚焦于制备具有更优选择性、适用于连续膜应用的MOFs。文献中报道的多数研究工作是在模拟废水系统中开展的。然而，实际废水成分复杂且分布不均匀，含有多种不同的污染物，这些污染物可能会以不同方式影响MOFs的吸附能力。尽管部分研究人员已经开始关注实际废水样本的处理，但目前这些研究仅限于实验室规模。因此，有必要在实际废水中大规模测试MOFs的性能，以评估水流、传质、污染物负荷等可能产生的影响。此外，需进一步研究MOFs的生态毒理学特征和生命周期评估，特别是材料使用后的最终处置方面。总的来说，尽管MOFs作为吸附剂面临一些挑战，但人们普遍认为它有望成为一种低成本且安全的废水吸附处理选择，其前景非常乐观。

在能源存储与转化领域，多孔材料的商业化进程依旧面临着诸多严峻挑战，涵盖技术难题、成本问题以及市场接受度等多个方面。首先，多孔材料的制造与优化过程复杂，需要面临许多技术难题。例如，如何精确地控制孔径大小和分布以及如何提高材料的稳定性和耐久性。尽管多孔碳材料已被广泛研究并证实其在各种电池体系中具有重要应用潜力，作为电极或复合电极材料的载体，能够显著提高电荷传输速度、增强离子扩散动力学、增加活性位点数量，从而有助于提高电池的能量密度和功率密度。然而，目前的研究仍面临一些挑战：一方面，需优化多孔结构的设计与制备过程以实现更高的比表面积和更好的性能；另一方面，需解决多孔碳材料与电解质之间的界面问题，以确保良好的离子传输和稳定性能。因此，对多孔碳材料及其在电池中的应用的深入研究具有重要的理论和实际意义。其次，尽管多孔材料在实验室环境中表现出良好的性能，但要将其推广到大规模生产中，仍需解决一系列实际问题。例如：如何保持多孔材料的稳定性和一致性，以确保其在使用过程中性能不发生显著变化；如何减少废弃物产生量，以降低对环境影响；如何提高生产效率，以降低单位成本。此外，市场接受度同样是一个关键问题。尽管多孔材料在部分领域，如气体吸附、工业催化等，已显示出良好的性能，但在能量存储与转化领域尚未得到广泛认可。这可能是因为消费者对于新型材料的认知不足，或者是因为现有的传统能源存储方法更为便捷和经济。以锂离子电池为例，石墨仍然在负极材料中占据主导地位。尽管近年来通过改进孔道结构策略制备的梯度多孔石墨负极展现出更优异的快充性能，但要实现其商业化仍需克服上述种种挑战。

在生物医学领域，多孔材料的发展依然任重道远。对于多种经典的多孔材料，例如分子筛、二氧化硅、碳材料、金属有机框架材料等，尽管其在制备技术以及规模化生产方面已日趋成熟，但在生物医学领域的产业化进程中，仍存在多个瓶颈问题。首先，相较于已成功进入产业化阶段的脂质体材料，多孔材料的优势尚不十分明确。虽然大量研究表明，多孔材料因其高比表面积的特点，在负载能力方面极具优势，但是这一优势在生物医学领域，尤其在提升疗效方面的应用价值尚未被完全体现，这是阻碍多孔材料产业化发展的重要因素之一。其次，由于大多数多孔材料的核心组分并非来自人体，其生物相容性相较于脂质体材料有着先天的劣势。正如前面章节中所讨论的，研究人员针对多孔材料的生物安全性问题已经开展了大量研究，但进入临床试验阶段的案例屈指可数，且目前尚无进入临床应用的范例。再次，鉴于生物医用材料在高度均一性、分散性以及孔径调控等多方面的严格要求，多孔材料的制备过程相较于脂质体材料往往更为复杂，成本较高，这同样给多孔材料在生物医学领域的产业化带来了困难。因此，探索能够克服上述问题的新策略与新思路，将成为推动生物医用多孔材料实现产业化的重要研究方向（图 11.2）。

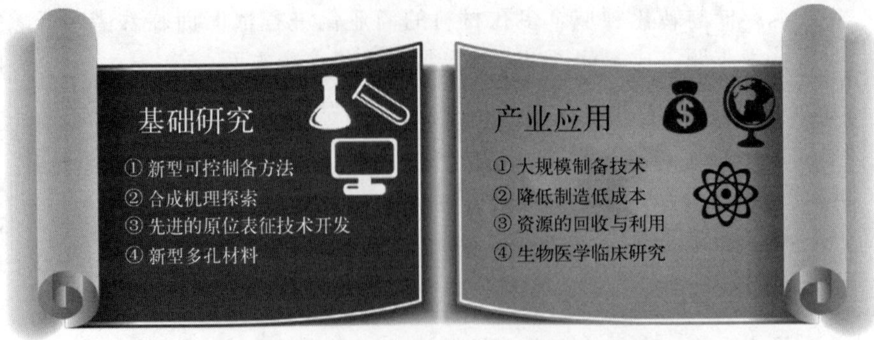

图 11.2 多孔材料的发展展望

总体而言，多孔材料的开发与应用仍处于初步阶段。在基础研究层面，研发新型可控制备技术、探寻新型多孔材料，对于拓展多孔材料的应用范围极为关键。而新制备技术的诞生，依赖于先进表征手段的进步以及对合成机理的深入认识。从产业化应用的角度而言，多孔材料面临的最大挑战和瓶颈在于低成本的大规模制造。成本与经济效益决定了技术是否能够实现产业化。在生物医学转化方面，多孔材料的长期生物相容性，包括细胞毒性、神经毒性、生殖毒性等诸多毒理因素亟待全面与系统地考察。并且，材料的生物降解性，包括其降解产物的体内组织分布与代谢动力学的相关研究，也是推动其临床转化的关键。此外，在国家“双碳”目标的背景下，材料的资源回收与利用是社会可持续发展的必经之路。因此，必须以科技创新为先导，源源不断地进行基础应用研究。

参考文献

[1] Peng L, Peng H, Li W, et al. Monomicellar assembly to synthesize structured and functional mesoporous carbonaceous nanomaterials [J]. Nature Protocols, 2023, 18 (4): 1155-1178.

[2] Cai G, Yan P, Zhang L, et al. Metal-organic framework-based hierarchically porous materials: Synthesis and applications [J]. Chemical Reviews, 2021, 121 (20): 12278-12326.

[3] Zhang Y, Smith D, Readman J E, et al. Direct imaging and location of Pb^{2+} and K^{+} in EMT framework-type zeolite [J] Journal of Physical Chemistry C, 2021, 125 (11): 6461-6470.

[4] Mayoral A, Zhang Q, Zhou Y, et al. Direct atomic-level imaging of zeolites: Oxygen, sodium in Na-LTA and iron in Fe-MFI [J]. Angewandte Chemie International Edition, 2020, 59 (44): 19510-19517.

[5] Kubota R, Tashiro S, Shiro M, et al. In situ X-ray snapshot analysis of transient molecular adsorption in a crystalline channel [J]. Nature Chemistry, 2014, 6 (10): 913-918.

[6] Liu L, Wang N, Zhu C, et al. Direct imaging of atomically dispersed molybdenum that enables location of aluminum in the framework of zeolite ZSM-5 [J]. Angewandte Chemie International Edition, 2020, 59 (2): 819-825.

[7] Gallego E M, Portilla M T, Paris C, et al. “Ab initio” synthesis of zeolites for preestablished catalytic reactions [J]. Science, 2017, 355 (6329): 1051-1054.